U0191136

计 算 机 科 学 丛 书

原书第3版

# 深入理解计算机系统


[美] 兰德尔 E. 布莱恩特（Randal E. Bryant） 卡内基-梅隆大学
大卫 R. 奥哈拉伦（David R. O'Hallaron） 卡内基-梅隆大学 著

龚奕利 贺莲 译


Computer Systems

A Programmer's Perspective Third Edition

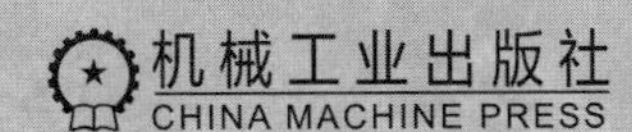

**图书在版编目（CIP）数据**

深入理解计算机系统（原书第3版）/（美）兰德尔·E. 布莱恩特（Randal E. Bryant）等著；龚奕利，贺莲译．—北京：机械工业出版社，2016.7（2025.2 重印）
（计算机科学丛书）
书名原文：Computer Systems: A Programmer's Perspective, Third Edition

ISBN 978-7-111-54493-7

I. 深…　II. ①兰…　②龚…　③贺…　III. 计算机系统　IV. TP338

中国版本图书馆 CIP 数据核字（2016）第 182367 号

**北京市版权局著作权合同登记　图字：01-2015-2044 号。**

Authorized translation from the English language edition, entitled Computer Systems: A Programmer's Perspective, 3E, 9780134092669 by Randal E. Bryant, David R. O'Hallaron, published by Pearson Education, Inc., Copyright © 2016, 2011, and 2003.

All rights reserved. No part of this book may be reproduced or transmitted in any form or by any means, electronic or mechanical, including photocopying, recording or by any information storage retrieval system, without permission from Pearson Education, Inc.

Chinese simplified language edition published by Pearson Education Asia Ltd., and China Machine Press Copyright © 2016.

本书中文简体字版由 Pearson Education（培生教育出版集团）授权机械工业出版社在中国大陆地区（不包括香港、澳门特别行政区及台湾地区）独家出版发行。未经出版者书面许可，不得以任何方式抄袭、复制或节录本书中的任何部分。

本书封底贴有 Pearson Education（培生教育出版集团）激光防伪标签，无标签者不得销售。

本书从程序员的视角详细阐述计算机系统的本质概念，并展示这些概念如何实实在在地影响应用程序的正确性、性能和实用性。全书共 12 章，主要包括信息的表示和处理、程序的机器级表示、处理器体系结构、优化程序性能、存储器层次结构、链接、异常控制流、虚拟存储器、系统级 I/O、网络编程、并发编程等内容。书中提供了大量的例子和练习题，并给出部分答案，有助于读者加深对正文所述概念和知识的理解。

本书适合作为高等院校计算机及相关专业本科生、研究生的教材，也可供想要写出更快、更可靠程序的程序员及专业技术人员参考。

出版发行：机械工业出版社（北京市西城区百万庄大街 22 号　邮政编码：100037）
责任编辑：迟振春　　责任校对：殷　虹
印　　刷：涿州市京南印刷厂　　版　　次：2025 年 2 月第 1 版第 28 次印刷
开　　本：185mm×260mm　1/16　　印　　张：48.25
书　　号：ISBN 978-7-111-54493-7　　定　　价：139.00 元

客服电话：（010）88361066　68326294

**版权所有·侵权必究**
封底无防伪标均为盗版

# 中文版序一

中国科学院院士
发展中国家科学院院士
/梅宏

机械工业出版社温莉芳女士邀我为即将出版的《Computer Systems：A Programmer's Perspective》第3版的中文译本《深入理解计算机系统》写个序，出于两方面的考虑，欣然允之。

一是源于我个人的背景和兴趣。我长期从事软件工程和系统软件领域的研究，对计算机学科的认识可概括为两大方面：计算系统的构建和基于计算系统的计算技术应用。出于信息时代国家掌握关键核心技术的重大需求以及我个人专业的本位视角，我一直对系统级技术的研发给予更多关注，由于这种"偏爱"和研究习惯的养成，以至于自己在面对非本专业领域问题时，也常常喜欢从"系统观"来看待问题和解决问题。我自己也和《深入理解计算机系统》有过"亲密接触"。2012年，我还在北京大学信息科学技术学院院长任上，学院从更好地培养适应新技术、发展具有系统设计和系统应用能力的计算机专门人才出发，在调查若干国外高校计算机学科本科生教学体系基础上，决定加强计算机系统能力培养，在本科生二年级增设了一门系统级课程，即"计算机系统导论"。其时，学校正在倡导小班课教学模式，这门课也被选为学院的第一个小班课教学试点。为了体现学院的重视，我亲自担任了这门课的主持人，带领一个18人组成的"豪华"教学团队负责该课程的教学工作，将学生分成14个小班，每个小班不超过15人。同时，该课程涉及教师集体备课组合授课、大班授课基础上的小班课教学和讨论、定期教学会议、学生自主习题课和实验课等新教学模式的探索，其中一项非常重要的举措就是选用了卡内基-梅隆大学Randal E. Bryant教授和David R. O'Hallaron教授编写的《Computer Systems：A Programmer's Perspective》(第2版)作为教材。虽然这门课程我只主持了一次，但对这本教材的印象颇深颇佳。

二是源于我和机械工业出版社已有的良好合作和相互了解。2000年前后，我先后翻译了机械工业出版社引进、出版的Roger Pressman编写的《Software Engineering：A Practitioner's Approach》一书的第4版和第5版。其后，在计算机学会软件工程专业委员会和系统软件专业委员会的诸多学术活动中也和机械工业出版社及温莉芳女士本人有不少合作。近二十年来，机械工业出版社的编辑们引进出版了大量计算机学科的优秀教材和学术著作，对国内高校计算机学科的教学改革起到了积极的促进作用，本书的翻译出版仍是这项工作的延续。这是一项值得褒扬的工作，我也想借此机会代表计算机界同仁表达对机械工业出版社的感谢！

计算机系统类别的课程一直是计算机科学与技术专业的主要教学内容之一。由于历史原因，我国的计算机专业的课程体系曾广泛参考ACM和IEEE制订的计算机科学与技术专业教学计划(Computing Curricula)设计，计算机系统类课程也参照该计划分为汇编语言、操作系统、组成原理、体系结构、计算机网络等多门课程。应该说，该课程体系在历史上对我国的计算机专业教育起了很好的引导作用。

进入新世纪以来，计算技术发生了重要的发展和变化，我国的信息技术和产业也得到了迅猛发展，对计算机专业的毕业生提出了更高要求。重新审视原来我们参照ACM/IEEE计算机专业计划的课程体系，会发现存在以下几个方面的主要问题。

1）课程体系中缺乏一门独立的能够贯穿整个计算机系统的基础课程。计算机系统方面的基础知识被分成了很多门独立的课程，课程内容彼此之间缺乏关联和系统性。学生学习之后，虽然在计算机系统的各个部分理解了很多概念和方法，但往往会忽视各个部分之间的关联，难以系统性地理解整个计算机系统的工作原理和方法。

2）现有课程往往偏重理论，和实践关联较少。如现有的系统课程中通常会介绍函数调用过程中的压栈和退栈方式，但较少和实践关联来理解压栈和退栈过程的主要作用。实际上，压栈和退栈与理解C等高级语言的工作原理息息相关，也是常用的攻击手段Buffer Overflow的主要技术基础。

3）教学内容比较传统和陈旧，基本上是早期PC时代的内容。比如，现在的主流台式机CPU都已经是x86-64指令集，但较多课程还在教授80386甚至更早的指令集。对于近年来出现的多核/众核处理器、SSD硬盘等实际应用中遇到的内容更是涉及较少。

4）课程大多数从设计者的角度出发，而不是从使用者的角度出发。对于大多数学生来说，毕业之后并不会成为专业的CPU设计人员、操作系统开发人员等，而是会成为软件开发工程师。对他们而言，最重要的是理解主流计算机系统的整体设计以及这些设计因素对于应用软件开发和运行的影响。

这本教材很好地克服了上述传统课程的不足，这也是当初北大计算机学科本科生教学改革时选择该教材的主要考量。其一，该教材系统地介绍了整个计算机系统的工作原理，可帮助学生系统性地理解计算机如何执行程序、存储信息和通信；其二，该教材非常强调实践，全书包括9个配套的实验，在这些实验中，学生需要攻破计算机系统、设计CPU、实现命令行解释器、根据缓存优化程序等，在新鲜有趣的实验中理解系统原理，培养动手能力；其三，该教材紧跟时代的发展，加入了x86-64指令集、Intel Core i7的虚拟地址结构、SSD磁盘、IPv6等新技术内容；其四，该教材从程序员的角度看待计算机系统，重点讨论系统的不同结构对于上层应用软件编写、执行和数据存储的影响，以培养程序员在更广阔空间应用计算机系统知识的能力。

基于该教材的北大“计算机系统导论”课程实施已有五年，得到了学生的广泛赞誉，学生们通过这门课程的学习建立了完整的计算机系统的知识体系和整体知识框架，养成了良好的编程习惯并获得了编写高性能、可移植和健壮的程序的能力，奠定了后续学习操作系统、编译、计算机体系结构等专业课程的基础。北大的教学实践表明，这是一本值得推荐采用的好教材。

该书的第3版相对于第2版进行了较大程度的修改和扩充。第3版从一开始就采用最新x86-64架构来贯穿各部分知识，在内存技术、网络技术上也有一系列更新，并且重组了之前的一些比较难懂的内容。我相信，该书的出版，将有助于国内计算机系统教学的进一步改进，为培养从事系统级创新的计算机人才奠定很好的基础。

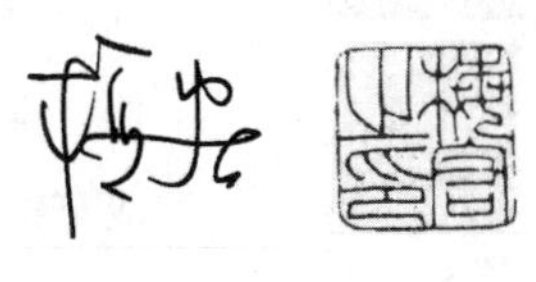

2016年10月8日

# 中文版序二

上海交通大学软件学院院长 /臧斌宇

2002年8月本书第1版首次印刷。一个月之后，我在复旦大学软件学院开设了"计算机系统基础"课程，成为国内第一个采用这本教材授课的老师。这本教材有四个特点。第一，涉及面广，覆盖了二进制、汇编、组成、体系结构、操作系统、网络与并发程序设计等计算机系统最重要的方面。第二，具有相当的深度，本书从程序出发逐步深入到系统领域的重要问题，而非点到为止，学完本书后读者可以很好地理解计算机系统的工作原理。第三，它是面向低年级学生的教材，在过去的教学体系中这本书所涉及的很多内容只能在高年级讲授，而本书通过合理的安排将计算机系统领域最核心的内容巧妙地展现给学生(例如，不需要掌握逻辑设计与硬件描述语言的完整知识，就可以体验处理器设计)。第四，本书配备了非常实用、有趣的实验。例如，模仿硬件仅用位操作完成复杂的运算，模仿 tracker 和 hacker 去破解密码以及攻击自身的程序，设计处理器，实现简单但功能强大的 Shell 和 Proxy 等。这些实验既强化了学生对书本知识的理解，也进一步激发了学生探究计算机系统的热情。

以低年级开设"深入理解计算机系统"课程为基础，我先后在复旦大学和上海交通大学软件学院主导了激进的教学改革。必修课时被大量压缩，现在软件工程专业必修课由问题求解、计算机系统基础、应用开发基础、软件工程四个模块9门课构成。其他传统的必修课如操作系统、编译原理、数字逻辑等都成为方向课。课程体系的变化，减少了学生修读课程的总数和总课时，因而为大幅度增加实验总量、提高实验难度和强度、增强实验的综合性和创新性提供了有力保障。现在我的课题组的青年教师全部是首批经历此项教学改革的学生。本科的扎实基础为他们从事系统软件研究打下了良好基础，他们实现了亚洲学术界在操作系统旗舰会议 SOSP 上论文发表零的突破，目前研究成果在国际上具有较大的影响力。师资力量的补充，又为全面推进更加激进的教学改革创造了条件。

本书的出版标志着国际上计算机教学进入了第三阶段。从历史来看，国际上计算机教学先后经历了三个主要阶段。第一阶段是上世纪70年代中期至80年代中期，那时理论、技术还不成熟，系统不稳定，因此教材主要围绕若干重要问题讲授不同流派的观点，学生解决实际问题的能力不强。第二阶段是上世纪80年代中期至本世纪初，当时计算机单机系统的理论和技术已逐步趋于成熟，主流系统稳定，因此教材主要围绕主流系统讲解理论和技术，学生的理论基础扎实，动手能力强。第三阶段从本世纪初开始，主要背景是随着互联网的兴起，信息技术开始渗透到人类工作和生活的方方面面。技术爆炸迫使教学者必须重构传统的以计算机单机系统为主导的课程体系。新的体系大面积调整了核心课程的内容。核心课程承担了帮助学生构建专业知识框架的任务，为学生在毕业后相当长时间内的专业发展奠定坚实基础。现在一般认为问题抽象、系统抽象和数据抽象是计算机类专业毕业生的核心能力。而本书担负起了系统抽象的重任，因此美国的很多高校都采用了该书作为计算机系统核心课程的教材。第三阶段的教材与第二阶段的教材是互补关系。第三阶段的教材主要强调坚实而宽广的基础，第二阶段的教材主要强调深入系统的专门知识，因此依然在本科高年级方向课和研究生专业课中占据重要地位。

上世纪80年代初，我国借鉴美国经验建立了自己的计算机教学体系并引进了大量教材。从21世纪初开始，一些学校开始借鉴美国第二阶段的教学方法，采用了部分第二阶段的著名教材，这些改革正在走向成熟并得以推广。2012年北京大学计算机专业采用本书作为教材后，采用本教材开设“计算机系统基础”课程的高校快速增加。以此为契机，国内的计算机教学也有望全面进入第三阶段。

本书的第3版完全按照x86-64系统进行改写。此外，第2版中删除了以x87呈现的浮点指令，在第3版中浮点指令又以标量AVX2的形式得以恢复。第3版更加强调并发，增加了较大篇幅用于讨论信号处理程序与主程序间并发时的正确性保障。总体而言，本书的三个版本在结构上没有太大变化，不同版本的出现主要是为了在细节上能够更好地反映技术的最新变化。

当然本书的某些部分对于初学者而言还是有些难以阅读。本书涉及大量重要概念，但一些概念首次亮相时并没有编排好顺序。例如寄存器的概念、汇编指令的顺序执行模式、PC的概念等对于初学者而言非常陌生，但这些介绍仅仅出现在第1章的总览中，而当第3章介绍汇编时完全没有进一步的展开就假设读者已经非常清楚这些概念。事实上这些概念原本就介绍得过于简单，短暂亮相之后又立即退场，相隔较长时间后，当这些概念再次登场时，初学者早已忘却了它们是什么。同样，第8章对进程、并发等概念的介绍也存在类似问题。因此，中文翻译版将配备导读部分，希望这些导读能够帮助初学者顺利阅读。

2016年10月15日

# 译者序

本书第1版出版于2003年，第2版出版于2011年，去年发行的已经是原书第3版了。第3版还是采用以下组合方式：在经典的x86架构机器上运行Linux操作系统，采用C语言编程。这样的组合经受住了时间的考验。这一版的一个明显变化就是从讲解IA32和x86-64转变为完全以x86-64为基础，相应地修改了第3、4、5、6和7章。同时，还改写了第2章，使之更易读、好懂；用近期的新技术更新了第6、11和12章。这些变化使得本书既和新技术保持了同步，又保留了描述系统本质的内容以及从程序员角度出发的特色。

除了翻译本书，我们也开始以本书为教材讲授"计算机系统基础"课程，对这本书的理解也随之越来越深入，意识到除了阅读之外，动手实践更是学习计算机系统的必经之路。本书的官网提供了很多实验作业(Lab Assignment)，其中不乏有趣且有一定难度的实验，比如Bomb Lab。有兴趣的读者除了阅读本书的内容之外，还应该试着去完成这些实验，让纸面上的内容在实际动手中得到巩固和加强。本书的官方博客也不断更新着有关这本书和配套课程的最新变化，这也是对本书的有益补充。

第3版从翻译的角度来说，我们尽量做到更流畅，更符合中文表达的习惯。对于一些术语，比如memory，以前怕出错就统一翻译成存储器，现在则尽可能地按照语境去区分，翻译成内存或者存储器。

在此，要感谢本书的编辑朱劼、姚蕾以及和静，有她们的支持、鼓励和耐心细致的工作，才能让本书如期与读者见面。

由于本书内容多，翻译时间紧迫，尽管我们尽量做到认真仔细，但还是难以避免出现错误和不尽如人意的地方。在此欢迎广大读者批评指正。我们也会一如既往地维护勘误表，及时在网上更新，方便大家阅读。中文版勘误网站的网址为https://icslab.whu.edu.cn/csapp3e/index.html。(另外，本版第1次印刷时，我们已经根据官网2016年3月1日前发布的勘误进行了修正，就不在中文勘误中再翻译了。)

龚奕利　贺莲

2016年5月于珞珈山

# 前言

本书（简称 CS:APP）的主要读者是计算机科学家、计算机工程师，以及那些想通过学习计算机系统的内在运作而能够写出更好程序的人。

我们的目的是解释所有计算机系统的本质概念，并向你展示这些概念是如何实实在在地影响应用程序的正确性、性能和实用性的。其他的系统类书籍都是从构建者的角度来写的，讲述如何实现硬件或系统软件，包括操作系统、编译器和网络接口。而本书是从程序员的角度来写的，讲述应用程序员如何能够利用系统知识来编写出更好的程序。当然，学习一个计算机系统应该做些什么，是学习如何构建一个计算机系统的很好的出发点，所以，对于希望继续学习系统软硬件实现的人来说，本书也是一本很有价值的介绍性读物。大多数系统书籍还倾向于重点关注系统的某一个方面，比如：硬件架构、操作系统、编译器或者网络。本书则以程序员的视角统一覆盖了上述所有方面的内容。

如果你研究和领会了这本书里的概念，你将开始成为极少数的“牛人”，这些“牛人”知道事情是如何运作的，也知道当事情出现故障时如何修复。你写的程序将能够更好地利用操作系统和系统软件提供的功能，对各种操作条件和运行时参数都能正确操作，运行起来更快，并能避免出现使程序容易受到网络攻击的缺陷。同时，你也要做好更深入探究的准备，研究像编译器、计算机体系结构、操作系统、嵌入式系统、网络互联和网络安全这样的高级题目。

## 读者应具备的背景知识

本书的重点是执行 x86-64 机器代码的系统。对英特尔及其竞争对手而言，x86-64 是他们自 1978 年起，以 8086 微处理器为代表，不断进化的最新成果。按照英特尔微处理器产品线的命名规则，这类微处理器俗称为“x86”。随着半导体技术的演进，单芯片上集成了更多的晶体管，这些处理器的计算能力和内存容量有了很大的增长。在这个过程中，它们从处理 16 位字，发展到引入 IA32 处理器处理 32 位字，再到最近的 x86-64 处理 64 位字。

我们考虑的是这些机器如何在 Linux 操作系统上运行 C 语言程序。Linux 是众多继承自最初由贝尔实验室开发的 Unix 的操作系统中的一种。这类操作系统的其他成员包括 Solaris、FreeBSD 和 MacOS X。近年来，由于 Posix 和标准 Unix 规范的标准化努力，这些操作系统保持了高度兼容性。因此，本书内容几乎直接适用于这些“类 Unix”操作系统。

文中包含大量已在 Linux 系统上编译和运行过的程序示例。我们假设你能访问一台这样的机器，并且能够登录，做一些诸如切换目录之类的简单操作。如果你的计算机运行的是 Microsoft Windows 系统，我们建议你选择安装一个虚拟机环境(例如 VirtualBox 或者 VMWare)，以便为一种操作系统(客户 OS)编写的程序能在另一种系统(宿主 OS)上运行。

我们还假设你对 C 和 C++有一定的了解。如果你以前只有 Java 经验，那么你需要付出更多的努力来完成这种转换，不过我们也会帮助你。Java 和 C 有相似的语法和控制语句。不过，有一些 C 语言的特性(特别是指针、显式的动态内存分配和格式化 I/O)在 Java 中都是没有的。所幸的是，C 是一个较小的语言，在 Brian Kernighan 和 Dennis Ritchie 经典的“K&R”文献中得到了清晰优美的描述[61]。无论你的编程背景如何，都应该考虑将 K&R 作为个人系统藏书的一部分。如果你只有使用解释性语言的经验，如Python、Ruby 或 Perl，那么在使用本书之前，需要花费一些时间来学习 C。

本书的前几章揭示了 C 语言程序和它们相对应的机器语言程序之间的交互作用。机器语言示例都是用运行在 x86-64 处理器上的 GNU GCC 编译器生成的。我们不需要你以前有任何硬件、机器语言或是汇编语言编程的经验。

**给 C 语言初学者　关于 C 编程语言的建议**

为了帮助 C 语言编程背景薄弱(或全无背景)的读者，我们在书中加入了这样一些专门的注释来突出 C 中一些特别重要的特性。我们假设你熟悉 C++或 Java。

## 如何阅读此书

从程序员的角度学习计算机系统是如何工作的会非常有趣，主要是因为你可以主动地做这件事情。无论何时你学到一些新的东西，都可以马上试验并且直接看到运行结果。事实上，我们相信学习系统的唯一方法就是做(do)系统，即在真正的系统上解决具体的问题，或是编写和运行程序。

这个主题观念贯穿全书。当引入一个新概念时，将会有一个或多个练习题紧随其后，你应该马上做一做来检验你的理解。这些练习题的解答在每章的末尾。当你阅读时，尝试自己来解答每个问题，然后再查阅答案，看自己的答案是否正确。除第 1 章外，每章后面都有难度不同的家庭作业。对每个家庭作业题，我们标注了难度级别：

* 只需要几分钟。几乎或完全不需要编程。

** 可能需要将近 20 分钟。通常包括编写和测试一些代码。(许多都源自我们在考试中出的题目。)

*** 需要很大的努力，也许是 1～2 个小时。一般包括编写和测试大量的代码。

**** 一个实验作业，需要将近 10 个小时。

文中每段代码示例都是由经过 GCC 编译的 C 程序直接生成并在 Linux 系统上进行了测试，没有任何人为的改动。当然，你的系统上 GCC 的版本可能不同，或者根本就是另外一种编译器，那么可能生成不一样的机器代码，但是整体行为表现应该是一样的。所有的源程序代码都可以从 csapp. cs. cmu. edu 上的 CS:APP 主页上获取。在本书中，源程序的文件名列在两条水平线的右边，水平线之间是格式化的代码。比如，图 1 中的程序能在 code/intro/ 目录下的 hello. c 文件中找到。当遇到这些示例程序时，我们鼓励你在自己的系统上试着运行它们。

*code/intro/hello.c*

```
1   #include <stdio.h>
2
3   int main()
4   {
5       printf("hello, world\n");
6       return 0;
7   }
```

*code/intro/hello.c*

图 1　一个典型的代码示例

为了避免本书体积过大、内容过多，我们添加了许多网络旁注(Web aside)，包括一些对本书主要内容的补充资料。本书中用 CHAP:TOP 这样的标记形式来引用这些旁注，这里 CHAP 是该章主题的缩写编码，而 TOP 是涉及的话题的缩写编码。例如，网络旁注 DATA:BOOL 包含对第 2 章中数据表示里面有关布尔代数内容的补充资料；而网络旁注 ARCH:VLOG 包含的是用 Verilog 硬件描述语言进行处理器设计的资料，是对第 4 章中处理器设计部分的补充。所有的网络旁注都可以从 CS:APP 的主页上获取。

**旁注　什么是旁注**

在整本书中，你将会遇到很多以这种形式出现的旁注。旁注是附加说明，能使你对当前讨论的主题多一些了解。旁注可以有很多用处。一些是小的历史故事。例如，C 语言、Linux 和 Internet 是从何而来的？有些旁注则是用来澄清学生们经常感到疑惑的问题。例如，高速缓存的行、组和块有什么区别？还有些旁注给出了一些现实世界的例子。例如，一个浮点错误怎么毁掉了法国的一枚火箭，或是给出市面上出售的一个磁盘驱动器的几何和运行参数。最后，还有一些旁注仅仅就是一些有趣的内容，例如，什么是“hoinky”？

## 本书概述

本书由 12 章组成，旨在阐述计算机系统的核心概念。内容概述如下：

- *第 1 章：计算机系统漫游。*这一章通过研究“hello，world”这个简单程序的生命周期，介绍计算机系统的主要概念和主题。
- *第 2 章：信息的表示和处理。*我们讲述了计算机的算术运算，重点描述了会对程序员有影响的无符号数和数的补码表示的特性。我们考虑数字是如何表示的，以及由此确定对于一个给定的字长，其可能编码值的范围。我们探讨有符号和无符号数字之间类型转换的效果，还阐述算术运算的数学特性。菜鸟级程序员经常很惊奇地了解到(用补码表示的)两个正数的和或者积可能为负。另一方面，补码的算术运算满足很多整数运算的代数特性，因此，编译器可以很安全地把一个常量乘法转化为一系列的移位和加法。我们用 C 语言的位级操作来说明布尔代数的原理和应用。我们从两个方面讲述了 IEEE 标准的浮点格式：一是如何用它来表示数值，一是浮点运算的数学属性。

  对计算机的算术运算有深刻的理解是写出可靠程序的关键。比如，程序员和编译器不能用表达式(x-y<0)来替代(x<y)，因为前者可能会产生溢出。甚至也不能用表达式(-y<-x)来替代，因为在补码表示中负数和正数的范围是不对称的。算术溢出是造成程序错误和安全漏洞的一个常见根源，然而很少有书从程序员的角度来讲述计算机算术运算的特性。
- *第 3 章：程序的机器级表示。*我们教读者如何阅读由 C 编译器生成的 x86-64 机器代码。我们说明为不同控制结构(比如条件、循环和开关语句)生成的基本指令模式。我们还讲述过程的实现，包括栈分配、寄存器使用惯例和参数传递。我们讨论不同数据结构(如结构、联合和数组)的分配和访问方式。我们还说明实现整数和浮点数算术运算的指令。我们还以分析程序在机器级的样子作为途径，来理解常见的代码安全漏洞(例如缓冲区溢出)，以及理解程序员、编译器和操作系统可以采取的减轻这些威胁的措施。学习本章的概念能够帮助读者成为更好的程序员，因为你们懂得程序在机器上是如何表示的。另外一个好处就在于读者会对指针有非常全面而具体的理解。
- *第 4 章：处理器体系结构。*这一章讲述基本的组合和时序逻辑元素，并展示这些元素如何在数据通路中组合到一起，来执行 x86-64 指令集的一个称为“Y86-64”的简化子集。我们从设计单时钟周期数据通路开始。这个设计概念上非常简单，但是运行速度不会太快。然后我们引入流水线的思想，将处理一条指令所需要的不同步骤实现为独立的阶段。这个设计中，在任何时刻，每个阶段都可以处理不同的指令。我们的五阶段处理器流水线更加实用。本章中处理器设计的控制逻辑是用一种称为 HCL 的简单硬件描述语言来描述的。用 HCL 写的硬件设计能够编译和链接到本书提供的模拟器中，还可以根据这些设计生成 Verilog 描述，它适合合成到实际可以运行的硬件上去。

- 第 5 章：*优化程序性能*。在这一章里，我们介绍了许多提高代码性能的技术，主要思想就是让程序员通过使编译器能够生成更有效的机器代码来学习编写 C 代码。我们一开始介绍的是减少程序需要做的工作的变换，这些是在任何机器上写任何程序时都应该遵循的。然后讲的是增加生成的机器代码中指令级并行度的变换，因而提高了程序在现代"超标量"处理器上的性能。为了解释这些变换行之有效的原理，我们介绍了一个简单的操作模型，它描述了现代乱序处理器是如何工作的，然后给出了如何根据一个程序的图形化表示中的关键路径来测量一个程序可能的性能。你会惊讶于对 C 代码做一些简单的变换能给程序带来多大的速度提升。
- 第 6 章：*存储器层次结构*。对应用程序员来说，存储器系统是计算机系统中最直接可见的部分之一。到目前为止，读者一直认同这样一个存储器系统概念模型，认为它是一个有一致访问时间的线性数组。实际上，存储器系统是一个由不同容量、造价和访问时间的存储设备组成的层次结构。我们讲述不同类型的随机存取存储器(RAM)和只读存储器(ROM)，以及磁盘和固态硬盘[⊖]的几何形状和组织构造。我们描述这些存储设备是如何放置在层次结构中的，讲述访问局部性是如何使这种层次结构成为可能的。我们通过一个独特的观点使这些理论具体化，那就是将存储器系统视为一个"存储器山"，山脊是时间局部性，而斜坡是空间局部性。最后，我们向读者阐述如何通过改善程序的时间局部性和空间局部性来提高应用程序的性能。
- 第 7 章：*链接*。本章讲述静态和动态链接，包括的概念有可重定位的和可执行的目标文件、符号解析、重定位、静态库、共享目标库、位置无关代码，以及库打桩。大多数讲述系统的书中都不讲链接，我们要讲述它是出于以下原因。第一，程序员遇到的最令人迷惑的问题中，有一些和链接时的小故障有关，尤其是对那些大型软件包来说。第二，链接器生成的目标文件是与一些像加载、虚拟内存和内存映射这样的概念相关的。
- 第 8 章：*异常控制流*。在本书的这个部分，我们通过介绍异常控制流(即除正常分支和过程调用以外的控制流的变化)的一般概念，打破单一程序的模型。我们给出存在于系统所有层次的异常控制流的例子，从底层的硬件异常和中断，到并发进程的上下文切换，到由于接收 Linux 信号引起的控制流突变，到 C 语言中破坏栈原则的非本地跳转。

  在这一章，我们介绍进程的基本概念，进程是对一个正在执行的程序的一种抽象。读者会学习进程是如何工作的，以及如何在应用程序中创建和操纵进程。我们

⊖ 直译应为固态驱动器，但固态硬盘一词已经被大家接受，所以沿用。——译者注

会展示应用程序员如何通过 Linux 系统调用来使用多个进程。学完本章之后，读者就能够编写带作业控制的 Linux shell 了。同时，这里也会向读者初步展示程序的并发执行会引起不确定的行为。

- 第 9 章：虚拟内存。我们讲述虚拟内存系统是希望读者对它是如何工作的以及它的特性有所了解。我们想让读者了解为什么不同的并发进程各自都有一个完全相同的地址范围，能共享某些页，而又独占另外一些页。我们还讲了一些管理和操纵虚拟内存的问题。特别地，我们讨论了存储分配操作，就像标准库的 malloc 和 free 操作。阐述这些内容是出于下面几个目的。它加强了这样一个概念，那就是虚拟内存空间只是一个字节数组，程序可以把它划分成不同的存储单元。它可以帮助读者理解当程序包含存储泄漏和非法指针引用等内存引用错误时的后果。最后，许多应用程序员编写自己的优化了的存储分配操作来满足应用程序的需要和特性。这一章比其他任何一章都更能展现将计算机系统中的硬件和软件结合起来阐述的优点。而传统的计算机体系结构和操作系统书籍都只讲述虚拟内存的某一方面。
- 第 10 章：系统级 I/O。我们讲述 Unix I/O 的基本概念，例如文件和描述符。我们描述如何共享文件，I/O 重定向是如何工作的，还有如何访问文件的元数据。我们还开发了一个健壮的带缓冲区的 I/O 包，可以正确处理一种称为 short counts 的奇特行为，也就是库函数只读取一部分的输入数据。我们阐述 C 的标准 I/O 库，以及它与 Linux I/O 的关系，重点谈到标准 I/O 的局限性，这些局限性使之不适合网络编程。总的来说，本章的主题是后面两章——网络和并发编程的基础。
- 第 11 章：网络编程。对编程而言，网络是非常有趣的 I/O 设备，它将许多我们前面文中学习的概念(比如进程、信号、字节顺序、内存映射和动态内存分配)联系在一起。网络程序还为下一章的主题——并发，提供了一个很令人信服的上下文。本章只是网络编程的一个很小的部分，使读者能够编写一个简单的 Web 服务器。我们还讲述位于所有网络程序底层的客户端-服务器模型。我们展现了一个程序员对 Internet 的观点，并且教读者如何用套接字接口来编写 Internet 客户端和服务器。最后，我们介绍超文本传输协议(HTTP)，并开发了一个简单的迭代式 Web 服务器。
- 第 12 章：并发编程。这一章以 Internet 服务器设计为例介绍了并发编程。我们比较对照了三种编写并发程序的基本机制(进程、I/O 多路复用和线程)，并且展示如何用它们来建造并发 Internet 服务器。我们探讨了用 $P$、$V$ 信号量操作来实现同步、线程安全和可重入、竞争条件以及死锁等的基本原则。对大多数服务器应用来说，写并发代码都是很关键的。我们还讲述了线程级编程的使用方法，用这种方法来表达应用程序中的并行性，使得程序在多核处理器上能执行得更快。使用所有的核解决同一个计算问题需要很小心谨慎地协调并发线程，既要保证正确性，又要争取获得高性能。

## 本版新增内容

本书的第1版于2003年出版，第2版在2011年出版。考虑到计算机技术发展如此迅速，这本书的内容还算是保持得很好。事实证明Intel x86的机器上运行Linux(以及相关操作系统)，加上采用C语言编程，是一种能够涵盖当今许多系统的组合。然而，硬件技术、编译器和程序库接口的变化，以及很多教师教授这些内容的经验，都促使我们做了大量的修改。

第2版以来的最大整体变化是，我们的介绍从以IA32和x86-64为基础，转变为完全以x86-64为基础。这种重心的转移影响了很多章节的内容。下面列出一些明显的变化：

- 第1章。我们将第5章对Amdahl定理的讨论移到了本章。
- 第2章。读者和评论家的反馈是一致的，本章的一些内容有点令人不知所措。因此，我们澄清了一些知识点，用更加数学的方式来描述，使得这些内容更容易理解。这使得读者能先略过数学细节，获得高层次的总体概念，然后回过头来进行更细致深入的阅读。
- 第3章。我们将之前基于IA32和x86-64的表现形式转换为完全基于x86-64，还更新了近期版本GCC产生的代码。其结果是大量的重写工作，包括修改了一些概念提出的顺序。同时，我们还首次介绍了对处理浮点数据的程序的机器级支持。由于历史原因，我们给出了一个网络旁注描述IA32机器码。
- 第4章。我们将之前基于32位架构的处理器设计修改为支持64位字和操作的设计。
- 第5章。我们更新了内容以反映最近几代x86-64处理器的性能。通过引入更多的功能单元和更复杂的控制逻辑，我们开发的基于程序数据流表示的程序性能模型，其性能预测变得比之前更加可靠。
- 第6章。我们对内容进行了更新，以反映更多的近期技术。
- 第7章。针对x86-64，我们重写了本章，扩充了关于用GOT和PLT创建位置无关代码的讨论，新增了一节描述更加强大的链接技术，比如库打桩。
- 第8章。我们增加了对信号处理程序更细致的描述，包括异步信号安全的函数，编写信号处理程序的具体指导原则，以及用sigsuspend等待处理程序。
- 第9章。本章变化不大。
- 第10章。我们新增了一节说明文件和文件的层次结构，除此之外，本章的变化不大。
- 第11章。我们介绍了采用最新getaddrinfo和getnameinfo函数的、与协议无关和线程安全的网络编程，取代过时的、不可重入的gethostbyname和gethostbyaddr函数。

- 第 12 章。我们扩充了利用线程级并行性使得程序在多核机器上更快运行的内容。

此外，我们还增加和修改了很多练习题和家庭作业。

## 本书的起源

本书起源于 1998 年秋季，我们在卡内基-梅隆(CMU)大学开设的一门编号为 15-213 的介绍性课程：计算机系统导论(Introduction to Computer System，ICS)[14]。从那以后，每学期都开设了 ICS 这门课程，每学期有超过 400 名学生上课，这些学生从本科二年级到硕士研究生都有，所学专业也很广泛。这门课程是卡内基-梅隆大学计算机科学系(CS)以及电子和计算机工程系(ECE)所有本科生的必修课，也是 CS 和 ECE 大多数高级系统课程的先行必修课。

ICS 这门课程的宗旨是用一种不同的方式向学生介绍计算机。因为，我们的学生中几乎没有人有机会亲自去构造一个计算机系统。另一方面，大多数学生，甚至包括所有的计算机科学家和计算机工程师，也需要日常使用计算机和编写计算机程序。所以我们决定从程序员的角度来讲解系统，并采用这样的原则过滤要讲述的内容：我们只讨论那些影响用户级 C 语言程序的性能、正确性或实用性的主题。

比如，我们排除了诸如硬件加法器和总线设计这样的主题。虽然我们谈及了机器语言，但是重点并不在于如何手工编写汇编语言，而是关注 C 语言编译器是如何将 C 语言的结构翻译成机器代码的，包括编译器是如何翻译指针、循环、过程调用以及开关(switch)语句的。更进一步地，我们将更广泛和全盘地看待系统，包括硬件和系统软件，涵盖了包括链接、加载、进程、信号、性能优化、虚拟内存、I/O 以及网络与并发编程等在内的主题。

这种做法使得我们讲授 ICS 课程的方式对学生来讲既实用、具体，还能动手操作，同时也非常能调动学生的积极性。很快地，我们收到来自学生和教职工非常热烈而积极的反响，我们意识到卡内基-梅隆大学以外的其他人也可以从我们的方法中获益。因此，这本书从 ICS 课程的笔记中应运而生了，而现在我们对它做了修改，使之能够反映科学技术以及计算机系统实现中的变化和进步。

通过本书的多个版本和多种语言译本，ICS 和许多相似课程已经成为世界范围内数百所高校的计算机科学和计算机工程课程的一部分。

## 写给指导教师们：可以基于本书的课程

指导教师可以使用本书来讲授五种不同类型的系统课程(见图 2)。具体每门课程则有赖于课程大纲的要求、个人喜好、学生的背景和能力。图中的课程从左往右越来越强调以程序员的角度来看待系统。以下是简单的描述。

- **ORG**：一门以非传统风格讲述传统主题的计算机组成原理课程。传统的主题包括逻辑设计、处理器体系结构、汇编语言和存储器系统，然而这里更多地强调了对程序员的影响。例如，要反过来考虑数据表示对C语言程序的数据类型和操作的影响。又例如，对汇编代码的讲解是基于C语言编译器产生的机器代码，而不是手工编写的汇编代码。
- **ORG+**：一门特别强调硬件对应用程序性能影响的ORG课程。和ORG课程相比，学生要更多地学习代码优化和改进C语言程序的内存性能。
- **ICS**：基本的ICS课程，旨在培养一类程序员，他们能够理解硬件、操作系统和编译系统对应用程序的性能和正确性的影响。和ORG+课程的一个显著不同是，本课程不涉及低层次的处理器体系结构。相反，程序员只同现代乱序处理器的高级模型打交道。ICS课程非常适合安排到一个10周的小学期，如果期望步调更从容一些，也可以延长到一个15周的学期。
- **ICS+**：在基本的ICS课程基础上，额外论述一些系统编程的问题，比如系统级I/O、网络编程和并发编程。这是卡内基-梅隆大学的一门一学期时长的课程，会讲述本书中除了低级处理器体系结构以外的所有章。
- **SP**：一门系统编程课程。和ICS+课程相似，但是剔除了浮点和性能优化的内容，更加强调系统编程，包括进程控制、动态链接、系统级I/O、网络编程和并发编程。指导教师可能会想从其他渠道对某些高级主题做些补充，比如守护进程(daemon)、终端控制和Unix IPC(进程间通信)。

图2要表达的主要信息是本书给了学生和指导教师多种选择。如果你希望学生更多地

| 章号 | 主题 | 课程 | | | | |
|---|---|---|---|---|---|---|
| | | ORG | ORG+ | ICS | ICS+ | SP |
| 1 | 系统漫游 | • | • | • | • | • |
| 2 | 数据表示 | • | • | • | • | ⊙ (d) |
| 3 | 机器语言 | • | • | • | • | • |
| 4 | 处理器体系结构 | • | • | | | |
| 5 | 代码优化 | | • | • | • | |
| 6 | 存储器层次结构 | ⊙ (a) | • | • | • | ⊙ (a) |
| 7 | 链接 | | | ⊙ (c) | ⊙ (c) | • |
| 8 | 异常控制流 | | | • | • | • |
| 9 | 虚拟内存 | ⊙ (b) | • | • | • | • |
| 10 | 系统级I/O | | | | • | • |
| 11 | 网络编程 | | | | • | • |
| 12 | 并发编程 | | | | • | • |

图2　五类基于本书的课程

注：符号⊙表示覆盖部分章节，其中：(a)只有硬件；(b)无动态存储分配；(c)无动态链接；(d)无浮点数。ICS+是卡内基-梅隆的15-213课程。

了解低层次的处理器体系结构，那么通过 ORG 和 ORG＋课程可以达到目的。另一方面，如果你想将当前的计算机组成原理课程转换成 ICS 或者 ICS＋课程，但是又对突然做这样剧烈的变化感到担心，那么你可以逐步递增转向 ICS 课程。你可以从 OGR 课程开始，它以一种非传统的方式教授传统的问题。一旦你对这些内容感到驾轻就熟了，就可以转到 ORG＋，最终转到 ICS。如果学生没有 C 语言的经验(比如他们只用 Java 编写过程序)，你可以花几周的时间在 C 语言上，然后再讲述 ORG 或者 ICS 课程的内容。

最后，我们认为 ORG＋和 SP 课程适合安排为两期(两个小学期或者两个学期)。或者你可以考虑按照一期 ICS 和一期 SP 的方式来教授 ICS＋课程。

## 写给指导教师们：经过课堂验证的实验练习

ICS＋课程在卡内基-梅隆大学得到了学生很高的评价。学生对这门课程的评价，中值分数一般为 5.0/5.0，平均分数一般为 4.6/5.0。学生们说这门课非常有趣，令人兴奋，主要就是因为相关的实验练习。这些实验练习可以从 CS:APP 的主页上获得。下面是本书提供的一些实验的示例。

- 数据实验。这个实验要求学生实现简单的逻辑和算术运算函数，但是只能使用一个非常有限的 C 语言子集。比如，只能用位级操作来计算一个数字的绝对值。这个实验可帮助学生了解 C 语言数据类型的位级表示，以及数据操作的位级行为。
- 二进制炸弹实验。二进制炸弹是一个作为目标代码文件提供给学生的程序。运行时，它提示用户输入 6 个不同的字符串。如果其中的任何一个不正确，炸弹就会“爆炸”，打印出一条错误消息，并且在一个打分服务器上记录事件日志。学生必须通过对程序反汇编和逆向工程来测定应该是哪 6 个串，从而解除各自炸弹的雷管。该实验能教会学生理解汇编语言，并且强制他们学习怎样使用调试器。
- 缓冲区溢出实验。它要求学生通过利用一个缓冲区溢出漏洞，来修改一个二进制可执行文件的运行时行为。这个实验可教会学生栈的原理，并让他们了解写那种易于遭受缓冲区溢出攻击的代码的危险性。
- 体系结构实验。第 4 章的几个家庭作业能够组合成一个实验作业，在实验中，学生修改处理器的 HCL 描述，增加新的指令，修改分支预测策略，或者增加、删除旁路路径和寄存器端口。修改后的处理器能够被模拟，并通过运行自动化测试检测出大多数可能的错误。这个实验使学生能够体验处理器设计中令人激动的部分，而不需要掌握逻辑设计和硬件描述语言的完整知识。
- 性能实验。学生必须优化应用程序的核心函数(比如卷积积分或矩阵转置)的性能。这个实验可非常清晰地表明高速缓存的特性，并带给学生低级程序优化的经验。

- cache 实验。这个实验类似于性能实验，学生编写一个通用高速缓存模拟器，并优化小型矩阵转置核心函数，以最小化对模拟的高速缓存的不命中次数。我们使用 Valgrind 为矩阵转置核心函数生成真实的地址访问记录。
- shell 实验。学生实现他们自己的带有作业控制的 Unix shell 程序，包括 Ctrl+C 和 Ctrl+Z 按键，`fg`、`bg` 和 `jobs` 命令。这是学生第一次接触并发，并且让他们对 Unix 的进程控制、信号和信号处理有清晰的了解。
- `malloc` 实验。学生实现他们自己的 `malloc`、`free` 和 `realloc`（可选）版本。这个实验可让学生们清晰地理解数据的布局和组织，并且要求他们评估时间和空间效率的各种权衡及折中。
- 代理实验。实现一个位于浏览器和万维网其他部分之间的并行 Web 代理。这个实验向学生们揭示了 Web 客户端和服务器这样的主题，并且把课程中的许多概念联系起来，比如字节排序、文件 I/O、进程控制、信号、信号处理、内存映射、套接字和并发。学生很高兴能够看到他们的程序在真实的 Web 浏览器和 Web 服务器之间起到的作用。

CS:APP 的教师手册中有对实验的详细讨论，还有关于下载支持软件的说明。

## 第 3 版的致谢

很荣幸在此感谢那些帮助我们完成本书第 3 版的人们。

我们要感谢卡内基-梅隆大学的同事们，他们已经教授了 ICS 课程多年，并提供了富有见解的反馈意见，给了我们极大的鼓励：Guy Blelloch、Roger Dannenberg、David Eckhardt、Franz Franchetti、Greg Ganger、Seth Goldstein、Khaled Harras、Greg Kesden、Bruce Maggs、Todd Mowry、Andreas Nowatzyk、Frank Pfenning、Markus Pueschel 和 Anthony Rowe。David Winters 在安装和配置参考 Linux 机器方面给予了我们很大的帮助。

Jason Fritts（圣路易斯大学，St. Louis University）和 Cindy Norris（阿帕拉契州立大学，Appalachian State）对第 2 版提供了细致周密的评论。龚奕利（武汉大学，Wuhan University）翻译了中文版，并为其维护勘误，同时还贡献了一些错误报告。Godmar Back（弗吉尼亚理工大学，Virginia Tech）向我们介绍了异步信号安全以及与协议无关的网络编程，帮助我们显著提升了本书质量。

非常感谢目光敏锐的读者们，他们报告了第 2 版中的错误：Rami Ammari、Paul Anagnostopoulos、Lucas Bärenfänger、Godmar Back、Ji Bin、Sharbel Bousemaan、Richard Callahan、Seth Chaiken、Cheng Chen、Libo Chen、Tao Du、Pascal Garcia、Yili Gong、

Ronald Greenberg、Dorukhan Gülöz、Dong Han、Dominik Helm、Ronald Jones、Mustafa Kazdagli、Gordon Kindlmann、Sankar Krishnan、Kanak Kshetri、Junlin Lu、Qiangqiang Luo、Sebastian Luy、Lei Ma、Ashwin Nanjappa、Gregoire Paradis、Jonas Pfenninger、Karl Pichotta、David Ramsey、Kaustabh Roy、David Selvaraj、Sankar Shanmugam、Dominique Smulkowska、Dag Sørbø、Michael Spear、Yu Tanaka、Steven Tricanowicz、Scott Wright、Waiki Wright、Han Xu、Zhengshan Yan、Firo Yang、Shuang Yang、John Ye、Taketo Yoshida、Yan Zhu 和 Michael Zink。

还要感谢对实验做出贡献的读者，他们是：Godmar Back(弗吉尼亚理工大学，Virginia Tech)、Taymon Beal(伍斯特理工学院，Worcester Polytechnic Institute)、Aran Clauson(西华盛顿大学，Western Washington University)、Cary Gray(威顿学院，Wheaton College)、Paul Haiduk(德州农机大学，West Texas A&M University)、Len Hamey(麦考瑞大学，Macquarie University)、Eddie Kohler(哈佛大学，Harvard)、Hugh Lauer(伍斯特理工学院，Worcester Polytechnic Institute)、Robert Marmorstein(朗沃德大学，Longwood University)和 James Riely(德保罗大学，DePaul University)。

再次感谢 Windfall 软件公司的 Paul Anagnostopoulos 在本书排版和先进的制作过程中所做的精湛工作。非常感谢 Paul 和他的优秀团队：Richard Camp(文字编辑)、Jennifer McClain(校对)、Laurel Muller(美术制作)以及 Ted Laux(索引制作)。Paul 甚至找出了我们对缩写 BSS 的起源描述中的一个错误，这个错误从第 1 版起一直没有被发现！

最后，我们要感谢 Prentice Hall 出版社的朋友们。Marcia Horton 和我们的编辑 Matt Goldstein 一直坚定不移地给予我们支持和鼓励，非常感谢他们。

## 第 2 版的致谢

我们深深地感谢那些帮助我们写出 CS:APP 第 2 版的人们。

首先，我们要感谢在卡内基-梅隆大学教授 ICS 课程的同事们，感谢你们见解深刻的反馈意见和鼓励：Guy Blelloch、Roger Dannenberg、David Eckhardt、Greg Ganger、Seth Goldstein、Greg Kesden、Bruce Maggs、Todd Mowry、Andreas Nowatzyk、Frank Pfenning 和 Markus Pueschel。

还要感谢报告第 1 版勘误的目光敏锐的读者们：Daniel Amelang、Rui Baptista、Quarup Barreirinhas、Michael Bombyk、Jörg Brauer、Jordan Brough、Yixin Cao、James Caroll、Rui Carvalho、Hyoung-Kee Choi、Al Davis、Grant Davis、Christian Dufour、Mao Fan、Tim Freeman、Inge Frick、Max Gebhardt、Jeff Goldblat、Thomas Gross、Anita Gupta、John Hampton、Hiep

Hong、Greg Israelsen、Ronald Jones、Haudy Kazemi、Brian Kell、Constantine Kousoulis、Sacha Krakowiak、Arun Krishnaswamy、Martin Kulas、Michael Li、Zeyang Li、Ricky Liu、Mario Lo Conte、Dirk Maas、Devon Macey、Carl Marcinik、Will Marrero、Simone Martins、Tao Men、Mark Morrissey、Venkata Naidu、Bhas Nalabothula、Thomas Niemann、Eric Peskin、David Po、Anne Rogers、John Ross、Michael Scott、Seiki、Ray Shih、Darren Shultz、Erik Silkensen、Suryanto、Emil Tarazi、Nawanan Theera-Ampornpunt、Joe Trdinich、Michael Trigoboff、James Troup、Martin Vopatek、Alan West、Betsy Wolff、Tim Wong、James Woodruff、Scott Wright、Jackie Xiao、Guanpeng Xu、Qing Xu、Caren Yang、Yin Yongsheng、Wang Yuanxuan、Steven Zhang 和 Day Zhong。特别感谢 Inge Frick，他发现了我们加锁复制(lock-and-copy)例子中一个极不明显但很深刻的错误，还要特别感谢 Ricky Liu，他的校对水平真的很高。

我们 Intel 实验室的同事 Andrew Chien 和 Limor Fix 在本书的写作过程中一直非常支持。非常感谢 Steve Schlosser 提供了一些关于磁盘驱动器的总结描述，Casey Helfrich 和 Michael Ryan 安装并维护了新的 Core i7 机器。Michael Kozuch、Babu Pillai 和 Jason Campbell 对存储器系统性能、多核系统和能量墙问题提出了很有价值的见解。Phil Gibbons 和 Shimin Chen 跟我们分享了大量关于固态硬盘设计的专业知识。

我们还有机会邀请了 Wen-Mei Hwu、Markus Pueschel 和 Jiri Simsa 这样的高人给予了一些针对具体问题的意见和高层次的建议。James Hoe 帮助我们写了 Y86 处理器的 Verilog 描述，还完成了所有将设计合成到可运行的硬件上的工作。

非常感谢审阅本书草稿的同事们：James Archibald(百翰杨大学，Brigham Young University)、Richard Carver(乔治梅森大学，George Mason University)、Mirela Damian(维拉诺瓦大学，Villanova University)、Peter Dinda(西北大学)、John Fiore(坦普尔大学，Temple University)、Jason Fritts(圣路易斯大学，St. Louis University)、John Greiner(莱斯大学)、Brian Harvey(加州大学伯克利分校)、Don Heller(宾夕法利亚州立大学)、Wei Chung Hsu(明尼苏达大学)、Michelle Hugue(马里兰大学)、Jeremy Johnson(德雷克塞尔大学，Drexel University)、Geoff Kuenning(哈维马德学院，Harvey Mudd College)、Ricky Liu、Sam Madden(麻省理工学院)、Fred Martin(马萨诸塞大学洛厄尔分校，University of Massachusetts，Lowell)、Abraham Matta(波士顿大学)、Markus Pueschel(卡内基-梅隆大学)、Norman Ramsey(塔夫茨大学，Tufts University)、Glenn Reinmann(加州大学洛杉矶分校)、Michela Taufer(特拉华大学，University of Delaware)和 Craig Zilles(伊利诺伊大学香槟分校)。

Windfall 软件公司的 Paul Anagnostopoulos 出色地完成了本书的排版，并领导了制作团队。非常感谢 Paul 和他超棒的团队：Rick Camp(文字编辑)、Joe Snowden(排版)、

MaryEllen N. Oliver(校对)、Laurel Muller(美术)和 Ted Laux(索引制作)。

最后，我们要感谢 Prentice Hall 出版社的朋友们。Marcia Horton 总是支持着我们。我们的编辑 Matt Goldstein 由始至终表现出了一流的领导才能。我们由衷地感谢他们的帮助、鼓励和真知灼见。

## 第 1 版的致谢

我们衷心地感谢那些给了我们中肯批评和鼓励的众多朋友及同事。特别感谢我们 15-213 课程的学生们，他们充满感染力的精力和热情鞭策我们前行。Nick Carter 和 Vinny Furia 无私地提供了他们的 malloc 程序包。

Guy Blelloch、Greg Kesden、Bruce Maggs 和 Todd Mowry 已教授此课多个学期，他们给了我们鼓励并帮助改进课程内容。Herb Derby 提供了早期的精神指导和鼓励。Allan Fisher、Garth Gibson、Thomas Gross、Satya、Peter Steenkiste 和 Hui Zhang 从一开始就鼓励我们开设这门课程。Garth 早期给的建议促使本书的工作得以开展，并且在 Allan Fisher 领导的小组的帮助下又细化和修订了本书的工作。Mark Stehlik 和 Peter Lee 提供了极大的支持，使得这些内容成为本科生课程的一部分。Greg Kesden 针对 ICS 在操作系统课程上的影响提供了有益的反馈意见。Greg Ganger 和 Jiri Schindler 提供了一些磁盘驱动的描述说明，并回答了我们关于现代磁盘的疑问。Tom Striker 向我们展示了存储器山的比喻。James Hoe 在处理器体系结构方面提出了很多有用的建议和反馈。

有一群特殊的学生极大地帮助我们发展了这门课程的内容，他们是 Khalil Amiri、Angela Demke Brown、Chris Colohan、Jason Crawford、Peter Dinda、Julio Lopez、Bruce Lowekamp、Jeff Pierce、Sanjay Rao、Balaji Sarpeshkar、Blake Scholl、Sanjit Seshia、Greg Steffan、Tiankai Tu、Kip Walker 和 Yinglian Xie。尤其是 Chris Colohan 建立了愉悦的氛围并持续到今天，还发明了传奇般的“二进制炸弹”，这是一个对教授机器语言代码和调试概念非常有用的工具。

Chris Bauer、Alan Cox、Peter Dinda、Sandhya Dwarkadis、John Greiner、Bruce Jacob、Barry Johnson、Don Heller、Bruce Lowekamp、Greg Morrisett、Brian Noble、Bobbie Othmer、Bill Pugh、Michael Scott、Mark Smotherman、Greg Steffan 和 Bob Wier 花费了大量时间阅读此书的早期草稿，并给予我们建议。特别感谢 Peter Dinda(西北大学)、John Greiner(莱茨大学)、Wei Hsu(明尼苏达大学)、Bruce Lowekamp(威廉 & 玛丽大学)、Bobbie Othmer(明尼苏达大学)、Michael Scott(罗彻斯特大学)和 Bob Wier(落基山学院)在教学中测试此书的试用版。同样特别感谢他们的学生们!

我们还要感谢 Prentice Hall 出版社的同事。感谢 Marcia Horton、Eric Frank 和 Harold Stone 不懈的支持和远见。Harold 还帮我们提供了对 RISC 和 CISC 处理器体系结构准确的历史观点。Jerry Ralya 有惊人的见识，并教会了我们很多如何写作的知识。

最后，我们衷心感谢伟大的技术作家 Brian Kernighan 以及后来的 W. Richard Stevens，他们向我们证明了技术书籍也能写得如此优美。

谢谢你们所有的人。

Randal E. Bryant

David R. O'Hallaron

于匹兹堡，宾夕法尼亚州

# 关于作者

**Randal E. Bryant** 1973年于密歇根大学获得学士学位，随即就读于麻省理工学院研究生院，并在1981年获计算机科学博士学位。他在加州理工学院做了三年助教，从1984年至今一直是卡内基-梅隆大学的教师。这其中有五年的时间，他是计算机科学系主任，有十年的时间是计算机科学学院院长。他现在是计算机科学学院的院长、教授。他同时还受邀任职于电子与计算机工程系。

他教授本科生和研究生计算机系统方面的课程近40年。在讲授计算机体系结构课程多年后，他开始把关注点从如何设计计算机转移到程序员如何在更好地了解系统的情况下编写出更有效和更可靠的程序。他和O'Hallaron教授一起在卡内基-梅隆大学开设了15-213课程“计算机系统导论”，那便是此书的基础。他还教授一些有关算法、编程、计算机网络、分布式系统和VLSI(超大规模集成电路)设计方面的课程。

Bryant教授的主要研究内容是设计软件工具来帮助软件和硬件设计者验证其系统正确性。其中，包括几种类型的模拟器，以及用数学方法来证明设计正确性的形式化验证工具。他发表了150多篇技术论文。包括Intel、IBM、Fujitsu和Microsoft在内的主要计算机制造商都使用着他的研究成果。他还因他的研究获得过数项大奖。其中包括Semiconductor Research Corporation颁发的两个发明荣誉奖和一个技术成就奖，ACM颁发的Kanellakis理论与实践奖，还有IEEE颁发的W. R. G. Baker奖、Emmanuel Piore奖和Phil Kaufman奖。他还是ACM院士、IEEE院士、美国国家工程院院士和美国人文与科学研究院院士。

**David R. O'Hallaron** 卡内基-梅隆大学计算机科学和电子与计算机工程系教授。在弗吉尼亚大学获得计算机科学博士学位，2007～2010年为Intel匹兹堡实验室主任。

20年来，他教授本科生和研究生计算机系统方面的课程，例如计算机体系结构、计算机系统导论、并行处理器设计和Internet服务。他和Bryant教授一起在卡内基-梅隆大学开设了作为本书基础的“计算机系统导论”课程。2004年他获得了卡内基-梅隆大学计算机科学学院颁发的Herbert Simon杰出教学奖，这个奖项的获得者是基于学生的投票产生的。

O'Hallaron 教授从事计算机系统领域的研究，主要兴趣在于科学计算、数据密集型计算和虚拟化方面的软件系统。其中最著名的是 Quake 项目，该项目是一群计算机科学家、土木工程师和地震学家为提高对强烈地震中大地运动的预测能力而开发的。2003 年，他同 Quake 项目中其他成员一起获得了高性能计算领域中的最高国际奖项——Gordon Bell 奖。他目前的工作重点是自动评测，即评价其他程序质量的程序。

# 目录

CONTENTS

## 第二部分
## **在系统上运行程序**

# 第三部分
# 程序间的交互和通信

# 第1章
CHAPTER 1

# 计算机系统漫游

计算机系统是由硬件和系统软件组成的，它们共同工作来运行应用程序。虽然系统的具体实现方式随着时间不断变化，但是系统内在的概念却没有改变。所有计算机系统都有相似的硬件和软件组件，它们又执行着相似的功能。一些程序员希望深入了解这些组件是如何工作的以及这些组件是如何影响程序的正确性和性能的，以此来提高自身的技能。本书便是为这些读者而写的。

现在就要开始一次有趣的漫游历程了。如果你全力投身学习本书中的概念，完全理解底层计算机系统以及它对应用程序的影响，那么你会步上成为为数不多的“大牛”的道路。

你将会学习一些实践技巧，比如如何避免由计算机表示数字的方式引起的奇怪的数字错误。你将学会怎样通过一些小窍门来优化自己的C代码，以充分利用现代处理器和存储器系统的设计。你将了解编译器是如何实现过程调用的，以及如何利用这些知识来避免缓冲区溢出错误带来的安全漏洞，这些弱点给网络和因特网软件带来了巨大的麻烦。你将学会如何识别和避免链接时那些令人讨厌的错误，它们困扰着普通的程序员。你将学会如何编写自己的Unix shell、自己的动态存储分配包，甚至于自己的Web服务器。你会认识并发带来的希望和陷阱，这个主题随着单个芯片上集成了多个处理器核变得越来越重要。

在Kernighan和Ritchie的关于C编程语言的经典教材[61]中，他们通过图1-1中所示的hello程序来向读者介绍C。尽管hello程序非常简单，但是为了让它实现运行，系统的每个主要组成部分都需要协调工作。从某种意义上来说，本书的目的就是要帮助你了解当你在系统上执行hello程序时，系统发生了什么以及为什么会这样。

*code/intro/hello.c*

```
1   #include <stdio.h>
2
3   int main()
4   {
5       printf("hello, world\n");
6       return 0;
7   }
```

*code/intro/hello.c*

图1-1　hello程序(来源：[60])

我们通过跟踪hello程序的生命周期来开始对系统的学习——从它被程序员创建开始，到在系统上运行，输出简单的消息，然后终止。我们将沿着这个程序的生命周期，简要地介绍一些逐步出现的关键概念、专业术语和组成部分。后面的章节将围绕这些内容展开。

## 1.1　信息就是位＋上下文

hello程序的生命周期是从一个*源程序*(或者说*源文件*)开始的，即程序员通过编辑器创建并保存的文本文件，文件名是hello.c。源程序实际上就是一个由值0和1组成的位(又称为比特)序列，8个位被组织成一组，称为*字节*。每个字节表示程序中的某些文本字符。

大部分的现代计算机系统都使用ASCII标准来表示文本字符，这种方式实际上就是用一个唯一的单字节大小的整数值⊖来表示每个字符。比如，图1-2中给出了hello.c程序的ASCII码表示。

| # | i | n | c | l | u | d | e | *SP* | < | s | t | d | i | o | . |
|---|---|---|---|---|---|---|---|---|---|---|---|---|---|---|---|
| 35 | 105 | 110 | 99 | 108 | 117 | 100 | 101 | 32 | 60 | 115 | 116 | 100 | 105 | 111 | 46 |
| h | > | \n | \n | i | n | t | *SP* | m | a | i | n | ( | ) | \n | { |
| 104 | 62 | 10 | 10 | 105 | 110 | 116 | 32 | 109 | 97 | 105 | 110 | 40 | 41 | 10 | 123 |
| \n | *SP* | *SP* | *SP* | *SP* | p | r | i | n | t | f | ( | " | h | e | l |
| 10 | 32 | 32 | 32 | 32 | 112 | 114 | 105 | 110 | 116 | 102 | 40 | 34 | 104 | 101 | 108 |
| l | o | , | *SP* | w | o | r | l | d | \ | n | " | ) | ; | \n | *SP* |
| 108 | 111 | 44 | 32 | 119 | 111 | 114 | 108 | 100 | 92 | 110 | 34 | 41 | 59 | 10 | 32 |
| *SP* | *SP* | *SP* | r | e | t | u | r | n | *SP* | 0 | ; | \n | } | \n | |
| 32 | 32 | 32 | 114 | 101 | 116 | 117 | 114 | 110 | 32 | 48 | 59 | 10 | 125 | 10 | |

图1-2　hello.c的ASCII文本表示

hello.c程序是以字节序列的方式储存在文件中的。每个字节都有一个整数值，对应于某些字符。例如，第一个字节的整数值是35，它对应的就是字符“#”。第二个字节的整数值为105，它对应的字符是‘i’，依此类推。注意，每个文本行都是以一个看不见的换行符‘\n’来结束的，它所对应的整数值为10。像hello.c这样只由ASCII字符构成的文件称为*文本文件*，所有其他文件都称为*二进制文件*。

hello.c的表示方法说明了一个基本思想：系统中所有的信息——包括磁盘文件、内存中的程序、内存中存放的用户数据以及网络上传送的数据，都是由一串比特表示的。区分不同数据对象的唯一方法是我们读到这些数据对象时的上下文。比如，在不同的上下文中，一个同样的字节序列可能表示一个整数、浮点数、字符串或者机器指令。

作为程序员，我们需要了解数字的机器表示方式，因为它们与实际的整数和实数是不同的。它们是对真值的有限近似值，有时候会有意想不到的行为表现。这方面的基本原理将在第2章中详细描述。

**旁注　C编程语言的起源**

C语言是贝尔实验室的Dennis Ritchie于1969年～1973年间创建的。美国国家标准学会(American National Standards Institute，ANSI)在1989年颁布了ANSI C的标准，后来C语言的标准化成了国际标准化组织(International Standards Organization，ISO)的责任。这些标准定义了C语言和一系列函数库，即所谓的**C标准库**。Kernighan和Ritchie在他们的经典著作中描述了ANSI C，这本著作被人们满怀感情地称为“K&R”[61]。用Ritchie的话来说[92]，C语言是“古怪的、有缺陷的，但同时也是一个巨大的成功”。为什么会成功呢?

- **C语言与Unix操作系统关系密切。**C从一开始就是作为一种用于Unix系统的程序语言开发出来的。大部分Unix内核(操作系统的核心部分)，以及所有支撑工具和函数库都是用C语言编写的。20世纪70年代后期到80年代初期，Unix风行于高等院校，许多人开始接触C语言并喜欢上它。因为Unix几乎全部是用C编写的，它可以很方便地移植到新的机器上，这种特点为C和Unix赢得了更为广泛的支持。

⊖　有其他编码方式用于表示非英语类语言文本。具体讨论参见2.1.4节的旁注。

- **C 语言小而简单**。C 语言的设计是由一个人而非一个协会掌控的，因此这是一个简洁明了、没有什么冗赘的设计。K&R 这本书用大量的例子和练习描述了完整的 C 语言及其标准库，而全书不过 261 页。C 语言的简单使它相对而言易于学习，也易于移植到不同的计算机上。
- **C 语言是为实践目的设计的**。C 语言是为实现 Unix 操作系统设计的。后来，其他人发现能够用这门语言无障碍地编写他们想要的程序。

C 语言是系统级编程的首选，同时它也非常适用于应用级程序的编写。然而，它也并非适用于所有的程序员和所有的情况。C 语言的指针是造成程序员困惑和程序错误的一个常见原因。同时，C 语言还缺乏对非常有用的抽象的显式支持，例如类、对象和异常。像 C++ 和 Java 这样针对应用级程序的新程序语言解决了这些问题。

## 1.2 程序被其他程序翻译成不同的格式

hello 程序的生命周期是从一个高级 C 语言程序开始的，因为这种形式能够被人读懂。然而，为了在系统上运行 hello.c 程序，每条 C 语句都必须被其他程序转化为一系列的低级机器语言指令。然后这些指令按照一种称为可执行目标程序的格式打好包，并以二进制磁盘文件的形式存放起来。目标程序也称为可执行目标文件。

在 Unix 系统上，从源文件到目标文件的转化是由编译器驱动程序完成的：

```
linux> gcc -o hello hello.c
```

在这里，GCC 编译器驱动程序读取源程序文件 hello.c，并把它翻译成一个可执行目标文件 hello。这个翻译过程可分为四个阶段完成，如图 1-3 所示。执行这四个阶段的程序(预处理器、编译器、汇编器和链接器)一起构成了编译系统(compilation system)。

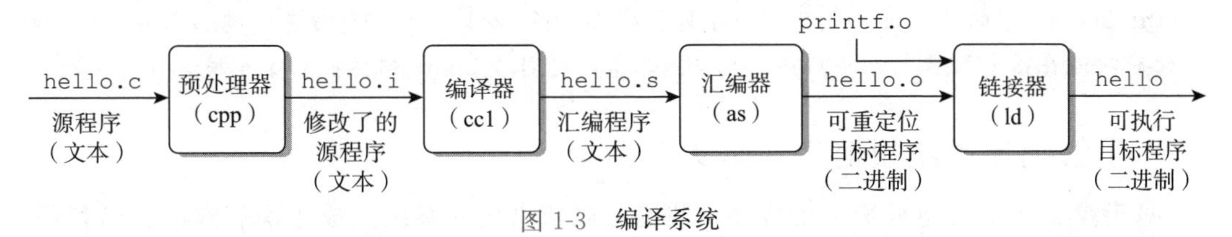


图 1-3 编译系统

- 预处理阶段。预处理器(cpp)根据以字符#开头的命令，修改原始的 C 程序。比如 hello.c 中第 1 行的#include <stdio.h> 命令告诉预处理器读取系统头文件 stdio.h 的内容，并把它直接插入程序文本中。结果就得到了另一个 C 程序，通常是以.i 作为文件扩展名。
- 编译阶段。编译器(cc1)将文本文件 hello.i 翻译成文本文件 hello.s，它包含一个汇编语言程序。该程序包含函数 main 的定义，如下所示：

```
1   main:
2     subq    $8, %rsp
3     movl    $.LC0, %edi
4     call    puts
5     movl    $0, %eax
6     addq    $8, %rsp
7     ret
```

定义中 2~7 行的每条语句都以一种文本格式描述了一条低级机器语言指令。汇编语言是非常有用的，因为它为不同高级语言的不同编译器提供了通用的输出语言。例如，C编译器和Fortran编译器产生的输出文件用的都是一样的汇编语言。

- 汇编阶段。接下来，汇编器(as)将 `hello.s` 翻译成机器语言指令，把这些指令打包成一种叫做可重定位目标程序(relocatable object program)的格式，并将结果保存在目标文件 `hello.o` 中。`hello.o` 文件是一个二进制文件，它包含的17个字节是函数 `main` 的指令编码。如果我们在文本编辑器中打开 `hello.o` 文件，将看到一堆乱码。
- 链接阶段。请注意，`hello` 程序调用了 `printf` 函数，它是每个C编译器都提供的标准C库中的一个函数。`printf` 函数存在于一个名为 `printf.o` 的单独的预编译好了的目标文件中，而这个文件必须以某种方式合并到我们的 `hello.o` 程序中。链接器(ld)就负责处理这种合并。结果就得到 `hello` 文件，它是一个可执行目标文件(或者简称为可执行文件)，可以被加载到内存中，由系统执行。

**旁注　GNU项目**

GCC是GNU(GNU是GNU's Not Unix的缩写)项目开发出来的众多有用工具之一。GNU项目是1984年由Richard Stallman发起的一个公益项目。该项目的目标非常宏大，就是开发出一个完整的类Unix的系统，其源代码能够不受限制地被修改和传播。GNU项目已经开发出了一个包含Unix操作系统的所有主要部件的环境，但内核除外，内核是由Linux项目独立发展而来的。GNU环境包括EMACS编辑器、GCC编译器、GDB调试器、汇编器、链接器、处理二进制文件的工具以及其他一些部件。GCC编译器已经发展到支持许多不同的语言，能够为许多不同的机器生成代码。支持的语言包括C、C++、Fortran、Java、Pascal、Objective-C和Ada。

GNU项目取得了非凡的成绩，但是却常常被忽略。现代开源运动(通常和Linux联系在一起)的思想起源是GNU项目中自由软件(free software)的概念。(此处的free为自由言论(free speech)中的“自由”之意，而非免费啤酒(free beer)中的“免费”之意。)而且，Linux如此受欢迎在很大程度上还要归功于GNU工具，它们给Linux内核提供了环境。

## 1.3　了解编译系统如何工作是大有益处的

对于像 `hello.c` 这样简单的程序，我们可以依靠编译系统生成正确有效的机器代码。但是，有一些重要的原因促使程序员必须知道编译系统是如何工作的。

- 优化程序性能。现代编译器都是成熟的工具，通常可以生成很好的代码。作为程序员，我们无须为了写出高效代码而去了解编译器的内部工作。但是，为了在C程序中做出好的编码选择，我们确实需要了解一些机器代码以及编译器将不同的C语句转化为机器代码的方式。比如，一个 `switch` 语句是否总是比一系列的 `if-else` 语句高效得多？一个函数调用的开销有多大？`while` 循环比 `for` 循环更有效吗？指针引用比数组索引更有效吗？为什么将循环求和的结果放到一个本地变量中，会比将其放到一个通过引用传递过来的参数中，运行起来快很多呢？为什么我们只是简单地重新排列一下算术表达式中的括号就能让函数运行得更快？

  在第3章中，我们将介绍x86-64，最近几代Linux、Macintosh和Windows计算机的机器语言。我们会讲述编译器是怎样把不同的C语言结构翻译成这种机器语言的。在第5章中，你将学习如何通过简单转换C语言代码，帮助编译器更好地完成工作，从而调整C程序的性能。在第6章中，你将学习存储器系统的层次结构特性，C语言编译器如何将数组存放在内存中，以及C程序又是如何能够利用这些知识从而更高效地运行。

- **理解链接时出现的错误。** 根据我们的经验，一些最令人困扰的程序错误往往都与链接器操作有关，尤其是当你试图构建大型的软件系统时。比如，链接器报告说它无法解析一个引用，这是什么意思？静态变量和全局变量的区别是什么？如果你在不同的C文件中定义了名字相同的两个全局变量会发生什么？静态库和动态库的区别是什么？我们在命令行上排列库的顺序有什么影响？最严重的是，为什么有些链接错误直到运行时才会出现？在第7章中，你将得到这些问题的答案。
- **避免安全漏洞。** 多年来，缓冲区溢出错误是造成大多数网络和Internet服务器上安全漏洞的主要原因。存在这些错误是因为很少有程序员能够理解需要限制从不受信任的源接收数据的数量和格式。学习安全编程的第一步就是理解数据和控制信息存储在程序栈上的方式会引起的后果。作为学习汇编语言的一部分，我们将在第3章中描述堆栈原理和缓冲区溢出错误。我们还将学习程序员、编译器和操作系统可以用来降低攻击威胁的方法。

## 1.4　处理器读并解释储存在内存中的指令

此刻，hello.c源程序已经被编译系统翻译成了可执行目标文件hello，并被存放在磁盘上。要想在Unix系统上运行该可执行文件，我们将它的文件名输入到称为shell的应用程序中：

```
linux> ./hello
hello, world
linux>
```

shell是一个命令行解释器，它输出一个提示符，等待输入一个命令行，然后执行这个命令。如果该命令行的第一个单词不是一个内置的shell命令，那么shell就会假设这是一个可执行文件的名字，它将加载并运行这个文件。所以在此例中，shell将加载并运行hello程序，然后等待程序终止。hello程序在屏幕上输出它的消息，然后终止。shell随后输出一个提示符，等待下一个输入的命令行。

### 1.4.1　系统的硬件组成

为了理解运行hello程序时发生了什么，我们需要了解一个典型系统的硬件组织，如图1-4所示。这张图是近期Intel系统产品族的模型，但是所有其他系统也有相同的外观和特性。现在不要担心这张图很复杂——我们将在本书分阶段对其进行详尽的介绍。

**1. 总线**

贯穿整个系统的是一组电子管道，称作*总线*，它携带信息字节并负责在各个部件间传递。通常总线被设计成传送定长的字节块，也就是*字*(word)。字中的字节数(即*字长*)是一个基本的系统参数，各个系统中都不尽相同。现在的大多数机器字长要么是4个字节(32位)，要么是8个字节(64位)。本书中，我们不对字长做任何固定的假设。相反，我们将在需要明确定义的上下文中具体说明一个“字”是多大。

**2. I/O设备**

I/O(输入/输出)设备是系统与外部世界的联系通道。我们的示例系统包括四个I/O设备：作为用户输入的键盘和鼠标，作为用户输出的显示器，以及用于长期存储数据和程序的磁盘驱动器(简单地说就是磁盘)。最开始，可执行程序hello就存放在磁盘上。

每个I/O设备都通过一个*控制器*或*适配器*与I/O总线相连。控制器和适配器之间的区别主要在于它们的封装方式。控制器是 I/O 设备本身或者系统的主印制电路板(通常称作主板)上的芯片组。而适配器则是一块插在主板插槽上的卡。无论如何，它们的功能都是在 I/O 总线和 I/O 设备之间传递信息。

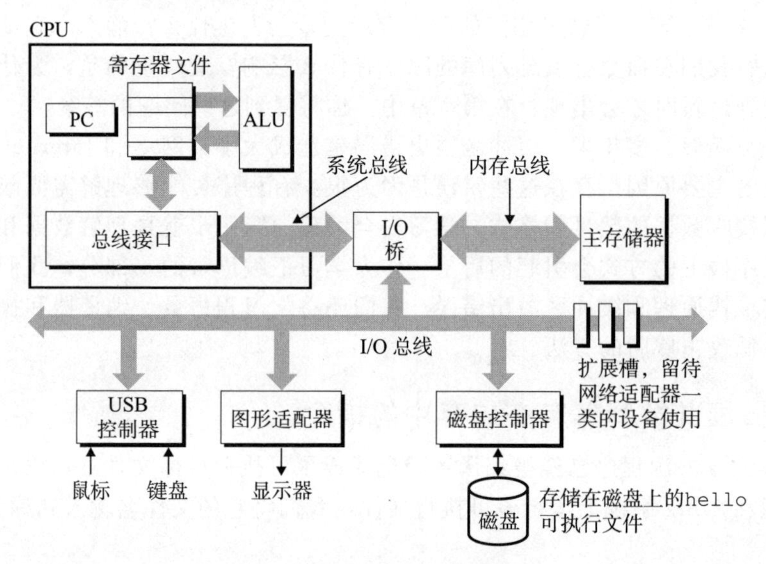


图 1-4　一个典型系统的硬件组成

CPU：中央处理单元；ALU：算术/逻辑单元；PC：程序计数器；USB：通用串行总线

第 6 章会更多地说明磁盘之类的 I/O 设备是如何工作的。在第 10 章中，你将学习如何在应用程序中利用 Unix I/O 接口访问设备。我们将特别关注网络类设备，不过这些技术对于其他设备来说也是通用的。

### 3. 主存

主存是一个临时存储设备，在处理器执行程序时，用来存放程序和程序处理的数据。从物理上来说，主存是由一组动态随机存取存储器(DRAM)芯片组成的。从逻辑上来说，存储器是一个线性的字节数组，每个字节都有其唯一的地址(数组索引)，这些地址是从零开始的。一般来说，组成程序的每条机器指令都由不同数量的字节构成。与 C 程序变量相对应的数据项的大小是根据类型变化的。比如，在运行 Linux 的 x86-64 机器上，short 类型的数据需要 2 个字节，int 和 float 类型需要 4 个字节，而 long 和 double 类型需要 8 个字节。

第 6 章将具体介绍存储器技术，比如 DRAM 芯片是如何工作的，它们又是如何组合起来构成主存的。

### 4. 处理器

中央处理单元(CPU)，简称处理器，是解释(或执行)存储在主存中指令的引擎。处理器的核心是一个大小为一个字的存储设备(或寄存器)，称为程序计数器(PC)。在任何时刻，PC 都指向主存中的某条机器语言指令(即含有该条指令的地址)。㊀

从系统通电开始，直到系统断电，处理器一直在不断地执行程序计数器指向的指令，再更新程序计数器，使其指向下一条指令。处理器看上去是按照一个非常简单的指令执行模型来操作的，这个模型是由指令集架构决定的。在这个模型中，指令按照严格的顺序执行，而执行一条指令包含执行一系列的步骤。处理器从程序计数器指向的内存处读取指

㊀ PC 也普遍地被用来作为“个人计算机”的缩写。然而，两者之间的区别应该可以很清楚地从上下文中看出来。

令，解释指令中的位，执行该指令指示的简单操作，然后更新 PC，使其指向下一条指令，而这条指令并不一定和在内存中刚刚执行的指令相邻。

这样的简单操作并不多，它们围绕着主存、*寄存器文件*(register file)和*算术/逻辑单元*(ALU)进行。寄存器文件是一个小的存储设备，由一些单个字长的寄存器组成，每个寄存器都有唯一的名字。ALU 计算新的数据和地址值。下面是一些简单操作的例子，CPU 在指令的要求下可能会执行这些操作。

- *加载*：从主存复制一个字节或者一个字到寄存器，以覆盖寄存器原来的内容。
- *存储*：从寄存器复制一个字节或者一个字到主存的某个位置，以覆盖这个位置上原来的内容。
- *操作*：把两个寄存器的内容复制到 ALU，ALU 对这两个字做算术运算，并将结果存放到一个寄存器中，以覆盖该寄存器中原来的内容。
- *跳转*：从指令本身中抽取一个字，并将这个字复制到程序计数器(PC)中，以覆盖 PC 中原来的值。

处理器看上去是它的指令集架构的简单实现，但是实际上现代处理器使用了非常复杂的机制来加速程序的执行。因此，我们将处理器的指令集架构和处理器的*微体系结构*区分开来：指令集架构描述的是每条机器代码指令的效果；而微体系结构描述的是处理器实际上是如何实现的。在第 3 章研究机器代码时，我们考虑的是机器的指令集架构所提供的抽象性。第 4 章将更详细地介绍处理器实际上是如何实现的。第 5 章用一个模型说明现代处理器是如何工作的，从而能预测和优化机器语言程序的性能。

### 1.4.2　运行 hello 程序

前面简单描述了系统的硬件组成和操作，现在开始介绍当我们运行示例程序时到底发生了些什么。在这里必须省略很多细节，稍后会做补充，但是现在我们将很满意于这种整体上的描述。

初始时，shell 程序执行它的指令，等待我们输入一个命令。当我们在键盘上输入字符串“./hello”后，shell 程序将字符逐一读入寄存器，再把它存放到内存中，如图 1-5 所示。

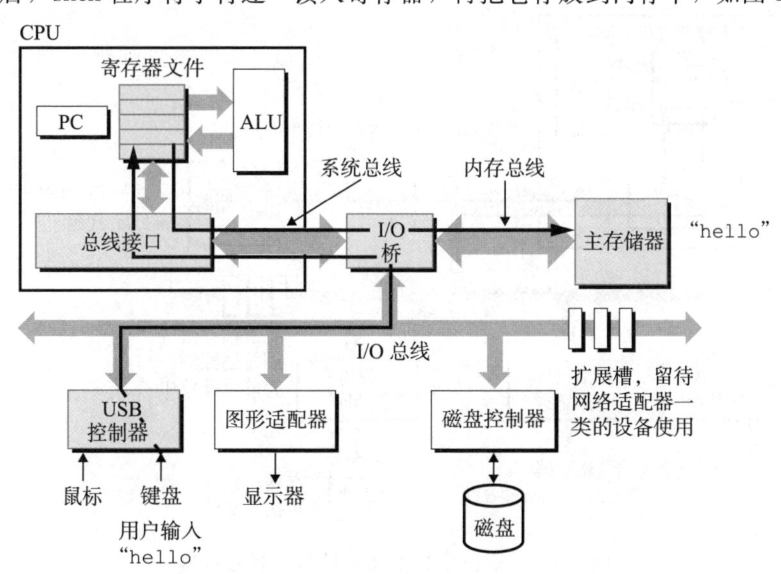


图 1-5　从键盘上读取 hello 命令

当我们在键盘上敲回车键时，shell 程序就知道我们已经结束了命令的输入。然后 shell 执行一系列指令来加载可执行的 hello 文件，这些指令将 hello 目标文件中的代码和数据从磁盘复制到主存。数据包括最终会被输出的字符串“hello, world\n”。

利用直接存储器存取(DMA，将在第 6 章中讨论)技术，数据可以不通过处理器而直接从磁盘到达主存。这个步骤如图 1-6 所示。

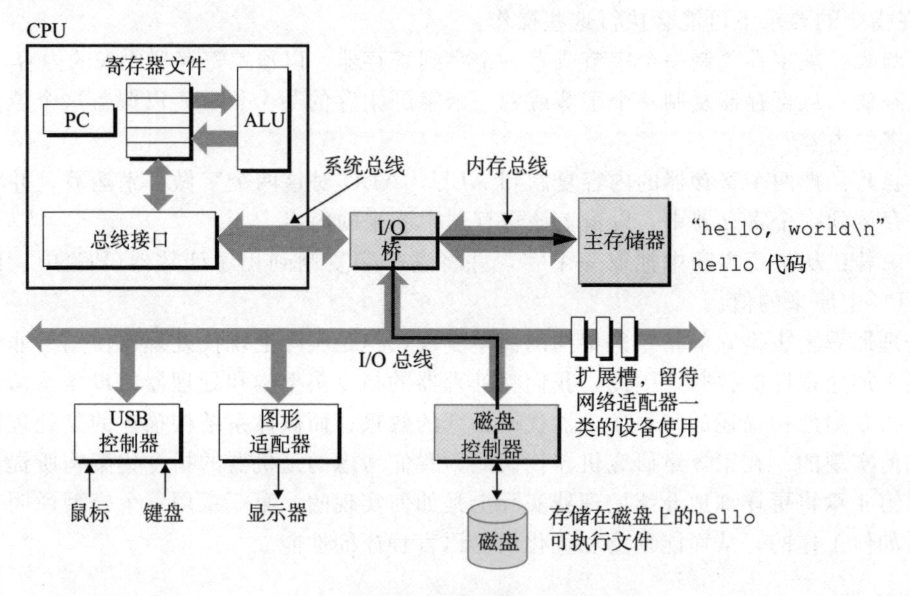


图 1-6　从磁盘加载可执行文件到主存

一旦目标文件 hello 中的代码和数据被加载到主存，处理器就开始执行 hello 程序的 main 程序中的机器语言指令。这些指令将“hello, world\n”字符串中的字节从主存复制到寄存器文件，再从寄存器文件中复制到显示设备，最终显示在屏幕上。这个步骤如图 1-7 所示。

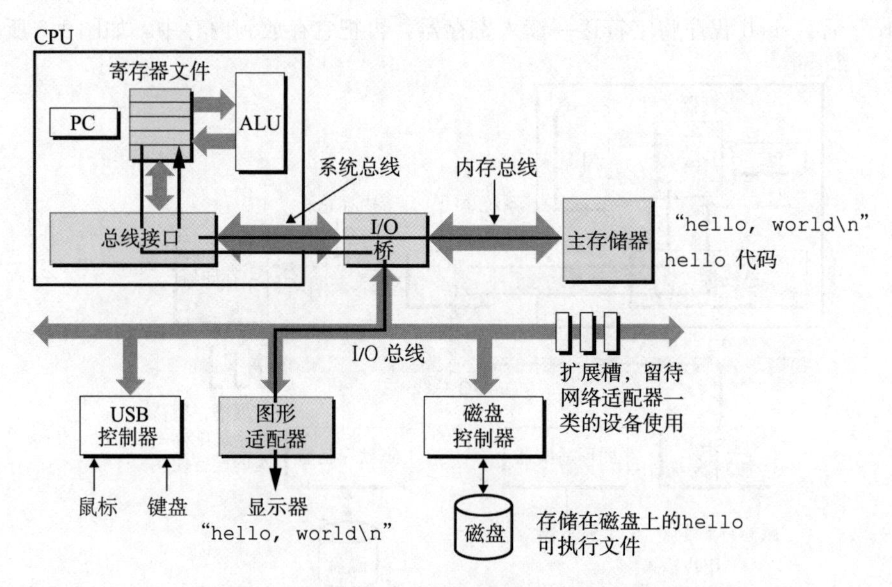


图 1-7　将输出字符串从存储器写到显示器

## 1.5　高速缓存至关重要

这个简单的示例揭示了一个重要的问题，即系统花费了大量的时间把信息从一个地方挪到另一个地方。hello 程序的机器指令最初是存放在磁盘上，当程序加载时，它们被复制到主存；当处理器运行程序时，指令又从主存复制到处理器。相似地，数据串“hello, world\n”开始时在磁盘上，然后被复制到主存，最后从主存上复制到显示设备。从程序员的角度来看，这些复制就是开销，减慢了程序“真正”的工作。因此，系统设计者的一个主要目标就是使这些复制操作尽可能快地完成。

根据机械原理，较大的存储设备要比较小的存储设备运行得慢，而快速设备的造价远高于同类的低速设备。比如说，一个典型系统上的磁盘驱动器可能比主存大 1000 倍，但是对处理器而言，从磁盘驱动器上读取一个字的时间开销要比从主存中读取的开销大 1000 万倍。

类似地，一个典型的寄存器文件只存储几百字节的信息，而主存里可存放几十亿字节。然而，处理器从寄存器文件中读数据比从主存中读取几乎要快 100 倍。更麻烦的是，随着这些年半导体技术的进步，这种*处理器与主存之间的差距*还在持续增大。加快处理器的运行速度比加快主存的运行速度要容易和便宜得多。

针对这种处理器与主存之间的差异，系统设计者采用了更小更快的存储设备，称为*高速缓存存储器*(cache memory，简称为 cache 或高速缓存)，作为暂时的集结区域，存放处理器近期可能会需要的信息。图 1-8 展示了一个典型系统中的高速缓存存储器。位于处理器芯片上的 L1 *高速缓存*的容量可以达到数万字节，访问速度几乎和访问寄存器文件一样快。一个容量为数十万到数百万字节的更大的 L2 *高速缓存*通过一条特殊的总线连接到处理器。进程访问 L2 高速缓存的时间要比访问 L1 高速缓存的时间长 5 倍，但是这仍然比访问主存的时间快 5～10 倍。L1 和 L2 高速缓存是用一种叫做*静态随机访问存储器*(SRAM)的硬件技术实现的。比较新的、处理能力更强大的系统甚至有三级高速缓存：L1、L2 和 L3。系统可以获得一个很大的存储器，同时访问速度也很快，原因是利用了高速缓存的*局部性*原理，即程序具有访问局部区域里的数据和代码的趋势。通过让高速缓存里存放可能经常访问的数据，大部分的内存操作都能在快速的高速缓存中完成。

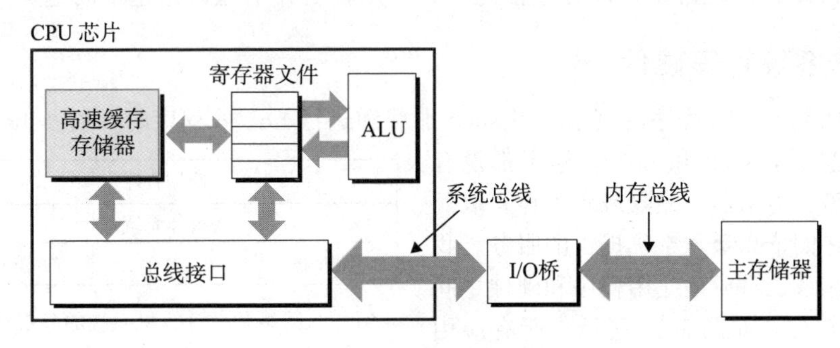


图 1-8　高速缓存存储器

本书得出的重要结论之一就是，意识到高速缓存存储器存在的应用程序员能够利用高速缓存将程序的性能提高一个数量级。你将在第 6 章里学习这些重要的设备以及如何利用它们。

## 1.6　存储设备形成层次结构

在处理器和一个较大较慢的设备(例如主存)之间插入一个更小更快的存储设备(例如高速缓存)的想法已经成为一个普遍的观念。实际上，每个计算机系统中的存储设备都被组织成了一个存储器层次结构，如图 1-9 所示。在这个层次结构中，从上至下，设备的访问速度越来越慢、容量越来越大，并且每字节的造价也越来越便宜。寄存器文件在层次结构中位于最顶部，也就是第 0 级或记为 L0。这里我们展示的是三层高速缓存 L1 到 L3，占据存储器层次结构的第 1 层到第 3 层。主存在第 4 层，以此类推。

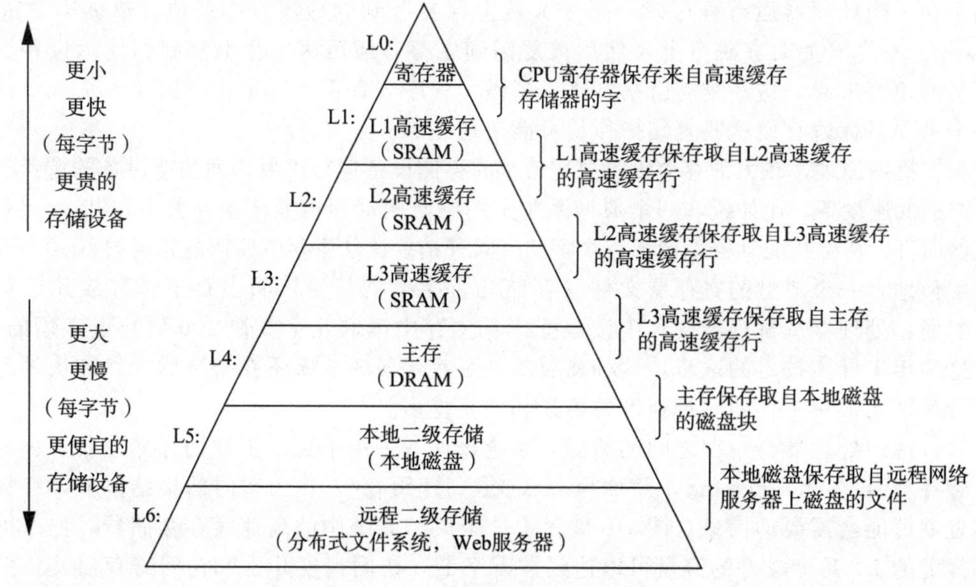


图 1-9　一个存储器层次结构的示例

存储器层次结构的主要思想是上一层的存储器作为低一层存储器的高速缓存。因此，寄存器文件就是 L1 的高速缓存，L1 是 L2 的高速缓存，L2 是 L3 的高速缓存，L3 是主存的高速缓存，而主存又是磁盘的高速缓存。在某些具有分布式文件系统的网络系统中，本地磁盘就是存储在其他系统中磁盘上的数据的高速缓存。

正如可以运用不同的高速缓存的知识来提高程序性能一样，程序员同样可以利用对整个存储器层次结构的理解来提高程序性能。第 6 章将更详细地讨论这个问题。

## 1.7　操作系统管理硬件

让我们回到 hello 程序的例子。当 shell 加载和运行 hello 程序时，以及 hello 程序输出自己的消息时，shell 和 hello 程序都没有直接访问键盘、显示器、磁盘或者主存。取而代之的是，它们依靠操作系统提供的服务。我们可以把操作系统看成是应用程序和硬件之间插入的一层软件，如图 1-10 所示。所有应用程序对硬件的操作尝试都必须通过操作系统。

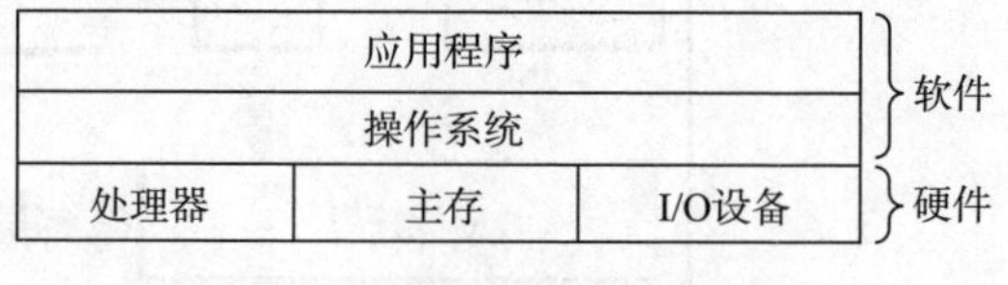


图 1-10　计算机系统的分层视图

操作系统有两个基本功能：(1)防止硬件被失控的应用程序滥用；(2)向应用程序提供简单一致的机制来控制复杂而又通常大不相同的低级硬件设备。操作系统通过几个基本的抽象概念(进程、虚拟内存和文件)来实现这两个功能。如图 1-11 所示，文件是对

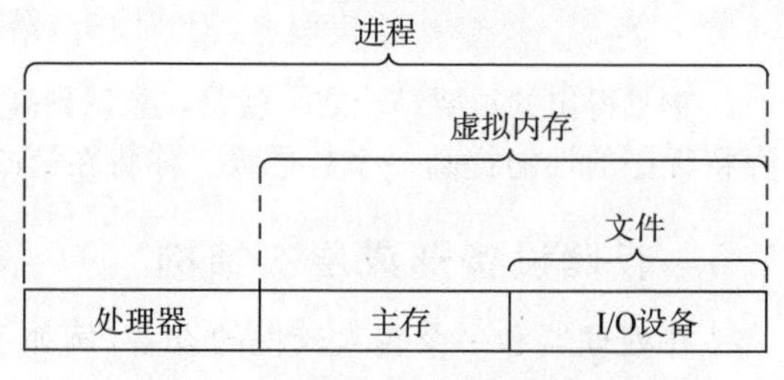


图 1-11　操作系统提供的抽象表示

I/O 设备的抽象表示，虚拟内存是对主存和磁盘 I/O 设备的抽象表示，进程则是对处理器、主存和 I/O 设备的抽象表示。我们将依次讨论每种抽象表示。

**旁注 Unix、Posix 和标准 Unix 规范**

20 世纪 60 年代是大型、复杂操作系统盛行的年代，比如 IBM 的 OS/360 和 Honeywell 的 Multics 系统。OS/360 是历史上最成功的软件项目之一，而 Multics 虽然持续存在了多年，却从来没有被广泛应用过。贝尔实验室曾经是 Multics 项目的最初参与者，但是因为考虑到该项目的复杂性和缺乏进展而于 1969 年退出。鉴于 Multics 项目不愉快的经历，一群贝尔实验室的研究人员——Ken Thompson、Dennis Ritchie、Doug McIlroy 和 Joe Ossanna，从 1969 年开始在 DEC PDP-7 计算机上完全用机器语言编写了一个简单一些的操作系统。这个新系统中的很多思想，比如层次化文件系统、作为用户级进程的 shell 概念，都是来自于 Multics，只不过在一个更小、更简单的程序包里实现。1970 年，Brian Kernighan 给新系统命名为"Unix"，这也是一个双关语，暗指"Multics"的复杂性。1973 年用 C 重新编写其内核，1974 年，Unix 开始正式对外发布[93]。

贝尔实验室以优惠的条件向学校提供源代码，所以 Unix 在高校里获得了很多支持并得以持续发展。最有影响的工作发生在 20 世纪 70 年代晚期到 80 年代早期，在美国加州大学伯克利分校，研究人员在一系列发布版本中增加了虚拟内存和 Internet 协议，称为 Unix 4. xBSD(Berkeley Software Distribution)。与此同时，贝尔实验室也在发布自己的版本，称为 System V Unix。其他厂商的版本，比如 Sun Microsystems 的 Solaris 系统，则是从这些原始的 BSD 和 System V 版本中衍生而来。

20 世纪 80 年代中期，Unix 厂商试图通过加入新的、往往不兼容的特性来使它们的程序与众不同，麻烦也就随之而来了。为了阻止这种趋势，IEEE(电气和电子工程师协会)开始努力制定 Unix 的规范，后来由 Richard Stallman 命名为"Posix"。结果就得到了一系列的标准，称作 Posix 标准。这套标准涵盖了很多方面，比如 Unix 系统调用的 C 语言接口、shell 程序和工具、线程及网络编程。最近，一个被称为"标准 Unix 规范"的独立标准化工作，与 Posix 合力创建了一个统一的 Unix 系统标准。这些标准化工作的结果是 Unix 版本之间的差异已经基本消失。

### 1.7.1 进程

像 `hello` 这样的程序在现代系统上运行时，操作系统会提供一种假象，就好像系统上只有这个程序在运行。程序看上去是独占地使用处理器、主存和 I/O 设备。处理器看上去就像在不间断地一条接一条地执行程序中的指令，即该程序的代码和数据是系统内存中唯一的对象。这些假象是通过进程的概念来实现的，进程是计算机科学中最重要和最成功的概念之一。

进程是操作系统对一个正在运行的程序的一种抽象。在一个系统上可以同时运行多个进程，而每个进程都好像在独占地使用硬件。而并发运行，则是说一个进程的指令和另一个进程的指令是交错执行的。在大多数系统中，需要运行的进程数是多于可以运行它们的 CPU 个数的。传统系统在一个时刻只能执行一个程序，而先进的多核处理器同时能够执行多个程序。无论是在单核还是多核系统中，一个 CPU 看上去都像是在并发地执行多个进程，这是通过处理器在进程间切换来实现的。操作系统实现这种交错执行的机制称为上下文切换。为了简化讨论，我们只考虑包含一个 CPU 的单处理器系统的情况。我们会在 1.9.2 节中讨论多处理器系统。

操作系统保持跟踪进程运行所需的所有状态信息。这种状态，也就是上下文，包括许多信息，比如 PC 和寄存器文件的当前值，以及主存的内容。在任何一个时刻，单处理器系统都只能执行一个进程的代码。当操作系统决定要把控制权从当前进程转移到某个新进程时，就会进行*上下文切换*，即保存当前进程的上下文、恢复新进程的上下文，然后将控制权传递到新进程。新进程就会从它上次停止的地方开始。图 1-12 展示了示例 hello 程序运行场景的基本理念。

示例场景中有两个并发的进程：shell 进程和 hello 进程。最开始，只有 shell 进程在运行，即等待命令行上的输入。当我们让它运行 hello 程序时，shell 通过调用一个专门的函数，即系统调用，来执行我们的请求，系统调用会将控制权传递给操作系统。操作系统保存 shell 进程的上下文，创建一个新的 hello 进程及其上下文，然后将控制权传给新的 hello 进程。hello 进程终止后，操作系统恢复 shell 进程的上下文，并将控制权传回给它，shell 进程会继续等待下一个命令行输入。

如图 1-12 所示，从一个进程到另一个进程的转换是由操作系统*内核*(kernel)管理的。内核是操作系统代码常驻主存的部分。当应用程序需要操作系统的某些操作时，比如读写文件，它就执行一条特殊的*系统调用*(system call)指令，将控制权传递给内核。然后内核执行被请求的操作并返回应用程序。注意，内核不是一个独立的进程。相反，它是系统管理全部进程所用代码和数据结构的集合。

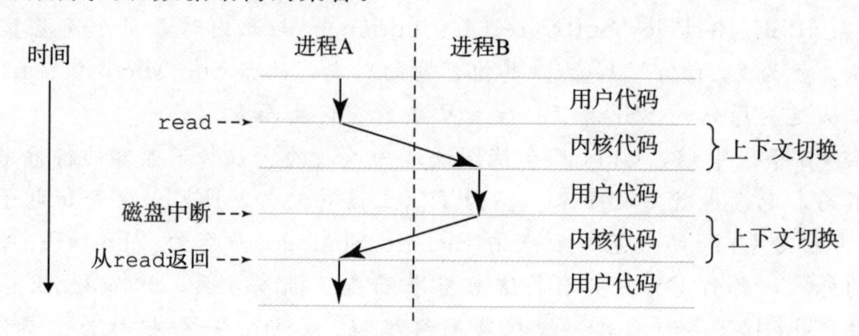


图 1-12　进程的上下文切换

实现进程这个抽象概念需要低级硬件和操作系统软件之间的紧密合作。我们将在第 8 章中揭示这项工作的原理，以及应用程序是如何创建和控制它们的进程的。

### 1.7.2　线程

尽管通常我们认为一个进程只有单一的控制流，但是在现代系统中，一个进程实际上可以由多个称为*线程*的执行单元组成，每个线程都运行在进程的上下文中，并共享同样的代码和全局数据。由于网络服务器中对并行处理的需求，线程成为越来越重要的编程模型，因为多线程之间比多进程之间更容易共享数据，也因为线程一般来说都比进程更高效。当有多处理器可用的时候，多线程也是一种使得程序可以运行得更快的方法，我们将在 1.9.2 节中讨论这个问题。在第 12 章中，你将学习并发的基本概念，包括如何写线程化的程序。

### 1.7.3　虚拟内存

*虚拟内存*是一个抽象概念，它为每个进程提供了一个假象，即每个进程都在独占地使用主存。每个进程看到的内存都是一致的，称为*虚拟地址空间*。图 1-13 所示的是 Linux 进程的

虚拟地址空间(其他 Unix 系统的设计也与此类似)。在 Linux 中，地址空间最上面的区域是保留给操作系统中的代码和数据的，这对所有进程来说都是一样。地址空间的底部区域存放用户进程定义的代码和数据。请注意，图中的地址是从下往上增大的。

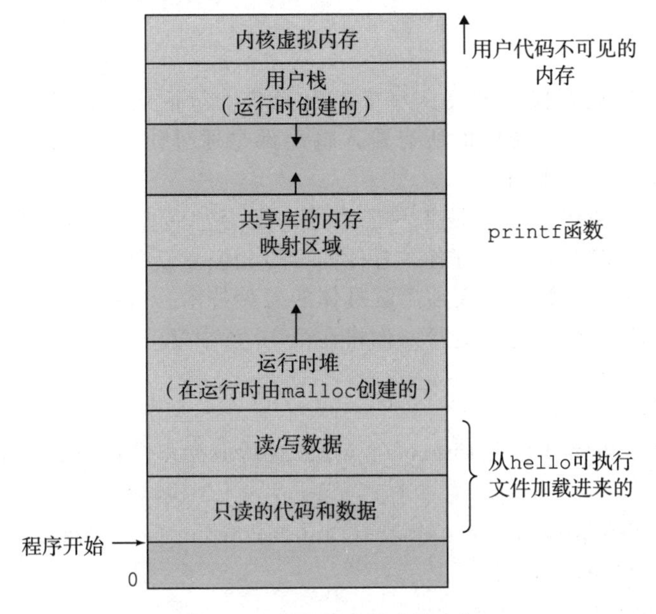


图 1-13　进程的虚拟地址空间

每个进程看到的虚拟地址空间由大量准确定义的区构成，每个区都有专门的功能。在本书的后续章节你将学到更多有关这些区的知识，但是先简单了解每一个区是非常有益的。我们从最低的地址开始，逐步向上介绍。

- *程序代码和数据*。对所有的进程来说，代码是从同一固定地址开始，紧接着的是和 C 全局变量相对应的数据位置。代码和数据区是直接按照可执行目标文件的内容初始化的，在示例中就是可执行文件 hello。在第 7 章我们研究链接和加载时，你会学习更多有关地址空间的内容。
- *堆*。代码和数据区后紧随着的是运行时堆。代码和数据区在进程一开始运行时就被指定了大小，与此不同，当调用像 malloc 和 free 这样的 C 标准库函数时，堆可以在运行时动态地扩展和收缩。在第 9 章学习管理虚拟内存时，我们将更详细地研究堆。
- *共享库*。大约在地址空间的中间部分是一块用来存放像 C 标准库和数学库这样的共享库的代码和数据的区域。共享库的概念非常强大，也相当难懂。在第 7 章介绍动态链接时，将学习共享库是如何工作的。
- *栈*。位于用户虚拟地址空间顶部的是*用户栈*，编译器用它来实现函数调用。和堆一样，用户栈在程序执行期间可以动态地扩展和收缩。特别地，每次我们调用一个函数时，栈就会增长；从一个函数返回时，栈就会收缩。在第 3 章中将学习编译器是如何使用栈的。
- *内核虚拟内存*。地址空间顶部的区域是为内核保留的。不允许应用程序读写这个区域的内容或者直接调用内核代码定义的函数。相反，它们必须调用内核来执行这些操作。

虚拟内存的运作需要硬件和操作系统软件之间精密复杂的交互，包括对处理器生成的每个地址的硬件翻译。基本思想是把一个进程虚拟内存的内容存储在磁盘上，然后用主存作为磁盘的高速缓存。第9章将解释它如何工作，以及为什么对现代系统的运行如此重要。

### 1.7.4　文件

文件就是字节序列，仅此而已。每个I/O设备，包括磁盘、键盘、显示器，甚至网络，都可以看成是文件。系统中的所有输入输出都是通过使用一小组称为Unix I/O的系统函数调用读写文件来实现的。

文件这个简单而精致的概念是非常强大的，因为它向应用程序提供了一个统一的视图，来看待系统中可能含有的所有各式各样的I/O设备。例如，处理磁盘文件内容的应用程序员可以非常幸福，因为他们无须了解具体的磁盘技术。进一步说，同一个程序可以在使用不同磁盘技术的不同系统上运行。你将在第10章中学习Unix I/O。

**旁注　Linux项目**

1991年8月，芬兰研究生Linus Torvalds谨慎地发布了一个新的类Unix的操作系统内核，内容如下。

来自：torvalds@klaava.Helsinki.FI(Linus Benedict Torvalds)

新闻组：comp.os.minix

主题：在minix中你最想看到什么？

摘要：关于我的新操作系统的小调查

时间：1991年8月25日 20:57:08 GMT

每个使用minix的朋友，你们好。

我正在做一个(免费的)用在386(486)AT上的操作系统(只是业余爱好，它不会像GNU那样庞大和专业)。这个想法自4月份就开始酝酿，现在快要完成了。我希望得到各位对minix的任何反馈意见，因为我的操作系统在某些方面与它相类似(其中包括相同的文件系统的物理设计(因为某些实际的原因))。

我现在已经移植了bash(1.08)和gcc(1.40)，并且看上去能运行。这意味着我需要几个月的时间来让它变得更实用一些，并且，我想要知道大多数人想要什么特性。欢迎任何建议，但是我无法保证我能实现它们。:-)

Linus (torvalds@kruuna.helsinki.fi)

就像Torvalds所说的，他创建Linux的起点是Minix，由Andrew S. Tanenbaum出于教育目的开发的一个操作系统[113]。

接下来，如他们所说，这就成了历史。Linux逐渐发展成为一个技术和文化现象。通过和GNU项目的结合，Linux项目发展成了一个完整的、符合Posix标准的Unix操作系统的版本，包括内核和所有支撑的基础设施。从手持设备到大型计算机，Linux在范围如此广泛的计算机上得到了应用。IBM的一个工作组甚至把Linux移植到了一块腕表中！

## 1.8　系统之间利用网络通信

系统漫游至此，我们一直是把系统视为一个孤立的硬件和软件的集合体。实际上，现代系统经常通过网络和其他系统连接到一起。从一个单独的系统来看，网络可视为一个 I/O 设备，如图 1-14 所示。当系统从主存复制一串字节到网络适配器时，数据流经过网络到达另一台机器，而不是比如说到达本地磁盘驱动器。相似地，系统可以读取从其他机器发送来的数据，并把数据复制到自己的主存。

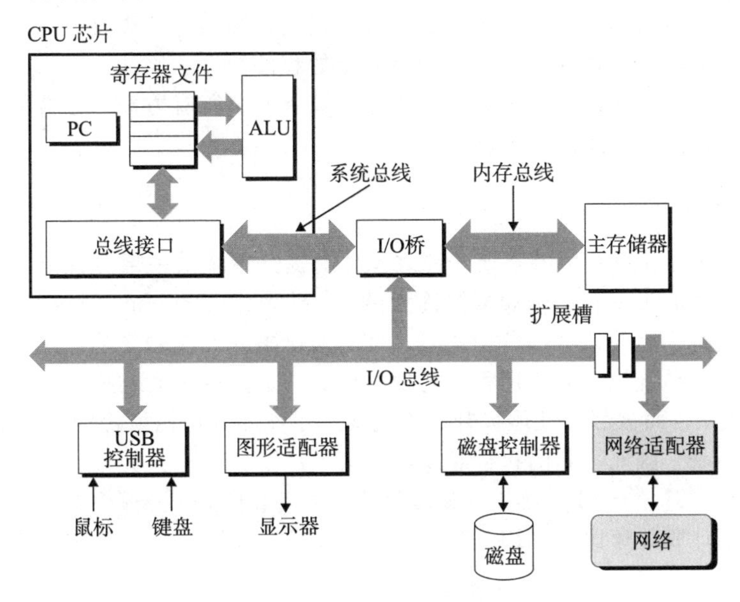


图 1-14　网络也是一种 I/O 设备

随着 Internet 这样的全球网络的出现，从一台主机复制信息到另外一台主机已经成为计算机系统最重要的用途之一。比如，像电子邮件、即时通信、万维网、FTP 和 telnet 这样的应用都是基于网络复制信息的功能。

回到 `hello` 示例，我们可以使用熟悉的 telnet 应用在一个远程主机上运行 `hello` 程序。假设用本地主机上的 telnet 客户端连接远程主机上的 telnet 服务器。在我们登录到远程主机并运行 shell 后，远端的 shell 就在等待接收输入命令。此后在远端运行 `hello` 程序包括如图 1-15 所示的五个基本步骤。

图 1-15　利用 telnet 通过网络远程运行 hello

当我们在 telnet 客户端键入“`hello`”字符串并敲下回车键后，客户端软件就会将这个字符串发送到 telnet 的服务器。telnet 服务器从网络上接收到这个字符串后，会把它传递给远端 shell 程序。接下来，远端 shell 运行 `hello` 程序，并将输出行返回给 telnet 服务器。最后，telnet 服务器通过网络把输出串转发给 telnet 客户端，客户端就将输出串输出到我们的本地终端上。

这种客户端和服务器之间交互的类型在所有的网络应用中是非常典型的。在第 11 章中，你将学会如何构造网络应用程序，并利用这些知识创建一个简单的 Web 服务器。

## 1.9　重要主题

在此，小结一下我们旋风式的系统漫游。这次讨论得出一个很重要的观点，那就是系统不仅仅只是硬件。系统是硬件和系统软件互相交织的集合体，它们必须共同协作以达到运行应用程序的最终目的。本书的余下部分会讲述硬件和软件的详细内容，通过了解这些详细内容，你可以写出更快速、更可靠和更安全的程序。

作为本章的结束，我们在此强调几个贯穿计算机系统所有方面的重要概念。我们会在本书中的多处讨论这些概念的重要性。

### 1.9.1　Amdahl 定律

Gene Amdahl，计算领域的早期先锋之一，对提升系统某一部分性能所带来的效果做出了简单却有见地的观察。这个观察被称为 Amdahl 定律(Amdahl's law)。该定律的主要思想是，当我们对系统的某个部分加速时，其对系统整体性能的影响取决于该部分的重要性和加速程度。若系统执行某应用程序需要时间为 $T_{old}$。假设系统某部分所需执行时间与该时间的比例为 $\alpha$，而该部分性能提升比例为 $k$。即该部分初始所需时间为 $\alpha T_{old}$，现在所需时间为 $(\alpha T_{old})/k$。因此，总的执行时间应为

$$T_{new} = (1-\alpha)T_{old} + (\alpha T_{old})/k = T_{old}[(1-\alpha)+\alpha/k]$$

由此，可以计算加速比 $S=T_{old}/T_{new}$ 为

$$S = \frac{1}{(1-\alpha)+\alpha/k} \tag{1.1}$$

举个例子，考虑这样一种情况，系统的某个部分初始耗时比例为 60%($\alpha=0.6$)，其加速比例因子为 3($k=3$)。则我们可以获得的加速比为 $1/[0.4+0.6/3]=1.67$ 倍。虽然我们对系统的一个主要部分做出了重大改进，但是获得的系统加速比却明显小于这部分的加速比。这就是 Amdahl 定律的主要观点——要想显著加速整个系统，必须提升全系统中相当大的部分的速度。

**旁注　表示相对性能**

性能提升最好的表示方法就是用比例的形式 $T_{old}/T_{new}$，其中，$T_{old}$ 为原始系统所需时间，$T_{new}$ 为修改后的系统所需时间。如果有所改进，则比值应大于 1。我们用后缀“×”来表示比例，因此，“2.2×”读作“2.2 倍”。

表示相对变化更传统的方法是用百分比，这种方法适用于变化小的情况，但其定义是模糊的。应该等于 $100\cdot(T_{old}-T_{new})/T_{new}$，还是 $100\cdot(T_{old}-T_{new})/T_{old}$，还是其他的值？此外，它对较大的变化也没有太大意义。与简单地说性能提升 2.2×相比，“性能提升了 120%”更难理解。

**练习题 1.1**　假设你是个卡车司机，要将土豆从爱达荷州的 Boise 运送到明尼苏达州的 Minneapolis，全程 2500 公里。在限速范围内，你估计平均速度为 100 公里/小时，整个行程需要 25 个小时。

A. 你听到新闻说蒙大拿州刚刚取消了限速，这使得行程中有 1500 公里卡车的速度可以为 150 公里/小时。那么这对整个行程的加速比是多少？

B. 你可以在 www.fasttrucks.com 网站上为自己的卡车买个新的涡轮增压器。网站现货供应各种型号，不过速度越快，价格越高。如果想要让整个行程的加速比为 1.67×，那么你必须以多快的速度通过蒙大拿州？

**练习题 1.2** 公司的市场部向你的客户承诺，下一个版本的软件性能将改进 2×。这项任务被分配给你。你已经确认只有 80% 的系统能够被改进，那么，这部分需要被改进多少(即 $k$ 取何值)才能达到整体性能目标?

Amdahl 定律一个有趣的特殊情况是考虑 $k$ 趋向于∞时的效果。这就意味着，我们可以取系统的某一部分将其加速到一个点，在这个点上，这部分花费的时间可以忽略不计。于是我们得到

$$S_{\infty} = \frac{1}{(1-\alpha)} \tag{1.2}$$

举个例子，如果 60% 的系统能够加速到不花时间的程度，我们获得的净加速比将仍只有 1/0.4=2.5×。

Amdahl 定律描述了改善任何过程的一般原则。除了可以用在加速计算机系统方面之外，它还可以用在公司试图降低刀片制造成本，或学生想要提高自己的绩点平均值等方面。也许它在计算机世界里是最有意义的，在这里我们常常把性能提升 2 倍或更高的比例因子。这么高的比例因子只有通过优化系统的大部分组件才能获得。

### 1.9.2 并发和并行

数字计算机的整个历史中，有两个需求是驱动进步的持续动力：一个是我们想要计算机做得更多，另一个是我们想要计算机运行得更快。当处理器能够同时做更多的事情时，这两个因素都会改进。我们用的术语*并发*(concurrency)是一个通用的概念，指一个同时具有多个活动的系统；而术语*并行*(parallelism)指的是用并发来使一个系统运行得更快。并行可以在计算机系统的多个抽象层次上运用。在此，我们按照系统层次结构中由高到低的顺序重点强调三个层次。

**1. 线程级并发**

构建在进程这个抽象之上，我们能够设计出同时有多个程序执行的系统，这就导致了并发。使用线程，我们甚至能够在一个进程中执行多个控制流。自 20 世纪 60 年代初期出现时间共享以来，计算机系统中就开始有了对并发执行的支持。传统意义上，这种并发执行只是模拟出来的，是通过使一台计算机在它正在执行的进程间快速切换来实现的，就好像一个杂耍艺人保持多个球在空中飞舞一样。这种并发形式允许多个用户同时与系统交互，例如，当许多人想要从一个 Web 服务器获取页面时。它还允许一个用户同时从事多个任务，例如，在一个窗口中开启 Web 浏览器，在另一窗口中运行字处理器，同时又播放音乐。在以前，即使处理器必须在多个任务间切换，大多数实际的计算也都是由一个处理器来完成的。这种配置称为*单处理器系统*。

当构建一个由单个操作系统内核控制的多个处理器组成的系统时，我们就得到了一个*多处理器系统*。其实从 20 世纪 80 年代开始，在大规模的计算中就有了这种系统，但是直到最近，随着*多核*处理器和*超线程*(hyperthreading)的出现，这种系统才变得常见。图 1-16 给出了这些不同处理器类型的分类。

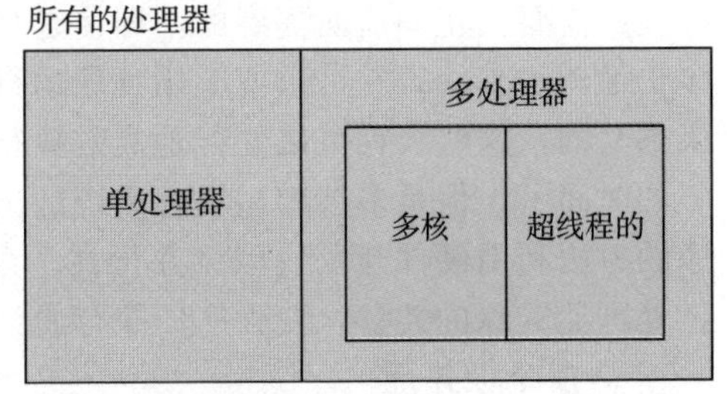

图 1-16 不同的处理器配置分类。随着多核处理器和超线程的出现，多处理器变得普遍了

多核处理器是将多个 CPU(称为“核”)集成到一个集成电路芯片上。图 1-17 描述的是一个

典型多核处理器的组织结构，其中微处理器芯片有4个CPU核，每个核都有自己的L1和L2高速缓存，其中的L1高速缓存分为两个部分——一个保存最近取到的指令，另一个存放数据。这些核共享更高层次的高速缓存，以及到主存的接口。工业界的专家预言他们能够将几十个、最终会是上百个核做到一个芯片上。

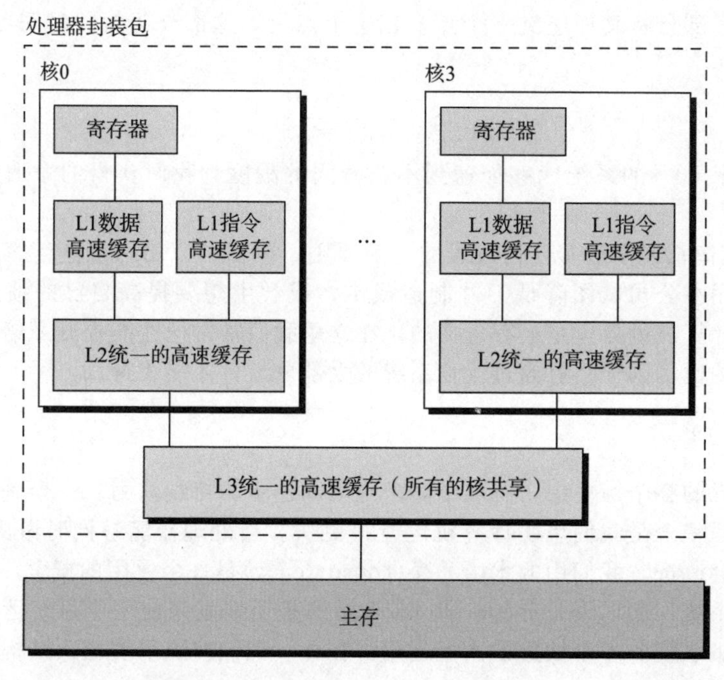


图1-17　多核处理器的组织结构。4个处理器核集成在一个芯片上

超线程，有时称为同时多线程(simultaneous multi-threading)，是一项允许一个CPU执行多个控制流的技术。它涉及CPU某些硬件有多个备份，比如程序计数器和寄存器文件，而其他的硬件部分只有一份，比如执行浮点算术运算的单元。常规的处理器需要大约20 000个时钟周期做不同线程间的转换，而超线程的处理器可以在单个周期的基础上决定要执行哪一个线程。这使得CPU能够更好地利用它的处理资源。比如，假设一个线程必须等到某些数据被装载到高速缓存中，那CPU就可以继续去执行另一个线程。举例来说，Intel Core i7处理器可以让每个核执行两个线程，所以一个4核的系统实际上可以并行地执行8个线程。

多处理器的使用可以从两方面提高系统性能。首先，它减少了在执行多个任务时模拟并发的需要。正如前面提到的，即使是只有一个用户使用的个人计算机也需要并发地执行多个活动。其次，它可以使应用程序运行得更快，当然，这必须要求程序是以多线程方式来书写的，这些线程可以并行地高效执行。因此，虽然并发原理的形成和研究已经超过50年的时间了，但是多核和超线程系统的出现才极大地激发了一种愿望，即找到书写应用程序的方法利用硬件开发线程级并行性。第12章会更深入地探讨并发，以及使用并发来提供处理器资源的共享，使程序的执行允许有更多的并行。

**2. 指令级并行**

在较低的抽象层次上，现代处理器可以同时执行多条指令的属性称为指令级并行。早期的微处理器，如1978年的Intel 8086，需要多个(通常是3～10个)时钟周期来执行一条指令。最近的处理器可以保持每个时钟周期2～4条指令的执行速率。其实每条指令从开始到结束需要长得多的时间，大约 20 个或者更多周期，但是处理器使用了非常多的聪明技巧来同时处理多达 100 条指令。在第 4 章中，我们会研究流水线(pipelining)的使用。在流水线中，将执行一条指令所需要的活动划分成不同的步骤，将处理器的硬件组织成一系列的阶段，每个阶段执行一个步骤。这些阶段可以并行地操作，用来处理不同指令的不同部分。我们会看到一个相当简单的硬件设计，它能够达到接近于一个时钟周期一条指令的执行速率。

如果处理器可以达到比一个周期一条指令更快的执行速率，就称之为*超标量*(superscalar)处理器。大多数现代处理器都支持超标量操作。第 5 章中，我们将描述超标量处理器的高级模型。应用程序员可以用这个模型来理解程序的性能。然后，他们就能写出拥有更高程度的指令级并行性的程序代码，因而也运行得更快。

**3. 单指令、多数据并行**

在最低层次上，许多现代处理器拥有特殊的硬件，允许一条指令产生多个可以并行执行的操作，这种方式称为*单指令、多数据*，即 SIMD 并行。例如，较新几代的 Intel 和 AMD 处理器都具有并行地对 8 对单精度浮点数(C 数据类型 `float`)做加法的指令。

提供这些 SIMD 指令多是为了提高处理影像、声音和视频数据应用的执行速度。虽然有些编译器会试图从 C 程序中自动抽取 SIMD 并行性，但是更可靠的方法是用编译器支持的特殊的向量数据类型来写程序，比如 GCC 就支持向量数据类型。作为对第 5 章中比较通用的程序优化描述的补充，我们在网络旁注 OPT:SIMD 中描述了这种编程方式。

### 1.9.3　计算机系统中抽象的重要性

*抽象*的使用是计算机科学中最为重要的概念之一。例如，为一组函数规定一个简单的应用程序接口(API)就是一个很好的编程习惯，程序员无须了解它内部的工作便可以使用这些代码。不同的编程语言提供不同形式和等级的抽象支持，例如 Java 类的声明和 C 语言的函数原型。

我们已经介绍了计算机系统中使用的几个抽象，如图 1-18 所示。在处理器里，*指令集架构*提供了对实际处理器硬件的抽象。使用这个抽象，机器代码程序表现得就好像运行在一个一次只执行一条指令的处理器上。底层的硬件远比抽象描述的要复杂精细，它并行地执行多条指令，但又总是与那个简单有序的模型保持一致。只要执行模型一样，不同的处理器实现也能执行同样的机器代码，而又提供不同的开销和性能。

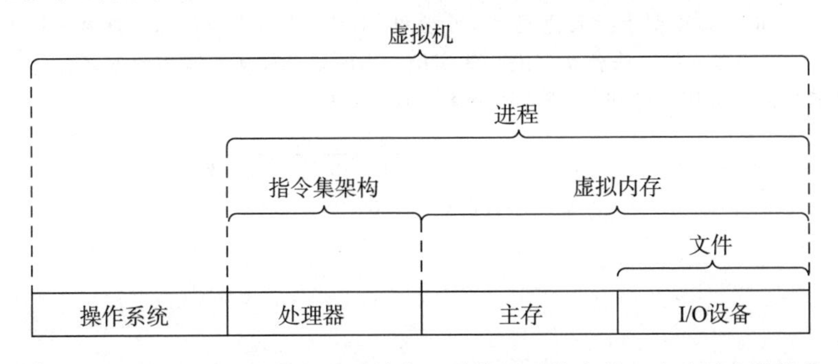


图 1-18　计算机系统提供的一些抽象。计算机系统中的一个重要主题就是提供不同层次的抽象表示，来隐藏实际实现的复杂性

在学习操作系统时，我们介绍了三个抽象：*文件*是对 I/O 设备的抽象，*虚拟内存*是对程序存储器的抽象，而*进程*是对一个正在运行的程序的抽象。我们再增加一个新的抽象：

虚拟机，它提供对整个计算机的抽象，包括操作系统、处理器和程序。虚拟机的思想是IBM在20世纪60年代提出来的，但是最近才显示出其管理计算机方式上的优势，因为一些计算机必须能够运行为不同的操作系统(例如，Microsoft Windows、MacOS和Linux)或同一操作系统的不同版本设计的程序。

在本书后续的章节中，我们会具体介绍这些抽象。

## 1.10　小结

计算机系统是由硬件和系统软件组成的，它们共同协作以运行应用程序。计算机内部的信息被表示为一组组的位，它们依据上下文有不同的解释方式。程序被其他程序翻译成不同的形式，开始时是ASCII文本，然后被编译器和链接器翻译成二进制可执行文件。

处理器读取并解释存放在主存里的二进制指令。因为计算机花费了大量的时间在内存、I/O设备和CPU寄存器之间复制数据，所以将系统中的存储设备划分成层次结构——CPU寄存器在顶部，接着是多层的硬件高速缓存存储器、DRAM主存和磁盘存储器。在层次模型中，位于更高层的存储设备比低层的存储设备要更快，单位比特造价也更高。层次结构中较高层次的存储设备可以作为较低层次设备的高速缓存。通过理解和运用这种存储层次结构的知识，程序员可以优化C程序的性能。

操作系统内核是应用程序和硬件之间的媒介。它提供三个基本的抽象：1)文件是对I/O设备的抽象；2)虚拟内存是对主存和磁盘的抽象；3)进程是处理器、主存和I/O设备的抽象。

最后，网络提供了计算机系统之间通信的手段。从特殊系统的角度来看，网络就是一种I/O设备。

## 参考文献说明

Ritchie写了关于早期C和Unix的有趣的第一手资料[91，92]。Ritchie和Thompson提供了最早出版的Unix资料[93]。Silberschatz、Galvin和Gagne[102]提供了关于Unix不同版本的详尽历史。GNU(www.gnu.org)和Linux(www.linux.org)的网站上有大量的当前信息和历史资料。Posix标准可以在线获得(www.unix.org)。

## 练习题答案

1.1　该问题说明Amdahl定律不仅仅适用于计算机系统。

A. 根据公式1.1，有$\alpha=0.6$，$k=1.5$。更直接地说，在蒙大拿行驶的1500公里需要10个小时，而其他行程也需要10个小时。则加速比为$25/(10+10)=1.25\times$。

B. 根据公式1.1，有$\alpha=0.6$，要求$S=1.67$，则可算出$k$。更直接地说，要使行程加速度达到$1.67\times$，我们必须把全程时间减少到15个小时。蒙大拿以外仍要求为10小时，因此，通过蒙大拿的时间就为5个小时。这就要求行驶速度为300公里/小时，对卡车来说这个速度太快了！

1.2　理解Amdahl定律最好的方法就是解决一些实例。本题要求你从特殊的角度来看公式1.1。

本题是公式的简单应用。已知$S=2$，$\alpha=0.8$，则计算$k$：

$$2=\frac{1}{(1-0.8)+0.8/k}$$

$$0.4+1.6/k=1.0$$

$$k=2.67$$

第一部分

P A R T 1

# 程序结构和执行

我们对计算机系统的探索是从学习计算机本身开始的，它由处理器和存储器子系统组成。在核心部分，我们需要方法来表示基本数据类型，比如整数和实数运算的近似值。然后，我们考虑机器级指令如何操作这样的数据，以及编译器又如何将C程序翻译成这样的指令。接下来，研究几种实现处理器的方法，帮助我们更好地了解硬件资源如何被用来执行指令。一旦理解了编译器和机器级代码，我们就能了解如何通过编写C程序以及编译它们来最大化程序的性能。本部分以存储器子系统的设计作为结束，这是现代计算机系统最复杂的部分之一。

本书的这一部分将领着你深入了解如何表示和执行应用程序。你将学会一些技巧，来帮助你写出安全、可靠且充分利用计算资源的程序。

第 2 章

CHAPTER 2

# 信息的表示和处理

现代计算机存储和处理的信息以二值信号表示。这些微不足道的二进制数字，或者称为位(bit)，形成了数字革命的基础。大家熟悉并使用了 1000 多年的十进制(以 10 为基数)起源于印度，在 12 世纪被阿拉伯数学家改进，并在 13 世纪被意大利数学家 Leonardo Pisano(大约公元 1170—1250，更为大家所熟知的名字是 Fibonacci)带到西方。对于有 10 个手指的人类来说，使用十进制表示法是很自然的事情，但是当构造存储和处理信息的机器时，二进制值工作得更好。二值信号能够很容易地被表示、存储和传输，例如，可以表示为穿孔卡片上有洞或无洞、导线上的高电压或低电压，或者顺时针或逆时针的磁场。对二值信号进行存储和执行计算的电子电路非常简单和可靠，制造商能够在一个单独的硅片上集成数百万甚至数十亿个这样的电路。

孤立地讲，单个的位不是非常有用。然而，当把位组合在一起，再加上某种解释(interpretation)，即赋予不同的可能位模式以含意，我们就能够表示任何有限集合的元素。比如，使用一个二进制数字系统，我们能够用位组来编码非负数。通过使用标准的字符码，我们能够对文档中的字母和符号进行编码。在本章中，我们将讨论这两种编码，以及负数表示和实数近似值的编码。

我们研究三种最重要的数字表示。*无符号*(unsigned)编码基于传统的二进制表示法，表示大于或者等于零的数字。*补码*(two's-complement)编码是表示有符号整数的最常见的方式，有符号整数就是可以为正或者为负的数字。*浮点数*(floating-point)编码是表示实数的科学记数法的以 2 为基数的版本。计算机用这些不同的表示方法实现算术运算，例如加法和乘法，类似于对应的整数和实数运算。

计算机的表示法是用有限数量的位来对一个数字编码，因此，当结果太大以至不能表示时，某些运算就会*溢出*(overflow)。溢出会导致某些令人吃惊的后果。例如，在今天的大多数计算机上(使用 32 位来表示数据类型 `int`)，计算表达式 `200*300*400*500` 会得出结果 −884 901 888。这违背了整数运算的特性，计算一组正数的乘积不应产生一个负的结果。

另一方面，整数的计算机运算满足人们所熟知的真正整数运算的许多性质。例如，利用乘法的结合律和交换律，计算下面任何一个 C 表达式，都会得出结果 −884 901 888：

```
(500  * 400) * (300 * 200)
((500 * 400) * 300) * 200
((200 * 500) * 300) * 400
400   * (200 * (300 * 500))
```

计算机可能没有产生期望的结果，但是至少它是一致的！

浮点运算有完全不同的数学属性。虽然溢出会产生特殊的值 $+\infty$，但是一组正数的乘积总是正的。由于表示的精度有限，浮点运算是不可结合的。例如，在大多数机器上，C 表达式 `(3.14+1e20)-1e20` 求得的值会是 `0.0`，而 `3.14+(1e20-1e20)` 求得的值会是 `3.14`。整数运算和浮点数运算会有不同的数学属性是因为它们处理数字表示有限性的方式不同——整数的表示虽然只能编码一个相对较小的数值范围，但是这种表示是精确的；而浮点数虽然可以编码一个较大的数值范围，但是这种表示只是近似的。

通过研究数字的实际表示，我们能够了解可以表示的值的范围和不同算术运算的属性。为了使编写的程序能在全部数值范围内正确工作，而且具有可以跨越不同机器、操作系统和编译器组合的可移植性，了解这种属性是非常重要的。后面我们会讲到，大量计算机的安全漏洞都是由于计算机算术运算的微妙细节引发的。在早期，当人们碰巧触发了程序漏洞，只会给人们带来一些不便，但是现在，有众多的黑客企图利用他们能找到的任何漏洞，不经过授权就进入他人的系统。这就要求程序员有更多的责任和义务，去了解他们的程序如何工作，以及如何被迫产生不良的行为。

计算机用几种不同的二进制表示形式来编码数值。随着第3章进入机器级编程，你需要熟悉这些表示方式。在本章中，我们描述这些编码，并且教你如何推出数字的表示。

通过直接操作数字的位级表示，我们得到了几种进行算术运算的方式。理解这些技术对于理解编译器产生的机器级代码是很重要的，编译器会试图优化算术表达式求值的性能。

我们对这部分内容的处理是基于一组核心的数学原理的。从编码的基本定义开始，然后得出一些属性，例如可表示的数字的范围、它们的位级表示以及算术运算的属性。我们相信从这样一个抽象的观点来分析这些内容，对你来说是很重要的，因为程序员需要对计算机运算与更为人熟悉的整数和实数运算之间的关系有清晰的理解。

**旁注 怎样阅读本章**

本章我们研究在计算机上如何表示数字和其他形式数据的基本属性，以及计算机对这些数据执行操作的属性。这就要求我们深入研究数学语言，编写公式和方程式，以及展示重要属性的推导。

为了帮助你阅读，这部分内容安排如下：首先给出以数学形式表示的属性，作为原理。然后，用例子和非形式化的讨论来解释这个原理。我们建议你反复阅读原理描述和它的示例与讨论，直到你对该属性的说明内容及其重要性有了牢固的直觉。对于更加复杂的属性，还会提供推导，其结构看上去将会像一个数学证明。虽然最终你应该尝试理解这些推导，但在第一次阅读时你可以跳过它们。

我们也鼓励你在阅读正文的过程中完成练习题，这会促使你主动学习，帮助你理论联系实际。有了这些例题和练习题作为背景知识，再返回推导，你将发现理解起来会容易许多。同时，请放心，掌握好高中代数知识的人都具备理解这些内容所需要的数学技能。

C++ 编程语言建立在C语言基础之上，它们使用完全相同的数字表示和运算。本章中关于C的所有内容对C++ 都有效。另一方面，Java语言创造了一套新的数字表示和运算标准。C标准的设计允许多种实现方式，而Java标准在数据的格式和编码上是非常精确具体的。本章中多处着重介绍了Java支持的表示和运算。

**旁注 C编程语言的演变**

前面提到过，C编程语言是贝尔实验室的Dennis Ritchie最早开发出来的，目的是和Unix操作系统一起使用(Unix也是贝尔实验室开发的)。在那个时候，大多数系统程序，例如操作系统，为了访问不同数据类型的低级表示，都必须大量地使用汇编代码。比如说，像malloc库函数提供的内存分配功能，用当时的其他高级语言是无法编写的。

Brian Kernighan和Dennis Ritchie的著作的第1版[60]记录了最初贝尔实验室的C语言版本。随着时间的推移，经过多个标准化组织的努力，C语言也在不断地演变。1989

年，美国国家标准学会下的一个工作组推出了 ANSI C 标准，对最初的贝尔实验室的 C 语言做了重大修改。ANSI C 与贝尔实验室的 C 有了很大的不同，尤其是函数声明的方式。Brian Kernighan 和 Dennis Ritchie 在著作的第 2 版[61]中描述了 ANSI C，这本书至今仍被公认为关于 C 语言最好的参考手册之一。

国际标准化组织接替了对 C 语言进行标准化的任务，在 1990 年推出了一个几乎和 ANSI C 一样的版本，称为“ISO C90”。该组织在 1999 年又对 C 语言做了更新，推出“ISO C99”。在这一版本中，引入了一些新的数据类型，对使用不符合英语语言字符的文本字符串提供了支持。更新的版本 2011 年得到批准，称为“ISO C11”，其中再次添加了更多的数据类型和特性。最近增加的大多数内容都可以向后兼容，这意味着根据早期标准(至少可以回溯到 ISO C90)编写的程序按新标准编译时会有同样的行为。

GNU 编译器套装(GNU Compiler Collection，GCC)可以基于不同的命令行选项，依照多个不同版本的 C 语言规则来编译程序，如图 2-1 所示。比如，根据 ISO C11 来编译程序 prog.c，我们就使用命令行：

| C 版本 | GCC命令行选项 |
|---|---|
| GNU 89 | 无，-std=gnu89 |
| ANSI, ISO C90 | -ansi，-std=c89 |
| ISO C99 | -std=c99 |
| ISO C11 | -std=c11 |

图 2-1　向 GCC 指定不同的 C 语言版本

```
linux> gcc -std=c11 prog.c
```

编译选项 -ansi 和 -std=c89 的用法是一样的——会根据 ANSI 或者 ISO C90 标准来编译程序。(C90 有时也称为“C89”，这是因为它的标准化工作是从 1989 年开始的。)编译选项 -std=c99 会让编译器按照 ISO C99 的规则进行编译。

本书中，没有指定任何编译选项时，程序会按照基于 ISO C90 的 C 语言版本进行编译，但是也包括一些 C99、C11 的特性，一些 C++ 的特性，还有一些是与 GCC 相关的特性。GNU 项目正在开发一个结合了 ISO C11 和其他一些特性的版本，可以通过命令行选项 -std=gnu11 来指定。(目前，这个实现还未完成。)今后，这个版本会成为默认的版本。

## 2.1　信息存储

大多数计算机使用 8 位的块，或者字节(byte)，作为最小的可寻址的内存单位，而不是访问内存中单独的位。机器级程序将内存视为一个非常大的字节数组，称为*虚拟内存*(virtual memory)。内存的每个字节都由一个唯一的数字来标识，称为它的*地址*(address)，所有可能地址的集合就称为*虚拟地址空间*(virtual address space)。顾名思义，这个虚拟地址空间只是一个展现给机器级程序的概念性映像。实际的实现(见第 9 章)是将动态随机访问存储器(DRAM)、闪存、磁盘存储器、特殊硬件和操作系统软件结合起来，为程序提供一个看上去统一的字节数组。

在接下来的几章中，我们将讲述编译器和运行时系统是如何将存储器空间划分为更可管理的单元，来存放不同的*程序对象*(program object)，即程序数据、指令和控制信息。可以用各种机制来分配和管理程序不同部分的存储。这种管理完全是在虚拟地址空间里完成的。例如，C 语言中一个指针的值(无论它指向一个整数、一个结构或是某个其他程序对象)都是某个存储块的第一个字节的虚拟地址。C 编译器还把每个指针和类型信息联系起来，这样就可以根据指针值的类型，生成不同的机器级代码来访问存储在指针所指向位置处的值。尽管 C 编译器维护着这个类型信息，但是它生成的实际机器级程序并不包含关于数据类型的信息。每个程序对象可以简单地视为一个字节块，而程序本身就是一个字节序列。

**给 C 语言初学者 C 语言中指针的作用**

指针是 C 语言的一个重要特性。它提供了引用数据结构(包括数组)的元素的机制。与变量类似,指针也有两个方面:值和类型。它的值表示某个对象的位置,而它的类型表示那个位置上所存储对象的类型(比如整数或者浮点数)。

真正理解指针需要查看它们在机器级上的表示以及实现。这将是第 3 章的重点之一,3.10.1 节将对其进行深入介绍。

### 2.1.1 十六进制表示法

一个字节由 8 位组成。在二进制表示法中,它的值域是 $00000000_2 \sim 11111111_2$。如果看成十进制整数,它的值域就是 $0_{10} \sim 255_{10}$。两种符号表示法对于描述位模式来说都不是非常方便。二进制表示法太冗长,而十进制表示法与位模式的互相转化很麻烦。替代的方法是,以 16 为基数,或者叫做十六进制(hexadecimal)数,来表示位模式。十六进制(简写为"hex")使用数字'0'~'9'以及字符'A'~'F'来表示 16 个可能的值。图 2-2 展示了 16 个十六进制数字对应的十进制值和二进制值。用十六进制书写,一个字节的值域为 $00_{16} \sim FF_{16}$。

| 十六进制数字 | 0 | 1 | 2 | 3 | 4 | 5 | 6 | 7 |
|---|---|---|---|---|---|---|---|---|
| 十进制值 | 0 | 1 | 2 | 3 | 4 | 5 | 6 | 7 |
| 二进制值 | 0000 | 0001 | 0010 | 0011 | 0100 | 0101 | 0110 | 0111 |
| 十六进制数字 | 8 | 9 | A | B | C | D | E | F |
| 十进制值 | 8 | 9 | 10 | 11 | 12 | 13 | 14 | 15 |
| 二进制值 | 1000 | 1001 | 1010 | 1011 | 1100 | 1101 | 1110 | 1111 |

图 2-2 十六进制表示法。每个十六进制数字都对 16 个值中的一个进行了编码

在 C 语言中,以 0x 或 0X 开头的数字常量被认为是十六进制的值。字符'A'~'F'既可以是大写,也可以是小写。例如,我们可以将数字 $FA1D37B_{16}$ 写作 0xFA1D37B,或者 0xfa1d37b,甚至是大小写混合,比如,0xFa1D37b。在本书中,我们将使用 C 表示法来表示十六进制值。

编写机器级程序的一个常见任务就是在位模式的十进制、二进制和十六进制表示之间人工转换。二进制和十六进制之间的转换比较简单直接,因为可以一次执行一个十六进制数字的转换。数字的转换可以参考如图 2-2 所示的表。一个简单的窍门是,记住十六进制数字 A、C 和 F 相应的十进制值。而对于把十六进制值 B、D 和 E 转换成十进制值,则可以通过计算它们与前三个值的相对关系来完成。

比如,假设给你一个数字 0x173A4C。可以通过展开每个十六进制数字,将它转换为二进制格式,如下所示:

| 十六进制 | 1 | 7 | 3 | A | 4 | C |
|---|---|---|---|---|---|---|
| 二进制 | 0001 | 0111 | 0011 | 1010 | 0100 | 1100 |

这样就得到了二进制表示 000101110011101001001100。

反过来,如果给定一个二进制数字 1111001010110110110011,可以通过首先把它分为每 4 位一组来转换为十六进制。不过要注意,如果位总数不是 4 的倍数,最左边的一组可以少于 4 位,前面用 0 补足。然后将每个 4 位组转换为相应的十六进制数字:

| 二进制 | 11 | 1100 | 1010 | 1101 | 1011 | 0011 |
|---|---|---|---|---|---|---|
| 十六进制 | 3 | C | A | D | B | 3 |

**练习题 2.1** 完成下面的数字转换:

A. 将 0x39A7F8 转换为二进制。

B. 将二进制 1100100101111011 转换为十六进制。

C. 将 0xD5E4C 转换为二进制。

D. 将二进制 1001101110011110110101 转换为十六进制。

当值 $x$ 是 2 的非负整数 $n$ 次幂时，也就是 $x=2^n$，我们可以很容易地将 $x$ 写成十六进制形式，只要记住 $x$ 的二进制表示就是 1 后面跟 $n$ 个 0。十六进制数字 0 代表 4 个二进制 0。所以，当 $n$ 表示成 $i+4j$ 的形式，其中 $0\leqslant i\leqslant 3$，我们可以把 $x$ 写成开头的十六进制数字为 $1(i=0)$、$2(i=1)$、$4(i=2)$或者 $8(i=3)$，后面跟随着 $j$ 个十六进制的 0。比如，$x=2048=2^{11}$，我们有 $n=11=3+4\cdot 2$，从而得到十六进制表示 0x800。

**练习题 2.2**　填写下表中的空白项，给出 2 的不同次幂的十进制和十六进制表示：

| $n$ | $2^n$（十进制） | $2^n$（十六进制） |
|---|---|---|
| 9 | 512 | 0x200 |
| 19 | | |
| | 16 384 | |
| | | 0x10000 |
| 17 | | |
| | 32 | |
| | | 0x80 |

十进制和十六进制表示之间的转换需要使用乘法或者除法来处理一般情况。将一个十进制数字 $x$ 转换为十六进制，可以反复地用 16 除 $x$，得到一个商 $q$ 和一个余数 $r$，也就是 $x=q\cdot 16+r$。然后，我们用十六进制数字表示的 $r$ 作为最低位数字，并且通过对 $q$ 反复进行这个过程得到剩下的数字。例如，考虑十进制 314 156 的转换：

$$
\begin{aligned}
314\,156 &= 19\,634\cdot 16+12 \quad (\mathrm{C})\\
19\,634 &= 1227\cdot 16+2 \quad (2)\\
1227 &= 76\cdot 16+11 \quad (\mathrm{B})\\
76 &= 4\cdot 16+12 \quad (\mathrm{C})\\
4 &= 0\cdot 16+4 \quad (4)
\end{aligned}
$$

从这里，我们能读出十六进制表示为 0x4CB2C。

反过来，将一个十六进制数字转换为十进制数字，我们可以用相应的 16 的幂乘以每个十六进制数字。比如，给定数字 0x7AF，我们计算它对应的十进制值为 $7\cdot 16^2+10\cdot 16+15=7\cdot 256+10\cdot 16+15=1792+160+15=1967$。

**练习题 2.3**　一个字节可以用两个十六进制数字来表示。填写下表中缺失的项，给出不同字节模式的十进制、二进制和十六进制值：

| 十进制 | 二进制 | 十六进制 |
|---|---|---|
| 0 | 0000 0000 | 0x00 |
| 167 | | |
| 62 | | |
| 188 | | |
| | 0011 0111 | |
| | 1000 1000 | |
| | 1111 0011 | |
| | | 0x52 |
| | | 0xAC |
| | | 0xE7 |

**旁注　十进制和十六进制间的转换**

较大数值的十进制和十六进制之间的转换，最好是让计算机或者计算器来完成。有大量的工具可以完成这个工作。一个简单的方法就是利用任何标准的搜索引擎，比如查询：

把 0xabcd 转换为十进制数

或

把 123 用十六进制表示。

**练习题 2.4**　不将数字转换为十进制或者二进制，试着解答下面的算术题，答案要用十六进制表示。提示：只要将执行十进制加法和减法所使用的方法改成以 16 为基数。

A. 0x503c+0x8= ________

B. 0x503c-0x40= ________

C. 0x503c+64= ________

D. 0x50ea-0x503c= ________

## 2.1.2　字数据大小

每台计算机都有一个字长(word size)，指明指针数据的标称大小(nominal size)。因为虚拟地址是以这样的一个字来编码的，所以字长决定的最重要的系统参数就是虚拟地址空间的最大大小。也就是说，对于一个字长为 $w$ 位的机器而言，虚拟地址的范围为 $0\sim 2^w-1$，程序最多访问 $2^w$ 个字节。

最近这些年，出现了大规模的从 32 位字长机器到 64 位字长机器的迁移。这种情况首先出现在为大型科学和数据库应用设计的高端机器上，之后是台式机和笔记本电脑，最近则出现在智能手机的处理器上。32 位字长限制虚拟地址空间为 4 千兆字节(写作 4GB)，也就是说，刚刚超过 $4\times10^9$ 字节。扩展到 64 位字长使得虚拟地址空间为 16EB，大约是 $1.84\times10^{19}$ 字节。

大多数 64 位机器也可以运行为 32 位机器编译的程序，这是一种向后兼容。因此，举例来说，当程序 prog.c 用如下伪指令编译后

```
linux> gcc -m32 prog.c
```

该程序就可以在 32 位或 64 位机器上正确运行。另一方面，若程序用下述伪指令编译

```
linux> gcc -m64 prog.c
```

那就只能在 64 位机器上运行。因此，我们将程序称为“32 位程序”或“64 位程序”时，区别在于该程序是如何编译的，而不是其运行的机器类型。

计算机和编译器支持多种不同方式编码的数字格式，如不同长度的整数和浮点数。比如，许多机器都有处理单个字节的指令，也有处理表示为 2 字节、4 字节或者 8 字节整数的指令，还有些指令支持表示为 4 字节和 8 字节的浮点数。

C 语言支持整数和浮点数的多种数据格式。图 2-3 展示了为 C 语言各种数据类

| C声明 | | 字节数 | |
|---|---|---|---|
| 有符号 | 无符号 | 32位 | 64位 |
| [signed] char | unsigned char | 1 | 1 |
| short | unsigned short | 2 | 2 |
| int | unsigned | 4 | 4 |
| long | unsigned long | 4 | 8 |
| int32_t | uint32_t | 4 | 4 |
| int64_t | uint64_t | 8 | 8 |
| char * | | 4 | 8 |
| float | | 4 | 4 |
| double | | 8 | 8 |

图 2-3　基本 C 数据类型的典型大小(以字节为单位)。分配的字节数受程序是如何编译的影响而变化。本图给出的是 32 位和 64 位程序的典型值

型分配的字节数。(我们在 2.2 节讨论 C 标准保证的字节数和典型的字节数之间的关系。)有些数据类型的确切字节数依赖于程序是如何被编译的。我们给出的是 32 位和 64 位程序的典型值。整数或者为有符号的，即可以表示负数、零和正数；或者为无符号的，即只能表示非负数。C 的数据类型 char 表示一个单独的字节。尽管“char”是由于它被用来存储文本串中的单个字符这一事实而得名，但它也能被用来存储整数值。数据类型 short、int 和 long 可以提供各种数据大小。即使是为 64 位系统编译，数据类型 int 通常也只有 4 个字节。数据类型 long 一般在 32 位程序中为 4 字节，在 64 位程序中则为 8 字节。

为了避免由于依赖“典型”大小和不同编译器设置带来的奇怪行为，ISO C99 引入了一类数据类型，其数据大小是固定的，不随编译器和机器设置而变化。其中就有数据类型 int32_t 和 int64_t，它们分别为 4 个字节和 8 个字节。使用确定大小的整数类型是程序员准确控制数据表示的最佳途径。

大部分数据类型都编码为有符号数值，除非有前缀关键字 unsigned 或对确定大小的数据类型使用了特定的无符号声明。数据类型 char 是一个例外。尽管大多数编译器和机器将它们视为有符号数，但 C 标准不保证这一点。相反，正如方括号指示的那样，程序员应该用有符号字符的声明来保证其为一个字节的有符号数值。不过，在很多情况下，程序行为对数据类型 char 是有符号的还是无符号的并不敏感。

对关键字的顺序以及包括还是省略可选关键字来说，C 语言允许存在多种形式。比如，下面所有的声明都是一个意思：

```
unsigned long
unsigned long int
long unsigned
long unsigned int
```

我们将始终使用图 2-3 给出的格式。

图 2-3 还展示了指针(例如一个被声明为类型为“char *”的变量)使用程序的全字长。大多数机器还支持两种不同的浮点数格式：单精度(在 C 中声明为 float)和双精度(在 C 中声明为 double)。这些格式分别使用 4 字节和 8 字节。

**给 C 语言初学者　声明指针**

对于任何数据类型 *T*，声明

```
T *p;
```

表明 p 是一个指针变量，指向一个类型为 *T* 的对象。例如，

```
char *p;
```

就将一个指针声明为指向一个 char 类型的对象。

程序员应该力图使他们的程序在不同的机器和编译器上可移植。可移植性的一个方面就是使程序对不同数据类型的确切大小不敏感。C 语言标准对不同数据类型的数字范围设置了下界(这点在后面还将讲到)，但是却没有上界。因为从 1980 年左右到 2010 年左右，32 位机器和 32 位程序是主流的组合，许多程序的编写都假设为图 2-3 中 32 位程序的字节分配。随着 64 位机器的日益普及，在将这些程序移植到新机器上时，许多隐藏的对字长的依赖性就会显现出来，成为错误。比如，许多程序员假设一个声明为 int 类型的程序对象能被用来存储一个指针。这在大多数 32 位的机器上能正常工作，但是在一台 64 位的机器上却会导致问题。

### 2.1.3 寻址和字节顺序

对于跨越多字节的程序对象，我们必须建立两个规则：这个对象的地址是什么，以及在内存中如何排列这些字节。在几乎所有的机器上，多字节对象都被存储为连续的字节序列，对象的地址为所使用字节中最小的地址。例如，假设一个类型为 `int` 的变量 `x` 的地址为 `0x100`，也就是说，地址表达式 `&x` 的值为 `0x100`。那么，(假设数据类型 `int` 为 32 位表示) `x` 的 4 个字节将被存储在内存的 `0x100`、`0x101`、`0x102` 和 `0x103` 位置。

排列表示一个对象的字节有两个通用的规则。考虑一个 $w$ 位的整数，其位表示为 $[x_{w-1}, x_{w-2}, \cdots, x_1, x_0]$，其中 $x_{w-1}$ 是最高有效位，而 $x_0$ 是最低有效位。假设 $w$ 是 8 的倍数，这些位就能被分组成为字节，其中最高有效字节包含位 $[x_{w-1}, x_{w-2}, \cdots, x_{w-8}]$，而最低有效字节包含位 $[x_7, x_6, \cdots, x_0]$，其他字节包含中间的位。某些机器选择在内存中按照从最低有效字节到最高有效字节的顺序存储对象，而另一些机器则按照从最高有效字节到最低有效字节的顺序存储。前一种规则——最低有效字节在最前面的方式，称为**小端法**(little endian)。后一种规则——最高有效字节在最前面的方式，称为**大端法**(big endian)。

假设变量 `x` 的类型为 `int`，位于地址 `0x100` 处，它的十六进制值为 `0x01234567`。地址范围 `0x100`～`0x103` 的字节顺序依赖于机器的类型：

大端法

| | 0x100 | 0x101 | 0x102 | 0x103 | |
|---|---|---|---|---|---|
| … | 01 | 23 | 45 | 67 | … |

小端法

| | 0x100 | 0x101 | 0x102 | 0x103 | |
|---|---|---|---|---|---|
| … | 67 | 45 | 23 | 01 | … |

注意，在字 `0x01234567` 中，高位字节的十六进制值为 `0x01`，而低位字节值为 `0x67`。

大多数 Intel 兼容机都只用小端模式。另一方面，IBM 和 Oracle(从其 2010 年收购 Sun Microsystems 开始)的大多数机器则是按大端模式操作。注意我们说的是“大多数”。这些规则并没有严格按照企业界限来划分。比如，IBM 和 Oracle 制造的个人计算机使用的是 Intel 兼容的处理器，因此使用小端法。许多比较新的微处理器是**双端法**(bi-endian)，也就是说可以把它们配置成作为大端或者小端的机器运行。然而，实际情况是：一旦选择了特定操作系统，那么字节顺序也就固定下来。比如，用于许多移动电话的 ARM 微处理器，其硬件可以按小端或大端两种模式操作，但是这些芯片上最常见的两种操作系统——Android(来自 Google)和 iOS(来自 Apple)——却只能运行于小端模式。

令人吃惊的是，在哪种字节顺序是合适的这个问题上，人们表现得非常情绪化。实际上，术语“little endian(小端)”和“big endian(大端)”出自 Jonathan Swift 的《格利佛游记》(Gulliver's Travels)一书，其中交战的两个派别无法就应该从哪一端(小端还是大端)打开一个半熟的鸡蛋达成一致。就像鸡蛋的问题一样，选择何种字节顺序没有技术上的理由，因此争论沦为关于社会政治论题的争论。只要选择了一种规则并且始终如一地坚持，对于哪种字节排序的选择都是任意的。

**旁注　“端”的起源**

以下是 Jonathan Swift 在 1726 年关于大小端之争历史的描述：

"……我下面要告诉你的是，Lilliput 和 Blefuscu 这两大强国在过去 36 个月里一直在苦战。战争开始是由于以下的原因：我们大家都认为，吃鸡蛋前，原始的方法是打破鸡蛋较大的一端，可是当今皇帝的祖父小时候吃鸡蛋，一次按古法打鸡蛋时碰巧将一个手指弄破了，因此他的父亲，当时的皇帝，就下了一道敕令，命令全体臣民吃鸡蛋时打破鸡蛋较小的一端，违令者重罚。老百姓们对这项命令极为反感。历史告诉我们，由此曾发生过六次叛乱，其中一个皇帝送了命，另一个丢了王位。这些叛乱大多都是由 Blefuscu 的国王大臣们煽动起来的。叛乱平息后，流亡的人总是逃到那个帝国去寻救避难。据估计，先后几次有 11 000 人情愿受死也不肯去打破鸡蛋较小的一端。关于这一争端，曾出版过几百本大部著作，不过大端派的书一直是受禁的，法律也规定该派的任何人不得做官。"（此段译文摘自网上蒋剑锋译的《格利佛游记》第一卷第 4 章。）

在他那个时代，Swift 是在讽刺英国（Lilliput）和法国（Blefuscu）之间持续的冲突。Danny Cohen，一位网络协议的早期开创者，第一次使用这两个术语来指代字节顺序[24]，后来这个术语被广泛接纳了。

对于大多数应用程序员来说，其机器所使用的字节顺序是完全不可见的。无论为哪种类型的机器所编译的程序都会得到同样的结果。不过有时候，字节顺序会成为问题。首先是在不同类型的机器之间通过网络传送二进制数据时，一个常见的问题是当小端法机器产生的数据被发送到大端法机器或者反过来时，接收程序会发现，字里的字节成了反序的。为了避免这类问题，网络应用程序的代码编写必须遵守已建立的关于字节顺序的规则，以确保发送方机器将它的内部表示转换成网络标准，而接收方机器则将网络标准转换为它的内部表示。我们将在第 11 章中看到这种转换的例子。

第二种情况是，当阅读表示整数数据的字节序列时字节顺序也很重要。这通常发生在检查机器级程序时。作为一个示例，从某个文件中摘出了下面这行代码，该文件给出了一个针对 Intel x86-64 处理器的机器级代码的文本表示：

```
4004d3:  01 05 43 0b 20 00        add    %eax,0x200b43(%rip)
```

这一行是由反汇编器（disassembler）生成的，反汇编器是一种确定可执行程序文件所表示的指令序列的工具。我们将在第 3 章中学习有关这些工具的更多知识，以及怎样解释像这样的行。而现在，我们只是注意这行表述的意思是：十六进制字节串 `01 05 43 0b 20 00` 是一条指令的字节级表示，这条指令是把一个字长的数据加到一个值上，该值的存储地址由 `0x200b43` 加上当前程序计数器的值得到，当前程序计数器的值即为下一条将要执行指令的地址。如果取出这个序列的最后 4 个字节：`43 0b 20 00`，并且按照相反的顺序写出，我们得到 `00 20 0b 43`。去掉开头的 0，得到值 `0x200b43`，这就是右边的数值。当阅读像此类小端法机器生成的机器级程序表示时，经常会将字节按照相反的顺序显示。书写字节序列的自然方式是最低位字节在左边，而最高位字节在右边，这正好和通常书写数字时最高有效位在左边，最低有效位在右边的方式相反。

字节顺序变得重要的第三种情况是当编写规避正常的类型系统的程序时。在 C 语言中，可以通过使用强制类型转换（cast）或联合（union）来允许以一种数据类型引用一个对象，而这种数据类型与创建这个对象时定义的数据类型不同。大多数应用编程都强烈不推荐这种编码技巧，但是它们对系统级编程来说是非常有用，甚至是必需的。

图 2-4 展示了一段 C 代码，它使用强制类型转换来访问和打印不同程序对象的字节表示。我们用 `typedef` 将数据类型 `byte_pointer` 定义为一个指向类型为"`unsigned` char”的对象的指针。这样一个字节指针引用一个字节序列，其中每个字节都被认为是一个非负整数。第一个例程 show_bytes 的输入是一个字节序列的地址，它用一个字节指针以及一个字节数来指示。该字节数指定为数据类型 size_t，表示数据结构大小的首选数据类型。show_bytes 打印出每个以十六进制表示的字节。C 格式化指令“%.2x”表明整数必须用至少两个数字的十六进制格式输出。

```
1   #include <stdio.h>
2
3   typedef unsigned char *byte_pointer;
4
5   void show_bytes(byte_pointer start, size_t len) {
6       size_t i;
7       for (i = 0; i < len; i++)
8           printf(" %.2x", start[i]);
9       printf("\n");
10  }
11
12  void show_int(int x) {
13      show_bytes((byte_pointer) &x, sizeof(int));
14  }
15
16  void show_float(float x) {
17      show_bytes((byte_pointer) &x, sizeof(float));
18  }
19
20  void show_pointer(void *x) {
21      show_bytes((byte_pointer) &x, sizeof(void *));
22  }
```

图 2-4　打印程序对象的字节表示。这段代码使用强制类型转换来规避类型系统。很容易定义针对其他数据类型的类似函数

过程 show_int、show_float 和 show_pointer 展示了如何使用程序 show_bytes 来分别输出类型为 int、float 和 void * 的 C 程序对象的字节表示。可以观察到它们仅仅传递给 show_bytes 一个指向它们参数 x 的指针 &x，且这个指针被强制类型转换为“unsigned char *”。这种强制类型转换告诉编译器，程序应该把这个指针看成指向一个字节序列，而不是指向一个原始数据类型的对象。然后，这个指针会被看成是对象使用的最低字节地址。

这些过程使用 C 语言的运算符 sizeof 来确定对象使用的字节数。一般来说，表达式 sizeof(*T*)返回存储一个类型为 *T* 的对象所需要的字节数。使用 sizeof 而不是一个固定的值，是向编写在不同机器类型上可移植的代码迈进了一步。

在几种不同的机器上运行如图 2-5 所示的代码，得到如图 2-6 所示的结果。我们使用了以下几种机器：

**Linux 32**：运行 Linux 的 Intel IA32 处理器。

**Windows**：运行 Windows 的 Intel IA32 处理器。

**Sun**：运行 Solaris 的 Sun Microsystems SPARC 处理器。(这些机器现在由 Oracle 生产。)

**Linux 64**：运行 Linux 的 Intel x86-64 处理器。

code/data/show-bytes.c

```
1    void test_show_bytes(int val) {
2        int ival = val;
3        float fval = (float) ival;
4        int *pval = &ival;
5        show_int(ival);
6        show_float(fval);
7        show_pointer(pval);
8    }
```

code/data/show-bytes.c

图 2-5　字节表示的示例。这段代码打印示例数据对象的字节表示

| 机器 | 值 | 类型 | 字节（十六进制） |
|---|---|---|---|
| Linux 32 | 12 345 | int | 39 30 00 00 |
| Windows | 12 345 | int | 39 30 00 00 |
| Sun | 12 345 | int | 00 00 30 39 |
| Linux 64 | 12 345 | int | 39 30 00 00 |
| Linux 32 | 12 345.0 | float | 00 e4 40 46 |
| Windows | 12 345.0 | float | 00 e4 40 46 |
| Sun | 12 345.0 | float | 46 40 e4 00 |
| Linux 64 | 12 345.0 | float | 00 e4 40 46 |
| Linux 32 | &ival | int * | e4 f9 ff bf |
| Windows | &ival | int * | b4 cc 22 00 |
| Sun | &ival | int * | ef ff fa 0c |
| Linux 64 | &ival | int * | b8 11 e5 ff ff 7f 00 00 |

图 2-6　不同数据值的字节表示。除了字节顺序以外，int 和 float 的结果是一样的。指针值与机器相关

参数 12 345 的十六进制表示为 0x00003039。对于 int 类型的数据，除了字节顺序以外，我们在所有机器上都得到相同的结果。特别地，我们可以看到在 Linux 32、Windows 和 Linux 64 上，最低有效字节值 0x39 最先输出，这说明它们是小端法机器；而在 Sun 上最后输出，这说明 Sun 是大端法机器。同样地，float 数据的字节，除了字节顺序以外，也都是相同的。另一方面，指针值却是完全不同的。不同的机器/操作系统配置使用不同的存储分配规则。一个值得注意的特性是 Linux 32、Windows 和 Sun 的机器使用 4 字节地址，而 Linux 64 使用 8 字节地址。

**给 C 语言初学者　使用 typedef 来命名数据类型**

C 语言中的 typedef 声明提供了一种给数据类型命名的方式。这能够极大地改善代码的可读性，因为深度嵌套的类型声明很难读懂。

typedef 的语法与声明变量的语法十分相像，除了它使用的是类型名，而不是变量名。因此，图 2-4 中 byte_pointer 的声明和将一个变量声明为类型“unsigned char *”有相同的形式。

例如，声明：

```
typedef int *int_pointer;
int_pointer ip;
```

将类型“int_pointer”定义为一个指向 int 的指针，并且声明了一个这种类型的变量 ip。我们还可以将这个变量直接声明为：

```
int *ip;
```

**给 C 语言初学者 使用 printf 格式化输出**

printf 函数(还有它的同类 fprintf 和 sprintf)提供了一种打印信息的方式，这种方式对格式化细节有相当大的控制能力。第一个参数是格式串(format string)，而其余的参数都是要打印的值。在格式串里，每个以“%”开始的字符序列都表示如何格式化下一个参数。典型的示例包括：‘%d’是输出一个十进制整数，‘%f’是输出一个浮点数，而‘%c’是输出一个字符，其编码由参数给出。

指定确定大小数据类型的格式，如 int32_t，要更复杂一些，相关内容参见 2.2.3 节的旁注。

可以观察到，尽管浮点型和整型数据都是对数值 12 345 编码，但是它们有截然不同的字节模式：整型为 0x00003039，而浮点数为 0x4640E400。一般而言，这两种格式使用不同的编码方法。如果我们将这些十六进制模式扩展为二进制形式，并且适当地将它们移位，就会发现一个有 13 个相匹配的位的序列，用一串星号标识出来：

```
   0   0   0   0   3   0   3   9
00000000000000000011000000111001
                   *************
           4   6   4   0   E   4   0   0
          01000110010000001110010000000000
```

这并不是巧合。当我们研究浮点数格式时，还将再回到这个例子。

**给 C 语言初学者 指针和数组**

在函数 show_bytes(图 2-4)中，我们看到指针和数组之间紧密的联系，这将在 3.8 节中详细描述。这个函数有一个类型为 byte_pointer(被定义为一个指向 unsigned char 的指针)的参数 start，但是我们在第 8 行上看到数组引用 start[i]。在 C 语言中，我们能够用数组表示法来引用指针，同时我们也能用指针表示法来引用数组元素。在这个例子中，引用 start[i]表示我们想要读取以 start 指向的位置为起始的第 i 个位置处的字节。

**给 C 语言初学者 指针的创建和间接引用**

在图 2-4 的第 13、17 和 21 行，我们看到对 C 和 C++ 中两种独有操作的使用。C 的“取地址”运算符 & 创建一个指针。在这三行中，表达式 &x 创建了一个指向保存变量 x 的位置的指针。这个指针的类型取决于 x 的类型，因此这三个指针的类型分别为 int*、float*和 void *。(数据类型 void *是一种特殊类型的指针，没有相关联的类型信息。)

强制类型转换运算符可以将一种数据类型转换为另一种。因此，强制类型转换(byte_pointer)&x 表明无论指针 &x 以前是什么类型，它现在就是一个指向数据类型为 unsigned char 的指针。这里给出的这些强制类型转换不会改变真实的指针，它们只是告诉编译器以新的数据类型来看待被指向的数据。

**旁注 生成一张 ASCII 表**

可以通过执行命令 man ascii 来得到一张 ASCII 字符码的表。

**练习题 2.5** 思考下面对 show_bytes 的三次调用：

```
int val = 0x87654321;
byte_pointer valp = (byte_pointer) &val;
```

```
show_bytes(valp, 1); /* A. */
show_bytes(valp, 2); /* B. */
show_bytes(valp, 3); /* C. */
```

指出在小端法机器和大端法机器上，每次调用的输出值。

A. 小端法：________　大端法：________

B. 小端法：________　大端法：________

C. 小端法：________　大端法：________

练习题 2.6　使用 show_int 和 show_float，我们确定整数 3510593 的十六进制表示为 0x00359141，而浮点数 3510593.0 的十六进制表示为 0x4A564504。

A. 写出这两个十六进制值的二进制表示。

B. 移动这两个二进制串的相对位置，使得它们相匹配的位数最多。有多少位相匹配呢？

C. 串中的什么部分不相匹配？

### 2.1.4　表示字符串

C 语言中字符串被编码为一个以 null(其值为 0)字符结尾的字符数组。每个字符都由某个标准编码来表示，最常见的是 ASCII 字符码。因此，如果我们以参数“12345”和 6(包括终止符)来运行例程 show_bytes，我们得到结果 31 32 33 34 35 00。请注意，十进制数字 $x$ 的 ASCII 码正好是 0x3$x$，而终止字节的十六进制表示为 0x00。在使用 ASCII 码作为字符码的任何系统上都将得到相同的结果，与字节顺序和字大小规则无关。因而，文本数据比二进制数据具有更强的平台独立性。

练习题 2.7　下面对 show_bytes 的调用将输出什么结果？

```
const char *s = "abcdef";
show_bytes((byte_pointer) s, strlen(s));
```

注意字母‘a’～‘z’的 ASCII 码为 0x61～0x7A。

**旁注　文字编码的 Unicode 标准**

ASCII 字符集适合于编码英语文档，但是在表达一些特殊字符方面并没有太多办法，例如法语的“Ç”。它完全不适合编码希腊语、俄语和中文等语言的文档。这些年，提出了很多方法来对不同语言的文字进行编码。Unicode 联合会(Unicode Consortium)修订了最全面且广泛接受的文字编码标准。当前的 Unicode 标准(7.0 版)的字库包括将近 100 000 个字符，支持广泛的语言种类，包括古埃及和巴比伦的语言。为了保持信用，Unicode 技术委员会否决了为 Klingon(即电视连续剧《星际迷航》中的虚构文明)编写语言标准的提议。

基本编码，称为 Unicode 的“统一字符集”，使用 32 位来表示字符。这好像要求文本串中每个字符要占用 4 个字节。不过，可以有一些替代编码，常见的字符只需要 1 个或 2 个字节，而不太常用的字符需要多一些的字节数。特别地，UTF-8 表示将每个字符编码为一个字节序列，这样标准 ASCII 字符还是使用和它们在 ASCII 中一样的单字节编码，这也就意味着所有的 ASCII 字节序列用 ASCII 码表示和用 UTF-8 表示是一样的。

Java 编程语言使用 Unicode 来表示字符串。对于 C 语言也有支持 Unicode 的程序库。

### 2.1.5　表示代码

考虑下面的 C 函数：

```
1    int sum(int x, int y) {
2        return x + y;
3    }
```

当我们在示例机器上编译时，生成如下字节表示的机器代码：

| | |
|---|---|
| **Linux 32** | 55 89 e5 8b 45 0c 03 45 08 c9 c3 |
| **Windows** | 55 89 e5 8b 45 0c 03 45 08 5d c3 |
| **Sun** | 81 c3 e0 08 90 02 00 09 |
| **Linux 64** | 55 48 89 e5 89 7d fc 89 75 f8 03 45 fc c9 c3 |

我们发现指令编码是不同的。不同的机器类型使用不同的且不兼容的指令和编码方式。即使是完全一样的进程，运行在不同的操作系统上也会有不同的编码规则，因此二进制代码是不兼容的。二进制代码很少能在不同机器和操作系统组合之间移植。

计算机系统的一个基本概念就是，从机器的角度来看，程序仅仅只是字节序列。机器没有关于原始源程序的任何信息，除了可能有些用来帮助调试的辅助表以外。在第 3 章学习机器级编程时，我们将更清楚地看到这一点。

### 2.1.6　布尔代数简介

二进制值是计算机编码、存储和操作信息的核心，所以围绕数值 0 和 1 的研究已经演化出了丰富的数学知识体系。这起源于 1850 年前后乔治·布尔(George Boole，1815—1864)的工作，因此也称为布尔代数(Boolean algebra)。布尔注意到通过将逻辑值 TRUE(真)和 FALSE(假)编码为二进制值 1 和 0，能够设计出一种代数，以研究逻辑推理的基本原则。

| ~ | |
|---|---|
| 0 | 1 |
| 1 | 0 |

| & | 0 | 1 |
|---|---|---|
| 0 | 0 | 0 |
| 1 | 0 | 1 |

| \| | 0 | 1 |
|---|---|---|
| 0 | 0 | 1 |
| 1 | 1 | 1 |

| ^ | 0 | 1 |
|---|---|---|
| 0 | 0 | 1 |
| 1 | 1 | 0 |

图 2-7　布尔代数的运算。二进制值 1 和 0 表示逻辑值 TRUE 或者 FALSE，而运算符 ~、&、| 和 ^ 分别表示逻辑运算 NOT、AND、OR 和 EXCLUSIVE-OR

最简单的布尔代数是在二元集合{0，1}基础上的定义。图 2-7 定义了这种布尔代数中的几种运算。我们用来表示这些运算的符号与 C 语言位级运算使用的符号是相匹配的，这些将在后面讨论到。布尔运算 ~ 对应于逻辑运算 NOT，在命题逻辑中用符号 $\neg$ 表示。也就是说，当 $P$ 不是真的时候，我们就说 $\neg P$ 是真的，反之亦然。相应地，当 $P$ 等于 0 时，$\sim P$ 等于 1，反之亦然。布尔运算 & 对应于逻辑运算 AND，在命题逻辑中用符号 $\wedge$ 表示。当 $P$ 和 $Q$ 都为真时，我们说 $P\wedge Q$ 为真。相应地，只有当 $p=1$ 且 $q=1$ 时，$p\&q$ 才等于 1。布尔运算 | 对应于逻辑运算 OR，在命题逻辑中用符号 $\vee$ 表示。当 $P$ 或者 $Q$ 为真时，我们说 $P\vee Q$ 成立。相应地，当 $p=1$ 或者 $q=1$ 时，$p|q$ 等于 1。布尔运算 ^ 对应于逻辑运算异或，在命题逻辑中用符号 $\oplus$ 表示。当 $P$ 或者 $Q$ 为真但不同时为真时，我们说 $P\oplus Q$ 成立。相应地，当 $p=1$ 且 $q=0$，或者 $p=0$ 且 $q=1$ 时，$p$^$q$ 等于 1。

后来创立信息论领域的 Claude Shannon(1916—2001)首先建立了布尔代数和数字逻辑之间的联系。他在 1937 年的硕士论文中表明了布尔代数可以用来设计和分析机电继电器网络。尽管那时计算机技术已经取得了相当的发展，但是布尔代数仍然在数字系统的设计和分析中扮演着重要的角色。

我们可以将上述 4 个布尔运算扩展到位向量的运算，位向量就是固定长度为 $w$、由 0 和 1 组成的串。位向量的运算可以定义成参数的每个对应元素之间的运算。假设 $a$ 和 $b$ 分别表示位向量$[a_{w-1}, a_{w-2}, \cdots, a_0]$和$[b_{w-1}, b_{w-2}, \cdots, b_0]$。我们将 $a\&b$ 也定义为一个长度为 $w$ 的位向量，其中第 $i$ 个元素等于 $a_i\&b_i$，$0\leqslant i<w$。可以用类似的方式将运算 |、^

和~扩展到位向量上。

举个例子，假设 $w=4$，参数 $a=[0110]$，$b=[1100]$。那么 4 种运算 $a\&b$、$a|b$、$a$^$b$ 和~$b$ 分别得到以下结果：

$$\begin{array}{r} 0110 \\ \& \ \underline{1100} \\ 0100 \end{array} \qquad \begin{array}{r} 0110 \\ | \ \underline{1100} \\ 1110 \end{array} \qquad \begin{array}{r} 0110 \\ \hat{} \ \underline{1100} \\ 1010 \end{array} \qquad \begin{array}{r} \\ \sim \ \underline{1100} \\ 0011 \end{array}$$

练习题 2.8 填写下表，给出位向量的布尔运算的求值结果。

| 运算 | 结果 |
|---|---|
| $a$ | [01101001] |
| $b$ | [01010101] |
| ~$a$ | ______ |
| ~$b$ | ______ |
| $a\&b$ | ______ |
| $a\mid b$ | ______ |
| $a$^$b$ | ______ |

**网络旁注 DATA:BOOL 关于布尔代数和布尔环的更多内容**

对于任意整数 $w>0$，长度为 $w$ 的位向量上的布尔运算|、& 和~形成了一个布尔代数。最简单的情况是 $w=1$ 时，只有 2 个元素；但是对于更普遍的情况，有 $2^w$ 个长度为 $w$ 的位向量。布尔代数和整数算术运算有很多相似之处。例如，乘法对加法的分配律，写为 $a\cdot(b+c)=(a\cdot b)+(a\cdot c)$，而布尔运算 & 对|的分配律，写为 $a\&(b|c)=(a\&b)|(a\&c)$。此外，布尔运算|对 & 也有分配律，写为 $a|(b\&c)=(a|b)\&(a|c)$，但是对于整数我们不能说 $a+(b\cdot c)=(a+b)\cdot(a+c)$。

当考虑长度为 $w$ 的位向量上的^、& 和~运算时，会得到一种不同的数学形式，我们称为布尔环(Boolean ring)。布尔环与整数运算有很多相同的属性。例如，整数运算的一个属性是每个值 $x$ 都有一个加法逆元(additive inverse)$-x$，使得 $x+(-x)=0$。布尔环也有类似的属性，这里的“加法”运算是^，不过这时每个元素的加法逆元是它自己本身。也就是说，对于任何值 $a$ 来说，$a$^$a=0$，这里我们用 0 来表示全 0 的位向量。可以看到对单个位来说这是成立的，即 0^0=1^1=0，将这个扩展到位向量也是成立的。当我们重新排列组合顺序，这个属性也仍然成立，因此有($a$^$b$)^$a=b$。这个属性会引起一些很有趣的结果和聪明的技巧，在练习题 2.10 中我们会有所探讨。

位向量一个很有用的应用就是表示有限集合。我们可以用位向量 $[a_{w-1}, \cdots, a_1, a_0]$ 编码任何子集 $A\subseteq\{0, 1, \cdots, w-1\}$，其中 $a_i=1$ 当且仅当 $i\in A$。例如(记住我们是把 $a_{w-1}$ 写在左边，而将 $a_0$ 写在右边)，位向量 $a\doteq[01101001]$ 表示集合 $A=\{0, 3, 5, 6\}$，而 $b\doteq[01010101]$ 表示集合 $B=\{0, 2, 4, 6\}$。使用这种编码集合的方法，布尔运算|和 & 分别对应于集合的并和交，而~对应于于集合的补。还是用前面那个例子，运算 $a\&b$ 得到位向量[01000001]，而 $A\cap B=\{0, 6\}$。

在大量实际应用中，我们都能看到用位向量来对集合编码。例如，在第 8 章，我们会看到有很多不同的信号会中断程序执行。我们能够通过指定一个位向量掩码，有选择地使能或是屏蔽一些信号，其中某一位位置上为 1 时，表明信号 $i$ 是有效的(使能)，而 0 表明该信号是被屏蔽的。因而，这个掩码表示的就是设置为有效信号的集合。

**练习题 2.9**　通过混合三种不同颜色的光(红色、绿色和蓝色)，计算机可以在视频屏幕或者液晶显示器上产生彩色的画面。设想一种简单的方法，使用三种不同颜色的光，每种光都能打开或关闭，投射到玻璃屏幕上，如图所示：

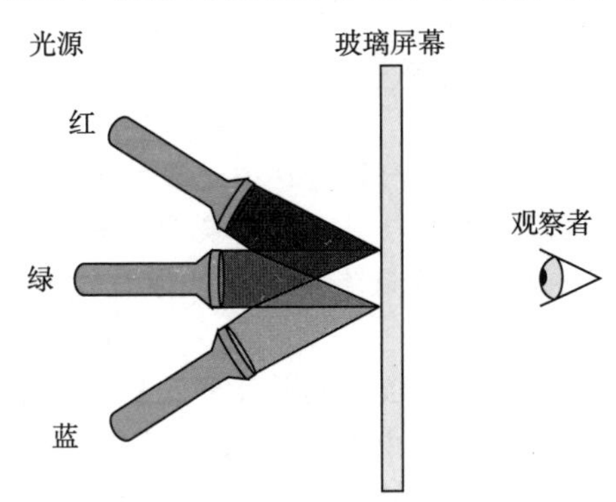


那么基于光源 R(红)、G(绿)、B(蓝)的关闭(0)或打开(1)，我们就能够创建 8 种不同的颜色：

| R | G | B | 颜色 | R | G | B | 颜色 |
|---|---|---|---|---|---|---|---|
| 0 | 0 | 0 | 黑色 | 1 | 0 | 0 | 红色 |
| 0 | 0 | 1 | 蓝色 | 1 | 0 | 1 | 红紫色 |
| 0 | 1 | 0 | 绿色 | 1 | 1 | 0 | 黄色 |
| 0 | 1 | 1 | 蓝绿色 | 1 | 1 | 1 | 白色 |

这些颜色中的每一种都能用一个长度为 3 的位向量来表示，我们可以对它们进行布尔运算。

A. 一种颜色的补是通过关掉打开的光源，且打开关闭的光源而形成的。那么上面列出的 8 种颜色每一种的补是什么？

B. 描述下列颜色应用布尔运算的结果：

蓝色　|　绿色　= ______

黄色　&　蓝绿色　= ______

红色　^　红紫色　= ______

### 2.1.7　C 语言中的位级运算

C 语言的一个很有用的特性就是它支持按位布尔运算。事实上，我们在布尔运算中使用的那些符号就是 C 语言所使用的：| 就是 OR(或)，& 就是 AND(与)，~ 就是 NOT(取反)，而^就是 EXCLUSIVE-OR(异或)。这些运算能运用到任何“整型”的数据类型上，包括图 2-3 所示内容。以下是一些对 `char` 数据类型表达式求值的例子：

| C 的表达式 | 二进制表达式 | 二进制结果 | 十六进制结果 |
|---|---|---|---|
| `~0x41` | ~[0100 0001] | [1011 1110] | 0xBE |
| `~0x00` | ~[0000 0000] | [1111 1111] | 0xFF |
| `0x69&0x55` | [0110 1001]&[0101 0101] | [0100 0001] | 0x41 |
| `0x69|0x55` | [0110 1001] \| [0101 0101] | [0111 1101] | 0x7D |

正如示例说明的那样，确定一个位级表达式的结果最好的方法，就是将十六进制的参数扩展成二进制表示并执行二进制运算，然后再转换回十六进制。

**练习题 2.10**　对于任一位向量 $a$，有 $a$^$a$=0。应用这一属性，考虑下面的程序：

```
1   void inplace_swap(int *x, int *y) {
2       *y = *x ^ *y;   /* Step 1 */
3       *x = *x ^ *y;   /* Step 2 */
4       *y = *x ^ *y;   /* Step 3 */
5   }
```

正如程序名字所暗示的那样，我们认为这个过程的效果是交换指针变量 x 和 y 所指向的存储位置处存放的值。注意，与通常的交换两个数值的技术不一样，当移动一个值时，我们不需要第三个位置来临时存储另一个值。这种交换方式并没有性能上的优势，它仅仅是一个智力游戏。

以指针 x 和 y 指向的位置存储的值分别是 $a$ 和 $b$ 作为开始，填写下表，给出在程序的每一步之后，存储在这两个位置中的值。利用^的属性证明达到了所希望的效果。回想一下，每个元素就是它自身的加法逆元($a$^$a$=0)。

| 步骤 | *x | *y |
|---|---|---|
| 初始 | $a$ | $b$ |
| 第1步 | | |
| 第2步 | | |
| 第3步 | | |

**练习题 2.11**　在练习题 2.10 中的 inplace_swap 函数的基础上，你决定写一段代码，实现将一个数组中的元素头尾两端依次对调。你写出下面这个函数：

```
1   void reverse_array(int a[], int cnt) {
2       int first, last;
3       for (first = 0, last = cnt-1;
4            first <= last;
5            first++,last--)
6            inplace_swap(&a[first], &a[last]);
7   }
```

当你对一个包含元素 1、2、3 和 4 的数组使用这个函数时，正如预期的那样，现在数组的元素变成了 4、3、2 和 1。不过，当你对一个包含元素 1、2、3、4 和 5 的数组使用这个函数时，你会很惊奇地看到得到数字的元素为 5、4、0、2 和 1。实际上，你会发现这段代码对所有偶数长度的数组都能正确地工作，但是当数组的长度为奇数时，它就会把中间的元素设置成 0。

A. 对于一个长度为奇数的数组，长度 cnt=$2k+1$，函数 reverse_array 最后一次循环中，变量 first 和 last 的值分别是什么？

B. 为什么这时调用函数 inplace_swap 会将数组元素设置为 0？

C. 对 reverse_array 的代码做哪些简单改动就能消除这个问题？

位级运算的一个常见用法就是实现掩码运算，这里掩码是一个位模式，表示从一个字中选出的位的集合。让我们来看一个例子，掩码 0xFF(最低的 8 位为 1)表示一个字的低位字节。位级运算 x&0xFF 生成一个由 x 的最低有效字节组成的值，而其他的字节就被置为 0。比如，对于 x= 0x89ABCDEF，其表达式将得到 0x000000EF。表达式~0 将生成一个全 1 的掩码，不管机器的字大小是多少。尽管对于一个 32 位机器来说，同样的掩码可以写成 0xFFFFFFFF，但是这样的代码不是可移植的。

练习题 2.12　对于下面的值，写出变量 x 的 C 语言表达式。你的代码应该对任何字长 $w \geq 8$ 都能工作。我们给出了当 x=0x87654321 以及 $w=32$ 时表达式求值的结果，仅供参考。

A. 除了 x 的最低有效字节，其他位均置为 0。[0x00000021]。

B. 除了 x 的最低有效字节外，其他的位都取补，最低有效字节保持不变。[0x789ABC21]。

C. x 的最低有效字节设置成全 1，其他字节都保持不变。[0x876543FF]。

练习题 2.13　从 20 世纪 70 年代末到 80 年代末，Digital Equipment 的 VAX 计算机是一种非常流行的机型。它没有布尔运算 AND 和 OR 指令，只有 bis(位设置)和 bic(位清除)这两种指令。两种指令的输入都是一个数据字 x 和一个掩码字 m。它们生成一个结果 z，z 是由根据掩码 m 的位来修改 x 的位得到的。使用 bis 指令，这种修改就是在 m 为 1 的每个位置上，将 z 对应的位设置为 1。使用 bic 指令，这种修改就是在 m 为 1 的每个位置，将 z 对应的位设置为 0。

为了看清楚这些运算与 C 语言位级运算的关系，假设我们有两个函数 bis 和 bic 来实现位设置和位清除操作。只想用这两个函数，而不使用任何其他 C 语言运算，来实现按位|和^运算。填写下列代码中缺失的代码。提示：写出 bis 和 bic 运算的 C 语言表达式。

```
/* Declarations of functions implementing operations bis and bic */
int bis(int x, int m);
int bic(int x, int m);

/* Compute x|y using only calls to functions bis and bic */
int bool_or(int x, int y) {
    int result = __________;
    return result;
}

/* Compute x^y using only calls to functions bis and bic */
int bool_xor(int x, int y) {
    int result = __________;
    return result;
}
```

### 2.1.8　C 语言中的逻辑运算

C 语言还提供了一组逻辑运算符 ||、&& 和!，分别对应于命题逻辑中的 OR、AND 和 NOT 运算。逻辑运算很容易和位级运算相混淆，但是它们的功能是完全不同的。逻辑运算认为所有非零的参数都表示 TRUE，而参数 0 表示 FALSE。它们返回 1 或者 0，分别表示结果为 TRUE 或者为 FALSE。以下是一些表达式求值的示例。

| 表达式 | 结果 |
|---|---|
| !0x41 | 0x00 |
| !0x00 | 0x01 |
| !!0x41 | 0x01 |
| 0x69&&0x55 | 0x01 |
| 0x69\|\|0x55 | 0x01 |

可以观察到，按位运算只有在特殊情况下，也就是参数被限制为 0 或者 1 时，才和与

其对应的逻辑运算有相同的行为。

逻辑运算符 && 和 || 与它们对应的位级运算 & 和 | 之间第二个重要的区别是，如果对第一个参数求值就能确定表达式的结果，那么逻辑运算符就不会对第二个参数求值。因此，例如，表达式 a&&5/a 将不会造成被零除，而表达式 p&&*p++也不会导致间接引用空指针。

**练习题 2.14**　假设 x 和 y 的字节值分别为 0x66 和 0x39。填写下表，指明各个 C 表达式的字节值。

| 表达式 | 值 | 表达式 | 值 |
|---|---|---|---|
| `x & y` | | `x && y` | |
| `x \| y` | | `x \|\| y` | |
| `~x \| ~y` | | `!x \|\| !y` | |
| `x & !y` | | `x && ~y` | |

**练习题 2.15**　只使用位级和逻辑运算，编写一个 C 表达式，它等价于 x==y。换句话说，当 x 和 y 相等时它将返回 1，否则就返回 0。

### 2.1.9　C 语言中的移位运算

C 语言还提供了一组移位运算，向左或者向右移动位模式。对于一个位表示为$[x_{w-1}, x_{w-2}, \cdots, x_0]$的操作数 $x$，C 表达式 x<<k 会生成一个值，其位表示为$[x_{w-k-1}, x_{w-k-2}, \cdots, x_0, 0, \cdots, 0]$。也就是说，x 向左移动 $k$ 位，丢弃最高的 $k$ 位，并在右端补 $k$ 个 0。移位量应该是一个 $0\sim w-1$ 之间的值。移位运算是从左至右可结合的，所以 x<<j<<k 等价于 (x<<j)<<k。

有一个相应的右移运算 x>>k，但是它的行为有点微妙。一般而言，机器支持两种形式的右移：*逻辑右移*和*算术右移*。逻辑右移在左端补 $k$ 个 0，得到的结果是$[0, \cdots, 0, x_{w-1}, x_{w-2}, \cdots, x_k]$。算术右移是在左端补 $k$ 个最高有效位的值，得到的结果是$[x_{w-1}, \cdots, x_{w-1}, x_{w-1}, x_{w-2}, \cdots, x_k]$。这种做法看上去可能有点奇特，但是我们会发现它对有符号整数数据的运算非常有用。

让我们来看一个例子，下面的表给出了对一个 8 位参数 x 的两个不同的值做不同的移位操作得到的结果：

| 操作 | 值 |
|---|---|
| 参数 x | [01100011]　[10010101] |
| `x << 4` | [0011*0000*]　[0101*0000*] |
| `x >> 4`（逻辑右移） | [*0000*0110]　[*0000*1001] |
| `x >> 4`（算术右移） | [*0000*0110]　[*1111*1001] |

斜体的数字表示的是最右端(左移)或最左端(右移)填充的值。可以看到除了一个条目之外，其他的都包含填充 0。唯一的例外是算术右移[10010101]的情况。因为操作数的最高位是 1，填充的值就是 1。

C 语言标准并没有明确定义对于有符号数应该使用哪种类型的右移——算术右移或者逻辑右移都可以。不幸地，这就意味着任何假设一种或者另一种右移形式的代码都可能会遇到可移植性问题。然而，实际上，几乎所有的编译器/机器组合都对有符号数使用算术右移，且许多程序员也都假设机器会使用这种右移。另一方面，对于无符号数，右移必须是逻辑的。

与 C 相比，Java 对于如何进行右移有明确的定义。表达是 x>>k 会将 x 算术右移 k 个位置，而 x>>>k 会对 x 做逻辑右移。

**旁注　移动 $k$ 位，这里 $k$ 很大**

对于一个由 $w$ 位组成的数据类型，如果要移动 $k \geqslant w$ 位会得到什么结果呢？例如，计算下面的表达式会得到什么结果，假设数据类型 int 为 $w=32$：

```
int      lval = 0xFEDCBA98  << 32;
int      aval = 0xFEDCBA98  >> 36;
unsigned uval = 0xFEDCBA98u >> 40;
```

C 语言标准很小心地规避了说明在这种情况下该如何做。在许多机器上，当移动一个 $w$ 位的值时，移位指令只考虑位移量的低 $\log_2 w$ 位，因此实际上位移量就是通过计算 $k \bmod w$ 得到的。例如，当 $w=32$ 时，上面三个移位运算分别是移动 0、4 和 8 位，得到结果：

```
lval    0xFEDCBA98
aval    0xFFEDCBA9
uval    0x00FEDCBA
```

不过这种行为对于 C 程序来说是没有保证的，所以应该保持位移量小于待移位值的位数。

另一方面，Java 特别要求位移数量应该按照我们前面所讲的求模的方法来计算。

**旁注　与移位运算有关的操作符优先级问题**

常常有人会写这样的表达式 1<<2+3<<4，本意是 (1<<2)+(3<<4)。但是在 C 语言中，前面的表达式等价于 1<<(2+3)<<4，这是由于加法(和减法)的优先级比移位运算要高。然后，按照从左至右结合性规则，括号应该是这样打的 (1<<(2+3))<<4，得到的结果是 512，而不是期望的 52。

在 C 表达式中搞错优先级是一种常见的程序错误原因，而且常常很难检查出来。所以当你拿不准的时候，请加上括号！

**练习题 2.16**　填写下表，展示不同移位运算对单字节数的影响。思考移位运算的最好方式是使用二进制表示。将最初的值转换为二进制，执行移位运算，然后再转换回十六进制。每个答案都应该是 8 个二进制数字或者 2 个十六进制数字。

| x | | x<<3 | | x>>2 (逻辑的) | | x>>2 (算术的) | |
|---|---|---|---|---|---|---|---|
| 十六进制 | 二进制 | 二进制 | 十六进制 | 二进制 | 十六进制 | 二进制 | 十六进制 |
| 0xC3 | | | | | | | |
| 0x75 | | | | | | | |
| 0x87 | | | | | | | |
| 0x66 | | | | | | | |

## 2.2　整数表示

在本节中，我们描述用位来编码整数的两种不同的方式：一种只能表示非负数，而另一种能够表示负数、零和正数。后面我们将会看到它们在数学属性和机器级实现方面密切相关。我们还会研究扩展或者收缩一个已编码整数以适应不同长度表示的效果。

图 2-8 列出了我们引入的数学术语，用于精确定义和描述计算机如何编码和操作整数。这些术语将在描述的过程中介绍，图在此处列出作为参考。

| 符号 | 类型 | 含义 |
|---|---|---|
| $B2T_w$ | 函数 | 二进制转补码 |
| $B2U_w$ | 函数 | 二进制转无符号数 |
| $U2B_w$ | 函数 | 无符号数转二进制 |
| $U2T_w$ | 函数 | 无符号转补码 |
| $T2B_w$ | 函数 | 补码转二进制 |
| $T2U_w$ | 函数 | 补码转无符号数 |
| $TMin_w$ | 常数 | 最小补码值 |
| $TMax_w$ | 常数 | 最大补码值 |
| $UMax_w$ | 常数 | 最大无符号数 |
| $+^t_w$ | 操作 | 补码加法 |
| $+^u_w$ | 操作 | 无符号数加法 |
| $*^t_w$ | 操作 | 补码乘法 |
| $*^u_w$ | 操作 | 无符号数乘法 |
| $-^t_w$ | 操作 | 补码取反 |
| $-^u_w$ | 操作 | 无符号数取反 |

图 2-8　整数的数据与算术操作术语。下标 $w$ 表示数据表示中的位数

## 2.2.1　整型数据类型

C 语言支持多种整型数据类型——表示有限范围的整数。这些类型如图 2-9 和图 2-10 所示，其中还给出了“典型”32 位和 64 位机器的取值范围。每种类型都能用关键字来指定大小，这些关键字包括 char、short、long，同时还可以指示被表示的数字是非负数(声明为 unsigned)，或者可能是负数(默认)。如图 2-3 所示，为这些不同的大小分配的字节数根据程序编译为 32 位还是 64 位而有所不同。根据字节分配，不同的大小所能表示的值的范围是不同的。这里给出来的唯一一个与机器相关的取值范围是大小指示符 long 的。大多数 64 位机器使用 8 个字节的表示，比 32 位机器上使用的 4 个字节的表示的取值范围大很多。

| C数据类型 | 最小值 | 最大值 |
|---|---|---|
| [signed]char | −128 | 127 |
| unsigned char | 0 | 255 |
| short | −32 768 | 32 767 |
| unsigned short | 0 | 65 535 |
| int | −2 147 483 648 | 2 147 483 647 |
| unsigned | 0 | 4 294 967 295 |
| long | −2 147 483 648 | 2 147 483 647 |
| unsigned long | 0 | 4 294 967 295 |
| int32_t | −2 147 483 648 | 2 147 483 647 |
| uint32_t | 0 | 4 294 967 295 |
| int64_t | −9 223 372 036 854 775 808 | 9 223 372 036 854 775 807 |
| uint64_t | 0 | 18 446 744 073 709 551 615 |

图 2-9　32 位程序上 C 语言整型数据类型的典型取值范围

| C数据类型 | 最小值 | 最大值 |
|---|---|---|
| [signed]char | -128 | 127 |
| unsigned char | 0 | 255 |
| short | -32 768 | 32 767 |
| unsigned short | 0 | 65 535 |
| int | -2 147 483 648 | 2 147 483 647 |
| unsigned | 0 | 4 294 967 295 |
| long | -9 223 372 036 854 775 808 | 9 223 372 036 854 775 807 |
| unsigned long | 0 | 18 446 744 073 709 551 615 |
| int32_t | -2 147 483 648 | 2 147 483 647 |
| uint32_t | 0 | 4 294 967 295 |
| int64_t | -9 223 372 036 854 775 808 | 9 223 372 036 854 775 807 |
| uint64_t | 0 | 18 446 744 073 709 551 615 |

图 2-10　64 位程序上 C 语言整型数据类型的典型取值范围

图 2-9 和图 2-10 中一个很值得注意的特点是取值范围不是对称的——负数的范围比正数的范围大 1。当我们考虑如何表示负数的时候，会看到为什么会这样。

C 语言标准定义了每种数据类型必须能够表示的最小的取值范围。如图 2-11 所示，它们的取值范围与图 2-9 和图 2-10 所示的典型实现一样或者小一些。特别地，除了固定大小的数据类型是例外，我们看到它们只要求正数和负数的取值范围是对称的。此外，数据类型 int 可以用 2 个字节的数字来实现，而这几乎回退到了 16 位机器的时代。还可以看到，long 的大小可以用 4 个字节的数字来实现，对 32 位程序来说这是很典型的。固定大小的数据类型保证数值的范围与图 2-9 给出的典型数值一致，包括负数与正数的不对称性。

| C数据类型 | 最小值 | 最大值 |
|---|---|---|
| [signed]char | -127 | 127 |
| unsigned char | 0 | 255 |
| short | -32 767 | 32 767 |
| unsigned short | 0 | 65 535 |
| int | -32 767 | 32 767 |
| unsigned | 0 | 65 535 |
| long | -2 147 483 647 | 2 147 483 647 |
| unsigned long | 0 | 4 294 967 295 |
| int32_t | -2 147 483 648 | 2 147 483 647 |
| uint32_t | 0 | 4 294 967 295 |
| int64_t | -9 223 372 036 854 775 808 | 9 223 372 036 854 775 807 |
| uint64_t | 0 | 18 446 744 073 709 551 615 |

图 2-11　C 语言的整型数据类型的保证的取值范围。C 语言标准要求这些数据类型必须至少具有这样的取值范围

**给 C 语言初学者　C、C++ 和 Java 中的有符号和无符号数**

C 和 C++ 都支持有符号(默认)和无符号数。Java 只支持有符号数。

### 2.2.2　无符号数的编码

假设有一个整数数据类型有 $w$ 位。我们可以将位向量写成 $\vec{x}$，表示整个向量，或者写成$[x_{w-1}, x_{w-2}, \cdots, x_0]$，表示向量中的每一位。把 $\vec{x}$ 看做一个二进制表示的数，就获得

了 $\vec{x}$ 的无符号表示。在这个编码中，每个位 $x_i$ 都取值为 0 或 1，后一种取值意味着数值 $2^i$ 应为数字值的一部分。我们用一个函数 $B2U_w$(Binary to Unsigned 的缩写，长度为 $w$)来表示：

**原理**：无符号数编码的定义

对向量 $\vec{x}=[x_{w-1}, x_{w-2}, \cdots, x_0]$：

$$B2U_w(\vec{x}) \doteq \sum_{i=0}^{w-1} x_i 2^i \tag{2.1}$$

在这个等式中，符号“$\doteq$”表示左边被定义为等于右边。函数 $B2U_w$ 将一个长度为 $w$ 的 0、1 串映射到非负整数。举一个示例，图 2-12 展示的是下面几种情况下 $B2U$ 给出的从位向量到整数的映射：

$$\begin{aligned} B2U_4([0001]) &= 0 \cdot 2^3 + 0 \cdot 2^2 + 0 \cdot 2^1 + 1 \cdot 2^0 = 0+0+0+1 = 1 \\ B2U_4([0101]) &= 0 \cdot 2^3 + 1 \cdot 2^2 + 0 \cdot 2^1 + 1 \cdot 2^0 = 0+4+0+1 = 5 \\ B2U_4([1011]) &= 1 \cdot 2^3 + 0 \cdot 2^2 + 1 \cdot 2^1 + 1 \cdot 2^0 = 8+0+2+1 = 11 \\ B2U_4([1111]) &= 1 \cdot 2^3 + 1 \cdot 2^2 + 1 \cdot 2^1 + 1 \cdot 2^0 = 8+4+2+1 = 15 \end{aligned} \tag{2.2}$$

在图中，我们用长度为 $2^i$ 的指向右侧箭头的条表示每个位的位置 $i$。每个位向量对应的数值就等于所有值为 1 的位对应的条的长度之和。

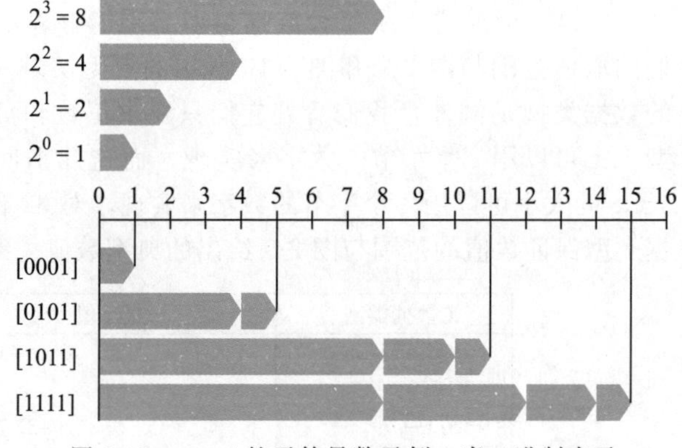


图 2-12　$w=4$ 的无符号数示例。当二进制表示中位 $i$ 为 1，数值就会相应加上 $2^i$

让我们来考虑一下 $w$ 位所能表示的值的范围。最小值是用位向量[00…0]表示，也就是整数值 0，而最大值是用位向量[11…1]表示，也就是整数值 $UMax_w \doteq \sum_{i=0}^{w-1} 2^i = 2^w - 1$。以 4 位情况为例，$UMax_4 = B2U_4([1111]) = 2^4 - 1 = 15$。因此，函数 $B2U_w$ 能够被定义为一个映射 $B2U_w$：$\{0, 1\}^w \rightarrow \{0, \cdots, 2^w - 1\}$。

无符号数的二进制表示有一个很重要的属性，也就是每个介于 $0 \sim 2^w - 1$ 之间的数都有唯一一个 $w$ 位的值编码。例如，十进制值 11 作为无符号数，只有一个 4 位的表示，即[1011]。我们用数学原理来重点讲述它，先表述原理再解释。

**原理**：无符号数编码的唯一性

函数 $B2U_w$ 是一个双射。

数学术语双射是指一个函数 $f$ 有两面：它将数值 $x$ 映射为数值 $y$，即 $y=f(x)$，但它也可以反向操作，因为对每一个 $y$ 而言，都有唯一一个数值 $x$ 使得 $f(x)=y$。这可以用反函数 $f^{-1}$ 来表示，在本例中，即 $x=f^{-1}(y)$。函数 $B2U_w$ 将每一个长度为 $w$ 的位向量都映射为 $0 \sim 2^w - 1$ 之间的一个唯一值；反过来，我们称其为 $U2B_w$(即“无符号数到二进制”)，在 $0 \sim 2^w - 1$ 之间的每一个整数都可以映射为一个唯一的长度为 $w$ 的位模式。

### 2.2.3　补码编码

对于许多应用，我们还希望表示负数值。最常见的有符号数的计算机表示方式就是补码(two's-complement)形式。在这个定义中，将字的最高有效位解释为负权(negative weight)。我们用函数 $B2T_w$(Binary to Two's-complement 的缩写，长度为 $w$)来表示：

**原理**：补码编码的定义

对向量 $\vec{x}=[x_{w-1}, x_{w-2}, \cdots, x_0]$：

$$B2T_w(\vec{x}) \doteq -x_{w-1}2^{w-1}+\sum_{i=0}^{w-2}x_i 2^i \tag{2.3}$$

最高有效位 $x_{w-1}$ 也称为符号位，它的“权重”为 $-2^{w-1}$，是无符号表示中权重的负数。符号位被设置为 1 时，表示值为负，而当设置为 0 时，值为非负。这里来看一个示例，图 2-13 展示的是下面几种情况下 $B2T$ 给出的从位向量到整数的映射。

$$\begin{aligned}
B2T_4([0001]) &= -0\cdot 2^3+0\cdot 2^2+0\cdot 2^1+1\cdot 2^0 = 0+0+0+1 = 1\\
B2T_4([0101]) &= -0\cdot 2^3+1\cdot 2^2+0\cdot 2^1+1\cdot 2^0 = 0+4+0+1 = 5\\
B2T_4([1011]) &= -1\cdot 2^3+0\cdot 2^2+1\cdot 2^1+1\cdot 2^0 = -8+0+2+1 = -5\\
B2T_4([1111]) &= -1\cdot 2^3+1\cdot 2^2+1\cdot 2^1+1\cdot 2^0 = -8+4+2+1 = -1
\end{aligned} \tag{2.4}$$

在这个图中，我们用向左指的条表示符号位具有负权重。于是，与一个位向量相关联的数值是由可能的向左指的条和向右指的条加起来决定的。

我们可以看到，图 2-12 和图 2-13 中的位模式都是一样的，对等式(2.2)和等式(2.4)来说也是一样，但是当最高有效位是 1 时，数值是不同的，这是因为在一种情况中，最高有效位的权重是+8，而在另一种情况中，它的权重是−8。

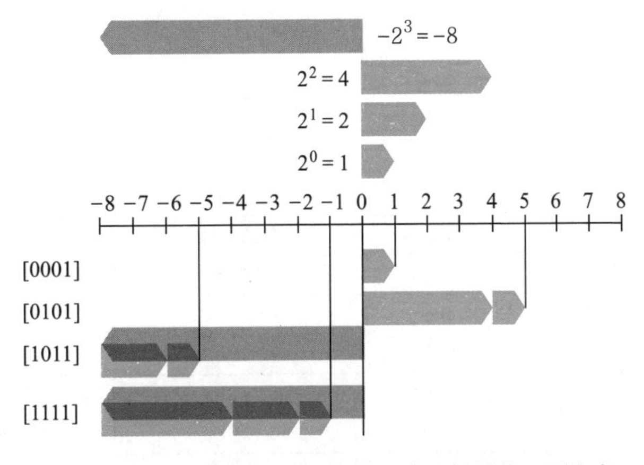


图 2-13　$w=4$ 的补码示例。把位 3 作为符号位，因此当它为 1 时，对数值的影响是 $-2^3=-8$。这个权重在图中用带向左箭头的条表示

让我们来考虑一下 $w$ 位补码所能表示的值的范围。它能表示的最小值是位向量[10…0]（也就是设置这个位为负权，但是清除其他所有的位），其整数值为 $TMin_w \doteq -2^{w-1}$。而最大值是位向量[01…1]（清除具有负权的位，而设置其他所有的位），其整数值为 $TMax_w \doteq \sum_{i=0}^{w-2}2^i = 2^{w-1}-1$。以长度为 4 为例，我们有 $TMin_4=B2T_4([1000])=-2^3=-8$，而 $TMax_4=B2T_4([0111])=2^2+2^1+2^0=4+2+1=7$。

我们可以看出 $B2T_w$ 是一个从长度为 $w$ 的位模式到 $TMin_w$ 和 $TMax_w$ 之间数字的映射，写作 $B2T_w$：$\{0, 1\}^w \to \{TMin_w, \cdots, TMax_w\}$。同无符号表示一样，在可表示的取值范围内的每个数字都有一个唯一的 $w$ 位的补码编码。这就导出了与无符号数相似的补码数原理：

**原理**：补码编码的唯一性

函数 $B2T_w$ 是一个双射。

我们定义函数 $T2B_w$（即“补码到二进制”）作为 $B2T_w$ 的反函数。也就是说，对于每个数 $x$，满足 $TMin_w \leqslant x \leqslant TMax_w$，则 $T2B_w(x)$ 是 $x$ 的（唯一的）$w$ 位模式。

**练习题 2.17**　假设 $w=4$，我们能给每个可能的十六进制数字赋予一个数值，假设用一个无符号或者补码表示。请根据这些表示，通过写出等式(2.1)和等式(2.3)所示的求和公式中的 2 的非零次幂，填写下表：

| $\vec{x}$ | | $B2U_4(\vec{x})$ | $B2T_4(\vec{x})$ |
| --- | --- | --- | --- |
| 十六进制 | 二进制 | | |
| 0xE | [1110] | $2^3+2^2+2^1=14$ | $-2^3+2^2+2^1=-2$ |
| 0x0 | | | |
| 0x5 | | | |
| 0x8 | | | |
| 0xD | | | |
| 0xF | | | |

图 2-14 展示了针对不同字长，几个重要数字的位模式和数值。前三个给出的是可表示的整数的范围，用 $UMax_w$、$TMin_w$ 和 $TMax_w$ 来表示。在后面的讨论中，我们还会经常引用到这三个特殊的值。如果可以从上下文中推断出 $w$，或者 $w$ 不是讨论的主要内容时，我们会省略下标 $w$，直接引用 $UMax$、$TMin$ 和 $TMax$。

| 数 | 字长$w$ | | | |
| --- | --- | --- | --- | --- |
| | 8 | 16 | 32 | 64 |
| $UMax_w$ | 0xFF<br>255 | 0xFFFF<br>65 535 | 0xFFFFFFFF<br>4 294 967 295 | 0xFFFFFFFFFFFFFFFF<br>18 446 744 073 709 551 615 |
| $TMin_w$ | 0x80<br>−128 | 0x8000<br>−32 768 | 0x80000000<br>−2 147 483 648 | 0x8000000000000000<br>−9 223 372 036 854 775 808 |
| $TMax_w$ | 0x7F<br>127 | 0x7FFF<br>32 767 | 0x7FFFFFFF<br>2 147 483 647 | 0x7FFFFFFFFFFFFFFF<br>9 223 372 036 854 775 807 |
| −1 | 0xFF | 0xFFFF | 0xFFFFFFFF | 0xFFFFFFFFFFFFFFFF |
| 0 | 0x00 | 0x0000 | 0x00000000 | 0x0000000000000000 |

图 2-14　重要的数字。图中给出了数值和十六进制表示

关于这些数字，有几点值得注意。第一，从图 2-9 和图 2-10 可以看到，补码的范围是不对称的：$|TMin|=|TMax|+1$，也就是说，$TMin$ 没有与之对应的正数。正如我们将会看到的，这导致了补码运算的某些特殊的属性，并且容易造成程序中细微的错误。之所以会有这样的不对称性，是因为一半的位模式(符号位设置为 1 的数)表示负数，而另一半(符号位设置为 0 的数)表示非负数。因为 0 是非负数，也就意味着能表示的正数比负数少一个。第二，最大的无符号数值刚好比补码的最大值的两倍大一点：$UMax_w=2TMax_w+1$。补码表示中所有表示负数的位模式在无符号表示中都变成了正数。图 2-14 也给出了常数−1 和 0 的表示。注意−1 和 $UMax$ 有同样的位表示——一个全 1 的串。数值 0 在两种表示方式中都是全 0 的串。

C 语言标准并没有要求要用补码形式来表示有符号整数，但是几乎所有的机器都是这么做的。程序员如果希望代码具有最大可移植性，能够在所有可能的机器上运行，那么除了图 2-11 所示的那些范围之外，我们不应该假设任何可表示的数值范围，也不应该假设有符号数会使用何种特殊的表示方式。另一方面，许多程序的书写都假设用补码来表示有符号数，并且具有图 2-9 和图 2-10 所示的“典型的”取值范围，这些程序也能够在大量的机器和编译器上移植。C 库中的文件`<limits.h>`定义了一组常量，来限定编译器运行的这台机器的不同整型数据类型的取值范围。比如，它定义了常量 `INT_MAX`、`INT_MIN` 和 `UINT_MAX`，它们描述了有符号和无符号整数的范围。对于一个补码的机器，数据类型 `int` 有 $w$ 位，这些常量就对应于 $TMax_w$、$TMin_w$ 和 $UMax_w$ 的值。

**旁注　关于确定大小的整数类型的更多内容**

对于某些程序来说，用某个确定大小的表示来编码数据类型非常重要。例如，当编写程序，使得机器能够按照一个标准协议在因特网上通信时，让数据类型与协议指定的数据类型兼容是非常重要的。我们前面看到了，某些 C 数据类型，特别是 long 型，在不同的机器上有不同的取值范围，而实际上 C 语言标准只指定了每种数据类型的最小范围，而不是确定的范围。虽然我们可以选择与大多数机器上的标准表示兼容的数据类型，但是这也不能保证可移植性。

我们已经见过了 32 位和 64 位版本的确定大小的整数类型(图 2-3)，它们是一个更大数据类型类的一部分。ISO C99 标准在文件 stdint.h 中引入了这个整数类型类。这个文件定义了一组数据类型，它们的声明形如 int*N*_t 和 uint*N*_t，对不同的 N 值指定 N 位有符号和无符号整数。N 的具体值与实现相关，但是大多数编译器允许的值为 8、16、32 和 64。因此，通过将它的类型声明为 uint16_t，我们可以无歧义地声明一个 16 位无符号变量，而如果声明为 int32_t，就是一个 32 位有符号变量。

这些数据类型对应着一组宏，定义了每个 N 的值对应的最小和最大值。这些宏名字形如 INT*N*_MIN、INT*N*_MAX 和 UINT*N*_MAX。

确定宽度类型的带格式打印需要使用宏，以与系统相关的方式扩展为格式串。因此，举个例子来说，变量 x 和 y 的类型是 int32_t 和 uint64_t，可以通过调用 printf 来打印它们的值，如下所示：

```
printf("x = %" PRId32 ", y = %" PRIu64 "\n", x, y);
```

编译为 64 位程序时，宏 PRId32 展开成字符串“d”，宏 PRIu64 则展开成两个字符串“l”“u”。当 C 预处理器遇到仅用空格(或其他空白字符)分隔的一个字符串常量序列时，就把它们串联起来。因此，上面的 printf 调用就变成了：

```
printf("x = %d, y = %lu\n", x, y);
```

使用宏能保证：不论代码是如何被编译的，都能生成正确的格式字符串。

关于整数数据类型的取值范围和表示，Java 标准是非常明确的。它要求采用补码表示，取值范围与图 2-10 中 64 位的情况一样。在 Java 中，单字节数据类型称为 byte，而不是 char。这些非常具体的要求都是为了保证无论在什么机器上运行，Java 程序都能表现地完全一样。

**旁注　有符号数的其他表示方法**

有符号数还有两种标准的表示方法：

**反码**(Ones' Complement)：除了最高有效位的权是 $-(2^{w-1}-1)$ 而不是 $-2^{w-1}$，它和补码是一样的：

$$B2O_w(\vec{x}) \doteq -x_{w-1}(2^{w-1}-1)+\sum_{i=0}^{w-2}x_i 2^i$$

**原码**(Sign-Magnitude)：最高有效位是符号位，用来确定剩下的位应该取负权还是正权：

$$B2S_w(\vec{x}) \doteq (-1)^{x_{w-1}}\cdot\left(\sum_{i=0}^{w-2}x_i 2^i\right)$$

这两种表示方法都有一个奇怪的属性，那就是对于数字 0 有两种不同的编码方式。这两种表示方法，把[00…0]都解释为 +0。而值 −0 在原码中表示为[10…0]，在反码中表示为[11…1]。虽然过去生产过基于反码表示的机器，但是几乎所有的现代机器都使用补码。我们将看到在浮点数中有使用原码编码。

> 请注意补码(Two's complement)和反码(Ones' complement)中撇号的位置是不同的。术语补码来源于这样一个情况，对于非负数 $x$，我们用 $2^w-x$(这里只有一个2)来计算 $-x$ 的 $w$ 位表示。术语反码来源于这样一个属性，我们用[111…1]$-x$(这里有很多个1)来计算 $-x$ 的反码表示。

为了更好地理解补码表示，考虑下面的代码：

```
1    short x = 12345;
2    short mx = -x;
3
4    show_bytes((byte_pointer) &x, sizeof(short));
5    show_bytes((byte_pointer) &mx, sizeof(short));
```

当在大端法机器上运行时，这段代码的输出为 30 39 和 cf c7，指明 x 的十六进制表示为 0x3039，而 mx 的十六进制表示为 0xCFC7。将它们展开为二进制，我们得到 x 的位模式为[0011000000111001]，而 mx 的位模式为[1100111111000111]。如图 2-15 所示，等式(2.3)对这两个位模式生成的值为 12 345 和 −12 345。

| 权 | 12 345 | | −12 345 | | 53 191 | |
|---|---|---|---|---|---|---|
| | 位 | 值 | 位 | 值 | 位 | 值 |
| 1 | 1 | 1 | 1 | 1 | 1 | 1 |
| 2 | 0 | 0 | 1 | 2 | 1 | 2 |
| 4 | 0 | 0 | 1 | 4 | 1 | 4 |
| 8 | 1 | 8 | 0 | 0 | 0 | 0 |
| 16 | 1 | 16 | 0 | 0 | 0 | 0 |
| 32 | 1 | 32 | 0 | 0 | 0 | 0 |
| 64 | 0 | 0 | 1 | 64 | 1 | 64 |
| 128 | 0 | 0 | 1 | 128 | 1 | 128 |
| 256 | 0 | 0 | 1 | 256 | 1 | 256 |
| 512 | 0 | 0 | 1 | 512 | 1 | 512 |
| 1 024 | 0 | 0 | 1 | 1 024 | 1 | 1 024 |
| 2 048 | 0 | 0 | 1 | 2 048 | 1 | 2 048 |
| 4 096 | 1 | 4096 | 0 | 0 | 0 | 0 |
| 8 192 | 1 | 8192 | 0 | 0 | 0 | 0 |
| 16 384 | 0 | 0 | 1 | 16 384 | 1 | 16 384 |
| ±32 768 | 0 | 0 | 1 | −32 768 | 1 | 32 768 |
| 总计 | 12 345 | | −12 345 | | 53 191 | |

图 2-15　12 345 和 −12 345 的补码表示，以及 53 191 的无符号表示。注意后面两个数有相同的位表示

**练习题 2.18**　在第 3 章中，我们将看到由反汇编器生成的列表，反汇编器是一种将可执行程序文件转换回可读性更好的 ASCII 码形式的程序。这些文件包含许多十六进制数字，都是用典型的补码形式来表示这些值。能够认识这些数字并理解它们的意义(例如它们是正数还是负数)，是一项重要的技巧。

在下面的列表中，对于标号为 A～I(标记在右边)的那些行，将指令名(sub、mov 和 add)右边显示的(32 位补码形式表示的)十六进制值转换为等价的十进制值。

```
4004d0:  48 81 ec e0 02 00 00    sub    $0x2e0,%rsp           A.
4004d7:  48 8b 44 24 a8          mov    -0x58(%rsp),%rax      B.
4004dc:  48 03 47 28             add    0x28(%rdi),%rax       C.
4004e0:  48 89 44 24 d0          mov    %rax,-0x30(%rsp)      D.
```

```
4004e5:  48 8b 44 24 78            mov    0x78(%rsp),%rax          E.
4004ea:  48 89 87 88 00 00 00      mov    %rax,0x88(%rdi)          F.
4004f1:  48 8b 84 24 f8 01 00      mov    0x1f8(%rsp),%rax         G.
4004f8:  00
4004f9:  48 03 44 24 08            add    0x8(%rsp),%rax
4004fe:  48 89 84 24 c0 00 00      mov    %rax,0xc0(%rsp)          H.
400505:  00
400506:  48 8b 44 d4 b8            mov    -0x48(%rsp,%rdx,8),%rax  I.
```

### 2.2.4 有符号数和无符号数之间的转换

C 语言允许在各种不同的数字数据类型之间做强制类型转换。例如，假设变量 x 声明为 int，u 声明为 unsigned。表达式 (unsigned)x 会将 x 的值转换成一个无符号数值，而 (int)u 将 u 的值转换成一个有符号整数。将有符号数强制类型转换成无符号数，或者反过来，会得到什么结果呢？从数学的角度来说，可以想象到几种不同的规则。很明显，对于在两种形式中都能表示的值，我们是想要保持不变的。另一方面，将负数转换成无符号数可能会得到 0。如果转换的无符号数太大以至于超出了补码能够表示的范围，可能会得到 $TMax$。不过，对于大多数 C 语言的实现来说，对这个问题的回答都是从位级角度来看的，而不是数的角度。

比如说，考虑下面的代码：

```
1        short    int    v  = -12345;
2        unsigned short uv = (unsigned short) v;
3        printf("v = %d, uv = %u\n", v, uv);
```

在一台采用补码的机器上，上述代码会产生如下输出：

```
v = -12345, uv = 53191
```

我们看到，强制类型转换的结果保持位值不变，只是改变了解释这些位的方式。在图 2-15 中我们看到过，−12 345 的 16 位补码表示与 53 191 的 16 位无符号表示是完全一样的。将 short 强制类型转换为 unsigned short 改变数值，但是不改变位表示。

类似地，考虑下面的代码：

```
1        unsigned u = 4294967295u;     /* UMax */
2        int      tu = (int) u;
3        printf("u = %u, tu = %d\n", u, tu);
```

在一台采用补码的机器上，上述代码会产生如下输出：

```
u = 4294967295, tu = -1
```

从图 2-14 我们可以看到，对于 32 位字长来说，无符号形式的 4 294 967 295($UMax_{32}$) 和补码形式的 −1 的位模式是完全一样的。将 unsigned 强制类型转换成 int，底层的位表示保持不变。

对于大多数 C 语言的实现，处理同样字长的有符号数和无符号数之间相互转换的一般规则是：数值可能会改变，但是位模式不变。让我们用更数学化的形式来描述这个规则。我们定义函数 $U2B_w$ 和 $T2B_w$，它们将数值映射为无符号数和补码形式的位表示。也就是说，给定 $0 \leqslant x \leqslant UMax_w$ 范围内的一个整数 $x$，函数 $U2B_w(x)$会给出 $x$ 的唯一的 $w$ 位无符号表示。相似地，当 $x$ 满足 $TMin_w \leqslant x \leqslant TMax_w$，函数 $T2B_w(x)$会给出 $x$ 的唯一的 $w$ 位补码表示。

现在，将函数 $T2U_w$ 定义为 $T2U_w(x) \doteq B2U_w(T2B_w(x))$。这个函数的输入是一个

$TMin_w$～$TMax_w$ 的数，结果得到一个 0～$UMax_w$ 的值，这里两个数有相同的位模式，除了参数是以补码表示的，而结果是无符号的。类似地，对于0～$UMax_w$ 之间的值 $x$，定义函数$U2T_w$ 为 $U2T_w(x) \doteq B2T_w(U2B_w(x))$。生成一个数，这个数的补码表示和 $x$ 的无符号表示相同。

继续我们前面的例子，从图 2-15 中，我们看到 $T2U_{16}(-12\ 345)=53\ 191$，并且 $U2T_{16}(53\ 191)=-12\ 345$。也就是说，十六进制表示写作 0xCFC7 的 16 位位模式既是 $-12\ 345$的补码表示，又是 53 191 的无符号表示。同时请注意 $12\ 345+53\ 191=65\ 536=2^{16}$。这个属性可以推广到给定位模式的两个数值(补码和无符号数)之间的关系。类似地，从图 2-14 我们看到 $T2U_{32}(-1)=4\ 294\ 967\ 295$，并且 $U2T_{32}(4\ 294\ 967\ 295)=-1$。也就是说，无符号表示中的 $UMax$ 有着和补码表示的$-1$ 相同的位模式。我们在这两个数之间也能看到这种关系：$1+UMax_w=2^w$。

接下来，我们看到函数 $U2T$ 描述了从无符号数到补码的转换，而 $T2U$ 描述的是补码到无符号的转换。这两个函数描述了在大多数 C 语言实现中这两种数据类型之间的强制类型转换效果。

练习题 2.19　利用你解答练习题 2.17 时填写的表格，填写下列描述函数 $T2U_4$ 的表格。

| $x$ | $T2U_4(x)$ |
|---|---|
| −8 | |
| −3 | |
| −2 | |
| −1 | |
| 0 | |
| 5 | |

通过上述这些例子，我们可以看到给定位模式的补码与无符号数之间的关系可以表示为函数 $T2U$ 的一个属性：

**原理**：补码转换为无符号数

对满足 $TMin_w \leqslant x \leqslant TMax_w$ 的 $x$ 有：

$$T2U_w(x) = \begin{cases} x+2^w, & x<0 \\ x, & x \geqslant 0 \end{cases} \tag{2.5}$$

比如，我们看到 $T2U_{16}(-12\ 345)=-12\ 345+2^{16}=53\ 191$，同时 $T2U_w(-1)=-1+2^w=UMax_w$。

该属性可以通过比较公式(2.1)和公式(2.3)推导出来。

**推导**：补码转换为无符号数

比较等式(2.1)和等式(2.3)，我们可以发现对于位模式 $\vec{x}$，如果我们计算 $B2U_w(\vec{x})-B2T_w(\vec{x})$之差，从 0 到 $w-2$ 的位的加权和将互相抵消掉，剩下一个值：$B2U_w(\vec{x})-B2T_w(\vec{x})=x_{w-1}(2^{w-1}-(-2^{w-1}))=x_{w-1}2^w$。这就得到一个关系：$B2U_w(\vec{x})=x_{w-1}2^w+B2T_w(\vec{x})$。我们因此就有

$$B2U_w(T2B_w(x)) = T2U_w(x) = x + x_{w-1}2^w \tag{2.6}$$

根据公式(2.5)的两种情况，在 $x$ 的补码表示中，位 $x_{w-1}$决定了 $x$ 是否为负。■

比如说，图 2-16 比较了当 $w=4$ 时函数 $B2U$ 和 $B2T$ 是如何将数值变成位模式的。对补码来说，最高有效位是符号位，我们用带向左箭头的条来表示。对于无符号数来说，最高有效位是正权重，我们用带向右的箭头的条来表示。从补码变为无符号数，最高有效位

的权重从−8 变为+8。因此，补码表示的负数如果看成无符号数，值会增加 $2^4=16$。因而，−5 变成了+11，而−1 变成了+15。

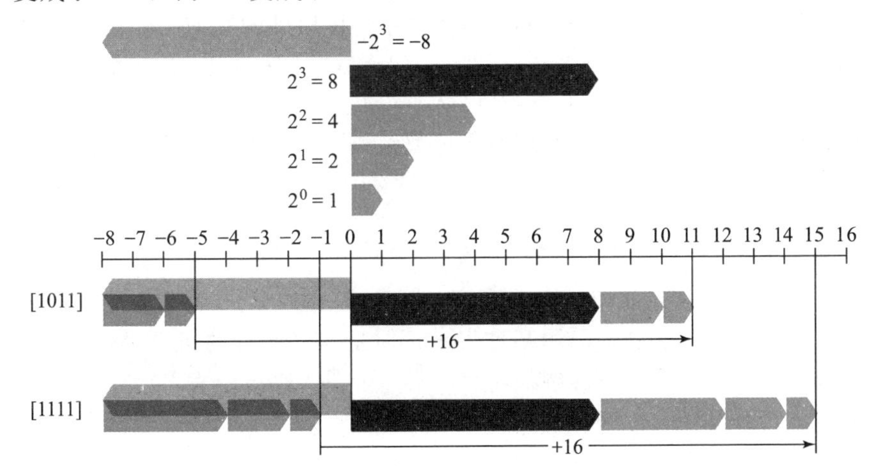


图 2-16　比较当 $w=4$ 时无符号表示和补码表示(对补码和无符号数来说，最高有效位的权重分别是−8 和+8，因而产生一个差为 16)

图 2-17 说明了函数 $T2U$ 的一般行为。如图所示，当将一个有符号数映射为它相应的无符号数时，负数就被转换成了大的正数，而非负数会保持不变。

**练习题 2.20**　请说明等式(2.5)是如何应用到解答练习题 2.19 时生成的表格中的各项的。

反过来看，我们希望推导出一个无符号数 $u$ 和与之对应的有符号数 $U2T_w(u)$ 之间的关系：

**原理**：无符号数转换为补码

对满足 $0 \leqslant u \leqslant UMax_w$ 的 $u$ 有：

$$U2T_w(u) = \begin{cases} u, & u \leqslant TMax_w \\ u - 2^w, & u > TMax_w \end{cases} \tag{2.7}$$

该原理证明如下：

**推导**：无符号数转换为补码

设 $\vec{u}=U2B_w(u)$，这个位向量也是 $U2T_w(u)$ 的补码表示。公式(2.1)和公式(2.3)结合起来有

$$U2T_w(u) = -u_{w-1}2^w + u \tag{2.8}$$

在 $u$ 的无符号表示中，对公式(2.7)的两种情况来说，位 $u_{w-1}$ 决定了 $u$ 是否大于 $TMax_w=2^{w-1}-1$。■

图 2-18 说明了函数 $U2T$ 的行为。对于小的数($\leqslant TMax_w$)，从无符号到有符号的转换将保留数字的原值。对于大的数($> TMax_w$)，数字将被转换为一个负数值。

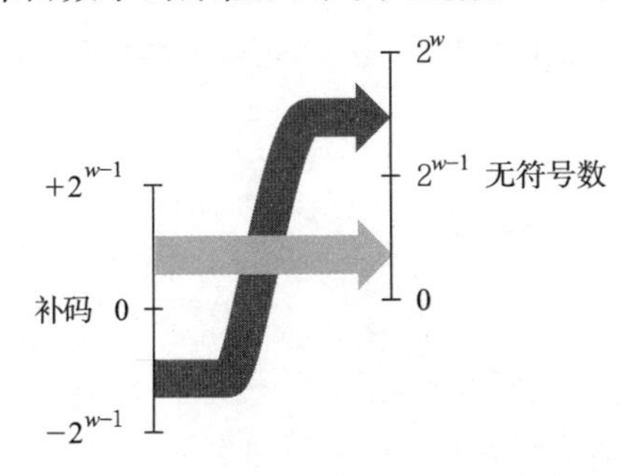


图 2-17　从补码到无符号数的转换。函数 $T2U$ 将负数转换为大的正数

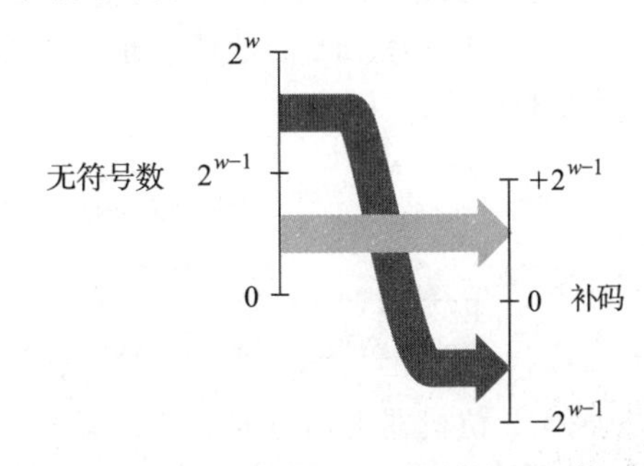


图 2-18　从无符号数到补码的转换。函数 $U2T$ 把大于 $2^{w-1}-1$ 的数字转换为负值

总结一下，我们考虑无符号与补码表示之间互相转换的结果。对于在范围 $0 \leqslant x \leqslant TMax_w$ 之内的值 $x$ 而言，我们得到 $T2U_w(x)=x$ 和 $U2T_w(x)=x$。也就是说，在这个范围内的数字有相同的无符号和补码表示。对于这个范围以外的数值，转换需要加上或者减去 $2^w$。例如，我们有 $T2U_w(-1)=-1+2^w=UMax_w$——最靠近 0 的负数映射为最大的无符号数。在另一个极端，我们可以看到 $T2U_w(TMin_w)=-2^{w-1}+2^w=2^{w-1}=TMax_w+1$——最小的负数映射为一个刚好在补码的正数范围之外的无符号数。使用图 2-15 的示例，我们能看到 $T2U_{16}(-12\,345)=65\,536+-12\,345=53\,191$。

### 2.2.5　C 语言中的有符号数与无符号数

如图 2-9 和图 2-10 所示，C 语言支持所有整型数据类型的有符号和无符号运算。尽管 C 语言标准没有指定有符号数要采用某种表示，但是几乎所有的机器都使用补码。通常，大多数数字都默认为是有符号的。例如，当声明一个像 `12345` 或者 `0x1A2B` 这样的常量时，这个值就被认为是有符号的。要创建一个无符号常量，必须加上后缀字符 ‘`U`’ 或者 ‘`u`’，例如，`12345U` 或者 `0x1A2Bu`。

C 语言允许无符号数和有符号数之间的转换。虽然 C 标准没有精确规定应如何进行这种转换，但大多数系统遵循的原则是底层的位表示保持不变。因此，在一台采用补码的机器上，当从无符号数转换为有符号数时，效果就是应用函数 $U2T_w$，而从有符号数转换为无符号数时，就是应用函数 $T2U_w$，其中 $w$ 表示数据类型的位数。

显式的强制类型转换就会导致转换发生，就像下面的代码：

```
1    int tx, ty;
2    unsigned ux, uy;
3
4    tx = (int) ux;
5    uy = (unsigned) ty;
```

另外，当一种类型的表达式被赋值给另外一种类型的变量时，转换是隐式发生的，就像下面的代码：

```
1    int tx, ty;
2    unsigned ux, uy;
3
4    tx = ux; /* Cast to signed */
5    uy = ty; /* Cast to unsigned */
```

当用 `printf` 输出数值时，分别用指示符 `%d`、`%u` 和 `%x` 以有符号十进制、无符号十进制和十六进制格式输出一个数字。注意 `printf` 没有使用任何类型信息，所以它可以用指示符 `%u` 来输出类型为 `int` 的数值，也可以用指示符 `%d` 输出类型为 `unsigned` 的数值。例如，考虑下面的代码：

```
1    int x = -1;
2    unsigned u = 2147483648; /* 2 to the 31st */
3
4    printf("x = %u = %d\n", x, x);
5    printf("u = %u = %d\n", u, u);
```

当在一个 32 位机器上运行时，它的输出如下：

```
x = 4294967295 = -1
u = 2147483648 = -2147483648
```

在这两种情况下，printf 首先将这个字当作一个无符号数输出，然后把它当作一个有符号数输出。以下是实际运行中的转换函数：$T2U_{32}(-1)=UMax_{32}=2^{32}-1$ 和 $U2T_{32}(2^{31})=2^{31}-2^{32}=-2^{31}=TMin_{32}$。

由于 C 语言对同时包含有符号和无符号数表达式的这种处理方式，出现了一些奇特的行为。当执行一个运算时，如果它的一个运算数是有符号的而另一个是无符号的，那么 C 语言会隐式地将有符号参数强制类型转换为无符号数，并假设这两个数都是非负的，来执行这个运算。就像我们将要看到的，这种方法对于标准的算术运算来说并无多大差异，但是对于像 $<$ 和 $>$ 这样的关系运算符来说，它会导致非直观的结果。图 2-19 展示了一些关系表达式的示例以及它们得到的求值结果，这里假设数据类型 int 表示为 32 位补码。考虑比较式-1<0U。因为第二个运算数是无符号的，第一个运算数就会被隐式地转换为无符号数，因此表达式就等价于 4294967295U<0U(回想 $T2U_w(-1)=UMax_w$)，这个答案显然是错的。其他那些示例也可以通过相似的分析来理解。

| 表达式 | 类型 | 求值 |
|---|---|---|
| 0 == 0U | 无符号 | 1 |
| -1 < 0 | 有符号 | 1 |
| -1 < 0U | 无符号 | 0* |
| 2147483647 > -2147483647-1 | 有符号 | 1 |
| 2147483647U > -2147483647-1 | 无符号 | 0* |
| 2147483647 > (int) 2147483648U | 有符号 | 1* |
| -1 > -2 | 有符号 | 1 |
| (unsigned) -1 > -2 | 无符号 | 1 |

图 2-19　C 语言的升级规则的效果

注：非直观的情况标注了‘*’。当一个运算数是无符号的时候，另一个运算数也被隐式强制转换为无符号。将 $TMin_{32}$ 写为-2147483647-1 的原因请参见网络旁注 DATA:TMIN。

**练习题 2.21**　假设在采用补码运算的 32 位机器上对这些表达式求值，按照图 2-19 的格式填写下表，描述强制类型转换和关系运算的结果。

| 表达式 | 类型 | 求值 |
|---|---|---|
| -2147483647-1 == 2147483648U | | |
| -2147483647-1 < 2147483647 | | |
| -2147483647-1U < 2147483647 | | |
| -2147483647-1 < -2147483647 | | |
| -2147483647-1U < -2147483647 | | |

**网络旁注 DATA:TMIN　C 语言中 *TMin* 的写法**

在图 2-19 和练习题 2.21 中，我们很小心地将 $TMin_{32}$ 写成-2147483647-1。为什么不简单地写成-2147483648 或者 0x80000000？看一下 C 头文件 limits.h，注意到它们使用了跟我们写 $TMin_{32}$ 和 $TMax_{32}$ 类似的方法：

```
/* Minimum and maximum values a 'signed int' can hold.  */
#define INT_MAX    2147483647
#define INT_MIN    (-INT_MAX - 1)
```

不幸的是，补码表示的不对称性和 C 语言的转换规则之间奇怪的交互，迫使我们用这种不寻常的方式来写 $TMin_{32}$。虽然理解这个问题需要我们钻研 C 语言标准的一些比较隐晦的角落，但是它能够帮助我们充分领会整数数据类型和表示的一些细微之处。

### 2.2.6　扩展一个数字的位表示

一个常见的运算是在不同字长的整数之间转换，同时又保持数值不变。当然，当目标数据类型太小以至于不能表示想要的值时，这根本就是不可能的。然而，从一个较小的数据类型转换到一个较大的类型，应该总是可能的。

要将一个无符号数转换为一个更大的数据类型，我们只要简单地在表示的开头添加 0。这种运算被称为零扩展(zero extension)，表示原理如下：

**原理**：无符号数的零扩展

定义宽度为 $w$ 的位向量 $\vec{u}=[u_{w-1}, u_{w-2}, \cdots, u_0]$ 和宽度为 $w'$ 的位向量 $\vec{u}'=[0, \cdots, 0, u_{w-1}, u_{w-2}, \cdots, u_0]$，其中 $w'>w$。则 $B2U_w(\vec{u})=B2U_{w'}(\vec{u}')$。

按照公式(2.1)，该原理可以看作是直接遵循了无符号数编码的定义。

要将一个补码数字转换为一个更大的数据类型，可以执行一个符号扩展(sign extension)，在表示中添加最高有效位的值，表示为如下原理。我们用蓝色标出符号位 $x_{w-1}$ 来突出它在符号扩展中的角色。

**原理**：补码数的符号扩展

定义宽度为 $w$ 的位向量 $\vec{x}=[x_{w-1}, x_{w-2}, \cdots, x_0]$ 和宽度为 $w'$ 的位向量 $\vec{x}'=[x_{w-1}, \cdots, x_{w-1}, x_{w-1}, x_{w-2}, \cdots, x_0]$，其中 $w'>w$。则 $B2T_w(\vec{x})=B2T_{w'}(\vec{x}')$。

例如，考虑下面的代码：

```
1	short sx = -12345;            /* -12345 */
2	unsigned short usx = sx;      /*  53191 */
3	int x = sx;                   /* -12345 */
4	unsigned ux = usx;            /*  53191 */
5
6	printf("sx  = %d:\t", sx);
7	show_bytes((byte_pointer) &sx, sizeof(short));
8	printf("usx = %u:\t", usx);
9	show_bytes((byte_pointer) &usx, sizeof(unsigned short));
10	printf("x   = %d:\t", x);
11	show_bytes((byte_pointer) &x, sizeof(int));
12	printf("ux  = %u:\t", ux);
13	show_bytes((byte_pointer) &ux, sizeof(unsigned));
```

在采用补码表示的 32 位大端法机器上运行这段代码时，打印出如下输出：

```
sx  = -12345:  cf c7
usx = 53191:   cf c7
x   = -12345:  ff ff cf c7
ux  = 53191:   00 00 cf c7
```

我们看到，尽管－12 345 的补码表示和 53 191 的无符号表示在 16 位字长时是相同的，但是在 32 位字长时却是不同的。特别地，－12 345 的十六进制表示为 0xFFFFCFC7，而 53 191 的十六进制表示为 0x0000CFC7。前者使用的是符号扩展——最开头加了 16 位，都是最高有效位 1，表示为十六进制就是 0xFFFF。后者开头使用 16 个 0 来扩展，表示为十六进制就是 0x0000。

图 2-20 给出了从字长 $w=3$ 到 $w=4$ 的符号扩展的结果。位向量[101]表示值－4＋1＝

$-3$。对它应用符号扩展，得到位向量[1101]，表示的值$-8+4+1=-3$。我们可以看到，对于 $w=4$，最高两位的组合值是$-8+4=-4$，与 $w=3$ 时符号位的值相同。类似地，位向量[111]和[1111]都表示值$-1$。

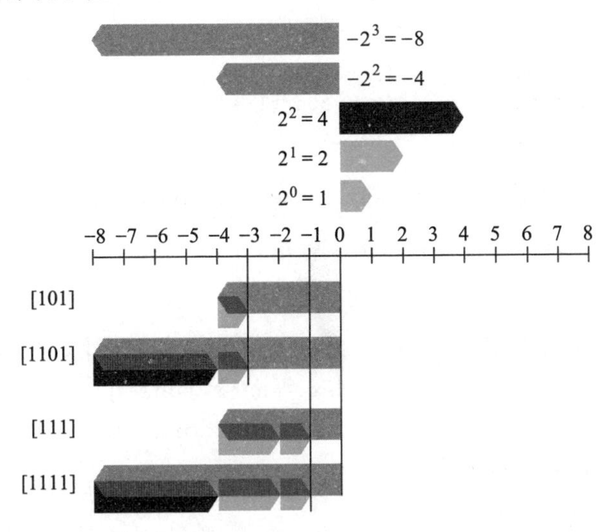


图 2-20　从 $w=3$ 到 $w=4$ 的符号扩展示例。对于 $w=4$，最高两位组合权重为$-8+4=-4$，与 $w=3$ 时的符号位的权重一样

有了这个直觉，我们现在可以展示保持补码值的符号扩展。

**推导**：补码数值的符号扩展

令 $w'=w+k$，我们想要证明的是

$$B2T_{w+k}([\underbrace{x_{w-1},\cdots,x_{w-1}}_{k次},x_{w-1},x_{w-2},\cdots,x_0]) = B2T_w([x_{w-1},x_{w-2},\cdots,x_0])$$

下面的证明是对 $k$ 进行归纳。也就是说，如果我们能够证明符号扩展一位保持了数值不变，那么符号扩展任意位都能保持这种属性。因此，证明的任务就变为了：

$$B2T_{w+1}([x_{w-1},x_{w-1},x_{w-2},\cdots,x_0]) = B2T_w([x_{w-1},x_{w-2},\cdots,x_0])$$

用等式(2.3)展开左边的表达式，得到：

$$\begin{aligned}B2T_{w+1}([x_{w-1},x_{w-1},x_{w-2},\cdots,x_0]) &= -x_{w-1}2^w + \sum_{i=0}^{w-1}x_i2^i \\ &= -x_{w-1}2^w + x_{w-1}2^{w-1} + \sum_{i=0}^{w-2}x_i2^i \\ &= -x_{w-1}(2^w - 2^{w-1}) + \sum_{i=0}^{w-2}x_i2^i \\ &= -x_{w-1}2^{w-1} + \sum_{i=0}^{w-2}x_i2^i \\ &= B2T_w([x_{w-1},x_{w-2},\cdots,x_0])\end{aligned}$$

我们使用的关键属性是 $2^w-2^{w-1}=2^{w-1}$。因此，加上一个权值为$-2^w$ 的位，和将一个权值为$-2^{w-1}$的位转换为一个权值为 $2^{w-1}$的位，这两项运算的综合效果就会保持原始的数值。■

**练习题 2.22**　通过应用等式(2.3)，表明下面每个位向量都是$-5$的补码表示。

A. [1011]

B. [11011]

C. [111011]

可以看到第二个和第三个位向量可以通过对第一个位向量做符号扩展得到。

值得一提的是，从一个数据大小到另一个数据大小的转换，以及无符号和有符号数字之间的转换的相对顺序能够影响一个程序的行为。考虑下面的代码：

```
1   short sx = -12345;        /* -12345    */
2   unsigned uy = sx;         /* Mystery! */
3
4   printf("uy  = %u:\t", uy);
5   show_bytes((byte_pointer) &uy, sizeof(unsigned));
```

在一台大端法机器上，这部分代码产生如下输出：

```
uy = 4294954951:  ff ff cf c7
```

这表明当把 short 转换成 unsigned 时，我们先要改变大小，之后再完成从有符号到无符号的转换。也就是说 (unsigned) sx 等价于 (unsigned) (int) sx，求值得到 4 294 954 951，而不等价于 (unsigned) (unsigned short) sx，后者求值得到 53 191。事实上，这个规则是 C 语言标准要求的。

练习题 2.23 考虑下面的 C 函数：

```
int fun1(unsigned word) {
    return (int) ((word << 24) >> 24);
}

int fun2(unsigned word) {
    return ((int) word << 24) >> 24;
}
```

假设在一个采用补码运算的机器上以 32 位程序来执行这些函数。还假设有符号数值的右移是算术右移，而无符号数值的右移是逻辑右移。

A. 填写下表，说明这些函数对几个示例参数的结果。你会发现用十六进制表示来做会更方便，只要记住十六进制数字 8 到 F 的最高有效位等于 1。

| w | fun1(w) | fun2(w) |
|---|---|---|
| 0x00000076 | | |
| 0x87654321 | | |
| 0x000000C9 | | |
| 0xEDCBA987 | | |

B. 用语言来描述这些函数执行的有用的计算。

### 2.2.7 截断数字

假设我们不用额外的位来扩展一个数值，而是减少表示一个数字的位数。例如下面代码中这种情况：

```
1   int x = 53191;
2   short sx = (short) x;  /* -12345 */
3   int y = sx;            /* -12345 */
```

当我们把 x 强制类型转换为 short 时，我们就将 32 位的 int 截断为了 16 位的 short int。

就像前面所看到的，这个 16 位的位模式就是 −12 345 的补码表示。当我们把它强制类型转换回 int 时，符号扩展把高 16 位设置为 1，从而生成 −12 345 的 32 位补码表示。

当将一个 $w$ 位的数 $\vec{x}=[x_{w-1}, x_{w-2}, \cdots, x_0]$ 截断为一个 $k$ 位数字时，我们会丢弃高 $w-k$ 位，得到一个位向量 $\vec{x}'=[x_{k-1}, x_{k-2}, \cdots, x_0]$。截断一个数字可能会改变它的值——溢出的一种形式。对于一个无符号数，我们可以很容易得出其数值结果。

**原理**：截断无符号数

令 $\vec{x}$ 等于位向量 $[x_{w-1}, x_{w-2}, \cdots, x_0]$，而 $\vec{x}'$ 是将其截断为 $k$ 位的结果：$\vec{x}'=[x_{k-1}, x_{k-2}, \cdots, x_0]$。令 $x=B2U_w(\vec{x})$，$x'=B2U_k(\vec{x}')$。则 $x'=x \bmod 2^k$。

该原理背后的直觉就是所有被截去的位其权重形式都为 $2^i$，其中 $i \geqslant k$，因此，每一个权在取模操作下结果都为零。可用如下推导表示：

**推导**：截断无符号数

通过对等式(2.1)应用取模运算就可以看到：

$$\begin{aligned} B2U_w([x_{w-1}, x_{w-2}, \cdots, x_0]) \bmod 2^k &= \left[\sum_{i=0}^{w-1} x_i 2^i\right] \bmod 2^k \\ &= \left[\sum_{i=0}^{k-1} x_i 2^i\right] \bmod 2^k \\ &= \sum_{i=0}^{k-1} x_i 2^i \\ &= B2U_k([x_{k-1}, x_{k-2}, \cdots, x_0]) \end{aligned}$$

在这段推导中，我们利用了属性：对于任何 $i \geqslant k$，$2^i \bmod 2^k = 0$。■

补码截断也具有相似的属性，只不过要将最高位转换为符号位：

**原理**：截断补码数值

令 $\vec{x}$ 等于位向量 $[x_{w-1}, x_{w-2}, \cdots, x_0]$，而 $\vec{x}'$ 是将其截断为 $k$ 位的结果：$\vec{x}'=[x_{k-1}, x_{k-2}, \cdots, x_0]$。令 $x=B2U_w(\vec{x})$，$x'=B2T_k(\vec{x}')$。则 $x'=U2T_k(x \bmod 2^k)$。

在这个公式中，$x \bmod 2^k$ 将是 0 到 $2^k-1$ 之间的一个数。对其应用函数 $U2T_k$ 产生的效果是把最高有效位 $x_{k-1}$ 的权重从 $2^{k-1}$ 转变为 $-2^{k-1}$。举例来看，将数值 $x=53\,191$ 从 int 转换为 short。由于 $2^{16}=65\,536 \geqslant x$，我们有 $x \bmod 2^{16}=x$。但是，当我们把这个数转换为 16 位的补码时，我们得到 $x'=53\,191-65\,536=-12\,345$。

**推导**：截断补码数值

使用与无符号数截断相同的参数，则有

$$B2U_w([x_{w-1}, x_{w-2}, \cdots, x_0]) \bmod 2^k = B2U_k[x_{k-1}, x_{k-2}, \cdots, x_0]$$

也就是，$x \bmod 2^k$ 能够被一个位级表示为 $[x_{k-1}, x_{k-2}, \cdots, x_0]$ 的无符号数表示。将其转换为补码数则有 $x'=U2T_k(x \bmod 2^k)$。■

总而言之，无符号数的截断结果是：

$$B2U_k[x_{k-1}, x_{k-2}, \cdots, x_0] = B2U_w([x_{w-1}, x_{w-2}, \cdots, x_0]) \bmod 2^k \tag{2.9}$$

而补码数字的截断结果是：

$$B2T_k[x_{k-1}, x_{k-2}, \cdots, x_0] = U2T_k(B2U_w([x_{w-1}, x_{w-2}, \cdots, x_0]) \bmod 2^k) \tag{2.10}$$

**练习题 2.24**　假设将一个 4 位数值(用十六进制数字 0～F 表示)截断到一个 3 位数值(用十六进制数字 0～7 表示)。填写下表，根据那些位模式的无符号和补码解释，说明这种截断对某些情况的结果。

| 十六进制 | | 无符号 | | 补码 | |
|---|---|---|---|---|---|
| 原始值 | 截断值 | 原始值 | 截断值 | 原始值 | 截断值 |
| 0 | 0 | 0 | | 0 | |
| 2 | 2 | 2 | | 2 | |
| 9 | 1 | 9 | | −7 | |
| B | 3 | 11 | | −5 | |
| F | 7 | 15 | | −1 | |

解释如何将等式(2.9)和等式(2.10)应用到这些示例上。

### 2.2.8 关于有符号数与无符号数的建议

就像我们看到的那样，有符号数到无符号数的隐式强制类型转换导致了某些非直观的行为。而这些非直观的特性经常导致程序错误，并且这种包含隐式强制类型转换的细微差别的错误很难被发现。因为这种强制类型转换是在代码中没有明确指示的情况下发生的，程序员经常忽视了它的影响。

下面两个练习题说明了某些由于隐式强制类型转换和无符号数据类型造成的细微的错误。

**练习题 2.25** 考虑下列代码，这段代码试图计算数组 a 中所有元素的和，其中元素的数量由参数 length 给出。

```
1   /* WARNING: This is buggy code */
2   float sum_elements(float a[], unsigned length) {
3       int i;
4       float result = 0;
5
6       for (i = 0; i <= length-1; i++)
7           result += a[i];
8       return result;
9   }
```

当参数 length 等于 0 时，运行这段代码应该返回 0.0。但实际上，运行时会遇到一个内存错误。请解释为什么会发生这样的情况，并且说明如何修改代码。

**练习题 2.26** 现在给你一个任务，写一个函数用来判定一个字符串是否比另一个更长。前提是你要用字符串库函数 strlen，它的声明如下：

```
/* Prototype for library function strlen */
size_t strlen(const char *s);
```

最开始你写的函数是这样的：

```
/* Determine whether string s is longer than string t */
/* WARNING: This function is buggy */
int strlonger(char *s, char *t) {
    return strlen(s) - strlen(t) > 0;
}
```

当你在一些示例数据上测试这个函数时，一切似乎都是正确的。进一步研究发现在头文件 stdio.h 中数据类型 size_t 是定义成 unsigned int 的。

A. 在什么情况下，这个函数会产生不正确的结果？

B. 解释为什么会出现这样不正确的结果。

C. 说明如何修改这段代码好让它能可靠地工作。

**旁注 函数 getpeername 的安全漏洞**

2002 年，从事 FreeBSD 开源操作系统项目的程序员意识到，他们对 getpeername 函数的实现存在安全漏洞。代码的简化版本如下：

```
1   /*
2    * Illustration of code vulnerability similar to that found in
3    * FreeBSD's implementation of getpeername()
4    */
5
6   /* Declaration of library function memcpy */
7   void *memcpy(void *dest, void *src, size_t n);
8
9   /* Kernel memory region holding user-accessible data */
10  #define KSIZE 1024
11  char kbuf[KSIZE];
12
13  /* Copy at most maxlen bytes from kernel region to user buffer */
14  int copy_from_kernel(void *user_dest, int maxlen) {
15      /* Byte count len is minimum of buffer size and maxlen */
16      int len = KSIZE < maxlen ? KSIZE : maxlen;
17      memcpy(user_dest, kbuf, len);
18      return len;
19  }
```

在这段代码里，第 7 行给出的是库函数 memcpy 的原型，这个函数是要将一段指定长度为 n 的字节从内存的一个区域复制到另一个区域。

从第 14 行开始的函数 copy_from_kernel 是要将一些操作系统内核维护的数据复制到指定的用户可以访问的内存区域。对用户来说，大多数内核维护的数据结构应该是不可读的，因为这些数据结构可能包含其他用户和系统上运行的其他作业的敏感信息，但是显示为 kbuf 的区域是用户可以读的。参数 maxlen 给出的是分配给用户的缓冲区的长度，这个缓冲区是用参数 user_dest 指示的。然后，第 16 行的计算确保复制的字节数据不会超出源或者目标缓冲区可用的范围。

不过，假设有些怀有恶意的程序员在调用 copy_from_kernel 的代码中对 maxlen 使用了负数值，那么，第 16 行的最小值计算会把这个值赋给 len，然后 len 会作为参数 n 被传递给 memcpy。不过，请注意参数 n 是被声明为数据类型 size_t 的。这个数据类型是在库文件 stdio.h 中(通过 typedef)被声明的。典型地，对 32 位程序它被定义为 unsigned int，对 64 位程序定义为 unsigned long。既然参数 n 是无符号的，那么 memcpy 会把它当作一个非常大的正整数，并且试图将这样多字节的数据从内核区域复制到用户的缓冲区。虽然复制这么多字节(至少 $2^{31}$ 个)实际上不会完成，因为程序会遇到进程中非法地址的错误，但是程序还是能读到它没有被授权的内核内存区域。

我们可以看到，这个问题是由于数据类型的不匹配造成的：在一个地方，长度参数是有符号数；而另一个地方，它又是无符号数。正如这个例子表明的那样，这样的不匹配会成为缺陷的原因，甚至会导致安全漏洞。幸运的是，还没有案例报告有程序员在 FreeBSD 上利用了这个漏洞。他们发布了一个安全建议，“FreeBSD-SA-02:38. signed-error”，建议系统管理员如何应用补丁消除这个漏洞。要修正这个缺陷，只要将 copy_from_kernel 的参数 maxlen 声明为类型 size_t，也就是与 memcpy 的参数 n 一致。同时，我们也应该将本地变量 len 和返回值声明为 size_t。

我们已经看到了许多无符号运算的细微特性，尤其是有符号数到无符号数的隐式转换，会导致错误或者漏洞的方式。避免这类错误的一种方法就是绝不使用无符号数。实际上，除了C以外很少有语言支持无符号整数。很明显，这些语言的设计者认为它们带来的麻烦要比益处多得多。比如，Java只支持有符号整数，并且要求以补码运算来实现。正常的右移运算符>>被定义为执行算术右移。特殊的运算符>>>被指定为执行逻辑右移。

当我们想要把字仅仅看做是位的集合而没有任何数字意义时，无符号数值是非常有用的。例如，往一个字中放入描述各种布尔条件的标记(flag)时，就是这样。地址自然地就是无符号的，所以系统程序员发现无符号类型是很有帮助的。当实现模运算和多精度运算的数学包时，数字是由字的数组来表示的，无符号值也会非常有用。

## 2.3　整数运算

许多刚入门的程序员非常惊奇地发现，两个正数相加会得出一个负数，而比较表达式x<y和比较表达式x-y<0会产生不同的结果。这些属性是由于计算机运算的有限性造成的。理解计算机运算的细微之处能够帮助程序员编写更可靠的代码。

### 2.3.1　无符号加法

考虑两个非负整数 $x$ 和 $y$，满足 $0 \leqslant x$，$y < 2^w$。每个数都能表示为 $w$ 位无符号数字。然而，如果计算它们的和，我们就有一个可能的范围 $0 \leqslant x+y \leqslant 2^{w+1}-2$。表示这个和可能需要 $w+1$ 位。例如，图2-21展示了当 $x$ 和 $y$ 有4位表示时，函数 $x+y$ 的坐标图。参数(显示在水平轴上)取值范围为0～15，但是和的取值范围为0～30。函数的形状是一个有坡度的平面(在两个维度上，函数都是线性的)。如果保持和为一个 $w+1$ 位的数字，并且把它加上另外一个数值，我们可能需要 $w+2$ 个位，以此类推。这种持续的“字长膨胀”意味着，要想完整地表示算术运算的结果，我们不能对字长做任何限制。一些编程语言，例如Lisp，实际上就支持无限精度的运算，允许任意的(当然，要在机器的内存限制之内)整数运算。更常见的是，编程语言支持固定精度的运算，因此像“加法”和“乘法”这样的运算不同于它们在整数上的相应运算。

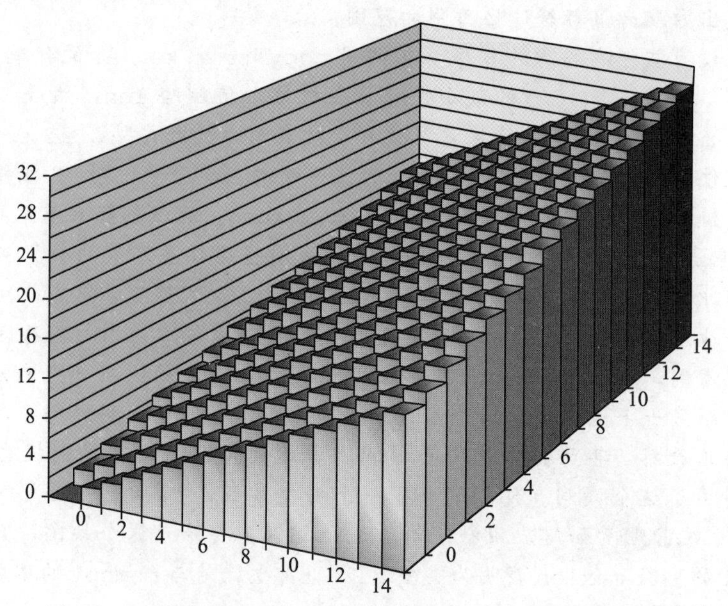


图2-21　整数加法。对于一个4位的字长，其和可能需要5位

让我们为参数 $x$ 和 $y$ 定义运算 $+^{u}_{w}$，其中 $0\leqslant x, y<2^{w}$，该操作是把整数和 $x+y$ 截断为 $w$ 位得到的结果，再把这个结果看做是一个无符号数。这可以被视为一种形式的模运算，对 $x+y$ 的位级表示，简单丢弃任何权重大于 $2^{w-1}$ 的位就可以计算出和模 $2^{w}$。比如，考虑一个 4 位数字表示，$x=9$ 和 $y=12$ 的位表示分别为[1001]和[1100]。它们的和是 21，5 位的表示为[10101]。但是如果丢弃最高位，我们就得到[0101]，也就是说，十进制值的 5。这就和值 21 mod 16=5 一致。

我们可以将操作 $+^{u}_{w}$ 描述为：

**原理：无符号数加法**

对满足 $0\leqslant x, y<2^{w}$ 的 $x$ 和 $y$ 有：

$$x+^{u}_{w}y=\begin{cases}x+y, & x+y<2^{w} \quad \text{正常}\\ x+y-2^{w}, & 2^{w}\leqslant x+y<2^{w+1} \quad \text{溢出}\end{cases} \tag{2.11}$$

图 2-22 说明了公式(2.11)的这两种情况，左边的和 $x+y$ 映射到右边的无符号 $w$ 位的和 $x+^{u}_{w}y$。正常情况下 $x+y$ 的值保持不变，而溢出情况则是该和数减去 $2^{w}$ 的结果。

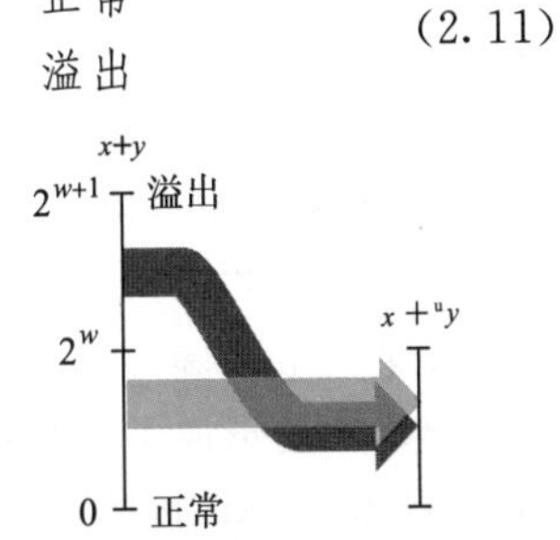


图 2-22 整数加法和无符号加法间的关系。当 $x+y$ 大于 $2^{w}-1$ 时，其和溢出

**推导：无符号数加法**

一般而言，我们可以看到，如果 $x+y<2^{w}$，和的 $w+1$ 位表示中的最高位会等于 0，因此丢弃它不会改变这个数值。另一方面，如果 $2^{w}\leqslant x+y<2^{w+1}$，和的 $w+1$ 位表示中的最高位会等于 1，因此丢弃它就相当于从和中减去了 $2^{w}$。■

说一个算术运算**溢出**，是指完整的整数结果不能放到数据类型的字长限制中去。如等式(2.11)所示，当两个运算数的和为 $2^{w}$ 或者更大时，就发生了溢出。图 2-23 展示了字长 $w=4$ 的无符号加法函数的坐标图。这个和是按模 $2^{4}=16$ 计算的。当 $x+y<16$ 时，没有溢出，并且 $x+^{u}_{4}y$ 就是 $x+y$。这对应于图中标记为“正常”的斜面。当 $x+y\geqslant 16$ 时，加法溢出，结果相当于从和中减去 16。这对应于图中标记为“溢出”的斜面。

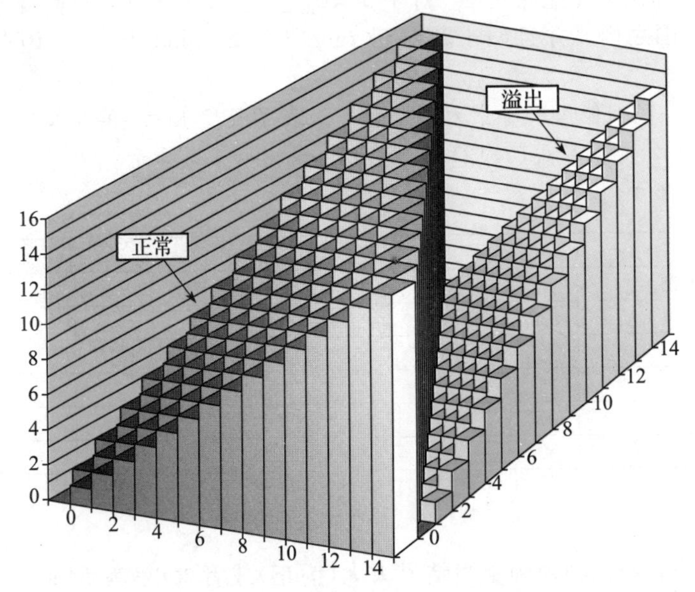


图 2-23 无符号加法(4 位字长，加法是模 16 的)

当执行C程序时，不会将溢出作为错误而发信号。不过有的时候，我们可能希望判定是否发生了溢出。

**原理**：检测无符号数加法中的溢出

对在范围 $0 \leqslant x, y \leqslant UMax_w$ 中的 $x$ 和 $y$，令 $s \doteq x +_w^u y$。则对计算 $s$，当且仅当 $s < x$（或者等价地 $s < y$）时，发生了溢出。

作为说明，在前面的示例中，我们看到 $9 +_4^u 12 = 5$。由于 $5 < 9$，我们可以看出发生了溢出。

**推导**：检测无符号数加法中的溢出

通过观察发现 $x + y \geqslant x$，因此如果 $s$ 没有溢出，我们能够肯定 $s \geqslant x$。另一方面，如果 $s$ 确实溢出了，我们就有 $s = x + y - 2^w$。假设 $y < 2^w$，我们就有 $y - 2^w < 0$，因此 $s = x + (y - 2^w) < x$。■

**练习题 2.27**　写出一个具有如下原型的函数：

```
/* Determine whether arguments can be added without overflow */
int uadd_ok(unsigned x, unsigned y);
```

如果参数x和y相加不会产生溢出，这个函数就返回1。

模数加法形成了一种数学结构，称为阿贝尔群(Abelian group)，这是以挪威数学家Niels Henrik Abel(1802～1829)的名字命名。也就说，它是可交换的(这就是为什么叫“abelian”的地方)和可结合的。它有一个单位元0，并且每个元素有一个加法逆元。让我们考虑 $w$ 位的无符号数的集合，执行加法运算 $+_w^u$。对于每个值 $x$，必然有某个值 $-_w^u x$ 满足 $-_w^u x +_w^u x = 0$。该加法的逆操作可以表述如下：

**原理**：无符号数求反

对满足 $0 \leqslant x < 2^w$ 的任意 $x$，其 $w$ 位的无符号逆元 $-_w^u x$ 由下式给出：

$$-_w^u x = \begin{cases} x, & x = 0 \\ 2^w - x, & x > 0 \end{cases} \tag{2.12}$$

该结果可以很容易地通过案例分析推导出来：

**推导**：无符号数求反

当 $x = 0$ 时，加法逆元显然是0。对于 $x > 0$，考虑值 $2^w - x$。我们观察到这个数字在 $0 < 2^w - x < 2^w$ 范围之内，并且 $(x + 2^w - x) \bmod 2^w = 2^w \bmod 2^w = 0$。因此，它就是 $x$ 在 $+_w^u$ 下的逆元。■

**练习题 2.28**　我们能用一个十六进制数字来表示长度 $w=4$ 的位模式。对于这些数字的无符号解释，使用等式(2.12)填写下表，给出所示数字的无符号加法逆元的位表示(用十六进制形式)。

| $x$ | | $-_4^u x$ | |
|---|---|---|---|
| 十六进制 | 十进制 | 十进制 | 十六进制 |
| 0 | | | |
| 5 | | | |
| 8 | | | |
| D | | | |
| F | | | |

## 2.3.2 补码加法

对于补码加法，我们必须确定当结果太大(为正)或者太小(为负)时，应该做些什么。

给定在范围 $-2^{w-1} \leqslant x$，$y \leqslant 2^{w-1}-1$ 之内的整数值 $x$ 和 $y$，它们的和就在范围 $-2^w \leqslant x+y \leqslant 2^w-2$ 之内，要想准确表示，可能需要 $w+1$ 位。就像以前一样，我们通过将表示截断到 $w$ 位，来避免数据大小的不断扩张。然而，结果却不像模数加法那样在数学上感觉很熟悉。定义 $x+^{\mathrm{t}}_{w}y$ 为整数和 $x+y$ 被截断为 $w$ 位的结果，并将这个结果看做是补码数。

**原理**：补码加法

对满足 $-2^{w-1} \leqslant x$，$y \leqslant 2^{w-1}-1$ 的整数 $x$ 和 $y$，有：

$$x +^{\mathrm{t}}_{w} y = \begin{cases} x+y-2^w, & 2^{w-1} \leqslant x+y \quad \text{正溢出} \\ x+y, & -2^{w-1} \leqslant x+y < 2^{w-1} \quad \text{正常} \\ x+y+2^w, & x+y < -2^{w-1} \quad \text{负溢出} \end{cases} \tag{2.13}$$

图 2-24 说明了这个原理，其中，左边的和 $x+y$ 的取值范围为 $-2^w \leqslant x+y \leqslant 2^w-2$，右边显示的是该和数截断为 $w$ 位补码的结果。（图中的标号“情况 1”到“情况 4”用于该原理形式化推导的案例分析中。）当和 $x+y$ 超过 $TMax_w$ 时（情况 4），我们说发生了正溢出。在这种情况下，截断的结果是从和数中减去 $2^w$。当和 $x+y$ 小于 $TMin_w$ 时（情况 1），我们说发生了负溢出。在这种情况下，截断的结果是把和数加上 $2^w$。

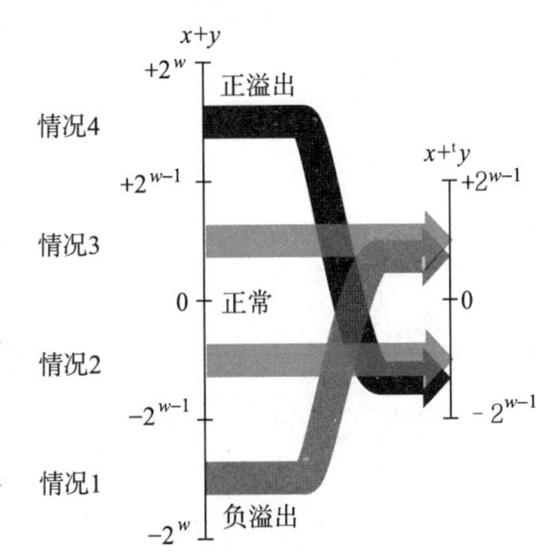


图 2-24 整数和补码加法之间的关系。当 $x+y$ 小于 $-2^{w-1}$ 时，产生负溢出。当它大于等于 $2^{w-1}$ 时，产生正溢出

两个数的 $w$ 位补码之和与无符号之和有完全相同的位级表示。实际上，大多数计算机使用同样的机器指令来执行无符号或者有符号加法。

**推导**：补码加法

既然补码加法与无符号数加法有相同的位级表示，我们就可以按如下步骤表示运算 $+^{\mathrm{t}}_{w}$：将其参数转换为无符号数，执行无符号数加法，再将结果转换为补码：

$$x +^{\mathrm{t}}_{w} y \doteq U2T_w(T2U_w(x) +^{\mathrm{u}}_{w} T2U_w(y)) \tag{2.14}$$

根据等式(2.6)，我们可以把 $T2U_w(x)$ 写成 $x_{w-1}2^w+x$，把 $T2U_w(y)$ 写成 $y_{w-1}2^w+y$。使用属性，即 $+^{\mathrm{u}}_{w}$ 是模 $2^w$ 的加法，以及模数加法的属性，我们就能得到：

$$\begin{aligned} x +^{\mathrm{t}}_{w} y &= U2T_w(T2U_w(x) +^{\mathrm{u}}_{w} T2U_w(y)) \\ &= U2T_w[(x_{w-1}2^w + x + y_{w-1}2^w + y) \bmod 2^w] \\ &= U2T_w[(x+y) \bmod 2^w] \end{aligned}$$

消除了 $x_{w-1}2^w$ 和 $y_{w-1}2^w$ 这两项，因为它们模 $2^w$ 等于 0。

为了更好地理解这个数量，定义 $z$ 为整数和 $z \doteq x+y$，$z'$ 为 $z' \doteq z \bmod 2^w$，而 $z''$ 为 $z'' \doteq U2T_w(z')$。数值 $z''$ 等于 $x+^{\mathrm{t}}_{w}y$。我们分成 4 种情况分析，如图 2-24 所示。

1) $-2^w \leqslant z < -2^{w-1}$。然后，我们会有 $z'=z+2^w$。这就得出 $0 \leqslant z' < -2^{w-1}+2^w = 2^{w-1}$。检查等式(2.7)，我们看到 $z'$ 在满足 $z''=z'$ 的范围之内。这种情况称为负溢出(negative overflow)。我们将两个负数 $x$ 和 $y$ 相加（这是我们能得到 $z<-2^{w-1}$ 的唯一方式），得到一个非负的结果 $z''=x+y+2^w$。

2) $-2^{w-1} \leqslant z < 0$。那么，我们又将有 $z'=z+2^w$，得到 $-2^{w-1}+2^w=2^{w-1} \leqslant z' < 2^w$。检查等式(2.7)，我们看到 $z'$ 在满足 $z''=z'-2^w$ 的范围之内，因此 $z''=z'-2^w=z+2^w-2^w=z$。也就是说，我们的补码和 $z''$ 等于整数和 $x+y$。

3) $0 \leqslant z < 2^{w-1}$。那么，我们将有 $z'=z$，得到 $0 \leqslant z' < 2^{w-1}$，因此 $z''=z'=z$。补码和

$z''$又等于整数和 $x+y$。

4) $2^{w-1} \leqslant z < 2^w$。我们又将有 $z'=z$，得到 $2^{w-1} \leqslant z' < 2^w$。但是在这个范围内，我们有 $z''=z'-2^w$，得到 $z''=x+y-2^w$。这种情况称为**正溢出**(positive overflow)。我们将正数 $x$ 和 $y$ 相加(这是我们能得到 $z \geqslant 2^{w-1}$ 的唯一方式)，得到一个负数结果 $z''=x+y-2^w$。■

图 2-25 展示了一些 4 位补码加法的示例作为说明。每个示例的情况都被标号为对应于等式(2.13)的推导过程中的情况。注意 $2^4=16$，因此负溢出得到的结果比整数和大 16，而正溢出得到的结果比之小 16。我们包括了运算数和结果的位级表示。可以观察到，能够通过对运算数执行二进制加法并将结果截断到 4 位，从而得到结果。

| $x$ | $y$ | $x+y$ | $x+^{t}_{4}y$ | 情况 |
|---|---|---|---|---|
| −8<br>[1000] | −5<br>[1011] | −13<br>[10011] | 3<br>[0011] | 1 |
| −8<br>[1000] | −8<br>[1000] | −16<br>[10000] | 0<br>[0000] | 1 |
| −8<br>[1000] | 5<br>[0101] | −3<br>[11101] | −3<br>[1101] | 2 |
| 2<br>[0010] | 5<br>[0101] | 7<br>[00111] | 7<br>[0111] | 3 |
| 5<br>[0101] | 5<br>[0101] | 10<br>[01010] | −6<br>[1010] | 4 |

图 2-25　补码加法示例。通过执行运算数的二进制加法并将结果截断到 4 位，可以获得 4 位补码和的位级表示

图 2-26 阐述了字长 $w=4$ 的补码加法。运算数的范围为 $-8 \sim 7$ 之间。当 $x+y<-8$ 时，补码加法就会负溢出，导致和增加了 16。当 $-8 \leqslant x+y<8$ 时，加法就产生 $x+y$。当 $x+y \geqslant 8$，加法就会正溢出，使得和减少了 16。这三种情况中的每一种都形成了图中的一个斜面。

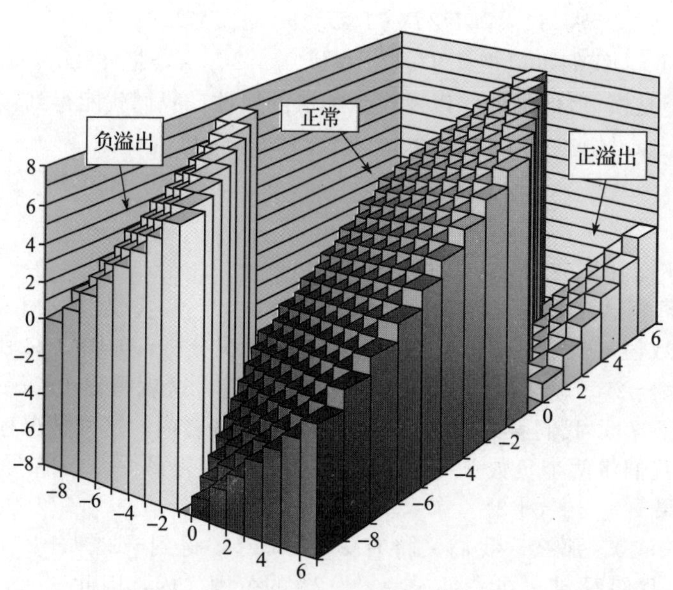


图 2-26　补码加法(字长为 4 位的情况下，当 $x+y<-8$ 时，产生负溢出；$x+y \geqslant 8$ 时，产生正溢出)

等式(2.13)也让我们认出了哪些情况下会发生溢出：

**原理**：检测补码加法中的溢出

对满足 $TMin_w \leqslant x, y \leqslant TMax_w$ 的 $x$ 和 $y$，令 $s \doteq x +^t_w y$。当且仅当 $x>0$，$y>0$，但 $s \leqslant 0$ 时，计算 $s$ 发生了正溢出。当且仅当 $x<0$，$y<0$，但 $s \geqslant 0$ 时，计算 $s$ 发生了负溢出。

图 2-25 显示了当 $w=4$ 时，这个原理的例子。第一个条目是负溢出的情况，两个负数相加得到一个正数。最后一个条目是正溢出的情况，两个正数相加得到一个负数。

**推导**：检测补码加法中的溢出

让我们先来分析正溢出。如果 $x>0$，$y>0$，而 $s \leqslant 0$，那么显然发生了正溢出。反过来，正溢出的条件为：1) $x>0$，$y>0$(否则 $x+y<TMax_w$)，2) $s \leqslant 0$(见公式(2.13))。同样的讨论也适用于负溢出情况。■

**练习题 2.29**　按照图 2-25 的形式填写下表。分别列出 5 位参数的整数值、整数和与补码和的数值、补码和的位级表示，以及属于等式(2.13)推导中的哪种情况。

| $x$ | $y$ | $x+y$ | $x+^t_5 y$ | 情况 |
|---|---|---|---|---|
| [10100] | [10001] | | | |
| [11000] | [11000] | | | |
| [10111] | [01000] | | | |
| [00010] | [00101] | | | |
| [01100] | [00100] | | | |

**练习题 2.30**　写出一个具有如下原型的函数：

```
/* Determine whether arguments can be added without overflow */
int tadd_ok(int x, int y);
```

如果参数 x 和 y 相加不会产生溢出，这个函数就返回 1。

**练习题 2.31**　你的同事对你补码加法溢出条件的分析有些不耐烦了，他给出了一个函数 tadd_ok 的实现，如下所示：

```
/* Determine whether arguments can be added without overflow */
/* WARNING: This code is buggy. */
int tadd_ok(int x, int y) {
    int sum = x+y;
    return (sum-x == y) && (sum-y == x);
}
```

你看了代码以后笑了。解释一下为什么。

**练习题 2.32**　你现在有个任务，编写函数 tsub_ok 的代码，函数的参数是 x 和 y，如果计算 x-y 不产生溢出，函数就返回 1。完成练习题 2.30 的代码后，你写下如下代码：

```
/* Determine whether arguments can be subtracted without overflow */
/* WARNING: This code is buggy. */
int tsub_ok(int x, int y) {

    return tadd_ok(x, -y);
}
```

x 和 y 取什么值时，这个函数会产生错误的结果？写一个该函数的正确版本(家庭作业 2.74)。

## 2.3.3　补码的非

可以看到范围在 $TMin_w \leqslant x \leqslant TMax_w$ 中的每个数字 $x$ 都有 $+^t_w$ 下的加法逆元，我们将 $-^t_w x$ 表示如下。

**原理**：补码的非

对满足 $TMin_w \leqslant x \leqslant TMax_w$ 的 $x$，其补码的非 $-^t_w x$ 由下式给出

$$-^t_w x = \begin{cases} TMin_w, & x = TMin_w \\ -x, & x > TMin_w \end{cases} \tag{2.15}$$

也就是说，对 $w$ 位的补码加法来说，$TMin_w$ 是自己的加法的逆，而对其他任何数值 $x$ 都有 $-x$ 作为其加法的逆。

**推导**：补码的非

观察发现 $TMin_w + TMin_w = -2^{w-1} + (-2^{w-1}) = -2^w$。这将导致负溢出，因此 $TMin_w +^t_w TMin_w = -2^w + 2^w = 0$。对满足 $x > TMin_w$ 的 $x$，数值 $-x$ 可以表示为一个 $w$ 位的补码，它们的和 $-x + x = 0$。■

**练习题 2.33**　我们可以用一个十六进制数字来表示长度 $w=4$ 的位模式。根据这些数字的补码的解释，填写下表，确定所示数字的加法逆元。

| $x$ | | $-^t_4 x$ | |
|---|---|---|---|
| 十六进制 | 十进制 | 十进制 | 十六进制 |
| 0 | | | |
| 5 | | | |
| 8 | | | |
| D | | | |
| F | | | |

对于补码和无符号(练习题 2.28)非(negation)产生的位模式，你观察到什么？

**网络旁注 DATA:TNEG　补码非的位级表示**

计算一个位级表示的值的补码非有几种聪明的方法。这些技术很有用(例如当你在调试程序的时候遇到值 0xfffffffa)，同时它们也能够让你更了解补码表示的本质。

执行位级补码非的第一种方法是对每一位求补，再对结果加 1。在 C 语言中，我们可以说，对于任意整数值 x，计算表达式-x 和~x+1 得到的结果完全一样。

下面是一些示例，字长为 4：

| $\vec{x}$ | | $\sim\vec{x}$ | | $incr(\sim\vec{x})$ | |
|---|---|---|---|---|---|
| [0101] | 5 | [1010] | −6 | [1011] | −5 |
| [0111] | 7 | [1000] | −8 | [1001] | −7 |
| [1100] | −4 | [0011] | 3 | [0100] | 4 |
| [0000] | 0 | [1111] | −1 | [0000] | 0 |
| [1000] | −8 | [0111] | 7 | [1000] | −8 |

从前面的例子我们知道 0xf 的补是 0x0，而 0xa 的补是 0x5，因而 0xfffffffa 是 −6 的补码表示。

计算一个数 $x$ 的补码非的第二种方法是建立在将位向量分为两部分的基础之上的。假设 $k$ 是最右边的 1 的位置，因而 $x$ 的位级表示形如$[x_{w-1}, x_{w-2}, \cdots, x_{k+1}, 1, 0, \cdots, 0]$。(只要 $x \neq 0$ 就能够找到这样的 $k$。)这个值的非写成二进制格式就是$[\sim x_{w-1}, \sim x_{w-2}, \cdots,$

$\sim x_{k+1}$，1，0，…，0]。也就是，我们对位 $k$ 左边的所有位取反。

我们用一些 4 位数字来说明这个方法，这里我们用斜体来突出最右边的模式 1，0，…，0：

| $x$ | | $-x$ | |
|---|---|---|---|
| [1*100*] | −4 | [0*100*] | 4 |
| [*1000*] | −8 | [*1000*] | −8 |
| [010*1*] | 5 | [101*1*] | −5 |
| [011*1*] | 7 | [100*1*] | −7 |

### 2.3.4　无符号乘法

范围在 $0 \leqslant x, y \leqslant 2^w - 1$ 内的整数 $x$ 和 $y$ 可以被表示为 $w$ 位的无符号数，但是它们的乘积 $x \cdot y$ 的取值范围为 0 到 $(2^w - 1)^2 = 2^{2w} - 2^{w+1} + 1$ 之间。这可能需要 $2w$ 位来表示。不过，C 语言中的无符号乘法被定义为产生 $w$ 位的值，就是 $2w$ 位的整数乘积的低 $w$ 位表示的值。我们将这个值表示为 $x *^{u}_{w} y$。

将一个无符号数截断为 $w$ 位等价于计算该值模 $2^w$，得到：

**原理**：无符号数乘法

对满足 $0 \leqslant x, y \leqslant UMax_w$ 的 $x$ 和 $y$ 有：

$$x *^{u}_{w} y = (x \cdot y) \bmod 2^w \tag{2.16}$$

### 2.3.5　补码乘法

范围在 $-2^{w-1} \leqslant x, y \leqslant 2^{w-1} - 1$ 内的整数 $x$ 和 $y$ 可以被表示为 $w$ 位的补码数字，但是它们的乘积 $x \cdot y$ 的取值范围为 $-2^{w-1} \cdot (2^{w-1} - 1) = -2^{2w-2} + 2^{w-1}$ 到 $-2^{w-1} \cdot -2^{w-1} = 2^{2w-2}$ 之间。要想用补码来表示这个乘积，可能需要 $2w$ 位。然而，C 语言中的有符号乘法是通过将 $2w$ 位的乘积截断为 $w$ 位来实现的。我们将这个数值表示为 $x *^{t}_{w} y$。将一个补码数截断为 $w$ 位相当于先计算该值模 $2^w$，再把无符号数转换为补码，得到：

**原理**：补码乘法

对满足 $TMin_w \leqslant x, y \leqslant TMax_w$ 的 $x$ 和 $y$ 有：

$$x *^{t}_{w} y = U2T_w((x \cdot y) \bmod 2^w) \tag{2.17}$$

我们认为对于无符号和补码乘法来说，乘法运算的位级表示都是一样的，并用如下原理说明：

**原理**：无符号和补码乘法的位级等价性

给定长度为 $w$ 的位向量 $\vec{x}$ 和 $\vec{y}$，用补码形式的位向量表示来定义整数 $x$ 和 $y$：$x = B2T_w(\vec{x})$，$y = B2T_w(\vec{y})$。用无符号形式的位向量表示来定义非负整数 $x'$ 和 $y'$：$x' = B2U_w(\vec{x})$，$y' = B2U_w(\vec{y})$。则

$$T2B_w(x *^{t}_{w} y) = U2B_w(x' *^{u}_{w} y')$$

作为说明，图 2-27 给出了不同 3 位数字的乘法结果。对于每一对位级运算数，我们执行无符号和补码乘法，得到 6 位的乘积，然后再把这些乘积截断到 3 位。无符号的截断后的乘积总是等于 $x \cdot y \bmod 8$。虽然无符号和补码两种乘法乘积的 6 位表示不同，但是截断后的乘积的位级表示都相同。

**推导**：无符号和补码乘法的位级等价性

根据等式(2.6)，我们有 $x' = x + x_{w-1}2^w$ 和 $y' = y + y_{w-1}2^w$。计算这些值的乘积模 $2^w$ 得到以下结果：

$$(x' \cdot y') \bmod 2^w = [(x + x_{w-1}2^w) \cdot (y + y_{w-1}2^w)] \bmod 2^w$$

$$= [x \cdot y + (x_{w-1}y + y_{w-1}x)2^w + x_{w-1}y_{w-1}2^{2w}] \bmod 2^w$$
$$= (x \cdot y) \bmod 2^w \tag{2.18}$$

由于模运算符，所有带有权重 $2^w$ 和 $2^{2w}$ 的项都丢掉了。根据等式(2.17)，我们有 $x *^{t}_{w} y = U2T_w((x \cdot y) \bmod 2^w)$。对等式两边应用操作 $T2U_w$ 有：

$$T2U_w(x *^{t}_{w} y) = T2U_w(U2T_w((x \cdot y) \bmod 2^w)) = (x \cdot y) \bmod 2^w$$

将上述结果与式(2.16)和式(2.18)结合起来得到 $T2U_w(x *^{t}_{w} y) = (x' \cdot y') \bmod 2^w = x' *^{t}_{w} y'$。然后对这个等式的两边应用 $U2B_w$，得到

$$U2B_w(T2U_w(x *^{t}_{w} y)) = T2B_w(x *^{t}_{w} y) = U2B_w(x' *^{u}_{w} y')$$ ■

| 模式 | x | | y | | x·y | | 截断的x·y | |
|---|---|---|---|---|---|---|---|---|
| 无符号 | 5 | [101] | 3 | [011] | 15 | [001111] | 7 | [111] |
| 补码 | −3 | [101] | 3 | [011] | −9 | [110111] | −1 | [111] |
| 无符号 | 4 | [100] | 7 | [111] | 28 | [011100] | 4 | [100] |
| 补码 | −4 | [100] | −1 | [111] | 4 | [000100] | −4 | [100] |
| 无符号 | 3 | [011] | 3 | [011] | 9 | [001001] | 1 | [001] |
| 补码 | 3 | [011] | 3 | [011] | 9 | [001001] | 1 | [001] |

图 2-27　3 位无符号和补码乘法示例。虽然完整的乘积的位级表示可能会不同，但是截断后乘积的位级表示是相同的

**练习题 2.34**　按照图 2-27 的风格填写下表，说明不同的 3 位数字乘法的结果。

| 模式 | x | y | x·y | 截断的x·y |
|---|---|---|---|---|
| 无符号 | [100] | [101] | | |
| 补码 | [100] | [101] | | |
| 无符号 | [010] | [111] | | |
| 补码 | [010] | [111] | | |
| 无符号 | [110] | [110] | | |
| 补码 | [110] | [110] | | |

**练习题 2.35**　给你一个任务，开发函数 tmult_ok 的代码，该函数会判断两个参数相乘是否会产生溢出。下面是你的解决方案：

```
/* Determine whether arguments can be multiplied without overflow */
int tmult_ok(int x, int y) {
    int p = x*y;
    /* Either x is zero, or dividing p by x gives y */
    return !x || p/x == y;
}
```

你用 $x$ 和 $y$ 的很多值来测试这段代码，似乎都工作正常。你的同事挑战你，说："如果我不能用减法来检验加法是否溢出(参见练习题 2.31)，那么你怎么能用除法来检验乘法是否溢出呢?"

按照下面的思路，用数学推导来证明你的方法是对的。首先，证明 $x=0$ 的情况是正确的。另外，考虑 $w$ 位数字 $x(x \neq 0)$、$y$、$p$ 和 $q$，这里 $p$ 是 $x$ 和 $y$ 补码乘法的结果，而 $q$ 是 $p$ 除以 $x$ 的结果。

1) 说明 $x$ 和 $y$ 的整数乘积 $x \cdot y$，可以写成这样的形式：$x \cdot y = p + t2^w$，其中，$t \neq 0$ 当且仅当 $p$ 的计算溢出。

2）说明 $p$ 可以写成这样的形式：$p=x\cdot q+r$，其中$|r|<|x|$。

3）说明 $q=y$ 当且仅当 $r=t=0$。

**练习题 2.36** 对于数据类型 int 为 32 位的情况，设计一个版本的 tmult_ok 函数(练习题 2.35)，使用 64 位精度的数据类型 int64_t，而不使用除法。

**旁注　XDR 库中的安全漏洞**

2002 年，人们发现 Sun Microsystems 公司提供的实现 XDR 库的代码有安全漏洞，XDR 库是一个广泛使用的、程序间共享数据结构的工具，造成这个安全漏洞的原因是程序会在毫无察觉的情况下产生乘法溢出。

包含安全漏洞的代码与下面所示类似：

```
1    /* Illustration of code vulnerability similar to that found in
2     * Sun's XDR library.
3     */
4    void* copy_elements(void *ele_src[], int ele_cnt, size_t ele_size) {
5        /*
6         * Allocate buffer for ele_cnt objects, each of ele_size bytes
7         * and copy from locations designated by ele_src
8         */
9        void *result = malloc(ele_cnt * ele_size);
10       if (result == NULL)
11           /* malloc failed */
12           return NULL;
13       void *next = result;
14       int i;
15       for (i = 0; i < ele_cnt; i++) {
16           /* Copy object i to destination */
17           memcpy(next, ele_src[i], ele_size);
18           /* Move pointer to next memory region */
19           next += ele_size;
20       }
21       return result;
22   }
```

函数 copy_elements 设计用来将 ele_cnt 个数据结构复制到第 9 行的函数分配的缓冲区中，每个数据结构包含 ele_size 个字节。需要的字节数是通过计算 ele_cnt * ele_size 得到的。

想象一下，一个怀有恶意的程序员在被编译为 32 位的程序中用参数 ele_cnt 等于 1 048 577($2^{20}+1$)、ele_size 等于 4096($2^{12}$)来调用这个函数。然后第 9 行上的乘法会溢出，导致只会分配 4096 个字节，而不是装下这些数据所需要的 4 294 971 392 个字节。从第 15 行开始的循环会试图复制所有的字节，超越已分配的缓冲区的界限，因而破坏了其他的数据结构。这会导致程序崩溃或者行为异常。

几乎每个操作系统都使用了这段 Sun 的代码，像 Internet Explorer 和 Kerberos 验证系统这样使用广泛的程序都用到了它。计算机紧急响应组(Computer Emergency Response Team，CERT)，由卡内基-梅隆软件工程协会(Carnegie Mellon Software Engineering Institute)运作的一个追踪安全漏洞或失效的组织，发布了建议“CA-2002-25”，于是许多公司急忙对它们的代码打补丁。幸运的是，还没有由于这个漏洞引起的安全失效的报告。

库函数 calloc 的实现中存在着类似的漏洞。这些已经被修补过了。遗憾的是，许多程序员调用分配函数(如 malloc)时，使用算术表达式作为参数，并且不对这些表达式进行溢出检查。编写 calloc 的可靠版本留作一道练习题(家庭作业 2.76)。

练习题 2.37　现在你有一个任务，当数据类型 int 和 size_t 都是 32 位的，修补上述旁注给出的 XDR 代码中的漏洞。你决定将待分配字节数设置为数据类型 uint64_t，来消除乘法溢出的可能性。你把原来对 malloc 函数的调用(第 9 行)替换如下：

```
uint64_t asize =
    ele_cnt * (uint64_t) ele_size;
void *result = malloc(asize);
```

提醒一下，malloc 的参数类型是 size_t。

A. 这段代码对原始的代码有了哪些改进？

B. 你该如何修改代码来消除这个漏洞？

## 2.3.6　乘以常数

以往，在大多数机器上，整数乘法指令相当慢，需要 10 个或者更多的时钟周期，然而其他整数运算(例如加法、减法、位级运算和移位)只需要 1 个时钟周期。即使在我们的参考机器 Intel Core i7 Haswell 上，其整数乘法也需要 3 个时钟周期。因此，编译器使用了一项重要的优化，试着用移位和加法运算的组合来代替乘以常数因子的乘法。首先，我们会考虑乘以 2 的幂的情况，然后再概括成乘以任意常数。

**原理**：乘以 2 的幂

设 $x$ 为位模式$[x_{w-1}, x_{w-2}, \cdots, x_0]$表示的无符号整数。那么，对于任何 $k \geqslant 0$，我们都认为$[x_{w-1}, x_{w-2}, \cdots, x_0, 0, \cdots, 0]$给出了 $x2^k$ 的 $w+k$ 位的无符号表示，这里右边增加了 $k$ 个 0。

因此，比如，当 $w=4$ 时，11 可以被表示为[1011]。$k=2$ 时将其左移得到 6 位向量[101100]，即可编码为无符号数 $11 \cdot 4=44$。

**推导**：乘以 2 的幂

这个属性可以通过等式(2.1)推导出来：

$$B2U_{w+k}([x_{w-1}, x_{w-2}, \cdots, x_0, 0, \cdots, 0]) = \sum_{i=0}^{w-1} x_i 2^{i+k} = \left[\sum_{i=0}^{w-1} x_i 2^i\right] \cdot 2^k = x2^k$$

■

当对固定字长左移 $k$ 位时，其高 $k$ 位被丢弃，得到

$$[x_{w-k-1}, x_{w-k-2}, \cdots, x_0, 0, \cdots, 0]$$

而执行固定字长的乘法也是这种情况。因此，我们可以看出左移一个数值等价于执行一个与 2 的幂相乘的无符号乘法。

**原理**：与 2 的幂相乘的无符号乘法

C 变量 x 和 k 有无符号数值 $x$ 和 $k$，且 $0 \leqslant k < w$，则 C 表达式 x<<k 产生数值 $x *_w^u 2^k$。

由于固定大小的补码算术运算的位级操作与其无符号运算等价，我们就可以对补码运算的 2 的幂的乘法与左移之间的关系进行类似的表述：

**原理**：与 2 的幂相乘的补码乘法

C 变量 x 和 k 有补码值 $x$ 和无符号数值 $k$，且 $0 \leqslant k < w$，则 C 表达式 x<<k 产生数值 $x *_w^t 2^k$。

注意，无论是无符号运算还是补码运算，乘以 2 的幂都可能会导致溢出。结果表明，即使溢出的时候，我们通过移位得到的结果也是一样的。回到前面的例子，我们将 4 位模式[1011](数值为 11)左移两位得到[101100](数值为 44)。将这个值截断为 4 位得到[1100](数值为 12=44 mod 16)。

由于整数乘法比移位和加法的代价要大得多，许多 C 语言编译器试图以移位、加法和减法的组合来消除很多整数乘以常数的情况。例如，假设一个程序包含表达式 `x * 14`。利用 $14=2^3+2^2+2^1$，编译器会将乘法重写为 `(x<<3)+(x<<2)+(x<<1)`，将一个乘法替换为三个移位和两个加法。无论 x 是无符号的还是补码，甚至当乘法会导致溢出时，两个计算都会得到一样的结果。(根据整数运算的属性可以证明这一点。)更好的是，编译器还可以利用属性 $14=2^4-2^1$，将乘法重写为 `(x<<4)-(x<<1)`，这时只需要两个移位和一个减法。

**练习题 2.38**　就像我们将在第 3 章中看到的那样，LEA 指令能够执行形如 `(a<<k)+b` 的计算，这里 k 等于 0、1、2 或 3，而 b 等于 0 或者某个程序值。编译器常常用这条指令来执行常数因子乘法。例如，我们可以用 `(a<<1)+a` 来计算 `3*a`。

考虑 b 等于 0 或者等于 a、k 为任意可能的值的情况，用一条 LEA 指令可以计算 a 的哪些倍数？

归纳一下我们的例子，考虑一个任务，对于某个常数 $K$ 的表达式 x * $K$ 生成代码。编译器会将 $K$ 的二进制表示表达为一组 0 和 1 交替的序列：

$$[(0\cdots0)(1\cdots1)(0\cdots0)\cdots(1\cdots1)]$$

例如，14 可以写成[(0…0)(111)(0)]。考虑一组从位位置 $n$ 到位位置 $m$ 的连续的 1($n\geqslant m$)。(对于 14 来说，我们有 $n=3$ 和 $m=1$。)我们可以用下面两种不同形式中的一种来计算这些位对乘积的影响：

形式 A：(x<<$n$)+(x<<($n-1$))+…+(x<<$m$)

形式 B：(x<<($n+1$))-(x<<$m$)

把每个这样连续的 1 的结果加起来，不用做任何乘法，我们就能计算出 x * $K$。当然，选择使用移位、加法和减法的组合，还是使用一条乘法指令，取决于这些指令的相对速度，而这些是与机器高度相关的。大多数编译器只在需要少量移位、加法和减法就足够的时候才使用这种优化。

**练习题 2.39**　对于位位置 $n$ 为最高有效位的情况，我们要怎样修改形式 B 的表达式？

**练习题 2.40**　对于下面每个 $K$ 的值，找出只用指定数量的运算表达 x * $K$ 的方法，这里我们认为加法和减法的开销相当。除了我们已经考虑过的简单的形式 A 和 B 原则，你可能会需要使用一些技巧。

| $K$ | 移位 | 加法/减法 | 表达式 |
|---|---|---|---|
| 6 | 2 | 1 | |
| 31 | 1 | 1 | |
| −6 | 2 | 1 | |
| 55 | 2 | 2 | |

**练习题 2.41**　对于一组从位位置 $n$ 开始到位位置 $m$ 的连续的 1($n\geqslant m$)，我们看到可以产生两种形式的代码，A 和 B。编译器该如何决定使用哪一种呢？

### 2.3.7　除以 2 的幂

在大多数机器上，整数除法要比整数乘法更慢——需要 30 个或者更多的时钟周期。

除以 2 的幂也可以用移位运算来实现，只不过我们用的是右移，而不是左移。无符号和补码数分别使用逻辑移位和算术移位来达到目的。

整数除法总是舍入到零。为了准确进行定义，我们要引入一些符号。对于任何实数 $a$，定义$\lfloor a \rfloor$为唯一的整数 $a'$，使得 $a' \leqslant a < a'+1$。例如，$\lfloor 3.14 \rfloor = 3$，$\lfloor -3.14 \rfloor = -4$ 而$\lfloor 3 \rfloor = 3$。同样，定义$\lceil a \rceil$为唯一的整数 $a'$，使得 $a'-1 < a \leqslant a'$。例如，$\lceil 3.14 \rceil = 4$，$\lceil -3.14 \rceil = -3$，而$\lceil 3 \rceil = 3$。对于 $x \geqslant 0$ 和 $y > 0$，结果会是$\lfloor x/y \rfloor$，而对于 $x < 0$ 和 $y > 0$，结果会是$\lceil x/y \rceil$。也就是说，它将向下舍入一个正值，而向上舍入一个负值。

对无符号运算使用移位是非常简单的，部分原因是由于无符号数的右移一定是逻辑右移。

**原理**：除以 2 的幂的无符号除法

C 变量 x 和 k 有无符号数值 $x$ 和 $k$，且 $0 \leqslant k < w$，则 C 表达式 x>>k 产生数值$\lfloor x/2^k \rfloor$。

例如，图 2-28 给出了在 12 340 的 16 位表示上执行逻辑右移的结果，以及对它执行除以 1、2、16 和 256 的结果。从左端移入的 0 以斜体表示。我们还给出了用真正的运算做除法得到的结果。这些示例说明，移位总是舍入到零的结果，这一点与整数除法的规则一样。

| k | >> k（二进制） | 十进制 | $12340/2^k$ |
|---|---|---|---|
| 0 | 0011000000110100 | 12340 | 12340.0 |
| 1 | *0*001100000011010 | 6170 | 6170.0 |
| 4 | *0000*001100000011 | 771 | 771.25 |
| 8 | *00000000*00110000 | 48 | 48.203125 |

图 2-28　无符号数除以 2 的幂（这个例子说明了执行一个逻辑右移 $k$ 位与除以 $2^k$ 再舍入到零有一样的效果）

**推导**：除以 2 的幂的无符号除法

设 $x$ 为位模式$[x_{w-1}, x_{w-2}, \cdots, x_0]$表示的无符号整数，而 $k$ 的取值范围为 $0 \leqslant k < w$。设 $x'$ 为 $w-k$ 位位表示$[x_{w-1}, x_{w-2}, \cdots, x_k]$的无符号数，而 $x''$ 为 $k$ 位位表示$[x_{k-1}, \cdots, x_0]$的无符号数。由此，我们可以看到 $x = 2^k x' + x''$，而 $0 \leqslant x'' < 2^k$。因此，可得$\lfloor x/2^k \rfloor = x'$。

对位向量$[x_{w-1}, x_{w-2}, \cdots, x_0]$逻辑右移 $k$ 位会得到位向量

$$[0, \cdots, 0, x_{w-1}, x_{w-2}, \cdots, x_k]$$

这个位向量有数值 $x'$，我们看到，该值可以通过计算 x>>k 得到。 ■

对于除以 2 的幂的补码运算来说，情况要稍微复杂一些。首先，为了保证负数仍然为负，移位要执行的是算术右移。现在让我们来看看这种右移会产生什么结果。

**原理**：除以 2 的幂的补码除法，向下舍入

C 变量 x 和 k 分别有补码值 $x$ 和无符号数值 $k$，且 $0 \leqslant k < w$，则当执行算术移位时，C 表达式 x>>k 产生数值$\lfloor x/2^k \rfloor$。

对于 $x \geqslant 0$，变量 x 的最高有效位为 0，所以效果与逻辑右移是一样的。因此，对于非负数来说，算术右移 $k$ 位与除以 $2^k$ 是一样的。作为一个负数的例子，图 2-29 给出了对 $-12\,340$ 的 16 位表示进行算术右移不同位数的结果。对于不需要舍入的情况（$k=1$），结果是 $x/2^k$。但是当需要进行舍入时，移位导致结果向下舍入。例如，右移 4 位将会把 $-771.25$ 向下舍入为 $-772$。我们需要调整策略来处理负数 $x$ 的除法。

| k | >> k (二进制) | 十进制 | $-12340/2^k$ |
|---|---|---|---|
| 0 | 1100111111001100 | −12340 | −12340.0 |
| 1 | *1*110011111100110 | −6170 | −6170.0 |
| 4 | *1111*110011111100 | −772 | −771.25 |
| 8 | *11111111*11001111 | −49 | −48.203125 |

图 2-29　进行算术右移(这个例子说明了算术右移类似于除以 2 的幂，除法是向下舍入，而不是向零舍入)

**推导**：除以 2 的幂的补码除法，向下舍入

设 $x$ 为位模式$[x_{w-1}, x_{w-2}, \cdots, x_0]$表示的补码整数，而 $k$ 的取值范围为 $0 \leqslant k < w$。设 $x'$为 $w-k$ 位$[x_{w-1}, x_{w-2}, \cdots, x_k]$表示的补码数，而 $x''$为低 $k$ 位$[x_{k-1}, \cdots, x_0]$表示的无符号数。通过与对无符号情况类似的分析，我们有 $x=2^k x'+x''$，而 $0 \leqslant x'' < 2^k$，得到 $x'=\lfloor x/2^k \rfloor$。进一步，可以观察到，算术右移位向量$[x_{w-1}, x_{w-2}, \cdots, x_0]$$k$ 位，得到位向量

$$[x_{w-1}, \cdots, x_{w-1}, x_{w-1}, x_{w-2}, \cdots, x_k]$$

它刚好就是将$[x_{w-1}, x_{w-2}, \cdots, x_k]$从 $w-k$ 位符号扩展到 $w$ 位。因此，这个移位后的位向量就是$\lfloor x/2^k \rfloor$的补码表示。■

我们可以通过在移位之前“偏置(biasing)”这个值，来修正这种不合适的舍入。

**原理**：除以 2 的幂的补码除法，向上舍入

C 变量 x 和 k 分别有补码值 $x$ 和无符号数值 $k$，且 $0 \leqslant k < w$，则当执行算术移位时，C 表达式 (x+(1<<k)－1)>>k 产生数值$\lceil x/2^k \rceil$。

图 2-30 说明在执行算术右移之前加上一个适当的偏置量是如何导致结果正确舍入的。在第 3 列，我们给出了－12 340 加上偏量值之后的结果，低 $k$ 位(那些会向右移出的位)以斜体表示。我们可以看到，低 $k$ 位左边的位可能会加 1，也可能不会加 1。对于不需要舍入的情况($k=1$)，加上偏量只影响那些被移掉的位。对于需要舍入的情况，加上偏量导致较高的位加 1，所以结果会向零舍入。

| k | 偏量 | −12 340 + 偏量 | >> k (二进制) | 十进制 | $-12340/2^k$ |
|---|---|---|---|---|---|
| 0 | 0 | 1100111111001100 | 1100111111001100 | −12340 | −12340.0 |
| 1 | 1 | 110011111100110*1* | *1*110011111100110 | −6170 | −6170.0 |
| 4 | 15 | 110011111101*1011* | *1111*110011111101 | −771 | −771.25 |
| 8 | 255 | 11010000*11001011* | *11111111*11010000 | −48 | −48.203125 |

图 2-30　补码除以 2 的幂(右移之前加上一个偏量，结果就向零舍入了)

偏置技术利用如下属性：对于整数 $x$ 和 $y(y>0)$，$\lceil x/y \rceil = \lfloor (x+y-1)/y \rfloor$。例如，当 $x=-30$ 和 $y=4$，我们有 $x+y-1=-27$，而$\lceil -30/4 \rceil = -7 = \lfloor -27/4 \rfloor$。当 $x=-32$ 和 $y=4$ 时，我们有 $x+y-1=-29$，而$\lceil -32/4 \rceil = -8 = \lfloor -29/4 \rfloor$。

**推导**：除以 2 的幂的补码除法，向上舍入

查看$\lceil x/y \rceil = \lfloor (x+y-1)/y \rfloor$，假设 $x=qy+r$，其中 $0 \leqslant r < y$，得到$(x+y-1)/y = q+(r+y-1)/y$，因此$\lfloor (x+y-1)/y \rfloor = q + \lfloor (r+y-1)/y \rfloor$。当 $r=0$ 时，后面一项等于 0，而当 $r>0$ 时，等于 1。也就是说，通过给 $x$ 增加一个偏量 $y-1$，然后再将除法向下舍入，当 $y$ 整除 $x$ 时，我们得到 $q$，否则，就得到 $q+1$。

回到 $y=2^k$ 的情况，C 表达式 x+(1<<k)-1 得到数值 $x+2^k-1$。将这个值算术右移 $k$ 位即产生$\lceil x/2^k \rceil$。■

这个分析表明对于使用算术右移的补码机器，C 表达式

```
(x<0 ? x+(1<<k)-1 : x) >> k
```

将会计算数值 $x/2^k$。

练习题 2.42　写一个函数 div16，对于整数参数 x 返回 x/16 的值。你的函数不能使用除法、模运算、乘法、任何条件语句(if 或者 ?:)、任何比较运算符(例如<、>或==)或任何循环。你可以假设数据类型 int 是 32 位长，使用补码表示，而右移是算术右移。

现在我们看到，除以 2 的幂可以通过逻辑或者算术右移来实现。这也正是为什么大多数机器上提供这两种类型的右移。不幸的是，这种方法不能推广到除以任意常数。同乘法不同，我们不能用除以 2 的幂的除法来表示除以任意常数 $K$ 的除法。

练习题 2.43　在下面的代码中，我们省略了常数 M 和 N 的定义：

```
#define M      /* Mystery number 1 */
#define N      /* Mystery number 2 */
int arith(int x, int y) {
    int result = 0;
    result = x*M + y/N; /* M and N are mystery numbers. */
    return result;
}
```

我们以某个 M 和 N 的值编译这段代码。编译器用我们讨论过的方法优化乘法和除法。下面是将产生出的机器代码翻译回 C 语言的结果：

```
/* Translation of assembly code for arith */
int optarith(int x, int y) {
    int t = x;
    x <<= 5;
    x -= t;
    if (y < 0) y += 7;
    y >>= 3;  /* Arithmetic shift */
    return x+y;
}
```

M 和 N 的值为多少？

### 2.3.8　关于整数运算的最后思考

正如我们看到的，计算机执行的“整数”运算实际上是一种模运算形式。表示数字的有限字长限制了可能的值的取值范围，结果运算可能溢出。我们还看到，补码表示提供了一种既能表示负数也能表示正数的灵活方法，同时使用了与执行无符号算术相同的位级实现，这些运算包括像加法、减法、乘法，甚至除法，无论运算数是以无符号形式还是以补码形式表示的，都有完全一样或者非常类似的位级行为。

我们看到了 C 语言中的某些规定可能会产生令人意想不到的结果，而这些结果可能是难以察觉或理解的缺陷的源头。我们特别看到了 unsigned 数据类型，虽然它概念上很简单，但可能导致即使是资深程序员都意想不到的行为。我们还看到这种数据类型会以出乎意料的方式出现，比如，当书写整数常数和当调用库函数时。

**练习题 2.44**　假设我们在对有符号值使用补码运算的 32 位机器上运行代码。对于有符号值使用的是算术右移，而对于无符号值使用的是逻辑右移。变量的声明和初始化如下：

```
int x = foo();    /* Arbitrary value */
int y = bar();    /* Arbitrary value */

unsigned ux = x;
unsigned uy = y;
```

对于下面每个 C 表达式，1)证明对于所有的 x 和 y 值，它都为真(等于 1)；或者 2)给出使得它为假(等于 0)的 x 和 y 的值：

A. `(x > 0) || (x-1 < 0)`

B. `(x & 7) != 7 || (x<<29 < 0)`

C. `(x * x) >= 0`

D. `x < 0 || -x <= 0`

E. `x > 0 || -x >= 0`

F. `x+y == uy+ux`

G. `x*~y + uy*ux == -x`

## 2.4　浮点数

浮点表示对形如 $V=x\times 2^y$ 的有理数进行编码。它对执行涉及非常大的数字($|V|\gg 0$)、非常接近于 0($|V|\ll 1$)的数字，以及更普遍地作为实数运算的近似值的计算，是很有用的。

直到 20 世纪 80 年代，每个计算机制造商都设计了自己的表示浮点数的规则，以及对浮点数执行运算的细节。另外，它们常常不会太多地关注运算的精确性，而把实现的速度和简便性看得比数字精确性更重要。

大约在 1985 年，这些情况随着 IEEE 标准 754 的推出而改变了，这是一个仔细制订的表示浮点数及其运算的标准。这项工作是从 1976 年开始由 Intel 赞助的，与 8087 的设计同时进行，8087 是一种为 8086 处理器提供浮点支持的芯片。他们请 William Kahan(加州大学伯克利分校的一位教授)作为顾问，帮助设计未来处理器浮点标准。他们支持 Kahan 加入一个 IEEE 资助的制订工业标准的委员会。这个委员会最终采纳的标准非常接近于 Kahan 为 Intel 设计的标准。目前，实际上所有的计算机都支持这个后来被称为 IEEE 浮点的标准。这大大提高了科学应用程序在不同机器上的可移植性。

**旁注　IEEE(电气和电子工程师协会)**

电气和电子工程师协会(IEEE，读做“eye-triple-ee”)是一个包括所有电子和计算机技术的专业团体。它出版刊物，举办会议，并且建立委员会来定义标准，内容涉及从电力传输到软件工程。另一个 IEEE 标准的例子是无线网络的 802.11 标准。

在本节中，我们将看到 IEEE 浮点格式中数字是如何表示的。我们还将探讨舍入(rounding)的问题，即当一个数字不能被准确地表示为这种格式时，就必须向上调整或者向下调整。然后，我们将探讨加法、乘法和关系运算符的数学属性。许多程序员认为浮点数没意思，往坏了说，深奥难懂。我们将看到，因为 IEEE 格式是定义在一组小而一致的原则上的，所以它实际上是相当优雅和容易理解的。

### 2.4.1　二进制小数

理解浮点数的第一步是考虑含有小数值的二进制数字。首先，让我们来看看更熟悉的十进制表示法。十进制表示法使用如下形式的表示：

$$d_m d_{m-1} \cdots d_1 d_0 . d_{-1} d_{-2} \cdots d_{-n}$$

其中每个十进制数 $d_i$ 的取值范围是 0～9。这个表达描述的数值 $d$ 定义如下：

$$d = \sum_{i=-n}^{m} 10^i \times d_i$$

数字权的定义与十进制小数点符号（‘.’）相关，这意味着小数点左边的数字的权是 10 的非负幂，得到整数值，而小数点右边的数字的权是 10 的负幂，得到小数值。例如，$12.34_{10}$ 表示数字 $1\times10^1+2\times10^0+3\times10^{-1}+4\times10^{-2}=12\frac{34}{100}$。

类似，考虑一个形如

$$b_m b_{m-1} \cdots b_1 b_0 . b_{-1} b_{-2} \cdots b_{-n-1} b_{-n}$$

的表示法，其中每个二进制数字，或者称为位，$b_i$ 的取值范围是 0 和 1，如图 2-31 所示。这种表示方法表示的数 $b$ 定义如下：

$$b = \sum_{i=-n}^{m} 2^i \times b_i \tag{2.19}$$

符号‘.’现在变为了二进制的点，点左边的位的权是 2 的非负幂，点右边的位的权是 2 的负幂。例如，$101.11_2$ 表示数字 $1\times2^2+0\times2^1+1\times2^0+1\times2^{-1}+1\times2^{-2}=4+0+1+\frac{1}{2}+\frac{1}{4}=5\frac{3}{4}$。

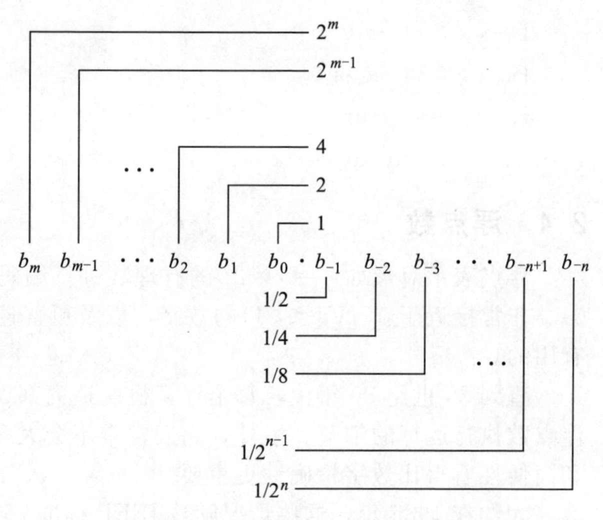


图 2-31　小数的二进制表示。二进制点左边的数字的权形如 $2^i$，而右边的数字的权形如 $1/2^i$

从等式（2.19）中可以很容易地看出，二进制小数点向左移动一位相当于这个数被 2 除。例如，$101.11_2$ 表示数 $5\frac{3}{4}$，而 $10.111_2$ 表示数 $2+0+\frac{1}{2}+\frac{1}{4}+\frac{1}{8}=2\frac{7}{8}$。类似，二进制小数点向右移动一位相当于将该数乘 2。例如 $1011.1_2$ 表示数 $8+0+2+1+\frac{1}{2}=11\frac{1}{2}$。

注意，形如 $0.11\cdots1_2$ 的数表示的是刚好小于 1 的数。例如，$0.111111_2$ 表示 $\frac{63}{64}$，我们将用简单的表达法 $1.0-\varepsilon$ 来表示这样的数值。

假定我们仅考虑有限长度的编码，那么十进制表示法不能准确地表达像 $\frac{1}{3}$ 和 $\frac{5}{7}$ 这样的数。类似，小数的二进制表示法只能表示那些能够被写成 $x\times2^y$ 的数。其他的值只能够被近似地表示。例如，数字 $\frac{1}{5}$ 可以用十进制小数 0.20 精确表示。不过，我们并不能把它准确地表示为一个二进制小数，我们只能近似地表示它，增加二进制表示的长度可以提高表示的精度：

| 表示 | 值 | 十进制 |
|---|---|---|
| $0.0_2$ | $\frac{0}{2}$ | $0.0_{10}$ |
| $0.01_2$ | $\frac{1}{4}$ | $0.25_{10}$ |
| $0.010_2$ | $\frac{2}{8}$ | $0.25_{10}$ |
| $0.0011_2$ | $\frac{3}{16}$ | $0.1875_{10}$ |
| $0.00110_2$ | $\frac{6}{32}$ | $0.1875_{10}$ |
| $0.001101_2$ | $\frac{13}{64}$ | $0.203125_{10}$ |
| $0.0011010_2$ | $\frac{26}{128}$ | $0.203125_{10}$ |
| $0.00110011_2$ | $\frac{51}{256}$ | $0.19921875_{10}$ |

**练习题 2.45** 填写下表中的缺失的信息：

| 小数值 | 二进制表示 | 十进制表示 |
|---|---|---|
| $\frac{1}{8}$ | 0.001 | 0.125 |
| $\frac{3}{4}$ | | |
| $\frac{25}{16}$ | | |
| | 10.1011 | |
| | 1.001 | |
| | | 5.875 |
| | | 3.1875 |

**练习题 2.46** 浮点运算的不精确性能够产生灾难性的后果。1991 年 2 月 25 日，在第一次海湾战争期间，沙特阿拉伯的达摩地区设置的美国爱国者导弹，拦截伊拉克的飞毛腿导弹失败。飞毛腿导弹击中了美国的一个兵营，造成 28 名士兵死亡。美国总审计局(GAO)对失败原因做了详细的分析[76]，并且确定底层的原因在于一个数字计算不精确。在这个练习中，你将重现总审计局分析的一部分。

爱国者导弹系统中含有一个内置的时钟，其实现类似一个计数器，每 0.1 秒就加 1。为了以秒为单位来确定时间，程序将用一个 24 位的近似于 1/10 的二进制小数值来乘以这个计数器的值。特别地，1/10 的二进制表达式是一个无穷序列 $0.000110011[0011]\cdots_2$，其中，方括号里的部分是无限重复的。程序用值 $x$ 来近似地表示 0.1，$x$ 只考虑这个序列的二进制小数点右边的前 23 位：$x=0.00011001100110011001100$。(参考练习题 2.51，里面有关于如何能够更精确地近似表示 0.1 的讨论。)

A. $0.1-x$ 的二进制表示是什么？

B. $0.1-x$ 的近似的十进制值是多少？

C. 当系统初始启动时，时钟从 0 开始，并且一直保持计数。在这个例子中，系统已经运行了大约 100 个小时。程序计算出的时间和实际的时间之差为多少？

D. 系统根据一枚来袭导弹的速率和它最后被雷达侦测到的时间，来预测它将在哪里出现。假定飞毛腿的速率大约是 2000 米每秒，对它的预测偏差了多少？

通过一次读取时钟得到的绝对时间中的轻微错误，通常不会影响跟踪的计算。相反，它应该依赖于两次连续的读取之间的相对时间。问题是爱国者导弹的软件已经升级，可以使用更精确的函数来读取时间，但不是所有的函数调用都用新的代码替换了。结果就是，跟踪软件一次读取用的是精确的时间，而另一次读取用的是不精确的时间[103]。

### 2.4.2　IEEE 浮点表示

前一节中谈到的定点表示法不能很有效地表示非常大的数字。例如，表达式 $5\times2^{100}$ 是用 101 后面跟随 100 个零的位模式来表示。相反，我们希望通过给定 $x$ 和 $y$ 的值，来表示形如 $x\times2^{y}$ 的数。

IEEE 浮点标准用 $V=(-1)^{s}\times M\times2^{E}$ 的形式来表示一个数：

- 符号(sign)　$s$ 决定这数是负数($s=1$)还是正数($s=0$)，而对于数值 0 的符号位解释作为特殊情况处理。
- 尾数(significand)　$M$ 是一个二进制小数，它的范围是 $1\sim2-\varepsilon$，或者是 $0\sim1-\varepsilon$。
- 阶码(exponent)　$E$ 的作用是对浮点数加权，这个权重是 2 的 $E$ 次幂(可能是负数)。

将浮点数的位表示划分为三个字段，分别对这些值进行编码：

- 一个单独的符号位 $s$ 直接编码符号 $s$。
- $k$ 位的阶码字段 exp$=e_{k-1}\cdots e_1e_0$ 编码阶码 $E$。
- $n$ 位小数字段 frac$=f_{n-1}\cdots f_1f_0$ 编码尾数 $M$，但是编码出来的值也依赖于阶码字段的值是否等于 0。

图 2-32 给出了将这三个字段装进字中两种最常见的格式。在单精度浮点格式(C 语言中的 float)中，s、exp 和 frac 字段分别为 1 位、$k=8$ 位和 $n=23$ 位，得到一个 32 位的表示。在双精度浮点格式(C 语言中的 double)中，s、exp 和 frac 字段分别为 1 位、$k=11$ 位和 $n=52$ 位，得到一个 64 位的表示。

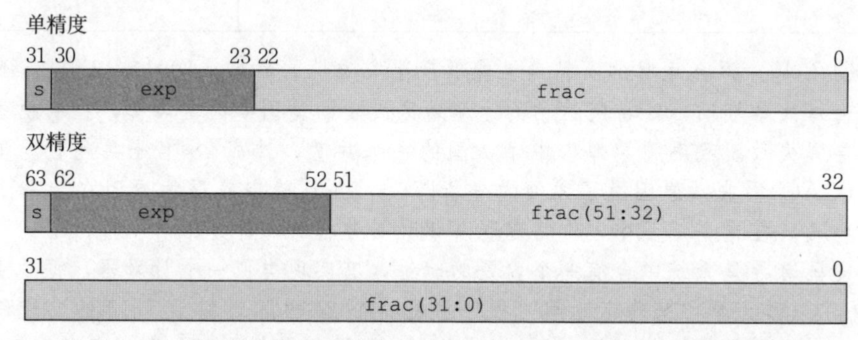


图 2-32　标准浮点格式(浮点数由 3 个字段表示。两种最常见的格式是它们被封装到 32 位(单精度)和 64 位(双精度)的字中)

给定位表示，根据 exp 的值，被编码的值可以分成三种不同的情况(最后一种情况有两个变种)。图 2-33 说明了对单精度格式的情况。

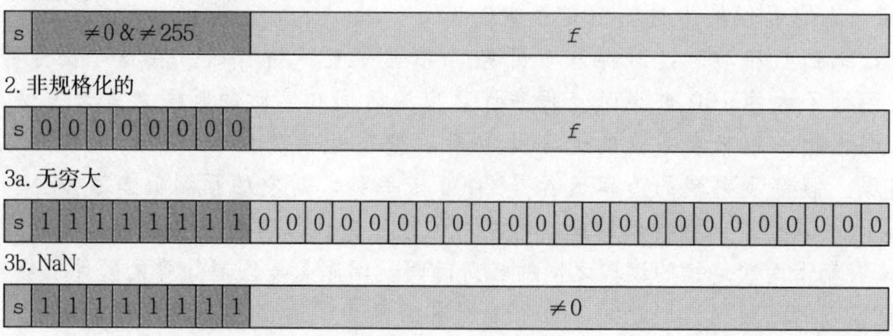

1. 规格化的

s | ≠0 & ≠255 | f

2. 非规格化的

s | 0 0 0 0 0 0 0 0 | f

3a. 无穷大

s | 1 1 1 1 1 1 1 1 | 0 0 0 0 0 0 0 0 0 0 0 0 0 0 0 0 0 0 0 0 0 0 0

3b. NaN

s | 1 1 1 1 1 1 1 1 | ≠0

图 2-33　单精度浮点数值的分类(阶码的值决定了这个数是规格化的、非规格化的或特殊值)

**情况 1：规格化的值**

这是最普遍的情况。当 exp 的位模式既不全为 0(数值 0)，也不全为 1(单精度数值为 255，双精度数值为 2047)时，都属于这类情况。在这种情况中，阶码字段被解释为以偏置(biased)形式表示的有符号整数。也就是说，阶码的值是 $E=e-Bias$，其中 $e$ 是无符号数，其位表示为 $e_{k-1}\cdots e_1e_0$，而 $Bias$ 是一个等于 $2^{k-1}-1$(单精度是 127，双精度是 1023)的偏置值。由此产生指数的取值范围，对于单精度是 $-126\sim+127$，而对于双精度是 $-1022\sim+1023$。

小数字段 frac 被解释为描述小数值 $f$，其中 $0\leqslant f<1$，其二进制表示为 $0.f_{n-1}\cdots f_1f_0$，也就是二进制小数点在最高有效位的左边。尾数定义为 $M=1+f$。有时，这种方式也叫做隐含的以 1 开头的(implied leading 1)表示，因为我们可以把 $M$ 看成一个二进制表达式为 $1.f_{n-1}f_{n-2}\cdots f_0$ 的数字。既然我们总是能够调整阶码 $E$，使得尾数 $M$ 在范围 $1\leqslant M<2$ 之中(假设没有溢出)，那么这种表示方法是一种轻松获得一个额外精度位的技巧。既然第一位总是等于 1，那么我们就不需要显式地表示它。

**情况 2：非规格化的值**

当阶码域为全 0 时，所表示的数是非规格化形式。在这种情况下，阶码值是 $E=1-Bias$，而尾数的值是 $M=f$，也就是小数字段的值，不包含隐含的开头的 1。

> **旁注　对于非规格化值为什么要这样设置偏置值**
>
> 使阶码值为 $1-Bias$ 而不是简单的 $-Bias$ 似乎是违反直觉的。我们将很快看到，这种方式提供了一种从非规格化值平滑转换到规格化值的方法。

非规格化数有两个用途。首先，它们提供了一种表示数值 0 的方法，因为使用规格化数，我们必须总是使 $M\geqslant 1$，因此我们就不能表示 0。实际上，+0.0 的浮点表示的位模式为全 0：符号位是 0，阶码字段全为 0(表明是一个非规格化值)，而小数域也全为 0，这就得到 $M=f=0$。令人奇怪的是，当符号位为 1，而其他域全为 0 时，我们得到值 −0.0。根据 IEEE 的浮点格式，值 +0.0 和 −0.0 在某些方面被认为是不同的，而在其他方面是相同的。

非规格化数的另外一个功能是表示那些非常接近于 0.0 的数。它们提供了一种属性，称为逐渐下溢(gradual underflow)，其中，可能的数值分布均匀地接近于 0.0。

**情况 3：特殊值**

最后一类数值是当指阶码全为 1 的时候出现的。当小数域全为 0 时，得到的值表示无穷，当 $s=0$ 时是 $+\infty$，或者当 $s=1$ 时是 $-\infty$。当我们把两个非常大的数相乘，或者除以零时，无穷能够表示溢出的结果。当小数域为非零时，结果值被称为“NaN”，即“不是一个数(Not a Number)”的缩写。一些运算的结果不能是实数或无穷，就会返回这样的 NaN 值，比如当计算 $\sqrt{-1}$ 或 $\infty-\infty$ 时。在某些应用中，表示未初始化的数据时，它们也很有用处。

### 2.4.3　数字示例

图 2-34 展示了一组数值，它们可以用假定的 6 位格式来表示，有 $k=3$ 的阶码位和 $n=2$ 的尾数位。偏置量是 $2^{3-1}-1=3$。图中的 a 部分显示了所有可表示的值(除了 NaN)。两个无穷值在两个末端。最大数量值的规格化数是 ±14。非规格化数聚集在 0 的附近。图的 b 部分中，我们只展示了介于 −1.0 和 +1.0 之间的数值，这样就能够看得更加清楚了。两个零是特殊的非规格化数。可以观察到，那些可表示的数并不是均匀分布的——越靠近原点处它们越稠密。

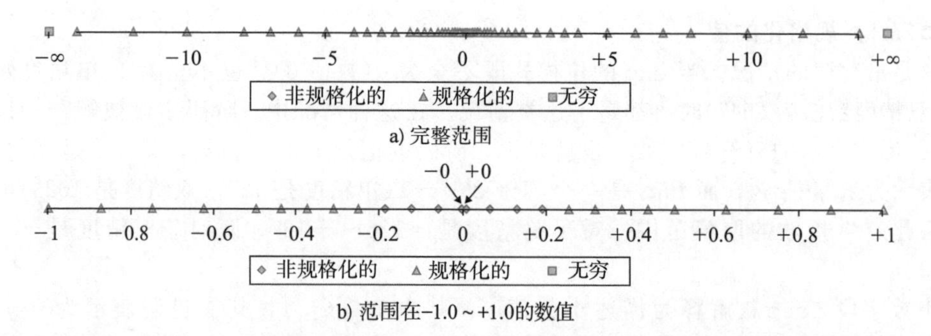


图 2-34　6 位浮点格式可表示的值($k=3$ 的阶码位和 $n=2$ 的尾数位。偏置量是 3)

图 2-35 展示了假定的 8 位浮点格式的示例，其中有 $k=4$ 的阶码位和 $n=3$ 的小数位。偏置量是 $2^{4-1}-1=7$。图被分成了三个区域，来描述三类数字。不同的列给出了阶码字段是如何编码阶码 $E$ 的，小数字段是如何编码尾数 $M$ 的，以及它们一起是如何形成要表示的值 $V=2^E\times M$ 的。从 0 自身开始，最靠近 0 的是非规格化数。这种格式的非规格化数的 $E=1-7=-6$，得到权 $2^E=\frac{1}{64}$。小数 $f$ 的值的范围是 0，$\frac{1}{8}$，…，$\frac{7}{8}$，从而得到数 $V$ 的范围是 $0\sim\frac{1}{64}\times\frac{7}{8}=\frac{7}{512}$。

| 描述 | 位表示 | 指数 | | | 小数 | | 值 | | |
|---|---|---|---|---|---|---|---|---|---|
| | | $e$ | $E$ | $2^E$ | $f$ | $M$ | $2^E\times M$ | $V$ | 十进制 |
| 0 | 0 0000 000 | 0 | −6 | $\frac{1}{64}$ | $\frac{0}{8}$ | $\frac{0}{8}$ | $\frac{0}{512}$ | 0 | 0.0 |
| 最小的正数 | 0 0000 001 | 0 | −6 | $\frac{1}{64}$ | $\frac{1}{8}$ | $\frac{1}{8}$ | $\frac{1}{512}$ | $\frac{1}{512}$ | 0.001953 |
| | 0 0000 010 | 0 | −6 | $\frac{1}{64}$ | $\frac{2}{8}$ | $\frac{2}{8}$ | $\frac{2}{512}$ | $\frac{1}{256}$ | 0.003906 |
| | 0 0000 011 | 0 | −6 | $\frac{1}{64}$ | $\frac{3}{8}$ | $\frac{3}{8}$ | $\frac{3}{512}$ | $\frac{3}{512}$ | 0.005859 |
| | ⋮ | | | | | | | | |
| 最大的非规格化数 | 0 0000 111 | 0 | −6 | $\frac{1}{64}$ | $\frac{7}{8}$ | $\frac{7}{8}$ | $\frac{7}{512}$ | $\frac{7}{512}$ | 0.013672 |
| 最小的规格化数 | 0 0001 000 | 1 | −6 | $\frac{1}{64}$ | $\frac{0}{8}$ | $\frac{8}{8}$ | $\frac{8}{512}$ | $\frac{1}{64}$ | 0.015625 |
| | 0 0001 001 | 1 | −6 | $\frac{1}{64}$ | $\frac{1}{8}$ | $\frac{9}{8}$ | $\frac{9}{512}$ | $\frac{9}{512}$ | 0.017578 |
| | ⋮ | | | | | | | | |
| | 0 0110 110 | 6 | −1 | $\frac{1}{2}$ | $\frac{6}{8}$ | $\frac{14}{8}$ | $\frac{14}{16}$ | $\frac{7}{8}$ | 0.875 |
| | 0 0110 111 | 6 | −1 | $\frac{1}{2}$ | $\frac{7}{8}$ | $\frac{15}{8}$ | $\frac{15}{16}$ | $\frac{15}{16}$ | 0.9375 |
| 1 | 0 0111 000 | 7 | 0 | 1 | $\frac{0}{8}$ | $\frac{8}{8}$ | $\frac{8}{8}$ | 1 | 1.0 |
| | 0 0111 001 | 7 | 0 | 1 | $\frac{1}{8}$ | $\frac{9}{8}$ | $\frac{9}{8}$ | $\frac{9}{8}$ | 1.125 |
| | 0 0111 010 | 7 | 0 | 1 | $\frac{2}{8}$ | $\frac{10}{8}$ | $\frac{10}{8}$ | $\frac{5}{4}$ | 1.25 |
| | ⋮ | | | | | | | | |
| | 0 1110 110 | 14 | 7 | 128 | $\frac{6}{8}$ | $\frac{14}{8}$ | $\frac{1792}{8}$ | 224 | 224.0 |
| 最大的规格化数 | 0 1110 111 | 14 | 7 | 128 | $\frac{7}{8}$ | $\frac{15}{8}$ | $\frac{1920}{8}$ | 240 | 240.0 |
| 无穷大 | 0 1111 000 | — | — | — | — | — | — | ∞ | — |

图 2-35　8 位浮点格式的非负值示例($k=4$ 的阶码位的和 $n=3$ 的小数位。偏置量是 7)

这种形式的最小规格化数同样有 $E=1-7=-6$，并且小数取值范围也为 0，$\frac{1}{8}$，…，$\frac{7}{8}$。然而，尾数在范围 $1+0=1$ 和 $1+\frac{7}{8}=\frac{15}{8}$之间，得出数 $V$ 在范围$\frac{8}{512}=\frac{1}{64}$和$\frac{15}{512}$之间。

可以观察到最大非规格化数$\frac{7}{512}$和最小规格化数$\frac{8}{512}$之间的平滑转变。这种平滑性归功于我们对非规格化数的 $E$ 的定义。通过将 $E$ 定义为 $1-Bias$，而不是 $-Bias$，我们可以补偿非规格化数的尾数没有隐含的开头的 1。

当增大阶码时，我们成功地得到更大的规格化值，通过 1.0 后得到最大的规格化数。这个数具有阶码 $E=7$，得到一个权 $2^E=128$。小数等于$\frac{7}{8}$得到尾数 $M=\frac{15}{8}$。因此，数值是 $V=240$。超出这个值就会溢出到 $+\infty$。

这种表示具有一个有趣的属性，假如我们将图 2-35 中的值的位表达式解释为无符号整数，它们就是按升序排列的，就像它们表示的浮点数一样。这不是偶然的——IEEE 格式如此设计就是为了浮点数能够使用整数排序函数来进行排序。当处理负数时，有一个小的难点，因为它们有开头的 1，并且它们是按照降序出现的，但是不需要浮点运算来进行比较也能解决这个问题(参见家庭作业 2.84)。

**练习题 2.47**　假设一个基于 IEEE 浮点格式的 5 位浮点表示，有 1 个符号位、2 个阶码位($k=2$)和两个小数位($n=2$)。阶码偏置量是 $2^{2-1}-1=1$。

下表中列举了这个 5 位浮点表示的全部非负取值范围。使用下面的条件，填写表格中的空白项：

$e$：假定阶码字段是一个无符号整数所表示的值。

$E$：偏置之后的阶码值。

$2^E$：阶码的权重。

$f$：小数值。

$M$：尾数的值。

$2^E \times M$：该数(未归约的)小数值。

$V$：该数归约后的小数值。

十进制：该数的十进制表示。

写出 $2^E$、$f$、$M$、$2^E \times M$ 和 $V$ 的值，要么是整数(如果可能的话)，要么是形如$\frac{x}{y}$的小数，这里 $y$ 是 2 的幂。标注为“—”的条目不用填。

| 位 | $e$ | $E$ | $2^E$ | $f$ | $M$ | $2^E \times M$ | $V$ | 十进制 |
|---|---|---|---|---|---|---|---|---|
| 0 00 00 | | | | | | | | |
| 0 00 01 | | | | | | | | |
| 0 00 10 | | | | | | | | |
| 0 00 11 | | | | | | | | |
| 0 01 00 | | | | | | | | |
| 0 01 01 | 1 | 0 | 1 | $\frac{1}{4}$ | $\frac{5}{4}$ | $\frac{5}{4}$ | $\frac{5}{4}$ | 1.25 |
| 0 01 10 | | | | | | | | |
| 0 01 11 | | | | | | | | |
| 0 10 00 | | | | | | | | |
| 0 10 01 | | | | | | | | |
| 0 10 10 | | | | | | | | |
| 0 10 11 | | | | | | | | |
| 0 11 00 | — | — | — | — | — | — | | — |
| 0 11 01 | — | — | — | — | — | — | | — |
| 0 11 10 | — | — | — | — | — | — | | — |
| 0 11 11 | — | — | — | — | — | — | | — |

图 2-36 展示了一些重要的单精度和双精度浮点数的表示和数字值。根据图 2-35 中展示的 8 位格式，我们能够看出有 $k$ 位阶码和 $n$ 位小数的浮点表示的一般属性。

| 描　述 | exp | frac | 单精度 | | 双精度 | |
|---|---|---|---|---|---|---|
| | | | 值 | 十进制 | 值 | 十进制 |
| 0 | 00 ··· 00 | 0 ··· 00 | 0 | 0.0 | 0 | 0.0 |
| 最小正数 | 00 ··· 00 | 0 ··· 01 | $2^{-23} \times 2^{-126}$ | $1.4 \times 10^{-45}$ | $2^{-52} \times 2^{-1022}$ | $4.9 \times 10^{-324}$ |
| 最大非规格化数 | 00 ··· 00 | 1 ··· 11 | $(1-\varepsilon) \times 2^{-126}$ | $1.2 \times 10^{-38}$ | $(1-\varepsilon) \times 2^{-1022}$ | $2.2 \times 10^{-308}$ |
| 最小规格化数 | 00 ··· 01 | 0 ··· 00 | $1 \times 2^{-126}$ | $1.2 \times 10^{-38}$ | $1 \times 2^{-1022}$ | $2.2 \times 10^{-308}$ |
| 1 | 01 ··· 11 | 0 ··· 00 | $1 \times 2^{0}$ | 1.0 | $1 \times 2^{0}$ | 1.0 |
| 最大规格化数 | 11 ··· 10 | 1 ··· 11 | $(2-\varepsilon) \times 2^{127}$ | $3.4 \times 10^{38}$ | $(2-\varepsilon) \times 2^{1023}$ | $1.8 \times 10^{308}$ |

图 2-36　非负浮点数的示例

- 值 +0.0 总有一个全为 0 的位表示。
- 最小的正非规格化值的位表示，是由最低有效位为 1 而其他所有位为 0 构成的。它具有小数（和尾数）值 $M=f=2^{-n}$ 和阶码值 $E=-2^{k-1}+2$。因此它的数字值是 $V=2^{-n-2^{k-1}+2}$。
- 最大的非规格化值的位模式是由全为 0 的阶码字段和全为 1 的小数字段组成的。它有小数（和尾数）值 $M=f=1-2^{-n}$（我们写成 $1-\varepsilon$）和阶码值 $E=-2^{k-1}+2$。因此，数值 $V=(1-2^{-n})\times 2^{-2^{k-1}+2}$，这仅比最小的规格化值小一点。
- 最小的正规格化值的位模式的阶码字段的最低有效位为 1，其他位全为 0。它的尾数值 $M=1$，而阶码值 $E=-2^{k-1}+2$。因此，数值 $V=2^{-2^{k-1}+2}$。
- 值 1.0 的位表示的阶码字段除了最高有效位等于 0 以外，所有其他都等于 1。它的尾数值是 $M=1$，而它的阶码值是 $E=0$。
- 最大的规格化值的位表示的符号位为 0，阶码的最低有效位等于 0，其他位等于 1。它的小数值 $f=1-2^{-n}$，尾数 $M=2-2^{-n}$（我们写作 $2-\varepsilon$）。它的阶码值 $E=2^{k-1}-1$，得到数值 $V=(2-2^{-n})\times 2^{2^{k-1}-1}=(1-2^{-n-1})\times 2^{2^{k-1}}$。

练习把一些整数值转换成浮点形式对理解浮点表示很有用。例如，在图 2-15 中我们看到 12 345 具有二进制表示[11000000111001]。通过将二进制小数点左移 13 位，我们创建这个数的一个规格化表示，得到 $12345=1.1000000111001_2\times 2^{13}$。为了用 IEEE 单精度形式来编码，我们丢弃开头的 1，并且在末尾增加 10 个 0，来构造小数字段，得到二进制表示[10000001110010000000000]。为了构造阶码字段，我们用 13 加上偏置量 127，得到 140，其二进制表示为[10001100]。加上符号位 0，我们就得到二进制的浮点表示[01000110010000001110010000000000]。回想一下 2.1.3 节，我们观察到整数值 12345(0x3039)和单精度浮点值 12345.0(0x4640E400)在位级表示上有下列关系：

```
   0   0   0   0   3   0   3   9
00000000000000000011000000111001
                   *************
               4   6   4   0   E   4   0   0
              01000110010000001110010000000000
```

现在我们可以看到，相关的区域对应于整数的低位，刚好在等于 1 的最高有效位之前停止（这个位就是隐含的开头的位 1），和浮点表示的小数部分的高位是相匹配的。

**练习题 2.48**　正如在练习题 2.6 中提到的，整数 3 510 593 的十六进制表示为

0x00359141，而单精度浮点数 3510593.0 的十六进制表示为 0x4A564504。推导出这个浮点表示，并解释整数和浮点数表示的位之间的关系。

**练习题 2.49**

A. 对于一种具有 $n$ 位小数的浮点格式，给出不能准确描述的最小正整数的公式(因为要想准确表示它需要 $n+1$ 位小数)。假设阶码字段长度 $k$ 足够大，可以表示的阶码范围不会限制这个问题。

B. 对于单精度格式($n=23$)，这个整数的数字值是多少？

### 2.4.4 舍入

因为表示方法限制了浮点数的范围和精度，所以浮点运算只能近似地表示实数运算。因此，对于值 $x$，我们一般想用一种系统的方法，能够找到“最接近的”匹配值 $x'$，它可以用期望的浮点形式表示出来。这就是舍入(rounding)运算的任务。一个关键问题是在两个可能值的中间确定舍入方向。例如，如果我有 1.50 美元，想把它舍入到最接近的美元数，应该是 1 美元还是 2 美元呢？一种可选择的方法是维持实际数字的下界和上界。例如，我们可以确定可表示的值 $x^-$ 和 $x^+$，使得 $x$ 的值位于它们之间：$x^- \leqslant x \leqslant x^+$。IEEE 浮点格式定义了四种不同的舍入方式。默认的方法是找到最接近的匹配，而其他三种可用于计算上界和下界。

图 2-37 举例说明了四种舍入方式，将一个金额数舍入到最接近的整数美元数。向偶数舍入(round-to-even)，也被称为向最接近的值舍入(round-to-nearest)，是默认的方式，试图找到一个最接近的匹配值。因此，它将 1.40 美元舍入成 1 美元，而将 1.60 美元舍入成 2 美元，因为它们是最接近的整数美元值。唯一的设计决策是确定两个可能结果中间数值的舍入效果。向偶数舍入方式采用的方法是：它将数字向上或者向下舍入，使得结果的最低有效数字是偶数。因此，这种方法将 1.5 美元和 2.5 美元都舍入成 2 美元。

| 方式 | 1.40 | 1.60 | 1.50 | 2.50 | −1.50 |
|---|---|---|---|---|---|
| 向偶数舍入 | 1 | 2 | 2 | 2 | −2 |
| 向零舍入 | 1 | 1 | 1 | 2 | −1 |
| 向下舍入 | 1 | 1 | 1 | 2 | −2 |
| 向上舍入 | 2 | 2 | 2 | 3 | −1 |

图 2-37　以美元舍入为例说明舍入方式(第一种方法是舍入到一个最接近的值，而其他三种方法向上或向下限定结果，单位为美元)

其他三种方式产生实际值的确界(guaranteed bound)。这些方法在一些数字应用中是很有用的。向零舍入方式把正数向下舍入，把负数向上舍入，得到值 $\hat{x}$，使得 $|\hat{x}| \leqslant |x|$。向下舍入方式把正数和负数都向下舍入，得到值 $x^-$，使得 $x^- \leqslant x$。向上舍入方式把正数和负数都向上舍入，得到值 $x^+$，满足 $x \leqslant x^+$。

向偶数舍入初看上去好像是个相当随意的目标——有什么理由偏向取偶数呢？为什么不始终把位于两个可表示的值中间的值都向上舍入呢？使用这种方法的一个问题就是很容易假想到这样的情景：这种方法舍入一组数值，会在计算这些值的平均数中引入统计偏差。我们采用这种方式舍入得到的一组数的平均值将比这些数本身的平均值略高一些。相反，如果我们总是把两个可表示值中间的数字向下舍入，那么舍入后的一组数的平均值将比这些数本身的平均值略低一些。向偶数舍入在大多数现实情况中避免了这种统计偏差。

在50%的时间里，它将向上舍入，而在50%的时间里，它将向下舍入。

在我们不想舍入到整数时，也可以使用向偶数舍入。我们只是简单地考虑最低有效数字是奇数还是偶数。例如，假设我们想将十进制数舍入到最接近的百分位。不管用那种舍入方式，我们都将把1.2349999舍入到1.23，而将1.2350001舍入到1.24，因为它们不是在1.23和1.24的正中间。另一方面我们将把两个数1.2350000和1.2450000都舍入到1.24，因为4是偶数。

相似地，向偶数舍入法能够运用在二进制小数上。我们将最低有效位的值0认为是偶数，值1认为是奇数。一般来说，只有对形如 $XX\cdots X.YY\cdots Y100\cdots$ 的二进制位模式的数，这种舍入方式才有效，其中 $X$ 和 $Y$ 表示任意位值，最右边的 $Y$ 是要被舍入的位置。只有这种位模式表示在两个可能的结果正中间的值。例如，考虑舍入值到最近的四分之一的问题(也就是二进制小数点右边2位)。我们将 $10.00011_2\left(2\frac{3}{32}\right)$ 向下舍入到 $10.00_2(2)$，$10.00110_2\left(2\frac{3}{16}\right)$ 向上舍入到 $10.01_2\left(2\frac{1}{4}\right)$，因为这些值不是两个可能值的正中间值。我们将 $10.11100_2\left(2\frac{7}{8}\right)$ 向上舍入成 $11.00_2(3)$，而 $10.10100_2\left(2\frac{5}{8}\right)$ 向下舍入成 $10.10_2\left(2\frac{1}{2}\right)$，因为这些值是两个可能值的中间值，并且我们倾向于使最低有效位为零。

**练习题 2.50** 根据舍入到偶数规则，说明如何将下列二进制小数值舍入到最接近的二分之一(二进制小数点右边1位)。对每种情况，给出舍入前后的数字值。

A. $10.010_2$

B. $10.011_2$

C. $10.110_2$

D. $11.001_2$

**练习题 2.51** 在练习题2.46中我们看到，爱国者导弹软件将0.1近似表示为 $x=0.00011001100110011001100_2$。假设使用IEEE舍入到偶数方式来确定0.1的二进制小数点右边23位的近似表示 $x'$。

A. $x'$ 的二进制表示是什么？

B. $x'-0.1$ 的十进制表示的近似值是什么？

C. 运行100小时后，计算时钟值会有多少偏差？

D. 该程序对飞毛腿导弹位置的预测会有多少偏差？

**练习题 2.52** 考虑下列基于IEEE浮点格式的7位浮点表示。两个格式都没有符号位——它们只能表示非负的数字。

1. 格式A
   - 有 $k=3$ 个阶码位。阶码的偏置值是3。
   - 有 $n=4$ 个小数位。
2. 格式B
   - 有 $k=4$ 个阶码位。阶码的偏置值是7。
   - 有 $n=3$ 个小数位。

下面给出了一些格式A表示的位模式，你的任务是将它们转换成格式B中最接近的值。如果需要，请使用舍入到偶数的舍入原则。另外，给出由格式A和格式B表示的位模式对应的数字的值。给出整数(例如17)或者小数(例如17/64)。

| 格式A | | 格式B | |
|---|---|---|---|
| 位 | 值 | 位 | 值 |
| 011 0000 | 1 | 0111 000 | 1 |
| 101 1110 | | | |
| 010 1001 | | | |
| 110 1111 | | | |
| 000 0001 | | | |

### 2.4.5 浮点运算

IEEE 标准指定了一个简单的规则，来确定诸如加法和乘法这样的算术运算的结果。把浮点值 $x$ 和 $y$ 看成实数，而某个运算 $\odot$ 定义在实数上，计算将产生 $Round(x\odot y)$，这是对实际运算的精确结果进行舍入后的结果。在实际中，浮点单元的设计者使用一些聪明的小技巧来避免执行这种精确的计算，因为计算只要精确到能够保证得到一个正确的舍入结果就可以了。当参数中有一个是特殊值(如 $-0$、$-\infty$ 或 $NaN$)时，IEEE 标准定义了一些使之更合理的规则。例如，定义 $1/-0$ 将产生 $-\infty$，而定义 $1/+0$ 会产生 $+\infty$。

IEEE 标准中指定浮点运算行为方法的一个优势在于，它可以独立于任何具体的硬件或者软件实现。因此，我们可以检查它的抽象数学属性，而不必考虑它实际上是如何实现的。

前面我们看到了整数(包括无符号和补码)加法形成了阿贝尔群。实数上的加法也形成了阿贝尔群，但是我们必须考虑舍入对这些属性的影响。我们将 $x+^{f}y$ 定义为 $Round(x+y)$。这个运算的定义针对 $x$ 和 $y$ 的所有取值，但是虽然 $x$ 和 $y$ 都是实数，由于溢出，该运算可能得到无穷值。对于所有 $x$ 和 $y$ 的值，这个运算是可交换的，也就是说 $x+^{f}y=y+^{f}x$。另一方面，这个运算是不可结合的。例如，使用单精度浮点，表达式 `(3.14+1e10)-1e10` 求值得到 0.0——因为舍入，值 3.14 会丢失。另一方面，表达式 `3.14+(1e10-1e10)` 得出值 3.14。作为阿贝尔群，大多数值在浮点加法下都有逆元，也就是说 $x+^{f}-x=0$。无穷(因为 $+\infty-\infty=NaN$)和 $NaN$ 是例外情况，因为对于任何 $x$，都有 $NaN+^{f}x=NaN$。

浮点加法不具有结合性，这是缺少的最重要的群属性。对于科学计算程序员和编译器编写者来说，这具有重要的含义。例如，假设一个编译器给定了如下代码片段：

```
x = a + b + c;
y = b + c + d;
```

编译器可能试图通过产生下列代码来省去一个浮点加法：

```
t = b + c;
x = a + t;
y = t + d;
```

然而，对于 x 来说，这个计算可能会产生与原始值不同的值，因为它使用了加法运算的不同的结合方式。在大多数应用中，这种差异小得无关紧要。不幸的是，编译器无法知道在效率和忠实于原始程序的确切行为之间，使用者愿意做出什么样的选择。结果是，编译器倾向于保守，避免任何对功能产生影响的优化，即使是很轻微的影响。

另一方面，浮点加法满足了单调性属性：如果 $a\geqslant b$，那么对于任何 $a$、$b$ 以及 $x$ 的值，除了 $NaN$，都有 $x+a\geqslant x+b$。无符号或补码加法不具有这个实数(和整数)加法的属性。

浮点乘法也遵循通常乘法所具有的许多属性。我们定义 $x*^{f}y$ 为 $Round(x\times y)$。这个运算在乘法中是封闭的(虽然可能产生无穷大或 $NaN$)，它是可交换的，而且它的乘法单位元为1.0。另一方面，由于可能发生溢出，或者由于舍入而失去精度，它不具有可结合性。例如，单精度浮点情况下，表达式`(1e20*1e20)*1e-20`求值为$+\infty$，而`1e20*(1e20*1e-20)`将得出`1e20`。另外，浮点乘法在加法上不具备分配性。例如，单精度浮点情况下，表达式`1e20*(1e20-1e20)`求值为0.0，而`1e20*1e20-1e20*1e20`会得出$NaN$。

另一方面，对于任何$a$、$b$和$c$，并且$a$、$b$和$c$都不等于$NaN$，浮点乘法满足下列单调性：

$$a \geqslant b \text{ 且 } c \geqslant 0 \quad \Rightarrow \quad a *^{f} c \geqslant b *^{f} c$$

$$a \geqslant b \text{ 且 } c \leqslant 0 \quad \Rightarrow \quad a *^{f} c \leqslant b *^{f} c$$

此外，我们还可以保证，只要$a \neq NaN$，就有$a *^{f} a \geqslant 0$。像我们先前所看到的，无符号或补码的乘法没有这些单调性属性。

对于科学计算程序员和编译器编写者来说，缺乏结合性和分配性是很严重的问题。即使为了在三维空间中确定两条线是否交叉而写代码这样看上去很简单的任务，也可能成为一个很大的挑战。

### 2.4.6　C语言中的浮点数

所有的C语言版本提供了两种不同的浮点数据类型：`float`和`double`。在支持IEEE浮点格式的机器上，这些数据类型就对应于单精度和双精度浮点。另外，这类机器使用向偶数舍入的舍入方式。不幸的是，因为C语言标准不要求机器使用IEEE浮点，所以没有标准的方法来改变舍入方式或者得到诸如$-0$、$+\infty$、$-\infty$或者$NaN$之类的特殊值。大多数系统提供`include`('.h')文件和读取这些特征的过程库，但是细节随系统不同而不同。例如，当程序文件中出现下列句子时，GNU编译器GCC会定义程序常数`INFINITY`(表示$+\infty$)和`NAN`(表示$NaN$)：

```
#define _GNU_SOURCE 1
#include <math.h>
```

**练习题 2.53**　完成下列宏定义，生成双精度值$+\infty$、$-\infty$和0：

```
#define POS_INFINITY
#define NEG_INFINITY
#define NEG_ZERO
```

不能使用任何`include`文件(例如`math.h`)，但你能利用这样一个事实：双精度能够表示的最大的有限数，大约是$1.8\times10^{308}$。

当在`int`、`float`和`double`格式之间进行强制类型转换时，程序改变数值和位模式的原则如下(假设`int`是32位的)：

- 从`int`转换成`float`，数字不会溢出，但是可能被舍入。
- 从`int`或`float`转换成`double`，因为`double`有更大的范围(也就是可表示值的范围)，也有更高的精度(也就是有效位数)，所以能够保留精确的数值。
- 从`double`转换成`float`，因为范围要小一些，所以值可能溢出成$+\infty$或$-\infty$。另外，由于精确度较小，它还可能被舍入。
- 从`float`或者`double`转换成`int`，值将会向零舍入。例如，1.999将被转换成1，而$-1.999$将被转换成$-1$。进一步来说，值可能会溢出。C语言标准没有对这种情况指定固定的结果。与Intel兼容的微处理器指定位模式[10…00](字长为$w$时的$TMin_w$)为整数不确定(integer indefinite)值。一个从浮点数到整数的转换，如果不能为该浮点数找到一个合理的整数近似值，就会产生这样一个值。因此，表达式`(int)+1e10`会得到`-2147483648`，即从一个正值变成了一个负值。

**旁注　Ariane 5——浮点溢出的高昂代价**

将大的浮点数转换成整数是一种常见的程序错误来源。1996 年 6 月 4 日，Ariane 5 火箭初次航行，一个错误便产生了灾难性的后果。发射后仅仅 37 秒钟，火箭偏离了它的飞行路径，解体并且爆炸。火箭上载有价值 5 亿美元的通信卫星。

后来的调查[73, 33]显示，控制惯性导航系统的计算机向控制引擎喷嘴的计算机发送了一个无效数据。它没有发送飞行控制信息，而是送出了一个诊断位模式，表明在将一个 64 位浮点数转换成 16 位有符号整数时，产生了溢出。

溢出的值测量的是火箭的水平速率，这比早先的 Ariane 4 火箭所能达到的速度高出了 5 倍。在设计 Ariane 4 火箭软件时，他们小心地分析了这些数字值，并且确定水平速率决不会超出一个 16 位数的表示范围。不幸的是，他们在 Ariane 5 火箭的系统中简单地重用了这一部分，而没有检查它所基于的假设。

**练习题 2.54**　假定变量 x、f 和 d 的类型分别是 int、float 和 double。除了 f 和 d 都不能等于 $+\infty$、$-\infty$ 或者 $NaN$，它们的值是任意的。对于下面每个 C 表达式，证明它总是为真(也就是求值为 1)，或者给出一个使表达式不为真的值(也就是求值为 0)。

A. `x == (int)(double) x`

B. `x == (int)(float) x`

C. `d == (double)(float) d`

D. `f == (float)(double) f`

E. `f == -(-f)`

F. `1.0/2 == 1/2.0`

G. `d*d >= 0.0`

H. `(f+d)-f == d`

## 2.5 小结

计算机将信息编码为位(比特)，通常组织成字节序列。有不同的编码方式用来表示整数、实数和字符串。不同的计算机模型在编码数字和多字节数据中的字节顺序时使用不同的约定。

C 语言的设计可以包容多种不同字长和数字编码的实现。64 位字长的机器逐渐普及，并正在取代统治市场长达 30 多年的 32 位机器。由于 64 位机器也可以运行为 32 位机器编译的程序，我们的重点就放在区分 32 位和 64 位程序，而不是机器本身。64 位程序的优势是可以突破 32 位程序具有的 4GB 地址限制。

大多数机器对整数使用补码编码，而对浮点数使用 IEEE 标准 754 编码。在位级上理解这些编码，并且理解算术运算的数学特性，对于想使编写的程序能在全部数值范围上正确运算的程序员来说，是很重要的。

在相同长度的无符号和有符号整数之间进行强制类型转换时，大多数 C 语言实现遵循的原则是底层的位模式不变。在补码机器上，对于一个 $w$ 位的值，这种行为是由函数 $T2U_w$ 和 $U2T_w$ 来描述的。C 语言隐式的强制类型转换会出现许多程序员无法预计的结果，常常导致程序错误。

由于编码的长度有限，与传统整数和实数运算相比，计算机运算具有非常不同的属性。当超出表示范围时，有限长度能够引起数值溢出。当浮点数非常接近于 0.0，从而转换成零时，也会下溢。

和大多数其他程序语言一样，C 语言实现的有限整数运算和真实的整数运算相比，有一些特殊的属性。例如，由于溢出，表达式 `x*x` 能够得出负数。但是，无符号数和补码的运算都满足整数运算的许多其他属性，包括结合律、交换律和分配律。这就允许编译器做很多的优化。例如，用 `(x<<3)-x` 取代表达式 `7*x` 时，我们就利用了结合律、交换律和分配律的属性，还利用了移位和乘以 2 的幂之间的关系。

我们已经看到了几种使用位级运算和算术运算组合的聪明方法。例如，使用补码运算，`~x+1` 等价于 `-x`。另外一个例子，假设我们想要一个形如[0, …, 0, 1, …, 1]的位模式，由 $w-k$ 个 0 后面紧跟着 $k$

个1组成。这些位模式有助于掩码运算。这种模式能够通过C表达式(1<<k)-1生成，利用的是这样一个属性，即我们想要的位模式的数值为$2^k-1$。例如，表达式(1<<8)-1将产生位模式0xFF。

浮点表示通过将数字编码为$x\times 2^y$的形式来近似地表示实数。最常见的浮点表示方式是由IEEE标准754定义的。它提供了几种不同的精度，最常见的是单精度(32位)和双精度(64位)。IEEE浮点也能够表示特殊值$+\infty$、$-\infty$和$NaN$。

必须非常小心地使用浮点运算，因为浮点运算只有有限的范围和精度，而且并不遵守普遍的算术属性，比如结合性。

## 参考文献说明

关于C语言的参考书[45, 61]讨论了不同的数据类型和运算的属性。(这两本书中，只有Steele和Harbison的书[45]涵盖了ISO C99中的新特性。目前还没有看到任何涉及ISO C11新特性的书籍。)对于精确的字长或者数字编码C语言标准没有详细的定义。这些细节是故意省去的，这样可以在更大范围的不同机器上实现C语言。已经有几本书[59, 74]给了C语言程序员一些建议，警告他们关于溢出、隐式强制类型转换到无符号数，以及其他一些已经在这一章中谈及的陷阱。这些书还提供了对变量命名、编码风格和代码测试的有益建议。Seacord的书[97]是关于C和C++程序中的安全问题的，本书结合了C程序的有关信息，介绍了如何编译和执行程序，以及漏洞是如何造成的。关于Java的书(我们推荐Java语言的创始人James Gosling参与编写的一本书[5])描述了Java支持的数据格式和算术运算。

关于逻辑设计的书[58, 116]都有关于编码和算术运算的章节，描述了实现算术电路的不同方式。Overton的关于IEEE浮点数的书[82]，从数字应用程序员的角度，详细描述了格式和属性。

## 家庭作业

*2.55 在你能够访问的不同机器上，使用show_bytes(文件show-bytes.c)编译并运行示例代码。确定这些机器使用的字节顺序。

*2.56 试着用不同的示例值来运行show_bytes的代码。

*2.57 编写程序show_short、show_long和show_double，它们分别打印类型为short、long和double的C语言对象的字节表示。请试着在几种机器上运行。

**2.58 编写过程is_little_endian，当在小端法机器上编译和运行时返回1，在大端法机器上编译运行时则返回0。这个程序应该可以运行在任何机器上，无论机器的字长是多少。

**2.59 编写一个C表达式，它生成一个字，由x的最低有效字节和y中剩下的字节组成。对于运算数x=0x89ABCDEF和y=0x76543210，就得到0x765432EF。

**2.60 假设我们将一个$w$位的字中的字节从0(最低位)到$w/8-1$(最高位)编号。写出下面C函数的代码，它会返回一个无符号值，其中参数x的字节i被替换成字节b：

```
unsigned replace_byte (unsigned x, int i, unsigned char b);
```

以下示例，说明了这个函数该如何工作：

```
replace_byte(0x12345678, 2, 0xAB) --> 0x12AB5678
replace_byte(0x12345678, 0, 0xAB) --> 0x123456AB
```

**位级整数编码规则**

在接下来的作业中，我们特意限制了你能使用的编程结构，来帮你更好地理解C语言的位级、逻辑和算术运算。在回答这些问题时，你的代码必须遵守以下规则：

- 假设
  - 整数用补码形式表示。
  - 有符号数的右移是算术右移。
  - 数据类型int是$w$位长的。对于某些题目，会给定$w$的值，但是在其他情况下，只要$w$是8的整数倍，你的代码就应该能工作。你可以用表达式sizeof(int)<<3来计算$w$。

- 禁止使用
  - 条件语句(if 或者?:)、循环、分支语句、函数调用和宏调用。
  - 除法、模运算和乘法。
  - 相对比较运算(<、>、<=和>=)。
- 允许的运算
  - 所有的位级和逻辑运算。
  - 左移和右移，但是位移量只能在 0 和 $w-1$ 之间。
  - 加法和减法。
  - 相等(==)和不相等(!=)测试。(在有些题目中，也不允许这些运算。)
  - 整型常数 INT_MIN 和 INT_MAX。
  - 对 int 和 unsigned 进行强制类型转换，无论是显式的还是隐式的。

即使有这些条件的限制，你仍然可以选择带有描述性的变量名，并且使用注释来描述你的解决方案的逻辑，尽量提高代码的可读性。例如，下面这段代码从整数参数 x 中抽取出最高有效字节：

```
/* Get most significant byte from x */
int get_msb(int x) {
    /* Shift by w-8 */
    int shift_val = (sizeof(int)-1)<<3;
    /* Arithmetic shift */
    int xright = x >> shift_val;
    /* Zero all but LSB */
    return xright & 0xFF;
}
```

** 2.61 写一个 C 表达式，在下列描述的条件下产生 1，而在其他情况下得到 0。假设 x 是 int 类型。

A. x 的任何位都等于 1。

B. x 的任何位都等于 0。

C. x 的最低有效字节中的位都等于 1。

D. x 的最高有效字节中的位都等于 0。

代码应该遵循位级整数编码规则，另外还有一个限制，你不能使用相等(==)和不相等(!=)测试。

*** 2.62 编写一个函数 int_shifts_are_arithmetic()，在对 int 类型的数使用算术右移的机器上运行时这个函数生成 1，而其他情况下生成 0。你的代码应该可以运行在任何字长的机器上。在几种机器上测试你的代码。

*** 2.63 将下面的 C 函数代码补充完整。函数 srl 用算术右移(由值 xsra 给出)来完成逻辑右移，后面的其他操作不包括右移或者除法。函数 sra 用逻辑右移(由值 xsrl 给出)来完成算术右移，后面的其他操作不包括右移或者除法。可以通过计算 8*sizeof(int)来确定数据类型 int 中的位数 $w$。位移量 $k$ 的取值范围为 $0\sim w-1$。

```
unsigned srl(unsigned x, int k) {
    /* Perform shift arithmetically */
    unsigned xsra = (int) x >> k;
.
.
.
.
.
.
}

int sra(int x, int k) {
    /* Perform shift logically */
    int xsrl = (unsigned) x >> k;
.
.
.
.
.
.
}
```

*2.64　写出代码实现如下函数：

```
/* Return 1 when any odd bit of x equals 1; 0 otherwise.
   Assume w=32 */
int any_odd_one(unsigned x);
```

函数应该遵循位级整数编码规则，不过你可以假设数据类型 int 有 $w=32$ 位。

****2.65　写出代码实现如下函数：

```
/* Return 1 when x contains an odd number of 1s; 0 otherwise.
   Assume w=32 */
int odd_ones(unsigned x);
```

函数应该遵循位级整数编码规则，不过你可以假设数据类型 int 有 $w=32$ 位。

你的代码最多只能包含 12 个算术运算、位运算和逻辑运算。

***2.66　写出代码实现如下函数：

```
/*
 * Generate mask indicating leftmost 1 in x.  Assume w=32.
 * For example, 0xFF00 -> 0x8000, and 0x6600 --> 0x4000.
 * If x = 0, then return 0.
 */
int leftmost_one(unsigned x);
```

函数应该遵循位级整数编码规则，不过你可以假设数据类型 int 有 $w=32$ 位。

你的代码最多只能包含 15 个算术运算、位运算和逻辑运算。

**提示**：先将 x 转换成形如[0…011…1]的位向量。

**2.67　给你一个任务，编写一个过程 int_size_is_32()，当在一个 int 是 32 位的机器上运行时，该程序产生 1，而其他情况则产生 0。不允许使用 sizeof 运算符。下面是开始时的尝试：

```
1   /* The following code does not run properly on some machines */
2   int bad_int_size_is_32() {
3       /* Set most significant bit (msb) of 32-bit machine */
4       int set_msb = 1 << 31;
5       /* Shift past msb of 32-bit word */
6       int beyond_msb = 1 << 32;
7
8       /* set_msb is nonzero when word size >= 32
9          beyond_msb is zero when word size <= 32  */
10      return set_msb && !beyond_msb;
11  }
```

当在 SUN SPARC 这样的 32 位机器上编译并运行时，这个过程返回的却是 0。下面的编译器信息给了我们一个问题的指示：

```
warning: left shift count >= width of type
```

A. 我们的代码在哪个方面没有遵守 C 语言标准？

B. 修改代码，使得它在 int 至少为 32 位的任何机器上都能正确地运行。

C. 修改代码，使得它在 int 至少为 16 位的任何机器上都能正确地运行。

**2.68　写出具有如下原型的函数的代码：

```
/*
 * Mask with least signficant n bits set to 1
 * Examples: n = 6 --> 0x3F, n = 17 --> 0x1FFFF
 * Assume 1 <= n <= w
 */
int lower_one_mask(int n);
```

函数应该遵循位级整数编码规则。要注意 $n=w$ 的情况。

***2.69　写出具有如下原型的函数的代码：

```
/*
 * Do rotating left shift.  Assume 0 <= n < w
 * Examples when x = 0x12345678 and w = 32:
 *    n=4 -> 0x23456781, n=20 -> 0x67812345
 */
unsigned rotate_left(unsigned x, int n);
```

函数应该遵循位级整数编码规则。要注意 n=0 的情况。

** 2.70 写出具有如下原型的函数的代码：

```
/*
 * Return 1 when x can be represented as an n-bit, 2's-complement
 * number; 0 otherwise
 * Assume 1 <= n <= w
 */
int fits_bits(int x, int n);
```

函数应该遵循位级整数编码规则。

* 2.71 你刚刚开始在一家公司工作，他们要实现一组过程来操作一个数据结构，要将 4 个有符号字节封装成一个 32 位 unsigned。一个字中的字节从 0(最低有效字节)编号到 3(最高有效字节)。分配给你的任务是：为一个使用补码运算和算术右移的机器编写一个具有如下原型的函数：

```
/* Declaration of data type where 4 bytes are packed
   into an unsigned */
typedef unsigned packed_t;

/* Extract byte from word.  Return as signed integer */
int xbyte(packed_t word, int bytenum);
```

也就是说，函数会抽取出指定的字节，再把它符号扩展为一个 32 位 int。

你的前任(因为水平不够高而被解雇了)编写了下面的代码：

```
/* Failed attempt at xbyte */
int xbyte(packed_t word, int bytenum)
{
    return (word >> (bytenum << 3)) & 0xFF;
}
```

A. 这段代码错在哪里？

B. 给出函数的正确实现，只能使用左右移位和一个减法。

** 2.72 给你一个任务，写一个函数，将整数 val 复制到缓冲区 buf 中，但是只有当缓冲区中有足够可用的空间时，才执行复制。

你写的代码如下：

```
/* Copy integer into buffer if space is available */
/* WARNING: The following code is buggy */
void copy_int(int val, void *buf, int maxbytes) {
    if (maxbytes-sizeof(val) >= 0)
            memcpy(buf, (void *) &val, sizeof(val));
}
```

这段代码使用了库函数 memcpy。虽然在这里用这个函数有点刻意，因为我们只是想复制一个 int，但是它说明了一种复制较大数据结构的常见方法。

你仔细地测试了这段代码后发现，哪怕 maxbytes 很小的时候，它也能把值复制到缓冲区中。

A. 解释为什么代码中的条件测试总是成功。**提示**：sizeof 运算符返回类型为 size_t 的值。

B. 你该如何重写这个条件测试，使之工作正确。

** 2.73 写出具有如下原型的函数的代码：

```
/* Addition that saturates to TMin or TMax */
int saturating_add(int x, int y);
```

同正常的补码加法溢出的方式不同，当正溢出时，饱和加法返回 *TMax*，负溢出时，返回 *TMin*。饱和运算常常用在执行数字信号处理的程序中。

你的函数应该遵循位级整数编码规则。

** 2.74　写出具有如下原型的函数的代码：

```
/* Determine whether arguments can be subtracted without overflow */
int tsub_ok(int x, int y);
```

如果计算 x-y 不溢出，这个函数就返回 1。

*** 2.75　假设我们想要计算 $x \cdot y$ 的完整的 $2w$ 位表示，其中，$x$ 和 $y$ 都是无符号数，并且运行在数据类型 unsigned 是 $w$ 位的机器上。乘积的低 $w$ 位能够用表达式 x*y 计算，所以，我们只需要一个具有下列原型的函数：

```
unsigned unsigned_high_prod(unsigned x, unsigned y);
```

这个函数计算无符号变量 $x \cdot y$ 的高 $w$ 位。

我们使用一个具有下面原型的库函数：

```
int signed_high_prod(int x, int y);
```

它计算在 $x$ 和 $y$ 采用补码形式的情况下，$x \cdot y$ 的高 $w$ 位。编写代码调用这个过程，以实现用无符号数为参数的函数。验证你的解答的正确性。

**提示**：看看等式(2.18)的推导中，有符号乘积 $x \cdot y$ 和无符号乘积 $x' \cdot y'$ 之间的关系。

* 2.76　库函数 calloc 有如下声明：

```
void *calloc(size_t nmemb, size_t size);
```

根据库文档：“函数 calloc 为一个数组分配内存，该数组有 nmemb 个元素，每个元素为 size 字节。内存设置为 0。如果 nmemb 或 size 为 0，则 calloc 返回 NULL。”

编写 calloc 的实现，通过调用 malloc 执行分配，调用 memset 将内存设置为 0。你的代码应该没有任何由算术溢出引起的漏洞，且无论数据类型 size_t 用多少位表示，代码都应该正常工作。

作为参考，函数 malloc 和 memset 声明如下：

```
void *malloc(size_t size);
void *memset(void *s, int c, size_t n);
```

** 2.77　假设我们有一个任务：生成一段代码，将整数变量 x 乘以不同的常数因子 $K$。为了提高效率，我们想只使用+、-和<<运算。对于下列 $K$ 的值，写出执行乘法运算的 C 表达式，每个表达式中最多使用 3 个运算。

A. $K=17$

B. $K=-7$

C. $K=60$

D. $K=-112$

** 2.78　写出具有如下原型的函数的代码：

```
/* Divide by power of 2. Assume 0 <= k < w-1 */
int divide_power2(int x, int k);
```

该函数要用正确的舍入方式计算 $x/2^k$，并且应该遵循位级整数编码规则。

** 2.79　写出函数 mul3div4 的代码，对于整数参数 x，计算 3*x/4，但是要遵循位级整数编码规则。你的代码计算 3*x 也会产生溢出。

*** 2.80　写出函数 threefourths 的代码，对于整数参数 x，计算 3/4x 的值，向零舍入。它不会溢出。函数应该遵循位级整数编码规则。

** 2.81　编写 C 表达式产生如下位模式，其中 $a^k$ 表示符号 $a$ 重复 $k$ 次。假设一个 $w$ 位的数据类型。代码可以包含对参数 j 和 k 的引用，它们分别表示 $j$ 和 $k$ 的值，但是不能使用表示 $w$ 的参数。

A. $1^{w-k}0^{k}$

B. $0^{w-k-j}1^{k}0^{j}$

*2.82 我们在一个 int 类型值为 32 位的机器上运行程序。这些值以补码形式表示，而且它们都是算术右移的。unsigned 类型的值也是 32 位的。

我们产生随机数 x 和 y，并且把它们转换成无符号数，显示如下：

```
/* Create some arbitrary values */
int x = random();
int y = random();
/* Convert to unsigned */
unsigned ux = (unsigned) x;
unsigned uy = (unsigned) y;
```

对于下列每个 C 表达式，你要指出表达式是否总是为 1。如果它总是为 1，那么请描述其中的数学原理。否则，列举出一个使它为 0 的参数示例。

A. `(x<y)==(-x>-y)`

B. `((x+y)<<4)+y-x==17*y+15*x`

C. `~x+~y+1==~(x+y)`

D. `(ux-uy)==-(unsigned)(y-x)`

E. `((x>>2)<<2)<=x`

**2.83 一些数字的二进制表示是由形如 $0.y\,y\,y\,y\,y\,y\cdots$ 的无穷串组成的，其中 $y$ 是一个 $k$ 位的序列。例如，$\frac{1}{3}$ 的二进制表示是 $0.01010101\cdots(y=01)$，而 $\frac{1}{5}$ 的二进制表示是 $0.001100110011\cdots(y=0011)$。

A. 设 $Y=B2U_k(y)$，也就是说，这个数具有二进制表示 $y$。给出一个由 $Y$ 和 $k$ 组成的公式表示这个无穷串的值。

**提示**：请考虑将二进制小数点右移 $k$ 位的结果。

B. 对于下列的 $y$ 值，串的数值是多少？

(a)101

(b)0110

(c)010011

*2.84 填写下列程序的返回值，这个程序测试它的第一个参数是否小于或者等于第二个参数。假定函数 f2u 返回一个无符号 32 位数字，其位表示与它的浮点参数相同。你可以假设两个参数都不是 $NaN$。两种 0，+0 和 −0 被认为是相等的。

```
int float_le(float x, float y) {
    unsigned ux = f2u(x);
    unsigned uy = f2u(y);

    /* Get the sign bits */
    unsigned sx = ux >> 31;
    unsigned sy = uy >> 31;

    /* Give an expression using only ux, uy, sx, and sy */
    return            ;
}
```

*2.85 给定一个浮点格式，有 $k$ 位指数和 $n$ 位小数，对于下列数，写出阶码 $E$、尾数 $M$、小数 $f$ 和值 $V$ 的公式。另外，请描述其位表示。

A. 数 7.0。

B. 能够被准确描述的最大奇整数。

C. 最小的规格化数的倒数。

*2.86 与 Intel 兼容的处理器也支持“扩展精度”浮点形式，这种格式具有 80 位字长，被分成 1 个符号

位、$k=15$ 个阶码位、1 个单独的整数位和 $n=63$ 个小数位。整数位是 IEEE 浮点表示中隐含位的显式副本。也就是说，对于规格化的值它等于 1，对于非规格化的值它等于 0。填写下表，给出用这种格式表示的一些“有趣的”数字的近似值。

| 描　述 | 扩展精度 | |
|---|---|---|
| | 值 | 十进制 |
| 最小的正非规格化数 | | |
| 最小的正规格化数 | | |
| 最大的规格化数 | | |

将数据类型声明为 long double，就可以把这种格式用于为与 Intel 兼容的机器编译 C 程序。但是，它会强制编译器以传统的 8087 浮点指令为基础生成代码。由此产生的程序很可能会比数据类型为 float 或 double 的情况慢上许多。

*2.87　2008 版 IEEE 浮点标准，即 IEEE 754-2008，包含了一种 16 位的“半精度”浮点格式。它最初是由计算机图形公司设计的，其存储的数据所需的动态范围要高于 16 位整数可获得的范围。这种格式具有 1 个符号位、5 个阶码位($k=5$)和 10 个小数位($n=10$)。阶码偏置量是 $2^{5-1}-1=15$。

对于每个给定的数，填写下表，其中，每一列具有如下指示说明：

Hex：描述编码形式的 4 个十六进制数字。

$M$：尾数的值。这应该是一个形如 $x$ 或 $\frac{x}{y}$ 的数，其中 $x$ 是一个整数，而 $y$ 是 2 的整数幂。例如：0、$\frac{67}{64}$ 和 $\frac{1}{256}$。

$E$：阶码的整数值。

$V$：所表示的数字值。使用 $x$ 或者 $x\times 2^z$ 表示，其中 $x$ 和 $z$ 都是整数。

$D$：(可能近似的)数值，用 printf 的格式规范 %f 打印。

举一个例子，为了表示数 $\frac{7}{8}$，我们有 $s=0$，$M=\frac{7}{4}$ 和 $E=-1$。因此这个数的阶码字段为 $01110_2$(十进制值 15−1=14)，尾数字段为 $1100000000_2$，得到一个十六进制的表示 3B00。其数值为 0.875。

标记为“—”的条目不用填写。

| 描　述 | Hex | $M$ | $E$ | $V$ | $D$ |
|---|---|---|---|---|---|
| −0 | | | | −0 | −0.0 |
| 最小的>2 的值 | | | | | |
| 512 | | | | 512 | 512.0 |
| 最大的非规格化数 | | | | | |
| −∞ | | — | — | −∞ | −∞ |
| 十六进制表示为 3BB0 的数 | 3BB0 | | | | |

**2.88　考虑下面两个基于 IEEE 浮点格式的 9 位浮点表示。

1. 格式 A
   - 有一个符号位。
   - 有 $k=5$ 个阶码位。阶码偏置量是 15。
   - 有 $n=3$ 个小数位。
2. 格式 B
   - 有一个符号位。
   - 有 $k=4$ 个阶码位。阶码偏置量是 7。

- 有 $n=4$ 个小数位。

下面给出了一些格式 A 表示的位模式，你的任务是把它们转换成最接近的格式 B 表示的值。如果需要舍入，你要向 $+\infty$ 舍入。另外，给出用格式 A 和格式 B 表示的位模式对应的值。要么是整数(例如 17)，要么是小数(例如 17/64 或 $17/2^6$)。

| 格式A |  | 格式B |  |
|---|---|---|---|
| 位 | 值 | 位 | 值 |
| 1 01110 001 | $\frac{-9}{16}$ | 1 0110 0010 | $\frac{-9}{16}$ |
| 0 10110 101 |  |  |  |
| 1 00111 110 |  |  |  |
| 0 00000 101 |  |  |  |
| 1 11011 000 |  |  |  |
| 0 11000 100 |  |  |  |

*2.89 我们在一个 int 类型为 32 位补码表示的机器上运行程序。float 类型的值使用 32 位 IEEE 格式，而 double 类型的值使用 64 位 IEEE 格式。

我们产生随机整数 x、y 和 z，并且把它们转换成 double 类型的值：

```
/* Create some arbitrary values */
int x = random();
int y = random();
int z = random();
/* Convert to double */
double   dx = (double) x;
double   dy = (double) y;
double   dz = (double) z;
```

对于下列的每个 C 表达式，你要指出表达式是否总是为 1。如果它总是为 1，描述其中的数学原理。否则，列举出使它为 0 的参数的例子。请注意，不能使用 IA32 机器运行 GCC 来测试你的答案，因为对于 float 和 double，它使用的都是 80 位的扩展精度表示。

A. (float)x==(float)dx

B. dx-dy==(double)(x-y)

C. (dx+dy)+dz==dx+(dy+dz)

D. (dx*dy)*dz==dx*(dy*dz)

E. dx/dx==dz/dz

*2.90 分配给你一个任务，编写一个 C 函数来计算 $2^x$ 的浮点表示。你意识到完成这个任务的最好方法是直接创建结果的 IEEE 单精度表示。当 $x$ 太小时，你的程序将返回 0.0。当 $x$ 太大时，它会返回 $+\infty$。填写下列代码的空白部分，以计算出正确的结果。假设函数 u2f 返回的浮点值与它的无符号参数有相同的位表示。

```
float fpwr2(int x)
{
    /* Result exponent and fraction */
    unsigned exp, frac;
    unsigned u;

    if (x < _________) {
        /* Too small.  Return 0.0 */
        exp = _________;
        frac = _________;
    } else if (x < _________) {
        /* Denormalized result */
        exp = _________;
        frac = _________;
```

```
    } else if (x < ________) {
        /* Normalized result. */
        exp = ________;
        frac = ________;
    } else {
        /* Too big.  Return +oo */
        exp = ________;
        frac = ________;
    }

    /* Pack exp and frac into 32 bits */
    u = exp << 23 | frac;
    /* Return as float */
    return u2f(u);
}
```

*2.91 大约公元前 250 年，希腊数学家阿基米德证明了$\frac{223}{71}<\pi<\frac{22}{7}$。如果当时有一台计算机和标准库 <math.h>，他就能够确定 π 的单精度浮点近似值的十六进制表示为 0x40490FDB。当然，所有的这些都只是近似值，因为 π 不是有理数。

A. 这个浮点值表示的二进制小数是多少？

B. $\frac{22}{7}$的二进制小数表示是什么？**提示**：参见家庭作业 2.83。

C. 这两个 π 的近似值从哪一位(相对于二进制小数点)开始不同的？

**位级浮点编码规则**

在接下来的题目中，你所写的代码要实现浮点函数在浮点数的位级表示上直接运算。你的代码应该完全遵循 IEEE 浮点运算的规则，包括当需要舍入时，要使用向偶数舍入的方式。

为此，我们把数据类型 float-bits 等价于 unsigned：

```
/* Access bit-level representation floating-point number */
typedef unsigned float_bits;
```

你的代码中不使用数据类型 float，而要使用 float_bits。你可以使用数据类型 int 和 unsigned，包括无符号和整数常数和运算。你不可以使用任何联合、结构和数组。更重要的是，你不能使用任何浮点数据类型、运算或者常数。取而代之，你的代码应该执行实现这些指定的浮点运算的位操作。

下面的函数说明了对这些规则的使用。对于参数 $f$，如果 $f$ 是非规格化的，该函数返回±0(保持 $f$ 的符号)，否则，返回 $f$。

```
/* If f is denorm, return 0.  Otherwise, return f */
float_bits float_denorm_zero(float_bits f) {
    /* Decompose bit representation into parts */
    unsigned sign = f>>31;
    unsigned exp =  f>>23 & 0xFF;
    unsigned frac = f     & 0x7FFFFF;
    if (exp == 0) {
        /* Denormalized.  Set fraction to 0 */
        frac = 0;
    }
    /* Reassemble bits */
    return (sign << 31) | (exp << 23) | frac;
}
```

**2.92 遵循位级浮点编码规则，实现具有如下原型的函数：

```
/* Compute -f.  If f is NaN, then return f. */
float_bits float_negate(float_bits f);
```

对于浮点数 $f$，这个函数计算 $-f$。如果 $f$ 是 $NaN$，你的函数应该简单地返回 $f$。

测试你的函数，对参数 $f$ 可以取的所有 $2^{32}$ 个值求值，将结果与你使用机器的浮点运算得到的结果相比较。

** 2.93　遵循位级浮点编码规则，实现具有如下原型的函数：

```
/* Compute |f|.  If f is NaN, then return f. */
float_bits float_absval(float_bits f);
```

对于浮点数 $f$，这个函数计算 $|f|$。如果 $f$ 是 $NaN$，你的函数应该简单地返回 $f$。

测试你的函数，对参数 $f$ 可以取的所有 $2^{32}$ 个值求值，将结果与你使用机器的浮点运算得到的结果相比较。

*** 2.94　遵循位级浮点编码规则，实现具有如下原型的函数：

```
/* Compute 2*f.  If f is NaN, then return f. */
float_bits float_twice(float_bits f);
```

对于浮点数 $f$，这个函数计算 2.0 · $f$。如果 $f$ 是 $NaN$，你的函数应该简单地返回 $f$。

测试你的函数，对参数 $f$ 可以取的所有 $2^{32}$ 个值求值，将结果与你使用机器的浮点运算得到的结果相比较。

*** 2.95　遵循位级浮点编码规则，实现具有如下原型的函数：

```
/* Compute 0.5*f.  If f is NaN, then return f. */
float_bits float_half(float_bits f);
```

对于浮点数 $f$，这个函数计算 0.5 · $f$。如果 $f$ 是 $NaN$，你的函数应该简单地返回 $f$。

测试你的函数，对参数 $f$ 可以取的所有 $2^{32}$ 个值求值，将结果与你使用机器的浮点运算得到的结果相比较。

**** 2.96　遵循位级浮点编码规则，实现具有如下原型的函数：

```
/*
 * Compute (int) f.
 * If conversion causes overflow or f is NaN, return 0x80000000
 */
int float_f2i(float_bits f);
```

对于浮点数 $f$，这个函数计算(int)$f$。如果 $f$ 是 $NaN$，你的函数应该向零舍入。如果 $f$ 不能用整数表示(例如，超出表示范围，或者它是一个 $NaN$)，那么函数应该返回 0x80000000。

测试你的函数，对参数 $f$ 可以取的所有 $2^{32}$ 个值求值，将结果与你使用机器的浮点运算得到的结果相比较。

**** 2.97　遵循位级浮点编码规则，实现具有如下原型的函数：

```
/* Compute (float) i */
float_bits float_i2f(int i);
```

对于函数 i，这个函数计算 (float) i 的位级表示。

测试你的函数，对参数 $f$ 可以取的所有 $2^{32}$ 个值求值，将结果与你使用机器的浮点运算得到的结果相比较。

## 练习题答案

2.1　在我们开始查看机器级程序的时候，理解十六进制和二进制格式之间的关系将是很重要的。虽然本书中介绍了完成这些转换的方法，但是做点练习能够让你更加熟练。

A. 将 0x39A7F8 转换成二进制：

| 十六进制 | 3 | 9 | A | 7 | F | 8 |
|---|---|---|---|---|---|---|
| 二进制 | 0011 | 1001 | 1010 | 0111 | 1111 | 1000 |

B. 将二进制 1100100101111011 转换成十六进制：

| 二进制 | 1100 | 1001 | 0111 | 1011 |
|---|---|---|---|---|
| 十六进制 | C | 9 | 7 | B |

C. 将 0xD5E4C 转换成二进制：

| 十六进制 | D | 5 | E | 4 | C |
|---|---|---|---|---|---|
| 二进制 | 1101 | 0101 | 1110 | 0100 | 1100 |

D. 将二进制 1001101110011110110101 转换成十六进制：

| 二进制 | 10 | 0110 | 1110 | 0111 | 1011 | 0101 |
|---|---|---|---|---|---|---|
| 十六进制 | 2 | 6 | E | 7 | B | 5 |

2.2 这个问题给你一个机会思考 2 的幂和它们的十六进制表示。

| $n$ | $2^n$（十进制） | $2^n$（十六进制） |
|---|---|---|
| 9 | 512 | 0x200 |
| 19 | 524 288 | 0x80000 |
| 14 | 16 384 | 0x4000 |
| 16 | 65 536 | 0x10000 |
| 17 | 131 072 | 0x20000 |
| 5 | 32 | 0x20 |
| 7 | 128 | 0x80 |

2.3 这个问题给你一个机会试着对一些小的数在十六进制和十进制表示之间进行转换。对于较大的数，使用计算器或者转换程序会更加方便和可靠。

| 十进制 | 二进制 | 十六进制 |
|---|---|---|
| 0 | 0000 0000 | 0x00 |
| $167 = 10 \cdot 16 + 7$ | 1010 0111 | 0xA7 |
| $62 = 3 \cdot 16 + 14$ | 0011 1110 | 0x3E |
| $188 = 11 \cdot 16 + 12$ | 1011 1100 | 0xBC |
| $3 \cdot 16 + 7 = 55$ | 0011 0111 | 0x37 |
| $8 \cdot 16 + 8 = 136$ | 1000 1000 | 0x88 |
| $15 \cdot 16 + 3 = 243$ | 1111 0011 | 0xF3 |
| $5 \cdot 16 + 2 = 82$ | 0101 0010 | 0x52 |
| $10 \cdot 16 + 12 = 172$ | 1010 1100 | 0xAC |
| $14 \cdot 16 + 7 = 231$ | 1110 0111 | 0xE7 |

2.4 当开始调试机器级程序时，你将发现在许多情况中，一些简单的十六进制运算是很有用的。可以总是把数转换成十进制，完成运算，再把它们转换回来，但是能够直接用十六进制工作更加有效，而且能够提供更多的信息。

A. 0x503c+0x8=0x5044。8 加上十六进制 c 得到 4 并且进位 1。

B. 0x503c-0x40=0x4ffc。在第二个数位，3 减去 4 要从第三位借 1。因为第三位是 0，所以我们必须从第四位借位。

C. 0x503c+64=0x507c。十进制 64($2^6$)等于十六进制 0x40。

D. 0x50ea-0x503c=0xae。十六进制数 a(十进制 10)减去十六进制数 c(十进制 12)，我们从第二位借 16，得到十六进制数 e(十进制数 14)。在第二个数位，我们现在用十六进制 d(十进制 13)减去 3，得到十六进制 a(十进制 10)。

2.5 这个练习测试你对数据的字节表示和两种不同字节顺序的理解。

小端法：21　　　　　　大端法：87

小端法：21　43　　　　大端法：87　65

小端法：21　43　65　　大端法：87　65　43

回想一下，show_bytes 列举了一系列字节，从低位地址的字节开始，然后逐一列出高位地址的字节。在小端法机器上，它将按照从最低有效字节到最高有效字节的顺序列出字节。在大端法机器上，它将按照从最高有效字节到最低有效字节的顺序列出字节。

2.6 这又是一个练习从十六进制到二进制转换的机会。同时也让你思考整数和浮点表示。我们将在本章后面更加详细地研究这些表示。

A. 利用书中示例的符号，我们将两个串写成：

```
   0   0   3   5   9   1   4   1
00000000001101011001000101000001
             *********************
     4   A   5   6   4   5   0   4
  01001010010101100100010100000100
```

B. 将第二个字相对于第一个字向右移动 2 位，我们发现一个有 21 个匹配位的序列。

C. 我们发现除了最高有效位 1，整数的所有位都嵌在浮点数中。这正好也是书中示例的情况。另外，浮点数有一些非零的高位不与整数中的高位相匹配。

2.7 它打印 `61 62 63 64 65 66`。回想一下，库函数 `strlen` 不计算终止的空字符，所以 `show_bytes` 只打印到字符‘`f`’。

2.8 这是一个帮助你更加熟悉布尔运算的练习。

| 运算 | 结果 | 运算 | 结果 |
|---|---|---|---|
| *a* | [01101001] | *a*&*b* | [01000001] |
| *b* | [01010101] | *a* \| *b* | [01111101] |
| ~*a* | [10010110] | *a* ^ *b* | [00111100] |
| ~*b* | [10101010] | | |

2.9 这个问题说明了怎样用布尔代数来描述和解释现实世界的系统。我们能够看到这个颜色代数和长度为 3 的位向量上的布尔代数是一样的。

A. 颜色的取补是通过对 *R*、*G* 和 *B* 的值取补得到的。由此，我们可以看出，白色是黑色的补，黄色是蓝色的补，红紫色是绿色的补，蓝绿色是红色的补。

B. 我们基于颜色的位向量表示来进行布尔运算。据此，我们得到以下结果：

蓝色(001)　|　绿色(010)　=　蓝绿色(011)

黄色(110)　&　蓝绿色(011)=　绿色(010)

红色(100)　^　紫红色(101)=　蓝色(001)

2.10 这个程序依赖于两个事实，EXCLUSIVE-OR 是可交换的和可结合，以及对于任意的 $a$，有 $a$^$a$=0。

| 步骤 | *x | *y |
|---|---|---|
| 初始 | *a* | *b* |
| 步骤1 | *a* | *a*^ *b* |
| 步骤2 | *a* ^ (*a* ^ *b*) = (*a* ^ *a*) ^ *b* =*b* | *a*^ *b* |
| 步骤3 | *b* | *b*^ (*a* ^ *b*) = (*b* ^ *b*) ^ *a* = *a* |

某种情况下这个函数会失败，参见练习题 2.11。

2.11 这个题目说明了我们的原地交换例程微妙而有趣的特性。

A. `first` 和 `last` 的值都为 $k$，所以我们试图交换正中间的元素和它自己。

B. 在这种情况中，`inplace_swap` 的参数 `x` 和 `y` 都指向同一个位置。当计算 `*x^*y` 的时候，我们得到 0。然后将 0 作为数组正中间的元素，而后面的步骤一直都把这个元素设置为 0。我们可以看到，练习题 2.10 的推理隐含地假设 `x` 和 `y` 代表不同的位置。

C. 将 `reverse_array` 的第 4 行的测试简单地替换成 `first<last`，因为没有必要交换正中间的元素和它自己。

2.12 这些表达式如下：

A. x & 0xFF

B. x^~0xFF

C. x | 0xFF

这些表达式是在执行低级位运算中经常发现的典型类型。表达式~0xFF创建一个掩码，该掩码8个最低位等于0，而其余的位为1。可以观察到，这些掩码的产生和字长无关。而相比之下，表达式0xFFFFFF00只能工作在32位的机器上。

2.13 这个问题帮助你思考布尔运算和程序员应用掩码运算的典型方式之间的关系。代码如下：

```
/* Declarations of functions implementing operations bis and bic */
int bis(int x, int m);
int bic(int x, int m);

/* Compute x|y using only calls to functions bis and bic */
int bool_or(int x, int y) {
  int result = bis(x,y);
  return result;
}

/* Compute x^y using only calls to functions bis and bic */
int bool_xor(int x, int y) {
  int result = bis(bic(x,y), bic(y,x));
  return result;
}
```

bis运算等价于布尔OR——如果x中或者m中的这一位置位了，那么z中的这一位就置位。另一方面，bic(x, m)等价于x&~m；我们想实现只有当x对应的位为1且m对应的位为0时，该位等于1。

由此，可以通过对bis的一次调用来实现|。为了实现^，我们利用以下属性

$$x \wedge y = (x \& \sim y) \mid (\sim x \& y)$$

2.14 这个问题突出了位级布尔运算和C语言中的逻辑运算之间的关系。常见的编程错误是在想用逻辑运算的时候用了位级运算，或者反过来。

| 表达式 | 值 | 表达式 | 值 |
|---|---|---|---|
| x & y | 0x20 | x && y | 0x01 |
| x \| y | 0x7F | x \|\| y | 0x01 |
| ~x \| ~y | 0xDF | !x \|\| !y | 0x00 |
| x & !y | 0x00 | x && ~y | 0x01 |

2.15 这个表达式是!(x ^ y)。

也就是，当且仅当x的每一位和y相应的每一位匹配时，x ^ y等于零。然后，我们利用！来判定一个字是否包含任何非零位。

没有任何实际的理由要去使用这个表达式，因为可以简单地写成x==y，但是它说明了位级运算和逻辑运算之间的一些细微差别。

2.16 这个练习可以帮助你理解各种移位运算。

| x | | x<<3 | | （逻辑）x>>2 | | （算术）x>>2 | |
|---|---|---|---|---|---|---|---|
| 十六进制 | 二进制 | 二进制 | 十六进制 | 二进制 | 十六进制 | 二进制 | 十六进制 |
| 0xC3 | [11000011] | [00011000] | 0x18 | [00110000] | 0x30 | [11110000] | 0xF0 |
| 0x75 | [01110101] | [10101000] | 0xA8 | [00011101] | 0x1D | [00011101] | 0x1D |
| 0x87 | [10000111] | [00111000] | 0x38 | [00100001] | 0x21 | [11100001] | 0xE1 |
| 0x66 | [01100110] | [00110000] | 0x30 | [00011001] | 0x19 | [00011001] | 0x19 |

2.17　一般而言，研究字长非常小的例子是理解计算机运算的非常好的方法。

无符号值对应于图 2-2 中的值。对于补码值，十六进制数字 0～7 的最高有效位为 0，得到非负值，然而十六进制数字 8～F 的最高有效位为 1，得到一个为负的值。

| $\vec{x}$ | | $B2U_4(\vec{x})$ | $B2T_4(\vec{x})$ |
|---|---|---|---|
| 十六进制 | 二进制 | | |
| 0xE | [1110] | $2^3+2^2+2^1=14$ | $-2^3+2^2+2^1=-2$ |
| 0x0 | [0000] | 0 | 0 |
| 0x5 | [0101] | $2^2+2^0=5$ | $2^2+2^0=5$ |
| 0x8 | [1000] | $2^3=8$ | $-2^3=-8$ |
| 0xD | [1101] | $2^3+2^2+2^0=13$ | $-2^3+2^2+2^0=-3$ |
| 0xF | [1111] | $2^3+2^2+2^1+2^0=15$ | $-2^3+2^2+2^1+2^0=-1$ |

2.18　对于 32 位的机器，由 8 个十六进制数字组成的，且开始的那个数字在 8～f 之间的任何值，都是一个负数。数字以串 *f* 开头是很普遍的事情，因为负数的起始位全为 1。不过，你必须看仔细了。例如，数 0x8048337 仅仅有 7 个数字。把起始位填入 0，从而得到 0x08048337，这是一个正数。

```
4004d0:  48 81 ec e0 02 00 00    sub    $0x2e0,%rsp              A. 736
4004d7:  48 8b 44 24 a8          mov    -0x58(%rsp),%rax         B. -88
4004dc:  48 03 47 28             add    0x28(%rdi),%rax          C.  40
4004e0:  48 89 44 24 d0          mov    %rax,-0x30(%rsp)         D. -48
4004e5:  48 8b 44 24 78          mov    0x78(%rsp),%rax          E. 120
4004ea:  48 89 87 88 00 00 00    mov    %rax,0x88(%rdi)          F. 136
4004f1:  48 8b 84 24 f8 01 00    mov    0x1f8(%rsp),%rax         G. 504
4004f8:  00
4004f9:  48 03 44 24 08          add    0x8(%rsp),%rax
4004fe:  48 89 84 24 c0 00 00    mov    %rax,0xc0(%rsp)          H. 192
400505:  00
400506:  48 8b 44 d4 b8          mov    -0x48(%rsp,%rdx,8),%rax  I. -72
```

2.19　从数学的视角来看，函数 *T2U* 和 *U2T* 是非常奇特的。理解它们的行为非常重要。

我们根据补码的值解答这个问题，重新排列练习题 2.17 的解答中的行，然后列出无符号值作为函数应用的结果。我们展示十六进制值，以使这个过程更加具体。

| $\vec{x}$（十六进制） | $x$ | $T2U_4(x)$ |
|---|---|---|
| 0x8 | −8 | 8 |
| 0xD | −3 | 13 |
| 0xE | −2 | 14 |
| 0xF | −1 | 15 |
| 0x0 | 0 | 0 |
| 0x5 | 5 | 5 |

2.20　这个练习题测试你对等式(2.5)的理解。

对于前 4 个条目，$x$ 的值是负的，并且 $T2U_4(x)=x+2^4$。对于剩下的两个条目，$x$ 的值是非负的，并且 $T2U_4(x)=x$。

2.21　这个问题加强你对补码和无符号表示之间关系的理解，以及对 C 语言升级规则(promotion rule)的影响的理解。回想一下，$TMin_{32}$ 是 −2 147 483 648，并且将它强制类型转换为无符号数后，变成了 2 147 483 648。另外，如果有任何一个运算数是无符号的，那么在比较之前，另一个运算数会被强制类型转换为无符号数。

| 表达式 | 类型 | 求值 |
|---|---|---|
| `-2147483647-1 == 2147483648U` | 无符号数 | 1 |
| `-2147483647-1 < 2147483647` | 有符号数 | 1 |
| `-2147483647-1U < 2147483647` | 无符号数 | 0 |
| `-2147483647-1 < -2147483647` | 有符号数 | 1 |
| `-2147483647-1U < -2147483647` | 无符号数 | 1 |

2.22 这个练习很具体地说明了符号扩展如何保持一个补码表示的数值。

A. [1011]： $-2^3+2^1+2^0 = -8+2+1 = -5$

B. [11011]： $-2^4+2^3+2^1+2^0 = -16+8+2+1 = -5$

C. [111011]： $-2^5+2^4+2^3+2^1+2^0 = -32+16+8+2+1 = -5$

2.23 这些函数的表达式是常见的程序“习惯用语”，可以从多个位字段打包成的一个字中提取值。它们利用不同移位运算的零填充和符号扩展属性。请注意强制类型转换和移位运算的顺序。在 fun1 中，移位是在无符号 word 上进行的，因此是逻辑移位。在 fun2 中，移位是在把 word 强制类型转换为 int 之后进行的，因此是算术移位。

A.

| w | fun1(w) | fun2(w) |
|---|---|---|
| 0x00000076 | 0x00000076 | 0x00000076 |
| 0x87654321 | 0x00000021 | 0x00000021 |
| 0x000000C9 | 0x000000C9 | 0xFFFFFFC9 |
| 0xEDCBA987 | 0x00000087 | 0xFFFFFF87 |

B. 函数 fun1 从参数的低 8 位中提取一个值，得到范围 0～255 的一个整数。函数 fun2 也从这个参数的低 8 位中提取一个值，但是它还要执行符号扩展。结果将是介于－128～127 的一个数。

2.24 对于无符号数来说，截断的影响是相当直观的，但是对于补码数却不是。这个练习让你使用非常小的字长来研究它的属性。

| 十六进制 | | 无符号 | | 补码 | |
|---|---|---|---|---|---|
| 原始数 | 截断后的数 | 原始数 | 截断后的数 | 原始数 | 截断后的数 |
| 0 | 0 | 0 | 0 | 0 | 0 |
| 2 | 2 | 2 | 2 | 2 | 2 |
| 9 | 1 | 9 | 1 | –7 | 1 |
| B | 3 | 11 | 3 | –5 | 3 |
| F | 7 | 15 | 7 | –1 | –1 |

正如等式(2.9)所描述的，这种截断无符号数值的结果就是发现它们模 8 的余数。截断有符号数的结果要更复杂一些。根据等式(2.10)，我们首先计算这个参数模 8 后的余数。对于参数 0～7，将得出值 0～7，对于参数－8～－1 也是一样。然后我们对这些余数应用函数 $U2T_3$，得出两个0～3 和－4～－1 序列的反复。

2.25 设计这个问题是要说明从有符号数到无符号数的隐式强制类型转换很容易引起错误。将参数 length 作为一个无符号数来传递看上去是件相当自然的事情，因为没有人会想到使用一个长度为负数的值。停止条件 i<=length-1 看上去也很自然。但是把这两点组合到一起，将产生意想不到的结果！

因为参数 length 是无符号的，计算 0－1 将使用无符号运算，这等价于模数加法。结果得到 *UMax*。≤比较同样使用无符号数比较，而因为任何数都是小于或者等于 *UMax* 的，所以这个比较总是为真！因此，代码将试图访问数组 a 的非法元素。

有两种方法可以改正这段代码，其一是将 length 声明为 int 类型，其二是将 for 循环的测试条件改为 i<length。

2.26 这个例子说明了无符号运算的一个细微的特性，同时也是我们执行无符号运算时不会意识到的属性。这会导致一些非常棘手的错误。

A. 在什么情况下，这个函数会产生不正确的结果？当 s 比 t 短的时候，该函数会不正确地返回 1。

B. 解释为什么会出现这样不正确的结果。由于 strlen 被定义为产生一个无符号的结果，差和比较都采用无符号运算来计算。当 s 比 t 短的时候，strlen(s)-strlen(t)的差会为负，但是变成了一个很大的无符号数，且大于 0。

C. 说明如何修改这段代码好让它能可靠地工作。将测试语句改成：

```
return strlen(s) > strlen(t);
```

2.27　这个函数是对确定无符号加法是否溢出的规则的直接实现。

```
/* Determine whether arguments can be added without overflow */
int uadd_ok(unsigned x, unsigned y) {
    unsigned sum = x+y;
    return sum >= x;
}
```

2.28　本题是对算术模 16 的简单示范。最容易的解决方法是将十六进制模式转换成它的无符号十进制值。对于非零的 $x$ 值，我们必须有$(-^{u}_{4}x)+x=16$。然后，我们就可以将取补后的值转换回十六进制。

| $x$ | | $-^{u}_{4}x$ | |
|---|---|---|---|
| 十六进制 | 十进制 | 十进制 | 十六进制 |
| 0 | 0 | 0 | 0 |
| 5 | 5 | 11 | B |
| 8 | 8 | 8 | 8 |
| D | 13 | 3 | 3 |
| F | 15 | 1 | 1 |

2.29　本题的目的是确保你理解了补码加法。

| $x$ | $y$ | $x+y$ | $x+^{t}_{5}y$ | 情况 |
|---|---|---|---|---|
| −12<br>[10100] | −15<br>[10001] | −27<br>[100101] | 5<br>[00101] | 1 |
| −8<br>[11000] | −8<br>[11000] | −16<br>[110000] | −16<br>[10000] | 2 |
| −9<br>[10111] | 8<br>[01000] | −1<br>[111111] | −1<br>[11111] | 2 |
| 2<br>[00010] | 5<br>[00101] | 7<br>[000111] | 7<br>[00111] | 3 |
| 12<br>[01100] | 4<br>[00100] | 16<br>[010000] | −16<br>[10000] | 4 |

2.30　这个函数是对确定补码加法是否溢出的规则的直接实现。

```
/* Determine whether arguments can be added without overflow */
int tadd_ok(int x, int y) {
    int sum = x+y;
    int neg_over = x <  0 && y <  0 && sum >= 0;
    int pos_over = x >= 0 && y >= 0 && sum <  0;
    return !neg_over && !pos_over;
}
```

2.31　通过学习 2.3.2 节，你的同事可能已经学到补码加会形成一个阿贝尔群，因此表达式 (x+y)-x 求值得到 y，无论加法是否溢出，而 (x+y)-y 总是会求值得到 x。

2.32　这个函数会给出正确的值，除了当 y 等于 *TMin* 时。在这个情况下，我们有 -y 也等于 *TMin*，因此函数 tadd_ok 会认为只要 x 是负数时，就会溢出，而 x 为非负数时，不会溢出。实际上，情况恰恰相反才对：当 x 为负数时，tsub_ok(x, *TMin*)应该为 1；而当 x 为非负时，它应该为 0。

这个练习说明，在函数的任何测试过程中，*TMin* 都应该作为一种测试情况。

2.33　本题使用非常小的字长来帮助你理解补码的非。

对于 $w=4$，我们有 $TMin_4=-8$。因此 −8 是它自己的加法逆元，而其他数值是通过整数非来取非的。

| $x$ | | $-^t_4 x$ | |
|---|---|---|---|
| 十六进制 | 十进制 | 十进制 | 十六进制 |
| 0 | 0 | 0 | 0 |
| 5 | 5 | -5 | B |
| 8 | -8 | -8 | 8 |
| D | -3 | 3 | 3 |
| F | -1 | 1 | 1 |

对于无符号数的非，位的模式是相同的。

2.34 本题目是确保你理解了补码乘法。

| 模式 | $x$ | | $y$ | | $x \cdot y$ | | 截断了的 $x \cdot y$ | |
|---|---|---|---|---|---|---|---|---|
| 无符号数 | 4 | [100] | 5 | [101] | 20 | [010100] | 4 | [100] |
| 补码 | −4 | [100] | −3 | [101] | 12 | [001100] | −4 | [100] |
| 无符号数 | 2 | [010] | 7 | [111] | 14 | [001110] | 6 | [110] |
| 补码 | 2 | [010] | −1 | [111] | −2 | [111110] | −2 | [110] |
| 无符号数 | 6 | [110] | 6 | [110] | 36 | [100100] | 4 | [100] |
| 补码 | −2 | [110] | −2 | [110] | 4 | [000100] | −4 | [100] |

2.35 对所有可能的 x 和 y 测试一遍这个函数是不现实的。当数据类型 int 为 32 位时，即使你每秒运行一百亿个测试，也需要 58 年才能测试完所有的组合。另一方面，把函数中的数据类型改成 short 或者 char，然后再穷尽测试，倒是测试代码的一种可行的方法。

我们提出以下论据，这是一个更理论的方法：

1) 我们知道 $x \cdot y$ 可以写成一个 $2w$ 位的补码数字。用 $u$ 来表示低 $w$ 位表示的无符号数，$v$ 表示高 $w$ 位的补码数字。那么，根据公式(2.3)，我们可以得到 $x \cdot y = v2^w + u$。

我们还知道 $u = T2U_w(p)$，因为它们是从同一个位模式得出来的无符号和补码数字，因此根据等式(2.6)，我们有 $u = p + p_{w-1}2^w$，这里 $p_{w-1}$ 是 $p$ 的最高有效位。设 $t = v + p_{w-1}$，我们有 $x \cdot y = p + t2^w$。

当 $t=0$ 时，有 $x \cdot y = p$；乘法不会溢出。当 $t \neq 0$ 时，有 $x \cdot y \neq p$；乘法会溢出。

2) 根据整数除法的定义，用非零数 $x$ 除以 $p$ 会得到商 $q$ 和余数 $r$，即 $p = x \cdot q + r$，且 $|r| < |x|$。(这里用的是绝对值，因为 $x$ 和 $r$ 的符号可能不一致。例如，−7 除以 2 得到商−3 和余数−1。)

3) 假设 $q=y$。那么有 $x \cdot y = x \cdot y + r + t2^w$。在此，我们可以得到 $r + t2^w = 0$。但是 $|r| < |x| \leqslant 2^{w-1}$(说明：原题只需要 $|r| < 2^w$，所以原来的描述和证明仍然是正确的)，所以只有当 $t=0$ 时，这个等式才会成立，此时 $r=0$。

假设 $r=t=0$。那么我们有 $x \cdot y = x \cdot q$，隐含有 $y=q$。

当 $x=0$ 时，乘法不溢出，所以我们的代码提供了一种可靠的方法来测试补码乘法是否会导致溢出。

2.36 如果用 64 位表示，乘法就不会有溢出。然后我们来验证将乘积强制类型转换为 32 位是否会改变它的值：

```
1   /* Determine whether the arguments can be multiplied
2      without overflow */
3   int tmult_ok(int x, int y) {
4       /* Compute product without overflow */
5       int64_t pll = (int64_t) x*y;
6       /* See if casting to int preserves value */
7       return pll == (int) pll;
8   }
```

注意，第 5 行右边的强制类型转换至关重要。如果我们将这一行写成

```
int64_t pll = x*y;
```

就会用 32 位值来计算乘积(可能会溢出)，然后再符号扩展到 64 位。

2.37 A. 这个改动完全没有帮助。虽然 asize 的计算会更准确，但是调用 malloc 会导致这个值被转换成一个 32 位无符号数字，因而还是会出现同样的溢出条件。

B. malloc 使用一个 32 位无符号数作为参数，它不可能分配一个大于 $2^{32}$ 个字节的块，因此，没有必要试图去分配或者复制这样大的一块内存。取而代之，函数应该放弃，返回 NULL，用下面的代码取代对 malloc 原始的调用(第 9 行)：

```
uint64_t required_size = ele_cnt * (uint64_t) ele_size;
size_t request_size = (size_t) required_size;
if (required_size != request_size)
    /* Overflow must have occurred. Abort operation */
    return NULL;
void *result = malloc(request_size);
if (result == NULL)
    /* malloc failed */
    return NULL;
```

2.38 在第 3 章中，我们将看到很多实际的 LEA 指令的例子。用这个指令来支持指针运算，但是 C 语言编译器经常用它来执行小常数乘法。

对于每个 $k$ 的值，我们可以计算出 2 的倍数：$2^k$(当 $b$ 为 0 时)和 $2^k+1$(当 $b$ 为 $a$ 时)。因此我们能够计算出倍数为 1，2，3，4，5，8 和 9 的值。

2.39 这个表达式就变成了 -(x<<m)。要看清这一点，设字长为 $w$，$n=w-1$。形式 B 说我们要计算 (x<<w)-(x<<m)，但是将 x 向左移动 $w$ 位会得到值 0。

2.40 本题要求你使用讲过的优化技术，同时也需要自己的一点儿创造力。

| $K$ | 移位 | 加法/减法 | 表达式 |
|---|---|---|---|
| 6 | 2 | 1 | (x<<2) + (x<<1) |
| 31 | 1 | 1 | (x<<5) - x |
| -6 | 2 | 1 | (x<<1) - (x<<3) |
| 55 | 2 | 2 | (x<<6) - (x<<3) - x |

可以观察到，第四种情况使用了形式 B 的改进版本。我们可以将位模式[110111]看作 6 个连续的 1 中间有一个 0，因而我们对形式 B 应用这个原则，但是需要在后来把中间 0 位对应的项减掉。

2.41 假设加法和减法有同样的性能，那么原则就是当 $n=m$ 时，选择形式 A，当 $n=m+1$ 时，随便选哪种，而当 $n>m+1$ 时，选择形式 B。

这个原则的证明如下。首先假设 $m>0$。当 $n=m$ 时，形式 A 只需要 1 个移位，而形式 B 需要 2 个移位和 1 个减法。当 $n=m+1$ 时，这两种形式都需要 2 个移位和 1 个加法或者 1 个减法。当 $n>m+1$ 时，形式 B 只需要 2 个移位和 1 个减法，而形式 A 需要 $n-m+1>2$ 个移位和 $n-m>1$ 个加法。对于 $m=0$ 的情况，对于形式 A 和 B 都要少 1 个移位，所以在两者中选择时，还是适用同样的原则。

2.42 这里唯一的挑战是不使用任何测试或条件运算来计算偏置量。我们利用了一个诀窍，表达式 x>>31 产生一个字，如果 x 是负数，这个字为全 1，否则为全 0。通过掩码屏蔽掉适当的位，我们就得到期望的偏置值。

```
int div16(int x) {
    /* Compute bias to be either 0 (x >= 0) or 15 (x < 0) */
    int bias = (x >> 31) & 0xF;
    return (x + bias) >> 4;
}
```

2.43 我们发现当人们直接与汇编代码打交道时是有困难的。但当把它放入 optarith 所示的形式中时，问题就变得更加清晰明了。

我们可以看到 M 是 31；是用 (x<<5)-x 来计算 x*M。

我们可以看到 N 是 8；当 y 是负数时，加上偏置量 7，并且右移 3 位。

2.44 这些“C 的谜题”清楚地告诉程序员必须理解计算机运算的属性。

A. `(x > 0) || ((x-1) < 0)`

假。设 x 等于－2 147 483 648($TMin_{32}$)。那么，我们有 x-1 等于 2147483647($TMax_{32}$)。

B. `(x & 7) != 7 || (x << 29 < 0)`

真。如果 `(x & 7) != 7` 这个表达式的值为 0，那么我们必须有位 $x_2$ 等于 1。当左移 29 位时，这个位将变成符号位。

C. `(x * x) >= 0`

假。当 x 为 65 535(0xFFFF)时，x * x 为－131 071(0xFFFE0001)。

D. `x < 0 || -x <= 0`

真。如果 x 是非负数，则-x 是非正的。

E. `x > 0 || -x >= 0`

假。设 x 为－2 147 483 648($TMin_{32}$)。那么 x 和-x 都为负数。

F. `x+y == uy+ux`

真。补码和无符号乘法有相同的位级行为，而且它们是可交换的。

G. `x*~y + uy*ux == -x`

真。~y 等于-y-1。uy*ux 等于 x*y。因此，等式左边等价于 x*-y-x+x*y。

2.45 理解二进制小数表示是理解浮点编码的一个重要步骤。这个练习让你试验一些简单的例子。

| 小数值 | 二进制表示 | 十进制表示 |
|---|---|---|
| $\frac{1}{8}$ | 0.001 | 0.125 |
| $\frac{3}{4}$ | 0.11 | 0.75 |
| $\frac{25}{16}$ | 1.1001 | 1.5625 |
| $\frac{43}{16}$ | 10.1011 | 2.6875 |
| $\frac{9}{8}$ | 1.001 | 1.125 |
| $\frac{47}{8}$ | 101.111 | 5.875 |
| $\frac{51}{16}$ | 11.0011 | 3.1875 |

考虑二进制小数表示的一个简单方法是将一个数表示为形如 $\frac{x}{2^k}$ 的小数。我们将这个形式表示为二进制的过程是：使用 $x$ 的二进制表示，并把二进制小数点插入从右边算起的第 $k$ 个位置。举一个例子，对于 $\frac{25}{16}$，我们有 $25_{10}=11001_2$。然后我们把二进制小数点放在从右算起的第 4 位，得到 $1.1001_2$。

2.46 在大多数情况中，浮点数的有限精度不是主要的问题，因为计算的相对误差仍然是相当低的。然而在这个例子中，系统对于绝对误差是很敏感的。

A. 我们可以看到 $0.1-x$ 的二进制表示为：

$$0.000000000000000000000000001100[1100]\cdots_2$$

B. 把这个表示与 $\frac{1}{10}$ 的二进制表示进行比较，我们可以看到这就是 $2^{-20}\times\frac{1}{10}$，也就是大约 $9.54\times10^{-8}$。

C. $9.54\times10^{-8}\times100\times60\times60\times10\approx0.343$ 秒。

D. $0.343\times2000\approx687$ 米。

2.47 研究字长非常小的浮点表示能够帮助澄清 IEEE 浮点是怎样工作的。要特别注意非规格化数和规格化数之间的过渡。

| 位 | $e$ | $E$ | $2^E$ | $f$ | $M$ | $2^E \times M$ | $V$ | 十进制 |
|---|---|---|---|---|---|---|---|---|
| 0 00 00 | 0 | 0 | 1 | $\frac{0}{4}$ | $\frac{0}{4}$ | $\frac{0}{4}$ | 0 | 0.0 |
| 0 00 01 | 0 | 0 | 1 | $\frac{1}{4}$ | $\frac{1}{4}$ | $\frac{1}{4}$ | $\frac{1}{4}$ | 0.25 |
| 0 00 10 | 0 | 0 | 1 | $\frac{2}{4}$ | $\frac{2}{4}$ | $\frac{2}{4}$ | $\frac{1}{2}$ | 0.5 |
| 0 00 11 | 0 | 0 | 1 | $\frac{3}{4}$ | $\frac{3}{4}$ | $\frac{3}{4}$ | $\frac{3}{4}$ | 0.75 |
| 0 01 00 | 1 | 0 | 1 | $\frac{0}{4}$ | $\frac{4}{4}$ | $\frac{4}{4}$ | 1 | 1.0 |
| 0 01 01 | 1 | 0 | 1 | $\frac{1}{4}$ | $\frac{5}{4}$ | $\frac{5}{4}$ | $\frac{5}{4}$ | 1.25 |
| 0 01 10 | 1 | 0 | 1 | $\frac{2}{4}$ | $\frac{6}{4}$ | $\frac{6}{4}$ | $\frac{3}{2}$ | 1.5 |
| 0 01 11 | 1 | 0 | 1 | $\frac{3}{4}$ | $\frac{7}{4}$ | $\frac{7}{4}$ | $\frac{7}{4}$ | 1.75 |
| 0 10 00 | 2 | 1 | 2 | $\frac{0}{4}$ | $\frac{4}{4}$ | $\frac{8}{4}$ | 2 | 2.0 |
| 0 10 01 | 2 | 1 | 2 | $\frac{1}{4}$ | $\frac{5}{4}$ | $\frac{10}{4}$ | $\frac{5}{2}$ | 2.5 |
| 0 10 10 | 2 | 1 | 2 | $\frac{2}{4}$ | $\frac{6}{4}$ | $\frac{12}{4}$ | 3 | 3.0 |
| 0 10 11 | 2 | 1 | 2 | $\frac{3}{4}$ | $\frac{7}{4}$ | $\frac{14}{4}$ | $\frac{7}{2}$ | 3.5 |
| 0 11 00 | — | — | — | — | — | — | $\infty$ | — |
| 0 11 01 | — | — | — | — | — | — | *NaN* | — |
| 0 11 10 | — | — | — | — | — | — | *NaN* | — |
| 0 11 11 | — | — | — | — | — | — | *NaN* | — |

2.48 十六进制 0x359141 等价于二进制[1101011001000101000001]。将之右移 21 位得到 $1.101011001000101000001_2 \times 2^{21}$。除去起始位的 1 并增加 2 个 0 形成小数字段，从而得到[10101100100010100000100]。阶码是通过 21 加上偏置量 127 形成的，得到 148（二进制[10010100]）。我们把它和符号字段 0 联合起来，得到二进制表示

[01001010010101100100010100000100]

我们看到两种表示中匹配的位对应于整数的低位到最高有效位等于 1，匹配小数的高 21 位：

```
   0   0   3   5   9   1   4   1
00000000001101011001000101000001
           *********************
     4   A   5   6   4   5   0   4
  01001010010101100100010100000100
```

2.49 这个练习帮助你思考什么数不能用浮点准确表示。

A. 这个数的二进制表示是：1 后面跟着 $n$ 个 0，其后再跟 1，得到值是 $2^{n+1}+1$。

B. 当 $n=23$ 时，值是 $2^{24}+1=16\,777\,217$。

2.50 人工舍入帮助你加强二进制数舍入到偶数的概念。

| 原始值 | | 舍入后的值 | |
|---|---|---|---|
| $10.010_2$ | $2\frac{1}{4}$ | 10.0 | 2 |
| $10.011_2$ | $2\frac{3}{8}$ | 10.1 | $2\frac{1}{2}$ |
| $10.110_2$ | $2\frac{3}{4}$ | 11.0 | 3 |
| $11.001_2$ | $3\frac{1}{8}$ | 11.0 | 3 |

2.51 A. 从 1/10 的无穷序列中我们可以看到，舍入位置右边 2 位都是 1，所以对 1/10 更好一点儿的近似值应该是对 $x$ 加 1，得到 $x'=0.00011001100110011001101_2$，它比 0.1 大一点儿。

B. 我们可以看到 $x'-0.1$ 的二进制表示为：

0.000000000000000000000000[1100]

将这个值与 1/10 的二进制表示做比较，我们可以看到它等于 $2^{-22}\times 1/10$，大约等于 $2.38\times 10^{-8}$。

C. $2.38\times 10^{-8}\times 100\times 60\times 60\times 10\approx 0.086$ 秒，爱国者导弹系统中的误差是它的 4 倍。

D. $0.086\times 2000\approx 171$ 米。

2.52 这个题目考查了很多关于浮点表示的概念，包括规格化和非规格化的值的编码，以及舍入。

| 格式A | | 格式B | | 注 |
|---|---|---|---|---|
| 位 | 值 | 位 | 值 | |
| 011 0000 | 1 | 0111 000 | 1 | |
| 101 1110 | $\frac{15}{2}$ | 1001 111 | $\frac{15}{2}$ | |
| 010 1001 | $\frac{25}{32}$ | 0110 100 | $\frac{3}{4}$ | 向下舍入 |
| 110 1111 | $\frac{31}{2}$ | 1011 000 | 16 | 向上舍入 |
| 000 0001 | $\frac{1}{64}$ | 0001 000 | $\frac{1}{64}$ | 非规格化→规格化 |

2.53 一般来说，使用库宏(library macro)会比你自己写的代码更好一些。不过，这段代码似乎可以在多种机器上工作。

假设值 1e400 溢出为无穷。

```
#define POS_INFINITY 1e400
#define NEG_INFINITY (-POS_INFINITY)
#define NEG_ZERO (-1.0/POS_INFINITY)
```

2.54 这个练习可以帮助你从程序员的角度来提高研究浮点运算的能力。确信自己理解下面每一个答案。

A. `x == (int)(double) x`

真，因为 double 类型比 int 类型具有更大的精度和范围。

B. `x == (int)(float) x`

假，例如当 x 为 *TMax* 时。

C. `d == (double)(float) d`

假，例如当 d 为 1e40 时，我们在右边得到 $+\infty$。

D. `f == (float)(double) f`

真，因为 double 类型比 float 类型具有更大的精度和范围。

E. `f == -(-f)`

真，因为浮点数取非就是简单地对它的符号位取反。

F. `1.0/2 == 1/2.0`

真，在执行除法之前，分子和分母都会被转换成浮点表示。

G. `d*d>=0.0`

真，虽然它可能会溢出到 $+\infty$。

H. `(f+d)-f == d`

假，例如当 f 是 1.0e20 而 d 是 1.0 时，表达式 f+d 会舍入到 1.0e20，因此左边的表达式求值得到 0.0，而右边是 1.0。

# 第3章

CHAPTER 3

# 程序的机器级表示

计算机执行*机器代码*，用字节序列编码低级的操作，包括处理数据、管理内存、读写存储设备上的数据，以及利用网络通信。编译器基于编程语言的规则、目标机器的指令集和操作系统遵循的惯例，经过一系列的阶段生成机器代码。GCC C语言编译器以*汇编代码*的形式产生输出，汇编代码是机器代码的文本表示，给出程序中的每一条指令。然后GCC调用*汇编器*和*链接器*，根据汇编代码生成可执行的机器代码。在本章中，我们会近距离地观察机器代码，以及人类可读的表示——汇编代码。

当我们用高级语言编程的时候(例如C语言，Java语言更是如此)，机器屏蔽了程序的细节，即机器级的实现。与此相反，当用汇编代码编程的时候(就像早期的计算)，程序员必须指定程序用来执行计算的低级指令。高级语言提供的抽象级别比较高，大多数时候，在这种抽象级别上工作效率会更高，也更可靠。编译器提供的类型检查能帮助我们发现许多程序错误，并能够保证按照一致的方式来引用和处理数据。通常情况下，使用现代的优化编译器产生的代码至少与一个熟练的汇编语言程序员手工编写的代码一样有效。最大的优点是，用高级语言编写的程序可以在很多不同的机器上编译和执行，而汇编代码则是与特定机器密切相关的。

那么为什么我们还要花时间学习机器代码呢？即使编译器承担了生成汇编代码的大部分工作，对于严谨的程序员来说，能够阅读和理解汇编代码仍是一项很重要的技能。以适当的命令行选项调用编译器，编译器就会产生一个以汇编代码形式表示的输出文件。通过阅读这些汇编代码，我们能够理解编译器的优化能力，并分析代码中隐含的低效率。就像我们将在第5章中体会到的那样，试图最大化一段关键代码性能的程序员，通常会尝试源代码的各种形式，每次编译并检查产生的汇编代码，从而了解程序将要运行的效率如何。此外，也有些时候，高级语言提供的抽象层会隐藏我们想要了解的程序的运行时行为。例如，第12章会讲到，用线程包写并发程序时，了解不同的线程是如何共享程序数据或保持数据私有的，以及准确知道如何在哪里访问共享数据，都是很重要的。这些信息在机器代码级是可见的。另外再举一个例子，程序遭受攻击(使得恶意软件侵扰系统)的许多方式中，都涉及程序存储运行时控制信息的方式的细节。许多攻击利用了系统程序中的漏洞重写信息，从而获得了系统的控制权。了解这些漏洞是如何出现的，以及如何防御它们，需要具备程序机器级表示的知识。程序员学习汇编代码的需求随着时间的推移也发生了变化，开始时要求程序员能直接用汇编语言编写程序，现在则要求他们能够阅读和理解编译器产生的代码。

在本章中，我们将详细学习一种特别的汇编语言，了解如何将C程序编译成这种形式的机器代码。阅读编译器产生的汇编代码，需要具备的技能不同于手工编写汇编代码。我们必须了解典型的编译器在将C程序结构变换成机器代码时所做的转换。相对于C代码表示的计算操作，优化编译器能够重新排列执行顺序，消除不必要的计算，用快速操作替换慢速操作，甚至将递归计算变换成迭代计算。源代码与对应的汇编代码的关系通常不太容易理解——就像要拼出的拼图与盒子上图片的设计有点不太一样。这是一种*逆向工程*(reverse engineering)——通过研究系统和逆向工作，来试图了解系统的创建过程。在这里，系统是一个机器产生的汇编语言程序，而不是由人设计的某个东西。这简化了逆向工程的任务，因为产生的代码遵循比较规则的模式，而且我们可以做试验，让编译器产生许多不同程序的代码。本章提供了许多示例和大量的练习，来说明汇编语言和编译器的各个不同方面。精通细节是理解更深和更基本概念的先决条件。有人说："我理解了一般规则，不愿意劳神去学习细节！"他们实际上是在自欺欺人。花时间研究这些示例、完成练习并对照提供的答案来检查你的答案，是非常关键的。

我们的表述基于 x86-64，它是现在笔记本电脑和台式机中最常见处理器的机器语言，也是驱动大型数据中心和超级计算机的最常见处理器的机器语言。这种语言的历史悠久，开始于 Intel 公司 1978 年的第一个 16 位处理器，然后扩展为 32 位，最近又扩展到 64 位。一路以来，逐渐增加了很多特性，以更好地利用已有的半导体技术，以及满足市场需求。这些进步中很多是 Intel 自己驱动的，但它的对手 AMD(Advanced Micro Devices)也作出了重要的贡献。演化的结果是得到一个相当奇特的设计，有些特性只有从历史的观点来看才有意义，它还具有提供后向兼容性的特性，而现代编译器和操作系统早已不再使用这些特性。我们将关注 GCC 和 Linux 使用的那些特性，这样可以避免 x86-64 的大量复杂性和许多隐秘特性。

我们在技术讲解之前，先快速浏览 C 语言、汇编代码以及机器代码之间的关系。然后介绍 x86-64 的细节，从数据的表示和处理以及控制的实现开始。了解如何实现 C 语言中的控制结构，如 `if`、`while` 和 `switch` 语句。之后，我们会讲到过程的实现，包括程序如何维护一个运行栈来支持过程间数据和控制的传递，以及局部变量的存储。接着，我们会考虑在机器级如何实现像数组、结构和联合这样的数据结构。有了这些机器级编程的背景知识，我们会讨论内存访问越界的问题，以及系统容易遭受缓冲区溢出攻击的问题。在这一部分的结尾，我们会给出一些用 GDB 调试器检查机器级程序运行时行为的技巧。本章的最后展示了包含浮点数据和操作的代码的机器程序表示。

**网络旁注 ASM:IA32　IA32 编程**

IA32，x86-64 的 32 位前身，是 Intel 在 1985 年提出的。几十年来一直是 Intel 的机器语言之选。今天出售的大多数 x86 微处理器，以及这些机器上安装的大多数操作系统，都是为运行 x86-64 设计的。不过，它们也可以向后兼容执行 IA32 程序。所以，很多应用程序还是基于 IA32 的。除此之外，由于硬件或系统软件的限制，许多已有的系统不能够执行 x86-64。IA32 仍然是一种重要的机器语言。学习过 x86-64 会使你很容易地学会 IA32 机器语言。

计算机工业已经完成从 32 位到 64 位机器的过渡。32 位机器只能使用大概 4GB($2^{32}$ 字节)的随机访问存储器。存储器价格急剧下降，而我们对计算的需求和数据的大小持续增加，超越这个限制既经济上可行又有技术上的需要。当前的 64 位机器能够使用多达 256TB($2^{48}$ 字节)的内存空间，而且很容易就能扩展至 16EB($2^{64}$ 字节)。虽然很难想象一台机器需要这么大的内存，但是回想 20 世纪 70 和 80 年代，当 32 位机器开始普及的时候，4GB 的内存看上去也是超级大的。

我们的表述集中于以现代操作系统为目标，编译 C 或类似编程语言时，生成的机器级程序类型。x86-64 有一些特性是为了支持遗留下来的微处理器早期编程风格，在此，我们不试图去描述这些特性，那时候大部分代码都是手工编写的，而程序员还在努力与 16 位机器允许的有限地址空间奋战。

## 3.1　历史观点

Intel 处理器系列俗称 x86，经历了一个长期的、不断进化的发展过程。开始时，它是第一代单芯片、16位微处理器之一，由于当时集成电路技术水平十分有限，其中做了很多妥协。以后，它不断地成长，利用进步的技术满足更高性能和支持更高级操作系统的需求。

以下列举了一些Intel处理器的模型，以及它们的一些关键特性，特别是影响机器级编程的特性。我们用实现这些处理器所需要的晶体管数量来说明演变过程的复杂性。其中，“K”表示1000，“M”表示1 000 000，而“G”表示1 000 000 000。

**8086**(1978年，29K个晶体管)。它是第一代单芯片、16位微处理器之一。8088是8086的一个变种，在8086上增加了一个8位外部总线，构成最初的IBM个人计算机的心脏。IBM与当时还不强大的微软签订合同，开发MS-DOS操作系统。最初的机器型号有32 768字节的内存和两个软驱(没有硬盘驱动器)。从体系结构上来说，这些机器只有655 360字节的地址空间——地址只有20位长(可寻址范围为1 048 576字节)，而操作系统保留了393 216字节自用。1980年，Intel提出了8087浮点协处理器(45K个晶体管)，它与一个8086或8088处理器一同运行，执行浮点指令。8087建立了x86系列的浮点模型，通常被称为“x87”。

**80286**(1982年，134K个晶体管)。增加了更多的寻址模式(现在已经废弃了)，构成了IBM PC-AT个人计算机的基础，这种计算机是MS Windows最初的使用平台。

**i386**(1985年，275K个晶体管)。将体系结构扩展到32位。增加了平坦寻址模式(flat addressing model)，Linux和最近版本的Windows操作系统都是使用的这种模式。这是Intel系列中第一台全面支持Unix操作系统的机器。

**i486**(1989年，1.2M个晶体管)。改善了性能，同时将浮点单元集成到了处理器芯片上，但是指令集没有明显的改变。

**Pentium**(1993年，3.1M个晶体管)。改善了性能，不过只对指令集进行了小的扩展。

**PentiumPro**(1995年，5.5M个晶体管)。引入全新的处理器设计，在内部被称为*P6*微体系结构。指令集中增加了一类“条件传送(conditional move)”指令。

**Pentium/MMX**(1997年，4.5M个晶体管)。在Pentium处理器中增加了一类新的处理整数向量的指令。每个数据大小可以是1、2或4字节。每个向量总长64位。

**Pentium II**(1997年，7M个晶体管)。P6微体系结构的延伸。

**Pentium III**(1999年，8.2M个晶体管)。引入了SSE，这是一类处理整数或浮点数向量的指令。每个数据可以是1、2或4个字节，打包成128位的向量。由于芯片上包括了二级高速缓存，这种芯片后来的版本最多使用了24M个晶体管。

**Pentium 4**(2000年，42M个晶体管)。SSE扩展到了SSE2，增加了新的数据类型(包括双精度浮点数)，以及针对这些格式的144条新指令。有了这些扩展，编译器可以使用SSE指令(而不是x87指令)，来编译浮点代码。

**Pentium 4E**(2004年，125M个晶体管)。增加了*超线程*(hyperthreading)，这种技术可以在一个处理器上同时运行两个程序；还增加了EM64T，它是Intel对AMD提出的对IA32的64位扩展的实现，我们称之为x86-64。

**Core 2**(2006年，291M个晶体管)。回归到类似于P6的微体系结构。Intel的第一个多核微处理器，即多处理器实现在一个芯片上。但不支持超线程。

**Core i7**，Nehalem(2008年，781M个晶体管)。既支持超线程，也有多核，最初的版本支持每个核上执行两个程序，每个芯片上最多四个核。

**Core i7**，Sandy Bridge(2011年，1.17G个晶体管)。引入了AVX，这是对SSE的扩展，支持把数据封装进256位的向量。

**Core i7**，Haswell(2013年，1.4G个晶体管)。将AVX扩展至AVX2，增加了更多的

指令和指令格式。

每个后继处理器的设计都是后向兼容的——较早版本上编译的代码可以在较新的处理器上运行。正如我们看到的那样，为了保持这种进化传统，指令集中有许多非常奇怪的东西。Intel 处理器系列有好几个名字，包括 IA32，也就是“Intel 32 位体系结构(Intel Architecture 32-bit)”，以及最新的 Intel64，即 IA32 的 64 位扩展，我们也称为 x86-64。最常用的名字是“x86”，我们用它指代整个系列，也反映了直到 i486 处理器命名的惯例。

**旁注　摩尔定律(Moore's Law)**

如果我们画出各种不同的 Intel 处理器中晶体管的数量与它们出现的年份之间的图($y$ 轴为晶体管数量的对数值)，我们能够看出，增长是很显著的。画一条拟合这些数据的线，可以看到晶体管数量以每年大约 37%的速率增加，也就是说，晶体管数量每 26 个月就会翻一番。在 x86 微处理器的历史上，这种增长已经持续了好几十年。

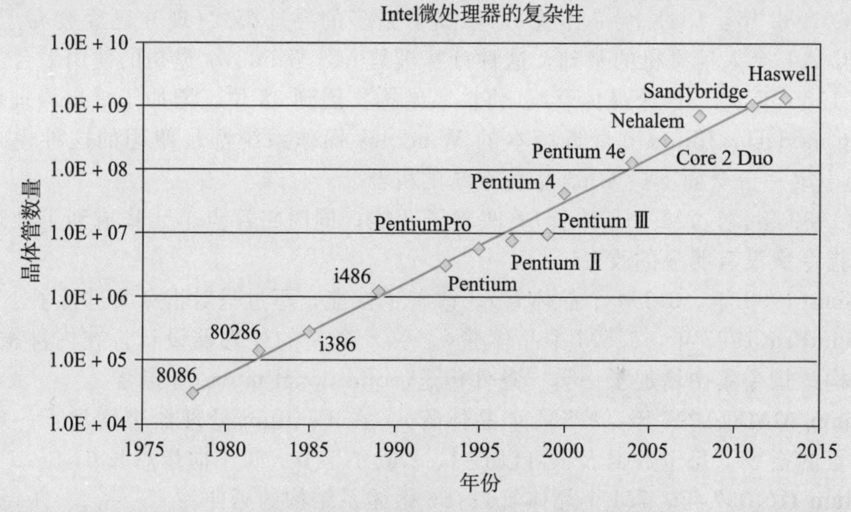


1965 年，Gordon Moore，Intel 公司的创始人，根据当时的芯片技术(那时他们能够在一个芯片上制造有大约 64 个晶体管的电路)做出推断，预测在未来 10 年，芯片上的晶体管数量每年都会翻一番。这个预测就称为摩尔定律。正如事实证明的那样，他的预测有点乐观，而且短视。在超过 50 年中，半导体工业一直能够使得晶体管数目每 18 个月翻一倍。

对计算机技术的其他方面，也有类似的呈指数增长的情况出现，比如磁盘和半导体存储器的存储容量。这些惊人的增长速度一直是计算机革命的主要驱动力。

这些年来，许多公司生产出了与 Intel 处理器兼容的处理器，能够运行完全相同的机器级程序。其中，领头的是 AMD。数年来，AMD 在技术上紧跟 Intel，执行的市场策略是：生产性能稍低但是价格更便宜的处理器。2002 年，AMD 的处理器变得更加有竞争力，它们率先突破了可商用微处理器的 1GHz 的时钟速度屏障，并且引入了广泛采用的 IA32 的 64 位扩展 x86-64。虽然我们讲的是 Intel 处理器，但是对于其竞争对手生产的与之兼容的处理器来说，这些表述也同样成立。

对于由 GCC 编译器产生的、在 Linux 操作系统平台上运行的程序，感兴趣的人大多并不关心 x86 的复杂性。最初的 8086 提供的内存模型和它在 80286 中的扩展，到 i386 的时候就都已经过时了。原来的 x87 浮点指令到引入 SSE2 以后就过时了。虽然在 x86-64 程序中，我们能看到历史发展的痕迹，但 x86 中许多最晦涩难懂的特性已经不会出现了。

## 3.2 程序编码

假设一个 C 程序，有两个文件 p1.c 和 p2.c。我们用 Unix 命令行编译这些代码：

```
linux> gcc -Og -o p p1.c p2.c
```

命令 gcc 指的就是 GCC C 编译器。因为这是 Linux 上默认的编译器，我们也可以简单地用 cc 来启动它。编译选项-Og[⊖]告诉编译器使用会生成符合原始 C 代码整体结构的机器代码的优化等级。使用较高级别优化产生的代码会严重变形，以至于产生的机器代码和初始源代码之间的关系非常难以理解。因此我们会使用-Og 优化作为学习工具，然后当我们增加优化级别时，再看会发生什么。实际中，从得到的程序的性能考虑，较高级别的优化(例如，以选项-O1 或-O2 指定)被认为是较好的选择。

实际上 gcc 命令调用了一整套的程序，将源代码转化成可执行代码。首先，C 预处理器扩展源代码，插入所有用#include 命令指定的文件，并扩展所有用#define 声明指定的宏。其次，编译器产生两个源文件的汇编代码，名字分别为 p1.s 和 p2.s。接下来，汇编器会将汇编代码转化成二进制目标代码文件 p1.o 和 p2.o。目标代码是机器代码的一种形式，它包含所有指令的二进制表示，但是还没有填入全局值的地址。最后，链接器将两个目标代码文件与实现库函数(例如 printf)的代码合并，并产生最终的可执行代码文件 p (由命令行指示符-o p 指定的)。可执行代码是我们要考虑的机器代码的第二种形式，也就是处理器执行的代码格式。我们会在第 7 章更详细地介绍这些不同形式的机器代码之间的关系以及链接的过程。

### 3.2.1 机器级代码

正如在 1.9.3 节中讲过的那样，计算机系统使用了多种不同形式的抽象，利用更简单的抽象模型来隐藏实现的细节。对于机器级编程来说，其中两种抽象尤为重要。第一种是由指令集体系结构或指令集架构(Instruction Set Architecture，ISA)来定义机器级程序的格式和行为，它定义了处理器状态、指令的格式，以及每条指令对状态的影响。大多数 ISA，包括 x86-64，将程序的行为描述成好像每条指令都是按顺序执行的，一条指令结束后，下一条再开始。处理器的硬件远比描述的精细复杂，它们并发地执行许多指令，但是可以采取措施保证整体行为与 ISA 指定的顺序执行的行为完全一致。第二种抽象是，机器级程序使用的内存地址是虚拟地址，提供的内存模型看上去是一个非常大的字节数组。存储器系统的实际实现是将多个硬件存储器和操作系统软件组合起来，这会在第 9 章中讲到。

在整个编译过程中，编译器会完成大部分的工作，将把用 C 语言提供的相对比较抽象的执行模型表示的程序转化成处理器执行的非常基本的指令。汇编代码表示非常接近于机器代码。与机器代码的二进制格式相比，汇编代码的主要特点是它用可读性更好的文本格式表示。能够理解汇编代码以及它与原始 C 代码的联系，是理解计算机如何执行程序的关键一步。

x86-64 的机器代码和原始的 C 代码差别非常大。一些通常对 C 语言程序员隐藏的处理器状态都是可见的：

- 程序计数器(通常称为“PC”，在 x86-64 中用%rip 表示)给出将要执行的下一条指令在内存中的地址。

---

⊖ GCC 版本 4.8 引入了这个优化等级。较早的 GCC 版本和其他一些非 GNU 编译器不认识这个选项。对这样一些编译器，使用一级优化(由命令行标志-O1 指定)可能是最好的选择，生成的代码能够符合原始程序的结构。

- 整数寄存器文件包含 16 个命名的位置，分别存储 64 位的值。这些寄存器可以存储地址(对应于 C 语言的指针)或整数数据。有的寄存器被用来记录某些重要的程序状态，而其他的寄存器用来保存临时数据，例如过程的参数和局部变量，以及函数的返回值。
- 条件码寄存器保存着最近执行的算术或逻辑指令的状态信息。它们用来实现控制或数据流中的条件变化，比如说用来实现 `if` 和 `while` 语句。
- 一组向量寄存器可以存放一个或多个整数或浮点数值。

虽然 C 语言提供了一种模型，可以在内存中声明和分配各种数据类型的对象，但是机器代码只是简单地将内存看成一个很大的、按字节寻址的数组。C 语言中的聚合数据类型，例如数组和结构，在机器代码中用一组连续的字节来表示。即使是对标量数据类型，汇编代码也不区分有符号或无符号整数，不区分各种类型的指针，甚至于不区分指针和整数。

程序内存包含：程序的可执行机器代码，操作系统需要的一些信息，用来管理过程调用和返回的运行时栈，以及用户分配的内存块(比如说用 `malloc` 库函数分配的)。正如前面提到的，程序内存用虚拟地址来寻址。在任意给定的时刻，只有有限的一部分虚拟地址被认为是合法的。例如，x86-64 的虚拟地址是由 64 位的字来表示的。在目前的实现中，这些地址的高 16 位必须设置为 0，所以一个地址实际上能够指定的是 $2^{48}$ 或 256TB 范围内的一个字节。较为典型的程序只会访问几兆字节或几千兆字节的数据。操作系统负责管理虚拟地址空间，将虚拟地址翻译成实际处理器内存中的物理地址。

一条机器指令只执行一个非常基本的操作。例如，将存放在寄存器中的两个数字相加，在存储器和寄存器之间传送数据，或是条件分支转移到新的指令地址。编译器必须产生这些指令的序列，从而实现(像算术表达式求值、循环或过程调用和返回这样的)程序结构。

**旁注　不断变化的生成代码的格式**

*在本书的表述中，我们给出的代码是由特定版本的 GCC 在特定的命令行选项设置下产生的。如果你在自己的机器上编译代码，很有可能用到其他的编译器或者不同版本的 GCC，因而会产生不同的代码。支持 GCC 的开源社区一直在修改代码产生器，试图根据微处理器制造商提供的不断变化的代码规则，产生更有效的代码。*

*本书示例的目标是展示如何查看汇编代码，并将它反向映射到高级编程语言中的结构。你需要将这些技术应用到你的特定的编译器产生的代码格式上。*

### 3.2.2　代码示例

假设我们写了一个 C 语言代码文件 `mstore.c`，包含如下的函数定义：

```
long mult2(long, long);

void multstore(long x, long y, long *dest) {
    long t = mult2(x, y);
    *dest = t;
}
```

在命令行上使用“-S”选项，就能看到 C 语言编译器产生的汇编代码：

```
linux> gcc -Og -S mstore.c
```

这会使 GCC 运行编译器，产生一个汇编文件 `mstore.s`，但是不做其他进一步的工作。(通常情况下，它还会继续调用汇编器产生目标代码文件)。

汇编代码文件包含各种声明，包括下面几行：

```
multstore:
  pushq   %rbx
  movq    %rdx, %rbx
  call    mult2
  movq    %rax, (%rbx)
  popq    %rbx
  ret
```

上面代码中每个缩进去的行都对应于一条机器指令。比如，pushq 指令表示应该将寄存器%rbx 的内容压入程序栈中。这段代码中已经除去了所有关于局部变量名或数据类型的信息。

如果我们使用“-c”命令行选项，GCC 会编译并汇编该代码：

```
linux> gcc -Og -c mstore.c
```

这就会产生目标代码文件 mstore.o，它是二进制格式的，所以无法直接查看。1368 字节的文件 mstore.o 中有一段 14 字节的序列，它的十六进制表示为：

```
53 48 89 d3 e8 00 00 00 00 48 89 03 5b c3
```

这就是上面列出的汇编指令对应的目标代码。从中得到一个重要信息，即机器执行的程序只是一个字节序列，它是对一系列指令的编码。机器对产生这些指令的源代码几乎一无所知。

**旁注 如何展示程序的字节表示**

要展示程序(比如说 mstore)的二进制目标代码，我们用反汇编器(后面会讲到)确定该过程的代码长度是 14 字节。然后，在文件 mstore.o 上运行 GNU 调试工具 GDB，输入命令：

```
(gdb) x/14xb multstore
```

这条命令告诉 GDB 显示(简写为‘x’)从函数 multstore 所处地址开始的 14 个十六进制格式表示(也简写为‘x’)的字节(简写为‘b’)。你会发现，GDB 有很多有用的特性可以用来分析机器级程序，我们会在 3.10.2 节中讨论。

要查看机器代码文件的内容，有一类称为反汇编器(disassembler)的程序非常有用。这些程序根据机器代码产生一种类似于汇编代码的格式。在 Linux 系统中，带‘-d’命令行标志的程序 OBJDUMP(表示“object dump”)可以充当这个角色：

```
linux> objdump -d mstore.o
```

结果如下(这里，我们在左边增加了行号，在右边增加了斜体表示的注解)：

```
    Disassembly of function multstore in binary file mstore.o
1   0000000000000000 <multstore>:
    Offset  Bytes                   Equivalent assembly language
2      0:   53                      push   %rbx
3      1:   48 89 d3                mov    %rdx,%rbx
4      4:   e8 00 00 00 00          callq  9 <multstore+0x9>
5      9:   48 89 03                mov    %rax,(%rbx)
6      c:   5b                      pop    %rbx
7      d:   c3                      retq
```

在左边，我们看到按照前面给出的字节顺序排列的 14 个十六进制字节值，它们分成了若干组，每组有 1～5 个字节。每组都是一条指令，右边是等价的汇编语言。

其中一些关于机器代码和它的反汇编表示的特性值得注意：

- x86-64 的指令长度从 1 到 15 个字节不等。常用的指令以及操作数较少的指令所需的字节数少，而那些不太常用或操作数较多的指令所需字节数较多。
- 设计指令格式的方式是，从某个给定位置开始，可以将字节唯一地解码成机器指令。例如，只有指令 pushq %rbx 是以字节值 53 开头的。
- 反汇编器只是基于机器代码文件中的字节序列来确定汇编代码。它不需要访问该程序的源代码或汇编代码。
- 反汇编器使用的指令命名规则与 GCC 生成的汇编代码使用的有些细微的差别。在我们的示例中，它省略了很多指令结尾的'q'。这些后缀是大小指示符，在大多数情况中可以省略。相反，反汇编器给 call 和 ret 指令添加了'q'后缀，同样，省略这些后缀也没有问题。

生成实际可执行的代码需要对一组目标代码文件运行链接器，而这一组目标代码文件中必须含有一个 main 函数。假设在文件 main.c 中有下面这样的函数：

```
#include <stdio.h>

void multstore(long, long, long *);

int main() {
    long d;
    multstore(2, 3, &d);
    printf("2 * 3 --> %ld\n", d);
    return 0;
}
long mult2(long a, long b) {
    long s = a * b;
    return s;
}
```

然后，我们用如下方法生成可执行文件 prog：

```
linux> gcc -Og -o prog main.c mstore.c
```

文件 prog 变成了 8 655 个字节，因为它不仅包含了两个过程的代码，还包含了用来启动和终止程序的代码，以及用来与操作系统交互的代码。我们也可以反汇编 prog 文件：

```
linux> objdump -d prog
```

反汇编器会抽取出各种代码序列，包括下面这段：

```
    Disassembly of function sum multstore binary file prog
1   0000000000400540 <multstore>:
2     400540:  53                      push   %rbx
3     400541:  48 89 d3                mov    %rdx,%rbx
4     400544:  e8 42 00 00 00          callq  40058b <mult2>
5     400549:  48 89 03                mov    %rax,(%rbx)
6     40054c:  5b                      pop    %rbx
7     40054d:  c3                      retq
8     40054e:  90                      nop
9     40054f:  90                      nop
```

这段代码与 mstore.c 反汇编产生的代码几乎完全一样。其中一个主要的区别是左边列出的地址不同——链接器将这段代码的地址移到了一段不同的地址范围中。第二个不同之处在于链接器填上了 callq 指令调用函数 mult2 需要使用的地址(反汇编代码第 4 行)。链接器的任务之一就是为函数调用找到匹配的函数的可执行代码的位置。最后一个区别是多了两行代码(第 8 和 9 行)。这两条指令对程序没有影响，因为它们出现在返回指令后面(第 7 行)。插入这些指令是为了使函数代码变为 16 字节，使得就存储器系统性能而言，能更好地放置下一个代码块。

### 3.2.3　关于格式的注解

GCC 产生的汇编代码对我们来说有点儿难读。一方面，它包含一些我们不需要关心的信息，另一方面，它不提供任何程序的描述或它是如何工作的描述。例如，假设我们用如下命令生成文件 mstore.s。

```
linux> gcc -Og -S mstore.c
```

mstore.s 的完整内容如下：

```
        .file   "010-mstore.c"
        .text
        .globl  multstore
        .type   multstore, @function
multstore:
        pushq   %rbx
        movq    %rdx, %rbx
        call    mult2
        movq    %rax, (%rbx)
        popq    %rbx
        ret
        .size   multstore, .-multstore
        .ident  "GCC: (Ubuntu 4.8.1-2ubuntu1~12.04) 4.8.1"
        .section        .note.GNU-stack,"",@progbits
```

所有以‘.’开头的行都是指导汇编器和链接器工作的伪指令。我们通常可以忽略这些行。另一方面，也没有关于指令的用途以及它们与源代码之间关系的解释说明。

为了更清楚地说明汇编代码，我们用这样一种格式来表示汇编代码，它省略了大部分伪指令，但包括行号和解释性说明。对于我们的示例，带解释的汇编代码如下：

```
    void multstore(long x, long y, long *dest)
    x in %rdi, y in %rsi, dest in %rdx
1   multstore:
2     pushq   %rbx              Save %rbx
3     movq    %rdx, %rbx        Copy dest to %rbx
4     call    mult2             Call mult2(x, y)
5     movq    %rax, (%rbx)      Store result at *dest
6     popq    %rbx              Restore %rbx
7     ret                       Return
```

通常我们只会给出与讨论内容相关的代码行。每一行的左边都有编号供引用，右边是注释，简单地描述指令的效果以及它与原始 C 语言代码中的计算操作的关系。这是一种汇编语言程序员写代码的风格。

我们还提供网络旁注，为专门的机器语言爱好者提供一些资料。一个网络旁注描述的是 IA32 机器代码。有了 x86-64 的背景，学习 IA32 会相当简单。另外一个网络旁注简要描述了在C语言中插入汇编代码的方法。对于一些应用程序，程序员必须用汇编代码来访问机器的低级特性。一种方法是用汇编代码编写整个函数，在链接阶段把它们和C函数组合起来。另一种方法是利用GCC的支持，直接在C程序中嵌入汇编代码。

**旁注　ATT与Intel汇编代码格式**

我们的表述是ATT(根据“AT&T”命名的，AT&T是运营贝尔实验室多年的公司)格式的汇编代码，这是GCC、OBJDUMP和其他一些我们使用的工具的默认格式。其他一些编程工具，包括Microsoft的工具，以及来自Intel的文档，其汇编代码都是Intel格式的。这两种格式在许多方面有所不同。例如，使用下述命令行，GCC可以产生multstore函数的Intel格式的代码：

```
linux> gcc -Og -S -masm=intel mstore.c
```

这个命令得到下列汇编代码：

```
multstore:
  push    rbx
  mov     rbx, rdx
  call    mult2
  mov     QWORD PTR [rbx], rax
  pop     rbx
  ret
```

我们看到Intel和ATT格式在如下方面有所不同：

- Intel代码省略了指示大小的后缀。我们看到指令push和mov，而不是pushq和movq。
- Intel代码省略了寄存器名字前面的‘%’符号，用的是rbx，而不是%rbx。
- Intel代码用不同的方式来描述内存中的位置，例如是‘QWORD PTR [rbx]’而不是‘(%rbx)’。
- 在带有多个操作数的指令情况下，列出操作数的顺序相反。当在两种格式之间进行转换的时候，这一点非常令人困惑。

虽然在我们的表述中不使用Intel格式，但是在来自Intel和Microsoft的文档中，你会遇到它。

**网络旁注 ASM:EASM　把C程序和汇编代码结合起来**

虽然C编译器在把程序中表达的计算转换到机器代码方面表现出色，但是仍然有一些机器特性是C程序访问不到的。例如，每次x86-64处理器执行算术或逻辑运算时，如果得到的运算结果的低8位中有偶数个1，那么就会把一个名为PF的1位条件码(condition code)标志设置为1，否则就设置为0。这里的PF表示“parity flag(奇偶标志)”。在C语言中计算这个信息需要至少7次移位、掩码和异或运算(参见习题2.65)。即使作为每次算术或逻辑运算的一部分，硬件都完成了这项计算，而C程序却无法知道PF条件码标志的值。在程序中插入几条汇编代码指令就能很容易地完成这项任务。

在C程序中插入汇编代码有两种方法。第一种是，我们可以编写完整的函数，放进一个独立的汇编代码文件中，让汇编器和链接器把它和用C语言书写的代码合并起来。第二种方法是，我们可以使用GCC的内联汇编(inline assembly)特性，用asm伪指令可以在C程序中包含简短的汇编代码。这种方法的好处是减少了与机器相关的代码量。

当然，在C程序中包含汇编代码使得这些代码与某类特殊的机器相关(例如 x86-64)，所以只应该在想要的特性只能以此种方式才能访问到时才使用它。

## 3.3 数据格式

由于是从 16 位体系结构扩展成 32 位的，Intel 用术语“字(word)”表示 16 位数据类型。因此，称 32 位数为“双字(double words)”，称 64 位数为“四字(quad words)”。图 3-1 给出了 C 语言基本数据类型对应的 x86-64 表示。标准 `int` 值存储为双字(32 位)。指针(在此用 `char *` 表示)存储为 8 字节的四字，64 位机器本来就预期如此。x86-64 中，数据类型 `long` 实现为 64 位，允许表示的值范围较大。本章代码示例中的大部分都使用了指针和 `long` 数据类型，所以都是四字操作。x86-64 指令集同样包括完整的针对字节、字和双字的指令。

| C 声明 | Intel 数据类型 | 汇编代码后缀 | 大小(字节) |
|---|---|---|---|
| char | 字节 | b | 1 |
| short | 字 | w | 2 |
| int | 双字 | l | 4 |
| long | 四字 | q | 8 |
| char* | 四字 | q | 8 |
| float | 单精度 | s | 4 |
| double | 双精度 | l | 8 |

图 3-1 C 语言数据类型在 x86-64 中的大小。在 64 位机器中，指针长 8 字节

浮点数主要有两种形式：单精度(4 字节)值，对应于 C 语言数据类型 `float`；双精度(8 字节)值，对应于 C 语言数据类型 `double`。x86 家族的微处理器历史上实现过对一种特殊的 80 位(10 字节)浮点格式进行全套的浮点运算(参见家庭作业 2.86)。可以在 C 程序中用声明 `long double` 来指定这种格式。不过我们不建议使用这种格式。它不能移植到其他类型的机器上，而且实现的硬件也不如单精度和双精度算术运算的高效。

如图所示，大多数 GCC 生成的汇编代码指令都有一个字符的后缀，表明操作数的大小。例如，数据传送指令有四个变种：`movb`(传送字节)、`movw`(传送字)、`movl`(传送双字)和 `movq`(传送四字)。后缀‘`l`’用来表示双字，因为 32 位数被看成是“长字(`long word`)”。注意，汇编代码也使用后缀‘`l`’来表示 4 字节整数和 8 字节双精度浮点数。这不会产生歧义，因为浮点数使用的是一组完全不同的指令和寄存器。

## 3.4 访问信息

一个 x86-64 的中央处理单元(CPU)包含一组 16 个存储 64 位值的通用目的寄存器。这些寄存器用来存储整数数据和指针。图 3-2 显示了这 16 个寄存器。它们的名字都以 `%r` 开头，不过后面还跟着一些不同的命名规则的名字，这是由于指令集历史演化造成的。最初的 8086 中有 8 个 16 位的寄存器，即图 3-2 中的 `%ax` 到 `%sp`。每个寄存器都有特殊的用途，它们的名字就反映了这些不同的用途。扩展到 IA32 架构时，这些寄存器也扩展成 32 位寄存器，标号从 `%eax` 到 `%esp`。扩展到 x86-64 后，原来的 8 个寄存器扩展成 64 位，标号从 `%rax` 到 `%rsp`。除此之外，还增加了 8 个新的寄存器，它们的标号是按照新的命名规则制定的：从 `%r8` 到 `%r15`。

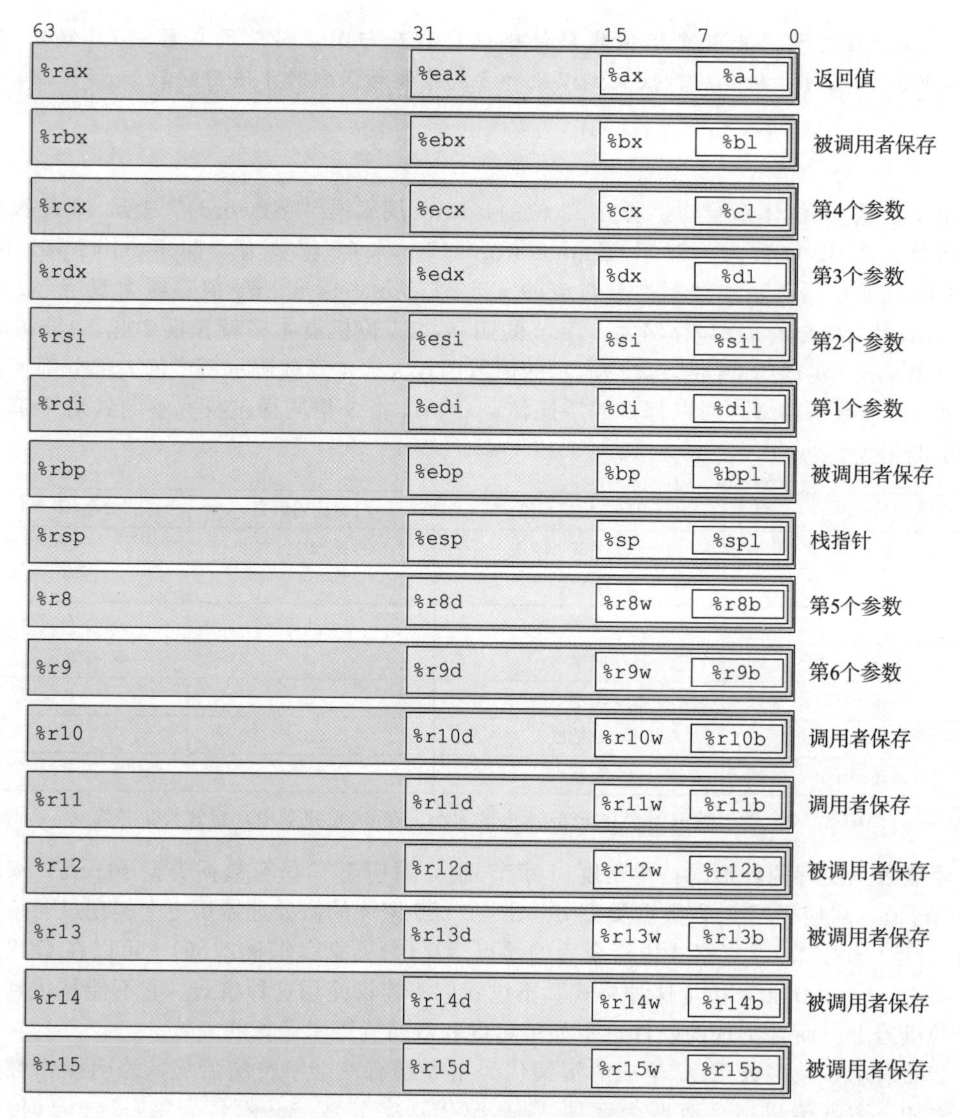


图 3-2 整数寄存器。所有 16 个寄存器的低位部分都可以作为字节、字(16 位)、双字(32 位)和四字(64 位)数字来访问

如图 3-2 中嵌套的方框标明的，指令可以对这 16 个寄存器的低位字节中存放的不同大小的数据进行操作。字节级操作可以访问最低的字节，16 位操作可以访问最低的 2 个字节，32 位操作可以访问最低的 4 个字节，而 64 位操作可以访问整个寄存器。

在后面的章节中，我们会展现很多指令，复制和生成 1 字节、2 字节、4 字节和 8 字节值。当这些指令以寄存器作为目标时，对于生成小于 8 字节结果的指令，寄存器中剩下的字节会怎么样，对此有两条规则：生成 1 字节和 2 字节数字的指令会保持剩下的字节不变；生成 4 字节数字的指令会把高位 4 个字节置为 0。后面这条规则是作为从 IA32 到 x86-64 的扩展的一部分而采用的。

就像图 3-2 右边的解释说明的那样，在常见的程序里不同的寄存器扮演不同的角色。其中最特别的是栈指针 %rsp，用来指明运行时栈的结束位置。有些指令会明确地读写这个寄存器。另外 15 个寄存器的用法更灵活。少量指令会使用某些特定的寄存器。更重要的是，有一组标准的编程规范控制着如何使用寄存器来管理栈、传递函数参数、从函数的返回值，以及存储局部和临时数据。我们会在描述过程的实现时(特别是在 3.7 节中)，讲述这些惯例。

### 3.4.1　操作数指示符

大多数指令有一个或多个操作数(operand)，指示出执行一个操作中要使用的源数据值，以及放置结果的目的位置。x86-64 支持多种操作数格式(参见图 3-3)。源数据值可以以常数形式给出，或是从寄存器或内存中读出。结果可以存放在寄存器或内存中。因此，各种不同的操作数的可能性被分为三种类型。第一种类型是*立即数*(immediate)，用来表示常数值。在 ATT 格式的汇编代码中，立即数的书写方式是‘$’后面跟一个用标准 C 表示法表示的整数，比如，`$-577` 或 `$0x1F`。不同的指令允许的立即数值范围不同，汇编器会自动选择最紧凑的方式进行数值编码。第二种类型是*寄存器*(register)，它表示某个寄存器的内容，16 个寄存器的低位 1 字节、2 字节、4 字节或 8 字节中的一个作为操作数，这些字节数分别对应于 8 位、16 位、32 位或 64 位。在图 3-3 中，我们用符号 $r_a$ 来表示任意寄存器 $a$，用引用 $R[r_a]$ 来表示它的值，这是将寄存器集合看成一个数组 R，用寄存器标识符作为索引。

第三类操作数是*内存引用*，它会根据计算出来的地址(通常称为*有效地址*)访问某个内存位置。因为将内存看成一个很大的字节数组，我们用符号 $M_b[Addr]$ 表示对存储在内存中从地址 $Addr$ 开始的 $b$ 个字节值的引用。为了简便，我们通常省去下标 $b$。

如图 3-3 所示，有多种不同的*寻址模式*，允许不同形式的内存引用。表中底部用语法 $Imm(r_b, r_i, s)$ 表示的是最常用的形式。这样的引用有四个组成部分：一个立即数偏移 $Imm$，一个基址寄存器 $r_b$，一个变址寄存器 $r_i$ 和一个比例因子 $s$，这里 $s$ 必须是 1、2、4 或者 8。基址和变址寄存器都必须是 64 位寄存器。有效地址被计算为 $Imm+R[r_b]+R[r_i]\cdot s$。引用数组元素时，会用到这种通用形式。其他形式都是这种通用形式的特殊情况，只是省略了某些部分。正如我们将看到的，当引用数组和结构元素时，比较复杂的寻址模式是很有用的。

| 类型 | 格式 | 操作数值 | 名称 |
|---|---|---|---|
| 立即数 | $\$Imm$ | $Imm$ | 立即数寻址 |
| 寄存器 | $r_a$ | $R[r_a]$ | 寄存器寻址 |
| 存储器 | $Imm$ | $M[Imm]$ | 绝对寻址 |
| 存储器 | $(r_a)$ | $M[R[r_a]]$ | 间接寻址 |
| 存储器 | $Imm(r_b)$ | $M[Imm+R[r_b]]$ | (基址 + 偏移量) 寻址 |
| 存储器 | $(r_b, r_i)$ | $M[R[r_b]+R[r_i]]$ | 变址寻址 |
| 存储器 | $Imm(r_b, r_i)$ | $M[Imm+R[r_b]+R[r_i]]$ | 变址寻址 |
| 存储器 | $(,r_i, s)$ | $M[R[r_i]\cdot s]$ | 比例变址寻址 |
| 存储器 | $Imm(,r_i,s)$ | $M[Imm+R[r_i]\cdot s]$ | 比例变址寻址 |
| 存储器 | $(r_b, r_i, s)$ | $M[R[r_b]+R[r_i]\cdot s]$ | 比例变址寻址 |
| 存储器 | $Imm(r_b, r_i, s)$ | $M[Imm+R[r_b]+R[r_i]\cdot s]$ | 比例变址寻址 |

图 3-3　操作数格式。操作数可以表示立即数(常数)值、寄存器值或是来自内存的值。比例因子 $s$ 必须是 1、2、4 或者 8

**练习题 3.1**　假设下面的值存放在指明的内存地址和寄存器中：

| 地址 | 值 |
|---|---|
| 0x100 | 0xFF |
| 0x104 | 0xAB |
| 0x108 | 0x13 |
| 0x10C | 0x11 |

| 寄存器 | 值 |
|---|---|
| %rax | 0x100 |
| %rcx | 0x1 |
| %rdx | 0x3 |

填写下表，给出所示操作数的值：

| 操作数 | 值 |
|---|---|
| %rax | |
| 0x104 | |
| $0x108 | |
| (%rax) | |
| 4(%rax) | |
| 9(%rax,%rdx) | |
| 260(%rcx,%rdx) | |
| 0xFC(,%rcx,4) | |
| (%rax,%rdx,4) | |

### 3.4.2　数据传送指令

最频繁使用的指令是将数据从一个位置复制到另一个位置的指令。操作数表示的通用性使得一条简单的数据传送指令能够完成在许多机器中要好几条不同指令才能完成的功能。我们会介绍多种不同的数据传送指令，它们或者源和目的类型不同，或者执行的转换不同，或者具有的一些副作用不同。在我们的讲述中，把许多不同的指令划分成**指令类**，每一类中的指令执行相同的操作，只不过操作数大小不同。

图 3-4 列出的是最简单形式的数据传送指令——MOV 类。这些指令把数据从源位置复制到目的位置，不做任何变化。MOV 类由四条指令组成：movb、movw、movl 和 movq。这些指令都执行同样的操作；主要区别在于它们操作的数据大小不同：分别是 1、2、4 和 8 字节。

| 指令 | | 效果 | 描述 |
|---|---|---|---|
| MOV | *S*，*D* | *D*←*S* | 传送 |
| movb | | | 传送字节 |
| movw | | | 传送字 |
| movl | | | 传送双字 |
| movq | | | 传送四字 |
| movabsq | *I*，*R* | *R*←*I* | 传送绝对的四字 |

图 3-4　简单的数据传送指令

源操作数指定的值是一个立即数，存储在寄存器中或者内存中。目的操作数指定一个位置，要么是一个寄存器，要么是一个内存地址。x86-64 加了一条限制，传送指令的两个操作数不能都指向内存位置。将一个值从一个内存位置复制到另一个内存位置需要两条指令——第一条指令将源值加载到寄存器中，第二条将该寄存器值写入目的位置。参考图 3-2，这些指令的寄存器操作数可以是 16 个寄存器有标号部分中的任意一个，寄存器部分的大小必须与指令最后一个字符（‘b’，‘w’，‘l’或‘q’）指定的大小匹配。大多数情况中，MOV 指令只会更新目的操作数指定的那些寄存器字节或内存位置。唯一的例外是 movl 指令以寄存器作为目的时，它会把该寄存器的高位 4 字节设置为 0。造成这个例外的原因是 x86-64 采用的惯例，即任何为寄存器生成 32 位值的指令都会把该寄存器的高位部分置成 0。

下面的 MOV 指令示例给出了源和目的类型的五种可能的组合。记住，第一个是源操作数，第二个是目的操作数：

```
1    movl $0x4050,%eax          Immediate--Register, 4 bytes
2    movw %bp,%sp               Register--Register,  2 bytes
3    movb (%rdi,%rcx),%al       Memory--Register,    1 byte
4    movb $-17,(%rsp)           Immediate--Memory,   1 byte
5    movq %rax,-12(%rbp)        Register--Memory,    8 bytes
```

图 3-4 中记录的最后一条指令是处理 64 位立即数数据的。常规的 movq 指令只能以表示为 32 位补码数字的立即数作为源操作数，然后把这个值符号扩展得到 64 位的值，放到目的位置。movabsq 指令能够以任意 64 位立即数值作为源操作数，并且只能以寄存器作为目的。

图 3-5 和图 3-6 记录的是两类数据移动指令，在将较小的源值复制到较大的目的时使用。所有这些指令都把数据从源（在寄存器或内存中）复制到目的寄存器。MOVZ 类中的指令把目的中剩余的字节填充为 0，而 MOVS 类中的指令通过符号扩展来填充，把源操作的最高位进行复制。可以观察到，每条指令名字的最后两个字符都是大小指示符：第一个字符指定源的大小，而第二个指明目的的大小。正如看到的那样，这两个类中每个都有三条指令，包括了所有的源大小为 1 个和 2 个字节、目的大小为 2 个和 4 个的情况，当然只考虑目的大于源的情况。

| 指令 | 效果 | 描述 |
| --- | --- | --- |
| MOVZ　　*S*，*R* | *R*←零扩展(*S*) | 以零扩展进行传送 |
| movzbw | | 将做了零扩展的字节传送到字 |
| movzbl | | 将做了零扩展的字节传送到双字 |
| movzwl | | 将做了零扩展的字传送到双字 |
| movzbq | | 将做了零扩展的字节传送到四字 |
| movzwq | | 将做了零扩展的字传送到四字 |

图 3-5　零扩展数据传送指令。这些指令以寄存器或内存地址作为源，以寄存器作为目的

| 指令 | 效果 | 描述 |
| --- | --- | --- |
| MOVS　　*S*，*R* | *R*←符号扩展(*S*) | 传送符号扩展的字节 |
| movsbw | | 将做了符号扩展的字节传送到字 |
| movsbl | | 将做了符号扩展的字节传送到双字 |
| movswl | | 将做了符号扩展的字传送到双字 |
| movsbq | | 将做了符号扩展的字节传送到四字 |
| movswq | | 将做了符号扩展的字传送到四字 |
| movslq | | 将做了符号扩展的双字传送到四字 |
| cltq | %rax ←符号扩展(%eax) | 把%eax 符号扩展到%rax |

图 3-6　符号扩展数据传送指令。MOVS 指令以寄存器或内存地址作为源，以寄存器作为目的。cltq 指令只作用于寄存器%eax 和%rax

**旁注　理解数据传送如何改变目的寄存器**

正如我们描述的那样，关于数据传送指令是否以及如何修改目的寄存器的高位字节有两种不同的方法。下面这段代码序列会说明其差别：

```
1    movabsq $0x0011223344556677, %rax    %rax = 0011223344556677
2    movb    $-1, %al                     %rax = 00112233445566FF
3    movw    $-1, %ax                     %rax = 001122334455FFFF
4    movl    $-1, %eax                    %rax = 00000000FFFFFFFF
5    movq    $-1, %rax                    %rax = FFFFFFFFFFFFFFFF
```

在接下来的讨论中，我们使用十六进制表示。在这个例子中，第1行的指令把寄存器%rax初始化为位模式0011223344556677。剩下的指令的源操作数值是立即数值−1。回想−1的十六进制表示形如FF⋯F，这里F的数量是表述中字节数量的两倍。因此movb指令(第2行)把%rax的低位字节设置为FF，而movw指令(第3行)把低2位字节设置为FFFF，剩下的字节保持不变。movl指令(第4行)将低4个字节设置为FFFFFFFF，同时把高位4字节设置为00000000。最后movq指令(第5行)把整个寄存器设置为FFFFFFFFFFFFFFFF。

注意图3-5中并没有一条明确的指令把4字节源值零扩展到8字节目的。这样的指令逻辑上应该被命名为movzlq，但是并没有这样的指令。不过，这样的数据传送可以用以寄存器为目的的movl指令来实现。这一技术利用的属性是，生成4字节值并以寄存器作为目的的指令会把高4字节置为0。对于64位的目标，所有三种源类型都有对应的符号扩展传送，而只有两种较小的源类型有零扩展传送。

图3-6还给出cltq指令。这条指令没有操作数：它总是以寄存器%eax作为源，%rax作为符号扩展结果的目的。它的效果与指令movslq %eax,%rax完全一致，不过编码更紧凑。

**练习题3.2**　对于下面汇编代码的每一行，根据操作数，确定适当的指令后缀。(例如，mov可以被重写成movb、movw、movl或者movq。)

```
mov__    %eax, (%rsp)
mov__    (%rax), %dx
mov__    $0xFF, %bl
mov__    (%rsp,%rdx,4), %dl
mov__    (%rdx), %rax
mov__    %dx, (%rax)
```

**旁注　字节传送指令比较**

下面这个示例说明了不同的数据传送指令如何改变或者不改变目的的高位字节。仔细观察可以发现，三个字节传送指令movb、movsbq和movzbq之间有细微的差别。示例如下：

```
1    movabsq $0x0011223344556677, %rax    %rax = 0011223344556677
2    movb    $0xAA, %dl                   %dl  = AA
3    movb %dl,%al                         %rax = 00112233445566AA
4    movsbq %dl,%rax                      %rax = FFFFFFFFFFFFFFAA
5    movzbq %dl,%rax                      %rax = 00000000000000AA
```

在下面的讨论中，所有的值都使用十六进制表示。代码的头2行将寄存器%rax和%dl分别初始化为0011223344556677和AA。剩下的指令都是将%rdx的低位字节复制到%rax的低位字节。movb指令(第3行)不改变其他字节。根据源字节的最高位，movsbq指令(第4行)将其他7个字节设为全1或全0。由于十六进制A表示二进制值1010，符号扩展会把高位字节都设置为FF。movzbq指令(第5行)总是将其他7个字节全都设置为0。

**练习题 3.3** 当我们调用汇编器的时候，下面代码的每一行都会产生一个错误消息。解释每一行都是哪里出了错。

```
movb $0xF, (%ebx)
movl %rax, (%rsp)
movw (%rax),4(%rsp)
movb %al,%sl
movq %rax,$0x123
movl %eax,%rdx
movb %si, 8(%rbp)
```

### 3.4.3 数据传送示例

作为一个使用数据传送指令的代码示例，考虑图 3-7 中所示的数据交换函数，既有 C 代码，也有 GCC 产生的汇编代码。

```
long exchange(long *xp, long y)
{
    long x = *xp;
    *xp = y;
    return x;
}
```

a）C语言代码

```
    long exchange(long *xp, long y)
    xp in %rdi, y in %rsi
1   exchange:
2     movq    (%rdi), %rax      Get x at xp. Set as return value.
3     movq    %rsi, (%rdi)      Store y at xp.
4     ret                       Return.
```

b）汇编代码

图 3-7 exchange 函数的 C 语言和汇编代码。寄存器%rdi 和%rsi 分别存放参数 xp 和 y

如图 3-7b 所示，函数 exchange 由三条指令实现：两个数据传送(movq)，加上一条返回函数被调用点的指令(ret)。我们会在 3.7 节中讲述函数调用和返回的细节。在此之前，知道参数通过寄存器传递给函数就足够了。我们对汇编代码添加注释来加以说明。函数通过把值存储在寄存器%rax 或该寄存器的某个低位部分中返回。

当过程开始执行时，过程参数 xp 和 y 分别存储在寄存器%rdi 和%rsi 中。然后，指令 2 从内存中读出 x，把它存放到寄存器%rax 中，直接实现了 C 程序中的操作 x=*xp。稍后，用寄存器%rax 从这个函数返回一个值，因而返回值就是 x。指令 3 将 y 写入到寄存器%rdi 中的 xp 指向的内存位置，直接实现了操作*xp=y。这个例子说明了如何用 MOV 指令从内存中读值到寄存器(第 2 行)，如何从寄存器写到内存(第 3 行)。

关于这段汇编代码有两点值得注意。首先，我们看到 C 语言中所谓的“指针”其实就是地址。间接引用指针就是将该指针放在一个寄存器中，然后在内存引用中使用这个寄存器。其次，像 x 这样的局部变量通常是保存在寄存器中，而不是内存中。访问寄存器比访问内存要快得多。

**练习题 3.4**　假设变量 sp 和 dp 被声明为类型

```
src_t  *sp;
dest_t *dp;
```

这里 src_t 和 dest_t 是用 typedef 声明的数据类型。我们想使用适当的数据传送指令来实现下面的操作

```
*dp = (dest_t) *sp;
```

假设 sp 和 dp 的值分别存储在寄存器%rdi 和%rsi 中。对于表中的每个表项，给出实现指定数据传送的两条指令。其中第一条指令应该从内存中读数，做适当的转换，并设置寄存器%rax 的适当部分。然后，第二条指令要把%rax 的适当部分写到内存。在这两种情况中，寄存器的部分可以是%rax、%eax、%ax 或%al，两者可以互不相同。

记住，当执行强制类型转换既涉及大小变化又涉及 C 语言中符号变化时，操作应该先改变大小(2.2.6 节)。

| src_t | dest_t | 指令 |
|---|---|---|
| long | long | movq (%rdi), %rax<br>movq %rax, (%rsi) |
| char | int | ________<br>________ |
| char | unsigned | ________<br>________ |
| unsigned char | long | ________<br>________ |
| int | char | ________<br>________ |
| unsigned | unsigned char | ________<br>________ |
| char | short | ________<br>________ |

**给 C 语言初学者　指针的一些示例**

函数 exchange(图 3-7a)提供了一个关于 C 语言中指针使用的很好说明。参数 xp 是一个指向 long 类型的整数的指针，而 y 是一个 long 类型的整数。语句

```
long x = *xp;
```

表示我们将读存储在 xp 所指位置中的值，并将它存放到名字为 x 的局部变量中。这个读操作称为指针的间接引用(pointer dereferencing)，C 操作符*执行指针的间接引用。

语句

```
*xp = y;
```

正好相反——它将参数 y 的值写到 xp 所指的位置。这也是指针间接引用的一种形式(所以有操作符*)，但是它表明的是一个写操作，因为它在赋值语句的左边。

下面是调用 exchange 的一个实际例子：

```
long a = 4;
long b = exchange(&a, 3);
printf("a = %ld, b = %ld\n", a, b);
```

这段代码会打印出：

```
a = 3, b = 4
```

C 操作符 &(称为“取址”操作符)创建一个指针，在本例中，该指针指向保存局部变量 a 的位置。然后，函数 exchange 将用 3 覆盖存储在 a 中的值，但是返回原来的值 4 作为函数的值。注意如何将指针传递给 exchange，它能修改存在某个远处位置的数据。

练习题 3.5 已知信息如下。将一个原型为

```
void decode1(long *xp, long *yp, long *zp);
```

的函数编译成汇编代码，得到如下代码：

```
  void decode1(long *xp, long *yp, long *zp)
  xp in %rdi, yp in %rsi, zp in %rdx
decode1:
  movq    (%rdi), %r8
  movq    (%rsi), %rcx
  movq    (%rdx), %rax
  movq    %r8, (%rsi)
  movq    %rcx, (%rdx)
  movq    %rax, (%rdi)
  ret
```

参数 xp、yp 和 zp 分别存储在对应的寄存器 %rdi、%rsi 和 %rdx 中。

请写出等效于上面汇编代码的 decode1 的 C 代码。

### 3.4.4 压入和弹出栈数据

最后两个数据传送操作可以将数据压入程序栈中，以及从程序栈中弹出数据，如图 3-8 所示。正如我们将看到的，栈在处理过程调用中起到至关重要的作用。栈是一种数据结构，可以添加或者删除值，不过要遵循“后进先出”的原则。通过 push 操作把数据压入栈中，通过 pop 操作删除数据；它具有一个属性：弹出的值永远是最近被压入而且仍然在栈中的值。栈可以实现为一个数组，总是从数组的一端插入和删除元素。这一端被称为栈顶。在 x86-64 中，程序栈存放在内存中某个区域。如图 3-9 所示，栈向下增长，这样一来，栈顶元素的地址是所有栈中元素地址中最低的。(根据惯例，我们的栈是倒过来画的，栈“顶”在图的底部。)栈指针 %rsp 保存着栈顶元素的地址。

| 指令 | 效果 | 描述 |
|---|---|---|
| pushq $S$ | R[%rsp]←R[%rsp]−8;<br>M[R[%rsp]]←$S$ | 将四字压入栈 |
| popq $D$ | $D$←M[R[%rsp]];<br>R[%rsp]←R[%rsp]+8 | 将四字弹出栈 |

图 3-8 入栈和出栈指令

pushq 指令的功能是把数据压入到栈上，而 popq 指令是弹出数据。这些指令都只有一个操作数——压入的数据源和弹出的数据目的。

将一个四字值压入栈中，首先要将栈指针减 8，然后将值写到新的栈顶地址。因此，指令 pushq %rbp 的行为等价于下面两条指令：

```
subq $8,%rsp            Decrement stack pointer
movq %rbp,(%rsp)        Store %rbp on stack
```

它们之间的区别是在机器代码中 pushq 指令编码为 1 个字节，而上面那两条指令一共需要 8 个字节。图 3-9 中前两栏给出的是，当%rsp 为 0x108，%rax 为 0x123 时，执行指令 pushq %rax 的效果。首先%rsp 会减 8，得到 0x100，然后会将 0x123 存放到内存地址 0x100 处。

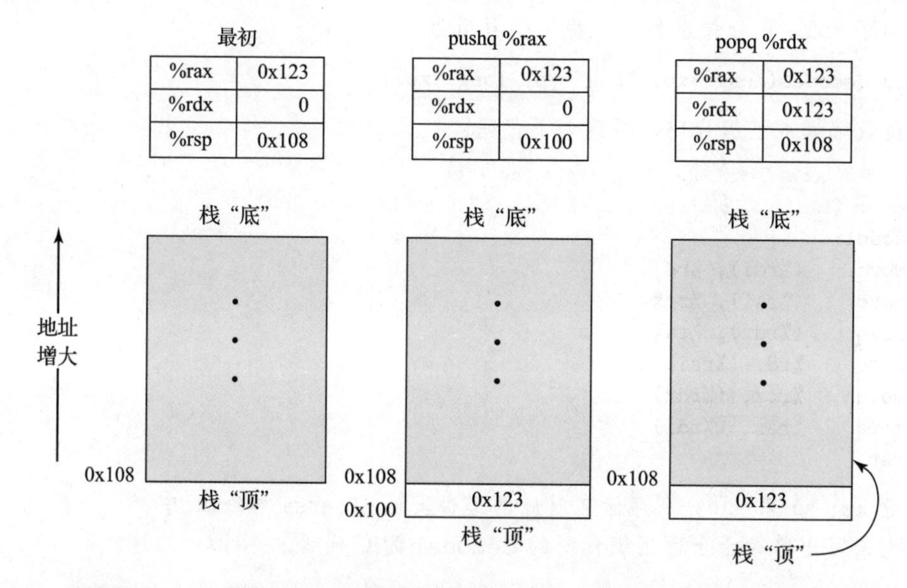


图 3-9　栈操作说明。根据惯例，我们的栈是倒过来画的，因而栈“顶”在底部。x86-64 中，栈向低地址方向增长，所以压栈是减小栈指针（寄存器%rsp）的值，并将数据存放到内存中，而出栈是从内存中读数据，并增加栈指针的值

弹出一个四字的操作包括从栈顶位置读出数据，然后将栈指针加 8。因此，指令 popq %rax 等价于下面两条指令：

```
movq (%rsp),%rax        Read %rax from stack
addq $8,%rsp            Increment stack pointer
```

图 3-9 的第三栏说明的是在执行完 pushq 后立即执行指令 popq %rdx 的效果。先从内存中读出值 0x123，再写到寄存器%rdx 中，然后，寄存器%rsp 的值将增加回到 0x108。如图中所示，值 0x123 仍然会保持在内存位置 0x100 中，直到被覆盖（例如被另一条入栈操作覆盖）。无论如何，%rsp 指向的地址总是栈顶。

因为栈和程序代码以及其他形式的程序数据都是放在同一内存中，所以程序可以用标准的内存寻址方法访问栈内的任意位置。例如，假设栈顶元素是四字，指令 movq 8(%rsp),%rdx 会将第二个四字从栈中复制到寄存器%rdx。

## 3.5　算术和逻辑操作

图 3-10 列出了 x86-64 的一些整数和逻辑操作。大多数操作都分成了指令类，这些指令类有各种带不同大小操作数的变种（只有 leaq 没有其他大小的变种）。例如，指令类 ADD 由四条加法指令组成：addb、addw、addl 和 addq，分别是字节加法、字加法、双字加法和四字加法。事实上，给出的每个指令类都有对这四种不同大小数据的指令。这些

操作被分为四组：加载有效地址、一元操作、二元操作和移位。二元操作有两个操作数，而一元操作有一个操作数。这些操作数的描述方法与 3.4 节中所讲的一样。

| 指令 | | 效果 | 描述 |
|---|---|---|---|
| leaq | $S, D$ | $D \leftarrow \&S$ | 加载有效地址 |
| INC | $D$ | $D \leftarrow D+1$ | 加1 |
| DEC | $D$ | $D \leftarrow D-1$ | 减1 |
| NEG | $D$ | $D \leftarrow -D$ | 取负 |
| NOT | $D$ | $D \leftarrow \sim D$ | 取反 |
| ADD | $S, D$ | $D \leftarrow D+S$ | 加 |
| SUB | $S, D$ | $D \leftarrow D-S$ | 减 |
| IMUL | $S, D$ | $D \leftarrow D*S$ | 乘 |
| XOR | $S, D$ | $D \leftarrow D \hat{} S$ | 异或 |
| OR | $S, D$ | $D \leftarrow D \mid S$ | 或 |
| AND | $S, D$ | $D \leftarrow D \& S$ | 与 |
| SAL | $k, D$ | $D \leftarrow D << k$ | 左移 |
| SHL | $k, D$ | $D \leftarrow D << k$ | 左移（等同于SAL） |
| SAR | $k, D$ | $D \leftarrow D >>_A k$ | 算术右移 |
| SHR | $k, D$ | $D \leftarrow D >>_L k$ | 逻辑右移 |

图 3-10　整数算术操作。加载有效地址(leaq)指令通常用来执行简单的算术操作。其余的指令是更加标准的一元或二元操作。我们用$>>_A$和$>>_L$来分别表示算术右移和逻辑右移。注意，ATT 格式的汇编代码中操作数的顺序与一般的直觉相反

### 3.5.1　加载有效地址

*加载有效地址*(load effective address)指令 leaq 实际上是 movq 指令的变形。它的指令形式是从内存读数据到寄存器，但实际上它根本就没有引用内存。它的第一个操作数看上去是一个内存引用，但该指令并不是从指定的位置读入数据，而是将有效地址写入到目的操作数。在图 3-10 中我们用 C 语言的地址操作符 &S 说明这种计算。这条指令可以为后面的内存引用产生指针。另外，它还可以简洁地描述普通的算术操作。例如，如果寄存器%rdx 的值为 x，那么指令 leaq 7(%rdx,%rdx,4),%rax 将设置寄存器%rax 的值为 $5x+7$。编译器经常发现 leaq 的一些灵活用法，根本就与有效地址计算无关。目的操作数必须是一个寄存器。

为了说明 leaq 在编译出的代码中的使用，看看下面这个 C 程序：

```
long scale(long x, long y, long z) {
    long t = x + 4 * y + 12 * z;
    return t;
}
```

编译时，该函数的算术运算以三条 leaq 指令实现，就像右边注释说明的那样：

```
  long scale(long x, long y, long z)
  x in %rdi, y in %rsi, z in %rdx
scale:
  leaq    (%rdi,%rsi,4), %rax     x + 4*y
  leaq    (%rdx,%rdx,2), %rdx     z + 2*z = 3*z
  leaq    (%rax,%rdx,4), %rax     (x+4*y) + 4*(3*z) = x + 4*y + 12*z
  ret
```

leaq 指令能执行加法和有限形式的乘法，在编译如上简单的算术表达式时，是很有用处的。

练习题 3.6　假设寄存器 %rax 的值为 x，%rcx 的值为 y。填写下表，指明下面每条汇编代码指令存储在寄存器 %rdx 中的值：

| 表达式 | 结果 |
| --- | --- |
| leaq 6(%rax),%rdx | |
| leaq (%rax,%rcx),%rdx | |
| leaq (%rax,%rcx,4),%rdx | |
| leaq 7(%rax,%rax,8),%rdx | |
| leaq 0xA(,%rcx,4),%rdx | |
| leaq 9(%rax,%rcx,2),%rdx | |

练习题 3.7　考虑下面的代码，我们省略了被计算的表达式：

```
long scale2(long x, long y, long z) {
    long t = ________________;
    return t;
}
```

用 GCC 编译实际的函数得到如下的汇编代码：

```
  long scale2(long x, long y, long z)
  x in %rdi, y in %rsi, z in %rdx
scale2:
  leaq    (%rdi,%rdi,4), %rax
  leaq    (%rax,%rsi,2), %rax
  leaq    (%rax,%rdx,8), %rax
  ret
```

填写出 C 代码中缺失的表达式。

### 3.5.2　一元和二元操作

第二组中的操作是一元操作，只有一个操作数，既是源又是目的。这个操作数可以是一个寄存器，也可以是一个内存位置。比如说，指令 incq(%rsp)会使栈顶的 8 字节元素加 1。这种语法让人想起 C 语言中的加 1 运算符(++)和减 1 运算符(--)。

第三组是二元操作，其中，第二个操作数既是源又是目的。这种语法让人想起 C 语言中的赋值运算符，例如 x-=y。不过，要注意，源操作数是第一个，目的操作数是第二个，对于不可交换操作来说，这看上去很奇特。例如，指令 subq %rax,%rdx 使寄存器 %rdx 的值减去 %rax 中的值。(将指令解读成“从 %rdx 中减去 %rax”会有所帮助。)第一个操作数可以是立即数、寄存器或是内存位置。第二个操作数可以是寄存器或是内存位置。注意，当第二个操作数为内存地址时，处理器必须从内存读出值，执行操作，再把结果写回内存。

练习题 3.8　假设下面的值存放在指定的内存地址和寄存器中：

| 地址 | 值 |
| --- | --- |
| 0x100 | 0xFF |
| 0x108 | 0xAB |
| 0x110 | 0x13 |
| 0x118 | 0x11 |

| 寄存器 | 值 |
| --- | --- |
| %rax | 0x100 |
| %rcx | 0x1 |
| %rdx | 0x3 |

填写下表，给出下面指令的效果，说明将被更新的寄存器或内存位置，以及得到的值：

| 指令 | 目的 | 值 |
|---|---|---|
| addq %rcx,(%rax) | | |
| subq %rdx,8(%rax) | | |
| imulq $16,(%rax,%rdx,8) | | |
| incq 16(%rax) | | |
| decq %rcx | | |
| subq %rdx,%rax | | |

### 3.5.3 移位操作

最后一组是移位操作，先给出移位量，然后第二项给出的是要移位的数。可以进行算术和逻辑右移。移位量可以是一个立即数，或者放在单字节寄存器%cl 中。(这些指令很特别，因为只允许以这个特定的寄存器作为操作数。)原则上来说，1 个字节的移位量使得移位量的编码范围可以达到 $2^8-1=255$。x86-64 中，移位操作对 $w$ 位长的数据值进行操作，移位量是由%cl 寄存器的低 $m$ 位决定的，这里 $2^m=w$。高位会被忽略。所以，例如当寄存器%cl 的十六进制值为 0xFF 时，指令 salb 会移 7 位，salw 会移 15 位，sall 会移 31 位，而 salq 会移 63 位。

如图 3-10 所示，左移指令有两个名字：SAL 和 SHL。两者的效果是一样的，都是将右边填上 0。右移指令不同，SAR 执行算术移位(填上符号位)，而 SHR 执行逻辑移位(填上 0)。移位操作的目的操作数可以是一个寄存器或是一个内存位置。图 3-10 中用 $>>_A$(算术)和 $>>_L$(逻辑)来表示这两种不同的右移运算。

**练习题 3.9**　假设我们想生成以下 C 函数的汇编代码：

```
long shift_left4_rightn(long x, long n)
{
    x <<= 4;
    x >>= n;
    return x;
}
```

下面这段汇编代码执行实际的移位，并将最后的结果放在寄存器%rax 中。此处省略了两条关键的指令。参数 x 和 n 分别存放在寄存器%rdi 和%rsi 中。

```
  long shift_left4_rightn(long x, long n)
  x in %rdi, n in %rsi
shift_left4_rightn:
  movq    %rdi, %rax      Get x
  ______________          x <<= 4
  movl    %esi, %ecx      Get n (4 bytes)
  ______________          x >>= n
```

根据右边的注释，填出缺失的指令。请使用算术右移操作。

### 3.5.4 讨论

我们看到图 3-10 所示的大多数指令，既可以用于无符号运算，也可以用于补码运算。

只有右移操作要求区分有符号和无符号数。这个特性使得补码运算成为实现有符号整数运算的一种比较好的方法的原因之一。

图 3-11 给出了一个执行算术操作的函数示例，以及它的汇编代码。参数 x、y 和 z 初始时分别存放在内存 %rdi、%rsi 和 %rdx 中。汇编代码指令和 C 源代码行对应很紧密。第 2 行计算 x^y 的值。指令 3 和 4 用 leaq 和移位指令的组合来实现表达式 z* 48。第 5 行计算 t1 和 0x0F0F0F0F 的 AND 值。第 6 行计算最后的减法。由于减法的目的寄存器是 %rax，函数会返回这个值。

```
long arith(long x, long y, long z)
{
    long t1 = x ^ y;
    long t2 = z * 48;
    long t3 = t1 & 0x0F0F0F0F;
    long t4 = t2 - t3;
    return t4;
}
```

a）C语言代码

```
  long arith(long x, long y, long z)
  x in %rdi, y in %rsi, z in %rdx
1 arith:
2   xorq    %rsi, %rdi               t1 = x ^ y
3   leaq    (%rdx,%rdx,2), %rax      3*z
4   salq    $4, %rax                 t2 = 16 * (3*z) = 48*z
5   andl    $252645135, %edi         t3 = t1 & 0x0F0F0F0F
6   subq    %rdi, %rax               Return t2 - t3
7   ret
```

b）汇编代码

图 3-11　算术运算函数的 C 语言和汇编代码

在图 3-11 的汇编代码中，寄存器 %rax 中的值先后对应于程序值 3*z、z* 48 和 t4（作为返回值）。通常，编译器产生的代码中，会用一个寄存器存放多个程序值，还会在寄存器之间传送程序值。

**练习题 3.10**　下面的函数是图 3-11a 中函数一个变种，其中有些表达式用空格替代：

```
long arith2(long x, long y, long z)
{
    long t1 = ________;
    long t2 = ________;
    long t3 = ________;
    long t4 = ________;
    return t4;
}
```

实现这些表达式的汇编代码如下：

```
long arith2(long x, long y, long z)
x in %rdi, y in %rsi, z in %rdx
```

```
arith2:
  orq     %rsi, %rdi
  sarq    $3, %rdi
  notq    %rdi
  movq    %rdx, %rax
  subq    %rdi, %rax
  ret
```

基于这些汇编代码，填写 C 语言代码中缺失的部分。

练习题 3.11 常常可以看见以下形式的汇编代码行：

```
xorq %rdx,%rdx
```

但是在产生这段汇编代码的 C 代码中，并没有出现 EXCLUSIVE-OR 操作。

A. 解释这条特殊的 EXCLUSIVE-OR 指令的效果，它实现了什么有用的操作。

B. 更直接地表达这个操作的汇编代码是什么？

C. 比较同样一个操作的两种不同实现的编码字节长度。

### 3.5.5 特殊的算术操作

正如我们在 2.3 节中看到的，两个 64 位有符号或无符号整数相乘得到的乘积需要 128 位来表示。x86-64 指令集对 128 位(16 字节)数的操作提供有限的支持。延续字(2 字节)、双字(4 字节)和四字(8 字节)的命名惯例，Intel 把 16 字节的数称为八字(oct word)。图 3-12 描述的是支持产生两个 64 位数字的全 128 位乘积以及整数除法的指令。

| 指令 | 效果 | 描述 |
|---|---|---|
| imulq *S* | R[%rdx]：R[%rax]←*S*×R[%rax] | 有符号全乘法 |
| mulq *S* | R[%rdx]：R[%rax]←*S*×R[%rax] | 无符号全乘法 |
| cqto | R[%rdx]：R[%rax]←符号扩展(R[%rax]) | 转换为八字 |
| idivq *S* | R[%rdx]←R[%rdx]：R[%rax] mod *S*<br>R[%rax]←R[%rdx]：R[%rax]÷*S* | 有符号除法 |
| divq *S* | R[%rdx]←R[%rdx]：R[%rax] mod *S*<br>R[%rax]←R[%rdx]：R[%rax]÷*S* | 无符号除法 |

图 3-12 特殊的算术操作。这些操作提供了有符号和无符号数的全 128 位乘法和除法。一对寄存器%rdx 和%rax 组成一个 128 位的八字

imulq 指令有两种不同的形式。其中一种，如图 3-10 所示，是 IMUL 指令类中的一种。这种形式的 imulq 指令是一个“双操作数”乘法指令。它从两个 64 位操作数产生一个 64 位乘积，实现了 2.3.4 和 2.3.5 节中描述的操作 $*^{u}_{64}$ 和 $*^{t}_{64}$。(回想一下，当将乘积截取到 64 位时，无符号乘和补码乘的位级行为是一样的。)

此外，x86-64 指令集还提供了两条不同的“单操作数”乘法指令，以计算两个 64 位值的全 128 位乘积——一个是无符号数乘法(mulq)，而另一个是补码乘法(imulq)。这两条指令都要求一个参数必须在寄存器%rax 中，而另一个作为指令的源操作数给出。然后乘积存放在寄存器%rdx(高 64 位)和%rax(低 64 位)中。虽然 imulq 这个名字可以用于两个不同的乘法操作，但是汇编器能够通过计算操作数的数目，分辨出想用哪条指令。

下面这段 C 代码是一个示例，说明了如何从两个无符号 64 位数字 x 和 y 生成 128 位的乘积：

```
#include <inttypes.h>

typedef unsigned __int128 uint128_t;

void store_uprod(uint128_t *dest, uint64_t x, uint64_t y) {
    *dest = x * (uint128_t) y;
}
```

在这个程序中，我们显式地把 x 和 y 声明为 64 位的数字，使用文件 inttypes.h 中声明的定义，这是对标准 C 扩展的一部分。不幸的是，这个标准没有提供 128 位的值。所以我们只好依赖 GCC 提供的 128 位整数支持，用名字__int128 来声明。代码用 typedef 声明定义了一个数据类型 uint128_t，沿用的 inttypes.h 中其他数据类型的命名规律。这段代码指明得到的乘积应该存放在指针 dest 指向的 16 字节处。

GCC 生成的汇编代码如下：

```
    void store_uprod(uint128_t *dest, uint64_t x, uint64_t y)
    dest in %rdi, x in %rsi, y in %rdx
1   store_uprod:
2     movq    %rsi, %rax        Copy x to multiplicand
3     mulq    %rdx              Multiply by y
4     movq    %rax, (%rdi)      Store lower 8 bytes at dest
5     movq    %rdx, 8(%rdi)     Store upper 8 bytes at dest+8
6     ret
```

可以观察到，存储乘积需要两个 movq 指令：一个存储低 8 个字节(第 4 行)，一个存储高 8 个字节(第 5 行)。由于生成这段代码针对的是小端法机器，所以高位字节存储在大地址，正如地址 8(%rdi)表明的那样。

前面的算术运算表(图 3-10)没有列出除法或取模操作。这些操作是由单操作数除法指令来提供的，类似于单操作数乘法指令。有符号除法指令 idivl 将寄存器%rdx(高 64 位)和%rax(低 64 位)中的 128 位数作为被除数，而除数作为指令的操作数给出。指令将商存储在寄存器%rax 中，将余数存储在寄存器%rdx 中。

对于大多数 64 位除法应用来说，被除数也常常是一个 64 位的值。这个值应该存放在%rax 中，%rdx 的位应该设置为全 0(无符号运算)或者%rax 的符号位(有符号运算)。后面这个操作可以用指令 cqto[⊖]来完成。这条指令不需要操作数——它隐含读出%rax 的符号位，并将它复制到%rdx 的所有位。

我们用下面这个 C 函数来说明 x86-64 如何实现除法，它计算了两个 64 位有符号数的商和余数：

```
void remdiv(long x, long y,
            long *qp, long *rp) {
    long q = x/y;
    long r = x%y;
    *qp = q;
    *rp = r;
}
```

该函数编译得到如下汇编代码：

---

⊖ 在 Intel 的文档中，这条指令叫做 cqo，这是指令的 ATT 格式名字和 Intel 名字无关的少数情况之一。

```
   void remdiv(long x, long y, long *qp, long *rp)
   x in %rdi, y in %rsi, qp in %rdx, rp in %rcx
1  remdiv:
2    movq    %rdx, %r8        Copy qp
3    movq    %rdi, %rax       Move x to lower 8 bytes of dividend
4    cqto                     Sign-extend to upper 8 bytes of dividend
5    idivq   %rsi             Divide by y
6    movq    %rax, (%r8)      Store quotient at qp
7    movq    %rdx, (%rcx)     Store remainder at rp
8    ret
```

在上述代码中，必须首先把参数 qp 保存到另一个寄存器中(第 2 行)，因为除法操作要使用参数寄存器%rdx。接下来，第 3～4 行准备被除数，复制并符号扩展 x。除法之后，寄存器%rax 中的商被保存在 qp(第 6 行)，而寄存器%rdx 中的余数被保存在 rp(第 7 行)。

无符号除法使用 divq 指令。通常，寄存器%rdx 会事先设置为 0。

**练习题 3.12**　考虑如下函数，它计算两个无符号 64 位数的商和余数：

```
void uremdiv(unsigned long x, unsigned long y,
             unsigned long *qp, unsigned long *rp) {
    unsigned long q = x/y;
    unsigned long r = x%y;
    *qp = q;
    *rp = r;
}
```

修改有符号除法的汇编代码来实现这个函数。

## 3.6　控制

到目前为止，我们只考虑了直线代码的行为，也就是指令一条接着一条顺序地执行。C 语言中的某些结构，比如条件语句、循环语句和分支语句，要求有条件的执行，根据数据测试的结果来决定操作执行的顺序。机器代码提供两种基本的低级机制来实现有条件的行为：测试数据值，然后根据测试的结果来改变控制流或者数据流。

与数据相关的控制流是实现有条件行为的更一般和更常见的方法，所以我们先来介绍它。通常，C 语言中的语句和机器代码中的指令都是按照它们在程序中出现的次序，顺序执行的。用 jump 指令可以改变一组机器代码指令的执行顺序，jump 指令指定控制应该被传递到程序的某个其他部分，可能是依赖于某个测试的结果。编译器必须产生构建在这种低级机制基础之上的指令序列，来实现 C 语言的控制结构。

本文会先涉及实现条件操作的两种方式，然后描述表达循环和 switch 语句的方法。

### 3.6.1　条件码

除了整数寄存器，CPU 还维护着一组单个位的条件码(condition code)寄存器，它们描述了最近的算术或逻辑操作的属性。可以检测这些寄存器来执行条件分支指令。最常用的条件码有：

CF：进位标志。最近的操作使最高位产生了进位。可用来检查无符号操作的溢出。

ZF：零标志。最近的操作得出的结果为 0。

SF：符号标志。最近的操作得到的结果为负数。

OF：溢出标志。最近的操作导致一个补码溢出——正溢出或负溢出。

比如说，假设我们用一条 ADD 指令完成等价于 C 表达式 `t=a+ b` 的功能，这里变量 `a`、`b` 和 `t` 都是整型的。然后，根据下面的 C 表达式来设置条件码：

```
CF    (unsigned) t <  (unsigned) a          无符号溢出
ZF    (t ==0)                               零
SF    (t<0)                                 负数
OF    (a<0==b<0) && (t<0 !=a<0)             有符号溢出
```

`leaq` 指令不改变任何条件码，因为它是用来进行地址计算的。除此之外，图 3-10 中列出的所有指令都会设置条件码。对于逻辑操作，例如 XOR，进位标志和溢出标志会设置成 0。对于移位操作，进位标志将设置为最后一个被移出的位，而溢出标志设置为 0。INC 和 DEC 指令会设置溢出和零标志，但是不会改变进位标志，至于原因，我们就不在这里深入探讨了。

除了图 3-10 中的指令会设置条件码，还有两类指令（有 8、16、32 和 64 位形式），它们只设置条件码而不改变任何其他寄存器；如图 3-13 所示。CMP 指令根据两个操作数之差来设置条件码。除了只设置条件码而不更新目的寄存器之外，CMP 指令与 SUB 指令的行为是一样的。在 ATT 格式中，列出操作数的顺序是相反的，这使代码有点难读。如果两个操作数相等，这些指令会将零标志设置为 1，而其他的标志可以用来确定两个操作数之间的大小关系。TEST 指令的行为与 AND 指令一样，除了它们只设置条件码而不改变目的寄存器的值。典型的用法是，两个操作数是一样的（例如，`testq %rax,%rax` 用来检查 `%rax` 是负数、零，还是正数），或其中的一个操作数是一个掩码，用来指示哪些位应该被测试。

| 指令 | | 基于 | 描述 |
|---|---|---|---|
| CMP | $S_1$，$S_2$ | $S_2-S_1$ | 比较 |
| cmpb | | | 比较字节 |
| cmpw | | | 比较字 |
| cmpl | | | 比较双字 |
| cmpq | | | 比较四字 |
| TEST | $S_1$，$S_2$ | $S_1\&S_2$ | 测试 |
| testb | | | 测试字节 |
| testw | | | 测试字 |
| testl | | | 测试双字 |
| testq | | | 测试四字 |

图 3-13　比较和测试指令。这些指令不修改任何寄存器的值，只设置条件码

### 3.6.2　访问条件码

条件码通常不会直接读取，常用的使用方法有三种：1）可以根据条件码的某种组合，将一个字节设置为 0 或者 1，2）可以条件跳转到程序的某个其他的部分，3）可以有条件地传送数据。对于第一种情况，图 3-14 中描述的指令根据条件码的某种组合，将一个字节设置为 0 或者 1。我们将这一整类指令称为 SET 指令；它们之间的区别就在于它们考虑的条件码的组合是什么，这些指令名字的不同后缀指明了它们所考虑的条件码的组合。这些指令的后缀表示不同的条件而不是操作数大小，了解这一点很重要。例如，指令 `setl` 和 `setb` 表示“小于时设置（set less）”和“低于时设置（set below）”，而不是“设置长字（set long word）”和“设置字节（set byte）”。

一条 SET 指令的目的操作数是低位单字节寄存器元素（图 3-2）之一，或是一个字节的内存位置，指令会将这个字节设置成 0 或者 1。为了得到一个 32 位或 64 位结果，我们必须对高位清零。一个计算 C 语言表达式 `a< b` 的典型指令序列如下所示，这里 `a` 和 `b` 都是 `long` 类型：

| 指令 | 同义名 | 效果 | 设置条件 |
|---|---|---|---|
| sete *D* | setz | *D* ← ZF | 相等/零 |
| setne *D* | setnz | *D* ← ~ZF | 不等/非零 |
| sets *D* | | *D* ← SF | 负数 |
| setns *D* | | *D* ← ~SF | 非负数 |
| setg *D* | setnle | *D* ← ~(SF ^ OF) & ~ZF | 大于（有符号>） |
| setge *D* | setnl | *D* ← ~(SF ^ OF) | 大于等于（有符号>=） |
| setl *D* | setnge | *D* ← SF ^ OF | 小于（有符号<） |
| setle *D* | setng | *D* ← (SF ^ OF) \| ZF | 小于等于（有符号<=） |
| seta *D* | setnbe | *D* ← ~CF & ~ZF | 超过（无符号>） |
| setae *D* | setnb | *D* ← ~CF | 超过或相等（无符号>=） |
| setb *D* | setnae | *D* ← CF | 低于（无符号<） |
| setbe *D* | setna | *D* ← CF \| ZF | 低于或相等（无符号<=） |

图 3-14 SET 指令。每条指令根据条件码的某种组合，将一个字节设置为 0 或者 1。有些指令有“同义名”，也就是同一条机器指令有别的名字

```
    int comp(data_t a, data_t b)
    a in %rdi, b in %rsi
1   comp:
2     cmpq    %rsi, %rdi     Compare a:b
3     setl    %al            Set low-order byte of %eax to 0 or 1
4     movzbl  %al, %eax      Clear rest of %eax (and rest of %rax)
5     ret
```

注意 cmpq 指令的比较顺序(第 2 行)。虽然参数列出的顺序先是%rsi(b)再是%rdi(a)，实际上比较的是 a 和 b。还要记得，正如在 3.4.2 节中讨论过的那样，movzbl 指令不仅会把%eax 的高 3 个字节清零，还会把整个寄存器%rax 的高 4 个字节都清零。

某些底层的机器指令可能有多个名字，我们称之为“同义名(synonym)”。比如说，setg(表示“设置大于”)和 setnle(表示“设置不小于等于”)指的就是同一条机器指令。编译器和反汇编器会随意决定使用哪个名字。

虽然所有的算术和逻辑操作都会设置条件码，但是各个 SET 命令的描述都适用的情况是：执行比较指令，根据计算 t =a-b 设置条件码。更具体地说，假设 $a$、$b$ 和 $t$ 分别是变量 a、b 和 t 的补码形式表示的整数，因此 $t=a-^{t}_{w}b$，这里 $w$ 取决于 $a$ 和 $b$ 的大小。

来看 sete 的情况，即“当相等时设置(set when equal)”指令。当 $a=b$ 时，会得到$t=0$，因此零标志置位就表示相等。类似地，考虑用 setl，即“当小于时设置(set when less)”指令，测试一个有符号比较。当没有发生溢出时(OF 设置为 0 就表明无溢出)，我们有当 $a-^{t}_{w}b<0$ 时 $a<b$，将 SF 设置为 1 即指明这一点，而当 $a-^{t}_{w}b\geqslant 0$ 时 $a\geqslant b$，由 SF 设置为 0 指明。另一方面，当发生溢出时，我们有当 $a-^{t}_{w}b>0$(负溢出)时 $a<b$，而当 $a-^{t}_{w}b<0$(正溢出)时 $a>b$。当 $a=b$ 时，不会有溢出。因此，当 OF 被设置为 1 时，当且仅当 SF 被设置为 0，有 $a<b$。将这些情况组合起来，溢出和符号位的 EXCLUSIVE-OR 提供了 $a<b$ 是否为真的测试。其他的有符号比较测试基于 SF ^ OF 和 ZF 的其他组合。

对于无符号比较的测试，现在设 $a$ 和 $b$ 是变量 a 和 b 的无符号形式表示的整数。在执行计算 t=a-b 中，当 $a-b<0$ 时，CMP 指令会设置进位标志，因而无符号比较使用的是

进位标志和零标志的组合。

注意到机器代码如何区分有符号和无符号值是很重要的。同C语言不同，机器代码不会将每个程序值都和一个数据类型联系起来。相反，大多数情况下，机器代码对于有符号和无符号两种情况都使用一样的指令，这是因为许多算术运算对无符号和补码算术都有一样的位级行为。有些情况需要用不同的指令来处理有符号和无符号操作，例如，使用不同版本的右移、除法和乘法指令，以及不同的条件码组合。

**练习题 3.13** 考虑下列的C语言代码：

```
int comp(data_t a, data_t b) {
    return a COMP b;
}
```

它给出了参数a和b之间比较的一般形式，这里，参数的数据类型data_t(通过typedef)被声明为图3-1中列出的某种整数类型，可以是有符号的也可以是无符号的comp通过#define来定义。

假设a在%rdi中某个部分，b在%rsi中某个部分。对于下面每个指令序列，确定哪种数据类型data_t和比较COMP会导致编译器产生这样的代码。(可能有多个正确答案，请列出所有的正确答案。)

```
A. cmpl    %esi, %edi
   setl    %al
B. cmpw    %si, %di
   setge   %al
C. cmpb    %sil, %dil
   setbe   %al
D. cmpq    %rsi, %rdi
   setne   %al
```

**练习题 3.14** 考虑下面的C语言代码：

```
int test(data_t a) {
    return a TEST 0;
}
```

它给出了参数a和0之间比较的一般形式，这里，我们可以用typedef来声明data_t，从而设置参数的数据类型，用# define来声明TEST，从而设置比较的类型。对于下面每个指令序列，确定哪种数据类型data_t和比较TEST会导致编译器产生这样的代码。(可能有多个正确答案，请列出所有的正确答案。)

```
A. testq  %rdi, %rdi
   setge  %al
B. testw  %di, %di
   sete   %al
C. testb  %dil, %dil
   seta   %al
D. testl  %edi, %edi
   setle  %al
```

### 3.6.3 跳转指令

正常执行的情况下，指令按照它们出现的顺序一条一条地执行。跳转(jump)指令会导致执行切换到程序中一个全新的位置。在汇编代码中，这些跳转的目的地通常用一个标号

(label)指明。考虑下面的汇编代码序列(完全是人为编造的)：

```
    movq $0,%rax             Set %rax to 0
    jmp .L1                  Goto .L1
    movq (%rax),%rdx         Null pointer dereference (skipped)
  .L1:
    popq %rdx                Jump target
```

指令 jmp .L1 会导致程序跳过 movq 指令，而从 popq 指令开始继续执行。在产生目标代码文件时，汇编器会确定所有带标号指令的地址，并将跳转目标(目的指令的地址)编码为跳转指令的一部分。

图 3-15 列举了不同的跳转指令。jmp 指令是无条件跳转。它可以是直接跳转，即跳转目标是作为指令的一部分编码的；也可以是间接跳转，即跳转目标是从寄存器或内存位置中读出的。汇编语言中，直接跳转是给出一个标号作为跳转目标的，例如上面所示代码中的标号“.L1”。间接跳转的写法是‘*’后面跟一个操作数指示符，使用图 3-3 中描述的内存操作数格式中的一种。举个例子，指令

```
jmp *%rax
```

用寄存器 %rax 中的值作为跳转目标，而指令

```
jmp *(%rax)
```

以 %rax 中的值作为读地址，从内存中读出跳转目标。

| 指令 | 同义名 | 跳转条件 | 描述 |
|---|---|---|---|
| jmp *Label* | | 1 | 直接跳转 |
| jmp **Operand* | | 1 | 间接跳转 |
| je *Label* | jz | ZF | 相等/零 |
| jne *Label* | jnz | ~ZF | 不相等/非零 |
| js *Label* | | SF | 负数 |
| jns *Label* | | ~SF | 非负数 |
| jg *Label* | jnle | ~(SF ^ OF) & ~ZF | 大于（有符号>） |
| jge *Label* | jnl | ~(SF ^ OF) | 大于或等于（有符号>=） |
| jl *Label* | jnge | SF ^ OF | 小于（有符号<） |
| jle *Label* | jng | (SF ^ OF) \| ZF | 小于或等于（有符号<=） |
| ja *Label* | jnbe | ~CF & ~ZF | 超过（无符号>） |
| jae *Label* | jnb | ~CF | 超过或相等（无符号>=） |
| jb *Label* | jnae | CF | 低于（无符号<） |
| jbe *Label* | jna | CF \| ZF | 低于或相等（无符号<=） |

图 3-15　jump 指令。当跳转条件满足时，这些指令会跳转到一条带标号的目的地。有些指令有“同义名”，也就是同一条机器指令的别名

表中所示的其他跳转指令都是有条件的——它们根据条件码的某种组合，或者跳转，或者继续执行代码序列中下一条指令。这些指令的名字和跳转条件与 SET 指令的名字和设置条件是相匹配的(参见图 3-14)。同 SET 指令一样，一些底层的机器指令有多个名字。条件跳转只能是直接跳转。

### 3.6.4　跳转指令的编码

虽然我们不关心机器代码格式的细节，但是理解跳转指令的目标如何编码，这对第 7

章研究链接非常重要。此外，它也能帮助理解反汇编器的输出。在汇编代码中，跳转目标用符号标号书写。汇编器，以及后来的链接器，会产生跳转目标的适当编码。跳转指令有几种不同的编码，但是最常用都是 PC 相对的(PC-relative)。也就是，它们会将目标指令的地址与紧跟在跳转指令后面那条指令的地址之间的差作为编码。这些地址偏移量可以编码为 1、2 或 4 个字节。第二种编码方法是给出“绝对”地址，用 4 个字节直接指定目标。汇编器和链接器会选择适当的跳转目的编码。

下面是一个 PC 相对寻址的例子，这个函数的汇编代码由编译文件 branch.c 产生。它包含两个跳转：第 2 行的 jmp 指令前向跳转到更高的地址，而第 7 行的 jg 指令后向跳转到较低的地址。

```
1     movq    %rdi, %rax
2     jmp     .L2
3   .L3:
4     sarq    %rax
5   .L2:
6     testq   %rax, %rax
7     jg      .L3
8     rep; ret
```

汇编器产生的“.o”格式的反汇编版本如下：

```
1      0:   48 89 f8              mov    %rdi,%rax
2      3:   eb 03                 jmp    8 <loop+0x8>
3      5:   48 d1 f8              sar    %rax
4      8:   48 85 c0              test   %rax,%rax
5      b:   7f f8                 jg     5 <loop+0x5>
6      d:   f3 c3                 repz retq
```

右边反汇编器产生的注释中，第 2 行中跳转指令的跳转目标指明为 0x8，第 5 行中跳转指令的跳转目标是 0x5(反汇编器以十六进制格式给出所有的数字)。不过，观察指令的字节编码，会看到第一条跳转指令的目标编码(在第二个字节中)为 0x03。把它加上 0x5，也就是下一条指令的地址，就得到跳转目标地址 0x8，也就是第 4 行指令的地址。

类似，第二个跳转指令的目标用单字节、补码表示编码为 0xf8(十进制-8)。将这个数加上 0xd(十进制 13)，即第 6 行指令的地址，我们得到 0x5，即第 3 行指令的地址。

这些例子说明，当执行 PC 相对寻址时，程序计数器的值是跳转指令后面的那条指令的地址，而不是跳转指令本身的地址。这种惯例可以追溯到早期的实现，当时的处理器会将更新程序计数器作为执行一条指令的第一步。

下面是链接后的程序反汇编版本：

```
1     4004d0:  48 89 f8              mov    %rdi,%rax
2     4004d3:  eb 03                 jmp    4004d8 <loop+0x8>
3     4004d5:  48 d1 f8              sar    %rax
4     4004d8:  48 85 c0              test   %rax,%rax
5     4004db:  7f f8                 jg     4004d5 <loop+0x5>
6     4004dd:  f3 c3                 repz retq
```

这些指令被重定位到不同的地址，但是第 2 行和第 5 行中跳转目标的编码并没有变。通过使用与 PC 相对的跳转目标编码，指令编码很简洁(只需要 2 个字节)，而且目标代码可以不做改变就移到内存中不同的位置。

**旁注 指令 rep 和 repz 有什么用**

本节开始的汇编代码的第 8 行包含指令组合 rep; ret。它们在反汇编代码中(第 6 行)对应于 repz retq。可以推测出 repz 是 rep 的同义名，而 retq 是 ret 的同义名。查阅 Intel 和 AMD 有关 rep 的文档，我们发现它通常用来实现重复的字符串操作[3, 51]。在这里用它似乎很不合适。这个问题的答案可以在 AMD 给编译器编写者的指导意见书[1]中找到。他们建议用 rep 后面跟 ret 的组合来避免使 ret 指令成为条件跳转指令的目标。如果没有 rep 指令，当分支不跳转时，jg 指令(汇编代码的第 7 行)会继续到 ret 指令。根据 AMD 的说法，当 ret 指令通过跳转指令到达时，处理器不能正确预测 ret 指令的目的。这里的 rep 指令就是作为一种空操作，因此作为跳转目的插入它，除了能使代码在 AMD 上运行得更快之外，不会改变代码的其他行为。在本书后面其他代码中再遇到 rep 或 repz 时，我们可以很放心地无视它们。

练习题 3.15 在下面这些反汇编二进制代码节选中，有些信息被 X 代替了。回答下列关于这些指令的问题。

A. 下面 je 指令的目标是什么？(在此，你不需要知道任何有关 callq 指令的信息。)

```
4003fa: 74 02                    je     XXXXXX
4003fc: ff d0                    callq  *%rax
```

B. 下面 je 指令的目标是什么？

```
40042f: 74 f4                    je     XXXXXX
400431: 5d                       pop    %rbp
```

C. ja 和 pop 指令的地址是多少？

```
XXXXXX: 77 02                    ja     400547
XXXXXX: 5d                       pop    %rbp
```

D. 在下面的代码中，跳转目标的编码是 PC 相对的，且是一个 4 字节补码数。字节按照从最低位到最高位的顺序列出，反映出 x86-64 的小端法字节顺序。跳转目标的地址是什么？

```
4005e8: e9 73 ff ff ff           jmpq   XXXXXXX
4005ed: 90                       nop
```

跳转指令提供了一种实现条件执行(if)和几种不同循环结构的方式。

### 3.6.5 用条件控制来实现条件分支

将条件表达式和语句从 C 语言翻译成机器代码，最常用的方式是结合有条件和无条件跳转。(另一种方式在 3.6.6 节中会看到，有些条件可以用数据的条件转移实现，而不是用控制的条件转移来实现。)例如，图 3-16a 给出了一个计算两数之差绝对值的函数的 C 代码⊖。这个函数有一个副作用，会增加两个计数器，编码为全局变量 lt_cnt 和 ge_cnt 之一。GCC 产生的汇编代码如图 3-16c 所示。把这个机器代码再转换成 C 语言，我们称之为函数 gotodiff_se(图 3-16b)。它使用了 C 语言中的 goto 语句，这个语句类似于汇编代码中的无条件跳转。使用 goto 语句通常认为是一种不好的编程风格，因为它会使代码非

⊖ 实际上，如果一个减法溢出，这个函数就会返回一个负数值。这里我们主要是为了展示机器代码，而不是实现代码的健壮性。

常难以阅读和调试。本文中使用 goto 语句，是为了构造描述汇编代码程序控制流的 C 程序。我们称这样的编程风格为“goto 代码”。

在 goto 代码中(图 3-16b)，第 5 行中的 goto x_ge_y 语句会导致跳转到第 9 行中的标号 x_ge_y 处(当 $x \geqslant y$ 时会进行跳转)。从这一点继续执行，完成函数 absdiff_se 的 else 部分并返回。另一方面，如果测试 x>=y 失败，程序会计算 absdiff_se 的 if 部分指定的步骤并返回。

汇编代码的实现(图 3-16c)首先比较了两个操作数(第 2 行)，设置条件码。如果比较的结果表明 $x$ 大于或者等于 $y$，那么它就会跳转到第 8 行，增加全局变量 ge_cnt，计算 x-y 作为返回值并返回。由此我们可以看到 absdiff_se 对应汇编代码的控制流非常类似于 gotodiff_se 的 goto 代码。

```
long lt_cnt = 0;
long ge_cnt = 0;

long absdiff_se(long x, long y)
{
    long result;
    if (x < y) {
        lt_cnt++;
        result = y - x;
    }
    else {
        ge_cnt++;
        result = x - y;
    }
    return result;
}
```

a）原始的C语言代码

```
1   long gotodiff_se(long x, long y)
2   {
3       long result;
4       if (x >= y)
5           goto x_ge_y;
6       lt_cnt++;
7       result =  y - x;
8       return result;
9    x_ge_y:
10      ge_cnt++;
11      result = x - y;
12      return result;
13  }
```

b）与之等价的goto版本

```
    long absdiff_se(long x, long y)
    x in %rdi, y in %rsi
1   absdiff_se:
2     cmpq    %rsi, %rdi          Compare x:y
3     jge     .L2                 If >= goto x_ge_y
4     addq    $1, lt_cnt(%rip)    lt_cnt++
5     movq    %rsi, %rax
6     subq    %rdi, %rax          result = y - x
7     ret                         Return
8   .L2:                        x_ge_y:
9     addq    $1, ge_cnt(%rip)    ge_cnt++
10    movq    %rdi, %rax
11    subq    %rsi, %rax          result = x - y
12    ret                         Return
```

c）产生的汇编代码

图 3-16　条件语句的编译。a)C 过程 absdiff_se 包含一个 if-else 语句；b)C 过程 gotodiff_se 模拟了汇编代码的控制；c)给出了产生的汇编代码

C 语言中的 if-else 语句的通用形式模板如下：

```
if (test-expr)
    then-statement
else
    else-statement
```

这里 *test-expr* 是一个整数表达式，它的取值为 0(解释为“假”)或者为非 0(解释为“真”)。两个分支语句中(*then-statement* 或 *else-statement*)只会执行一个。

对于这种通用形式，汇编实现通常会使用下面这种形式，这里，我们用 C 语法来描述控制流：

```
    t = test-expr;
    if (!t)
        goto false;
    then-statement
    goto done;
false:
    else-statement
done:
```

也就是，汇编器为 *then-statement* 和 *else-statement* 产生各自的代码块。它会插入条件和无条件分支，以保证能执行正确的代码块。

**旁注　用 C 代码描述机器代码**

图 3-16 给出了一个示例，用来展示把 C 语言控制结构翻译成机器代码。图中包括示例的 C 函数 a 和由 GCC 生成的汇编代码的注释版本 c，还有一个与汇编代码结构高度一致的 C 语言版本 b。机器代码的 C 语言表示有助于你理解其中的关键点，能引导你理解实际的汇编代码。

**练习题 3.16**　已知下列 C 代码：

```
void cond(long a, long *p)
{
    if (p && a > *p)
        *p = a;
}
```

GCC 会产生下面的汇编代码：

```
  void cond(long a, long *p)
  a in %rdi, p in %rsi
cond:
  testq   %rsi, %rsi
  je      .L1
  cmpq    %rdi, (%rsi)
  jge     .L1
  movq    %rdi, (%rsi)
.L1:
  rep; ret
```

A. 按照图 3-16b 中所示的风格，用 C 语言写一个 goto 版本，执行同样的计算，并模拟汇编代码的控制流。像示例中那样给汇编代码加上注解可能会有所帮助。

B. 请说明为什么 C 语言代码中只有一个 if 语句，而汇编代码包含两个条件分支。

**练习题 3.17** 将 if 语句翻译成 goto 代码的另一种可行的规则如下：

```
    t = test-expr;
    if (t)
        goto true;
    else-statement
    goto done;
true:
    then-statement
done:
```

A. 基于这种规则，重写 absdiff_se 的 goto 版本。

B. 你能想出选用一种规则而不选用另一种规则的理由吗？

**练习题 3.18** 从如下形式的 C 语言代码开始：

```
long test(long x, long y, long z) {
    long val = _________;
    if (_________) {
        if (_________)
            val = _________;
        else
            val = _________;
    } else if (_________)
        val = _________;
    return val;
}
```

GCC 产生如下的汇编代码：

```
  long test(long x, long y, long z)
  x in %rdi, y in %rsi, z in %rdx
test:
  leaq    (%rdi,%rsi), %rax
  addq    %rdx, %rax
  cmpq    $-3, %rdi
  jge     .L2
  cmpq    %rdx, %rsi
  jge     .L3
  movq    %rdi, %rax
  imulq   %rsi, %rax
  ret
.L3:
  movq    %rsi, %rax
  imulq   %rdx, %rax
  ret
.L2:
  cmpq    $2, %rdi
  jle     .L4
  movq    %rdi, %rax
  imulq   %rdx, %rax
.L4:
  rep; ret
```

填写 C 代码中缺失的表达式。

### 3.6.6 用条件传送来实现条件分支

实现条件操作的传统方法是通过使用控制的条件转移。当条件满足时，程序沿着一条执行路径执行，而当条件不满足时，就走另一条路径。这种机制简单而通用，但是在现代处理器上，它可能会非常低效。

一种替代的策略是使用数据的条件转移。这种方法计算一个条件操作的两种结果，然后再根据条件是否满足从中选取一个。只有在一些受限制的情况中，这种策略才可行，但是如果可行，就可以用一条简单的条件传送指令来实现它，条件传送指令更符合现代处理器的性能特性。我们将介绍这一策略，以及它在 x86-64 上的实现。

图 3-17a 给出了一个可以用条件传送编译的示例代码。这个函数计算参数 x 和 y 差的绝对值，和前面的例子一样(图 3-16)。不过前面的例子中，分支里有副作用，会修改 lt_cnt 或 ge_cnt 的值，而这个版本只是简单地计算函数要返回的值。

GCC 为该函数产生的汇编代码如图 3-17c 所示，它与图 3-17b 中所示的 C 函数 cmovdiff 有相似的形式。研究这个 C 版本，我们可以看到它既计算了 y-x，也计算了 x-y，分别命名为 rval 和 eval。然后它再测试 x 是否大于等于 y，如果是，就在函数返回 rval 前，将 eval 复制到 rval 中。图 3-17c 中的汇编代码有相同的逻辑。关键就在于汇编代码的那条 cmovge 指令(第 7 行)实现了 cmovdiff 的条件赋值(第 8 行)。只有当第 6 行的 cmpq 指令表明一个值大于等于另一个值(正如后缀 ge 表明的那样)时，才会把数据源寄存器传送到目的。

```
long absdiff(long x, long y)
{
    long result;
    if (x < y)
        result = y - x;
    else
        result = x - y;
    return result;
}
```

a) 原始的C语言代码

```
1   long cmovdiff(long x, long y)
2   {
3       long rval = y-x;
4       long eval = x-y;
5       long ntest = x >= y;
6       /* Line below requires
7          single instruction: */
8       if (ntest) rval = eval;
9       return rval;
10  }
```

b) 使用条件赋值的实现

```
    long absdiff(long x, long y)
    x in %rdi, y in %rsi
1   absdiff:
2     movq    %rsi, %rax
3     subq    %rdi, %rax         rval = y-x
4     movq    %rdi, %rdx
5     subq    %rsi, %rdx         eval = x-y
6     cmpq    %rsi, %rdi         Compare x:y
7     cmovge  %rdx, %rax         If >=, rval = eval
8     ret                        Return rval
```

c) 产生的汇编代码

图 3-17 使用条件赋值的条件语句的编译。a)C 函数 absdiff 包含一个条件表达式；b)C 函数 cmovdiff 模拟汇编代码操作；c)给出产生的汇编代码

为了理解为什么基于条件数据传送的代码会比基于条件控制转移的代码(如图 3-16 中那样)性能要好，我们必须了解一些关于现代处理器如何运行的知识。正如我们将在第 4 章和第 5 章中看到的，处理器通过使用*流水线*(pipelining)来获得高性能，在流水线中，一条指令的处理要经过一系列的阶段，每个阶段执行所需操作的一小部分(例如，从内存取指令、确定指令类型、从内存读数据、执行算术运算、向内存写数据，以及更新程序计数器)。这种方法通过重叠连续指令的步骤来获得高性能，例如，在取一条指令的同时，执行它前面一条指令的算术运算。要做到这一点，要求能够事先确定要执行的指令序列，这样才能保持流水线中充满了待执行的指令。当机器遇到条件跳转(也称为“分支”)时，只有当分支条件求值完成之后，才能决定分支往哪边走。处理器采用非常精密的*分支预测逻辑*来猜测每条跳转指令是否会执行。只要它的猜测还比较可靠(现代微处理器设计试图达到 90%以上的成功率)，指令流水线中就会充满着指令。另一方面，错误预测一个跳转，要求处理器丢掉它为该跳转指令后所有指令已做的工作，然后再开始用从正确位置处起始的指令去填充流水线。正如我们会看到的，这样一个错误预测会招致很严重的惩罚，浪费大约 15～30 个时钟周期，导致程序性能严重下降。

作为一个示例，我们在 Intel Haswell 处理器上运行 `absdiff` 函数，用两种方法来实现条件操作。在一个典型的应用中，`x< y` 的结果非常地不可预测，因此即使是最精密的分支预测硬件也只能有大约 50%的概率猜对。此外，两个代码序列中的计算执行都只需要一个时钟周期。因此，分支预测错误处罚主导着这个函数的性能。对于包含条件跳转的 x86-64 代码，我们发现当分支行为模式很容易预测时，每次调用函数需要大约 8 个时钟周期；而分支行为模式是随机的时候，每次调用需要大约 17.50 个时钟周期。由此我们可以推断出分支预测错误的处罚是大约 19 个时钟周期。这就意味着函数需要的时间范围大约在 8 到 27 个周期之间，这依赖于分支预测是否正确。

**旁注　如何确定分支预测错误的处罚**

*假设预测错误的概率是 $p$，如果没有预测错误，执行代码的时间是 $T_{OK}$，而预测错误的处罚是 $T_{MP}$。那么，作为 $p$ 的一个函数，执行代码的平均时间是 $T_{avg}(p)=(1-p)T_{OK}+p(T_{OK}+T_{MP})=T_{OK}+pT_{MP}$。如果已知 $T_{OK}$ 和 $T_{ran}$(当 $p=0.5$ 时的平均时间)，要确定 $T_{MP}$。将参数代入等式，我们有 $T_{ran}=T_{avg}(0.5)=T_{OK}+0.5T_{MP}$，所以有 $T_{MP}=2(T_{ran}-T_{OK})$。因此，对于 $T_{OK}=8$ 和 $T_{ran}=17.5$，我们有 $T_{MP}=19$。*

另一方面，无论测试的数据是什么，编译出来使用条件传送的代码所需的时间都是大约 8 个时钟周期。控制流不依赖于数据，这使得处理器更容易保持流水线是满的。

**练习题 3.19**　在一个比较旧的处理器模型上运行，当分支行为模式非常可预测时，我们的代码需要大约 16 个时钟周期，而当模式是随机的时候，需要大约 31 个时钟周期。

A. 预测错误处罚大约是多少？

B. 当分支预测错误时，这个函数需要多少个时钟周期？

图 3-18 列举了 x86-64 上一些可用的条件传送指令。每条指令都有两个操作数：源寄存器或者内存地址 $S$，和目的寄存器 $R$。与各种 SET(3.6.2 节)和跳转指令(3.6.3 节)一样，这些指令的结果取决于条件码的值。源值可以从内存或者源寄存器中读取，但是只有在指定的条件满足时，才会被复制到目的寄存器中。

源和目的的值可以是 16 位、32 位或 64 位长。不支持单字节的条件传送。无条件指令的操作数的长度显式地编码在指令名中(例如 `movw` 和 `movl`)，汇编器可以从目标寄存器的名字推断出条件传送指令的操作数长度，所以对所有的操作数长度，都可以使用同一个的指令名字。

| 指令 | 同义名 | 传送条件 | 描述 |
|---|---|---|---|
| cmove *S*, *R* | cmovz | ZF | 相等/零 |
| cmovne *S*, *R* | cmovnz | ~ZF | 不相等/非零 |
| cmovs *S*, *R* | | SF | 负数 |
| cmovns *S*, *R* | | ~SF | 非负数 |
| cmovg *S*, *R* | cmovnle | ~(SF ^ OF) & ~ZF | 大于（有符号>） |
| cmovge *S*, *R* | cmovnl | ~(SF ^ OF) | 大于或等于（有符号>=） |
| cmovl *S*, *R* | cmovnge | SF ^ OF | 小于（有符号<） |
| cmovle *S*, *R* | cmovng | (SF ^ OF) \| ZF | 小于或等于（有符号<=） |
| cmova *S*, *R* | cmovnbe | ~CF & ~ZF | 超过（无符号>） |
| cmovae *S*, *R* | cmovnb | ~CF | 超过或相等（无符号>=） |
| cmovb *S*, *R* | cmovnae | CF | 低于（无符号<） |
| cmovbe *S*, *R* | cmovna | CF \| ZF | 低于或相等（无符号<=） |

图 3-18 条件传送指令。当传送条件满足时，指令把源值 $S$ 复制到目的 $R$。有些指令是“同义名”，即同一条机器指令的不同名字

同条件跳转不同，处理器无需预测测试的结果就可以执行条件传送。处理器只是读源值(可能是从内存中)，检查条件码，然后要么更新目的寄存器，要么保持不变。我们会在第 4 章中探讨条件传送的实现。

为了理解如何通过条件数据传输来实现条件操作，考虑下面的条件表达式和赋值的通用形式：

```
v = test-expr ? then-expr : else-expr;
```

用条件控制转移的标准方法来编译这个表达式会得到如下形式：

```
    if (!test-expr)
        goto false;
    v = then-expr;
    goto done;
false:
    v = else-expr;
done:
```

这段代码包含两个代码序列：一个对 *then-expr* 求值，另一个对 *else-expr* 求值。条件跳转和无条件跳转结合起来使用是为了保证只有一个序列执行。

基于条件传送的代码，会对 *then-expr* 和 *else-expr* 都求值，最终值的选择基于对 *test-expr* 的求值。可以用下面的抽象代码描述：

```
v  = then-expr;
ve = else-expr;
t  = test-expr;
if (!t) v = ve;
```

这个序列中的最后一条语句是用条件传送实现的——只有当测试条件 t 不满足时，ve 的值才会被复制到 v 中。

不是所有的条件表达式都可以用条件传送来编译。最重要的是，无论测试结果如何，

我们给出的抽象代码会对 *then-expr* 和 *else-expr* 都求值。如果这两个表达式中的任意一个可能产生错误条件或者副作用，就会导致非法的行为。前面的一个例子(图 3-16)就是这种情况。实际上，我们在该例中引入副作用就是为了强制 GCC 用条件转移来实现这个函数。

作为说明，考虑下面这个 C 函数：

```
long cread(long *xp) {
    return (xp ? *xp : 0);
}
```

乍一看，这段代码似乎很适合被编译成使用条件传送，当指针为空时将结果设置为 0，如下面的汇编代码所示：

```
   long cread(long *xp)
   Invalid implementation of function cread
   xp in register %rdi
1  cread:
2    movq    (%rdi), %rax      v = *xp
3    testq   %rdi, %rdi        Test x
4    movl    $0, %edx          Set ve = 0
5    cmove   %rdx, %rax        If x==0, v = ve
6    ret                       Return v
```

不过，这个实现是非法的，因为即使当测试为假时，movq 指令(第 2 行)对 xp 的间接引用还是发生了，导致一个间接引用空指针的错误。所以，必须用分支代码来编译这段代码。

使用条件传送也不总是会提高代码的效率。例如，如果 *then-expr* 或者 *else-expr* 的求值需要大量的计算，那么当相对应的条件不满足时，这些工作就白费了。编译器必须考虑浪费的计算和由于分支预测错误所造成的性能处罚之间的相对性能。说实话，编译器并不具有足够的信息来做出可靠的决定；例如，它们不知道分支会多好地遵循可预测的模式。我们对 GCC 的实验表明，只有当两个表达式都很容易计算时，例如表达式分别都只是一条加法指令，它才会使用条件传送。根据我们的经验，即使许多分支预测错误的开销会超过更复杂的计算，GCC 还是会使用条件控制转移。

所以，总的来说，条件数据传送提供了一种用条件控制转移来实现条件操作的替代策略。它们只能用于非常受限制的情况，但是这些情况还是相当常见的，而且与现代处理器的运行方式更契合。

**练习题 3.20**　在下面的 C 函数中，我们对 OP 操作的定义是不完整的：

```
#define OP ________ /* Unknown operator */

long arith(long x) {
    return x OP 8;
}
```

当编译时，GCC 会产生如下汇编代码：

```
  long arith(long x)
  x in %rdi
arith:
  leaq    7(%rdi), %rax
  testq   %rdi, %rdi
  cmovns  %rdi, %rax
  sarq    $3, %rax
  ret
```

A. OP 进行的是什么操作？

B. 给代码添加注释，解释它是如何工作的。

**练习题 3.21** C 代码开始的形式如下：

```
long test(long x, long y) {
    long val = ________;
    if (________) {
        if (________)
            val = ________;
        else
            val = ________;
    } else if (________)
        val = ________;
    return val;
}
```

GCC 会产生如下汇编代码：

```
  long test(long x, long y)
  x in %rdi, y in %rsi
test:
  leaq    0(,%rdi,8), %rax
  testq   %rsi, %rsi
  jle     .L2
  movq    %rsi, %rax
  subq    %rdi, %rax
  movq    %rdi, %rdx
  andq    %rsi, %rdx
  cmpq    %rsi, %rdi
  cmovge  %rdx, %rax
  ret
.L2:
  addq    %rsi, %rdi
  cmpq    $-2, %rsi
  cmovle  %rdi, %rax
  ret
```

填补 C 代码中缺失的表达式。

### 3.6.7　循环

C 语言提供了多种循环结构，即 do-while、while 和 for。汇编中没有相应的指令存在，可以用条件测试和跳转组合起来实现循环的效果。GCC 和其他汇编器产生的循环代码主要基于两种基本的循环模式。我们会循序渐进地研究循环的翻译，从 do-while 开始，然后再研究具有更复杂实现的循环，并覆盖这两种模式。

#### 1. do-while 循环

do-while 语句的通用形式如下：

```
do
    body-statement
    while (test-expr);
```

这个循环的效果就是重复执行 *body-statement*，对 *test-expr* 求值，如果求值的结果为非零，就继续循环。可以看到，*body-statement* 至少会执行一次。

这种通用形式可以被翻译成如下所示的条件和 goto 语句：

```
loop:
    body-statement
    t = test-expr;
    if (t)
      goto loop;
```

也就是说，每次循环，程序会执行循环体里的语句，然后执行测试表达式。如果测试为真，就回去再执行一次循环。

看一个示例，图 3-19a 给出了一个函数的实现，用 do-while 循环来计算函数参数的阶乘，写作 n!。这个函数只计算 $n>0$ 时 $n$ 的阶乘的值。

**练习题 3.22**

A. 用一个 32 位 int 表示 n!，最大的 n 的值是多少？

B. 如果用一个 64 位 long 表示，最大的 n 的值是多少？

图 3-19b 所示的 goto 代码展示了如何把循环变成低级的测试和条件跳转的组合。result 初始化之后，程序开始循环。首先执行循环体，包括更新变量 result 和 n。然后测试 $n>1$，如果是真，跳转到循环开始处。图 3-19c 所示的汇编代码就是 goto 代码的原型。条件跳转指令 jg(第 7 行)是实现循环的关键指令，它决定了是需要继续重复还是退出循环。

```
long fact_do(long n)
{
    long result = 1;
    do {
        result *= n;
        n = n-1;
    } while (n > 1);
    return result;
}
```

a）C 代码

```
long fact_do_goto(long n)
{
    long result = 1;
 loop:
    result *= n;
    n = n-1;
    if (n > 1)
        goto loop;
    return result;
}
```

b）等价的goto版本

```
    long fact_do(long n)
    n in %rdi
1   fact_do:
2     movl    $1, %eax         Set result = 1
3   .L2:                      loop:
4     imulq   %rdi, %rax       Compute result *= n
5     subq    $1, %rdi         Decrement n
6     cmpq    $1, %rdi         Compare n:1
7     jg      .L2              If >, goto loop
8     rep; ret                 Return
```

c）对应的汇编代码

图 3-19　阶乘程序的 do-while 版本的代码。条件跳转会使得程序循环

逆向工程像图 3-19c 中那样的汇编代码，需要确定哪个寄存器对应的是哪个程序值。本例中，这个对应关系很容易确定：我们知道 $n$ 在寄存器 %rdi 中传递给函数。可以看到寄存器 %rax 初始化为 1(第 2 行)。(注意，虽然指令的目的寄存器是 %eax，它实际上还会把 %rax 的高 4 字节设置为 0。)还可以看到这个寄存器还会在第 4 行被乘法改变值。此外，%rax 用来返回函数值，所以通常会用来存放需要返回的程序值。因此我们断定 %rax 对应程序值 result。

练习题 3.23　已知 C 代码如下：

```
long dw_loop(long x) {
    long y = x*x;
    long *p = &x;
    long n = 2*x;
    do {
        x += y;
        (*p)++;
        n--;
    } while (n > 0);
    return x;
}
```

GCC 产生的汇编代码如下：

```
    long dw_loop(long x)
    x initially in %rdi
1   dw_loop:
2     movq     %rdi, %rax
3     movq     %rdi, %rcx
4     imulq    %rdi, %rcx
5     leaq     (%rdi,%rdi), %rdx
6   .L2:
7     leaq     1(%rcx,%rax), %rax
8     subq     $1, %rdx
9     testq    %rdx, %rdx
10    jg       .L2
11    rep; ret
```

A. 哪些寄存器用来存放程序值 x、y 和 n?

B. 编译器如何消除对指针变量 p 和表达式 (*p)++ 隐含的指针间接引用的需求?

C. 对汇编代码添加一些注释，描述程序的操作，类似于图 3-19c 中所示的那样。

**旁注　逆向工程循环**

理解产生的汇编代码与原始源代码之间的关系，关键是找到程序值和寄存器之间的映射关系。对于图 3-19 的循环来说，这个任务非常简单，但是对于更复杂的程序来说，就可能是更具挑战性的任务。C 语言编译器常常会重组计算，因此有些 C 代码中的变量在机器代码中没有对应的值；而有时，机器代码中又会引入源代码中不存在的新值。此外，编译器还常常试图将多个程序值映射到一个寄存器上，来最小化寄存器的使用率。

我们描述 fact_do 的过程对于逆向工程循环来说，是一个通用的策略。看看在循环之前如何初始化寄存器，在循环中如何更新和测试寄存器，以及在循环之后又如何使用寄存器。这些步骤中的每一步都提供了一个线索，组合起来就可以解开谜团。做好准备，你会看到令人惊奇的变换，其中有些情况很明显是编译器能够优化代码，而有些情况很难解释编译器为什么要选用那些奇怪的策略。根据我们的经验，GCC 常常做的一些变换，非但不能带来性能好处，反而甚至可能降低代码性能。

### 2. while 循环

while 语句的通用形式如下：

```
while (test-expr)
    body-statement
```

与 do-while 的不同之处在于，在第一次执行 body-statement 之前，它会对 test-expr 求值，循环有可能就中止了。有很多种方法将 while 循环翻译成机器代码，GCC 在代码生成中使用其中的两种方法。这两种方法使用同样的循环结构，与 do-while 一样，不过它们实现初始测试的方法不同。

第一种翻译方法，我们称之为跳转到中间(jump to middle)，它执行一个无条件跳转跳到循环结尾处的测试，以此来执行初始的测试。可以用以下模板来表达这种方法，这个模板把通用的 while 循环格式翻译到 goto 代码：

```
    goto test;
loop:
    body-statement
test:
    t = test-expr;
    if (t)
        goto loop;
```

作为一个示例，图 3-20a 给出了使用 while 循环的阶乘函数的实现。这个函数能够正确地计算 0!＝1。它旁边的函数 fact_while_jm_goto(图 3-20b)是 GCC 带优化命令行选项-Og 时产生的汇编代码的 C 语言翻译。比较 fact_while(图 3-20b)和 fact_do(图 3-19b)的代码，可以看到它们非常相似，区别仅在于循环前的 goto test 语句使得程序在修改 result 或 n 的值之前，先执行对 n 的测试。图的最下面(图 3-20c)给出的是实际产生的汇编代码。

**练习题 3.24**　对于如下 C 代码：

```
long loop_while(long a, long b)
{
    long result = _________;
    while (_________) {
        result = _________;
        a = _________;
    }
    return result;
}
```

以命令行选项-Og 运行 GCC 产生如下代码：

```
    long loop_while(long a, long b)
    a in %rdi, b in %rsi
1   loop_while:
2     movl    $1, %eax
3     jmp     .L2
```

```
4   .L3:
5     leaq    (%rdi,%rsi), %rdx
6     imulq   %rdx, %rax
7     addq    $1, %rdi
8   .L2:
9     cmpq    %rsi, %rdi
10    jl      .L3
11    rep; ret
```

可以看到编译器使用了跳转到中间的翻译方法，在第 3 行用 jmp 跳转到以标号 .L2开始的测试。填写 C 代码中缺失的部分。

```
long fact_while(long n)
{
    long result = 1;
    while (n > 1) {
        result *= n;
        n = n-1;
    }
    return result;
}
```

a）C代码

```
long fact_while_jm_goto(long n)
{
    long result = 1;
    goto test;
 loop:
    result *= n;
    n = n-1;
 test:
    if (n > 1)
        goto loop;
    return result;
}
```

b）等价的goto版本

```
  long fact_while(long n)
  n in %rdi
fact_while:
  movl    $1, %eax          Set result = 1
  jmp     .L5               Goto test
.L6:                      loop:
  imulq   %rdi, %rax        Compute result *= n
  subq    $1, %rdi          Decrement n
.L5:                      test:
  cmpq    $1, %rdi          Compare n:1
  jg      .L6               If >, goto loop
  rep; ret                  Return
```

c）对应的汇编代码

图 3-20　使用跳转到中间翻译方法的阶乘算法的 while 版本的 C 代码和汇编代码。C 函数 fact_while_jm_goto 说明了汇编代码版本的操作

第二种翻译方法，我们称之为 guarded-do，首先用条件分支，如果初始条件不成立就跳过循环，把代码变换为 do-while 循环。当使用较高优化等级编译时，例如使用命令行选项-O1，GCC 会采用这种策略。可以用如下模板来表达这种方法，把通用的 while 循环

格式翻译成 do-while 循环：

```
t = test-expr;
if (!t)
    goto done;
do
    body-statement
    while (test-expr);
done:
```

相应地，还可以把它翻译成 goto 代码如下：

```
t = test-expr;
if (!t)
    goto done;
loop:
    body-statement
    t = test-expr;
    if (t)
        goto loop;
done:
```

利用这种实现策略，编译器常常可以优化初始的测试，例如认为测试条件总是满足。

再来看个例子，图 3-21 给出了图 3-20 所示阶乘函数同样的 C 代码，不过给出的是 GCC 使用命令行选项-O1 时的编译。图 3-21c 给出实际生成的汇编代码，图 3-21b 是这个汇编代码更易读的 C 语言表示。根据 goto 代码，可以看到如果对于 $n$ 的初始值有 $n \leqslant 1$，那么将跳过该循环。该循环本身的基本结构与该函数 do-while 版本产生的结构(图 3-19)一样。不过，一个有趣的特性是，循环测试(汇编代码的第 9 行)从原始 C 代码的 $n>1$ 变成了 $n \neq 1$。编译器知道只有当 $n>1$ 时才会进入循环，所以将 $n$ 减 1 意味着 $n>1$ 或者 $n=1$。因此，测试 $n \neq 1$ 就等价于测试 $n \leqslant 1$。

```
long fact_while(long n)
{
    long result = 1;
    while (n > 1) {
        result *= n;
        n = n-1;
    }
    return result;
}
```

a）C代码

```
long fact_while_gd_goto(long n)
{
    long result = 1;
    if (n <= 1)
        goto done;
 loop:
    result *= n;
    n = n-1;
    if (n != 1)
        goto loop;
 done:
    return result;
}
```

b）等价的goto版本

图 3-21　使用 guarded-do 翻译方法的阶乘算法的 while 版本的 C 代码和汇编代码。函数 fact_while_gd_goto 说明了汇编代码版本的操作

```
   long fact_while(long n)
   n in %rdi
1  fact_while:
2    cmpq    $1, %rdi         Compare n:1
3    jle     .L7              If <=, goto done
4    movl    $1, %eax         Set result = 1
5  .L6:                     loop:
6    imulq   %rdi, %rax       Compute result *= n
7    subq    $1, %rdi         Decrement n
8    cmpq    $1, %rdi         Compare n:1
9    jne     .L6              If !=, goto loop
10   rep; ret                 Return
11 .L7:                     done:
12   movl    $1, %eax         Compute result = 1
13   ret                      Return
```

c）对应的汇编代码

图 3-21 （续）

练习题 3.25 对于如下 C 代码：

```
long loop_while2(long a, long b)
{
    long result = ________;
    while (________) {
        result = ________;
        b = ________;
    }
    return result;
}
```

以命令行选项 -O1 运行 GCC，产生如下代码：

```
   a in %rdi, b in %rsi
1  loop_while2:
2    testq   %rsi, %rsi
3    jle     .L8
4    movq    %rsi, %rax
5  .L7:
6    imulq   %rdi, %rax
7    subq    %rdi, %rsi
8    testq   %rsi, %rsi
9    jg      .L7
10   rep; ret
11 .L8:
12   movq    %rsi, %rax
13   ret
```

可以看到编译器使用了 guarded-do 的翻译方法，在第 3 行使用了 `jle` 指令使得当初始测试不成立时，忽略循环代码。填写缺失的 C 代码。注意汇编语言中的控制结构不一定与根据翻译规则直接翻译 C 代码得到的完全一致。特别地，它有两个不同的 `ret` 指令(第 10 行和第 13 行)。不过，你可以根据等价的汇编代码行为填写 C 代码中缺失的部分。

**练习题 3.26**　函数 fun_a 有如下整体结构：

```
long fun_a(unsigned long x) {
    long val = 0;
    while ( ... ) {
        :
    }
    return ...;
}
```

GCC C 编译器产生如下汇编代码：

```
   long fun_a(unsigned long x)
   x in %rdi
1  fun_a:
2    movl    $0, %eax
3    jmp     .L5
4   .L6:
5    xorq    %rdi, %rax
6    shrq    %rdi              Shift right by 1
7   .L5:
8    testq   %rdi, %rdi
9    jne     .L6
10   andl    $1, %eax
11   ret
```

逆向工程这段代码的操作，然后完成下面作业：

A. 确定这段代码使用的循环翻译方法。

B. 根据汇编代码版本填写 C 代码中缺失的部分。

C. 用自然语言描述这个函数是计算什么的。

### 3. for 循环

for 循环的通用形式如下：

```
for (init-expr; test-expr; update-expr)
    body-statement
```

C 语言标准说明(有一个例外，练习题 3.29 中有特别说明)，这样一个循环的行为与下面这段使用 while 循环的代码的行为一样：

```
init-expr;
while (test-expr) {
    body-statement
    update-expr;
}
```

程序首先对初始表达式 *init-expr* 求值，然后进入循环；在循环中它先对测试条件 *test-expr* 求值，如果测试结果为“假”就会退出，否则执行循环体 *body-statement*；最后对更新表达式 *update-expr* 求值。

GCC 为 for 循环产生的代码是 while 循环的两种翻译之一，这取决于优化的等级。也就是，跳转到中间策略会得到如下 goto 代码：

```
init-expr;
goto test;
```

```
loop:
    body-statement
    update-expr;
test:
    t = test-expr;
    if (t)
        goto loop;
```

而 guarded-do 策略得到：

```
    init-expr;
    t = test-expr;
    if (!t)
        goto done;
loop:
    body-statement
    update-expr;
    t = test-expr;
    if (t)
        goto loop;
done:
```

作为一个示例，考虑用 for 循环写的阶乘函数：

```
long fact_for(long n)
{
    long i;
    long result = 1;
    for (i = 2; i <= n; i++)
        result *= i;
    return result;
}
```

如上述代码所示，用 for 循环编写阶乘函数最自然的方式就是将从 2 一直到 $n$ 的因子乘起来，因此，这个函数与我们使用 while 或者 do-while 循环的代码很不一样。

这段代码中的 for 循环的不同组成部分如下：

| | |
|---|---|
| *init-expr* | `i = 2` |
| *test-expr* | `i <= n` |
| *update-expr* | `i++` |
| *body-statement* | `result *= i;` |

用这些部分替换前面给出的模板中相应的位置，就把 for 循环转换成了 while 循环，得到下面的代码：

```
long fact_for_while(long n)
{
    long i = 2;
    long result = 1;
    while (i <= n) {
        result *= i;
        i++;
    }
    return result;
}
```

对 while 循环进行跳转到中间变换，得到如下 goto 代码：

```
long fact_for_jm_goto(long n)
{
    long i = 2;
    long result = 1;
    goto test;
 loop:
    result *= i;
    i++;
 test:
    if (i <= n)
        goto loop;
    return result;
}
```

确实，仔细查看使用命令行选项-Og 的 GCC 产生的汇编代码，会发现它非常接近于以下模板：

```
  long fact_for(long n)
  n in %rdi
fact_for:
  movl    $1, %eax          Set result = 1
  movl    $2, %edx          Set i = 2
  jmp     .L8               Goto test
.L9:                      loop:
  imulq   %rdx, %rax        Compute result *= i
  addq    $1, %rdx          Increment i
.L8:                      test:
  cmpq    %rdi, %rdx        Compare i:n
  jle     .L9               If <=, goto loop
  rep; ret                  Return
```

**练习题 3.27**　先把 fact_for 转换成 while 循环，再进行 guarded-do 变换，写出 fact_for 的 goto 代码。

综上所述，C 语言中三种形式的所有的循环——do-while、while 和 for——都可以用一种简单的策略来翻译，产生包含一个或多个条件分支的代码。控制的条件转移提供了将循环翻译成机器代码的基本机制。

**练习题 3.28**　函数 fun_b 有如下整体结构：

```
long fun_b(unsigned long x) {
    long val = 0;
    long i;
    for ( ... ; ... ; ... ) {
        .
        .
        .
    }
    return val;
}
```

GCC C 编译器产生如下汇编代码：

```
     long fun_b(unsigned long x)
     x in %rdi
1    fun_b:
2      movl    $64, %edx
3      movl    $0, %eax
4    .L10:
5      movq    %rdi, %rcx
```

```
6       andl    $1, %ecx
7       addq    %rax, %rax
8       orq     %rcx, %rax
9       shrq    %rdi              Shift right by 1
10      subq    $1, %rdx
11      jne     .L10
12      rep; ret
```

逆向工程这段代码的操作，然后完成下面的工作：

A. 根据汇编代码版本填写 C 代码中缺失的部分。

B. 解释循环前为什么没有初始测试也没有初始跳转到循环内部的测试部分。

C. 用自然语言描述这个函数是计算什么的。

**练习题 3.29** 在 C 语言中执行 continue 语句会导致程序跳到当前循环迭代的结尾。当处理 continue 语句时，将 for 循环翻译成 while 循环的描述规则需要一些改进。例如，考虑下面的代码：

```
/* Example of for loop containing a continue statement */
/* Sum even numbers between 0 and 9 */
long sum = 0;
long i;
for (i = 0; i < 10; i++) {
    if (i & 1)
        continue;
    sum += i;
}
```

A. 如果我们简单地直接应用将 for 循环翻译到 while 循环的规则，会得到什么呢？产生的代码会有什么错误呢？

B. 如何用 goto 语句来替代 continue 语句，保证 while 循环的行为同 for 循环的行为完全一样？

### 3.6.8 switch 语句

switch(开关)语句可以根据一个整数索引值进行多重分支(multiway branching)。在处理具有多种可能结果的测试时，这种语句特别有用。它们不仅提高了 C 代码的可读性，而且通过使用**跳转表**(jump table)这种数据结构使得实现更加高效。跳转表是一个数组，表项 $i$ 是一个代码段的地址，这个代码段实现当开关索引值等于 $i$ 时程序应该采取的动作。程序代码用开关索引值来执行一个跳转表内的数组引用，确定跳转指令的目标。和使用一组很长的 if-else 语句相比，使用跳转表的优点是执行开关语句的时间与开关情况的数量无关。GCC 根据开关情况的数量和开关情况值的稀疏程度来翻译开关语句。当开关情况数量比较多(例如 4 个以上)，并且值的范围跨度比较小时，就会使用跳转表。

图 3-22a 是一个 C 语言 switch 语句的示例。这个例子有些非常有意思的特征，包括情况标号(case label)跨过一个不连续的区域(对于情况 101 和 105 没有标号)，有些情况有多个标号(情况 104 和 106)，而有些情况则会落入其他情况之中(情况 102)，因为对应该情况的代码段没有以 break 语句结尾。

图 3-23 是编译 switch_eg 时产生的汇编代码。这段代码的行为用 C 语言来描述就是图 3-22b 中的过程 switch_eg_impl。这段代码使用了 GCC 提供的对跳转表的支持，这是

对 C 语言的扩展。数组 jt 包含 7 个表项，每个都是一个代码块的地址。这些位置由代码中的标号定义，在 jt 的表项中由代码指针指明，由标号加上‘&&’前缀组成。(回想运算符 & 创建一个指向数据值的指针。在做这个扩展时，GCC 的作者们创造了一个新的运算符 &&，这个运算符创建一个指向代码位置的指针。)建议你研究一下 C 语言过程 switch_eg_impl，以及它与汇编代码版本之间的关系。

```
void switch_eg(long x, long n,
               long *dest)
{
    long val = x;

    switch (n) {

    case 100:
        val *= 13;
        break;

    case 102:
        val += 10;
        /* Fall through */

    case 103:
        val += 11;
        break;

    case 104:
    case 106:
        val *= val;
        break;

    default:
        val = 0;
    }
    *dest = val;
}
```

a）switch语句

```
1   void switch_eg_impl(long x, long n,
2                       long *dest)
3   {
4       /* Table of code pointers */
5       static void *jt[7] = {
6           &&loc_A, &&loc_def, &&loc_B,
7           &&loc_C, &&loc_D, &&loc_def,
8           &&loc_D
9       };
10      unsigned long index = n - 100;
11      long val;
12
13      if (index > 6)
14          goto loc_def;
15      /* Multiway branch */
16      goto *jt[index];
17
18   loc_A:    /* Case 100 */
19      val = x * 13;
20      goto done;
21   loc_B:    /* Case 102 */
22      x = x + 10;
23      /* Fall through */
24   loc_C:     /* Case 103 */
25      val = x + 11;
26      goto done;
27   loc_D:    /* Cases 104, 106 */
28      val = x * x;
29      goto done;
30   loc_def:  /* Default case */
31      val = 0;
32   done:
33      *dest = val;
34  }
```

b）翻译到扩展的C语言

图 3-22　switch 语句示例以及翻译到扩展的 C 语言。该翻译给出了跳转表 jt 的结构，以及如何访问它。作为对 C 语言的扩展，GCC 支持这样的表

原始的 C 代码有针对值 100、102-104 和 106 的情况，但是开关变量 n 可以是任意整数。编译器首先将 n 减去 100，把取值范围移到 0 和 6 之间，创建一个新的程序变量，在我们的 C 版本中称为 index。补码表示的负数会映射成无符号表示的大正数，利用这一事实，将 index 看作无符号值，从而进一步简化了分支的可能性。因此可以通过测试 index 是否大于 6 来判定 index 是否在 0～6 的范围之外。在 C 和汇编代码中，根据 index 的值，有五个不同的跳转位

置：loc_A(在汇编代码中标识为.L3)，loc_B(.L5)，loc_C(.L6)，loc_D(.L7)和 loc_def(.L8)，最后一个是默认的目的地址。每个标号都标识一个实现某个情况分支的代码块。在 C 和汇编代码中，程序都是将 index 和 6 做比较，如果大于 6 就跳转到默认的代码处。

```
    void switch_eg(long x, long n, long *dest)
    x in %rdi, n in %rsi, dest in %rdx
1   switch_eg:
2     subq    $100, %rsi              Compute index = n-100
3     cmpq    $6, %rsi                Compare index:6
4     ja      .L8                     If >, goto loc_def
5     jmp     *.L4(,%rsi,8)           Goto *jt[index]
6   .L3:                            loc_A:
7     leaq    (%rdi,%rdi,2), %rax     3*x
8     leaq    (%rdi,%rax,4), %rdi     val = 13*x
9     jmp     .L2                     Goto done
10  .L5:                            loc_B:
11    addq    $10, %rdi               x = x + 10
12  .L6:                            loc_C:
13    addq    $11, %rdi               val = x + 11
14    jmp     .L2                     Goto done
15  .L7:                            loc_D:
16    imulq   %rdi, %rdi              val = x * x
17    jmp     .L2                     Goto done
18  .L8:                            loc_def:
19    movl    $0, %edi                val = 0
20  .L2:                            done:
21    movq    %rdi, (%rdx)            *dest = val
22    ret                             Return
```

图 3-23 图 3-22 中 switch 语句示例的汇编代码

执行 switch 语句的关键步骤是通过跳转表来访问代码位置。在 C 代码中是第 16 行，一条 goto 语句引用了跳转表 jt。GCC 支持计算 goto(computed goto)，是对 C 语言的扩展。在我们的汇编代码版本中，类似的操作是在第 5 行，jmp 指令的操作数有前缀‘*’，表明这是一个间接跳转，操作数指定一个内存位置，索引由寄存器%rsi 给出，这个寄存器保存着 index 的值。(我们会在 3.8 节中看到如何将数组引用翻译成机器代码。)

C 代码将跳转表声明为一个有 7 个元素的数组，每个元素都是一个指向代码位置的指针。这些元素跨越 index 的值 0～6，对应于 n 的值 100～106。可以观察到，跳转表对重复情况的处理就是简单地对表项 4 和 6 用同样的代码标号(loc_D)，而对于缺失的情况的处理就是对表项 1 和 5 使用默认情况的标号(loc_def)。

在汇编代码中，跳转表用以下声明表示，我们添加了一些注释：

```
1     .section        .rodata
2     .align 8          Align address to multiple of 8
3   .L4:
4     .quad   .L3       Case 100: loc_A
5     .quad   .L8       Case 101: loc_def
6     .quad   .L5       Case 102: loc_B
7     .quad   .L6       Case 103: loc_C
8     .quad   .L7       Case 104: loc_D
9     .quad   .L8       Case 105: loc_def
10    .quad   .L7       Case 106: loc_D
```

这些声明表明，在叫做“.rodata”(只读数据，Read-Only Data)的目标代码文件的段中，应该有一组7个“四”字(8个字节)，每个字的值都是与指定的汇编代码标号(例如.L3)相关联的指令地址。标号.L4标记出这个分配地址的起始。与这个标号相对应的地址会作为间接跳转(第5行)的基地址。

不同的代码块(C标号loc_A到loc_D和loc_def)实现了switch语句的不同分支。它们中的大多数只是简单地计算了val的值，然后跳转到函数的结尾。类似地，汇编代码块计算了寄存器%rdi的值，并且跳转到函数结尾处由标号.L2指示的位置。只有情况标号102的代码不是这种模式的，正好说明在原始C代码中情况102会落到情况103中。具体处理如下：以标号.L5起始的汇编代码块中，在块结尾处没有jmp指令，这样代码就会继续执行下一个块。类似地，C版本switch_eg_impl中以标号loc_B起始的块的结尾处也没有goto语句。

检查所有这些代码需要很仔细的研究，但是关键是领会使用跳转表是一种非常有效的实现多重分支的方法。在我们的例子中，程序可以只用一次跳转表引用就分支到5个不同的位置。甚至当switch语句有上百种情况的时候，也可以只用一次跳转表访问去处理。

练习题 3.30　下面的C函数省略了switch语句的主体。在C代码中，情况标号是不连续的，而有些情况有多个标号。

```
void switch2(long x, long *dest) {
    long val = 0;
    switch (x) {
        :
        :  Body of switch statement omitted
        :
    }
    *dest = val;
}
```

在编译该函数时，GCC为程序的初始部分生成了以下汇编代码，变量x在寄存器%rdi中：

```
    void switch2(long x, long *dest)
    x in %rdi
1   switch2:
2     addq    $1, %rdi
3     cmpq    $8, %rdi
4     ja      .L2
5     jmp     *.L4(,%rdi,8)
```

为跳转表生成以下代码：

```
1   .L4:
2     .quad   .L9
3     .quad   .L5
4     .quad   .L6
5     .quad   .L7
6     .quad   .L2
7     .quad   .L7
8     .quad   .L8
9     .quad   .L2
10    .quad   .L5
```

根据上述信息回答下列问题：

A. switch语句内情况标号的值分别是多少？

B. C代码中哪些情况有多个标号？

练习题 3.31　对于一个通用结构的 C 函数 switcher:

```
void switcher(long a, long b, long c, long *dest)
{
    long val;
    switch(a) {
    case ________:          /* Case A */
        c = ________;
        /* Fall through */
    case ________:          /* Case B */
        val = ________;
        break;
    case ________:          /* Case C */
    case ________:          /* Case D */
        val = ________;
        break;
    case ________:          /* Case E */
        val = ________;
        break;
    default:
        val = ________;
    }
    *dest = val;
}
```

GCC 产生如图 3-24 所示的汇编代码和跳转表。

```
    void switcher(long a, long b, long c, long *dest)
    a in %rdi, b in %rsi, c in %rdx, dest in %rcx
1   switcher:
2     cmpq    $7, %rdi
3     ja      .L2
4     jmp     *.L4(,%rdi,8)
5     .section        .rodata
6   .L7:
7     xorq    $15, %rsi
8     movq    %rsi, %rdx
9   .L3:
10    leaq    112(%rdx), %rdi
11    jmp     .L6
12  .L5:
13    leaq    (%rdx,%rsi), %rdi
14    salq    $2, %rdi
15    jmp     .L6
16  .L2:
17    movq    %rsi, %rdi
18  .L6:
19    movq    %rdi, (%rcx)
20    ret
```

a）代码

```
1   .L4:
2     .quad   .L3
3     .quad   .L2
4     .quad   .L5
5     .quad   .L2
6     .quad   .L6
7     .quad   .L7
8     .quad   .L2
9     .quad   .L5
```

b）跳转表

图 3-24　练习题 3.31 的汇编代码和跳转表

填写 C 代码中缺失的部分。除了情况标号 C 和 D 的顺序之外，将不同情况填入这个模板的方式是唯一的。

## 3.7 过程

过程是软件中一种很重要的抽象。它提供了一种封装代码的方式，用一组指定的参数和一个可选的返回值实现了某种功能。然后，可以在程序中不同的地方调用这个函数。设计良好的软件用过程作为抽象机制，隐藏某个行为的具体实现，同时又提供清晰简洁的接口定义，说明要计算的是哪些值，过程会对程序状态产生什么样的影响。不同编程语言中，过程的形式多样：函数(function)、方法(method)、子例程(subroutine)、处理函数(handler)等等，但是它们有一些共有的特性。

要提供对过程的机器级支持，必须要处理许多不同的属性。为了讨论方便，假设过程 P 调用过程 Q，Q 执行后返回到 P。这些动作包括下面一个或多个机制：

*传递控制*。在进入过程 Q 的时候，程序计数器必须被设置为 Q 的代码的起始地址，然后在返回时，要把程序计数器设置为 P 中调用 Q 后面那条指令的地址。

*传递数据*。P 必须能够向 Q 提供一个或多个参数，Q 必须能够向 P 返回一个值。

*分配和释放内存*。在开始时，Q 可能需要为局部变量分配空间，而在返回前，又必须释放这些存储空间。

x86-64 的过程实现包括一组特殊的指令和一些对机器资源(例如寄存器和程序内存)使用的约定规则。人们花了大量的力气来尽量减少过程调用的开销。所以，它遵循了被认为是最低要求策略的方法，只实现上述机制中每个过程所必需的那些。接下来，我们一步步地构建起不同的机制，先描述控制，再描述数据传递，最后是内存管理。

### 3.7.1 运行时栈

C 语言过程调用机制的一个关键特性(大多数其他语言也是如此)在于使用了栈数据结构提供的后进先出的内存管理原则。在过程 P 调用过程 Q 的例子中，可以看到当 Q 在执行时，P 以及所有在向上追溯到 P 的调用链中的过程，都是暂时被挂起的。当 Q 运行时，它只需要为局部变量分配新的存储空间，或者设置到另一个过程的调用。另一方面，当 Q 返回时，任何它所分配的局部存储空间都可以被释放。因此，程序可以用栈来管理它的过程所需要的存储空间，栈和程序寄存器存放着传递控制和数据、分配内存所需要的信息。当 P 调用 Q 时，控制和数据信息添加到栈尾。当 P 返回时，这些信息会释放掉。

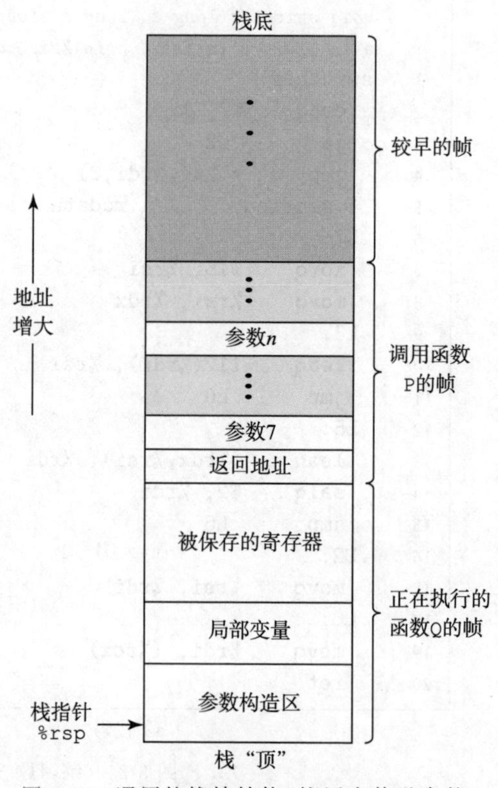


图 3-25　通用的栈帧结构(栈用来传递参数、存储返回信息、保存寄存器，以及局部存储。省略了不必要的部分)

如 3.4.4 节中讲过的，x86-64 的栈向低地址方向增长，而栈指针 %rsp 指向栈顶元素。可以用 pushq 和 popq 指令将数据存入栈中或是从栈中取出。将栈指针减小一个适当的量可以为没有指定初始值的数据在栈上分配空间。类似地，可以通过增加栈指针来释放空间。

当 x86-64 过程需要的存储空间超出寄存器能够存放的大小时，就会在栈上分配空间。这个部分称为过程的栈帧(stack frame)。图 3-25

给出了运行时栈的通用结构，包括把它划分为栈帧。当前正在执行的过程的帧总是在栈顶。当过程 P 调用过程 Q 时，会把返回地址压入栈中，指明当 Q 返回时，要从 P 程序的哪个位置继续执行。我们把这个返回地址当做 P 的栈帧的一部分，因为它存放的是与 P 相关的状态。Q 的代码会扩展当前栈的边界，分配它的栈帧所需的空间。在这个空间中，它可以保存寄存器的值，分配局部变量空间，为它调用的过程设置参数。大多数过程的栈帧都是定长的，在过程的开始就分配好了。但是有些过程需要变长的帧，这个问题会在 3.10.5 节中讨论。通过寄存器，过程 P 可以传递最多 6 个整数值(也就是指针和整数)，但是如果 Q 需要更多的参数，P 可以在调用 Q 之前在自己的栈帧里存储好这些参数。

为了提高空间和时间效率，x86-64 过程只分配自己所需要的栈帧部分。例如，许多过程有 6 个或者更少的参数，那么所有的参数都可以通过寄存器传递。因此，图 3-25 中画出的某些栈帧部分可以省略。实际上，许多函数甚至根本不需要栈帧。当所有的局部变量都可以保存在寄存器中，而且该函数不会调用任何其他函数(有时称之为叶子过程，此时把过程调用看做树结构)时，就可以这样处理。例如，到目前为止我们仔细审视过的所有函数都不需要栈帧。

### 3.7.2 转移控制

将控制从函数 P 转移到函数 Q 只需要简单地把程序计数器(PC)设置为 Q 的代码的起始位置。不过，当稍后从 Q 返回的时候，处理器必须记录好它需要继续 P 的执行的代码位置。在 x86-64 机器中，这个信息是用指令 call Q 调用过程 Q 来记录的。该指令会把地址 A 压入栈中，并将 PC 设置为 Q 的起始地址。压入的地址 A 被称为返回地址，是紧跟在 call 指令后面的那条指令的地址。对应的指令 ret 会从栈中弹出地址 A，并把 PC 设置为 A。

下表给出的是 call 和 ret 指令的一般形式：

| 指令 | | 描述 |
|---|---|---|
| call | *Label* | 过程调用 |
| call | **Operand* | 过程调用 |
| ret | | 从过程调用中返回 |

(这些指令在程序 OBJDUMP 产生的反汇编输出中被称为 callq 和 retq。添加的后缀‘q’只是为了强调这些是 x86-64 版本的调用和返回，而不是 IA32 的。在 x86-64 汇编代码中，这两种版本可以互换。)

call 指令有一个目标，即指明被调用过程起始的指令地址。同跳转一样，调用可以是直接的，也可以是间接的。在汇编代码中，直接调用的目标是一个标号，而间接调用的目标是 * 后面跟一个操作数指示符，使用的是图 3-3 中描述的格式之一。

图 3-26 说明了 3.2.2 节中介绍的 multstore 和 main 函数的 call 和 ret 指令的执行情况。下面是这两个函数的反汇编代码的节选：

```
  Beginning of function multstore
1 0000000000400540 <multstore>:
2   400540:  53                      push   %rbx
3   400541:  48 89 d3                mov    %rdx,%rbx
   . . .
  Return from function multstore
4   40054d:  c3                      retq
   . . .
```

```
  Call to multstore from main
5    400563:  e8 d8 ff ff ff          callq  400540 <multstore>
6    400568:  48 8b 54 24 08          mov    0x8(%rsp),%rdx
```

在这段代码中我们可以看到，在 main 函数中，地址为 0x400563 的 call 指令调用函数 multstore。此时的状态如图 3-26a 所示，指明了栈指针 %rsp 和程序计数器 %rip 的值。call 的效果是将返回地址 0x400568 压入栈中，并跳到函数 multstore 的第一条指令，地址为 0x0400540(图 3-26b)。函数 multstore 继续执行，直到遇到地址 0x40054d 处的 ret 指令。这条指令从栈中弹出值 0x400568，然后跳转到这个地址，就在 call 指令之后，继续 main 函数的执行。

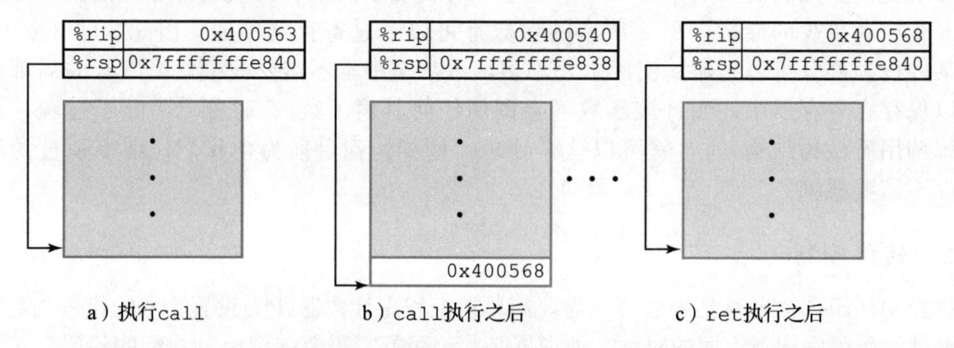


图 3-26　call 和 ret 函数的说明。call 指令将控制转移到一个函数的起始，而 ret 指令返回到这次调用后面的那条指令

再来看一个更详细说明在过程间传递控制的例子，图 3-27a 给出了两个函数 top 和 leaf 的反汇编代码，以及 main 函数中调用 top 处的代码。每条指令都以标号标出：L1～L2(leaf 中)，T1～T4(top 中)和 M1～M2(main 中)。该图的 b 部分给出了这段代码执行的

```
   Disassembly of leaf(long y)
   y in %rdi
1  0000000000400540 <leaf>:
2    400540:  48 8d 47 02           lea    0x2(%rdi),%rax   L1: y+2
3    400544:  c3                    retq                    L2: Return

4  0000000000400545 <top>:
   Disassembly of top(long x)
   x in %rdi
5    400545:  48 83 ef 05           sub    $0x5,%rdi        T1: x-5
6    400549:  e8 f2 ff ff ff        callq  400540 <leaf>    T2: Call leaf(x-5)
7    40054e:  48 01 c0              add    %rax,%rax        T3: Double result
8    400551:  c3                    retq                    T4: Return

   . . .
     Call to top from function main
9    40055b:  e8 e5 ff ff ff        callq  400545 <top>     M1: Call top(100)
10   400560:  48 89 c2              mov    %rax,%rdx        M2: Resume
```

a）说明过程调用和返回的反汇编代码

图 3-27　包含过程调用和返回的程序的执行细节。使用栈来存储返回地址使得能够返回到过程中正确的位置

| 指令 | | | 状态值（指令执行前） | | | | 描述 |
|---|---|---|---|---|---|---|---|
| 标号 | PC | 指令 | %rdi | %rax | %rsp | *%rsp | |
| M1 | 0x40055b | callq | 100 | — | 0x7fffffffe820 | — | 调用top(100) |
| T1 | 0x400545 | sub | 100 | — | 0x7fffffffe818 | 0x400560 | 进入top |
| T2 | 0x400549 | callq | 95 | — | 0x7fffffffe818 | 0x400560 | 调用leaf(95) |
| L1 | 0x400540 | lea | 95 | — | 0x7fffffffe810 | 0x40054e | 进入leaf |
| L2 | 0x400544 | retq | — | 97 | 0x7fffffffe810 | 0x40054e | 从leaf返回97 |
| T3 | 0x40054e | add | — | 97 | 0x7fffffffe818 | 0x400560 | 继续top |
| T4 | 0x400551 | retq | — | 194 | 0x7fffffffe818 | 0x400560 | 从top返回194 |
| M2 | 0x400560 | mov | — | 194 | 0x7fffffffe820 | — | 继续main |

b）示例代码的执行过程

图 3-27 （续）

详细过程，main 调用 top(100)，然后 top 调用 leaf(95)。函数 leaf 向 top 返回 97，然后 top 向 main 返回 194。前面三列描述了被执行的指令，包括指令标号、地址和指令类型。后面四列给出了在该指令执行前程序的状态，包括寄存器%rdi、%rax 和%rsp 的内容，以及位于栈顶的值。仔细研究这张表的内容，它们说明了运行时栈在管理支持过程调用和返回所需的存储空间中的重要作用。

leaf 的指令 L1 将%rax 设置为 97，也就是要返回的值。然后指令 L2 返回，它从栈中弹出 0x400054e。通过将 PC 设置为这个弹出的值，控制转移回 top 的 T3 指令。程序成功完成对 leaf 的调用，返回到 top。

指令 T3 将%rax 设置为 194，也就是要从 top 返回的值。然后指令 T4 返回，它从栈中弹出 0x4000560，因此将 PC 设置为 main 的 M2 指令。程序成功完成对 top 的调用，返回到 main。可以看到，此时栈指针也恢复成了 0x7fffffffe820，即调用 top 之前的值。

可以看到，这种把返回地址压入栈的简单的机制能够让函数在稍后返回到程序中正确的点。C 语言（以及大多数程序语言）标准的调用/返回机制刚好与栈提供的后进先出的内存管理方法吻合。

**练习题 3.32**　下面列出的是两个函数 first 和 last 的反汇编代码，以及 main 函数调用 first 的代码：

```
   Disassembly of last(long u, long v)
   u in %rdi, v in %rsi
1  0000000000400540 <last>:
2    400540:  48 89 f8              mov    %rdi,%rax          L1: u
3    400543:  48 0f af c6           imul   %rsi,%rax          L2: u*v
4    400547:  c3                    retq                      L3: Return

   Disassembly of first(long x)
   x in %rdi
5  0000000000400548 <first>:
6    400548:  48 8d 77 01           lea    0x1(%rdi),%rsi     F1: x+1
7    40054c:  48 83 ef 01           sub    $0x1,%rdi          F2: x-1
8    400550:  e8 eb ff ff ff        callq  400540 <last>      F3: Call last(x-1,x+1)
```

```
9    400555:  f3 c3                 repz retq              F4: Return
         :
         :
10   400560:  e8 e3 ff ff ff        callq  400548 <first>  M1: Call first(10)
11   400565:  48 89 c2              mov    %rax,%rdx       M2: Resume
```

每条指令都有一个标号，类似于图 3-27a。从 main 调用 first(10)开始，到程序返回 main 时为止，填写下表记录指令执行的过程。

| 指令 | | | 状态值(指令执行前) | | | | | |
|---|---|---|---|---|---|---|---|---|
| 标号 | PC | 指令 | %rdi | %rsi | %rax | %rsp | * %rsp | 描述 |
| M1 | 0x400560 | callq | 10 | — | — | 0x7fffffffe820 | — | 调用 first(10) |
| F1 | | | | | | | | |
| F2 | | | | | | | | |
| F3 | | | | | | | | |
| L1 | | | | | | | | |
| L2 | | | | | | | | |
| L3 | | | | | | | | |
| F4 | | | | | | | | |
| M2 | | | | | | | | |

### 3.7.3　数据传送

当调用一个过程时，除了要把控制传递给它并在过程返回时再传递回来之外，过程调用还可能包括把数据作为参数传递，而从过程返回还有可能包括返回一个值。x86-64 中，大部分过程间的数据传送是通过寄存器实现的。例如，我们已经看到无数的函数示例，参数在寄存器%rdi、%rsi 和其他寄存器中传递。当过程 P 调用过程 Q 时，P 的代码必须首先把参数复制到适当的寄存器中。类似地，当 Q 返回到 P 时，P 的代码可以访问寄存器%rax 中的返回值。在本节中，我们更详细地探讨这些规则。

x86-64 中，可以通过寄存器最多传递 6 个整型(即整数和指针)参数。寄存器的使用是有特殊顺序的，寄存器使用的名字取决于要传递的数据类型的大小，如图 3-28 所示。会根据参数在参数列表中的顺序为它们分配寄存器。可以通过 64 位寄存器适当的部分访问小于 64 位的参数。例如，如果第一个参数是 32 位的，那么可以用%edi 来访问它。

| 操作数大小(位) | 参数数量 | | | | | |
|---|---|---|---|---|---|---|
| | 1 | 2 | 3 | 4 | 5 | 6 |
| 64 | %rdi | %rsi | %rdx | %rcx | %r8 | %r9 |
| 32 | %edi | %esi | %edx | %ecx | %r8d | %r9d |
| 16 | %di | %si | %dx | %cx | %r8w | %r9w |
| 8 | %dil | %sil | %dl | %cl | %r8b | %r9b |

图 3-28　传递函数参数的寄存器。寄存器是按照特殊顺序来使用的，而使用的名字是根据参数的大小来确定的

如果一个函数有大于 6 个整型参数，超出 6 个的部分就要通过栈来传递。假设过程 P 调用过程 Q，有 $n$ 个整型参数，且 $n>6$。那么 P 的代码分配的栈帧必须要能容纳 7 到 $n$ 号参数的存储空间，如图 3-25 所示。要把参数 1～6 复制到对应的寄存器，把参数 7～$n$ 放

到栈上，而参数 7 位于栈顶。通过栈传递参数时，所有的数据大小都向 8 的倍数对齐。参数到位以后，程序就可以执行 call 指令将控制转移到过程 Q 了。过程 Q 可以通过寄存器访问参数，有必要的话也可以通过栈访问。相应地，如果 Q 也调用了某个有超过 6 个参数的函数，它也需要在自己的栈帧中为超出 6 个部分的参数分配空间，如图 3-25 中标号为“参数构造区”的区域所示。

作为参数传递的示例，考虑图 3-29a 所示的 C 函数 proc。这个函数有 8 个参数，包括字节数不同的整数(8、4、2 和 1)和不同类型的指针，每个指针都是 8 字节的。

```
void proc(long  a1, long  *a1p,
          int   a2, int   *a2p,
          short a3, short *a3p,
          char  a4, char  *a4p)
{
    *a1p += a1;
    *a2p += a2;
    *a3p += a3;
    *a4p += a4;
}
```

a) C代码

```
   void proc(a1, a1p, a2, a2p, a3, a3p, a4, a4p)
   Arguments passed as follows:
     a1  in %rdi          (64 bits)
     a1p in %rsi          (64 bits)
     a2  in %edx          (32 bits)
     a2p in %rcx          (64 bits)
     a3  in %r8w          (16 bits)
     a3p in %r9           (64 bits)
     a4  at %rsp+8        ( 8 bits)
     a4p at %rsp+16       (64 bits)
1  proc:
2    movq    16(%rsp), %rax    Fetch a4p     (64 bits)
3    addq    %rdi, (%rsi)      *a1p += a1    (64 bits)
4    addl    %edx, (%rcx)      *a2p += a2    (32 bits)
5    addw    %r8w, (%r9)       *a3p += a3    (16 bits)
6    movl    8(%rsp), %edx     Fetch a4      ( 8 bits)
7    addb    %dl, (%rax)       *a4p += a4    ( 8 bits)
8    ret                       Return
```

b) 生成的汇编代码

图 3-29　有多个不同类型参数的函数示例。参数 1～6 通过寄存器传递，而参数 7～8 通过栈传递

图 3-29b 中给出 proc 生成的汇编代码。前面 6 个参数通过寄存器传递，后面 2 个通过栈传递，就像图 3-30 中画出来的那样。可以看到，作为过程调用的一部分，返回地址被压入栈中。因而这两个参数位于相对于栈指针距离为 8 和 16 的位置。在这段代码中，我们可以看到根据操作数的大小，使用了 ADD 指令的不同版本：a1(long)使用 addq，a2(int)使用 addl，a3(short)使用 addw，而 a4(char)使用 addb。请注意第 6 行的 movl 指令从内存读入 4 字节，而后面的 addb 指令只使用其中的低位一字节。

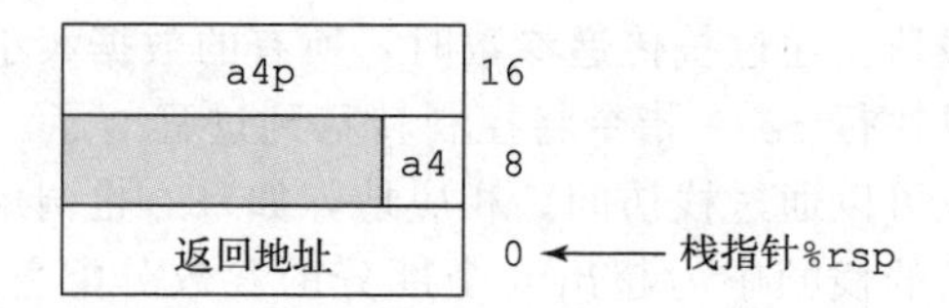


图 3-30　函数 proc 的栈帧结构。参数 a4 和 a4p 通过栈传递

**练习题 3.33**　C 函数 procprob 有 4 个参数 u、a、v 和 b，每个参数要么是一个有符号数，要么是一个指向有符号数的指针，这里的数大小不同。该函数的函数体如下：

```
*u += a;
*v += b;
return sizeof(a) + sizeof(b);
```

编译得到如下 x86-64 代码：

```
1    procprob:
2      movslq   %edi, %rdi
3      addq     %rdi, (%rdx)
4      addb     %sil, (%rcx)
5      movl     $6, %eax
6      ret
```

确定 4 个参数的合法顺序和类型。有两种正确答案。

### 3.7.4　栈上的局部存储

到目前为止我们看到的大多数过程示例都不需要超出寄存器大小的本地存储区域。不过有些时候，局部数据必须存放在内存中，常见的情况包括：

- 寄存器不足够存放所有的本地数据。
- 对一个局部变量使用地址运算符‘&’，因此必须能够为它产生一个地址。
- 某些局部变量是数组或结构，因此必须能够通过数组或结构引用被访问到。在描述数组和结构分配时，我们会讨论这个问题。

一般来说，过程通过减小栈指针在栈上分配空间。分配的结果作为栈帧的一部分，标号为“局部变量”，如图 3-25 所示。

来看一个处理地址运算符的例子，图 3-31a 中给出的两个函数。函数 swap_add 交换指针 xp 和 yp 指向的两个值，并返回这两个值的和。函数 caller 创建到局部变量 arg1 和 arg2 的指针，把它们传递给 swap_add。图 3-31b 展示了 caller 是如何用栈帧来实现这些局部变量的。caller 的代码开始的时候把栈指针减掉了 16；实际上这就是在栈上分配了 16 个字节。$S$ 表示栈指针的值，可以看到这段代码计算 &arg2 为 $S+8$(第 5 行)，而 &arg1 为 $S$。因此可以推断局部变量 arg1 和 arg2 存放在栈帧中相对于栈指针偏移量为 0 和 8 的地方。当对 swap_add 的调用完成后，caller 的代码会从栈上取出这两个值(第 8～9 行)，计算它们的差，再乘以 swap_add 在寄存器%rax 中返回的值(第 10 行)。最后，该函数把栈指针加 16，释放栈帧(第 11 行)。通过这个例子可以看到，运行时栈提供了一种简单的、在需要时分配、函数完成时释放局部存储的机制。

如图 3-32 所示，函数 call_proc 是一个更复杂的例子，说明 x86-64 栈行为的一些特性。尽管这个例子有点儿长，但还是值得仔细研究。它给出了一个必须在栈上分配局部变量存储空间的函数，同时还要向有 8 个参数的函数 proc 传递值(图 3-29)。该函数创建一个栈帧，如图 3-33 所示。

```
long swap_add(long *xp, long *yp)
{
    long x = *xp;
    long y = *yp;
    *xp = y;
    *yp = x;
    return x + y;
}

long caller()
{
    long arg1 = 534;
    long arg2 = 1057;
    long sum = swap_add(&arg1, &arg2);
    long diff = arg1 - arg2;
    return sum * diff;
}
```

a）swap_add和调用函数的代码

```
     long caller()
1    caller:
2      subq    $16, %rsp          Allocate 16 bytes for stack frame
3      movq    $534, (%rsp)       Store 534 in arg1
4      movq    $1057, 8(%rsp)     Store 1057 in arg2
5      leaq    8(%rsp), %rsi      Compute &arg2 as second argument
6      movq    %rsp, %rdi         Compute &arg1 as first argument
7      call    swap_add           Call swap_add(&arg1, &arg2)
8      movq    (%rsp), %rdx       Get arg1
9      subq    8(%rsp), %rdx      Compute diff = arg1 - arg2
10     imulq   %rdx, %rax         Compute sum * diff
11     addq    $16, %rsp          Deallocate stack frame
12     ret                        Return
```

b）调用函数生成的汇编代码

图 3-31 过程定义和调用的示例。由于会使用地址运算符，所以调用代码必须分配一个栈帧

```
long call_proc()
{
    long  x1 = 1; int  x2 = 2;
    short x3 = 3; char x4 = 4;
    proc(x1, &x1, x2, &x2, x3, &x3, x4, &x4);
    return (x1+x2)*(x3-x4);
}
```

a）swap_add和调用函数的代码

图 3-32 调用在图 3-29 中定义的函数 proc 的代码示例。该代码创建了一个栈帧

```
    long call_proc()
1   call_proc:
      Set up arguments to proc
2     subq    $32, %rsp              Allocate 32-byte stack frame
3     movq    $1, 24(%rsp)           Store 1 in &x1
4     movl    $2, 20(%rsp)           Store 2 in &x2
5     movw    $3, 18(%rsp)           Store 3 in &x3
6     movb    $4, 17(%rsp)           Store 4 in &x4
7     leaq    17(%rsp), %rax         Create &x4
8     movq    %rax, 8(%rsp)          Store &x4 as argument 8
9     movl    $4, (%rsp)             Store 4 as argument 7
10    leaq    18(%rsp), %r9          Pass &x3 as argument 6
11    movl    $3, %r8d               Pass 3 as argument 5
12    leaq    20(%rsp), %rcx         Pass &x2 as argument 4
13    movl    $2, %edx               Pass 2 as argument 3
14    leaq    24(%rsp), %rsi         Pass &x1 as argument 2
15    movl    $1, %edi               Pass 1 as argument 1
      Call proc
16    call    proc
      Retrieve changes to memory
17    movslq  20(%rsp), %rdx         Get x2 and convert to long
18    addq    24(%rsp), %rdx         Compute x1+x2
19    movswl  18(%rsp), %eax         Get x3 and convert to int
20    movsbl  17(%rsp), %ecx         Get x4 and convert to int
21    subl    %ecx, %eax             Compute x3-x4
22    cltq                           Convert to long
23    imulq   %rdx, %rax             Compute (x1+x2) * (x3-x4)
24    addq    $32, %rsp              Deallocate stack frame
25    ret                            Return
```

b）调用函数生成的汇编代码

图 3-32　（续）

看看 call_proc 的汇编代码(图 3-32b)，可以看到代码中一大部分(第 2～15 行)是为调用 proc 做准备。其中包括为局部变量和函数参数建立栈帧，将函数参数加载至寄存器。如图 3-33 所示，在栈上分配局部变量 x1～x4，它们具有不同的大小：24～31(x1)，20～23(x2)，18～19(x3)和 17(s3)。用 leaq 指令生成到这些位置的指针(第 7、10、12 和 14 行)。参数 7(值为 4)和 8(指向 x4 的位置的指针)存放在栈中相对于栈指针偏移量为 0 和 8 的地方。

当调用过程 proc 时，程序会开始执行图 3-29b 中的代码。如图 3-30 所示，参数 7 和 8 现在位于相对于栈指针偏移量为 8 和 16 的地方，因为返回地址这时已经被压入栈中了。

当程序返回 call_proc 时，代码会取出 4 个局部变量(第 17～20 行)，并执行最终的计算。在程序结束前，把栈指针加 32，释放这个栈帧。

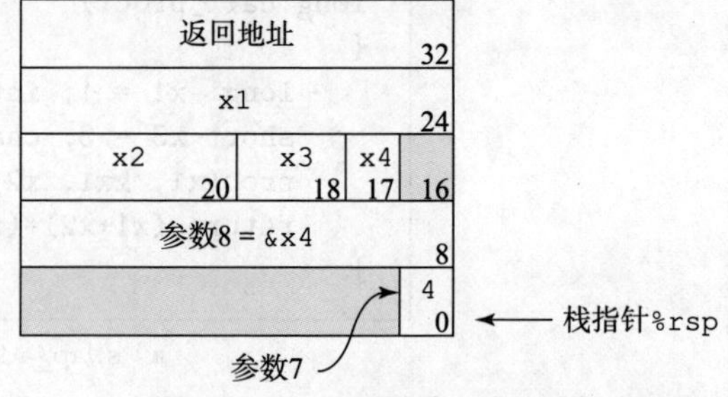


图 3-33　函数 call_proc 的栈帧。该栈帧包含局部变量和两个要传递给函数 proc 的参数

## 3.7.5　寄存器中的局部存储空间

寄存器组是一种唯一被所有过程共享的

资源。虽然在给定时刻只有一个过程是活动的，我们仍然必须确保当一个过程(调用者)调用另一个过程(被调用者)时，被调用者不会覆盖调用者稍后会使用的寄存器值。为此，x86-64 采用了一组统一的寄存器使用惯例，所有的过程(包括程序库)都必须遵循。

根据惯例，寄存器%rbx、%rbp 和%r12～%r15 被划分为被调用者保存寄存器。当过程 P 调用过程 Q 时，Q 必须保存这些寄存器的值，保证它们的值在 Q 返回到 P 时与 Q 被调用时是一样的。过程 Q 保存一个寄存器的值不变，要么就是根本不去改变它，要么就是把原始值压入栈中，改变寄存器的值，然后在返回前从栈中弹出旧值。压入寄存器的值会在栈帧中创建标号为“被保存的寄存器”的一部分，如图 3-25 中所示。有了这条惯例，P 的代码就能安全地把值存在被调用者保存寄存器中(当然，要先把之前的值保存到栈上)，调用 Q，然后继续使用寄存器中的值，不用担心值被破坏。

所有其他的寄存器，除了栈指针%rsp，都分类为调用者保存寄存器。这就意味着任何函数都能修改它们。可以这样来理解“调用者保存”这个名字：过程 P 在某个此类寄存器中有局部数据，然后调用过程 Q。因为 Q 可以随意修改这个寄存器，所以在调用之前首先保存好这个数据是 P(调用者)的责任。

来看一个例子，图 3-34a 中的函数 P。它两次调用 Q。在第一次调用中，必须保存 x 的值以备后面使用。类似地，在第二次调用中，也必须保存 Q(y)的值。图 3-34b 中，可以看到 GCC 生成的代码使用了两个被调用者保存寄存器：%rbp 保存 x 和%rbx 保存计算出来的

```
long P(long x, long y)
{
    long u = Q(y);
    long v = Q(x);
    return u + v;
}
```

a) 调用函数

```
   long P(long x, long y)
   x in %rdi, y in %rsi
1  P:
2    pushq   %rbp            Save %rbp
3    pushq   %rbx            Save %rbx
4    subq    $8, %rsp        Align stack frame
5    movq    %rdi, %rbp      Save x
6    movq    %rsi, %rdi      Move y to first argument
7    call    Q               Call Q(y)
8    movq    %rax, %rbx      Save result
9    movq    %rbp, %rdi      Move x to first argument
10   call    Q               Call Q(x)
11   addq    %rbx, %rax      Add saved Q(y) to Q(x)
12   addq    $8, %rsp        Deallocate last part of stack
13   popq    %rbx            Restore %rbx
14   popq    %rbp            Restore %rbp
15   ret
```

b) 调用函数生成的汇编代码

图 3-34 展示被调用者保存寄存器使用的代码。在第一次调用中，必须保存 x 的值，第二次调用中，必须保存 Q(y)的值

Q(y)的值。在函数的开头，把这两个寄存器的值保存到栈中(第 2～3 行)。在第一次调用 Q 之前，把参数 x 复制到%rbp(第 5 行)。在第二次调用 Q 之前，把这次调用的结果复制到%rbx(第 8 行)。在函数的结尾，(第 13～14 行)，把它们从栈中弹出，恢复这两个被调用者保存寄存器的值。注意它们的弹出顺序与压入顺序相反，说明了栈的后进先出规则。

**练习题 3.34** 一个函数 P 生成名为 a0~a7 的局部变量，然后调用函数 Q，没有参数。GCC 为 P 的第一部分产生如下代码：

```
   long P(long x)
   x in %rdi
1  P:
2    pushq   %r15
3    pushq   %r14
4    pushq   %r13
5    pushq   %r12
6    pushq   %rbp
7    pushq   %rbx
8    subq    $24, %rsp
9    movq    %rdi, %rbx
10   leaq    1(%rdi), %r15
11   leaq    2(%rdi), %r14
12   leaq    3(%rdi), %r13
13   leaq    4(%rdi), %r12
14   leaq    5(%rdi), %rbp
15   leaq    6(%rdi), %rax
16   movq    %rax, (%rsp)
17   leaq    7(%rdi), %rdx
18   movq    %rdx, 8(%rsp)
19   movl    $0, %eax
20   call    Q
     . . .
```

A. 确定哪些局部值存储在被调用者保存寄存器中。

B. 确定哪些局部变量存储在栈上。

C. 解释为什么不能把所有的局部值都存储在被调用者保存寄存器中。

### 3.7.6 递归过程

前面已经描述的寄存器和栈的惯例使得 x86-64 过程能够递归地调用它们自身。每个过程调用在栈中都有它自己的私有空间，因此多个未完成调用的局部变量不会相互影响。此外，栈的原则很自然地就提供了适当的策略，当过程被调用时分配局部存储，当返回时释放存储。

图 3-35 给出了递归的阶乘函数的 C 代码和生成的汇编代码。可以看到汇编代码使用寄存器%rbx 来保存参数 n，先把已有的值保存在栈上(第 2 行)，随后在返回前恢复该值(第 11 行)。根据栈的使用特性和寄存器保存规则，可以保证当递归调用 rfact(n-1)返回时(第 9 行)，(1)该次调用的结果会保存在寄存器%rax 中，(2)参数 n 的值仍然在寄存器%rbx 中。把这两个值相乘就能得到期望的结果。

从这个例子我们可以看到，递归调用一个函数本身与调用其他函数是一样的。栈规则提供了一种机制，每次函数调用都有它自己私有的状态信息(保存的返回位置和被调用者保存寄存器的值)存储空间。如果需要，它还可以提供局部变量的存储。栈分配和释放的规则很自然地就与函数调用-返回的顺序匹配。这种实现函数调用和返回的方法甚至对更复杂的情况也适用，包括相互递归调用(例如，过程 P 调用 Q，Q 再调用 P)。

```
long rfact(long n)
{
    long result;
    if (n <= 1)
        result = 1;
    else
        result = n * rfact(n-1);
    return result;
}
```

a）C代码

```
    long rfact(long n)
    n in %rdi
1   rfact:
2     pushq   %rbx                Save %rbx
3     movq    %rdi, %rbx          Store n in callee-saved register
4     movl    $1, %eax            Set return value = 1
5     cmpq    $1, %rdi            Compare n:1
6     jle     .L35                If <=, goto done
7     leaq    -1(%rdi), %rdi      Compute n-1
8     call    rfact               Call rfact(n-1)
9     imulq   %rbx, %rax          Multiply result by n
10  .L35:                       done:
11    popq    %rbx                Restore %rbx
12    ret                         Return
```

b）生成的汇编代码

图 3-35　递归的阶乘程序的代码。标准过程处理机制足够用来实现递归函数

**练习题 3.35**　一个具有通用结构的 C 函数如下：

```
long rfun(unsigned long x) {
    if ( ________ )
        return ________;
    unsigned long nx = ________;
    long rv = rfun(nx);
    return ________;
}
```

GCC 产生如下汇编代码：

```
    long rfun(unsigned long x)
    x in %rdi
1   rfun:
2     pushq   %rbx
3     movq    %rdi, %rbx
4     movl    $0, %eax
5     testq   %rdi, %rdi
```

```
6     je      .L2
7     shrq    $2, %rdi
8     call    rfun
9     addq    %rbx, %rax
10  .L2:
11    popq    %rbx
12    ret
```

A. rfun 存储在被调用者保存寄存器%rbx 中的值是什么？

B. 填写上述 C 代码中缺失的表达式。

## 3.8　数组分配和访问

C 语言中的数组是一种将标量数据聚集成更大数据类型的方式。C 语言实现数组的方式非常简单，因此很容易翻译成机器代码。C 语言的一个不同寻常的特点是可以产生指向数组中元素的指针，并对这些指针进行运算。在机器代码中，这些指针会被翻译成地址计算。

优化编译器非常善于简化数组索引所使用的地址计算。不过这使得 C 代码和它到机器代码的翻译之间的对应关系有些难以理解。

### 3.8.1　基本原则

对于数据类型 $T$ 和整型常数 $N$，声明如下：

*T* A[*N*];

起始位置表示为 $x_A$。这个声明有两个效果。首先，它在内存中分配一个 $L \cdot N$ 字节的连续区域，这里 $L$ 是数据类型 $T$ 的大小(单位为字节)。其次，它引入了标识符 A，可以用 A 来作为指向数组开头的指针，这个指针的值就是 $x_A$。可以用 $0 \sim N-1$ 的整数索引来访问该数组元素。数组元素 $i$ 会被存放在地址为 $x_A + L \cdot i$ 的地方。

作为示例，让我们来看看下面这样的声明：

```
char    A[12];
char    *B[8];
int     C[6];
double  *D[5];
```

这些声明会产生带下列参数的数组：

| 数组 | 元素大小 | 总的大小 | 起始地址 | 元素 $i$ |
|---|---|---|---|---|
| A | 1 | 12 | $x_A$ | $x_A+i$ |
| B | 8 | 64 | $x_B$ | $x_B+8i$ |
| C | 4 | 24 | $x_C$ | $x_C+4i$ |
| D | 8 | 40 | $x_D$ | $x_D+8i$ |

数组 A 由 12 个单字节(char)元素组成。数组 C 由 6 个整数组成，每个需要 4 个字节。B 和 D 都是指针数组，因此每个数组元素都是 8 个字节。

x86-64 的内存引用指令可以用来简化数组访问。例如，假设 E 是一个 int 型的数组，而我们想计算 E[i]，在此，E 的地址存放在寄存器%rdx 中，而 i 存放在寄存器%rcx 中。然后，指令

```
movl (%rdx,%rcx,4),%eax
```

会执行地址计算 $x_E + 4i$，读这个内存位置的值，并将结果存放到寄存器%eax 中。允许的

伸缩因子 1、2、4 和 8 覆盖了所有基本简单数据类型的大小。

**练习题 3.36** 考虑下面的声明：

```
short    S[7];
short   *T[3];
short  **U[6];
int      V[8];
double  *W[4];
```

填写下表，描述每个数组的元素大小、整个数组的大小以及元素 $i$ 的地址：

| 数组 | 元素大小 | 整个数组的大小 | 起始地址 | 元素 $i$ |
| --- | --- | --- | --- | --- |
| S | | | $x_S$ | |
| T | | | $x_T$ | |
| U | | | $x_U$ | |
| V | | | $x_V$ | |
| W | | | $x_W$ | |

### 3.8.2 指针运算

C 语言允许对指针进行运算，而计算出来的值会根据该指针引用的数据类型的大小进行伸缩。也就是说，如果 p 是一个指向类型为 $T$ 的数据的指针，p 的值为 $x_p$，那么表达式 p+i 的值为 $x_p+L\cdot i$，这里 $L$ 是数据类型 $T$ 的大小。

单操作数操作符‘&’和‘*’可以产生指针和间接引用指针。也就是，对于一个表示某个对象的表达式 Expr，&Expr 是给出该对象地址的一个指针。对于一个表示地址的表达式 AExpr，*AExpr 给出该地址处的值。因此，表达式 Expr 与*&Expr 是等价的。可以对数组和指针应用数组下标操作。数组引用 A[i]等同于表达式*(A+ i)。它计算第 $i$ 个数组元素的地址，然后访问这个内存位置。

扩展一下前面的例子，假设整型数组 E 的起始地址和整数索引 $i$ 分别存放在寄存器 %rdx和%rcx 中。下面是一些与 E 有关的表达式。我们还给出了每个表达式的汇编代码实现，结果存放在寄存器%eax(如果是数据)或寄存器%rax(如果是指针)中。

| 表达式 | 类型 | 值 | 汇编代码 |
| --- | --- | --- | --- |
| E | int* | $x_E$ | movq %rdx,%rax |
| E[0] | int | M[$x_E$] | movl (%rdx),%eax |
| E[i] | int | M[$x_E+4i$] | movl (%rdx,%rcx,4),%eax |
| &E[2] | int* | $x_E+8$ | leaq 8(%rdx),%rax |
| E+i-1 | int* | $x_E+4i-4$ | leaq -4(%rdx,%rcx,4),%rax |
| *(E+i-3) | int | M[$x_E+4i-12$] | movl -12(%rdx,%rcx,4),%eax |
| &E[i]-E | long | $i$ | movq %rcx,%rax |

在这些例子中，可以看到返回数组值的操作类型为 int，因此涉及 4 字节操作(例如 movl)和寄存器(例如%eax)。那些返回指针的操作类型为 int *，因此涉及 8 字节操作(例如 leaq)和寄存器(例如%rax)。最后一个例子表明可以计算同一个数据结构中的两个指针之差，结果的数据类型为 long，值等于两个地址之差除以该数据类型的大小。

**练习题 3.37** 假设短整型数组 S 的地址 $x_S$和整数索引 $i$ 分别存放在寄存器%rdx 和%rcx中。对下面每个表达式，给出它的类型、值的表达式和汇编代码实现。如果结果是指针的话，要保存在寄存器%rax 中，如果数据类型为 short，就保存在寄存器元素%ax 中。

| 表达式 | 类型 | 值 | 汇编代码 |
|---|---|---|---|
| S+ 1 | | | |
| S[3] | | | |
| &S[i] | | | |
| S[4*i+ 1] | | | |
| S+ i-5 | | | |

### 3.8.3　嵌套的数组

当我们创建数组的数组时，数组分配和引用的一般原则也是成立的。例如，声明

```
int A[5][3];
```

等价于下面的声明

```
typedef int row3_t[3];
row3_t A[5];
```

数据类型 row3_t 被定义为一个 3 个整数的数组。数组 A 包含 5 个这样的元素，每个元素需要 12 个字节来存储 3 个整数。整个数组的大小就是 4×5×3=60 字节。

数组 A 还可以被看成一个 5 行 3 列的二维数组，用 A[0][0]到 A[4][2]来引用。数组元素在内存中按照“行优先”的顺序排列，意味着第 0 行的所有元素，可以写作 A[0]，后面跟着第 1 行的所有元素(A[1])，以此类推，如图 3-36 所示。

| 行 | 元素 | 地址 |
|---|---|---|
| A[0] | A[0][0] | $x_A$ |
| | A[0][1] | $x_A+4$ |
| | A[0][2] | $x_A+8$ |
| A[1] | A[1][0] | $x_A+12$ |
| | A[1][1] | $x_A+16$ |
| | A[1][2] | $x_A+20$ |
| A[2] | A[2][0] | $x_A+24$ |
| | A[2][1] | $x_A+28$ |
| | A[2][2] | $x_A+32$ |
| A[3] | A[3][0] | $x_A+36$ |
| | A[3][1] | $x_A+40$ |
| | A[3][2] | $x_A+44$ |
| A[4] | A[4][0] | $x_A+48$ |
| | A[4][1] | $x_A+52$ |
| | A[4][2] | $x_A+56$ |

图 3-36　按照行优先顺序存储的数组元素

这种排列顺序是嵌套声明的结果。将 A 看作一个有 5 个元素的数组，每个元素都是 3 个 int 的数组，首先是 A[0]，然后是 A[1]，以此类推。

要访问多维数组的元素，编译器会以数组起始为基地址，(可能需要经过伸缩的)偏移量为索引，产生计算期望的元素的偏移量，然后使用某种 MOV 指令。通常来说，对于一个声明如下的数组：

*T* D[*R*][*C*];

它的数组元素 D[i][j]的内存地址为

$$\&D[i][j] = x_D + L(C \cdot i + j) \tag{3.1}$$

这里，$L$ 是数据类型 $T$ 以字节为单位的大小。作为一个示例，考虑前面定义的 5×3 的整型数组 A。假设 $x_A$、$i$ 和 $j$ 分别在寄存器%rdi、%rsi 和%rdx 中。然后，可以用下面的代码将数组元素 A[i][j]复制到寄存器%eax 中：

```
  A in %rdi, i in %rsi, and j in %rdx
1   leaq    (%rsi,%rsi,2), %rax     Compute 3i
2   leaq    (%rdi,%rax,4), %rax     Compute x_A + 12i
3   movl    (%rax,%rdx,4), %eax     Read from M[x_A + 12i + 4j]
```

正如可以看到的那样，这段代码计算元素的地址为 $x_A+12i+4j=x_A+4(3i+j)$，使用了 x86-64 地址运算的伸缩和加法特性。

**练习题 3.38**　考虑下面的源代码，其中 $M$ 和 $N$ 是用# define 声明的常数：

```
long P[M][N];
long Q[N][M];

long sum_element(long i, long j) {
    return P[i][j] + Q[j][i];
}
```

在编译这个程序中，GCC 产生如下汇编代码：

```
    long sum_element(long i, long j)
    i in %rdi, j in %rsi
1   sum_element:
2     leaq    0(,%rdi,8), %rdx
3     subq    %rdi, %rdx
4     addq    %rsi, %rdx
5     leaq    (%rsi,%rsi,4), %rax
6     addq    %rax, %rdi
7     movq    Q(,%rdi,8), %rax
8     addq    P(,%rdx,8), %rax
9     ret
```

运用逆向工程技能，根据这段汇编代码，确定 $M$ 和 $N$ 的值。

### 3.8.4　定长数组

C 语言编译器能够优化定长多维数组上的操作代码。这里我们展示优化等级设置为-O1 时 GCC 采用的一些优化。假设我们用如下方式将数据类型 fix_matrix 声明为 16×16 的整型数组：

```
#define N 16
typedef int fix_matrix[N][N];
```

(这个例子说明了一个很好的编码习惯。当程序要用一个常数作为数组的维度或者缓冲区的大小时，最好通过# define 声明将这个常数与一个名字联系起来，然后在后面一直使用这个名字代替常数的数值。这样一来，如果需要修改这个值，只用简单地修改这个# define 声明就可以了。)图 3-37a 中的代码计算矩阵 A 和 B 乘积的元素 $i$，$k$，即 A 的行 $i$ 和 B 的列 $k$ 的内积。GCC 产生的代码(我们再反汇编成 C)，如图 3-37b 中函数 fix_prod_ele_opt 所示。这段代码包含很多聪明的优化。它去掉了整数索引 $j$，并把所有的数组引用都转换成了指针间接引用，其中包括(1)生成一个指针，命名为 Aptr，指向 A 的行 $i$ 中连续的元素；(2)生成一个指针，命名为 Bptr，指向 B 的列 $k$ 中连续的元素；(3)生成一个指针，命名为 Bend，当需要终止该循环时，它会等于 Bptr 的值。Aptr 的初始值是 A 的行 $i$ 的第一个元素的地址，由 C 表达式 &A[i][0]给出。Bptr 的初始值是 B 的列 $k$ 的第一个元素的地址，由 C 表达式 &B[0][k]给出。Bend 的值是假想中 B 的列 $j$ 的第($n+1$)个元素的地址，由 C 表达式 &B[N][k]给出。

下面给出的是 GCC 为函数 fix_prod_ele 生成的这个循环的实际汇编代码。我们看到 4 个寄存器的使用如下：%eax 保存 result，%rdi 保存 Aptr，%rcx 保存 Bptr，而%rsi 保存 Bend。

```
/* Compute i,k of fixed matrix product */
int fix_prod_ele (fix_matrix A, fix_matrix B, long i, long k) {
    long j;
    int result = 0;

    for (j = 0; j < N; j++)
        result += A[i][j] * B[j][k];

    return result;
}
```

a）原始的C代码

```
1   /* Compute i,k of fixed matrix product */
2   int fix_prod_ele_opt(fix_matrix A, fix_matrix B, long i, long k) {
3       int *Aptr = &A[i][0];      /* Points to elements in row i of A    */
4       int *Bptr = &B[0][k];      /* Points to elements in column k of B */
5       int *Bend = &B[N][k];      /* Marks stopping point for Bptr       */
6       int result = 0;
7       do {                            /* No need for initial test */
8           result += *Aptr * *Bptr;    /* Add next product to sum  */
9           Aptr ++;                    /* Move Aptr to next column */
10          Bptr += N;                  /* Move Bptr to next row    */
11      } while (Bptr != Bend);         /* Test for stopping point  */
12      return result;
13  }
```

b）优化过的C代码

图 3-37 原始的和优化过的代码，该代码计算定长数组的矩阵乘积的元素 $i$，$k$。编译器会自动完成这些优化

```
   int fix_prod_ele_opt(fix_matrix A, fix_matrix B, long i, long k)
   A in %rdi, B in %rsi, i in %rdx, k in %rcx
1  fix_prod_ele:
2    salq    $6, %rdx                Compute 64 * i
3    addq    %rdx, %rdi              Compute Aptr = xA + 64i = &A[i][0]
4    leaq    (%rsi,%rcx,4), %rcx     Compute Bptr = xB + 4k = &B[0][k]
5    leaq    1024(%rcx), %rsi        Compute Bend = xB + 4k + 1024 = &B[N][k]
6    movl    $0, %eax                Set result = 0
7  .L7:                            loop:
8    movl    (%rdi), %edx            Read *Aptr
9    imull   (%rcx), %edx            Multiply by *Bptr
10   addl    %edx, %eax              Add to result
11   addq    $4, %rdi                Increment Aptr ++
12   addq    $64, %rcx               Increment Bptr += N
13   cmpq    %rsi, %rcx              Compare Bptr:Bend
14   jne     .L7                     If !=, goto loop
15   rep; ret                        Return
```

**练习题 3.39** 利用等式 3.1 来解释图 3-37b 的 C 代码中 Aptr、Bptr 和 Bend 的初始值计算(第 3～5 行)是如何正确反映 fix_prod_ele 的汇编代码中它们的计算(第 3～5 行)的。

练习题 3.40　下面的 C 代码将定长数组的对角线上的元素设置为 val：

```
/* Set all diagonal elements to val */
void fix_set_diag(fix_matrix A, int val) {
    long i;
    for (i = 0; i < N; i++)
        A[i][i] = val;
}
```

当以优化等级-O1 编译时，GCC 产生如下汇编代码：

```
1   fix_set_diag:
    void fix_set_diag(fix_matrix A, int val)
    A in %rdi, val in %rsi
2     movl    $0, %eax
3   .L13:
4     movl    %esi, (%rdi,%rax)
5     addq    $68, %rax
6     cmpq    $1088, %rax
7     jne     .L13
8     rep; ret
```

创建一个 C 代码程序 fix_set_diag_opt，它使用类似于这段汇编代码中所使用的优化，风格与图 3-37b 中的代码一致。使用含有参数 $N$ 的表达式，而不是整数常量，使得如果重新定义了 $N$，你的代码仍能够正确地工作。

### 3.8.5　变长数组

历史上，C 语言只支持大小在编译时就能确定的多维数组(对第一维可能有些例外)。程序员需要变长数组时不得不用 malloc 或 calloc 这样的函数为这些数组分配存储空间，而且不得不显式地编码，用行优先索引将多维数组映射到一维数组，如公式(3.1)所示。ISO C99 引入了一种功能，允许数组的维度是表达式，在数组被分配的时候才计算出来。

在变长数组的 C 版本中，我们可以将一个数组声明如下：

```
int A[expr1][expr2]
```

它可以作为一个局部变量，也可以作为一个函数的参数，然后在遇到这个声明的时候，通过对表达式 $expr1$ 和 $expr2$ 求值来确定数组的维度。因此，例如要访问 $n\times n$ 数组的元素 $i$，$j$，我们可以写一个如下的函数：

```
int var_ele(long n, int A[n][n], long i, long j) {
    return A[i][j];
}
```

参数 n 必须在参数 A[n][n]之前，这样函数就可以在遇到这个数组的时候计算出数组的维度。

GCC 为这个引用函数产生的代码如下所示：

```
    int var_ele(long n, int A[n][n], long i, long j)
    n in %rdi, A in %rsi, i in %rdx, j in %rcx
1   var_ele:
2     imulq   %rdx, %rdi              Compute n · i
3     leaq    (%rsi,%rdi,4), %rax     Compute x_A + 4(n · i)
4     movl    (%rax,%rcx,4), %eax     Read from M[x_A + 4(n · i) + 4j]
5     ret
```

正如注释所示，这段代码计算元素 $i$，$j$ 的地址为 $x_A+4(n\cdot i)+4j=x_A+4(n\cdot i+j)$。这个地址的计算类似于定长数组的地址计算(参见 3.8.3 节)，不同点在于 1)由于增加了参数 $n$，寄存器的使用变化了；2)用了乘法指令来计算 $n\cdot i$(第 2 行)，而不是用 leaq 指令来计算 $3i$。因此引用变长数组只需要对定长数组做一点儿概括。动态的版本必须用乘法指令对 $i$ 伸缩 $n$ 倍，而不能用一系列的移位和加法。在一些处理器中，乘法会招致严重的性能处罚，但是在这种情况中无可避免。

在一个循环中引用变长数组时，编译器常常可以利用访问模式的规律性来优化索引的计算。例如，图 3-38a 给出的 C 代码，它计算两个 $n\times n$ 矩阵 A 和 B 乘积的元素 $i$，$k$。GCC 产生的汇编代码，我们再重新变为 C 代码(图 3-38b)。这个代码与固定大小数组的优化代码(图 3-37)风格不同，不过这更多的是编译器选择的结果，而不是两个函数有什么根本的不同造成的。图 3-38b 的代码保留了循环变量 j，用以判定循环是否结束和作为到 A 的行 $i$ 的元素组成的数组的索引。

```
1   /* Compute i,k of variable matrix product */
2   int var_prod_ele(long n, int A[n][n], int B[n][n], long i, long k) {
3       long j;
4       int result = 0;
5
6       for (j = 0; j < n; j++)
7           result += A[i][j] * B[j][k];
8
9       return result;
10  }
```

a）原始的C代码

```
/* Compute i,k of variable matrix product */
int var_prod_ele_opt(long n, int A[n][n], int B[n][n], long i, long k) {
    int *Arow = A[i];
    int *Bptr = &B[0][k];
    int result = 0;
    long j;
    for (j = 0; j < n; j++) {
        result += Arow[j] * *Bptr;
        Bptr += n;
    }
    return result;
}
```

b）优化后的C代码

图 3-38　计算变长数组的矩阵乘积的元素 $i$，$k$ 的原始代码和优化后的代码。编译器自动执行这些优化

下面是 var_prod_ele 的循环的汇编代码：

```
    Registers: n in %rdi, Arow in %rsi, Bptr in %rcx
               4n in %r9, result in %eax, j in %edx
1   .L24:                                   loop:
2     movl    (%rsi,%rdx,4), %r8d             Read Arow[j]
3     imull   (%rcx), %r8d                    Multiply by *Bptr
```

```
4    addl    %r8d, %eax              Add to result
5    addq    $1, %rdx                j++
6    addq    %r9, %rcx               Bptr += n
7    cmpq    %rdi, %rdx              Compare j:n
8    jne     .L24                    If !=, goto loop
```

我们看到程序既使用了伸缩过的值 $4n$(寄存器%r9)来增加 Bptr，也使用了 $n$ 的值(寄存器%rdi)来检查循环的边界。C 代码中并没有体现出需要这两个值，但是由于指针运算的伸缩，才使用了这两个值。

可以看到，如果允许使用优化，GCC 能够识别出程序访问多维数组的元素的步长。然后生成的代码会避免直接应用等式(3.1)会导致的乘法。不论生成基于指针的代码(图 3-37b)还是基于数组的代码(图 3-38b)，这些优化都能显著提高程序的性能。

## 3.9 异质的数据结构

C 语言提供了两种将不同类型的对象组合到一起创建数据类型的机制：结构(structure)，用关键字 struct 来声明，将多个对象集合到一个单位中；联合(union)，用关键字 union 来声明，允许用几种不同的类型来引用一个对象。

### 3.9.1 结构

C 语言的 struct 声明创建一个数据类型，将可能不同类型的对象聚合到一个对象中。用名字来引用结构的各个组成部分。类似于数组的实现，结构的所有组成部分都存放在内存中一段连续的区域内，而指向结构的指针就是结构第一个字节的地址。编译器维护关于每个结构类型的信息，指示每个字段(field)的字节偏移。它以这些偏移作为内存引用指令中的位移，从而产生对结构元素的引用。

**给 C 语言初学者　将一个对象表示为 struct**

C 语言提供的 struct 数据类型的构造函数(constructor)与 C++ 和 Java 的对象最为接近。它允许程序员在一个数据结构中保存关于某个实体的信息，并用名字来引用这些信息。

例如，一个图形程序可能要用结构来表示一个长方形：

```
struct rect {
    long llx;            /* X coordinate of lower-left corner */
    long lly;            /* Y coordinate of lower-left corner */
    unsigned long width;  /* Width (in pixels)                 */
    unsigned long height; /* Height (in pixels)                */
    unsigned color;       /* Coding of color                   */
};
```

可以声明一个 struct rect 类型的变量 r，并将它的字段值设置如下：

```
struct rect r;
r.llx = r.lly = 0;
r.color = 0xFF00FF;
r.width = 10;
r.height = 20;
```

这里表达式 r.llx 就会选择结构 r 的 llx 字段。

另外，我们可以在一条语句中既声明变量又初始化它的字段：

```
struct rect r = { 0, 0, 10, 20, 0xFF00FF };
```

将指向结构的指针从一个地方传递到另一个地方，而不是复制它们，这是很常见的。例如，下面的函数计算长方形的面积，这里，传递给函数的就是一个指向长方形 struct 的指针：

```
long area(struct rect *rp) {
    return (*rp).width * (*rp).height;
}
```

表达式(*rp).width 间接引用了这个指针，并且选取所得结构的 width 字段。这里必须要用括号，因为编译器会将表达式*rp.width 解释为* (rp.width)，而这是非法的。间接引用和字段选取结合起来使用非常常见，以至于C语言提供了一种替代的表示法-> 。即 rp-> width 等价于表达式(*rp).width。例如，我们可以写一个函数，它将一个长方形逆时针旋转 90°：

```
void rotate_left(struct rect *rp) {
    /* Exchange width and height */
    long t = rp->height;
    rp->height = rp->width;
    rp->width  = t;
    /* Shift to new lower-left corner */
    rp->llx   -= t;
}
```

C++ 和 Java 的对象比C语言中的结构要复杂精细得多，因为它们将一组可以被调用来执行计算的方法与一个对象联系起来。在C语言中，我们可以简单地把这些方法写成普通函数，就像上面所示的函数 area 和 rotate_left。

让我们来看看这样一个例子，考虑下面这样的结构声明：

```
struct rec {
    int i;
    int j;
    int a[2];
    int *p;
};
```

这个结构包括 4 个字段：两个 4 字节 int、一个由两个类型为 int 的元素组成的数组和一个 8 字节整型指针，总共是 24 个字节：

| 偏移 | 0 | 4 | 8 | 12 | 16 | 24 |
|---|---|---|---|---|---|---|
| 内容 | i | j | a[0] | a[1] | p | |

可以观察到，数组 a 是嵌入到这个结构中的。上图中顶部的数字给出的是各个字段相对于结构开始处的字节偏移。

为了访问结构的字段，编译器产生的代码要将结构的地址加上适当的偏移。例如，假设 struct rec* 类型的变量 r 放在寄存器%rdi 中。那么下面的代码将元素 r->i 复制到元素 r->j：

```
  Registers: r in %rdi
1   movl    (%rdi), %eax        Get r->i
2   movl    %eax, 4(%rdi)       Store in r->j
```

因为字段 i 的偏移量为 0，所以这个字段的地址就是 r 的值。为了存储到字段 j，代码要将 r 的地址加上偏移量 4。

要产生一个指向结构内部对象的指针，我们只需将结构的地址加上该字段的偏移量。例如，只用加上偏移量 8+4×1=12，就可以得到指针 &(r->a[1])。对于在寄存器%rdi 中的指针 r 和在寄存器%rsi 中的长整数变量 i，我们可以用一条指令产生指针 &(r->a[i])的值：

```
     Registers: r in %rdi, i %rsi
1    leaq    8(%rdi,%rsi,4), %rax     Set %rax to &r->a[i]
```

最后举一个例子，下面的代码实现的是语句：

```
r->p = &r->a[r->i + r->j];
```

开始时 r 在寄存器%rdi 中：

```
     Registers: r in %rdi
1    movl    4(%rdi), %eax            Get r->j
2    addl    (%rdi), %eax             Add r->i
3    cltq                             Extend to 8 bytes
4    leaq    8(%rdi,%rax,4), %rax     Compute &r->a[r->i + r->j]
5    movq    %rax, 16(%rdi)           Store in r->p
```

综上所述，结构的各个字段的选取完全是在编译时处理的。机器代码不包含关于字段声明或字段名字的信息。

**练习题 3.41**　考虑下面的结构声明：

```
struct prob {
    int *p;
    struct {
        int x;
        int y;
    } s;
    struct prob *next;
};
```

这个声明说明一个结构可以嵌套在另一个结构中，就像数组可以嵌套在结构中、数组可以嵌套在数组中一样。

下面的过程(省略了某些表达式)对这个结构进行操作：

```
void sp_init(struct prob *sp) {
    sp->s.x  = ________;
    sp->p    = ________;
    sp->next = ________;
}
```

A. 下列字段的偏移量是多少(以字节为单位)?

p: ________

s.x: ________

s.y: ________

next: ________

B. 这个结构总共需要多少字节?

C. 编译器为 sp_init 的主体产生的汇编代码如下：

```
    void sp_init(struct prob *sp)
    sp in %rdi
1   sp_init:
2     movl    12(%rdi), %eax
3     movl    %eax, 8(%rdi)
4     leaq    8(%rdi), %rax
5     movq    %rax, (%rdi)
6     movq    %rdi, 16(%rdi)
7     ret
```

根据这些信息，填写 sp_init 代码中缺失的表达式。

**练习题 3.42**　下面的代码给出了类型 ELE 的结构声明以及函数 fun 的原型：

```
struct ELE {
    long    v;
    struct ELE *p;
};

long fun(struct ELE *ptr);
```

当编译 fun 的代码时，GCC 会产生如下汇编代码：

```
    long fun(struct ELE *ptr)
    ptr in %rdi
1   fun:
2     movl    $0, %eax
3     jmp     .L2
4   .L3:
5     addq    (%rdi), %rax
6     movq    8(%rdi), %rdi
7   .L2:
8     testq   %rdi, %rdi
9     jne     .L3
10    rep; ret
```

A. 利用逆向工程技巧写出 fun 的 C 代码。

B. 描述这个结构实现的数据结构以及 fun 执行的操作。

### 3.9.2　联合

联合提供了一种方式，能够规避 C 语言的类型系统，允许以多种类型来引用一个对象。联合声明的语法与结构的语法一样，只不过语义相差比较大。它们是用不同的字段来引用相同的内存块。

考虑下面的声明：

```
struct S3 {
    char c;
    int i[2];
    double v;
};
union U3 {
    char c;
    int i[2];
    double v;
};
```

在一台 x86-64 Linux 机器上编译时，字段的偏移量、数据类型 S3 和 U3 的完整大小如下：

| 类型 | c | i | v | 大小 |
|---|---|---|---|---|
| S3 | 0 | 4 | 16 | 24 |
| U3 | 0 | 0 | 0 | 8 |

(稍后会解释 S3 中 i 的偏移量为什么是 4 而不是 1，以及为什么 v 的偏移量是 16 而不是 9 或 12。)对于类型 union U3 * 的指针 p，p-> c、p-> i[0]和 p-> v 引用的都是数据结构的起始位置。还可以观察到，一个联合的总的大小等于它最大字段的大小。

在一些下上文中，联合十分有用。但是，它也能引起一些讨厌的错误，因为它们绕过了 C 语言类型系统提供的安全措施。一种应用情况是，我们事先知道对一个数据结构中的两个不同字段的使用是互斥的，那么将这两个字段声明为联合的一部分，而不是结构的一部分，会减小分配空间的总量。

例如，假设我们想实现一个二叉树的数据结构，每个叶子节点都有两个 double 类型的数据值，而每个内部节点都有指向两个孩子节点的指针，但是没有数据。如果声明如下：

```
struct node_s {
    struct node_s *left;
    struct node_s *right;
    double data[2];
};
```

那么每个节点需要 32 个字节，每种类型的节点都要浪费一半的字节。相反，如果我们如下声明一个节点：

```
union node_u {
    struct {
        union node_u *left;
        union node_u *right;
    } internal;
    double data[2];
};
```

那么，每个节点就只需要 16 个字节。如果 n 是一个指针，指向 union node_u * 类型的节点，我们用 n-> data[0]和 n-> data[1]来引用叶子节点的数据，而用 n-> internal.left 和 n-> internal.right 来引用内部节点的孩子。

不过，如果这样编码，就没有办法来确定一个给定的节点到底是叶子节点，还是内部节点。通常的方法是引入一个枚举类型，定义这个联合中可能的不同选择，然后再创建一个结构，包含一个标签字段和这个联合：

```
typedef enum { N_LEAF, N_INTERNAL } nodetype_t;

struct node_t {
    nodetype_t type;
    union {
        struct {
            struct node_t *left;
            struct node_t *right;
        } internal;
        double data[2];
    } info;
};
```

这个结构总共需要24个字节：type是4个字节，info.internal.left和info.internal.right各要8个字节，或者是info.data要16个字节。我们后面很快会谈到，在字段type和联合的元素之间需要4个字节的填充，所以整个结构大小为4+4+16=24。在这种情况中，相对于给代码造成的麻烦，使用联合带来的节省是很小的。对于有较多字段的数据结构，这样的节省会更加吸引人。

联合还可以用来访问不同数据类型的位模式。例如，假设我们使用简单的强制类型转换将一个double类型的值d转换为unsigned long类型的值u：

```
unsigned long u = (unsigned long) d;
```

值u会是d的整数表示。除了d的值为0.0的情况以外，u的位表示会与d的很不一样。再看下面这段代码，从一个double产生一个unsigned long类型的值：

```
unsigned long double2bits(double d) {
    union {
        double d;
        unsigned long u;
    } temp;
    temp.d = d;
    return temp.u;
};
```

在这段代码中，我们以一种数据类型来存储联合中的参数，又以另一种数据类型来访问它。结果会是u具有和d一样的位表示，包括符号位字段、指数和尾数，如3.11节中描述的那样。u的数值与d的数值没有任何关系，除了d等于0.0的情况。

当用联合来将各种不同大小的数据类型结合到一起时，字节顺序问题就变得很重要了。例如，假设我们写了一个过程，它以两个4字节的unsigned的位模式，创建一个8字节的double：

```
double uu2double(unsigned word0, unsigned word1)
{
    union {
        double d;
        unsigned u[2];
    } temp;

    temp.u[0] = word0;
    temp.u[1] = word1;
    return temp.d;
}
```

在x86-64这样的小端法机器上，参数word0是d的低位4个字节，而word1是高位4个字节。在大端法机器上，这两个参数的角色刚好相反。

**练习题 3.43**　假设给你个任务，检查一下C编译器为结构和联合的访问产生正确的代码。你写了下面的结构声明：

```
typedef union {
    struct {
        long   u;
        short  v;
        char   w;
```

```
        } t1;
        struct {
            int a[2];
            char  *p;
        } t2;
    } u_type;
```

你写了一组具有下面这种形式的函数：

```
void get(u_type *up, type *dest) {
    *dest =  expr;
}
```

这组函数有不一样的访问表达式 *expr*，而且根据 *expr* 的类型来设置目的数据类型 *type*。然后再检查编译这些函数时产生的代码，看看它们是否与你预期的一样。

假设在这些函数中，up 和 dest 分别被加载到寄存器 %rdi 和 %rsi 中。填写下表中的数据类型 *type*，并用 1～3 条指令序列来计算表达式，并将结果存储到 dest 中。

| *expr* | *type* | 代码 |
|---|---|---|
| up->t1.u | long | movq(%rdi),%rax<br>movq %rax,(%rsi) |
| up->t1.v | ____ | ____<br>____<br>____ |
| &up->t1.w | ____ | ____<br>____<br>____ |
| up->t2.a | ____ | ____<br>____<br>____ |
| up->t2.a[up->t1.u] | ____ | ____<br>____<br>____ |
| *up->t2.p | ____ | ____<br>____<br>____ |

### 3.9.3 数据对齐

许多计算机系统对基本数据类型的合法地址做出了一些限制，要求某种类型对象的地址必须是某个值 $K$(通常是 2、4 或 8)的倍数。这种对齐限制简化了形成处理器和内存系统之间接口的硬件设计。例如，假设一个处理器总是从内存中取 8 个字节，则地址必须为 8 的倍数。如果我们能保证将所有的 double 类型数据的地址对齐成 8 的倍数，那么就可以用一个内存操作来读或者写值了。否则，我们可能需要执行两次内存访问，因为对象可能被分放在两个 8 字节内存块中。

无论数据是否对齐，x86-64 硬件都能正确工作。不过，Intel 还是建议要对齐数据以提高内存系统的性能。对齐原则是任何 $K$ 字节的基本对象的地址必须是 $K$ 的倍数。可以看到这条原则会得到如下对齐：

| K | 类型 |
|---|---|
| 1 | char |
| 2 | short |
| 4 | int,float |
| 8 | long,double,char* |

确保每种数据类型都是按照指定方式来组织和分配，即每种类型的对象都满足它的对齐限制，就可保证实施对齐。编译器在汇编代码中放入命令，指明全局数据所需的对齐。例如，3.6.8 节开始的跳转表的汇编代码声明在第 2 行包含下面这样的命令：

```
.align 8
```

这就保证了它后面的数据(在此，是跳转表的开始)的起始地址是 8 的倍数。因为每个表项长 8 个字节，后面的元素都会遵守 8 字节对齐的限制。

对于包含结构的代码，编译器可能需要在字段的分配中插入间隙，以保证每个结构元素都满足它的对齐要求。而结构本身对它的起始地址也有一些对齐要求。

比如说，考虑下面的结构声明：

```
struct S1 {
    int  i;
    char c;
    int  j;
};
```

假设编译器用最小的 9 字节分配，画出图来是这样的：

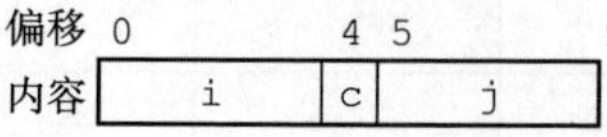

| 偏移 | 0 | 4 | 5 | 9 |
|---|---|---|---|---|
| 内容 | i | c | j | |

它是不可能满足字段 i(偏移为 0)和 j(偏移为 5)的 4 字节对齐要求的。取而代之地，编译器在字段 c 和 j 之间插入一个 3 字节的间隙(在此用蓝色阴影表示)：

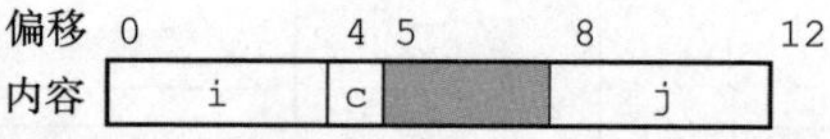

| 偏移 | 0 | 4 | 5 | 8 | 12 |
|---|---|---|---|---|---|
| 内容 | i | c | (间隙) | j | |

结果，j 的偏移量为 8，而整个结构的大小为 12 字节。此外，编译器必须保证任何 struct S1 * 类型的指针 p 都满足 4 字节对齐。用我们前面的符号，设指针 p 的值为 $x_p$。那么，$x_p$必须是 4 的倍数。这就保证了 p-> i(地址 $x_p$)和 p-> j(地址 $x_p+8$)都满足它们的 4 字节对齐要求。

另外，编译器结构的末尾可能需要一些填充，这样结构数组中的每个元素都会满足它的对齐要求。例如，考虑下面这个结构声明：

```
struct S2 {
    int  i;
    int  j;
    char c;
};
```

如果我们将这个结构打包成 9 个字节，只要保证结构的起始地址满足 4 字节对齐要求，我们仍然能够保证满足字段 i 和 j 的对齐要求。不过，考虑下面的声明：

```
struct S2 d[4];
```

分配 9 个字节，不可能满足 d 的每个元素的对齐要求，因为这些元素的地址分别为 $x_d$、$x_d+9$、$x_d+18$ 和 $x_d+27$。相反，编译器会为结构 S2 分配 12 个字节，最后 3 个字节是浪费的空间：

| 偏移 | 0 | 4 | 8 | 9 | 12 |
|---|---|---|---|---|---|
| 内容 | i | j | c | | |

这样一来，d 的元素的地址分别为 $x_d$、$x_d+12$、$x_d+24$ 和 $x_d+36$。只要 $x_d$ 是 4 的倍数，所有的对齐限制就都可以满足了。

**练习题 3.44**　对下面每个结构声明，确定每个字段的偏移量、结构总的大小，以及在 x86-64 下它的对齐要求：

A. `struct P1 { int i; char c; int j; char d; };`

B. `struct P2 { int i; char c; char d; long j; };`

C. `struct P3 { short w[3]; char c[3] };`

D. `struct P4 { short w[5]; char *c[3] };`

E. `struct P5 { struct P3 a[2]; struct P2 t };`

**练习题 3.45**　对于下列结构声明回答后续问题：

```
struct {
    char     *a;
    short     b;
    double    c;
    char      d;
    float     e;
    char      f;
    long      g;
    int       h;
} rec;
```

A. 这个结构中所有的字段的字节偏移量是多少？

B. 这个结构总的大小是多少？

C. 重新排列这个结构中的字段，以最小化浪费的空间，然后再给出重排过的结构的字节偏移量和总的大小。

### 旁注　强制对齐的情况

对于大多数 x86-64 指令来说，保持数据对齐能够提高效率，但是它不会影响程序的行为。另一方面，如果数据没有对齐，某些型号的 Intel 和 AMD 处理器对于有些实现多媒体操作的 SSE 指令，就无法正确执行。这些指令对 16 字节数据块进行操作，在 SSE 单元和内存之间传送数据的指令要求内存地址必须是 16 的倍数。任何试图以不满足对齐要求的地址来访问内存都会导致异常(参见 8.1 节)，默认的行为是程序终止。

因此，任何针对 x86-64 处理器的编译器和运行时系统都必须保证分配用来保存可能会被 SSE 寄存器读或写的数据结构的内存，都必须满足 16 字节对齐。这个要求有两个后果：

- 任何内存分配函数(alloca、malloc、calloc 或 realloc)生成的块的起始地址都必须是 16 的倍数。
- 大多数函数的栈帧的边界都必须是 16 字节的倍数。(这个要求有一些例外。)

较近版本的 x86-64 处理器实现了 AVX 多媒体指令。除了提供 SSE 指令的超集，支持 AVX 的指令并没有强制性的对齐要求。

## 3.10 在机器级程序中将控制与数据结合起来

到目前为止，我们已经分别讨论机器级代码如何实现程序的控制部分和如何实现不同的数据结构。在本节中，我们会看看数据和控制如何交互。首先，深入审视一下指针，它是C编程语言中最重要的概念之一，但是许多程序员对它的理解都非常浅显。我们复习符号调试器GDB的使用，用它仔细检查机器级程序的详细运行。接下来，看看理解机器级程序如何帮助我们研究缓冲区溢出，这是现实世界许多系统中一种很重要的安全漏洞。最后，查看机器级程序如何实现函数要求的栈空间大小在每次执行时都可能不同的情况。

### 3.10.1 理解指针

指针是C语言的一个核心特色。它们以一种统一方式，对不同数据结构中的元素产生引用。对于编程新手来说，指针总是会带来很多的困惑，但是基本概念其实非常简单。在此，我们重点介绍一些指针和它们映射到机器代码的关键原则。

- **每个指针都对应一个类型。**这个类型表明该指针指向的是哪一类对象。以下面的指针声明为例：

  ```
  int *ip;
  char **cpp;
  ```

  变量 ip 是一个指向 int 类型对象的指针，而 cpp 指针指向的对象自身就是一个指向 char 类型对象的指针。通常，如果对象类型为 $T$，那么指针的类型为 $T*$。特殊的 void * 类型代表通用指针。比如说，malloc 函数返回一个通用指针，然后通过显式强制类型转换或者赋值操作那样的隐式强制类型转换，将它转换成一个有类型的指针。指针类型不是机器代码中的一部分；它们是C语言提供的一种抽象，帮助程序员避免寻址错误。
- **每个指针都有一个值。**这个值是某个指定类型的对象的地址。特殊的 NULL(0)值表示该指针没有指向任何地方。
- **指针用'&'运算符创建。**这个运算符可以应用到任何 lvalue 类的C表达式上，lvalue 意指可以出现在赋值语句左边的表达式。这样的例子包括变量以及结构、联合和数组的元素。我们已经看到，因为 leaq 指令是设计用来计算内存引用的地址的，& 运算符的机器代码实现常常用这条指令来计算表达式的值。
- ***操作符用于间接引用指针。**其结果是一个值，它的类型与该指针的类型一致。间接引用是用内存引用来实现的，要么是存储到一个指定的地址，要么是从指定的地址读取。
- **数组与指针紧密联系。**一个数组的名字可以像一个指针变量一样引用(但是不能修改)。数组引用(例如 a[3])与指针运算和间接引用(例如 *(a+3))有一样的效果。数组引用和指针运算都需要用对象大小对偏移量进行伸缩。当我们写表达式 p+i，这里指针 p 的值为 $p$，得到的地址计算为 $p+L\cdot i$，这里 $L$ 是与 p 相关联的数据类型的大小。
- **将指针从一种类型强制转换成另一种类型，只改变它的类型，而不改变它的值。**强制类型转换的一个效果是改变指针运算的伸缩。例如，如果 p 是一个 char * 类型的指针，它的值为 $p$，那么表达式 (int *)p+7 计算为 $p+28$，而 (int *)(p+7) 计算为 $p+7$。(回想一下，强制类型转换的优先级高于加法。)

- 指针也可以指向函数。这提供了一个很强大的存储和向代码传递引用的功能，这些引用可以被程序的某个其他部分调用。例如，如果我们有一个函数，用下面这个原型定义：

```
int fun(int x, int *p);
```

然后，我们可以声明一个指针 fp，将它赋值为这个函数，代码如下：

```
int (*fp)(int, int *);
fp  = fun;
```

然后用这个指针来调用这个函数：

```
int y = 1;
int result = fp(3, &y);
```

函数指针的值是该函数机器代码表示中第一条指令的地址。

**给 C 语言初学者　函数指针**

函数指针声明的语法对程序员新手来说特别难以理解。对于以下声明：

```
int (*f)(int*);
```

要从里(从“f”开始)往外读。因此，我们看到像“(*f)”表明的那样，f 是一个指针；而“(*f)(int* )”表明 f 是一个指向函数的指针，这个函数以一个 int* 作为参数。最后，我们看到，它是指向以 int * 为参数并返回 int 的函数的指针。

*f 两边的括号是必需的，否则声明变成

```
int *f(int*);
```

它会被解读成

```
(int *) f(int*);
```

也就是说，它会被解释成一个函数原型，声明了一个函数 f，它以一个 int * 作为参数并返回一个 int* 。

Kernighan 和 Ritchie [61，5.12 节]提供了一个有关阅读 C 声明的很有帮助的教程。

### 3.10.2　应用：使用 GDB 调试器

GNU 的调试器 GDB 提供了许多有用的特性，支持机器级程序的运行时评估和分析。对于本书中的示例和练习，我们试图通过阅读代码，来推断出程序的行为。有了 GDB，可以观察正在运行的程序，同时又对程序的执行有相当的控制，这使得研究程序的行为变为可能。

图 3-39 给出了一些 GDB 命令的例子，帮助研究机器级 x86-64 程序。先运行 OBJDUMP 来获得程序的反汇编版本，是很有好处的。我们的示例都基于对文件 prog 运行 GDB，程序的描述和反汇编见 3.2.3 节。我们用下面的命令行来启动 GDB：

```
linux> gdb prog
```

通常的方法是在程序中感兴趣的地方附近设置断点。断点可以设置在函数入口后面，或是一个程序的地址处。程序在执行过程中遇到一个断点时，程序会停下来，并将控制返回给用户。在断点处，我们能够以各种方式查看各个寄存器和内存位置。我们也可以单步跟踪程序，一次只执行几条指令，或是前进到下一个断点。

| 命令 | 效果 |
|---|---|
| **开始和停止** | |
| quit | 退出 GDB |
| run | 运行程序(在此给出命令行参数) |
| kill | 停止程序 |
| **断点** | |
| break multstore | 在函数 multstore 入口处设置断点 |
| break * 0x400540 | 在地址 0x400540 处设置断点 |
| delete 1 | 删除断点 1 |
| delete | 删除所有断点 |
| **执行** | |
| stepi | 执行 1 条指令 |
| stepi 4 | 执行 4 条指令 |
| nexti | 类似于 stepi，但以函数调用为单位 |
| continue | 继续执行 |
| finish | 运行到当前函数返回 |
| **检查代码** | |
| disas | 反汇编当前函数 |
| disas multstore | 反汇编函数 multstore |
| disas 0x400544 | 反汇编位于地址 0x400544 附近的函数 |
| disas 0x400540,0x40054d | 反汇编指定地址范围内的代码 |
| print /x $rip | 以十六进制输出程序计数器的值 |
| **检查数据** | |
| print $rax | 以十进制输出%rax 的内容 |
| print /x $rax | 以十六进制输出%rax 的内容 |
| print /t $rax | 以二进制输出%rax 的内容 |
| print 0x100 | 输出 0x100 的十进制表示 |
| print /x 555 | 输出 555 的十六进制表示 |
| print /x ($rsp+ 8) | 以十六进制输出%rsp 的内容加上 8 |
| print *(long *) 0x7fffffffe818 | 输出位于地址 0x7fffffffe818 的长整数 |
| print *(long *)($rsp+ 8) | 输出位于地址%rsp+8 处的长整数 |
| x/2g 0x7fffffffe818 | 检查从地址 0x7fffffffe818 开始的双(8 字节)字 |
| x/20bmultstore | 检查函数 multstore 的前 20 个字节 |
| **有用的信息** | |
| info frame | 有关当前栈帧的信息 |
| info registers | 所有寄存器的值 |
| help | 获取有关 GDB 的信息 |

图 3-39　GDB 命令示例。说明了一些 GDB 支持机器级程序调试的方式

正如我们的示例表明的那样，GDB 的命令语法有点晦涩，但是在线帮助信息(用 GDB 的 help 命令调用)能克服这些毛病。相对于使用命令行接口来访问 GDB，许多程序员更愿意使用 DDD，它是 GDB 的一个扩展，提供了图形用户界面。

### 3.10.3　内存越界引用和缓冲区溢出

我们已经看到，C 对于数组引用不进行任何边界检查，而且局部变量和状态信息(例如保存的寄存器值和返回地址)都存放在栈中。这两种情况结合到一起就能导致严重的程序错误，对越界的数组元素的写操作会破坏存储在栈中的状态信息。当程序使用这个被破

坏的状态，试图重新加载寄存器或执行 ret 指令时，就会出现很严重的错误。

一种特别常见的状态破坏称为缓冲区溢出(buffer overflow)。通常，在栈中分配某个字符数组来保存一个字符串，但是字符串的长度超出了为数组分配的空间。下面这个程序示例就说明了这个问题：

```
/* Implementation of library function gets() */
char *gets(char *s)
{
    int c;
    char *dest = s;
    while ((c = getchar()) != '\n' && c != EOF)
        *dest++ = c;
    if (c == EOF && dest == s)
        /* No characters read */
        return NULL;
    *dest++ = '\0'; /* Terminate string */
    return s;
}

/* Read input line and write it back */
void echo()
{
    char buf[8];  /* Way too small! */
    gets(buf);
    puts(buf);
}
```

前面的代码给出了库函数 gets 的一个实现，用来说明这个函数的严重问题。它从标准输入读入一行，在遇到一个回车换行字符或某个错误情况时停止。它将这个字符串复制到参数 s 指明的位置，并在字符串结尾加上 null 字符。在函数 echo 中，我们使用了 gets，这个函数只是简单地从标准输入中读入一行，再把它回送到标准输出。

gets 的问题是它没有办法确定是否为保存整个字符串分配了足够的空间。在 echo 示例中，我们故意将缓冲区设得非常小——只有 8 个字节长。任何长度超过 7 个字符的字符串都会导致写越界。

检查 GCC 为 echo 产生的汇编代码，看看栈是如何组织的：

```
   void echo()
1  echo:
2    subq    $24, %rsp         Allocate 24 bytes on stack
3    movq    %rsp, %rdi        Compute buf as %rsp
4    call    gets              Call gets
5    movq    %rsp, %rdi        Compute buf as %rsp
6    call    puts              Call puts
7    addq    $24, %rsp         Deallocate stack space
8    ret                       Return
```

图 3-40 画出了 echo 执行时栈的组织。该程序把栈指针减去了 24(第 2 行)，在栈上分配了 24 个字节。字符数组 buf 位于栈顶，可以看到，%rsp 被复制到%rdi 作为调用 gets 和 puts 的参数。这个调用的参数和存储的返回指针之间的 16 字节是未被使用的。只要用户输入不超过 7 个字符，gets 返回的字符串(包括结尾的 null)就能够放进为 buf 分配的

空间里。不过，长一些的字符串就会导致 gets 覆盖栈上存储的某些信息。随着字符串变长，下面的信息会被破坏：

| 输入的字符数量 | 附加的被破坏的状态 |
| --- | --- |
| 0～7 | 无 |
| 9～23 | 未被使用的栈空间 |
| 24～31 | 返回地址 |
| 32+ | caller 中保存的状态 |

字符串到 23 个字符之前都没有严重的后果，但是超过以后，返回指针的值以及更多可能的保存状态会被破坏。如果存储的返回地址的值被破坏了，那么 ret 指令(第 8 行)会导致程序跳转到一个完全意想不到的位置。如果只看 C 代码，根本就不可能看出会有上面这些行为。只有通过研究机器代码级别的程序才能理解像 gets 这样的函数进行的内存越界写的影响。

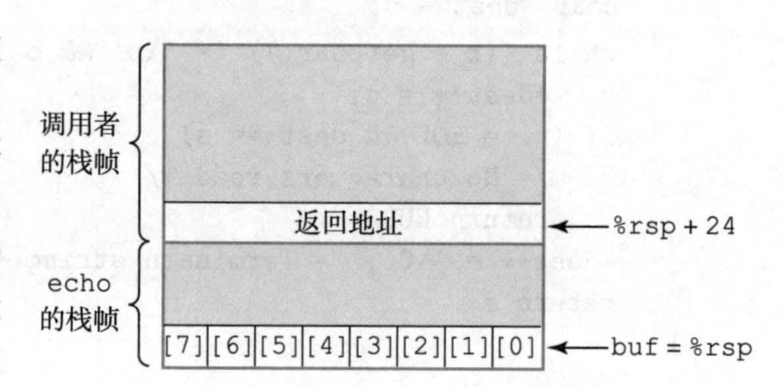


图 3-40　echo 函数的栈组织。字符数组 buf 就在保存的状态下面。对 buf 的越界写会破坏程序的状态

我们的 echo 代码很简单，但是有点太随意了。更好一点的版本是使用 fgets 函数，它包括一个参数，限制待读入的最大字节数。家庭作业 3.71 要求你写出一个能处理任意长度输入字符串的 echo 函数。通常，使用 gets 或其他任何能导致存储溢出的函数，都是不好的编程习惯。不幸的是，很多常用的库函数，包括 strcpy、strcat 和 sprintf，都有一个属性——不需要告诉它们目标缓冲区的大小，就产生一个字节序列[97]。这样的情况就会导致缓冲区溢出漏洞。

**练习题 3.46**　图 3-41 是一个函数的(不太好的)实现，这个函数从标准输入读入一行，将字符串复制到新分配的存储中，并返回一个指向结果的指针。

考虑下面这样的场景。调用过程 get_line，返回地址等于 0x400076，寄存器 %rbx 等于 0x0123456789ABCDEF。输入的字符串为“012345678901234567890123 4”。程序会因为段错误(segmentation fault)而中止。运行 GDB，确定错误是在执行 get_line 的 ret 指令时发生的。

A. 填写下图，尽可能多地说明在执行完反汇编代码中第 3 行指令后栈的相关信息。在右边标注出存储在栈中的数字含意(例如“返回地址”)，在方框中写出它们的十六进制值(如果知道的话)。每个方框都代表 8 个字节。指出 %rsp 的位置。记住，字符 0～9 的 ASCII 代码是 0x30～0x39。

| | |
| --- | --- |
| 00 00 00 00 00 40 00 76 | 返回地址 |
| | |
| | |
| | |
| | |

B. 修改你的图，展现调用 gets 的影响(第 5 行)。

C. 程序应该试图返回到什么地址？

D. 当 get_line 返回时，哪个(些)寄存器的值被破坏了？

E. 除了可能会缓冲区溢出以外，get_line 的代码还有哪两个错误？

```
/* This is very low-quality code.
   It is intended to illustrate bad programming practices.
   See Practice Problem 3.46. */
char *get_line()
{
    char buf[4];
    char *result;
    gets(buf);
    result = malloc(strlen(buf));
    strcpy(result, buf);
    return result;
}
```

a) C代码

```
   char *get_line()
1  0000000000400720 <get_line>:
2    400720:  53                push   %rbx
3    400721:  48 83 ec 10       sub    $0x10,%rsp
   Diagram stack at this point
4    400725:  48 89 e7          mov    %rsp,%rdi
5    400728:  e8 73 ff ff ff    callq  4006a0 <gets>
   Modify diagram to show stack contents at this point
```

b) 对gets调用的反汇编

图 3-41 练习题 3.46 的 C 和反汇编代码

缓冲区溢出的一个更加致命的使用就是让程序执行它本来不愿意执行的函数。这是一种最常见的通过计算机网络攻击系统安全的方法。通常，输入给程序一个字符串，这个字符串包含一些可执行代码的字节编码，称为*攻击代码*(exploit code)，另外，还有一些字节会用一个指向攻击代码的指针覆盖返回地址。那么，执行 ret 指令的效果就是跳转到攻击代码。

在一种攻击形式中，攻击代码会使用系统调用启动一个 shell 程序，给攻击者提供一组操作系统函数。在另一种攻击形式中，攻击代码会执行一些未授权的任务，修复对栈的破坏，然后第二次执行 ret 指令，(表面上)正常返回到调用者。

让我们来看一个例子，在 1988 年 11 月，著名的 Internet 蠕虫病毒通过 Internet 以四种不同的方法获取对许多计算机的访问。一种是对 finger 守护进程 fingerd 的缓冲区溢出攻击，fingerd 服务 FINGER 命令请求。通过以一个适当的字符串调用 FINGER，蠕虫可以使远程的守护进程缓冲区溢出并执行一段代码，让蠕虫访问远程系统。一旦蠕虫获得了对系统的访问，它就能自我复制，几乎完全地消耗掉机器上所有的计算资源。结果，在安全专家制定出如何消除这种蠕虫的方法之前，成百上千的机器实际上都瘫痪了。这种蠕虫的始作俑者最后被抓住并被起诉。时至今日，人们还是不断地发现遭受缓冲区溢出攻击的系统安全漏洞，这更加突显了仔细编写程序的必要性。任何到外部环境的接口都应该是“防弹的”，这样，外部代理的行为才不会导致系统出现错误。

**旁注　蠕虫和病毒**

蠕虫和病毒都试图在计算机中传播它们自己的代码段。正如 Spafford[105]所述，蠕虫(worm)可以自己运行，并且能够将自己的等效副本传播到其他机器。病毒(virus)能将自己添加到包括操作系统在内的其他程序中，但它不能独立运行。在一些大众媒体中，“病毒”用来指各种在系统间传播攻击代码的策略，所以你可能会听到人们把本来应该叫做“蠕虫”的东西称为“病毒”。

### 3.10.4　对抗缓冲区溢出攻击

缓冲区溢出攻击的普遍发生给计算机系统造成了许多的麻烦。现代的编译器和操作系统实现了很多机制，以避免遭受这样的攻击，限制入侵者通过缓冲区溢出攻击获得系统控制的方式。在本节中，我们会介绍一些 Linux 上最新 GCC 版本所提供的机制。

**1. 栈随机化**

为了在系统中插入攻击代码，攻击者既要插入代码，也要插入指向这段代码的指针，这个指针也是攻击字符串的一部分。产生这个指针需要知道这个字符串放置的栈地址。在过去，程序的栈地址非常容易预测。对于所有运行同样程序和操作系统版本的系统来说，在不同的机器之间，栈的位置是相当固定的。因此，如果攻击者可以确定一个常见的 Web 服务器所使用的栈空间，就可以设计一个在许多机器上都能实施的攻击。以传染病来打个比方，许多系统都容易受到同一种病毒的攻击，这种现象常被称作安全单一化(security monoculture)[96]。

栈随机化的思想使得栈的位置在程序每次运行时都有变化。因此，即使许多机器都运行同样的代码，它们的栈地址都是不同的。实现的方式是：程序开始时，在栈上分配一段 $0\sim n$ 字节之间的随机大小的空间，例如，使用分配函数 `alloca` 在栈上分配指定字节数量的空间。程序不使用这段空间，但是它会导致程序每次执行时后续的栈位置发生了变化。分配的范围 $n$ 必须足够大，才能获得足够多的栈地址变化，但是又要足够小，不至于浪费程序太多的空间。

下面的代码是一种确定“典型的”栈地址的方法：

```
int main() {
    long local;
    printf("local at %p\n", &local);
    return 0;
}
```

这段代码只是简单地打印出 `main` 函数中局部变量的地址。在 32 位 Linux 上运行这段代码 10 000 次，这个地址的变化范围为 `0xff7fc59c` 到 `0xffffd09c`，范围大小大约是 $2^{23}$。在更新一点儿的机器上运行 64 位 Linux，这个地址的变化范围为 `0x7fff0001b698` 到 `0x7ffffffaa4a8`，范围大小大约是 $2^{32}$。

在 Linux 系统中，栈随机化已经变成了标准行为。它是更大的一类技术中的一种，这类技术称为地址空间布局随机化(Address-Space Layout Randomization)，或者简称 ASLR [99]。采用 ASLR，每次运行时程序的不同部分，包括程序代码、库代码、栈、全局变量和堆数据，都会被加载到内存的不同区域。这就意味着在一台机器上运行一个程序，与在其他机器上运行同样的程序，它们的地址映射大相径庭。这样才能够对抗一些形式的攻击。

然而，一个执著的攻击者总是能够用蛮力克服随机化，他可以反复地用不同的地址进行攻击。一种常见的把戏就是在实际的攻击代码前插入很长一段的 nop(读作 “no op”，no operation 的缩写)指令。执行这种指令除了对程序计数器加一，使之指向下一条指令之外，没有任何的效果。只要攻击者能够猜中这段序列中的某个地址，程序就会经过这个序列，到达攻击代码。这个序列常用的术语是“空操作雪橇(nop sled)”[97]，意思是程序会“滑过”这个序列。如果我们建立一个 256 个字节的 nop sled，那么枚举 $2^{15}=32\,768$ 个起始地址，就能破解 $n=2^{23}$ 的随机化，这对于一个顽固的攻击者来说，是完全可行的。对于 64 位的情况，要尝试枚举 $2^{24}=16\,777\,216$ 就有点儿令人畏惧了。我们可以看到栈随机化和其他一些 ASLR 技术能够增加成功攻击一个系统的难度，因而大大降低了病毒或者蠕虫的传播速度，但是也不能提供完全的安全保障。

**练习题 3.47**　在运行 Linux 版本 2.6.16 的机器上运行栈检查代码 10 000 次，我们获得地址的范围从最小的 0xffffb754 到最大的 0xffffd754。

A. 地址的大概范围是多大？

B. 如果我们尝试一个有 128 字节 nop sled 的缓冲区溢出，要想穷尽所有的起始地址，需要尝试多少次？

## 2. 栈破坏检测

计算机的第二道防线是能够检测到何时栈已经被破坏。我们在 echo 函数示例(图 3-40)中看到，破坏通常发生在当超越局部缓冲区的边界时。在 C 语言中，没有可靠的方法来防止对数组的越界写。但是，我们能够在发生了越界写的时候，在造成任何有害结果之前，尝试检测到它。

最近的 GCC 版本在产生的代码中加入了一种栈保护者(stack protector)机制，来检测缓冲区越界。其思想是在栈帧中任何局部缓冲区与栈状态之间存储一个特殊的金丝雀(canary)值[⊖]，如图 3-42 所示[26，97]。这个金丝雀值，也称为哨兵值(guard value)，是在程序每次运行时随机产生的，因此，攻击者没有简单的办法能够知道它是什么。在恢复寄存器状态和从函数返回之前，程序检查这个金丝雀值是否被该函数的某个操作或者该函数调用的某个函数的某个操作改变了。如果是的，那么程序异常中止。

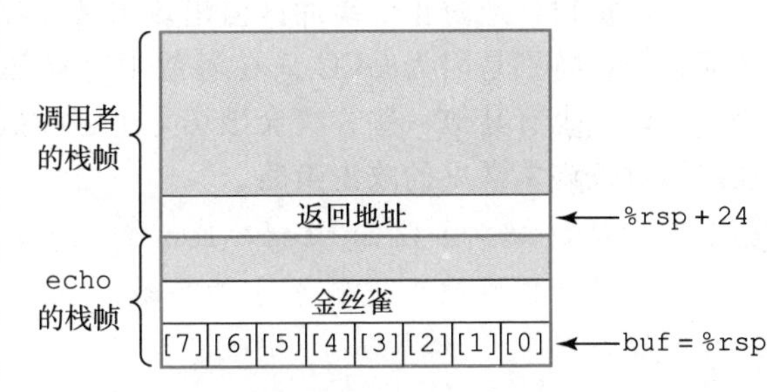


图 3-42　echo 函数具有栈保护者的栈组织(在数组 buf 和保存的状态之间放了一个特殊的“金丝雀”值。代码检查这个金丝雀值，确定栈状态是否被破坏)

最近的 GCC 版本会试着确定一个函数是否容易遭受栈溢出攻击，并且自动插入这种溢出检测。实际上，对于前面的栈溢出展示，我们不得不用命令行选项“-fno-stack-protector”来阻止 GCC 产生这种代码。当不用这个选项来编译 echo 函数时，也就是允许使用栈保护者，得到下面的汇编代码：

```
    void echo()
1   echo:
2     subq    $24, %rsp             Allocate 24 bytes on stack
```

⊖ 术语“金丝雀”源于历史上用这种鸟在煤矿中察觉有毒的气体。

```
3     movq    %fs:40, %rax           Retrieve canary
4     movq    %rax, 8(%rsp)          Store on stack
5     xorl    %eax, %eax             Zero out register
6     movq    %rsp, %rdi             Compute buf as %rsp
7     call    gets                   Call gets
8     movq    %rsp, %rdi             Compute buf as %rsp
9     call    puts                   Call puts
10    movq    8(%rsp), %rax          Retrieve canary
11    xorq    %fs:40, %rax           Compare to stored value
12    je      .L9                    If =, goto ok
13    call    __stack_chk_fail       Stack corrupted!
14  .L9:                            ok:
15    addq    $24, %rsp              Deallocate stack space
16    ret
```

这个版本的函数从内存中读出一个值(第 3 行)，再把它存放在栈中相对于%rsp 偏移量为 8 的地方。指令参数%fs:40 指明金丝雀值是用段寻址(segmented addressing)从内存中读入的，段寻址机制可以追溯到 80286 的寻址，而在现代系统上运行的程序中已经很少见到了。将金丝雀值存放在一个特殊的段中，标志为“只读”，这样攻击者就不能覆盖存储的金丝雀值。在恢复寄存器状态和返回前，函数将存储在栈位置处的值与金丝雀值做比较(通过第 11 行的 xorq 指令)。如果两个数相同，xorq 指令就会得到 0，函数会按照正常的方式完成。非零的值表明栈上的金丝雀值被修改过，那么代码就会调用一个错误处理例程。

栈保护很好地防止了缓冲区溢出攻击破坏存储在程序栈上的状态。它只会带来很小的性能损失，特别是因为 GCC 只在函数中有局部 char 类型缓冲区的时候才插入这样的代码。当然，也有其他一些方法会破坏一个正在执行的程序的状态，但是降低栈的易受攻击性能够对抗许多常见的攻击策略。

**练习题 3.48**　函数 intlen、len 和 iptoa 提供了一种很纠结的方式，来计算表示一个整数所需要的十进制数字的个数。我们利用它来研究 GCC 栈保护者措施的一些情况。

```
int len(char *s) {
    return strlen(s);
}

void iptoa(char *s, long *p) {
    long val = *p;
    sprintf(s, "%ld", val);
}

int intlen(long x) {
    long v;
    char buf[12];
    v = x;
    iptoa(buf, &v);
    return len(buf);
}
```

下面是 intlen 的部分代码，分别由带和不带栈保护者编译：

```
     int intlen(long x)
     x in %rdi
1    intlen:
2      subq     $40, %rsp
3      movq     %rdi, 24(%rsp)
4      leaq     24(%rsp), %rsi
5      movq     %rsp, %rdi
6      call     iptoa
```

a）不带保护者

```
     int intlen(long x)
     x in %rdi
1    intlen:
2      subq     $56, %rsp
3      movq     %fs:40, %rax
4      movq     %rax, 40(%rsp)
5      xorl     %eax, %eax
6      movq     %rdi, 8(%rsp)
7      leaq     8(%rsp), %rsi
8      leaq     16(%rsp), %rdi
9      call     iptoa
```

b）带保护者

A. 对于两个版本：buf、v 和金丝雀值(如果有的话)分别在栈帧中的什么位置？

B. 在有保护的代码中，对局部变量重新排列如何提供更好的安全性来对抗缓冲区越界攻击？

**3. 限制可执行代码区域**

最后一招是消除攻击者向系统中插入可执行代码的能力。一种方法是限制哪些内存区域能够存放可执行代码。在典型的程序中，只有保存编译器产生的代码的那部分内存才需要是可执行的。其他部分可以被限制为只允许读和写。正如第 9 章中会看到的，虚拟内存空间在逻辑上被分成了页(page)，典型的每页是 2048 或者 4096 个字节。硬件支持多种形式的内存保护，能够指明用户程序和操作系统内核所允许的访问形式。许多系统允许控制三种访问形式：读(从内存读数据)、写(存储数据到内存)和执行(将内存的内容看作机器级代码)。以前，x86 体系结构将读和执行访问控制合并成一个 1 位的标志，这样任何被标记为可读的页也都是可执行的。栈必须是既可读又可写的，因而栈上的字节也都是可执行的。已经实现的很多机制，能够限制一些页是可读但是不可执行的，然而这些机制通常会带来严重的性能损失。

最近，AMD 为它的 64 位处理器的内存保护引入了“NX”(No-Execute，不执行)位，将读和执行访问模式分开，Intel 也跟进了。有了这个特性，栈可以被标记为可读和可写，但是不可执行，而检查页是否可执行由硬件来完成，效率上没有损失。

有些类型的程序要求动态产生和执行代码的能力。例如，“即时(just-in-time)”编译技术为解释语言(例如 Java)编写的程序动态地产生代码，以提高执行性能。是否能够将可执行代码限制在由编译器在创建原始程序时产生的那个部分中，取决于语言和操作系统。

我们讲到的这些技术——随机化、栈保护和限制哪部分内存可以存储可执行代码——是用于最小化程序缓冲区溢出攻击漏洞三种最常见的机制。它们都具有这样的属性，即不需要程序员做任何特殊的努力，带来的性能代价都非常小，甚至没有。单独每一种机制都降低了漏洞的等级，而组合起来，它们变得更加有效。不幸的是，仍然有方法能够攻击计算机[85，97]，因而蠕虫和病毒继续危害着许多机器的完整性。

### 3.10.5 支持变长栈帧

到目前为止，我们已经检查了各种函数的机器级代码，但它们有一个共同点，即编译器能够预先确定需要为栈帧分配多少空间。但是有些函数，需要的局部存储是变长的。例如，当函数调用 alloca 时就会发生这种情况。alloca 是一个标准库函数，可以在栈上分配任意字节数量的存储。当代码声明一个局部变长数组时，也会发生这种情况。

虽然本节介绍的内容实际上是如何实现过程的一部分，但我们还是把它推迟到现在才讲，因为它需要理解数组和对齐。

图 3-43a 的代码给出了一个包含变长数组的例子。该函数声明了 $n$ 个指针的局部数组 p，这里 $n$ 由第一个参数给出。这要求在栈上分配 $8n$ 个字节，这里 $n$ 的值每次调用该函数时都会不同。因此编译器无法确定要给该函数的栈帧分配多少空间。此外，该程序还产生一个对局部变量 i 的地址引用，因此该变量必须存储在栈中。在执行过程中，程序必须能够访问局部变量 i 和数组 p 中的元素。返回时，该函数必须释放这个栈帧，并将栈指针设置为存储返回地址的位置。

```
long vframe(long n, long idx, long *q)  {
    long i;
    long *p[n];
    p[0] = &i;
    for (i = 1; i < n; i++)
        p[i] = q;
    return *p[idx];
}
```

a）C代码

```
     long vframe(long n, long idx, long *q)
     n in %rdi, idx in %rsi, q in %rdx
     Only portions of code shown
 1   vframe:
 2     pushq   %rbp                      Save old %rbp
 3     movq    %rsp, %rbp                Set frame pointer
 4     subq    $16, %rsp                 Allocate space for i (%rsp = s1)
 5     leaq    22(,%rdi,8), %rax
 6     andq    $-16, %rax
 7     subq    %rax, %rsp                Allocate space for array p (%rsp = s2)
 8     leaq    7(%rsp), %rax
 9     shrq    $3, %rax
10     leaq    0(,%rax,8), %r8           Set %r8 to &p[0]
11     movq    %r8, %rcx                 Set %rcx to &p[0] (%rcx = p)
         . . .
     Code for initialization loop
     i in %rax and on stack, n in %rdi, p in %rcx, q in %rdx
12   .L3:                              loop:
13     movq    %rdx, (%rcx,%rax,8)       Set p[i] to q
14     addq    $1, %rax                  Increment i
15     movq    %rax, -8(%rbp)            Store on stack
16   .L2:
17     movq    -8(%rbp), %rax            Retrieve i from stack
18     cmpq    %rdi, %rax                Compare i:n
19     jl      .L3                       If <, goto loop
         . . .
     Code for function exit
20     leave                             Restore %rbp and %rsp
21     ret                               Return
```

b）生成的部分汇编代码

图 3-43　需要使用帧指针的函数。变长数组意味着在编译时无法确定栈帧的大小

为了管理变长栈帧，x86-64 代码使用寄存器%rbp 作为帧指针(frame pointer)(有时称为基指针(base pointer)，这也是%rbp 中 bp 两个字母的由来)。当使用帧指针时，栈帧的组织结构与图 3-44 中函数 vframe 的情况一样。可以看到代码必须把%rbp 之前的值保存到栈中，因为它是一个被调用者保存寄存器。然后在函数的整个执行过程中，都使得%rbp 指向那个时刻栈的位置，然后用固定长度的局部变量(例如 i)相对于%rbp 的偏移量来引用它们。

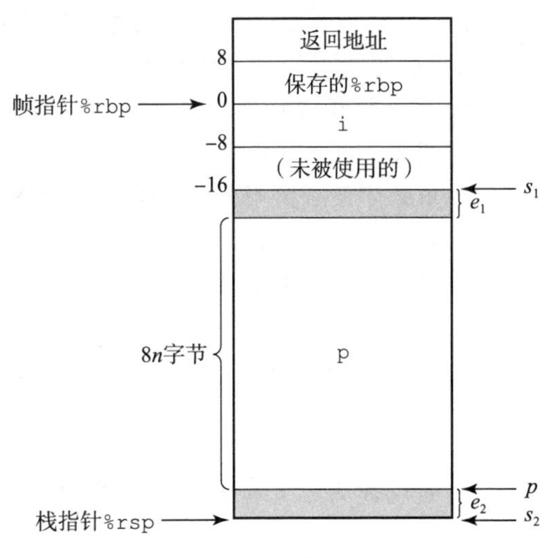


图 3-44　函数 vframe 的栈帧结构(该函数使用寄存器%rbp 作为帧指针。图右边的注释供练习题 3.49 所用)

图 3-43b 是 GCC 为函数 vframe 生成的部分代码。在函数的开始，代码建立栈帧，并为数组 p 分配空间。首先把%rbp 的当前值压入栈中，将%rbp 设置为指向当前的栈位置(第 2～3 行)。然后，在栈上分配 16 个字节，其中前 8 个字节用于存储局部变量 i，而后 8 个字节是未被使用的。接着，为数组 p 分配空间(第 5～11 行)。练习题 3.49 探讨了分配多少空间以及将 p 放在这段空间的什么位置。当程序到第 11 行的时候，已经(1)在栈上分配了 $8n$ 字节，并(2)在已分配的区域内放置好数组 p，至少有 $8n$ 字节可供其使用。

初始化循环的代码展示了如何引用局部变量 i 和 p 的例子。第 13 行表明数组元素 p[i]被设置为 q。该指令用寄存器%rcx 中的值作为 p 的起始地址。我们可以看到修改局部变量 i(第 15 行)和读局部变量(第 17 行)的例子。i 的地址是引用-8(%rbp)，也就是相对于帧指针偏移量为-8 的地方。

在函数的结尾，leave 指令将帧指针恢复到它之前的值(第 20 行)。这条指令不需要参数，等价于执行下面两条指令：

```
movq %rbp, %rsp    Set stack pointer to beginning of frame
popq %rbp          Restore saved %rbp and set stack ptr
                     to end of caller's frame
```

也就是，首先把栈指针设置为保存%rbp 值的位置，然后把该值从栈中弹出到%rbp。这个指令组合具有释放整个栈帧的效果。

在较早版本的 x86 代码中，每个函数调用都使用了帧指针。而现在，只在栈帧长可变的情况下才使用，就像函数 vframe 的情况一样。历史上，大多数编译器在生成 IA32 代码时会使用帧指针。最近的 GCC 版本放弃了这个惯例。可以看到把使用帧指针的代码和不使用帧指针的代码混在一起是可以的，只要所有的函数都把%rbp 当做被调用者保存寄存器来处理即可。

**练习题 3.49**　在这道题中，我们要探究图 3-43b 第 5～11 行代码背后的逻辑，它分配了变长大小的数组 p。正如代码的注释表明的，$s_1$ 表示执行第 4 行的 subq 指令之后栈指针的地址。这条指令为局部变量 i 分配空间。$s_2$ 表示执行第 7 行的 subq 指令之后栈指针的值。这条指令为局部数组 p 分配存储。最后，$p$ 表示第 10～11 行的指令赋给寄存器%r8 和%rcx 的值。这两个寄存器都用来引用数组 p。

图 3-44 的右边画出了 $s_1$、$s_2$和 $p$ 指示的位置。图中还画出了 $s_2$和 $p$ 的值之间可能有一个偏移量为 $e_2$字节的位置，该空间是未被使用的。数组 $p$ 的结尾和 $s_1$指示的位置之间还可能有一个偏移量为 $e_1$字节的地方。

A. 用数学语言解释第 5～7 行中计算 $s_2$的逻辑。提示：想想−16 的位级表示以及它在第 6 行 andq 指令中的作用。

B. 用数学语言解释第 8～10 行中计算 $p$ 的逻辑。提示：可以参考 2.3.7 节中有关除以 2 的幂的讨论。

C. 对于下面 $n$ 和 $s_1$ 的值，跟踪代码的执行，确定 $s_2$、$p$、$e_1$和 $e_2$的结果值。

| $n$ | $s_1$ | $s_2$ | $p$ | $e_1$ | $e_2$ |
|---|---|---|---|---|---|
| 5 | 2 065 | ______ | ______ | ______ | ______ |
| 6 | 2 064 | ______ | ______ | ______ | ______ |

D. 这段代码为 $s_2$和 $p$ 的值提供了什么样的对齐属性？

## 3.11　浮点代码

处理器的浮点体系结构包括多个方面，会影响对浮点数据操作的程序如何被映射到机器上，包括：

- 如何存储和访问浮点数值。通常是通过某种寄存器方式来完成。
- 对浮点数据操作的指令。
- 向函数传递浮点数参数和从函数返回浮点数结果的规则。
- 函数调用过程中保存寄存器的规则——例如，一些寄存器被指定为调用者保存，而其他的被指定为被调用者保存。

简要回顾历史会对理解 x86-64 的浮点体系结构有所帮助。1997 年出现了 Pentium/MMX，Intel 和 AMD 都引入了持续数代的媒体(media)指令，支持图形和图像处理。这些指令本意是允许多个操作以并行模式执行，称为*单指令多数据*或 *SIMD*(读作 sim-dee)。在这种模式中，对多个不同的数据并行执行同一个操作。近年来，这些扩展有了长足的发展。名字经过了一系列大的修改，从 MMX 到 SSE(Streaming SIMD Extension，流式 SIMD 扩展)，以及最新的 AVX(Advanced Vector Extension，高级向量扩展)。每一代中，都有一些不同的版本。每个扩展都是管理寄存器组中的数据，这些寄存器组在 MMX 中称为“MM”寄存器，SSE 中称为“XMM”寄存器，而在 AVX 中称为“YMM”寄存器；MM 寄存器是 64 位的，XMM 是 128 位的，而 YMM 是 256 位的。所以，每个 YMM 寄存器可以存放 8 个 32 位值，或 4 个 64 位值，这些值可以是整数，也可以是浮点数。

2000 年 Pentium 4 中引入了 SSE2，媒体指令开始包括那些对标量浮点数据进行操作的指令，使用 XMM 或 YMM 寄存器的低 32 位或 64 位中的单个值。这个标量模式提供了一组寄存器和指令，它们更类似于其他处理器支持浮点数的方式。所有能够执行 x86-64 代码的处理器都支持 SSE2 或更高的版本，因此 x86-64 浮点数是基于 SSE 或 AVX 的，包括传递过程参数和返回值的规则[77]。

我们的讲述基于 AVX2，即 AVX 的第二个版本，它是在 2013 年 Core i7 Haswell 处理器中引入的。当给定命令行参数-mavx2 时，GCC 会生成 AVX2 代码。基于不同版本的 SSE 以及第一个版本的 AVX 的代码从概念上来说是类似的，不过指令名和格式有所不同。我们只介绍用 GCC 编译浮点程序时会出现的那些指令。其中大部分是标量 AVX 指令，我们也会说明对整个数据向量进行操作的指令出现的情况。后文中的网络旁注 OPT：SIMD 更全面地说明了如何利用 SSE 和 AVX 的 SIMD 功能，读者可能希望参考 AMD 和 Intel 对每条指令的说明文档[4，51]。和整数操作一样，注意我们表述中使用的 ATT 格式不同于这些文档中使用的 Intel 格式。特别地，这两种版本中列出指令操作数的顺序是不同的。

如图 3-45 所示，AVX 浮点体系结构允许数据存储在 16 个 YMM 寄存器中，它们的名字为`%ymm0`～`%ymm15`。每个 YMM 寄存器都是 256 位(32 字节)。当对标量数据操作时，这些寄存器只保存浮点数，而且只使用低 32 位(对于 `float`)或 64 位(对于 `double`)。汇编代码用寄存器的 SSE XMM 寄存器名字`%xmm0`～`%xmm15`来引用它们，每个 XMM 寄存器都是对应的 YMM 寄存器的低 128 位(16 字节)。

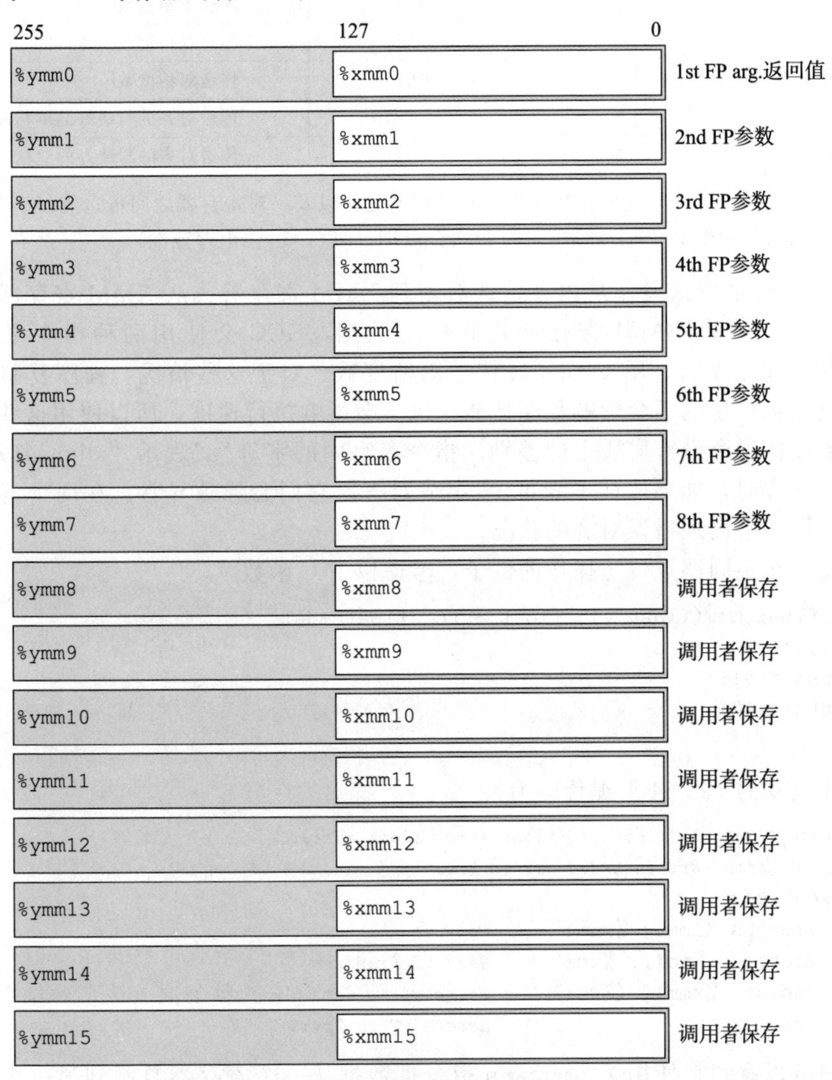


图 3-45　媒体寄存器。这些寄存器用于存放浮点数据。每个 YMM 寄存器保存 32 个字节。低 16 字节可以作为 XMM 寄存器来访问

## 3.11.1　浮点传送和转换操作

图 3-46 给出了一组在内存和 XMM 寄存器之间以及从一个 XMM 寄存器到另一个不

做任何转换的传送浮点数的指令。引用内存的指令是标量指令，意味着它们只对单个而不是一组封装好的数据值进行操作。数据要么保存在内存中(由表中的 $M_{32}$ 和 $M_{64}$ 指明)，要么保存在 XMM 寄存器中(在表中用 $X$ 表示)。无论数据对齐与否，这些指令都能正确执行，不过代码优化规则建议 32 位内存数据满足 4 字节对齐，64 位数据满足 8 字节对齐。内存引用的指定方式与整数 MOV 指令的一样，包括偏移量、基址寄存器、变址寄存器和伸缩因子的所有可能的组合。

| 指令 | 源 | 目的 | 描述 |
|---|---|---|---|
| vmovss | $M_{32}$ | $X$ | 传送单精度数 |
| vmovss | $X$ | $M_{32}$ | 传送单精度数 |
| vmovsd | $M_{64}$ | $X$ | 传送双精度数 |
| vmovsd | $X$ | $M_{64}$ | 传送双精度数 |
| vmovaps | $X$ | $X$ | 传送对齐的封装好的单精度数 |
| vmovapd | $X$ | $X$ | 传送对齐的封装好的双精度数 |

图 3-46 浮点传送指令。这些操作在内存和寄存器之间以及一对寄存器之间传送值($X$：XMM 寄存器(例如 %xmm3)；$M_{32}$：32 位内存范围；$M_{64}$：64 位内存范围)

GCC 只用标量传送操作从内存传送数据到 XMM 寄存器或从 XMM 寄存器传送数据到内存。对于在两个 XMM 寄存器之间传送数据，GCC 会使用两种指令之一，即用 vmovaps 传送单精度数，用 vmovapd 传送双精度数。对于这些情况，程序复制整个寄存器还是只复制低位值既不会影响程序功能，也不会影响执行速度，所以使用这些指令还是针对标量数据的指令没有实质上的差别。指令名字中的字母'a'表示“aligned(对齐的)”。当用于读写内存时，如果地址不满足 16 字节对齐，它们会导致异常。在两个寄存器之间传送数据，绝不会出现错误对齐的状况。

下面是一个不同浮点传送操作的例子，考虑以下 C 函数

```
float float_mov(float v1, float *src, float *dst) {
    float v2 = *src;
    *dst = v1;
    return v2;
}
```

与它相关联的 x86-64 汇编代码为

```
    float float_mov(float v1, float *src, float *dst)
    v1 in %xmm0, src in %rdi, dst in %rsi
1   float_mov:
2     vmovaps %xmm0, %xmm1        Copy v1
3     vmovss  (%rdi), %xmm0       Read v2 from src
4     vmovss  %xmm1, (%rsi)       Write v1 to dst
5     ret                         Return v2 in %xmm0
```

这个例子中可以看到它使用了 vmovaps 指令把数据从一个寄存器复制到另一个，使用了 vmovss 指令把数据从内存复制到 XMM 寄存器以及从 XMM 寄存器复制到内存。

图 3-47 和图 3-48 给出了在浮点数和整数数据类型之间以及不同浮点格式之间进行转换的指令集合。这些都是对单个数据值进行操作的标量指令。图 3-47 中的指令把一个从 XMM 寄存器或内存中读出的浮点值进行转换，并将结果写入一个通用寄存器(例如 %rax、%ebx 等)。把浮点值转换成整数时，指令会执行截断(truncation)，把值向 0 进行舍

入，这是 C 和大多数其他编程语言的要求。

| 指令 | 源 | 目的 | 描述 |
|---|---|---|---|
| vcvttss2si | $X/M_{32}$ | $R_{32}$ | 用截断的方法把单精度数转换成整数 |
| vcvttsd2si | $X/M_{64}$ | $R_{32}$ | 用截断的方法把双精度数转换成整数 |
| vcvttss2siq | $X/M_{32}$ | $R_{64}$ | 用截断的方法把单精度数转换成四字整数 |
| vcvttsd2siq | $X/M_{64}$ | $R_{64}$ | 用截断的方法把双精度数转换成四字整数 |

图 3-47　双操作数浮点转换指令。这些操作将浮点数转换成整数($X$：XMM 寄存器(例如%xmm3)；$R_{32}$：32 位通用寄存器(例如%eax)；$R_{64}$：64 位通用寄存器(例如%rax)；$M_{32}$：32 位内存范围；$M_{64}$：64 位内存范围)

| 指令 | 源 1 | 源 2 | 目的 | 描述 |
|---|---|---|---|---|
| vcvtsi2ss | $M_{32}/R_{32}$ | $X$ | $X$ | 把整数转换成单精度数 |
| vcvtsi2sd | $M_{32}/R_{32}$ | $X$ | $X$ | 把整数转换成双精度数 |
| vcvtsi2ssq | $M_{64}/R_{64}$ | $X$ | $X$ | 把四字整数转换成单精度数 |
| vcvtsi2sdq | $M_{64}/R_{64}$ | $X$ | $X$ | 把四字整数转换成双精度数 |

图 3-48　三操作数浮点转换指令。这些操作将第一个源的数据类型转换成目的的数据类型。第二个源值对结果的低位字节没有影响($X$：XMM 寄存器(例如%xmm3)；$M_{32}$：32 位内存范围；$M_{64}$：64 位内存范围)

图 3-48 中的指令把整数转换成浮点数。它们使用的是不太常见的三操作数格式，有两个源和一个目的。第一个操作数读自于内存或一个通用目的寄存器。这里可以忽略第二个操作数，因为它的值只会影响结果的高位字节。而我们的目标必须是 XMM 寄存器。在最常见的使用场景中，第二个源和目的操作数都是一样的，就像下面这条指令：

```
vcvtsi2sdq   %rax, %xmm1, %xmm1
```

这条指令从寄存器%rax 读出一个长整数，把它转换成数据类型 double，并把结果存放进 XMM 寄存器%xmm1 的低字节中。

最后，要在两种不同的浮点格式之间转换，GCC 的当前版本生成的代码需要单独说明。假设%xmm0 的低位 4 字节保存着一个单精度值，很容易就想到用下面这条指令

```
vcvtss2sd   %xmm0, %xmm0, %xmm0
```

把它转换成一个双精度值，并将结果存储在寄存器%xmm0 的低 8 字节。不过我们发现 GCC 生成的代码如下

```
   Conversion from single to double precision
1  vunpcklps  %xmm0, %xmm0, %xmm0   Replicate first vector element
2  vcvtps2pd  %xmm0, %xmm0          Convert two vector elements to double
```

vunpcklps 指令通常用来交叉放置来自两个 XMM 寄存器的值，把它们存储到第三个寄存器中。也就是说，如果一个源寄存器的内容为字$[s_3, s_2, s_1, s_0]$，另一个源寄存器为字$[d_3, d_2, d_1, d_0]$，那么目的寄存器的值会是$[s_1, d_1, s_0, d_0]$。在上面的代码中，我们看到三个操作数使用同一个寄存器，所以如果原始寄存器的值为$[x_3, x_2, x_1, x_0]$，那么该指令会将寄存器的值更新为值$[x_1, x_1, x_0, x_0]$。vcvtps2pd 指令把源 XMM 寄存器中的两个低位单精度值扩展成目的 XMM 寄存器中的两个双精度值。对前面 vunpcklps 指令的结果应用这条指令会得到值$[dx_0, dx_0]$，这里 $dx_0$ 是将 $x_0$ 转换成双精度后的结果。

即，这两条指令的最终效果是将原始的%xmm0低位4字节中的单精度值转换成双精度值，再将其两个副本保存到%xmm0中。我们不太清楚GCC为什么会生成这样的代码，这样做既没有好处，也没有必要在XMM寄存器中把这个值复制一遍。

对于把双精度转换为单精度，GCC会产生类似的代码：

```
     Conversion from double to single precision
1    vmovddup     %xmm0, %xmm0        Replicate first vector element
2    vcvtpd2psx   %xmm0, %xmm0        Convert two vector elements to single
```

假设这些指令开始执行前寄存器%xmm0保存着两个双精度值[$x_1$，$x_0$]。然后vmovddup指令把它设置为[$x_0$，$x_0$]。vcvtpd2psx指令把这两个值转换成单精度，再存放到该寄存器的低位一半中，并将高位一半设置为0，得到结果[0.0，0.0，$x_0$，$x_0$]（回想一下，浮点值0.0是由位模式全0表示的）。同样，用这种方式把一种精度转换成另一种精度，而不用下面的单条指令，没有明显直接的意义：

```
vcvtsd2ss %xmm0, %xmm0, %xmm0
```

下面是一个不同浮点转换操作的例子，考虑以下C函数

```
double fcvt(int i, float *fp, double *dp, long *lp)
{
    float f = *fp; double d = *dp; long l = *lp;
    *lp = (long)    d;
    *fp = (float)   i;
    *dp = (double)  l;
    return (double) f;
}
```

以及它对应的x86-64汇编代码

```
     double fcvt(int i, float *fp, double *dp, long *lp)
     i in %edi, fp in %rsi, dp in %rdx, lp in %rcx
1    fcvt:
2      vmovss   (%rsi), %xmm0                  Get f = *fp
3      movq     (%rcx), %rax                   Get l = *lp
4      vcvttsd2siq      (%rdx), %r8            Get d = *dp and convert to long
5      movq     %r8, (%rcx)                    Store at lp
6      vcvtsi2ss        %edi, %xmm1, %xmm1     Convert i to float
7      vmovss   %xmm1, (%rsi)                  Store at fp
8      vcvtsi2sdq       %rax, %xmm1, %xmm1     Convert l to double
9      vmovsd   %xmm1, (%rdx)                  Store at dp
       The following two instructions convert f to double
10     vunpcklps        %xmm0, %xmm0, %xmm0
11     vcvtps2pd        %xmm0, %xmm0
12     ret                                     Return f
```

fcvt的所有参数都是通过通用寄存器传递的，因为它们是整数或者指针。结果通过寄存器%xmm0返回。如图3-45中描述的，这是float或double值指定的返回寄存器。在这段代码中，可以看到图3-46～图3-48中的许多传送和转换指令，还可以看到GCC将单精度转换为双精度的方法。

**练习题3.50**　对于下面的C代码，表达式val1～val4分别对应程序值i、f、d和l：

```
double fcvt2(int *ip, float *fp, double *dp, long l)
```

```
{
    int i = *ip; float f = *fp; double d = *dp;
    *ip = (int)     val1;
    *fp = (float)   val2;
    *dp = (double)  val3;
    return (double) val4;
}
```

根据该函数如下的 x86-64 代码，确定这个映射关系：

```
     double fcvt2(int *ip, float *fp, double *dp, long l)
     ip in %rdi, fp in %rsi, dp in %rdx, l in %rcx
     Result returned in %xmm0
1    fcvt2:
2      movl    (%rdi), %eax
3      vmovss  (%rsi), %xmm0
4      vcvttsd2si      (%rdx), %r8d
5      movl    %r8d, (%rdi)
6      vcvtsi2ss       %eax, %xmm1, %xmm1
7      vmovss  %xmm1, (%rsi)
8      vcvtsi2sdq      %rcx, %xmm1, %xmm1
9      vmovsd  %xmm1, (%rdx)
10     vunpcklps       %xmm0, %xmm0, %xmm0
11     vcvtps2pd       %xmm0, %xmm0
12     ret
```

**练习题 3.51** 下面的 C 函数将类型为 src_t 的参数转换为类型为 dst_t 的返回值，这里两种数据类型都用 typedef 定义：

```
dest_t cvt(src_t x)
{
    dest_t y = (dest_t) x;
    return y;
}
```

在 x86-64 上执行这段代码，假设参数 x 在%xmm0 中，或者在寄存器%rdi 的某个适当的命名部分中(即%rdi 或% edi)。用一条或两条指令来完成类型转换，并把结果值复制到寄存器%rax 的某个适当命名部分中(整数结果)，或%xmm0 中(浮点结果)。给出这条或这些指令，包括源和目的寄存器。

| $T_x$ | $T_y$ | 指令 |
|---|---|---|
| long | double | vcvtsi2sdq %rdi,%xmm0 |
| double | int | |
| double | float | |
| long | float | |
| float | long | |

### 3.11.2 过程中的浮点代码

在 x86-64 中，XMM 寄存器用来向函数传递浮点参数，以及从函数返回浮点值。如图 3-45 所示，可以看到如下规则：

- XMM 寄存器%xmm0～%xmm7 最多可以传递 8 个浮点参数。按照参数列出的顺序使用这些寄存器。可以通过栈传递额外的浮点参数。

- 函数使用寄存器%xmm0来返回浮点值。
- 所有的XMM寄存器都是调用者保存的。被调用者可以不用保存就覆盖这些寄存器中任意一个。

当函数包含指针、整数和浮点数混合的参数时，指针和整数通过通用寄存器传递，而浮点值通过XMM寄存器传递。也就是说，参数到寄存器的映射取决于它们的类型和排列的顺序。下面是一些例子：

```
double f1(int x, double y, long z);
```

这个函数会把x存放在% edi中，y放在%xmm0中，而z放在%rsi中。

```
double f2(double y, int x, long z);
```

这个函数的寄存器分配与函数f1相同。

```
double f1(float x, double *y, long *z);
```

这个函数会将x放在%xmm0中，y放在%rdi中，而z放在%rsi中。

**练习题 3.52**　对于下面每个函数声明，确定参数的寄存器分配：

A. `double g1(double a, long b, float c, int d);`

B. `double g2(int a, double *b, float *c, long d);`

C. `double g3(double *a, double b, int c, float d);`

D. `double g4(float a, int *b, float c, double d);`

### 3.11.3 浮点运算操作

图3-49描述了一组执行算术运算的标量AVX2浮点指令。每条指令有一个($S_1$)或两个($S_1$，$S_2$)源操作数，和一个目的操作数$D$。第一个源操作数$S_1$可以是一个XMM寄存器或一个内存位置。第二个源操作数和目的操作数都必须是XMM寄存器。每个操作都有一条针对单精度的指令和一条针对双精度的指令。结果存放在目的寄存器中。

| 单精度 | 双精度 | 效果 | 描述 |
|---|---|---|---|
| vaddss | vaddsd | $D \leftarrow S_2 + S_1$ | 浮点数加 |
| vsubss | vsubsd | $D \leftarrow S_2 - S_1$ | 浮点数减 |
| vmulss | vmulsd | $D \leftarrow S_2 \times S_1$ | 浮点数乘 |
| vdivss | vdivsd | $D \leftarrow S_2 / S_1$ | 浮点数除 |
| vmaxss | vmaxsd | $D \leftarrow \max(S_2, S_1)$ | 浮点数最大值 |
| vminss | vminsd | $D \leftarrow \min(S_2, S_1)$ | 浮点数最小值 |
| sqrtss | sqrtsd | $D \leftarrow \sqrt{S_1}$ | 浮点数平方根 |

图3-49　标量浮点算术运算。这些指令有一个或两个源操作数和一个目的操作数

来看一个例子，考虑下面的浮点函数：

```
double funct(double a, float x, double b, int i)
{
    return a*x - b/i;
}
```

x86-64代码如下：

```
    double funct(double a, float x, double b, int i)
    a in %xmm0, x in %xmm1, b in %xmm2, i in %edi
1   funct:
      The following two instructions convert x to double
2     vunpcklps       %xmm1, %xmm1, %xmm1
3     vcvtps2pd       %xmm1, %xmm1
4     vmulsd  %xmm0, %xmm1, %xmm0            Multiply a by x
5     vcvtsi2sd       %edi, %xmm1, %xmm1     Convert i to double
6     vdivsd  %xmm1, %xmm2, %xmm2            Compute b/i
7     vsubsd  %xmm2, %xmm0, %xmm0            Subtract from a*x
8     ret                                    Return
```

三个浮点参数 a、x 和 b 通过 XMM 寄存器%xmm0～%xmm2 传递，而整数参数通过寄存器%edi 传递。标准的双指令序列用以将参数 x 转换为双精度类型(第 2～3 行)。另一条转换指令用来将参数 i 转换为双精度类型(第 5 行)。该函数的值通过寄存器%xmm0 返回。

**练习题 3.53** 对于下面的 C 函数，4 个参数的类型由 typedef 定义：

```
double funct1(arg1_t p, arg2_t q, arg3_t r, arg4_t s)
{
    return p/(q+r) - s;
}
```

编译时，GCC 产生如下代码：

```
    double funct1(arg1_t p, arg2_t q, arg3_t r, arg4_t s)
1   funct1:
2     vcvtsi2ssq      %rsi, %xmm2, %xmm2
3     vaddss  %xmm0, %xmm2, %xmm0
4     vcvtsi2ss       %edi, %xmm2, %xmm2
5     vdivss  %xmm0, %xmm2, %xmm0
6     vunpcklps       %xmm0, %xmm0, %xmm0
7     vcvtps2pd       %xmm0, %xmm0
8     vsubsd  %xmm1, %xmm0, %xmm0
9     ret
```

确定 4 个参数类型可能的组合(答案可能不止一种)。

**练习题 3.54** 函数 funct2 具有如下原型：

```
double funct2(double w, int x, float y, long z);
```

GCC 为该函数产生如下代码：

```
    double funct2(double w, int x, float y, long z)
    w in %xmm0, x in %edi, y in %xmm1, z in %rsi
1   funct2:
2     vcvtsi2ss       %edi, %xmm2, %xmm2
3     vmulss  %xmm1, %xmm2, %xmm1
4     vunpcklps       %xmm1, %xmm1, %xmm1
5     vcvtps2pd       %xmm1, %xmm2
6     vcvtsi2sdq      %rsi, %xmm1, %xmm1
7     vdivsd  %xmm1, %xmm0, %xmm0
8     vsubsd  %xmm0, %xmm2, %xmm0
9     ret
```

写出 funct2 的 C 语言版本。

### 3.11.4 定义和使用浮点常数

和整数运算操作不同，AVX 浮点操作不能以立即数值作为操作数。相反，编译器必须为所有的常量值分配和初始化存储空间。然后代码再把这些值从内存读入。下面从摄氏度到华氏度转换的函数就说明了这个问题：

```
double cel2fahr(double temp)
{
    return 1.8 * temp + 32.0;
}
```

相应的 x86-64 汇编代码部分如下：

```
    double cel2fahr(double temp)
    temp in %xmm0
1   cel2fahr:
2     vmulsd  .LC2(%rip), %xmm0, %xmm0     Multiply by 1.8
3     vaddsd  .LC3(%rip), %xmm0, %xmm0     Add 32.0
4     ret
5   .LC2:
6     .long   3435973837                   Low-order 4 bytes of 1.8
7     .long   1073532108                   High-order 4 bytes of 1.8
8   .LC3:
9     .long   0                            Low-order 4 bytes of 32.0
10    .long   1077936128                   High-order 4 bytes of 32.0
```

可以看到函数从标号为.LC2 的内存位置读出值 1.8，从标号为.LC3 的位置读入值 32.0。观察这些标号对应的值，可以看出每一个都是通过一对.long 声明和十进制表示的值指定的。该怎样把这些数解释为浮点值呢？看看标号为.LC2 的声明，有两个值：3435973837 (0xcccccccd)和 1073532108(0x3ffccccc)。因为机器采用的是小端法字节顺序，第一个值给出的是低位 4 字节，第二个给出的是高位 4 字节。从高位字节，可以抽取指数字段为 0x3ff(1023)，减去偏移 1023 得到指数 0。将两个值的小数位连接起来，得到小数字段 0xccccccccccccd，二进制小数表示为 0.8，加上隐含的 1 得到 1.8。

练习题 3.55 解释标号为.LC3 处声明的数字是如何对数字 32.0 编码的。

### 3.11.5 在浮点代码中使用位级操作

有时，我们会发现 GCC 生成的代码会在 XMM 寄存器上执行位级操作，得到有用的浮点结果。图 3-50 展示了一些相关的指令，类似于它们在通用寄存器上对应的操作。这些操作都作用于封装好的数据，即它们更新整个目的 XMM 寄存器，对两个源寄存器的所有位都实施指定的位级操作。和前面一样，我们只对标量数据感兴趣，只想了解这些指令对目的寄存器的低 4 或 8 字节的影响。从下面的例子中可以看出，运用这些操作通常可以简单方便地操作浮点数。

| 单精度 | 双精度 | 效果 | 描述 |
|---|---|---|---|
| vxorps | vxorpd | $D \leftarrow S_2 \hat{} S_1$ | 位级异或(EXCLUSIVE－OR) |
| vandps | vandpd | $D \leftarrow S_2 \& S_1$ | 位级与(AND) |

图 3-50 对封装数据的位级操作(这些指令对一个 XMM 寄存器中的所有 128 位进行布尔操作)

**练习题 3.56** 考虑下面的 C 函数，其中 EXPR 是用# define 定义的宏：

```
double simplefun(double x) {
    return EXPR(x);
}
```

下面，我们给出了为不同的 EXPR 定义生成的 AVX2 代码，其中，x 的值保存在%xmm0 中。这些代码都对应于某些对浮点数值有用的操作。确定这些操作都是什么。要理解从内存中取出的常数字的位模式才能找出答案。

A.
```
1      vmovsd   .LC1(%rip), %xmm1
2      vandpd   %xmm1, %xmm0, %xmm0
3    .LC1:
4      .long    4294967295
5      .long    2147483647
6      .long    0
7      .long    0
```

B.
```
1      vxorpd   %xmm0, %xmm0, %xmm0
```

C.
```
1      vmovsd   .LC2(%rip), %xmm1
2      vxorpd   %xmm1, %xmm0, %xmm0
3    .LC2:
4      .long    0
5      .long    -2147483648
6      .long    0
7      .long    0
```

### 3.11.6 浮点比较操作

AVX2 提供了两条用于比较浮点数值的指令：

| 指令 | 基于 | 描述 |
|---|---|---|
| vucomiss $S_1$, $S_2$ | $S_2-S_1$ | 比较单精度值 |
| vucomisd $S_1$, $S_2$ | $S_2-S_1$ | 比较双精度值 |

这些指令类似于 CMP 指令(参见 3.6 节)，它们都比较操作数 $S_1$ 和 $S_2$(但是顺序可能与预计的相反)，并且设置条件码指示它们的相对值。与 cmpq 一样，它们遵循以相反顺序列出操作数的 ATT 格式惯例。参数 $S_2$ 必须在 XMM 寄存器中，而 $S_1$ 可以在 XMM 寄存器中，也可以在内存中。

浮点比较指令会设置三个条件码：零标志位 ZF、进位标志位 CF 和奇偶标志位 PF。3.6.1 节中我们没有讲奇偶标志位，因为它在 GCC 产生的 x86 代码中不太常见。对于整数操作，当最近的一次算术或逻辑运算产生的值的最低位字节是偶校验的(即这个字节中有偶数个 1)，那么就会设置这个标志位。不过对于浮点比较，当两个操作数中任一个是 *NaN* 时，会设置该位。根据惯例，C 语言中如果有个参数为 *NaN*，就认为比较失败了，这个标志位就被用来发现这样的条件。例如，当 x 为 *NaN* 时，比较 x==x 都会得到 0。

条件码的设置条件如下：

| 顺序 $S_2$:$S_1$ | CF | ZF | PF |
|---|---|---|---|
| 无序的 | 1 | 1 | 1 |
| $S_2<S_1$ | 1 | 0 | 0 |
| $S_2=S_1$ | 0 | 1 | 0 |
| $S_2>S_1$ | 0 | 0 | 0 |

当任一操作数为 *NaN* 时，就会出现无序的情况。可以通过奇偶标志位发现这种情况。通常 jp(jump on parity)指令是条件跳转，条件就是浮点比较得到一个无序的结果。除了这种情况以外，进位和零标志位的值都和对应的无符号比较一样：当两个操作数相等时，设置 ZF；当 $S_2 < S_1$ 时，设置 CF。像 ja 和 jb 这样的指令可以根据标志位的各种组合进行条件跳转。

来看一个浮点比较的例子，图 3-51a 中的 C 函数会根据参数 x 与 0.0 的相对关系进行分类，返回一个枚举类型作为结果。C 中的枚举类型是编码为整数的，所以函数可能的值为：0(NEG)，1(ZERO)，2(POS)和 3(OTHER)。当 x 的值为 *NaN* 时，会出现最后一种结果。

```
typedef enum {NEG, ZERO, POS, OTHER} range_t;

range_t find_range(float x)
{
    int result;
    if (x < 0)
        result = NEG;
    else if (x == 0)
        result = ZERO;
    else if (x > 0)
        result = POS;
    else
        result = OTHER;
    return result;
}
```

a）C代码

```
   range_t find_range(float x)
   x in %xmm0
1  find_range:
2    vxorps  %xmm1, %xmm1, %xmm1          Set %xmm1 = 0
3    vucomiss        %xmm0, %xmm1         Compare 0:x
4    ja      .L5                          If >, goto neg
5    vucomiss        %xmm1, %xmm0         Compare x:0
6    jp      .L8                          If NaN, goto posornan
7    movl    $1, %eax                     result = ZERO
8    je      .L3                          If =, goto done
9  .L8:                                 posornan:
10   vucomiss        .LC0(%rip), %xmm0    Compare x:0
11   setbe   %al                          Set result = NaN ? 1 : 0
12   movzbl  %al, %eax                    Zero-extend
13   addl    $2, %eax                     result += 2 (POS for > 0, OTHER for NaN)
14   ret                                  Return
15 .L5:                                 neg:
16   movl    $0, %eax                     result = NEG
17 .L3:                                 done:
18   rep; ret                             Return
```

b）产生的汇编代码

图 3-51 浮点代码中的条件分支说明

GCC为find_range生成图3-51b中的代码。这段代码的效率不是很高：它比较了x和0.0三次，即使一次比较就能获得所需的信息。它还生成了浮点常数两次：一次使用vxorps，另一次从内存读出这个值。让我们追踪这个函数，看看四种可能的比较结果：

x < 0.0　第4行的ja分支指令会选择跳转，跳转到结尾，返回值为0。

x=0.0　ja(第4行)和jp(第6行)两个分支语句都会选择不跳转，但是je分支(第8行)会选择跳转，以%eax等于1返回。

x > 0.0　这三个分支都不会选择跳转。setbe(第11行)会得到0，addl指令(第13行)会把它增加，得到返回值2。

x=*NaN*　jp分支(第6行)会选择跳转。第三个vucomiss指令(第10行)会设置进位和零标志位，因此setbe指令(第11行)和后面的指令会把%eax设置为1。addl指令(第13行)会把它增加，得到返回值3。

家庭作业3.73和3.74中，你需要试着手动生成find_range更高效的实现。

**练习题3.57**　函数funct3有如下原型：

```
double funct3(int *ap, double b, long c, float *dp);
```

对于此函数，GCC产生如下代码：

```
    double funct3(int *ap, double b, long c, float *dp)
    ap in %rdi, b in %xmm0, c in %rsi, dp in %rdx
1   funct3:
2     vmovss  (%rdx), %xmm1
3     vcvtsi2sd       (%rdi), %xmm2, %xmm2
4     vucomisd        %xmm2, %xmm0
5     jbe     .L8
6     vcvtsi2ssq      %rsi, %xmm0, %xmm0
7     vmulss  %xmm1, %xmm0, %xmm1
8     vunpcklps       %xmm1, %xmm1, %xmm1
9     vcvtps2pd       %xmm1, %xmm0
10    ret
11  .L8:
12    vaddss  %xmm1, %xmm1, %xmm1
13    vcvtsi2ssq      %rsi, %xmm0, %xmm0
14    vaddss  %xmm1, %xmm0, %xmm0
15    vunpcklps       %xmm0, %xmm0, %xmm0
16    vcvtps2pd       %xmm0, %xmm0
17    ret
```

写出funct3的C版本。

### 3.11.7 对浮点代码的观察结论

我们可以看到，用AVX2为浮点数上的操作产生的机器代码风格类似于为整数上的操作产生的代码风格。它们都使用一组寄存器来保存和操作数据值，也都使用这些寄存器来传递函数参数。

当然，处理不同的数据类型以及对包含混合数据类型的表达式求值的规则有许多复杂之处，同时，AVX2代码包括许多比只执行整数运算的函数更加不同的指令和格式。

AVX2还有能力在封装好的数据上执行并行操作，使计算执行得更快。编译器开发者正致力于自动化从标量代码到并行代码的转换，但是目前通过并行化获得更高性能的最可靠的方法是使用 GCC 支持的、操纵向量数据的 C 语言扩展。参见本书 376 页的网络旁注 OPT：SIMD，看看可以怎么做到这样。

## 3.12 小结

在本章中，我们窥视了 C 语言提供的抽象层下面的东西，以了解机器级编程。通过让编译器产生机器级程序的汇编代码表示，我们了解了编译器和它的优化能力，以及机器、数据类型和指令集。在第 5 章，我们会看到，当编写能有效映射到机器上的程序时，了解编译器的特性会有所帮助。我们还更完整地了解了程序如何将数据存储在不同的内存区域中。在第 12 章会看到许多这样的例子，应用程序员需要知道一个程序变量是在运行时栈中，是在某个动态分配的数据结构中，还是全局程序数据的一部分。理解程序如何映射到机器上，会让理解这些存储类型之间的区别容易一些。

机器级程序和它们的汇编代码表示，与 C 程序的差别很大。各种数据类型之间的差别很小。程序是以指令序列来表示的，每条指令都完成一个单独的操作。部分程序状态，如寄存器和运行时栈，对程序员来说是直接可见的。本书仅提供了低级操作来支持数据处理和程序控制。编译器必须使用多条指令来产生和操作各种数据结构，以及实现像条件、循环和过程这样的控制结构。我们讲述了 C 语言和如何编译它的许多不同方面。我们看到 C 语言中缺乏边界检查，使得许多程序容易出现缓冲区溢出。虽然最近的运行时系统提供了安全保护，而且编译器帮助使得程序更安全，但是这已经使许多系统容易受到恶意入侵者的攻击。

我们只分析了 C 到 x86-64 的映射，但是大多数内容对其他语言和机器组合来说也是类似的。例如，编译 C++ 与编译 C 就非常相似。实际上，C++ 的早期实现就只是简单地执行了从 C++ 到 C 的源到源的转换，并对结果运行 C 编译器，产生目标代码。C++ 的对象用结构来表示，类似于 C 的 `struct`。C++ 的方法是用指向实现方法的代码的指针来表示的。相比而言，Java 的实现方式完全不同。Java 的目标代码是一种特殊的二进制表示，称为 Java *字节代码*。这种代码可以看成是虚拟机的机器级程序。正如它的名字暗示的那样，这种机器并不是直接用硬件实现的，而是用软件解释器处理字节代码，模拟虚拟机的行为。另外，有一种称为*及时编译*(just-in-time compilation)的方法，动态地将字节代码序列翻译成机器指令。当代码要执行多次时(例如在循环中)，这种方法执行起来更快。用字节代码作为程序的低级表示，优点是相同的代码可以在许多不同的机器上执行，而在本章谈到的机器代码只能在 x86-64 机器上运行。

## 参考文献说明

Intel 和 AMD 提供了关于他们处理器的大量文档。包括从汇编语言程序员角度来看硬件的概貌[2, 50]，还包括每条指令的详细参考[3, 51]。读指令描述很复杂，因为 1)所有的文档都基于 Intel 汇编代码格式，2)由于不同的寻址和执行模式，每条指令都有多个变种，3)没有说明性示例。不过这些文档仍然是关于每条指令行为的权威参考。

组织 x86-64.org 负责定义运行在 Linux 系统上的 x86-64 代码的应用二进制接口(Applicatioin Binary Interface，ABI)[77]。这个接口描述了一些细节，包括过程链接、二进制代码文件和大量的为了让机器代码程序正确运行所需要的其他特性。

正如我们讨论过的那样，GCC 使用的 ATT 格式与 Intel 文档中使用的 Intel 格式和其他编译器(包括 Microsoft 编译器)使用的格式都很不相同。

Muchnick 的关于编译器设计的书[80]被认为是关于代码优化技术最全面的参考书。它涵盖了许多我们在此讨论过的技术，例如寄存器使用规则。

已经有很多文章是关于使用缓冲区溢出通过因特网来攻击系统的。Spafford 出版了关于 1988 年因特网蠕虫的详细分析[105]，而帮助阻止它传播的 MIT 团队的成员也出版了一些论著[35]。从那以后，大量的论文和项目提出了各种创建和阻止缓冲区溢出攻击的方法。Seacord 的书[97]提供了关于缓冲区溢出和其他一些对 C 编译器产生的代码进行攻击的丰富信息。

## 家庭作业

* 3.58　一个函数的原型为

```
long decode2(long x, long y, long z);
```

GCC 产生如下汇编代码：

```
1   decode2:
2     subq    %rdx, %rsi
3     imulq   %rsi, %rdi
4     movq    %rsi, %rax
5     salq    $63, %rax
6     sarq    $63, %rax
7     xorq    %rdi, %rax
8     ret
```

参数 x、y 和 z 通过寄存器 %rdi、%rsi 和 %rdx 传递。代码将返回值存放在寄存器 %rax 中。

写出等价于上述汇编代码的 decode2 的 C 代码。

** 3.59 下面的代码计算两个 64 位有符号值 $x$ 和 $y$ 的 128 位乘积，并将结果存储在内存中：

```
1   typedef __int128 int128_t;
2
3   void store_prod(int128_t *dest, int64_t x, int64_t y) {
4       *dest = x * (int128_t) y;
5   }
```

GCC 产出下面的汇编代码来实现计算：

```
1    store_prod:
2      movq    %rdx, %rax
3      cqto
4      movq    %rsi, %rcx
5      sarq    $63, %rcx
6      imulq   %rax, %rcx
7      imulq   %rsi, %rdx
8      addq    %rdx, %rcx
9      mulq    %rsi
10     addq    %rcx, %rdx
11     movq    %rax, (%rdi)
12     movq    %rdx, 8(%rdi)
13     ret
```

为了满足在 64 位机器上实现 128 位运算所需的多精度计算，这段代码用了三个乘法。描述用来计算乘积的算法，对汇编代码加注释，说明它是如何实现你的算法的。**提示**：在把参数 $x$ 和 $y$ 扩展到 128 位时，它们可以重写为 $x=2^{64}\cdot x_h+x_l$ 和 $y=2^{64}\cdot y_h+y_l$，这里 $x_h$，$x_l$，$y_h$ 和 $y_l$ 都是 64 位值。类似地，128 位的乘积可以写成 $p=2^{64}\cdot p_h+p_l$，这里 $p_h$ 和 $p_l$ 是 64 位值。请解释这段代码是如何用 $x_h$，$x_l$，$y_h$ 和 $y_l$ 来计算 $p_h$ 和 $p_l$ 的。

** 3.60 考虑下面的汇编代码：

```
    long loop(long x, int n)
    x in %rdi, n in %esi
1   loop:
2     movl    %esi, %ecx
3     movl    $1, %edx
4     movl    $0, %eax
5     jmp     .L2
6   .L3:
7     movq    %rdi, %r8
8     andq    %rdx, %r8
9     orq     %r8, %rax
10    salq    %cl, %rdx
11  .L2:
12    testq   %rdx, %rdx
13    jne     .L3
14    rep; ret
```

以上代码是编译以下整体形式的C代码产生的：

```
1   long loop(long x, int n)
2   {
3       long result = ________;
4       long mask;
5       for (mask = ________; mask ________ ; mask = ________ ) {
6           result |= ________ ;
7       }
8       return result;
9   }
```

你的任务是填写这个C代码中缺失的部分，得到一个程序等价于产生的汇编代码。回想一下，这个函数的结果是在寄存器%rax中返回的。你会发现以下工作很有帮助：检查循环之前、之中和之后的汇编代码，形成一个寄存器和程序变量之间一致的映射。

A. 哪个寄存器保存着程序值x、n、result和mask?

B. result和mask的初始值是什么?

C. mask的测试条件是什么?

D. mask是如何被修改的?

E. result是如何被修改的

F. 填写这段C代码中所有缺失的部分。

** 3.61 在3.6.6节，我们查看了下面的代码，作为使用条件数据传送的一种选择：

```
long cread(long *xp) {
    return (xp ? *xp : 0);
}
```

我们给出了使用条件传送指令的一个尝试实现，但是认为它是不合法的，因为它试图从一个空地址读数据。

写一个C函数cread_alt，它与cread有一样的行为，除了它可以被编译成使用条件数据传送。当编译时，产生的代码应该使用条件传送指令而不是某种跳转指令。

** 3.62 下面的代码给出了一个开关语句中根据枚举类型值进行分支选择的例子。回忆一下，C语言中枚举类型只是一种引入一组与整数值相对应的名字的方法。默认情况下，值是从0向上依次赋给名字的。在我们的代码中，省略了与各种情况标号相对应的动作。

```
1   /* Enumerated type creates set of constants numbered 0 and upward */
2   typedef enum {MODE_A, MODE_B, MODE_C, MODE_D, MODE_E} mode_t;
3
4   long switch3(long *p1, long *p2, mode_t action)
5   {
6       long result = 0;
7       switch(action) {
8       case MODE_A:
9
10      case MODE_B:
11
12      case MODE_C:
13
14      case MODE_D:
15
16      case MODE_E:
17
18      default:
19
20      }
21      return result;
22  }
```

产生的实现各个动作的汇编代码部分如图 3-52 所示。注释指明了参数位置，寄存器值，以及各个跳转目的的情况标号。

```
     p1 in %rdi, p2 in %rsi, action in %edx
1    .L8:                                   MODE_E
2      movl    $27, %eax
3      ret
4    .L3:                                   MODE_A
5      movq    (%rsi), %rax
6      movq    (%rdi), %rdx
7      movq    %rdx, (%rsi)
8      ret
9    .L5:                                   MODE_B
10     movq    (%rdi), %rax
11     addq    (%rsi), %rax
12     movq    %rax, (%rdi)
13     ret
14   .L6:                                   MODE_C
15     movq    $59, (%rdi)
16     movq    (%rsi), %rax
17     ret
18   .L7:                                   MODE_D
19     movq    (%rsi), %rax
20     movq    %rax, (%rdi)
21     movl    $27, %eax
22     ret
23   .L9:                                   default
24     movl    $12, %eax
25     ret
```

图 3-52 家庭作业 3.62 的汇编代码。这段代码实现了 switch 语句的各个分支

填写 C 代码中缺失的部分。代码包括落入其他情况的情况，试着重建这个情况。

** 3.63 这个程序给你一个机会，从反汇编机器代码逆向工程一个 switch 语句。在下面这个过程中，去掉了 switch 语句的主体：

```
1  long switch_prob(long x, long n) {
2      long result = x;
3      switch(n) {
4          /* Fill in code here */
5
6      }
7      return result;
8  }
```

图 3-53 给出了这个过程的反汇编机器代码。

跳转表驻留在内存的不同区域中。可以从第 5 行的间接跳转看出来，跳转表的起始地址为 0x4006f8。用调试器 GDB，我们可以用命令 x/6gx 0x4006f8 来检查组成跳转表的 6 个 8 字节字的内存。GDB 打印出下面的内容：

```
(gdb) x/6gx 0x4006f8
0x4006f8:    0x00000000004005a1    0x00000000004005c3
0x400708:    0x00000000004005a1    0x00000000004005aa
0x400718:    0x00000000004005b2    0x00000000004005bf
```

用 C 代码填写开关语句的主体，使它的行为与机器代码一致。

```
long switch_prob(long x, long n)
x in %rdi, n in %rsi
1   0000000000400590 <switch_prob>:
2     400590:  48 83 ee 3c              sub    $0x3c,%rsi
3     400594:  48 83 fe 05              cmp    $0x5,%rsi
4     400598:  77 29                    ja     4005c3 <switch_prob+0x33>
5     40059a:  ff 24 f5 f8 06 40 00     jmpq   *0x4006f8(,%rsi,8)
6     4005a1:  48 8d 04 fd 00 00 00     lea    0x0(,%rdi,8),%rax
7     4005a8:  00
8     4005a9:  c3                       retq
9     4005aa:  48 89 f8                 mov    %rdi,%rax
10    4005ad:  48 c1 f8 03              sar    $0x3,%rax
11    4005b1:  c3                       retq
12    4005b2:  48 89 f8                 mov    %rdi,%rax
13    4005b5:  48 c1 e0 04              shl    $0x4,%rax
14    4005b9:  48 29 f8                 sub    %rdi,%rax
15    4005bc:  48 89 c7                 mov    %rax,%rdi
16    4005bf:  48 0f af ff              imul   %rdi,%rdi
17    4005c3:  48 8d 47 4b              lea    0x4b(%rdi),%rax
18    4005c7:  c3                       retq
```

图 3-53　家庭作业 3.63 的反汇编代码

**3.64　考虑下面的源代码，这里 $R$、$S$ 和 $T$ 都是用#define声明的常数：

```
1   long A[R][S][T];
2
3   long store_ele(long i, long j, long k, long *dest)
4   {
5       *dest = A[i][j][k];
6       return sizeof(A);
7   }
```

在编译这个程序中，GCC产生下面的汇编代码：

```
long store_ele(long i, long j, long k, long *dest)
i in %rdi, j in %rsi, k in %rdx, dest in %rcx
1    store_ele:
2      leaq    (%rsi,%rsi,2), %rax
3      leaq    (%rsi,%rax,4), %rax
4      movq    %rdi, %rsi
5      salq    $6, %rsi
6      addq    %rsi, %rdi
7      addq    %rax, %rdi
8      addq    %rdi, %rdx
9      movq    A(,%rdx,8), %rax
10     movq    %rax, (%rcx)
11     movl    $3640, %eax
12     ret
```

A. 将等式(3.1)从二维扩展到三维，提供数组元素 A[i][j][k]的位置的公式。

B. 运用你的逆向工程技术，根据汇编代码，确定 $R$、$S$ 和 $T$ 的值。

*3.65　下面的代码转置一个 $M \times M$ 矩阵的元素，这里 $M$ 是一个用#define定义的常数：

```
1   void transpose(long A[M][M]) {
2       long i, j;
3       for (i = 0; i < M; i++)
4           for (j = 0; j < i; j++) {
5               long t = A[i][j];
6               A[i][j] = A[j][i];
7               A[j][i] = t;
8           }
9   }
```

当用优化等级-O1 编译时，GCC 为这个函数的内循环产生下面的代码：

```
1   .L6:
2     movq    (%rdx), %rcx
3     movq    (%rax), %rsi
4     movq    %rsi, (%rdx)
5     movq    %rcx, (%rax)
6     addq    $8, %rdx
7     addq    $120, %rax
8     cmpq    %rdi, %rax
9     jne     .L6
```

我们可以看到 GCC 把数组索引转换成了指针代码。

A. 哪个寄存器保存着指向数组元素 A[i][j]的指针？

B. 哪个寄存器保存着指向数组元素 A[j][i]的指针？

C. $M$ 的值是多少？

*3.66 考虑下面的源代码，这里 NR 和 NC 是用#define 声明的宏表达式，计算用参数 $n$ 表示的矩阵 A 的维度。这段代码计算矩阵的第 $j$ 列的元素之和。

```
1   long sum_col(long n, long A[NR(n)][NC(n)], long j) {
2       long i;
3       long result = 0;
4       for (i = 0; i < NR(n); i++)
5           result += A[i][j];
6       return result;
7   }
```

编译这个程序，GCC 产生下面的汇编代码：

```
    long sum_col(long n, long A[NR(n)][NC(n)], long j)
    n in %rdi, A in %rsi, j in %rdx
1   sum_col:
2     leaq    1(,%rdi,4), %r8
3     leaq    (%rdi,%rdi,2), %rax
4     movq    %rax, %rdi
5     testq   %rax, %rax
6     jle     .L4
7     salq    $3, %r8
8     leaq    (%rsi,%rdx,8), %rcx
9     movl    $0, %eax
10    movl    $0, %edx
11  .L3:
12    addq    (%rcx), %rax
13    addq    $1, %rdx
14    addq    %r8, %rcx
15    cmpq    %rdi, %rdx
16    jne     .L3
17    rep; ret
18  .L4:
19    movl    $0, %eax
20    ret
```

运用你的逆向工程技术，确定 NR 和 NC 的定义。

**3.67 这个作业要查看 GCC 为参数和返回值中有结构的函数产生的代码，由此可以看到这些语言特性通常是如何实现的。

下面的 C 代码中有一个函数 process，它用结构作为参数和返回值，还有一个函数 eval，它调用 process：

```
1   typedef struct {
2       long a[2];
```

```
 3      long *p;
 4  } strA;
 5
 6  typedef struct {
 7      long u[2];
 8      long q;
 9  } strB;
10
11  strB process(strA s) {
12      strB r;
13      r.u[0] = s.a[1];
14      r.u[1] = s.a[0];
15      r.q =    *s.p;
16      return r;
17  }
18
19  long eval(long x, long y, long z) {
20      strA s;
21      s.a[0] = x;
22      s.a[1] = y;
23      s.p = &z;
24      strB r = process(s);
25      return r.u[0] + r.u[1] + r.q;
26  }
```

GCC 为这两个函数产生下面的代码：

```
    strB process(strA s)
 1  process:
 2    movq    %rdi, %rax
 3    movq    24(%rsp), %rdx
 4    movq    (%rdx), %rdx
 5    movq    16(%rsp), %rcx
 6    movq    %rcx, (%rdi)
 7    movq    8(%rsp), %rcx
 8    movq    %rcx, 8(%rdi)
 9    movq    %rdx, 16(%rdi)
10    ret
```

```
    long eval(long x, long y, long z)
    x in %rdi, y in %rsi, z in %rdx
 1  eval:
 2    subq    $104, %rsp
 3    movq    %rdx, 24(%rsp)
 4    leaq    24(%rsp), %rax
 5    movq    %rdi, (%rsp)
 6    movq    %rsi, 8(%rsp)
 7    movq    %rax, 16(%rsp)
 8    leaq    64(%rsp), %rdi
 9    call    process
10    movq    72(%rsp), %rax
11    addq    64(%rsp), %rax
12    addq    80(%rsp), %rax
13    addq    $104, %rsp
14    ret
```

A. 从 eval 函数的第 2 行我们可以看到，它在栈上分配了 104 个字节。画出 eval 的栈帧，给出它在调用 process 前存储在栈上的值。

B. eval 调用 process 时传递了什么值？

C. process 的代码是如何访问结构参数 s 的元素的？

D. process 的代码是如何设置结果结构 r 的字段的？

E. 完成 eval 的栈帧图，给出在从 process 返回后 eval 是如何访问结构 r 的元素的。

F. 就如何传递作为函数参数的结构以及如何返回作为函数结果的结构值，你可以看出什么通用的原则？

**3.68 在下面的代码中，A 和 B 是用# define 定义的常数：

```
1   typedef struct {
2       int x[A][B]; /* Unknown constants A and B */
3       long y;
4   } str1;
5
6   typedef struct {
7       char array[B];
8       int t;
9       short s[A];
10      long u;
11  } str2;
12
13  void setVal(str1 *p, str2 *q) {
14      long v1 = q->t;
15      long v2 = q->u;
16      p->y = v1+v2;
17  }
```

GCC 为 setVal 产生下面的代码：

```
    void setVal(str1 *p, str2 *q)
    p in %rdi, q in %rsi
1   setVal:
2     movslq  8(%rsi), %rax
3     addq    32(%rsi), %rax

4     movq    %rax, 184(%rdi)
5     ret
```

A 和 B 的值是多少？(答案是唯一的。)

**3.69 你负责维护一个大型的 C 程序，遇到下面的代码：

```
1   typedef struct {
2       int first;
3       a_struct a[CNT];
4       int last;
5   } b_struct;
6
7   void test(long i, b_struct *bp)
8   {
9       int n = bp->first + bp->last;
10      a_struct *ap = &bp->a[i];
11      ap->x[ap->idx] = n;
12  }
```

编译时常数 CNT 和结构 a_struct 的声明是在一个你没有访问权限的文件中。幸好，你有代码的‘.o’版本，可以用 OBJDUMP 程序来反汇编这些文件，得到下面的反汇编代码：

```
    void test(long i, b_struct *bp)
    i in %rdi, bp in %rsi
1   0000000000000000 <test>:
2      0:   8b 8e 20 01 00 00       mov    0x120(%rsi),%ecx
3      6:   03 0e                   add    (%rsi),%ecx
4      8:   48 8d 04 bf             lea    (%rdi,%rdi,4),%rax
5      c:   48 8d 04 c6             lea    (%rsi,%rax,8),%rax
6     10:   48 8b 50 08             mov    0x8(%rax),%rdx
7     14:   48 63 c9                movslq %ecx,%rcx
```

```
8     17:  48 89 4c d0 10         mov    %rcx,0x10(%rax,%rdx,8)
9     1c:  c3                     retq
```

运用你的逆向工程技术，推断出下列内容：

A. CNT 的值。

B. 结构 a_struct 的完整声明。假设这个结构中只有字段 idx 和 x，并且这两个字段保存的都是有符号值。

*** 3.70　考虑下面的联合声明：

```
1   union ele {
2       struct {
3           long *p;
4           long y;
5       } e1;
6       struct {
7           long x;
8           union ele *next;
9       } e2;
10  };
```

这个声明说明联合中可以嵌套结构。

下面的函数(省略了一些表达式)对一个链表进行操作，链表是以上述联合作为元素的：

```
1  void proc (union ele *up) {
2      up->________ = *(__________) - _________;
3  }
```

A. 下列字段的偏移量是多少(以字节为单位)：

```
e1.p      _______
e1.y      _______
e2.x      _______
e2.next   _______
```

B. 这个结构总共需要多少个字节?

C. 编译器为 proc 产生下面的汇编代码：

```
  void proc (union ele *up)
  up in %rdi
1  proc:
2    movq    8(%rdi), %rax
3    movq    (%rax), %rdx
4    movq    (%rdx), %rdx
5    subq    8(%rax), %rdx
6    movq    %rdx, (%rdi)
7    ret
```

在这些信息的基础上，填写 proc 代码中缺失的表达式。**提示**：有些联合引用的解释可以有歧义。当你清楚引用指引到哪里的时候，就能够澄清这些歧义。只有一个答案，不需要进行强制类型转换，且不违反任何类型限制。

* 3.71　写一个函数 good_echo，它从标准输入读取一行，再把它写到标准输出。你的实现应该对任意长度的输入行都能工作。可以使用库函数 fgets，但是你必须确保即使当输入行要求比你已经为缓冲区分配的更多的空间时，你的函数也能正确地工作。你的代码还应该检查错误条件，要在遇到错误条件时返回。参考标准 I/O 函数的定义文档[45, 61]。

** 3.72　图 3-54a 给出了一个函数的代码，该函数类似于函数 vfunct(图 3-43a)。我们用 vfunct 来说明过帧指针在管理变长栈帧中的使用情况。这里的新函数 aframe 调用库函数 alloca 为局部数组 p 分配空间。alloca 类似于更常用的函数 malloc，区别在于它在运行时栈上分配空间。当正在执行的过程返回时，该空间会自动释放。

图 3-54b 给出了部分的汇编代码，建立帧指针，为局部变量 i 和 p 分配空间。非常类似于

vframe 对应的代码。在此使用与练习题 3.49 中同样的表示法：栈指针在第 4 行设置为值 $s_1$，在第 7 行设置为值 $s_2$。数组 p 的起始地址在第 9 行被设置为值 $p$。$s_2$ 和 $p$ 之间可能有额外的空间 $e_2$，数组 p 结尾和 $s_1$ 之间可能有额外的空间 $e_1$。

A. 用数学语言解释计算 $s_2$ 的逻辑。

B. 用数学语言解释计算 $p$ 的逻辑。

C. 确定使 $e_1$ 的值最小和最大的 $n$ 和 $s_1$ 的值。

D. 这段代码为 $s_2$ 和 $p$ 的值保证了怎样的对齐属性？

```
1   #include <alloca.h>
2
3   long aframe(long n, long idx, long *q)  {
4       long i;
5       long **p = alloca(n * sizeof(long *));
6       p[0] = &i;
7       for (i = 1; i < n; i++)
8           p[i] = q;
9       return *p[idx];
10  }
```

a）C代码

```
    long aframe(long n, long idx, long *q)
    n in %rdi, idx in %rsi, q in %rdx
1   aframe:
2     pushq   %rbp
3     movq    %rsp, %rbp
4     subq    $16, %rsp                Allocate space for i (%rsp = s1)
5     leaq    30(,%rdi,8), %rax
6     andq    $-16, %rax
7     subq    %rax, %rsp               Allocate space for array p (%rsp = s2)
8     leaq    15(%rsp), %r8
9     andq    $-16, %r8                Set %r8 to &p[0]
      :
```

b）部分生成的汇编代码

图 3-54　家庭作业 3.72 的代码。该函数类似于图 3-43 中的函数

*3.73　用汇编代码写出匹配图 3-51 中函数 find_range 行为的函数。你的代码必须只包含一个浮点比较指令，并用条件分支指令来生成正确的结果。在 $2^{32}$ 种可能的参数值上测试你的代码。网络旁注 ASM:EASM 描述了如何在 C 程序中嵌入汇编代码。

**3.74　用汇编代码写出匹配图 3-51 中函数 find_range 行为的函数。你的代码必须只包含一个浮点比较指令，并用条件传送指令来生成正确的结果。你可能会想要使用指令 cmovp(如果设置了偶校验位传送)。在 $2^{32}$ 种可能的参数值上测试你的代码。网络旁注 ASM:EASM 描述了如何在 C 程序中嵌入汇编代码。

*3.75　ISO C99 包括了支持复数的扩展。任何浮点类型都可以用关键字 complex 修饰。这里有一些使用复数数据的示例函数，调用了一些关联的库函数：

```
1   #include <complex.h>
2
3   double c_imag(double complex x) {
4       return cimag(x);
5   }
6
7   double c_real(double complex x) {
8       return creal(x);
```

```
9   }
10
11  double complex c_sub(double complex x, double complex y) {
12      return x - y;
13  }
```

编译时，GCC 为这些函数产生如下代码：

```
    double c_imag(double complex x)
1   c_imag:
2     movapd  %xmm1, %xmm0
3     ret

    double c_real(double complex x)
4   c_real:
5     rep; ret

    double complex c_sub(double complex x, double complex y)
6   c_sub:
7     subsd   %xmm2, %xmm0
8     subsd   %xmm3, %xmm1
9     ret
```

根据这些例子，回答下列问题：

A. 如何向函数传递复数参数？

B. 如何从函数返回复数值？

## 练习题答案

3.1　这个练习使你熟悉各种操作数格式。

| 操作数 | 值 | 注释 |
|---|---|---|
| %rax | 0x100 | 寄存器 |
| 0x104 | 0XAB | 绝对地址 |
| $0x108 | 0x108 | 立即数 |
| (%rax) | 0XFF | 地址 0x100 |
| 4(%rax) | 0XAB | 地址 0x104 |
| 9(%rax,%rdx) | 0x11 | 地址 0x10C |
| 260(%rcx,%rdx) | 0x13 | 地址 0x108 |
| 0XFC(,%rcx,4) | 0xFF | 地址 0x100 |
| (%rax,%rdx,4) | 0x11 | 地址 0x10C |

3.2　正如我们已经看到的，GCC 产生的汇编代码指令上有后缀，而反汇编代码没有。能够在这两种形式之间转换是一种很重要的需要学习的技能。一个重要的特性就是，x86-64 中的内存引用总是用四字长寄存器给出，例如%rax，哪怕操作数只是一个字节、一个字或是一个双字。

这里是带后缀的代码：

```
movl    %eax, (%rsp)
movw    (%rax), %dx
movb    $0xFF, %bl
movb    (%rsp,%rdx,4), %dl
movq   (%rdx), %rax
movw    %dx, (%rax)
```

3.3　由于我们会依赖 GCC 来产生大多数汇编代码，所以能够写正确的汇编代码并不是一项很关键的技能。但是，这个练习会帮助你熟悉不同的指令和操作数类型(参见中文版勘误网站第 12 页的说明)。

下面给出了有错误解释的代码：

```
movb $0xF, (%ebx)         Cannot use %ebx as address register
movl %rax, (%rsp)         Mismatch between instruction suffix and register ID
movw (%rax),4(%rsp)       Cannot have both source and destination be memory references
movb %al,%sl              No register named %sl
movq %rax,$0x123          Cannot have immediate as destination
movl %eax,%rdx            Destination operand incorrect size
movb %si, 8(%rbp)         Mismatch between instruction suffix and register ID
```

3.4　这个练习给你更多经验，关于不同的数据传送指令，以及它们与 C 语言的数据类型和转换规则的关系。

| src_t | dest_t | 指令 | 注释 |
|---|---|---|---|
| long | long | movq (%rdi), %rax<br>movq %rax, (%rsi) | 读 8 个字节<br>存 8 个字节 |
| char | int | movsbl (%rdi), %eax<br>movl %eax, (%rsi) | 将 char 转换成 int<br>存 4 个字节 |
| char | unsigned | movsbl (%rdi), %eax<br>movl %eax, (%rsi) | 将 char 转换成 int<br>存 4 个字节 |
| unsigned char | long | movzbl (%rdi), %eax<br>movq %rax, (%rsi) | 读一个字节并零扩展<br>存 8 个字节 |
| int | char | movl (%rdi), %eax<br>movb %al, (%rsi) | 读 4 个字节<br>存低位字节 |
| unsigned | unsigned char | movl (%rdi), %eax<br>movb %al, (%rsi) | 读 4 个字节<br>存低位字节 |
| char | short | movsbw (%rdi), %ax<br>movw %ax, (%rsi) | 读一个字节并符号扩展<br>存 2 个字节 |

3.5　逆向工程是一种理解系统的好方法。在此，我们想要逆转 C 编译器的效果，来确定什么样的 C 代码会得到这样的汇编代码。最好的方法是进行“模拟”，从值 x、y 和 z 开始，它们分别在指针 xp、yp 和 zp 指定的位置。于是，我们可以得到下面这样的效果：

```
  void decode1(long *xp, long *yp, long *zp)
  xp in %rdi, yp in %rsi, zp in %rdx
decode1:
  movq    (%rdi), %r8     Get x = *xp
  movq    (%rsi), %rcx    Get y = *yp
  movq    (%rdx), %rax    Get z = *zp
  movq    %r8, (%rsi)     Store x at yp
  movq    %rcx, (%rdx)    Store y at zp
  movq    %rax, (%rdi)    Store z at xp
  ret
```

由此可以产生下面这样的 C 代码：

```
void decode1(long *xp, long *yp, long *zp)
{
    long x = *xp;
    long y = *yp;
    long z = *zp;

    *yp = x;
    *zp = y;
    *xp = z;
}
```

3.6　这个练习说明了 leaq 指令的多样性，同时也让你更多地练习解读各种操作数形式。虽然在图 3-3 中有的操作数格式被划分为“内存”类型，但是并没有访存发生。

| 指令 | 结果 |
|---|---|
| leaq 6(%rax),%rdx | $6+x$ |
| leaq(%rax,%rcx),%rdx | $x+y$ |
| leaq(%rax,%rcx,4),%rdx | $x+4y$ |
| leaq 7(%rax,%rax,8),%rdx | $7+9x$ |
| leaq 0xA(,%rcx,4),%rdx | $10+4y$ |
| leaq 9(%rax,%rcx,2),%rdx | $9+x+2y$ |

3.7　逆向工程再次被证明是学习 C 代码和生成的汇编代码之间关系的有用方式。

解决此类型问题的最好方式是为汇编代码行加注释，说明正在执行的操作信息。下面是一个例子：

```
long scale2(long x, long y, long z)
x in %rdi, y in %rsi, z in %rdx
scale2:
  leaq    (%rdi,%rdi,4), %rax    5 * x
  leaq    (%rax,%rsi,2), %rax    5 * x + 2 * y
  leaq    (%rax,%rdx,8), %rax    5 * x + 2 * y + 8 * z
  ret
```

由此很容易得到缺失的表达式：

```
long t = 5 * x + 2 * y + 8 * z;
```

3.8　这个练习使你有机会检验对操作数和算术指令的理解。指令序列被设计成每条指令的结果都不会影响后续指令的行为。

| 指令 | 目的 | 值 |
|---|---|---|
| addq %rcx,(%rax) | 0x100 | 0x100 |
| subq %rdx,8(%rax) | 0x108 | 0xA8 |
| imulq $16,(%rax,%rdx,8) | 0x118 | 0x110 |
| incq 16(%rax) | 0x110 | 0x14 |
| decq %rcx | %rcx | 0x0 |
| subq %rdx,%rax | %rax | 0XFD |

3.9　这个练习使你有机会生成一点汇编代码。答案的代码由 GCC 生成。将参数 n 加载到寄存器 %ecx 中，它可以用字节寄存器 %cl 来指定 sarl 指令的移位量。使用 movl 指令看上去有点儿奇怪，因为 n 的长度是 8 字节，但是要记住只有最低位的那个字节才指示着移位量。

```
long shift_left4_rightn(long x, long n)
x in %rdi, n in %rsi
shift_left4_rightn:
  movq    %rdi, %rax    Get x
  salq    $4, %rax      x <<= 4
  movl    %esi, %ecx    Get n (4 bytes)
  sarq    %cl, %rax     x >>= n
```

3.10　这个练习比较简单，因为汇编代码基本上沿用了 C 代码的结构。

```
long t1 = x | y;
long t2 = t1 >> 3;
long t3 = ~t2;
long t4 = z-t3;
```

3.11 A. 这个指令用来将寄存器%rdx设置为0，运用了对任意 $x$，$x$^$x$=0这一属性。它对应于C语句 x=0。

B. 将寄存器%rdx设置为0的更直接的方法是用指令 movq $0,%rdx。

C. 不过，汇编和反汇编这段代码，我们发现使用 xorq 的版本只需要 3 个字节，而使用 movq 的版本需要 7 个字节。其他将%rdx设置为0的方法都依赖于这样一个属性，即任何更新低位 4 字节的指令都会把高位字节设置为 0。因此，我们可以使用 xorl %edx,%edx(2 字节)或 movl $0,%edx(5 字节)。

3.12 我们可以简单地把 cqto 指令替换为将寄存器%rdx设置为0的指令，并且用 divq 而不是 idivq 作为我们的除法指令，得到下面的代码：

```
void uremdiv(unsigned long x, unsigned long y,
             unsigned long *qp, unsigned long *rp)
x in %rdi, y in %rsi, qp in %rdx, rp in %rcx
1  uremdiv:
2    movq   %rdx, %r8        Copy qp
3    movq   %rdi, %rax       Move x to lower 8 bytes of dividend
4    movl   $0, %edx         Set upper 8 bytes of dividend to 0
5    divq   %rsi             Divide by y
6    movq   %rax, (%r8)      Store quotient at qp
7    movq   %rdx, (%rcx)     Store remainder at rp
8    ret
```

3.13 汇编代码不会记录程序值的类型，理解这点这很重要。相反地，不同的指令确定操作数的大小以及是有符号的还是无符号的。当从指令序列映射回C代码时，我们必须做一点儿侦查工作，推断程序值的数据类型。

A. 后缀'l'和寄存器指示符表明是 32 位操作数，而比较是对补码的 < 。我们可以推断 data_t 一定是 int。

B. 后缀'w'和寄存器指示符表明是 16 位操作数，而比较是对补码的 >= 。我们可以推断 data_t 一定是 short。

C. 后缀'b'和寄存器指示符表明是 8 位操作数，而比较是对无符号数的 <= 。我们可以推断 data_t 一定是 unsigned char。

D. 后缀'q'和寄存器指示符表明是 64 位操作数，而比较是 != ，有符号、无符号和指针参数都是一样的。我们可以推断 data_t 可以是 long、unsigned long 或者某种形式的指针。

3.14 这道题与练习题 3.13 类似，不同的是它使用了 TEST 指令而不是 CMP 指令。

A. 后缀'q'和寄存器指示符表明是 64 位操作数，而比较是 >= ，一定是有符号数。我们可以推断 data_t 一定是 long。

B. 后缀'w'和寄存器指示符表明是 16 位操作数，而比较是 ==，这个对有符号和无符号都是一样的。我们可以推断 data_t 一定是 short 或者 unsigned short。

C. 后缀'b'和寄存器指示符表明是 8 位操作数，而比较是针对无符号数的 > 。我们可以推断 data_t 一定是 unsigned char。

D. 后缀'l'和寄存器指示符表明是 32 位操作数，而比较是 <= 。我们可以推断 data_t 一定是 int。

3.15 这个练习要求你仔细检查反汇编代码，并推理跳转目标的编码。同时练习十六进制运算。

A. je 指令的目标为 0x4003fc+ 0x02。如原始的反汇编代码所示，这就是 0x4003fe。

```
4003fa: 74 02                je     4003fe
4003fc: ff d0                callq  *%rax
```

B. je 指令的目标是 0x400431－12(由于 0xf4 是－12 的一个字节的补码表示)。正如原始的反汇编代码所示，这就是 0x400425：

```
40042f: 74 f4                je     400425
400431: 5d                   pop    %rbp
```

C. 根据反汇编器产生的注释，跳转目标是绝对地址 0x400547。根据字节编码，一定在距离 pop

指令 0x2 的地址处。减去这个值就得到地址 0x400545。注意，ja 指令的编码需要 2 个字节，它一定位于地址 0x400543 处。检查原始的反汇编代码也证实了这一点：

```
400543: 77 02                ja     400547
400545: 5d                   pop    %rbp
```

D. 以相反的顺序来读这些字节，我们看到目标偏移量是 0xffffff73，或者十进制数 −141。0x4005ed(nop 指令的地址)加上这个值得到地址 0x400560：

```
4005e8: e9 73 ff ff ff       jmpq   400560
4005ed: 90                   nop
```

3.16 对汇编代码写注释，并且模仿它的控制流来编写 C 代码，是理解汇编语言程序很好的第一步。本题是一个具有简单控制流的示例，给你一个检查逻辑操作实现的机会。

A. 这里是 C 代码：

```
void goto_cond(long a, long *p) {
    if (p == 0)
        goto done;
    if (*p >= a)
        goto done;
    *p = a;
 done:
    return;
}
```

B. 第一个条件分支是 && 表达式实现的一部分。如果对 p 为非空的测试失败，代码会跳过对 a>*p 的测试。

3.17 这个练习帮助你思考一个通用的翻译规则的思想以及如何应用它。

A. 转换成这种替代的形式，只需要调换一下几行代码：

```
long gotodiff_se_alt(long x, long y) {
    long result;
    if (x < y)
        goto x_lt_y;
    ge_cnt++;
    result = x - y;
    return result;
 x_lt_y:
    lt_cnt++;
    result =  y - x;
    return result;
}
```

B. 在大多数情况下，可以在这两种方式中任意选择。但是原来的方法对常见的没有 else 语句的情况更好一些。对于这种情况，我们只用简单地将翻译规则修改如下：

```
    t = test-expr;
    if (!t)
        goto done;
    then-statement
done:
```

基于这种替代规则的翻译更麻烦一些。

3.18 这个题目要求你完成一个嵌套的分支结构，在此你会看到如何使用翻译 if 语句的规则。大部分情况下，机器代码就是 C 代码的直接翻译。

```
long test(long x, long y, long z) {
    long val = x+y+z;
    if (x < -3) {
        if (y < z)
            val = x*y;
```

```
        else
            val = y*z;
    } else if (x > 2)
        val = x*z;
    return val;
}
```

3.19 这道题巩固加强了我们计算预测错误处罚的方法。

A. 可以直接应用公式得到 $T_{MP}=2\times(31-16)=30$。

B. 当预测错误时，函数会需要大概 16+30=46 个周期。

3.20 这道题提供了研究条件传送使用的机会。

A. 运算符是'/'。可以看到这是一个通过右移实现除以 2 的 3 次幂的例子(见 2.3.7 节)。在移位 $k=3$之前，如果被除数是负数的话，必须加上偏移量 $2^k-1=7$。

B. 下面是该汇编代码加上注释的一个版本：

```
 long arith(long x)
 x in %rdi
arith:
  leaq    7(%rdi), %rax     temp = x+7
  testq   %rdi, %rdi        Test x
  cmovns  %rdi, %rax        If x>= 0, temp = x
  sarq    $3, %rax          result = temp >> 3 (= x/8)
  ret
```

这个程序创建一个临时值等于 $x+7$，预期 $x$ 为负，需要加偏移量时使用。cmovns 指令在当 $x\geqslant0$ 条件成立时把这个值修改为 $x$，然后再移动 3 位，得到 $x/8$。

3.21 这个题目类似于练习题 3.18，除了有些条件语句是用条件数据传送实现的。虽然将这段代码装进到原始的 C 代码中看起来有些令人惧怕，但是你会发现它相当严格地遵守了翻译规则。

```
long test(long x, long y) {
    long val = 8*x;
    if (y > 0) {
        if (x < y)
            val = y-x;
        else
            val = x&y;
    } else if (y <= -2)
        val = x+y;
    return val;
}
```

3.22 A. 如果构建一张使用数据类型 int 来计算的阶乘表，得到下面这样的表：

| $n$ | $n!$ | OK? |
|---|---:|---|
| 1 | 1 | Y |
| 2 | 2 | Y |
| 3 | 6 | Y |
| 4 | 24 | Y |
| 5 | 120 | Y |
| 6 | 720 | Y |
| 7 | 5 040 | Y |
| 8 | 40 320 | Y |
| 9 | 362 880 | Y |
| 10 | 3 628 800 | Y |
| 11 | 39 916 800 | Y |
| 12 | 479 001 600 | Y |
| 13 | 1 932 053 504 | N |

我们可以看到，计算 13！溢出了。正如在练习题 2.35 中学到的那样，还可以通过计算 $x/n$，看它是否等于$(n-1)$！来测试 $n$！的计算是否溢出了(假设我们已经能够保证$(n-1)$！的计算没有溢出)。在此处，我们得到 1 932 053 504/13＝161 004 458.667。另外有个测试方法，可以看到 10！以上的阶乘数都必须是 100 的倍数，因此最后两位数字必然是 0。13！的正确值应该是 6 227 020 800。

B. 用数据类型 long 来计算，到 20！都不会溢出，得到 2 432 902 008 176 640 000。

3.23 编译循环产生的代码可能会很难分析，因为编译器对循环代码可以执行许多不同的优化，也因为可能很难把程序变量和寄存器匹配起来。这个特殊的例子展示了几个汇编代码不仅仅是 C 代码直接翻译的地方。

A. 虽然参数 x 通过寄存器%rdi 传递给函数，可以看到一旦进入循环就再也没有引用过该寄存器了。相反，我们看到第 2～5 行上寄存器%rax、%rcx 和%rdx 分别被初始化为 x、x*x 和 x+x。因此可以推断，这些寄存器包含着程序变量。

B. 编译器认为指针 p 总是指向 x，因此表达式(*p)++就能够实现 x 加一。代码通过第 7 行的 leaq 指令，把这个加一和加 y 组合起来。

C. 添加了注释的代码如下：

```
   long dw_loop(long x)
   x initially in %rdi
1  dw_loop:
2    movq    %rdi, %rax            Copy x to %rax
3    movq    %rdi, %rcx
4    imulq   %rdi, %rcx            Compute y = x*x
5    leaq    (%rdi,%rdi), %rdx     Compute n = 2*x
6  .L2:                          loop:
7    leaq    1(%rcx,%rax), %rax    Compute x += y + 1
8    subq    $1, %rdx              Decrement n
9    testq   %rdx, %rdx            Test n
10   jg      .L2                   If > 0, goto loop
11   rep; ret                      Return
```

3.24 这个汇编代码是用跳转到中间方法对循环的相当直接的翻译。完整的 C 代码如下：

```
long loop_while(long a, long b)
{
    long result = 1;
    while (a < b) {
        result = result * (a+b);
        a = a+1;
    }
    return result;
}
```

3.25 这个汇编代码没有完全遵循 guarded-do 翻译的模式，可以看到它等价于下面的 C 代码：

```
long loop_while2(long a, long b)
{
    long result = b;
    while (b > 0) {
        result = result * a;
        b = b-a;
    }
    return result;
}
```

我们会经常看到这样的情况，特别是用较高优化等级编译时，此时 GCC 会自作主张地修改生成代码的格式，同时又保留所要求的功能。

3.26 能够从汇编代码工作回 C 代码，是逆向工程的一个主要例子。

A. 可以看到这段代码使用的是跳转到中间翻译方法，在第 3 行使用了 jmp 指令。

B. 下面是原始的 C 代码：

```
long fun_a(unsigned long x) {
    long val = 0;
    while (x) {
        val ^= x;
        x >>= 1;
    }
    return val & 0x1;
}
```

C. 这个代码计算参数 x 的奇偶性。也就是，如果 x 中有奇数个 1，就返回 1，如果有偶数个 1，就返回 0。

3.27　这道练习题意在加强你对如何实现循环的理解。

```
long fact_for_gd_goto(long n)
{
    long i = 2;
    long result = 1;
    if (n <= 1)
        goto done;
 loop:
    result *= i;
    i++;
    if (i <= n)
        goto loop;
 done:
    return result;
}
```

3.28　这个问题比练习题 3.26 要难一些，因为循环中的代码更复杂，而整个操作也不那么熟悉。

A. 以下是原始的 C 代码：

```
long fun_b(unsigned long x) {
    long val = 0;
    long i;
    for (i = 64; i != 0; i--) {
        val = (val << 1) | (x & 0x1);
        x >>= 1;
    }
    return val;
}
```

B. 这段代码是用 guarded-do 变换生成的，但是编译器发现因为 i 初始化成了 64，所以一定会满足测试 i≠0，因此初始的测试是没必要的。

C. 这段代码把 x 中的位反过来，创造一个镜像。实现的方法是：将 x 的位从左往右移，然后再填入这些位，就像是把 val 从右往左移。

3.29　我们把 for 循环翻译成 while 循环的规则有些过于简单——这是唯一需要特殊考虑的方面。

A. 使用我们的翻译规则会得到下面的代码：

```
/* Naive translation of for loop into while loop */
/* WARNING: This is buggy code */
long sum = 0;
long i = 0;
while (i < 10) {
    if (i & 1)
        /* This will cause an infinite loop */
        continue;
    sum += i;
    i++;
}
```

因为 continue 语句会阻止索引变量 i 被修改，所以这段代码是无限循环。

B. 通用的解决方法是用 goto 语句替代 continue 语句，它会跳过循环体中余下的部分，直接跳到 update 部分：

```
/* Correct translation of for loop into while loop */
long sum = 0;
long i = 0;
while (i < 10) {
    if (i & 1)
        goto update;
    sum += i;
update:
    i++;
}
```

3.30 这个练习给你一个机会，推算出 switch 语句的控制流。要求你将汇编代码中的多处信息综合起来回答这些问题：

- 汇编代码的第 2 行将 x 加上 1，将情况(cases)的下界设置成 0。这就意味着最小的情况标号为−1。
- 当调整过的情况值大于 8 时，第 3 行和第 4 行会导致程序跳转到默认情况。这就意味着最大情况标号为−1+8=7。
- 在跳转表中，我们看到第 6 行的表项(情况值 3)与第 9 行的表项(情况值 6)都以第 4 行的跳转指令作为同样的目标(.L2)，表明这是默认的情况行为。因此，在 switch 语句体中缺失了情况标号 3 和 6。
- 在跳转表中，我们看到第 3 行和第 10 行上的表项有相同的目的。这对应于情况标号 0 和 7。
- 在跳转表中，我们看到第 5 行和第 7 行上的表项有相同的目的。这对应于情况标号 2 和 4。

从上述推理，我们得出如下结论：

A. switch 语句体中的情况标号值为−1、0、1、2、4、5 和 7。

B. 目标为 .L5 的情况标号为 0 和 7。

C. 目标为 .L7 的情况标号为 2 和 4。

3.31 逆向工程编译出 switch 语句，关键是将来自汇编代码和跳转表的信息结合起来，理清不同的情况。从 ja 指令(第 3 行)可知，默认情况的代码的标号是.L2。我们可以看到，跳转表中只有另一个标号重复出现，就是.L5，因此它一定是情况 C 和 D 的代码。代码在第 8 行落入下面的情况，因而标号.L7 符合情况 A，标号.L3 符合情况 B。只剩下标号.L6，符合情况 E。

原始的 C 代码如下：

```
void switcher(long a, long b, long c, long *dest)
{
    long val;
    switch(a) {
    case 5:
        c = b ^ 15;
        /* Fall through */
    case 0:
        val = c + 112;
        break;
    case 2:
    case 7:
        val = (c + b) << 2;
        break;
    case 4:
        val = a;
        break;
    default:
        val = b;
    }
    *dest = val;
}
```

3.32　追踪此等级上的程序的执行有助于理解过程调用和返回的很多方面。可以明确看到调用时控制是怎么传给过程的以及返回时调用函数如何继续执行的。还可以看到参数通过寄存器%rdi 和%rsi 传递，结果通过寄存器%rax 返回。

| 指令 | | | 状态值(指令开始执行前) | | | | | 描述 |
|---|---|---|---|---|---|---|---|---|
| 标号 | PC | 指令 | %rdi | %rsi | %rax | %rsp | *%rsp | |
| M1 | 0x400560 | callq | 10 | — | — | 0x7fffffffe820 | — | 调用 first(10) |
| F1 | 0x400548 | lea | 10 | — | — | 0x7fffffffe818 | 0x400565 | first 的入口 |
| F2 | 0x40054c | sub | 10 | 11 | — | 0x7fffffffe818 | 0x400565 | |
| F3 | 0x400550 | callq | 9 | 11 | — | 0x7fffffffe818 | 0x400565 | 调用 last(9,11) |
| L1 | 0x400540 | mov | 9 | 11 | — | 0x7fffffffe810 | 0x400555 | last 的入口 |
| L2 | 0x400543 | imul | 9 | 11 | 9 | 0x7fffffffe810 | 0x400555 | |
| L3 | 0x400547 | retq | 9 | 11 | 99 | 0x7fffffffe810 | 0x400555 | 从 last 返回 99 |
| F4 | 0x400555 | repz repq | 9 | 11 | 99 | 0x7fffffffe818 | 0x400565 | 从 first 返回 99 |
| M2 | 0x400565 | mov | 9 | 11 | 99 | 0x7fffffffe820 | — | 继续执行 main |

3.33　由于是多种数据大小混合在一起，这道题有点儿难。

让我们先描述第一种答案，再解释第二种可能性。如果假设第一个加(第 3 行)实现*u+=a，第二个加(第 4 行)实现*x+=b，然后我们可以看到 a 通过% edi 作为第一个参数传递，把它从 4 个字节转换成 8 个字节，再加到%rdx 指向的 8 个字节上。这就意味着 a 必定是 int 类型，u 一定是 long * 类型。还可以看到参数 b 的低位字节被加到了%rcx 指向的字节。这就意味着 v 一定是 char * ，但是 b 的类型是不确定的——它的大小可以是 1、2、4 或 8 字节。注意到返回值为 6 就能解决这种不确定性，这个返回值是 a 和 b 大小的和。因为我们知道 a 的大小是 4 字节，所以可以推断出 b 一定是 2 字节的。

该函数的一个加了注释的版本解释了这些细节：

```
   int procprobl(int a, short b, long *u, char *v)
   a in %edi, b in %si, u in %rdx, v in %rcx
1  procprob:
2    movslq  %edi, %rdi        Convert a to long
3    addq    %rdi, (%rdx)      Add to *u (long)
4    addb    %sil, (%rcx)      Add low-order byte of b to *v
5    movl    $6, %eax          Return 4+2
6    ret
```

此外，我们可以看到如果以它们在 C 代码中出现相反的顺序在汇编代码中计算这两个和，这段汇编代码同样合法。这会导致交换参数 a 和 b，参数 u 和 v，得到如下原型：

```
int procprob(int b, short a, long *v, char *u);
```

3.34　这个例子展示了被调用者保存寄存器的使用，以及保存局部数据的栈的使用。

A. 可以看到第 9～14 行将局部值 a0～a5 分别保存进被调用者保存寄存器%rbx、%r15、%r14、%r13、%r12 和%rbp。

B. 局部值 a6 和 a7 存放在栈中相对于栈指针偏移量为 0 和 8 的地方(第 16 和 18 行)。

C. 在存储完 6 个局部变量之后，这个程序用完了所有的被调用者保存寄存器，所以剩下的两个值保存在栈上。

3.35　这道题给了一个检查递归函数代码的机会。要学的一个很重要的内容就是，递归代码与我们看到的其他函数的结构一模一样。栈和寄存器保存规则足以让递归函数正确执行。

A. 寄存器%rbx 保存参数 x 的值，所以它可以被用来计算结果表达式。

B. 汇编代码是由下面的 C 代码产生而来的：

```
long rfun(unsigned long x) {
    if (x == 0)
        return 0;
    unsigned long nx = x>>2;
    long rv = rfun(nx);
    return x + rv;
}
```

3.36 这个练习测试你对数据大小和数组索引的理解。注意，任何类型的指针都是 8 个字节长。short 数据类型需要 2 个字节，而 int 需要 4 个。

| 数组 | 元素大小 | 总大小 | 起始地址 | 元素 $i$ |
|---|---|---|---|---|
| S | 2 | 14 | $x_S$ | $x_S+2i$ |
| T | 8 | 24 | $x_T$ | $x_T+8i$ |
| U | 8 | 48 | $x_U$ | $x_U+8i$ |
| V | 4 | 32 | $x_V$ | $x_V+4i$ |
| W | 8 | 32 | $x_W$ | $x_W+8i$ |

3.37 这个练习是关于整数数组 E 的练习的一个变形。理解指针与指针指向的对象之间的区别是很重要的。因为数据类型 short 需要 2 个字节，所以所有的数组索引都将乘以因子 2。前面我们用的是 movl，现在用的则是 movw。

| 表达式 | 类型 | 值 | 汇编语句 |
|---|---|---|---|
| S+1 | short* | $x_S+2$ | leaq2(%rdx),%rax |
| S[3] | short | $M[x_S+6]$ | movw6(%rdx),%ax |
| &S[i] | short* | $x_S+2i$ | leaq(%rdx,%rcx,2),%rax |
| S[4*i+1] | short | $M[x_S+8i+2]$ | movw2(%rdx,%rcx,8),%ax |
| S+i-5 | short* | $x_S+2i-10$ | leaq-10(%rdx,%rcx,2),%rax |

3.38 这个练习要求你完成缩放操作，来确定地址的计算，并且应用行优先索引的公式(3.1)。第一步是注释汇编代码，来确定如何计算地址引用：

```
   long sum_element(long i, long j)
   i in %rdi, j in %rsi
1  sum_element:
2    leaq    0(,%rdi,8), %rdx        Compute 8i
3    subq    %rdi, %rdx              Compute 7i
4    addq    %rsi, %rdx              Compute 7i + j
5    leaq    (%rsi,%rsi,4), %rax     Compute 5j
6    addq    %rax, %rdi              Compute i + 5j
7    movq    Q(,%rdi,8), %rax        Retrieve M[x_Q + 8 (5j + i)]
8    addq    P(,%rdx,8), %rax        Add M[x_P + 8 (7i + j)]
9    ret
```

我们可以看出，对矩阵 P 的引用是在字节偏移 $8\times(7i+j)$ 的地方，而对矩阵 Q 的引用是在字节偏移 $8\times(5j+i)$ 的地方。由此我们可以确定 P 有 7 列，而 Q 有 5 列，得到 $M=5$ 和 $N=7$。

3.39 这些计算是公式(3.1)的直接应用：

- 对于 $L=4$，$C=16$ 和 $j=0$，指针 Aptr 等于 $x_A+4\times(16i+0)=x_A+64i$。
- 对于 $L=4$，$C=16$，$i=0$ 和 $j=k$，指针 Bptr 等于 $x_B+4\times(16\times0+k)=x_B+4k$。
- 对于 $L=4$，$C=16$，$i=16$ 和 $j=k$，Bend 等于 $x_B+4\times(16\times16+k)=x_B+1024+4k$。

3.40 这个练习要求你能够研究编译产生的汇编代码，了解执行了哪些优化。在这个情况中，编译器做一些聪明的优化。

让我们先来研究一下 C 代码，然后看看如何从为原始函数产生的汇编代码推导出这个 C 代码。

```
/* Set all diagonal elements to val */
void fix_set_diag_opt(fix_matrix A, int val) {
    int *Abase = &A[0][0];
    long i = 0;
    long iend = N*(N+1);
    do {
        Abase[i] = val;
        i += (N+1);
    } while (i != iend);
}
```

这个函数引入了一个变量 Abase，int * 类型的，指向数组 A 的起始位置。这个指针指向一个 4 字节整数序列，这个序列由按照行优先顺序存放的 A 的元素组成。我们引入一个整数变量 index，它一步一步经过 A 的对角线，它有一个属性，那就是对角线元素 $i$ 和 $i+1$ 在序列中相隔 $N+1$ 个元素，而且一旦我们到达对角线元素 $N$(索引为 $N(N+1)$)，我们就超出了边界。

实际的汇编代码遵循这样的通用格式，但是现在指针的增加必须乘以因子 4。我们将寄存器 %rax 标记为存放值 index4，等于 C 版本中的 index，但是使用因子 4 进行伸缩。对于 $N=16$，我们可以看到对于 index4 的停止点会是 $4\cdot 16(16+1)=1088$。

```
1   fix_set_diag:
    void fix_set_diag(fix_matrix A, int val)
    A in %rdi, val in %rsi
2     movl    $0, %eax                   Set index4 = 0
3   .L13:                               loop:
4     movl    %esi, (%rdi,%rax)          Set Abase[index4/4] to val
5     addq    $68, %rax                  Increment index4 += 4(N+1)
6     cmpq    $1088, %rax                Compare index4: 4N(N+1)
7     jne     .L13                       If !=, goto loop
8     rep; ret                           Return
```

3.41　这个练习让你思考结构的布局，以及用来访问结构字段的代码。该结构声明是书中所示例子的一个变形。它表明嵌套的结构的分配是将内层结构嵌入到外层结构之中。

A. 该结构的布局图如下：

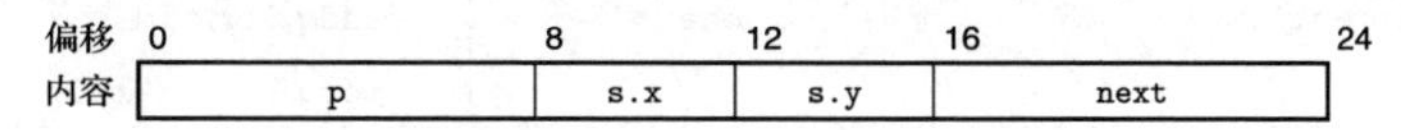


B. 它使用了 24 个字节。

C. 同平时一样，我们从给汇编代码加注释开始：

```
    void sp_init(struct prob *sp)
    sp in %rdi
1   sp_init:
2     movl    12(%rdi), %eax    Get sp->s.y
3     movl    %eax, 8(%rdi)     Save in sp->s.x
4     leaq    8(%rdi), %rax     Compute &(sp->s.x)
5     movq    %rax, (%rdi)      Store in sp->p
6     movq    %rdi, 16(%rdi)    Store sp in sp->next
7     ret
```

由此可以产生如下 C 代码：

```
void sp_init(struct prob *sp)
{
    sp->s.x   = sp->s.y;
    sp->p     = &(sp->s.x);
    sp->next  = sp;
}
```

3.42　这道题说明了一个非常普通的数据结构和对它的操作时如何在机器代码中实现。要解答这些问题，还是先对汇编代码加注释，确认出该结构的两个字段分别在偏移量 0(字段 v)和 8(字段 p)处。

```
    long fun(struct ELE *ptr)
    ptr in %rdi
1   fun:
2     movl    $0, %eax            result = 0
3     jmp     .L2                 Goto middle
4   .L3:                        loop:
5     addq    (%rdi), %rax        result += ptr->v
6     movq    8(%rdi), %rdi       ptr = ptr->p
7   .L2:                        middle:
8     testq   %rdi, %rdi          Test ptr
9     jne     .L3                 If != NULL, goto loop
10    rep; ret
```

A. 根据加了注释的代码，可以得到C语言：

```
long fun(struct ELE *ptr) {
    long val = 0;
    while (ptr) {
        val += ptr->v;
        ptr  = ptr->p;
    }
    return val;
}
```

B. 可以看到每个结构都是一个单链表中的元素，字段 v 是元素的值，字段 p 是指向下一个元素的指针。函数 fun 计算链表中元素值的和。

3.43　结构和联合涉及的概念很简单，但是需要练习来习惯不同的引用模式和它们的实现。

| 表达式 | 类型 | 代码 |
|---|---|---|
| up->t1.u | long | movq(%rdi),%rax<br>movq %rax,(%rsi) |
| up->t1.v | short | movw 8(%rdi),%ax<br>movw %ax,(%rsi) |
| &up->t1.w | char* | addq $10,%rdi<br>movq %rdi,(%rsi) |
| up->t2.a | int* | movq %rdi,(%rsi) |
| up->t2.a[up- > t1.u] | int | movq (%rdi),%rax<br>movl (%rdi,%rax,4),%eax<br>movl %eax,(%rsi) |
| *up->t2.p | char | movq 8(%rdi),%rax<br>movb (%rax),%al<br>movb %al,(%rsi) |

3.44　想理解各种数据结构需要多少存储，以及编译器为访问这些结构产生的代码，理解结构的布局和对齐是非常重要的。这个练习让你看清楚一些示例结构的细节。

A. struct P1 { int i; char c; int j; char d; };

| i | c | j | d | 总共 | 对齐 |
|---|---|---|---|---|---|
| 0 | 4 | 8 | 12 | 16 | 4 |

B. struct P2 { int i; char c; char d; long j; };

| i | c | d | j | 总共 | 对齐 |
|---|---|---|---|---|---|
| 0 | 4 | 5 | 8 | 16 | 8 |

C. `struct P3 { short w[3]; char c[3] };`

| w | c | 总共 | 对齐 |
|---|---|---|---|
| 0 | 6 | 10 | 2 |

D. `struct P4 { short w[5]; char *c[3] };`

| w | c | 总共 | 对齐 |
|---|---|---|---|
| 0 | 16 | 40 | 8 |

E. `struct P5 { struct P3 a[2]; struct P2 t };`

| a | t | 总共 | 对齐 |
|---|---|---|---|
| 0 | 24 | 40 | 8 |

3.45　这是一个理解结构的布局和对齐的练习。

A. 这里是对象大小和字节偏移量：

| 字段 | a | b | c | d | e | f | g | h |
|---|---|---|---|---|---|---|---|---|
| 大小 | 8 | 2 | 8 | 1 | 4 | 1 | 8 | 4 |
| 偏移量 | 0 | 8 | 16 | 24 | 28 | 32 | 40 | 48 |

B. 这个结构一共是 56 个字节长。结构的结尾必须填充 4 个字节来满足 8 字节对齐的要求。

C. 当所有的数据元素的长度都是 2 的幂时，一种行之有效的策略是按照大小的降序排列结构的元素。导致声明如下：

```
struct {
    char    *a;
    double   c;
    long     g;
    float    e;
    int      h;
    short    b;
    char     d;
    char     f;
} rec;
```

得到的偏移量如下：

| 字段 | a | c | g | e | h | b | d | f |
|---|---|---|---|---|---|---|---|---|
| 大小 | 8 | 8 | 8 | 4 | 4 | 2 | 1 | 1 |
| 偏移量 | 0 | 8 | 16 | 24 | 28 | 32 | 34 | 35 |

这个结构要填充 4 个字节以满足 8 字节对齐的要求，所以总共是 40 个字节。

3.46　这个问题覆盖的话题比较广泛，例如栈帧、字符串表示、ASCII 码和字节顺序。它说明了越界的内存引用的危险性，以及缓冲区溢出背后的基本思想。

A. 执行了第 3 行后的栈：

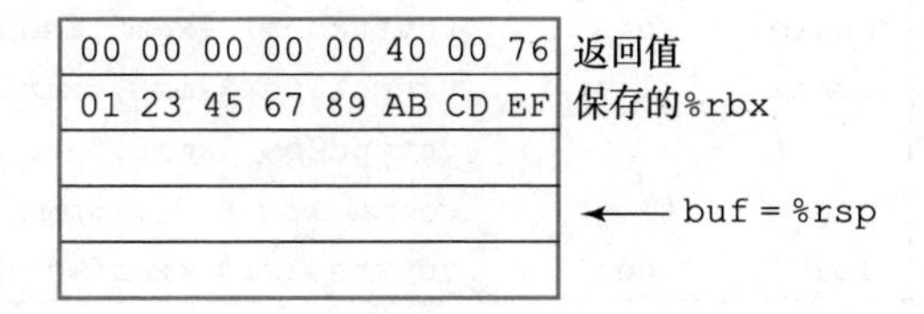

B. 执行了第 5 行后的栈：

| | |
|---|---|
| 00 00 00 00 00 40 00 34 | 返回值 |
| 33 32 31 30 39 38 37 36 | 保存的%rbx |
| 35 34 33 32 31 30 39 38 | |
| 37 36 35 34 33 32 31 30 | ← buf = %rsp |
| | |

C. 这个程序试图返回到地址 0x040034。低位 2 字节被字符‘4’和结尾的空(null)字符覆盖了。

D. 寄存器%rbx 的保存值被设置为 0x3332313039383736。在 get_line 返回前，这个值会被加载回这个寄存器中。

E. 对 malloc 的调用应该以 strlen(buf)+ 1 作为它的参数，而且代码还应该检查返回值是否为 NULL。

3.47 A. 这对应于大约 $2^{13}$ 个地址的范围。

B. 每次尝试，一个 128 字节的空操作 sled 会覆盖 $2^7$ 个地址，因此我们只需要 $2^6=64$ 次尝试。

这个例子明确地表明了这个版本的 Linux 中的随机化程度只能很小地阻挡溢出攻击。

3.48 这道题让你看看 x86-64 代码如何管理栈，也让你更好地理解如何防卫缓冲区溢出攻击。

A. 对于没有保护的代码，第 4 行和第 5 行计算 v 和 buf 的地址为相对于%rsp 偏移量为 24 和 0。在有保护的代码中，金丝雀被存放在偏移量为 40 的地方(第 4 行)，而 v 和 buf 在偏移量为 8 和 16 的地方(第 7 行和第 8 行)。

B. 在有保护的代码中，局部变量 v 比 buf 更靠近栈顶，因此 buf 溢出就不会破坏 v 的值。

3.49 这段代码中包含许多我们已经见到过的执行位级运算的技巧。要仔细研究才能看得懂。

A. 第 5 行的 leaq 指令计算值 $8n+22$，然后第 6 行的 andq 指令把它向下舍入到最接近的 16 的倍数。当 $n$ 是奇数时，结果值会是 $8n+8$，当 $n$ 是偶数时，结果值会是 $8n+16$，$s_1$ 减去这个值就得到 $s_2$。

B. 该序列中的三条指令将 $s_2$ 向上舍入到最近的 8 的倍数。它们利用了 2.3.7 节中实现除以 2 的幂用到的偏移和移位的组合。

C. 这两个例子可以看做最小化和最大化 $e_1$ 和 $e_2$ 的情况。

| $n$ | $s_1$ | $s_2$ | $p$ | $e_1$ | $e_2$ |
|---|---|---|---|---|---|
| 5 | 2065 | 2017 | 2024 | 1 | 7 |
| 6 | 2064 | 2000 | 2000 | 16 | 0 |

D. 可以看到 $s_2$ 的计算方式会保留 $s_1$ 的偏移量为最接近的 16 的倍数。还可以看到 $p$ 会以 8 的倍数对齐，正是对 8 字节元素数组建议使用的。

3.50 这道题要求你仔细检查代码，小心留意使用的转换和数据传送指令。可以看到取出的值和转换的情况如下：

- 取出位于 dp 的值，转换成 int(第 4 行)，再存储到 ip。因此可以推断出 val1 是 d。
- 取出位于 ip 的值，转换成 float(第 6 行)，再存储到 fp。因此可以推断出 val2 是 i。
- l 的值被转换成 double(第 8 行)，并存储在 dp。因此可以推断出 val3 是 l。
- 第 3 行上取出位于 fp 的值。第 10 和 11 行的两条指令把它转换为双精度，值通过寄存器%xmm0 返回。因此可以推断出 val4 是 f。

3.51 可以通过从图 3-47 和图 3-48 中选择适当的条目或者使用在浮点格式间转换的代码序列来处理这些情况。

| $T_x$ | $T_y$ | 指令 |
|---|---|---|
| long | double | vcvtsi2sdq %rdi,%xmm0,%xmm0 |
| double | int | vcvttsd2si %xmm0,%eax |
| double | float | vunpcklpd %xmm0,%xmm0,%xmm0 |
| | | vcvtpd2ps %xmm0,%xmm0 |
| long | float | vcvtsi2ssq %rdi,%xmm0,%xmm0 |
| float | long | vcvttss2siq %xmm0,%rax |

3.52 映射参数到寄存器的基本规则非常简单(虽然随着有更多类型的参数出现，这些规则也变得越来越复杂[77])。

A. double g1(double a, long b, float c, int d);

寄存器：a在%xmm0中，b在%rdi中，c在%xmm1中，d在% esi中

B. double g2(int a, double *b, float *c, long d);

寄存器：a在%edi中，b在%rsi中，c在%rdx中，d在%rcx中

C. double g3(double *a, double b, int c, float d);

寄存器：a在%rdi中，b在%xmm0中，c在% esi中，d在%xmm1中

D. double g4(float a, int *b, float c, double d);

寄存器：a在%xmm0中，b在%rdi中，c在%xmm1中，d在%xmm2中

3.53 从这段汇编代码可以看出有两个整数参数，通过寄存器%rdi和%rsi传递，将其命名为i1和i2。类似地，有两个浮点参数，通过寄存器%xmm0和%xmm1传递，将其命名为f1和f2。

然后给汇编代码加注释：

```
Refer to arguments as i1 (%rdi), i2 (%esi)
                      f1 (%xmm0), and f2 (%xmm1)

double funct1(arg1_t p, arg2_t q, arg3_t r, arg4_t s)
1  funct1:
2    vcvtsi2ssq     %rsi, %xmm2, %xmm2    Get i2 and convert from long to float
3    vaddss  %xmm0, %xmm2, %xmm0          Add f1 (type float)
4    vcvtsi2ss      %edi, %xmm2, %xmm2    Get i1 and convert from int to float
5    vdivss  %xmm0, %xmm2, %xmm0          Compute i1 / (i2 + f1)
6    vunpcklps      %xmm0, %xmm0, %xmm0
7    vcvtps2pd      %xmm0, %xmm0          Convert to double
8    vsubsd  %xmm1, %xmm0, %xmm0          Compute i1 / (i2 + f1) - f2 (double)
9    ret
```

由此可以看出这段代码计算值i1/(i2+f1)-f2。还可以看到，i1的类型为int，i2的类型为long，f1的类型为float，而f2的类型为double。将参数匹配到命名的值只有一个不确定的地方，来自于加法的交换性——得到两种可能的结果：

```
double funct1a(int p, float q, long r, double s);
double funct1b(int p, long q, float r, double s);
```

3.54 一步步梳理汇编代码，确定每一步计算什么，就很容易找到这道题的答案，如下面的注释所示：

```
double funct2(double w, int x, float y, long z)
w in %xmm0, x in %edi, y in %xmm1, z in %rsi
1  funct2:
2    vcvtsi2ss      %edi, %xmm2, %xmm2    Convert x to float
3    vmulss  %xmm1, %xmm2, %xmm1          Multiply by y
4    vunpcklps      %xmm1, %xmm1, %xmm1
5    vcvtps2pd      %xmm1, %xmm2          Convert x*y to double
6    vcvtsi2sdq     %rsi, %xmm1, %xmm1    Convert z to double
7    vdivsd  %xmm1, %xmm0, %xmm0          Compute w/z
8    vsubsd  %xmm0, %xmm2, %xmm0          Subtract from x*y
9    ret                                  Return
```

可以从分析得出结论，该函数计算y*x-w/z。

3.55 这道题使用的推理与推断标号.LC2处声明的数字是1.8的编码一样，不过例子更简单。

我们看到两个值分别是0和1077936128(0x40400000)。从高位字节可以抽取出指数字段0x404(1028)，减去偏移量1023得到指数为5。连接两个值的小数位，得到小数字段为0，加上隐含的开头的1，得到1.0。因此这个常数是$1.0\times2^5=32.0$。

3.56 A. 在此可以看到从地址.LC1开始的16个字节是一个掩码，它的低8个字节是全1，除了最高位，这是双精度值的符号位。计算这个掩码和%xmm0的AND值时，会清除x的符号位，得到绝对

值。实际上，定义 EXPR(x)为 fabs(x)就能得到这段代码，fabs 是在< math.h> 中定义的。

B. 可以看到 vxorpd 指令将整个寄存器设置为 0，所以这是一种产生浮点常数 0.0 的方法。

C. 可以看到从地址 .LC2 开始的 16 个字节是一个掩码，它只有一个 1 位，位于 XMM 寄存器中低位数值的符号位。计算这个掩码与 %xmm0 的 EXCLUSIVE－OR 值时，会改变 x 符号的值，计算出表达式-x。

3.57　同样地，为代码加注释，包括处理条件分支：

```
    double funct3(int *ap, double b, long c, float *dp)
    ap in %rdi, b in %xmm0, c in %rsi, dp in %rdx
1   funct3:
2     vmovss  (%rdx), %xmm1                   Get d = *dp
3     vcvtsi2sd      (%rdi), %xmm2, %xmm2     Get a = *ap and convert to double
4     vucomisd       %xmm2, %xmm0             Compare b:a
5     jbe     .L8                             If <=, goto lesseq
6     vcvtsi2ssq     %rsi, %xmm0, %xmm0       Convert c to float
7     vmulss  %xmm1, %xmm0, %xmm1             Multiply by d
8     vunpcklps      %xmm1, %xmm1, %xmm1
9     vcvtps2pd      %xmm1, %xmm0             Convert to double
10    ret                                     Return
11  .L8:                                    lesseq:
12    vaddss  %xmm1, %xmm1, %xmm1             Compute d+d = 2.0 * d
13    vcvtsi2ssq     %rsi, %xmm0, %xmm0       Convert c to float
14    vaddss  %xmm1, %xmm0, %xmm0             Compute c + 2*d
15    vunpcklps      %xmm0, %xmm0, %xmm0
16    vcvtps2pd      %xmm0, %xmm0             Convert to double
17    ret                                     Return
```

由此，可以写出 funct3 的代码如下：

```
double funct3(int *ap, double b, long c, float *dp) {
    int a = *ap;
    float d = *dp;
    if (a < b)
        return c*d;
    else
        return c+2*d;
}
```

第4章

CHAPTER 4

# 处理器体系结构

现代微处理器可以称得上是人类创造出的最复杂的系统之一。一块手指甲大小的硅片上，可以容纳一个完整的高性能处理器、大的高速缓存，以及用来连接到外部设备的逻辑电路。从性能上来说，今天在一块芯片上实现的处理器已经使20年前价值1000万美元、房间那么大的超级计算机相形见绌了。即使是在像手机、导航系统和可编程恒温器这样的日常设备中的嵌入式处理器，也比早期计算机开发者所能想到的强大得多。

到目前为止，我们看到的计算机系统只限于机器语言程序级。我们知道处理器必须执行一系列指令，每条指令执行某个简单操作，例如两个数相加。指令被编码为由一个或多个字节序列组成的二进制格式。一个处理器支持的指令和指令的字节级编码称为它的指令集体系结构(Instruction-Set Architecture，ISA)。不同的处理器“家族”，例如Intel IA32和x86-64、IBM/Freescale Power和ARM处理器家族，都有不同的ISA。一个程序编译成在一种机器上运行，就不能在另一种机器上运行。另外，同一个家族里也有很多不同型号的处理器。虽然每个厂商制造的处理器性能和复杂性不断提高，但是不同的型号在ISA级别上都保持着兼容。一些常见的处理器家族(例如x86-64)中的处理器分别由多个厂商提供。因此，ISA在编译器编写者和处理器设计人员之间提供了一个概念抽象层，编译器编写者只需要知道允许哪些指令，以及它们是如何编码的；而处理器设计者必须建造出执行这些指令的处理器。

本章将简要介绍处理器硬件的设计。我们将研究一个硬件系统执行某种ISA指令的方式。这会使你能更好地理解计算机是如何工作的，以及计算机制造商们面临的技术挑战。一个很重要的概念是，现代处理器的实际工作方式可能跟ISA隐含的计算模型大相径庭。ISA模型看上去应该是*顺序*指令执行，也就是先取出一条指令，等到它执行完毕，再开始下一条。然而，与一个时刻只执行一条指令相比，通过同时处理多条指令的不同部分，处理器可以获得更高的性能。为了保证处理器能得到同顺序执行相同的结果，人们采用了一些特殊的机制。在计算机科学中，用巧妙的方法在提高性能的同时又保持一个更简单、更抽象模型的功能，这种思想是众所周知的。在Web浏览器或平衡二叉树和哈希表这样的信息检索数据结构中使用缓存，就是这样的例子。

你很可能永远都不会自己设计处理器。这是专家们的任务，他们工作在全球不到100家的公司里。那么为什么你还应该了解处理器设计呢？

- *从智力方面来说，处理器设计是非常有趣而且很重要的。*学习事物是怎样工作的有其内在价值。了解作为计算机科学家和工程师日常生活一部分的一个系统的内部工作原理(特别是对很多人来说这还是个谜)，是件格外有趣的事情。处理器设计包括许多好的工程实践原理。它需要完成复杂的任务，而结构又要尽可能简单和规则。
- *理解处理器如何工作能帮助理解整个计算机系统如何工作。*在第6章，我们将讲述存储器系统，以及用来创建很大的内存映像同时又有快速访问时间的技术。看看处理器端的处理器——内存接口，会使那些讲述更加完整。

- 虽然很少有人设计处理器，但是许多人设计包含处理器的硬件系统。将处理器嵌入到现实世界的系统中，如汽车和家用电器，已经变得非常普通了。嵌入式系统的设计者必须了解处理器是如何工作的，因为这些系统通常在比桌面和基于服务器的系统更低抽象级别上进行设计和编程。
- 你的工作可能就是处理器设计。虽然生产处理器的公司很少，但是研究处理器的设计人员队伍已经非常巨大了，而且还在壮大。一个主要的处理器设计的各个方面大约涉及1000多人。

本章首先定义一个简单的指令集，作为我们处理器实现的运行示例。因为受x86-64指令集的启发，它被俗称为“x86”，所以我们称我们的指令集为“Y86-64”指令集。与x86-64相比，Y86-64指令集的数据类型、指令和寻址方式都要少一些。它的字节级编码也比较简单，机器代码没有相应的x86-64代码紧凑，不过设计它的CPU译码逻辑也要简单一些。虽然Y86-64指令集很简单，它仍然足够完整，能让我们写一些处理整数的程序。设计一个实现Y86-64的处理器要求我们解决许多处理器设计者同样会面对的问题。

接下来会提供一些数字硬件设计的背景。我们会描述处理器中使用的基本构件块，以及它们如何连接起来和操作。这些介绍是建立在第2章对布尔代数和位级操作的讨论的基础上的。我们还将介绍一种描述硬件系统控制部分的简单语言，HCL(Hardware Control Language，硬件控制语言)。然后，用它来描述我们的处理器设计。即使你已经有了一些逻辑设计的背景知识，也应该读读这个部分以了解我们的特殊符号表示方法。

作为设计处理器的第一步，我们给出一个基于顺序操作、功能正确但是有点不实用的Y86-64处理器。这个处理器每个时钟周期执行一条完整的Y86-64指令。所以它的时钟必须足够慢，以允许在一个周期内完成所有的动作。这样一个处理器是可以实现的，但是它的性能远远低于同样的硬件应该能达到的性能。

以这个顺序设计为基础，我们进行一系列的改造，创建一个*流水线化的处理器*(pipelined processor)。这个处理器将每条指令的执行分解成五步，每个步骤由一个独立的硬件部分或阶段(stage)来处理。指令步经流水线的各个阶段，且每个时钟周期有一条新指令进入流水线。所以，处理器可以同时执行五条指令的不同阶段。为了使这个处理器保留Y86-64 ISA的顺序行为，就要求处理很多*冒险或冲突*(hazard)情况，冒险就是一条指令的位置或操作数依赖于其他仍在流水线中的指令。

我们设计了一些工具来研究和测试处理器设计。其中包括Y86-64的汇编器、在你的机器上运行Y86-64程序的模拟器，还有针对两个顺序处理器设计和一个流水线化处理器设计的模拟器。这些设计的控制逻辑用HCL符号表示的文件描述。通过编辑这些文件和重新编译模拟器，你可以改变和扩展模拟器行为。我们还提供许多练习，包括实现新的指令和修改机器处理指令的方式。还提供测试代码以帮助你评价修改的正确性。这些练习将极大地帮助你理解所有这些内容，也能使你更理解处理器设计者面临的许多不同的设计选择。

网络旁注ARCH:VLOG给出了用Verilog硬件描述语言描述的流水线化的Y86-64处理器。其中包括为基本的硬件构建块和整个的处理器结构创建模块。我们自动地将控制逻辑的HCL描述翻译成Verilog。首先用我们的模拟器调试HCL描述，能消除很多在硬件设计中会出现的棘手的问题。给定一个Verilog描述，有商业和开源工具来支持模拟和*逻辑合成*(logic synthesis)，产生实际的微处理器电路设计。因此，虽然我们在此花费大部分精力创建系统的图形和文字描述，写软件的时候也会花费同样的精力，但是这些设计能够自动地合成，这表明我们确实在创建一个能够用硬件实现的系统。

## 4.1 Y86-64 指令集体系结构

定义一个指令集体系结构(例如 Y86-64)包括定义各种状态单元、指令集和它们的编码、一组编程规范和异常事件处理。

### 4.1.1 程序员可见的状态

如图 4-1 所示，Y86-64 程序中的每条指令都会读取或修改处理器状态的某些部分。这称为程序员可见状态，这里的“程序员”既可以是用汇编代码写程序的人，也可以是产生机器级代码的编译器。在处理器实现中，只要我们保证机器级程序能够访问程序员可见状态，就不需要完全按照 ISA 暗示的方式来表示和组织这个处理器状态。Y86-64 的状态类似于 x86-64。有 15 个程序寄存器：%rax、%rcx、%rdx、%rbx、%rsp、%rbp、%rsi、%rdi 和 %r8 到 %r14。(我们省略了 x86-64 的寄存器%r15 以简化指令的编码。)每个程序寄存器存储一个 64 位的字。寄存器%rsp 被入栈、出栈、调用和返回指令作为栈指针。除此之外，寄存器没有固定的含义或固定值。有 3 个一位的条件码：ZF、SF 和 OF，它们保存着最近的算术或逻辑指令所造成影响的有关信息。程序计数器(PC)存放当前正在执行指令的地址。

RF：程序寄存器

| %rax | %rsp | %r8 | %r12 |
|---|---|---|---|
| %rcx | %rbp | %r9 | %r13 |
| %rdx | %rsi | %r10 | %r14 |
| %rbx | %rdi | %r11 | |

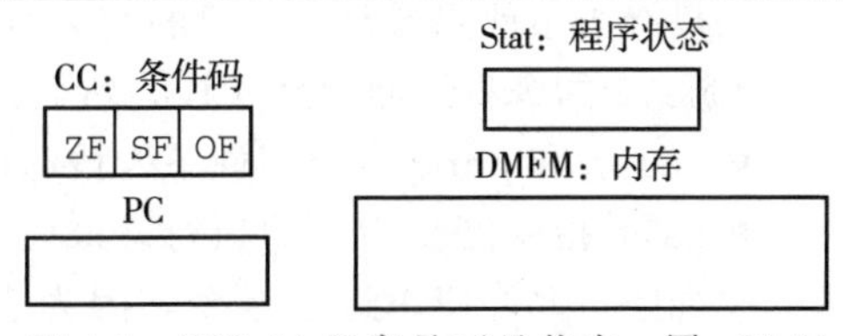


图 4-1　Y86-64 程序员可见状态。同 x86-64 一样，Y86-64 的程序可以访问和修改程序寄存器、条件码、程序计数器(PC)和内存。状态码指明程序是否运行正常，或者发生了某个特殊事件

内存从概念上来说就是一个很大的字节数组，保存着程序和数据。Y86-64 程序用虚拟地址来引用内存位置。硬件和操作系统软件联合起来将虚拟地址翻译成实际或物理地址，指明数据实际存在内存中哪个地方。第 9 章将更详细地研究虚拟内存。现在，我们只认为虚拟内存系统向 Y86-64 程序提供了一个单一的字节数组映像。

程序状态的最后一个部分是状态码 Stat，它表明程序执行的总体状态。它会指示是正常运行，还是出现了某种异常，例如当一条指令试图去读非法的内存地址时。在 4.1.4 节中会讲述可能的状态码以及异常处理。

### 4.1.2 Y86-64 指令

图 4-2 给出了 Y86-64 ISA 中各个指令的简单描述。这个指令集就是我们处理器实现的目标。Y86-64 指令集基本上是 x86-64 指令集的一个子集。它只包括 8 字节整数操作，寻址方式较少，操作也较少。因为我们只有 8 字节数据，所以称之为“字(word)”不会有任何歧义。在这个图中，左边是指令的汇编码表示，右边是字节编码。图 4-3 给出了其中一些指令更详细的内容。汇编代码格式类似于 x86-64 的 ATT 格式。

下面是 Y86-64 指令的一些细节。

- x86-64 的 movq 指令分成了 4 个不同的指令：irmovq、rrmovq、mrmovq 和 rmmovq，分别显式地指明源和目的的格式。源可以是立即数(i)、寄存器(r)或内存(m)。指令名字的第一个字母就表明了源的类型。目的可以是寄存器(r)或内存(m)。指令名字的第二个字母指明了目的的类型。在决定如何实现数据传送时，显式地指明数据传送的

这 4 种类型是很有帮助的。

两个内存传送指令中的内存引用方式是简单的基址和偏移量形式。在地址计算中，我们不支持第二变址寄存器（second index register）和任何寄存器值的伸缩（scaling）。

同 x86-64 一样，我们不允许从一个内存地址直接传送到另一个内存地址。另外，也不允许将立即数传送到内存。

- 有 4 个整数操作指令，如图 4-2 中的 OPq。它们是 addq、subq、andq 和 xorq。它们只对寄存器数据进行操作，而 x86-64 还允许对内存数据进行这些操作。这些指令会设置 3 个条件码 ZF、SF 和 OF（零、符号和溢出）。
- 7 个跳转指令（图 4-2 中的 jXX）是 jmp、jle、jl、je、jne、jge 和 jg。根据分支指令的类型和条件代码的设置来选择分支。分支条件和 x86-64 的一样（见图 3-15）。
- 有 6 个条件传送指令（图 4-2 中的 cmovXX）：cmovle、cmovl、cmove、cmovne、cmovge 和 cmovg。这些指令的格式与寄存器-寄存器传送指令 rrmovq 一样，但是只有当条件码满足所需要的约束时，才会更新目的寄存器的值。
- call 指令将返回地址入栈，然后跳到目的地址。ret 指令从这样的调用中返回。
- pushq 和 popq 指令实现了入栈和出栈，就像在 x86-64 中一样。
- halt 指令停止指令的执行。x86-64 中有一个与之相当的指令 hlt。x86-64 的应用程序不允许使用这条指令，因为它会导致整个系统暂停运行。对于 Y86-64 来说，执行 halt 指令会导致处理器停止，并将状态码设置为 HLT（参见 4.1.4 节）。

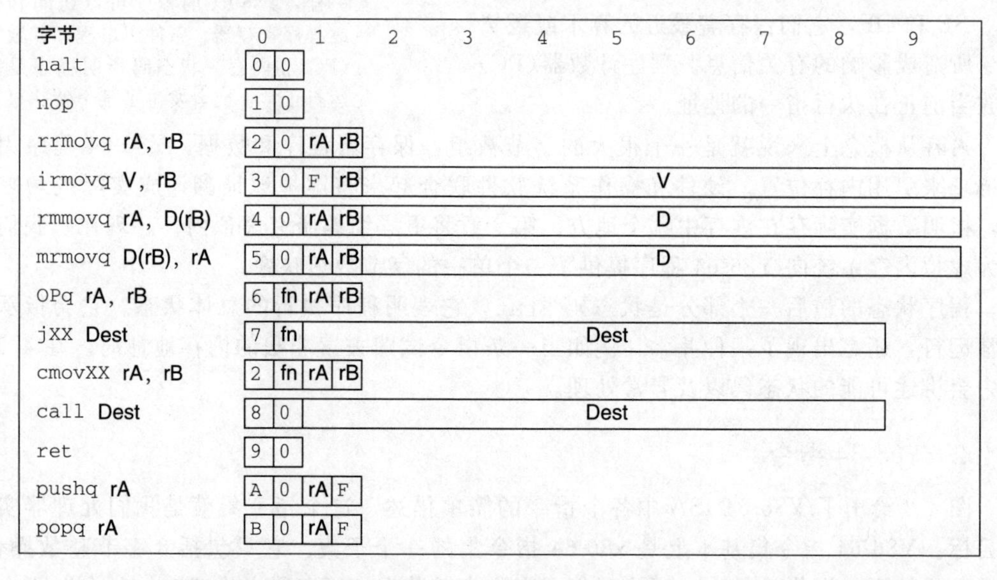


图 4-2　Y86-64 指令集。指令编码长度从 1 个字节到 10 个字节不等。一条指令含有一个单字节的指令指示符，可能含有一个单字节的寄存器指示符，还可能含有一个 8 字节的常数字。字段 fn 指明是某个整数操作（OPq）、数据传送条件（cmovXX）或是分支条件（jXX）。所有的数值都用十六进制表示

### 4.1.3　指令编码

图 4-2 还给出了指令的字节级编码。每条指令需要 1～10 个字节不等，这取决于需要哪些字段。每条指令的第一个字节表明指令的类型。这个字节分为两个部分，每部分 4

位：高 4 位是代码(code)部分，低 4 位是功能(function)部分。如图 4-2 所示，代码值为 0～0xB。功能值只有在一组相关指令共用一个代码时才有用。图 4-3 给出了整数操作、分支和条件传送指令的具体编码。可以观察到，rrmovq 与条件传送有同样的指令代码。可以把它看作是一个“无条件传送”，就好像 jmp 指令是无条件跳转一样，它们的功能代码都是 0。

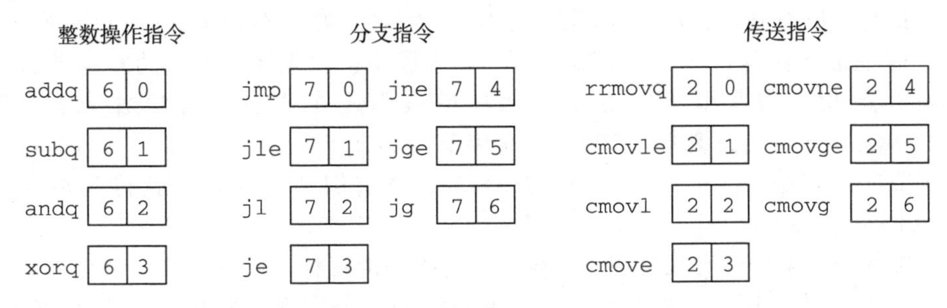


图 4-3 Y86-64 指令集的功能码。这些代码指明是某个整数操作、分支条件还是数据传送条件。这些指令是图 4-2 中所示的 OPq、jXX 和 cmovXX

如图 4-4 所示，15 个程序寄存器中每个都有一个相对应的范围在 0 到 0xE 之间的寄存器标识符(register ID)。Y86-64 中的寄存器编号跟 x86-64 中的相同。程序寄存器存在 CPU 中的一个寄存器文件中，这个寄存器文件就是一个小的、以寄存器 ID 作为地址的随机访问存储器。在指令编码中以及在我们的硬件设计中，当需要指明不应访问任何寄存器时，就用 ID 值 0xF 来表示。

| 数字 | 寄存器名字 | 数字 | 寄存器名字 |
|---|---|---|---|
| 0 | %rax | 8 | %r8 |
| 1 | %rcx | 9 | %r9 |
| 2 | %rdx | A | %r10 |
| 3 | %rbx | B | %r11 |
| 4 | %rsp | C | %r12 |
| 5 | %rbp | D | %r13 |
| 6 | %rsi | E | %r14 |
| 7 | %rdi | F | 无寄存器 |

图 4-4 Y86-64 程序寄存器标识符。15 个程序寄存器中每个都有一个相对应的标识符(ID)，范围为 0～0xE。如果指令中某个寄存器字段的 ID 值为 0xF，就表明此处没有寄存器操作数

有的指令只有一个字节长，而有的需要操作数的指令编码就更长一些。首先，可能有附加的寄存器指示符字节(register specifier byte)，指定一个或两个寄存器。在图 4-2 中，这些寄存器字段称为 rA 和 rB。从指令的汇编代码表示中可以看到，根据指令类型，指令可以指定用于数据源和目的的寄存器，或是用于地址计算的基址寄存器。没有寄存器操作数的指令，例如分支指令和 call 指令，就没有寄存器指示符字节。那些只需要一个寄存器操作数的指令(irmovq、pushq 和 popq)将另一个寄存器指示符设为 0xF。这种约定在我们的处理器实现中非常有用。

有些指令需要一个附加的 8 字节常数字(constant word)。这个字能作为 irmovq 的立即数数据，rmmovq 和 mrmovq 的地址指示符的偏移量，以及分支指令和调用指令的目的地址。注意，分支指令和调用指令的目的是一个绝对地址，而不像 IA32 中那样使用 PC

(程序计数器)相对寻址方式。处理器使用 PC 相对寻址方式，分支指令的编码会更简洁，同时这样也能允许代码从内存的一部分复制到另一部分而不需要更新所有的分支目标地址。因为我们更关心描述的简单性，所以就使用了绝对寻址方式。同 IA32 一样，所有整数采用小端法编码。当指令按照反汇编格式书写时，这些字节就以相反的顺序出现。

例如，用十六进制来表示指令 rmmovq %rsp, 0x123456789abcd(%rdx)的字节编码。从图 4-2 我们可以看到，rmmovq 的第一个字节为 40。源寄存器%rsp 应该编码放在 rA 字段中，而基址寄存器%rdx 应该编码放在 rB 字段中。根据图 4-4 中的寄存器编号，我们得到寄存器指示符字节 42。最后，偏移量编码放在 8 字节的常数字中。首先在 0x123456789abcd 的前面填充上 0 变成 8 个字节，变成字节序列 00 01 23 45 67 89 ab cd。写成按字节反序就是 cd ab 89 67 45 23 01 00。将它们都连接起来就得到指令的编码 4042cdab896745230100。

指令集的一个重要性质就是字节编码必须有唯一的解释。任意一个字节序列要么是一个唯一的指令序列的编码，要么就不是一个合法的字节序列。Y86-64 就具有这个性质，因为每条指令的第一个字节有唯一的代码和功能组合，给定这个字节，我们就可以决定所有其他附加字节的长度和含义。这个性质保证了处理器可以无二义性地执行目标代码程序。即使代码嵌入在程序的其他字节中，只要从序列的第一个字节开始处理，我们仍然可以很容易地确定指令序列。反过来说，如果不知道一段代码序列的起始位置，我们就不能准确地确定怎样将序列划分成单独的指令。对于试图直接从目标代码字节序列中抽取出机器级程序的反汇编程序和其他一些工具来说，这就带来了问题。

**练习题 4.1**　确定下面的 Y86-64 指令序列的字节编码。“.pos 0x100”那一行表明这段目标代码的起始地址应该是 0x100。

```
.pos 0x100  # Start code at address 0x100
    irmovq $15,%rbx
    rrmovq %rbx,%rcx
loop:
    rmmovq %rcx,-3(%rbx)
    addq   %rbx,%rcx
    jmp loop
```

**练习题 4.2**　确定下列每个字节序列所编码的 Y86-64 指令序列。如果序列中有不合法的字节，指出指令序列中不合法值出现的位置。每个序列都先给出了起始地址，冒号，然后是字节序列。

A. 0x100: 30f3fcffffffffffffff40630008000000000000

B. 0x200: a06f800c020000000000000030f30a00000000000000090

C. 0x300: 5054070000000000000010f0b01f

D. 0x400: 611373000400000000000000

E. 0x500: 6362a0f0

**旁注　比较 x86-64 和 Y86-64 的指令编码**

同 x86-64 中的指令编码相比，Y86-64 的编码简单得多，但是没那么紧凑。在所有的 Y86-64 指令中，寄存器字段的位置都是固定的，而在不同的 x86-64 指令中，它们的位置是不一样的。x86-64 可以将常数值编码成 1、2、4 或 8 个字节，而 Y86-64 总是将常数值编码成 8 个字节。

## 旁注　RISC 和 CISC 指令集

x86-64 有时称为“复杂指令集计算机”（CISC，读作“sisk”），与“精简指令集计算机”（RISC，读作“risk”）相对。从历史上看，先出现了 CISC 机器，它从最早的计算机演化而来。到 20 世纪 80 年代早期，随着机器设计者加入了很多新指令来支持高级任务(例如处理循环缓冲区，执行十进制数计算，以及求多项式的值)，大型机和小型机的指令集已经变得非常庞大了。最早的微处理器出现在 20 世纪 70 年代早期，因为当时的集成电路技术极大地制约了一块芯片上能实现些什么，所以它们的指令集非常有限。微处理器发展得很快，到 20 世纪 80 年代早期，大型机和小型机的指令集复杂度一直都在增加。x86 家族沿着这条道路发展到 IA32，最近是 x86-64。即使是 x86 系列也仍然在不断地变化，基于新出现的应用的需要，增加新的指令类。

20 世纪 80 年代早期，RISC 的设计理念是作为上述发展趋势的一种替代而发展起来的。IBM 的一组硬件和编译器专家受到 IBM 研究员 John Cocke 的很大影响，认为他们可以为更简单的指令集形式产生高效的代码。实际上，许多加到指令集中的高级指令很难被编译器产生，所以也很少被用到。一个较为简单的指令集可以用很少的硬件实现，能以高效的流水线结构组织起来，类似于本章后面描述的情况。直到多年以后 IBM 才将这个理念商品化，开发出了 Power 和 PowerPC ISA。

加州大学伯克利分校的 David Patterson 和斯坦福大学的 John Hennessy 进一步发展了 RISC 的概念。Patterson 将这种新的机器类型命名为 RISC，而将以前的那种称为 CISC，因为以前没有必要给一种几乎是通用的指令集格式起名字。

比较 CISC 和最初的 RISC 指令集，我们发现下面这些一般特性。

| CISC | 早期的 RISC |
| --- | --- |
| 指令数量很多。Intel 描述全套指令的文档[51]有 1200 多页。 | 指令数量少得多。通常少于 100 个。 |
| 有些指令的延迟很长。包括将一个整块从内存的一个部分复制到另一部分的指令，以及其他一些将多个寄存器的值复制到内存或从内存复制到多个寄存器的指令。 | 没有较长延迟的指令。有些早期的 RISC 机器甚至没有整数乘法指令，要求编译器通过一系列加法来实现乘法。 |
| 编码是可变长度的。x86-64 的指令长度可以是 1～15 个字节。 | 编码是固定长度的。通常所有的指令都编码为 4 个字节。 |
| 指定操作数的方式很多样。在 x86-64 中，内存操作数指示符可以有许多不同的组合，这些组合由偏移量、基址和变址寄存器以及伸缩因子组成。 | 简单寻址方式。通常只有基址和偏移量寻址。 |
| 可以对内存和寄存器操作数进行算术和逻辑运算。 | 只能对寄存器操作数进行算术和逻辑运算。允许使用内存引用的只有 load 和 store 指令，load 是从内存读到寄存器，store 是从寄存器写到内存。这种方法被称为 load/store 体系结构。 |
| 对机器级程序来说实现细节是不可见的。ISA 提供了程序和如何执行程序之间的清晰的抽象。 | 对机器级程序来说实现细节是可见的。有些 RISC 机器禁止某些特殊的指令序列，而有些跳转要到下一条指令执行完了以后才会生效。编译器必须在这些约束条件下进行性能优化。 |
| 有条件码。作为指令执行的副产品，设置了一些特殊的标志位，可以用于条件分支检测。 | 没有条件码。相反，对条件检测来说，要用明确的测试指令，这些指令会将测试结果放在一个普通的寄存器中。 |
| 栈密集的过程链接。栈被用来存取过程参数和返回地址。 | 寄存器密集的过程链接。寄存器被用来存取过程参数和返回地址。因此有些过程能完全避免内存引用。通常处理器有更多的(最多的有 32 个)寄存器。 |

Y86-64 指令集既有 CISC 指令集的属性，也有 RISC 指令集的属性。和 CISC 一样，它有条件码、长度可变的指令，并用栈来保存返回地址。和 RISC 一样的是，它采用 load/store 体系结构和规则编码，通过寄存器来传递过程参数。Y86-64 指令集可以看成是采用 CISC 指令集(x86)，但又根据某些 RISC 的原理进行了简化。

**旁注　RISC 与 CISC 之争**

20 世纪 80 年代，计算机体系结构领域里关于 RISC 指令集和 CISC 指令集优缺点的争论十分激烈。RISC 的支持者声称在给定硬件数量的情况下，通过结合简约式指令集设计、高级编译器技术和流水线化的处理器实现，他们能够得到更强的计算能力。而 CISC 的拥趸反驳说要完成一个给定的任务只需要用较少的 CISC 指令，所以他们的机器能够获得更高的总体性能。

大多数公司都推出了 RISC 处理器系列产品，包括 Sun Microsystems(SPARC)、IBM 和 Motorola(PowerPC)，以及 Digital Equipment Corporation(Alpha)。一家英国公司 Acorn Computers Ltd. 提出了自己的体系结构——ARM(最开始是“Acorn RISC Machine”的首字母缩写)，广泛应用在嵌入式系统中(比如手机)。

20 世纪 90 年代早期，争论逐渐平息，因为事实已经很清楚了，无论是单纯的 RISC 还是单纯的 CISC 都不如结合两者思想精华的设计。RISC 机器发展进化的过程中，引入了更多的指令，而许多这样的指令都需要执行多个周期。今天的 RISC 机器的指令表中有几百条指令，几乎与“精简指令集机器”的名称不相符了。那种将实现细节暴露给机器级程序的思想已经被证明是目光短浅的。随着使用更加高级硬件结构的新处理器模型的开发，许多实现细节已经变得很落后了，但它们仍然是指令集的一部分。不过，作为 RISC 设计的核心的指令集仍然是非常适合在流水线化的机器上执行的。

比较新的 CISC 机器也利用了高性能流水线结构。就像我们将在 5.7 节中讨论的那样，它们读取 CISC 指令，并动态地翻译成比较简单的、像 RISC 那样的操作的序列。例如，一条将寄存器和内存相加的指令被翻译成三个操作：一个是读原始的内存值，一个是执行加法运算，第三就是将和写回内存。由于动态翻译通常可以在实际指令执行前进行，处理器仍然可以保持很高的执行速率。

除了技术因素以外，市场因素也在决定不同指令集是否成功中起了很重要的作用。通过保持与现有处理器的兼容性，Intel 以及 x86 使得从一代处理器迁移到下一代变得很容易。由于集成电路技术的进步，Intel 和其他 x86 处理器制造商能够克服原来 8086 指令集设计造成的低效率，使用 RISC 技术产生出与最好的 RISC 机器相当的性能。正如我们在第 3.1 节中看到的那样，IA32 发展演变到 x86-64 提供了一个机会，使得能够将 RISC 的一些特性结合到 x86 中。在桌面、便携计算机和基于服务器的计算领域里，x86 已经占据了完全的统治地位。

RISC 处理器在嵌入式处理器市场上表现得非常出色，嵌入式处理器负责控制移动电话、汽车刹车以及因特网电器等系统。在这些应用中，降低成本和功耗比保持后向兼容性更重要。就出售的处理器数量来说，这是个非常广阔而迅速成长着的市场。

### 4.1.4　Y86-64 异常

对 Y86-64 来说，程序员可见的状态(图 4-1)包括状态码 `Stat`，它描述程序执行的总体状态。这个代码可能的值如图 4-5 所示。代码值 1，命名为 `AOK`，表示程序执行正常，而其他一些代码则表示发生了某种类型的异常。代码 2，命名为 HLT，表示处理器执行了一条 halt 指令。代码 3，命名为 ADR，表示处理器试图从一个非法内存地址读或者向一个非法内存地址写，可能是当取指令的时候，也可能是当读或者写数据的时候。我们会限制最大的地址(确切的限定值因实现而异)，任何访问超出这个限定值的地址都会引发 ADR 异常。代码 4，命名为 INS，表示遇到了非法的指令代码。

| 值 | 名字 | 含义 |
|---|---|---|
| 1 | AOK | 正常操作 |
| 2 | HLT | 遇到 halt 指令 |
| 3 | ADR | 遇到非法地址 |
| 4 | INS | 遇到非法指令 |

图 4-5　Y86-64 状态码。在我们的设计中，任何 AOK 以外的代码都会使处理器停止

对于 Y86-64，当遇到这些异常的时候，我们就简单地让处理器停止执行指令。在更完整的设计中，处理器通常会调用一个异常处理程序(exception handler)，这个过程被指定用来处理遇到的某种类型的异常。就像在第 8 章中讲述的，异常处理程序可以被配置成不同的结果，例如，中止程序或者调用一个用户自定义的信号处理程序(signal handler)。

### 4.1.5　Y86-64 程序

图 4-6 给出了下面这个 C 函数的 x86-64 和 Y86-64 汇编代码：

```
1   long sum(long *start, long count)
2   {
3       long sum = 0;
4       while (count) {
5           sum += *start;
6           start++;
7           count--;
8       }
9       return sum;
10  }
```

**x86-64 code**

```
    long sum(long *start, long count)
    start in %rdi, count in %rsi
1   sum:
2     movl    $0, %eax          sum = 0
3     jmp     .L2               Goto test
4   .L3:                       loop:
5     addq    (%rdi), %rax      Add *start to sum
6     addq    $8, %rdi          start++
7     subq    $1, %rsi          count--
8   .L2:                       test:
9     testq   %rsi, %rsi        Test count
10    jne     .L3               If !=0, goto loop
11    rep; ret                  Return
```

**Y86-64 code**

```
    long sum(long *start, long count)
    start in %rdi, count in %rsi
1   sum:
2     irmovq $8,%r8          Constant 8
3     irmovq $1,%r9          Constant 1
4     xorq %rax,%rax         sum = 0
5     andq %rsi,%rsi         Set CC
6     jmp     test           Goto test
7   loop:
8     mrmovq (%rdi),%r10     Get *start
9     addq %r10,%rax         Add to sum
10    addq %r8,%rdi          start++
11    subq %r9,%rsi          count--.  Set CC
12  test:
13    jne     loop           Stop when 0
14    ret                    Return
```

图 4-6　Y86-64 汇编程序与 x86-64 汇编程序比较。Sum 函数计算一个整数数组的和。Y86-64 代码与 x86-64 代码遵循了相同的通用模式

x86-64 代码是由 GCC 编译器产生的。Y86-64 代码与之类似，但有以下不同点：

- Y86-64 将常数加载到寄存器(第 2～3 行)，因为它在算术指令中不能使用立即数。
- 要实现从内存读取一个数值并将其与一个寄存器相加，Y86-64 代码需要两条指令(第 8～9 行)，而 x86-64 只需要一条 addq 指令(第 5 行)。
- 我们手工编写的 Y86-64 实现有一个优势，即 subq 指令(第 11 行)同时还设置了条件码，因此 GCC 生成代码中的 testq 指令(第 9 行)就不是必需的。不过为此，Y86-64 代码必须用 andq 指令(第 5 行)在进入循环之前设置条件码。

图 4-7 给出了用 Y86-64 汇编代码编写的一个完整的程序文件的例子。这个程序既包括数据，也包括指令。伪指令(directive)指明应该将代码或数据放在什么位置，以及如何对齐。这个程序详细说明了栈的放置、数据初始化、程序初始化和程序结束等问题。

```
1   # Execution begins at address 0
2           .pos 0
3           irmovq stack, %rsp          # Set up stack pointer
4           call main                   # Execute main program
5           halt                        # Terminate program
6
7   # Array of 4 elements
8           .align 8
9   array:
10          .quad 0x000d000d000d
11          .quad 0x00c000c000c0
12          .quad 0x0b000b000b00
13          .quad 0xa000a000a000
14
15  main:
16          irmovq array,%rdi
17          irmovq $4,%rsi
18          call sum                    # sum(array, 4)
19          ret
20
21  # long sum(long *start, long count)
22  # start in %rdi, count in %rsi
23  sum:
24          irmovq $8,%r8          # Constant 8
25          irmovq $1,%r9          # Constant 1
26          xorq %rax,%rax         # sum = 0
27          andq %rsi,%rsi         # Set CC
28          jmp    test            # Goto test
29  loop:
30          mrmovq (%rdi),%r10     # Get *start
31          addq %r10,%rax         # Add to sum
32          addq %r8,%rdi          # start++
33          subq %r9,%rsi          # count--.  Set CC
34  test:
35          jne    loop            # Stop when 0
36          ret                    # Return
37
38  # Stack starts here and grows to lower addresses
39          .pos 0x200
40  stack:
```

图 4-7　用 Y86-64 汇编代码编写的一个例子程序。调用 sum 函数来计算一个具有 4 个元素的数组的和

在这个程序中，以“.”开头的词是汇编器伪指令(assembler directives)，它们告诉汇编器调整地址，以便在那儿产生代码或插入一些数据。伪指令.pos 0(第 2 行)告诉汇编器应该从地址 0 处开始产生代码。这个地址是所有 Y86-64 程序的起点。接下来的一条指令(第 3 行)初始化栈指针。我们可以看到程序结尾处(第 40 行)声明了标号 stack，并且用一个.pos 伪指令(第 39 行)指明地址 0x200。因此栈会从这个地址开始，向低地址增长。我们必须保证栈不会增长得太大以至于覆盖了代码或者其他程序数据。

程序的第 8～13 行声明了一个 4 个字的数组，值分别为

0x000d000d000d, 0x00c000c000c0

0x0b000b000b00, 0xa000a000a000

标号 array 表明了这个数组的起始，并且在 8 字节边界处对齐(用.align 伪指令指定)。第 16～19行给出了“main”过程，在过程中对那个四字数组调用了 sum 函数，然后停止。

正如例子所示，由于我们创建 Y86-64 代码的唯一工具是汇编器，程序员必须执行本来通常交给编译器、链接器和运行时系统来完成的任务。幸好我们只用 Y86-64 来写一些小的程序，对此一些简单的机制就足够了。

图 4-8 是 YAS 的汇编器对图 4-7 中代码进行汇编的结果。为了便于理解，汇编器的输出结果是 ASCII 码格式。汇编文件中有指令或数据的行上，目标代码包含一个地址，后面跟着 1～10 个字节的值。

我们实现了一个指令集模拟器，称为 YIS，它的目的是模拟 Y86-64 机器代码程序的执行，而不用试图去模拟任何具体处理器实现的行为。这种形式的模拟有助于在有实际硬件可用之前调试程序，也有助于检查模拟硬件或者在硬件上运行程序的结果。用 YIS 运行例子的目标代码，产生如下输出：

```
Stopped in 34 steps at PC = 0x13.  Status 'HLT', CC Z=1 S=0 O=0
Changes to registers:
%rax:   0x0000000000000000      0x0000abcdabcdabcd
%rsp:   0x0000000000000000      0x0000000000000200
%rdi:   0x0000000000000000      0x0000000000000038
%r8:    0x0000000000000000      0x0000000000000008
%r9:    0x0000000000000000      0x0000000000000001
%r10:   0x0000000000000000      0x0000a000a000a000

Changes to memory:
0x01f0: 0x0000000000000000      0x0000000000000055
0x01f8: 0x0000000000000000      0x0000000000000013
```

模拟输出的第一行总结了执行以及 PC 和程序状态的结果值。模拟器只打印出在模拟过程中被改变了的寄存器或内存中的字。左边是原始值(这里都是 0)，右边是最终的值。从输出中我们可以看到，寄存器%rax 的值为 0xabcdabcdabcdabcd，即传给子函数 sum 的四元素数组的和。另外，我们还能看到栈从地址 0x200 开始，向下增长，栈的使用导致内存地址 0x1f0～0x1f8 发生了变化。可执行代码的最大地址为 0x090，所以数值的入栈和出栈不会破坏可执行代码。

**练习题 4.3** 机器级程序中常见的模式之一是将一个常数值与一个寄存器相加。利用目前已给出的 Y86-64 指令，实现这个操作需要一条 irmovq 指令把常数加载到寄存器，然后一条 addq 指令把这个寄存器值与目标寄存器值相加。假设我们想增加一条新指令 iaddq，格式如下：

| 字节 | 0 | 1 | 2 | 3 | 4 | 5 | 6 | 7 | 8 | 9 |
|---|---|---|---|---|---|---|---|---|---|---|
| iaddq V, rB | C 0 | F rB | V | | | | | | | |

该指令将常数值 V 与寄存器 rB 相加。

使用 iaddq 指令重写图 4-6 的 Y86-64 sum 函数。在之前的代码中，我们用寄存器%r8和%r9来保存常数值。现在，我们完全可以避免使用这些寄存器。

```
                              | # Execution begins at address 0
0x000:                        |   .pos 0
0x000: 30f40002000000000000 |   irmovq stack, %rsp      # Set up stack pointer
0x00a: 803800000000000000   |   call main               # Execute main program
0x013: 00                   |   halt                    # Terminate program
                              |
                              | # Array of 4 elements
0x018:                        |   .align 8
0x018:                        | array:
0x018: 0d000d000d000000     |   .quad 0x000d000d000d
0x020: c000c000c0000000     |   .quad 0x00c000c000c0
0x028: 000b000b000b0000     |   .quad 0x0b000b000b00
0x030: 00a000a000a00000     |   .quad 0xa000a000a000
                              |
0x038:                        | main:
0x038: 30f71800000000000000 |   irmovq array,%rdi
0x042: 30f60400000000000000 |   irmovq $4,%rsi
0x04c: 805600000000000000   |   call sum                # sum(array, 4)
0x055: 90                   |   ret
                              |
                              | # long sum(long *start, long count)
                              | # start in %rdi, count in %rsi
0x056:                        | sum:
0x056: 30f80800000000000000 |   irmovq $8,%r8          # Constant 8
0x060: 30f90100000000000000 |   irmovq $1,%r9          # Constant 1
0x06a: 6300                 |   xorq %rax,%rax         # sum = 0
0x06c: 6266                 |   andq %rsi,%rsi         # Set CC
0x06e: 708700000000000000   |   jmp    test            # Goto test
0x077:                        | loop:
0x077: 50a70000000000000000 |   mrmovq (%rdi),%r10     # Get *start
0x081: 60a0                 |   addq %r10,%rax         # Add to sum
0x083: 6087                 |   addq %r8,%rdi          # start++
0x085: 6196                 |   subq %r9,%rsi          # count--.  Set CC
0x087:                        | test:
0x087: 747700000000000000   |   jne    loop            # Stop when 0
0x090: 90                   |   ret                    # Return
                              |
                              | # Stack starts here and grows to lower addresses
0x200:                        |   .pos 0x200
0x200:                        | stack:
```

图 4-8　YAS 汇编器的输出。每一行包含一个十六进制的地址，以及字节数在 1～10 之间的目标代码

**练习题 4.4**　根据下面的 C 代码，用 Y86-64 代码来实现一个递归求和函数 rsum：

```
long rsum(long *start, long count)
{
    if (count <= 0)
        return 0;
    return *start + rsum(start+1, count-1);
}
```

使用与 x86-64 代码相同的参数传递和寄存器保存方法。在一台 x86-64 机器上编译这段 C 代码，然后再把那些指令翻译成 Y86-64 的指令，这样做可能会很有帮助。

**练习题 4.5**　修改 sum 函数的 Y86-64 代码(图 4-6)，实现函数 absSum，它计算一个数组的绝对值的和。在内循环中使用**条件跳转指令**。

**练习题 4.6**　修改 sum 函数的 Y86-64 代码(图 4-6)，实现函数 absSum，它计算一个数组的绝对值的和。在内循环中使用**条件传送指令**。

### 4.1.6　一些 Y86-64 指令的详情

大多数 Y86-64 指令是以一种直接明了的方式修改程序状态的，所以定义每条指令想要达到的结果并不困难。不过，两个特别的指令的组合需要特别注意一下。

pushq 指令会把栈指针减 8，并且将一个寄存器值写入内存中。因此，当执行 pushq %rsp 指令时，处理器的行为是不确定的，因为要入栈的寄存器会被同一条指令修改。通常有两种不同的约定：1)压入%rsp 的原始值，2)压入减去 8 的%rsp 的值。

对于 Y86-64 处理器来说，我们采用和 x86-64 一样的做法，就像下面这个练习题确定出的那样。

**练习题 4.7**　确定 x86-64 处理器上指令 pushq %rsp 的行为。我们可以通过阅读 Intel 关于这条指令的文档来了解它们的做法，但更简单的方法是在实际的机器上做个实验。C 编译器正常情况下是不会产生这条指令的，所以我们必须用手工生成的汇编代码来完成这一任务。下面是我们写的一个测试程序(网络旁注 ASM:EASM，描绘如何编写 C 代码和手写汇编代码结合的程序)：

```
1     .text
2   .globl pushtest
3   pushtest:
4     movq    %rsp, %rax     Copy stack pointer
5     pushq   %rsp           Push stack pointer
6     popq    %rdx           Pop it back
7     subq    %rdx, %rax     Return 0 or 8
8     ret
```

在实验中，我们发现函数 pushtest 总是返回 0，这表示在 x86-64 中 pushq %rsp 指令的行为是怎样的呢？

对 popq %rsp 指令也有类似的歧义。可以将%rsp 置为从内存中读出的值，也可以置为加了增量后的栈指针。同练习题 4.7 一样，让我们做个实验来确定 x86-64 机器是怎么处理这条指令的，然后 Y86-64 机器就采用同样的方法。

**练习题 4.8**　下面这个汇编函数让我们确定 x86-64 上指令 popq %rsp 的行为：

```
1     .text
2   .globl poptest
3   poptest:
```

```
4      movq     %rsp, %rdi      Save stack pointer
5      pushq    $0xabcd         Push test value
6      popq     %rsp            Pop to stack pointer
7      movq     %rsp, %rax      Set popped value as return value
8      movq     %rdi, %rsp      Restore stack pointer
9      ret
```

我们发现函数总是返回 0xabcd。这表示 popq %rsp 的行为是怎样的？还有什么其他 Y86-64 指令也会有相同的行为吗？

**旁注 正确了解细节：x86 模型间的不一致**

练习题 4.7 和练习题 4.8 可以帮助我们确定对于压入和弹出栈指针指令的一致惯例。看上去似乎没有理由会执行这样两种操作，那么一个很自然的问题就是“为什么要担心这样一些吹毛求疵的细节呢?”

从下面 Intel 关于 PUSH 指令的文档[51]的节选中，可以学到关于这个一致的重要性的有用的教训：

对于 IA-32 处理器，从 Intel 286 开始，PUSH ESP 指令将 ESP 寄存器的值压入栈中，就好像它存在于这条指令被执行之前。(对于 Intel 64 体系结构、IA-32 体系结构的实地址模式和虚 8086 模式来说也是这样。)对于 Intel® 8086 处理器，PUSH SP 将 SP 寄存器的新值压入栈中(也就是减去 2 之后的值)。(PUSH ESP 指令。Intel 公司。50。)

虽然这个说明的具体细节可能难以理解，但是我们可以看到这条注释说明的是当执行压入栈指针寄存器指令时，不同型号的 x86 处理器会做不同的事情。有些会压入原始的值，而有些会压入减去后的值。(有趣的是，对于弹出栈指针寄存器没有类似的歧义。)这种不一致有两个缺点：

- 它降低了代码的可移植性。取决于处理器模型，程序可能会有不同的行为。虽然这样特殊的指令并不常见，但是即使是潜在的不兼容也可能带来严重的后果。
- 它增加了文档的复杂性。正如在这里我们看到的那样，需要一个特别的说明来澄清这些不同之处。即使没有这样的特殊情况，x86 文档就已经够复杂的了。

因此我们的结论是，从长远来看，提前了解细节，力争保持完全的一致能够节省很多的麻烦。

## 4.2 逻辑设计和硬件控制语言 HCL

在硬件设计中，用电子电路来计算对位进行运算的函数，以及在各种存储器单元中存储位。大多数现代电路技术都是用信号线上的高电压或低电压来表示不同的位值。在当前的技术中，逻辑 1 是用 1.0 伏特左右的高电压表示的，而逻辑 0 是用 0.0 伏特左右的低电压表示的。要实现一个数字系统需要三个主要的组成部分：计算对位进行操作的函数的组合逻辑、存储位的存储器单元，以及控制存储器单元更新的时钟信号。

本节简要描述这些不同的组成部分。我们还将介绍 HCL(Hardware Control Language，硬件控制语言)，用这种语言来描述不同处理器设计的控制逻辑。在此我们只是简略地描述 HCL，HCL 完整的参考请见网络旁注 ARCH:HCL。

**旁注 现代逻辑设计**

曾经，硬件设计者通过描绘示意性的逻辑电路图来进行电路设计(最早是用纸和笔，后来是用计算机图形终端)。现在，大多数设计都是用硬件描述语言(Hardware Description

Language，HDL）来表达的。HDL 是一种文本表示，看上去和编程语言类似，但是它是用来描述硬件结构而不是程序行为的。最常用的语言是 Verilog，它的语法类似于 C；另一种是 VHDL，它的语法类似于编程语言 Ada。这些语言本来都是用来表示数字电路的模拟模型的。20 世纪 80 年代中期，研究者开发出了逻辑合成（logic synthesis）程序，它可以根据 HDL 的描述生成有效的电路设计。现在有许多商用的合成程序，已经成为产生数字电路的主要技术。从手工设计电路到合成生成的转变就好像从写汇编程序到写高级语言程序，再用编译器来产生机器代码的转变一样。

我们的 HCL 语言只表达硬件设计的控制部分，只有有限的操作集合，也没有模块化。不过，正如我们会看到的那样，控制逻辑是设计微处理器中最难的部分。我们已经开发出了将 HCL 直接翻译成 Verilog 的工具，将这个代码与基本硬件单元的 Verilog 代码结合起来，就能产生 HDL 描述，根据这个 HDL 描述就可以合成实际能够工作的微处理器。通过小心地分离、设计和测试控制逻辑，再加上适当的努力，我们就能创建出一个可以工作的微处理器。网络旁注 ARCH:VLOG 描述了如何能产生 Y86-64 处理器的 Verilog 版本。

### 4.2.1　逻辑门

逻辑门是数字电路的基本计算单元。它们产生的输出，等于它们输入位值的某个布尔函数。图 4-9 是布尔函数 AND、OR 和 NOT 的标准符号，C 语言中运算符（2.1.8 节）的逻辑门下面是对应的 HCL 表达式：AND 用 && 表示，OR 用 || 表示，而 NOT 用！表示。我们用这些符号而不用 C 语言中的位运算符 &、| 和～，这是因为逻辑门只对单个位的数进行操作，而不是整个字。虽然图中只说明了 AND 和 OR 门的两个输入的版本，但是常见的是它们作为 $n$ 路操作，$n>2$。不过，在 HCL 中我们还是把它们写作二元运算符，所以，三个输入的 AND 门，输入为 a、b 和 c，用 HCL 表示就是 a&&b&&c。

逻辑门总是活动的（active）。一旦一个门的输入变化了，在很短的时间内，输出就会相应地变化。

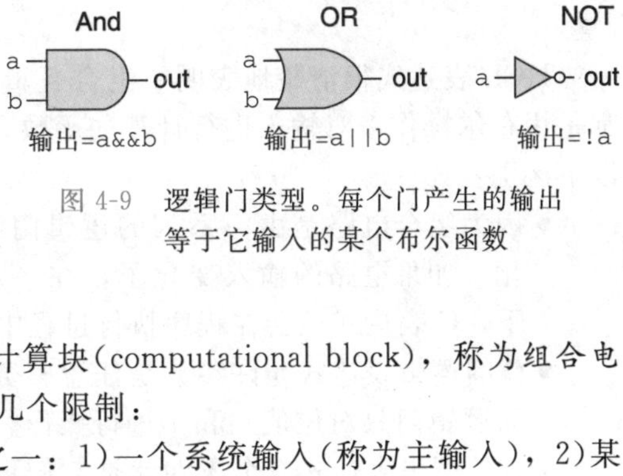

图 4-9　逻辑门类型。每个门产生的输出等于它输入的某个布尔函数

### 4.2.2　组合电路和 HCL 布尔表达式

将很多的逻辑门组合成一个网，就能构建计算块（computational block），称为组合电路（combinational circuits）。如何构建这些网有几个限制：

- 每个逻辑门的输入必须连接到下述选项之一：1）一个系统输入（称为主输入），2）某个存储器单元的输出，3）某个逻辑门的输出。
- 两个或多个逻辑门的输出不能连接在一起。否则它们可能会使线上的信号矛盾，可能会导致一个不合法的电压或电路故障。
- 这个网必须是无环的。也就是在网中不能有路径经过一系列的门而形成一个回路，这样的回路会导致该网络计算的函数有歧义。

图 4-10 是一个我们觉得非常有用的简单组合电路的例子。它有两个输入 a 和 b，有唯一的输出 eq，当 a 和 b 都是 1（从上面的 AND 门可以看出）或都是 0（从下面的 AND 门可以看出）时，输出为 1。用 HCL 来写这个网的函数就是：

```
bool eq = (a && b) || (!a && !b);
```

这段代码简单地定义了位级(数据类型 bool 表明了这一点)信号 eq，它是输入 a 和 b 的函数。从这个例子可以看出 HCL 使用了 C 语言风格的语法，'='将一个信号名与一个表达式联系起来。不过同 C 不一样，我们不把它看成执行了一次计算并将结果放入内存中某个位置。相反，它只是给表达式一个名字。

**练习题 4.9**　写出信号 xor 的 HCL 表达式，xor 就是异或，输入为 a 和 b。信号 xor 和上面定义的 eq 有什么关系？

图 4-11 给出了另一个简单但很有用的组合电路，称为*多路复用器*(multiplexor，通常称为"MUX")。多路复用器根据输入控制信号的值，从一组不同的数据信号中选出一个。在这个单个位的多路复用器中，两个数据信号是输入位 a 和 b，控制信号是输入位 s。当 s 为 1 时，输出等于 a；而当 s 为 0 时，输出等于 b。在这个电路中，我们可以看出两个 AND 门决定了是否将它们相对应的数据输入传送到 OR 门。当 s 为 0 时，上面的 AND 门将传送信号 b(因为这个门的另一个输入是!s)，而当 s 为 1 时，下面的 AND 门将传送信号 a。接下来，我们来写输出信号的 HCL 表达式，使用的就是组合逻辑中相同的操作：

```
bool out = (s && a) || (!s && b);
```

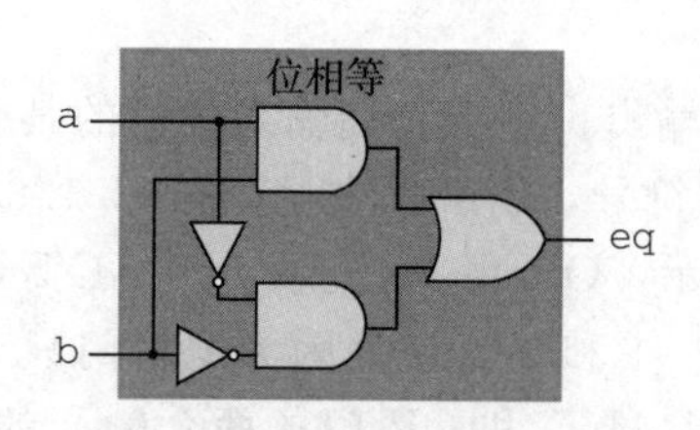


图 4-10　检测位相等的组合电路。当输入都为 0 或都为 1 时，输出等于 1

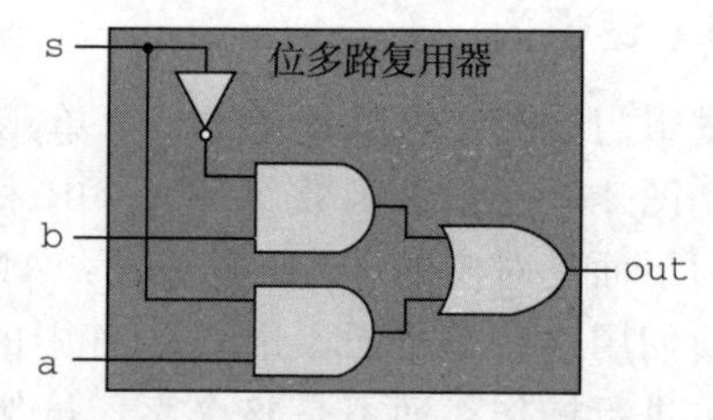


图 4-11　单个位的多路复用器电路。如果控制信号 s 为 1，则输出等于输入 a；当 s 为 0 时，输出等于输入 b

HCL 表达式很清楚地表明了组合逻辑电路和 C 语言中逻辑表达式的对应之处。它们都是用布尔操作来对输入进行计算的函数。值得注意的是，这两种表达计算的方法之间有以下区别：

- 因为组合电路是由一系列的逻辑门组成，它的属性是输出会持续地响应输入的变化。如果电路的输入变化了，在一定的延迟之后，输出也会相应地变化。相比之下，C 表达式只会在程序执行过程中被遇到时才进行求值。
- C 的逻辑表达式允许参数是任意整数，0 表示 FALSE，其他任何值都表示 TRUE。而逻辑门只对位值 0 和 1 进行操作。
- C 的逻辑表达式有个属性就是它们可能只被部分求值。如果一个 AND 或 OR 操作的结果只用对第一个参数求值就能确定，那么就不会对第二个参数求值了。例如下面的 C 表达式：

  ```
  (a && !a) && func(b,c)
  ```

  这里函数 func 是不会被调用的，因为表达式(a && !a)求值为 0。而组合逻辑没有部分求值这条规则，逻辑门只是简单地响应输入的变化。

### 4.2.3　字级的组合电路和 HCL 整数表达式

通过将逻辑门组合成大的网，可以构造出能计算更加复杂函数的组合电路。通常，我们设计能对数据字(word)进行操作的电路。有一些位级信号，代表一个整数或一些控制模式。例如，我们的处理器设计将包含有很多字，字的大小的范围为 4 位到 64 位，代表整数、地址、指令代码和寄存器标识符。

执行字级计算的组合电路根据输入字的各个位，用逻辑门来计算输出字的各个位。例如图 4-12 中的一个组合电路，它测试两个 64 位字 A 和 B 是否相等。也就是，当且仅当 A 的每一位都和 B 的相应位相等时，输出才为 1。这个电路是用 64 个图 4-10 中所示的单个位相等电路实现的。这些单个位电路的输出用一个 AND 门连起来，形成了这个电路的输出。

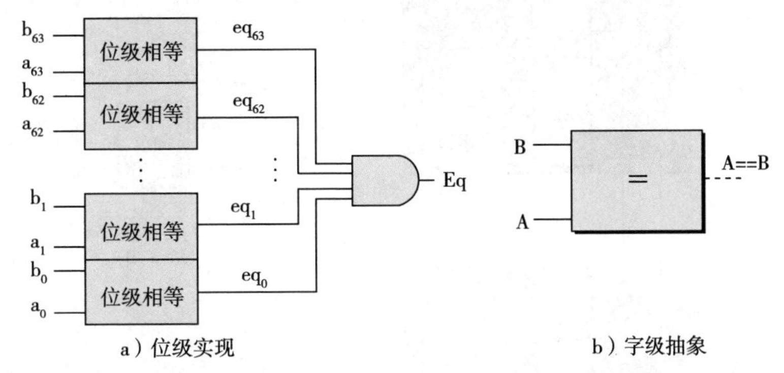


图 4-12 字级相等测试电路。当字 A 的每一位与字 B 中相应的位均相等时，输出等于 1。字级相等是 HCL 中的一个操作

在 HCL 中，我们将所有字级的信号都声明为 int，不指定字的大小。这样做是为了简单。在全功能的硬件描述语言中，每个字都可以声明为有特定的位数。HCL 允许比较字是否相等，因此图 4-12 所示的电路的函数可以在字级上表达成

```
bool Eq = (A == B);
```

这里参数 A 和 B 是 int 型的。注意我们使用和 C 语言中一样的语法习惯，'='表示赋值，而'=='是相等运算符。

如图 4-12 中右边所示，在画字级电路的时候，我们用中等粗度的线来表示携带字的每个位的线路，而用虚线来表示布尔信号结果。

**练习题 4.10** 假设你用练习题 4.9 中的异或电路而不是位级的相等电路来实现一个字级的相等电路。设计一个 64 位字的相等电路需要 64 个位级的异或电路，另外还要两个逻辑门。

图 4-13 是字级的多路复用器电路。这个电路根据控制输入位 s，产生一个 64 位的字 Out，等于两个输入字 A 或者 B 中的一个。这个电路由 64 个相同的子电路组成，每个子电路的结构都类似于图 4-11 中的位级多路复用器。不过这个字级的电路并没有简单地复制 64 次位级多路复用器，它只产生一次!s，然后在每个位的地方都重复使用它，从而减少反相器或非门(inverters)的数量。

处理器中会用到很多种多路复用器，使得我们能根据某些控制条件，从许多源中选出一个字。在 HCL 中，多路复用函数是用情况表达式(case expression)来描述的。情况表达式的通用格式如下：

$$
\begin{array}{l}
[\\
\quad select_1 \;:\; expr_1;\\
\quad select_2 \;:\; expr_2;\\
\quad \vdots\\
\quad select_k \;:\; expr_k;\\
]
\end{array}
$$

这个表达式包含一系列的情况，每种情况 $i$ 都有一个布尔表达式 $select_i$ 和一个整数表达式 $expr_i$，前者表明什么时候该选择这种情况，后者指明的是得到的值。

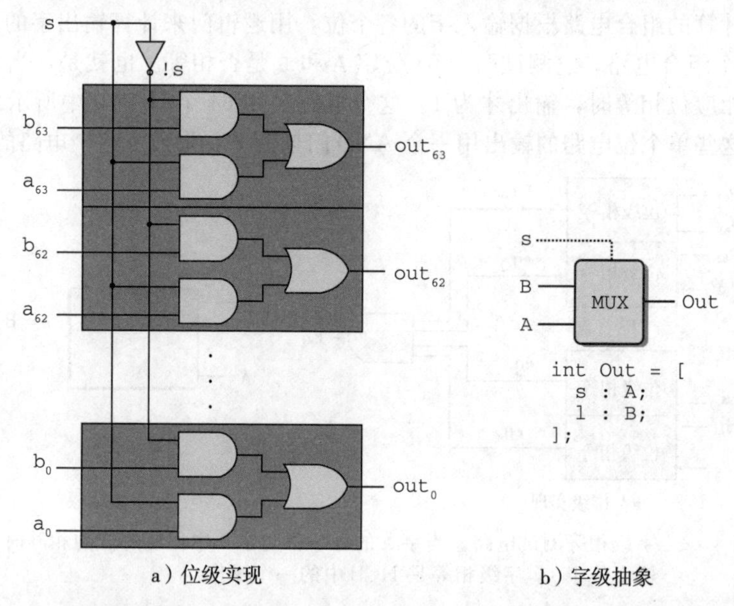


a）位级实现　　b）字级抽象

图 4-13　字级多路复用器电路。当控制信号 s 为 1 时，输出会等于输入字 A，否则等于 B。HCL 中用情况(case)表达式来描述多路复用器

同 C 的 switch 语句不同，我们不要求不同的选择表达式之间互斥。从逻辑上讲，这些选择表达式是顺序求值的，且第一个求值为 1 的情况会被选中。例如，图 4-13 中的字级多路复用器用 HCL 来描述就是：

```
word Out = [
      s: A;
      1: B;
];
```

在这段代码中，第二个选择表达式就是 1，表明如果前面没有情况被选中，那就选择这种情况。这是 HCL 中一种指定默认情况的方法。几乎所有的情况表达式都是以此结尾的。

允许不互斥的选择表达式使得 HCL 代码的可读性更好。实际的硬件多路复用器的信号必须互斥，它们要控制哪个输入字应该被传送到输出，就像图 4-13 中的信号 s 和!s。要将一个 HCL 情况表达式翻译成硬件，逻辑合成程序需要分析选择表达式集合，并解决任何可能的冲突，确保只有第一个满足的情况才会被选中。

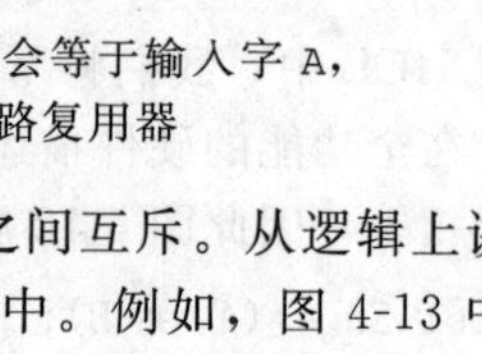

选择表达式可以是任意的布尔表达式，可以有任意多的情况。这就使得情况表达式能描述带复杂选择标准的、多种输入信号的块。例如，考虑图 4-14 中所示的四路复用器的图。这个电路根据控制信号 s1 和 s0，从 4 个输入字 A、B、C 和 D 中选择一个，将控制信号看作一个两位的二进制数。我们可以用 HCL 来表示这个电路，用布尔表达式描述控制位模式的不同组合：

s1
s0
D
C
B
A
MUX4
Out4

图 4-14　四路复用器。控制信号 s1 和 s0 的不同组合决定了哪个数据输入会被传送到输出

```
word Out4 = [
      !s1 && !s0 : A; # 00
```

```
        !s1        : B; # 01
        !s0        : C; # 10
        1          : D; # 11
];
```

右边的注释(任何以#开头到行尾结束的文字都是注释)表明了 s1 和 s0 的什么组合会导致该种情况会被选中。可以看到选择表达式有时可以简化，因为只有第一个匹配的情况才会被选中。例如，第二个表达式可以写成!s1，而不用写得更完整!s1 && s0，因为另一种可能 s1 等于 0 已经出现在了第一个选择表达式中了。类似地，第三个表达式可以写作!s0，而第四个可以简单地写成 1。

来看最后一个例子，假设我们想设计一个逻辑电路来找一组字 A、B 和 C 中的最小值，如下图所示：

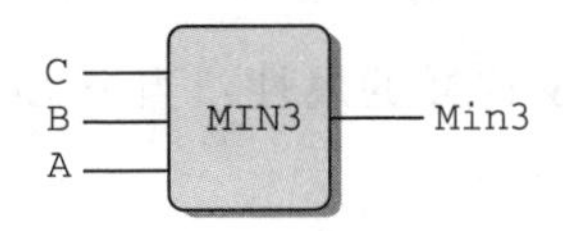


用 HCL 来表达就是：

```
word Min3 = [
        A <= B && A <= C : A;
        B <= A && B <= C : B;
        1                : C;
];
```

**练习题 4.11** 计算三个字中最小值的 HCL 代码包含了 4 个形如 X<=Y 的比较表达式。重写代码计算同样的结果，但只使用三个比较。

**练习题 4.12** 写一个电路的 HCL 代码，对于输入字 A、B 和 C，选择中间值。也就是，输出等于三个输入中居于最小值和最大值之间的那个字。

组合逻辑电路可以设计成在字级数据上执行许多不同类型的操作。具体的设计已经超出了我们讨论的范围。算术/逻辑单元(ALU)是一种很重要的组合电路，图 4-15 是它的一个抽象的图示。这个电路有三个输入：标号为 A 和 B 的两个数据输入，以及一个控制输入。根据控制输入的设置，电路会对数据输入执行不同的算术或逻辑操作。可以看到，这个 ALU 中画的四个操作对应于 Y86-64 指令集支持的四种不同的整数操作，而控制值和这些操作的功能码相对应(图 4-3)。我们还注意到减法的操作数顺序，是输入 B 减去输入 A。之所以这样做，是为了使这个顺序与 subq 指令的参数顺序一致。

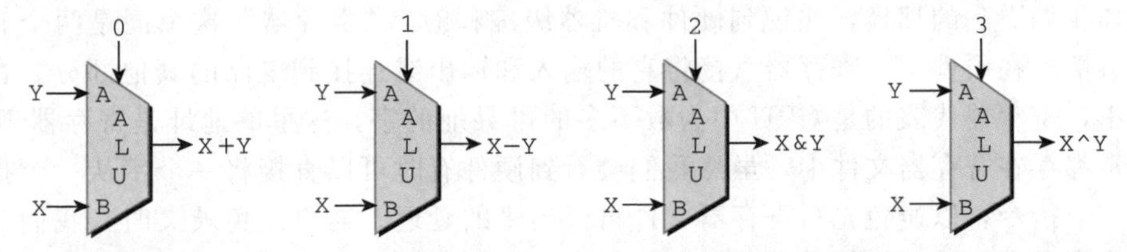


图 4-15 算术/逻辑单元(ALU)。根据函数输入的设置，该电路会执行四种算术和逻辑运算中的一种

## 4.2.4 集合关系

在处理器设计中，很多时候都需要将一个信号与许多可能匹配的信号做比较，以此来检测正在处理的某个指令代码是否属于某一类指令代码。下面来看一个简单的例子，假设想从一个两位信号 code 中选择高位和低位来为图 4-14 中的四路复用器产生信号 s1 和 s0，

如下图所示：

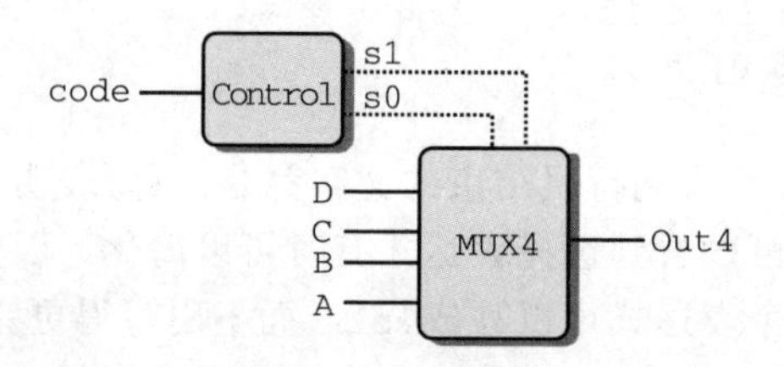


在这个电路中，两位的信号 code 就可以用来控制对 4 个数据字 A、B、C 和 D 做选择。根据可能的 code 值，可以用相等测试来表示信号 s1 和 s0 的产生：

```
bool s1 = code == 2 || code == 3;
bool s0 = code == 1 || code == 3;
```

还有一种更简洁的方式来表示这样的属性：当 code 在集合{2，3}中时 s1 为 1，而 code 在集合{1，3}中时 s0 为 1：

```
bool s1 = code in { 2, 3 };
bool s0 = code in { 1, 3 };
```

判断集合关系的通用格式是：

$$iexpr \text{ in } \{iexpr_1, iexpr_2, \cdots, iexpr_k\}$$

这里被测试的值 $iexpr$ 和待匹配的值 $iexpr_1 \sim iexpr_k$ 都是整数表达式。

### 4.2.5　存储器和时钟

组合电路从本质上讲，不存储任何信息。相反，它们只是简单地响应输入信号，产生等于输入的某个函数的输出。为了产生时序电路(sequential circuit)，也就是有状态并且在这个状态上进行计算的系统，我们必须引入按位存储信息的设备。存储设备都是由同一个时钟控制的，时钟是一个周期性信号，决定什么时候要把新值加载到设备中。考虑两类存储器设备：

- 时钟寄存器(简称寄存器)存储单个位或字。时钟信号控制寄存器加载输入值。
- 随机访问存储器(简称内存)存储多个字，用地址来选择该读或该写哪个字。随机访问存储器的例子包括：1)处理器的虚拟内存系统，硬件和操作系统软件结合起来使处理器可以在一个很大的地址空间内访问任意的字；2)寄存器文件，在此，寄存器标识符作为地址。在 IA32 或 Y86-64 处理器中，寄存器文件有 15 个程序寄存器(%rax～%r14)。

正如我们看到的那样，在说到硬件和机器级编程时，“寄存器”这个词是两个有细微差别的事情。在硬件中，寄存器直接将它的输入和输出线连接到电路的其他部分。在机器级编程中，寄存器代表的是 CPU 中为数不多的可寻址的字，这里的地址是寄存器 ID。这些字通常都存在寄存器文件中，虽然我们会看到硬件有时可以直接将一个字从一个指令传送到另一个指令，以避免先写寄存器文件再读出来的延迟。需要避免歧义时，我们会分别称呼这两类寄存器为“硬件寄存器”和“程序寄存器”。

图 4-16 更详细地说明了一个硬件寄存器以及它是如何工作的。大多数时候，寄存器都保持在稳定状态(用 x 表示)，产生的输出等于它的当前状态。信号沿着寄存器前面的组合逻辑传播，这时，产生了一个新的寄存器输入(用 y 表示)，但只要时钟是低电位的，寄存器的输出就仍然保持不变。当时钟变成高电位的时候，输入信号就加载到寄存器中，成为下一个状态 y，直到下一个时钟上升沿，这个状态就一直是寄存器的新输出。关键是寄

存器是作为电路不同部分中的组合逻辑之间的屏障。每当每个时钟到达上升沿时，值才会从寄存器的输入传送到输出。我们的 Y86-64 处理器会用时钟寄存器保存程序计数器(PC)、条件代码(CC)和程序状态(Stat)。

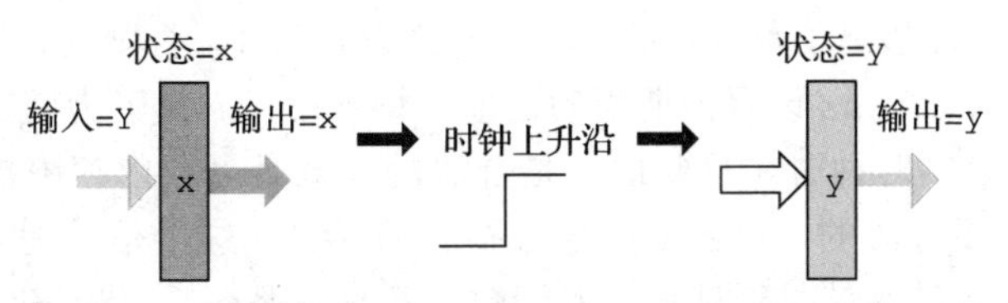


图 4-16　寄存器操作。寄存器输出会一直保持在当前寄存器状态上，直到时钟信号上升。当时钟上升时，寄存器输入上的值会成为新的寄存器状态

下面的图展示了一个典型的寄存器文件：

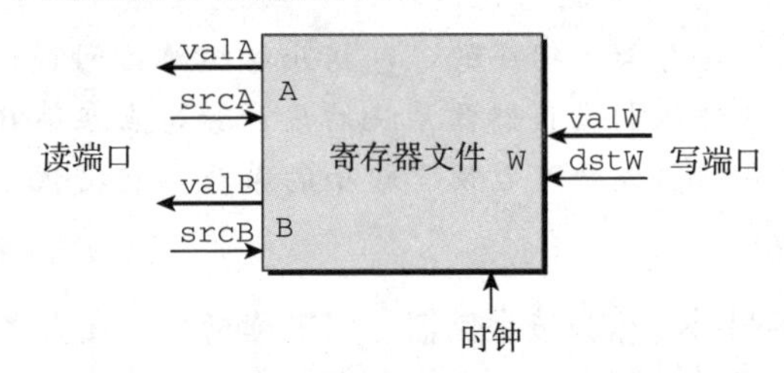


寄存器文件有两个*读端口*(A 和 B)，还有一个*写端口*(W)。这样一个*多端口*随机访问存储器允许同时进行多个读和写操作。图中所示的寄存器文件中，电路可以读两个程序寄存器的值，同时更新第三个寄存器的状态。每个端口都有一个地址输入，表明该选择哪个程序寄存器，另外还有一个数据输出或对应该程序寄存器的输入值。地址是用图 4-4 中编码表示的寄存器标识符。两个读端口有地址输入 `srcA` 和 `srcB`("source A" 和 "source B" 的缩写)和数据输出 `valA` 和 `valB`("value A" 和 "value B" 的缩写)。写端口有地址输入 `dstW`("destination W" 的缩写)，以及数据输入 `valW`("value W" 的缩写)。

虽然寄存器文件不是组合电路，因为它有内部存储。不过，在我们的实现中，从寄存器文件读数据就好像它是一个以地址为输入、数据为输出的一个组合逻辑块。当 `srcA` 或 `srcB` 被设成某个寄存器 ID 时，在一段延迟之后，存储在相应程序寄存器的值就会出现在 `valA` 或 `valB` 上。例如，将 `srcA` 设为 3，就会读出程序寄存器 `%rbx` 的值，然后这个值就会出现在输出 `valA` 上。

向寄存器文件写入字是由时钟信号控制的，控制方式类似于将值加载到时钟寄存器。每次时钟上升时，输入 `valW` 上的值会被写入输入 `dstW` 上的寄存器 ID 指示的程序寄存器。当 `dstW` 设为特殊的 ID 值 `0xF` 时，不会写任何程序寄存器。由于寄存器文件既可以读也可以写，一个很自然的问题就是"如果我们试图同时读和写同一个寄存器会发生什么？"答案简单明了：如果更新一个寄存器，同时在读端口上用同一个寄存器 ID，我们会看到一个从旧值到新值的变化。当我们把这个寄存器文件加入到处理器设计中，我们保证会考虑到这个属性的。

处理器有一个随机访问存储器来存储程序数据，如下图所示：

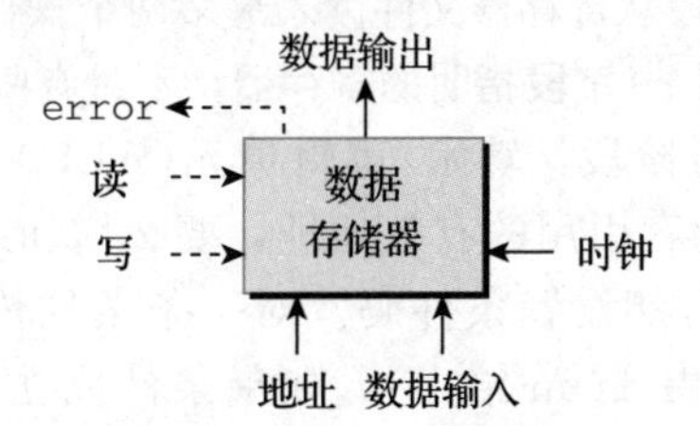

这个内存有一个地址输入，一个写的数据输入，以及一个读的数据输出。同寄存器文件一样，从内存中读的操作方式类似于组合逻辑：如果我们在输入 address 上提供一个地址，并将 write 控制信号设置为 0，那么在经过一些延迟之后，存储在那个地址上的值会出现在输出 data 上。如果地址超出了范围，error 信号会设置为 1，否则就设置为 0。写内存是由时钟控制的：我们将 address 设置为期望的地址，将 data in 设置为期望的值，而 write 设置为 1。然后当我们控制时钟时，只要地址是合法的，就会更新内存中指定的位置。与读操作一样，如果地址是不合法的，error 信号会被设置为 1。这个信号是由组合逻辑产生的，因为所需要的边界检查纯粹就是地址输入的函数，不涉及保存任何状态。

**旁注　现实的存储器设计**

真实微处理器中的存储器系统比我们在设计中假想的这个简单的存储器要复杂得多。它是由几种形式的硬件存储器组成的，包括几种随机访问存储器和磁盘，以及管理这些设备的各种硬件和软件机制。存储器系统的设计和特点在第 6 章中描述。

不过，我们简单的存储器设计可以用于较小的系统，它提供了更复杂系统的处理器和存储器之间接口的抽象。

我们的处理器还包括另外一个只读存储器，用来读指令。在大多数实际系统中，这两个存储器被合并为一个具有双端口的存储器：一个用来读指令，另一个用来读或者写数据。

## 4.3　Y86-64 的顺序实现

现在已经有了实现 Y86-64 处理器所需要的部件。首先，我们描述一个称为 SEQ（“sequential”顺序的）的处理器。每个时钟周期上，SEQ 执行处理一条完整指令所需的所有步骤。不过，这需要一个很长的时钟周期时间，因此时钟周期频率会低到不可接受。我们开发 SEQ 的目标就是提供实现最终目的的第一步，我们的最终目的是实现一个高效的、流水线化的处理器。

### 4.3.1　将处理组织成阶段

通常，处理一条指令包括很多操作。将它们组织成某个特殊的阶段序列，即使指令的动作差异很大，但所有的指令都遵循统一的序列。每一步的具体处理取决于正在执行的指令。创建这样一个框架，我们就能够设计一个充分利用硬件的处理器。下面是关于各个阶段以及各阶段内执行操作的简略描述：

- **取指**（fetch）：取指阶段从内存读取指令字节，地址为程序计数器（PC）的值。从指令中抽取出指令指示符字节的两个四位部分，称为 icode（指令代码）和 ifun（指令功能）。它可能取出一个寄存器指示符字节，指明一个或两个寄存器操作数指示符 rA 和 rB。它还可能取出一个 8 字节常数字 valC。它按顺序方式计算当前指令的下一条指令的地址 valP。也就是说，valP 等于 PC 的值加上已取出指令的长度。
- **译码**（decode）：译码阶段从寄存器文件读入最多两个操作数，得到值 valA 和/或 valB。通常，它读入指令 rA 和 rB 字段指明的寄存器，不过有些指令是读寄存器%rsp 的。
- **执行**（execute）：在执行阶段，算术/逻辑单元（ALU）要么执行指令指明的操作（根据 ifun 的值），计算内存引用的有效地址，要么增加或减少栈指针。得到的值我们称为 valE。在此，也可能设置条件码。对一条条件传送指令来说，这个阶段会检验条件码和传送条件（由 ifun 给出），如果条件成立，则更新目标寄存器。同样，对一条跳转指令来说，这个阶段会决定是不是应该选择分支。

- **访存**(memory)：访存阶段可以将数据写入内存，或者从内存读出数据。读出的值为 valM。
- **写回**(write back)：写回阶段最多可以写两个结果到寄存器文件。
- **更新 PC**(PC update)：将 PC 设置成下一条指令的地址。

处理器无限循环，执行这些阶段。在我们简化的实现中，发生任何异常时，处理器就会停止：它执行 halt 指令或非法指令，或它试图读或者写非法地址。在更完整的设计中，处理器会进入异常处理模式，开始执行由异常的类型决定的特殊代码。

从前面的讲述可以看出，执行一条指令是需要进行很多处理的。我们不仅必须执行指令所表明的操作，还必须计算地址、更新栈指针，以及确定下一条指令的地址。幸好每条指令的整个流程都比较相似。因为我们想使硬件数量尽可能少，并且最终将把它映射到一个二维的集成电路芯片的表面，在设计硬件时，一个非常简单而一致的结构是非常重要的。降低复杂度的一种方法是让不同的指令共享尽量多的硬件。例如，我们的每个处理器设计都只含有一个算术/逻辑单元，根据所执行的指令类型的不同，它的使用方式也不同。在硬件上复制逻辑块的成本比软件中有重复代码的成本大得多。而且在硬件系统中处理许多特殊情况和特性要比用软件来处理困难得多。

我们面临的一个挑战是将每条不同指令所需要的计算放入到上述那个通用框架中。我们会使用图 4-17 中所示的代码来描述不同 Y86-64 指令的处理。图 4-18～图 4-21 中的表描述了不同 Y86-64 指令在各个阶段是怎样处理的。很值得仔细研究一下这些表。表中的这种格式很容易映射到硬件。表中的每一行都描述了一个信号或存储状态的分配(用分配操作←来表示)。阅读时可以把它看成是从上至下的顺序求值。当我们将这些计算映射到硬件时，会发现其实并不需要严格按照顺序来执行这些求值。

```
 1  0x000: 30f20900000000000000 |     irmovq $9,  %rdx
 2  0x00a: 30f31500000000000000 |     irmovq $21, %rbx
 3  0x014: 6123                 |     subq %rdx, %rbx           # subtract
 4  0x016: 30f48000000000000000 |     irmovq $128,%rsp          # Problem 4.13
 5  0x020: 40436400000000000000 |     rmmovq %rsp, 100(%rbx)    # store
 6  0x02a: a02f                 |     pushq %rdx                # push
 7  0x02c: b00f                 |     popq  %rax                # Problem 4.14
 8  0x02e: 734000000000000000   |     je done                   # Not taken
 9  0x037: 804100000000000000   |     call proc                 # Problem 4.18
10  0x040:                      | done:
11  0x040: 00                   |     halt
12  0x041:                      | proc:
13  0x041: 90                   |     ret                       # Return
14                              |
```

图 4-17　Y86-64 指令序列示例。我们会跟踪这些指令通过各个阶段的处理

图 4-18 给出了对 OPq(整数和逻辑运算)、rrmovq(寄存器-寄存器传送)和 irmovq(立即数-寄存器传送)类型的指令所需的处理。让我们先来考虑一下整数操作。回顾图 4-2，可以看到我们小心地选择了指令编码，这样四个整数操作(addq、subq、andq 和 xorq)都有相同的 icode 值。我们可以以相同的步骤顺序来处理它们，除了 ALU 计算必须根据 ifun 中编码的具体的指令操作来设定。

| 阶段 | OPq rA, rB | rrmovq rA, rB | irmovq V, rB |
| --- | --- | --- | --- |
| 取指 | icode:ifun ← $M_1$[PC]<br>rA:rB ← $M_1$[PC+1]<br><br>valP ← PC+2 | icode:ifun ← $M_1$[PC]<br>rA:rB ← $M_1$[PC+1]<br><br>valP ← PC+2 | icode:ifun ← $M_1$[PC]<br>rA:rB ← $M_1$[PC+1]<br>valC ← $M_8$[PC+2]<br>valP ← PC+10 |
| 译码 | valA ← R[rA]<br>valB ← R[rB] | valA ← R[rA] | |
| 执行 | valE ← valB OP valA<br>Set CC | valE ← 0+valA | valE ← 0+valC |
| 访存 | | | |
| 写回 | R[rB] ← valE | R[rB] ← valE | R[rB] ← valE |
| 更新 PC | PC ← valP | PC ← valP | PC ← valP |

图 4-18　Y86-64 指令 OPq、rrmovq 和 irmovq 在顺序实现中的计算。这些指令计算了一个值，并将结果存放在寄存器中。符号 icode:ifun 表明指令字节的两个组成部分，而 rA:rB 表明寄存器指示符字节的两个组成部分。符号 $M_1$[x]表示访问(读或者写)内存位置 x 处的一个字节，而 $M_8$[x]表示访问八个字节

整数操作指令的处理遵循上面列出的通用模式。在取指阶段，我们不需要常数字，所以 valP 就计算为 PC+2。在译码阶段，我们要读两个操作数。在执行阶段，它们和功能指示符 ifun 一起再提供给 ALU，这样一来 valE 就成为了指令结果。这个计算是用表达式 valB OP valA 来表达的，这里 OP 代表 ifun 指定的操作。要注意两个参数的顺序——这个顺序与 Y86-64(和 x86-64)的习惯是一致的。例如，指令 subq %rax, %rdx 计算的是 R[%rdx]-R[%rax]的值。这些指令在访存阶段什么也不做，而在写回阶段，valE 被写入寄存器 rB，然后 PC 设为 valP，整个指令的执行就结束了。

**旁注　跟踪 subq 指令的执行**

作为一个例子，让我们来看看一条 subq 指令的处理过程，这条指令是图 4-17 所示目标代码的第 3 行中的 subq 指令。可以看到前面两条指令分别将寄存器%rdx 和%rbx 初始化成 9 和 21。我们还能看到指令位于地址 0x014，由两个字节组成，值分别为 0x61 和 0x23。这条指令处理的各个阶段如下表所示，左边列出了处理一个 OPq 指令的通用的规则(图 4-18)，而右边列出的是对这条具体指令的计算。

| 阶段 | OPq rA, rB | subq %rdx, %rbx |
| --- | --- | --- |
| 取指 | icode:ifun ← $M_1$[PC]<br>rA:rB ← $M_1$[PC+1]<br><br>valP ← PC+2 | icode:ifun ← $M_1$[0x014]=6:1<br>rA:rB ← $M_1$[0x015]=2:3<br><br>valP ← 0x014+2=0x016 |
| 译码 | valA ← R[rA]<br>valB ← R[rB] | valA ← R[%rdx]=9<br>valB ← R[%rbx]=21 |
| 执行 | valE ← valB OP valA<br>Set CC | valE ← 21−9=12<br>ZF ← 0, SF ← 0, OF ← 0 |
| 访存 | | |
| 写回 | R[rB] ← valE | R[%rbx] ← valE=12 |
| 更新 PC | PC ← valP | PC ← valP=0x016 |

这个跟踪表明我们达到了理想的效果，寄存器%rbx 设成了 12，三个条件码都设成了 0，而 PC 加了 2。

执行 rrmovq 指令和执行算术运算类似。不过，不需要取第二个寄存器操作数。我们将 ALU 的第二个输入设为 0，先把它和第一个操作数相加，得到 valE= valA，然后再把这个值写到寄存器文件。对 irmovq 的处理与此类似，除了 ALU 的第一个输入为常数值 valC。另外，因为是长指令格式，对于 irmovq，程序计数器必须加 10。所有这些指令都不改变条件码。

**练习题 4.13**　填写下表的右边一栏，这个表描述的是图 4-17 中目标代码第 4 行上的 irmovq 指令的处理情况：

| 阶段 | 通用 | 具体 |
|---|---|---|
| | irmovq V, rB | irmovq $128, %rsp |
| 取指 | icode:ifun ← $M_1$[PC]<br>rA:rB ← $M_1$[PC+1]<br>valC ← $M_8$[PC+2]<br>valP ← PC+10 | |
| 译码 | | |
| 执行 | valE ← 0+valC | |
| 访存 | | |
| 写回 | R[rB]← valE | |
| 更新 PC | PC ← valP | |

这条指令的执行会怎样改变寄存器和 PC 呢？

图 4-19 给出了内存读写指令 rmmovq 和 mrmovq 所需要的处理。基本流程也和前面的一样，不过是用 ALU 来加 valC 和 valB，得到内存操作的有效地址(偏移量与基址寄存器值之和)。在访存阶段，会将寄存器值 valA 写到内存，或者从内存中读出 valM。

| 阶段 | rmmovq rA, D(rB) | mrmovq D(rB), rA |
|---|---|---|
| 取指 | icode:ifun ← $M_1$[PC]<br>rA:rB ← $M_1$[PC+1]<br>valC ← $M_8$[PC+2]<br>valP ← PC+10 | icode:ifun ← $M_1$[PC]<br>rA:rB ← $M_1$[PC+1]<br>valC ← $M_8$[PC+2]<br>valP ← PC+10 |
| 译码 | valA ← R[rA]<br>valB ← R[rB] | valB ← R[rB] |
| 执行 | valE ← valB+valC | valE ← valB+valC |
| 访存 | $M_8$[valE]← valA | valM ← $M_8$[valE] |
| 写回 | | |
| | | R[rA]← valM |
| 更新 PC | PC ← valP | PC ← valP |

图 4-19　Y86-64 指令 rmmovq 和 mrmovq 在顺序实现中的计算。这些指令读或者写内存

**旁注　跟踪 rmmovq 指令的执行**

让我们来看看图 4-17 中目标代码的第 5 行 rmmovq 指令的处理情况。可以看到，前面的指令已将寄存器%rsp 初始化成了 128，而%rbx 仍然是 subq 指令(第 3 行)算出来的

结果 12。我们还可以看到，指令位于地址 0x020，有 10 个字节。前两个的值为 0x40 和 0x43，后 8 个是数字 0x0000000000000064(十进制数 100)按字节反过来得到的数。各个阶段的处理如下：

| 阶段 | 通用 | 具体 |
|---|---|---|
| | rmmovq rA, D(rB) | rmmovq %rsp, 100(%rbx) |
| 取指 | icode:ifun ← $M_1$[PC]<br>rA:rB ← $M_1$[PC+1]<br>valC ← $M_8$[PC+2]<br>valP ← PC+10 | icode:ifun ← $M_1$[0x020]=4:0<br>rA:rB ← $M_1$[0x021]=4:3<br>valC ← $M_8$[0x022]=100<br>valP ← 0x020+10=0x02a |
| 译码 | valA ← R[rA]<br>valB ← R[rB] | valA ← R[%rsp]=128<br>valB ← R[%rbx]=12 |
| 执行 | valE ← valB+valC | valE ← 12+100=112 |
| 访存 | $M_8$[valE] ← valA | $M_8$[112] ← 128 |
| 写回 | | |
| 更新 PC | PC ← valP | PC ← 0x02a |

跟踪记录表明这条指令的效果就是将 128 写入内存地址 112，并将 PC 加 10。

图 4-20 给出了处理 pushq 和 popq 指令所需的步骤。它们可以算是最难实现的 Y86-64 指令了，因为它们既涉及访问内存，又要增加或减少栈指针。虽然这两条指令的流程比较相似，但是它们还是有很重要的区别。

| 阶段 | pushq rA | popq rA |
|---|---|---|
| 取指 | icode:ifun ← $M_1$[PC]<br>rA:rB ← $M_1$[PC+1]<br><br>valP ← PC+2 | icode:ifun ← $M_1$[PC]<br>rA:rB ← $M_1$[PC+1]<br><br>valP ← PC+2 |
| 译码 | valA ← R[rA]<br>valB ← R[%rsp] | valA ← R[%rsp]<br>valB ← R[%rsp] |
| 执行 | valE ← valB+(−8) | valE ← valB+8 |
| 访存 | $M_8$[valE] ← valA | valM ← $M_8$[valA] |
| 写回 | R[%rsp] ← valE | R[%rsp] ← valE<br>R[rA] ← valM |
| 更新 PC | PC ← valP | PC ← valP |

图 4-20 Y86-64 指令 pushq 和 popq 在顺序实现中的计算。这些指令将值压入或弹出栈

pushq 指令开始时很像我们前面讲过的指令，但是在译码阶段，用%rsp 作为第二个寄存器操作数的标识符，将栈指针的值赋给 valB。在执行阶段，用 ALU 将栈指针减 8。减过 8 的值就是内存写的地址，在写回阶段还会存回到%rsp 中。将 valE 作为写操作的地址，是遵循 Y86-64(和 x86-64)的惯例，也就是在写之前，pushq 应该先将栈指针减去 8，即使栈指针的更新实际上是在内存操作完成之后才进行的。

**旁注 跟踪 pushq 指令的执行**

让我们来看看图 4-17 中目标代码的第 6 行 pushq 指令的处理情况。此时，寄存器%rdx 的值为 9，而寄存器%rsp 的值为 128。我们还可以看到指令是位于地址 0x02a，有两个字节，值分别为 0xa0 和 0x2f。各个阶段的处理如下：

| 阶段 | 通用 | 具体 |
|---|---|---|
| | pushq rA | pushq %rdx |
| 取指 | icode:ifun ← $M_1$[PC]<br>rA:rB ← $M_1$[PC+1]<br><br>valP ← PC+2 | icode:ifun ← $M_1$[0x02a]=a:0<br>rA:rB ← $M_1$[0x02b]=2:f<br><br>valP ← 0x02a+2=0x02c |
| 译码 | valA ← R[rA]<br>valB ← R[%rsp] | valA ← R[%rdx]=9<br>valB ← R[%rsp]=128 |
| 执行 | valE ← valB+(−8) | valE ← 128+(−8)=120 |
| 访存 | $M_8$[valE]← valA | $M_8$[120]← 9 |
| 写回 | R[%rsp]← valE | R[%rsp]← 120 |
| 更新 PC | PC ← valP | PC ← 0x02c |

跟踪记录表明这条指令的效果就是将%rsp 设为 120，将 9 写入地址 120，并将 PC 加 2。

popq 指令的执行与 pushq 的执行类似，除了在译码阶段要读两次栈指针以外。这样做看上去很多余，但是我们会看到让 valA 和 valB 都存放栈指针的值，会使后面的流程跟其他的指令更相似，增强设计的整体一致性。在执行阶段，用 ALU 给栈指针加 8，但是用没加过 8 的原始值作为内存操作的地址。在写回阶段，要用加过 8 的栈指针更新栈指针寄存器，还要将寄存器 rA 更新为从内存中读出的值。用没加过 8 的值作为内存读地址，保持了 Y86-64(和 x86-64)的惯例，popq 应该首先读内存，然后再增加栈指针。

练习题 4.14　填写下表的右边一栏，这个表描述的是图 4-17 中目标代码第 7 行 popq 指令的处理情况：

| 阶段 | 通用 | 具体 |
|---|---|---|
| | popq rA | popq %rax |
| 取指 | icode:ifun ← $M_1$[PC]<br>rA:rB ← $M_1$[PC+1]<br><br>valP ← PC+2 | |
| 译码 | valA ← R[%rsp]<br>valB ← R[%rsp] | |
| 执行 | valE ← valB+8 | |
| 访存 | valM ← $M_8$[valA] | |
| 写回 | R[%rsp]← valE<br>R[rA]← valM | |
| 更新 PC | PC ← valP | |

这条指令的执行会怎样改变寄存器和 PC 呢？

练习题 4.15　根据图 4-20 中列出的步骤，指令 pushq %rsp 会有什么样的效果？这与练习题 4.7 中确定的 Y86-64 期望的行为一致吗？

练习题 4.16　假设 popq 在写回阶段中的两个寄存器写操作按照图 4-20 列出的顺序进行。popq %rsp 执行的效果会是怎样的？这与练习题 4.8 中确定的 Y86-64 期望的行为一致吗？

图 4-21 表明了三类控制转移指令的处理：各种跳转、call 和 ret。可以看到，我们能用同前面指令一样的整体流程来实现这些指令。

| 阶段 | jXX Dest | call Dest | ret |
|---|---|---|---|
| 取指 | icode:ifun ← $M_1$[PC]<br><br>valC ← $M_8$[PC+1]<br>valP ← PC+9 | icode:ifun ← $M_1$[PC]<br><br>valC ← $M_8$[PC+1]<br>valP ← PC+9 | icode:ifun ← $M_1$[PC]<br><br><br>valP ← PC+1 |
| 译码 | | <br>valB ← R[%rsp] | valA ← R[%rsp]<br>valB ← R[%rsp] |
| 执行 | <br>Cnd ← Cond(CC，ifun) | valE ← valB+(−8) | valE ← valB+8 |
| 访存 | | $M_8$[valE]← valP | valM ← $M_8$[valA] |
| 写回 | | R[%rsp]← valE | R[%rsp]← valE |
| 更新 PC | PC ← Cnd?valC:valP | PC ← valC | PC ← valM |

图 4-21　Y86-64 指令 jXX、call 和 ret 在顺序实现中的计算。这些指令导致控制转移

同对整数操作一样，我们能够以一种统一的方式处理所有的跳转指令，因为它们的不同只在于判断是否要选择分支的时候。除了不需要一个寄存器指示符字节以外，跳转指令在取指和译码阶段都和前面讲的其他指令类似。在执行阶段，检查条件码和跳转条件来确定是否要选择分支，产生出一个一位信号 Cnd。在更新 PC 阶段，检查这个标志，如果这个标志为 1，就将 PC 设为 valC(跳转目标)，如果为 0，就设为 valP(下一条指令的地址)。我们的表示法 $x?a:b$ 类似于 C 语句中的条件表达式——当 $x$ 非零时，它等于 $a$，当 $x$ 为零时，等于 $b$。

**旁注　跟踪 je 指令的执行**

让我们来看看图 4-17 中目标代码的第 8 行 je 指令的处理情况。subq 指令(第 3 行)已经将所有的条件码都置为了 0，所以不会选择分支。该指令位于地址 0x02e，有 9 个字节。第一个字节的值为 0x73，而剩下的 8 个字节是数字 0x0000000000000040 按字节反过来得到的数，也就是跳转的目标。各个阶段的处理如下：

| 阶段 | 通用 | 具体 |
|---|---|---|
| | jXX Dest | je 0x040 |
| 取指 | icode:ifun ← $M_1$[PC]<br><br>valC ← $M_8$[PC+1]<br>valP ← PC+9 | icode:ifun ← $M_1$[0x02e]=7:3<br><br>valC ← $M_8$[0x02f]=0x040<br>valP ← 0x02e+9=0x037 |
| 译码 | | |
| 执行 | <br>Cnd ← Cond(CC，ifun) | <br>Cnd ← Cond(〈0, 0, 0〉, 3)=0 |
| 访存 | | |
| 写回 | | |
| 更新 PC | PC ← Cnd?valC:valP | PC ← 0? 0x040:0x037=0x037 |

就像这个跟踪记录表明的那样，这条指令的效果就是将 PC 加 9。

**练习题 4.17**　从指令编码(图 4-2 和图 4-3)我们可以看出，rrmovq 指令是一类更通用的、包括条件转移在内的指令的无条件版本。请给出你要如何修改下面 rrmovq 指令

的步骤，使之也能处理 6 个条件传送指令。看看 jXX 指令的实现(图 4-21)是如何处理条件行为的，可能会有所帮助。

| 阶段 | cmovXX rA, rB |
|---|---|
| 取指 | icode : ifun ← $M_1$[PC]<br>rA : rB ← $M_1$[PC+1]<br>valP ← PC+2 |
| 译码 | valA ← R[rA] |
| 执行 | valE ← 0+valA |
| 访存 | |
| 写回 | R[rB] ← valE |
| 更新 PC | PC ← valP |

指令 call 和 ret 与指令 pushq 和 popq 类似，除了我们要将程序计数器的值入栈和出栈以外。对指令 call，我们要将 valP，也就是 call 指令后紧跟着的那条指令的地址，压入栈中。在更新 PC 阶段，将 PC 设为 valC，也就是调用的目的地。对指令 ret，在更新 PC 阶段，我们将 valM，即从栈中取出的值，赋值给 PC。

**练习题 4.18** 填写下表的右边一栏，这个表描述的是图 4-17 中目标代码第 9 行 call 指令的处理情况：

| 阶段 | 通用 | 具体 |
|---|---|---|
| | call Dest | call 0x041 |
| 取指 | icode : ifun ← $M_1$[PC]<br><br>valC ← $M_8$[PC+1]<br>valP ← PC+9 | |
| 译码 | <br>valB ← R[%rsp] | |
| 执行 | valE ← valB+(−8) | |
| 访存 | $M_8$[valE] ← valP | |
| 写回 | R[%rsp] ← valE | |
| 更新 PC | PC ← valC | |

这条指令的执行会怎样改变寄存器、PC 和内存呢？

我们创建了一个统一的框架，能处理所有不同类型的 Y86-64 指令。虽然指令的行为大不相同，但是我们可以将指令的处理组织成 6 个阶段。现在我们的任务是创建硬件设计来实现这些阶段，并把它们连接起来。

**旁注 跟踪 ret 指令的执行**

让我们来看看图 4-17 中目标代码的第 13 行 ret 指令的处理情况。指令的地址是 0x041，只有一个字节的编码，0x90。前面的 call 指令将%rsp 置为了 120，并将返回地址 0x040 存放在了内存地址 120 中。各个阶段的处理如下：

| 阶段 | 通用 | 具体 |
|---|---|---|
| | ret | ret |
| 取指 | icode:ifun ← $M_1$[PC]<br><br>valP ← PC+1 | icode:ifun ← $M_1$[0x041]=9:0<br><br>valP ← 0x041+1=0x042 |
| 译码 | valA ← R[%rsp]<br>valB ← R[%rsp] | valA ← R[%rsp]=120<br>valB ← R[%rsp]=120 |
| 执行 | valE ← valB+8 | valE ← 120+8=128 |
| 访存 | valM ← $M_8$[valA] | valM ← $M_8$[120]=0x040 |
| 写回 | R[%rsp]← valE | R[%rsp]← 128 |
| 更新 PC | PC ← valM | PC ← 0x040 |

跟踪记录表明这条指令的效果就是将 PC 设为 0x040，halt 指令的地址。同时也将%rsp置为了 128。

## 4.3.2　SEQ 硬件结构

实现所有 Y86-64 指令所需要的计算可以被组织成 6 个基本阶段：取指、译码、执行、访存、写回和更新 PC。图 4-22 给出了一个能执行这些计算的硬件结构的抽象表示。程序计数器放在寄存器中，在图中左下角(标明为“PC”)。然后，信息沿着线流动(多条线组合在一起就用宽一点的灰线来表示)，先向上，再向右。同各个阶段相关的硬件单元(hardware units)负责执行这些处理。在右边，反馈线路向下，包括要写到寄存器文件的更新值，以及更新的程序计数器值。正如在 4.3.3 节中讨论的那样，在 SEQ 中，所有硬件单元的处理都在一个时钟周期内完成。这张图省略了一些小的组合逻辑块，还省略了所有用来操作各个硬件单元以及将相应的值路由到这些单元的控制逻辑。稍后会补充这些细节。我们从下往上画处理器和流程的方法似乎有点奇怪。在开始设计流水线化的处理器时，我们会解释这么画的原因。

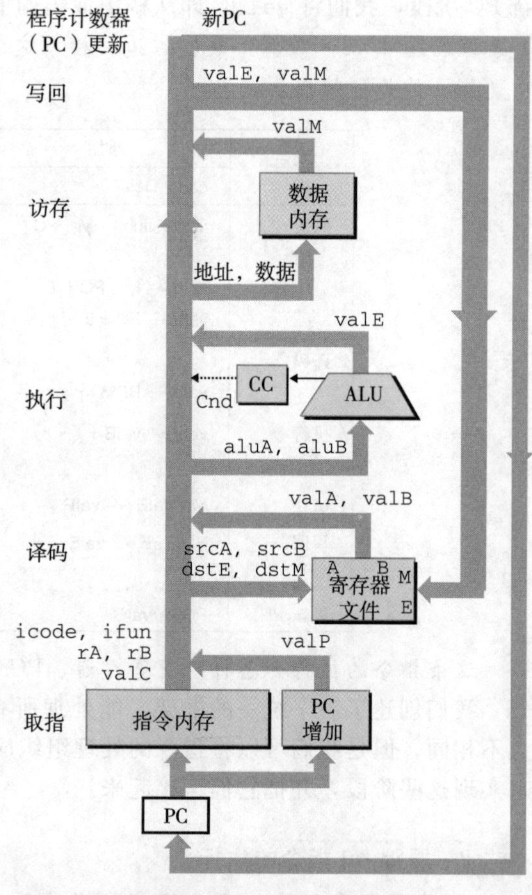


图 4-22　SEQ 的抽象视图，一种顺序实现。指令执行过程中的信息处理沿着顺时针方向的流程进行，从用程序计数器(PC)取指令开始，如图中左下角所示

硬件单元与各个处理阶段相关联：

**取指**：将程序计数器寄存器作为地址，指令内存读取指令的字节。PC 增加器(PC incrementer)计算 valP，即增加了的程序计数器。

**译码**：寄存器文件有两个读端口 A 和 B，从这两个端口同时读寄存器值 valA 和 valB。

**执行**：执行阶段会根据指令的类型，将算术/逻辑单元(ALU)用于不同的目的。对整数操作，它要执行指令所指定的运算。对其他指令，它会作为一个加法器来计算增加或减少栈指针，或者计算有效地址，或者只是简单地加 0，将一个输入传递到输出。

条件码寄存器(CC)有三个条件码位。ALU 负责计算条件码的新值。当执行条件传送指令时，根据条件码和传送条件来计算决定是否更新目标寄存器。同样，当执行一条跳转指令时，会根据条件码和跳转类型来计算分支信号 `Cnd`。

**访存**：在执行访存操作时，数据内存读出或写入一个内存字。指令和数据内存访问的是相同的内存位置，但是用于不同的目的。

**写回**：寄存器文件有两个写端口。端口 E 用来写 ALU 计算出来的值，而端口 M 用来写从数据内存中读出的值。

**PC 更新**：程序计数器的新值选择自：`valP`，下一条指令的地址；`valC`，调用指令或跳转指令指定的目标地址；`valM`，从内存读取的返回地址。

图 4-23 更详细地给出了实现 SEQ 所需要的硬件(分析每个阶段时，我们会看到完整的

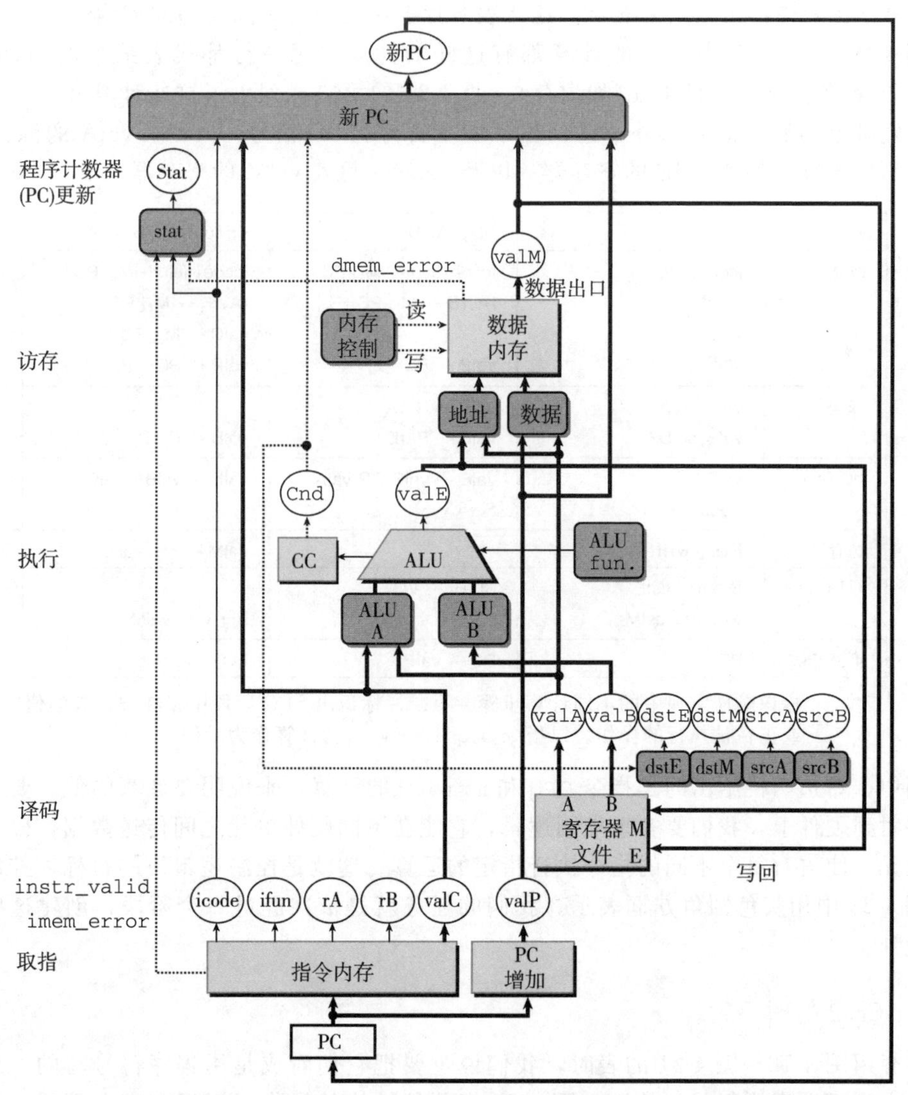


图 4-23　SEQ 的硬件结构，一种顺序实现。有些控制信号以及寄存器和控制字连接没有画出来

细节)。我们看到一组和前面一样的硬件单元，但是现在线路看得更清楚了。这幅图以及其他的硬件图都使用的是下面的画图惯例。

- 白色方框表示时钟寄存器。程序计数器 PC 是 SEQ 中唯一的时钟寄存器。
- 浅蓝色方框表示硬件单元。这包括内存、ALU 等等。在我们所有的处理器实现中，都会使用这一组基本的单元。我们把这些单元当作“黑盒子”，不关心它们的细节设计。
- 控制逻辑块用灰色圆角矩形表示。这些块用来从一组信号源中进行选择，或者用来计算一些布尔函数。我们会非常详细地分析这些块，包括给出 HCL 描述。
- 线路的名字在白色圆圈中说明。它们只是线路的标识，而不是什么硬件单元。
- 宽度为字长的数据连接用中等粗度的线表示。每条这样的线实际上都代表一簇 64 根线，并列地连在一起，将一个字从硬件的一个部分传送到另一部分。
- 宽度为字节或更窄的数据连接用细线表示。根据线上要携带的值的类型，每条这样的线实际上都代表一簇 4 根或 8 根线。
- 单个位的连接用虚线来表示。这代表芯片上单元与块之间传递的控制值。

图 4-18～图 4-21 中所有的计算都有这样的性质，每一行都代表某个值的计算(如 valP)，或者激活某个硬件单元(如内存)。图 4-24 的第二栏列出了这些计算和动作。除了我们已经讲过的那些信号以外，还列出了四个寄存器 ID 信号：srcA，valA 的源；srcB，valB 的源；dstE，写入 valE 的寄存器；以及 dstM，写入 valM 的寄存器。

| 阶段 | 计算 | OPq rA, rB | mrmovq D(rB), rA |
|---|---|---|---|
| 取指 | icode:ifun<br>rA,rB<br>valC<br>valP | icode:ifun ← $M_1$[PC]<br>rA:rB ← $M_1$[PC+1]<br><br>valP ← PC+2 | icode:ifun ← $M_1$[PC]<br>rA:rB ← $M_1$[PC+1]<br>valC ← $M_8$[PC+2]<br>valP ← PC+10 |
| 译码 | valA, srcA<br>valB, srcB | valA ← R[rA]<br>valB ← R[rB] | <br>valB ← R[rB] |
| 执行 | valE<br>Cond. codes | valE ← valB OP valA<br>Set CC | valE ← valB+valC |
| 访存 | Read/write | | valM ← $M_8$[valE] |
| 写回 | E port, dstE<br>M port, dstM | R[rB]← valE | <br>R[rA]← valM |
| 更新 PC | PC | PC ← valP | PC ← valP |

图 4-24　标识顺序实现中的不同计算步骤。第二栏标识出 SEQ 阶段中正在被计算的值，或正在被执行的操作。以指令 OPq 和 mrmovq 的计算作为示例

图中，右边两栏给出的是指令 OPq 和 mrmovq 的计算，来说明要计算的值。要将这些计算映射到硬件上，我们要实现控制逻辑，它能在不同硬件单元之间传送数据，以及操作这些单元，使得对每个不同的指令执行指定的运算。这就是控制逻辑块的目标，控制逻辑块在图 4-23 中用灰色圆角方框表示。我们的任务就是依次经过每个阶段，创建这些块的详细设计。

### 4.3.3　SEQ 的时序

在介绍图 4-18～图 4-21 的表时，我们说过要把它们看成是用程序符号写的，那些赋值是从上到下顺序执行的。然而，图 4-23 中硬件结构的操作运行根本完全不同，一个时

钟变化会引发一个经过组合逻辑的流，来执行整个指令。让我们来看看这些硬件怎样实现表中列出的这一行为。

SEQ 的实现包括组合逻辑和两种存储器设备：时钟寄存器(程序计数器和条件码寄存器)，随机访问存储器(寄存器文件、指令内存和数据内存)。组合逻辑不需要任何时序或控制——只要输入变化了，值就通过逻辑门网络传播。正如提到过的那样，我们也将读随机访问存储器看成和组合逻辑一样的操作，根据地址输入产生输出字。对于较小的存储器来说(例如寄存器文件)，这是一个合理的假设，而对于较大的电路来说，可以用特殊的时钟电路来模拟这个效果。由于指令内存只用来读指令，因此我们可以将这个单元看成是组合逻辑。

现在还剩四个硬件单元需要对它们的时序进行明确的控制——程序计数器、条件码寄存器、数据内存和寄存器文件。这些单元通过一个时钟信号来控制，它触发将新值装载到寄存器以及将值写到随机访问存储器。每个时钟周期，程序计数器都会装载新的指令地址。只有在执行整数运算指令时，才会装载条件码寄存器。只有在执行 rmmovq、pushq 或 call 指令时，才会写数据内存。寄存器文件的两个写端口允许每个时钟周期更新两个程序寄存器，不过我们可以用特殊的寄存器 ID 0xF 作为端口地址，来表明在此端口不应该执行写操作。

要控制处理器中活动的时序，只需要寄存器和内存的时钟控制。硬件获得了如图 4-18～图 4-21 的表中所示的那些赋值顺序执行一样的效果，即使所有的状态更新实际上同时发生，且只在时钟上升开始下一个周期时。之所以能保持这样的等价性，是由于 Y86-64 指令集的本质，因为我们遵循以下原则组织计算：

**原则**：*从不回读*

*处理器从来不需要为了完成一条指令的执行而去读由该指令更新了的状态。*

这条原则对实现的成功来说至关重要。为了说明问题，假设我们对 pushq 指令的实现是先将 %rsp 减 8，再将更新后的 %rsp 值作为写操作的地址。这种方法同前面所说的那个原则相违背。为了执行内存操作，它需要先从寄存器文件中读更新过的栈指针。然而，我们的实现(图 4-20)产生出减后的栈指针值，作为信号 valE，然后再用这个信号既作为寄存器写的数据，也作为内存写的地址。因此，在时钟上升开始下一个周期时，处理器就可以同时执行寄存器写和内存写了。

再举个例子来说明这条原则，我们可以看到有些指令(整数运算)会设置条件码，有些指令(跳转指令)会读取条件码，但没有指令必须既设置又读取条件码。虽然要到时钟上升开始下一个周期时，才会设置条件码，但是在任何指令试图读之前，它们都会更新。

以下是汇编代码，左边列出的是指令地址，图 4-25 给出了 SEQ 硬件如何处理其中第 3 和第 4 行指令：

```
1    0x000:  irmovq $0x100,%rbx   # %rbx <-- 0x100
2    0x00a:  irmovq $0x200,%rdx   # %rdx <-- 0x200
3    0x014:  addq %rdx,%rbx       # %rbx <-- 0x300 CC <-- 000
4    0x016:  je dest              # Not taken
5    0x01f:  rmmovq %rbx,0(%rdx)  # M[0x200] <-- 0x300
6    0x029: dest: halt
```

标号为 1～4 的各个图给出了 4 个状态单元，还有组合逻辑，以及状态单元之间的连接。组合逻辑环绕着条件码寄存器，因为有的组合逻辑(例如 ALU)产生输入到条件码寄存器，而其他部分(例如分支计算和 PC 选择逻辑)又将条件码寄存器作为输入。图中寄存器文件和数据内存有独立的读连接和写连接，因为读操作沿着这些单元传播，就好像它们是组合逻辑，而写操作是由时钟控制的。

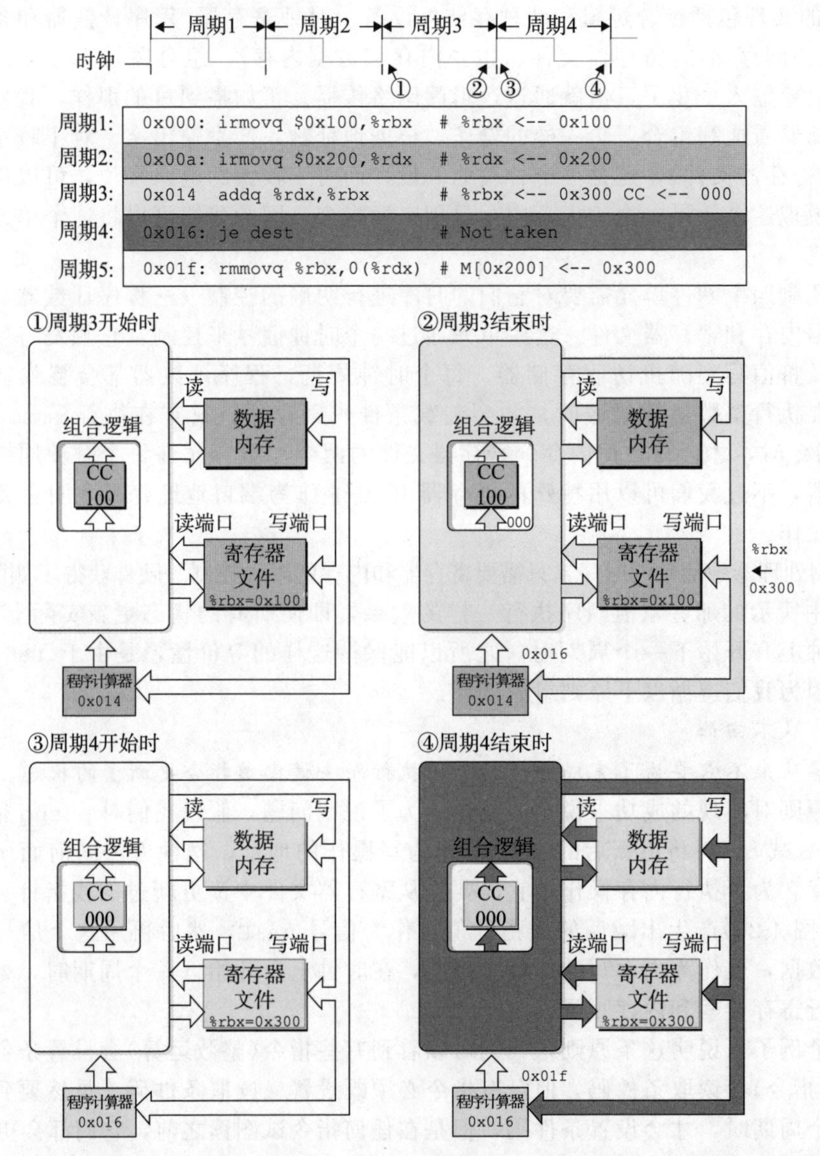


图 4-25　跟踪 SEQ 的两个执行周期。每个周期开始时，状态单元(程序计数器、条件码寄存器、寄存器文件以及数据内存)是根据前一条指令设置的。信号传播通过组合逻辑，创建出新的状态单元的值。在下一个周期开始时，这些值会被加载到状态单元中

图 4-25 中的不同颜色的代码表明电路信号是如何与正在被执行的不同指令相联系的。我们假设处理是从设置条件码开始的，按照 ZF、SF 和 OF 的顺序，设为 100。在时钟周期 3 开始的时候(点 1)，状态单元保持的是第二条 irmovq 指令(表中第 2 行)更新过的状态，该指令用浅灰色表示。组合逻辑用白色表示，表明它还没有来得及对变化了的状态做出反应。时钟周期开始时，地址 0x014 载入程序计数器中。这样就会取出和处理 addq 指令(表中第 3 行)。值沿着组合逻辑流动，包括读随机访问存储器。在这个周期末尾(点 2)，组合逻辑为条件码产生了新的值(000)，程序寄存器%rbx 的更新值，以及程序计数器的新

值(0x016)。在此时，组合逻辑已经根据 addq 指令被更新了，但是状态还是保持着第二条 irmovq 指令(用浅灰色表示)设置的值。

当时钟上升开始周期 4 时(点 3)，会更新程序计数器、寄存器文件和条件码寄存器，因此我们用蓝色来表示，但是组合逻辑还没有对这些变化做出反应，所以用白色表示。在这个周期内，会取出并执行 je 指令(表中第 4 行)，在图中用深灰色表示。因为条件码 ZF 为 0，所以不会选择分支。在这个周期末尾(点 4)，程序计数器已经产生了新值 0x01f。组合逻辑已经根据 je 指令(用深灰色表示)被更新过了，但是直到下个周期开始之前，状态还是保持着 addq 指令(用蓝色表示)设置的值。

如此例所示，用时钟来控制状态单元的更新，以及值通过组合逻辑来传播，足够控制我们 SEQ 实现中每条指令执行的计算了。每次时钟由低变高时，处理器开始执行一条新指令。

### 4.3.4　SEQ 阶段的实现

本节会设计实现 SEQ 所需要的控制逻辑块的 HCL 描述。完整的 SEQ 的 HCL 描述请参见网络旁注 ARCH:HCL。在此，我们给出一些例子，而其他的作为练习题。建议你做做这些练习来检验你的理解，即这些块是如何与不同指令的计算需求相联系的。

我们没有讲的那部分 SEQ 的 HCL 描述，是不同整数和布尔信号的定义，它们可以作为 HCL 操作的参数。其中包括不同硬件信号的名字，以及不同指令代码、功能码、寄存器名字、ALU 操作和状态码的常数值。只列出了那些在控制逻辑中必须被显式引用的常数。图 4-26 列出了我们使用的常数。按照习惯，常数值都是大写的。

| 名称 | 值(十六进制) | 含义 |
|---|---|---|
| IHALT | 0 | halt 指令的代码 |
| INOP | 1 | nop 指令的代码 |
| IRRMOVQ | 2 | rrmovq 指令的代码 |
| IIRMOVQ | 3 | irmovq 指令的代码 |
| IRMMOVQ | 4 | rmmovq 指令的代码 |
| IMRMOVQ | 5 | mrmovq 指令的代码 |
| IOPQ | 6 | 整数运算指令的代码 |
| IJXX | 7 | 跳转指令的代码 |
| ICALL | 8 | call 指令的代码 |
| IRET | 9 | ret 指令的代码 |
| IPUSHQ | A | pushq 指令的代码 |
| IPOPQ | B | popq 指令的代码 |
| FNONE | 0 | 默认功能码 |
| RRSP | 4 | %rsp 的寄存器 ID |
| RNONE | F | 表明没有寄存器文件访问 |
| ALUADD | 0 | 加法运算的功能 |
| SAOK | 1 | ①正常操作状态码 |
| SADR | 2 | ②地址异常状态码 |
| SINS | 3 | ③非法指令异常状态码 |
| SHLT | 4 | ④halt 状态码 |

图 4-26　HCL 描述中使用的常数值。这些值表示的是指令、功能码、寄存器 ID、ALU 操作和状态码的编码

除了图 4-18～图 4-21 中所示的指令以外，还包括了对 nop 和 halt 指令的处理。nop

指令只是简单地经过各个阶段，除了要将 PC 加 1，不进行任何处理。halt 指令使得处理器状态被设置为 HLT，导致处理器停止运行。

1. **取指阶段**

如图 4-27 所示，取指阶段包括指令内存硬件单元。以 PC 作为第一个字节(字节 0)的地址，这个单元一次从内存读出 10 个字节。第一个字节被解释成指令字节，(标号为“Split”的单元)分为两个 4 位的数。然后，标号为“icode”和“ifun”的控制逻辑块计算指令和功能码，或者使之等于从内存读出的值，或者当指令地址不合法时(由信号 imem_error 指明)，使这些值对应于 nop 指令。根据 icode 的值，我们可以计算三个一位的信号(用虚线表示)：

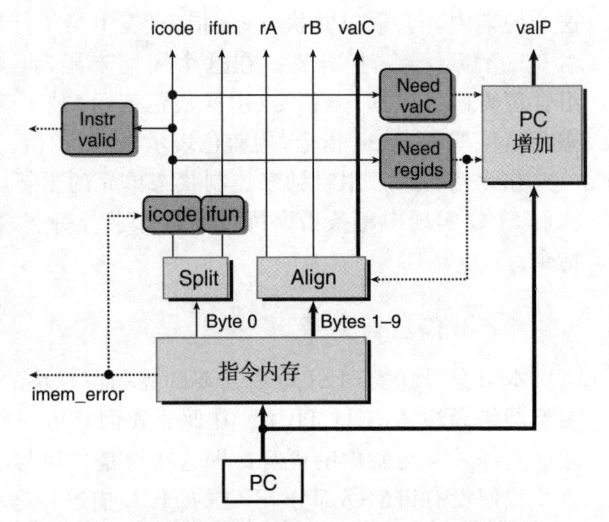


图 4-27 SEQ 的取指阶段。以 PC 作为起始地址，从指令内存中读出 10 个字节。根据这些字节，我们产生出各个指令字段。PC 增加模块计算信号 valP

instr_valid：这个字节对应于一个合法的 Y86-64 指令吗？这个信号用来发现不合法的指令。

need_regids：这个指令包括一个寄存器指示符字节吗？

need_valC：这个指令包括一个常数字吗？

(当指令地址越界时会产生的)信号 instr_valid 和 imem_error 在访存阶段被用来产生状态码。

让我们再来看一个例子，need_regids 的 HCL 描述只是确定了 icode 的值是否为一条带有寄存器指示值字节的指令。

```
bool need_regids =
        icode in { IRRMOVQ, IOPQ, IPUSHQ, IPOPQ,
                   IIRMOVQ, IRMMOVQ, IMRMOVQ };
```

**练习题 4.19** 写出 SEQ 实现中信号 need_valC 的 HCL 代码。

如图 4-27 所示，从指令内存中读出的剩下 9 个字节是寄存器指示符字节和常数字的组合编码。标号为“Align”的硬件单元会处理这些字节，将它们放入寄存器字段和常数字中。当被计算出的信号 need_regids 为 1 时，字节 1 被分开装入寄存器指示符 rA 和 rB 中。否则，这两个字段会被设为 0xF(RNONE)，表明这条指令没有指明寄存器。回想一下(图 4-2)，任何只有一个寄存器操作数的指令，寄存器指示值字节的另一个字段都设为 0xF(RNONE)。因此，可以将信号 rA 和 rB 看成，要么放着我们想要访问的寄存器，要么表明不需要访问任何寄存器。这个标号为“Align”的单元还产生常数字 valC。根据信号 need_regids 的值，要么根据字节 1～8 来产生 valC，要么根据字节 2～9 来产生。

PC 增加器硬件单元根据当前的 PC 以及两个信号 need_regids 和 need_valC 的值，产生信号 valP。对于 PC 值 $p$、need_regids 值 $r$ 以及 need_valC 值 $i$，增加器产生值 $p+1+r+8i$。

### 2. 译码和写回阶段

图 4-28 给出了 SEQ 中实现译码和写回阶段的逻辑的详细情况。把这两个阶段联系在一起是因为它们都要访问寄存器文件。

寄存器文件有四个端口。它支持同时进行两个读(在端口 A 和 B 上)和两个写(在端口 E 和 M 上)。每个端口都有一个地址连接和一个数据连接，地址连接是一个寄存器 ID，而数据连接是一组 64 根线路，既可以作为寄存器文件的输出字(对读端口来说)，也可以作为它的输入字(对写端口来说)。两个读端口的地址输入为 srcA 和 srcB，而两个写端口的地址输入为 dstE 和 dstM。如果某个地址端口上的值为特殊标识符 0xF(RNONE)，则表明不需要访问寄存器。

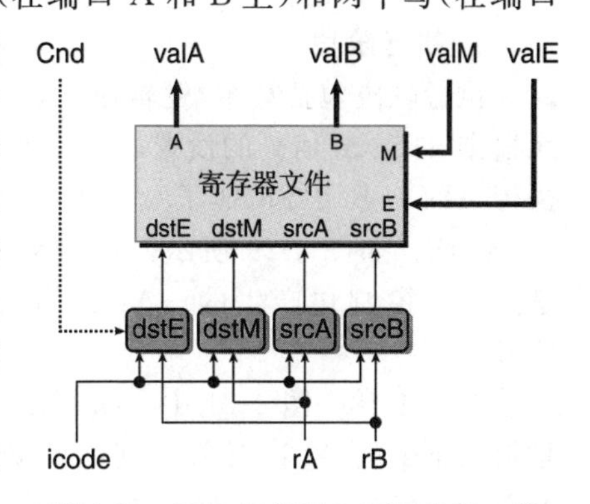


图 4-28 SEQ 的译码和写回阶段。指令字段译码，产生寄存器文件使用的四个地址(两个读和两个写)的寄存器标识符。从寄存器文件中读出的值成为信号 valA 和 valB。两个写回值 valE 和 valM 作为写操作的数据

根据指令代码 icode 以及寄存器指示值 rA 和 rB，可能还会根据执行阶段计算出的 Cnd 条件信号，图 4-28 底部的四个块产生出四个不同的寄存器文件的寄存器 ID。寄存器 ID srcA 表明应该读哪个寄存器以产生 valA。所需要的值依赖于指令类型，如图 4-18～图 4-21 中译码阶段第一行中所示。将所有这些条目都整合到一个计算中就得到下面的 srcA 的 HCL 描述(回想 RRSP 是%rsp 的寄存器 ID)：

```
word srcA = [
        icode in { IRRMOVQ, IRMMOVQ, IOPQ, IPUSHQ  } : rA;
        icode in { IPOPQ, IRET } : RRSP;
        1 : RNONE; # Don't need register
];
```

**练习题 4.20** 寄存器信号 srcB 表明应该读哪个寄存器以产生信号 valB。所需要的值如图 4-18～图 4-21 中译码阶段第二步所示。写出 srcB 的 HCL 代码。

寄存器 ID dstE 表明写端口 E 的目的寄存器，计算出来的值 valE 将放在那里。图 4-18～图 4-21写回阶段第一步表明了这一点。如果我们暂时忽略条件移动指令，综合所有不同指令的目的寄存器，就得到下面的 dstE 的 HCL 描述：

```
# WARNING: Conditional move not implemented correctly here
word dstE = [
        icode in { IRRMOVQ } : rB;
        icode in { IIRMOVQ, IOPQ} : rB;
        icode in { IPUSHQ, IPOPQ, ICALL, IRET } : RRSP;
        1 : RNONE;  # Don't write any register
];
```

我们查看执行阶段时，会重新审视这个信号，看看如何实现条件传送。

**练习题 4.21** 寄存器 ID dstM 表明写端口 M 的目的寄存器，从内存中读出来的值 valM 将放在那里，如图 4-18～图 4-21 中写回阶段第二步所示。写出 dstM 的 HCL 代码。

**练习题 4.22** 只有 popq 指令会同时用到寄存器文件的两个写端口。对于指令 popq

%rsp，E和M两个写端口会用到同一个地址，但是写入的数据不同。为了解决这个冲突，必须对两个写端口设立一个优先级，这样一来，当同一个周期内两个写端口都试图对一个寄存器进行写时，只有较高优先级端口上的写才会发生。那么要实现练习题4.8中确定的行为，哪个端口该具有较高的优先级呢？

3. 执行阶段

执行阶段包括算术/逻辑单元(ALU)。这个单元根据alufun信号的设置，对输入aluA和aluB执行ADD、SUBTRACT、AND或EXCLUSIVE-OR运算。如图4-29所示，这些数据和控制信号是由三个控制块产生的。ALU的输出就是valE信号。

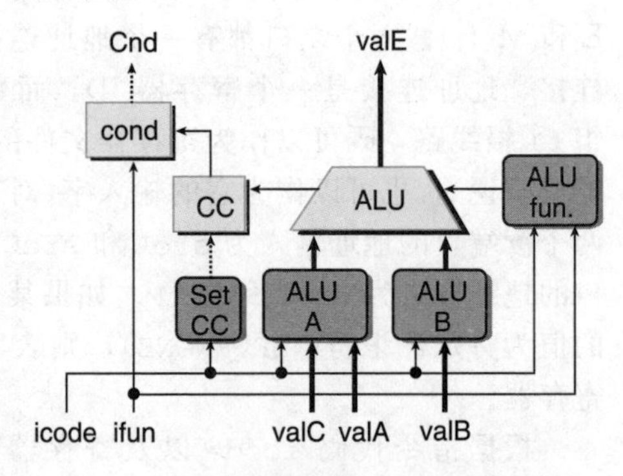


图4-29　SEQ执行阶段。ALU要么为整数运算指令执行操作，要么作为加法器。根据ALU的值，设置条件码寄存器。检测条件码的值，判断是否该选择分支

在图4-18～图4-21中，执行阶段的第一步就是每条指令的ALU计算。列出的操作数aluB在前面，后面是aluA，这样是为了保证subq指令是valB减去valA。可以看到，根据指令的类型，aluA的值可以是valA、valC，或者是－8或＋8。因此我们可以用下面的方式来表达产生aluA的控制块的行为：

```
word aluA = [
        icode in { IRRMOVQ, IOPQ } : valA;
        icode in { IIRMOVQ, IRMMOVQ, IMRMOVQ } : valC;
        icode in { ICALL, IPUSHQ } : -8;
        icode in { IRET, IPOPQ } : 8;
        # Other instructions don't need ALU
];
```

练习题4.23　根据图4-18～图4-21中执行阶段第一步的第一个操作数，写出SEQ中信号aluB的HCL描述。

观察ALU在执行阶段执行的操作，可以看到它通常作为加法器来使用。不过，对于OPq指令，我们希望它使用指令ifun字段中编码的操作。因此，可以将ALU控制的HCL描述写成：

```
word alufun = [
        icode == IOPQ : ifun;
        1 : ALUADD;
];
```

执行阶段还包括条件码寄存器。每次运行时，ALU都会产生三个与条件码相关的信号——零、符号和溢出。不过，我们只希望在执行OPq指令时才设置条件码。因此产生了一个信号set_cc来控制是否该更新条件码寄存器：

```
bool set_cc = icode in { IOPQ };
```

标号为“cond”的硬件单元会根据条件码和功能码来确定是否进行条件分支或者条件数据传送(图4-3)。它产生信号Cnd，用于设置条件传送的dstE，也用在条件分支的下一个PC逻辑中。对于其他指令，取决于指令的功能码和条件码的设置，Cnd信号可以被设置为1或者0。但是控制逻辑会忽略它。我们省略这个单元的详细设计。

**练习题 4.24**　条件传送指令(简称 cmovXX)的指令代码为 IRRMOVQ。如图 4-28 所示，我们可以用执行阶段中产生的 Cnd 信号实现这些指令。修改 dstE 的 HCL 代码以实现这些指令。

### 4. 访存阶段

访存阶段的任务就是读或者写程序数据。如图 4-30 所示，两个控制块产生内存地址和内存输入数据(为写操作)的值。另外两个块产生表明应该执行读操作还是写操作的控制信号。当执行读操作时，数据内存产生值 valM。

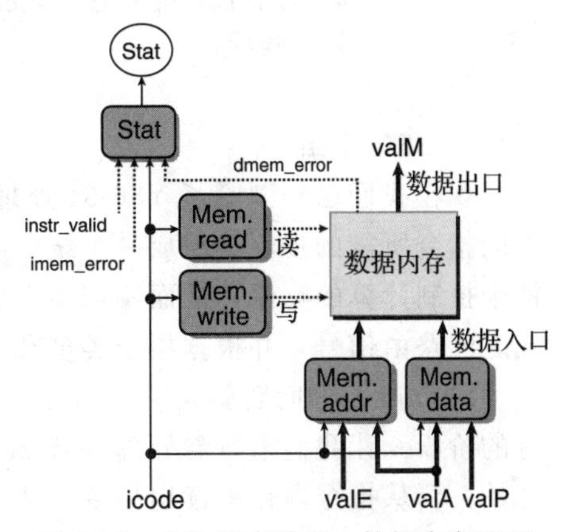


图 4-30　SEQ 访存阶段。数据内存既可以写，也可以读内存的值。从内存中读出的值就形成了信号 valM

图 4-18～图 4-21 的访存阶段给出了每个指令类型所需要的内存操作。可以看到内存读和写的地址总是 valE 或 valA。这个块用 HCL 描述就是：

```
word mem_addr = [
        icode in { IRMMOVQ, IPUSHQ, ICALL, IMRMOVQ } : valE;
        icode in { IPOPQ, IRET } : valA;
        # Other instructions don't need address
];
```

**练习题 4.25**　观察图 4-18～图 4-21 所示的不同指令的访存操作，我们可以看到内存写的数据总是 valA 或 valP。写出 SEQ 中信号 mem_data 的 HCL 代码。

我们希望只为从内存读数据的指令设置控制信号 mem_read，用 HCL 代码表示就是：

```
bool mem_read = icode in { IMRMOVQ, IPOPQ, IRET };
```

**练习题 4.26**　我们希望只为向内存写数据的指令设置控制信号 mem_write。写出 SEQ 中信号 mem_write 的 HCL 代码。

访存阶段最后的功能是根据取指阶段产生的 icode、imem_error、instr_valid 值以及数据内存产生的 dmem_error 信号，从指令执行的结果来计算状态码 Stat。

**练习题 4.27**　写出 Stat 的 HCL 代码，产生四个状态码 SAOK、SADR、SINS 和 SHLT(参见图 4-26)。

### 5. 更新 PC 阶段

SEQ 中最后一个阶段会产生程序计数器的新值(见图 4-31)。如图 4-18～图 4-21 中最后步骤所示，依据指令的类型和是否要选择分支，新的 PC 可能是 valC、valM 或 valP。用 HCL 来描述这个选择就是：

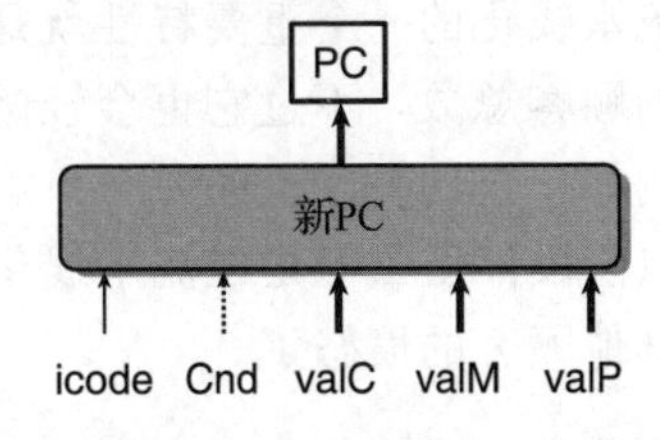


图 4-31　SEQ 更新 PC 阶段。根据指令代码和分支标志，从信号 valC、valM 和 valP 中选出下一个 PC 的值

```
word new_pc = [
        # Call.  Use instruction constant
        icode == ICALL : valC;
        # Taken branch.  Use instruction constant
        icode == IJXX && Cnd : valC;
        # Completion of RET instruction.  Use value from stack
```

```
        icode == IRET : valM;
        # Default: Use incremented PC
        1 : valP;
];
```

### 6. SEQ 小结

现在我们已经浏览了 Y86-64 处理器的一个完整的设计。可以看到，通过将执行每条不同指令所需的步骤组织成一个统一的流程，就可以用很少量的各种硬件单元以及一个时钟来控制计算的顺序，从而实现整个处理器。不过这样一来，控制逻辑就必须要在这些单元之间路由信号，并根据指令类型和分支条件产生适当的控制信号。

SEQ 唯一的问题就是它太慢了。时钟必须非常慢，以使信号能在一个周期内传播所有的阶段。让我们来看看处理一条 `ret` 指令的例子。在时钟周期起始时，从更新过的 PC 开始，要从指令内存中读出指令，从寄存器文件中读出栈指针，ALU 将栈指针加 8，为了得到程序计数器的下一个值，还要从内存中读出返回地址。所有这一切都必须在这个周期结束之前完成。

这种实现方法不能充分利用硬件单元，因为每个单元只在整个时钟周期的一部分时间内才被使用。我们会看到引入流水线能获得更好的性能。

## 4.4　流水线的通用原理

在试图设计一个流水线化的 Y86-64 处理器之前，让我们先来看看流水线化的系统的一些通用属性和原理。对于曾经在自助餐厅的服务线上工作过或者开车通过自动汽车清洗线的人，都会非常熟悉这种系统。在流水线化的系统中，待执行的任务被划分成了若干个独立的阶段。在自助餐厅，这些阶段包括提供沙拉、主菜、甜点以及饮料。在汽车清洗中，这些阶段包括喷水和打肥皂、擦洗、上蜡和烘干。通常都会允许多个顾客同时经过系统，而不是要等到一个用户完成了所有从头至尾的过程才让下一个开始。在一个典型的自助餐厅流水线上，顾客按照相同的顺序经过各个阶段，即使他们并不需要某些菜。在汽车清洗的情况中，当前面一辆汽车从喷水阶段进入擦洗阶段时，下一辆就可以进入喷水阶段了。通常，汽车必须以相同的速度通过这个系统，避免撞车。

流水线化的一个重要特性就是提高了系统的*吞吐量*(throughput)，也就是单位时间内服务的顾客总数，不过它也会轻微地增加*延迟*(latency)，也就是服务一个用户所需要的时间。例如，自助餐厅里的一个只需要甜点的顾客，能很快通过一个非流水线化的系统，只在甜点阶段停留。但是在流水线化的系统中，这个顾客如果试图直接去甜点阶段就有可能招致其他顾客的愤怒了。

### 4.4.1　计算流水线

让我们把注意力放到计算流水线上来，这里的“顾客”就是指令，每个阶段完成指令执行的一部分。图 4-32a 给出了一个很简单的非流水线化的硬件系统例子。它是由一些执行计算的逻辑以及一个保存计算结果的寄存器组成的。时钟信号控制在每个特定的时间间隔加载寄存器。CD 播放器中的译码器就是这样的一个系统。输入信号是从 CD 表面读出的位，逻辑电路对这些位进行译码，产生音频信号。图中的计算块是用组合逻辑来实现的，意味着信号会穿过一系列逻辑门，在一定时间的延迟之后，输出就成为了输入的某个函数。

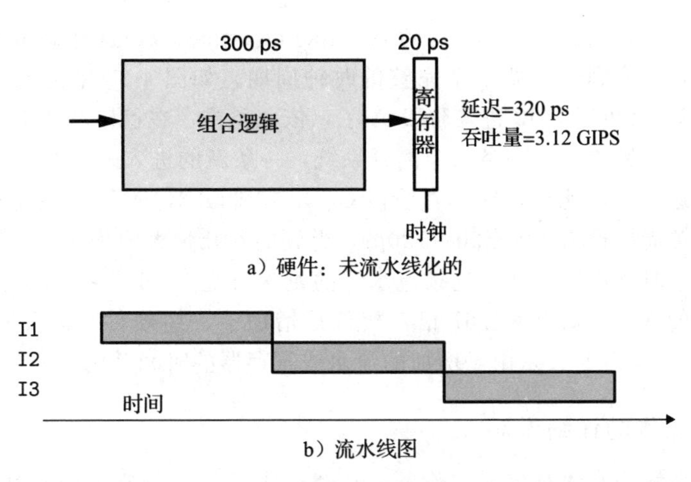


图 4-32 非流水线化的计算硬件。每个 320ps 的周期内，系统用 300ps 计算组合逻辑函数，20ps 将结果存到输出寄存器中

在现代逻辑设计中，电路延迟以微微秒或皮秒(picosecond，简写成“ps”)，也就是 $10^{-12}$ 秒为单位来计算。在这个例子中，我们假设组合逻辑需要 300ps，而加载寄存器需要 20ps。图 4-32 还给出了一种时序图，称为流水线图(pipeline diagram)。在图中，时间从左向右流动。从上到下写着一组操作(在此称为 I1、I2 和 I3)。实心的长方形表示这些指令执行的时间。这个实现中，在开始下一条指令之前必须完成前一个。因此，这些方框在垂直方向上并没有相互重叠。下面这个公式给出了运行这个系统的最大吞吐量：

$$吞吐量 = \frac{1\ 条指令}{(20+300)\text{ps}} \cdot \frac{1000\text{ps}}{1\text{ns}^{\ominus}} \approx 3.12\ \text{GIPS}$$

我们以每秒千兆条指令(GIPS)，也就是每秒十亿条指令，为单位来描述吞吐量。从头到尾执行一条指令所需要的时间称为延迟(latency)。在此系统中，延迟为 320ps，也就是吞吐量的倒数。

假设将系统执行的计算分成三个阶段(A、B 和 C)，每个阶段需要 100ps，如图 4-33 所

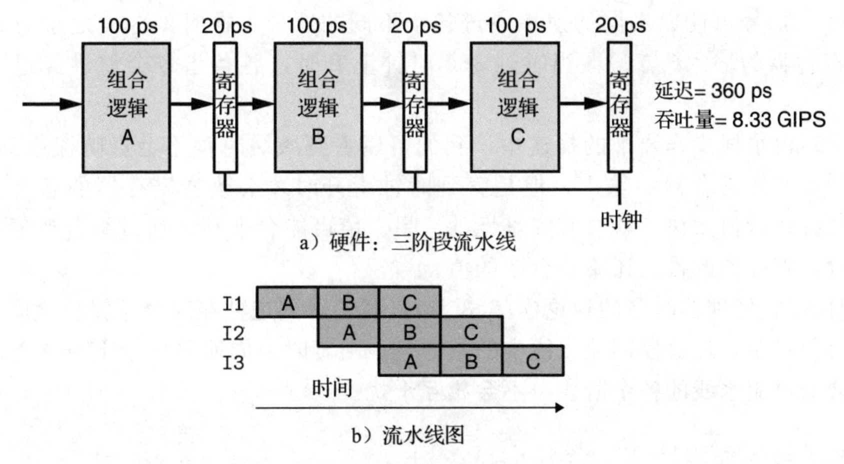


图 4-33 三阶段流水线化的计算硬件。计算被划分为三个阶段 A、B 和 C。每经过一个 120ps 的周期，每条指令就行进通过一个阶段

⊖ $1\text{ns}=10^{-9}\text{s}$。

示。然后在各个阶段之间放上流水线寄存器(pipeline register)，这样每条指令都会按照三步经过这个系统，从头到尾需要三个完整的时钟周期。如图 4-33 中的流水线图所示，只要 I1 从 A 进入 B，就可以让 I2 进入阶段 A 了，依此类推。在稳定状态下，三个阶段都应该是活动的，每个时钟周期，一条指令离开系统，一条新的进入。从流水线图中第三个时钟周期就能看出这一点，此时，I1 是在阶段 C，I2 在阶段 B，而 I3 是在阶段 A。在这个系统中，我们将时钟周期设为 100＋20＝120ps，得到的吞吐量大约为 8.33 GIPS。因为处理一条指令需要 3 个时钟周期，所以这条流水线的延迟就是 3×120＝360ps。我们将系统吞吐量提高到原来的 8.33/3.12＝2.67 倍，代价是增加了一些硬件，以及延迟的少量增加(360/320＝1.12)。延迟变大是由于增加的流水线寄存器的时间开销。

### 4.4.2　流水线操作的详细说明

为了更好地理解流水线是怎样工作的，让我们来详细看看流水线计算的时序和操作。图 4-34 给出了前面我们看到过的三阶段流水线(图 4-33)的流水线图。就像流水线图上方指明的那样，流水线阶段之间的指令转移是由时钟信号来控制的。每隔 120ps，信号从 0 上升至 1，开始下一组流水线阶段的计算。

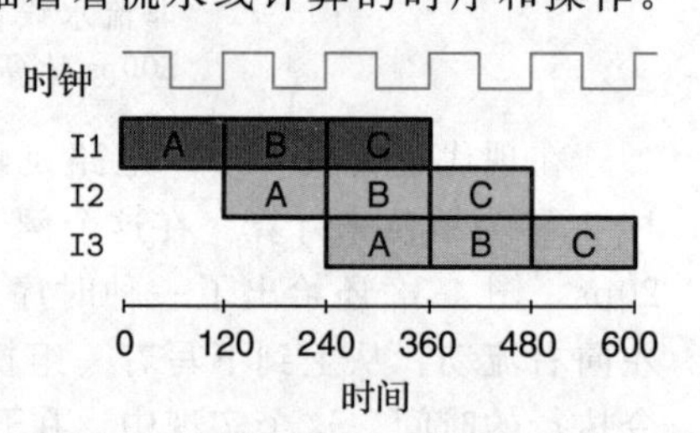


图 4-34　三阶段流水线的时序。时钟信号的上升沿控制指令从一个流水线阶段移动到下一个阶段

图 4-35 跟踪了时刻 240～360 之间的电路活动，指令 I1 经过阶段 C，I2 经过阶段 B，而 I3 经过阶段 A。就在时刻 240(点 1)时钟上升之前，阶段 A 中计算的指令 I2 的值已经到达第一个流水线寄存器的输入，但是该寄存器的状态和输出还保持为指令 I1 在阶段 A 中计算的值。指令 I1 在阶段 B 中计算的值已经到达第二个流水线寄存器的输入。当时钟上升时，这些输入被加载到流水线寄存器中，成为寄存器的输出(点 2)。另外，阶段 A 的输入被设置成发起指令 I3 的计算。然后信号传播通过各个阶段的组合逻辑(点 3)。就像图中点 3 处的曲线化的波阵面(curved wavefront)表明的那样，信号可能以不同的速率通过各个不同的部分。在时刻 360 之前，结果值到达流水线寄存器的输入(点 4)。当时刻 360 时钟上升时，各条指令会前进经过一个流水线阶段。

从这个对流水线操作详细的描述中，我们可以看到减缓时钟不会影响流水线的行为。信号传播到流水线寄存器的输入，但是直到时钟上升时才会改变寄存器的状态。另一方面，如果时钟运行得太快，就会有灾难性的后果。值可能会来不及通过组合逻辑，因此当时钟上升时，寄存器的输入还不是合法的值。

根据对 SEQ 处理器时序的讨论(4.3.3 节)，我们看到这种在组合逻辑块之间采用时钟寄存器的简单机制，足够控制流水线中的指令流。随着时钟周而复始地上升和下降，不同的指令就会通过流水线的各个阶段，不会相互干扰。

### 4.4.3　流水线的局限性

图 4-33 的例子给出了一个理想的流水线化的系统，在这个系统中，我们可以将计算分成三个相互独立的阶段，每个阶段需要的时间是原来逻辑需要时间的三分之一。不幸的是，会出现其他一些因素，降低流水线的效率。

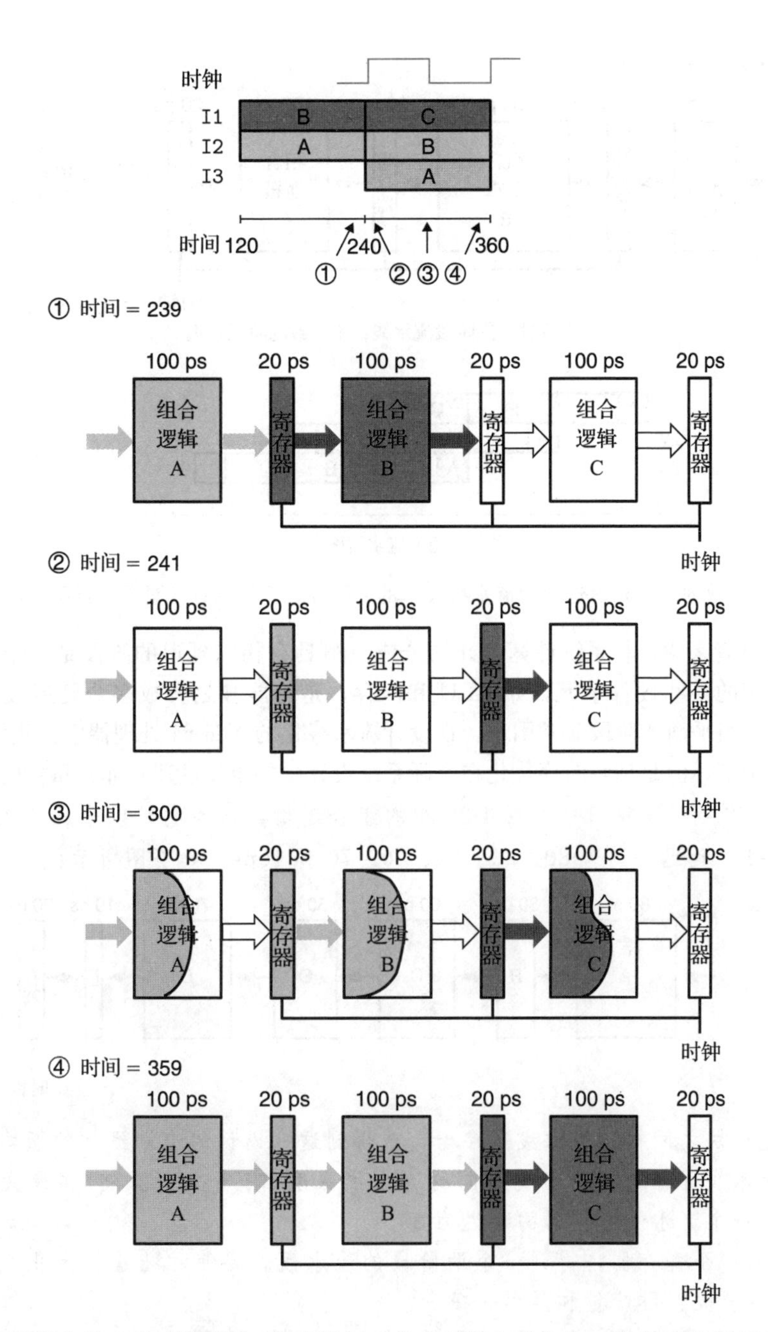


图 4-35　流水线操作的一个时钟周期。在时刻 240(点 1)时钟上升之前，指令 I1 和 I2 已经完成了阶段 B 和 A。在时钟上升后，这些指令开始传送到阶段 C 和 B，而指令 I3 开始经过阶段 A(点 2 和 3)。就在时钟开始再次上升之前，这些指令的结果就会传到流水线寄存器的输入(点 4)

### 1. 不一致的划分

图 4-36 展示的系统中和前面一样，我们将计算划分为了三个阶段，但是通过这些阶段的延迟从 50ps 到 150ps 不等。通过所有阶段的延迟和仍然为 300ps。不过，运行时钟的速率是由最慢的阶段的延迟限制的。流水线图表明，每个时钟周期，阶段 A 都会空闲(用白色方框表示)100ps，而阶段 C 会空闲 50ps。只有阶段 B 会一直处于活动状态。我们必须将时钟周期设为 150＋20＝170ps，得到吞吐量为 5.88 GIPS。另外，由于时钟周期减慢

了，延迟也增加到了 510ps。

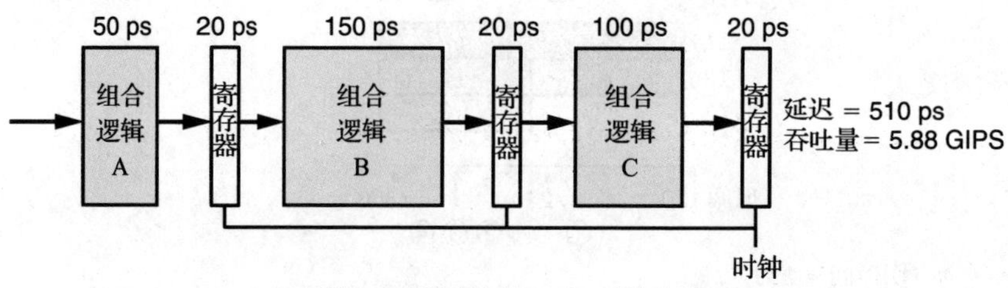


a）硬件：三阶段流水线，不一致的阶段延迟

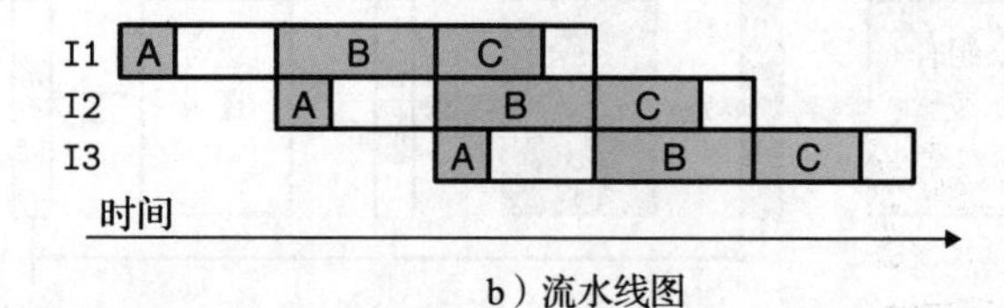


b）流水线图

图 4-36　由不一致的阶段延迟造成的流水线技术的局限性。系统的吞吐量受最慢阶段的速度所限制

对硬件设计者来说，将系统计算设计划分成一组具有相同延迟的阶段是一个严峻的挑战。通常，处理器中的某些硬件单元，如 ALU 和内存，是不能被划分成多个延迟较小的单元的。这就使得创建一组平衡的阶段非常困难。在设计流水线化的 Y86-64 处理器中，我们不会过于关注这一层次的细节，但是理解时序优化在实际系统设计中的重要性还是非常重要的。

**练习题 4.28**　假设我们分析图 4-32 中的组合逻辑，认为它可以分成 6 个块，依次命名为 A～F，延迟分别为 80、30、60、50、70 和 10ps，如下图所示：

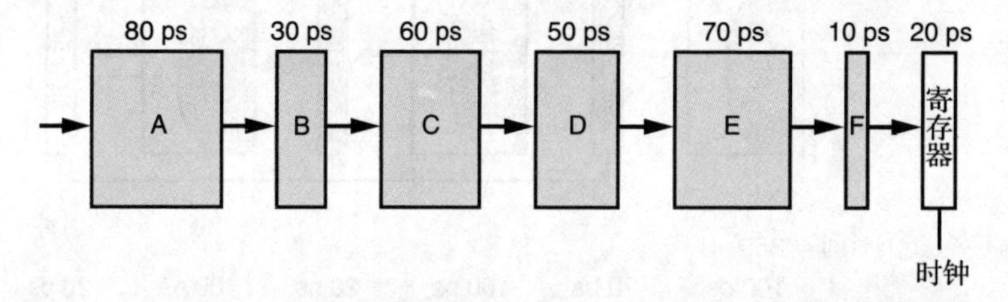


在这些块之间插入流水线寄存器，就得到这一设计的流水线化的版本。根据在哪里插入流水线寄存器，会出现不同的流水线深度(有多少个阶段)和最大吞吐量的组合。假设每个流水线寄存器的延迟为 20ps。

A. 只插入一个寄存器，得到一个两阶段的流水线。要使吞吐量最大化，该在哪里插入寄存器呢？吞吐量和延迟是多少？

B. 要使一个三阶段的流水线的吞吐量最大化，该将两个寄存器插在哪里呢？吞吐量和延迟是多少？

C. 要使一个四阶段的流水线的吞吐量最大化，该将三个寄存器插在哪里呢？吞吐量和延迟是多少？

D. 要得到一个吞吐量最大的设计，至少要有几个阶段？描述这个设计及其吞吐量和延迟。

**2. 流水线过深，收益反而下降**

图 4-37 说明了流水线技术的另一个局限性。在这个例子中，我们把计算分成了 6 个阶段，每个阶段需要 50ps。在每对阶段之间插入流水线寄存器就得到了一个六阶段流水线。这个系统的最小时钟周期为 50＋20＝70ps，吞吐量为 14.29 GIPS。因此，通过将流

水线的阶段数加倍，我们将性能提高了 14.29/8.33＝1.71。虽然我们将每个计算时钟的时间缩短了两倍，但是由于通过流水线寄存器的延迟，吞吐量并没有加倍。这个延迟成了流水线吞吐量的一个制约因素。在我们的新设计中，这个延迟占到了整个时钟周期的 28.6％。

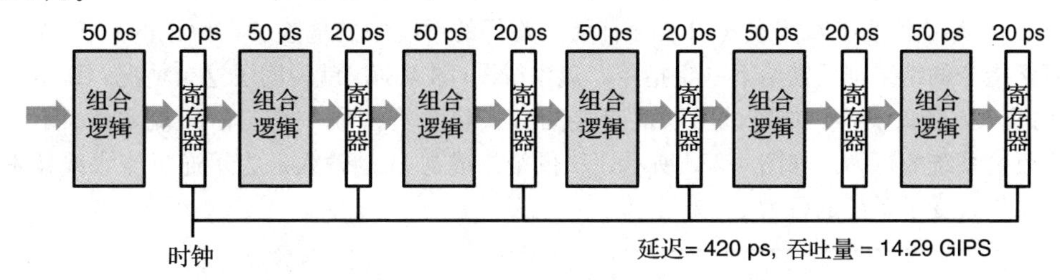


图 4-37 由开销造成的流水线技术的局限性。在组合逻辑被分成较小的块时，由寄存器更新引起的延迟就成为了一个限制因素

为了提高时钟频率，现代处理器采用了很深的(15 或更多的阶段)流水线。处理器架构师将指令的执行划分成很多非常简单的步骤，这样一来每个阶段的延迟就很小。电路设计者小心地设计流水线寄存器，使其延迟尽可能得小。芯片设计者也必须小心地设计时钟传播网络，以保证时钟在整个芯片上同时改变。所有这些都是设计高速微处理器面临的挑战。

**练习题 4.29** 让我们来看看图 4-32 中的系统，假设将它划分成任意数量的流水线阶段 $k$，每个阶段有相同的延迟 $300/k$，每个流水线寄存器的延迟为 20ps。

A. 系统的延迟和吞吐量写成 $k$ 的函数是什么？

B. 吞吐量的上限等于多少？

### 4.4.4 带反馈的流水线系统

到目前为止，我们只考虑一种系统，其中传过流水线的对象，无论是汽车、人或者指令，相互都是完全独立的。但是，对于像 x86-64 或 Y86-64 这样执行机器程序的系统来说，相邻指令之间很可能是相关的。例如，考虑下面这个 Y86-64 指令序列：

```
1  irmovq $50, %rax
2  addq %rax , %rbx
3  mrmovq 100( %rbx ), %rdx
```

在这个包含三条指令的序列中，每对相邻的指令之间都有数据相关(data dependency)，用带圈的寄存器名字和它们之间的箭头来表示。irmovq 指令(第 1 行)将它的结果存放在%rax 中，然后 addq 指令(第 2 行)要读这个值；而 addq 指令将它的结果存放在%rbx 中，mrmovq 指令(第 3 行)要读这个值。

另一种相关是由于指令控制流造成的顺序相关。来看看下面这个 Y86-64 指令序列：

```
1  loop:
2      subq %rdx,%rbx
3      jne targ
4      irmovq $10,%rdx
5      jmp loop
6  targ:
7      halt
```

jne 指令(第 3 行)产生了一个控制相关(control dependency)，因为条件测试的结果会决定要执行的新指令是 irmovq 指令(第 4 行)还是 halt 指令(第 7 行)。在我们的 SEQ 设计中，这些相关都是由反馈路径来解决的，如图 4-22 的右边所示。这些反馈将更新了的寄存器值向下传送到寄存器文件，将新的 PC 值向下传送到 PC 寄存器。

图 4-38 举例说明了将流水线引入含有反馈路径的系统中的危险。在原来的系统(图 4-38a)中，每条指令的结果都反馈给下一条指令。流水线图(图 4-38b)就说明了这个情况，I1 的结果成为 I2 的输入，依此类推。如果试图以最直接的方式将它转换成一个三阶段流水线(图 4-38c)，我们将改变系统的行为。如图 4-38d 所示，I1 的结果成为 I4 的输入。为了通过流水线技术加速系统，我们改变了系统的行为。

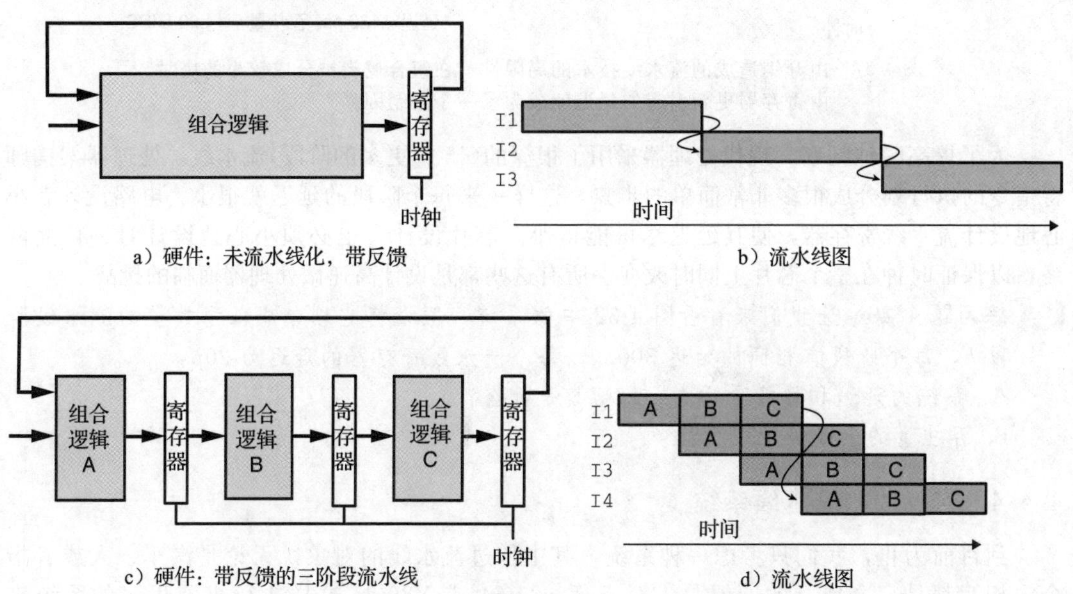


图 4-38　由逻辑相关造成的流水线技术的局限性。在从未流水线化的带反馈的系统 a 转化到流水线化的系统 c 的过程中，我们改变了它的计算行为，可以从两个流水线图(b 和 d)中看出来

当我们将流水线技术引入 Y86-64 处理器时，必须正确处理反馈的影响。很明显，像图 4-38 中的例子那样改变系统的行为是不可接受的。我们必须以某种方式来处理指令间的数据和控制相关，以使得到的行为与 ISA 定义的模型相符。

## 4.5　Y86-64 的流水线实现

我们终于准备好要开始本章的主要任务——设计一个流水线化的 Y86-64 处理器。首先，对顺序的 SEQ 处理器做一点小的改动，将 PC 的计算挪到取指阶段。然后，在各个阶段之间加上流水线寄存器。到这个时候，我们的尝试还不能正确处理各种数据和控制相关。不过，做一些修改，就能实现我们的目标——一个高效的、流水线化的实现 Y86-64 ISA 的处理器。

### 4.5.1　SEQ+：重新安排计算阶段

作为实现流水线化设计的一个过渡步骤，我们必须稍微调整一下 SEQ 中五个阶段的顺序，使得更新 PC 阶段在一个时钟周期开始时执行，而不是结束时才执行。只需要对整体硬件结构做最小的改动，对于流水线阶段中的活动的时序，它能工作得更好。我们称这种修改过的设计为“SEQ+”。

我们移动 PC 阶段，使得它的逻辑在时钟周期开始时活动，使它计算当前指令的 PC 值。图 4-39 给出了 SEQ 和 SEQ+在 PC 计算上的不同之处。在 SEQ 中(图 4-39a)，PC 计算发生在时钟周期结束的时候，根据当前时钟周期内计算出的信号值来计算 PC 寄存器的新值。在 SEQ+中(图 4-39b)，我们创建状态寄存器来保存在一条指令执行过程中计算出来的信号。然后，当一个新的时钟周期开始时，这些信号值通过同样的逻辑来计算当前指令的 PC。我们将这些寄存器标号为“pIcode”、“pCnd”等等，来指明在任一给定的周期，它们保存的是前一个周期中产生的控制信号。

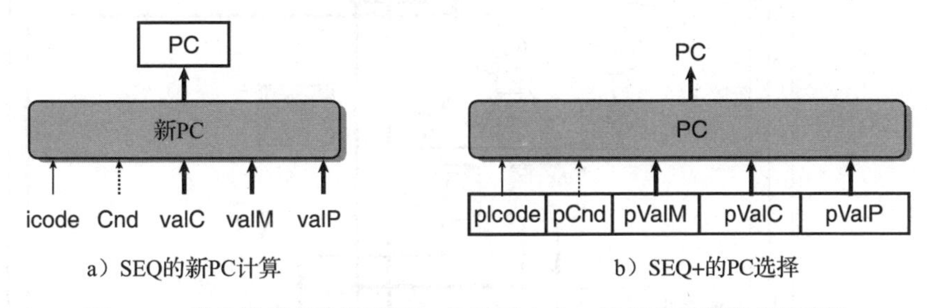


图 4-39 移动计算 PC 的时间。在 SEQ+中，我们将计算当前状态的程序计数器的值作为指令执行的第一步

图 4-40 给出了 SEQ+硬件的一个更为详细的说明。可以看到，其中的硬件单元和控制块与我们在 SEQ 中用到的(图 4-23)一样，只不过 PC 逻辑从上面(在时钟周期结束时活动)移到了下面(在时钟周期开始时活动)。

**旁注 SEQ+中的 PC 在哪里**

SEQ+有一个很奇怪的特色，那就是没有硬件寄存器来存放程序计数器。而是根据从前一条指令保存下来的一些状态信息动态地计算 PC。这就是一个小小的证明——我们可以以一种与 ISA 隐含着的概念模型不同的方式来实现处理器，只要处理器能正确执行任意的机器语言程序。我们不需要将状态编码成程序员可见的状态指定的形式，只要处理器能够为任意的程序员可见状态(例如程序计数器)产生正确的值。在创建流水线化的设计中，我们会更多地使用到这条原则。5.7 节中描述的乱序(out-of-order)处理技术，以一种完全不同于机器级程序中出现的顺序的次序来执行指令，将这一思想发挥到了极致。

SEQ 到 SEQ+中对状态单元的改变是一种很通用的改进的例子，这种改进称为电路重定时(circuit retiming)[68]。重定时改变了一个系统的状态表示，但是并不改变它的逻辑行为。通常用它来平衡一个流水线系统中各个阶段之间的延迟。

### 4.5.2 插入流水线寄存器

在创建一个流水线化的 Y86-64 处理器的最初尝试中，我们要在 SEQ+的各个阶段之间插入流水线寄存器，并对信号重新排列，得到 PIPE－处理器，这里的“－”代表这个处理器和最终的处理器设计相比，性能要差一点。PIPE－的抽象结构如图 4-41 所示。流水线寄存器在该图中用黑色方框表示，每个寄存器包括不同的字段，用白色方框表示。正如多个字段表明的那样，每个流水线寄存器可以存放多个字节和字。同两个顺序处理器的硬件结构(图 4-23 和图 4-40)中的圆角方框不同，这些白色的方框表示实际的硬件组成。

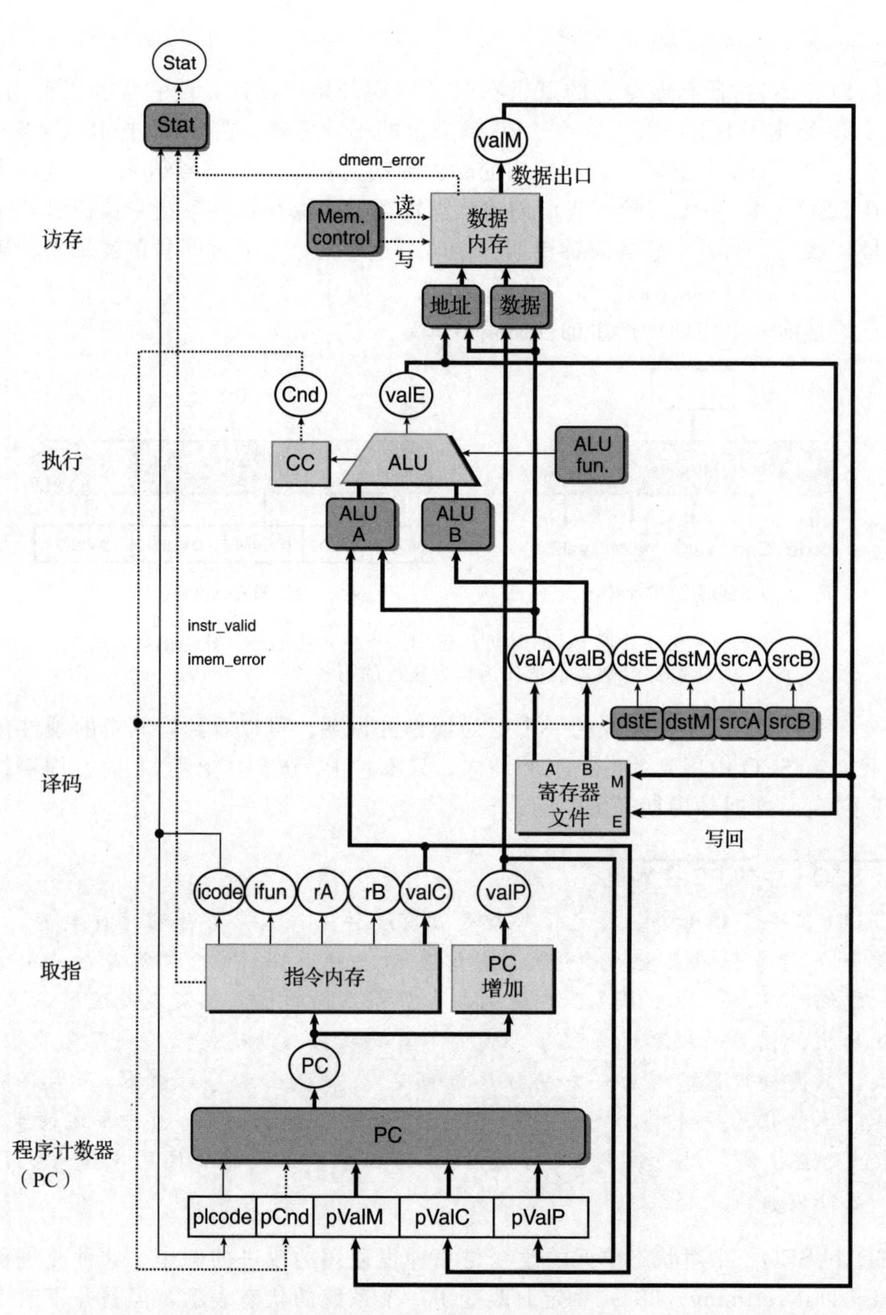


图 4-40 SEQ+的硬件结构。将 PC 计算从时钟周期结束时移到了开始时，使之更适合于流水线

可以看到，PIPE−使用了与顺序设计 SEQ(图 4-40)几乎一样的硬件单元，但是有流水线寄存器分隔开这些阶段。两个系统中信号的不同之处在 4.5.3 节中讨论。

流水线寄存器按如下方式标号：

F 保存程序计数器的预测值，稍后讨论。

D 位于取指和译码阶段之间。它保存关于最新取出的指令的信息，即将由译码阶段进行处理。

E 位于译码和执行阶段之间。它保存关于最新译码的指令和从寄存器文件读出的值的信息，即将由执行阶段进行处理。

M 位于执行和访存阶段之间。它保存最新执行的指令的结果，即将由访存阶段进行处理。它还保存关于用于处理条件转移的分支条件和分支目标的信息。

W 位于访存阶段和反馈路径之间，反馈路径将计算出来的值提供给寄存器文件写，而当完成 ret 指令时，它还要向 PC 选择逻辑提供返回地址。

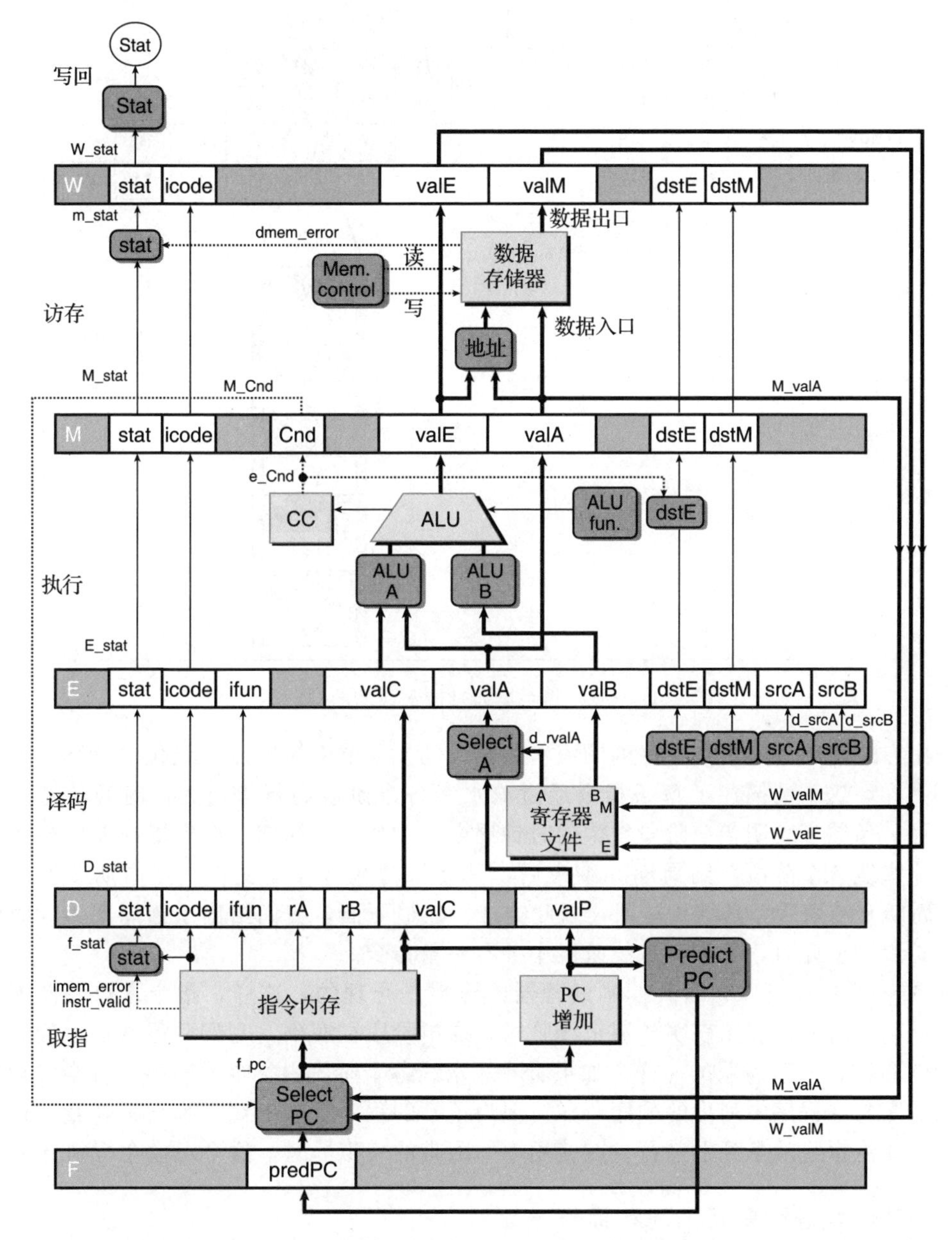


图 4-41 PIPE—的硬件结构，一个初始的流水线化实现。通过往 SEQ+(图 4-40)中插入流水线寄存器，我们创建了一个五阶段的流水线。这个版本有几个缺陷，稍后就会解决这些问题

图 4-42 表明以下代码序列如何通过我们的五阶段流水线，其中注释将各条指令标识为 I1～I5 以便引用：

```
1    irmovq  $1,%rax   # I1
2    irmovq  $2,%rbx   # I2
```

```
3    irmovq  $3,%rcx   # I3
4    irmovq  $4,%rdx   # I4
5    halt              # I5
```

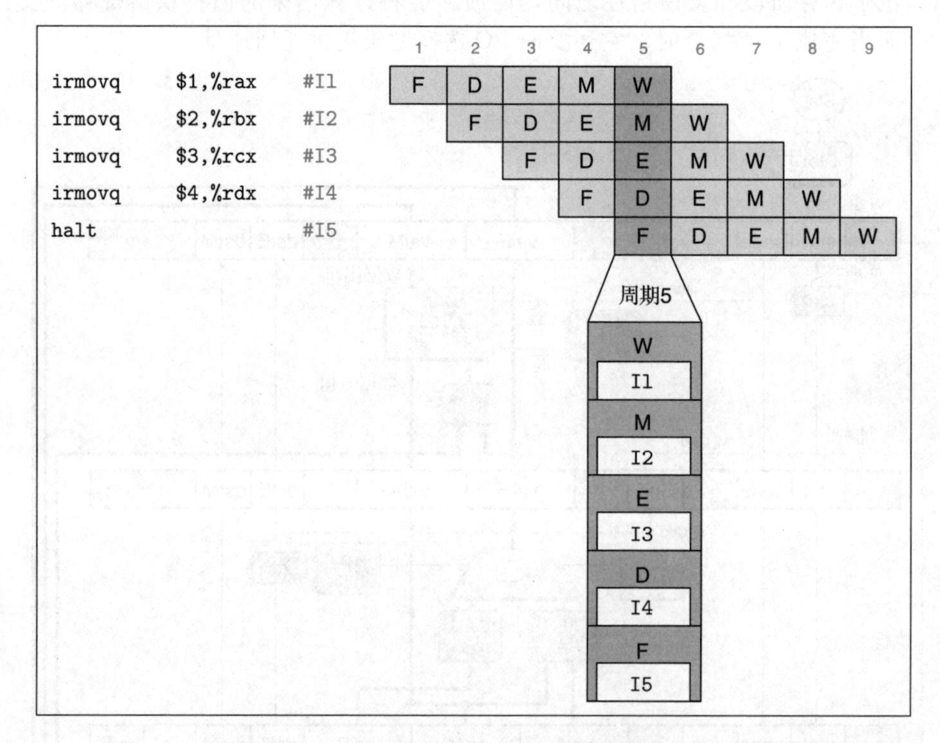


图 4-42　指令流通过流水线的示例

图中右边给出了这个指令序列的流水线图。同 4.4 节中简单流水线化的计算单元的流水线图一样，这个图描述了每条指令通过流水线各个阶段的行进过程，时间从左往右增大。上面一条数字表明各个阶段发生的时钟周期。例如，在周期 1 取出指令 I1，然后它开始通过流水线各个阶段，到周期 5 结束后，其结果写入寄存器文件。在周期 2 取出指令 I2，到周期 6 结束后，其结果写回，以此类推。在最下面，我们给出了当周期为 5 时的流水线的扩展图。此时，每个流水线阶段中各有一条指令。

从图 4-42 中还可以判断我们画处理器的习惯是合理的，这样，指令是自底向上的流动的。周期 5 时的扩展图表明的流水线阶段，取指阶段在底部，写回阶段在最上面，同流水线硬件图(图 4-41)表明的一样。如果看看流水线各个阶段中指令的顺序，就会发现它们出现的顺序与在程序中列出的顺序一样。因为正常的程序是从上到下列出的，我们保留这种顺序，让流水线从下到上进行。在使用本书附带的模拟器时，这个习惯会特别有用。

### 4.5.3　对信号进行重新排列和标号

顺序实现 SEQ 和 SEQ+在一个时刻只处理一条指令，因此诸如 valC、srcA 和 valE 这样的信号值有唯一的值。在流水线化的设计中，与各个指令相关联的这些值有多个版本，会随着指令一起流过系统。例如，在 PIPE－的详细结构中，有 4 个标号为“Stat”的白色方框，保存着 4 条不同指令的状态码(参见图 4-41)。我们需要很小心以确保使用的是正确版本的信号，否则会有很严重的错误，例如将一条指令计算出的结果存放到了另一条指令指定的目的寄存器。我们采用的命名机制，通过在信号名前面加上大写的流水线寄存器名字作为前缀，存储在流水线寄存器中的信号可以唯一地被标识。例如，4 个状态码可以被命名为 D_stat、E_stat、M_stat 和 W_stat。我们还需要引用某些在一个阶段内刚刚计算出来的信号。它们的命名是在信号名前面加上小写的阶段名的第一个字母作为前缀。以状态码为例，可以看到在取指和访存阶段中标号为“Stat”的控制逻辑块。因而，这些块的输出被命名为 f_stat 和 m_stat。我们还可以看到整个处理器的实际状态 Stat 是根据流水线寄存器 W 中的状态值，由写回阶段中的块计算出来的。

**旁注　信号 M_stat 和 m_stat 的差别**

在命名系统中，大写的前缀“D”、“E”、“M”和“W”指的是流水线寄存器，所以 M_stat 指的是流水线寄存器 M 的状态码字段。小写的前缀“f”、“d”、“e”、“m”和“w”指的是流水线阶段，所以 m_stat 指的是在访存阶段中由控制逻辑块产生出的状态信号。

理解这个命名规则对理解我们的流水线化处理器的操作是至关重要的。

SEQ+和 PIPE−的译码阶段都产生信号 dstE 和 dstM，它们指明值 valE 和 valM 的目的寄存器。在 SEQ+中，我们可以将这些信号直接连到寄存器文件写端口的地址输入。在 PIPE−中，会在流水线中一直携带这些信号穿过执行和访存阶段，直到写回阶段才送到寄存器文件(如各个阶段的详细描述所示)。我们这样做是为了确保写端口的地址和数据输入是来自同一条指令。否则，会将处于写回阶段的指令的值写入，而寄存器 ID 却来自于处于译码阶段的指令。作为一条通用原则，我们要保存处于一个流水线阶段中的指令的所有信息。

PIPE−中有一个块在相同表示形式的 SEQ+中是没有的，那就是译码阶段中标号为“Select A”的块。我们可以看出，这个块会从来自流水线寄存器 D 的 valP 或从寄存器文件 A 端口中读出的值中选择一个，作为流水线寄存器 E 的值 valA。包括这个块是为了减少要携带给流水线寄存器 E 和 M 的状态数量。在所有的指令中，只有 call 在访存阶段需要 valP 的值。只有跳转指令在执行阶段(当不需要进行跳转时)需要 valP 的值。而这些指令又都不需要从寄存器文件中读出的值。因此我们合并这两个信号，将它们作为信号 valA 携带穿过流水线，从而可以减少流水线寄存器的状态数量。这样做就消除了 SEQ(图 4-23)和 SEQ+(图 4-40)中标号为“数据”的块，这个块完成的是类似的功能。在硬件设计中，像这样仔细确认信号是如何使用的，然后通过合并信号来减少寄存器状态和线路的数量，是很常见的。

如图 4-41 所示，我们的流水线寄存器包括一个状态码 stat 字段，开始时是在取指阶段计算出来的，在访存阶段有可能会被修改。在讲完正常指令执行的实现之后，我们会在 4.5.6 节中讨论如何实现异常事件的处理。到目前为止我们可以说，最系统的方法就是让与每条指令关联的状态码与指令一起通过流水线，就像图中表明的那样。

### 4.5.4　预测下一个 PC

在 PIPE−设计中，我们采取了一些措施来正确处理控制相关。流水线化设计的目的就是每个时钟周期都发射一条新指令，也就是说每个时钟周期都有一条新指令进入执行阶段并最终完成。要是达到这个目的也就意味着吞吐量是每个时钟周期一条指令。要做到这一点，我们必须在取出当前指令之后，马上确定下一条指令的位置。不幸的是，如果取出的指令是条件分支指令，要到几个周期后，也就是指令通过执行阶段之后，我们才能知道是否要选择分支。类似地，如果取出的指令是 ret，要到指令通过访存阶段，才能确定返回地址。

除了条件转移指令和 ret 以外，根据取指阶段中计算出的信息，我们能够确定下一条指令的地址。对于 call 和 jmp(无条件转移)来说，下一条指令的地址是指令中的常数字 valC，而对于其他指令来说就是 valP。因此，通过预测 PC 的下一个值，在大多数情况下，我们能达到每个时钟周期发射一条新指令的目的。对大多数指令类型来说，我们的预测是完全可靠的。对条件转移来说，我们既可以预测选择了分支，那么新 PC 值应为 valC，也可以预测没有选择分支，那么新 PC 值应为 valP。无论哪种情况，我们都必须以某种方式来处理预测错误的情况，因为此时已经取出并部分执行了错误的指令。我们会在 4.5.8 节中再讨论这个问题。

猜测分支方向并根据猜测开始取指的技术称为*分支预测*。实际上所有的处理器都采用了某种形式的此类技术。对于预测是否选择分支的有效策略已经进行了广泛的研究[46, 2.3 节]。有的系统花费了大量硬件来解决这个任务。我们的设计只使用了简单的策略，即总是预测选择了条件分支，因而预测 PC 的新值为 valC。

**旁注　其他的分支预测策略**

我们的设计使用总是选择(always taken)分支的预测策略。研究表明这个策略的成功率大约为 60%[44, 122]。相反，从不选择(never taken, NT)策略的成功率大约为 40%。稍微复杂一点的是反向选择、正向不选择(backward taken, forward not-taken, BTFNT)的策略，当分支地址比下一条地址低时就预测选择分支，而分支地址比较高时，就预测不选择分支。这种策略的成功率大约为 65%。这种改进源自一个事实，即循环是由后向分支结束的，而循环通常会执行多次。前向分支用于条件操作，而这种选择的可能性较小。在家庭作业 4.55 和 4.56 中，你可以修改 Y86-64 流水线处理器来实现 NT 和 BTFNT 分支预测策略。

正如我们在 3.6.6 节中看到的，分支预测错误会极大地降低程序的性能，因此这就促使我们在可能的时候，要使用条件数据传送而不是条件控制转移。

我们还没有讨论预测 ret 指令的新 PC 值。同条件转移不同，此时可能的返回值几乎是无限的，因为返回地址是位于栈顶的字，其内容可以是任意的。在设计中，我们不会试图对返回地址做任何预测。只是简单地暂停处理新指令，直到 ret 指令通过写回阶段。在 4.5.8 节中，我们将回过来讨论这部分的实现。

**旁注　使用栈的返回地址预测**

对大多数程序来说，预测返回值很容易，因为过程调用和返回是成对出现的。大多数函数调用，会返回到调用后的那条指令。高性能处理器中运用了这个属性，在取指单元中放入一个硬件栈，保存过程调用指令产生的返回地址。每次执行过程调用指令时，都将其返回地址压入栈中。当取出一个返回指令时，就从这个栈中弹出顶部的值，作为预测的返回值。同分支预测一样，在预测错误时必须提供一个恢复机制，因为还是有调用和返回不匹配的时候。通常，这种预测很可靠。这个硬件栈对程序员来说是不可见的。

PIPE—的取指阶段，如图 4-41 底部所示，负责预测 PC 的下一个值，以及为取指选择实际的 PC。我们可以看到，标号为“Predict PC”的块会从 PC 增加器计算出的 valP 和取出的指令中得到的 valC 中进行选择。这个值存放在流水线寄存器 F 中，作为程序计数器的预测值。标号为“Select PC”的块类似于 SEQ+的 PC 选择阶段中标号为“PC”的块(图 4-40)。它从三个值中选择一个作为指令内存的地址：预测的 PC，对于到达流水线寄存器 M 的不选择分支的指令来说是 valP 的值(存储在寄存器 M_valA 中)，或是当 ret 指令到达流水线寄存器 W(存储在 W_valM)时的返回地址的值。

### 4.5.5 流水线冒险

PIPE—结构是创建一个流水线化的 Y86-64 处理器的好开端。不过，回忆 4.4.4 节中的讨论，将流水线技术引入一个带反馈的系统，当相邻指令间存在相关时会导致出现问题。在完成我们的设计之前，必须解决这个问题。这些相关有两种形式：1)**数据相关**，下一条指令会用到这一条指令计算出的结果；2)**控制相关**，一条指令要确定下一条指令的位置，例如在执行跳转、调用或返回指令时。这些相关可能会导致流水线产生计算错误，称为冒险(hazard)。同相关一样，冒险也可以分为两类：**数据冒险**(data hazard)和**控制冒险**(control hazard)。我们首先关心的是数据冒险，然后再考虑控制冒险。

图 4-43 描述的是 PIPE—处理器处理 prog1 指令序列的情况。假设在这个例子以及后面的例子中，程序寄存器初始时值都为 0。这段代码将值 10 和 3 放入程序寄存器%rdx 和%rax，执行三条 nop 指令，然后将寄存器%rdx 加到%rax。我们重点关注两条 irmovq 指令和 addq 指令之间的数据相关造成的可能的数据冒险。图的右边是这个指令序列的流水线图。图中突出显示了周期 6 和 7 的流水线阶段。流水线图的下面是周期 6 中写回活动和周期 7 中译码活动的扩展说明。在周期 7 开始以后，两条 irmovq 都已经通过写回阶段，所以寄存器文件保存着更新过的%rdx 和%rax 的值。因此，当 addq 指令在周期 7 经过译码阶段时，它可以读到源操作数的正确值。在此示例中，两条 irmovq 指令和 addq 指令之间的数据相关没有造成数据冒险。

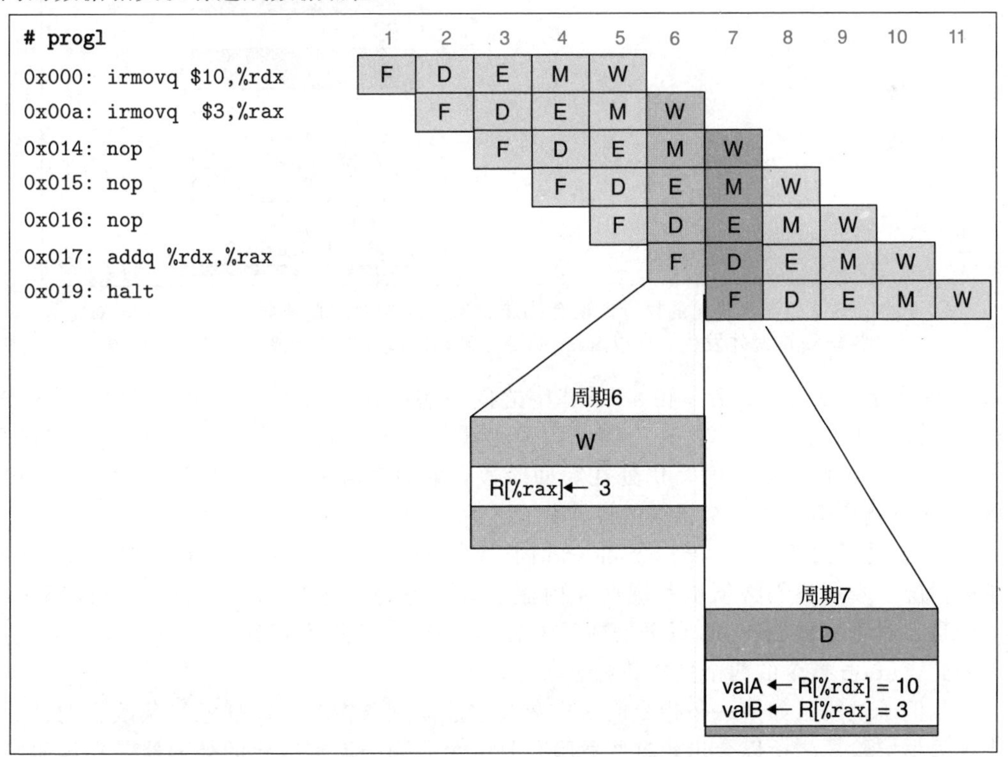


图 4-43 prog1 的流水线化的执行，没有特殊的流水线控制。在周期 6 中，第二个 irmovq 将结果写入寄存器%rax。addq 指令在周期 7 读源操作数，因此得到的是%rdx 和%rax 的正确值

我们看到 prog1 通过流水线并得到正确的结果，因为 3 条 nop 指令在有数据相关的指令之间创造了一些延迟。让我们来看看如果去掉这些 nop 指令会发生些什么。图 4-44 描述的是 prog2 程序的流水线流程，在两条产生寄存器 %rdx 和 %rax 值的 irmovq 指令和以这两个寄存器作为操作数的 addq 指令之间有两条 nop 指令。在这种情况下，关键步骤发生在周期 6，此时 addq 指令从寄存器文件中读取它的操作数。该图底部是这个周期内流水线活动的扩展描述。第一个 irmovq 指令已经通过了写回阶段，因此程序寄存器 %rdx 已经在寄存器文件中更新过了。在该周期内，第二个 irmovq 指令处于写回阶段，因此对程序寄存器 %rax 的写要到周期 7 开始，时钟上升时，才会发生。结果，会读出 %rax 的错误值(回想一下，我们假设所有的寄存器的初始值为 0)，因为对该寄存器的写还未发生。很明显，我们必须改进流水线让它能够正确处理这样的冒险。

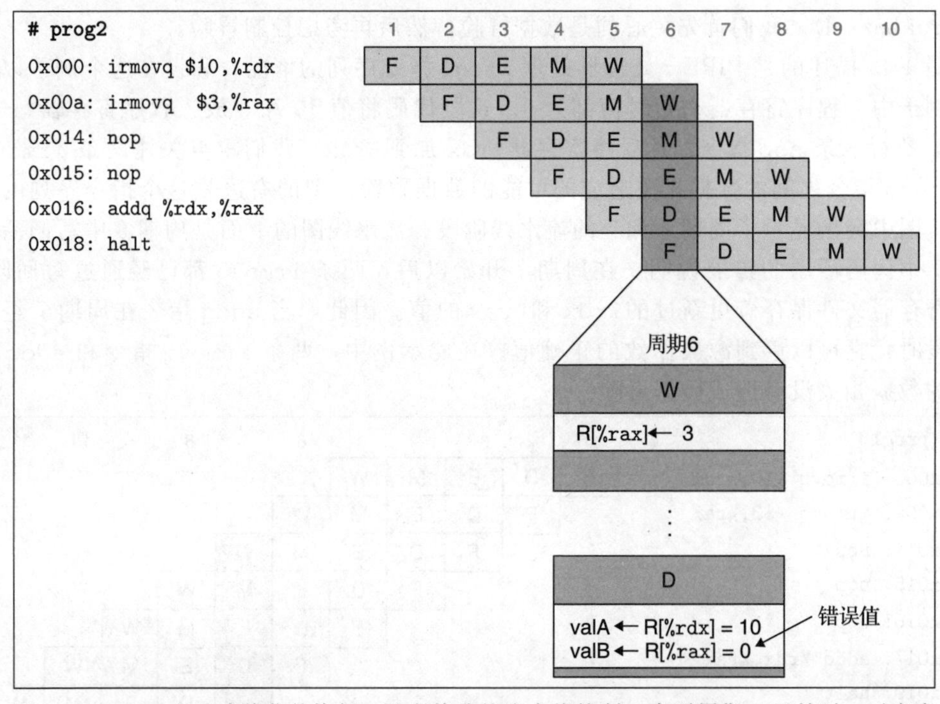


图 4-44　prog2 的流水线化的执行，没有特殊的流水线控制。直到周期 7 开始时，对寄存器 %rax 的写才发生，所以 addq 指令在译码阶段读出的是该寄存器的错误值

图 4-45 是当 irmovq 指令和 addq 指令之间只有一条 nop 指令，即为程序 prog3 时，发生的情况。现在我们必须检查周期 5 内流水线的行为，此时 addq 指令通过译码阶段。不幸的是，对寄存器 %rdx 的写仍处在写回阶段，而对寄存器 %rax 的写还处在访存阶段。因此，addq 指令会得到两个错误的操作数。

图 4-46 是当去掉 irmovq 指令和 addq 指令间的所有 nop 指令，即为程序 prog4 时，发生的情况。现在我们必须检查周期 4 内流水线的行为，此时 addq 指令通过译码阶段。不幸的是，对寄存器 %rdx 的写仍处在访存阶段，而执行阶段正在计算寄存器 %rax 的新值。因此，addq 指令的两个操作数都是不正确的。

这些例子说明，如果一条指令的操作数被它前面三条指令中的任意一条改变的话，都会出现数据冒险。之所以会出现这些冒险，是因为我们的流水线化的处理器是在译码阶段从寄存器文件中读取指令的操作数，而要到三个周期以后，指令经过写回阶段时，才会将指令的结果写到寄存器文件。

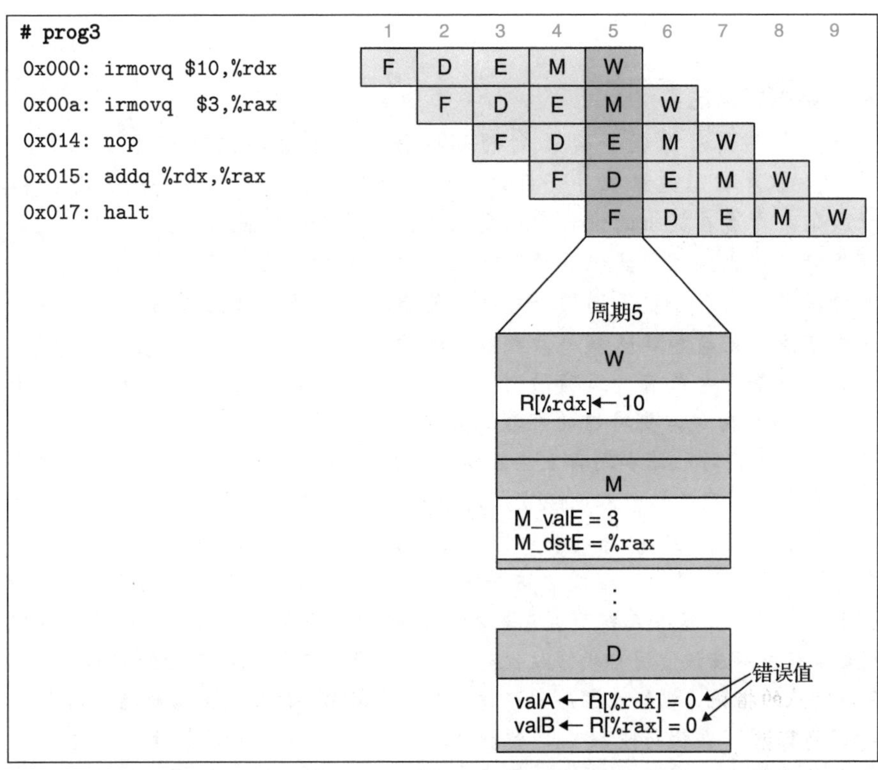


图 4-45 prog3 的流水线化的执行，没有特殊的流水线控制。在周期 5，addq 指令从寄存器文件中读源操作数。对寄存器 %rdx 的写仍处在写回阶段，而对寄存器 %rax 的写还在访存阶段。两个操作数 valA 和 valB 得到的都是错误值

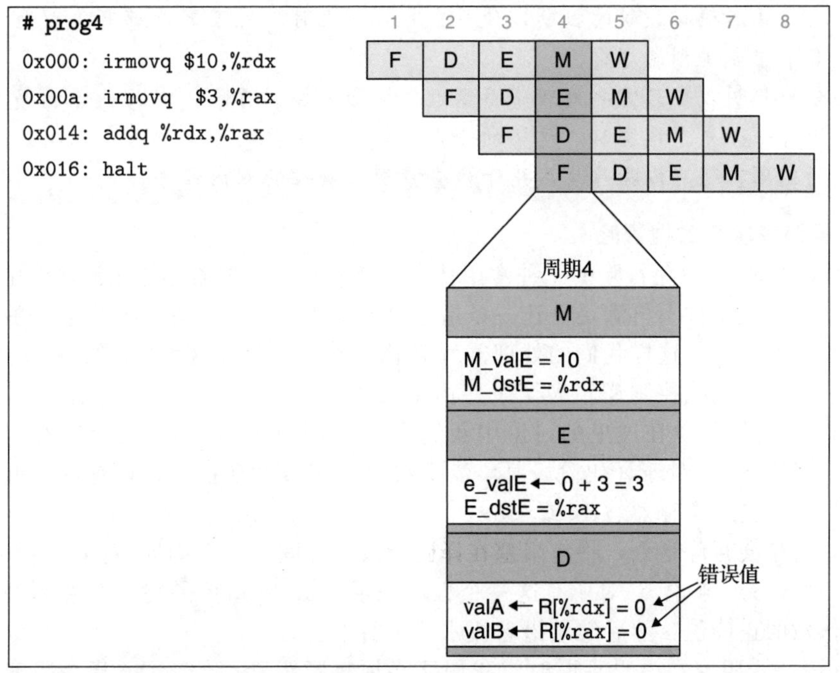


图 4-46 prog4 的流水线化的执行，没有特殊的流水线控制。在周期 4，addq 指令从寄存器文件中读源操作数。对寄存器 %rdx 的写仍处在访存阶段，而执行阶段正在计算寄存器 %rax 的新值。两个操作数 valA 和 valB 得到的都是错误值

**旁注 列举数据冒险的类型**

当一条指令更新后面指令会读到的那些程序状态时，就有可能出现冒险。对于Y86-64来说，程序状态包括程序寄存器、程序计数器、内存、条件码寄存器和状态寄存器。让我们来看看在提出的设计中每类状态出现冒险的可能性。

**程序寄存器**：我们已经认识这种冒险了。出现这种冒险是因为寄存器文件的读写是在不同的阶段进行的，导致不同指令之间可能出现不希望的相互作用。

**程序计数器**：更新和读取程序计数器之间的冲突导致了控制冒险。当我们的取指阶段逻辑在取下一条指令之前，正确预测了程序计数器的新值时，就不会产生冒险。预测错误的分支和 ret 指令需要特殊的处理，会在4.5.5节中讨论。

**内存**：对数据内存的读和写都发生在访存阶段。在一条读内存的指令到达这个阶段之前，前面所有要写内存的指令都已经完成这个阶段了。另外，在访存阶段中写数据的指令和在取指阶段中读指令之间也有冲突，因为指令和数据内存访问的是同一个地址空间。只有包含自我修改代码的程序才会发生这种情况，在这样的程序中，指令写内存的一部分，过后会从中取出指令。有些系统有复杂的机制来检测和避免这种冒险，而有些系统只是简单地强制要求程序不应该使用自我修改代码。为了简便，假设程序不能修改自身，因此我们不需要采取特殊的措施，根据在程序执行过程中对数据内存的修改来修改指令内存。

**条件码寄存器**：在执行阶段中，整数操作会写这些寄存器。条件传送指令会在执行阶段以及条件转移会在访存阶段读这些寄存器。在条件传送或转移到达执行阶段之前，前面所有的整数操作都已经完成这个阶段了。所以不会发生冒险。

**状态寄存器**：指令流经流水线的时候，会影响程序状态。我们采用流水线中的每条指令都与一个状态码相关联的机制，使得当异常发生时，处理器能够有条理地停止，就像在4.5.6节中会讲到的那样。

这些分析表明我们只需要处理寄存器数据冒险、控制冒险，以及确保能够正确处理异常。当设计一个复杂系统时，这样的分类分析是很重要的。这样做可以确认出系统实现中可能的困难，还可以指导生成用于检查系统正确性的测试程序。

### 1. 用暂停来避免数据冒险

暂停(stalling)是避免冒险的一种常用技术，暂停时，处理器会停止流水线中一条或多条指令，直到冒险条件不再满足。让一条指令停顿在译码阶段，直到产生它的源操作数的指令通过了写回阶段，这样我们的处理器就能避免数据冒险。这种机制的细节会在4.5.8节中讨论。它对流水线控制逻辑做了一些简单的加强。图4-47(prog2)和图4-48(prog4)中画出了暂停的效果。(在这里的讨论中我们省略了 prog3，因为它的运行类似于其他两个例子。)当指令 addq 处于译码阶段时，流水线控制逻辑发现执行、访存或写回阶段中至少有一条指令会更新寄存器 %rdx 或 %rax。处理器不会让 addq 指令带着不正确的结果通过这个阶段，而是会暂停指令，将它阻塞在译码阶段，时间为一个周期(对 prog2 来说)或者三个周期(对 prog4 来说)。对所有这三个程序来说，addq 指令最终都会在周期7中得到两个源操作数的正确值，然后继续沿着流水线进行下去。

将 addq 指令阻塞在译码阶段时，我们还必须将紧跟其后的 halt 指令阻塞在取指阶段。通过将程序计数器保持不变就能做到这一点，这样一来，会不断地对 halt 指令进行取指，直到暂停结束。

暂停技术就是让一组指令阻塞在它们所处的阶段，而允许其他指令继续通过流水线。那么在本该正常处理 addq 指令的阶段中，我们该做些什么呢？我们使用的处理方法是：每次要把一条指令阻塞在译码阶段，就在执行阶段插入一个气泡。气泡就像一个自动产生的 nop 指令——它不会改变寄存器、内存、条件码或程序状态。在图 4-47 和图 4-48 的流水线图中，白色方框表示的就是气泡。在这些图中，我们用一个 addq 指令的标号为“D”的方框到标号为“E”的方框之间的箭头来表示一个流水线气泡，这些箭头表明，在执行阶段中插入气泡是为了替代 addq 指令，它本来应该经过译码阶段进入执行阶段。在 4.5.8 节中，我们将看到使流水线暂停以及插入气泡的详细机制。

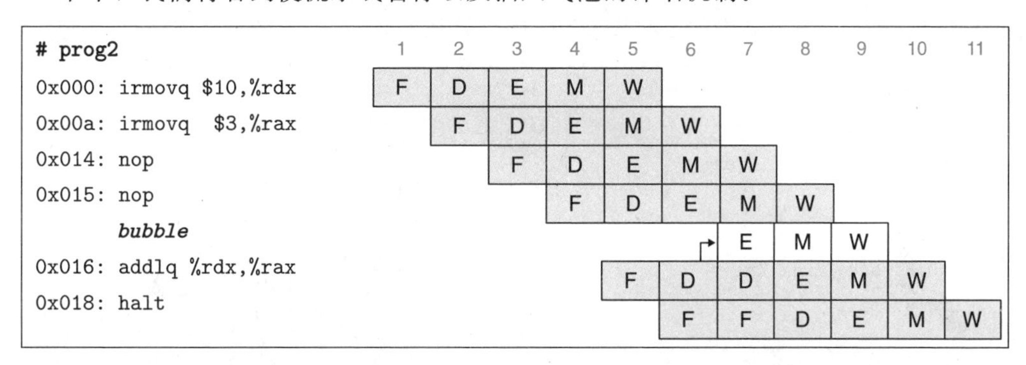


图 4-47 prog2 使用暂停的流水线化的执行。在周期 6 中对 addq 指令译码之后，暂停控制逻辑发现一个数据冒险，它是由写回阶段中对寄存器 %rax 未进行的写造成的。它在执行阶段中插入一个气泡，并在周期 7 中重复对指令 addq 的译码。实际上，机器是动态地插入一条 nop 指令，得到的执行流类似于 prog1 的执行流(图 4-43)

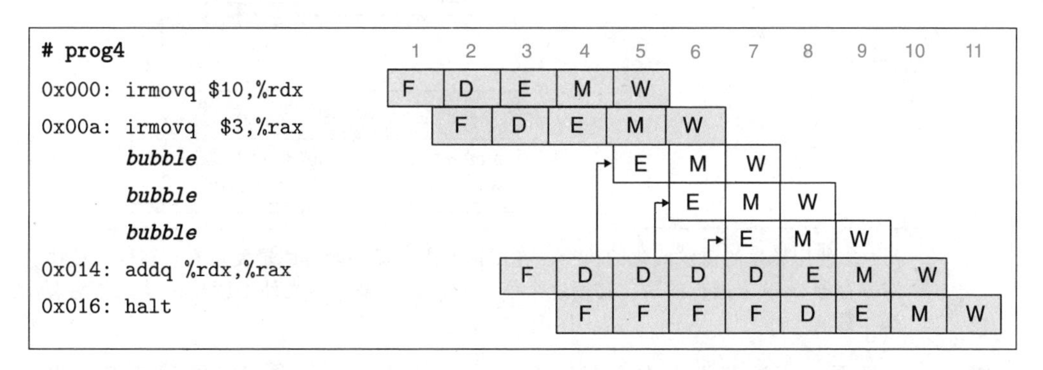


图 4-48 prog4 使用暂停的流水线化的执行。在周期 4 中对 addq 指令译码之后，暂停控制逻辑发现了对两个源寄存器的数据冒险。它在执行阶段中插入一个气泡，并在周期 5 中重复对指令 addq 的译码。它再次发现对两个源寄存器的冒险，就在执行阶段中插入一个气泡，并在周期 6 中重复对指令 addq 的译码。它再次发现对寄存器 %rax 的冒险，就在执行阶段中插入一个气泡，并在周期 7 中重复对指令 addq 的译码。实际上，机器是动态地插入三条 nop 指令，得到的执行流类似于 prog1 的执行流(图 4-43)

在使用暂停技术来解决数据冒险的过程中，我们通过动态地产生和 prog1 流(图 4-43)一样的流水线流，有效地执行了程序 prog2 和 prog4。为 prog2 插入 1 个气泡，为 prog4 插入 3 个气泡，与在第 2 条 irmovq 指令和 addq 指令之间有 3 条 nop 指令，有相同的效果。虽然实现这一机制相当容易(参考家庭作业 4.53)，但是得到的性能并不很好。一条指令更新一个寄存器，紧跟其后的指令就使用被更新的寄存器，像这样的情况不胜枚举。这会导致流水线暂停长达三个周期，严重降低了整体的吞吐量。

### 2. 用转发来避免数据冒险

PIPE-的设计是在译码阶段从寄存器文件中读入源操作数，但是对这些源寄存器的写有可能要在写回阶段才能进行。与其暂停直到写完成，不如简单地将要写的值传到流水线寄存器 E 作为源操作数。图 4-49 用 prog2 周期 6 的流水线图的扩展描述来说明了这一策略。译码阶段逻辑发现，寄存器 %rax 是操作数 valB 的源寄存器，而在写端口 E 上还有一个对 %rax 的未进行的写。它只要简单地将提供到端口 E 的数据字（信号 W_valE）作为操作数 valB 的值，就能避免暂停。这种将结果值直接从一个流水线阶段传到较早阶段的技术称为*数据转发*（data forwarding，或简称*转发*，有时称为*旁路*（bypassing））。它使得 prog2 的指令能通过流水线而不需要任何暂停。数据转发需要在基本的硬件结构中增加一些额外的数据连接和控制逻辑。

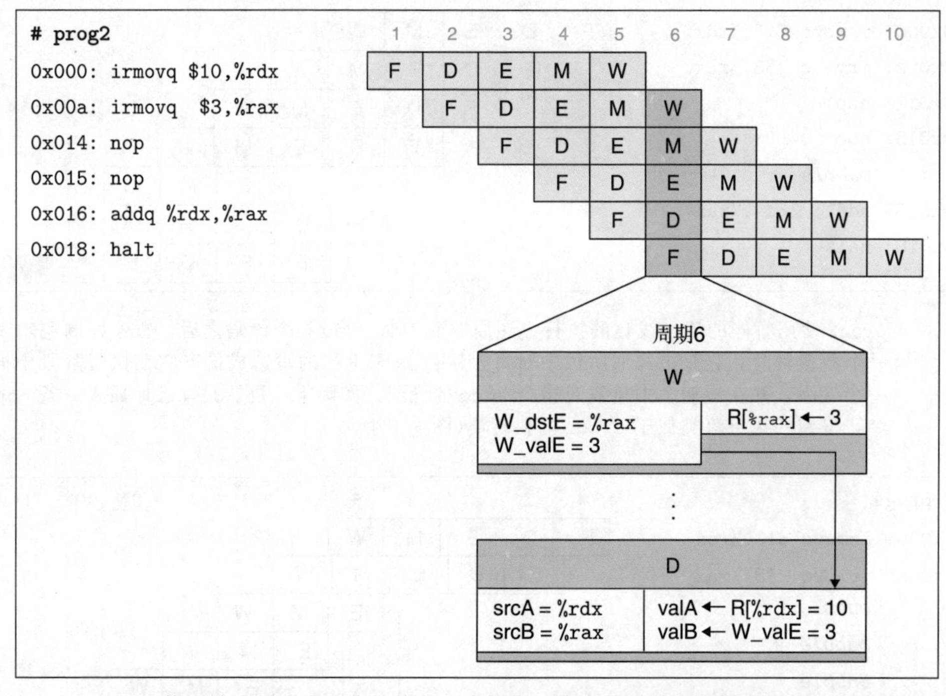


图 4-49　prog2 使用转发的流水线化的执行。在周期 6 中，译码阶段逻辑发现有在写回阶段中对寄存器 %rax 未进行的写。它用这个值，而不是从寄存器文件中读出的值，作为源操作数 valB

如图 4-50 所示，当访存阶段中有对寄存器未进行的写时，也可以使用数据转发，以避免程序 prog3 中的暂停。在周期 5 中，译码阶段逻辑发现，在写回阶段中端口 E 上有对寄存器 %rdx 未进行的写，以及在访存阶段中有会在端口 E 上对寄存器 %rax 未进行的写。它不会暂停直到这些写真正发生，而是用写回阶段中的值（信号 W_valE）作为操作数 valA，用访存阶段中的值（信号 M_valE）作为操作数 valB。

为了充分利用数据转发技术，我们还可以将新计算出来的值从执行阶段传到译码阶段，以避免程序 prog4 所需要的暂停，如图 4-51 所示。在周期 4 中，译码阶段逻辑发现在访存阶段中有对寄存器 %rdx 未进行的写，而且执行阶段中 ALU 正在计算的值稍后也会写入寄存器 %rax。它可以将访存阶段中的值（信号 M_valE）作为操作数 valA，也可以将 ALU 的输出（信号 e_valE）作为操作数 valB。注意，使用 ALU 的输出不会造成任何时序问题。译码阶段只要在时钟周期结束之前产生信号 valA 和 valB，这样在时钟上升开始下一个周期时，流水线寄存器 E 就能装载来自译码阶段的值了。而在此之前 ALU 的输出已经是合法的了。

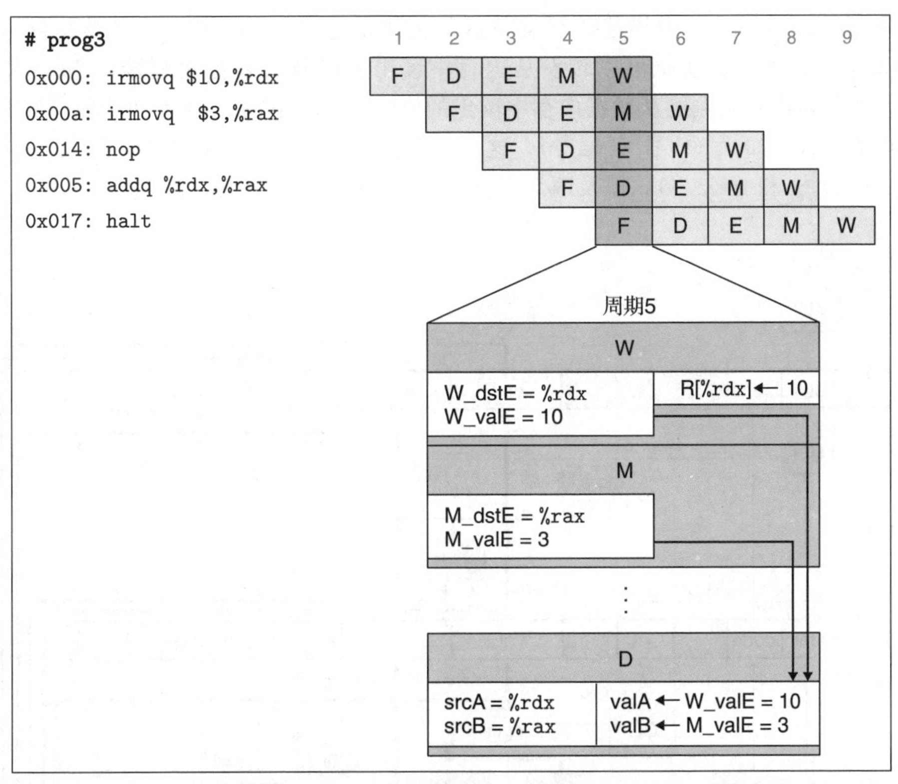


图 4-50 prog3 使用转发的流水线化的执行。在周期 5 中，译码阶段逻辑发现有在写回阶段中对寄存器 %rdx未进行的写，以及在访存阶段中对寄存器 %rax 未进行的写。它用这些值，而不是从寄存器文件中读出的值，作为 valA 和 valB 的值

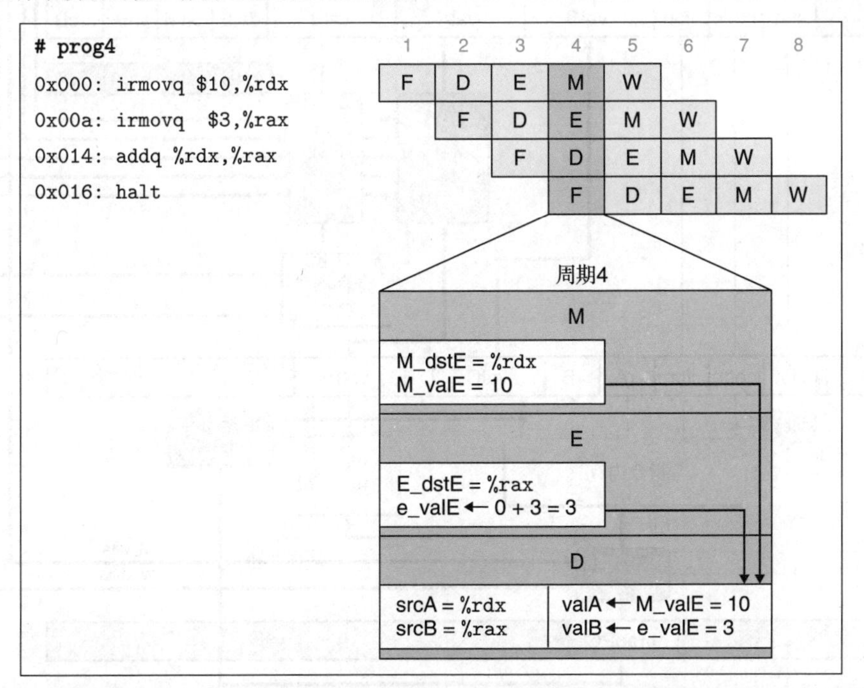


图 4-51 prog4 使用转发的流水线化的执行。在周期 4 中，译码阶段逻辑发现有在访存阶段中对寄存器 %rdx 未进行的写，还发现在执行阶段中正在计算寄存器 %rax 的新值。它用这些值，而不是从寄存器文件中读出的值，作为 valA 和 valB 的值

程序 prog2～prog4 中描述的转发技术的使用都是将 ALU 产生的以及其目标为写端口 E 的值进行转发，其实也可以转发从内存中读出的以及其目标为写端口 M 的值。从访存阶段，我们可以转发刚刚从数据内存中读出的值(信号 m_valM)。从写回阶段，我们可以转发对端口 M 未进行的写(信号 W_valM)。这样一共就有五个不同的转发源(e_valE、m_valM、M_valE、W_valM 和 W_valE)，以及两个不同的转发目的(valA 和 valB)。

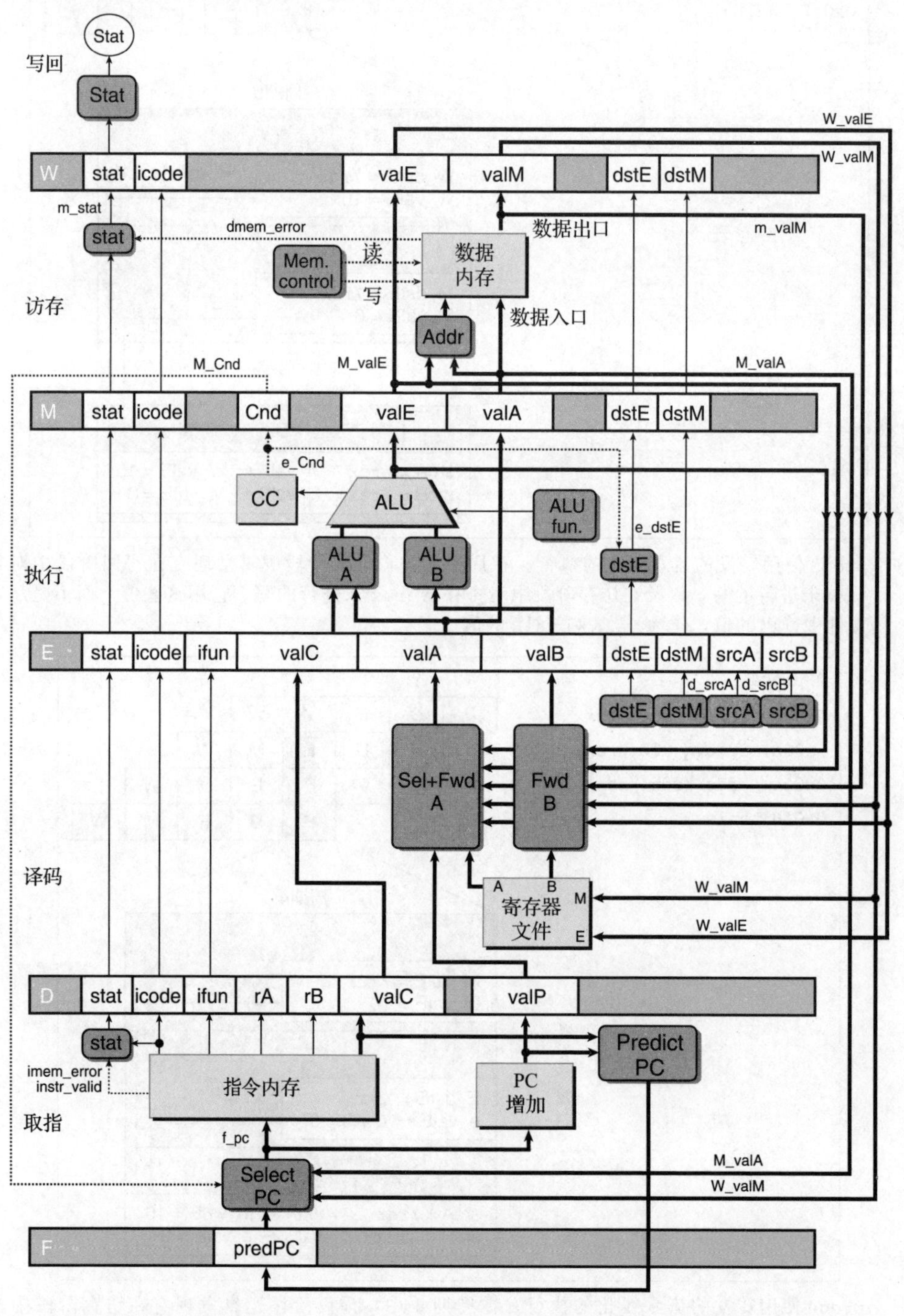


图 4-52　流水线化的最终实现——PIPE 的硬件结构。添加的旁路路径能够转发前面三条指令的结果。这使得我们能够不暂停流水线就处理大多数形式的数据冒险

图 4-49～图 4-51 的扩展图还表明译码阶段逻辑能够确定是使用来自寄存器文件的值，还是要用转发过来的值。与每个要写回寄存器文件的值相关的是目的寄存器 ID。逻辑会将这些 ID 与源寄存器 ID srcA 和 srcB 相比较，以此来检测是否需要转发。可能有多个目的寄存器 ID 与一个源 ID 相等。要解决这样的情况，我们必须在各个转发源中建立起优先级关系。在学习转发逻辑的详细设计时，我们会讨论这个内容。

图 4-52 给出的是 PIPE 的结构，它是 PIPE－的扩展，能通过转发处理数据冒险。将这幅图与 PIPE－的结构(图 4-41)相比，我们可以看到来自五个转发源的值反馈到译码阶段中两个标号为“Sel＋Fwd A”和“Fwd B”的块。标号为“Sel＋Fwd A”的块是 PIPE－中标号为“Select A”的块的功能与转发逻辑的结合。它允许流水线寄存器 E 的 valA 为已增加的程序计数器值 valP，从寄存器文件 A 端口读出的值，或者某个转发过来的值。标号为“Fwd B”的块实现的是源操作数 valB 的转发逻辑。

### 3. 加载/使用数据冒险

有一类数据冒险不能单纯用转发来解决，因为内存读在流水线发生的比较晚。图 4-53 举例说明了*加载/使用冒险*(load/use hazard)，其中一条指令(位于地址 0x028 的 mrmovq)从内存中读出寄存器%rax 的值，而下一条指令(位于地址 0x032 的 addq)需要该值作为源操作数。图的下部是周期 7 和 8 的扩展说明，在此假设所有的程序寄存器都初始化为 0。addq 指令在周期 7 中需要该寄存器的值，但是 mrmovq 指令直到周期 8 才产生出这个值。为了从mrmovq“转发到” addq，转发逻辑不得不将值送回到过去的时间！这显然是不可能的，我们必须找到其他机制来解决这种形式的数据冒险。(位于地址 0x01e 的 irmovq 指令产生的寄存器%rbx 的值，会被位于地址 0x032 的 addq 指令使用，转发能够处理这种数据冒险。)

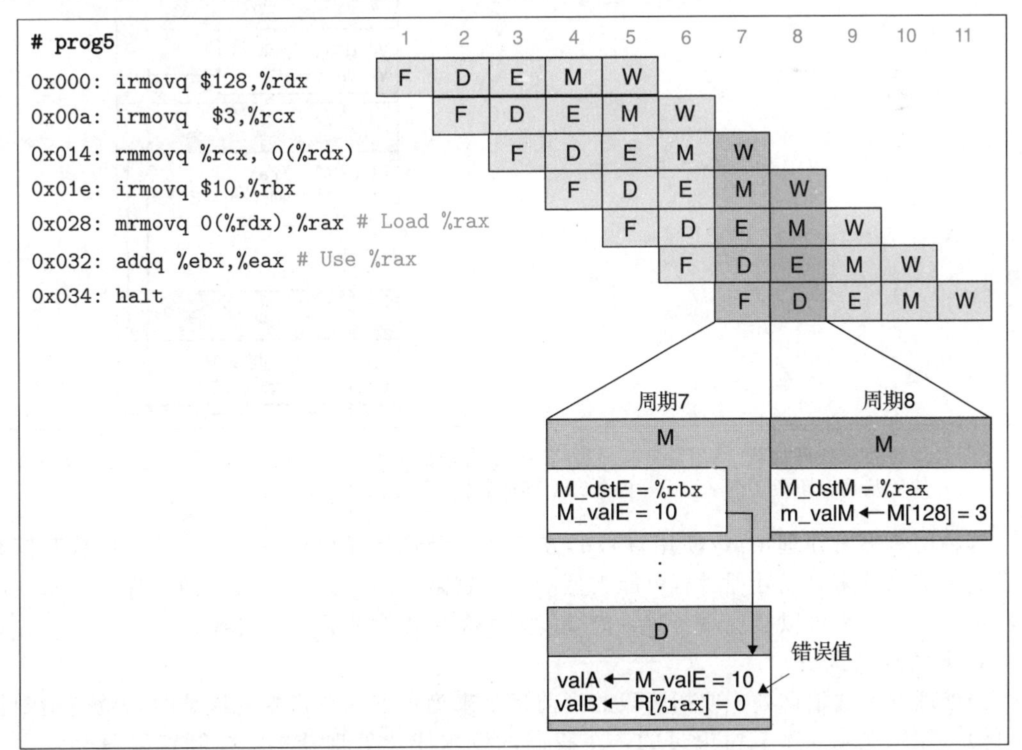


图 4-53 加载/使用数据冒险的示例。addq 指令在周期 7 译码阶段中需要寄存器%rax 的值。前面的 mrmovq 指令在周期 8 访存阶段中读出这个寄存器的新值，这对于 addq 指令来说太迟了

如图 4-54 所示，我们可以将暂停和转发结合起来，避免加载/使用数据冒险。这个需要修改控制逻辑，但是可以使用现有的旁路路径。当 mrmovq 指令通过执行阶段时，流水线控制逻辑发现译码阶段中的指令(addq)需要从内存中读出的结果。它会将译码阶段中的指令暂停一个周期，导致执行阶段中插入一个气泡。如周期 8 的扩展说明所示，从内存中读出的值可以从访存阶段转发到译码阶段中的 addq 指令。寄存器%rbx 的值也可以从访存阶段转发到译码阶段。就像流水线图，从周期 7 中标号为“D”的方框到周期 8 中标号为“E”的方框的箭头表明的那样，插入的气泡代替了正常情况下本来应该继续通过流水线的 addq 指令。

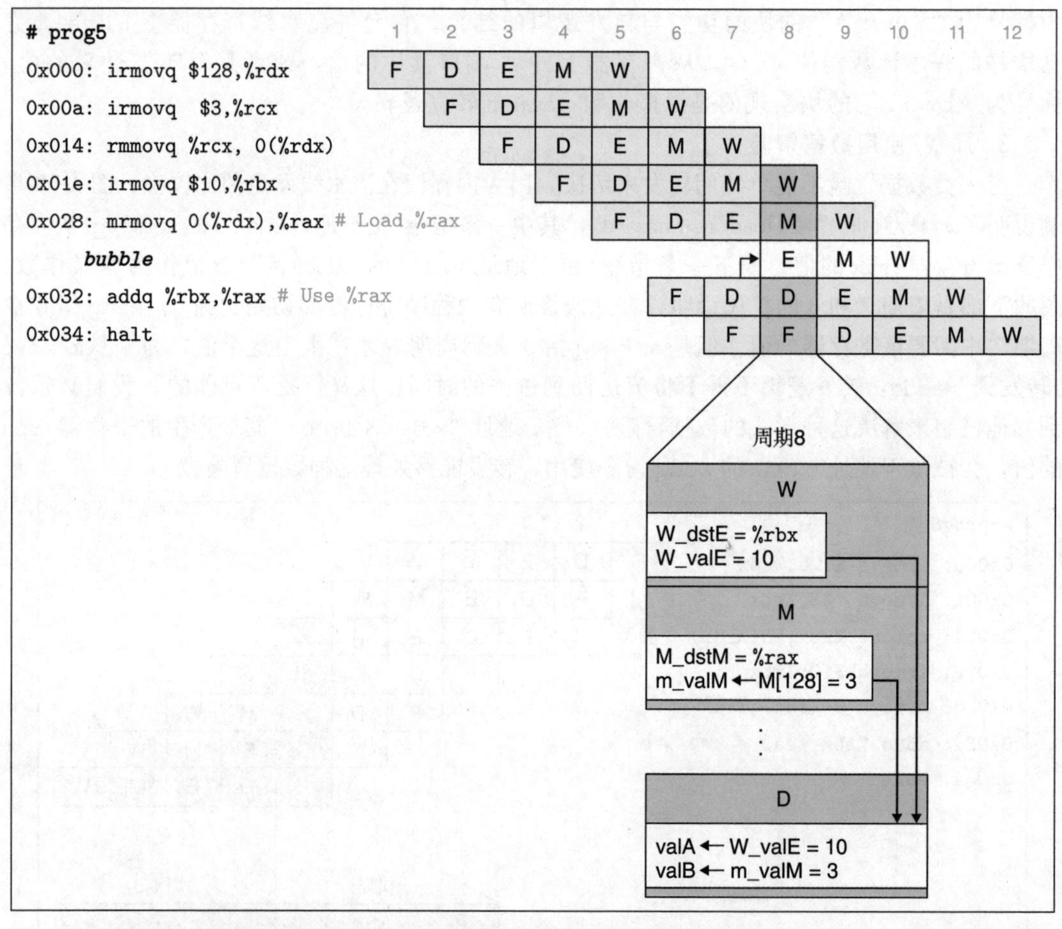


图 4-54　用暂停来处理加载/使用冒险。通过将 addq 指令在译码阶段暂停一个周期，就可以将 valB 的值从访存阶段中的 mrmovq 指令转发到译码阶段中的 addq 指令

这种用暂停来处理加载/使用冒险的方法称为*加载互锁*(load interlock)。加载互锁和转发技术结合起来足以处理所有可能类型的数据冒险。因为只有加载互锁会降低流水线的吞吐量，我们几乎可以实现每个时钟周期发射一条新指令的吞吐量目标。

**4. 避免控制冒险**

当处理器无法根据处于取指阶段的当前指令来确定下一条指令的地址时，就会出现控制冒险。如同在 4.5.4 节讨论过的，在我们的流水线化处理器中，控制冒险只会发生在 ret 指令和跳转指令。而且，后一种情况只有在条件跳转方向预测错误时才会造成麻烦。在本小节中，我们概括介绍如何来处理这些冒险。作为对流水线控制更一般性讨论的一部分，其详细实现将在 4.5.8 节给出。

对于 ret 指令，考虑下面的示例程序。这个程序是用汇编代码表示的，左边是各个指令的地址，以供参考：

```
0x000:    irmovq stack,%rsp  #   Initialize stack pointer
0x00a:    call proc          #   Procedure call
0x013:    irmovq $10,%rdx    #   Return point
0x01d:    halt
0x020: .pos 0x20
0x020: proc:                 # proc:
0x020:    ret                #   Return immediately
0x021:    rrmovq %rdx,%rbx   #   Not executed
0x030: .pos 0x30
0x030: stack:                # stack: Stack pointer
```

图 4-55 给出了我们希望流水线如何来处理 ret 指令。同前面的流水线图一样，这幅图展示了流水线的活动，时间从左向右增加。与前面不同的是，指令列出的顺序与它们在程序中出现的顺序并不相同，这是因为这个程序的控制流中指令并不是按线性顺序执行的。看看指令的地址就能看出它们在程序中的位置。

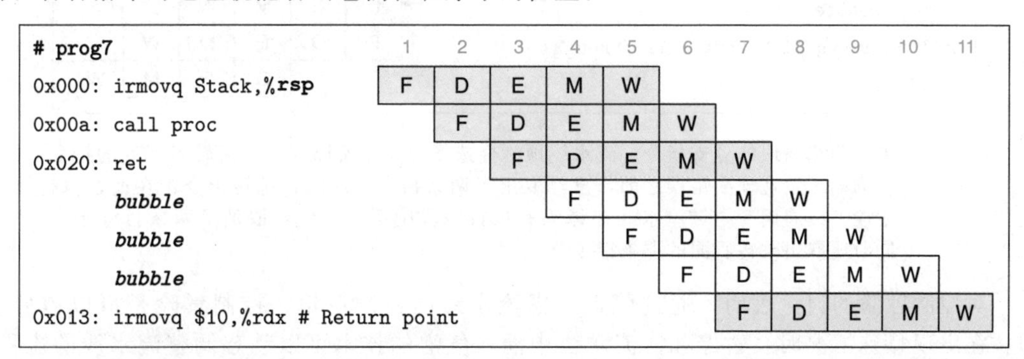


图 4-55　ret 指令处理的简化视图。当 ret 经过译码、执行和访存阶段时，流水线应该暂停，在处理过程中插入三个气泡。一旦 ret 指令到达写回阶段(周期 7)，PC 选择逻辑就会选择返回地址作为指令的取指地址

如这张图所示，在周期 3 中取出 ret 指令，并沿着流水线前进，在周期 7 进入写回阶段。在它经过译码、执行和访存阶段时，流水线不能做任何有用的活动。我们只能在流水线中插入三个气泡。一旦 ret 指令到达写回阶段，PC 选择逻辑就会将程序计数器设为返回地址，然后取指阶段就会取出位于返回点(地址 0x013)处的 irmovq 指令。

要处理预测错误的分支，考虑下面这个用汇编代码表示的程序，左边是各个指令的地址，以供参考：

```
0x000:    xorq %rax,%rax
0x002:    jne  target        # Not taken
0x00b:    irmovq $1, %rax    # Fall through
0x015:    halt
0x016: target:
0x016:    irmovq $2, %rdx    # Target
0x020:    irmovq $3, %rbx    # Target+1
0x02a:    halt
```

图 4-56 表明是如何处理这些指令的。同前面一样，指令是按照它们进入流水线的顺

序列出的，而不是按照它们出现在程序中的顺序。因为预测跳转指令会选择分支，所以周期 3 中会取出位于跳转目标处的指令，而周期 4 中会取出该指令后的那条指令。在周期 4，分支逻辑发现不应该选择分支之前，已经取出了两条指令，它们不应该继续执行下去了。幸运的是，这两条指令都没有导致程序员可见的状态发生改变。只有到指令到达执行阶段时才会发生那种情况，在执行阶段中，指令会改变条件码。我们只要在下一个周期往译码和执行阶段中插入气泡，并同时取出跳转指令后面的指令，这样就能取消(有时也称为指令排除(instruction squashing))那两条预测错误的指令。这样一来，两条预测错误的指令就会简单地从流水线中消失，因此不会对程序员可见的状态产生影响。唯一的缺点是两个时钟周期的指令处理能力被浪费了。

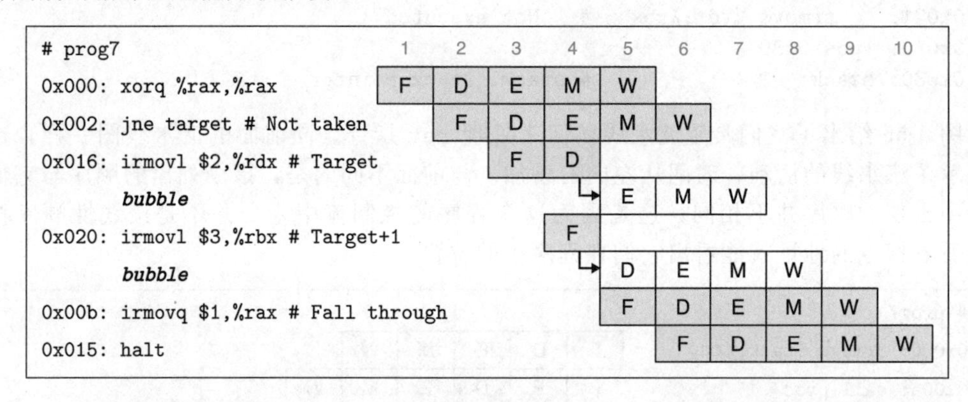


图 4-56　处理预测错误的分支指令。流水线预测会选择分支，所以开始取跳转目标处的指令。在周期 4 发现预测错误之前，已经取出了两条指令，此时，跳转指令正在通过执行阶段。在周期 5 中，流水线往译码和执行阶段中插入气泡，取消了两条目标指令，同时还取出跳转后面的那条指令

对控制冒险的讨论表明，通过慎重考虑流水线的控制逻辑，控制冒险是可以被处理的。在出现特殊情况时，暂停和往流水线中插入气泡的技术可以动态调整流水线的流程。如同我们将在 4.5.8 节中讨论的一样，对基本时钟寄存器设计的简单扩展就可以让我们暂停流水段，并向作为流水线控制逻辑一部分的流水线寄存器中插入气泡。

### 4.5.6　异常处理

正如第 8 章中将讨论的，处理器中很多事情都会导致异常控制流，此时，程序执行的正常流程被破坏掉。异常可以由程序执行从内部产生，也可以由某个外部信号从外部产生。我们的指令集体系结构包括三种不同的内部产生的异常：1)halt 指令，2)有非法指令和功能码组合的指令，3)取指或数据读写试图访问一个非法地址。一个更完整的处理器设计应该也能处理外部异常，例如当处理器收到一个网络接口收到新包的信号，或是一个用户点击鼠标按钮的信号。正确处理异常是任何微处理器设计中很有挑战性的一方面。异常可能出现在不可预测的时间，需要明确地中断通过处理器流水线的指令流。我们对这三种内部异常的处理只是让你对正确发现和处理异常的真实复杂性略有了解。

我们把导致异常的指令称为异常指令(excepting instruction)。在使用非法指令地址的情况中，没有实际的异常指令，但是想象在非法地址处有一种“虚拟指令”会有所帮助。在简化的 ISA 模型中，我们希望当处理器遇到异常时，会停止，设置适当的状态码，如图 4-5 所示。看上去应该是到异常指令之前的所有指令都已经完成，而其后的指令都不应该对程序员可见的状态产生任何影响。在一个更完整的设计中，处理器会继续调用异常处理

程序(exception handler)，这是操作系统的一部分，但是实现异常处理的这部分超出了本书讲述的范围(参见中文版勘误网站第 12 页的说明)。

在一个流水线化的系统中，异常处理包括一些细节问题。首先，可能同时有多条指令会引起异常。例如，在一个流水线操作的周期内，取指阶段中有 halt 指令，而数据内存会报告访存阶段中的指令数据地址越界。我们必须确定处理器应该向操作系统报告哪个异常。基本原则是：由流水线中最深的指令引起的异常，优先级最高。在上面那个例子中，应该报告访存阶段中指令的地址越界。就机器语言程序来说，访存阶段中的指令本来应该在取指阶段中的指令开始之前就结束的，所以，只应该向操作系统报告这个异常。

第二个细节问题是，当首先取出一条指令，开始执行时，导致了一个异常，而后来由于分支预测错误，取消了该指令。下面就是一个程序示例的目标代码：

```
0x000: 6300                 |    xorq %rax,%rax
0x002: 741600000000000000   |    jne  target       # Not taken
0x00b: 30f00100000000000000 |    irmovq $1, %rax   # Fall through
0x015: 00                   |    halt
0x016:                      | target:
0x016: ff                   |    .byte 0xFF        # Invalid instruction code
```

在这个程序中，流水线会预测选择分支，因此它会取出并以一个值为 0xFF 的字节作为指令(由汇编代码中 .byte 伪指令产生的)。译码阶段会因此发现一个非法指令异常。稍后，流水线会发现不应该选择分支，因此根本就不应该取出位于地址 0x016 的指令。流水线控制逻辑会取消该指令，但是我们想要避免出现异常。

第三个细节问题的产生是因为流水线化的处理器会在不同的阶段更新系统状态的不同部分。有可能会出现这样的情况，一条指令导致了一个异常，它后面的指令在异常指令完成之前改变了部分状态。比如说，考虑下面的代码序列，其中假设不允许用户程序访问 64 位范围的高端地址：

```
1      irmovq $1,%rax
2      xorq %rsp,%rsp   # Set stack pointer to 0 and CC to 100
3      pushq %rax       # Attempt to write to 0xfffffffffffffff8
4      addq  %rax,%rax  # (Should not be executed) Would set CC to 000
```

pushq 指令导致一个地址异常，因为减小栈指针会导致它绕回到 0xfffffffffffffff8。访存阶段中会发现这个异常。在同一周期中，addq 指令处于执行阶段，而它会将条件码设置成新的值。这就会违反异常指令之后的所有指令都不能影响系统状态的要求。

一般地，通过在流水线结构中加入异常处理逻辑，我们既能够从各个异常中做出正确的选择，也能够避免出现由于分支预测错误取出的指令造成的异常。这就是为什么我们会在每个流水线寄存器中包括一个状态码 stat(图 4-41 和图 4-52)。如果一条指令在其处理中于某个阶段产生了一个异常，这个状态字段就被设置成指示异常的种类。异常状态和该指令的其他信息一起沿着流水线传播，直到它到达写回阶段。在此，流水线控制逻辑发现出现了异常，并停止执行。

为了避免异常指令之后的指令更新任何程序员可见的状态，当处于访存或写回阶段中的指令导致异常时，流水线控制逻辑必须禁止更新条件码寄存器或是数据内存。在上面的示例程序中，控制逻辑会发现访存阶段中的 pushq 导致了异常，因此应该禁止 addq 指令更新条件码寄存器。

让我们来看看这种处理异常的方法是怎样解决刚才提到的那些细节问题的。当流水线中有一个或多个阶段出现异常时，信息只是简单地存放在流水线寄存器的状态字段中。异常事件不会对流水线中的指令流有任何影响，除了会禁止流水线中后面的指令更新程序员可见的状态(条件码寄存器和内存)，直到异常指令到达最后的流水线阶段。因为指令到达写回阶段的顺序与它们在非流水线化的处理器中执行的顺序相同，所以我们可以保证第一条遇到异常的指令会第一个到达写回阶段，此时程序执行会停止，流水线寄存器 W 中的状态码会被记录为程序状态。如果取出了某条指令，过后又取消了，那么所有关于这条指令的异常状态信息也都会被取消。所有导致异常的指令后面的指令都不能改变程序员可见的状态。携带指令的异常状态以及所有其他信息通过流水线的简单原则是处理异常的简单而可靠的机制。

### 4.5.7　PIPE 各阶段的实现

现在我们已经创建了 PIPE 的整体结构，PIPE 是我们使用了转发技术的流水线化的 Y86-64 处理器。它使用了一组与前面顺序设计相同的硬件单元，另外增加了一些流水线寄存器、一些重新配置了的逻辑块，以及增加的流水线控制逻辑。在本节中，我们将浏览各个逻辑块的设计，而将流水线控制逻辑的设计放到下一节中介绍。许多逻辑块与 SEQ 和 SEQ+中相应部件完全相同，除了我们必须从来自不同流水线寄存器(用大写的流水线寄存器的名字作为前缀)或来自各个阶段计算(用小写的阶段名字的第一个字母作为前缀)的信号中选择适当的值。

作为一个示例，比较一下 SEQ 中产生 srcA 信号的逻辑的 HCL 代码与 PIPE 中相应的代码：

```
    # Code from SEQ

word srcA = [
        icode in { IRRMOVQ, IRMMOVQ, IOPQ, IPUSHQ  } : rA;
        icode in { IPOPQ, IRET } : RRSP;
        1 : RNONE; # Don't need register
];

    # Code from PIPE

word d_srcA = [
        D_icode in { IRRMOVQ, IRMMOVQ, IOPQ, IPUSHQ  } : D_rA;
        D_icode in { IPOPQ, IRET } : RRSP;
        1 : RNONE; # Don't need register
];
```

它们的不同之处只在于 PIPE 信号都加上了前缀：“D_”表示源值，以表明信号是来自流水线寄存器 D，而“d_”表示结果值，以表明它是在译码阶段中产生的。为了避免重复，我们在此就不列出那些与 SEQ 中代码只有名字前缀不同的块的 HCL 代码。网络旁注 ARCH:HCL 中列出了完整的 PIPE 的 HCL 代码。

#### 1. PC 选择和取指阶段

图 4-57 提供了 PIPE 取指阶段逻辑的一个详细描述。像前面讨论过的那样，这个阶段必须选择程序计数器的当前值，并且预测下一个 PC 值。用于从内存中读取指令和抽取不同指令字段的硬件单元与 SEQ 中考虑的那些一样(参见 4.3.4 节中的取指阶段)。

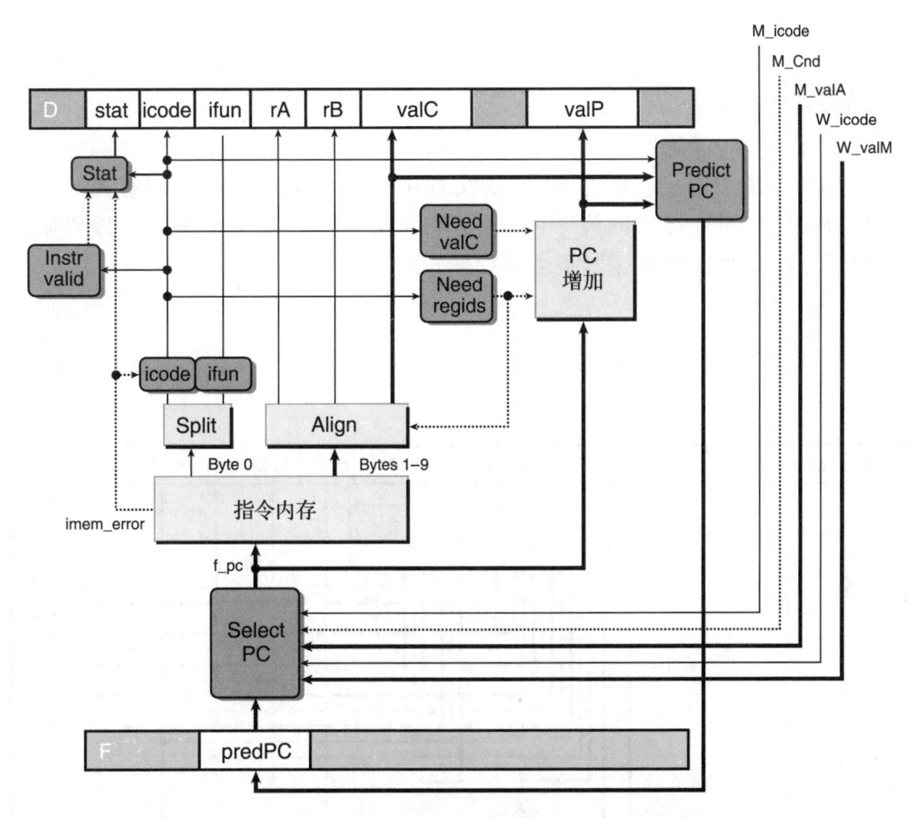


图 4-57　PIPE 的 PC 选择和取指逻辑。在一个周期的时间限制内，处理器只能预测下一条指令的地址

PC 选择逻辑从三个程序计数器源中进行选择。当一条预测错误的分支进入访存阶段时，会从流水线寄存器 M(信号 `M_valA`)中读出该指令 `valP` 的值(指明下一条指令的地址)。当 `ret` 指令进入写回阶段时，会从流水线寄存器 W(信号 `W_valM`)中读出返回地址。其他情况会使用存放在流水线寄存器 F(信号 `F_predPC`)中的 PC 的预测值：

```
word f_pc = [
        # Mispredicted branch.  Fetch at incremented PC
        M_icode == IJXX && !M_Cnd : M_valA;
        # Completion of RET instruction
        W_icode == IRET : W_valM;
        # Default: Use predicted value of PC
        1 : F_predPC;
];
```

当取出的指令为函数调用或跳转时，PC 预测逻辑会选择 `valC`，否则就会选择 `valP`：

```
word f_predPC = [
        f_icode in { IJXX, ICALL } : f_valC;
        1 : f_valP;
];
```

标号为“Instr valid”、“Need regids”和“Need valC”的逻辑块和 SEQ 中的一样，使用了适当命名的源信号。

同 SEQ 中不一样，我们必须将指令状态的计算分成两个部分。在取指阶段，可以测试由于指令地址越界引起的内存错误，还可以发现非法指令或 `halt` 指令。必须推迟到访存阶段才能发现非法数据地址。

练习题 4.30 写出信号 f_stat 的 HCL 代码，提供取出的指令的临时状态。

2. 译码和写回阶段

图 4-58 是 PIPE 的译码和写回逻辑的详细说明。标号为“dstE”、“dstM”、“srcA”和“srcB”的块非常类似于它们在 SEQ 的实现中的相应部件。我们观察到，提供给写端口的寄存器 ID 来自于写回阶段(信号 W_dstE 和 W_dstM)，而不是来自于译码阶段。这是因为我们希望进行写的目的寄存器是由写回阶段中的指令指定的。

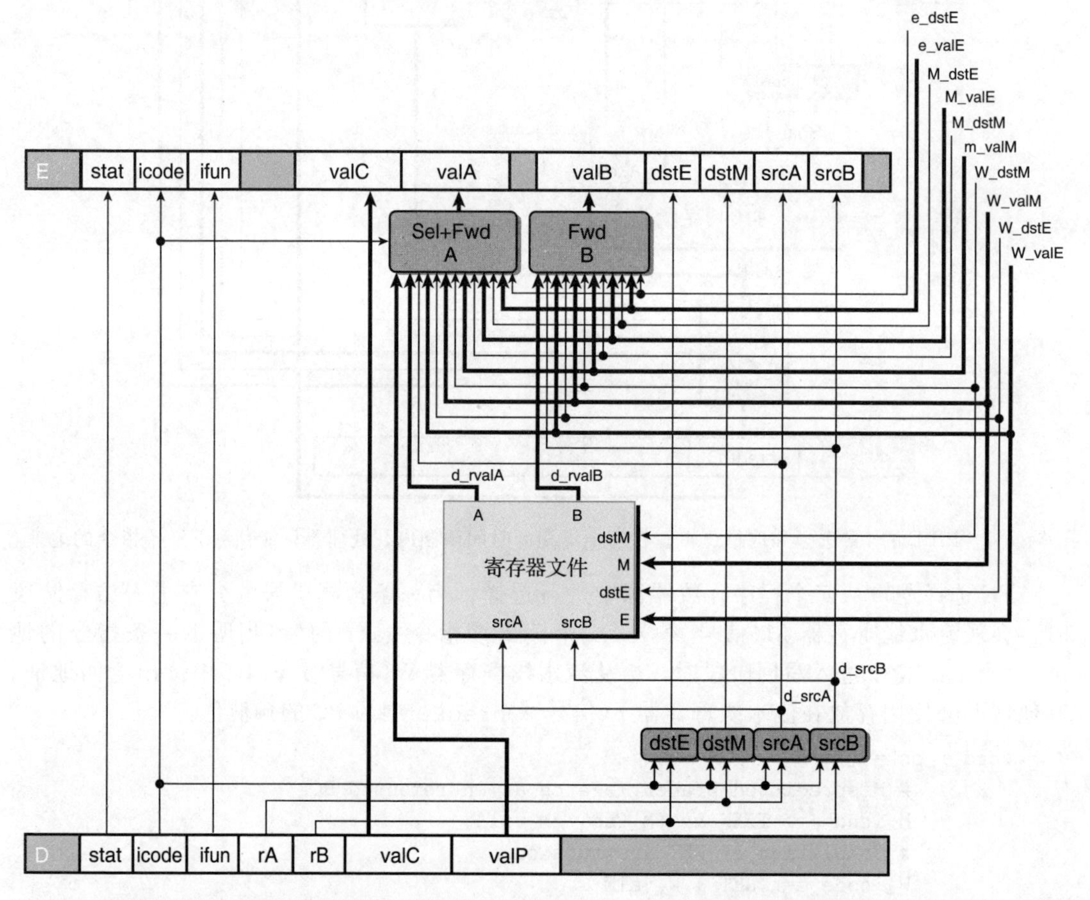


图 4-58 PIPE 的译码和写回阶段逻辑。没有指令既需要 valP 又需要来自寄存器端口 A 中读出的值，因此对后面的阶段来说，这两者可以合并为信号 valA。标号为“Sel+Fwd A”的块执行该任务，并实现源操作数 valA 的转发逻辑。标号为“Fwd B”的块实现源操作数 valB 的转发逻辑。寄存器写的位置是由来自写回阶段的 dstE 和 dstM 信号指定的，而不是来自于译码阶段，因为它要写的是当前正在写回阶段中的指令的结果

练习题 4.31 译码阶段中标号为“dstE”的块根据来自流水线寄存器 D 中取出的指令的各个字段，产生寄存器文件 E 端口的寄存器 ID。在 PIPE 的 HCL 描述中，得到的信号命名为 d_dstE。根据 SEQ 信号 dstE 的 HCL 描述，写出这个信号的 HCL 代码。(参考 4.3.4 节中的译码阶段。)目前还不用关心实现条件传送的逻辑。

这个阶段的复杂性主要是跟转发逻辑相关。就像前面提到的那样，标号为“Sel+Fwd A”的块扮演两个角色。它为后面的阶段将 valP 信号合并到 valA 信号，这样可以减少流水线寄存器中状态的数量。它还实现了源操作数 valA 的转发逻辑。

合并信号 valA 和 valP 的依据是，只有 call 和跳转指令在后面的阶段中需要 valP 的值，而这些指令并不需要从寄存器文件 A 端口中读出的值。这个选择是由该阶段的 icode 信号来控制的。当信号 D_icode 与 call 或 jXX 的指令代码相匹配时，这个块就会选择 D_valP 作为它的输出。

4.5.5 节中提到有 5 个不同的转发源，每个都有一个数据字和一个目的寄存器 ID：

| 数据字 | 寄存器 ID | 源描述 |
|---|---|---|
| e_valE | e_dstE | ALU 输出 |
| m_valM | M_dstM | 内存输出 |
| M_valE | M_dstE | 访存阶段中对端口 E 未进行的写 |
| W_valM | W_dstM | 写回阶段中对端口 M 未进行的写 |
| W_valE | W_dstE | 写回阶段中对端口 E 未进行的写 |

如果不满足任何转发条件，这个块就应该选择 d_rvalA 作为它的输出，也就是从寄存器端口 A 中读出的值。

综上所述，我们得到以下流水线寄存器 E 的 valA 新值的 HCL 描述：

```
word d_valA = [
        D_icode in { ICALL, IJXX } : D_valP; # Use incremented PC
        d_srcA == e_dstE : e_valE;    # Forward valE from execute
        d_srcA == M_dstM : m_valM;    # Forward valM from memory
        d_srcA == M_dstE : M_valE;    # Forward valE from memory
        d_srcA == W_dstM : W_valM;    # Forward valM from write back
        d_srcA == W_dstE : W_valE;    # Forward valE from write back
        1 : d_rvalA;  # Use value read from register file
];
```

上述 HCL 代码中赋予这 5 个转发源的优先级是非常重要的。这种优先级是由 HCL 代码中检测 5 个目的寄存器 ID 的顺序来确定的。如果选择了其他任何顺序，对某些程序来说，流水线就会出错。图 4-59 给出了一个程序示例，要求对执行和访存阶段中的转发源设置正确的优先级。在这个程序中，前两条指令写寄存器%rdx，而第三条指令用这个寄存器作为它的源操作数。当指令 rrmovq 在周期 4 到达译码阶段时，转发逻辑必须在两个都以该源寄存器为目的的值中选择一个。它应该选择哪一个呢？为了设定优先级，我们必须考虑当一次执行一条指令时，机器语言程序的行为。第一条 irmovq 指令会将寄存器%rdx 设为 10，第二条 irmovq 指令会将之设为 3，然后 rrmovq 指令会从%rdx 中读出 3。为了模拟这种行为，流水线化的实现应该总是给处于最早流水线阶段中的转发源以较高的优先级，因为它保持着程序序列中设置该寄存器的最近的指令。因此，上述 HCL 代码中的逻辑首先会检测执行阶段中的转发源，然后是访存阶段，最后才是写回阶段。只有指令 popq %rsp 会关心在访存或写回阶段中的两个源之间的转发优先级，因为只有这一条指令会试图两次写同一个寄存器。

**练习题 4.32** 假设 d_valA 的 HCL 代码中第三和第四种情况(来自访存阶段的两个转发源)的顺序是反过来的。请描述下列程序中 rrmovq 指令(第 5 行)造成的行为：

```
1        irmovq $5, %rdx
2        irmovq $0x100,%rsp
3        rmmovq %rdx,0(%rsp)
4        popq %rsp
5        rrmovq %rsp,%rax
```

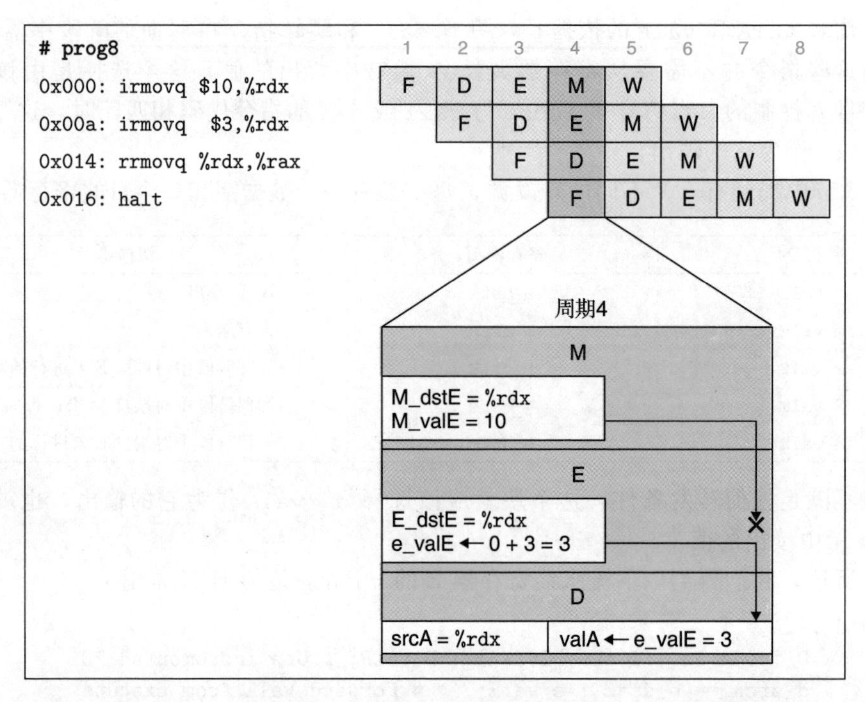


图 4-59　转发优先级的说明。在周期 4 中，%rdx 的值既可以从执行阶段也可以从访存阶段得到。转发逻辑应该选择执行阶段中的值，因为它代表最近产生的该寄存器的值

**练习题 4.33**　假设 d_valA 的 HCL 代码中第五和第六种情况(来自写回阶段的两个转发源)的顺序是反过来的。写出一个会运行错误的 Y86-64 程序。请描述错误是如何发生的，以及它对程序行为的影响。

**练习题 4.34**　根据提供到流水线寄存器 E 的源操作数 valB 的值，写出信号 d_valB 的 HCL 代码。

写回阶段的一小部分是保持不变的。如图 4-52 所示，整个处理器的状态 Stat 是一个块根据流水线寄存器 W 中的状态值计算出来的。回想一下 4.1.1 节，状态码应该指明是正常操作(AOK)，还是三种异常条件中的一种。由于流水线寄存器 W 保存着最近完成的指令的状态，很自然地要用这个值来表示整个处理器状态。唯一要考虑的特殊情况是当写回阶段有气泡时。这是正常操作的一部分，因此对于这种情况，我们也希望状态码是 AOK：

```
word Stat = [
        W_stat == SBUB : SAOK;
        1 : W_stat;
];
```

### 3. 执行阶段

图 4-60 展现的是 PIPE 执行阶段的逻辑。这些硬件单元和逻辑块同 SEQ 中的相同，使用的信号做适当的重命名。我们可以看到信号 e_valE 和 e_dstE 作为转发源，指向译码阶段。一个区别是标号为“Set CC”的逻辑以信号 m_stat 和 W_stat 作为输入，这个逻辑决定了是否要更新条件码。这些信号被用来检查一条导致异常的指令正在通过后面的流水线阶段的情况，因此，任何对条件码的更新都会被禁止。这部分设计在 4.5.8 节中讨论。

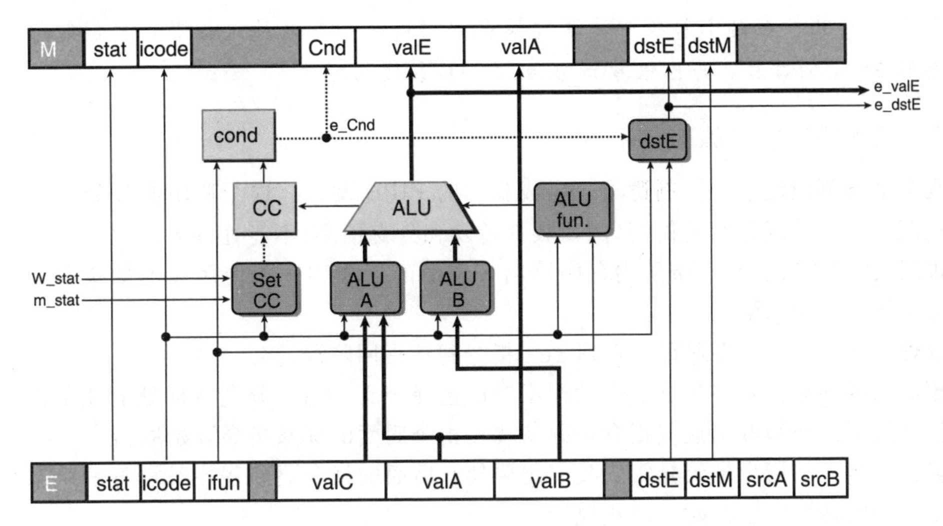


图 4-60　PIPE 的执行阶段逻辑。这一部分的设计与 SEQ 实现中的逻辑非常相似

**练习题 4.35**　d_valA 的 HCL 代码中的第二种情况使用了信号 e_dstE，来判断是否要选择 ALU 的输出 e_valE 作为转发源。假设我们用 E_dstE，也就是流水线寄存器 E 中的目的寄存器 ID，来作为这个选择。写出一个采用这个修改过的转发逻辑就会产生错误结果的 Y86-64 程序。

### 4. 访存阶段

图 4-61 是 PIPE 的访存阶段逻辑。将这个逻辑与 SEQ 的访存阶段(图 4-30)相比较，我们看到，正如前面提到的那样，PIPE 中没有 SEQ 中标号为“Data”的块。这个块是用来在数据源 valP(对 call 指令来说)和 valA 中进行选择的，但是这个选择现在由译码阶段中标号为“Sel+Fwd A”的块来执行。这个阶段中的其他块都和 SEQ 中相应的部件相同，采用的信号做适当的重命名。在图中，你还可以看到许多流水线寄存器 M 和 W 中的值作为转发和流水线控制逻辑的一部分，提供给电路中其他部分。

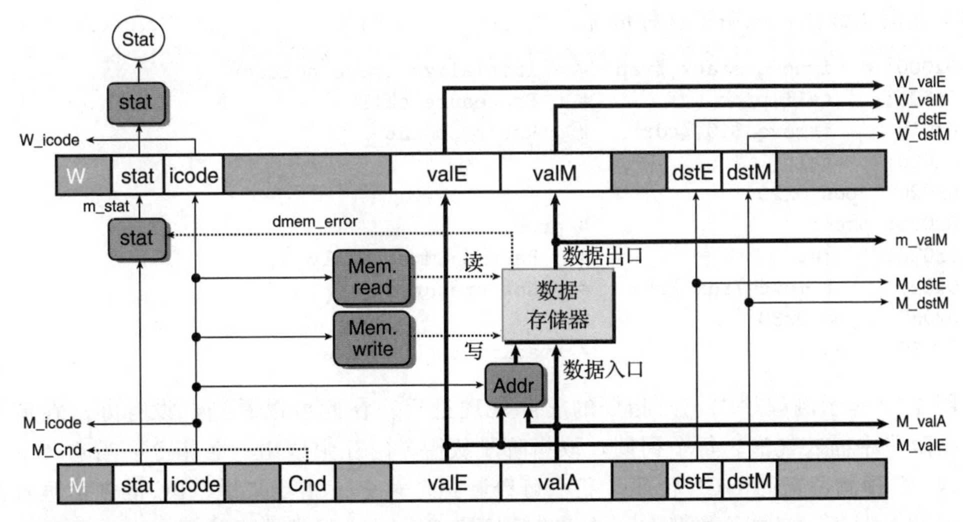


图 4-61　PIPE 的访存阶段逻辑。许多从流水线寄存器 M 和 W 来的信号被传递到较早的阶段，以提供写回的结果、指令地址以及转发的结果

练习题 4.36　在这个阶段中，通过检查数据内存的非法地址情况，我们能够完成状态码 Stat 的计算。写出信号 m_stat 的 HCL 代码。

### 4.5.8 流水线控制逻辑

现在准备创建流水线控制逻辑，完成我们的 PIPE 设计。这个逻辑必须处理下面 4 种控制情况，这些情况是其他机制(例如数据转发和分支预测)不能处理的：

**加载/使用冒险**：在一条从内存中读出一个值的指令和一条使用该值的指令之间，流水线必须暂停一个周期。

**处理 ret**：流水线必须暂停直到 ret 指令到达写回阶段。

**预测错误的分支**：在分支逻辑发现不应该选择分支之前，分支目标处的几条指令已经进入流水线了。必须取消这些指令，并从跳转指令后面的那条指令开始取指。

**异常**：当一条指令导致异常，我们想要禁止后面的指令更新程序员可见的状态，并且在异常指令到达写回阶段时，停止执行。

我们先浏览每种情况所期望的行为，然后再设计处理这些情况的控制逻辑。

**1. 特殊控制情况所期望的处理**

在 4.5.5 节中，我们已经描述了对加载/使用冒险所期望的流水线操作，如图 4-54 所示。只有 mrmovq 和 popq 指令会从内存中读数据。当这两条指令中的任一条处于执行阶段，并且需要该目的寄存器的指令正处在译码阶段时，我们要将第二条指令阻塞在译码阶段，并在下一个周期往执行阶段中插入一个气泡。此后，转发逻辑会解决这个数据冒险。可以将流水线寄存器 D 保持为固定状态，从而将一个指令阻塞在译码阶段。这样做还可以保证流水线寄存器 F 保持为固定状态，由此下一条指令会被再取一次。总之，实现这个流水线流需要发现冒险的情况，保持流水线寄存器 F 和 D 固定不变，并且在执行阶段中插入气泡。

对 ret 指令的处理，我们已经在 4.5.5 节中描述了所需的流水线操作。流水线要停顿 3 个时钟周期，直到 ret 指令经过访存阶段，读出返回地址。通过图 4-55 中下面程序的处理的简化流水线图，说明了这种情况：

```
0x000:    irmovq stack,%rsp  #   Initialize stack pointer
0x00a:    call proc          #   Procedure call
0x013:    irmovq $10,%rdx    #   Return point
0x01d:    halt
0x020: .pos 0x20
0x020: proc:                 # proc:
0x020:    ret                #   Return immediately
0x021:    rrmovq %rdx,%rbx   #   Not executed
0x030: .pos 0x30
0x030: stack:                # stack: Stack pointer
```

图 4-62 是示例程序中 ret 指令的实际处理过程。在此可以看到，没有办法在流水线的取指阶段中插入气泡。每个周期，取指阶段从指令内存中读出一条指令。看看 4.5.7 节中实现 PC 预测逻辑的 HCL 代码，我们可以看到，对 ret 指令来说，PC 的新值被预测成 valP，也就是下一条指令的地址。在我们的示例程序中，这个地址会是 0x021，即 ret 后面 rrmovq 指令的地址。对这个例子来说，这种预测是不对的，即使对大部分情况来说，也是不对的，但是在设计中，我们并不试图正确预测返回地址。取指阶段会暂停 3 个时钟

周期，导致取出 rrmovq 指令，但是在译码阶段就被替换成了气泡。这个过程在图 4-62 中的表示为，3 个取指用箭头指向下面的气泡，气泡会经过剩下的流水线阶段。最后，在周期 7 取出 irmovq 指令。比较图 4-62 和图 4-55，可以看到，我们的实现达到了期望的效果，只不过连续 3 个周期取出了不正确的指令。

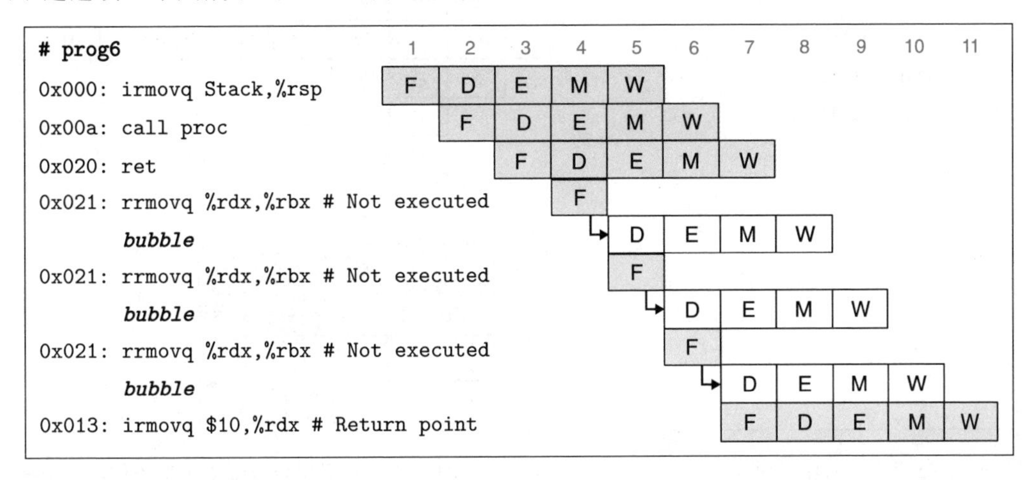


图 4-62 ret 指令的详细处理过程。取指阶段反复取出 ret 指令后面的 rrmovq 指令，但是流水线控制逻辑在译码阶段中插入气泡，而不是让 rrmovq 指令继续下去。由此得到的行为与图 4-55 所示的等价

当分支预测错误发生时，我们已经在 4.5.5 节中描述了所需的流水线操作，并用图 4-56 进行了说明。当跳转指令到达执行阶段时就可以检测到预测错误。然后在下一个时钟周期，控制逻辑就会在译码和执行段插入气泡，取消两条不正确的已取指令。在同一个时钟周期，流水线将正确的指令读取到取指阶段。

对于导致异常的指令，我们必须使流水线化的实现符合期望的 ISA 行为，也就是在前面所有的指令结束前，后面的指令不能影响程序的状态。一些因素会使得想达到这些效果比较麻烦：1）异常在程序执行的两个不同阶段(取指和访存)被发现的，2)程序状态在三个不同阶段(执行、访存和写回)被更新。

在我们的阶段设计中，每个流水线寄存器中会包含一个状态码 stat，随着每条指令经过流水线阶段，它会记录指令的状态。当异常发生时，我们将这个信息作为指令状态的一部分记录下来，并且继续取指、译码和执行指令，就好像什么都没有出错似的。当异常指令到达访存阶段时，我们会采取措施防止后面的指令修改程序员可见的状态：1）禁止执行阶段中的指令设置条件码，2）向内存阶段中插入气泡，以禁止向数据内存中写入，3）当写回阶段中有异常指令时，暂停写回阶段，因而暂停了流水线。

图 4-63 中的流水线图说明了我们的流水线控制如何处理导致异常的指令后面跟着一条会改变条件码的指令的情况。在周期 6，pushq 指令到达访存阶段，产生一个内存错误。在同一个周期，执行阶段中的 addq 指令产生新的条件码的值。当访存或者写回阶段中有异常指令时(通过检查信号 m_stat 和 W_stat，然后将信号 set_cc 设置为 0)，禁止设置条件码。在图 4-63 的例子中，我们还可以看到既向访存阶段插入了气泡，也在写回阶段暂停了异常指令——pushq 指令在写回阶段保持暂停，后面的指令都没有通过执行阶段。

对状态信号流水线化，控制条件码的设置，以及控制流水线阶段——将这些结合起来，我们实现了对异常的期望的行为：异常指令之前的指令都完成了，而后面的指令对程

序员可见的状态都没有影响。

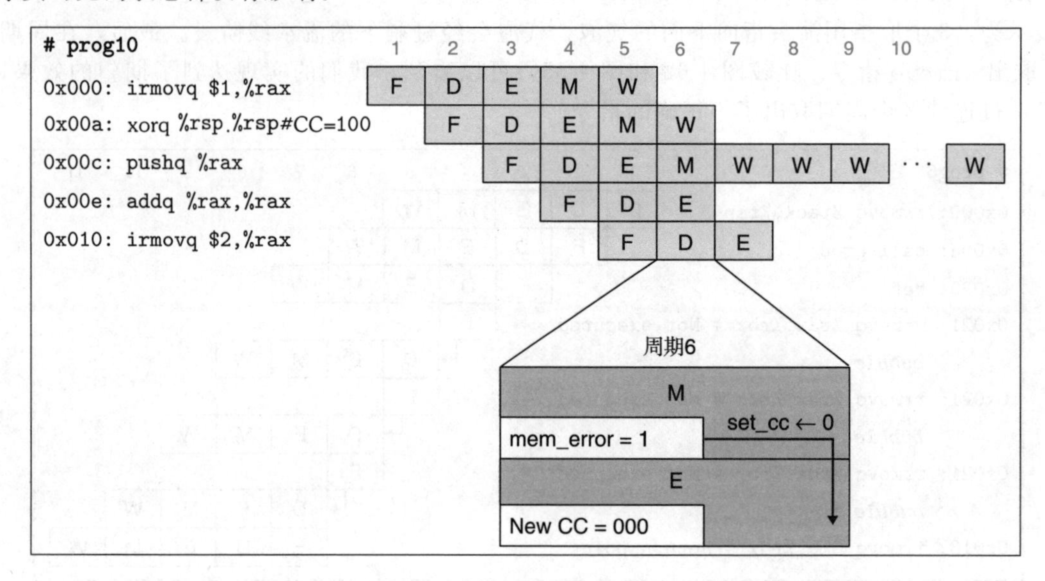


图 4-63　处理非法内存引用异常。在周期 6，pushq 指令的非法内存引用导致禁止更新条件码。流水线开始往访存阶段插入气泡，并在写回阶段暂停异常指令

**2. 发现特殊控制条件**

图 4-64 总结了需要特殊流水线控制的条件。它给出的表达式描述了在哪些条件下会出现这三种特殊情况。一些简单的组合逻辑块实现了这些表达式，为了在时钟上升开始下一个周期时控制流水线寄存器的活动，这些块必须在时钟周期结束之前产生出结果。在一个时钟周期内，流水线寄存器 D、E 和 M 分别保持着处于译码、执行和访存阶段中的指令的状态。在到达时钟周期末尾时，信号 d_srcA 和 d_srcB 会被设置为译码阶段中指令的源操作数的寄存器 ID。当 ret 指令通过流水线时，要想发现它，只要检查译码、执行和访存阶段中指令的指令码。发现加载/使用冒险要检查执行阶段中的指令类型(mrmovq 或 popq)，并把它的目的寄存器与译码阶段中指令的源寄存器相比较。当跳转指令在执行阶段时，流水线控制逻辑应该能发现预测错误的分支，这样当指令进入访存阶段时，它就能设置从错误预测中恢复所需要的条件。当跳转指令处于执行阶段时，信号 e_Cnd 指明是否要选择分支。通过检查访存和写回阶段中的指令状态值，就能发现异常指令。对于访存阶段，我们使用在这个阶段中计算出来的信号 m_stat，而不是使用流水线寄存器的 M_stat。这个内部信号包含着可能的数据内存地址错误。

| 条件 | 触发条件 |
|---|---|
| 处理 ret | IRET∈{D_icode，E_icode，M_icode} |
| 加载/使用冒险 | E_icode∈{IMRMOVQ，IPOPQ} && E_dstM∈{d_srcA，d_srcB} |
| 预测错误的分支 | E_icode＝IJXX && ! e_Cnd |
| 异常 | m_stat∈{SADR，SINS，SHLT} \|\| W_stat∈{SADR，SINS，SHLT} |

图 4-64　流水线控制逻辑的检查条件。四种不同的条件要求改变流水线，暂停流水线或者取消已经部分执行的指令

**3. 流水线控制机制**

图 4-65 是一些低级机制，它们使得流水线控制逻辑能将指令阻塞在流水线寄存器中，

或是往流水线中插入一个气泡。这些机制包括对 4.2.5 节中描述的基本时钟寄存器的小扩展。假设每个流水线寄存器有两个控制输入：暂停(stall)和气泡(bubble)。这些信号的设置决定了当时钟上升时该如何更新流水线寄存器。在正常操作下(图 4-65a)，这两个输入都设为 0，使得寄存器加载它的输入作为新的状态。当暂停信号设为 1 时(图 4-65b)，禁止更新状态。相反，寄存器会保持它以前的状态。这使得它可以将指令阻塞在某个流水线阶段中。当气泡信号设置为 1 时(图 4-65c)，寄存器状态会设置成某个固定的*复位配置*(reset configuration)，得到一个等效于 nop 指令的状态。一个流水线寄存器的复位配置的 0、1 模式是由流水线寄存器中字段的集合决定的。例如，要往流水线寄存器 D 中插入一个气泡，我们要将 `icode` 字段设置为常数值 `INOP`(图 4-26)。要往流水线寄存器 E 中插入一个气泡，我们要将 `icode` 字段设为 `INOP`，并将 `dstE`、`dstM`、`srcA` 和 `srcB` 字段设为常数 `RNONE`。确定复位配置是硬件设计师在设计流水线寄存器时的任务之一。在此我们不讨论细节。我们会将气泡和暂停信号都设为 1 看成是出错。

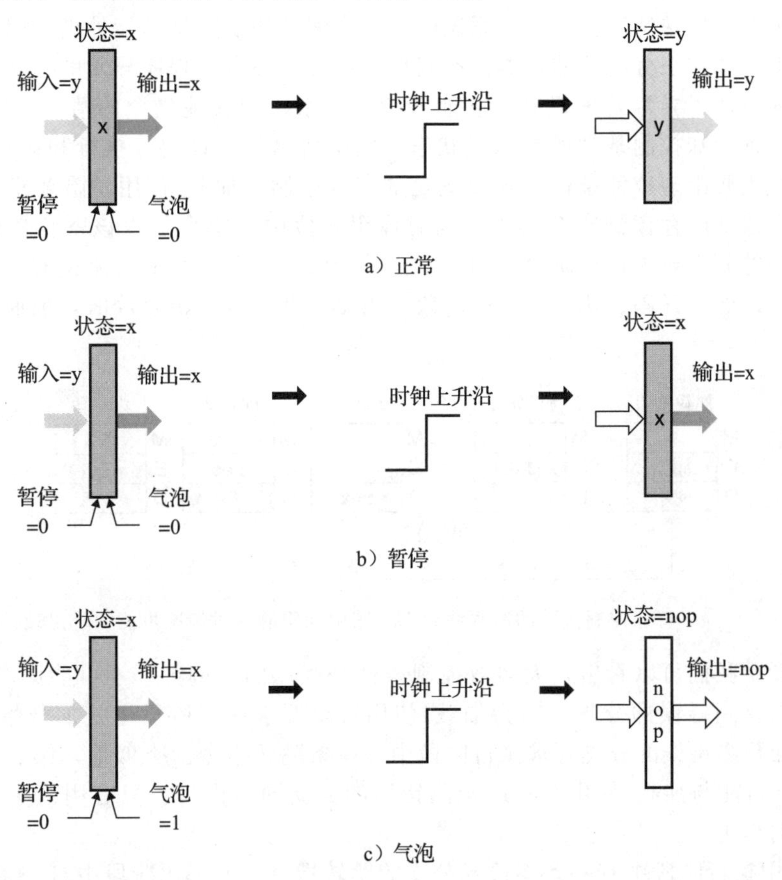


图 4-65 附加的流水线寄存器操作。a)在正常条件下，当时钟上升时，寄存器的状态和输出被设置成输入的值；b)当运行在暂停模式中时，状态保持为先前的值不变；c)当运行在气泡模式中时，会用 nop 操作的状态覆盖当前状态

图 4-66 中的表给出了各个流水线寄存器在三种特殊情况下应该采取的行动。对每种情况的处理都是对流水线寄存器正常、暂停和气泡操作的某个组合。在时序方面，流水线寄存器的暂停和气泡控制信号是由组合逻辑块产生的。当时钟上升时，这些值必须是合法的，使得当下一个时钟周期开始时，每个流水线寄存器要么加载，要么暂停，要么产生气

泡。有了这个对流水线寄存器设计的小扩展，我们就能用组合逻辑、时钟寄存器和随机访问存储器这样的基本构建块，来实现一个完整的、包括所有控制的流水线。

| 条件 | 流水线寄存器 | | | | |
|---|---|---|---|---|---|
| | F | D | E | M | W |
| 处理 ret | 暂停 | 气泡 | 正常 | 正常 | 正常 |
| 加载/使用冒险 | 暂停 | 暂停 | 气泡 | 正常 | 正常 |
| 预测错误的分支 | 正常 | 气泡 | 气泡 | 正常 | 正常 |

图 4-66　流水线控制逻辑的动作。不同的条件需要改变流水线流，或者会暂停流水线，或者会取消部分已执行的指令

4. 控制条件的组合

到目前为止，在我们对特殊流水线控制条件的讨论中，假设在任意一个时钟周期内，最多只能出现一个特殊情况。在设计系统时，一个常见的缺陷是不能处理同时出现多个特殊情况的情形。现在来分析这些可能性。我们不需要担心多个程序异常的组合情况，因为已经很小心地设计了异常处理机制，它能够考虑流水线中其他指令的情况。图 4-67 画出了导致其他三种特殊控制条件的流水线状态。图中所示的是译码、执行和访存阶段的块。暗色的方框代表要出现这种条件必须要满足的特别限制。加载/使用冒险要求执行阶段中的指令将一个值从内存读到寄存器中，同时译码阶段中的指令要以该寄存器作为源操作数。预测错误的分支要求执行阶段中的指令是一个跳转指令。对 ret 来说有三种可能的情况——指令可以处在译码、执行或访存阶段。当 ret 指令通过流水线时，前面的流水线阶段都是气泡。

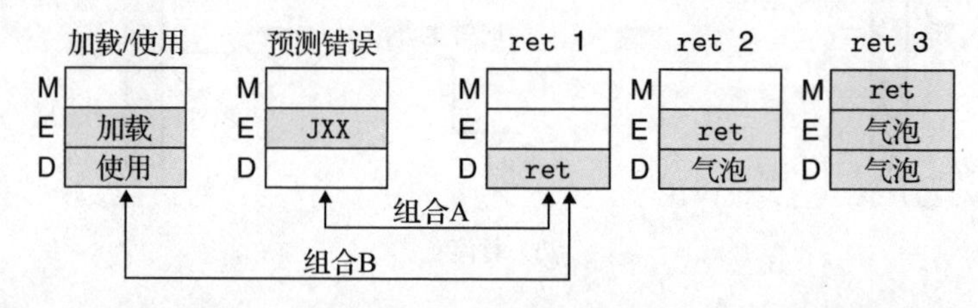


图 4-67　特殊控制条件的流水线状态。图中标明的两对情况可能同时出现

从这些图中我们可以看出，大多数控制条件是互斥的。例如，不可能同时既有加载/使用冒险又有预测错误的分支，因为加载/使用冒险要求执行阶段中是加载指令(mrmovq 或 popq)，而预测错误的分支要求执行阶段中是一条跳转指令。类似地，第二个和第三个 ret 组合也不可能与加载/使用冒险或预测错误的分支同时出现。只有用箭头标明的两种组合可能同时出现。

组合 A 中执行阶段中有一条不选择分支的跳转指令，而译码阶段中有一条 ret 指令。出现这种组合要求 ret 位于不选择分支的目标处。流水线控制逻辑应该发现分支预测错误，因此要取消 ret 指令。

**练习题 4.37**　写一个 Y86-64 汇编语言程序，它能导致出现组合 A 的情况，并判断控制逻辑是否处理正确。

合并组合 A 条件的控制动作(图 4-66)，我们得到以下流水线控制动作(假设气泡或暂停会覆盖正常的情况)：

| 条件 | 流水线寄存器 | | | | |
|---|---|---|---|---|---|
| | F | D | E | M | W |
| 处理 ret | 暂停 | 气泡 | 正常 | 正常 | 正常 |
| 预测错误的分支 | 正常 | 气泡 | 气泡 | 正常 | 正常 |
| 组合 | 暂停 | 气泡 | 气泡 | 正常 | 正常 |

也就是说，组合情况 A 的处理与预测错误的分支相似，只不过在取指阶段是暂停。幸运的是，在下一个周期，PC 选择逻辑会选择跳转后面那条指令的地址，而不是预测的程序计数器值，所以流水线寄存器 F 发生了什么是没有关系的。因此我们得出结论，流水线能正确处理这种组合情况。

组合 B 包括一个加载/使用冒险，其中加载指令设置寄存器%rsp，然后 ret 指令用这个寄存器作为源操作数，因为它必须从栈中弹出返回地址。流水线控制逻辑应该将 ret 指令阻塞在译码阶段。

**练习题 4.38** 写一个 Y86-64 汇编语言程序，它能导致出现组合 B 的情况，如果流水线运行正确，以 halt 指令结束。

合并组合 B 条件的控制动作(图 4-66)，我们得到以下流水线控制动作：

| 条件 | 流水线寄存器 | | | | |
|---|---|---|---|---|---|
| | F | D | E | M | W |
| 处理 ret | 暂停 | 气泡 | 正常 | 正常 | 正常 |
| 加载/使用 | 暂停 | 暂停 | 气泡 | 正常 | 正常 |
| 组合 | 暂停 | 气泡+暂停 | 气泡 | 正常 | 正常 |
| 期望的情况 | 暂停 | 暂停 | 气泡 | 正常 | 正常 |

如果同时触发两组动作，控制逻辑会试图暂停 ret 指令来避免加载/使用冒险，同时又会因为 ret 指令而往译码阶段中插入一个气泡。显然，我们不希望流水线同时执行这两组动作。相反，我们希望它只采取针对加载/使用冒险的动作。处理 ret 指令的动作应该推迟一个周期。

这些分析表明组合 B 需要特殊处理。实际上，PIPE 控制逻辑原来的实现并没有正确处理这种组合情况。即使设计已经通过了许多模拟测试，它还是有细节问题，只有通过刚才那样的分析才能发现。当执行一个含有组合 B 的程序时，控制逻辑会将流水线寄存器 D 的气泡和暂停信号都置为 1。这个例子表明了系统分析的重要性。只运行正常的程序是很难发现这个问题的。如果没有发现这个问题，流水线就不能忠实地实现 ISA 的行为。

### 5. 控制逻辑实现

图 4-68 是流水线控制逻辑的整体结构。根据来自流水线寄存器和流水线阶段的信号，控制逻辑产生流水线寄存器的暂停和气泡控制信号，同时也决定是否要更新条件码寄存器。我们可以将图 4-64 的发现条件和图 4-66 的动作结合起来，产生各个流水线控制信号的 HCL 描述。

遇到加载/使用冒险或 ret 指令，流水线寄存器 F 必须暂停：

```
bool F_stall =
        # Conditions for a load/use hazard
        E_icode in { IMRMOVQ, IPOPQ } &&
         E_dstM in { d_srcA, d_srcB } ||
        # Stalling at fetch while ret passes through pipeline
        IRET in { D_icode, E_icode, M_icode };
```

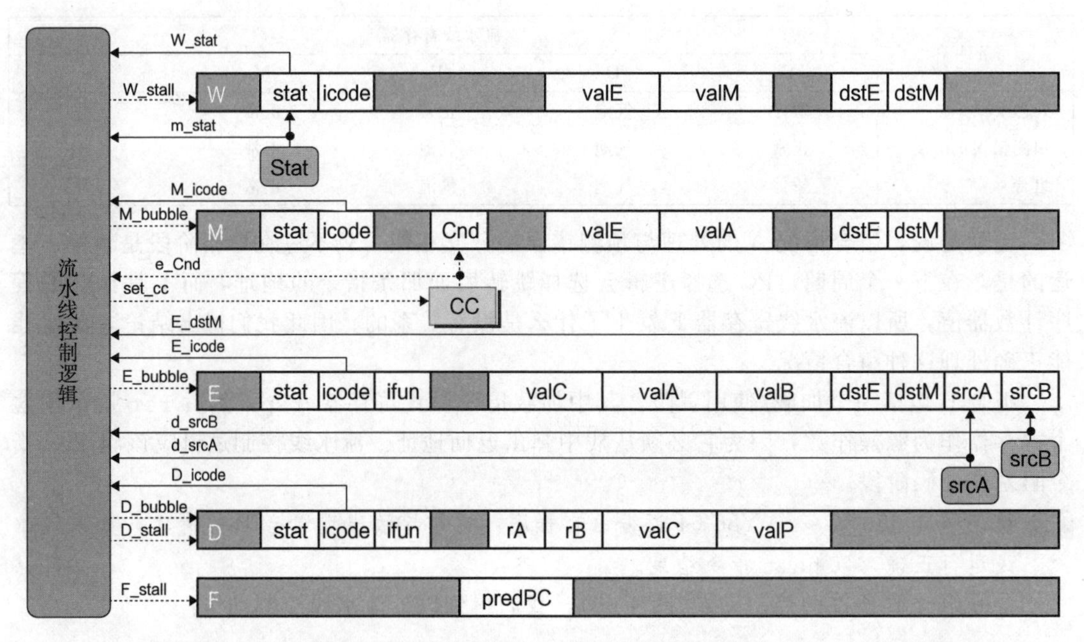


图 4-68　PIPE 流水线控制逻辑。这个逻辑覆盖了通过流水线的正常指令流，以处理特殊条件，例如过程返回、预测错误的分支、加载/使用冒险和程序异常

**练习题 4.39**　写出 PIPE 实现中信号 `D_stall` 的 HCL 代码。

遇到预测错误的分支或 `ret` 指令，流水线寄存器 D 必须设置为气泡。不过，正如前面一节中的分析所示，当遇到加载/使用冒险和 `ret` 指令组合时，不应该插入气泡：

```
bool D_bubble =
        # Mispredicted branch
        (E_icode == IJXX && !e_Cnd) ||
        # Stalling at fetch while ret passes through pipeline
        # but not condition for a load/use hazard
        !(E_icode in { IMRMOVQ, IPOPQ } && E_dstM in { d_srcA, d_srcB }) &&
          IRET in { D_icode, E_icode, M_icode };
```

**练习题 4.40**　写出 PIPE 实现中信号 `E_bubble` 的 HCL 代码。

**练习题 4.41**　写出 PIPE 实现中信号 `set_cc` 的 HCL 代码。该信号只有对 `OPq` 指令才出现，应该考虑程序异常的影响。

**练习题 4.42**　写出 PIPE 实现中信号 `M_bubble` 和 `W_stall` 的 HCL 代码。后一个信号需要修改图 4-64 中列出的异常条件。

现在我们讲完了所有的特殊流水线控制信号的值。在 PIPE 的完整 HCL 代码中，所有其他的流水线控制信号都设为 0。

**旁注　测试设计**

正如我们看到的，即使是对于一个很简单的微处理器，设计中还是有很多地方会出现问题。使用流水线，处于不同流水线阶段的指令之间有许多不易察觉的交互。我们看到一些设计上的挑战来自于不常见的指令(例如弹出值到栈指针)，或是不常见的指令组合(例如不选择分支的跳转指令后面跟一条 `ret` 指令)。还看到异常处理增加了一类全新的可能的流水线行为。那么怎样确定我们的设计是正确的呢？对于硬件制造者来说，这是主要关心的问题，因为他们不能简单地报告一个错误，让用户通过 Internet 下载代码补丁。即使是简单的逻辑设计错误都可能有很严重的后果，特别是随着微处理器越来越多地用于对我们的生命和健康至关重要的系统的运行中，例如汽车防抱死制动系统、心脏起搏器以及航空控制系统。

简单地模拟设计，运行一些“典型的”程序，不足以用来测试一个系统。相反，全面的测试需要设计一些方法，系统地产生许多测试尽可能多地使用不同指令和指令组合。在创建 Y86-64 处理器的过程中，我们还设计了很多测试脚本，每个脚本都产生出很多不同的测试，运行处理器模拟，并且比较得到的寄存器和内存值和我们 YIS 指令集模拟器产生的值。以下是这些脚本的简要介绍：

**optest**：运行 49 个不同的 Y86-64 指令测试，具有不同的源和目的寄存器。

**jtest**：运行 64 个不同的跳转和函数调用指令的测试，具有不同的是否选择分支的组合。

**cmtest**：运行 28 个不同的条件传送指令的测试，具有不同的控制组合。

**htest**：运行 600 个不同的数据冒险可能性的测试，具有不同的源和目的的指令的组合，在这些指令对之间有不同数量的 nop 指令。

**ctest**：测试 22 个不同的控制组合，基于类似 4.5.8 节中我们做的那样的分析。

**etest**：测试 12 种不同的导致异常的指令和跟在后面可能改变程序员可见状态的指令组合。

这种测试方法的关键思想是我们想要尽量的系统化，生成的测试会创建出不同的可能导致流水线错误的条件。

**旁注　形式化地验证我们的设计**

即使一个设计通过了广泛的测试，我们也不能保证对于所有可能的程序，它都能正确运行。即使只考虑由短的代码段组成的测试，可以测试的可能的程序的数量也大得难以想象。不过，形式化验证(formal verification)的新方法能够保证有工具能够严格地考虑一个系统所有可能的行为，并确定是否有设计错误。

我们能够形式化验证 Y86-64 处理器较早的一个版本[13]。建立一个框架，比较流水线化的设计 PIPE 和非流水线化的版本 SEQ。也就是，它能够证明对于任意 Y86-64 程序，两个处理器对程序员可见的状态有完全一样的影响。当然，我们的验证器不可能真的运行所有可能的程序，因为这样的程序的数量是无穷大的。相反，它使用了归纳法来证明，表明两个处理器之间在一个周期到一个周期的基础上都是一致的。进行这种分析要求用符号方法(symbolic methods)来推导硬件，在符号方法中，我们认为所有的程序值都是任意的整数，将 ALU 抽象成某种“黑盒子”，根据它的参数计算某个未指定的函数。我们只假设 SEQ 和 PIPE 的 ALU 计算相同的函数。

用控制逻辑的 HCL 描述来产生符号处理器模型的控制逻辑，因此我们能发现 HCL 代码中的问题。能够证明 SEQ 和 PIPE 是完全相同的，也不能保证它们忠实地实现了 Y86-64 指令集体系结构。不过，它能够发现任何由于不正确的流水线设计导致的错误，这是设计错误的主要来源。

在实验中，我们不仅验证了在本章中考虑的 PIPE 版本，还验证了作为家庭作业的几个变种，其中，我们增加了更多的指令，修改了硬件的能力，或是使用了不同的分支预测策略。有趣的是，在所有的设计中，只发现了一个错误，涉及家庭作业 4.58 中描述的变种的答案中的控制组合 B(在 4.5.8 节中讲述的)。这暴露出测试体制中的一个弱点，导致我们在 ctest 测试脚本中增加了附加的情况。

形式化验证仍然处在发展的早期阶段。工具往往很难使用，而且还不能验证大规模的设计。我们能够验证 Y86-64 处理器的部分原因就是因为它们相对比较简单。即使如此，也需要几周的时间和精力，多次运行那些工具，每次最多需要 8 个小时的计算机时间。这是一个活跃的研究领域，有些工具成为可用的商业版本，有些在 Intel、AMD 和 IBM 这样的公司使用。

**网络旁注 ARCH:VLOG　流水线化的 Y86-64 处理器的 Verilog 实现**

正如我们提到过的，现代的逻辑设计包括用硬件描述语言书写硬件设计的文本表示。然后，可以通过模拟和各种形式化验证工具来测试设计。一旦对设计有了信心，我们就可以使用逻辑合成(logic synthesis)工具将设计翻译成实际的逻辑电路。

我们用 Verilog 硬件描述语言开发了 Y86-64 处理器设计的模型。这些设计将实现处理器基本构造块的模块和直接从 HCL 描述产生出来的控制逻辑结合了起来。我们能够合成这些设计的一些，将逻辑电路描述下载到字段可编程的门阵列(FPGA)硬件上，可以在这些处理器上运行实际的 Y86-64 程序。

### 4.5.9　性能分析

我们可以看到，所有需要流水线控制逻辑进行特殊处理的条件，都会导致流水线不能够实现每个时钟周期发射一条新指令的目标。我们可以通过确定往流水线中插入气泡的频率，来衡量这种效率的损失，因为插入气泡会导致未使用的流水线周期。一条返回指令会产生三个气泡，一个加载/使用冒险会产生一个，而一个预测错误的分支会产生两个。我们可以通过计算 PIPE 执行一条指令所需要的平均时钟周期数的估计值，来量化这些处罚对整体性能的影响，这种衡量方法称为 CPI(Cycles Per Instruction，每指令周期数)。这种衡量值是流水线平均吞吐量的倒数，不过时间单位是时钟周期，而不是微微秒。这是一个设计体系结构效率的很有用的衡量标准。

如果我们忽略异常带来的性能损失(异常的定义表明它是很少出现的)，另一种思考 CPI 的方法是，假设我们在处理器上运行某个基准程序，并观察执行阶段的运行。每个周期，执行阶段要么会处理一条指令，然后这条指令继续通过剩下的阶段，直到完成；要么会处理一个由于三种特殊情况之一而插入的气泡。如果这个阶段一共处理了 $C_i$ 条指令和 $C_b$ 个气泡，那么处理器总共需要大约 $C_i+C_b$ 个时钟周期来执行 $C_i$ 条指令。我们说“大约”是因为忽略了启动指令通过流水线的周期。于是，可以用如下方法来计算这个基准程序的 CPI：

$$\mathrm{CPI}=\frac{C_i+C_b}{C_i}=1.0+\frac{C_b}{C_i}$$

也就是说，CPI 等于 1.0 加上一个处罚项 $C_b/C_i$，这个项表明执行一条指令平均要插入多少个气泡。因为只有三种指令类型会导致插入气泡，我们可以将这个处罚项分解成三个部分：

$$\mathrm{CPI}=1.0+lp+mp+rp$$

这里，$lp$(load penalty，加载处罚)是当由于加载/使用冒险造成暂停时插入气泡的平均数，$mp$(mispredicted branch penalty，预测错误分支处罚)是当由于预测错误取消指令时插入气泡的平均数，而 $rp$(return penalty，返回处罚)是当由于 ret 指令造成暂停时插入气泡的平均数。每种处罚都是由该种原因引起的插入气泡的总数($C_b$的一部分)除以执行指令的总数($C_i$)。

为了估计每种处罚，我们需要知道相关指令(加载、条件转移和返回)的出现频率，以及对每种指令特殊情况出现的频率。对 CPI 的计算，我们使用下面这组频率(等同于[44]和[46]中报告的测量值)：

- 加载指令(mrmovq 和 popq)占所有执行指令的 25%。其中 20%会导致加载/使用冒险。
- 条件分支指令占所有执行指令的 20%。其中 60%会选择分支，而 40%不选择分支。
- 返回指令占所有执行指令的 2%。

因此，我们可以估计每种处罚，它是指令类型频率、条件出现频率和当条件出现时插入气泡数的乘积：

| 原因 | 名称 | 指令频率 | 条件频率 | 气泡 | 乘积 |
|---|---|---|---|---|---|
| 加载/使用 | $lp$ | 0.25 | 0.20 | 1 | 0.05 |
| 预测错误 | $mp$ | 0.20 | 0.40 | 2 | 0.16 |
| 返回 | $rp$ | 0.02 | 1.00 | 3 | 0.06 |
| 总处罚 | | | | | 0.27 |

三种处罚的总和是 0.27，所以得到 CPI 为 1.27。

我们的目标是设计一个每个周期发射一条指令的流水线，也就是 CPI 为 1.0。虽然没有完全达到目标，但是整体性能已经很不错了。我们还能看到，要想进一步降低 CPI，就应该集中注意力预测错误的分支。它们占到了整个处罚 0.27 中的 0.16，因为条件转移非常常见，我们的预测策略又经常出错，而每次预测错误都要取消两条指令。

**练习题 4.43**　假设我们使用了一种成功率可以达到 65%的分支预测策略，例如后向分支选择、前向分支就不选择(BTFNT)，如 4.5.4 节中描述的那样。那么对 CPI 有什么样的影响呢？假设其他所有频率都不变。

**练习题 4.44**　让我们来分析你为练习题 4.4 和练习题 4.5 写的程序中使用条件数据传送和条件控制转移的相对性能。假设用这些程序计算一个非常长的数组的绝对值的和，所以整体性能主要是由内循环所需要的周期数决定的。假设跳转指令预测为选择分支，而大约 50%的数组值为正。

A. 平均来说，这两个程序的内循环中执行了多少条指令？

B. 平均来说，这两个程序的内循环中插入了多少个气泡？

C. 对这两个程序来说，每个数组元素平均需要多少个时钟周期？

### 4.5.10　未完成的工作

我们已经创建了 PIPE 流水线化的微处理器结构，设计了控制逻辑块，并实现了处理普通流水线流不足以处理的特殊情况的流水线控制逻辑。不过，PIPE 还是缺乏一些实际微处理器设计中所必需的关键特性。我们会强调其中一些，并讨论要增加这些特性需要些什么。

**1. 多周期指令**

Y86-64 指令集中的所有指令都包括一些简单的操作，例如数字加法。这些操作可以在执行阶段中一个周期内处理完。在一个更完整的指令集中，我们还将实现一些需要更为复杂操作的指令，例如，整数乘法和除法，以及浮点运算。在一个像 PIPE 这样性能中等的处理器中，这些操作的典型执行时间从浮点加法的 3 或 4 个周期到整数除法的 64 个周期。为了实现这些指令，我们既需要额外的硬件来执行这些计算，还需要一种机制来协调这些指令的处理与流水线其他部分之间的关系。

实现多周期指令的一种简单方法就是简单地扩展执行阶段逻辑的功能，添加一些整数和浮点算术运算单元。一条指令在执行阶段中逗留它所需要的多个时钟周期，会导致取指和译码阶段暂停。这种方法实现起来很简单，但是得到的性能并不是太好。

通过采用独立于主流水线的特殊硬件功能单元来处理较为复杂的操作，可以得到更好的性能。通常，有一个功能单元来执行整数乘法和除法，还有一个来执行浮点操作。当一条指令进入译码阶段时，它可以被发射到特殊单元。在这个特殊单元执行该操作时，流水线会继续处理其他指令。通常，浮点单元本身也是流水线化的，因此多条指令可以在主流水线和各个单元中并发执行。

不同单元的操作必须同步，以避免出错。比如说，如果在不同单元执行的各个指令之间有数据相关，控制逻辑可能需要暂停系统的某个部分，直到由系统其他某个部分处理的操作的结果完成。经常使用各种形式的转发，将结果从系统的一个部分传递到其他部分，这和前面 PIPE 各个阶段之间的转发一样。虽然与 PIPE 相比，整个设计变得更为复杂，但还是可以使用暂停、转发以及流水线控制等同样的技术来使整体行为与顺序的 ISA 模型相匹配。

**2. 与存储系统的接口**

在对 PIPE 的描述中，我们假设取指单元和数据内存都可以在一个时钟周期内读或是写内存中任意的位置。我们还忽略了由自我修改代码造成的可能冒险，在自我修改代码中，一条指令对一个存储区域进行写，而后面又从这个区域中读取指令。进一步说，我们是以存储器位置的虚拟地址来引用它们的，这要求在执行实际的读或写操作之前，要将虚拟地址翻译成物理地址。显然，要在一个时钟周期内完成所有这些处理是不现实的。更糟糕的是，要访问的存储器的值可能位于磁盘上，这会需要上百万个时钟周期才能把数据读入到处理器内存中。

正如将在第 6 章和第 9 章中讲述的那样，处理器的存储系统是由多种硬件存储器和管理虚拟内存的操作系统软件共同组成的。存储系统被组织成一个层次结构，较快但是较小的存储器保持着存储器的一个子集，而较慢但是较大的存储器作为它的后备。最靠近处理器的一层是*高速缓存*(cache)存储器，它提供对最常使用的存储器位置的快速访问。一个典型的处理器有两个第一层高速缓存——一个用于读指令，一个用于读和写数据。另一种类型的高速缓存存储器，称为*翻译后备缓冲器*(Translation Look-aside Buffer，TLB)，它提供了从虚拟地址到物理地址的快速翻译。将 TLB 和高速缓存结合起来使用，在大多数时候，确实可能在一个时钟周期内读指令并读或是写数据。因此，我们的处理器对访问存储器的简化看法实际上是很合理的。

虽然高速缓存中保存有最常引用的存储器位置，但是有时候还会出现*高速缓存不命中*(miss)，也就是有些引用的位置不在高速缓存中。在最好的情况中，可以从较高层的高速缓存或处理器的主存中找到不命中的数据，这需要 3～20 个时钟周期。同时，流水线会简单地暂停，将指令保持在取指或访存阶段，直到高速缓存能够执行读或写操作。至于流水线设计，通过添加更多的暂停条件到流水线控制逻辑，就能实现这个功能。高速缓存不命中以及随之而来的与流水线的同步都完全是由硬件来处理的，这样能使所需的时间尽可能地缩短到很少数量的时钟周期。

在有些情况中，被引用的存储器位置实际上是存储在磁盘存储器上的。此时，硬件会产生一个缺页(page fault)异常信号。同其他异常一样，这个异常会导致处理器调用操作系统的异常处理程序代码。然后这段代码会发起一个从磁盘到主存的传送操作。一旦完成，操作系统会返回到原来的程序，而导致缺页的指令会被重新执行。这次，存储器引用将成功，虽然可能会导致高速缓存不命中。让硬件调用操作系统例程，然后操作系统例程又会将控制返回给硬件，这就使得硬件和系统软件在处理缺页时能协同工作。因为访问磁盘需要数百万个时钟周期，OS 缺页中断处理程序执行的处理所需的几百个时钟周期对性能的影响可以忽略不计。

从处理器的角度来看，将用暂停来处理短时间的高速缓存不命中和用异常处理来处理长时间的缺页结合起来，能够顾及到存储器访问时由于存储器层次结构引起的所有不可预测性。

**旁注 当前的微处理器设计**

一个五阶段流水线，例如已经讲过的 PIPE 处理器，代表了 20 世纪 80 年代中期的处理器设计水平。Berkeley 的 Patterson 研究组开发的 RISC 处理器原型是第一个 SPARC 处理器的基础，它是 Sun Microsystems 在 1987 年开发的。Stanford 的 Hennessy 研究组开发的处理器由 MIPS Technologies(一个由 Hennessy 成立的公司)在 1986 年商业化了。这两种处理器都使用的是五阶段流水线。Intel 的 i486 处理器用的也是五阶段流水线，只不过阶段之间的职责划分不太一样，它有两个译码阶段和一个合并的执行/访存阶段[27]。

这些流水线化的设计的吞吐量都限制在最多一个时钟周期一条指令。4.5.9 小节中描述的 CPI(Cycles Per Instruction，每指令周期)测量值不可能小于 1.0。不同的阶段一次只能处理一条指令。较新的处理器支持超标量(superscalar)操作，意味着它们通过并行地取指、译码和执行多条指令，可以实现小于 1.0 的 CPI。当超标量处理器已经广泛使用时，性能测量标准已经从 CPI 转化成了它的倒数——每周期执行指令的平均数，即 IPC。对超标量处理器来说，IPC 可以大于 1.0。最先进的设计使用了一种称为乱序(out-of-order)执行的技术来并行地执行多条指令，执行的顺序也可能完全不同于它们在程序中出现的顺序，但是保留了顺序 ISA 模型蕴含的整体行为。作为对程序优化的讨论的一部分，我们将会在第 5 章中讨论这种形式的执行。

不过，流水线化的处理器并不只有传统的用途。现在出售的大部分处理器都用在嵌入式系统中，控制着汽车运行、消费产品，以及其他一些系统用户不能直接看到处理器的设备。在这些应用中，与性能较高的模型相比，流水线化的处理器的简单性(比如说像我们在本章中讨论的这样)会降低成本和功耗需求。

最近，随着多核处理器受到追捧，有些人声称通过在一个芯片上集成许多简单的处理器，比使用少量更复杂的处理器能获得更多的整体计算能力。这种策略有时被称为“多核”处理器[10]。

## 4.6 小结

我们已经看到，指令集体系结构，即 ISA，在处理器行为(就指令集合及其编码而言)和如何实现处理器之间提供了一层抽象。ISA 提供了程序执行的一种顺序说明，也就是一条指令执行完了，下一条指令才会开始。

从 IA32 指令开始，大大简化数据类型、地址模式和指令编码，我们定义了 Y86-64 指令集。得到的

ISA既有RISC指令集的属性，也有CISC指令集的属性。然后，将不同指令组织放到五个阶段中处理，在此，根据被执行的指令的不同，每个阶段中的操作也不相同。据此，我们构造了SEQ处理器，其中每个时钟周期执行一条指令，它会通过所有五个阶段。

流水线化通过让不同的阶段并行操作，改进了系统的吞吐量性能。在任意一个给定的时刻，多条指令被不同的阶段处理。在引入这种并行性的过程中，我们必须非常小心，以提供与程序的顺序执行相同的程序级行为。通过重新调整SEQ各个部分的顺序，引入流水线，我们得到SEQ+，接着添加流水线寄存器，创建出PIPE−流水线。然后，添加了转发逻辑，加速了将结果从一条指令发送到另一条指令，从而提高了流水线的性能。有几种特殊情况需要额外的流水线控制逻辑来暂停或取消一些流水线阶段。

我们的设计中包括了一些基本的异常处理机制，在此，保证只有到异常指令之前的指令会影响程序员可见的状态。实现完整的异常处理远比此更具挑战性。在采用了更深流水线和更多并行性的系统中，要想正确处理异常就更加复杂了。

在本章中，我们学习了有关处理器设计的几个重要经验：

- *管理复杂性是首要问题。*想要优化使用硬件资源，在最小的成本下获得最大的性能。为了实现这个目的，我们创建了一个非常简单而一致的框架，来处理所有不同的指令类型。有了这个框架，就能够在处理不同指令类型的逻辑中共享硬件单元。
- *我们不需要直接实现ISA。*ISA的直接实现意味着一个顺序的设计。为了获得更高的性能，我们想运用硬件能力以同时执行许多操作，这就导致要使用流水线化的设计。通过仔细的设计和分析，我们能够处理各种流水线冒险，因此运行一个程序的整体效果，同用ISA模型获得的效果完全一致。
- *硬件设计人员必须非常谨慎小心。*一旦芯片被制造出来，就几乎不可能改正任何错误了。一开始就使设计正确是非常重要的。这就意味着要仔细地分析各种指令类型和组合，甚至于那些看上去没有意义的情况，例如弹出值到栈指针。必须用系统的模拟测试程序彻底地测试设计。在开发PIPE的控制逻辑中，我们的设计有个细微的错误，只有通过对控制组合的仔细而系统的分析才能发现。

**网络旁注 ARCH:HCL　Y86-64处理器的HCL描述**

本章已经介绍几个简单的逻辑设计，以及Y86-64处理器SEQ和PIPE的控制逻辑的部分HCL代码。我们提供了HCL语言的文档和这两个处理器的控制逻辑的完整HCL描述。这些描述每个都只需要5～7页HCL代码，完整地研究它们是很值得的。

### Y86-64模拟器

本章的实验资料包括SEQ和PIPE处理器的模拟器。每个模拟器都有两个版本：

- GUI(图形用户界面)版本在图形窗口中显示内存、程序代码以及处理器状态。它提供了一种方式简便地查看指令如何通过处理器。控制面板还允许你交互式地重启动、单步或运行模拟器。
- 文本版本运行的是相同的模拟器，但是它显示信息的唯一方式是打印到终端上。对调试来讲，这个版本不是很有用，但是它允许处理器的自动测试。

这些模拟器的控制逻辑是通过将逻辑块的HCL声明翻译成C代码产生的。然后，编译这些代码并与模拟代码的其他部分进行链接。这样的结合使得你可以用这些模拟器测试原始设计的各种变种。提供的测试脚本，它们全面地测试各种指令以及各种冒险的可能性。

## 参考文献说明

对于那些有兴趣更多地学习逻辑设计的人来说，Katz的逻辑设计教科书[58]是标准的入门教材，它强调了硬件描述语言的使用。Hennessy和Patterson的计算机体系结构教科书[46]覆盖了处理器设计的广泛内容，包括这里讲述的简单流水线，还有并行执行更多指令的更高级的处理器。Shriver和Smith[101]详细介绍了AMD制造的与Intel兼容的IA32处理器。

## 家庭作业

*4.45 在 3.4.2 节中，x86-64 pushq 指令被描述成要减少栈指针，然后将寄存器存储在栈指针的位置。因此，如果我们有一条指令形如对于某个寄存器 *REG*，pushq *REG*，它等价于下面的代码序列：

```
subq $8,%rsp         Decrement stack pointer
movq REG, (%rsp)     Store REG on stack
```

A. 借助于练习题 4.7 中所做的分析，这段代码序列正确地描述了指令 pushq %rsp 的行为吗？请解释。

B. 你该如何改写这段代码序列，使得它能够像对 REG 是其他寄存器时一样，正确地描述 REG 是%rsp 的情况？

*4.46 在 3.4.2 节中，x86-64 popq 指令被描述为将来自栈顶的结果复制到目的寄存器，然后将栈指针减少。因此，如果我们有一条指令形如 popq *REG*，它等价于下面的代码序列：

```
movq (%rsp), REG     Read REG from stack
addq $8,%rsp         Increment stack pointer
```

A. 借助于练习题 4.8 中所做的分析，这段代码序列正确地描述了指令 popq %rsp 的行为吗？请解释。

B. 你该如何改写这段代码序列，使得它能够像对 *REG* 是其他寄存器时一样，正确地描述 REG 是%rsp 的情况？

***4.47 你的作业是写一个执行冒泡排序的 Y86-64 程序。下面这个 C 函数用数组引用实现冒泡排序，供你参考：

```
1   /* Bubble sort: Array version */
2   void bubble_a(long *data, long count) {
3       long i, last;
4       for (last = count-1; last > 0; last--) {
5           for (i = 0; i < last; i++)
6               if (data[i+1] < data[i]) {
7                   /* Swap adjacent elements */
8                   long t = data[i+1];
9                   data[i+1] = data[i];
10                  data[i] = t;
11              }
12      }
13  }
```

A. 书写并测试一个 C 版本，它用指针引用数组元素，而不是用数组索引。

B. 书写并测试一个由这个函数和测试代码组成的 Y86-64 程序。你会发现模仿编译你的 C 代码产生的 x86-64 代码来做实现会很有帮助。虽然指针比较通常是用无符号算术运算来实现的，但是在这个练习中，你可以使用有符号算术运算。

**4.48 修改对家庭作业 4.47 所写的代码，实现冒泡排序函数的测试和交换(6～11 行)，要求不使用跳转，且最多使用 3 次条件传送。

***4.49 修改对家庭作业 4.47 所写的代码，实现冒泡排序函数的测试和交换(6～11 行)，要求不使用跳转，且只使用 1 次条件传送。

***4.50 在 3.6.8 节中，我们看到实现 switch 的一种常见方法是创建一组代码块，再用跳转表对这些块进行索引。考虑图 4-69 中给出的函数 switchv 的 C 代码，以及相应的测试代码。

用跳转表以 Y86-64 实现 switchv。虽然 Y86-64 指令集不包含间接跳转指令，但是，你可以通过把计算好的地址入栈，再执行 ret 指令来获得同样的效果。实现类似于 C 语言所示的测试代码，证明你的 switchv 实现可以处理触发 default 的情况以及两个显式处理的情况。

```
#include <stdio.h>
/* Example use of switch statement */

long switchv(long idx) {
    long result = 0;
    switch(idx) {
    case 0:
        result = 0xaaa;
        break;
    case 2:
    case 5:
        result = 0xbbb;
        break;
    case 3:
        result = 0xccc;
        break;
    default:
        result = 0xddd;

    }
    return result;
 }

/* Testing Code */
#define CNT 8
#define MINVAL -1

int main() {
    long vals[CNT];
    long i;
    for (i = 0; i < CNT; i++) {
        vals[i] = switchv(i + MINVAL);
        printf("idx = %ld, val = 0x%lx\n", i + MINVAL, vals[i]);
    }
    return 0;
}
```

图 4-69　Switch 语句可以翻译成 Y86-64 代码。这要求实现一个跳转表

* 4.51　练习题 4.3 介绍了 iaddq 指令，即将立即数与寄存器相加。描述实现该指令所执行的计算。参考 irmovq 和 OPq 指令的计算(图 4-18)。

** 4.52　文件 seq-full.hcl 包含 SEQ 的 HCL 描述，并将常数 IIADDQ 声明为十六进制值 C，也就是 iaddq 的指令代码。修改实现 iaddq 指令的控制逻辑块的 HCL 描述，就像练习题 4.3 和家庭作业 4.51 中描述的那样。可以参考实验资料获得如何为你的解答生成模拟器以及如何测试模拟器的指导。

*** 4.53　假设要创建一个较低成本的、基于我们为 PIPE－设计的结构(图 4-41)的流水线化的处理器，不使用旁路技术。这个设计用暂停来处理所有的数据相关，直到产生所需值的指令已经通过了写回阶段。

文件 pipe-stall.hcl 包含一个对 PIPE 的 HCL 代码的修改版，其中禁止了旁路逻辑。也就是，信号 e_valA 和 e_valB 只是简单地声明如下：

```
## DO NOT MODIFY THE FOLLOWING CODE.
## No forwarding. valA is either valP or value from register file
word d_valA = [
        D_icode in { ICALL, IJXX } : D_valP; # Use incremented PC
        1 : d_rvalA; # Use value read from register file
];
```

```
## No forwarding.  valB is value from register file
word d_valB = d_rvalB;
```

修改文件结尾处的流水线控制逻辑，使之能正确处理所有可能的控制和数据冒险。作为设计工作的一部分，你应该分析各种控制情况的组合，就像我们在 PIPE 的流水线控制逻辑设计中做的那样。你会发现有许多不同的组合，因为有更多的情况需要流水线暂停。要确保你的控制逻辑能正确处理每种组合情况。可以参考实验资料指导你如何为解答生成模拟器以及如何测试模拟器的。

** 4.54 文件 pipe-full.hcl 包含一份 PIPE 的 HCL 描述，以及常数值 IIADDQ 的声明。修改该文件以实现指令 iaddq，就像练习题 4.3 和家庭作业 4.51 中描述的那样。可以参考实验资料获得如何为你的解答生成模拟器以及如何测试模拟器的指导。

*** 4.55 文件 pipe-nt.hcl 包含一份 PIPE 的 HCL 描述，并将常数 J_YES 声明为值 0，即无条件转移指令的功能码。修改分支预测逻辑，使之对条件转移预测为不选择分支，而对无条件转移和 call 预测为选择分支。你需要设计一种方法来得到跳转目标地址 valC，并送到流水线寄存器 M，以便从错误的分支预测中恢复。可以参考实验资料获得如何为你的解答生成模拟器以及如何测试模拟器的指导。

*** 4.56 文件 pipe-btfnt.hcl 包含一份 PIPE 的 HCL 描述，并将常数 J_YES 声明为值 0，即无条件转移指令的功能码。修改分支预测逻辑，使得当 valC<valP 时(后向分支)，就预测条件转移为选择分支，当 valC≥valP 时(前向分支)，就预测为不选择分支。(由于 Y86-64 不支持无符号运算，你应该使用有符号比较来实现这个测试。)并且将无条件转移和 call 预测为选择分支。你需要设计一种方法来得到 valC 和 valP，并送到流水线寄存器 M，以便从错误的分支预测中恢复。可以参考实验资料获得如何为你的解答生成模拟器以及如何测试模拟器的指导。

*** 4.57 在我们的 PIPE 的设计中，只要一条指令执行了 load 操作，从内存中读一个值到寄存器，并且下一条指令要用这个寄存器作为源操作数，就会产生一个暂停。如果要在执行阶段中使用这个源操作数，暂停是避免冒险的唯一方法。对于第二条指令将源操作数存储到内存的情况，例如 rmmovq 或 pushq 指令，是不需要这样的暂停的。考虑下面这段代码示例：

```
1       mrmovq 0(%rcx),%rdx    # Load  1
2       pushq  %rdx            # Store 1
3       nop
4       popq %rdx              # Load  2
5       rmmovq %rax,0(%rdx)    # Store 2
```

在第 1 行和第 2 行，mrmovq 指令从内存读一个值到%rdx，然后 pushq 指令将这个值压入栈中。我们的 PIPE 设计会让 pushq 指令暂停，以避免加载/使用冒险。不过，可以看到，pushq 指令要到访存阶段才会需要%rdx 的值。我们可以再添加一条旁路通路，如图 4-70 所示，将内存输出(信号 m_valM)转发到流水线寄存器 M 中的 valA 字段。在下一个时钟周期，被传送的值就能写入内存了。这种技术称为*加载转发*(load forwarding)。

注意，上述代码序列中的第二个例子(第 4 行和第 5 行)不能利用加载转发。popq 指令加载的值是作为下一条指令地址计算的一部分的，而在执行阶段而非访存阶段就需要这个值了。

A. 写出描述发现加载/使用冒险条件的逻辑公式，类似于图 4-64 所示，除了能用加载转发时不会导致暂停以外。

B. 文件 pipe-lf.hcl 包含一个 PIPE 控制逻辑的修改版。它含有信号 e_valA 的定义，用来实现图 4-70 中标号为“Fwd A”的块。它还将流水线控制逻辑中的加载/使用冒险的条件设置为 0，因此流水线控制逻辑将不会发现任何形式的加载/使用冒险。修改这个 HCL 描述以实现加载转发。可以参考实验资料获得如何为你的解答生成模拟器以及如何测试模拟器的指导。

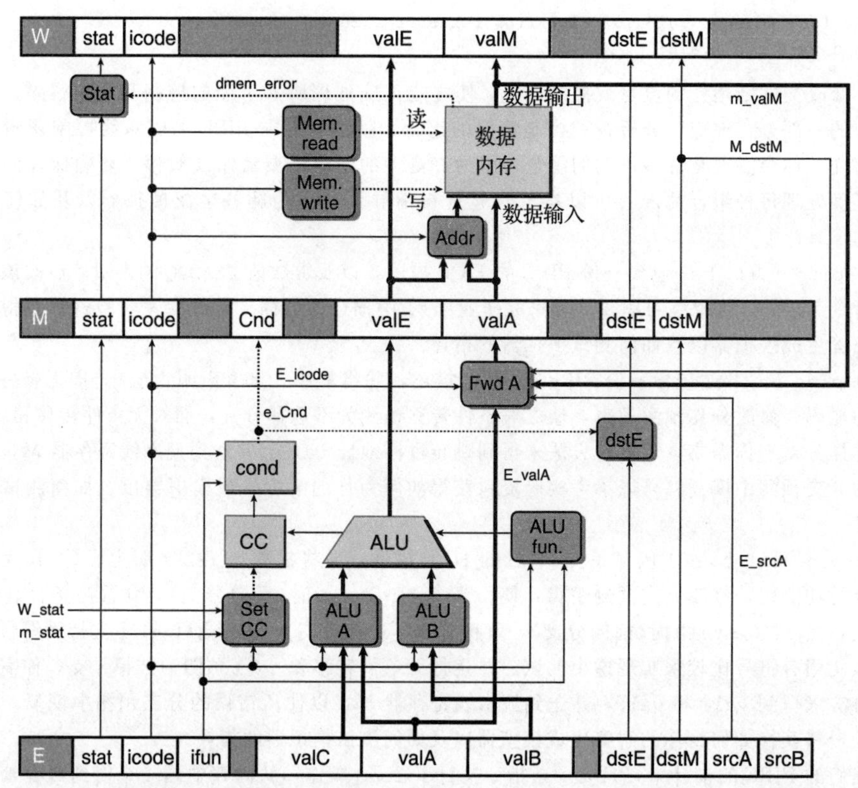


图 4-70　能够进行加载转发的执行和访存阶段。通过添加一条从内存输出到流水线寄存器 M 中valA的源的旁路通路，对于这种形式的加载/使用冒险，我们可以使用转发而不必暂停。这是家庭作业 4.57 的主旨

**4.58　我们的流水线化的设计有点不太现实，因为寄存器文件有两个写端口，然而只有 popq 指令需要对寄存器文件同时进行两个写操作。因此，其他指令只使用一个写端口，共享这个端口来写 valE 和 valM。下面这个图是一个对写回逻辑的修改版，其中，我们将写回寄存器 ID(W_dstE 和 W_dstM) 合并成一个信号 w_dstE，同时也将写回值(W_valE 和 W_valM)合并成一个信号 w_valE：

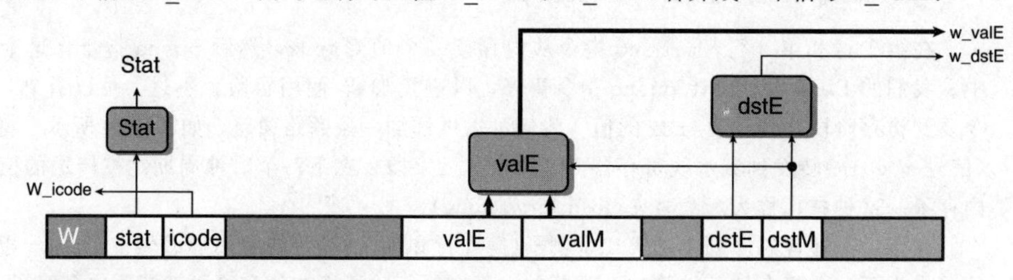


用 HCL 写执行这些合并的逻辑，如下所示：

```
## Set E port register ID
word w_dstE = [
        ## writing from valM
        W_dstM != RNONE : W_dstM;
        1: W_dstE;
];

## Set E port value
word w_valE = [
        W_dstM != RNONE : W_valM;
        1: W_valE;
];
```

对这些多路复用器的控制是由 dstE 确定的——当它表明有某个寄存器时，就选择端口 E 的值，否则就选择端口 M 的值。

在模拟模型中，我们可以禁止寄存器端口 M，如下面这段 HCL 代码所示：

```
## Disable register port M
## Set M port register ID
word w_dstM = RNONE;

## Set M port value
word w_valM = 0;
```

接下来的问题就是要设计处理 popq 的方法。一种方法是用控制逻辑动态地处理指令 popq rA，使之与下面两条指令序列有一样的效果：

```
iaddq  $8, %rsp
mrmovq -8(%rsp), rA
```

(关于指令 iaddq 的描述，请参考练习题 4.3)要注意两条指令的顺序，以保证 popq %rsp 能正确工作。要达到这个目的，可以让译码阶段的逻辑对上面列出的 popq 指令和 addq 指令一视同仁，除了它会预测下一个 PC 与当前 PC 相等以外。在下一个周期，再次取出了 popq 指令，但是指令代码变成了特殊的值 IPOP2。它会被当作一条特殊的指令来处理，行为与上面列出的 mrmovq 指令一样。

文件 pipe-lw.hcl 包含上面讲的修改过的写端口逻辑。它将常数 IPOP2 声明为十六进制值 E。还包括信号 f_icode 的定义，它产生流水线寄存器 D 的 icode 字段。可以修改这个定义，使得当第二次取出 popq 指令时，插入指令代码 IPOP2。这个 HCL 文件还包含信号 f_pc 的声明，也就是标号为“Select PC”的块(图 4-57)在取指阶段产生的程序计数器的值。

修改该文件中的控制逻辑，使之按照我们描述的方式来处理 popq 指令。可以参考实验资料获得如何为你的解答生成模拟器以及如何测试模拟器的指导。

** 4.59　比较三个版本的冒泡排序的性能(家庭作业 4.47、4.48 和 4.49)。解释为什么一个版本的性能比其他两个的好。

## 练习题答案

4.1　手工对指令编码是非常乏味的，但是它将巩固你对汇编器将汇编代码变成字节序列的理解。在下面这段 Y86-64 汇编器的输出中，每一行都给出了一个地址和一个从该地址开始的字节序列：

```
1  0x100:                       | .pos 0x100  # Start code at address
0x100
2  0x100: 30f30f00000000000000 |     irmovq $15,%rbx
3  0x10a: 2031                 |     rrmovq %rbx,%rcx
4  0x10c:                      | loop:
5  0x10c: 4013fdffffffffffffff |     rmmovq %rcx,-3(%rbx)
6  0x116: 6031                 |     addq   %rbx,%rcx
7  0x118: 700c01000000000000   |     jmp loop
```

这段编码有些地方值得注意：

- 十进制的 15(第 2 行)的十六进制表示为 0x000000000000000f。以反向顺序来写就是 0f 00 00 00 00 00 00 00。
- 十进制 −3(第 5 行)的十六进制表示为 0xfffffffffffffffd。以反向顺序来写就 fd ff ff ff ff ff ff ff。
- 代码从地址 0x100 开始。第一条指令需要 10 个字节，而第二条需要 2 个字节。因此，循环的目标地址为 0x0000010c。以反向顺序来写就是 0c 01 00 00 00 00 00 00。

4.2　手工对一个字节序列进行译码能帮助你理解处理器面临的任务。它必须读入字节序列，并确定要执行什么指令。接下来，我们给出的是用来产生每个字节序列的汇编代码。在汇编代码的左边，你可以看到每条指令的地址和字节序列。

A. 一些带立即数和地址偏移量的操作：

```
0x100: 30f3fcffffffffffffff |     irmovq $-4,%rbx
0x10a: 40630008000000000000 |     rmmovq %rsi,0x800(%rbx)
0x114: 00                   |     halt
```

B. 包含一个函数调用的代码：

```
0x200: a06f                 |     pushq %rsi
0x202: 800c020000000000000  |     call proc
0x20b: 00                   |     halt
0x20c:                      | proc:
0x20c: 30f30a00000000000000 |     irmovq $10,%rbx
0x216: 90                   |     ret
```

C. 包含非法指令指示字节 0xf0 的代码：

```
0x300: 50540700000000000000 |     mrmovq 7(%rsp),%rbp
0x30a: 10                   |     nop
0x30b: f0                   | .byte 0xf0  # Invalid instruction code
0x30c: b01f                 |     popq %rcx
```

D. 包含一个跳转操作的代码：

```
0x400:                      | loop:
0x400: 6113                 |     subq %rcx, %rbx
0x402: 730004000000000000   |     je loop
0x40b: 00                   |     halt
```

E. pushq 指令中第二个字节非法的代码。

```
0x500: 6362                 |     xorq %rsi,%rdx
0x502: a0                   |     .byte 0xa0  # pushq instruction
code
0x503: f0                   |     .byte 0xf0  # Invalid register
specifier byte
```

4.3 使用 iaddq 指令，我们将 sum 函数重新编写为

```
# long sum(long *start, long count)
# start in %rdi, count in %rsi
sum:
        xorq %rax,%rax          # sum = 0
        andq %rsi,%rsi          # Set condition codes
        jmp    test
loop:
        mrmovq (%rdi),%r10      # Get *start
        addq %r10,%rax          # Add to sum
        iaddq $8,%rdi           # start++
        iaddq $-1,%rsi          # count--
test:
        jne    loop             # Stop when 0
        ret
```

4.4 在 x86-64 机器上运行时，GCC 生成如下 rsum 代码：

```
  long rsum(long *start, long count)
  start in %rdi, count in %rsi
rsum:
  movl    $0, %eax
  testq   %rsi, %rsi
  jle     .L9
  pushq   %rbx
  movq    (%rdi), %rbx
  subq    $1, %rsi
  addq    $8, %rdi
```

```
  call    rsum
  addq    %rbx, %rax
  popq    %rbx
.L9:
  rep; ret
```

上述代码很容易改编为 Y86-64 代码：

```
# long rsum(long *start, long count)
# start in %rdi, count in %rsi
rsum:
        xorq %rax,%rax          # Set return value to 0
        andq %rsi,%rsi          # Set condition codes
        je    return            # If count == 0, return 0
        pushq %rbx              # Save callee-saved register
        mrmovq (%rdi),%rbx      # Get *start
        irmovq $-1,%r10
        addq %r10,%rsi          # count--
        irmovq $8,%r10
        addq %r10,%rdi          # start++
        call rsum
        addq %rbx,%rax          # Add *start to sum
        popq %rbx               # Restore callee-saved register
return:
        ret
```

4.5　这道题给了你一个练习写汇编代码的机会。

```
1   # long absSum(long *start, long count)
2   # start in %rdi, count in %rsi
3   absSum:
4           irmovq $8,%r8           # Constant 8
5           irmovq $1,%r9           # Constant 1
6           xorq %rax,%rax          # sum = 0
7           andq %rsi,%rsi          # Set condition codes
8           jmp  test
9   loop:
10          mrmovq (%rdi),%r10      # x = *start
11          xorq %r11,%r11          # Constant 0
12          subq %r10,%r11          # -x
13          jle pos                 # Skip if -x <= 0
14          rrmovq %r11,%r10        # x = -x
15  pos:
16          addq %r10,%rax          # Add to sum
17          addq %r8,%rdi           # start++
18          subq %r9,%rsi           # count--
19  test:
20          jne    loop             # Stop when 0
21          ret
```

4.6　这道题给了你一个练习写带条件传送汇编代码的机会。我们只给出循环的代码。剩下的部分与练习题 4.5 的一样。

```
9   loop:
10          mrmovq (%rdi),%r10      # x = *start
11          xorq %r11,%r11          # Constant 0
12          subq %r10,%r11          # -x
13          cmovg %r11,%r10         # If -x > 0 then x = -x
14          addq %r10,%rax          # Add to sum
15          addq %r8,%rdi           # start++
16          subq %r9,%rsi           # count--
17  test:
18          jne    loop             # Stop when 0
```

4.7　虽然难以想象这条特殊的指令有什么实际的用处，但是在设计一个系统时，在描述中避免任何歧义是很重要的。我们想要为这条指令的行为确定一个合理的规则，并且保证每个实现都遵循这个规则。

在这个测试中，subq 指令将%rsp 的起始值与压入栈中的值进行了比较。这个减法的结果为 0，表明压入的是%rsp 的旧值。

4.8　更难以想象为什么会有人想要把值弹出到栈指针。我们还是应该确定一个规则，并且坚持它。这段代码序列将 0xabcd 压入栈中，弹出到%rsp，然后返回弹出的值。由于结果等于 0xabcd，我们可以推断出 popq %rsp 将栈指针设置为从内存中读出来的那个值。因此，它等价于指令 mrmovq (%rsp), %rsp。

4.9　EXCLUSIVE-OR 函数要求两个位有相反的值：

```
bool xor = (!a && b) || (a && !b);
```

通常，信号 eq 和 xor 是互补的。也就是，一个等于 1，另一个就等于 0。

4.10　EXCLUSIVE-OR 电路的输出是位相等值的补。根据德摩根定律(网络旁注 DATA:BOOL)，我们能用 OR 和 NOT 实现 AND，得到如图 4-71 所示的电路：

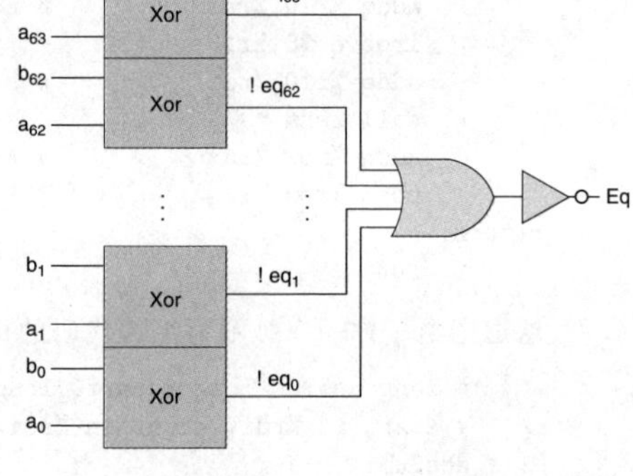


图 4-71　练习题 4.10 的答案

4.11　我们可以看到情况表达式的第二部分可以写为

```
B <= C              : B;
```

由于第一行将检测出 A 为最小元素的情况，因此第二行就只需要确定 B 还是 C 是最小元素。

4.12　这个设计只是对从三个输入中找出最小值的简单改变。

```
word Med3 = [
        A <= B && B <= C : B;
        C <= B && B <= A : B;
        B <= A && A <= C : A;
        C <= A && A <= B : A;
        1                : C;
];
```

4.13　这些练习使各个阶段的计算更加具体。从目标代码中我们可以看到，指令位于地址 0x016。它由 10 个字节组成，前两个字节为 0x30 和 0xf4。后八个字节是 0x0000000000000080(十进制 128)按字节反过来的形式。

| 阶段 | 通用 | 具体 |
|---|---|---|
| | irmovq V, rB | irmovq $128, %rsp |
| 取指 | icode:ifun ← M₁[PC]<br>rA:rB ← M₁[PC+1]<br>valC ← M₈[PC+2]<br>valP ← PC+10 | icode:ifun ← M₁[0x016]=3:0<br>rA:rB ← M₁[0x017]=f:4<br>valC ← M₈[0x018]=128<br>valP ← 0x016+10=0x020 |
| 译码 | | |
| 执行 | valE ← 0+valC | valE ← 0+128=128 |
| 访问 | | |
| 写回 | R[rB]← valE | R[%rsp]← valE=128 |
| 更新 PC | PC ← valP | PC ← valP=0x020 |

这个指令将寄存器%rsp 设为 128，并将 PC 加 10。

4.14　我们可以看到指令位于地址 0x02c，由两个字节组成，值分别为 0xb0 和 0x00f。pushq 指令(第 6 行)将寄存器%rsp 设为了 120，并且将 9 存放在了这个内存位置。

| 阶段 | 通用 | 具体 |
| --- | --- | --- |
| | popq rA | popq %rax |
| 取指 | icode:ifun ← $M_1$[PC]<br>rA:rB ← $M_1$[PC+1]<br><br>valP ← PC+2 | icode:ifun ← $M_1$[0x02c]=b:0<br>rA:rB ← $M_1$[0x02d]=0:f<br><br>valP ← 0x02c+2=0x02e |
| 译码 | valA ← R[%rsp]<br>valB ← R[%rsp] | valA ← R[%rsp]=120<br>valB ← R[%rsp]=120 |
| 执行 | valE ← valB+8 | valE ← 120+8=128 |
| 访存 | valM ← $M_8$[valA] | valM ← $M_8$[120]=9 |
| 写回 | R[%rsp]← valE<br>R[rA]← valM | R[%rsp]← 128<br>R[%rax]← 9 |
| 更新 PC | PC ← valP | PC ← 0x02e |

该指令将%rax 设为 9，将%rsp 设为 128，并将 PC 加 2。

4.15 沿着图 4-20 中列出的步骤，这里 rA 等于%rsp，我们可以看到，在访存阶段，指令会将 valA(即栈指针的原始值)存放到内存中，与我们在 x86-64 中发现的一样。

4.16 沿着图 4-20 中列出的步骤，这里 rA 等于%rsp，我们可以看到，两个写回操作都会更新%rsp。因为写 valM 的操作后发生，指令的最终效果会是将从内存中读出的值写入%rsp，就像在 x86-64 中看到的一样。

4.17 实现条件传送只需要对寄存器到寄存器的传送做很小的修改。我们简单地以条件测试的结果作为写回步骤的条件：

| 阶段 | cmovXX rA, rB |
| --- | --- |
| 取指 | icode:ifun ← $M_1$[PC]<br>rA:rB ← $M_1$[PC+1]<br>valP ← PC+2 |
| 译码 | valA ← R[rA] |
| 执行 | valE ← 0+valA<br>Cnd ← Cond(CC, ifun) |
| 访存 | |
| 写回 | if(Cnd)<br>R[rB]← valE |
| 更新 PC | PC ← valP |

4.18 我们可以看到这条指令位于地址 0x037，长度为 9 个字节。第一个字节值为 0x80，而后面 8 个字节是 0x0000000000000041 按字节反过来的形式，即调用的目标地址。popq 指令(第 7 行)将栈指针设为 128。

| 阶段 | 通用 | 具体 |
| --- | --- | --- |
| | call Dest | call 0x041 |
| 取指 | icode:ifun ← $M_1$[PC]<br><br>valC ← $M_8$[PC+1]<br>valP ← PC+9 | icode:ifun ← $M_1$[0x037]=8:0<br><br>valC ← $M_8$[0x038]=0x041<br>valP ← 0x037+9=0x040 |
| 译码 | valB ← R[%rsp] | valB ← R[%rsp]=128 |
| 执行 | valE ← valB+ −8 | valE ← 128+ −8=120 |
| 访存 | $M_8$[valE]← valP | $M_8$[120]← 0x040 |
| 写回 | R[%rsp]← valE | R[%rsp]← 120 |
| 更新 PC | PC ← valC | PC ← 0x041 |

这条指令的效果就是将%rsp设为120，将0x040(返回地址)存放到该内存地址，并将PC设为0x041(调用的目标地址)。

4.19　练习题中所有的HCL代码都很简单明了，但是试着自己写会帮助你思考各个指令，以及如何处理它们。对于这个问题，我们只要看看Y86-64的指令集(图4-2)，确定哪些有常数字段。

```
bool need_valC =
        icode in { IIRMOVQ, IRMMOVQ, IMRMOVQ, IJXX, ICALL };
```

4.20　这段代码类似于srcA的代码：

```
word srcB = [
        icode in { IOPQ, IRMMOVQ, IMRMOVQ  } : rB;
        icode in { IPUSHQ, IPOPQ, ICALL, IRET } : RRSP;
        1 : RNONE;  # Don't need register
];
```

4.21　这段代码类似于dstE的代码：

```
word dstM = [
        icode in { IMRMOVQ, IPOPQ } : rA;
        1 : RNONE;  # Don't write any register
];
```

4.22　像在练习题4.16中发现的那样，为了将从内存中读出的值存放到%rsp，我们想让通过M端口写的优先级高于通过E端口写。

4.23　这段代码类似于aluA的代码：

```
word aluB = [
        icode in { IRMMOVQ, IMRMOVQ, IOPQ, ICALL,
                      IPUSHQ, IRET, IPOPQ } : valB;
        icode in { IRRMOVQ, IIRMOVQ } : 0;
        # Other instructions don't need ALU
];
```

4.24　实现条件传送令人吃惊的简单：当条件不满足时，通过将目的寄存器设置为RNONE禁止写寄存器文件。

```
word dstE = [
        icode in { IRRMOVQ } && Cnd : rB;
        icode in { IIRMOVQ, IOPQ} : rB;
        icode in { IPUSHQ, IPOPQ, ICALL, IRET } : RRSP;
        1 : RNONE;  # Don't write any register
];
```

4.25　这段代码类似于mem_addr的代码：

```
word mem_data = [
        # Value from register
        icode in { IRMMOVQ, IPUSHQ } : valA;
        # Return PC
        icode == ICALL : valP;
        # Default: Don't write anything
];
```

4.26　这段代码类似于mem_read的代码：

```
bool mem_write = icode in { IRMMOVQ, IPUSHQ, ICALL };
```

4.27　计算Stat字段需要从几个阶段收集状态信息：

```
## Determine instruction status
word Stat = [
        imem_error || dmem_error : SADR;
        !instr_valid: SINS;
        icode == IHALT : SHLT;
        1 : SAOK;
];
```

4.28 这个题目非常有趣，它试图在一组划分中找到优化平衡。它提供了大量的机会来计算许多流水线的吞吐量和延迟。

A. 对一个两阶段流水线来说，最好的划分是块 A、B 和 C 在第一阶段，块 D、E 和 F 在第二阶段。第一阶段的延迟为 170ps，所以整个周期的时长为 170＋20＝190ps。因此吞吐量为 5.26 GIPS，而延迟为 380ps。

B. 对一个三阶段流水线来说，应该使块 A 和 B 在第一阶段，块 C 和 D 在第二阶段，而块 E 和 F 在第三阶段。前两个阶段的延迟均为 110ps，所以整个周期时长为 130ps，而吞吐量为 7.69 GIPS。延迟为 390ps。

C. 对一个四阶段流水线来说，块 A 为第一阶段，块 B 和 C 在第二阶段，块 D 是第三阶段，而块 E 和 F 在第四阶段。第二阶段需要 90ps，所以整个周期时长为 110ps，而吞吐量为 9.09 GIPS。延迟为 440ps。

D. 最优的设计应该是五阶段流水线，除了 E 和 F 处于第五阶段以外，其他每个块是一个阶段。周期时长为 80＋20＝100ps，吞吐量为大约 10.00 GIPS，而延迟为 500ps。变成更多的阶段也不会有帮助了，因为不可能使流水线运行得比以 100ps 为一周期还要快了。

4.29 每个阶段的组合逻辑都需要 $300/k$ps，而流水线寄存器需要 20ps。

A. 整个的延迟应该是 $300+20k$ps，而吞吐量(以 GIPS 为单位)应该是

$$\frac{1\,000}{\frac{300}{k}+20}=\frac{1\,000k}{300+20k}$$

B. 当 $k$ 趋近于无穷大，吞吐量变为 1 000/20＝50 GIPS。当然，这也使得延迟为无穷大。

这个练习题量化了很深的流水线引起的收益下降。当我们试图将逻辑分割为很多阶段时，流水线寄存器的延迟成为了一个制约因素。

4.30 这段代码非常类似于 SEQ 中相应的代码，除了我们还不能确定数据内存是否会为这条指令产生一个错误信号。

```
# Determine status code for fetched instruction
word f_stat = [
        imem_error: SADR;
        !instr_valid : SINS;
        f_icode == IHALT : SHLT;
        1 : SAOK;
];
```

4.31 这段代码只是简单地给 SEQ 代码中的信号名前加上前缀“d_”和“D_”。

```
word d_dstE = [
        D_icode in { IRRMOVQ, IIRMOVQ, IOPQ} : D_rB;
        D_icode in { IPUSHQ, IPOPQ, ICALL, IRET } : RRSP;
        1 : RNONE;  # Don't write any register
];
```

4.32 由于 popq 指令(第 4 行)造成的加载/使用冒险，rrmovq 指令(第 5 行)会暂停一个周期。当它进入译码阶段，popq 指令处于访存阶段，使 M_dstE 和 M_dstM 都等于 %rsp。如果两种情况反过来，那么来自 M_valE 的写回优先级较高，导致增加了的栈指针被传送到 rrmovq 指令作为参数。这与练习题 4.8 中确定的处理 popq %rsp 的惯例不一致。

4.33 这个问题让你体验一下处理器设计中一个很重要的任务——为一个新处理器设计测试程序。通常，我们的测试程序应该能测试所有的冒险可能性，而且一旦有相关不能被正确处理，就会产生错误的结果。

对于此例，我们可以使用对练习题 4.32 中所示的程序稍微修改的版本：

```
1        irmovq $5, %rdx
2        irmovq $0x100,%rsp
3        rmmovq %rdx,0(%rsp)
4        popq %rsp
5        nop
6        nop
7        rrmovq %rsp,%rax
```

两个 nop 指令会导致当 rrmovq 指令在译码阶段中时，popq 指令处于写回阶段。如果给予处于写回阶段中的两个转发源错误的优先级，那么寄存器 %rax 会设置成增加了的程序计数器，而不是从内存中读出的值。

4.34 这个逻辑只需要检查 5 个转发源：

```
word d_valB = [
        d_srcB == e_dstE : e_valE;     # Forward valE from execute
        d_srcB == M_dstM : m_valM;     # Forward valM from memory
        d_srcB == M_dstE : M_valE;     # Forward valE from memory
        d_srcB == W_dstM : W_valM;     # Forward valM from write back
        d_srcB == W_dstE : W_valE;     # Forward valE from write back
        1 : d_rvalB;  # Use value read from register file
];
```

4.35 这个改变不会处理条件传送不满足条件的情况，因此将 dstE 设置为 RNONE。即使条件传送并没有发生，结果值还是会被转发到下一条指令。

```
1            irmovq $0x123,%rax
2            irmovq $0x321,%rdx
3            xorq %rcx,%rcx           # CC = 100
4            cmovne  %rax,%rdx        # Not transferred
5            addq %rdx,%rdx           # Should be 0x642
6            halt
```

这段代码将寄存器 %rdx 初始化为 0x321。条件数据传送没有发生，所以最后的 addq 指令应该把 %rdx 中的值翻倍，得到 0x642。不过，在修改过的版本中，条件传送源值 0x123 被转发到 ALU 的输入 valA，而 valB 正确地得到了操作数值 0x321。两个输入加起来就得到结果 0x444。

4.36 这段代码完成了对这条指令的状态码的计算。

```
## Update the status
word m_stat = [
        dmem_error : SADR;
        1 : M_stat;
];
```

4.37 设计下面这个测试程序来建立控制组合 A(图 4-67)，并探测是否出了错：

```
1    # Code to generate a combination of not-taken branch and ret
2            irmovq Stack, %rsp
3            irmovq rtnp,%rax
4            pushq %rax        # Set up return pointer
5            xorq %rax,%rax    # Set Z condition code
6            jne target        # Not taken (First part of combination)
7            irmovq $1,%rax    # Should execute this
8            halt
9    target: ret               # Second part of combination
10           irmovq $2,%rbx    # Should not execute this
11           halt
12   rtnp:   irmovq $3,%rdx    # Should not execute this
13           halt
14   .pos 0x40
15   Stack:
```

设计这个程序是为了出错(例如如果实际上执行了 ret 指令)时，程序会执行一条额外的 irmovq 指令，然后停止。因此，流水线中的错误会导致某个寄存器更新错误。这段代码说明实现测试程序需要非常小心。它必须建立起可能的错误条件，然后再探测是否有错误发生。

4.38 设计下面这个测试程序用来建立控制组合 B(图 4-67)。模拟器会发现流水线寄存器的气泡和暂停控制信号都设置成 0 的情况，因此我们的测试程序只需要建立它需要发现的组合情况。最大的挑战在于当处理正确时，程序要做正确的事情。

```
1   # Test instruction that modifies %esp followed by ret
2           irmovq mem,%rbx
3           mrmovq  0(%rbx),%rsp # Sets %rsp to point to return point
4           ret                  # Returns to return point
5           halt                 #
6   rtnpt:  irmovq $5,%rsi       # Return point
7           halt
8   .pos 0x40
9   mem:    .quad stack          # Holds desired stack pointer
10  .pos 0x50
11  stack:  .quad rtnpt          # Top of stack: Holds return point
```

这个程序使用了内存中两个初始化了的字。第一个字(mem)保存着第二个字(stack——期望的栈指针)的地址。第二个字保存着 ret 指令期望的返回点的地址。这个程序将栈指针加载到 %rsp，并执行 ret 指令。

4.39 从图 4-66 我们可以看到，由于加载/使用冒险，流水线寄存器 D 必须暂停。

```
bool D_stall =
        # Conditions for a load/use hazard
        E_icode in { IMRMOVQ, IPOPQ } &&
         E_dstM in { d_srcA, d_srcB };
```

4.40 从图 4-66 中可以看到，由于加载/使用冒险，或者由于分支预测错误，流水线寄存器 E 必须设置成气泡：

```
bool E_bubble =
        # Mispredicted branch
        (E_icode == IJXX && !e_Cnd) ||
        # Conditions for a load/use hazard
        E_icode in { IMRMOVQ, IPOPQ } &&
         E_dstM in { d_srcA, d_srcB};
```

4.41 这个控制需要检查正在执行的指令的代码，还需要检查流水线中更后面阶段中的异常。

```
## Should the condition codes be updated?
bool set_cc = E_icode == IOPQ &&
       # State changes only during normal operation
       !m_stat in { SADR, SINS, SHLT } && !W_stat in { SADR, SINS, SHLT };
```

4.42 在下一个周期向访存阶段插入气泡需要检查当前周期中访存或者写回阶段中是否有异常。

```
# Start injecting bubbles as soon as exception passes through memory stage
bool M_bubble = m_stat in { SADR, SINS, SHLT } || W_stat in { SADR, SINS, SHLT };
```

对于暂停写回阶段，只用检查这个阶段中的指令的状态。如果当访存阶段中有异常指令时我们也暂停了，那么这条指令就不能进入写回阶段。

```
bool W_stall = W_stat in { SADR, SINS, SHLT };
```

4.43 此时，预测错误的频率是 0.35，得到 $mp=0.20\times 0.35\times 2=0.14$，而整个 CPI 为 1.25。看上去收获非常小，但是如果实现新的分支预测策略的成本不是很高的话，这样做还是值得的。

4.44 在这个简化的分析中，我们把注意力放在了内循环上，这是估计程序性能的一种很有用的方法。只要数组足够大，花在代码其他部分的时间可以忽略不计。

A. 使用条件转移的代码的内循环有 9 条指令，当数组元素为负时，这些指令都要执行，当数组元素为正时，要执行其中的 8 条。平均是 8.5 条。使用条件传送的代码的内循环有 8 条指令，每次都必须执行。

B. 用来实现循环闭合的跳转除了当循环中止时之外，都能预测正确。对于非常长的数组，这个预测错误对性能的影响可以忽略不计。对于基于跳转的代码，其他唯一可能引起气泡的源取决于数组元素是否为正的条件转移。这会导致两个气泡，但是只在 50% 的时间里会出现，所以平均值是 1.0。在条件传送代码中，没有气泡。

C. 我们的条件转移代码对于每个元素平均需要 8.5＋1.0＝9.5 个周期(最好情况要 9 个周期，最差情况要 10 个周期)，而条件传送代码对于所有的情况都需要 8.0 个周期。

我们的流水线的分支预测错误处罚只有两个周期——远比对性能更高的处理器中很深的流水线造成的处罚要小得多。因此，使用条件传送对程序性能的影响不是很大。

第 5 章

C H A P T E R 5

# 优化程序性能

写程序最主要的目标就是使它在所有可能的情况下都正确工作。一个运行得很快但是给出错误结果的程序没有任何用处。程序员必须写出清晰简洁的代码，这样做不仅是为了自己能够看懂代码，也是为了在检查代码和今后需要修改代码时，其他人能够读懂和理解代码。

另一方面，在很多情况下，让程序运行得快也是一个重要的考虑因素。如果一个程序要实时地处理视频帧或者网络包，一个运行得很慢的程序就不能提供所需的功能。当一个计算任务的计算量非常大，需要执行数日或者数周，那么哪怕只是让它运行得快 20%也会产生重大的影响。本章会探讨如何使用几种不同类型的程序优化技术，使程序运行得更快。

编写高效程序需要做到以下几点：第一，我们必须选择一组适当的算法和数据结构。第二，我们必须编写出编译器能够有效优化以转换成高效可执行代码的源代码。对于这第二点，理解优化编译器的能力和局限性是很重要的。编写程序方式中看上去只是一点小小的变动，都会引起编译器优化方式很大的变化。有些编程语言比其他语言容易优化。C 语言的有些特性，例如执行指针运算和强制类型转换的能力，使得编译器很难对它进行优化。程序员经常能够以一种使编译器更容易产生高效代码的方式来编写他们的程序。第三项技术针对处理运算量特别大的计算，将一个任务分成多个部分，这些部分可以在多核和多处理器的某种组合上并行地计算。我们会把这种性能改进的方法推迟到第 12 章中去讲。即使是要利用并行性，每个并行的线程都以最高性能执行也是非常重要的，所以无论如何本章所讲的内容也还是有意义的。

在程序开发和优化的过程中，我们必须考虑代码使用的方式，以及影响它的关键因素。通常，程序员必须在实现和维护程序的简单性与它的运行速度之间做出权衡。在算法级上，几分钟就能编写一个简单的插入排序，而一个高效的排序算法程序可能需要一天或更长的时间来实现和优化。在代码级上，许多低级别的优化往往会降低程序的可读性和模块性，使得程序容易出错，并且更难以修改或扩展。对于在性能重要的环境中反复执行的代码，进行大量的优化会比较合适。一个挑战就是尽管做了大量的变化，但还是要维护代码一定程度的简洁和可读性。

我们描述许多提高代码性能的技术。理想的情况是，编译器能够接受我们编写的任何代码，并产生尽可能高效的、具有指定行为的机器级程序。现代编译器采用了复杂的分析和优化形式，而且变得越来越好。然而，即使是最好的编译器也受到*妨碍优化的因素*(optimization blocker)的阻碍，妨碍优化的因素就是程序行为中那些严重依赖于执行环境的方面。程序员必须编写容易优化的代码，以帮助编译器。

程序优化的第一步就是消除不必要的工作，让代码尽可能有效地执行所期望的任务。这包括消除不必要的函数调用、条件测试和内存引用。这些优化不依赖于目标机器的任何具体属性。

为了使程序性能最大化，程序员和编译器都需要一个目标机器的模型，指明如何处理指令，以及各个操作的时序特性。例如，编译器必须知道时序信息，才能够确定是用一条乘法指令，还是用移位和加法的某种组合。现代计算机用复杂的技术来处理机器级程序，并行地执行许多指令，执行顺序还可能不同于它们在程序中出现的顺序。程序员必须理解这些处理器是如何工作的，从而调整他们的程序以获得最大的速度。基于 Intel 和 AMD 处理器最近的设计，我们提出了这种机器的一个高级模型。我们还设计了一种图形数据流(data-flow)表示法，可以使处理器对指令的执行形象化，我们还可以利用它预测程序的性能。

了解了处理器的运作，我们就可以进行程序优化的第二步，利用处理器提供的*指令级并行*(instruction-level parallelism)能力，同时执行多条指令。我们会讲述几个对程序的变化，降低一个计算的不同部分之间的数据相关，增加并行度，这样就可以同时执行这些部分了。

我们以对优化大型程序的问题的讨论来结束这一章。我们描述了*代码剖析程序*(profiler)的使用，代码剖析程序是测量程序各个部分性能的工具。这种分析能够帮助找到代码中低效率的地方，并且确定程序中我们应该着重优化的部分。

在本章的描述中，我们使代码优化看起来像按照某种特殊顺序，对代码进行一系列转换的简单线性过程。实际上，这项工作远非这么简单。需要相当多的试错法试验。当我们进行到后面的优化阶段时，尤其是这样，到那时，看上去很小的变化会导致性能上很大的变化。相反，一些看上去很有希望的技术被证明是无效的。正如后面的例子中会看到的那样，要确切解释为什么某段代码序列具有特定的执行时间，是很困难的。性能可能依赖于处理器设计的许多细节特性，而对此我们所知甚少。这也是为什么要尝试各种技术的变形和组合的另一个原因。

研究程序的汇编代码表示是理解编译器以及产生的代码会如何运行的最有效手段之一。仔细研究内循环的代码是一个很好的开端，识别出降低性能的属性，例如过多的内存引用和对寄存器使用不当。从汇编代码开始，我们还可以预测什么操作会并行执行，以及它们会如何使用处理器资源。正如我们会看到的，常常通过确认关键路径(critical path)来决定执行一个循环所需要的时间(或者说，至少是一个时间下界)。所谓关键路径是在循环的反复执行过程中形成的数据相关链。然后，我们会回过头来修改源代码，试着控制编译器使之产生更有效率的实现。

大多数编译器，包括 GCC，一直都在更新和改进，特别是在优化能力方面。一个很有用的策略是只重写程序到编译器由此就能产生有效代码所需要的程度就好了。这样，能尽量避免损害代码的可读性、模块性和可移植性，就好像我们使用的是具有最低能力的编译器。同样，通过测量值和检查生成的汇编代码，反复修改源代码和分析它的性能是很有帮助的。

对于新手程序员来说，不断修改源代码，试图欺骗编译器产生有效的代码，看起来很奇怪，但这确实是编写很多高性能程序的方式。比较于另一种方法——用汇编语言写代码，这种间接的方法具有的优点是：虽然性能不一定是最好的，但得到的代码仍然能够在其他机器上运行。

## 5.1　优化编译器的能力和局限性

现代编译器运用复杂精细的算法来确定一个程序中计算的是什么值，以及它们是被如何使用的。然后会利用一些机会来简化表达式，在几个不同的地方使用同一个计算，以及降低一个给定的计算必须被执行的次数。大多数编译器，包括 GCC，向用户提供了一些对它们所使用的优化的控制。就像在第 3 章中讨论过的，最简单的控制就是指定*优化级*

别。例如，以命令行选项“-Og”调用 GCC 是让 GCC 使用一组基本的优化。以选项“-O1”或更高(如“-O2”或“-O3”)调用 GCC 会让它使用更大量的优化。这样做可以进一步提高程序的性能，但是也可能增加程序的规模，也可能使标准的调试工具更难对程序进行调试。我们的表述，虽然对于大多数使用 GCC 的软件项目来说，优化级别-O2 已经成为了被接受的标准，但是还是主要考虑以优化级别-O1 编译出的代码。我们特意限制了优化级别，以展示写 C 语言函数的不同方法如何影响编译器产生代码的效率。我们会发现可以写出的 C 代码，即使用-O1 选项编译得到的性能，也比用可能的最高的优化等级编译一个更原始的版本得到的性能好。

编译器必须很小心地对程序只使用安全的优化，也就是说对于程序可能遇到的所有可能的情况，在 C 语言标准提供的保证之下，优化后得到的程序和未优化的版本有一样的行为。限制编译器只进行安全的优化，消除了造成不希望的运行时行为的一些可能的原因，但是这也意味着程序员必须花费更大的力气写出编译器能够将之转换成有效机器代码的程序。为了理解决定一种程序转换是否安全的难度，让我们来看看下面这两个过程：

```
1   void twiddle1(long *xp, long *yp)
2   {
3       *xp += *yp;
4       *xp += *yp;
5   }
6
7   void twiddle2(long *xp, long *yp)
8   {
9       *xp += 2* *yp;
10  }
```

乍一看，这两个过程似乎有相同的行为。它们都是将存储在由指针 yp 指示的位置处的值两次加到指针 xp 指示的位置处的值。另一方面，函数 twiddle2 效率更高一些。它只要求 3 次内存引用(读*xp，读*yp，写*xp)，而 twiddle1 需要 6 次(2 次读*xp，2 次读*yp，2 次写*xp)。因此，如果要编译器编译过程 twiddle1，我们会认为基于 twiddle2 执行的计算能产生更有效的代码。

不过，考虑 xp 等于 yp 的情况。此时，函数 twiddle1 会执行下面的计算：

```
3       *xp += *xp;  /* Double value at xp */
4       *xp += *xp;  /* Double value at xp */
```

结果是 xp 的值变成原来的 4 倍。另一方面，函数 twiddle2 会执行下面的计算：

```
9       *xp += 2* *xp;  /* Triple value at xp */
```

结果是 xp 的值变成原来的 3 倍。编译器不知道 twiddle1 会如何被调用，因此它必须假设参数 xp 和 yp 可能会相等。因此，它不能产生 twiddle2 风格的代码作为 twiddle1 的优化版本。

这种两个指针可能指向同一个内存位置的情况称为*内存别名使用*(memory aliasing)。在只执行安全的优化中，编译器必须假设不同的指针可能会指向内存中同一个位置。再看一个例子，对于一个使用指针变量 p 和 q 的程序，考虑下面的代码序列：

```
x = 1000; y = 3000;
*q = y;    /* 3000 */
*p = x;    /* 1000 */
t1 = *q;   /* 1000 or 3000 */
```

t1的计算值依赖于指针 p 和 q 是否指向内存中同一个位置——如果不是，t1 就等于3000，但如果是，t1 就等于1000。这造成了一个主要的妨碍优化的因素，这也是可能严重限制编译器产生优化代码机会的程序的一个方面。如果编译器不能确定两个指针是否指向同一个位置，就必须假设什么情况都有可能，这就限制了可能的优化策略。

**练习题 5.1** 下面的问题说明了内存别名使用可能会导致意想不到的程序行为的方式。考虑下面这个交换两个值的过程：

```
1   /* Swap value x at xp with value y at yp */
2   void swap(long *xp, long *yp)
3   {
4       *xp = *xp + *yp; /* x+y         */
5       *yp = *xp - *yp; /* x+y-y = x */
6       *xp = *xp - *yp; /* x+y-x = y */
7   }
```

如果调用这个过程时 xp 等于 yp，会有什么样的效果？

第二个妨碍优化的因素是函数调用。作为一个示例，考虑下面这两个过程：

```
1   long f();
2
3   long func1() {
4       return f() + f() + f() + f();
5   }
6
7   long func2() {
8       return 4*f();
9   }
```

最初看上去两个过程计算的都是相同的结果，但是 func2 只调用 f 一次，而 func1 调用 f 四次。以 func1 作为源代码时，会很想产生 func2 风格的代码。

不过，考虑下面 f 的代码：

```
1   long counter = 0;
2
3   long f() {
4       return counter++;
5   }
```

这个函数有个副作用——它修改了全局程序状态的一部分。改变调用它的次数会改变程序的行为。特别地，假设开始时全局变量 counter 都设置为 0，对 func1 的调用会返回 0＋1＋2＋3＝6，而对 func2 的调用会返回 4·0＝0。

大多数编译器不会试图判断一个函数是否没有副作用，如果没有，就可能被优化成像 func2 中的样子。相反，编译器会假设最糟的情况，并保持所有的函数调用不变。

**旁注　用内联函数替换优化函数调用**

包含函数调用的代码可以用一个称为内联函数替换(inline substitution，或者简称“内联(inlining)”)的过程进行优化，此时，将函数调用替换为函数体。例如，我们可以通过替换掉对函数 f 的四次调用，展开 func1 的代码：

```
1   /* Result of inlining f in func1 */
2   long func1in() {
3       long t = counter++; /* +0 */
```

```
4        t += counter++;        /* +1 */
5        t += counter++;        /* +2 */
6        t += counter++;        /* +3 */
7        return t;
8    }
```

这样的转换既减少了函数调用的开销，也允许对展开的代码做进一步优化。例如，编译器可以统一 func1in 中对全局变量 counter 的更新，产生这个函数的一个优化版本：

```
1    /* Optimization of inlined code */
2    long func1opt() {
3        long t = 4 * counter + 6;
4        counter += 4;
5        return t;
6    }
```

对于这个特定的函数 f 的定义，上述代码忠实地重现了 func1 的行为。

GCC 的最近版本会尝试进行这种形式的优化，要么是被用命令行选项“-finline”指示时，要么是使用优化等级-O1 或者更高的等级时。遗憾的是，GCC 只尝试在单个文件中定义的函数的内联。这就意味着它将无法应用于常见的情况，即一组库函数在一个文件中被定义，却被其他文件内的函数所调用。

在某些情况下，最好能阻止编译器执行内联替换。一种情况是用符号调试器来评估代码，比如 GDB，如 3.10.2 节描述的一样。如果一个函数调用已经用内联替换优化过了，那么任何对这个调用进行追踪或设置断点的尝试都会失败。还有一种情况是用代码剖析的方式来评估程序性能，如 5.14.1 节讨论的一样。用内联替换消除的函数调用是无法被正确剖析的。

在各种编译器中，就优化能力来说，GCC 被认为是胜任的，但是并不是特别突出。它完成基本的优化，但是它不会对程序进行更加“有进取心的”编译器所做的那种激进变换。因此，使用 GCC 的程序员必须花费更多的精力，以一种简化编译器生成高效代码的任务的方式来编写程序。

## 5.2 表示程序性能

我们引入度量标准每元素的周期数(Cycles Per Element，CPE)，作为一种表示程序性能并指导我们改进代码的方法。CPE 这种度量标准帮助我们在更细节的级别上理解迭代程序的循环性能。这样的度量标准对执行重复计算的程序来说是很适当的，例如处理图像中的像素，或是计算矩阵乘积中的元素。

处理器活动的顺序是由时钟控制的，时钟提供了某个频率的规律信号，通常用千兆赫兹(GHz)，即十亿周期每秒来表示。例如，当表明一个系统有“4GHz”处理器，这表示处理器时钟运行频率为每秒 $4\times10^9$ 个周期。每个时钟周期的时间是时钟频率的倒数。通常是以纳秒(nanosecond，1 纳秒等于 $10^{-9}$ 秒)或皮秒(picosecond，1 皮秒等于 $10^{-12}$ 秒)为单位的。例如，一个 4GHz 的时钟其周期为 0.25 纳秒，或者 250 皮秒。从程序员的角度来看，用时钟周期来表示度量标准要比用纳秒或皮秒来表示有帮助得多。用时钟周期来表示，度量值表示的是执行了多少条指令，而不是时钟运行得有多快。

许多过程含有在一组元素上迭代的循环。例如，图 5-1 中的函数 psum1 和 psum2 计算的都是一个长度为 $n$ 的向量的前置和(prefix sum)。对于向量 $\vec{a}=\langle a_0, a_1, \cdots, a_{n-1}\rangle$，前置和 $\vec{p}=\langle p_0, p_1, \cdots, p_{n-1}\rangle$定义为

$$
\begin{aligned}
p_0 &= a_0 \\
p_i &= p_{i-1} + a_i, \quad 1 \leqslant i < n
\end{aligned}
\tag{5.1}
$$

```
1   /* Compute prefix sum of vector a */
2   void psum1(float a[], float p[], long n)
3   {
4       long i;
5       p[0] = a[0];
6       for (i = 1; i < n; i++)
7           p[i] = p[i-1] + a[i];
8   }
9
10  void psum2(float a[], float p[], long n)
11  {
12      long i;
13      p[0] = a[0];
14      for (i = 1; i < n-1; i+=2) {
15          float mid_val = p[i-1] + a[i];
16          p[i]    = mid_val;
17          p[i+1]  = mid_val + a[i+1];
18      }
19      /* For even n, finish remaining element */
20      if (i < n)
21          p[i] = p[i-1] + a[i];
22  }
```

图 5-1　前置和函数。这些函数提供了我们如何表示程序性能的示例

函数 psum1 每次迭代计算结果向量的一个元素。第二个函数使用*循环展开*(loop unrolling)的技术，每次迭代计算两个元素。本章后面我们会探讨循环展开的好处。(关于分析和优化前置和计算的内容请参见练习题 5.11、5.12 和家庭作业 5.19。)

这样一个过程所需要的时间可以用一个常数加上一个与被处理元素个数成正比的因子来描述。例如，图 5-2 是这两个函数需要的周期数关于 $n$ 的取值范围图。使用*最小二乘拟*

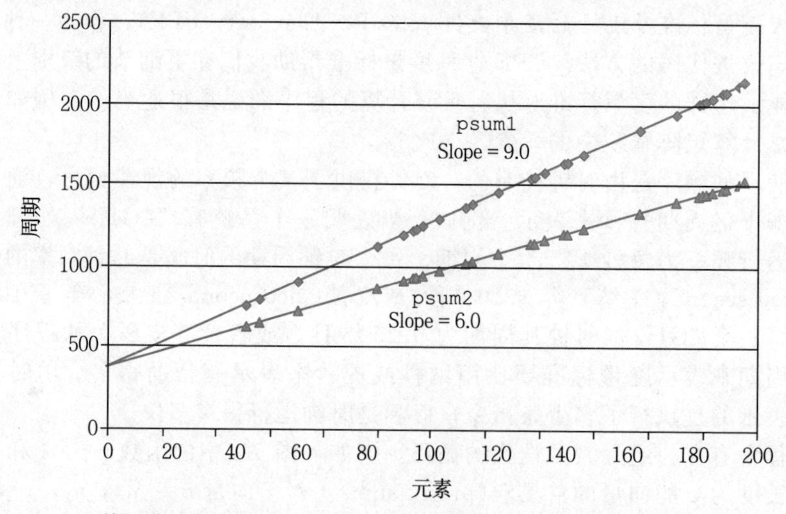


图 5-2　前置和函数的性能。两条线的斜率表明每元素的周期数(CPE)的值

合(least squares fit)，我们发现，psum1 和 psum2 的运行时间(用时钟周期为单位)分别近似于等式 368+9.0$n$ 和 368+6.0$n$。这两个等式表明对代码计时和初始化过程、准备循环以及完成过程的开销为 368 个周期加上每个元素 6.0 或 9.0 周期的线性因子。对于较大的 $n$ 的值(比如说大于 200)，运行时间就会主要由线性因子来决定。这些项中的系数称为每元素的周期数(简称 CPE)的有效值。注意，我们更愿意用每个元素的周期数而不是每次循环的周期数来度量，这是因为像循环展开这样的技术使得我们能够用较少的循环完成计算，而我们最终关心的是，对于给定的向量长度，程序运行的速度如何。我们将精力集中在减小计算的 CPE 上。根据这种度量标准，psum2 的 CPE 为 6.0，优于 CPE 为 9.0 的 psum1。

**旁注 什么是最小二乘拟合**

对于一个数据点($x_1$, $y_1$), …, ($x_n$, $y_n$)的集合，我们常常试图画一条线，它能最接近于这些数据代表的 X－Y 趋势。使用最小二乘拟合，寻找一条形如 $y=mx+b$ 的线，使得下面这个误差度量最小：

$$E(m,b) = \sum_{i=1,n}(mx_i + b - y_i)^2$$

将 $E(m, b)$分别对 $m$ 和 $b$ 求导，把两个导数函数设置为 0，进行推导就能得出计算 $m$ 和 $b$ 的算法。

**练习题 5.2** 在本章后面，我们会从一个函数开始，生成许多不同的变种，这些变种保持函数的行为，又具有不同的性能特性。对于其中三个变种，我们发现运行时间(以时钟周期为单位)可以用下面的函数近似地估计：

版本 1：60+35$n$

版本 2：136+4$n$

版本 3：157+1.25$n$

每个版本在 $n$ 取什么值时是三个版本中最快的？记住，$n$ 总是整数。

## 5.3 程序示例

为了说明一个抽象的程序是如何被系统地转换成更有效的代码的，我们将使用一个基于图 5-3 所示向量数据结构的运行示例。向量由两个内存块表示：头部和数据数组。头部是一个声明如下的结构：

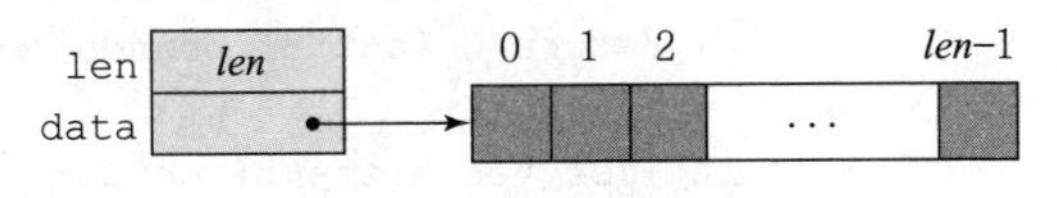


图 5-3 向量的抽象数据类型。向量由头信息加上指定长度的数组来表示

code/opt/vec.h

```
1    /* Create abstract data type for vector */
2    typedef struct {
3        long len;
4        data_t *data;
5    } vec_rec, *vec_ptr;
```

code/opt/vec.h

这个声明用 data_t 来表示基本元素的数据类型。在测试中，我们度量代码对于整数(C 语言的 int 和 long)和浮点数(C 语言的 float 和 double)数据的性能。为此，我们会分别为不同的类型声明编译和运行程序，就像下面这个例子对数据类型 long 一样：

```
typedef long data_t;
```

我们还会分配一个 len 个 data_t 类型对象的数组，来存放实际的向量元素。

图 5-4 给出的是一些生成向量、访问向量元素以及确定向量长度的基本过程。一个值得注意的重要特性是向量访问程序 get_vec_element，它会对每个向量引用进行边界检查。这段代码类似于许多其他语言(包括 Java)所使用的数组表示法。边界检查降低了程序出错的机会，但是它也会减缓程序的执行。

*code/opt/vec.c*

```
1   /* Create vector of specified length */
2   vec_ptr new_vec(long len)
3   {
4       /* Allocate header structure */
5       vec_ptr result = (vec_ptr) malloc(sizeof(vec_rec));
6       data_t *data = NULL;
7       if (!result)
8           return NULL;  /* Couldn't allocate storage */
9       result->len = len;
10      /* Allocate array */
11      if (len > 0) {
12          data = (data_t *)calloc(len, sizeof(data_t));
13          if (!data) {
14              free((void *) result);
15              return NULL; /* Couldn't allocate storage */
16          }
17      }
18      /* Data will either be NULL or allocated array */
19      result->data = data;
20      return result;
21  }
22
23  /*
24   * Retrieve vector element and store at dest.
25   * Return 0 (out of bounds) or 1 (successful)
26   */
27  int get_vec_element(vec_ptr v, long index, data_t *dest)
28  {
29      if (index < 0 || index >= v->len)
30          return 0;
31      *dest = v->data[index];
32      return 1;
33  }
34
35  /* Return length of vector */
36  long vec_length(vec_ptr v)
37  {
38      return v->len;
39  }
```

*code/opt/vec.c*

图 5-4　向量抽象数据类型的实现。在实际程序中，数据类型 data_t 被声明为 int、long、float 或 double

作为一个优化示例，考虑图 5-5 中所示的代码，它使用某种运算，将一个向量中所有的元素合并成一个值。通过使用编译时常数 IDENT 和 OP 的不同定义，这段代码可以重编译成对数据执行不同的运算。特别地，使用声明：

```
#define IDENT 0
#define OP  +
```

它对向量的元素求和。使用声明：

```
#define IDENT 1
#define OP  *
```

它计算的是向量元素的乘积。

```
1   /* Implementation with maximum use of data abstraction */
2   void combine1(vec_ptr v, data_t *dest)
3   {
4       long i;
5
6       *dest = IDENT;
7       for (i = 0; i < vec_length(v); i++) {
8           data_t val;
9           get_vec_element(v, i, &val);
10          *dest = *dest OP val;
11      }
12  }
```

图 5-5 合并运算的初始实现。使用基本元素 IDENT 和合并运算 OP 的不同声明，我们可以测量该函数对不同运算的性能

在我们的讲述中，我们会对这段代码进行一系列的变化，写出这个合并函数的不同版本。为了评估性能变化，我们会在一个具有 Intel Core i7 Haswell 处理器的机器上测量这些函数的 CPE 性能，这个机器称为参考机。3.1 节中给出了一些有关这个处理器的特性。这些测量值刻画的是程序在某个特定的机器上的性能，所以在其他机器和编译器组合中不保证有同等的性能。不过，我们把这些结果与许多不同编译器/处理器组合上的结果做了比较，发现也非常相似。

我们会进行一组变换，发现有很多只能带来很小的性能提高，而其他的能带来更巨大的效果。确定该使用哪些变换组合确实是编写快速代码的“魔术(black art)”。有些不能提供可测量的好处的组合确实是无效的，然而有些组合是很重要的，它们使编译器能够进一步优化。根据我们的经验，最好的方法是实验加上分析：反复地尝试不同的方法，进行测量，并检查汇编代码表示以确定底层的性能瓶颈。

作为一个起点，下表给出的是 combine1 的 CPE 度量值，它运行在我们的参考机上，尝试了操作(加法或乘法)和数据类型(长整数和双精度浮点数)的不同组合。使用多个不同的程序，我们的实验显示 32 位整数操作和 64 位整数操作有相同的性能，除了涉及除法操作的代码之外。同样，对于操作单精度和双精度浮点数据的程序，其性能也是相同的。因此在表中，我们将只给出整数数据和浮点数据各自的结果。

| 函数 | 方法 | 整数 | | 浮点数 | |
|---|---|---|---|---|---|
| | | + | * | + | * |
| combine1 | 抽象的未优化的 | 22.68 | 20.02 | 19.98 | 20.18 |
| combine1 | 抽象的-O1 | 10.12 | 10.12 | 10.17 | 11.14 |

可以看到测量值有些不太精确。对于整数求和的 CPE 数更像是 23.00，而不是 22.68；对于整数乘积的 CPE 数则是 20.0 而非 20.02。我们不会“捏造”数据让它们看起来好看一点儿，只是给出了实际获得的测量值。有很多因素会使得可靠地测量某段代码序列需要的精确周期数这个任务变得复杂。检查这些数字时，在头脑里把结果向上或者向下取整几百分之一个时钟周期会很有帮助。

未经优化的代码是从 C 语言代码到机器代码的直接翻译，通常效率明显较低。简单地使用命令行选项“-O1”，就会进行一些基本的优化。正如可以看到的，程序员不需要做什么，就会显著地提高程序性能——超过两倍。通常，养成至少使用这个级别优化的习惯是很好的。(使用-Og 优化级别能得到相似的性能结果。)在剩下的测试中，我们使用-O1 和-O2 级别的优化来生成和测量程序。

## 5.4　消除循环的低效率

可以观察到，过程 combine1 调用函数 vec_length 作为 for 循环的测试条件，如图 5-5 所示。回想关于如何将含有循环的代码翻译成机器级程序的讨论(见 3.6.7 节)，每次循环迭代时都必须对测试条件求值。另一方面，向量的长度并不会随着循环的进行而改变。因此，只需计算一次向量的长度，然后在我们的测试条件中都使用这个值。

图 5-6 是一个修改了的版本，称为 combine2，它在开始时调用 vec_length，并将结果赋值给局部变量 length。对于某些数据类型和操作，这个变换明显地影响了某些数据类型和操作的整体性能，对于其他的则只有很小甚至没有影响。无论是哪种情况，都需要这种变换来消除这个低效率，这有可能成为尝试进一步优化时的瓶颈。

```
1   /* Move call to vec_length out of loop */
2   void combine2(vec_ptr v, data_t *dest)
3   {
4       long i;
5       long length = vec_length(v);
6
7       *dest = IDENT;
8       for (i = 0; i < length; i++) {
9           data_t val;
10          get_vec_element(v, i, &val);
11          *dest = *dest OP val;
12      }
13  }
```

图 5-6　改进循环测试的效率。通过把对 vec_length 的调用移出循环测试，我们不再需要每次迭代时都执行这个函数

| 函数 | 方法 | 整数 | | 浮点数 | |
|---|---|---|---|---|---|
| | | + | * | + | * |
| combine1 | 抽象的-O1 | 10.12 | 10.12 | 10.17 | 11.14 |
| combine2 | 移动 vec_length | 7.02 | 9.03 | 9.02 | 11.03 |

这个优化是一类常见的优化的一个例子，称为*代码移动*(code motion)。这类优化包括识别要执行多次(例如在循环里)但是计算结果不会改变的计算。因而可以将计算移动到代码前面不会被多次求值的部分。在本例中，我们将对 vec_length 的调用从循环内部移动

到循环的前面。

优化编译器会试着进行代码移动。不幸的是，就像前面讨论过的那样，对于会改变在哪里调用函数或调用多少次的变换，编译器通常会非常小心。它们不能可靠地发现一个函数是否会有副作用，因而假设函数会有副作用。例如，如果 vec_length 有某种副作用，那么 combine1 和 combine2 可能就会有不同的行为。为了改进代码，程序员必须经常帮助编译器显式地完成代码的移动。

举一个 combine1 中看到的循环低效率的极端例子，考虑图 5-7 中所示的过程 lower1。这个过程模仿几个学生的函数设计，他们的函数是作为一个网络编程项目的一部分交上来的。这个过程的目的是将一个字符串中所有大写字母转换成小写字母。这个大小写转换涉及将“A”到“Z”范围内的字符转换成“a”到“z”范围内的字符。

```
1   /* Convert string to lowercase: slow */
2   void lower1(char *s)
3   {
4       long i;
5
6       for (i = 0; i < strlen(s); i++)
7           if (s[i] >= 'A' && s[i] <= 'Z')
8               s[i] -= ('A' - 'a');
9   }
10
11  /* Convert string to lowercase: faster */
12  void lower2(char *s)
13  {
14      long i;
15      long len = strlen(s);
16
17      for (i = 0; i < len; i++)
18          if (s[i] >= 'A' && s[i] <= 'Z')
19              s[i] -= ('A' - 'a');
20  }
21
22  /* Sample implementation of library function strlen */
23  /* Compute length of string */
24  size_t strlen(const char *s)
25  {
26      long length = 0;
27      while (*s != '\0') {
28          s++;
29          length++;
30      }
31      return length;
32  }
```

图 5-7 小写字母转换函数。两个过程的性能差别很大

对库函数 strlen 的调用是 lower1 的循环测试的一部分。虽然 strlen 通常是用特殊的 x86 字符串处理指令来实现的，但是它的整体执行也类似于图 5-7 中给出的这个简单版本。因为 C 语言中的字符串是以 null 结尾的字符序列，strlen 必须一步一步地检查这

个序列，直到遇到 null 字符。对于一个长度为 $n$ 的字符串，strlen 所用的时间与 $n$ 成正比。因为对 lower1 的 $n$ 次迭代的每一次都会调用 strlen，所以 lower1 的整体运行时间是字符串长度的二次项，正比于 $n^2$。

如图 5-8 所示(使用 strlen 的库版本)，这个函数对各种长度的字符串的实际测量值证实了上述分析。lower1 的运行时间曲线图随着字符串长度的增加上升得很陡峭(图 5-8a)。图 5-8b 展示了 7 个不同长度字符串的运行时间(与曲线图中所示的有所不同)，每个长度都是 2 的幂。可以观察到，对于 lower1 来说，字符串长度每增加一倍，运行时间都会变为原来的 4 倍。这很明显地表明运行时间是二次的。对于一个长度为 1 048 576 的字符串来说，lower1 需要超过 17 分钟的 CPU 时间。

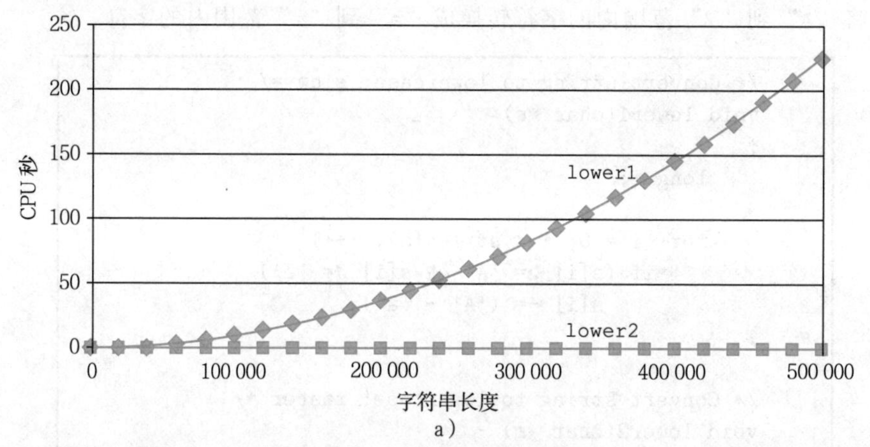


a)

| 函数 | 字符串长度 | | | | | | |
|---|---|---|---|---|---|---|---|
| | 16 384 | 32 768 | 65 536 | 131 072 | 262 144 | 524 288 | 1 048 576 |
| lower1 | 0.26 | 1.03 | 4.10 | 16.41 | 65.62 | 262.48 | 1 049.89 |
| lower2 | 0.0000 | 0.0001 | 0.0001 | 0.0003 | 0.0005 | 0.0010 | 0.0020 |

b)

图 5-8　小写字母转换函数的性能比较。由于循环结构的效率比较低，初始代码 lower1 的运行时间是二次项的。修改过的代码 lower2 的运行时间是线性的

除了把对 strlen 的调用移出了循环以外，图 5-7 中所示的 lower2 与 lower1 是一样的。做了这样的变化之后，性能有了显著改善。对于一个长度为 1 048 576 的字符串，这个函数只需要 2.0 毫秒——比 lower1 快了 500 000 多倍。字符串长度每增加一倍，运行时间也会增加一倍——很显然运行时间是线性的。对于更长的字符串，运行时间的改进会更大。

在理想的世界里，编译器会认出循环测试中对 strlen 的每次调用都会返回相同的结果，因此应该能够把这个调用移出循环。这需要非常成熟完善的分析，因为 strlen 会检查字符串的元素，而随着 lower1 的进行，这些值会改变。编译器需要探查，即使字符串中的字符发生了改变，但是没有字符会从非零变为零，或是反过来，从零变为非零。即使是使用内联函数，这样的分析也远远超出了最成熟完善的编译器的能力，所以程序员必须自己进行这样的变换。

这个示例说明了编程时一个常见的问题，一个看上去无足轻重的代码片断有隐藏的渐近低效率(asymptotic inefficiency)。人们可不希望一个小写字母转换函数成为程序性能的限制因素。通常，会在小数据集上测试和分析程序，对此，lower1 的性能是足够的。不过，当程序最终部署好以后，过程完全可能被应用到一个有 100 万个字符的串上。突然，

这段无危险的代码变成了一个主要的性能瓶颈。相比较而言，lower2 的性能对于任意长度的字符串来说都是足够的。大型编程项目中出现这样问题的故事比比皆是。一个有经验的程序员工作的一部分就是避免引入这样的渐近低效率。

练习题 5.3 考虑下面的函数：

```
long min(long x, long y) { return x < y ? x : y; }
long max(long x, long y) { return x < y ? y : x; }
void incr(long *xp, long v) { *xp += v; }
long square(long x) { return x*x; }
```

下面三个代码片断调用这些函数：

A.
```
for (i = min(x, y); i < max(x, y); incr(&i, 1))
    t += square(i);
```

B.
```
for (i = max(x, y) - 1; i >= min(x, y); incr(&i, -1))
    t += square(i);
```

C.
```
long low = min(x, y);
long high = max(x, y);

for (i = low; i < high; incr(&i, 1))
    t += square(i);
```

假设 x 等于 10，而 y 等于 100。填写下表，指出在代码片断 A～C 中 4 个函数每个被调用的次数：

| 代码 | min | max | incr | square |
|---|---|---|---|---|
| A. | | | | |
| B. | | | | |
| C. | | | | |

## 5.5 减少过程调用

像我们看到过的那样，过程调用会带来开销，而且妨碍大多数形式的程序优化。从 combine2 的代码(见图 5-6)中我们可以看出，每次循环迭代都会调用 get_vec_element 来获取下一个向量元素。对每个向量引用，这个函数要把向量索引 i 与循环边界做比较，很明显会造成低效率。在处理任意的数组访问时，边界检查可能是个很有用的特性，但是对 combine2 代码的简单分析表明所有的引用都是合法的。

作为替代，假设为我们的抽象数据类型增加一个函数 get_vec_start。这个函数返回数组的起始地址，如图 5-9 所示。然后就能写出此图中 combine3 所示的过程，其内循环里没有函数调用。它没有用函数调用来获取每个向量元素，而是直接访问数组。一个纯粹主义者可能会说这种变换严重损害了程序的模块性。原则上来说，向量抽象数据类型的使用者甚至不应该需要知道向量的内容是作为数组来存储的，而不是作为诸如链表之类的某种其他数据结构来存储的。比较实际的程序员会争论说这种变换是获得高性能结果的必要步骤。

| 函数 | 方法 | 整数 | | 浮点数 | |
|---|---|---|---|---|---|
| | | + | * | + | * |
| combine2 | 移动 vec_length | 7.02 | 9.03 | 9.02 | 11.03 |
| combine3 | 直接数据访问 | 7.17 | 9.02 | 9.02 | 11.03 |

code/opt/vec.c

```
1   data_t *get_vec_start(vec_ptr v)
2   {
3       return v->data;
4   }
```

code/opt/vec.c

```
1   /* Direct access to vector data */
2   void combine3(vec_ptr v, data_t *dest)
3   {
4       long i;
5       long length = vec_length(v);
6       data_t *data = get_vec_start(v);
7
8       *dest = IDENT;
9       for (i = 0; i < length; i++) {
10          *dest = *dest OP data[i];
11      }
12  }
```

图 5-9 消除循环中的函数调用。结果代码没有显示性能提升，但是它有其他的优化

令人吃惊的是，性能没有明显的提升。事实上，整数求和的性能还略有下降。显然，内循环中的其他操作形成了瓶颈，限制性能超过调用 get_vec_element。我们还会再回到这个函数(见 5.11.2 节)，看看为什么 combine2 中反复的边界检查不会让性能更差。而现在，我们可以将这个转换视为一系列步骤中的一步，这些步骤将最终产生显著的性能提升。

## 5.6 消除不必要的内存引用

combine3 的代码将合并运算计算的值累积在指针 dest 指定的位置。通过检查编译出来的为内循环产生的汇编代码，可以看出这个属性。在此我们给出数据类型为 double，合并运算为乘法的 x86-64 代码：

```
    Inner loop of combine3.  data_t = double, OP = *
    dest in %rbx, data+i in %rdx, data+length in %rax
1   .L17:                                   loop:
2     vmovsd  (%rbx), %xmm0                   Read product from dest
3     vmulsd  (%rdx), %xmm0, %xmm0            Multiply product by data[i]
4     vmovsd  %xmm0, (%rbx)                   Store product at dest
5     addq    $8, %rdx                        Increment data+i
6     cmpq    %rax, %rdx                      Compare to data+length
7     jne     .L17                            If !=, goto loop
```

在这段循环代码中，我们看到，指针 dest 的地址存放在寄存器 %rbx 中，它还改变了代码，将第 i 个数据元素的指针保存在寄存器 %rdx 中，注释中显示为 data+i。每次迭代，这个指针都加 8。循环终止操作通过比较这个指针与保存在寄存器 %rax 中的数值来判断。我们可以看到每次迭代时，累积变量的数值都要从内存读出再写入到内存。这样的读写很浪费，因为每次迭代开始时从 dest 读出的值就是上次迭代最后写入的值。

我们能够消除这种不必要的内存读写，按照图 5-10 中 combine4 所示的方式重写代码。引入一个临时变量 acc，它在循环中用来累积计算出来的值。只有在循环完成之后结果才存放在 dest 中。正如下面的汇编代码所示，编译器现在可以用寄存器 %xmm0 来保存

累积值。与 combine3 中的循环相比，我们将每次迭代的内存操作从两次读和一次写减少到只需要一次读。

```
    Inner loop of combine4.  data_t = double, OP = *
    acc in %xmm0, data+i in %rdx, data+length in %rax
1   .L25:                                  loop:
2     vmulsd  (%rdx), %xmm0, %xmm0          Multiply acc by data[i]
3     addq    $8, %rdx                      Increment data+i
4     cmpq    %rax, %rdx                    Compare to data+length
5     jne     .L25                          If !=, goto loop
```

```
1   /* Accumulate result in local variable */
2   void combine4(vec_ptr v, data_t *dest)
3   {
4       long i;
5       long length = vec_length(v);
6       data_t *data = get_vec_start(v);
7       data_t acc = IDENT;
8
9       for (i = 0; i < length; i++) {
10          acc = acc OP data[i];
11      }
12      *dest = acc;
13  }
```

图 5-10 把结果累积在临时变量中。将累积值存放在局部变量 acc（累积器（accumulator）的简写）中，消除了每次循环迭代中从内存中读出并将更新值写回的需要

我们看到程序性能有了显著的提高，如下表所示：

| 函数 | 方法 | 整数 | | 浮点数 | |
|---|---|---|---|---|---|
| | | + | * | + | * |
| combine3 | 直接数据访问 | 7.17 | 9.02 | 9.02 | 11.03 |
| combine4 | 累积在临时变量中 | 1.27 | 3.01 | 3.01 | 5.01 |

所有的时间改进范围从 2.2× 到 5.7×，整数加法情况的时间下降到了每元素只需 1.27 个时钟周期。

可能又有人会认为编译器应该能够自动将图 5-9 中所示的 combine3 的代码转换为在寄存器中累积那个值，就像图 5-10 中所示的 combine4 的代码所做的那样。然而实际上，由于内存别名使用，两个函数可能会有不同的行为。例如，考虑整数数据，运算为乘法，标识元素为 1 的情况。设 v=[2，3，5]是一个由 3 个元素组成的向量，考虑下面两个函数调用：

```
combine3(v, get_vec_start(v) + 2);
combine4(v, get_vec_start(v) + 2);
```

也就是在向量最后一个元素和存放结果的目标之间创建一个别名。那么，这两个函数的执行如下：

| 函数 | 初始值 | 循环之前 | i = 0 | i = 1 | i = 2 | 最后 |
|---|---|---|---|---|---|---|
| combine3 | [2, 3, 5] | [2, 3, 1] | [2, 3, 2] | [2, 3, 6] | [2, 3, 36] | [2, 3, 36] |
| combine4 | [2, 3, 5] | [2, 3, 5] | [2, 3, 5] | [2, 3, 5] | [2, 3, 5] | [2, 3, 30] |

正如前面讲到过的，combine3将它的结果累积在目标位置中，在本例中，目标位置就是向量的最后一个元素。因此，这个值首先被设置为1，然后设为2·1=2，然后设为3·2=6。最后一次迭代中，这个值会乘以它自己，得到最后结果36。对于combine4的情况来说，直到最后向量都保持不变，结束之前，最后一个元素会被设置为计算出来的值1·2·3·5=30。

当然，我们说明combine3和combine4之间差别的例子是人为设计的。有人会说combine4的行为更加符合函数描述的意图。不幸的是，编译器不能判断函数会在什么情况下被调用，以及程序员的本意可能是什么。取而代之，在编译combine3时，保守的方法是不断地读和写内存，即使这样做效率不太高。

练习题5.4　当用带命令行选项“-O2”的GCC来编译combine3时，得到的代码CPE性能远好于使用-O1时的：

| 函数 | 方法 | 整数 | | 浮点数 | |
|---|---|---|---|---|---|
| | | + | * | + | * |
| combine3 | 用-O1编译 | 7.17 | 9.02 | 9.02 | 11.03 |
| combine3 | 用-O2编译 | 1.60 | 3.01 | 3.01 | 5.01 |
| combine4 | 累积在临时变量中 | 1.27 | 3.01 | 3.01 | 5.01 |

由此得到的性能与combine4相当，不过对于整数求和的情况除外，虽然性能已经得到了显著的提高，但还是低于combine4。在检查编译器产生的汇编代码时，我们发现对内循环的一个有趣的变化：

```
   Inner loop of combine3.  data_t = double, OP = *.  Compiled -O2
   dest in %rbx, data+i in %rdx, data+length in %rax
   Accumulated product in %xmm0
1  .L22:                                  loop:
2    vmulsd  (%rdx), %xmm0, %xmm0           Multiply product by data[i]
3    addq    $8, %rdx                       Increment data+i
4    cmpq    %rax, %rdx                     Compare to data+length
5    vmovsd  %xmm0, (%rbx)                  Store product at dest
6    jne     .L22                           If !=, goto loop
```

把上面的代码与用优化等级1产生的代码进行比较：

```
   Inner loop of combine3.  data_t = double, OP = *.  Compiled -O1
   dest in %rbx, data+i in %rdx, data+length in %rax
1  .L17:                                  loop:
2    vmovsd  (%rbx), %xmm0                  Read product from dest
3    vmulsd  (%rdx), %xmm0, %xmm0           Multiply product by data[i]
4    vmovsd  %xmm0, (%rbx)                  Store product at dest

5    addq    $8, %rdx                       Increment data+i
6    cmpq    %rax, %rdx                     Compare to data+length
7    jne     .L17                           If !=, goto loop
```

我们看到，除了指令顺序有些不同，唯一的区别就是使用更优化的版本不含有vmovsd指令，它实现的是从dest指定的位置读数据(第2行)。

A. 寄存器%xmm0的角色在两个循环中有什么不同?

B. 这个更优化的版本忠实地实现了combine3的C语言代码吗(包括在dest和向量数据之间使用内存别名的时候)?

C. 解释为什么这个优化保持了期望的行为，或者给出一个例子说明它产生了与使用较少优化的代码不同的结果。

使用了这最后的变换，至此，对于每个元素的计算，都只需要 1.25～5 个时钟周期。比起最开始采用优化时的 9～11 个周期，这是相当大的提高了。现在我们想看看是什么因素在制约着代码的性能，以及可以如何进一步提高。

## 5.7　理解现代处理器

到目前为止，我们运用的优化都不依赖于目标机器的任何特性。这些优化只是简单地降低了过程调用的开销，以及消除了一些重大的“妨碍优化的因素”，这些因素会给优化编译器造成困难。随着试图进一步提高性能，必须考虑利用处理器*微体系结构*的优化，也就是处理器用来执行指令的底层系统设计。要想充分提高性能，需要仔细分析程序，同时代码的生成也要针对目标处理器进行调整。尽管如此，我们还是能够运用一些基本的优化，在很大一类处理器上产生整体的性能提高。我们在这里公布的详细性能结果，对其他机器不一定有同样的效果，但是操作和优化的通用原则对各种各样的机器都适用。

为了理解改进性能的方法，我们需要理解现代处理器的微体系结构。由于大量的晶体管可以被集成到一块芯片上，现代微处理器采用了复杂的硬件，试图使程序性能最大化。带来的一个后果就是处理器的实际操作与通过观察机器级程序所察觉到的大相径庭。在代码级上，看上去似乎是一次执行一条指令，每条指令都包括从寄存器或内存取值，执行一个操作，并把结果存回到一个寄存器或内存位置。在实际的处理器中，是同时对多条指令求值的，这个现象称为*指令级并行*。在某些设计中，可以有 100 或更多条指令在处理中。采用一些精细的机制来确保这种并行执行的行为，正好能获得机器级程序要求的顺序语义模型的效果。现代微处理器取得的了不起的功绩之一是：它们采用复杂而奇异的微处理器结构，其中，多条指令可以并行地执行，同时又呈现出一种简单的顺序执行指令的表象。

虽然现代微处理器的详细设计超出了本书讲授的范围，对这些微处理器运行的原则有一般性的了解就足够能够理解它们如何实现指令级并行。我们会发现两种下界描述了程序的最大性能。当一系列操作必须按照严格顺序执行时，就会遇到*延迟界限*(latency bound)，因为在下一条指令开始之前，这条指令必须结束。当代码中的数据相关限制了处理器利用指令级并行的能力时，延迟界限能够限制程序性能。*吞吐量界限*(throughput bound)刻画了处理器功能单元的原始计算能力。这个界限是程序性能的终极限制。

### 5.7.1　整体操作

图 5-11 是现代微处理器的一个非常简单化的示意图。我们假想的处理器设计是不太严格地基于近期的 Intel 处理器的结构。这些处理器在工业界称为*超标量*(superscalar)，意思是它可以在每个时钟周期执行多个操作，而且是*乱序的*(out-of-order)，意思就是指令执行的顺序不一定要与它们在机器级程序中的顺序一致。整个设计有两个主要部分：*指令控制单元*(Instruction Control Unit，ICU)和*执行单元*(Execution Unit，EU)。前者负责从内存中读出指令序列，并根据这些指令序列生成一组针对程序数据的基本操作；而后者执行这些操作。和第 4 章中研究过的*按序*(in-order)流水线相比，乱序处理器需要更大、更复杂的硬件，但是它们能更好地达到更高的指令级并行度。

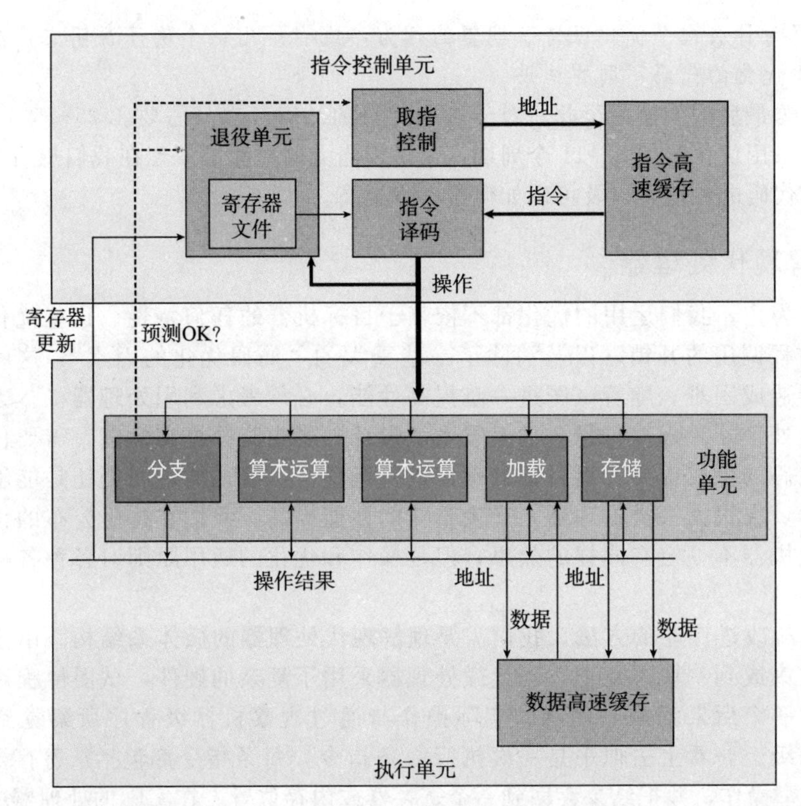


图 5-11　一个乱序处理器的框图。指令控制单元负责从内存中读出指令，并产生一系列基本操作。然后执行单元完成这些操作，以及指出分支预测是否正确

ICU 从指令高速缓存(instruction cache)中读取指令，指令高速缓存是一个特殊的高速存储器，它包含最近访问的指令。通常，ICU 会在当前正在执行的指令很早之前取指，这样它才有足够的时间对指令译码，并把操作发送到 EU。不过，一个问题是当程序遇到分支[⊖]时，程序有两个可能的前进方向。一种可能会选择分支，控制被传递到分支目标。另一种可能是，不选择分支，控制被传递到指令序列的下一条指令。现代处理器采用了一种称为分支预测(branch prediction)的技术，处理器会猜测是否会选择分支，同时还预测分支的目标地址。使用投机执行(speculative execution)的技术，处理器会开始取出位于它预测的分支会跳到的地方的指令，并对指令译码，甚至在它确定分支预测是否正确之前就开始执行这些操作。如果过后确定分支预测错误，会将状态重新设置到分支点的状态，并开始取出和执行另一个方向上的指令。标记为取指控制的块包括分支预测，以完成确定取哪些指令的任务。

指令译码逻辑接收实际的程序指令，并将它们转换成一组基本操作(有时称为微操作)。每个这样的操作都完成某个简单的计算任务，例如两个数相加，从内存中读数据，或是向内存写数据。对于具有复杂指令的机器，比如 x86 处理器，一条指令可以被译码成多个操作。关于指令如何被译码成操作序列的细节，不同的机器都会不同，这个信息可谓是高度机密。幸运的是，不需要知道某台机器实现的底层细节，我们也能优化自己的程序。

⊖　术语“分支”专指条件转移指令。对处理器来说，其他可能将控制传送到多个目的地址的指令，例如过程返回和间接跳转，带来的也是类似的挑战。

在一个典型的 x86 实现中，一条只对寄存器操作的指令，例如

```
addq %rax,%rdx
```

会被转化成一个操作。另一方面，一条包括一个或者多个内存引用的指令，例如

```
addq %rax,8(%rdx)
```

会产生多个操作，把内存引用和算术运算分开。这条指令会被译码成为三个操作：一个操作从内存中**加载**一个值到处理器中，一个操作将加载进来的值加上寄存器%rax 中的值，而一个操作将结果**存回**到内存。这种译码逻辑对指令进行分解，允许任务在一组专门的硬件单元之间进行分割。这些单元可以并行地执行多条指令的不同部分。

EU 接收来自取指单元的操作。通常，每个时钟周期会接收多个操作。这些操作会被分派到一组**功能单元**中，它们会执行实际的操作。这些功能单元专门用来处理不同类型的操作。

读写内存是由加载和存储单元实现的。加载单元处理从内存读数据到处理器的操作。这个单元有一个加法器来完成地址计算。类似，存储单元处理从处理器写数据到内存的操作。它也有一个加法器来完成地址计算。如图中所示，加载和存储单元通过**数据高速缓存**(data cache)来访问内存。数据高速缓存是一个高速存储器，存放着最近访问的数据值。

使用投机执行技术对操作求值，但是最终结果不会存放在程序寄存器或数据内存中，直到处理器能确定应该实际执行这些指令。分支操作被送到 EU，不是确定分支该往哪里去，而是确定分支预测是否正确。如果预测错误，EU 会丢弃分支点之后计算出来的结果。它还会发信号给分支单元，说预测是错误的，并指出正确的分支目的。在这种情况中，分支单元开始在新的位置取指。如在 3.6.6 节中看到的，这样的**预测错误**会导致很大的性能开销。在可以取出新指令、译码和发送到执行单元之前，要花费一点时间。

图 5-11 说明不同的功能单元被设计来执行不同的操作。那些标记为执行“算术运算”的单元通常是专门用来执行整数和浮点数操作的不同组合。随着时间的推移，在单个微处理器芯片上能够集成的晶体管数量越来越多，后续的微处理器型号都增加了功能单元的数量以及每个单元能执行的操作组合，还提升了每个单元的性能。由于不同程序间所要求的操作变化很大，因此，算术运算单元被特意设计成能够执行各种不同的操作。比如，有些程序也许会涉及整数操作，而其他则要求许多浮点操作。如果一个功能单元专门执行整数操作，而另一个只能执行浮点操作，那么，这些程序就没有一个能够完全得到多个功能单元带来的好处了。

举个例子，我们的 Intel Core i7 Haswell 参考机有 8 个功能单元，编号为 0～7。下面部分列出了每个单元的功能：

**0**：整数运算、浮点乘、整数和浮点数除法、分支

**1**：整数运算、浮点加、整数乘、浮点乘

**2**：加载、地址计算

**3**：加载、地址计算

**4**：存储

**5**：整数运算

**6**：整数运算、分支

**7**：存储、地址计算

在上面的列表中，“整数运算”是指基本的操作，比如加法、位级操作和移位。乘法

和除法需要更多的专用资源。我们看到存储操作要两个功能单元——一个计算存储地址，一个实际保存数据。5.12 节将讨论存储(和加载)操作的机制。

我们可以看出功能单元的这种组合具有同时执行多个同类型操作的潜力。它有 4 个功能单元可以执行整数操作，2 个单元能执行加载操作，2 个单元能执行浮点乘法。稍后我们将看到这些资源对程序获得最大性能所带来的影响。

在 ICU 中，*退役单元*(retirement unit)记录正在进行的处理，并确保它遵守机器级程序的顺序语义。我们的图中展示了一个*寄存器文件*，它包含整数、浮点数和最近的 SSE 和 AVX 寄存器，是退役单元的一部分，因为退役单元控制这些寄存器的更新。指令译码时，关于指令的信息被放置在一个先进先出的队列中。这个信息会一直保持在队列中，直到发生以下两个结果中的一个。首先，一旦一条指令的操作完成了，而且所有引起这条指令的分支点也都被确认为预测正确，那么这条指令就可以*退役*(retired)了，所有对程序寄存器的更新都可以被实际执行了。另一方面，如果引起该指令的某个分支点预测错误，这条指令会被*清空*(flushed)，丢弃所有计算出来的结果。通过这种方法，预测错误就不会改变程序的状态了。

正如我们已经描述的那样，任何对程序寄存器的更新都只会在指令退役时才会发生，只有在处理器能够确信导致这条指令的所有分支都预测正确了，才会这样做。为了加速一条指令到另一条指令的结果的传送，许多此类信息是在执行单元之间交换的，即图中的“操作结果”。如图中的箭头所示，执行单元可以直接将结果发送给彼此。这是 4.5.5 节中简单处理器设计中采用的数据转发技术的更复杂精细版本。

控制操作数在执行单元间传送的最常见的机制称为*寄存器重命名*(register renaming)。当一条更新寄存器 $r$ 的指令译码时，产生标记 $t$，得到一个指向该操作结果的唯一的标识符。条目($r$, $t$)被加入到一张表中，该表维护着每个程序寄存器 $r$ 与会更新该寄存器的操作的标记 $t$ 之间的关联。当随后以寄存器 $r$ 作为操作数的指令译码时，发送到执行单元的操作会包含 $t$ 作为操作数源的值。当某个执行单元完成第一个操作时，会生成一个结果($v$, $t$)，指明标记为 $t$ 的操作产生值 $v$。所有等待 $t$ 作为源的操作都能使用 $v$ 作为源值，这就是一种形式的数据转发。通过这种机制，值可以从一个操作直接转发到另一个操作，而不是写到寄存器文件再读出来，使得第二个操作能够在第一个操作完成后尽快开始。重命名表只包含关于有未进行写操作的寄存器条目。当一条被译码的指令需要寄存器 $r$，而又没有标记与这个寄存器相关联，那么可以直接从寄存器文件中获取这个操作数。有了寄存器重命名，即使只有在处理器确定了分支结果之后才能更新寄存器，也可以预测着执行操作的整个序列。

**旁注　乱序处理的历史**

乱序处理最早是在 1964 年 Control Data Corporation 的 6600 处理器中实现的。指令由十个不同的功能单元处理，每个单元都能独立地运行。在那个时候，这种时钟频率为 10Mhz 的机器被认为是科学计算最好的机器。

在 1966 年，IBM 首先是在 IBM 360/91 上实现了乱序处理，但只是用来执行浮点指令。在大约 25 年的时间里，乱序处理都被认为是一项异乎寻常的技术，只在追求尽可能高性能的机器中使用，直到 1990 年 IBM 在 RS/6000 系列工作站中重新引入了这项技术。这种设计成为了 IBM/Motorola PowerPC 系列的基础，1993 年引入的型号 601，它成为第一个使用乱序处理的单芯片微处理器。Intel 在 1995 年的 PentiumPro 型号中引入了乱序处理，PentiumPro 的底层微体系结构类似于我们的参考机。

### 5.7.2 功能单元的性能

图 5-12 提供了 Intel Core i7 Haswell 参考机的一些算术运算的性能，有的是测量出来的，有的是引用 Intel 的文献[49]。这些时间对于其他处理器来说也是具有代表性的。每个运算都是由以下这些数值来刻画的：一个是*延迟*(latency)，它表示完成运算所需要的总时间；另一个是*发射时间*(issue time)，它表示两个连续的同类型的运算之间需要的最小时钟周期数；还有一个是*容量*(capacity)，它表示能够执行该运算的功能单元的数量。

| 运算 | 整数 | | | 浮点数 | | |
|---|---|---|---|---|---|---|
| | 延迟 | 发射 | 容量 | 延迟 | 发射 | 容量 |
| 加法 | 1 | 1 | 4 | 3 | 1 | 1 |
| 乘法 | 3 | 1 | 1 | 5 | 1 | 2 |
| 除法 | 3 ~ 30 | 3 ~ 30 | 1 | 3 ~ 15 | 3 ~ 15 | 1 |

图 5-12 参考机的操作的延迟、发射时间和容量特性。延迟表明执行实际运算所需要的时钟周期总数，而发射时间表明两次运算之间间隔的最小周期数。容量表明同时能发射多少个这样的操作。除法需要的时间依赖于数据值

我们看到，从整数运算到浮点运算，延迟是增加的。还可以看到加法和乘法运算的发射时间都为 1，意思是说在每个时钟周期，处理器都可以开始一条新的这样的运算。这种很短的发射时间是通过使用*流水线*实现的。流水线化的功能单元实现为一系列的阶段(stage)，每个阶段完成一部分的运算。例如，一个典型的浮点加法器包含三个阶段(所以有三个周期的延迟)：一个阶段处理指数值，一个阶段将小数相加，而另一个阶段对结果进行舍入。算术运算可以连续地通过各个阶段，而不用等待一个操作完成后再开始下一个。只有当要执行的运算是连续的、逻辑上独立的时候，才能利用这种功能。发射时间为 1 的功能单元被称为*完全流水线化的*(fully pipelined)：每个时钟周期可以开始一个新的运算。出现容量大于 1 的运算是由于有多个功能单元，就如前面所述的参考机一样。

我们还看到，除法器(用于整数和浮点除法，还用来计算浮点平方根)不是完全流水线化的——它的发射时间等于它的延迟。这就意味着在开始一条新运算之前，除法器必须完成整个除法。我们还看到，对于除法的延迟和发射时间是以范围的形式给出的，因为某些被除数和除数的组合比其他的组合需要更多的步骤。除法的长延迟和长发射时间使之成为了一个相对开销很大的运算。

表达发射时间的一种更常见的方法是指明这个功能单元的*最大吞吐量*，定义为发射时间的倒数。一个完全流水线化的功能单元有最大的吞吐量，每个时钟周期一个运算，而发射时间较大的功能单元的最大吞吐量比较小。具有多个功能单元可以进一步提高吞吐量。对一个容量为 $C$，发射时间为 $I$ 的操作来说，处理器可能获得的吞吐量为每时钟周期 $C/I$ 个操作。比如，我们的参考机可以每个时钟周期执行两个浮点乘法运算。我们将看到如何利用这种能力来提高程序的性能。

电路设计者可以创建具有各种性能特性的功能单元。创建一个延迟短或使用流水线的单元需要较多的硬件，特别是对于像乘法和浮点操作这样比较复杂的功能。因为微处理器芯片上，对于这些单元，只有有限的空间，所以 CPU 设计者必须小心地平衡功能单元的数量和它们各自的性能，以获得最优的整体性能。设计者们评估许多不同的基准程序，将大多数资源用于最关键的操作。如图 5-12 表明的那样，在 Core i7 Haswell 处理器的设计中，整数乘法、浮点乘法和加法被认为是重要的操作，即使为了获得低延迟和较高的流水

线化程度需要大量的硬件。另一方面，除法相对不太常用，而且要想实现低延迟或完全流水线化是很困难的。

这些算术运算的延迟、发射时间和容量会影响合并函数的性能。我们用 CPE 值的两个基本界限来描述这种影响：

| 界限 | 整数 | | 浮点数 | |
|---|---|---|---|---|
| | + | * | + | * |
| 延迟 | 1.00 | 3.00 | 3.00 | 5.00 |
| 吞吐量 | 0.50 | 1.00 | 1.00 | 0.50 |

*延迟界限*给出了任何必须按照严格顺序完成合并运算的函数所需要的最小 CPE 值。根据功能单元产生结果的最大速率，*吞吐量界限*给出了 CPE 的最小界限。例如，因为只有一个整数乘法器，它的发射时间为 1 个时钟周期，处理器不可能支持每个时钟周期大于 1 条乘法的速度。另一方面，四个功能单元都可以执行整数加法，处理器就有可能持续每个周期执行 4 个操作的速率。不幸的是，因为需要从内存读数据，这造成了另一个吞吐量界限。两个加载单元限制了处理器每个时钟周期最多只能读取两个数据值，从而使得吞吐量界限为 0.50。我们会展示延迟界限和吞吐量界限对合并函数不同版本的影响。

### 5.7.3　处理器操作的抽象模型

作为分析在现代处理器上执行的机器级程序性能的一个工具，我们会使用程序的*数据流*(data-flow)表示，这是一种图形化的表示方法，展现了不同操作之间的数据相关是如何限制它们的执行顺序的。这些限制形成了图中的*关键路径*(critical path)，这是执行一组机器指令所需时钟周期数的一个下界。

在继续技术细节之前，检查一下函数 combine4 的 CPE 测量值是很有帮助的，到目前为止 combine4 是最快的代码：

| 函数 | 方法 | 整数 | | 浮点数 | |
|---|---|---|---|---|---|
| | | + | * | + | * |
| combine4 | 累积在临时变量中 | 1.27 | 3.01 | 3.01 | 5.01 |
| 延迟界限 | | 1.00 | 3.00 | 3.00 | 5.00 |
| 吞吐量界限 | | 0.50 | 1.00 | 1.00 | 0.50 |

我们可以看到，除了整数加法的情况，这些测量值与处理器的延迟界限是一样的。这不是巧合——它表明这些函数的性能是由所执行的求和或者乘积计算主宰的。计算 $n$ 个元素的乘积或者和需要大约 $L \cdot n+K$ 个时钟周期，这里 $L$ 是合并运算的延迟，而 $K$ 表示调用函数和初始化以及终止循环的开销。因此，CPE 就等于延迟界限 $L$。

#### 1. 从机器级代码到数据流图

程序的数据流表示是非正式的。我们只是想用它来形象地描述程序中的数据相关是如何主宰程序的性能的。以 combine4(图 5-10)为例来描述数据流表示法。我们将注意力集中在循环执行的计算上，因为对于大向量来说，这是决定性能的主要因素。我们考虑类型为 double 的数据、以乘法作为合并运算的情况，不过其他数据类型和运算的组合也有几乎一样的结构。这个循环编译出的代码由 4 条指令组成，寄存器 %rdx 存放指向数组 data 中第 i 个元素的指针，%rax 存放指向数组末尾的指针，而 %xmm0 存放累积值 acc。

```
      Inner loop of combine4.  data_t = double, OP = *
      acc in %xmm0, data+i in %rdx, data+length in %rax
1     .L25:                                  loop:
2       vmulsd  (%rdx), %xmm0, %xmm0           Multiply acc by data[i]
3       addq    $8, %rdx                       Increment data+i
4       cmpq    %rax, %rdx                     Compare to data+length
5       jne     .L25                           If !=, goto loop
```

如图 5-13 所示，在我们假想的处理器设计中，指令译码器会把这 4 条指令扩展成为一系列的五步操作，最开始的乘法指令被扩展成一个 load 操作，从内存读出源操作数，和一个 mul 操作，执行乘法。

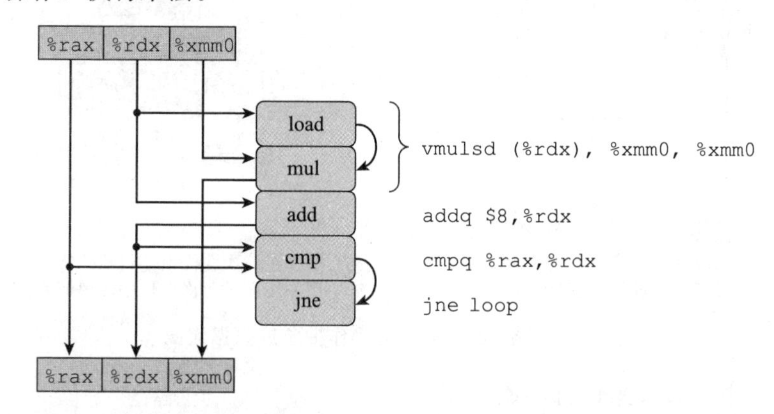


图 5-13　combine4 的内循环代码的图形化表示。指令动态地被翻译成一个或两个操作，每个操作从其他操作或寄存器接收值，并且为其他操作和寄存器产生值。我们给出最后一条指令的目标为标号 loop。它跳转到给出的第一条指令

作为生成程序数据流图表示的一步，图 5-13 左手边的方框和线给出了各个指令是如何使用和更新寄存器的，顶部的方框表示循环开始时寄存器的值，而底部的方框表示最后寄存器的值。例如，寄存器%rax 只被 cmp 操作作为源值，因此这个寄存器在循环结束时有着同循环开始时一样的值。另一方面，在循环中，寄存器%rdx 既被使用也被修改。它的初始值被 load 和 add 操作使用；它的新值由 add 操作产生，然后被 cmp 操作使用。在循环中，mul 操作首先使用寄存器%xmm0 的初始值作为源值，然后会修改它的值。

图 5-13 中的某些操作产生的值不对应于任何寄存器。在右边，用操作间的弧线来表示。load 操作从内存读出一个值，然后把它直接传递到 mul 操作。由于这两个操作是通过对一条 vmulsd 指令译码产生的，所以这个在两个操作之间传递的中间值没有与之相关联的寄存器。cmp 操作更新条件码，然后 jne 操作会测试这些条件码。

对于形成循环的代码片段，我们可以将访问到的寄存器分为四类：

**只读：** 这些寄存器只用作源值，可以作为数据，也可以用来计算内存地址，但是在循环中它们是不会被修改的。循环 combine4 的只读寄存器是%rax。

**只写：** 这些寄存器作为数据传送操作的目的。在本循环中没有这样的寄存器。

**局部：** 这些寄存器在循环内部被修改和使用，迭代与迭代之间不相关。在这个循环中，条件码寄存器就是例子：cmp 操作会修改它们，然后 jne 操作会使用它们，不过这种相关是在单次迭代之内的。

**循环：** 对于循环来说，这些寄存器既作为源值，又作为目的，一次迭代中产生的值会在另一次迭代中用到。可以看到，%rdx 和%xmm0 是 combine4 的循环寄存器，对应于程序

值 data+i 和 acc。

正如我们会看到的，循环寄存器之间的操作链决定了限制性能的数据相关。

图 5-14 是对图 5-13 的图形化表示的进一步改进，目标是只给出影响程序执行时间的操作和数据相关。在图 5-14a 中看到，我们重新排列了操作符，更清晰地表明了从顶部源寄存器(只读寄存器和循环寄存器)到底部目的寄存器(只写寄存器和循环寄存器)的数据流。

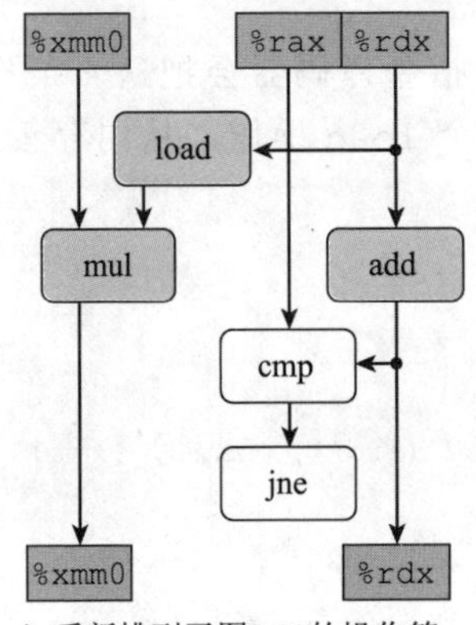


a）重新排列了图5-13的操作符，更清晰地表明了数据相关

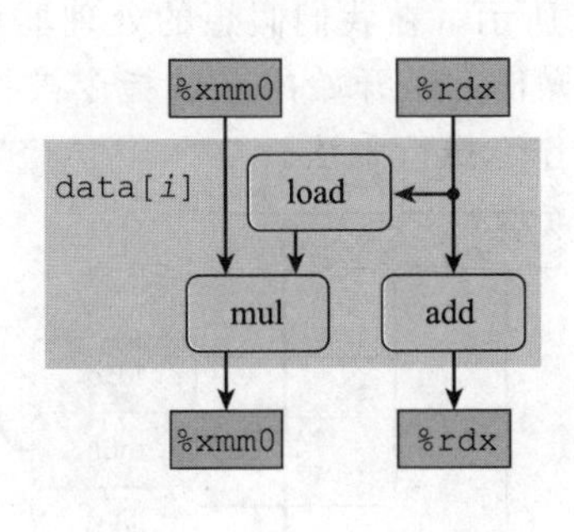


b）操作在一次迭代中使用某些值，产生出在下一次迭代中需要的新值

图 5-14　将 combine4 的操作抽象成数据流图

在图 5-14a 中，如果操作符不属于某个循环寄存器之间的相关链，那么就把它们标识成白色。例如，比较(cmp)和分支(jne)操作不直接影响程序中的数据流。假设指令控制单元预测会选择分支，因此程序会继续循环。比较和分支操作的目的是测试分支条件，如果不选择分支的话，就通知 ICU。我们假设这个检查能够完成得足够快，不会减慢处理器的执行。

在图 5-14b 中，消除了左边标识为白色的操作符，而且只保留了循环寄存器。剩下的是一个抽象的模板，表明的是由于循环的一次迭代在循环寄存器中形成的数据相关。在这个图中可以看到，从一次迭代到下一次迭代有两个数据相关。在一边，我们看到存储在寄存器%xmm0 中的程序值 acc 的连续的值之间有相关。通过将 acc 的旧值乘以一个数据元素，循环计算出 acc 的新值，这个数据元素是由 load 操作产生的。在另一边，我们看到循环索引 i 的连续的值之间有相关。每次迭代中，i 的旧值用来计算 load 操作的地址，然后 add 操作也会增加它的值，计算出新值。

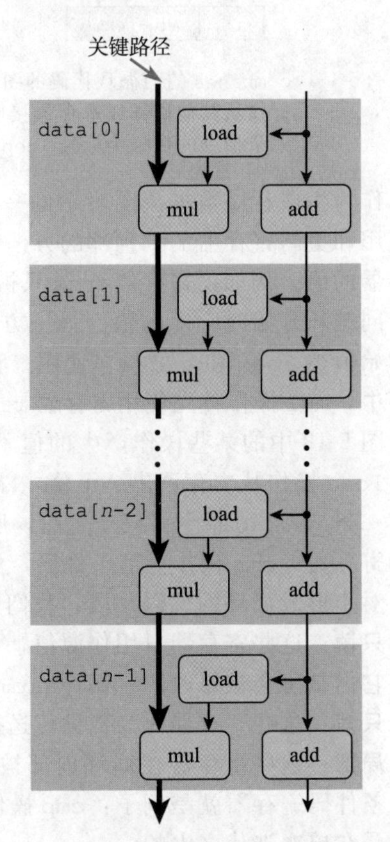


图 5-15　combine4 的内循环的 $n$ 次迭代计算的数据流表示。乘法操作的序列形成了限制程序性能的关键路径

图 5-15 给出了函数 combine4 内循环的 $n$ 次迭代的数据流表示。可以看出，简单地重

复图 5-14 右边的模板 $n$ 次，就能得到这张图。我们可以看到，程序有两条数据相关链，分别对应于操作 mul 和 add 对程序值 acc 和 data+i 的修改。假设浮点乘法延迟为 5 个周期，而整数加法延迟为 1 个周期，可以看到左边的链会成为关键路径，需要 $5n$ 个周期执行。右边的链只需要 $n$ 个周期执行，因此，它不会制约程序的性能。

图 5-15 说明在执行单精度浮点乘法时，对于 combine4，为什么我们获得了等于 5 个周期延迟界限的 CPE。当执行这个函数时，浮点乘法器成为了制约资源。循环中需要的其他操作——控制和测试指针值 data+i，以及从内存中读数据——与乘法器并行地进行。每次后继的 acc 的值被计算出来，它就反馈回来计算下一个值，不过只有等到 5 个周期后才能完成。

其他数据类型和运算组合的数据流与图 5-15 所示的内容一样，只是在左边的形成数据相关链的数据操作不同。对于所有情况，如果运算的延迟，$L$ 大于 1，那么可以看到测量出来的 CPE 就是 $L$，表明这个链是制约性能的关键路径。

**2. 其他性能因素**

另一方面，对于整数加法的情况，我们对 combine4 的测试表明 CPE 为 1.27，而根据沿着图 5-15 中左边和右边形成的相关链预测的 CPE 为 1.00，测试值比预测值要慢。这说明了一个原则，那就是数据流表示中的关键路径提供的只是程序需要周期数的下界。还有其他一些因素会限制性能，包括可用的功能单元的数量和任何一步中功能单元之间能够传递数据值的数量。对于合并运算为整数加法的情况，数据操作足够快，使得其他操作供应数据的速度不够快。要准确地确定为什么程序中每个元素需要 1.27 个周期，需要比公开可以获得的更详细的硬件设计知识。

总结一下 combine4 的性能分析：我们对程序操作的抽象数据流表示说明，combine4 的关键路径长 $L \cdot n$ 是由对程序值 acc 的连续更新造成的，这条路径将 CPE 限制为最多 $L$。除了整数加法之外，对于所有的其他情况，测量出的 CPE 确实等于 $L$，对于整数加法，测量出的 CPE 为 1.27 而不是根据关键路径的长度所期望的 1.00。

看上去，延迟界限是基本的限制，决定了我们的合并运算能执行多快。接下来的任务是重新调整操作的结构，增强指令级并行性。我们想对程序做变换，使得唯一的限制变成吞吐量界限，得到接近于 1.00 的 CPE。

**练习题 5.5**　假设写一个对多项式求值的函数，这里，多项式的次数为 $n$，系数为 $a_0$，$a_1$，…，$a_n$。对于值 $x$，我们对多项式求值，计算

$$a_0 + a_1x + a_2x^2 + \cdots + a_nx^n \tag{5.2}$$

这个求值可以用下面的函数来实现，参数包括一个系数数组 a、值 x 和多项式的次数 degree(等式(5.2)中的值 $n$)。在这个函数的一个循环中，我们计算连续的等式的项，以及连续的 $x$ 的幂：

```
1  double poly(double a[], double x, long degree)
2  {
3      long i;
4      double result = a[0];
5      double xpwr = x;  /* Equals x^i at start of loop */
6      for (i = 1; i <= degree; i++) {
7          result += a[i] * xpwr;
8          xpwr = x * xpwr;
9      }
10     return result;
11 }
```

A. 对于次数 $n$，这段代码执行多少次加法和多少次乘法运算？

B. 在我们的参考机上，算术运算的延迟如图 5-12 所示，我们测量了这个函数的 CPE 等于 5.00。根据由于实现函数第 7～8 行的操作迭代之间形成的数据相关，解释为什么会得到这样的 CPE。

**练习题 5.6** 我们继续探索练习题 5.5 中描述的多项式求值的方法。通过采用 Horner 法(以英国数学家 William G. Horner(1786—1837)命名)对多项式求值，我们可以减少乘法的数量。其思想是反复提出 $x$ 的幂，得到下面的求值：

$$a_0 + x(a_1 + x(a_2 + \cdots + x(a_{n-1} + xa_n)\cdots)) \tag{5.3}$$

使用 Horner 法，我们可以用下面的代码实现多项式求值：

```
1   /* Apply Horner's method */
2   double polyh(double a[], double x, long degree)
3   {
4       long i;
5       double result = a[degree];
6       for (i = degree-1; i >= 0; i--)
7           result = a[i] + x*result;
8       return result;
9   }
```

A. 对于次数 $n$，这段代码执行多少次加法和多少次乘法运算？

B. 在我们的参考机上，算术运算的延迟如图 5-12 所示，测量这个函数的 CPE 等于 8.00。根据由于实现函数第 7 行的操作迭代之间形成的数据相关，解释为什么会得到这样的 CPE。

C. 请解释虽然练习题 5.5 中所示的函数需要更多的操作，但是它是如何运行得更快的。

## 5.8 循环展开

循环展开是一种程序变换，通过增加每次迭代计算的元素的数量，减少循环的迭代次数。psum2 函数(见图 5-1)就是这样一个例子，其中每次迭代计算前置和的两个元素，因而将需要的迭代次数减半。循环展开能够从两个方面改进程序的性能。首先，它减少了不直接有助于程序结果的操作的数量，例如循环索引计算和条件分支。第二，它提供了一些方法，可以进一步变化代码，减少整个计算中关键路径上的操作数量。在本节中，我们会看一些简单的循环展开，不做任何进一步的变化。

图 5-16 是合并代码的使用“2×1 循环展开”的版本。第一个循环每次处理数组的两个元素。也就是每次迭代，循环索引 i 加 2，在一次迭代中，对数组元素 $i$ 和 $i+1$ 使用合并运算。

一般来说，向量长度不一定是 2 的倍数。想要使我们的代码对任意向量长度都能正确工作，可以从两个方面来解释这个需求。首先，要确保第一次循环不会超出数组的界限。对于长度为 $n$ 的向量，我们将循环界限设为 $n-1$。然后，保证只有当循环索引 $i$ 满足 $i<n-1$ 时才会执行这个循环，因此最大数组索引 $i+1$ 满足 $i+1<(n-1)+1=n$。

把这个思想归纳为对一个循环按任意因子 $k$ 进行展开，由此产生 $k\times 1$ 循环展开。为此，上限设为 $n-k+1$，在循环内对元素 $i$ 到 $i+k-1$ 应用合并运算。每次迭代，循环索引 $i$ 加 $k$。那么最大循环索引 $i+k-1$ 会小于 $n$。要使用第二个循环，以每次处理一个元素的方式处理向量的最后几个元素。这个循环体将会执行 $0\sim k-1$ 次。对于 $k=2$，我们能用一个简单的条件语句，可选地增加最后一次迭代，如函数 psum2(图 5-1)所示。对于 $k>2$，最后的这些情况最好用一个循环来表示，所以对 $k=2$ 的情况，我们同样也采用这个编程惯例。我们称这种变换为“$k\times1$ 循环展开”，因为循环展开因子为 $k$，而累积值只在单个变量 acc 中。

```
1   /* 2 x 1 loop unrolling */
2   void combine5(vec_ptr v, data_t *dest)
3   {
4       long i;
5       long length = vec_length(v);
6       long limit = length-1;
7       data_t *data = get_vec_start(v);
8       data_t acc = IDENT;
9
10      /* Combine 2 elements at a time */
11      for (i = 0; i < limit; i+=2) {
12          acc = (acc OP data[i]) OP data[i+1];
13      }
14
15      /* Finish any remaining elements */
16      for (; i < length; i++) {
17          acc = acc OP data[i];
18      }
19      *dest = acc;
20  }
```

图 5-16 使用 2×1 循环展开。这种变换能减小循环开销的影响

练习题 5.7 修改 combine5 的代码，展开循环 $k=5$ 次。

当测量展开次数 $k=2$(combine5)和 $k=3$ 的展开代码的性能时，得到下面的结果：

| 函数 | 方法 | 整数 | | 浮点数 | |
|---|---|---|---|---|---|
| | | + | * | + | * |
| combine4 | 无展开 | 1.27 | 3.01 | 3.01 | 5.01 |
| combine5 | 2×1 展开 | 1.01 | 3.01 | 3.01 | 5.01 |
| | 3×1 展开 | 1.01 | 3.01 | 3.01 | 5.01 |
| 延迟界限 | | 1.00 | 3.00 | 3.00 | 5.00 |
| 吞吐量界限 | | 0.50 | 1.00 | 1.00 | 0.50 |

我们看到对于整数加法，CPE 有所改进，得到的延迟界限为 1.00。会有这样的结果是得益于减少了循环开销操作。相对于计算向量和所需要的加法数量，降低开销操作的数量，此时，整数加法的一个周期的延迟成为了限制性能的因素。另一方面，其他情况并没有性能提高——它们已经达到了其延迟界限。图 5-17 给出了当循环展开到大约 10 次时的 CPE 测量值。对于展开 2 次和 3 次时观察到的趋势还在继续——没有一个低于其延迟界限。

要理解为什么 $k\times1$ 循环展开不能将性能改进到超过延迟界限，让我们来查看一下 $k=2$ 时，combine5 内循环的机器级代码。当类型 data_t 为 double，操作为乘法时，生成如下代码：

```
   Inner loop of combine5.  data_t = double, OP = *
   i in %rdx, data %rax, limit in %rbp, acc in %xmm0
1  .L35:                                        loop:
2    vmulsd  (%rax,%rdx,8), %xmm0, %xmm0          Multiply acc by data[i]
3    vmulsd  8(%rax,%rdx,8), %xmm0, %xmm0         Multiply acc by data[i+1]
```

```
4     addq    $2, %rdx              Increment i by 2
5     cmpq    %rdx, %rbp            Compare to limit:i
6     jg      .L35                  If >, goto loop
```

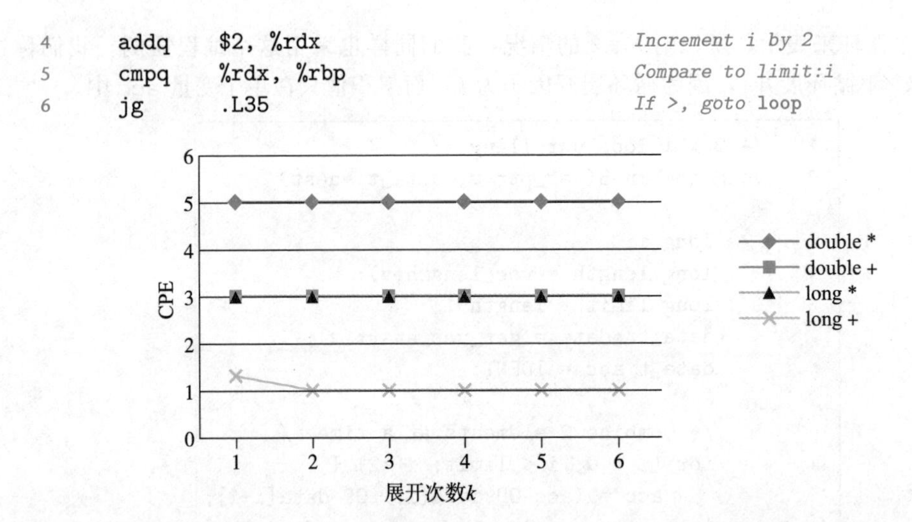


图 5-17 不同程度 $k\times1$ 循环展开的 CPE 性能。这种变换只改进了整数加法的性能

我们可以看到，相比 combine4 生成的基于指针的代码，GCC 使用了 C 代码中数组引用的更加直接的转换[⊖]。循环索引 i 在寄存器 %rdx 中，data 的地址在寄存器 %rax 中。和前面一样，累积值 acc 在向量寄存器 %xmm0 中。循环展开会导致两条 vmulsd 指令——一条将 data[i]乘到 acc 上，第二条将 data[i+ 1]乘到 acc 上。图 5-18 给出了这段代码的图形化表示。每条 vmulsd 指令被翻译成两个操作：一个操作是从内存中加载一个数组元素，另一个是把这个值乘以已有的累积值。这里我们看到，循环的每次执行中，对寄存器 %xmm0 读和写两次。可以重新排列、简化和抽象这张图，按照图 5-19a 所示的过程得到图 5-19b 所示的模板。然后，把这个模板复制 $n/2$ 次，给出一个长度为 $n$ 的向量的计算，得到如图 5-20 所示的数据流表示。在此我们看到，这张图中关键路径还是 $n$ 个 mul 操作——迭代次数减半了，但是每次迭代中还是有两个顺序的乘法操作。这个关键路径是循环没有展开代码的性能制约因素，而它仍然是 $k\times1$ 循环展开代码的性能制约因素。

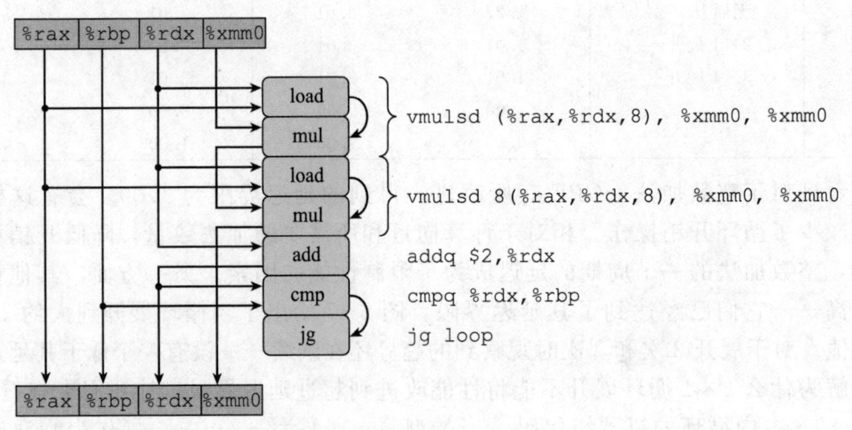


图 5-18 combine5 内循环代码的图形化表示。每次迭代有两条 vmulsd 指令，每条指令被翻译成一个 load 和一个 mul 操作

⊖ GCC 优化器产生一个函数的多个版本，并从中选择它预测会获得最佳性能和最小代码量的那一个。其结果就是，源代码中微小的变化就会生成各种不同形式的机器码。我们已经发现对基于指针和基于数组的代码的选择不会影响在参考机上运行的程序的性能。

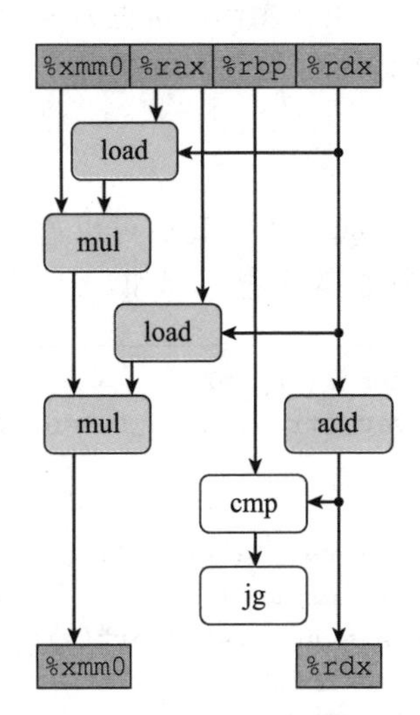


a）重新排列、简化和抽象图5-18的表示，给出连续迭代之间的数据相关

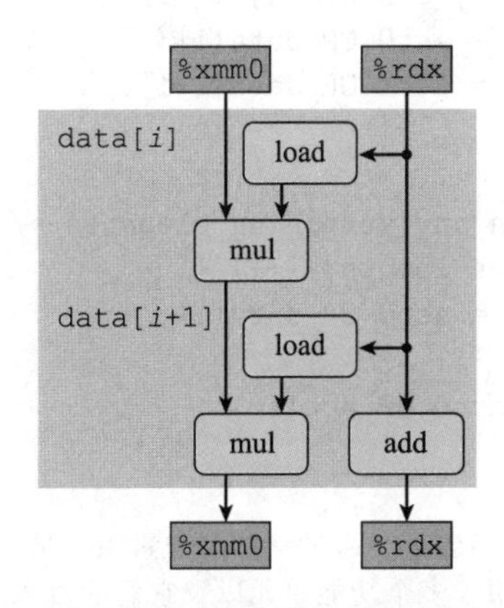


b）每次迭代必须顺序地执行两个乘法

图 5-19 将 combine5 的操作抽象成数据流图

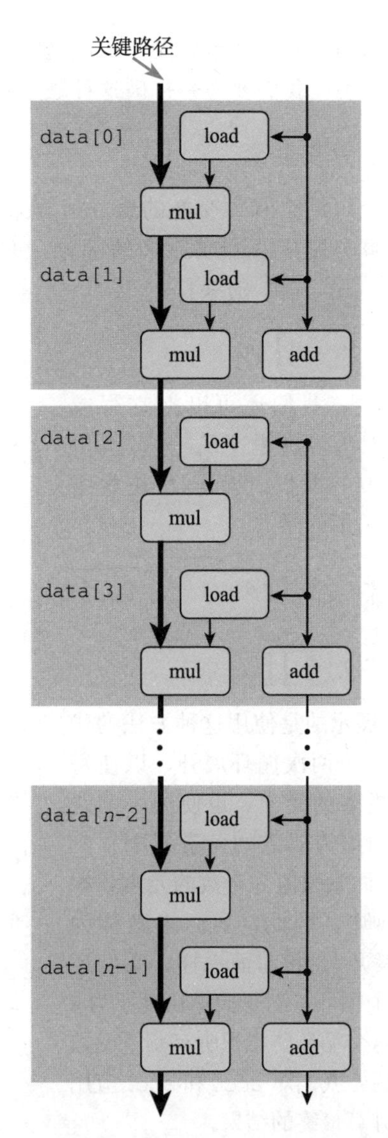


图 5-20 combine5 对一个长度为 $n$ 的向量进行操作的数据流表示。虽然循环展开了 2 次，但是关键路径上还是有 $n$ 个 mul 操作

**旁注 让编译器展开循环**

编译器可以很容易地执行循环展开。只要优化级别设置得足够高，许多编译器都能例行公事地做到这一点。用优化等级 3 或更高等级调用 GCC，它就会执行循环展开。

## 5.9 提高并行性

在此，程序的性能是受运算单元的延迟限制的。不过，正如我们表明的，执行加法和乘法的功能单元是完全流水线化的，这意味着它们可以每个时钟周期开始一个新操作，并且有些操作可以被多个功能单元执行。硬件具有以更高速率执行乘法和加法的潜力，但是代码不能利用这种能力，即使是使用循环展开也不能，这是因为我们将累积值放在一个单独的变量 acc 中。在前面的计算完成之前，都不能计算 acc 的新值。虽然计算 acc 新值的功能单元能够每个时钟周期开始一个新的操作，但是它只会每 $L$ 个周期开始一条新操作，这里 $L$ 是合并操作的延迟。现在我们要考察打破这种顺序相关，得到比延迟界限更好性能的方法。

### 5.9.1　多个累积变量

对于一个可结合和可交换的合并运算来说，比如说整数加法或乘法，我们可以通过将一组合并运算分割成两个或更多的部分，并在最后合并结果来提高性能。例如，$P_n$ 表示元素 $a_0$，$a_1$，…，$a_{n-1}$ 的乘积：

$$P_n = \prod_{i=0}^{n-1} a_i$$

假设 $n$ 为偶数，我们还可以把它写成 $P_n = PE_n \times PO_n$，这里 $PE_n$ 是索引值为偶数的元素的乘积，而 $PO_n$ 是索引值为奇数的元素的乘积：

$$PE_n = \prod_{i=0}^{n/2-1} a_{2i}$$

$$PO_n = \prod_{i=0}^{n/2-1} a_{2i+1}$$

图 5-21 展示的是使用这种方法的代码。它既使用了两次循环展开，以使每次迭代合并更多的元素，也使用了两路并行，将索引值为偶数的元素累积在变量 acc0 中，而索引值为奇数的元素累积在变量 acc1 中。因此，我们将其称为“2×2 循环展开”。同前面一样，我们还包括了第二个循环，对于向量长度不为 2 的倍数时，这个循环要累积所有剩下的数组元素。然后，我们对 acc0 和 acc1 应用合并运算，计算最终的结果。

```
1   /* 2 x 2 loop unrolling */
2   void combine6(vec_ptr v, data_t *dest)
3   {
4       long i;
5       long length = vec_length(v);
6       long limit = length-1;
7       data_t *data = get_vec_start(v);
8       data_t acc0 = IDENT;
9       data_t acc1 = IDENT;
10
11      /* Combine 2 elements at a time */
12      for (i = 0; i < limit; i+=2) {
13          acc0 = acc0 OP data[i];
14          acc1 = acc1 OP data[i+1];
15      }
16
17      /* Finish any remaining elements */
18      for (; i < length; i++) {
19          acc0 = acc0 OP data[i];
20      }
21      *dest = acc0 OP acc1;
22  }
```

图 5-21　运用 2×2 循环展开。通过维护多个累积变量，这种方法利用了多个功能单元以及它们的流水线能力

比较只做循环展开和既做循环展开同时也使用两路并行这两种方法，我们得到下面的性能：

| 函数 | 方法 | 整数 | | 浮点数 | |
|---|---|---|---|---|---|
| | | + | * | + | * |
| combine4 | 在临时变量中累积 | 1.27 | 3.01 | 3.01 | 5.01 |
| combine5 | 2×1 展开 | 1.01 | 3.01 | 3.01 | 5.01 |
| combine6 | 2×2 展开 | 0.81 | 1.51 | 1.51 | 2.51 |
| 延迟界限 | | 1.00 | 3.00 | 3.00 | 5.00 |
| 吞吐量界限 | | 0.50 | 1.00 | 1.00 | 0.50 |

我们看到所有情况都得到了改进，整数乘、浮点加、浮点乘改进了约 2 倍，而整数加也有所改进。最棒的是，我们打破了由延迟界限设下的限制。处理器不再需要延迟一个加法或乘法操作以待前一个操作完成。

要理解 combine6 的性能，我们从图 5-22 所示的代码和操作序列开始。通过图 5-23

所示的过程，可以推导出一个模板，给出迭代之间的数据相关。同 combine5 一样，这个内循环包括两个 vmulsd 运算，但是这些指令被翻译成读写不同寄存器的 mul 操作，它们之间没有数据相关(图 5-23b)。然后，把这个模板复制 $n/2$ 次(图 5-24)，就是在一个长度为 $n$ 的向量上执行这个函数的模型。可以看到，现在有两条关键路径，一条对应于计算索引为偶数的元素的乘积(程序值 acc0)，另一条对应于计算索引为奇数的元素的乘积(程序值 acc1)。每条关键路径只包含 $n/2$ 个操作，因此导致 CPE 大约为 $5.00/2=2.50$。相似的分析可以解释我们观察到的对于不同的数据类型和合并运算的组合，延迟为 $L$ 的操作的 CPE 等于 $L/2$。实际上，程序正在利用功能单元的流水线能力，将利用率提高到 2 倍。唯一的例外是整数加。我们已将将 CPE 降低到 1.0 以下，但是还是有太多的循环开销，而无法达到理论界限 0.50。

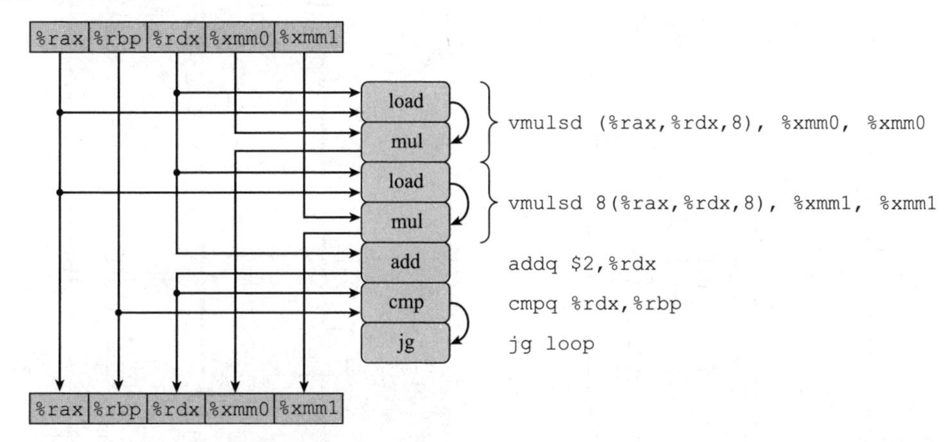


图 5-22　combine6 内循环代码的图形化表示。每次循环有两条 vmulsd 指令，每条指令被翻译成一个 load 和一个 mul 操作

我们可以将多个累积变量变换归纳为将循环展开 $k$ 次，以及并行累积 $k$ 个值，得到 $k\times k$ 循环展开。图 5-25 显示了当数值达到 $k=10$ 时，应用这种变换的效果。可以看到，当 $k$ 值足够大时，程序在所有情况下几乎都能达到吞吐量界限。整数加在 $k=7$ 时达到的 CPE 为 0.54，接近由两个加载单元导致的吞吐量界限 0.50。整数乘和浮点加在 $k\geqslant 3$ 时达到的 CPE 为 1.01，接近由它们的功能单元设置的吞吐量界限 1.00。浮点乘在 $k\geqslant 10$ 时达到的 CPE 为 0.51，接近由两个浮点乘法器和两个加载单元设置的吞吐量界限 0.50。值得注意的是，即使乘法是更加复杂的操作，我们的代码在浮点乘上达到的吞吐量几乎是浮点加可以达到的两倍。

通常，只有保持能够执行该操作的所有功能单元的流水线都是满的，程序才能达到这个操作的吞吐量界限。对延迟为 $L$，容量为 $C$ 的操作而言，这就要求循环展开因子 $k\geqslant C\cdot L$。比如，浮点乘有 $C=2$，$L=5$，循环展开因子就必须为 $k\geqslant 10$。浮点加有 $C=1$，$L=3$，则在 $k\geqslant 3$ 时达到最大吞吐量。

在执行 $k\times k$ 循环展开变换时，我们必须考虑是否要保留原始函数的功能。在第 2 章已经看到，补码运算是可交换和可结合的，甚至是当溢出时也是如此。因此，对于整数数据类型，在所有可能的情况下，combine6 计算出的结果都和 combine5 计算出的相同。因此，优化编译器潜在地能够将 combine4 中所示的代码首先转换成 combine5 的二路循环展开的版本，然后再通过引入并行性，将之转换成 combine6 的版本。有些编译器可以做这种或与之类似的变换来提高整数数据的性能。

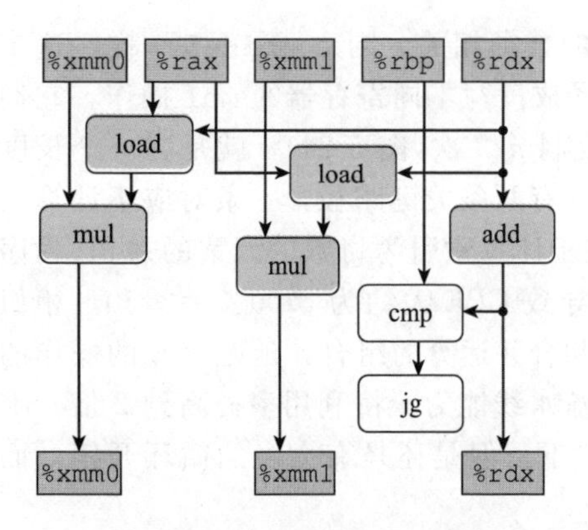


a）重新排列、简化和抽象图5-22的表示，给出连续迭代之间的数据相关

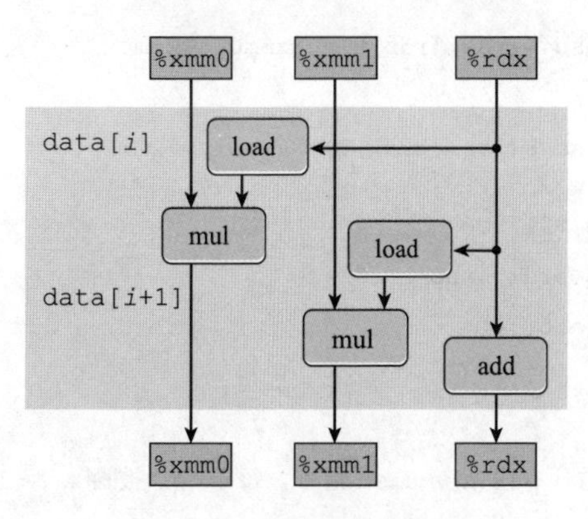


b）两个mul操作之间没有相关

图 5-23　将 combine6 的运算抽象成数据流图

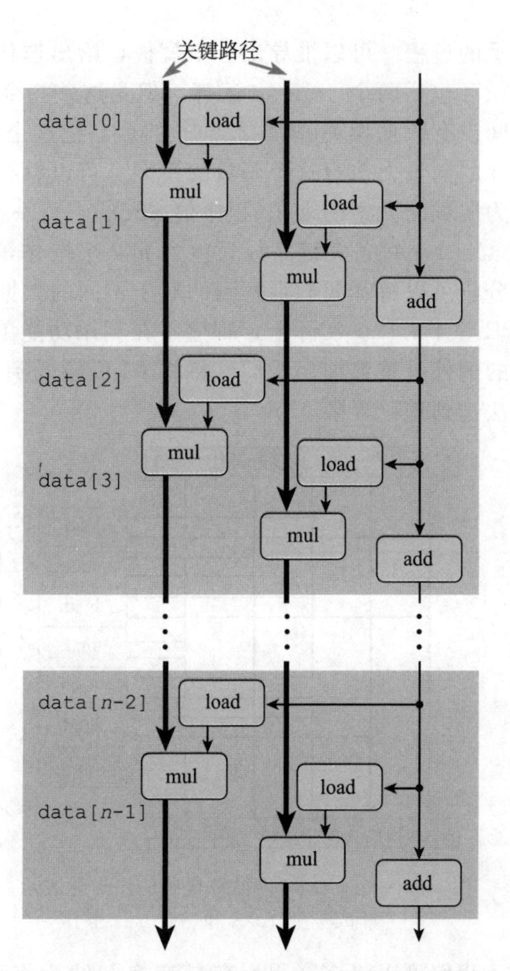


图 5-24　combine6 对一个长度为 $n$ 的向量进行操作的数据流表示。现在有两条关键路径，每条关键路径包含 $n/2$ 个操作

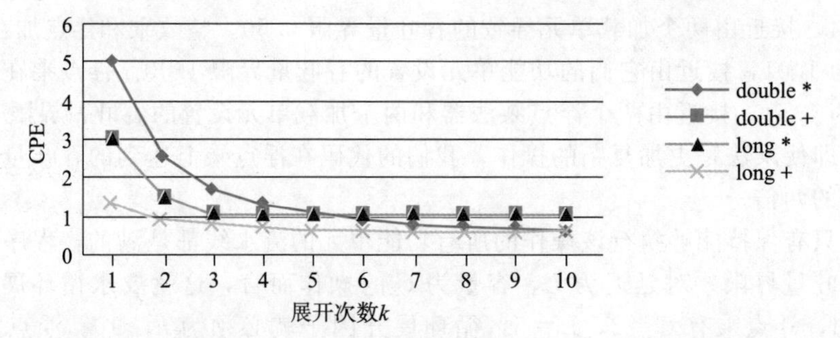


图 5-25　$k\times k$ 循环展开的 CPE 性能。使用这种变换后，所有的 CPE 都有所改进，接近或达到其吞吐量界限

另一方面，浮点乘法和加法不是可结合的。因此，由于四舍五入或溢出，combine5 和 combine6 可能产生不同的结果。例如，假想这样一种情况，所有索引值为偶数的元素都是绝对值非常大的数，而索引值为奇数的元素都非常接近于 0.0。那么，即使最终的乘积 $P_n$ 不会溢出，乘积 $PE_n$ 也可能上溢，或者 $PO_n$ 也可能下溢。不过在大多数现实的程序中，不太可能出现这样的情况。因为大多数物理现象是连续的，所以数值数据也趋向于相

当平滑，不会出什么问题。即使有不连续的时候，它们通常也不会导致前面描述的条件那样的周期性模式。按照严格顺序对元素求积的准确性不太可能从根本上比“分成两组独立求积，然后再将这两个积相乘”更好。对大多数应用程序来说，使性能翻倍要比冒对奇怪的数据模式产生不同的结果的风险更重要。但是，程序开发人员应该与潜在的用户协商，看看是否有特殊的条件，可能会导致修改后的算法不能接受。大多数编译器并不会尝试对浮点数代码进行这种变换，因为它们没有办法判断引入这种会改变程序行为的转换所带来的风险，不论这种改变是多么小。

### 5.9.2 重新结合变换

现在来探讨另一种打破顺序相关从而使性能提高到延迟界限之外的方法。我们看到过做 $k\times 1$ 循环展开的 combine5 没有改变合并向量元素形成和或者乘积中执行的操作。不过，对代码做很小的改动，我们可以从根本上改变合并执行的方式，也极大地提高程序的性能。

图 5-26 给出了一个函数 combine7，它与 combine5 的展开代码(图 5-16)的唯一区别在于内循环中元素合并的方式。在 combine5 中，合并是以下面这条语句来实现的

```
12        acc = (acc OP data[i]) OP data[i+1];
```

而在 combine7 中，合并是以这条语句来实现的

```
12        acc = acc OP (data[i] OP data[i+1]);
```

差别仅在于两个括号是如何放置的。我们称之为**重新结合变换**(reassociation transformation)，因为括号改变了向量元素与累积值 acc 的合并顺序，产生了我们称为“$2\times 1a$”的循环展开形式。

```
1   /* 2 x 1a loop unrolling */
2   void combine7(vec_ptr v, data_t *dest)
3   {
4       long i;
5       long length = vec_length(v);
6       long limit = length-1;
7       data_t *data = get_vec_start(v);
8       data_t acc = IDENT;
9
10      /* Combine 2 elements at a time */
11      for (i = 0; i < limit; i+=2) {
12          acc = acc OP (data[i] OP data[i+1]);
13      }
14
15      /* Finish any remaining elements */
16      for (; i < length; i++) {
17          acc = acc OP data[i];
18      }
19      *dest = acc;
20  }
```

图 5-26　运用 $2\times 1a$ 循环展开，重新结合合并操作。这种方法增加了可以并行执行的操作数量

对于未经训练的人来说，这两个语句可能看上去本质上是一样的，但是当我们测量

CPE 的时候，得到令人吃惊的结果：

| 函数 | 方法 | 整数 | | 浮点数 | |
|---|---|---|---|---|---|
| | | + | * | + | * |
| combine4 | 累积在临时变量中 | 1.27 | 3.01 | 3.01 | 5.01 |
| combine5 | 2×1 展开 | 1.01 | 3.01 | 3.01 | 5.01 |
| combine6 | 2×2 展开 | 0.81 | 1.51 | 1.51 | 2.51 |
| combine7 | 2×1a 展开 | 1.01 | 1.51 | 1.51 | 2.51 |
| 延迟界限 | | 1.00 | 3.00 | 3.00 | 5.00 |
| 吞吐量界限 | | 0.50 | 1.00 | 1.00 | 0.50 |

整数加的性能几乎与使用 $k\times1$ 展开的版本(combine5)的性能相同，而其他三种情况则与使用并行累积变量的版本(combine6)相同，是 $k\times1$ 扩展的性能的两倍。这些情况已经突破了延迟界限造成的限制。

图 5-27 说明了 combine7 内循环的代码(对于合并操作为乘法，数据类型为 double 的情况)是如何被译码成操作，以及由此得到的数据相关。我们看到，来自于 vmovsd 和第一个 vmulsd 指令的 load 操作从内存中加载向量元素 $i$ 和 $i+1$，第一个 mul 操作把它们乘起来。然后，第二个 mul 操作把这个结果乘以累积值 acc。图 5-28a 给出了我们如何对图 5-27 的操作进行重新排列、优化和抽象，得到表示一次迭代中数据相关的模板(图 5-28b)。对于 combine5 和 combine7 的模板，有两个 load 和两个 mul 操作，但是只有一个 mul 操作形成了循环寄存器间的数据相关链。然后，把这个模板复制 $n/2$ 次，给出了 $n$ 个向量元素相乘所执行的计算(图 5-29)，我们可以看到关键路径上只有 $n/2$ 个操作。每次迭代内的第一个乘法都不需要等待前一次迭代的累积值就可以执行。因此，最小可能的 CPE 减少了 2 倍。

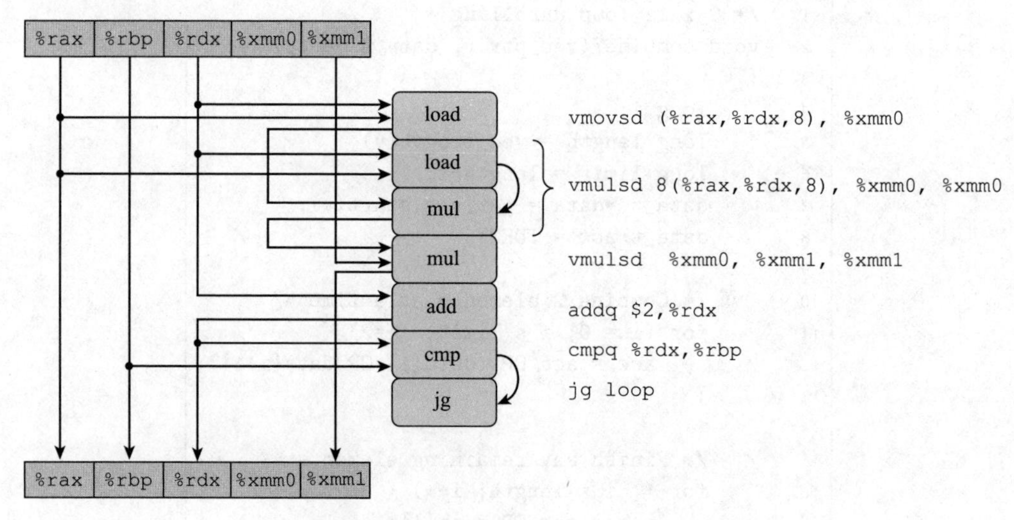


图 5-27　combine7 内循环代码的图形化表示。每次迭代被译码成与 combine5 或 combine6 类似的操作，但是数据相关不同

图 5-30 展示了当数值达到 $k=10$ 时，实现 $k\times1a$ 循环展开并重新结合变换的效果。可以看到，这种变换带来的性能结果与 $k\times k$ 循环展开中保持 $k$ 个累积变量的结果相似。对所有的情况来说，我们都接近了由功能单元造成的吞吐量界限。

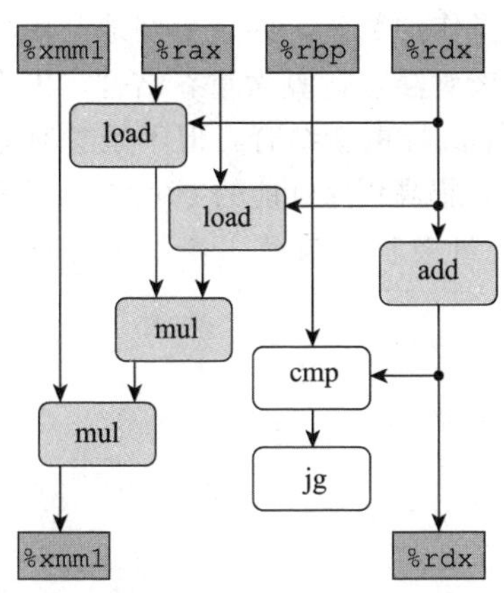


a）重新排列、简化和抽象图5-27的表示，给出连续迭代之间的数据相关

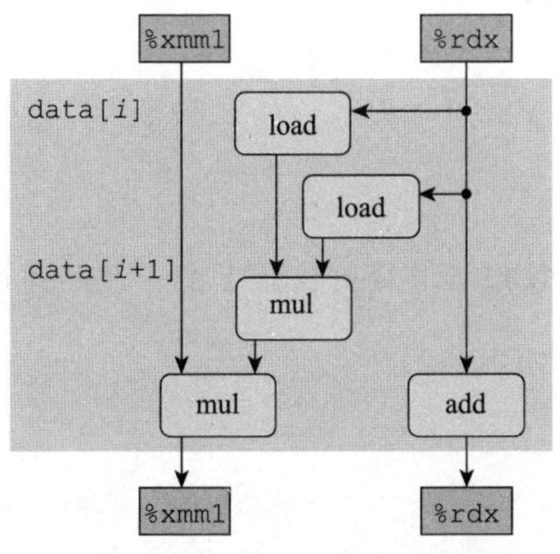


b）上面的mul操作让两个二向量元素相乘，而下面的mul操作将前面的结果乘以循环变量acc

图 5-28　将 combine7 的操作抽象成数据流图

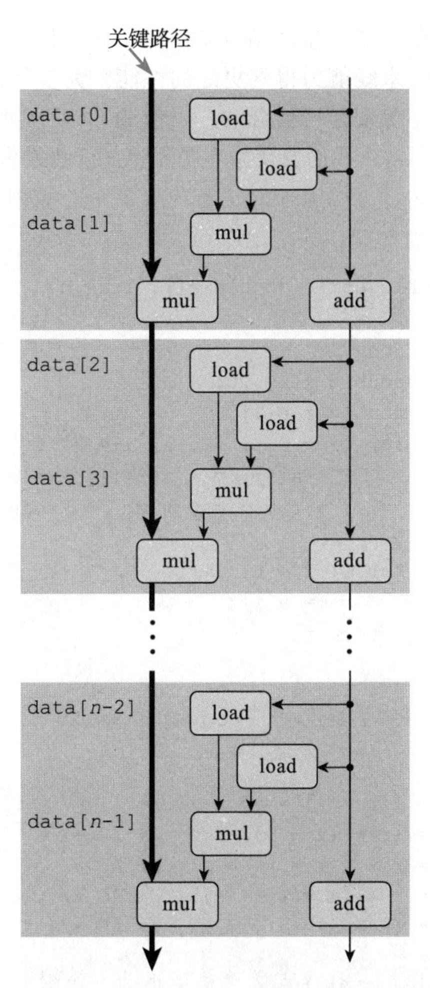


图 5-29　combine7 对一个长度为 $n$ 的向量进行操作的数据流表示。我们只有一条关键路径，它只包含 $n/2$ 个操作

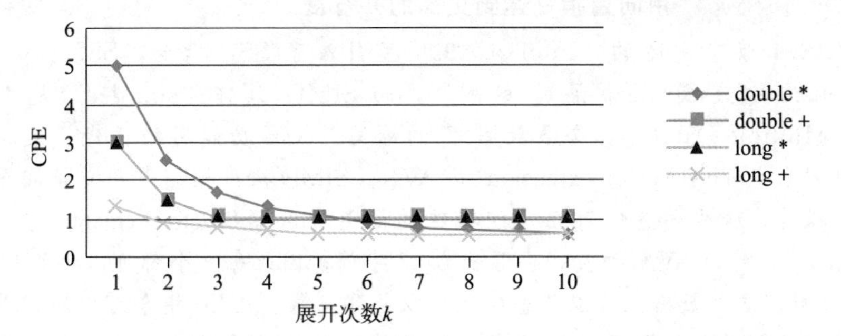


图 5-30　$k\times 1a$ 循环展开的 CPE 性能。在这种变换下，所有的 CPE 都有所改进，几乎达到了它们的吞吐量界限

在执行重新结合变换时，我们又一次改变向量元素合并的顺序。对于整数加法和乘法，这些运算是可结合的，这表示这种重新变换顺序对结果没有影响。对于浮点数情况，必须再次评估这种重新结合是否有可能严重影响结果。我们会说对大多数应用来说，这种差别不重要。

总的来说，重新结合变换能够减少计算中关键路径上操作的数量，通过更好地利用功能单元的流水线能力得到更好的性能。大多数编译器不会尝试对浮点运算做重新结合，因为这些运算不保证是可结合的。当前的 GCC 版本会对整数运算执行重新结合，但不是总有好的效果。通常，我们发现循环展开和并行地累积在多个值中，是提高程序性能的更可靠的方法。

**练习题 5.8** 考虑下面的计算 $n$ 个双精度数组成的数组乘积的函数。我们 3 次展开这个循环。

```
double aprod(double a[], long n)
{
    long i;
    double x, y, z;
    double r = 1;
    for (i = 0; i < n-2; i+= 3) {
        x = a[i]; y = a[i+1]; z = a[i+2];
        r = r * x * y * z; /* Product computation */
    }
    for (; i < n; i++)
        r *= a[i];
    return r;
}
```

对于标记为 Product computation 的行，可以用括号得到该计算的五种不同的结合，如下所示：

```
r = ((r * x) * y) * z; /* A1 */
r = (r * (x * y)) * z; /* A2 */
r = r * ((x * y) * z); /* A3 */
r = r * (x * (y * z)); /* A4 */
r = (r * x) * (y * z); /* A5 */
```

假设在一台浮点数乘法延迟为 5 个时钟周期的机器上运行这些函数。确定由乘法的数据相关限定的 CPE 的下界。(**提示：**画出每次迭代如何计算 r 的图形化表示会所帮助。)

**网络旁注 OPT:SIMD　用向量指令达到更高的并行度**

就像在 3.1 节中讲述的，Intel 在 1999 年引入了 SSE 指令，SSE 是“Streaming SIMD Extensions(流 SIMD 扩展)”的缩写，而 SIMD(读作“sim-dee”)是“Single-Instruction, Multiple-Data(单指令多数据)”的缩写。SSE 功能历经几代，最新的版本为高级向量扩展(advanced vector extension)或 AVX。SIMD 执行模型是用单条指令对整个向量数据进行操作。这些向量保存在一组特殊的向量寄存器(vector register)中，名字为%ymm0～%ymm15。目前的 AVX 向量寄存器长为 32 字节，因此每一个都可以存放 8 个 32 位数或 4 个 64 位数，这些数据既可以是整数也可以是浮点数。AVX 指令可以对这些寄存器执行向量操作，比如并行执行 8 组数值或 4 组数值的加法或乘法。例如，如果 YMM 寄存器%ymm0 包含 8 个单精度浮点数，用 $a_0$，…，$a_7$ 表示，而%rcx 包含 8 个单精度浮点数的内存地址，用 $b_0$，…，$b_7$ 表示，那么指令

```
vmulps  (%rcx), %ymm0, %ymm1
```

会从内存中读出 8 个值，并行地执行 8 个乘法，计算 $a_i \leftarrow a_i \cdot b_i$，$0 \leqslant i \leqslant 7$，并将得到的

8 个乘积保存到向量寄存器%ymm1。我们看到，一条指令能够产生对多个数据值的计算，因此称为“SIMD”。

GCC 支持对 C 语言的扩展，能够让程序员在程序中使用向量操作，这些操作能够被编译成 AVX 的向量指令(以及基于早前的 SSE 指令的代码)。这种代码风格比直接用汇编语言写代码要好，因为 GCC 还可以为其他处理器上的向量指令产生代码。

使用 GCC 指令、循环展开和多个累积变量的组合，我们的合并函数能够达到下面的性能：

| 方法 | 整数 | | | | 浮点数 | | | |
|---|---|---|---|---|---|---|---|---|
| | int | | long | | float | | double | |
| | + | * | + | * | + | * | + | * |
| 标量 10×10 | 0.54 | 1.01 | 0.55 | 1.00 | 1.01 | 0.51 | 1.01 | 0.52 |
| 标量吞吐量界限 | 0.50 | 1.00 | 0.50 | 1.00 | 1.00 | 0.50 | 1.00 | 0.50 |
| 向量 8×8 | 0.05 | 0.24 | 0.13 | 1.51 | 0.12 | 0.08 | 0.25 | 0.16 |
| 向量吞吐量界限 | 0.06 | 0.12 | 0.12 | — | 0.12 | 0.06 | 0.25 | 0.12 |

上表中，第一组数字对应的是按照 combine6 的风格编写的传统标量代码，循环展开因子为 10，并维护 10 个累积变量。第二组数字对应的代码编写形式可以被 GCC 编译成 AVX 向量代码。除了使用向量操作外，这个版本也进行了循环展开，展开因子为 8，并维护 8 个不同的向量累积变量。我们给出了 32 位和 64 位数字的结果，因为向量指令在第一种情况中达到 8 路并行，而在第二种情况中只能达到 4 路并行。

可以看到，向量代码在 32 位的 4 种情况下几乎都获得了 8 倍的提升，对于 64 位来说，在其中的 3 种情况下获得了 4 倍的提升。只有长整数乘法代码在我们尝试将其表示为向量代码时性能不佳。AVX 指令集不包括 64 位整数的并行乘法指令，因此 GCC 无法为此种情况生成向量代码。使用向量指令对合并操作产生了新的吞吐量界限。与标量界限相比，32 位操作的新界限小了 8 倍，64 位操作的新界限小了 4 倍。我们的代码在几种数据类型和操作的组合上接近了这些界限。

## 5.10 优化合并代码的结果小结

我们极大化对向量元素加或者乘的函数性能的努力获得了成功。下表总结了对于标量代码所获得的结果，没有使用 AVX 向量指令提供的向量并行性：

| 函数 | 方法 | 整数 | | 浮点数 | |
|---|---|---|---|---|---|
| | | + | * | + | * |
| combine1 | 抽象-O1 | 10.12 | 10.12 | 10.17 | 11.14 |
| combine6 | 2×2 循环展开 | 0.81 | 1.51 | 1.51 | 2.51 |
| | 10×10 循环展开 | 0.55 | 1.00 | 1.01 | 0.52 |
| 延迟界限 | | 1.00 | 3.00 | 3.00 | 5.00 |
| 吞吐量界限 | | 0.50 | 1.00 | 1.00 | 0.50 |

使用多项优化技术，我们获得的 CPE 已经接近于 0.50 和 1.00 的吞吐量界限，只受限于功能单元的容量。与原始代码相比提升了 10～20 倍，且使用普通的 C 代码和标准编译器就获得了所有这些改进。重写代码利用较新的 SIMD 指令得到了将近 4 倍或 8 倍的性能提升。比如单精度乘法，CPE 从初值 11.14 降到了 0.06，整体性能提升超过 180 倍。这个例子说明现代处理器具有相当的计算能力，但是我们可能需要按非常程式化的方式来编写程序以便将这些能力诱发出来。

## 5.11 一些限制因素

我们已经看到在一个程序的数据流图表示中，关键路径指明了执行该程序所需时间的一个基本的下界。也就是说，如果程序中有某条数据相关链，这条链上的所有延迟之和等于 $T$，那么这个程序至少需要 $T$ 个周期才能执行完。

我们还看到功能单元的吞吐量界限也是程序执行时间的一个下界。也就是说，假设一个程序一共需要 $N$ 个某种运算的计算，而微处理器只有 $C$ 个能执行这个操作的功能单元，并且这些单元的发射时间为 $I$。那么，这个程序的执行至少需要 $N \cdot I/C$ 个周期。

在本节中，我们会考虑其他一些制约程序在实际机器上性能的因素。

### 5.11.1 寄存器溢出

循环并行性的好处受汇编代码描述计算的能力限制。如果我们的并行度 $p$ 超过了可用的寄存器数量，那么编译器会诉诸溢出(spilling)，将某些临时值存放到内存中，通常是在运行时堆栈上分配空间。举个例子，将 combine6 的多累积变量模式扩展到 $k=10$ 和 $k=20$，其结果的比较如下表所示：

| 函数 | 方法 | 整数 | | 浮点数 | |
|---|---|---|---|---|---|
| | | + | * | + | * |
| combine6 | | | | | |
| | 10×10 循环展开 | 0.55 | 1.00 | 1.01 | 0.52 |
| | 20×20 循环展开 | 0.83 | 1.03 | 1.02 | 0.68 |
| 吞吐量界限 | | 0.50 | 1.00 | 1.00 | 0.50 |

我们可以看到对这种循环展开程度的增加没有改善 CPE，有些甚至还变差了。现代 x86-64 处理器有 16 个寄存器，并可以使用 16 个 YMM 寄存器来保存浮点数。一旦循环变量的数量超过了可用寄存器的数量，程序就必须在栈上分配一些变量。

例如，下面的代码片段展示了在 10×10 循环展开的内循环中，累积变量 acc0 是如何更新的：

```
Updating of accumulator acc0 in 10 x 10 urolling
vmulsd  (%rdx), %xmm0, %xmm0        acc0 *= data[i]
```

我们看到该累积变量被保存在寄存器%xmm0 中，因此程序可以简单地从内存中读取 data[i]，并与这个寄存器相乘。

与之相比，20×20 循环展开的相应部分非常不同：

```
Updating of accumulator acc0 in 20 x 20 unrolling
vmovsd  40(%rsp), %xmm0
vmulsd  (%rdx), %xmm0, %xmm0
vmovsd  %xmm0, 40(%rsp)
```

累积变量保存为栈上的一个局部变量，其位置距离栈指针偏移量为 40。程序必须从内存中读取两个数值：累积变量的值和 data[i]的值，将两者相乘后，将结果保存回内存。

一旦编译器必须要诉诸寄存器溢出，那么维护多个累积变量的优势就很可能消失。幸运的是，x86-64 有足够多的寄存器，大多数循环在出现寄存器溢出之前就将达到吞吐量限制。

### 5.11.2 分支预测和预测错误处罚

在 3.6.6 节中通过实验证明，当分支预测逻辑不能正确预测一个分支是否要跳转的时候，条件分支可能会招致很大的预测错误处罚。既然我们已经学习到了一些关于处理器是如何工作的知识，就能理解这样的处罚是从哪里产生出来的了。

现代处理器的工作远超前于当前正在执行的指令，从内存读新指令，译码指令，以确定在什么操作数上执行什么操作。只要指令遵循的是一种简单的顺序，那么这种指令流水线化(instruction pipelining)就能很好地工作。当遇到分支的时候，处理器必须猜测分支该往哪个方向走。对于条件转移的情况，这意味着要预测是否会选择分支。对于像间接跳转(跳转到由一个跳转表条目指定的地址)或过程返回这样的指令，这意味着要预测目标地址。在这里，我们主要讨论条件分支。

在一个使用投机执行(speculative execution)的处理器中，处理器会开始执行预测的分支目标处的指令。它会避免修改任何实际的寄存器或内存位置，直到确定了实际的结果。如果预测正确，那么处理器就会“提交”投机执行的指令的结果，把它们存储到寄存器或内存。如果预测错误，处理器必须丢弃掉所有投机执行的结果，在正确的位置，重新开始取指令的过程。这样做会引起预测错误处罚，因为在产生有用的结果之前，必须重新填充指令流水线。

在 3.6.6 节中我们看到，最近的 x86 处理器(包含所有可以执行 x86-64 程序的处理器)有条件传送指令。在编译条件语句和表达式的时候，GCC 能产生使用这些指令的代码，而不是更传统的基于控制的条件转移的实现。翻译成条件传送的基本思想是计算出一个条件表达式或语句两个方向上的值，然后用条件传送选择期望的值。在 4.5.7 节中我们看到，条件传送指令可以被实现为普通指令流水线化处理的一部分。没有必要猜测条件是否满足，因此猜测错误也没有处罚。

那么一个 C 语言程序员怎么能够保证分支预测处罚不会阻碍程序的效率呢？对于参考机来说，预测错误处罚是 19 个时钟周期，赌注很高。对于这个问题没有简单的答案，但是下面的通用原则是可用的。

#### 1. 不要过分关心可预测的分支

我们已经看到错误的分支预测的影响可能非常大，但是这并不意味着所有的程序分支都会减缓程序的执行。实际上，现代处理器中的分支预测逻辑非常善于辨别不同的分支指令的有规律的模式和长期的趋势。例如，在合并函数中结束循环的分支通常会被预测为选择分支，因此只在最后一次会导致预测错误处罚。

再来看另一个例子，当从 combine2 变化到 combine3 时，我们把函数 get_vec_element 从函数的内循环中拿了出来，考虑一下我们观察到的结果，如下所示：

| 函数 | 方法 | 整数 | | 浮点数 | |
|---|---|---|---|---|---|
| | | + | * | + | * |
| combine2 | 移动 vec_length | 7.02 | 9.03 | 9.02 | 11.03 |
| combine3 | 直接数据访问 | 7.17 | 9.02 | 9.02 | 11.03 |

CPE 基本上没变，即使这个转变消除了每次迭代中用于检查向量索引是否在界限内的两个条件语句。对这个函数来说，这些检测总是确定索引是在界内的，所以是高度可预测的。

作为一种测试边界检查对性能影响的方法，考虑下面的合并代码，修改 combine4 的内循环，用执行 get_vec_element 代码的内联函数结果替换对数据元素的访问。我们称这个新版本为 combine4b。这段代码执行了边界检查，还通过向量数据结构来引用向量元素。

```
1   /* Include bounds check in loop */
2   void combine4b(vec_ptr v, data_t *dest)
3   {
4       long i;
5       long length = vec_length(v);
6       data_t acc = IDENT;
7
8       for (i = 0; i < length; i++) {
9           if (i >= 0 && i < v->len) {
10              acc = acc OP v->data[i];
11          }
12      }
13      *dest = acc;
14  }
```

然后，我们直接比较使用和不使用边界检查的函数的 CPE：

| 函数 | 方法 | 整数 | | 浮点数 | |
|---|---|---|---|---|---|
| | | + | * | + | * |
| combine4 | 无边界检查 | 1.27 | 3.01 | 3.01 | 5.01 |
| combine4b | 有边界检查 | 2.02 | 3.01 | 3.01 | 5.01 |

对整数加法来说，带边界检测的版本会慢一点，但对其他三种情况来说，性能是一样的。这些情况受限于它们各自的合并操作的延迟。执行边界检测所需的额外计算可以与合并操作并行执行。处理器能够预测这些分支的结果，所以这些求值都不会对形成程序执行中关键路径的指令的取指和处理产生太大的影响。

**2. 书写适合用条件传送实现的代码**

分支预测只对有规律的模式可行。程序中的许多测试是完全不可预测的，依赖于数据的任意特性，例如一个数是负数还是正数。对于这些测试，分支预测逻辑会处理得很糟糕。对于本质上无法预测的情况，如果编译器能够产生使用条件数据传送而不是使用条件控制转移的代码，可以极大地提高程序的性能。这不是 C 语言程序员可以直接控制的，但是有些表达条件行为的方法能够更直接地被翻译成条件传送，而不是其他操作。

我们发现 GCC 能够为以一种更“功能性的”风格书写的代码产生条件传送，在这种风格的代码中，我们用条件操作来计算值，然后用这些值来更新程序状态，这种风格对立于一种更“命令式的”风格，这种风格中，我们用条件语句来有选择地更新程序状态。

这两种风格也没有严格的规则，我们用一个例子来说明。假设给定两个整数数组 a 和 b，对于每个位置 $i$，我们想将 a[$i$]设置为 a[$i$]和 b[$i$]中较小的那一个，而将 b[$i$]设置为两者中较大的那一个。

用命令式的风格实现这个函数是检查每个位置 $i$，如果它们的顺序与我们想要的不同，就交换两个元素：

```
1   /* Rearrange two vectors so that for each i, b[i] >= a[i] */
2   void minmax1(long a[], long b[], long n) {
3       long i;
```

```
4       for (i = 0; i < n; i++) {
5           if (a[i] > b[i]) {
6               long t = a[i];
7               a[i] = b[i];
8               b[i] = t;
9           }
10      }
11  }
```

在随机数据上测试这个函数，得到的 CPE 大约为 13.50，而对于可预测的数据，CPE 为 2.5～3.5，其预测错误惩罚约为 20 个周期。

用功能式的风格实现这个函数是计算每个位置 $i$ 的最大值和最小值，然后将这些值分别赋给 a[$i$]和 b[$i$]：

```
1   /* Rearrange two vectors so that for each i, b[i] >= a[i] */
2   void minmax2(long a[], long b[], long n) {
3       long i;
4       for (i = 0; i < n; i++) {
5           long min = a[i] < b[i] ? a[i] : b[i];
6           long max = a[i] < b[i] ? b[i] : a[i];
7           a[i] = min;
8           b[i] = max;
9       }
10  }
```

对这个函数的测试表明无论数据是任意的，还是可预测的，CPE 都大约为 4.0。(我们还检查了产生的汇编代码，确认它确实使用了条件传送。)

在 3.6.6 节中讨论过，不是所有的条件行为都能用条件数据传送来实现，所以无可避免地在某些情况中，程序员不能避免写出会导致条件分支的代码，而对于这些条件分支，处理器用分支预测可能会处理得很糟糕。但是，正如我们讲过的，程序员方面用一点点聪明，有时就能使代码更容易被翻译成条件数据传送。这需要一些试验，写出函数的不同版本，然后检查产生的汇编代码，并测试性能。

**练习题 5.9**　对于归并排序的合并步骤的传统的实现需要三个循环[98]：

```
1   void merge(long src1[], long src2[], long dest[], long n) {
2       long i1 = 0;
3       long i2 = 0;
4       long id = 0;
5       while (i1 < n && i2 < n) {
6           if (src1[i1] < src2[i2])
7               dest[id++] = src1[i1++];
8           else
9               dest[id++] = src2[i2++];
10      }
11      while (i1 < n)
12          dest[id++] = src1[i1++];
13      while (i2 < n)
14          dest[id++] = src2[i2++];
15  }
```

对于把变量 i1 和 i2 与 n 做比较导致的分支，有很好的预测性能——唯一的预测错误发生在它们第一次变成错误时。另一方面，值 src1[i1]和 src2[i2]之间的比较(第 6 行)，对于通常的数据来说，都是非常难以预测的。这个比较控制一个条件分支，运行在随机数据上时，得到的 CPE 大约为 15.0(这里元素的数量为 $2n$)。

重写这段代码，使得可以用一个条件传送语句来实现第一个循环中条件语句(第 6～9 行)的功能。

## 5.12 理解内存性能

到目前为止我们写的所有代码，以及运行的所有测试，只访问相对比较少量的内存。例如，我们都是在长度小于 1000 个元素的向量上测试这些合并函数，数据量不会超过 8000 个字节。所有的现代处理器都包含一个或多个高速缓存(cache)存储器，以对这样少量的存储器提供快速的访问。本节会进一步研究涉及加载(从内存读到寄存器)和存储(从寄存器写到内存)操作的程序的性能，只考虑所有的数据都存放在高速缓存中的情况。在第 6 章，我们会更详细地探究高速缓存是如何工作的，它们的性能特性，以及如何编写充分利用高速缓存的代码。

如图 5-11 所示，现代处理器有专门的功能单元来执行加载和存储操作，这些单元有内部的缓冲区来保存未完成的内存操作请求集合。例如，我们的参考机有两个加载单元，每一个可以保存多达 72 个未完成的读请求。它还有一个存储单元，其存储缓冲区能保存最多 42 个写请求。每个这样的单元通常可以每个时钟周期开始一个操作。

### 5.12.1 加载的性能

一个包含加载操作的程序的性能既依赖于流水线的能力，也依赖于加载单元的延迟。在参考机上运行合并操作的实验中，我们看到除了使用 SIMD 操作时以外，对任何数据类型组合和合并操作来说，CPE 从没有到过 0.50 以下。一个制约示例的 CPE 的因素是，对于每个被计算的元素，所有的示例都需要从内存读一个值。对两个加载单元而言，其每个时钟周期只能启动一条加载操作，所以 CPE 不可能小于 0.50。对于每个被计算的元素必须加载 $k$ 个值的应用，我们不可能获得低于 $k/2$ 的 CPE(例如参见家庭作业 5.15)。

到目前为止，我们在示例中还没有看到加载操作的延迟产生的影响。加载操作的地址只依赖于循环索引 $i$，所以加载操作不会成为限制性能的关键路径的一部分。

要确定一台机器上加载操作的延迟，我们可以建立由一系列加载操作组成的一个计算，一条加载操作的结果决定下一条操作的地址。作为一个例子，考虑函数图 5-31 中的函数 list_len，它计算一个链表的长度。在这个函数的循环中，变量 ls 的每个后续值依赖于指针引用 ls->next 读出的值。测试表明函数 list_len 的 CPE 为 4.00，我们认为这直接表明了加载操作的延迟。要弄懂这一点，考虑循环的汇编代码：

```
   Inner loop of list_len
   ls in %rdi, len in %rax
1  .L3:                        loop:
2    addq    $1, %rax            Increment len
3    movq    (%rdi), %rdi        ls = ls->next
```

```
1   typedef struct ELE {
2       struct ELE *next;
3       long data;
4   } list_ele, *list_ptr;
5
6   long list_len(list_ptr ls) {
7       long len = 0;
8       while (ls) {
9         len++;
10        ls = ls->next;
11      }
12      return len;
13  }
```

图 5-31　链表函数。其性能受限于加载操作的延迟

```
4     testq   %rdi, %rdi        Test ls
5     jne     .L3               If nonnull, goto loop
```

第 3 行上的 movq 指令是这个循环中关键的瓶颈。后面寄存器 %rdi 的每个值都依赖于加载操作的结果，而加载操作又以 %rdi 中的值作为它的地址。因此，直到前一次迭代的加载操作完成，下一次迭代的加载操作才能开始。这个函数的 CPE 等于 4.00，是由加载操作的延迟决定的。事实上，这个测试结果与文档中参考机的 L1 级 cache 的 4 周期访问时间是一致的，相关内容将在 6.4 节中讨论。

### 5.12.2 存储的性能

在迄今为止所有的示例中，我们只分析了大部分内存引用都是加载操作的函数，也就是从内存位置读到寄存器中。与之对应的是存储(store)操作，它将一个寄存器值写到内存。这个操作的性能，尤其是与加载操作的相互关系，包括一些很细微的问题。

与加载操作一样，在大多数情况中，存储操作能够在完全流水线化的模式中工作，每个周期开始一条新的存储。例如，考虑图 5-32 中所示的函数，它们将一个长度为 $n$ 的数组 dest 的元素设置为 0。我们测试结果为 CPE 等于 1.00。对于只具有单个存储功能单元的机器，这已经达到了最佳情况。

```
1  /* Set elements of array to 0 */
2  void clear_array(long *dest, long n) {
3      long i;
4      for (i = 0; i < n; i++)
5          dest[i] = 0;
6  }
```

图 5-32 将数组元素设置为 0 的函数。该代码 CPE 达到 1.0

与到目前为止我们已经考虑过的其他操作不同，存储操作并不影响任何寄存器值。因此，就其本性来说，一系列存储操作不会产生数据相关。只有加载操作会受存储操作结果的影响，因为只有加载操作能从由存储操作写的那个位置读回值。图 5-33 所示的函数 write_read 说明了加载和存储操作之间可能的相互影响。这幅图也展示了该函数的两个示例执行，是对两元素数组 a 调用的，该数组的初始内容为 −10 和 17，参数 cnt 等于 3。这些执行说明了加载和存储操作的一些细微之处。

在图 5-33 的示例 A 中，参数 src 是一个指向数组元素 a[0]的指针，而 dest 是一个指向数组元素 a[1]的指针。在此种情况中，指针引用*src 的每次加载都会得到值 −10。因此，在两次迭代之后，数组元素就会分别保持固定为 −10 和 −9。从 src 读出的结果不受对 dest 的写的影响。在较大次数的迭代上测试这个示例得到 CPE 等于 1.3。

在图 5-33 的示例 B 中，参数 src 和 dest 都是指向数组元素 a[0]的指针。在这种情况中，指针引用*src 的每次加载都会得到指针引用*dest 的前次执行存储的值。因而，一系列不断增加的值会被存储在这个位置。通常，如果调用函数 write_read 时参数 src 和 dest 指向同一个内存位置，而参数 cnt 的值为 $n>0$，那么净效果是将这个位置设置为 $n-1$。这个示例说明了一个现象，我们称之为写/读相关(write/read dependency)——一个内存读的结果依赖于一个最近的内存写。我们的性能测试表明示例 B 的 CPE 为 7.3。写/读相关导致处理速度下降约 6 个时钟周期。

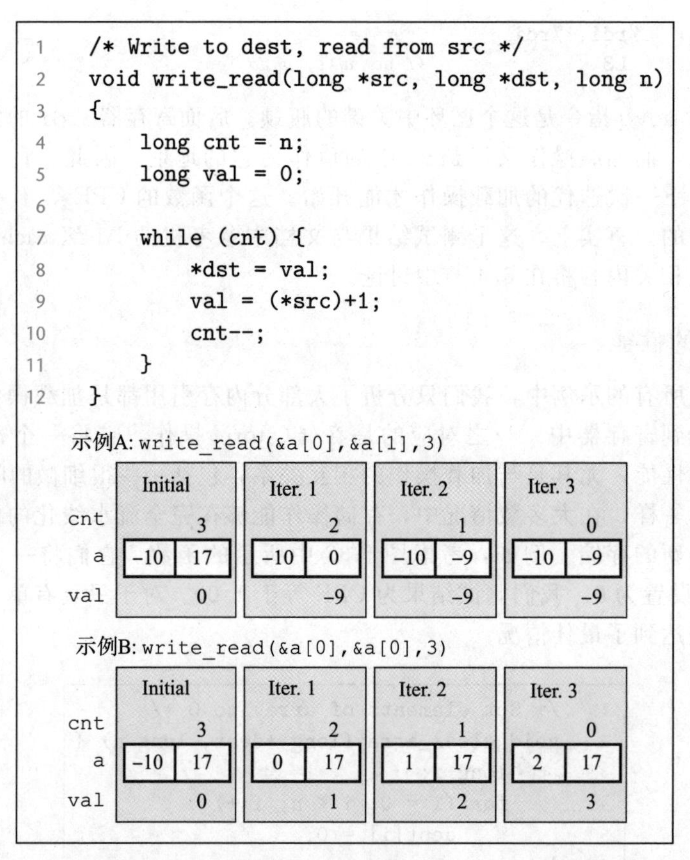


图 5-33 写和读内存位置的代码，以及示例执行。这个函数突出的是当参数 src 和 dest 相等时，存储和加载之间的相互影响

为了了解处理器如何区别这两种情况，以及为什么一种情况比另一种运行得慢，我们必须更加仔细地看看加载和存储执行单元，如图 5-34 所示。存储单元包含一个存储缓冲区，它包含已经被发射到存储单元而又还没有完成的存储操作的地址和数据，这里的完成包括更新数据高速缓存。提供这样一个缓冲区，使得一系列存储操作不必等待每个操作都更新高速缓存就能够执行。当一个加载操作发生时，它必须检查存储缓冲区中的条目，看有没有地址相匹配。如果有地址相匹配(意味着在写的字节与在读的字节有相同的地址)，它就取出相应的数据条目作为加载操作的结果。

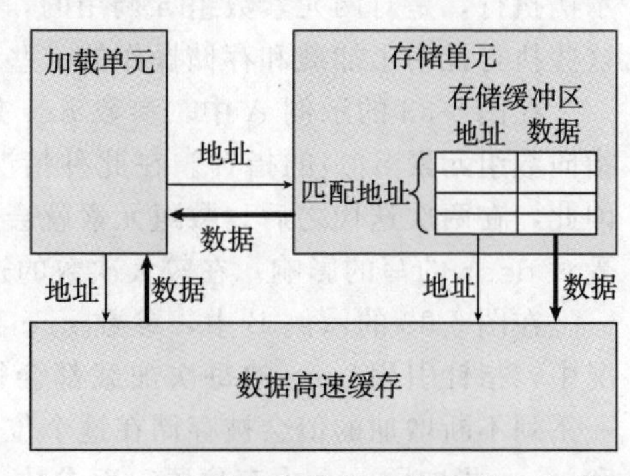


图 5-34 加载和存储单元的细节。存储单元包含一个未执行的写的缓冲区。加载单元必须检查它的地址是否与存储单元中的地址相符，以发现写/读相关

GCC 生成的 write_read 内循环代码如下：

```
  Inner loop of write_read
  src in %rdi, dst in %rsi, val in %rax
.L3:                          loop:
  movq    %rax, (%rsi)          Write val to dst
  movq    (%rdi), %rax          t = *src
  addq    $1, %rax              val = t+1
  subq    $1, %rdx              cnt--
  jne     .L3                   If != 0, goto loop
```

图 5-35 给出了这个循环代码的数据流表示。指令 movq %rax,(%rsi) 被翻译成两个操作：s_

addr 指令计算存储操作的地址，在存储缓冲区创建一个条目，并且设置该条目的地址字段。s_data 操作设置该条目的数据字段。正如我们会看到的，两个计算是独立执行的，这对程序的性能来说很重要。这使得参考机中不同的功能单元来执行这些操作。

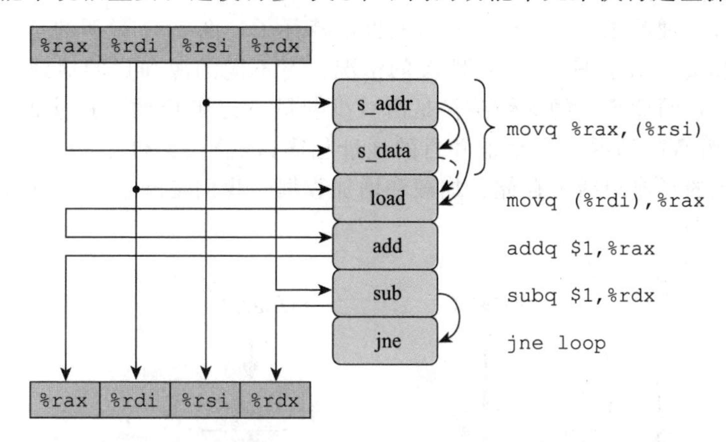


图 5-35　write_read 内循环代码的图形化表示。第一个 movl 指令被译码两个独立的操作，计算存储地址和将数据存储到内存

除了由于写和读寄存器造成的操作之间的数据相关，操作符右边的弧线表示这些操作隐含的相关。特别地，s_addr 操作的地址计算必须在 s_data 操作之前。此外，对指令 movq (%rdi),%rax 译码得到的 load 操作必须检查所有未完成的存储操作的地址，在这个操作和 s_addr 操作之间创建一个数据相关。这张图中 s_data 和 load 操作之间有虚弧线。这个数据相关是有条件的：如果两个地址相同，load 操作必须等待直到 s_data 将它的结果存放到存储缓冲区中，但是如果两个地址不同，两个操作就可以独立地进行。

图 5-36 说明了 write_read 内循环操作之间的数据相关。在图 5-36a 中，重新排列了操作，让相关显得更清楚。我们标出了三个涉及加载和存储操作的相关，希望引起大家特别的注意。标号为(1)的弧线表示存储地址必须在数据被存储之前计算出来。标号为(2)的弧线表示需要 load 操作将它的地址与所有未完成的存储操作的地址进行比较。最后，标号为(3)的虚弧线表示条件数据相关，当加载和存储地址相同时会出现。

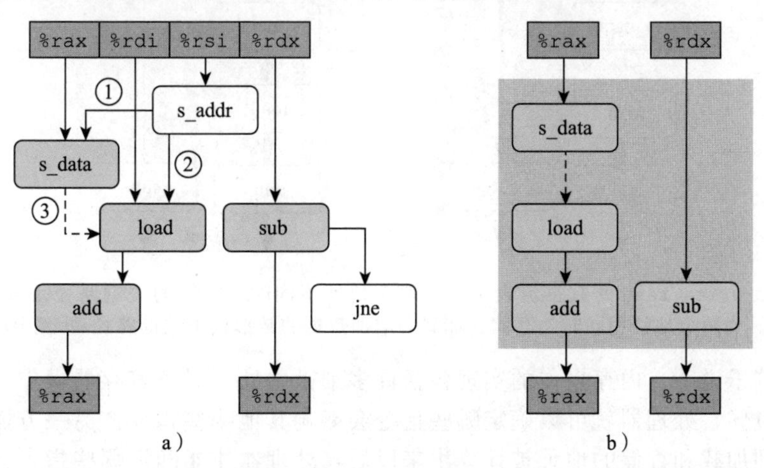


图 5-36　抽象 write_read 的操作。我们首先重新排列图 5-35 的操作(a)，然后只显示那些使用一次迭代中的值为下一次迭代产生新值的操作(b)

图 5-36b 说明了当移走那些不直接影响迭代与迭代之间数据流的操作之后，会发生什么。这个数据流图给出两个相关链：左边的一条，存储、加载和增加数据值(只对地址相同的情况有效)，右边的一条，减小变量 cnt。

现在我们可以理解函数 write_read 的性能特征了。图 5-37 说明的是内循环的多次迭代形成的数据相关。对于图 5-33 示例 A 的情况，有不同的源和目的地址，加载和存储操作可以独立进行，因此唯一的关键路径是由减少变量 cnt 形成的，这使得 CPE 等于 1.0。对于图 5-33 示例 B 的情况，源地址和目的地址相同，s_data 和 load 指令之间的数据相关使得关键路径的形成包括了存储、加载和增加数据。我们发现顺序执行这三个操作一共需要 7 个时钟周期。

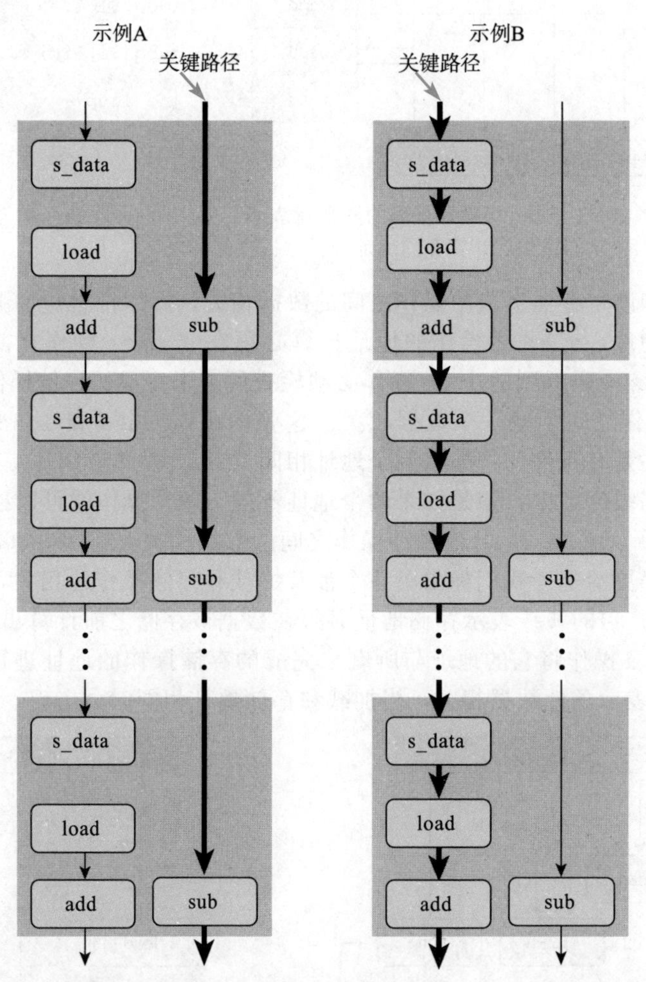


图 5-37　函数 write_read 的数据流表示。当两个地址不同时，唯一的关键路径是减少 cnt(示例 A)。当两个地址相同时，存储、加载和增加数据的链形成了关键路径(示例 B)

这两个例子说明，内存操作的实现包括许多细微之处。对于寄存器操作，在指令被译码成操作的时候，处理器就可以确定哪些指令会影响其他哪些指令。另一方面，对于内存操作，只有到加载和存储的地址被计算出来以后，处理器才能确定哪些指令会影响其他的哪些。高效地处理内存操作对许多程序的性能来说至关重要。内存子系统使用了很多优化，例如当操作可以独立地进行时，就利用这种潜在的并行性。

练习题 5.10 作为另一个具有潜在的加载-存储相互影响的代码，考虑下面的函数，它将一个数组的内容复制到另一个数组：

```
1  void copy_array(long *src, long *dest, long n)
2  {
3      long i;
4      for (i = 0; i < n; i++)
5          dest[i] = src[i];
6  }
```

假设 a 是一个长度为 1000 的数组，被初始化为每个元素 a[$i$]等于 $i$。

A. 调用 copy_array(a+1,a,999)的效果是什么？

B. 调用 copy_array(a,a+1,999)的效果是什么？

C. 我们的性能测试表明问题 A 调用的 CPE 为 1.2(循环展开因子为 4 时，该值下降到 1.0)，而问题 B 调用的 CPE 为 5.0。你认为是什么因素造成了这样的性能差异？

D. 你预计调用 copy_array(a,a,999)的性能会是怎样的？

练习题 5.11 我们测量出前置和函数 psum1(图 5-1)的 CPE 为 9.00，在测试机器上，要执行的基本操作——浮点加法的延迟只是 3 个时钟周期。试着理解为什么我们的函数执行效果这么差。

下面是这个函数内循环的汇编代码：

```
   Inner loop of psum1
   a in %rdi, i in %rax, cnt in %rdx
1  .L5:                                          loop:
2    vmovss  -4(%rsi,%rax,4), %xmm0               Get p[i-1]
3    vaddss  (%rdi,%rax,4), %xmm0, %xmm0          Add a[i]
4    vmovss  %xmm0, (%rsi,%rax,4)                 Store at p[i]
5    addq    $1, %rax                             Increment i
6    cmpq    %rdx, %rax                           Compare i:cnt
7    jne     .L5                                  If !=, goto loop
```

参考对 combine4(图 5-14)和 write_read(图 5-36)的分析，画出这个循环生成的数据相关图，再画出计算进行时由此形成的关键路径。解释为什么 CPE 如此之高。

练习题 5.12 重写 psum1(图 5-1)的代码，使之不需要反复地从内存中读取 p[i]的值。不需要使用循环展开。得到的代码测试出的 CPE 等于 3.00，受浮点加法延迟的限制。

## 5.13 应用：性能提高技术

虽然只考虑了有限的一组应用程序，但是我们能得出关于如何编写高效代码的很重要的经验教训。我们已经描述了许多优化程序性能的基本策略：

1) 高级设计。为遇到的问题选择适当的算法和数据结构。要特别警觉，避免使用那些会渐进地产生糟糕性能的算法或编码技术。

2) 基本编码原则。避免限制优化的因素，这样编译器就能产生高效的代码。

- 消除连续的函数调用。在可能时，将计算移到循环外。考虑有选择地妥协程序的模块性以获得更大的效率。
- 消除不必要的内存引用。引入临时变量来保存中间结果。只有在最后的值计算出来时，才将结果存放到数组或全局变量中。

3）低级优化。结构化代码以利用硬件功能。

- 展开循环，降低开销，并且使得进一步的优化成为可能。
- 通过使用例如多个累积变量和重新结合等技术，找到方法提高指令级并行。
- 用功能性的风格重写条件操作，使得编译采用条件数据传送。

最后要给读者一个忠告，要警惕，在为了提高效率重写程序时避免引入错误。在引入新变量、改变循环边界和使得代码整体上更复杂时，很容易犯错误。一项有用的技术是在优化函数时，用检查代码来测试函数的每个版本，以确保在这个过程没有引入错误。检查代码对函数的新版本实施一系列的测试，确保它们产生与原来一样的结果。对于高度优化的代码，这组测试情况必须变得更加广泛，因为要考虑的情况也更多。例如，使用循环展开的检查代码需要测试许多不同的循环界限，保证它能够处理最终单步迭代所需要的所有不同的可能的数字。

## 5.14　确认和消除性能瓶颈

至此，我们只考虑了优化小的程序，在这样的小程序中有一些很明显限制性能的地方，因此应该是集中注意力对它们进行优化。在处理大程序时，连知道应该优化什么地方都是很难的。本节会描述如何使用代码剖析程序（code profiler），这是在程序执行时收集性能数据的分析工具。我们还展示了一个系统优化的通用原则，称为 Amdahl 定律（Amdahl's law），参见 1.9.1 节。

### 5.14.1　程序剖析

程序剖析（profiling）运行程序的一个版本，其中插入了工具代码，以确定程序的各个部分需要多少时间。这对于确认程序中我们需要集中注意力优化的部分是很有用的。剖析的一个有力之处在于可以在现实的基准数据（benchmark data）上运行实际程序的同时，进行剖析。

Unix 系统提供了一个剖析程序 GPROF。这个程序产生两种形式的信息。首先，它确定程序中每个函数花费了多少 CPU 时间。其次，它计算每个函数被调用的次数，以执行调用的函数来分类。这两种形式的信息都非常有用。这些计时给出了不同函数在确定整体运行时间中的相对重要性。调用信息使得我们能理解程序的动态行为。

用 GPROF 进行剖析需要 3 个步骤，就像 C 程序 `prog.c` 所示，它运行时命令行参数为 `file.txt`：

1）程序必须为剖析而编译和链接。使用 GCC（以及其他 C 编译器），就是在命令行上简单地包括运行时标志“-pg”。确保编译器不通过内联替换来尝试执行任何优化是很重要的，否则就可能无法正确刻画函数调用。我们使用优化标志 `-Og`，以保证能正确跟踪函数调用。

```
linux> gcc -Og -pg prog.c -o prog
```

2）然后程序像往常一样执行：

```
linux> ./prog file.txt
```

它运行得会比正常时稍微慢一点（大约慢 2 倍），不过除此之外唯一的区别就是它产生了一个文件 `gmon.out`。

3）调用 GPROF 来分析 `gmon.out` 中的数据。

```
linux> gprof prog
```

剖析报告的第一部分列出了执行各个函数花费的时间，按照降序排列。作为一个示例，下面列出了报告的一部分，是关于程序中最耗费时间的三个函数的：

```
 %   cumulative   self              self     total
time   seconds   seconds    calls  s/call   s/call  name
97.58    203.66   203.66        1  203.66   203.66  sort_words
 2.32    208.50     4.85   965027    0.00     0.00  find_ele_rec
 0.14    208.81     0.30 12511031    0.00     0.00  Strlen
```

每一行代表对某个函数的所有调用所花费的时间。第一列表明花费在这个函数上的时间占整个时间的百分比。第二列显示的是直到这一行并包括这一行的函数所花费的累计时间。第三列显示的是花费在这个函数上的时间，而第四列显示的是它被调用的次数(递归调用不计算在内)。在例子中，函数 sort_words 只被调用了一次，但就是这一次调用需要 203.66 秒，而函数 find_ele_rec 被调用了 965 027 次(递归调用不计算在内)，总共需要 4.85 秒。函数 Strlen 通过调用库函数 strlen 来计算字符串的长度。GPROF 的结果中通常不显示库函数调用。库函数耗费的时间通常计算在调用它们的函数内。通过创建这个“包装函数(wrapper function)” Strlen，我们可以可靠地跟踪对 strlen 的调用，表明它被调用了 12 511 031 次，但是一共只需要 0.30 秒。

剖析报告的第二部分是函数的调用历史。下面是一个递归函数 find_ele_rec 的历史：

```
                          158655725             find_ele_rec [5]
              4.85   0.10  965027/965027       insert_string [4]
[5]    2.4    4.85   0.10  965027+158655725 find_ele_rec [5]
              0.08   0.01  363039/363039       save_string [8]
              0.00   0.01  363039/363039       new_ele [12]
                          158655725             find_ele_rec [5]
```

这个历史既显示了调用 find_ele_rec 的函数，也显示了它调用的函数。头两行显示的是对这个函数的调用：被它自身递归地调用了 158 655 725 次，被函数 insert_string 调用了 965 027 次(它本身被调用了 965 027 次)。函数 find_ele_rec 也调用了另外两个函数 save_string 和 new_ele，每个函数总共被调用了 363 039 次。

根据这个调用信息，我们通常可以推断出关于程序行为的有用信息。例如，函数 find_ele_rec 是一个递归过程，它扫描一个哈希桶(hash bucket)的链表，查找一个特殊的字符串。对于这个函数，比较递归调用的数量和顶层调用的数量，提供了关于遍历这些链表的长度的统计信息。这里递归与顶层调用的比率是 164.4，我们可以推断出程序每次平均大约扫描 164 个元素。

GPROF 有些属性值得注意：

- 计时不是很准确。它的计时基于一个简单的间隔计数(interval counting)机制，编译过的程序为每个函数维护一个计数器，记录花费在执行该函数上的时间。操作系统使得每隔某个规则的时间间隔 $\delta$，程序被中断一次。$\delta$ 的典型值的范围为 1.0～10.0 毫秒。当中断发生时，它会确定程序正在执行什么函数，并将该函数的计数器值增加 $\delta$。当然，也可能这个函数只是刚开始执行，而很快就会完成，却赋给它从上次中断以来整个的执行花费。在两次中断之间也可能运行其他某个程序，却因此根本没有计算花费。

  对于运行时间较长的程序，这种机制工作得相当好。从统计上来说，应该根据花费在执行函数上的相对时间来计算每个函数的花费。不过，对于那些运行时间少于 1 秒的程序来说，得到的统计数字只能看成是粗略的估计值。

- 假设没有执行内联替换，则调用信息相当可靠。编译过的程序为每对调用者和被调用者维护一个计数器。每次调用一个过程时，就会对适当的计数器加 1。
- 默认情况下，不会显示对库函数的计时。相反，库函数的时间都被计算到调用它们的函数的时间中。

### 5.14.2 使用剖析程序来指导优化

作为一个用剖析程序来指导程序优化的示例，我们创建了一个包括几个不同任务和数据结构的应用。这个应用分析一个文本文档的 $n$-gram 统计信息，这里 $n$-gram 是一个出现在文档中 $n$ 个单词的序列。对于 $n=1$，我们收集每个单词的统计信息，对于 $n=2$，收集每对单词的统计信息，以此类推。对于一个给定的 $n$ 值，程序读一个文本文件，创建一张互不相同的 $n$-gram 的表，指出每个 $n$-gram 出现了多少次，然后按照出现次数的降序对单词排序。

作为基准程序，我们在一个由《莎士比亚全集》组成的文件上运行这个程序，一共有 965 028 个单词，其中 23 706 个是互不相同的。我们发现，对于 $n=1$，即使是一个写得很烂的分析程序也能在 1 秒以内处理完整个文件，所以我们设置 $n=2$，使得事情更加有挑战。对于 $n=2$ 的情况，$n$-gram 被称为 bigram(读作“bye-gram”)。我们确定《莎士比亚全集》包含 363 039 个互不相同的 bigram。最常见的是“I am”，出现了 1892 次。词组“to be”出现了 1020 次。bigram 中有 266 018 个只出现了一次。

程序是由下列部分组成的。我们创建了多个版本，从各部分简单的算法开始，然后再换成更成熟完善的算法：

1）从文件中读出每个单词，并转换成小写字母。我们最初的版本使用的是函数 `lower1`(图 5-7)，我们知道由于反复地调用 `strlen`，它的时间复杂度是二次的。

2）对字符串应用一个哈希函数，为一个有 $s$ 个桶(bucket)的哈希表产生一个 $0\sim s-1$ 之间的数。最初的函数只是简单地对字符的 ASCII 代码求和，再对 $s$ 求模。

3）每个哈希桶都组织成一个链表。程序沿着这个链表扫描，寻找一个匹配的条目。如果找到了，这个 $n$-gram 的频度就加 1。否则，就创建一个新的链表元素。最初的版本递归地完成这个操作，将新元素插在链表尾部。

4)一旦已经生成了这张表，我们就根据频度对所有的元素排序。最初的版本使用插入排序。

图 5-38 是 $n$-gram 频度分析程序 6 个不同版本的剖析结果。对于每个版本，我们将时间分为下面的 5 类。

**Sort**：按照频度对 $n$-gram 进行排序

**List**：为匹配 $n$-gram 扫描链表，如果需要，插入一个新的元素

**Lower**：将字符串转换为小写字母

**Strlen**：计算字符串的长度

**Hash**：计算哈希函数

**Rest**：其他所有函数的和

如图 5-38a 所示，最初的版本需要 3.5 分钟，大多数时间花在了排序上。这并不奇怪，因为插入排序有二次的运行时间，而程序对 363 039 个值进行排序。

在下一个版本中，我们用库函数 `qsort` 进行排序，这个函数是基于快速排序算法的[98]，其预期运行时间为 $O(n\log n)$。在图中这个版本称为“Quicksort”。更有效的排序算

法使花在排序上的时间降低到可以忽略不计，而整个运行时间降低到大约 5.4 秒。图 5-38b 是剩下各个版本的时间，所用的比例能使我们看得更清楚。

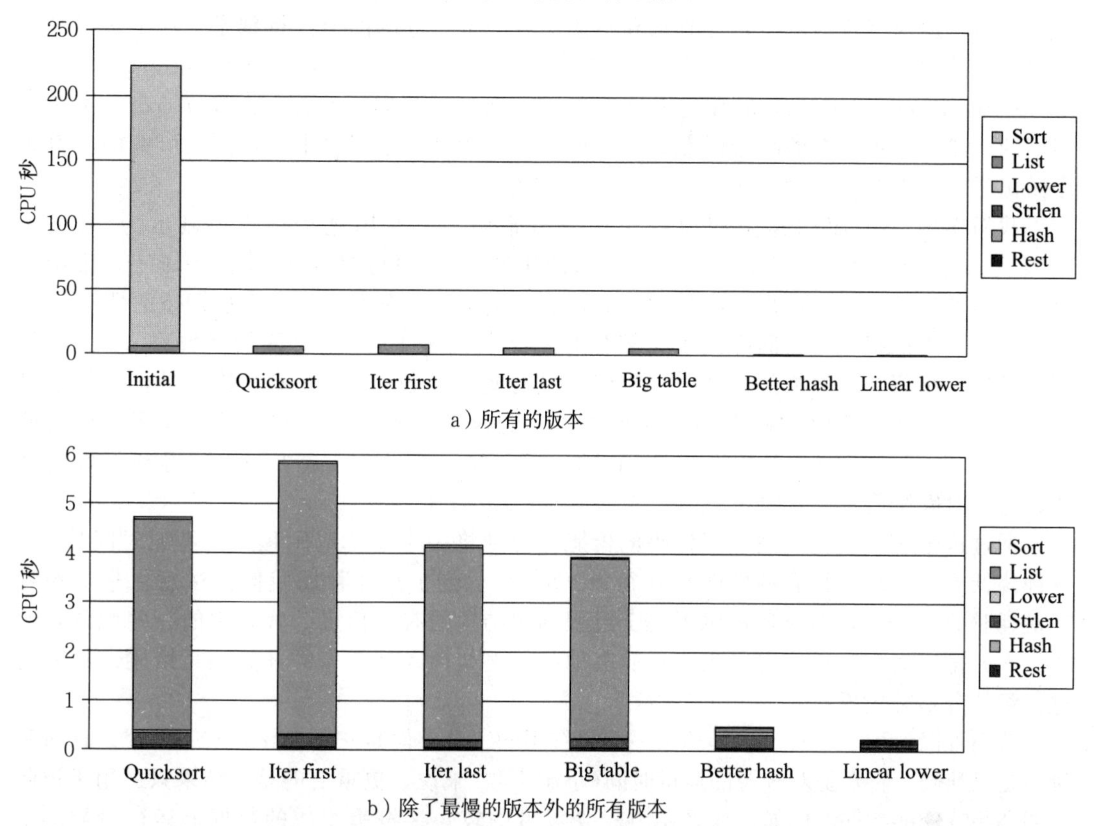


图 5-38 bigram 频度计数程序的各个版本的剖析结果。时间是根据程序中不同的主要操作划分的

改进了排序，现在发现链表扫描变成了瓶颈。想想这个低效率是由于函数的递归结构引起的，我们用一个迭代的结构替换它，显示为“Iter first”。令人奇怪的是，运行时间增加到了大约 7.5 秒。根据更近一步的研究，我们发现两个链表函数之间有一个细微的差别。递归版本将新元素插入到链表尾部，而迭代版本把它们插到链表头部。为了使性能最大化，我们希望频率最高的 *n*-gram 出现在链表的开始处。这样一来，函数就能快速地定位常见的情况。假设 *n*-gram 在文档中是均匀分布的，我们期望频度高的单词的第一次出现在频度低的单词之前。通过将新的 *n*-gram 插入尾部，第一个函数倾向于按照频度的降序排序，而第二个函数则相反。因此我们创建第三个链表扫描函数，它使用迭代，但是将新元素插入到链表的尾部。使用这个版本，显示为“Iter last”，时间降到了大约 5.3 秒，比递归版本稍微好一点。这些测量展示了对程序做实验作为优化工作一部分的重要性。开始时，我们假设将递归代码转换成迭代代码会改进程序的性能，而没有考虑添加元素到链表末尾和开头的差别。

接下来，我们考虑哈希表的结构。最初的版本只有 1021 个桶(通常会选择桶的个数为质数，以增强哈希函数将关键字均匀分布在桶中的能力)。对于一个有 363 039 个条目的表来说，这就意味着平均负载(load)是 363 039/1021=355.6。这就解释了为什么有那么多时间花在了执行链表操作上了——搜索包括测试大量的候选 *n*-gram。它还解释了为什么性能对链表的排序这么敏感。然后，我们将桶的数量增加到了 199 999，平均负载降低到了

1.8。不过，很奇怪的是，整体运行时间只下降到5.1秒，差距只有0.2秒。

进一步观察，我们可以看到，表变大了但是性能提高很小，这是由于哈希函数选择的不好。简单地对字符串的字符编码求和不能产生一个大范围的值。特别是，一个字母最大的编码值是122，因而 $n$ 个字符产生的和最多是 $122n$。在文档中，最长的 bigram(“honorificabilitudinitatibus thou”)的和也不过是3371，所以，我们哈希表中大多数桶都是不会被使用的。此外，可交换的哈希函数，例如加法，不能对一个字符串中不同的可能的字符顺序做出区分。例如，单词“rat”和“tar”会产生同样的和。

我们换成一个使用移位和异或操作的哈希函数。使用这个版本，显示为“Better Hash”，时间下降到了0.6秒。一个更加系统化的方法是更加仔细地研究关键字在桶中的分布，如果哈希函数的输出分布是均匀的，那么确保这个分布接近于人们期望的那样。

最后，我们把运行时间降到了大部分时间是花在 `strlen` 上，而大多数对 `strlen` 的调用是作为小写字母转换的一部分。我们已经看到了函数 `lower1` 有二次的性能，特别是对长字符串来说。这篇文档中的单词足够短，能避免二次性能的灾难性的结果；最长的 bigram 只有32个字符。不过换成使用 `lower2`，显示为“Linear Lower”得到很好的性能，整个时间降到了0.2秒。

通过这个练习，我们展示了代码剖析能够帮助将一个简单应用程序所需的时间从3.5分钟降低到0.2秒，得到的性能提升约为1000倍。剖析程序帮助我们把注意力集中在程序最耗时的部分上，同时还提供了关于过程调用结构的有用信息。代码中的一些瓶颈，例如二次的排序函数，很容易看出来；而其他的，例如插入到链表的开始还是结尾，只有通过仔细的分析才能看出。

我们可以看到，剖析是工具箱中一个很有用的工具，但是它不应该是唯一一个。计时测量不是很准确，特别是对较短的运行时间(小于1秒)来说。更重要的是，结果只适用于被测试的那些特殊的数据。例如，如果在由较少数量的较长字符串组成的数据上运行最初的函数，我们会发现小写字母转换函数才是主要的性能瓶颈。更糟糕的是，如果它只剖析包含短单词的文档，我们可能永远不会发现隐藏着的性能瓶颈，例如 `lower1` 的二次性能。通常，假设在有代表性的数据上运行程序，剖析能帮助我们对典型的情况进行优化，但是我们还应该确保对所有可能的情况，程序都有相当的性能。这主要包括避免得到糟糕的渐近性能(asymptotic performance)的算法(例如插入算法)和坏的编程实践(例如 `lower1`)。

1.9.1中讨论了 Amdahl 定律，它为通过有针对性的优化来获取性能提升提供了一些其他的见解。对于 $n$-gram 代码来说，当用 quicksort 代替了插入排序后，我们看到总的执行时间从209.0秒下降到5.4秒。初始版本的209.0秒中的203.7秒用于执行插入排序，得到 $\alpha=0.974$，被此次优化加速的时间比例。使用 quicksort，花在排序上的时间变得微不足道，得到预计的加速比为 $209/\alpha=39.0$，接近于测量加速比38.5。我们之所以能获得大的加速比，是因为排序在整个执行时间中占了非常大的比例。然而，当一个瓶颈消除，而新的瓶颈出现时，就需要关注程序的其他部分以获得更多的加速比。

## 5.15　小结

虽然关于代码优化的大多数论述都描述了编译器是如何能生成高效代码的，但是应用程序员有很多方法来协助编译器完成这项任务。没有任何编译器能用一个好的算法或数据结构代替低效率的算法或数据结构，因此程序设计的这些方面仍然应该是程序员主要关心的。我们还看到妨碍优化的因素，例如内存别名使用和过程调用，严重限制了编译器执行大量优化的能力。同样，程序员必须对消除这些妨碍优化的因素负主要的责任。这些应该被看作好的编程习惯的一部分，因为它们可以用来消除不必要的工作。

基本级别之外调整性能需要一些对处理器微体系结构的理解，描述处理器用来实现它的指令集体系结构的底层机制。对于乱序处理器的情况，只需要知道一些关于操作、容量、延迟和功能单元发射时间的信息，就能够基本地预测程序的性能了。

我们研究了一系列技术，包括循环展开、创建多个累积变量和重新结合，它们可以利用现代处理器提供的指令级并行。随着对优化的深入，研究产生的汇编代码以及试着理解机器如何执行计算变得重要起来。确认由程序中的数据相关决定的关键路径，尤其是循环的不同迭代之间的数据相关，会收获良多。我们还可以根据必须要计算的操作数量以及执行这些操作的功能单元的数量和发射时间，计算一个计算的吞吐量界限。

包含条件分支或与内存系统复杂交互的程序，比我们最开始考虑的简单循环程序，更难以分析和优化。基本策略是使分支更容易预测，或者使它们很容易用条件数据传送来实现。我们还必须注意存储和加载操作。将数值保存在局部变量中，使得它们可以存放在寄存器中，这会很有帮助。

当处理大型程序时，将注意力集中在最耗时的部分变得很重要。代码剖析程序和相关的工具能帮助我们系统地评价和改进程序性能。我们描述了 GPROF，一个标准的 Unix 剖析工具。还有更加复杂完善的剖析程序可用，例如 Intel 的 VTUNE 程序开发系统，还有 Linux 系统基本上都有的 VALGRIND。这些工具可以在过程级分解执行时间，估计程序每个*基本块*(basic block)的性能。(基本块是内部没有控制转移的指令序列，因此基本块总是整个被执行的。)

## 参考文献说明

我们的关注点是从程序员的角度描述代码优化，展示如何使书写的代码能够使编译器更容易地产生高效的代码。Chellappa、Franchetti 和 Püschel 的扩展的论文[19]采用了类似的方法，但关于处理器的特性描述得更详细。

有许多著作从编译器的角度描述了代码优化，形式化描述了编译器可以产生更有效代码的方法。Muchnick 的著作被认为是最全面的[80]。Wadleigh 和 Crawford 的关于软件优化的著作[115]覆盖了一些我们已经谈到的内容，不过它还描述了在并行机器上获得高性能的过程。Mahlke 等人的一篇比较早期的论文[75]，描述了几种为编译器开发的将程序映射到并行机器上的技术，它们是如何能够被改造成利用现代处理器的指令级并行的。这篇论文覆盖了我们讲过的代码变换，包括循环展开、多个累积变量(他们称之为*累积变量扩展*(accumulator variable expansion))和重新结合(他们称之为*树高度减少*(tree height reduction))。

我们对乱序处理器的操作的描述相当简单和抽象。可以在高级计算机体系结构教科书中找到对通用原则更完整的描述，例如 Hennessy 和 Patterson 的著作[46，第 2～3 章]。Shen 和 Lipasti 的书[100]提供了对现代处理器设计深入的论述。

## 家庭作业

** 5.13　假设我们想编写一个计算两个向量 u 和 v 内积的过程。这个函数的一个抽象版本对整数和浮点数类型，在 x86-64 上 CPE 等于 14～18。通过进行与我们将抽象程序 combine1 变换为更有效的 combine4 相同类型的变换，我们得到如下代码：

```
1   /* Inner product.  Accumulate in temporary */
2   void inner4(vec_ptr u, vec_ptr v, data_t *dest)
3   {
4       long i;
5       long length = vec_length(u);
6       data_t *udata = get_vec_start(u);
7       data_t *vdata = get_vec_start(v);
8       data_t sum = (data_t) 0;
9
10      for (i = 0; i < length; i++) {
11          sum = sum + udata[i] * vdata[i];
12      }
13      *dest = sum;
14  }
```

测试显示，对于整数这个函数的 CPE 等于 1.50，对于浮点数据 CPE 等于 3.00。对于数据类型 double，内循环的 x86-64 汇编代码如下所示：

```
    Inner loop of inner4.  data_t = double, OP = *
    udata in %rbp, vdata in %rax, sum in %xmm0
    i in %rcx, limit in %rbx
1   .L15:                                       loop:
2     vmovsd  0(%rbp,%rcx,8), %xmm1               Get udata[i]
3     vmulsd  (%rax,%rcx,8), %xmm1, %xmm1         Multiply by vdata[i]
4     vaddsd  %xmm1, %xmm0, %xmm0                 Add to sum
5     addq    $1, %rcx                            Increment i
6     cmpq    %rbx, %rcx                          Compare i:limit
7     jne     .L15                                If !=, goto loop
```

假设功能单元的特性如图 5-12 所示。

A. 按照图 5-13 和图 5-14 的风格，画出这个指令序列会如何被译码成操作，并给出它们之间的数据相关如何形成一条操作的关键路径。

B. 对于数据类型 double，这条关键路径决定的 CPE 的下界是什么？

C. 假设对于整数代码也有类似的指令序列，对于整数数据的关键路径决定的 CPE 的下界是什么？

D. 请解释虽然乘法操作需要 5 个时钟周期，但是为什么两个浮点版本的 CPE 都是 3.00。

*5.14 编写习题 5.13 中描述的内积过程的一个版本，使用 6×1 循环展开。对于 x86-64，我们对这个展开的版本的测试得到，对整数数据 CPE 为 1.07，而对两种浮点数据 CPE 仍然为 3.01。

A. 解释为什么在 Intel Core i7 Haswell 上运行的任何(标量)版本的内积过程都不能达到比 1.00 更小的 CPE 了。

B. 解释为什么对浮点数据的性能不会通过循环展开而得到提高。

*5.15 编写习题 5.13 中描述的内积过程的一个版本，使用 6×6 循环展开。对于 x86-64，我们对这个函数的测试得到对整数数据的 CPE 为 1.06，对浮点数据的 CPE 为 1.01。

什么因素制约了性能达到 CPE 等于 1.00？

*5.16 编写习题 5.13 中描述的内积过程的一个版本，使用 6×1*a* 循环展开产生更高的并行性。我们对这个函数的测试得到对整数数据的 CPE 为 1.10，对浮点数据的 CPE 为 1.05。

**5.17 库函数 memset 的原型如下：

```
void *memset(void *s, int c, size_t n);
```

这个函数将从 s 开始的 n 个字节的内存区域都填充为 c 的低位字节。例如，通过将参数 c 设置为 0，可以用这个函数来对一个内存区域清零，不过用其他值也是可以的。

下面是 memset 最直接的实现：

```
1   /* Basic implementation of memset */
2   void *basic_memset(void *s, int c, size_t n)
3   {
4       size_t cnt = 0;
5       unsigned char *schar = s;
6       while (cnt < n) {
7           *schar++ = (unsigned char) c;
8           cnt++;
9       }
10      return s;
11  }
```

实现该函数一个更有效的版本，使用数据类型为 unsigned long 的字来装下 8 个 c，然后用字级的写遍历目标内存区域。你可能发现增加额外的循环展开会有所帮助。在我们的参考机上，能够把 CPE 从直接实现的 1.00 降低到 0.127。即，程序每个周期可以写 8 个字节。

这里是一些额外的指导原则。在此，假设 $K$ 表示你运行程序的机器上的 sizeof(unsigned long)的值。

- 你不可以调用任何库函数。
- 你的代码应该对任意 $n$ 的值都能工作，包括当它不是 $K$ 的倍数的时候。你可以用类似于使用循环展开时完成最后几次迭代的方法做到这一点。
- 你写的代码应该无论 $K$ 的值是多少，都能够正确编译和运行。使用操作 sizeof 来做到这一点。
- 在某些机器上，未对齐的写可能比对齐的写慢很多。(在某些非 x86 机器上，未对齐的写甚至可能会导致段错误。)写出这样的代码，开始时直到目的地址是 $K$ 的倍数时，使用字节级的写，然后进行字级的写，(如果需要)最后采用用字节级的写。
- 注意 cnt 足够小以至于一些循环上界变成负数的情况。对于涉及 sizeof 运算符的表达式，可以用无符号运算来执行测试。(参见 2.2.8 节和家庭作业 2.72。)

**5.18 在练习题 5.5 和 5.6 中我们考虑了多项式求值的任务，既有直接求值，也有用 Horner 方法求值。试着用我们讲过的优化技术写出这个函数更快的版本，这些技术包括循环展开、并行累积和重新结合。你会发现有很多不同的方法可以将 Horner 方法和直接求值与这些优化技术混合起来。

理想状况下，你能达到的 CPE 应该接近于你的机器的吞吐量界限。我们的最佳版本在参考机上能使 CPE 达到 1.07。

**5.19 在练习题 5.12 中，我们能够把前置和计算的 CPE 减少到 3.00，这是由该机器上浮点加法的延迟决定的。简单的循环展开没有改进什么。

使用循环展开和重新结合的组合，写出求前置和的代码，能够得到一个小于你机器上浮点加法延迟的 CPE。要达到这个目标，实际上需要增加执行的加法次数。例如，我们使用 2 次循环展开的版本每次迭代需要 3 个加法，而使用 4 次循环展开的版本需要 5 个。在参考机上，我们的最佳实现能达到 CPE 为 1.67。

确定你的机器的吞吐量和延迟界限是如何限制前置和操作所能达到的最小 CPE 的。

## 练习题答案

5.1 这个问题说明了内存别名使用的某些细微的影响。

正如下面加了注释的代码所示，结果会是将 xp 处的值设置为 0：

```
4        *xp = *xp + *xp; /* 2x */
5        *xp = *xp - *xp; /* 2x-2x = 0 */
6        *xp = *xp - *xp; /* 0-0 = 0 */
```

这个示例说明我们关于程序行为的直觉往往会是错误的。我们自然地会认为 xp 和 yp 是不同的情况，却忽略了它们相等的可能性。错误通常源自程序员没想到的情况。

5.2 这个问题说明了 CPE 和绝对性能之间的关系。可以用初等代数解决这个问题。我们发现对于 $n\leqslant 2$，版本 1 最快。对于 $3\leqslant n\leqslant 7$，版本 2 最快，而对于 $n\geqslant 8$，版本 3 最快。

5.3 这是个简单的练习，但是认识到一个 for 循环的 4 个语句(初始化、测试、更新和循环体)执行的次数是不同的很重要。

| 代码 | min | max | incr | square |
|---|---|---|---|---|
| A. | 1 | 91 | 90 | 90 |
| B. | 91 | 1 | 90 | 90 |
| C. | 1 | 1 | 90 | 90 |

5.4 这段汇编代码展示了 GCC 发现的一个很聪明的优化机会。要更好地理解代码优化的细微之处，仔细研究这段代码是很值得的。

A. 在没经过优化的代码中，寄存器 %xmm0 简单地被用作临时值，每次循环迭代中都会设置和使用。在经过更多优化的代码中，它被使用的方式更像 combine4 中的变量 acc，累积向量元素的乘积。不过，与 combine4 的区别在于每次迭代第二条 vmovsd 指令都会更新位置 dest。

我们可以看到，这个优化过的版本运行起来很像下面的 C 代码：

```
 1  /* Make sure dest updated on each iteration */
 2  void combine3w(vec_ptr v, data_t *dest)
 3  {
 4      long i;
 5      long length = vec_length(v);
 6      data_t *data = get_vec_start(v);
 7      data_t acc = IDENT;
 8
 9      /* Initialize in event length <= 0 */
10      *dest = acc;
11
12      for (i = 0; i < length; i++) {
13          acc = acc OP data[i];
14          *dest = acc;
15      }
16  }
```

B. combine3 的两个版本有相同的功能，甚至于相同的内存别名使用。

C. 这个变换可以不改变程序的行为，因为，除了第一次迭代，每次迭代开始时从 dest 读出的值和前一次迭代最后写入到这个寄存器的值是相同的。因此，合并指令可以简单地使用在循环开始时就已经在%xmm0 中的值。

5.5　多项式求值是解决许多问题的核心技术。例如，多项式函数常常用作对数学库中三角函数求近似值。

A. 这个函数执行 $2n$ 个乘法和 $n$ 个加法。

B. 我们可以看到，这里限制性能的计算是反复地计算表达式 xpwr=x*xpwr。这需要一个浮点数乘法(5 个时钟周期)，并且直到前一次迭代完成，下一次迭代的计算才能开始。两次连续的迭代之间，对 result 的更新只需要一个浮点加法(3 个时钟周期)。

5.6　这道题说明了最小化一个计算中的操作数量不一定会提高它的性能。

A. 这个函数执行 $n$ 个乘法和 $n$ 个加法，是原始函数 poly 中乘法数量的一半。

B. 我们可以看到，这里的性能限制计算是反复地计算表达式 result=a[i]+x*result。从来自上一次迭代的 result 的值开始，我们必须先把它乘以 x(5 个时钟周期)，然后把它加上 a[i](3 个时钟周期)，然后得到本次迭代的值。因此，每次迭代造成了最小延迟时间 8 个周期，正好等于我们测量到的 CPE。

C. 虽然函数 poly 中每次迭代需要两个乘法，而不是一个，但是只有一条乘法是在每次迭代的关键路径上出现。

5.7　下面的代码直接遵循了我们对 $k$ 次展开一个循环所阐述的规则：

```
 1  void unroll5(vec_ptr v, data_t *dest)
 2  {
 3      long i;
 4      long length = vec_length(v);
 5      long limit = length-4;
 6      data_t *data = get_vec_start(v);
 7      data_t acc = IDENT;
 8
 9      /* Combine 5 elements at a time */
10      for (i = 0; i < limit; i+=5) {
11          acc = acc OP data[i]   OP data[i+1];
12          acc = acc OP data[i+2] OP data[i+3];
13          acc = acc OP data[i+4];
14      }
15
16      /* Finish any remaining elements */
17      for (; i < length; i++) {
18          acc = acc OP data[i];
19      }
20      *dest = acc;
21  }
```

5.8 这道题目说明了程序中小小的改动可能会造成很大的性能不同，特别是在乱序执行的机器上。图 5-39 画出了该函数一次迭代的 3 个乘法操作。在这张图中，关键路径上的操作用蓝色方框表示——它们需要按照顺序计算，计算出循环变量 r 的新值。浅色方框表示的操作可以与关键路径操作并行地计算。对于一个关键路径上有 $P$ 个操作的循环，每次迭代需要最少 $5P$ 个时钟周期，会计算出 3 个元素的乘积，得到 CPE 的下界 $5P/3$。也就是说，A1 的下界为 5.00，A2 和 A5 的为 3.33，而 A3 和 A4 的为 1.67。我们在 Intel Core i7 Haswell 处理器上运行这些函数，发现得到的 CPE 值与前述一致。

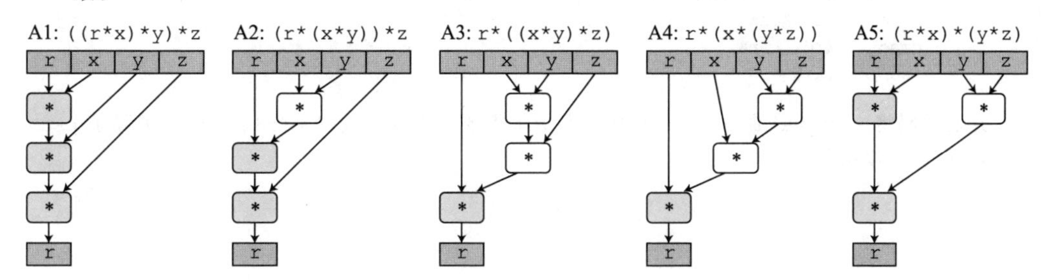


图 5-39 对于练习题 5.8 中各种情况乘法操作之间的数据相关。用黑色方框表示的操作形成了迭代的关键路径

5.9 这道题又说明了编码风格上的小变化能够让编译器更容易地察觉到使用条件传送的机会：

```
while (i1 < n && i2 < n) {
    long v1 = src1[i1];
    long v2 = src2[i2];
    long take1 = v1 < v2;
    dest[id++] = take1 ? v1 : v2;
    i1 += take1;
    i2 += (1-take1);
}
```

对于这个版本的代码，我们测量到 CPE 大约为 12.0，比原始的 CPE 15.0 有了明显的提高。

5.10 这道题要求你分析一个程序中潜在的加载-存储相互影响。

A. 对于 $0 \leqslant i \leqslant 998$，它要将每个元素 a[$i$]设置为 $i+1$。

B. 对于 $1 \leqslant i \leqslant 999$，它要将每个元素 a[$i$]设置为 0。

C. 在第二种情况中，每次迭代的加载都依赖于前一次迭代的存储结果。因此，在连续的迭代之间有写/读相关。

D. 得到的 CPE 等于 1.2，与示例 A 的相同，这是因为存储和后续的加载之间没有相关。

5.11 我们可以看到，这个函数在连续的迭代之间有写/读相关——一次迭代中的目的值 p[i]与下一次迭代中的源值 p[i- 1]相同。因此，每次迭代形成的关键路径就包括：一次存储(来自前一次迭代)，一次加载和一次浮点加。当存在数据相关时，测量得到的 CPE 值为 9.0，与 write_read 的 CPE 测量值 7.3 是一致的，因为 write_read 包括一个整数加(1 时钟周期延迟)，而 psum1 包括一个浮点加(3 时钟周期延迟)。

5.12 下面是对这个函数的一个修改版本：

```
1   void psum1a(float a[], float p[], long n)
2   {
3       long i;
4       /* last_val holds p[i-1]; val holds p[i] */
5       float last_val, val;
6       last_val = p[0] = a[0];
7       for (i = 1; i < n; i++) {
8           val  = last_val + a[i];
9           p[i] = val;
10          last_val = val;
11      }
12  }
```

我们引入了局部变量 last_val。在迭代 i 的开始，last_val 保存着 p[i- 1]的值。然后我们计算 val 为 p[i]的值，也是 last_val 的新值。

这个版本编译得到如下汇编代码：

```
   Inner loop of psum1a
   a in %rdi, i in %rax, cnt in %rdx, last_val in %xmm0
1  .L16:                                        loop:
2    vaddss  (%rdi,%rax,4), %xmm0, %xmm0         last_val = val = last_val + a[i]
3    vmovss  %xmm0, (%rsi,%rax,4)                Store val in p[i]
4    addq    $1, %rax                            Increment i
5    cmpq    %rdx, %rax                          Compare i:cnt
6    jne     .L16                                If !=, goto loop
```

这段代码将 last_val 保存在 %xmm0 中，避免了需要从内存中读出 p[i-1]，因而消除了 psum1 中看到的写/读相关。

# 第 6 章

C H A P T E R 6

# 存储器层次结构

到目前为止，在对系统的研究中，我们依赖于一个简单的计算机系统模型，CPU 执行指令，而存储器系统为 CPU 存放指令和数据。在简单模型中，存储器系统是一个线性的字节数组，而 CPU 能够在一个常数时间内访问每个存储器位置。虽然迄今为止这都是一个有效的模型，但是它没有反映现代系统实际工作的方式。

实际上，*存储器系统*(memory system)是一个具有不同容量、成本和访问时间的存储设备的层次结构。CPU 寄存器保存着最常用的数据。靠近 CPU 的小的、快速的*高速缓存存储器*(cache memory)是一个缓冲区，缓存的是存储在相对慢速的主存储器(main memory)中数据和指令的一部分。主存缓存存储在容量较大的、慢速磁盘上的数据，而这些磁盘常常又作为存储在通过网络连接的其他机器的磁盘或磁带上的数据的缓冲区域。

存储器层次结构是可行的，这是因为与下一个更低层次的存储设备相比来说，一个编写良好的程序倾向于更频繁地访问某一个层次上的存储设备。所以，下一层的存储设备可以更慢速一点，也因此可以更大，每个比特位更便宜。整体效果是一个大的存储器池，其成本与层次结构底层最便宜的存储设备相当，但是却以接近于层次结构顶部存储设备的高速率向程序提供数据。

作为一个程序员，你需要理解存储器层次结构，因为它对应用程序的性能有着巨大的影响。如果你的程序需要的数据是存储在 CPU 寄存器中的，那么在指令的执行期间，在 0 个周期内就能访问到它们。如果存储在高速缓存中，需要 4～75 个周期。如果存储在主存中，需要上百个周期。而如果存储在磁盘上，需要大约几千万个周期!

这里就是计算机系统中一个基本而持久的思想：如果你理解了系统是如何将数据在存储器层次结构中上上下下移动的，那么你就可以编写自己的应用程序，使得它们的数据项存储在层次结构中较高的地方，在那里 CPU 能更快地访问到它们。

这个思想围绕着计算机程序的一个称为*局部性*(locality)的基本属性。具有良好局部性的程序倾向于一次又一次地访问相同的数据项集合，或是倾向于访问邻近的数据项集合。具有良好局部性的程序比局部性差的程序更多地倾向于从存储器层次结构中较高层次处访问数据项，因此运行得更快。例如，在 Core i7 系统，不同的矩阵乘法核心程序执行相同数量的算术操作，但是有不同程度的局部性，它们的运行时间可以相差 40 倍!

在本章中，我们会看看基本的存储技术——SRAM 存储器、DRAM 存储器、ROM 存储器以及旋转的和固态的硬盘——并描述它们是如何被组织成层次结构的。特别地，我们将注意力集中在高速缓存存储器上，它是作为 CPU 和主存之间的缓存区域，因为它们对应用程序性能的影响最大。我们向你展示如何分析 C 程序的局部性，并且介绍改进你的程序中局部性的技术。你还会学到一种描绘某台机器上存储器层次结构的性能的有趣方法，称为“存储器山(memory mountain)”，它展示出读访问时间是局部性的一个函数。

## 6.1 存储技术

计算机技术的成功很大程度上源自于存储技术的巨大进步。早期的计算机只有几千字节的随机访问存储器。最早的 IBM PC 甚至于没有硬盘。1982 年引入的 IBM PC-XT 有 10M 字节的磁盘。到 2015 年，典型的计算机已有 300 000 倍于 PC-XT 的磁盘存储，而且磁盘的容量以每两年加倍的速度增长。

### 6.1.1 随机访问存储器

随机访问存储器(Random-Access Memory，RAM)分为两类：静态的和动态的。静态 RAM(SRAM)比动态 RAM(DRAM)更快，但也贵得多。SRAM 用来作为高速缓存存储器，既可以在 CPU 芯片上，也可以在片外。DRAM 用来作为主存以及图形系统的帧缓冲区。典型地，一个桌面系统的 SRAM 不会超过几兆字节，但是 DRAM 却有几百或几千兆字节。

#### 1. 静态 RAM

SRAM 将每个位存储在一个**双稳态的**(bistable)存储器单元里。每个单元是用一个六晶体管电路来实现的。这个电路有这样一个属性，它可以无限期地保持在两个不同的电压配置(configuration)或状态(state)之一。其他任何状态都是不稳定的——从不稳定状态开始，电路会迅速地转移到两个稳定状态中的一个。这样一个存储器单元类似于图 6-1 中画出的倒转的钟摆。

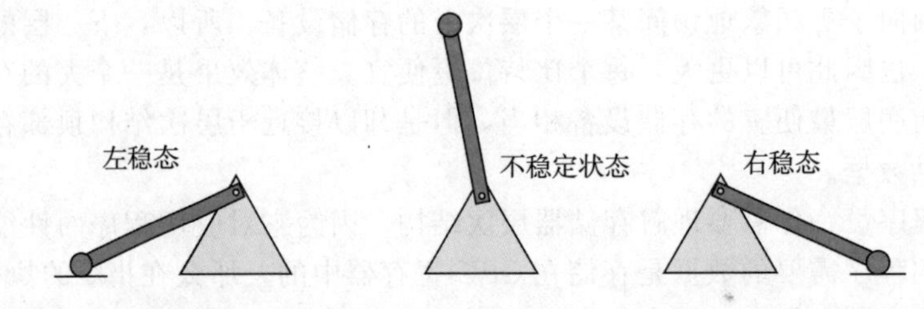


图 6-1 倒转的钟摆。同 SRAM 单元一样，钟摆只有两个稳定的配置或状态

当钟摆倾斜到最左边或最右边时，它是稳定的。从其他任何位置，钟摆都会倒向一边或另一边。原则上，钟摆也能在垂直的位置无限期地保持平衡，但是这个状态是**亚稳态的**(metastable)——最细微的扰动也能使它倒下，而且一旦倒下就永远不会再恢复到垂直的位置。

由于 SRAM 存储器单元的双稳态特性，只要有电，它就会永远地保持它的值。即使有干扰(例如电子噪音)来扰乱电压，当干扰消除时，电路就会恢复到稳定值。

#### 2. 动态 RAM

DRAM 将每个位存储为对一个电容的充电。这个电容非常小，通常只有大约 30 毫微微法拉(femtofarad)——$30\times10^{-15}$ 法拉。不过，回想一下法拉是一个非常大的计量单位。DRAM 存储器可以制造得非常密集——每个单元由一个电容和一个访问晶体管组成。但是，与 SRAM 不同，DRAM 存储器单元对干扰非常敏感。当电容的电压被扰乱之后，它就永远不会恢复了。暴露在光线下会导致电容电压改变。实际上，数码照相机和摄像机中的传感器本质上就是 DRAM 单元的阵列。

很多原因会导致漏电，使得 DRAM 单元在 10～100 毫秒时间内失去电荷。幸运的是，计算机运行的时钟周期是以纳秒来衡量的，所以相对而言这个保持时间是比较长的。内存系统必须周期性地通过读出，然后重写来刷新内存每一位。有些系统也使用纠错码，其中计算机的字会被多编码几个位(例如 64 位的字可能用 72 位来编码)，这样一来，电路可以发现并纠正一个字中任何单个的错误位。

图 6-2 总结了 SRAM 和 DRAM 存储器的特性。只要有供电，SRAM 就会保持不变。与 DRAM 不同，它不需要刷新。SRAM 的存取比 DRAM 快。SRAM 对诸如光和电噪声这样的干扰不敏感。代价是 SRAM 单元比 DRAM 单元使用更多的晶体管，因而密集度低，而且更贵，功耗更大。

| | 每位晶体管数 | 相对访问时间 | 持续的? | 敏感的? | 相对花费 | 应用 |
|---|---|---|---|---|---|---|
| SRAM | 6 | 1× | 是 | 否 | 1000× | 高速缓存存储器 |
| DRAM | 1 | 10× | 否 | 是 | 1× | 主存，帧缓冲区 |

图 6-2　DRAM 和 SRAM 存储器的特性

### 3. 传统的 DRAM

DRAM 芯片中的单元(位)被分成 $d$ 个*超单元*(supercell)，每个超单元都由 $w$ 个 DRAM 单元组成。一个 $d\times w$ 的 DRAM 总共存储了 $dw$ 位信息。超单元被组织成一个 $r$ 行 $c$ 列的长方形阵列，这里 $rc=d$。每个超单元有形如$(i, j)$的地址，这里 $i$ 表示行，而 $j$ 表示列。

例如，图 6-3 展示的是一个 16×8 的 DRAM 芯片的组织，有 $d=16$ 个超单元，每个超单元有 $w=8$ 位，$r=4$ 行，$c=4$ 列。带阴影的方框表示地址(2，1)处的超单元。信息通过称为引脚(pin)的外部连接器流入和流出芯片。每个引脚携带一个 1 位的信号。图 6-3 给出了两组引脚：8 个 data 引脚，它们能传送一个字节到芯片或从芯片传出一个字节，以及 2 个 addr 引脚，它们携带 2 位的行和列超单元地址。其他携带控制信息的引脚没有显示出来。

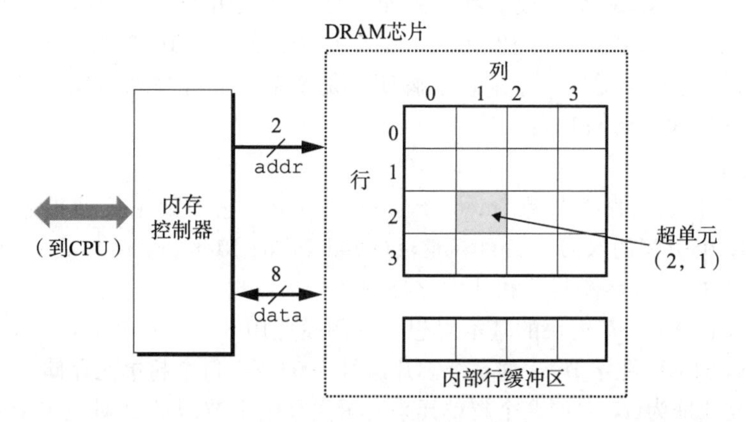


图 6-3　一个 128 位 16×8 的 DRAM 芯片的高级视图

**旁注　关于术语的注释**

存储领域从来没有为 DRAM 的阵列元素确定一个标准的名字。计算机构架师倾向于称之为“单元”，使这个术语具有 DRAM 存储单元之意。电路设计者倾向于称之为“字”，使之具有主存一个字之意。为了避免混淆，我们采用了无歧义的术语“超单元”。

每个 DRAM 芯片被连接到某个称为*内存控制器*(memory controller)的电路，这个电路可以一次传送 $w$ 位到每个 DRAM 芯片或一次从每个 DRAM 芯片传出 $w$ 位。为了读出超单元$(i, j)$的内容，内存控制器将行地址 $i$ 发送到 DRAM，然后是列地址 $j$。DRAM 把超单元$(i, j)$的内容发回给控制器作为响应。行地址 $i$ 称为 RAS(Row Access Strobe，行访问选通脉冲)请求。列地址 $j$ 称为 CAS(Column Access Strobe，列访问选通脉冲)请求。注意，RAS 和 CAS 请求共享相同的 DRAM 地址引脚。

例如，要从图 6-3 中 16×8 的 DRAM 中读出超单元(2，1)，内存控制器发送行地址 2，如图 6-4a 所示。DRAM 的响应是将行 2 的整个内容都复制到一个内部行缓冲区。接下来，内存控制器发送列地址 1，如图 6-4b 所示。DRAM 的响应是从行缓冲区复制出超单元(2，1)中的 8 位，并把它们发送到内存控制器。

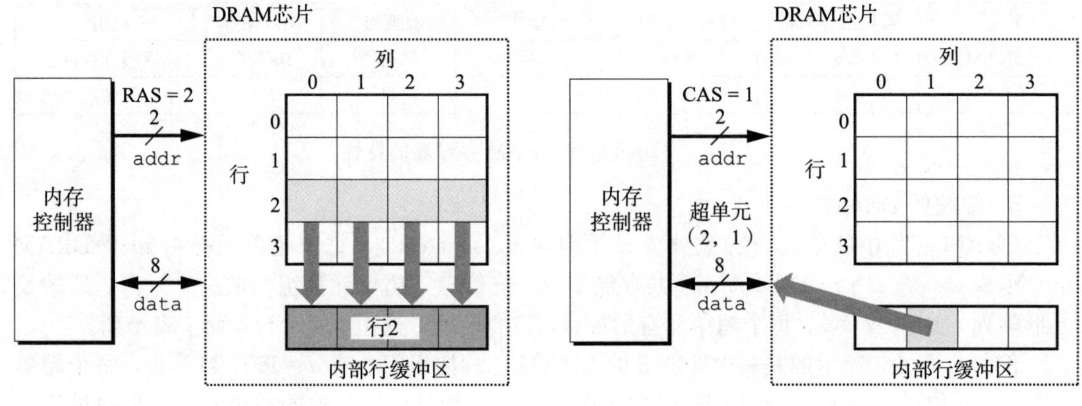


图 6-4　读一个 DRAM 超单元的内容

电路设计者将 DRAM 组织成二维阵列而不是线性数组的一个原因是降低芯片上地址引脚的数量。例如，如果示例的 128 位 DRAM 被组织成一个 16 个超单元的线性数组，地址为 0～15，那么芯片会需要 4 个地址引脚而不是 2 个。二维阵列组织的缺点是必须分两步发送地址，这增加了访问时间。

**4. 内存模块**

DRAM 芯片封装在*内存模块*(memory module)中，它插到主板的扩展槽上。Core i7 系统使用的 240 个引脚的*双列直插内存模块*(Dual Inline Memory Module，DIMM)，它以 64 位为块传送数据到内存控制器和从内存控制器传出数据。

图 6-5 展示了一个内存模块的基本思想。示例模块用 8 个 64 Mbit 的 8 M×8 的 DRAM 芯片，总共存储 64MB(兆字节)，这 8 个芯片编号为 0～7。每个超单元存储主存的一个字节，而用相应超单元地址为$(i, j)$的 8 个超单元来表示主存中字节地址 $A$ 处的 64 位字。在图 6-5 的示例中，DRAM 0 存储第一个(低位)字节，DRAM 1 存储下一个字节，依此类推。

要取出内存地址 $A$ 处的一个字，内存控制器将 $A$ 转换成一个超单元地址$(i, j)$，并将它发送到内存模块，然后内存模块再将 $i$ 和 $j$ 广播到每个 DRAM。作为响应，每个 DRAM 输出它的$(i, j)$超单元的 8 位内容。模块中的电路收集这些输出，并把它们合并成一个 64 位字，再返回给内存控制器。

通过将多个内存模块连接到内存控制器，能够聚合成主存。在这种情况中，当控制器收到一个地址 $A$ 时，控制器选择包含 $A$ 的模块 $k$，将 $A$ 转换成它的$(i, j)$的形式，并将$(i, j)$发送到模块 $k$。

**练习题 6.1**　接下来，设 $r$ 表示一个 DRAM 阵列中的行数，$c$ 表示列数，$b_r$ 表示行寻址所需的位数，$b_c$ 表示列寻址所需的位数。对于下面每个 DRAM，确定 2 的幂数的阵列维数，使得 $\max(b_r, b_c)$最小，$\max(b_r, b_c)$是对阵列的行或列寻址所需的位数中较大的值。

| 组织 | $r$ | $c$ | $b_r$ | $b_c$ | $\max(b_r, b_c)$ |
| --- | --- | --- | --- | --- | --- |
| 16×1 | | | | | |
| 16×4 | | | | | |
| 128×8 | | | | | |
| 512×4 | | | | | |
| 1024×4 | | | | | |

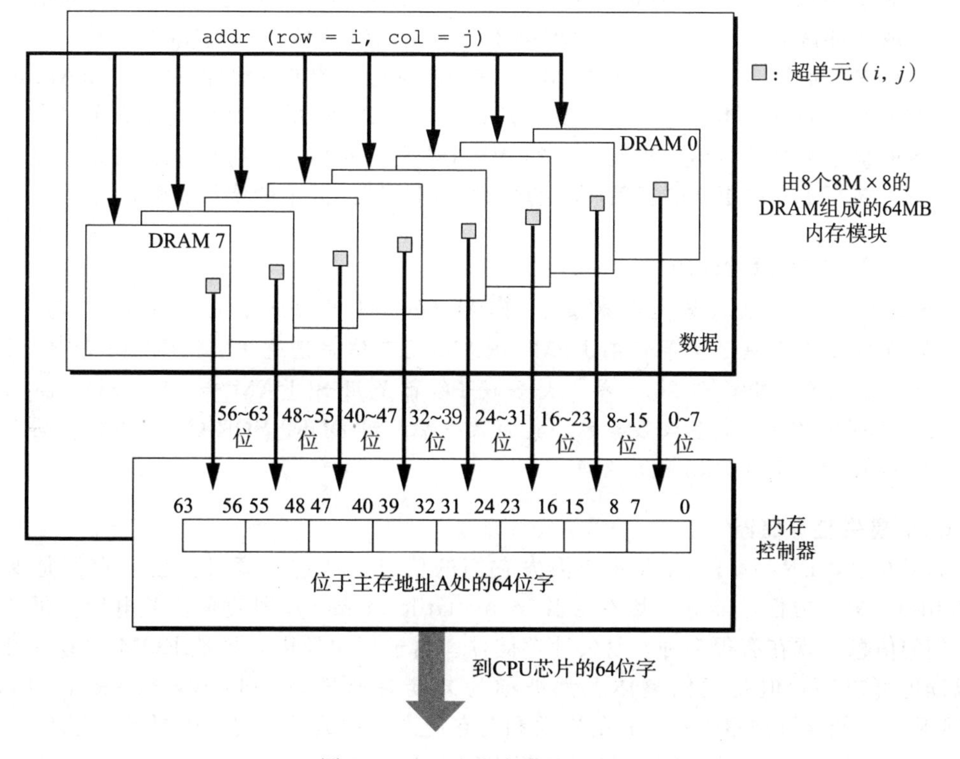


图 6-5　读一个内存模块的内容

5. **增强的 DRAM**

有许多种 DRAM 存储器，而生产厂商试图跟上迅速增长的处理器速度，市场上就会定期推出新的种类。每种都是基于传统的 DRAM 单元，并进行一些优化，提高访问基本 DRAM 单元的速度。

- *快页模式* DRAM(Fast Page Mode DRAM，FPM DRAM)。传统的 DRAM 将超单元的一整行复制到它的内部行缓冲区中，使用一个，然后丢弃剩余的。FPM DRAM 允许对同一行连续地访问可以直接从行缓冲区得到服务，从而改进了这一点。例如，要从一个传统的 DRAM 的行 $i$ 中读 4 个超单元，内存控制器必须发送 4 个 RAS/CAS 请求，即使是行地址 $i$ 在每个情况中都是一样的。要从一个 FPM DRAM 的同一行中读取超单元，内存控制器发送第一个 RAS/CAS 请求，后面跟三个 CAS 请求。初始的 RAS/CAS 请求将行 $i$ 复制到行缓冲区，并返回 CAS 寻址的那个超单元。接下来三个超单元直接从行缓冲区获得，因此返回得比初始的超单元更快。
- *扩展数据输出* DRAM(Extended Data Out DRAM，EDO DRAM)。FPM DRAM 的一个增强的形式，它允许各个 CAS 信号在时间上靠得更紧密一点。

- 同步 DRAM(Synchronous DRAM，SDRAM)。就它们与内存控制器通信使用一组显式的控制信号来说，常规的、FPM 和 EDO DRAM 都是异步的。SDRAM 用与驱动内存控制器相同的外部时钟信号的上升沿来代替许多这样的控制信号。我们不会深入讨论细节，最终效果就是 SDRAM 能够比那些异步的存储器更快地输出它的超单元的内容。
- *双倍数据速率同步* DRAM(Double Data-Rate Synchronous DRAM，DDR SDRAM)。DDR SDRAM 是对 SDRAM 的一种增强，它通过使用两个时钟沿作为控制信号，从而使 DRAM 的速度翻倍。不同类型的 DDR SDRAM 是用提高有效带宽的很小的预取缓冲区的大小来划分的：DDR(2 位)、DDR2(4 位)和 DDR3(8 位)。
- *视频* RAM(Video RAM，VRAM)。它用在图形系统的帧缓冲区中。VRAM 的思想与 FPM DRAM 类似。两个主要区别是：1) VRAM 的输出是通过依次对内部缓冲区的整个内容进行移位得到的；2) VRAM 允许对内存并行地读和写。因此，系统可以在写下一次更新的新值(写)的同时，用帧缓冲区中的像素刷屏幕(读)。

**旁注　DRAM 技术流行的历史**

直到 1995 年，大多数 PC 都是用 FPM DRAM 构造的。1996～1999 年，EDO DRAM 在市场上占据了主导，而 FPM DRAM 几乎销声匿迹了。SDRAM 最早出现在 1995 年的高端系统中，到 2002 年，大多数 PC 都是用 SDRAM 和 DDR SDRAM 制造的。到 2010 年之前，大多数服务器和桌面系统都是用 DDR3 SDRAM 构造的。实际上，Intel Core i7 只支持 DDR3 SDRAM。

#### 6. 非易失性存储器

如果断电，DRAM 和 SRAM 会丢失它们的信息，从这个意义上说，它们是*易失的*(volatile)。另一方面，*非易失性存储器*(nonvolatile memory)即使是在关电后，仍然保存着它们的信息。现在有很多种非易失性存储器。由于历史原因，虽然 ROM 中有的类型既可以读也可以写，但是它们整体上都被称为*只读存储器*(Read-Only Memory，ROM)。ROM 是以它们能够被重编程(写)的次数和对它们进行重编程所用的机制来区分的。

PROM(Programmable ROM，可编程 ROM)只能被编程一次。PROM 的每个存储器单元有一种熔丝(fuse)，只能用高电流熔断一次。

*可擦写可编程* ROM(Erasable Programmable ROM，EPROM)有一个透明的石英窗口，允许光到达存储单元。紫外线光照射过窗口，EPROM 单元就被清除为 0。对 EPROM 编程是通过使用一种把 1 写入 EPROM 的特殊设备来完成的。EPROM 能够被擦除和重编程的次数的数量级可以达到 1000 次。*电子可擦除* PROM(Electrically Erasable PROM，EEPROM)类似于 EPROM，但是它不需要一个物理上独立的编程设备，因此可以直接在印制电路卡上编程。EEPROM 能够被编程的次数的数量级可以达到 $10^5$ 次。

*闪存*(flash memory)是一类非易失性存储器，基于 EEPROM，它已经成为了一种重要的存储技术。闪存无处不在，为大量的电子设备提供快速而持久的非易失性存储，包括数码相机、手机、音乐播放器、PDA 和笔记本、台式机和服务器计算机系统。在 6.1.3 节中，我们会仔细研究一种新型的基于闪存的磁盘驱动器，称为*固态硬盘*(Solid State Disk，SSD)，它能提供相对于传统旋转磁盘的一种更快速、更强健和更低能耗的选择。

存储在 ROM 设备中的程序通常被称为*固件*(firmware)。当一个计算机系统通电以后，它会运行存储在 ROM 中的固件。一些系统在固件中提供了少量基本的输入和输出函数——例如 PC 的 BIOS(基本输入/输出系统)例程。复杂的设备，像图形卡和磁盘驱动控制器，也依赖固件翻译来自 CPU 的 I/O(输入/输出)请求。

**7. 访问主存**

数据流通过称为总线(bus)的共享电子电路在处理器和 DRAM 主存之间来来回回。每次 CPU 和主存之间的数据传送都是通过一系列步骤来完成的，这些步骤称为*总线事务*(bus transaction)。*读事务*(read transaction)从主存传送数据到 CPU。*写事务*(write transaction)从 CPU 传送数据到主存。

总线是一组并行的导线，能携带地址、数据和控制信号。取决于总线的设计，数据和地址信号可以共享同一组导线，也可以使用不同的。同时，两个以上的设备也能共享同一总线。控制线携带的信号会同步事务，并标识出当前正在被执行的事务的类型。例如，当前关注的这个事务是到主存的吗？还是到诸如磁盘控制器这样的其他 I/O 设备？这个事务是读还是写？总线上的信息是地址还是数据项？

图 6-6 展示了一个示例计算机系统的配置。主要部件是 CPU 芯片、我们将称为 I/O 桥接器(I/O bridge)的芯片组(其中包括内存控制器)，以及组成主存的 DRAM 内存模块。这些部件由一对总线连接起来，其中一条总线是*系统总线*(system bus)，它连接 CPU 和 I/O 桥接器，另一条总线是*内存总线*(memory bus)，它连接 I/O 桥接器和主存。I/O 桥接器将系统总线的电子信号翻译成内存总线的电子信号。正如我们看到的那样，I/O 桥也将系统总线和内存总线连接到 I/O 总线，像磁盘和图形卡这样的 I/O 设备共享 I/O 总线。不过现在，我们将注意力集中在内存总线上。

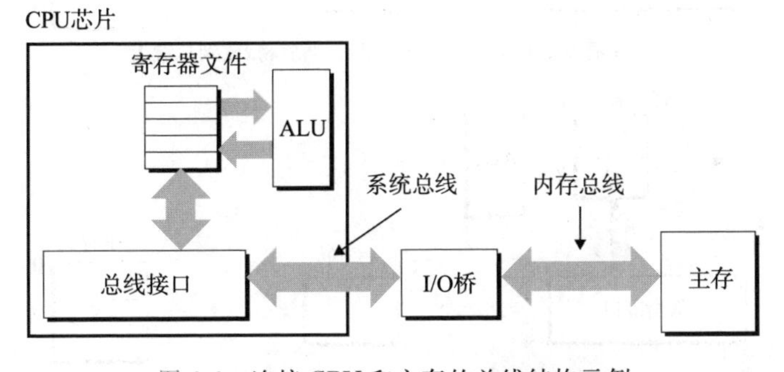


图 6-6　连接 CPU 和主存的总线结构示例

**旁注　关于总线设计的注释**

总线设计是计算机系统一个复杂而且变化迅速的方面。不同的厂商提出了不同的总线体系结构，作为产品差异化的一种方法。例如，Intel 系统使用称为北桥(northbridge)和南桥(southbridge)的芯片组分别将 CPU 连接到内存和 I/O 设备。在比较老的 Pentium 和 Core 2 系统中，前端总线(Front Side Bus，FSB)将 CPU 连接到北桥。来自 AMD 的系统将 FSB 替换为超传输(HyperTransport)互联，而更新一些的 Intel Core i7 系统使用的是快速通道(QuickPath)互联。这些不同总线体系结构的细节超出了本书的范围。反之，我们会使用图 6-6 中的高级总线体系结构作为一个运行示例贯穿本书。这是一个简单但是有用的抽象，使得我们可以很具体，并且可以掌握主要思想而不必与任何私有设计的细节绑得太紧。

考虑当 CPU 执行一个如下加载操作时会发生什么

```
movq A,%rax
```

这里，地址 $A$ 的内容被加载到寄存器 `%rax` 中。CPU 芯片上称为*总线接口*(bus interface)

的电路在总线上发起读事务。读事务是由三个步骤组成的。首先，CPU 将地址 $A$ 放到系统总线上。I/O 桥将信号传递到内存总线(图 6-7a)。接下来，主存感知到内存总线上的地址信号，从内存总线读地址，从 DRAM 取出数据字，并将数据写到内存总线。I/O 桥将内存总线信号翻译成系统总线信号，然后沿着系统总线传递(图 6-7b)。最后，CPU 感知到系统总线上的数据，从总线上读数据，并将数据复制到寄存器%rax(图 6-7c)。

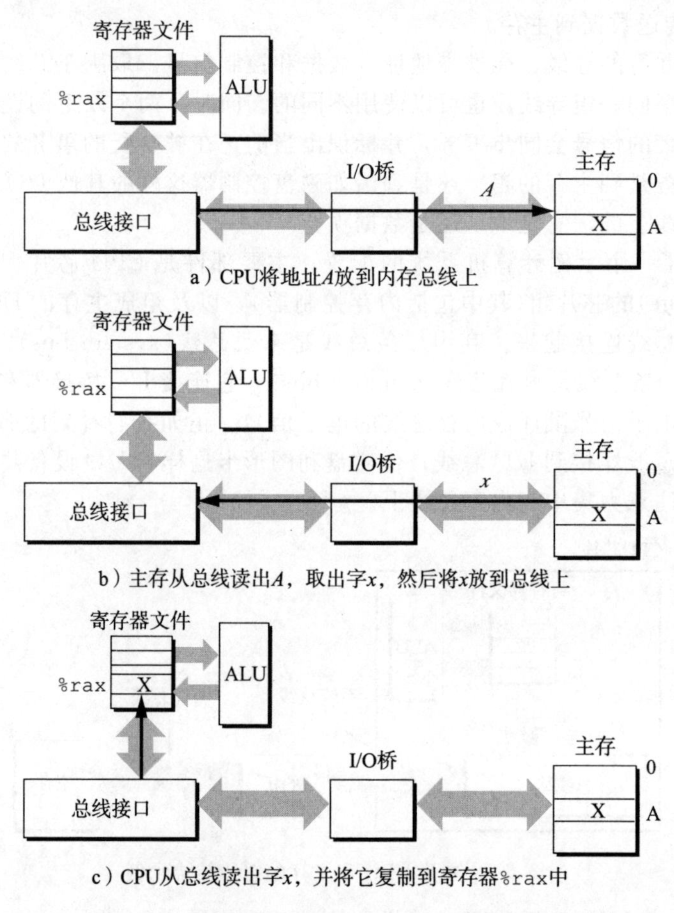


图 6-7　加载操作 movq A,%rax 的内存读事务

反过来，当 CPU 执行一个像下面这样的存储操作时

```
movq %rax,A
```

这里，寄存器%rax的内容被写到地址 $A$，CPU 发起写事务。同样，有三个基本步骤。首先，CPU 将地址放到系统总线上。内存从内存总线读出地址，并等待数据到达(图 6-8a)。接下来，CPU 将%rax中的数据字复制到系统总线(图 6-8b)。最后，主存从内存总线读出数据字，并且将这些位存储到 DRAM 中(图 6-8c)。

### 6.1.2　磁盘存储

*磁盘*是广为应用的保存大量数据的存储设备，存储数据的数量级可以达到几百到几千千兆字节，而基于 RAM 的存储器只能有几百或几千兆字节。不过，从磁盘上读信息的时间为毫秒级，比从 DRAM 读慢了 10 万倍，比从 SRAM 读慢了 100 万倍。

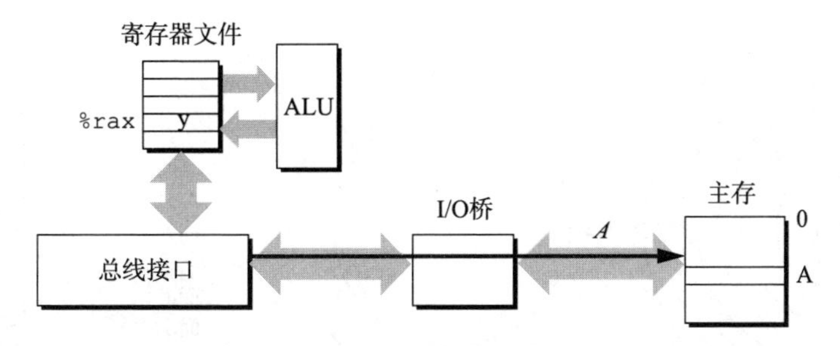


a）CPU将地址A放到内存总线。主存读出这个地址，并等待数据字

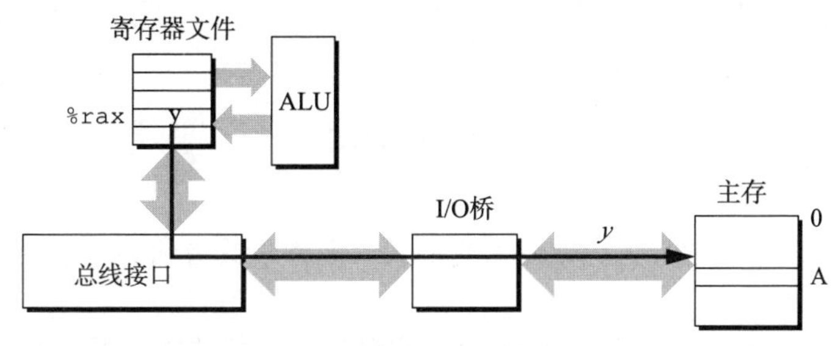


b）CPU将数据字y放到总线上

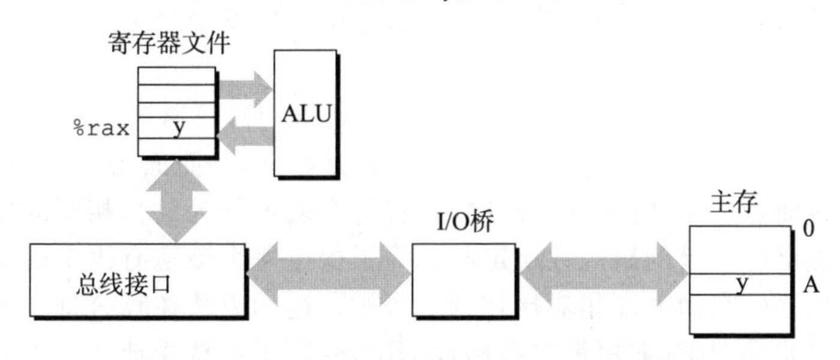


c）主存从总线读数据字y，并将它存储在地址A

图 6-8　存储操作 movq %rax,A 的内存写事务

### 1. 磁盘构造

磁盘是由盘片(platter)构成的。每个盘片有两面或者称为*表面*(surface)，表面覆盖着磁性记录材料。盘片中央有一个可以旋转的*主轴*(spindle)，它使得盘片以固定的*旋转速率*(rotational rate)旋转，通常是 5400～15 000 *转每分钟*(Revolution Per Minute，RPM)。磁盘通常包含一个或多个这样的盘片，并封装在一个密封的容器内。

图 6-9a 展示了一个典型的磁盘表面的结构。每个表面是由一组称为*磁道*(track)的同心圆组成的。每个磁道被划分为一组*扇区*(sector)。每个扇区包含相等数量的数据位(通常是 512 字节)，这些数据编码在扇区上的磁性材料中。扇区之间由一些*间隙*(gap)分隔开，这些间隙中不存储数据位。间隙存储用来标识扇区的格式化位。

磁盘是由一个或多个叠放在一起的盘片组成的，它们被封装在一个密封的包装里，如图 6-9b 所示。整个装置通常被称为*磁盘驱动器*(disk drive)，我们通常简称为*磁盘*(disk)。有时，我们会称磁盘为*旋转磁盘*(rotating disk)，以使之区别于基于闪存的固态硬盘(SSD)，SSD 是没有移动部分的。

磁盘制造商通常用术语*柱面*(cylinder)来描述多个盘片驱动器的构造，这里，柱面是所有盘片表面上到主轴中心的距离相等的磁道的集合。例如，如果一个驱动器有三个盘片和六个面，每个表面上的磁道的编号都是一致的，那么柱面 $k$ 就是 6 个磁道 $k$ 的集合。

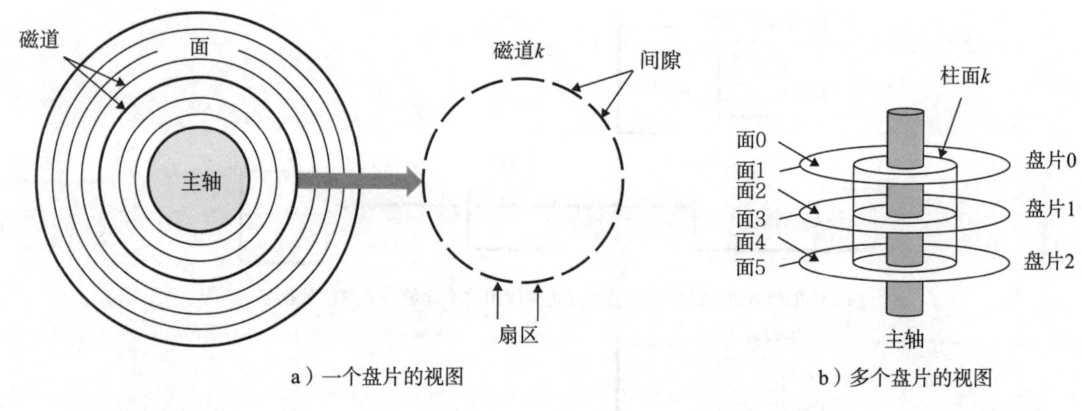


a）一个盘片的视图　　b）多个盘片的视图

图 6-9　磁盘构造

**2. 磁盘容量**

一个磁盘上可以记录的最大位数称为它的最大容量，或者简称为容量。磁盘容量是由以下技术因素决定的：

- 记录密度(recording density)(位/英寸)：磁道一英寸的段中可以放入的位数。
- 磁道密度(track density)(道/英寸)：从盘片中心出发半径上一英寸的段内可以有的磁道数。
- 面密度(areal density)(位/平方英寸)：记录密度与磁道密度的乘积。

磁盘制造商不懈地努力以提高面密度(从而增加容量)，而面密度每隔几年就会翻倍。最初的磁盘，是在面密度很低的时代设计的，将每个磁道分为数目相同的扇区，扇区的数目是由最靠内的磁道能记录的扇区数决定的。为了保持每个磁道有固定的扇区数，越往外的磁道扇区隔得越开。在面密度相对比较低的时候，这种方法还算合理。不过，随着面密度的提高，扇区之间的间隙(那里没有存储数据位)变得不可接受地大。因此，现代大容量磁盘使用一种称为多区记录(multiple zone recording)的技术，在这种技术中，柱面的集合被分割成不相交的子集合，称为记录区(recording zone)。每个区包含一组连续的柱面。一个区中的每个柱面中的每条磁道都有相同数量的扇区，这个扇区的数量是由该区中最里面的磁道所能包含的扇区数确定的。

下面的公式给出了一个磁盘的容量：

$$磁盘容量=\frac{字节数}{扇区}\times\frac{平均扇区数}{磁道}\times\frac{磁道数}{表面}\times\frac{表面数}{盘片}\times\frac{盘片数}{磁盘}$$

例如，假设我们有一个磁盘，有 5 个盘片，每个扇区 512 个字节，每个面 20 000 条磁道，每条磁道平均 300 个扇区。那么这个磁盘的容量是：

$$\begin{aligned}磁盘容量&=\frac{512\text{ 字节}}{扇区}\times\frac{300\text{ 扇区}}{磁道}\times\frac{20\,000\text{ 磁道}}{表面}\times\frac{2\text{ 表面}}{盘片}\times\frac{5\text{ 盘片}}{磁盘}\\&=30\,720\,000\,000\text{ 字节}\\&=30.72\text{ GB}\end{aligned}$$

注意，制造商是以千兆字节(GB)或兆兆字节(TB)为单位来表达磁盘容量的，这里 $1GB=10^9$ 字节，$1TB=10^{12}$ 字节。

**旁注　一千兆字节有多大**

不幸地，像 K(kilo)、M(mega)、G(giga)和 T(tera)这样的前缀的含义依赖于上下文。对于与 DRAM 和 SRAM 容量相关的计量单位，通常 $K=2^{10}$，$M=2^{20}$，$G=2^{30}$，而 $T=2^{40}$。对于与像磁盘和网络这样的 I/O 设备容量相关的计量单位，通常 $K=10^3$，$M=10^6$，$G=10^9$，而 $T=10^{12}$。速率和吞吐量常常也使用这些前缀。

幸运地，对于我们通常依赖的不需要复杂计算的估计值，无论是哪种假设在实际中都工作得很好。例如，$2^{30}$ 和 $10^9$ 之间的相对差别不大：$(2^{30}-10^9)/10^9\approx 7\%$。类似，$(2^{40}-10^{12})/10^{12}\approx 10\%$。

练习题 6.2　计算这样一个磁盘的容量，它有 2 个盘片，10 000 个柱面，每条磁道平均有 400 个扇区，而每个扇区有 512 个字节。

**3. 磁盘操作**

磁盘用读/写头(read/write head)来读写存储在磁性表面的位，而读写头连接到一个传动臂(actuator arm)一端，如图 6-10a 所示。通过沿着半径轴前后移动这个传动臂，驱动器可以将读/写头定位在盘面上的任何磁道上。这样的机械运动称为寻道(seek)。一旦读/写头定位到了期望的磁道上，那么当磁道上的每个位通过它的下面时，读/写头可以感知到这个位的值(读该位)，也可以修改这个位的值(写该位)。有多个盘片的磁盘针对每个盘面都有一个独立的读/写头，如图 6-10b 所示。读/写头垂直排列，一致行动。在任何时刻，所有的读/写头都位于同一个柱面上。

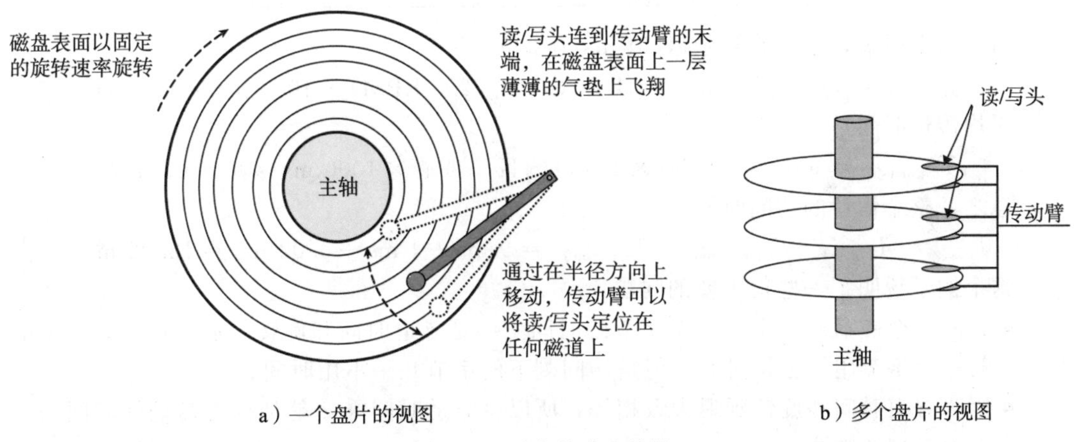


图 6-10　磁盘的动态特性

在传动臂末端的读/写头在磁盘表面高度大约 0.1 微米处的一层薄薄的气垫上飞翔(就是字面上这个意思)，速度大约为 80 km/h。这可以比喻成将一座摩天大楼(442 米高)放倒，然后让它在距离地面 2.5 cm(1 英寸)的高度上环绕地球飞行，绕地球一周只需要 8 秒钟！在这样小的间隙里，盘面上一粒微小的灰尘都像一块巨石。如果读/写头碰到了这样的一块巨石，读/写头会停下来，撞到盘面——所谓的读/写头冲撞(head crash)。为此，磁盘总是密封包装的。

磁盘以扇区大小的块来读写数据。对扇区的访问时间(access time)有三个主要的部分：寻道时间(seek time)、旋转时间(rotational latency)和传送时间(transfer time)：

- **寻道时间：**为了读取某个目标扇区的内容，传动臂首先将读/写头定位到包含目标扇区的磁道上。移动传动臂所需的时间称为寻道时间。寻道时间 $T_{seek}$ 依赖于读/写头以前的位置和传动臂在盘面上移动的速度。现代驱动器中平均寻道时间 $T_{avg\ seek}$ 是通过对几千次对随机扇区的寻道求平均值来测量的，通常为 3～9ms。一次寻道的最大时间 $T_{max\ seek}$ 可以高达 20ms。

- **旋转时间**：一旦读/写头定位到了期望的磁道，驱动器等待目标扇区的第一个位旋转到读/写头下。这个步骤的性能依赖于当读/写头到达目标扇区时盘面的位置以及磁盘的旋转速度。在最坏的情况下，读/写头刚刚错过了目标扇区，必须等待磁盘转一整圈。因此，最大旋转延迟(以秒为单位)是

$$T_{\text{max rotation}} = \frac{1}{\text{RPM}} \times \frac{60\text{s}}{1\text{min}}$$

　　平均旋转时间 $T_{\text{avg rotation}}$ 是 $T_{\text{max rotation}}$ 的一半。

- **传送时间**：当目标扇区的第一个位位于读/写头下时，驱动器就可以开始读或者写该扇区的内容了。一个扇区的传送时间依赖于旋转速度和每条磁道的扇区数目。因此，我们可以粗略地估计一个扇区以秒为单位的平均传送时间如下

$$T_{\text{avg transfer}} = \frac{1}{\text{RPM}} \times \frac{1}{(\text{平均扇区数}/\text{磁道})} \times \frac{60\text{s}}{1\text{min}}$$

我们可以估计访问一个磁盘扇区内容的平均时间为平均寻道时间、平均旋转延迟和平均传送时间之和。例如，考虑一个有如下参数的磁盘：

| 参数 | 值 |
|---|---|
| 旋转速率 | 7200RPM |
| $T_{\text{avg seek}}$ | 9 ms |
| 每条磁道的平均扇区数 | 400 |

对于这个磁盘，平均旋转延迟(以 ms 为单位)是

$$T_{\text{avg rotation}} = 1/2 \times T_{\text{max rotation}} = 1/2 \times (60\text{s}/7200\ \text{RPM}) \times 1000\ \text{ms/s} \approx 4\ \text{ms}$$

平均传送时间是

$$T_{\text{avg transfer}} = 60/7200\ \text{RPM} \times 1/400\ \text{扇区}/\text{磁道} \times 1000\ \text{ms/s} \approx 0.02\ \text{ms}$$

总之，整个估计的访问时间是

$$T_{\text{access}} = T_{\text{avg seek}} + T_{\text{avg rotation}} + T_{\text{avg transfer}} = 9\ \text{ms} + 4\ \text{ms} + 0.02\ \text{ms} = 13.02\ \text{ms}$$

这个例子说明了一些很重要的问题：

- 访问一个磁盘扇区中 512 个字节的时间主要是寻道时间和旋转延迟。访问扇区中的第一个字节用了很长时间，但是访问剩下的字节几乎不用时间。
- 因为寻道时间和旋转延迟大致相等，所以将寻道时间乘 2 是估计磁盘访问时间的简单而合理的方法。
- 对存储在 SRAM 中的一个 64 位字的访问时间大约是 4ns，对 DRAM 的访问时间是 60ns。因此，从内存中读一个 512 个字节扇区大小的块的时间对 SRAM 来说大约是 256ns，对 DRAM 来说大约是 4000ns。磁盘访问时间，大约 10ms，是 SRAM 的大约 40 000 倍，是 DRAM 的大约 2500 倍。

**练习题 6.3**　估计访问下面这个磁盘上一个扇区的访问时间(以 ms 为单位)：

| 参数 | 值 |
|---|---|
| 旋转速率 | 15 000RPM |
| $T_{\text{avg seek}}$ | 8 ms |
| 每条磁道的平均扇区数 | 500 |

**4. 逻辑磁盘块**

正如我们看到的那样，现代磁盘构造复杂，有多个盘面，这些盘面上有不同的记录区。为了对操作系统隐藏这样的复杂性，现代磁盘将它们的构造呈现为一个简单的视图，

一个 $B$ 个扇区大小的逻辑块的序列，编号为 0，1，…，$B-1$。磁盘封装中有一个小的硬件/固件设备，称为**磁盘控制器**，维护着逻辑块号和实际(物理)磁盘扇区之间的映射关系。

当操作系统想要执行一个 I/O 操作时，例如读一个磁盘扇区的数据到主存，操作系统会发送一个命令到磁盘控制器，让它读某个逻辑块号。控制器上的固件执行一个快速表查找，将一个逻辑块号翻译成一个(盘面，磁道，扇区)的三元组，这个三元组唯一地标识了对应的物理扇区。控制器上的硬件会解释这个三元组，将读/写头移动到适当的柱面，等待扇区移动到读/写头下，将读/写头感知到的位放到控制器上的一个小缓冲区中，然后将它们复制到主存中。

**旁注　格式化的磁盘容量**

磁盘控制器必须对磁盘进行格式化，然后才能在该磁盘上存储数据。格式化包括用标识扇区的信息填写扇区之间的间隙，标识出表面有故障的柱面并且不使用它们，以及在每个区中预留出一组柱面作为备用，如果区中一个或多个柱面在磁盘使用过程中坏掉了，就可以使用这些备用的柱面。因为存在着这些备用的柱面，所以磁盘制造商所说的格式化容量比最大容量要小。

**练习题 6.4**　假设 1MB 的文件由 512 个字节的逻辑块组成，存储在具有如下特性的磁盘驱动器上：

| 参数 | 值 |
|---|---|
| 旋转速率 | 10 000RPM |
| $T_{avg\ seek}$ | 5 ms |
| 平均扇区数/磁道 | 1000 |
| 表面 | 4 |
| 扇区大小 | 512字节 |

对于下面的情况，假设程序顺序地读文件的逻辑块，一个接一个，将读/写头定位到第一块上的时间是 $T_{avg\ seek}+T_{avg\ rotation}$。

A. 最好的情况：给定逻辑块到磁盘扇区的最好的可能的映射(即顺序的)，估计读这个文件需要的最优时间(以 ms 为单位)。

B. 随机的情况：如果块是随机地映射到磁盘扇区的，估计读这个文件需要的时间(以 ms 为单位)。

### 5. 连接 I/O 设备

例如图形卡、监视器、鼠标、键盘和磁盘这样的输入/输出(I/O)设备，都是通过 I/O 总线，例如 Intel 的外围设备互连(Peripheral Component Interconnect，PCI)总线连接到 CPU 和主存的。系统总线和内存总线是与 CPU 相关的，与它们不同，诸如 PCI 这样的 I/O 总线设计成与底层 CPU 无关。例如，PC 和 Mac 都可以使用 PCI 总线。图 6-11 展示了一个典型的 I/O 总线结构，它连接了 CPU、主存和 I/O 设备。

虽然 I/O 总线比系统总线和内存总线慢，但是它可以容纳种类繁多的第三方 I/O 设备。例如，在图 6-11 中，有三种不同类型的设备连接到总线。

- **通用串行总线**(Universal Serial Bus，USB)控制器是一个连接到 USB 总线的设备的中转机构，USB 总线是一个广泛使用的标准，连接各种外围 I/O 设备，包括键盘、鼠标、调制解调器、数码相机、游戏操纵杆、打印机、外部磁盘驱动器和固态硬盘。USB 3.0 总线的最大带宽为 625MB/s。USB 3.1 总线的最大带宽为 1250MB/s。
- **图形卡**(或**适配器**)包含硬件和软件逻辑，它们负责代表 CPU 在显示器上画像素。

- 主机总线适配器将一个或多个磁盘连接到I/O总线，使用的是一个特别的主机总线接口定义的通信协议。两个最常用的这样的磁盘接口是SCSI(读作“scuzzy”)和SATA(读作“sat-uh”。SCSI磁盘通常比SATA驱动器更快但是也更贵。SCSI主机总线适配器(通常称为SCSI控制器)可以支持多个磁盘驱动器，而SATA适配器与之不同，只能支持一个驱动器。

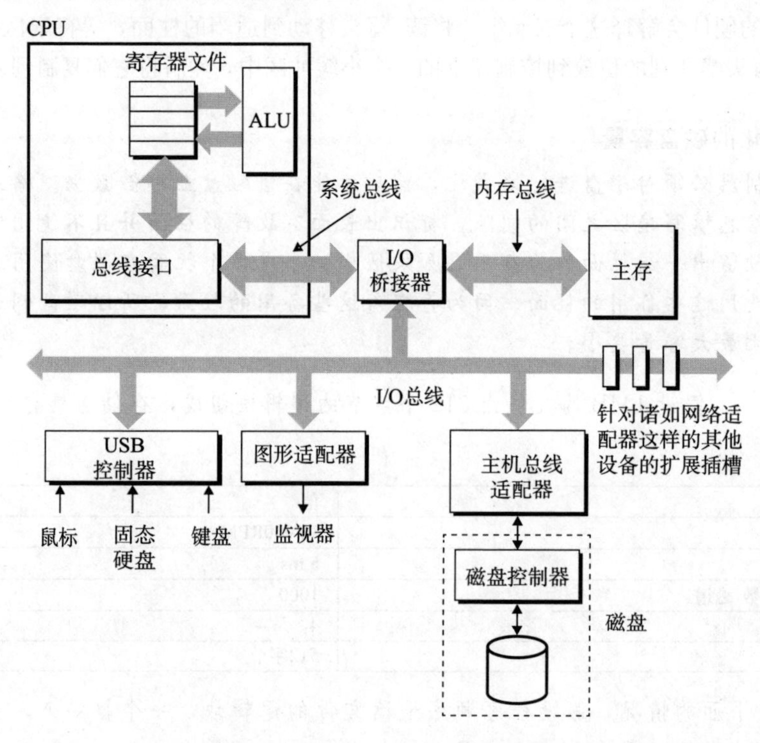


图6-11　总线结构示例，它连接CPU、主存和I/O设备

其他的设备，例如网络适配器，可以通过将适配器插入到主板上空的扩展槽中，从而连接到I/O总线，这些插槽提供了到总线的直接电路连接。

6. 访问磁盘

虽然详细描述I/O设备是如何工作的以及如何对它们进行编程超出了我们讨论的范围，但是我们可以给你一个概要的描述。例如，图6-12总结了当CPU从磁盘读数据时发生的步骤。

**旁注　I/O总线设计进展**

图6-11中的I/O总线是一个简单的抽象，使得我们可以具体描述但又不必和某个系统的细节联系过于紧密。它是基于外围设备互联(Peripheral Component Interconnect，PCI)总线的，在2010年前使用非常广泛。PCI模型中，系统中所有的设备共享总线，一个时刻只能有一台设备访问这些线路。在现代系统中，共享的PCI总线已经被PCEe(PCI express)总线取代，PCIe是一组高速串行、通过开关连接的点到点链路，类似于你将在第11章中学习到的开关以太网。PCIe总线，最大吞吐率为16GB/s，比PCI总线快一个数量级，PCI总线的最大吞吐率为533MB/s。除了测量出的I/O性能，不同总线设计之间的区别对应用程序来说是不可见的，所以在本书中，我们只使用简单的共享总线抽象。

CPU 使用一种称为*内存映射 I/O*(memory-mapped I/O)的技术来向 I/O 设备发射命令(图 6-12a)。在使用内存映射 I/O 的系统中，地址空间中有一块地址是为与 I/O 设备通信保留的。每个这样的地址称为一个 *I/O 端口*(I/O port)。当一个设备连接到总线时，它与一个或多个端口相关联(或它被映射到一个或多个端口)。

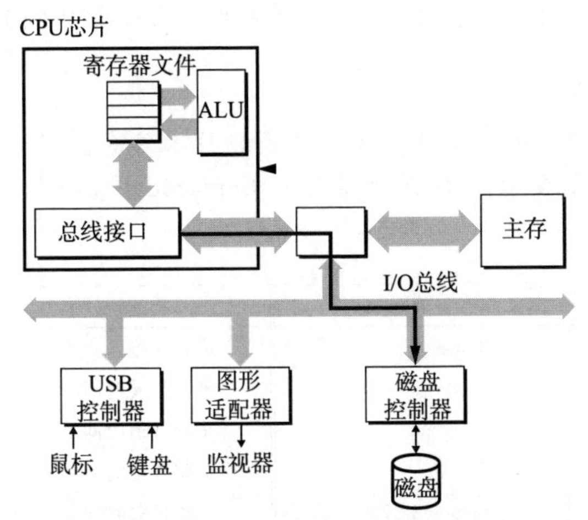


a）CPU通过将命令、逻辑块号和目的内存地址写到与磁盘相关联的内存映射地址，发起一个磁盘读

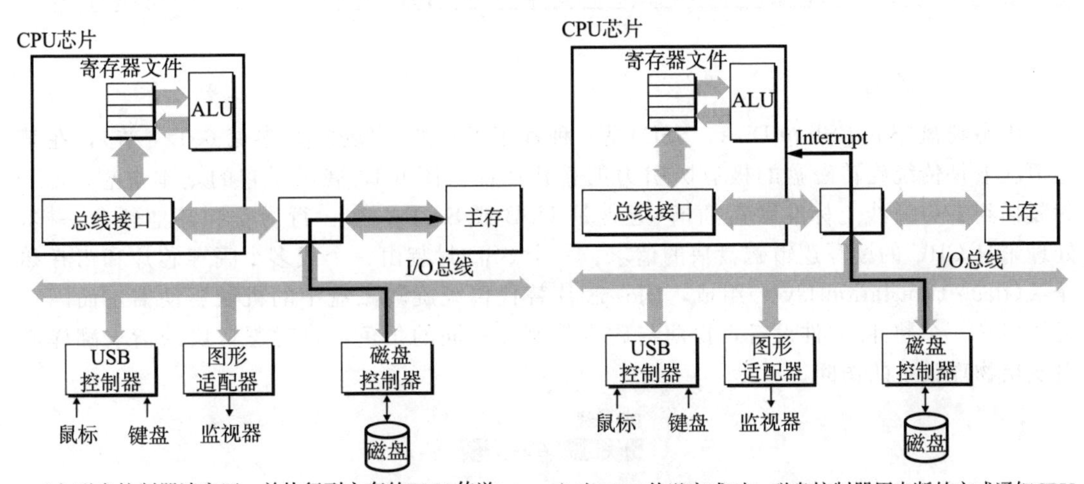


b）磁盘控制器读扇区，并执行到主存的DMA传送　　c）当DMA传送完成时，磁盘控制器用中断的方式通知CPU

图 6-12　读一个磁盘扇区

来看一个简单的例子，假设磁盘控制器映射到端口 0xa0。随后，CPU 可能通过执行三个对地址 0xa0 的存储指令，发起磁盘读：第一条指令是发送一个命令字，告诉磁盘发起一个读，同时还发送了其他的参数，例如当读完成时，是否中断 CPU(我们会在 8.1 节中讨论中断)。第二条指令指明应该读的逻辑块号。第三条指令指明应该存储磁盘扇区内容的主存地址。

当 CPU 发出了请求之后，在磁盘执行读的时候，它通常会做些其他的工作。回想一下，一个 1GHz 的处理器时钟周期为 1ns，在用来读磁盘的 16ms 时间里，它潜在地可能执行 1600 万条指令。在传输进行时，只是简单地等待，什么都不做，是一种极大的浪费。

在磁盘控制器收到来自 CPU 的读命令之后，它将逻辑块号翻译成一个扇区地址，读该扇区的内容，然后将这些内容直接传送到主存，不需要 CPU 的干涉(图 6-12b)。设备可以自己执行读或者写总线事务而不需要 CPU 干涉的过程，称为*直接内存访问*(Direct

Memory Access，DMA)。这种数据传送称为 DMA 传送(DMA transfer)。

在 DMA 传送完成，磁盘扇区的内容被安全地存储在主存中以后，磁盘控制器通过给 CPU 发送一个中断信号来通知 CPU(图 6-12c)。基本思想是中断会发信号到 CPU 芯片的一个外部引脚上。这会导致 CPU 暂停它当前正在做的工作，跳转到一个操作系统例程。这个程序会记录下 I/O 已经完成，然后将控制返回到 CPU 被中断的地方。

**旁注　商用磁盘的特性**

磁盘制造商在他们的网页上公布了许多高级技术信息。例如，希捷(Seagate)公司的网站包含关于他们最受欢迎的驱动器之一 Barracuda 7400 的如下信息。(远不止如此！)(Seagate. com)

| 构造特性 | 值 | 构造特性 | 值 |
|---|---|---|---|
| 表面直径 | 3.5 英寸 | 旋转速率 | 7200 RPM |
| 格式化的容量 | 3TB | 平均旋转时间 | 4.16ms |
| 盘片数 | 3 | 平均寻道时间 | 8.5ms |
| 表面数 | 6 | 道间寻道时间 | 1.0ms |
| 逻辑块 | 5 860 533 168 | 平均传输时间 | 156MB/s |
| 逻辑块大小 | 512 字节 | 最大持续传输速率 | 210MB/s |

### 6.1.3　固态硬盘

固态硬盘(Solid State Disk，SSD)是一种基于闪存的存储技术(参见 6.1.1 节)，在某些情况下是传统旋转磁盘的极有吸引力的替代产品。图 6-13 展示了它的基本思想。SSD 封装插到 I/O 总线上标准硬盘插槽(通常是 USB 或 SATA)中，行为就和其他硬盘一样，处理来自 CPU 的读写逻辑磁盘块的请求。一个 SSD 封装由一个或多个闪存芯片和闪存翻译层(flash translation layer)组成，闪存芯片替代传统旋转磁盘中的机械驱动器，而闪存翻译层是一个硬件/固件设备，扮演与磁盘控制器相同的角色，将对逻辑块的请求翻译成对底层物理设备的访问。

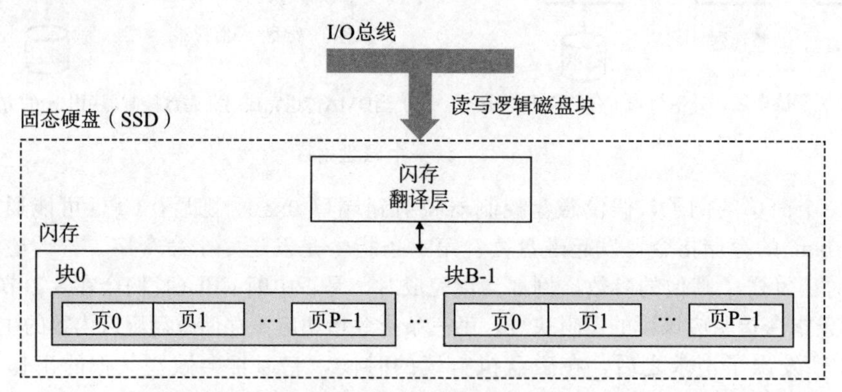


图 6-13　固态硬盘(SSD)

图 6-14 展示了典型 SSD 的性能特性。注意，读 SSD 比写要快。随机读和写的性能差别是由底层闪存基本属性决定的。如图 6-13 所示，一个闪存由 $B$ 个块的序列组成，每个块由 $P$ 页组成。通常，页的大小是 512 字节～4KB，块是由 32～128 页组成的，块的大小

为 16KB～512KB。数据是以页为单位读写的。只有在一页所属的块整个被擦除之后，才能写这一页(通常是指该块中的所有位都被设置为 1)。不过，一旦一个块被擦除了，块中每一个页都可以不需要再进行擦除就写一次。在大约进行 100 000 次重复写之后，块就会磨损坏。一旦一个块磨损坏之后，就不能再使用了。

| 读 | | 写 | |
|---|---|---|---|
| 顺序读吞吐量 | 550MB/s | 顺序写吞吐量 | 470MB/s |
| 随机读吞吐量（IOPS） | 89 000 IOPS | 随机写吞吐量（IOPS） | 74 000 IOPS |
| 随机读吞吐量（MB/s） | 365MB/s | 随机写吞吐量（MB/s） | 303MB/s |
| 平均顺序读访问时间 | 50$\mu$s | 平均随机写访问时间 | 60$\mu$s |

图 6-14　一个商业固态硬盘的性能特性

资料来源：Intel SSD 730 产品规格书[53]。IOPS 是每秒 I/O 操作数。吞吐量数量基于 4KB 块的读写

随机写很慢，有两个原因。首先，擦除块需要相对较长的时间，1ms 级的，比访问页所需时间要高一个数量级。其次，如果写操作试图修改一个包含已经有数据(也就是不是全为 1)的页 $p$，那么这个块中所有带有用数据的页都必须被复制到一个新(擦除过的)块，然后才能进行对页 $p$ 的写。制造商已经在闪存翻译层中实现了复杂的逻辑，试图抵消擦写块的高昂代价，最小化内部写的次数，但是随机写的性能不太可能和读一样好。

比起旋转磁盘，SSD 有很多优点。它们由半导体存储器构成，没有移动的部件，因而随机访问时间比旋转磁盘要快，能耗更低，同时也更结实。不过，也有一些缺点。首先，因为反复写之后，闪存块会磨损，所以 SSD 也容易磨损。闪存翻译层中的平均磨损(wear leveling)逻辑试图通过将擦除平均分布在所有的块上来最大化每个块的寿命。实际上，平均磨损逻辑处理得非常好，要很多年 SSD 才会磨损坏(参考练习题 6.5)。其次，SSD 每字节比旋转磁盘贵大约 30 倍，因此常用的存储容量比旋转磁盘小 100 倍。不过，随着 SSD 变得越来越受欢迎，它的价格下降得非常快，而两者的价格差也在减少。

在便携音乐设备中，SSD 已经完全的取代了旋转磁盘，在笔记本电脑中也越来越多地作为硬盘的替代品，甚至在台式机和服务器中也开始出现了。虽然旋转磁盘还会继续存在，但是显然，SSD 是一项重要的替代选择。

**练习题 6.5**　正如我们已经看到的，SSD 的一个潜在的缺陷是底层闪存会磨损。例如，图 6-14 所示的 SSD，Intel 保证能够经得起 128PB($128\times10^{15}$ 字节)的写。给定这样的假设，根据下面的工作负载，估计这款 SSD 的寿命(以年为单位)：

A. 顺序写的最糟情况：以 470MB/s(该设备的平均顺序写吞吐量)的速度持续地写 SSD。

B. 随机写的最糟情况：以 303MB/s(该设备的平均随机写吞吐量)的速度持续地写 SSD。

C. 平均情况：以 20GB/天(某些计算机制造商在他们的移动计算机工作负载模拟测试中假设的平均每天写速率)的速度写 SSD。

### 6.1.4　存储技术趋势

从我们对存储技术的讨论中，可以总结出几个很重要的思想：

*不同的存储技术有不同的价格和性能折中。* SRAM 比 DRAM 快一点，而 DRAM 比磁盘要快很多。另一方面，快速存储总是比慢速存储要贵的。SRAM 每字节的造价比 DRAM 高，DRAM 的造价又比磁盘高得多。SSD 位于 DRAM 和旋转磁盘之间。

*不同存储技术的价格和性能属性以截然不同的速率变化着。* 图 6-15 总结了从 1985 年

以来的存储技术的价格和性能属性，那时第一台 PC 刚刚发明不久。这些数字是从以前的商业杂志中和 Web 上挑选出来的。虽然它们是从非正式的调查中得到的，但是这些数字还是能揭示出一些有趣的趋势。

自从 1985 年以来，SRAM 技术的成本和性能基本上是以相同的速度改善的。访问时间和每兆字节成本下降了大约 100 倍(图 6-15a)。不过，DRAM 和磁盘的变化趋势更大，而且更不一致。DRAM 每兆字节成本下降了 44 000 倍(超过了四个数量级!)，而 DRAM 的访问时间只下降了大约 10 倍(图 6-15b)。磁盘技术有和 DRAM 相同的趋势，甚至变化更大。从 1985 年以来，磁盘存储的每兆字节成本暴跌了 3 000 000 倍(超过了六个数量级!)，但是访问时间提高得很慢，只有 25 倍左右(图 6-15c)。这些惊人的长期趋势突出了内存和磁盘技术的一个基本事实：增加密度(从而降低成本)比降低访问时间容易得多。

*DRAM 和磁盘的性能滞后于 CPU 的性能。*正如我们在图 6-15d 中看到的那样，从 1985 年到 2010 年，CPU 周期时间提高了 500 倍。如果我们看*有效周期时间*(effective cycle time)——我们定义为一个单独的 CPU(处理器)的周期时间除以它的处理器核数——那么从 1985 年到 2010 年的提高还要大一些，为 2000 倍。CPU 性能曲线在 2003 年附近的突然变化反映的是多核处理器的出现(参见 6.2 节的旁注)，在这个分割点之后，单个核的周期时间实际上增加了一点点，然后又开始下降，不过比以前的速度要慢一些。

| 度量标准 | 1985 | 1990 | 1995 | 2000 | 2005 | 2010 | 2015 | 2015:1985 |
|---|---|---|---|---|---|---|---|---|
| 美元/MB | 2900 | 320 | 256 | 100 | 75 | 60 | 25 | 116 |
| 访问时间（ns） | 150 | 35 | 15 | 3 | 2 | 1.5 | 1.3 | 115 |

a）SRAM趋势

| 度量标准 | 1985 | 1990 | 1995 | 2000 | 2005 | 2010 | 2015 | 2015:1985 |
|---|---|---|---|---|---|---|---|---|
| 美元/MB | 880 | 100 | 30 | 1 | 0.1 | 0.06 | 0.02 | 44 000 |
| 访问时间（ns） | 200 | 100 | 70 | 60 | 50 | 40 | 20 | 10 |
| 典型的大小（MB） | 0.256 | 4 | 16 | 64 | 2000 | 8000 | 16 000 | 62 500 |

b）DRAM趋势

| 度量标准 | 1985 | 1990 | 1995 | 2000 | 2005 | 2010 | 2015 | 2015:1985 |
|---|---|---|---|---|---|---|---|---|
| 美元/GB | 100 000 | 8000 | 300 | 10 | 5 | 0.3 | 0.03 | 3 333 333 |
| 最小寻道时间（ms） | 75 | 28 | 10 | 8 | 5 | 3 | 3 | 25 |
| 典型的大小（GB） | 0.01 | 0.16 | 1 | 20 | 160 | 1500 | 3000 | 300 000 |

c）旋转磁盘趋势

| 度量标准 | 1985 | 1990 | 1995 | 2000 | 2003 | 2005 | 2010 | 2015 | 2015:1985 |
|---|---|---|---|---|---|---|---|---|---|
| Intel CPU | 80 286 | 80 386 | Pent. | P-Ⅲ | Pent.4 | Core 2 | Core i7 (n) | Core i7 (h) | — |
| 时钟频率（MHz） | 6 | 20 | 150 | 600 | 3300 | 2000 | 2500 | 3000 | 500 |
| 时钟周期（ns） | 166 | 50 | 6 | 1.6 | 0.3 | 0.5 | 0.4 | 0.33 | 500 |
| 核数 | 1 | 1 | 1 | 1 | 1 | 2 | 4 | 4 | 4 |
| 有效周期时间（ns） | 166 | 50 | 6 | 1.6 | 0.30 | 0.25 | 0.10 | 0.08 | 2075 |

d）CPU趋势

图 6-15　存储和处理器技术发展趋势。2010 年的 Core i7 使用的是 Nehalem 处理器，2015 年的 Core i7 使用的是 Haswell 核

注意，虽然 SRAM 的性能滞后于 CPU 的性能，但还是在保持增长。不过，DRAM 和磁盘性能与 CPU 性能之间的差距实际上是在加大的。直到 2003 年左右多核处理器的出现，这个性能差距都是延迟的函数，DRAM 和磁盘的访问时间比单个处理器的周期时间提高得更慢。不过，随着多核的出现，这个性能越来越成为了吞吐量的函数，多个处理器核并发地向 DRAM 和磁盘发请求。

图 6-16 清楚地表明了各种趋势，以半对数为比例(semi-log scale)，画出了图 6-15 中的访问时间和周期时间。

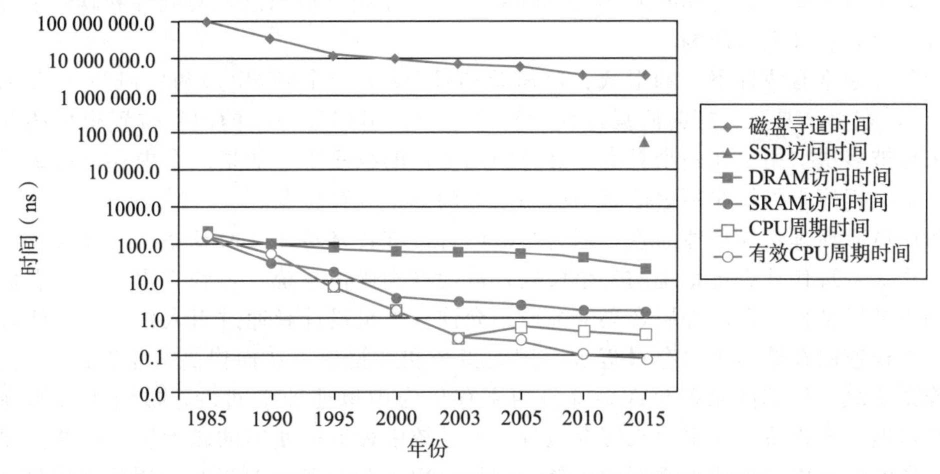


图 6-16　磁盘、DRAM 和 CPU 速度之间逐渐增大的差距

正如我们将在 6.4 节中看到的那样，现代计算机频繁地使用基于 SRAM 的高速缓存，试图弥补处理器-内存之间的差距。这种方法行之有效是因为应用程序的一个称为局部性(locality)的基本属性，接下来我们就讨论这个问题。

**练习题 6.6**　使用图 6-15c 中从 2005 年到 2015 年的数据，估计到哪一年你可以以 $500 的价格买到一个 1PB($10^{15}$ 字节)的旋转磁盘。假设美元价值不变(没有通货膨胀)。

**旁注　当周期时间保持不变：多核处理器的到来**

计算机历史是由一些在工业界和整个世界产生深远变化的单个事件标记出来的。有趣的是，这些变化点趋向于每十年发生一次：20 世纪 50 年代 Fortran 的提出，20 世纪 60 年代早期 IBM 360 的出现，20 世纪 70 年代早期 Internet 的曙光(当时称为 APRANET)，20 世纪 80 年代早期 IBM PC 的出现，以及 20 世纪 90 年代万维网(World Wide Web)的出现。

最近这样的事件出现在 21 世纪初，当计算机制造商迎头撞上了所谓的“功耗墙(power wall)”，发现他们无法再像以前一样迅速地增加 CPU 的时钟频率了，因为如果那样芯片的功耗会太大。解决方法是用多个小处理器核(core)取代单个大处理器，从而提高性能，每个完整的处理器能够独立地、与其他核并行地执行程序。这种多核(multi-core)方法部分有效，因为一个处理器的功耗正比于 $P=fCv^2$，这里 $f$ 是时钟频率，$C$ 是电容，而 $v$ 是电压。电容 $C$ 大致上正比于面积，所以只要所有核的总面积不变，多核造成的能耗就能保持不变。只要特征尺寸继续按照摩尔定律指数性地下降，每个处理器中的核数，以及每个处理器的有效性能，都会继续增加。

从这个时间点以后，计算机越来越快，不是因为时钟频率的增加，而是因为每个处理器中核数的增加，也因为体系结构上的创新提高了在这些核上运行程序的效率。我们可以从图 6-16 中很清楚地看到这个趋势。CPU 周期时间在 2003 年达到最低点，然后实际上是又开始上升的，然后变得平稳，之后又开始以比以前慢一些的速率下降。不过，由于多核处理器的出现(2004 年出现双核，2007 年出现四核)，有效周期时间以接近于以前的速率持续下降。

## 6.2 局部性

一个编写良好的计算机程序常常具有良好的*局部性*(locality)。也就是，它们倾向于引用邻近于其他最近引用过的数据项的数据项，或者最近引用过的数据项本身。这种倾向性，被称为*局部性原理*(principle of locality)，是一个持久的概念，对硬件和软件系统的设计和性能都有着极大的影响。

局部性通常有两种不同的形式：*时间局部性*(temporal locality)和*空间局部性*(spatial locality)。在一个具有良好时间局部性的程序中，被引用过一次的内存位置很可能在不远的将来再被多次引用。在一个具有良好空间局部性的程序中，如果一个内存位置被引用了一次，那么程序很可能在不远的将来引用附近的一个内存位置。

程序员应该理解局部性原理，因为一般而言，*有良好局部性的程序比局部性差的程序运行得更快*。现代计算机系统的各个层次，从硬件到操作系统、再到应用程序，它们的设计都利用了局部性。在硬件层，局部性原理允许计算机设计者通过引入称为*高速缓存存储器*的小而快速的存储器来保存最近被引用的指令和数据项，从而提高对主存的访问速度。在操作系统级，局部性原理允许系统使用主存作为虚拟地址空间最近被引用块的高速缓存。类似地，操作系统用主存来缓存磁盘文件系统中最近被使用的磁盘块。局部性原理在应用程序的设计中也扮演着重要的角色。例如，Web 浏览器将最近被引用的文档放在本地磁盘上，利用的就是时间局部性。大容量的 Web 服务器将最近被请求的文档放在前端磁盘高速缓存中，这些缓存能满足对这些文档的请求，而不需要服务器的任何干预。

### 6.2.1 对程序数据引用的局部性

考虑图 6-17a 中的简单函数，它对一个向量的元素求和。这个程序有良好的局部性吗？要回答这个问题，我们来看看每个变量的引用模式。在这个例子中，变量 sum 在每次循环迭代中被引用一次，因此，对于 sum 来说，有好的时间局部性。另一方面，因为 sum 是标量，对于 sum 来说，没有空间局部性。

```
1  int sumvec(int v[N])
2  {
3      int i, sum = 0;
4
5      for (i = 0; i < N; i++)
6          sum += v[i];
7      return sum;
8  }
```

a）一个具有良好局部性的程序

| 地址 | 0 | 4 | 8 | 12 | 16 | 20 | 24 | 28 |
|---|---|---|---|---|---|---|---|---|
| 内容 | $v_0$ | $v_1$ | $v_2$ | $v_3$ | $v_4$ | $v_5$ | $v_6$ | $v_7$ |
| 访问顺序 | 1 | 2 | 3 | 4 | 5 | 6 | 7 | 8 |

b）向量v的引用模式（$N=8$）

图 6-17 注意如何按照向量元素存储在内存中的顺序来访问它们

正如我们在图 6-17b 中看到的，向量 v 的元素是被顺序读取的，一个接一个，按照它们存储在内存中的顺序(为了方便，我们假设数组是从地址 0 开始的)。因此，对于变量 v，函数有很好的空间局部性，但是时间局部性很差，因为每个向量元素只被访问一次。因为对于循环体中的每个变量，这个函数要么有好的空间局部性，要么有好的时间局部性，所以我们可以断定 sumvec 函数有良好的局部性。

我们说像 sumvec 这样顺序访问一个向量每个元素的函数，具有步长为 1 的引用模式(stride-1 reference pattern)(相对于元素的大小)。有时我们称步长为 1 的引用模式为顺序引用模式(sequential reference pattern)。一个连续向量中，每隔 $k$ 个元素进行访问，就称为步长为 $k$ 的引用模式(stride-k reference pattern)。步长为 1 的引用模式是程序中空间局部性常见和重要的来源。一般而言，随着步长的增加，空间局部性下降。

对于引用多维数组的程序来说，步长也是一个很重要的问题。例如，考虑图 6-18a 中的函数 sumarrayrows，它对一个二维数组的元素求和。双重嵌套循环按照行优先顺序(row-major order)读数组的元素。也就是，内层循环读第一行的元素，然后读第二行，依此类推。函数 sumarrayrows 具有良好的空间局部性，因为它按照数组被存储的行优先顺序来访问这个数组(图 6-18b)。其结果是得到一个很好的步长为 1 的引用模式，具有良好的空间局部性。

```
1   int sumarrayrows(int a[M][N])
2   {
3       int i, j, sum = 0;
4
5       for (i = 0; i < M; i++)
6           for (j = 0; j < N; j++)
7               sum += a[i][j];
8       return sum;
9   }
```

a）另一个具有良好局部性的程序

| 地址 | 0 | 4 | 8 | 12 | 16 | 20 |
|---|---|---|---|---|---|---|
| 内容 | $a_{00}$ | $a_{01}$ | $a_{02}$ | $a_{10}$ | $a_{11}$ | $a_{12}$ |
| 访问顺序 | 1 | 2 | 3 | 4 | 5 | 6 |

b）数组a的引用模式（$M=2$, $N=3$）

图 6-18 有良好的空间局部性，是因为数组是按照与它存储在内存中一样的行优先顺序来被访问的

一些看上去很小的对程序的改动能够对它的局部性有很大的影响。例如，图 6-19a 中的函数 sumarraycols 计算的结果和图 6-18a 中函数 sumarrayrows 的一样。唯一的区别是我们交换了 $i$ 和 $j$ 的循环。这样交换循环对它的局部性有何影响？函数 sumarraycols 的空间局部性很差，因为它按照列顺序来扫描数组，而不是按照行顺序。因为 C 数组在内存中是按照行顺序来存放的，结果就得到步长为 $N$ 的引用模式，如图 6-19b 所示。

```
1   int sumarraycols(int a[M][N])
2   {
3       int i, j, sum = 0;
4
5       for (j = 0; j < N; j++)
6           for (i = 0; i < M; i++)
7               sum += a[i][j];
8       return sum;
9   }
```

a）一个空间局部性很差的程序

| 地址 | 0 | 4 | 8 | 12 | 16 | 20 |
|---|---|---|---|---|---|---|
| 内容 | $a_{00}$ | $a_{01}$ | $a_{02}$ | $a_{10}$ | $a_{11}$ | $a_{12}$ |
| 访问顺序 | 1 | 3 | 5 | 2 | 4 | 6 |

b）数组a的引用模式（$M=2$, $N=3$）

图 6-19 函数的空间局部性很差，这是因为它使用步长为 $N$ 的引用模式来扫描

### 6.2.2 取指令的局部性

因为程序指令是存放在内存中的，CPU 必须取出(读出)这些指令，所以我们也能够评价一个程序关于取指令的局部性。例如，图 6-17 中 for 循环体里的指令是按照连续的内存顺序执行的，因此循环有良好的空间局部性。因为循环体会被执行多次，所以它也有很好的时间局部性。

代码区别于程序数据的一个重要属性是在运行时它是不能被修改的。当程序正在执行时，CPU 只从内存中读出它的指令。CPU 很少会重写或修改这些指令。

### 6.2.3 局部性小结

在这一节中，我们介绍了局部性的基本思想，还给出了量化评价程序中局部性的一些简单原则：

- 重复引用相同变量的程序有良好的时间局部性。
- 对于具有步长为 $k$ 的引用模式的程序，步长越小，空间局部性越好。具有步长为 1 的引用模式的程序有很好的空间局部性。在内存中以大步长跳来跳去的程序空间局部性会很差。
- 对于取指令来说，循环有好的时间和空间局部性。循环体越小，循环迭代次数越多，局部性越好。

在本章后面，在我们学习了高速缓存存储器以及它们是如何工作的之后，我们会介绍如何用高速缓存命中率和不命中率来量化局部性的概念。你还会弄明白为什么有良好局部性的程序通常比局部性差的程序运行得更快。尽管如此，了解如何看一眼源代码就能获得对程序中局部性的高层次的认识，是程序员要掌握的一项有用而且重要的技能。

**练习题 6.7**　改变下面函数中循环的顺序，使得它以步长为 1 的引用模式扫描三维数组 a：

```
1   int sumarray3d(int a[N][N][N])
2   {
3       int i, j, k, sum = 0;
4
5       for (i = 0; i < N; i++) {
6           for (j = 0; j < N; j++) {
7               for (k = 0; k < N; k++) {
8                   sum += a[k][i][j];
9               }
10          }
11      }
12      return sum;
13  }
```

**练习题 6.8**　图 6-20 中的三个函数，以不同的空间局部性程度，执行相同的操作。请对这些函数就空间局部性进行排序。解释你是如何得到排序结果的。

```
1   #define N 1000
2
3   typedef struct {
4       int vel[3];
5       int acc[3];
6   } point;
7
8   point p[N];
```

a）structs数组

```
1   void clear1(point *p, int n)
2   {
3       int i, j;
4
5       for (i = 0; i < n; i++) {
6           for (j = 0; j < 3; j++)
7               p[i].vel[j] = 0;
8           for (j = 0; j < 3; j++)
9               p[i].acc[j] = 0;
10      }
11  }
```

b）clear1函数

图 6-20　练习题 6.8 的代码示例

```
1   void clear2(point *p, int n)
2   {
3       int i, j;
4
5       for (i = 0; i < n; i++) {
6           for (j = 0; j < 3; j++) {
7               p[i].vel[j] = 0;
8               p[i].acc[j] = 0;
9           }
10      }
11  }
```

c）clear2函数

```
1   void clear3(point *p, int n)
2   {
3       int i, j;
4
5       for (j = 0; j < 3; j++) {
6           for (i = 0; i < n; i++)
7               p[i].vel[j] = 0;
8           for (i = 0; i < n; i++)
9               p[i].acc[j] = 0;
10      }
11  }
```

d）clear3函数

图 6-20　（续）

## 6.3　存储器层次结构

6.1 节和 6.2 节描述了存储技术和计算机软件的一些基本的和持久的属性：

- **存储技术**：不同存储技术的访问时间差异很大。速度较快的技术每字节的成本要比速度较慢的技术高，而且容量较小。CPU 和主存之间的速度差距在增大。
- **计算机软件**：一个编写良好的程序倾向于展示出良好的局部性。

计算中一个喜人的巧合是，硬件和软件的这些基本属性互相补充得很完美。它们这种相互补充的性质使人想到一种组织存储器系统的方法，称为**存储器层次结构**（memory hierarchy），所有的现代计算机系统中都使用了这种方法。图 6-21 展示了一个典型的存储器层次结构。一般而言，从高层往底层走，存储设备变得更慢、更便宜和更大。在最高层（L0），是少量快速的 CPU 寄存器，CPU 可以在一个时钟周期内访问它们。接下来是一个

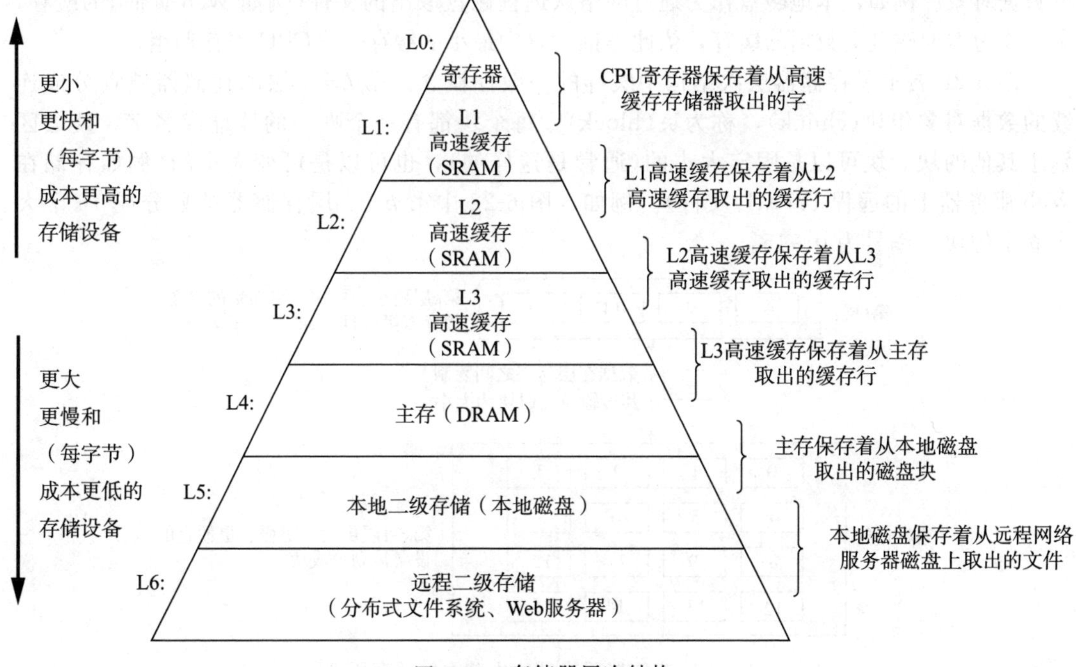


图 6-21　存储器层次结构

或多个小型到中型的基于 SRAM 的高速缓存存储器，可以在几个 CPU 时钟周期内访问它们。然后是一个大的基于 DRAM 的主存，可以在几十到几百个时钟周期内访问它们。接下来是慢速但是容量很大的本地磁盘。最后，有些系统甚至包括了一层附加的远程服务器上的磁盘，要通过网络来访问它们。例如，像安德鲁文件系统(Andrew File System，AFS)或者网络文件系统(Network File System，NFS)这样的分布式文件系统，允许程序访问存储在远程的网络服务器上的文件。类似地，万维网允许程序访问存储在世界上任何地方的 Web 服务器上的远程文件。

**旁注　其他的存储器层次结构**

我们向你展示了一个存储器层次结构的示例，但是其他的组合也是可能的，而且确实也很常见。例如，许多站点(包括谷歌的数据中心)将本地磁盘备份到存档的磁带上。其中有些站点，在需要时由人工装好磁带。而其他站点则是由磁带机器人自动地完成这项任务。无论在哪种情况中，磁带都是存储器层次结构中的一层，在本地磁盘层下面，本书中提到的通用原则也同样适用于它。磁带每字节比磁盘更便宜，它允许站点将本地磁盘的多个快照存档。代价是磁带的访问时间要比磁盘的更长。来看另一个例子，固态硬盘在存储器层次结构中扮演着越来越重要的角色，连接起 DRAM 和旋转磁盘之间的鸿沟。

### 6.3.1　存储器层次结构中的缓存

一般而言，高速缓存(cache，读作“cash”)是一个小而快速的存储设备，它作为存储在更大、也更慢的设备中的数据对象的缓冲区域。使用高速缓存的过程称为缓存(caching，读作“cashing”)。

存储器层次结构的中心思想是，对于每个 $k$，位于 $k$ 层的更快更小的存储设备作为位于 $k+1$ 层的更大更慢的存储设备的缓存。换句话说，层次结构中的每一层都缓存来自较低一层的数据对象。例如，本地磁盘作为通过网络从远程磁盘取出的文件(例如 Web 页面)的缓存，主存作为本地磁盘上数据的缓存，依此类推，直到最小的缓存——CPU 寄存器组。

图 6-22 展示了存储器层次结构中缓存的一般性概念。第 $k+1$ 层的存储器被划分成连续的数据对象组块(chunk)，称为块(block)。每个块都有一个唯一的地址或名字，使之区别于其他的块。块可以是固定大小的(通常是这样的)，也可以是可变大小的(例如存储在 Web 服务器上的远程 HTML 文件)。例如，图 6-22 中第 $k+1$ 层存储器被划分成 16 个大小固定的块，编号为 0～15。

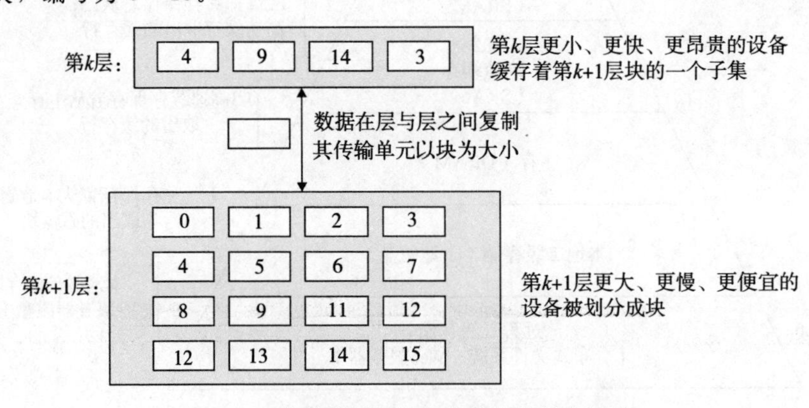


图 6-22　存储器层次结构中基本的缓存原理

类似地，第 $k$ 层的存储器被划分成较少的块的集合，每个块的大小与 $k+1$ 层的块的大小一样。在任何时刻，第 $k$ 层的缓存包含第 $k+1$ 层块的一个子集的副本。例如，在图 6-22 中，第 $k$ 层的缓存有 4 个块的空间，当前包含块 4、9、14 和 3 的副本。

数据总是以块大小为*传送单元*(transfer unit)在第 $k$ 层和第 $k+1$ 层之间来回复制的。虽然在层次结构中任何一对相邻的层次之间块大小是固定的，但是其他的层次对之间可以有不同的块大小。例如，在图 6-21 中，L1 和 L0 之间的传送通常使用的是 1 个字大小的块。L2 和 L1 之间(以及 L3 和 L2 之间、L4 和 L3 之间)的传送通常使用的是几十个字节的块。而 L5 和 L4 之间的传送用的是大小为几百或几千字节的块。一般而言，层次结构中较低层(离 CPU 较远)的设备的访问时间较长，因此为了补偿这些较长的访问时间，倾向于使用较大的块。

**1. 缓存命中**

当程序需要第 $k+1$ 层的某个数据对象 $d$ 时，它首先在当前存储在第 $k$ 层的一个块中查找 $d$。如果 $d$ 刚好缓存在第 $k$ 层中，那么就是我们所说的*缓存命中*(cache hit)。该程序直接从第 $k$ 层读取 $d$，根据存储器层次结构的性质，这要比从第 $k+1$ 层读取 $d$ 更快。例如，一个有良好时间局部性的程序可以从块 14 中读出一个数据对象，得到一个对第 $k$ 层的缓存命中。

**2. 缓存不命中**

另一方面，如果第 $k$ 层中没有缓存数据对象 $d$，那么就是我们所说的*缓存不命中*(cache miss)。当发生缓存不命中时，第 $k$ 层的缓存从第 $k+1$ 层缓存中取出包含 $d$ 的那个块，如果第 $k$ 层的缓存已经满了，可能就会覆盖现存的一个块。

覆盖一个现存的块的过程称为*替换*(replacing)或*驱逐*(evicting)这个块。被驱逐的这个块有时也称为*牺牲块*(victim block)。决定该替换哪个块是由缓存的*替换策略*(replacement policy)来控制的。例如，一个具有随机替换策略的缓存会随机选择一个牺牲块。一个具有最近最少被使用(LRU)替换策略的缓存会选择那个最后被访问的时间距现在最远的块。

在第 $k$ 层缓存从第 $k+1$ 层取出那个块之后，程序就能像前面一样从第 $k$ 层读出 $d$ 了。例如，在图 6-22 中，在第 $k$ 层中读块 12 中的一个数据对象，会导致一个缓存不命中，因为块 12 当前不在第 $k$ 层缓存中。一旦把块 12 从第 $k+1$ 层复制到第 $k$ 层之后，它就会保持在那里，等待稍后的访问。

**3. 缓存不命中的种类**

区分不同种类的缓存不命中有时候是很有帮助的。如果第 $k$ 层的缓存是空的，那么对任何数据对象的访问都会不命中。一个空的缓存有时被称为*冷缓存*(cold cache)，此类不命中称为*强制性不命中*(compulsory miss)或*冷不命中*(cold miss)。冷不命中很重要，因为它们通常是短暂的事件，不会在反复访问存储器使得缓存*暖身*(warmed up)之后的稳定状态中出现。

只要发生了不命中，第 $k$ 层的缓存就必须执行某个*放置策略*(placement policy)，确定把它从第 $k+1$ 层中取出的块放在哪里。最灵活的放置策略是允许来自第 $k+1$ 层的任何块放在第 $k$ 层的任何块中。对于存储器层次结构中高层的缓存(靠近 CPU)，它们是用硬件来实现的，而且速度是最优的，这个策略实现起来通常很昂贵，因为随机地放置块，定位起来代价很高。

因此，硬件缓存通常使用的是更严格的放置策略，这个策略将第 $k+1$ 层的某个块限制放置在第 $k$ 层块的一个小的子集中(有时只是一个块)。例如，在图 6-22 中，我们可以确定第 $k+1$ 层的块 $i$ 必须放置在第 $k$ 层的块($i \bmod 4$)中。例如，第 $k+1$ 层的块 0、4、8 和 12 会映射到第 $k$ 层的块 0；块 1、5、9 和 13 会映射到块 1；依此类推。注意，图 6-22 中的示例缓存使用的就是这个策略。

这种限制性的放置策略会引起一种不命中，称为*冲突不命中*(conflict miss)，在这种情况中，缓存足够大，能够保存被引用的数据对象，但是因为这些对象会映射到同一个缓存块，缓存会一直不命中。例如，在图 6-22 中，如果程序请求块 0，然后块 8，然后块 0，然后块 8，依此类推，在第 $k$ 层的缓存中，对这两个块的每次引用都会不命中，即使这个缓存总共可以容纳 4 个块。

程序通常是按照一系列阶段(如循环)来运行的，每个阶段访问缓存块的某个相对稳定不变的集合。例如，一个嵌套的循环可能会反复地访问同一个数组的元素。这个块的集合称为这个阶段的*工作集*(working set)。当工作集的大小超过缓存的大小时，缓存会经历*容量不命中*(capacity miss)。换句话说就是，缓存太小了，不能处理这个工作集。

**4. 缓存管理**

正如我们提到过的，存储器层次结构的本质是，每一层存储设备都是较低一层的缓存。在每一层上，某种形式的逻辑必须管理缓存。这里，我们的意思是指某个东西要将缓存划分成块，在不同的层之间传送块，判定是命中还是不命中，并处理它们。管理缓存的逻辑可以是硬件、软件，或是两者的结合。

例如，编译器管理寄存器文件，缓存层次结构的最高层。它决定当发生不命中时何时发射加载，以及确定哪个寄存器来存放数据。L1、L2 和 L3 层的缓存完全是由内置在缓存中的硬件逻辑来管理的。在一个有虚拟内存的系统中，DRAM 主存作为存储在磁盘上的数据块的缓存，是由操作系统软件和 CPU 上的地址翻译硬件共同管理的。对于一个具有像 AFS 这样的分布式文件系统的机器来说，本地磁盘作为缓存，它是由运行在本地机器上的 AFS 客户端进程管理的。在大多数时候，缓存都是自动运行的，不需要程序采取特殊的或显式的行动。

## 6.3.2　存储器层次结构概念小结

概括来说，基于缓存的存储器层次结构行之有效，是因为较慢的存储设备比较快的存储设备更便宜，还因为程序倾向于展示局部性：

- *利用时间局部性*：由于时间局部性，同一数据对象可能会被多次使用。一旦一个数据对象在第一次不命中时被复制到缓存中，我们就会期望后面对该目标有一系列的访问命中。因为缓存比低一层的存储设备更快，对后面的命中的服务会比最开始的不命中快很多。
- *利用空间局部性*：块通常包含有多个数据对象。由于空间局部性，我们会期望后面对该块中其他对象的访问能够补偿不命中后复制该块的花费。

现代系统中到处都使用了缓存。正如从图 6-23 中能够看到的那样，CPU 芯片、操作系统、分布式文件系统中和万维网上都使用了缓存。各种各样硬件和软件的组合构成和管理着缓存。注意，图 6-23 中有大量我们还未涉及的术语和缩写。在此我们包括这些术语和缩写是为了说明缓存是多么的普遍。

| 类型 | 缓存什么 | 被缓存在何处 | 延迟（周期数） | 由谁管理 |
|---|---|---|---|---|
| CPU寄存器 | 4节字或8字节字 | 芯片上的CPU寄存器 | 0 | 编译器 |
| TLB | 地址翻译 | 芯片上的TLB | 0 | 硬件MMU |
| L1高速缓存 | 64字节块 | 芯片上的L1高速缓存 | 4 | 硬件 |
| L2高速缓存 | 64字节块 | 芯片上的L2高速缓存 | 10 | 硬件 |
| L3高速缓存 | 64字节块 | 芯片上的L3高速缓存 | 50 | 硬件 |
| 虚拟内存 | 4KB页 | 主存 | 200 | 硬件 + OS |
| 缓冲区缓存 | 部分文件 | 主存 | 200 | OS |
| 磁盘缓存 | 磁盘扇区 | 磁盘控制器 | 100 000 | 控制器固件 |
| 网络缓存 | 部分文件 | 本地磁盘 | 10 000 000 | NFS客户 |
| 浏览器缓存 | Web页 | 本地磁盘 | 10 000 000 | Web浏览器 |
| Web缓存 | Web页 | 远程服务器磁盘 | 1 000 000 000 | Web代理服务器 |

图 6-23　缓存在现代计算机系统中无处不在。TLB：快表(Translation Lookaside Buffer)；MMU：内存管理单元(Memory Management Unit)；OS：操作系统(Operating System)；AFS：安德鲁文件系统(Andrew File System)；NFS：网络文件系统(Network File System)

## 6.4　高速缓存存储器

早期计算机系统的存储器层次结构只有三层：CPU 寄存器、DRAM 主存储器和磁盘存储。不过，由于 CPU 和主存之间逐渐增大的差距，系统设计者被迫在 CPU 寄存器文件和主存之间插入了一个小的 SRAM 高速缓存存储器，称为 L1 高速缓存(一级缓存)，如图 6-24 所示。L1 高速缓存的访问速度几乎和寄存器一样快，典型地是大约 4 个时钟周期。

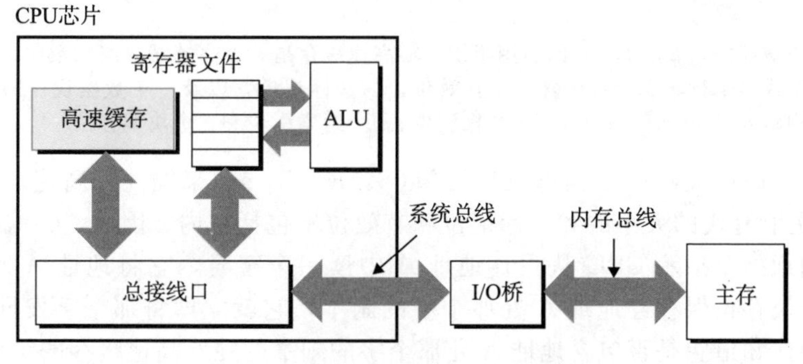


图 6-24　高速缓存存储器的典型总线结构

随着 CPU 和主存之间的性能差距不断增大，系统设计者在 L1 高速缓存和主存之间又插入了一个更大的高速缓存，称为 L2 高速缓存，可以在大约 10 个时钟周期内访问到它。有些现代系统还包括有一个更大的高速缓存，称为 L3 高速缓存，在存储器层次结构中，它位于 L2 高速缓存和主存之间，可以在大约 50 个周期内访问到它。虽然安排上有相当多的变化，但是通用原则是一样的。对于下一节中的讨论，我们会假设一个简单的存储器层次结构，CPU 和主存之间只有一个 L1 高速缓存。

### 6.4.1　通用的高速缓存存储器组织结构

考虑一个计算机系统，其中每个存储器地址有 $m$ 位，形成 $M=2^m$ 个不同的地址。如图 6-25a 所示，这样一个机器的高速缓存被组织成一个有 $S=2^s$ 个高速缓存组(cache set)的数组。每个组包含 $E$ 个高速缓存行(cache line)。每个行是由一个 $B=2^b$ 字节的数据块(block)组成的，一个有效位(valid bit)指明这个行是否包含有意义的信息，还有 $t=m-(b+s)$ 个标记位(tag bit)(是当前块的内存地址的位的一个子集)，它们唯一地标识存储在这个高速缓存行中的块。

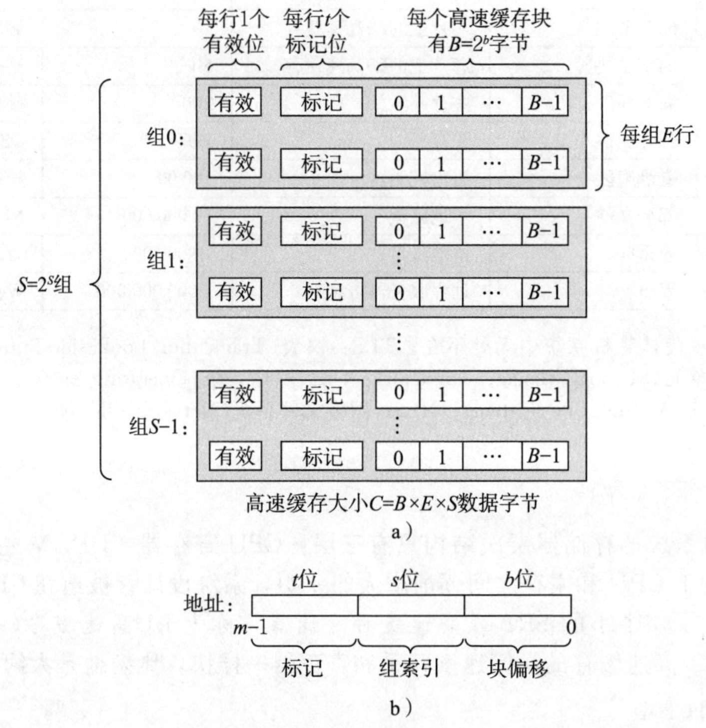


图 6-25　高速缓存($S$，$E$，$B$，$m$)的通用组织。a)高速缓存是一个高速缓存组的数组。每个组包含一个或多个行，每个行包含一个有效位，一些标记位，以及一个数据块；b)高速缓存的结构将 $m$ 个地址位划分成了 $t$ 个标记位、$s$ 个组索引位和 $b$ 个块偏移位

一般而言，高速缓存的结构可以用元组($S$，$E$，$B$，$m$)来描述。高速缓存的大小(或容量)$C$ 指的是所有块的大小的和。标记位和有效位不包括在内。因此，$C=S\times E\times B$。

当一条加载指令指示 CPU 从主存地址 $A$ 中读一个字时，它将地址 $A$ 发送到高速缓存。如果高速缓存正保存着地址 $A$ 处那个字的副本，它就立即将那个字发回给 CPU。那么高速缓存如何知道它是否包含地址 $A$ 处那个字的副本的呢？高速缓存的结构使得它能通过简单地检查地址位，找到所请求的字，类似于使用极其简单的哈希函数的哈希表。下面介绍它是如何工作的：

参数 $S$ 和 $B$ 将 $m$ 个地址位分为了三个字段，如图 6-25b 所示。$A$ 中 $s$ 个组索引位是一个到 $S$ 个组的数组的索引。第一个组是组 0，第二个组是组 1，依此类推。组索引位被解释为一个无符号整数，它告诉我们这个字必须存储在哪个组中。一旦我们知道了这个字必须放在哪个组中，$A$ 中的 $t$ 个标记位就告诉我们这个组中的哪一行包含这个字(如果有的话)。当且仅当设置了有效位并且该行的标记位与地址 $A$ 中的标记位相匹配时，组中的这一行才包含这个字。一旦我们在由组索引标识的组中定位了由标号所标识的行，那么 $b$ 个块偏移位给出了在 $B$ 个字节的数据块中的字偏移。

你可能已经注意到了，对高速缓存的描述使用了很多符号。图 6-26 对这些符号做了个小结，供你参考。

| 基本参数 | |
|---|---|
| 参数 | 描述 |
| $S=2^s$ | 组数 |
| $E$ | 每个组的行数 |
| $B=2^b$ | 块大小（字节） |
| $m=\log_2(M)$ | （主存）物理地址位数 |

| 衍生出来的量 | |
|---|---|
| 参数 | 描述 |
| $M=2^m$ | 内存地址的最大数量 |
| $s=\log_2(S)$ | 组索引位数量 |
| $b=\log_2(B)$ | 块偏移位数量 |
| $t=m-(s+b)$ | 标记位数量 |
| $C=B\times E\times S$ | 不包括像有效位和标记位这样开销的高速缓存大小（字节） |

图 6-26　高速缓存参数小结

练习题 6.9　下表给出了几个不同的高速缓存的参数。确定每个高速缓存的高速缓存组数($S$)、标记位数($t$)、组索引位数($s$)以及块偏移位数($b$)。

| 高速缓存 | $m$ | $C$ | $B$ | $E$ | $S$ | $t$ | $s$ | $b$ |
|---|---|---|---|---|---|---|---|---|
| 1. | 32 | 1024 | 4 | 1 | | | | |
| 2. | 32 | 1024 | 8 | 4 | | | | |
| 3. | 32 | 1024 | 32 | 32 | | | | |

## 6.4.2　直接映射高速缓存

根据每个组的高速缓存行数 $E$，高速缓存被分为不同的类。每个组只有一行($E=1$)的高速缓存称为**直接映射高速缓存**(direct-mapped cache)(见图 6-27)。直接映射高速缓存是最容易实现和理解的，所以我们会以它为例来说明一些高速缓存工作方式的通用概念。

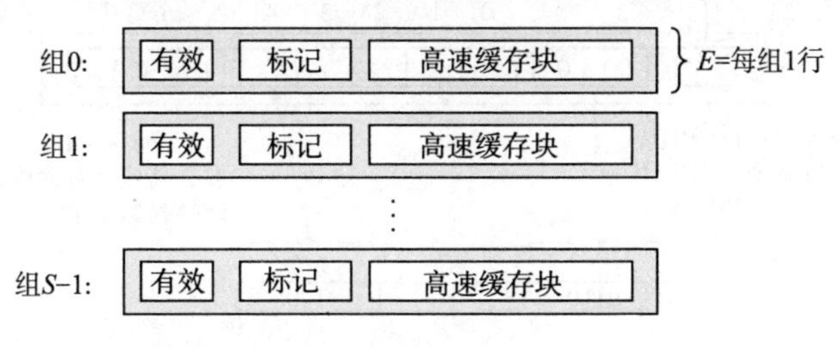


图 6-27　直接映射高速缓存($E=1$)。每个组只有一行

假设我们有这样一个系统，它有一个 CPU、一个寄存器文件、一个 L1 高速缓存和一个主存。当 CPU 执行一条读内存字 $w$ 的指令，它向 L1 高速缓存请求这个字。如果 L1 高速缓存有 $w$ 的一个缓存的副本，那么就得到 L1 高速缓存命中，高速缓存会很快抽取出 $w$，并将它返回给 CPU。否则就是缓存不命中，当 L1 高速缓存向主存请求包含 $w$ 的块的一个副本时，CPU 必须等待。当被请求的块最终从内存到达时，L1 高速缓存将这个块存放在它的一个高速缓存行里，从被存储的块中抽取出字 $w$，然后将它返回给 CPU。高速

缓存确定一个请求是否命中，然后抽取出被请求的字的过程，分为三步：1）组选择；2）行匹配；3）字抽取。

### 1. 直接映射高速缓存中的组选择

在这一步中，高速缓存从 $w$ 的地址中间抽取出 $s$ 个组索引位。这些位被解释成一个对应于一个组号的无符号整数。换句话来说，如果我们把高速缓存看成是一个关于组的一维数组，那么这些组索引位就是一个到这个数组的索引。图 6-28 展示了直接映射高速缓存的组选择是如何工作的。在这个例子中，组索引位 $00001_2$ 被解释为一个选择组 1 的整数索引。

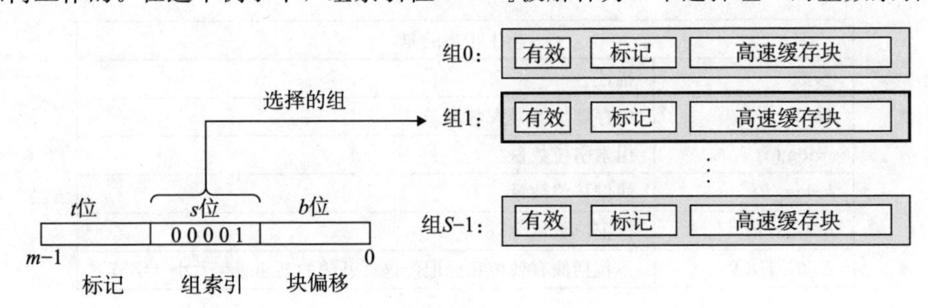


图 6-28 直接映射高速缓存中的组选择

### 2. 直接映射高速缓存中的行匹配

在上一步中我们已经选择了某个组 $i$，接下来的一步就要确定是否有字 $w$ 的一个副本存储在组 $i$ 包含的一个高速缓存行中。在直接映射高速缓存中这很容易，而且很快，这是因为每个组只有一行。当且仅当设置了有效位，而且高速缓存行中的标记与 $w$ 的地址中的标记相匹配时，这一行中包含 $w$ 的一个副本。

图 6-29 展示了直接映射高速缓存中行匹配是如何工作的。在这个例子中，选中的组中只有一个高速缓存行。这个行的有效位设置了，所以我们知道标记和块中的位是有意义的。因为这个高速缓存行中的标记位与地址中的标记位相匹配，所以我们知道我们想要的那个字的一个副本确实存储在这个行中。换句话说，我们得到一个缓存命中。另一方面，如果有效位没有设置，或者标记不相匹配，那么我们就得到一个缓存不命中。

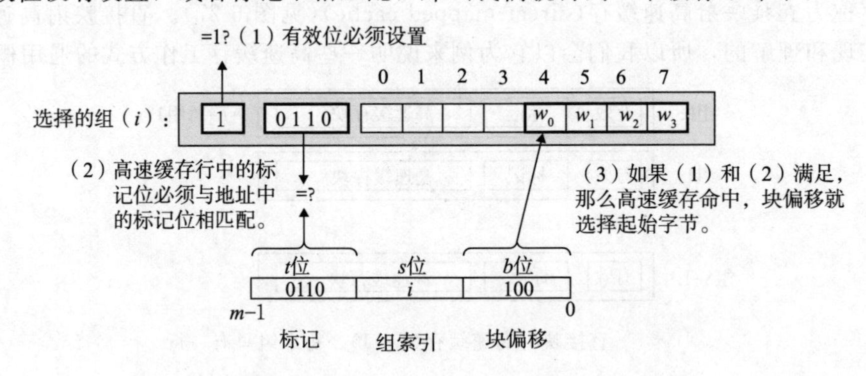


图 6-29 直接映射高速缓存中的行匹配和字选择。在高速缓存块中，$w_0$ 表示字 $w$ 的低位字节，$w_1$ 是下一个字节，依此类推

### 3. 直接映射高速缓存中的字选择

一旦命中，我们知道 $w$ 就在这个块中的某个地方。最后一步确定所需要的字在块中是从哪里开始的。如图 6-29 所示，块偏移位提供了所需要的字的第一个字节的偏移。就像我们把高速缓存看成一个行的数组一样，我们把块看成一个字节的数组，而字节偏移是到

这个数组的一个索引。在这个示例中，块偏移位是 $100_2$，它表明 $w$ 的副本是从块中的字节 4 开始的(我们假设字长为 4 字节)。

**4. 直接映射高速缓存中不命中时的行替换**

如果缓存不命中，那么它需要从存储器层次结构中的下一层取出被请求的块，然后将新的块存储在组索引位指示的组中的一个高速缓存行中。一般而言，如果组中都是有效高速缓存行了，那么必须要驱逐出一个现存的行。对于直接映射高速缓存来说，每个组只包含有一行，替换策略非常简单：用新取出的行替换当前的行。

**5. 综合：运行中的直接映射高速缓存**

高速缓存用来选择组和标识行的机制极其简单，因为硬件必须在几个纳秒的时间内完成这些工作。不过，用这种方式来处理位是很令人困惑的。一个具体的例子能帮助解释清楚这个过程。假设我们有一个直接映射高速缓存，描述如下

$$(S,E,B,m) = (4,1,2,4)$$

换句话说，高速缓存有 4 个组，每个组一行，每个块 2 个字节，而地址是 4 位的。我们还假设每个字都是单字节的。当然，这样一些假设完全是不现实的，但是它们能使示例保持简单。

当你初学高速缓存时，列举出整个地址空间并划分好位是很有帮助的，就像我们在图 6-30 对 4 位的示例所做的那样。关于这个列举出的空间，有一些有趣的事情值得注意：

| 地址(十进制) | 地址位 | | | 块号(十进制) |
|---|---|---|---|---|
| | 标记位($t$=1) | 索引位($s$=2) | 偏移位($b$=1) | |
| 0 | 0 | 00 | 0 | 0 |
| 1 | 0 | 00 | 1 | 0 |
| 2 | 0 | 01 | 0 | 1 |
| 3 | 0 | 01 | 1 | 1 |
| 4 | 0 | 10 | 0 | 2 |
| 5 | 0 | 10 | 1 | 2 |
| 6 | 0 | 11 | 0 | 3 |
| 7 | 0 | 11 | 1 | 3 |
| 8 | 1 | 00 | 0 | 4 |
| 9 | 1 | 00 | 1 | 4 |
| 10 | 1 | 01 | 0 | 5 |
| 11 | 1 | 01 | 1 | 5 |
| 12 | 1 | 10 | 0 | 6 |
| 13 | 1 | 10 | 1 | 6 |
| 14 | 1 | 11 | 0 | 7 |
| 15 | 1 | 11 | 1 | 7 |

图 6-30　示例直接映射高速缓存的 4 位地址空间

- 标记位和索引位连起来唯一地标识了内存中的每个块。例如，块 0 是由地址 0 和 1 组成的，块 1 是由地址 2 和 3 组成的，块 2 是由地址 4 和 5 组成的，依此类推。
- 因为有 8 个内存块，但是只有 4 个高速缓存组，所以多个块会映射到同一个高速缓存组(即它们有相同的组索引)。例如，块 0 和 4 都映射到组 0，块 1 和 5 都映射到组 1，等等。
- 映射到同一个高速缓存组的块由标记位唯一地标识。例如，块 0 的标记位为 0，而块 4 的标记位为 1，块 1 的标记位为 0，而块 5 的标记位为 1，以此类推。

让我们来模拟一下当 CPU 执行一系列读的时候，高速缓存的执行情况。记住对于这

个示例，我们假设 CPU 读 1 字节的字。虽然这种手工的模拟很乏味，你可能想要跳过它，但是根据我们的经验，在学生们做过几个这样的练习之前，他们是不能真正理解高速缓存是如何工作的。

初始时，高速缓存是空的(即每个有效位都是 0)：

| 组 | 有效位 | 标记位 | 块[0] | 块[1] |
|---|---|---|---|---|
| 0 | 0 | | | |
| 1 | 0 | | | |
| 2 | 0 | | | |
| 3 | 0 | | | |

表中的每一行都代表一个高速缓存行。第一列表明该行所属的组，但是请记住提供这个位只是为了方便，实际上它并不真是高速缓存的一部分。后面四列代表每个高速缓存行的实际的位。现在，让我们来看看当 CPU 执行一系列读时，都发生了什么：

1) **读地址 0 的字。**因为组 0 的有效位是 0，是缓存不命中。高速缓存从内存(或低一层的高速缓存)取出块 0，并把这个块存储在组 0 中。然后，高速缓存返回新取出的高速缓存行的块[0]的 m[0](内存位置 0 的内容)。

| 组 | 有效位 | 标记位 | 块[0] | 块[1] |
|---|---|---|---|---|
| 0 | 1 | 0 | m[0] | m[1] |
| 1 | 0 | | | |
| 2 | 0 | | | |
| 3 | 0 | | | |

2) **读地址 1 的字。**这次会是高速缓存命中。高速缓存立即从高速缓存行的块[1]中返回 m[1]。高速缓存的状态没有变化。

3) **读地址 13 的字。**由于组 2 中的高速缓存行不是有效的，所以有缓存不命中。高速缓存把块 6 加载到组 2 中，然后从新的高速缓存行的块[1]中返回 m[13]。

| 组 | 有效位 | 标记位 | 块[0] | 块[1] |
|---|---|---|---|---|
| 0 | 1 | 0 | m[0] | m[1] |
| 1 | 0 | | | |
| 2 | 1 | 1 | m[12] | m[13] |
| 3 | 0 | | | |

4)**读地址 8 的字。**这会发生缓存不命中。组 0 中的高速缓存行确实是有效的，但是标记不匹配。高速缓存将块 4 加载到组 0 中(替换读地址 0 时读入的那一行)，然后从新的高速缓存行的块[0]中返回 m[8]。

| 组 | 有效位 | 标记位 | 块[0] | 块[1] |
|---|---|---|---|---|
| 0 | 1 | 1 | m[8] | m[9] |
| 1 | 0 | | | |
| 2 | 1 | 1 | m[12] | m[13] |
| 3 | 0 | | | |

5)**读地址 0 的字。**又会发生缓存不命中，因为在前面引用地址 8 时，我们刚好替换了块 0。这就是冲突不命中的一个例子，也就是我们有足够的高速缓存空间，但是却交替地引用映射到同一个组的块。

| 组 | 有效位 | 标记位 | 块[0] | 块[1] |
|---|---|---|---|---|
| 0 | 1 | 0 | m[0] | m[1] |
| 1 | 0 | | | |
| 2 | 1 | 1 | m[12] | m[13] |
| 3 | 0 | | | |

### 6. 直接映射高速缓存中的冲突不命中

冲突不命中在真实的程序中很常见，会导致令人困惑的性能问题。当程序访问大小为2的幂的数组时，直接映射高速缓存中通常会发生冲突不命中。例如，考虑一个计算两个向量点积的函数：

```
1   float dotprod(float x[8], float y[8])
2   {
3       float sum = 0.0;
4       int i;
5
6       for (i = 0; i < 8; i++)
7           sum += x[i] * y[i];
8       return sum;
9   }
```

对于x和y来说，这个函数有良好的空间局部性，因此我们期望它的命中率会比较高。不幸的是，并不总是如此。

假设浮点数是4个字节，x被加载到从地址0开始的32字节连续内存中，而y紧跟在x之后，从地址32开始。为了简便，假设一个块是16个字节(足够容纳4个浮点数)，高速缓存由两个组组成，高速缓存的整个大小为32字节。我们会假设变量sum实际上存放在一个CPU寄存器中，因此不需要内存引用。根据这些假设每个x[i]和y[i]会映射到相同的高速缓存组：

| 元素 | 地址 | 组索引 | 元素 | 地址 | 组索引 |
|---|---|---|---|---|---|
| x[0] | 0 | 0 | y[0] | 32 | 0 |
| x[1] | 4 | 0 | y[1] | 36 | 0 |
| x[2] | 8 | 0 | y[2] | 40 | 0 |
| x[3] | 12 | 0 | y[3] | 44 | 0 |
| x[4] | 16 | 1 | y[4] | 48 | 1 |
| x[5] | 20 | 1 | y[5] | 52 | 1 |
| x[6] | 24 | 1 | y[6] | 56 | 1 |
| x[7] | 28 | 1 | y[7] | 60 | 1 |

在运行时，循环的第一次迭代引用x[0]，缓存不命中会导致包含x[0]～x[3]的块被加载到组0。接下来是对y[0]的引用，又一次缓存不命中，导致包含y[0]～y[3]的块被复制到组0，覆盖前一次引用复制进来的x的值。在下一次迭代中，对x[1]的引用不命中，导致x[0]～x[3]的块被加载回组0，覆盖掉y[0]～y[3]的块。因而现在我们就有了一个冲突不命中，而且实际上后面每次对x和y的引用都会导致冲突不命中，因为我们在x和y的块之间抖动(thrash)。术语“抖动”描述的是这样一种情况，即高速缓存反复地加载和驱逐相同的高速缓存块的组。

简要来说就是，即使程序有良好的空间局部性，而且我们的高速缓存中也有足够的空间来存放x[i]和y[i]的块，每次引用还是会导致冲突不命中，这是因为这些块被映射到了同一个高速缓存组。这种抖动导致速度下降 2 或 3 倍并不稀奇。另外，还要注意虽然我们的示例极其简单，但是对于更大、更现实的直接映射高速缓存来说，这个问题也是很真实的。

幸运的是，一旦程序员意识到了正在发生什么，就很容易修正抖动问题。一个很简单的方法是在每个数组的结尾放 $B$ 字节的填充。例如，不是将 x 定义为 `float x[8]`，而是定义成 `float x[12]`。假设在内存中 y 紧跟在 x 后面，我们有下面这样的从数组元素到组的映射：

| 元素 | 地址 | 组索引 | 元素 | 地址 | 组索引 |
|---|---|---|---|---|---|
| x[0] | 0 | 0 | y[0] | 48 | 1 |
| x[1] | 4 | 0 | y[1] | 52 | 1 |
| x[2] | 8 | 0 | y[2] | 56 | 1 |
| x[3] | 12 | 0 | y[3] | 60 | 1 |
| x[4] | 16 | 1 | y[4] | 64 | 0 |
| x[5] | 20 | 1 | y[5] | 68 | 0 |
| x[6] | 24 | 1 | y[6] | 72 | 0 |
| x[7] | 28 | 1 | y[7] | 76 | 0 |

在 x 结尾加了填充，x[i]和 y[i]现在就映射到了不同的组，消除了抖动冲突不命中。

**练习题 6.10** 在前面 dotprod 的例子中，在我们对数组 x 做了填充之后，所有对 x 和 y 的引用的命中率是多少？

**旁注 为什么用中间的位来做索引**

你也许会奇怪，为什么高速缓存用中间的位来作为组索引，而不是用高位。为什么用中间的位更好，是有很好的原因的。图 6-31 说明了原因。如果高位用做索引，那么一些连续的内存块就会映射到相同的高速缓存块。例如，在图中，头四个块映射到第一个高速缓存组，第二个四个块映射到第二个组，依此类推。如果一个程序有良好的空间局部性，顺序扫描一个数组的元素，那么在任何时刻，高速缓存都只保存着一个块大小

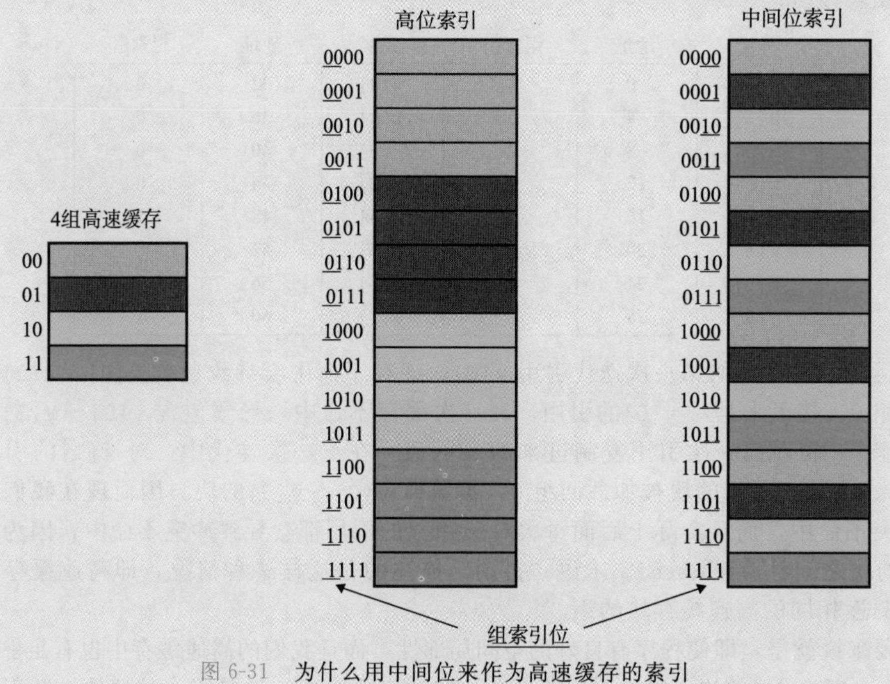


图 6-31 为什么用中间位来作为高速缓存的索引

的数组内容。这样对高速缓存的使用效率很低。相比较而言，以中间位作为索引，相邻的块总是映射到不同的高速缓存行。在这里的情况中，高速缓存能够存放整个大小为 $C$ 的数组片，这里 $C$ 是高速缓存的大小。

练习题 6.11　假想一个高速缓存，用地址的高 $s$ 位做组索引，那么内存块连续的片(chunk)会被映射到同一个高速缓存组。

A. 每个这样的连续的数组片中有多少个块？

B. 考虑下面的代码，它运行在一个高速缓存形式为 $(S, E, B, m)=(512, 1, 32, 32)$ 的系统上：

```
int array[4096];

for (i = 0; i < 4096; i++)
    sum += array[i];
```

在任意时刻，存储在高速缓存中的数组块的最大数量为多少？

### 6.4.3　组相联高速缓存

直接映射高速缓存中冲突不命中造成的问题源于每个组只有一行(或者，按照我们的术语来描述就是 $E=1$)这个限制。**组相联高速缓存**(set associative cache)放松了这条限制，所以每个组都保存有多于一个的高速缓存行。一个 $1<E<C/B$ 的高速缓存通常称为 $E$ 路组相联高速缓存。在下一节中，我们会讨论 $E=C/B$ 这种特殊情况。图 6-32 展示了一个 2 路组相联高速缓存的结构。

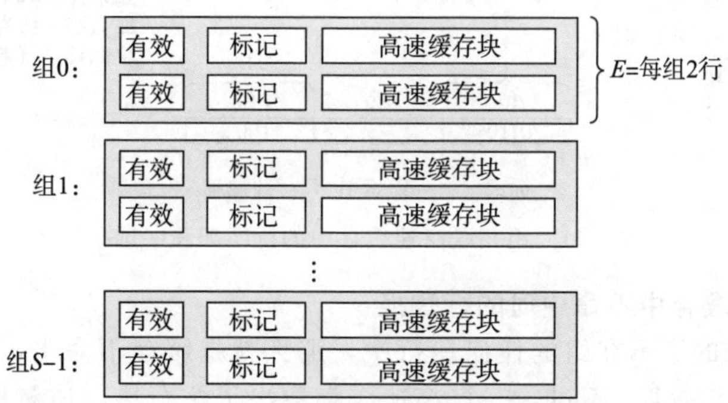


图 6-32　组相联高速缓存($1<E<C/B$)。在一个组相联高速缓存中，每个组包含多于一个行。这里的特例是一个 2 路组相联高速缓存

#### 1. 组相联高速缓存中的组选择

它的组选择与直接映射高速缓存的组选择一样，组索引位标识组。图 6-33 总结了这个原理。

#### 2. 组相联高速缓存中的行匹配和字选择

组相联高速缓存中的行匹配比直接映射高速缓存中的更复杂，因为它必须检查多个行的标记位和有效位，以确定所请求的字是否在某个组中。传统的内存是一个值的数组，以地址作为输入，并返回存储在那个地址的值。另一方面，**相联存储器**是一个(key，value)对的数组，以 key 为输入，返回与输入的 key 相匹配的(key，value)对中的 value 值。因此，我们可以把组相联高速缓存中的每个组都看成一个小的相联存储器，key 是标记和有效位，而 value 就是块的内容。

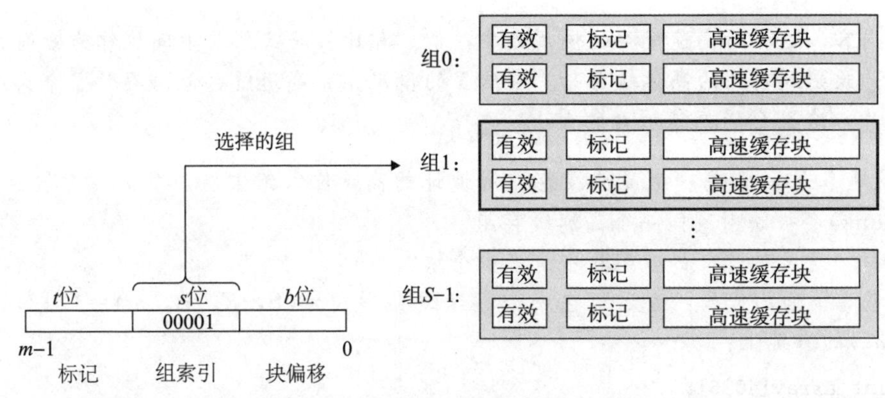


图 6-33　组相联高速缓存中的组选择

图 6-34 展示了相联高速缓存中行匹配的基本思想。这里的一个重要思想就是组中的任何一行都可以包含任何映射到这个组的内存块。所以高速缓存必须搜索组中的每一行，寻找一个有效的行，其标记与地址中的标记相匹配。如果高速缓存找到了这样一行，那么我们就命中，块偏移从这个块中选择一个字，和前面一样。

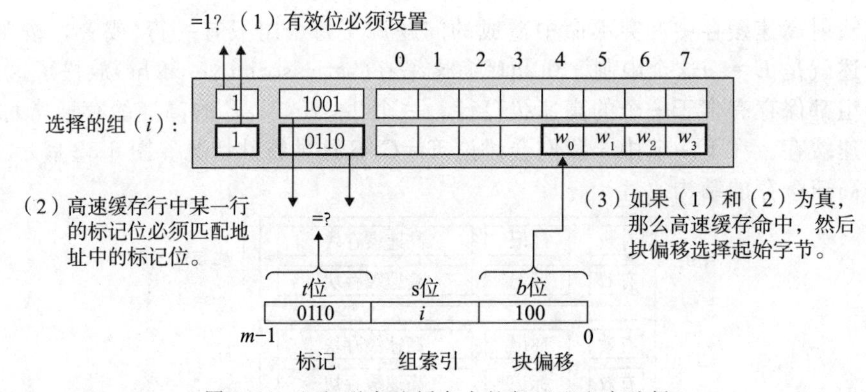


图 6-34　组相联高速缓存中的行匹配和字选择

### 3. 组相联高速缓存中不命中时的行替换

如果 CPU 请求的字不在组的任何一行中，那么就是缓存不命中，高速缓存必须从内存中取出包含这个字的块。不过，一旦高速缓存取出了这个块，该替换哪个行呢？当然，如果有一个空行，那它就是个很好的候选。但是如果该组中没有空行，那么我们必须从中选择一个非空的行，希望 CPU 不会很快引用这个被替换的行。

程序员很难在代码中利用高速缓存替换策略，所以在此我们不会过多地讲述其细节。最简单的替换策略是随机选择要替换的行。其他更复杂的策略利用了局部性原理，以使在比较近的将来引用被替换的行的概率最小。例如，最不常使用（Least-Frequently-Used，LFU）策略会替换在过去某个时间窗口内引用次数最少的那一行。最近最少使用（Least-Recently-Used，LRU）策略会替换最后一次访问时间最久远的那一行。所有这些策略都需要额外的时间和硬件。但是，越往存储器层次结构下面走，远离 CPU，一次不命中的开销就会更加昂贵，用更好的替换策略使得不命中最少也变得更加值得了。

## 6.4.4　全相联高速缓存

全相联高速缓存（fully associative cache）是由一个包含所有高速缓存行的组（即 $E=C/$

$B$)组成的。图 6-35 给出了基本结构。

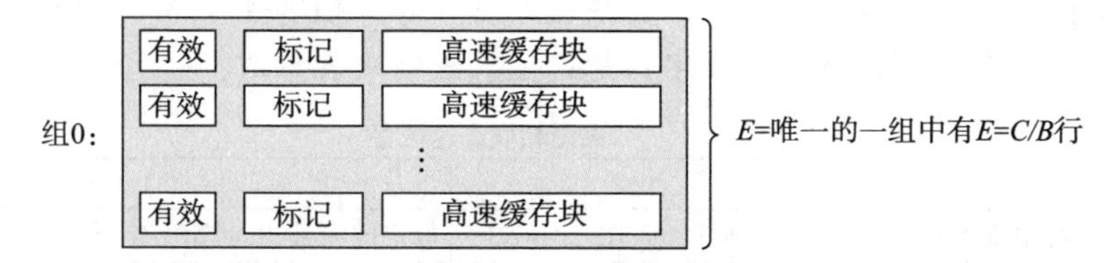


图 6-35　全相联高速缓存($E=C/B$)。在全相联高速缓存中，一个组包含所有的行

### 1. 全相联高速缓存中的组选择

全相联高速缓存中的组选择非常简单，因为只有一个组，图 6-36 做了个小结。注意地址中没有组索引位，地址只被划分成了一个标记和一个块偏移。

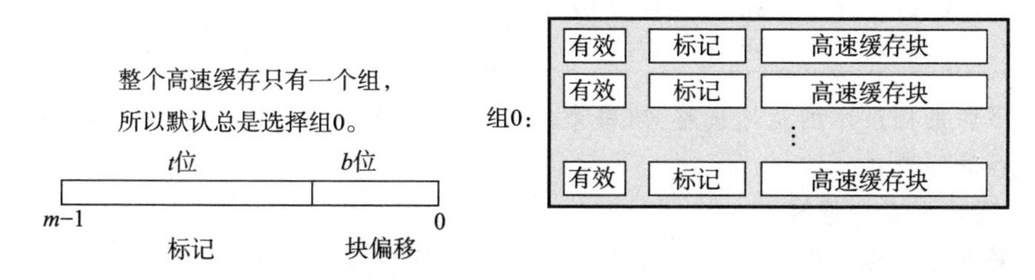


图 6-36　全相联高速缓存中的组选择。注意没有组索引位

### 2. 全相联高速缓存中的行匹配和字选择

全相联高速缓存中的行匹配和字选择与组相联高速缓存中的是一样的，如图 6-37 所示。它们之间的区别主要是规模大小的问题。

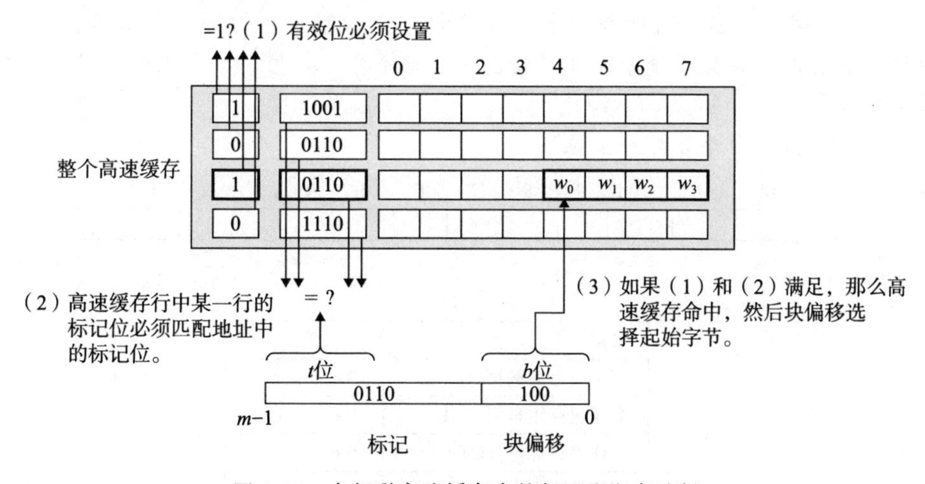


图 6-37　全相联高速缓存中的行匹配和字选择

因为高速缓存电路必须并行地搜索许多相匹配的标记，构造一个又大又快的相联高速缓存很困难，而且很昂贵。因此，全相联高速缓存只适合做小的高速缓存，例如虚拟内存系统中的快表(TLB)，它缓存页表项(见 9.6.2 节)。

**练习题 6.12**　下面的问题能帮助你加强理解高速缓存是如何工作的。有如下假设：

- 内存是字节寻址的。
- 内存访问的是 1 字节的字(不是 4 字节的字)。

- 地址的宽度为 13 位。
- 高速缓存是 2 路组相联的($E=2$)，块大小为 4 字节($B=4$)，有 8 个组($S=8$)。

高速缓存的内容如下，所有的数字都是以十六进制来表示的：

2路组相联高速缓存

| | 行0 | | | | | | 行1 | | | | | |
|---|---|---|---|---|---|---|---|---|---|---|---|---|
| 组索引 | 标记位 | 有效位 | 字节0 | 字节1 | 字节2 | 字节3 | 标记位 | 有效位 | 字节0 | 字节1 | 字节2 | 字节3 |
| 0 | 09 | 1 | 86 | 30 | 3F | 10 | 00 | 0 | — | — | — | — |
| 1 | 45 | 1 | 60 | 4F | E0 | 23 | 38 | 1 | 00 | BC | 0B | 37 |
| 2 | EB | 0 | — | — | — | — | 0B | 0 | — | — | — | — |
| 3 | 06 | 0 | — | — | — | — | 32 | 1 | 12 | 08 | 7B | AD |
| 4 | C7 | 1 | 06 | 78 | 07 | C5 | 05 | 1 | 40 | 67 | C2 | 3B |
| 5 | 71 | 1 | 0B | DE | 18 | 4B | 6E | 0 | — | — | — | — |
| 6 | 91 | 1 | A0 | B7 | 26 | 2D | F0 | 0 | — | — | — | — |
| 7 | 46 | 0 | — | — | — | — | DE | 1 | 12 | C0 | 88 | 37 |

下面的图展示的是地址格式(每个小方框一个位)。指出(在图中标出)用来确定下列内容的字段：

CO 高速缓存块偏移

CI 高速缓存组索引

CT 高速缓存标记

| 12 | 11 | 10 | 9 | 8 | 7 | 6 | 5 | 4 | 3 | 2 | 1 | 0 |
|---|---|---|---|---|---|---|---|---|---|---|---|---|
| | | | | | | | | | | | | |

**练习题 6.13** 假设一个程序运行在练习题 6-12 中的机器上，它引用地址 0x0E34 处的 1 个字节的字。指出访问的高速缓存条目和十六进制表示的返回的高速缓存字节值。指出是否会发生缓存不命中。如果会出现缓存不命中，用“—”来表示“返回的高速缓存字节”。

A. 地址格式(每个小方框一个位)：

| 12 | 11 | 10 | 9 | 8 | 7 | 6 | 5 | 4 | 3 | 2 | 1 | 0 |
|---|---|---|---|---|---|---|---|---|---|---|---|---|
| | | | | | | | | | | | | |

B. 内存引用：

| 参数 | 值 |
|---|---|
| 高速缓存块偏移 (CO) | 0x______ |
| 高速缓存组索引 (CI) | 0x______ |
| 高速缓存标记 (CT) | 0x______ |
| 高速缓存命中？(是/否) | |
| 返回的高速缓存字节 | 0x______ |

**练习题 6.14** 对于存储器地址 0x0DD5，再做一遍练习题 6.13。

A. 地址格式(每个小方框一个位)：

| 12 | 11 | 10 | 9 | 8 | 7 | 6 | 5 | 4 | 3 | 2 | 1 | 0 |
|---|---|---|---|---|---|---|---|---|---|---|---|---|
| | | | | | | | | | | | | |

B. 内存引用：

| 参数 | 值 |
|---|---|
| 高速缓存块偏移（CO） | 0x________ |
| 高速缓存组索引（CI） | 0x________ |
| 高速缓存标记（CT） | 0x________ |
| 高速缓存命中？（是/否） | |
| 返回的高速缓存字节 | 0x________ |

练习题 6.15　对于内存地址 0x1FE4，再做一遍练习题 6.13。

A. 地址格式(每个小方框一个位)：

| 12 | 11 | 10 | 9 | 8 | 7 | 6 | 5 | 4 | 3 | 2 | 1 | 0 |
|---|---|---|---|---|---|---|---|---|---|---|---|---|
| | | | | | | | | | | | | |

B. 内存引用：

| 参数 | 值 |
|---|---|
| 高速缓存块偏移（CO） | 0x________ |
| 高速缓存组索引（CI） | 0x________ |
| 高速缓存标记（CT） | 0x________ |
| 高速缓存命中？（是/否） | |
| 返回的高速缓存字节 | 0x________ |

练习题 6.16　对于练习题 6.12 中的高速缓存，列出所有的在组 3 中会命中的十六进制内存地址。

### 6.4.5　有关写的问题

正如我们看到的，高速缓存关于读的操作非常简单。首先，在高速缓存中查找所需字 $w$ 的副本。如果命中，立即返回字 $w$ 给 CPU。如果不命中，从存储器层次结构中较低层中取出包含字 $w$ 的块，将这个块存储到某个高速缓存行中(可能会驱逐一个有效的行)，然后返回字 $w$。

写的情况就要复杂一些了。假设我们要写一个已经缓存了的字 $w$(*写命中*，write hit)。在高速缓存更新了它的 $w$ 的副本之后，怎么更新 $w$ 在层次结构中紧接着低一层中的副本呢？最简单的方法，称为*直写*(write-through)，就是立即将 $w$ 的高速缓存块写回到紧接着的低一层中。虽然简单，但是直写的缺点是每次写都会引起总线流量。另一种方法，称为*写回*(write-back)，尽可能地推迟更新，只有当替换算法要驱逐这个更新过的块时，才把它写到紧接着的低一层中。由于局部性，写回能显著地减少总线流量，但是它的缺点是增加了复杂性。高速缓存必须为每个高速缓存行维护一个额外的*修改位*(dirty bit)，表明这个高速缓存块是否被修改过。

另一个问题是如何处理写不命中。一种方法，称为*写分配*(write-allocate)，加载相应的低一层中的块到高速缓存中，然后更新这个高速缓存块。写分配试图利用写的空间局部性，但是缺点是每次不命中都会导致一个块从低一层传送到高速缓存。另一种方法，称为*非写分配*(not-write-allocate)，避开高速缓存，直接把这个字写到低一层中。直写高速缓存通常是非写分配的。写回高速缓存通常是写分配的。

为写操作优化高速缓存是一个细致而困难的问题，在此我们只略讲皮毛。细节随系统的不同而不同，而且通常是私有的，文档记录不详细。对于试图编写高速缓存比较友好的程序的程序员来说，我们建议在心里采用一个使用写回和写分配的高速缓存的模型。这样建议有几个原因。通常，由于较长的传送时间，存储器层次结构中较低层的缓存更可能使用写回，而不是直写。例如，虚拟内存系统(用主存作为存储在磁盘上的块的缓存)只使用写回。但是由于逻辑电路密度的提高，写回的高复杂性也越来越不成为阻碍了，我们在现代系统的所有层次上都能看到写回缓存。所以这种假设符合当前的趋势。假设使用写回写分配方法的另一个原因是，它与处理读的方式相对称，因为写回写分配试图利用局部性。因此，我们可以在高层次上开发我们的程序，展示良好的空间和时间局部性，而不是试图为某一个存储器系统进行优化。

### 6.4.6　一个真实的高速缓存层次结构的解剖

到目前为止，我们一直假设高速缓存只保存程序数据。不过，实际上，高速缓存既保存数据，也保存指令。只保存指令的高速缓存称为 *i-cache*。只保存程序数据的高速缓存称为 *d-cache*。既保存指令又包括数据的高速缓存称为**统一的高速缓存**(unified cache)。现代处理器包括独立的 i-cache 和 d-cache。这样做有很多原因。有两个独立的高速缓存，处理器能够同时读一个指令字和一个数据字。i-cache 通常是只读的，因此比较简单。通常会针对不同的访问模式来优化这两个高速缓存，它们可以有不同的块大小，相联度和容量。使用不同的高速缓存也确保了数据访问不会与指令访问形成冲突不命中，反过来也是一样，代价就是可能会引起容量不命中增加。

图 6-38 给出了 Intel Core i7 处理器的高速缓存层次结构。每个 CPU 芯片有四个核。每个核有自己私有的 L1 i-cache、L1 d-cache 和 L2 统一的高速缓存。所有的核共享片上 L3 统一的高速缓存。这个层次结构的一个有趣的特性是所有的 SRAM 高速缓存存储器都在 CPU 芯片上。

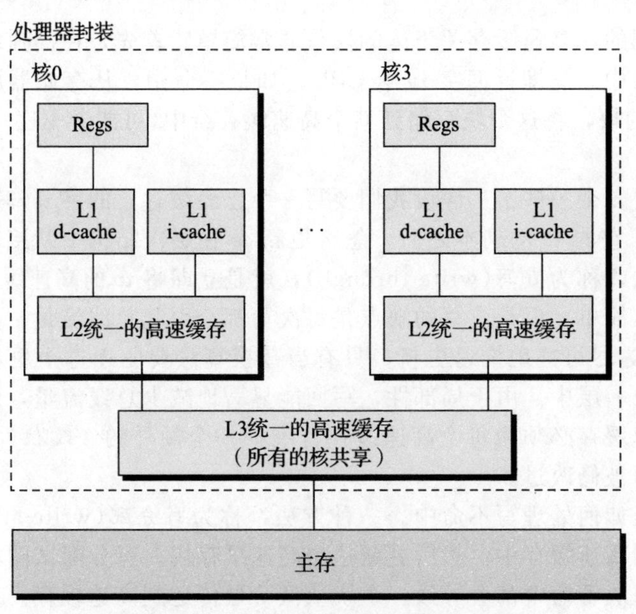


图 6-38　Intel Core i7 的高速缓存层次结构

图 6-39 总结了 Core i7 高速缓存的基本特性。

| 高速缓存类型 | 访问时间（周期） | 高速缓存大小（C） | 相联度（E） | 块大小（B） | 组数（S） |
|---|---|---|---|---|---|
| L1 i-cache | 4 | 32KB | 8 | 64B | 64 |
| L1 d-cache | 4 | 32KB | 8 | 64B | 64 |
| L2统一的高速缓存 | 10 | 256KB | 8 | 64B | 512 |
| L3统一的高速缓存 | 40~75 | 8MB | 16 | 64B | 8192 |

图 6-39 Core i7 高速缓存层次结构的特性

### 6.4.7 高速缓存参数的性能影响

有许多指标来衡量高速缓存的性能：

- *不命中率*(miss rate)。在一个程序执行或程序的一部分执行期间，内存引用不命中的比率。它是这样计算的：*不命中数量/引用数量*。
- *命中率*(hit rate)。命中的内存引用比率。它等于 1－*不命中率*。
- *命中时间*(hit time)。从高速缓存传送一个字到 CPU 所需的时间，包括组选择、行确认和字选择的时间。对于 L1 高速缓存来说，命中时间的数量级是几个时钟周期。
- *不命中处罚*(miss penalty)。由于不命中所需要的额外的时间。L1 不命中需要从 L2 得到服务的处罚，通常是数 10 个周期；从 L3 得到服务的处罚，50 个周期；从主存得到的服务的处罚，200 个周期。

优化高速缓存的成本和性能的折中是一项很精细的工作，它需要在现实的基准程序代码上进行大量的模拟，因此超出了我们讨论的范围。不过，还是可以认识一些定性的折中考量的。

**1. 高速缓存大小的影响**

一方面，较大的高速缓存可能会提高命中率。另一方面，使大存储器运行得更快总是要难一些的。结果，较大的高速缓存可能会增加命中时间。这解释了为什么 L1 高速缓存比 L2 高速缓存小，以及为什么 L2 高速缓存比 L3 高速缓存小。

**2. 块大小的影响**

大的块有利有弊。一方面，较大的块能利用程序中可能存在的空间局部性，帮助提高命中率。不过，对于给定的高速缓存大小，块越大就意味着高速缓存行数越少，这会损害时间局部性比空间局部性更好的程序中的命中率。较大的块对不命中处罚也有负面影响，因为块越大，传送时间就越长。现代系统(如 Core i7)会折中使高速缓存块包含 64 个字节。

**3. 相联度的影响**

这里的问题是参数 $E$ 选择的影响，$E$ 是每个组中高速缓存行数。较高的相联度(也就是 $E$ 的值较大)的优点是降低了高速缓存由于冲突不命中出现抖动的可能性。不过，较高的相联度会造成较高的成本。较高的相联度实现起来很昂贵，而且很难使之速度变快。每一行需要更多的标记位，每一行需要额外的 LRU 状态位和额外的控制逻辑。较高的相联度会增加命中时间，因为复杂性增加了，另外，还会增加不命中处罚，因为选择牺牲行的复杂性也增加了。

相联度的选择最终变成了命中时间和不命中处罚之间的折中。传统上，努力争取时钟频率的高性能系统会为 L1 高速缓存选择较低的相联度(这里的不命中处罚只是几个周期)，而在不命中处罚比较高的较低层上使用比较大的相联度。例如，Intel Core i7 系统中，L1 和 L2 高速缓存是 8 路组相联的，而 L3 高速缓存是 16 路组相联的。

**4. 写策略的影响**

直写高速缓存比较容易实现，而且能使用独立于高速缓存的*写缓冲区*(write buffer)，用来更新内存。此外，读不命中开销没这么大，因为它们不会触发内存写。另一方面，写回高速缓存引起的传送比较少，它允许更多的到内存的带宽用于执行DMA的I/O设备。此外，越往层次结构下面走，传送时间增加，减少传送的数量就变得更加重要。一般而言，高速缓存越往下层，越可能使用写回而不是直写。

**旁注　高速缓存行、组和块有什么区别？**

很容易混淆高速缓存行、组和块之间的区别。让我们来回顾一下这些概念，确保概念清晰：

- 块是一个固定大小的信息包，在高速缓存和主存(或下一层高速缓存)之间来回传送。
- 行是高速缓存中的一个容器，存储块以及其他信息(例如有效位和标记位)。
- 组是一个或多个行的集合。直接映射高速缓存中的组只由一行组成。组相联和全相联高速缓存中的组是由多个行组成的。

在直接映射高速缓存中，组和行实际上是等价的。不过，在相联高速缓存中，组和行是很不一样的，这两个词不能互换使用。

因为一行总是存储一个块，术语“行”和“块”通常互换使用。例如，系统专家总是说高速缓存的“行大小”，实际上他们指的是块大小。这样的用法十分普遍，只要你理解块和行之间的区别，它不会造成任何误会。

## 6.5　编写高速缓存友好的代码

在6.2节中，我们介绍了局部性的思想，而且定性地谈了一下什么会具有良好的局部性。明白了高速缓存存储器是如何工作的，我们就能更加准确一些了。局部性比较好的程序更容易有较低的不命中率，而不命中率较低的程序往往比不命中率较高的程序运行得更快。因此，从具有良好局部性的意义上来说，好的程序员总是应该试着去编写高速缓存友好(cache friendly)的代码。下面就是我们用来确保代码高速缓存友好的基本方法。

1）让最常见的情况运行得快。程序通常把大部分时间都花在少量的核心函数上，而这些函数通常把大部分时间都花在了少量循环上。所以要把注意力集中在核心函数里的循环上，而忽略其他部分。

2）尽量减小每个循环内部的缓存不命中数量。在其他条件(例如加载和存储的总次数)相同的情况下，不命中率较低的循环运行得更快。

为了看看实际上这是怎么工作的，考虑6.2节中的函数sumvec：

```
1   int sumvec(int v[N])
2   {
3       int i, sum = 0;
4
5       for (i = 0; i < N; i++)
6           sum += v[i];
7       return sum;
8   }
```

这个函数高速缓存友好吗？首先，注意对于局部变量i和sum，循环体有良好的时间局部性。实际上，因为它们都是局部变量，任何合理的优化编译器都会把它们缓存在寄存器文件中，也就是存储器层次结构的最高层中。现在考虑一下对向量v的步长为1的引用。一般而言，如果一个高速缓存的块大小为$B$字节，那么一个步长为$k$的引用模式(这里$k$是以字为单位的)平均每次循环迭代会有min(1，(wordsize$\times k$)/$B$)次缓存不命中。当$k=1$时，它取最小值，所以对v的步长为1的引用确实是高速缓存友好的。例如，假设v是块对齐的，字为4个字节，高速缓存块为4个字，而高速缓存初始为空(冷高速缓存)。然后，无论是什么样的高速缓存结构，对 v 的引用都会得到下面的命中和不命中模式：

| v[i] | $i=0$ | $i=1$ | $i=2$ | $i=3$ | $i=4$ | $i=5$ | $i=6$ | $i=7$ |
|---|---|---|---|---|---|---|---|---|
| 访问顺序，命中[h]或不命中[m] | 1 **[m]** | 2 [h] | 3 [h] | 4 [h] | 5 **[m]** | 6 [h] | 7 [h] | 8 [h] |

在这个例子中，对 v[0]的引用会不命中，而相应的包含 v[0]～v[3]的块会被从内存加载到高速缓存中。因此，接下来三个引用都会命中。对 v[4]的引用会导致不命中，而一个新的块被加载到高速缓存中，接下来的三个引用都命中，依此类推。总的来说，四个引用中，三个会命中，在这种冷缓存的情况下，这是我们所能做到的最好的情况了。

总之，简单的 sumvec 示例说明了两个关于编写高速缓存友好的代码的重要问题：

- 对局部变量的反复引用是好的，因为编译器能够将它们缓存在寄存器文件中(时间局部性)。
- 步长为 1 的引用模式是好的，因为存储器层次结构中所有层次上的缓存都是将数据存储为连续的块(空间局部性)。

在对多维数组进行操作的程序中，空间局部性尤其重要。例如，考虑 6.2 节中的 sumarrayrows 函数，它按照行优先顺序对一个二维数组的元素求和：

```
1  int sumarrayrows(int a[M][N])
2  {
3      int i, j, sum = 0;
4
5      for (i = 0; i < M; i++)
6          for (j = 0; j < N; j++)
7              sum += a[i][j];
8      return sum;
9  }
```

由于 C 语言以行优先顺序存储数组，所以这个函数中的内循环有与 sumvec 一样好的步长为 1 的访问模式。例如，假设我们对这个高速缓存做与对 sumvec 一样的假设。那么对数组 a 的引用会得到下面的命中和不命中模式：

| a[i][j] | $j=0$ | $j=1$ | $j=2$ | $j=3$ | $j=4$ | $j=5$ | $j=6$ | $j=7$ |
|---|---|---|---|---|---|---|---|---|
| $i=0$ | 1 **[m]** | 2 [h] | 3 [h] | 4 [h] | 5 **[m]** | 6 [h] | 7 [h] | 8 [h] |
| $i=1$ | 9 **[m]** | 10 [h] | 11 [h] | 12 [h] | 13 **[m]** | 14 [h] | 15 [h] | 16 [h] |
| $i=2$ | 17 **[m]** | 18 [h] | 19 [h] | 20 [h] | 21 **[m]** | 22 [h] | 23 [h] | 24 [h] |
| $i=3$ | 25 **[m]** | 26 [h] | 27 [h] | 28 [h] | 29 **[m]** | 30 [h] | 31 [h] | 32 [h] |

但是如果我们做一个看似无伤大雅的改变——交换循环的次序，看看会发生什么：

```
1  int sumarraycols(int a[M][N])
2  {
3      int i, j, sum = 0;
4
5      for (j = 0; j < N; j++)
6          for (i = 0; i < M; i++)
7              sum += a[i][j];
8      return sum;
9  }
```

在这种情况中，我们是一列一列而不是一行一行地扫描数组的。如果我们够幸运，整个数组都在高速缓存中，那么我们也会有相同的不命中率 1/4。不过，如果数组比高速缓存要大(更可能出现这种情况)，那么每次对 a[i][j]的访问都会不命中！

| a[i][j] | j=0 | j=1 | j=2 | j=3 | j=4 | j=5 | j=6 | j=7 |
|---|---|---|---|---|---|---|---|---|
| i=0 | 1 [m] | 5 [m] | 9 [m] | 13 [m] | 17 [m] | 21 [m] | 25 [m] | 29 [m] |
| i=1 | 2 [m] | 6 [m] | 10 [m] | 14 [m] | 18 [m] | 22 [m] | 26 [m] | 30 [m] |
| i=2 | 3 [m] | 7 [m] | 11 [m] | 15 [m] | 19 [m] | 23 [m] | 27 [m] | 31 [m] |
| i=3 | 4 [m] | 8 [m] | 12 [m] | 16 [m] | 20 [m] | 24 [m] | 28 [m] | 32 [m] |

较高的不命中率对运行时间可以有显著的影响。例如，在桌面机器上，sumarrayrows 运行速度比 sumarraycols 快 25 倍。总之，程序员应该注意他们程序中的局部性，试着编写利用局部性的程序。

**练习题 6.17**　在信号处理和科学计算的应用中，转置矩阵的行和列是一个很重要的问题。从局部性的角度来看，它也很有趣，因为它的引用模式既是以行为主(row-wise)的，也是以列为主(column-wise)的。例如，考虑下面的转置函数：

```
1   typedef int array[2][2];
2
3   void transpose1(array dst, array src)
4   {
5       int i, j;
6
7       for (i = 0; i < 2; i++) {
8           for (j = 0; j < 2; j++) {
9               dst[j][i] = src[i][j];
10          }
11      }
12  }
```

假设在一台具有如下属性的机器上运行这段代码：

- sizeof(int)==4。
- src 数组从地址 0 开始，dst 数组从地址 16(十进制)开始。
- 只有一个 L1 数据高速缓存，它是直接映射的、直写和写分配的，块大小为 8 个字节。
- 这个高速缓存总的大小为 16 个数据字节，一开始是空的。
- 对 src 和 dst 数组的访问分别是读和写不命中的唯一来源。

A. 对每个 row 和 col，指明对 src[row][col]和 dst[row][col]的访问是命中(h)还是不命中(m)。例如，读 src[0][0]会不命中，写 dst[0][0]也不命中。

dst数组

| | 列0 | 列1 |
|---|---|---|
| 0行 | m | |
| 1行 | | |

src数组

| | 列0 | 列1 |
|---|---|---|
| 0行 | m | |
| 1行 | | |

B. 对于一个大小为 32 数据字节的高速缓存重复这个练习。

**练习题 6.18**　最近一个很成功的游戏 SimAquarium 的核心就是一个紧密循环(tight loop)，它计算 256 个海藻(algae)的平均位置。在一台具有块大小为 16 字节($B=16$)、整个大小为 1024 字节的直接映射数据缓存的机器上测量它的高速缓存性能。定义如下：

```
1   struct algae_position {
2       int x;
3       int y;
4   };
```

```
5
6    struct algae_position grid[16][16];
7    int total_x = 0, total_y = 0;
8    int i, j;
```

还有如下假设：

- sizeof(int)==4。
- grid 从内存地址 0 开始。
- 这个高速缓存开始时是空的。
- 唯一的内存访问是对数组 grid 的元素的访问。变量 i、j、total_x 和 total_y 存放在寄存器中。

确定下面代码的高速缓存性能：

```
1        for (i = 0; i < 16; i++) {
2            for (j = 0; j < 16; j++) {
3                total_x += grid[i][j].x;
4            }
5        }
6
7        for (i = 0; i < 16; i++) {
8            for (j = 0; j < 16; j++) {
9                total_y += grid[i][j].y;
10           }
11       }
```

A. 读总数是多少？

B. 缓存不命中的读总数是多少？

C. 不命中率是多少？

**练习题 6.19**　给定练习题 6.18 的假设，确定下列代码的高速缓存性能：

```
1        for (i = 0; i < 16; i++){
2            for (j = 0; j < 16; j++) {
3                total_x += grid[j][i].x;
4                total_y += grid[j][i].y;
5            }
6        }
```

A. 读总数是多少？

B. 高速缓存不命中的读总数是多少？

C. 不命中率是多少？

D. 如果高速缓存有两倍大，那么不命中率会是多少呢？

**练习题 6.20**　给定练习题 6.18 的假设，确定下列代码的高速缓存性能：

```
1        for (i = 0; i < 16; i++){
2            for (j = 0; j < 16; j++) {
3                total_x += grid[i][j].x;
4                total_y += grid[i][j].y;
5            }
6        }
```

A. 读总数是多少？

B. 高速缓存不命中的读总数是多少？

C. 不命中率是多少？

D. 如果高速缓存有两倍大，那么不命中率会是多少呢？

## 6.6 综合：高速缓存对程序性能的影响

本节通过研究高速缓存对运行在实际机器上的程序的性能影响，综合了我们对存储器层次结构的讨论。

### 6.6.1 存储器山

一个程序从存储系统中读数据的速率称为**读吞吐量**(read throughput)，或者有时称为**读带宽**(read bandwidth)。如果一个程序在 $s$ 秒的时间段内读 $n$ 个字节，那么这段时间内的读吞吐量就等于 $n/s$，通常以兆字节每秒(MB/s)为单位。

如果我们要编写一个程序，它从一个紧密程序循环(tight program loop)中发出一系列读请求，那么测量出的读吞吐量能让我们看到对于这个读序列来说的存储系统的性能。图 6-40

*code/mem/mountain/mountain.c*

```
1   long data[MAXELEMS];      /* The global array we'll be traversing */
2
3   /* test - Iterate over first "elems" elements of array "data" with
4    *        stride of "stride", using 4 x 4 loop unrolling.
5    */
6   int test(int elems, int stride)
7   {
8       long i, sx2 = stride*2, sx3 = stride*3, sx4 = stride*4;
9       long acc0 = 0, acc1 = 0, acc2 = 0, acc3 = 0;
10      long length = elems;
11      long limit = length - sx4;
12
13      /* Combine 4 elements at a time */
14      for (i = 0; i < limit; i += sx4) {
15          acc0 = acc0 + data[i];
16          acc1 = acc1 + data[i+stride];
17          acc2 = acc2 + data[i+sx2];
18          acc3 = acc3 + data[i+sx3];
19      }
20
21      /* Finish any remaining elements */
22      for (; i < length; i+=stride) {
23          acc0 = acc0 + data[i];
24      }
25      return ((acc0 + acc1) + (acc2 + acc3));
26  }
27
28  /* run - Run test(elems, stride) and return read throughput (MB/s).
29   *       "size" is in bytes, "stride" is in array elements, and Mhz is
30   *       CPU clock frequency in Mhz.
31   */
32  double run(int size, int stride, double Mhz)
33  {
34      double cycles;
35      int elems = size / sizeof(double);
36
37      test(elems, stride);                     /* Warm up the cache */
38      cycles = fcyc2(test, elems, stride, 0);  /* Call test(elems,stride) */
39      return (size / stride) / (cycles / Mhz); /* Convert cycles to MB/s */
40  }
```

*code/mem/mountain/mountain.c*

图 6-40　测量和计算读吞吐量的函数。我们可以通过以不同的 size(对应于时间局部性)和 stride(对应于空间局部性)的值来调用 run 函数，产生某台计算机的存储器山

给出了一对测量某个读序列读吞吐量的函数。

test 函数通过以步长 stride 扫描一个数组的头 elems 个元素来产生读序列。为了提高内循环中可用的并行性，使用了 4×4 展开(见 5.9 节)。run 函数是一个包装函数，调用 test 函数，并返回测量出的读吞吐量。第 37 行对 test 函数的调用会对高速缓存做暖身。第 38 行的 fcyc2 函数以参数 elems 调用 test 函数，并估计 test 函数的运行时间，以 CPU 周期为单位。注意，run 函数的参数 size 是以字节为单位的，而 test 函数对应的参数 elems 是以数组元素为单位的。另外，注意第 39 行将 MB/s 计算为 $10^6$ 字节/秒，而不是 $2^{20}$ 字节/秒。

run 函数的参数 size 和 stride 允许我们控制产生出的读序列的时间和空间局部性程度。size 的值越小，得到的工作集越小，因此时间局部性越好。stride 的值越小，得到的空间局部性越好。如果我们反复以不同的 size 和 stride 值调用 run 函数，那么我们就能得到一个读带宽的时间和空间局部性的二维函数，称为存储器山(memory mountain)[112]。

每个计算机都有表明它存储器系统的能力特色的唯一的存储器山。例如，图 6-41 展示了 Intel Core i7 系统的存储器山。在这个例子中，size 从 16KB 变到 128MB，stride 从 1 变到 12 个元素，每个元素是一个 8 个字节的 long int。

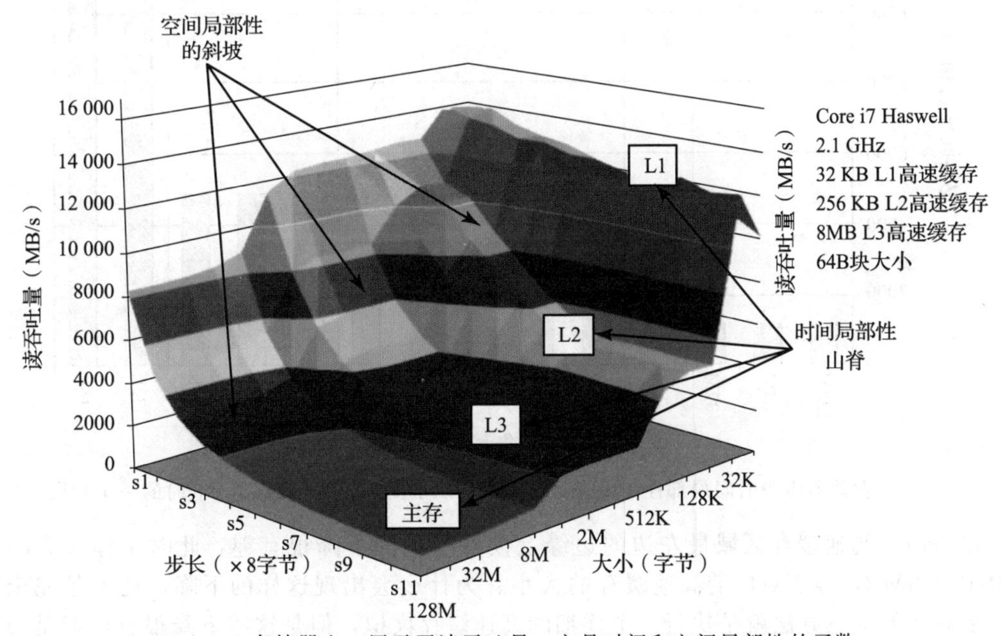


图 6-41 存储器山。展示了读吞吐量，它是时间和空间局部性的函数

这座 Core i7 山的地形地势展现了一个很丰富的结构。垂直于大小轴的是四条山脊，分别对应于工作集完全在 L1 高速缓存、L2 高速缓存、L3 高速缓存和主存内的时间局部性区域。注意，L1 山脊的最高点(那里 CPU 读速率为 14GB/s)与主存山脊的最低点(那里 CPU 读速率为 900MB/s)之间的差别有一个数量级。

在 L2、L3 和主存山脊上，随着步长的增加，有一个空间局部性的斜坡，空间局部性下降。注意，即使当工作集太大，不能全都装进任何一个高速缓存时，主存山脊的最高点也比它的最低点高 8 倍。因此，即使是当程序的时间局部性很差时，空间局部性仍然能补救，并且是非常重要的。

有一条特别有趣的平坦的山脊线，对于步长1垂直于步长轴，此时读吞吐量相对保持不变，为12GB/s，即使工作集超出了L1和L2的大小。这显然是由于Core i7存储器系统中的硬件预取(prefetching)机制，它会自动地识别顺序的、步长为1的引用模式，试图在一些块被访问之前，将它们取到高速缓存中。虽然文档里没有记录这种预取算法的细节，但是从存储器山可以明显地看到这个算法对小步长效果最好——这也是代码中要使用步长为1的顺序访问的另一个理由。

如果我们从这座山中取出一个片段，保持步长为常数，如图6-42所示，我们就能很清楚地看到高速缓存的大小和时间局部性对性能的影响了。大小最大为32KB的工作集完全能放进L1 d-cache中，因此，读都是由L1来服务的，吞吐量保持在峰值12GB/s处。大小最大为256KB的工作集完全能放进统一的L2高速缓存中，对于大小最大为8M，工作集完全能放进统一的L3高速缓存中。更大的工作集大小主要由主存来服务。

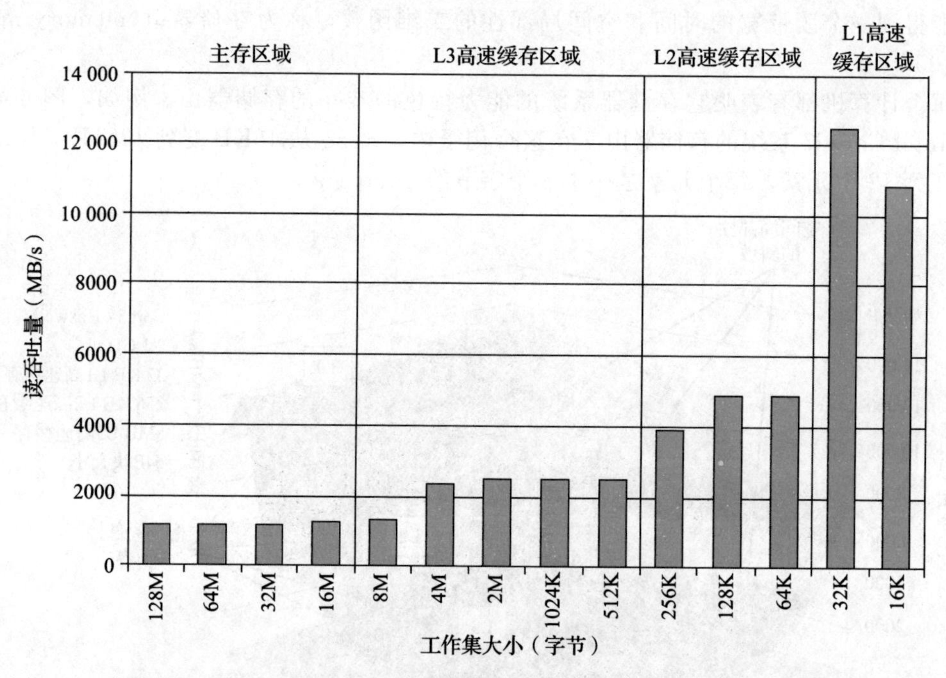


图6-42　存储器山中时间局部性的山脊。这幅图展示了图6-41中stride=8时的一个片段

L2和L3高速缓存区域最左边的边缘上读吞吐量的下降很有趣，此时工作集大小为256KB和8MB，等于对应的高速缓存的大小。为什么会出现这样的下降，还不是完全清楚。要确认的唯一方法就是执行一个详细的高速缓存模拟，但是这些下降很有可能是与其他数据和代码行的冲突造成的。

以相反的方向横切这座山，保持工作集大小不变，我们从中能看到空间局部性对读吞吐量的影响。例如，图6-43展示了工作集大小固定为4MB时的片段。这个片段是沿着图6-41中的L3山脊切的，这里，工作集完全能够放到L3高速缓存中，但是对L2高速缓存来说太大了。

注意随着步长从1个字增长到8个字，读吞吐量是如何平稳地下降的。在山的这个区域中，L2中的读不命中会导致一个块从L3传送到L2。后面在L2中这个块上会有一定数量的命中，这是取决于步长的。随着步长的增加，L2不命中与L2命中的比值也增加了。因为服务不命中要比命中更慢，所以读吞吐量也下降了。一旦步长达到了8个字，在这个系统上就等于块的大小64个字节了，每个读请求在L2中都会不命中，必须从L3服务。

因此，对于至少为 8 个字的步长来说，读吞吐量是一个常数速率，是由从 L3 传送高速缓存块到 L2 的速率决定的。

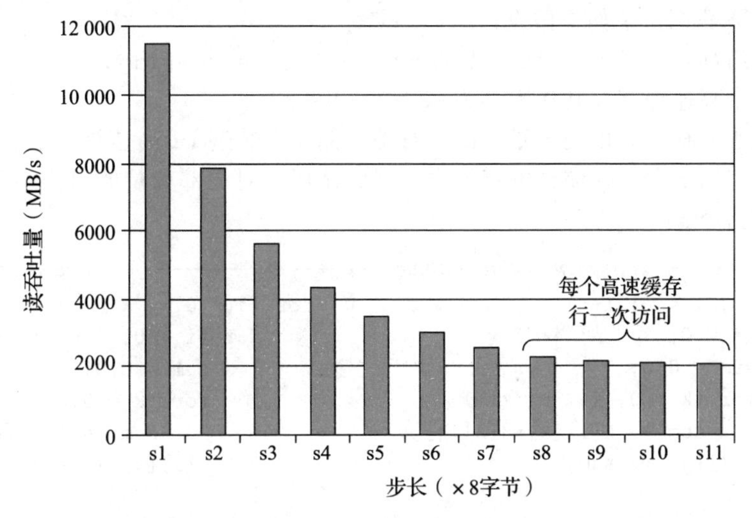


图 6-43 一个空间局部性的斜坡。这幅图展示了图 6-41 中大小=4MB 时的一个片段

总结一下我们对存储器山的讨论，存储器系统的性能不是一个数字就能描述的。相反，它是一座时间和空间局部性的山，这座山的上升高度差别可以超过一个数量级。明智的程序员会试图构造他们的程序，使得程序运行在山峰而不是低谷。目标就是利用时间局部性，使得频繁使用的字从 L1 中取出，还要利用空间局部性，使得尽可能多的字从一个 L1 高速缓存行中访问到。

**练习题 6.21** 利用图 6-41 中的存储器山来估计从 L1 d-cache 中读一个 8 字节的字所需要的时间(以 CPU 周期为单位)。

## 6.6.2 重新排列循环以提高空间局部性

考虑一对 $n\times n$ 矩阵相乘的问题：$C=AB$。例如，如果 $n=2$，那么

$$\begin{bmatrix} c_{11} & c_{12} \\ c_{21} & c_{22} \end{bmatrix} = \begin{bmatrix} a_{11} & a_{12} \\ a_{21} & a_{22} \end{bmatrix} \begin{bmatrix} b_{11} & b_{12} \\ b_{21} & b_{22} \end{bmatrix}$$

其中

$$\begin{aligned} c_{11} &= a_{11}b_{11} + a_{12}b_{21} \\ c_{12} &= a_{11}b_{12} + a_{12}b_{22} \\ c_{21} &= a_{21}b_{11} + a_{22}b_{21} \\ c_{22} &= a_{21}b_{12} + a_{22}b_{22} \end{aligned}$$

矩阵乘法函数通常是用 3 个嵌套的循环来实现的，分别用索引 $i$、$j$ 和 $k$ 来标识。如果改变循环的次序，对代码进行一些其他的小改动，我们就能得到矩阵乘法的 6 个在功能上等价的版本，如图 6-44 所示。每个版本都以它循环的顺序来唯一地标识。

在高层次来看，这 6 个版本是非常相似的。如果加法是可结合的，那么每个版本计算出的结果完全一样[⊖]。每个版本总共都执行 $O(n^3)$ 个操作，而加法和乘法的数量相同。$A$

⊖ 正如我们在第 2 章中学到的，浮点加法是可交换的，但是通常是不可结合的。实际上，如果矩阵不把极大的数和极小的数混在一起——存储物理属性的矩阵常常这样，那么假设浮点加法是可结合的也是合理的。

和 $B$ 的 $n^2$ 个元素中的每一个都要读 $n$ 次。计算 C 的 $n^2$ 个元素中的每一个都要对 $n$ 个值求和。不过，如果分析最里层循环迭代的行为，我们发现在访问数量和局部性上还是有区别的。为了分析，我们做了如下假设：

- 每个数组都是一个 double 类型的 $n \times n$ 的数组，sizeof(double)==8。
- 只有一个高速缓存，其块大小为 32 字节($B=32$)。
- 数组大小 $n$ 很大，以至于矩阵的一行都不能完全装进 L1 高速缓存中。
- 编译器将局部变量存储到寄存器中，因此循环内对局部变量的引用不需要任何加载或存储指令。

code/mem/matmult/mm.c

```
1  for (i = 0; i < n; i++)
2      for (j = 0; j < n; j++) {
3          sum = 0.0;
4          for (k = 0; k < n; k++)
5              sum += A[i][k]*B[k][j];
6          C[i][j] += sum;
7      }
```

code/mem/matmult/mm.c

a) *ijk*版本

code/mem/matmult/mm.c

```
1  for (j = 0; j < n; j++)
2      for (i = 0; i < n; i++) {
3          sum = 0.0;
4          for (k = 0; k < n; k++)
5              sum += A[i][k]*B[k][j];
6          C[i][j] += sum;
7      }
```

code/mem/matmult/mm.c

b) *jik*版本

code/mem/matmult/mm.c

```
1  for (j = 0; j < n; j++)
2      for (k = 0; k < n; k++) {
3          r = B[k][j];
4          for (i = 0; i < n; i++)
5              C[i][j] += A[i][k]*r;
6      }
```

code/mem/matmult/mm.c

c) *jki*版本

code/mem/matmult/mm.c

```
1  for (k = 0; k < n; k++)
2      for (j = 0; j < n; j++) {
3          r = B[k][j];
4          for (i = 0; i < n; i++)
5              C[i][j] += A[i][k]*r;
6      }
```

code/mem/matmult/mm.c

d) *kji*版本

code/mem/matmult/mm.c

```
1  for (k = 0; k < n; k++)
2      for (i = 0; i < n; i++) {
3          r = A[i][k];
4          for (j = 0; j < n; j++)
5              C[i][j] += r*B[k][j];
6      }
```

code/mem/matmult/mm.c

e) *kij*版本

code/mem/matmult/mm.c

```
1  for (i = 0; i < n; i++)
2      for (k = 0; k < n; k++) {
3          r = A[i][k];
4          for (j = 0; j < n; j++)
5              C[i][j] +=B[k][j]*r;
6      }
```

code/mem/matmult/mm.c

f) *ikj*版本

图 6-44　矩阵乘法的六个版本。每个版本都以它循环的顺序来唯一地标识

图 6-45 总结了我们对内循环的分析结果。注意 6 个版本成对地形成了 3 个等价类，用内循环中访问的矩阵对来表示每个类。例如，版本 $ijk$ 和 $jik$ 是类 AB 的成员，因为它们在最内层的循环中引用的是矩阵 $A$ 和 $B$(而不是 $C$)。对于每个类，我们统计了每个内循环迭代中加载(读)和存储(写)的数量，每次循环迭代中对 $A$、$B$ 和 $C$ 的引用在高速缓存中不命中的数量，以及每次迭代缓存不命中的总数。

类 $AB$ 例程的内循环(图 6-44a 和图 6－44b)以步长 1 扫描数组 $A$ 的一行。因为每个高速缓存块保存四个 8 字节的字，$A$ 的不命中率是每次迭代不命中 0.25 次。另一方面，内

循环以步长 $n$ 扫描数组 $B$ 的一列。因为 $n$ 很大，每次对数组 $B$ 的访问都会不命中，所以每次迭代总共会有 1.25 次不命中。

| 矩阵乘法版本（类） | 每次迭代 | | | | | |
|---|---|---|---|---|---|---|
| | 加载次数 | 存储次数 | *A*未命中次数 | *B*未命中次数 | *C*未命中次数 | 未命中总次数 |
| *ijk* & *jik* (*AB*) | 2 | 0 | 0.25 | 1.00 | 0.00 | 1.25 |
| *jki* & *kji* (*AC*) | 2 | 1 | 1.00 | 0.00 | 1.00 | 2.00 |
| *kij* & *ikj* (*BC*) | 2 | 1 | 0.00 | 0.25 | 0.25 | 0.50 |

图 6-45　矩阵乘法内循环的分析。6 个版本分为 3 个等价类，用内循环中访问的数组对来表示

类 $AC$ 例程的内循环(图 6-44c 和图 6-44d)有一些问题。每次迭代执行两个加载和一个存储(相对于类 $AB$ 例程，它们执行 2 个加载而没有存储)。内循环以步长 $n$ 扫描 $A$ 和 $C$ 的列。结果是每次加载都会不命中，所以每次迭代总共有两个不命中。注意，与类 $AB$ 例程相比，交换循环降低了空间局部性。

$BC$ 例程(图 6-44e 和图 6-44f)展示了一个很有趣的折中：使用了两个加载和一个存储，它们比 $AB$ 例程多需要一个内存操作。另一方面，因为内循环以步长为 1 的访问模式按行扫描 $B$ 和 $C$，每次迭代每个数组上的不命中率只有 0.25 次不命中，所以每次迭代总共有 0.50 个不命中。

图 6-46 小结了一个 Core i7 系统上矩阵乘法各个版本的性能。这个图画出了测量出的每次内循环迭代所需的 CPU 周期数作为数组大小($n$)的函数。

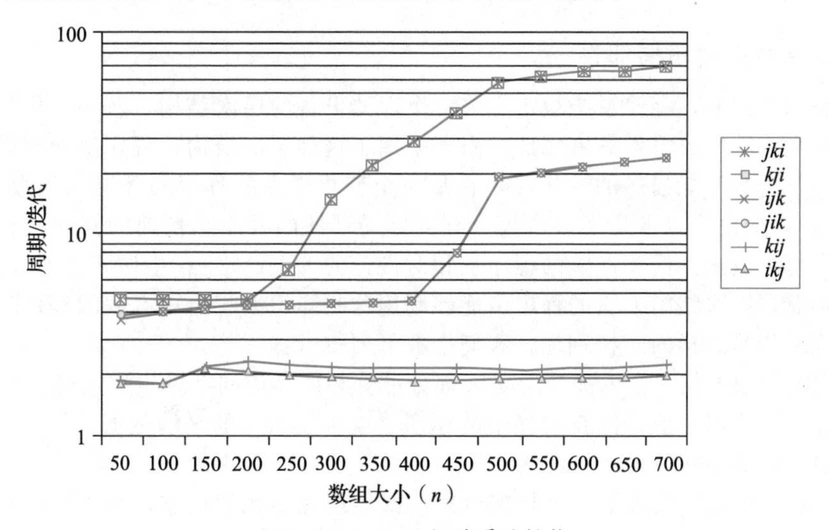


图 6-46　Core i7 矩阵乘法性能

对于这幅图有很多有意思的地方值得注意：

- 对于大的 $n$ 值，即使每个版本都执行相同数量的浮点算术操作，最快的版本比最慢的版本运行得快几乎 40 倍。
- 每次迭代内存引用和不命中数量都相同的一对版本，有大致相同的测量性能。
- 内存行为最糟糕的两个版本，就每次迭代的访问数量和不命中数量而言，明显地比其他 4 个版本运行得慢，其他 4 个版本有较少的不命中次数或者较少的访问次数，或者兼而有之。
- 在这个情况中，与内存访问总数相比，不命中率是一个更好的性能预测指标。例

如，即使类 *BC* 例程(2 个加载和 1 个存储)在内循环中比类 *AB* 例程(2 个加载)执行更多的内存引用，类 *BC* 例程(每次迭代有 0.5 个不命中)比类 *AB* 例程(每次迭代有 1.25 个不命中)性能还是要好很多。

- 对于大的 *n* 值，最快的一对版本(*kij* 和 *ikj*)的性能保持不变。虽然这个数组远大于任何 SRAM 高速缓存存储器，但预取硬件足够聪明，能够认出步长为 1 的访问模式，而且速度足够快能够跟上内循环中的内存访问。这是设计这个内存系统的 Intel 的工程师所做的一项极好成就，向程序员提供了甚至更多的鼓励，鼓励他们开发出具有良好空间局部性的程序。

**网络旁注 MEM:BLOCKING　使用分块来提高时间局部性**

有一项很有趣的技术，称为分块(blocking)，它可以提高内循环的时间局部性。分块的大致思想是将一个程序中的数据结构组织成的大的片(chunk)，称为块(block)。(在这个上下文中，“块”指的是一个应用级的数据组块，而不是高速缓存块。)这样构造程序，使得能够将一个片加载到 L1 高速缓存中，并在这个片中进行所需的所有的读和写，然后丢掉这个片，加载下一个片，依此类推。

与为提高空间局部性所做的简单循环变换不同，分块使得代码更难阅读和理解。由于这个原因，它最适合于优化编译器或者频繁执行的库函数。由于 Core i7 有完善的预取硬件，分块不会提高矩阵乘在 Core i7 上的性能。不过，学习和理解这项技术还是很有趣的，因为它是一个通用的概念，可以在一些没有预取的系统上获得极大的性能收益。

### 6.6.3 在程序中利用局部性

正如我们看到的，存储系统被组织成一个存储设备的层次结构，较小、较快的设备靠近顶部，较大、较慢的设备靠近底部。由于采用了这种层次结构，程序访问存储位置的实际速率不是一个数字能描述的。相反，它是一个变化很大的程序局部性的函数(我们称之为存储器山)，变化可以有几个数量级。有良好局部性的程序从快速的高速缓存存储器中访问它的大部分数据。局部性差的程序从相对慢速的 DRAM 主存中访问它的大部分数据。

理解存储器层次结构本质的程序员能够利用这些知识编写出更有效的程序，无论具体的存储系统结构是怎样的。特别地，我们推荐下列技术：

- 将你的注意力集中在内循环上，大部分计算和内存访问都发生在这里。
- 通过按照数据对象存储在内存中的顺序、以步长为 1 的来读数据，从而使得你程序中的空间局部性最大。
- 一旦从存储器中读入了一个数据对象，就尽可能多地使用它，从而使得程序中的时间局部性最大。

## 6.7 小结

基本存储技术包括随机存储器(RAM)、非易失性存储器(ROM)和磁盘。RAM 有两种基本类型。静态 RAM(SRAM)快一些，但是也贵一些，它既可以用做 CPU 芯片上的高速缓存，也可以用做芯片外的高速缓存。动态 RAM(DRAM)慢一点，也便宜一些，用做主存和图形帧缓冲区。即使是在关电的时候，ROM 也能保持它们的信息，可以用来存储固件。旋转磁盘是机械的非易失性存储设备，以每个位很低的成本保存大量的数据，但是其访问时间比 DRAM 长得多。固态硬盘(SSD)基于非易失性的闪存，对某些应用来说，越来越成为旋转磁盘的具有吸引力的替代产品。

一般而言，较快的存储技术每个位会更贵，而且容量更小。这些技术的价格和性能属性正在以显著不同的速度变化着。特别地，DRAM 和磁盘访问时间远远大于 CPU 周期时间。系统通过将存储器组织成存储设备的层次结构来弥补这些差异，在这个层次结构中，较小、较快的设备在顶部，较大、较慢的设备在底部。因为编写良好的程序有好的局部性，大多数数据都可以从较高层得到服务，结果就是存储系统能以较高层的速度运行，但却有较低层的成本和容量。

程序员可以通过编写有良好空间和时间局部性的程序来显著地改进程序的运行时间。利用基于 SRAM 的高速缓存存储器特别重要。主要从高速缓存取数据的程序能比主要从内存取数据的程序运行得快得多。

## 参考文献说明

内存和磁盘技术变化得很快。根据我们的经验，最好的技术信息来源是制造商维护的 Web 页面。像 Micron、Toshiba 和 Samsung 这样的公司，提供了丰富的当前有关内存设备的技术信息。Seagate 和 Western Digital 的页面也提供了类似的有关磁盘的有用信息。

关于电路和逻辑设计的教科书提供了关于内存技术的详细信息[58，89]。IEEE Spectrum 出版了一系列有关 DRAM 的综述文章[55]。计算机体系结构国际会议(ISCA)和高性能计算机体系结构(HPCA)是关于 DRAM 存储性能特性的公共论坛[28，29，18]。

Wilkes 写了第一篇关于高速缓存存储器的论文[117]。Smith 写了一篇经典的综述[104]。Przybylski 编写了一本关于高速缓存设计的权威著作[86]。Hennessy 和 Patterson 提供了对高速缓存设计问题的全面讨论[46]。Levinthal 写了一篇有关 Intel Core i7 的全面性能指南[70]。

Stricker 在[112]中介绍了存储器山的思想，作为对存储器系统的全面描述，并且在后来的工作描述中非正式地提出了术语“存储器山”。编译器研究者通过自动执行我们在 6.6 节中讨论过的那些手工代码转换来增加局部性[22，32，66，72，79，87，119]。Carter 和他的同事们提出了一个高速缓存可知晓的内存控制器(cache-aware memory controller)[17]。其他的研究者开发出了*高速缓存不知晓的*(cache oblivious)算法，它被设计用来在不明确知道底层高速缓存存储器结构的情况下也能运行得很好[30，38，39，9]。

关于构造和使用磁盘存储设备也有大量的论著。许多存储技术研究者找寻方法，将单个的磁盘集合成更大、更健壮和更安全的存储池[20，40，41，83，121]。其他研究者找寻利用高速缓存和局部性来改进磁盘访问性能的方法[12，21]。像 Exokernel 这样的系统提供了更多的对磁盘和存储器资源的用户级控制[57]。像安德鲁文件系统[78]和 Coda[94]这样的系统，将存储器层次结构扩展到了计算机网络和移动笔记本电脑。Schindler 和 Ganger 开发了一个有趣的工具，它能自动描述 SCSI 磁盘驱动器的构造和性能[95]。研究者正在研究构造和使用基于闪存的 SSD 的技术[8，81]。

## 家庭作业

**6.22　假设要求你设计一个每条磁道位数固定的旋转磁盘。你知道每条磁道的位数是由最里层磁道的周长决定的，可以假设它就是中间那个圆洞的周长。因此，如果你把磁盘中间的洞做得大一点，每条磁道的位数就会增大，但是总的磁道数会减少。如果用 $r$ 来表示盘面的半径，$x \cdot r$ 表示圆洞的半径，那么 $x$ 取什么值能使这个磁盘的容量最大？

*6.23　估计访问下面这个磁盘上扇区的平均时间(以 ms 为单位)：

| 参数 | 值 |
|---|---|
| 旋转速率 | 15 000RPM |
| $T_{avg\ seek}$ | 4 ms |
| 平均扇区数/磁道 | 800 |

**6.24　假设一个 2MB 的文件，由 512 个字节的逻辑块组成，存储在具有下述特性的磁盘驱动器上：

| 参数 | 值 |
|---|---|
| 旋转速率 | 15 000RPM |
| $T_{avg\ seek}$ | 4 ms |
| 平均扇区数/磁道 | 1000 |
| 盘面数 | 8 |
| 扇区大小 | 512字节 |

对于下面的每种情况，假设程序顺序地读文件的逻辑块，一个接一个，并且对第一个块定位读/写头的时间等于 $T_{avg\ seek}+T_{avg\ rotation}$。

A. 最好情况：估计在所有可能的逻辑块到磁盘扇区的映射上读该文件所需要的最优时间(以 ms 为单位)。

B. 随机情况：估计如果块是随机映射到磁盘扇区上时读该文件所需要的时间(以 ms 为单位)。

*6.25 下面的表给出了一些不同的高速缓存的参数。对于每个高速缓存，填写出表中缺失的字段。记住 $m$ 是物理地址的位数，$C$ 是高速缓存大小(数据字节数)，$B$ 是以字节为单位的块大小，$E$ 是相联度，$S$ 是高速缓存组数，$t$ 是标记位数，$s$ 是组索引位数，而 $b$ 是块偏移位数。

| 高速缓存 | $m$ | $C$ | $B$ | $E$ | $S$ | $t$ | $s$ | $b$ |
|---|---|---|---|---|---|---|---|---|
| 1. | 32 | 1024 | 4 | 4 | | | | |
| 2. | 32 | 1024 | 4 | 256 | | | | |
| 3. | 32 | 1024 | 8 | 1 | | | | |
| 4. | 32 | 1024 | 8 | 128 | | | | |
| 5. | 32 | 1024 | 32 | 1 | | | | |
| 6. | 32 | 1024 | 32 | 4 | | | | |

*6.26 下面的表给出了一些不同的高速缓存的参数。你的任务是填写出表中缺失的字段。记住 $m$ 是物理地址的位数，$C$ 是高速缓存大小(数据字节数)，$B$ 是以字节为单位的块大小，$E$ 是相联度，$S$ 是高速缓存组数，$t$ 是标记位数，$s$ 是组索引位数，而 $b$ 是块偏移位数。

| 高速缓存 | $m$ | $C$ | $B$ | $E$ | $S$ | $t$ | $s$ | $b$ |
|---|---|---|---|---|---|---|---|---|
| 1. | 32 | | 8 | 1 | | 21 | 8 | 3 |
| 2. | 32 | 2048 | | | 128 | 23 | 7 | 2 |
| 3. | 32 | 1024 | 2 | 8 | 64 | | | 1 |
| 4. | 32 | 1024 | | 2 | 16 | 23 | 4 | |

*6.27 这个问题是关于练习题 6.12 中的高速缓存的。

A. 列出所有会在组 1 中命中的十六进制内存地址。

B. 列出所有会在组 6 中命中的十六进制内存地址。

**6.28 这个问题是关于练习题 6.12 中的高速缓存的。

A. 列出所有会在组 2 中命中的十六进制内存地址。

B. 列出所有会在组 4 中命中的十六进制内存地址。

C. 列出所有会在组 5 中命中的十六进制内存地址。

D. 列出所有会在组 7 中命中的十六进制内存地址。

**6.29 假设我们有一个具有如下属性的系统：

- 内存是字节寻址的。
- 内存访问是对 1 字节字的(而不是 4 字节字)。
- 地址宽 12 位。
- 高速缓存是两路组相联的($E=2$)，块大小为 4 字节($B=4$)，有 4 个组($S=4$)。

高速缓存的内容如下，所有的地址、标记和值都以十六进制表示：

| 组索引 | 标记 | 有效位 | 字节0 | 字节1 | 字节2 | 字节3 |
|---|---|---|---|---|---|---|
| 0 | 00 | 1 | 40 | 41 | 42 | 43 |
| | 83 | 1 | FE | 97 | CC | D0 |
| 1 | 00 | 1 | 44 | 45 | 46 | 47 |
| | 83 | 0 | — | — | — | — |
| 2 | 00 | 1 | 48 | 49 | 4A | 4B |
| | 40 | 0 | — | — | — | — |
| 3 | FF | 1 | 9A | C0 | 03 | FF |
| | 00 | 0 | — | — | — | — |

A. 下面的图给出了一个地址的格式(每个小框表示一位)。指出用来确定下列信息的字段(在图中标号出来):

CO　　高速缓存块偏移

CI　　高速缓存组索引

CT　　高速缓存标记

| 12 | 11 | 10 | 9 | 8 | 7 | 6 | 5 | 4 | 3 | 2 | 1 | 0 |
|---|---|---|---|---|---|---|---|---|---|---|---|---|
| | | | | | | | | | | | | |

B. 对于下面每个内存访问,当它们是按照列出来的顺序执行时,指出是高速缓存命中还是不命中。如果可以从高速缓存中的信息推断出来,请也给出读出的值。

| 操作 | 地址 | 命中? | 读出的值(或者未知) |
|---|---|---|---|
| 读 | 0x834 | ______ | ______ |
| 写 | 0x836 | ______ | ______ |
| 读 | 0xFFD | ______ | ______ |

*6.30 假设我们有一个具有如下属性的系统:

- 内存是字节寻址的。
- 内存访问是对 1 字节字的(而不是 4 字节字)。
- 地址宽 13 位。
- 高速缓存是四路组相联的($E=4$),块大小为 4 字节($B=4$),有 8 个组($S=8$)。

考虑下面的高速缓存状态。所有的地址、标记和值都以十六进制表示。每组有 4 行,索引列包含组索引。标记列包含每一行的标记值。$V$ 列包含每一行的有效位。字节 0~3 列包含每一行的数据,标号从左向右,字节 0 在左边。

4 路组相联高速缓存

| 索引 | 标记 | $V$ | 字节 0 ~ 3 | 标记 | $V$ | 字节 0 ~ 3 | 标记 | $V$ | 字节 0 ~ 3 | 标记 | $V$ | 字节 0 ~ 3 |
|---|---|---|---|---|---|---|---|---|---|---|---|---|
| 0 | F0 | 1 | ED 32 0A A2 | 8A | 1 | BF 80 1D FC | 14 | 1 | EF 09 86 2A | BC | 0 | 25 44 6F 1A |
| 1 | BC | 0 | 03 3E CD 38 | A0 | 0 | 16 7B ED 5A | BC | 1 | 8E 4C DF 18 | E4 | 1 | FB B7 12 02 |
| 2 | BC | 1 | 54 9E 1E FA | B6 | 1 | DC 81 B2 14 | 00 | 0 | B6 1F 7B 44 | 74 | 0 | 10 F5 B8 2E |
| 3 | BE | 0 | 2F 7E 3D A8 | C0 | 1 | 27 95 A4 74 | C4 | 0 | 07 11 6B D8 | BC | 0 | C7 B7 AF C2 |
| 4 | 7E | 1 | 32 21 1C 2C | 8A | 1 | 22 C2 DC 34 | BC | 1 | BA DD 37 D8 | DC | 0 | E7 A2 39 BA |
| 5 | 98 | 0 | A9 76 2B EE | 54 | 0 | BC 91 D5 92 | 98 | 1 | 80 BA 9B F6 | BC | 1 | 48 16 81 0A |
| 6 | 38 | 0 | 5D 4D F7 DA | BC | 1 | 69 C2 8C 74 | 8A | 1 | A8 CE 7F DA | 38 | 1 | FA 93 EB 48 |
| 7 | 8A | 1 | 04 2A 32 6A | 9E | 0 | B1 86 56 0E | CC | 1 | 96 30 47 F2 | BC | 1 | F8 1D 42 30 |

A. 这个高速缓存的大小($C$)是多少字节?

B. 下面的图给出了一个地址的格式(每个小框表示一位)。指出用来确定下列信息的字段(在图中标号出来):

CO　　高速缓存块偏移

CI　　高速缓存组索引
CT　　高速缓存标记

| 12 | 11 | 10 | 9 | 8 | 7 | 6 | 5 | 4 | 3 | 2 | 1 | 0 |
|---|---|---|---|---|---|---|---|---|---|---|---|---|
| | | | | | | | | | | | | |

** 6.31　假设程序使用作业 6.30 中的高速缓存，引用位于地址 0x071A 处的 1 字节字。用十六进制表示出它所访问的高速缓存条目，以及返回的高速缓存字节值。指明是否发生了高速缓存不命中。如果有高速缓存不命中，对于“返回的高速缓存字节”输入“—”。提示：注意那些有效位！

A. 地址格式(每个小框表示一位)：

| 12 | 11 | 10 | 9 | 8 | 7 | 6 | 5 | 4 | 3 | 2 | 1 | 0 |
|---|---|---|---|---|---|---|---|---|---|---|---|---|
| | | | | | | | | | | | | |

B. 内存引用：

| 参数 | 值 |
|---|---|
| 高速缓存块偏移（CO） | 0x______ |
| 高速缓存组索引（CI） | 0x______ |
| 高速缓存标记（CT） | 0x______ |
| 高速缓存命中？（是/否） | |
| 返回的高速缓存字节 | 0x______ |

** 6.32　对于内存地址 0x16E8 重复作业 6.31。

A. 地址格式(每个小框表示一位)：

| 12 | 11 | 10 | 9 | 8 | 7 | 6 | 5 | 4 | 3 | 2 | 1 | 0 |
|---|---|---|---|---|---|---|---|---|---|---|---|---|
| | | | | | | | | | | | | |

B. 内存引用：

| 参数 | 值 |
|---|---|
| 高速缓存块偏移（CO） | 0x______ |
| 高速缓存组索引（CI） | 0x______ |
| 高速缓存标记（CT） | 0x______ |
| 高速缓存命中？（是/否） | |
| 返回的高速缓存字节 | 0x______ |

** 6.33　对于作业 6.30 中的高速缓存，列出会在组 2 中命中的 8 个内存地址(以十六进制表示)。

** 6.34　考虑下面的矩阵转置函数：

```
1   typedef int array[4][4];
2
3   void transpose2(array dst, array src)
4   {
5       int i, j;
6
7       for (i = 0; i < 4; i++) {
8           for (j = 0; j < 4; j++) {
9               dst[j][i] = src[i][j];
10          }
11      }
12  }
```

假设这段代码运行在一台具有如下属性的机器上：

- sizeof(int)==4。

- 数组 src 从地址 0 开始，而数组 dst 从地址 64 开始(十进制)。
- 只有一个 L1 数据高速缓存，它是直接映射、直写、写分配的，块大小为 16 字节。
- 这个高速缓存总共有 32 个数据字节，初始为空。
- 对 src 和 dst 数组的访问分别是读和写不命中的唯一来源。

对于每个 row 和 col，指明对 src[row][col]和 dst[row][col]的访问是命中(h)还是不命中(m)。例如，读 src[0][0]会不命中，而写 dst[0][0]也会不命中。

dst数组

| | 列0 | 列1 | 列2 | 列3 |
|---|---|---|---|---|
| 行0 | m | | | |
| 行1 | | | | |
| 行2 | | | | |
| 行3 | | | | |

src数组

| | 列0 | 列1 | 列2 | 列3 |
|---|---|---|---|---|
| 行0 | m | | | |
| 行1 | | | | |
| 行2 | | | | |
| 行3 | | | | |

** 6.35 对于一个总大小为 128 数据字节的高速缓存，重复练习题 6.34。

dst数组

| | 列0 | 列1 | 列2 | 列3 |
|---|---|---|---|---|
| 行0 | m | | | |
| 行1 | | | | |
| 行2 | | | | |
| 行3 | | | | |

src数组

| | 列0 | 列1 | 列2 | 列3 |
|---|---|---|---|---|
| 行0 | m | | | |
| 行1 | | | | |
| 行2 | | | | |
| 行3 | | | | |

** 6.36 这道题测试你预测 C 语言代码的高速缓存行为的能力。对下面这段代码进行分析：

```
1	int x[2][128];
2	int i;
3	int sum = 0;
4
5	for (i = 0; i < 128; i++) {
6	    sum += x[0][i] * x[1][i];
7	}
```

假设我们在下列条件下执行这段代码：

- sizeof(int)==4。
- 数组 x 从内存地址 0x0 开始，按照行优先顺序存储。
- 在下面每种情况中，高速缓存最开始时都是空的。
- 唯一的内存访问是对数组 x 的条目进行访问。其他所有的变量都存储在寄存器中。

给定这些假设，估计下列情况中的不命中率：

A. 情况 1：假设高速缓存是 512 字节，直接映射，高速缓存块大小为 16 字节。不命中率是多少？

B. 情况 2：如果我们把高速缓存的大小翻倍到 1024 字节，不命中率是多少？

C. 情况 3：现在假设高速缓存是 512 字节，两路组相联，使用 LRU 替换策略，高速缓存块大小为 16 字节。不命中率是多少？

D. 对于情况 3，更大的高速缓存大小会帮助降低不命中率吗？为什么能或者为什么不能？

E. 对于情况 3，更大的块大小会帮助降低不命中率吗？为什么能或者为什么不能？

** 6.37 这道题也是测试你分析 C 语言代码的高速缓存行为的能力。假设我们在下列条件下执行图 6-47 中的 3 个求和函数：

- sizeof(int)==4。
- 机器有 4KB 直接映射的高速缓存，块大小为 16 字节。
- 在两个循环中，代码只对数组数据进行内存访问。循环索引和值 sum 都存放在寄存器中。
- 数组 a 从内存地址 0x08000000 处开始存储。

对于 $N=64$ 和 $N=60$ 两种情况，在表中填写它们大概的高速缓存不命中率。

| 函数 | N=64 | N=60 |
|---|---|---|
| sumA | | |
| sumB | | |
| sumC | | |

```
typedef int array_t[N][N];

int sumA(array_t a)
{
    int i, j;
    int sum = 0;
    for (i = 0; i < N; i++)
        for (j = 0; j < N; j++) {
            sum += a[i][j];
        }
    return sum;
}

int sumB(array_t a)
{
    int i, j;
    int sum = 0;
    for (j = 0; j < N; j++)
        for (i = 0; i < N; i++) {
            sum += a[i][j];
        }
    return sum;
}

int sumC(array_t a)
{
    int i, j;
    int sum = 0;
    for (j = 0; j < N; j+=2)
        for (i = 0; i < N; i+=2) {
            sum += (a[i][j] + a[i+1][j]
                    + a[i][j+1] + a[i+1][j+1]);
        }
    return sum;
}
```

图 6-47　作业 6.37 中引用的函数

*6.38　3M 决定在白纸上印黄方格，做成 Post-It 小贴纸。在打印过程中，他们需要设置方格中每个点的 CMYK(蓝色，红色，黄色，黑色)值。3M 雇佣你判定下面算法在一个具有 2048 字节、直接映射、块大小为 32 字节的数据高速缓存上的效率。有如下定义：

```
struct point_color {
    int c;
    int m;
    int y;
    int k;
};

struct point_color square[16][16];
int i, j;
```

有如下假设：

- sizeof(int)==4。
- square 起始于内存地址 0。
- 高速缓存初始为空。
- 唯一的内存访问是对于 square 数组中的元素。变量 i 和 j 存放在寄存器中。

确定下列代码的高速缓存性能：

```
1       for (i = 0; i < 16; i++){
2           for (j = 0; j < 16; j++) {
3               square[i][j].c = 0;
4               square[i][j].m = 0;
5               square[i][j].y = 1;
6               square[i][j].k = 0;
7           }
8       }
```

A. 写总数是多少？

B. 在高速缓存中不命中的写总数是多少？

C. 不命中率是多少？

* 6.39 给定作业 6.38 中的假设，确定下列代码的高速缓存性能：

```
1       for (i = 0; i < 16; i++){
2           for (j = 0; j < 16; j++) {
3               square[j][i].c = 0;
4               square[j][i].m = 0;
5               square[j][i].y = 1;
6               square[j][i].k = 0;
7           }
8       }
```

A. 写总数是多少？

B. 在高速缓存中不命中的写总数是多少？

C. 不命中率是多少？

* 6.40 给定作业 6.38 中的假设，确定下列代码的高速缓存性能：

```
1       for (i = 0; i < 16; i++) {
2           for (j = 0; j < 16; j++) {
3               square[i][j].y = 1;
4           }
5       }
6       for (i = 0; i < 16; i++) {
7           for (j = 0; j < 16; j++) {
8               square[i][j].c = 0;
9               square[i][j].m = 0;
10              square[i][j].k = 0;
11          }
12      }
```

A. 写总数是多少？

B. 在高速缓存中不命中的写总数是多少？

C. 不命中率是多少？

** 6.41 你正在编写一个新的 3D 游戏，希望能名利双收。现在正在写一个函数，使得在画下一帧之前先清空屏幕缓冲区。工作的屏幕是 640×480 像素数组。工作的机器有一个 64KB 直接映射高速缓存，每行 4 个字节。使用下面的 C 语言数据结构：

```
1   struct pixel {
2       char r;
3       char g;
```

```
4        char b;
5        char a;
6    };
7
8    struct pixel buffer[480][640];
9    int i, j;
10   char *cptr;
11   int *iptr;
```

有如下假设：

- sizeof(char)==1 和 sizeof(int)==4。
- buffer 起始于内存地址 0。
- 高速缓存初始为空。
- 唯一的内存访问是对于 buffer 数组中元素的访问。变量 i、j、cptr 和 iptr 存放在寄存器中。

下面代码中百分之多少的写会在高速缓存中不命中？

```
1       for (j = 0; j < 640; j++) {
2           for (i = 0; i < 480; i++){
3               buffer[i][j].r = 0;
4               buffer[i][j].g = 0;
5               buffer[i][j].b = 0;
6               buffer[i][j].a = 0;
7           }
8       }
```

** 6.42 给定作业 6.41 中的假设，下面代码中百分之多少的写会在高速缓存中不命中？

```
1       char *cptr = (char *) buffer;
2       for (; cptr < (((char *) buffer) + 640 * 480 * 4); cptr++)
3           *cptr = 0;
```

** 6.43 给定作业 6.41 中的假设，下面代码中百分之多少的写会在高速缓存中不命中？

```
1       int *iptr = (int *)buffer;
2       for (; iptr < ((int *)buffer + 640*480); iptr++)
3           *iptr = 0;
```

*** 6.44 从 CS:APP 的网站上下载 mountain 程序，在你最喜欢的 PC/Linux 系统上运行它。根据结果估计你系统上的高速缓存的大小。

**** 6.45 在这项任务中，你会把在第 5 章和第 6 章中学习到的概念应用到一个内存使用频繁的代码的优化问题上。考虑一个复制并转置一个类型为 int 的 $N\times N$ 矩阵的过程。也就是，对于源矩阵 $S$ 和目的矩阵 $D$，我们要将每个元素 $s_{i,j}$ 复制到 $d_{j,i}$。只用一个简单的循环就能实现这段代码：

```
1   void transpose(int *dst, int *src, int dim)
2   {
3       int i, j;
4
5       for (i = 0; i < dim; i++)
6           for (j = 0; j < dim; j++)
7               dst[j*dim + i] = src[i*dim + j];
8   }
```

这里，过程的参数是指向目的矩阵(dst)和源矩阵(src)的指针，以及矩阵的大小 $N$(dim)。你的工作是设计一个运行得尽可能快的转置函数。

**** 6.46 这是练习题 6.45 的一个有趣的变体。考虑将一个有向图 $g$ 转换成它对应的无向图 $g'$。图 $g'$ 有一条从顶点 $u$ 到顶点 $v$ 的边，当且仅当原图 $g$ 中有一条 $u$ 到 $v$ 或者 $v$ 到 $u$ 的边。图 $g$ 是由如下的它的邻接矩阵(adjacency matrix)$G$ 表示的。如果 $N$ 是 $g$ 中顶点的数量，那么 $G$ 是一个 $N\times N$ 的矩阵，它的元素是全 0 或者全 1。假设 $g$ 的顶点是这样命名的：$v_0$，$v_1$，…，$v_{N-1}$。那么如果有一条从 $v_i$ 到 $v_j$ 的边，那么 $G[i][j]$ 为 1，否则为 0。注意，邻接矩阵对角线上的元素总是 1，而无向图的邻接矩阵是对称的。只用一个简单的循环就能实现这段代码：

```
1   void col_convert(int *G, int dim) {
2       int i, j;
3
4       for (i = 0; i < dim; i++)
5           for (j = 0; j < dim; j++)
6               G[j*dim + i] = G[j*dim + i] || G[i*dim + j];
7   }
```

你的工作是设计一个运行得尽可能快的函数。同前面一样，要提出一个好的解答，你需要应用在第 5 章和第 6 章中所学到的概念。

## 练习题答案

6.1　这里的思想是通过使纵横比 $\max(r, c)/\min(r, c)$ 最小，使得地址位数最小。换句话说，数组越接近于正方形，地址位数越少。

| 组织 | $r$ | $c$ | $b_r$ | $b_c$ | $\max(b_r, b_c)$ |
|---|---|---|---|---|---|
| 16×1 | 4 | 4 | 2 | 2 | 2 |
| 16×4 | 4 | 4 | 2 | 2 | 2 |
| 128×8 | 16 | 8 | 4 | 3 | 4 |
| 512×4 | 32 | 16 | 5 | 4 | 5 |
| 1024×4 | 32 | 32 | 5 | 5 | 5 |

6.2　这个小练习的主旨是确保你理解柱面和磁道之间的关系。一旦你弄明白了这个关系，那问题就很简单了：

$$\begin{aligned}\text{磁盘容量} &= \frac{512\ \text{字节}}{\text{扇区}} \times \frac{400\ \text{扇区数}}{\text{track}} \times \frac{10\,000\ \text{磁道数}}{\text{表面}} \times \frac{2\ \text{表面数}}{\text{盘片}} \times \frac{2\ \text{盘片数}}{\text{磁盘}} \\ &= 8\,192\,000\,000\ \text{字节} \\ &= 8.192\text{GB}\end{aligned}$$

6.3　对这个问题的解答是对磁盘访问时间公式的直接应用。平均旋转时间(以 ms 为单位)为

$$T_{\text{avg rotation}} = 1/2 \times T_{\text{max rotation}} = 1/2 \times (60\text{s}/15\,000\text{RPM}) \times 1000\text{ms/s} \approx 2\text{ms}$$

平均传送时间为

$$T_{\text{avg transfer}} = (60\text{s}/15\,000\text{RPM}) \times 1/500\ \text{扇区}/\text{磁道} \times 1000\text{ms/s} \approx 0.008\text{ms}$$

总的来说，总的预计访问时间为

$$T_{\text{access}} = T_{\text{avg seek}} + T_{\text{avg rotation}} + T_{\text{avg transfer}} = 8\text{ms} + 2\text{ms} + 0.008\text{ms} \approx 10\text{ms}$$

6.4　这道题很好的检查了你对影响磁盘性能的因素的理解。首先我们需要确定这个文件和磁盘的一些基本属性。这个文件由 2000 个 512 字节的逻辑块组成。对于磁盘，$T_{\text{avg seek}}=5\text{ms}$，$T_{\text{max rotation}}=6\text{ms}$，而 $T_{\text{avg rotation}}=3\text{ms}$。

A. 最好情况：在好的情况中，块被映射到连续的扇区，在同一柱面上，那样就可以一块接一块地读，不用移动读/写头。一旦读/写头定位到了第一个扇区，需要磁盘转两整圈(每圈 1000 个扇区)来读所有 2000 个块。所以，读这个文件的总时间为 $T_{\text{avg seek}}+T_{\text{avg rotation}}+2\times T_{\text{max rotation}}=5+3+12=20\text{ms}$。

B. 随机的情况：在这种情况中，块被随机地映射到扇区上，读 2000 块中的每一块都需要 $T_{\text{avg seek}}+T_{\text{avg rotation}}$ ms，所以读这个文件的总时间为$(T_{\text{avg seek}}+T_{\text{avg rotation}})\times 2000=16\,000\text{ms}$(16 秒!)。

你现在可以看到为什么清理磁盘碎片是个好主意!

6.5　这是一个简单的练习，让你对 SSD 的可行性有一些有趣的了解。回想一下对于磁盘，$1\text{PB}=10^9$ MB。那么下面对单位的直接翻译得到了下面的每种情况的预测时间：

A. 最糟糕情况顺序写(470MB/s)：$(10^9\times128)\times(1/470)\times(1/(86\,400\times365))\approx 8$ 年。

B. 最糟糕情况随机写(303MB/s)：$(10^9 \times 128) \times (1/303) \times (1/(86\,400 \times 365)) \approx 13$ 年。

C. 平均情况(20GB/天)：$(10^9 \times 128) \times (1/20\,000) \times (1/365) \approx 17\,535$ 年。

所以即使 SSD 连续工作，也能持续至少 8 年时间，这大于大多数计算机的预期寿命。

6.6 在 2005 年到 2015 年的 10 年间，旋转磁盘的单位价格下降了大约 166 倍，这意味着价格大约每 18 个月下降 2 倍。假设这个趋势一直持续，1PB 的存储设备，在 2015 年花费 30 000 美元，在 7 次这种 2 倍的下降之后会降到 500 美元以下。因为这种下降每 18 个月发生一次，我们可以预期在大约 2025 年，可以用 500 美元买到 1PB 的存储设备。

6.7 为了创建一个步长为 1 的引用模式，必须改变循环的次序，使得最右边的索引变化得最快：

```
1  int sumarray3d(int a[N][N][N])
2  {
3      int i, j, k, sum = 0;
4
5      for (k = 0; k < N; k++) {
6          for (i = 0; i < N; i++) {
7              for (j = 0; j < N; j++) {
8                  sum += a[k][i][j];
9              }
10         }
11     }
12     return sum;
13 }
```

这是一个很重要的思想。要保证你理解了为什么这种循环次序改变就能得到一个步长为 1 的访问模式。

6.8 解决这个问题的关键在于想象出数组是如何在内存中排列的，然后分析引用模式。函数 clear1 以步长为 1 的引用模式访问数组，因此明显地具有最好的空间局部性。函数 clear2 依次扫描 $N$ 个结构中的每一个，这是好的，但是在每个结构中，它以步长不为 1 的模式跳到下列相对于结构起始位置的偏移处：0、12、4、16、8、20。所以 clear2 的空间局部性比 clear1 的要差。函数 clear3 不仅在每个结构中跳来跳去，而且还从结构跳到结构，所以 clear3 的空间局部性比 clear2 和 clear1 都要差。

6.9 这个解答是对图 6-26 中各种高速缓存参数定义的直接应用。不那么令人兴奋，但是在能真正理解高速缓存如何工作之前，你需要理解高速缓存的结构是如何导致这样划分地址位的。

| 高速缓存 | $m$ | $C$ | $B$ | $E$ | $S$ | $t$ | $s$ | $b$ |
|---|---|---|---|---|---|---|---|---|
| 1. | 32 | 1024 | 4 | 1 | 256 | 22 | 8 | 2 |
| 2. | 32 | 1024 | 8 | 4 | 32 | 24 | 5 | 3 |
| 3. | 32 | 1024 | 32 | 32 | 1 | 27 | 0 | 5 |

6.10 填充消除了冲突不命中。因此，四分之三的引用是命中的。

6.11 有时候，理解为什么某种思想是不好的，能够帮助你理解为什么另一种是好的。这里，我们看到的坏的想法是用高位来索引高速缓存，而不是用中间的位。

A. 用高位做索引，每个连续的数组片(chunk)由 $2^t$ 个块组成，这里 $t$ 是标记位数。因此，数组头 $2^t$ 个连续的块都会映射到组 0，接下来的 $2^t$ 个块会映射到组 1，依此类推。

B. 对于直接映射高速缓存$(S, E, B, m)=(512, 1, 32, 32)$，高速缓存容量是 512 个 32 字节的块，每个高速缓存行中有 $t=18$ 个标记位。因此，数组中头 $2^{18}$ 个块会映射到组 0，接下来 $2^{18}$ 个块会映射到组 1。因为我们的数组只由 $(4096 \times 4)/32 = 512$ 个块组成，所以数组中所有的块都被映射到组 0。因此，在任何时刻，高速缓存至多只能保存一个数组块，即使数组足够小，能够完全放到高速缓存中。很明显，用高位做索引不能充分利用高速缓存。

6.12 两个低位是块偏移(CO)，然后是 3 位的组索引(CI)，剩下的位作为标记(CT)：

| 12 | 11 | 10 | 9 | 8 | 7 | 6 | 5 | 4 | 3 | 2 | 1 | 0 |
|---|---|---|---|---|---|---|---|---|---|---|---|---|
| CT | CT | CT | CT | CT | CT | CT | CT | CI | CI | CI | CO | CO |

6.13 地址：0x0E34

A. 地址格式(每个小格子表示一个位)：

| 12 | 11 | 10 | 9 | 8 | 7 | 6 | 5 | 4 | 3 | 2 | 1 | 0 |
|---|---|---|---|---|---|---|---|---|---|---|---|---|
| 0 | 1 | 1 | 1 | 0 | 0 | 0 | 1 | 1 | 0 | 1 | 0 | 0 |
| CT | CT | CT | CT | CT | CT | CT | CT | CI | CI | CI | CO | CO |

B. 内存引用：

| 参数 | 值 |
|---|---|
| 高速缓存块偏移（CO） | 0x0 |
| 高速缓存组索引（CI） | 0x5 |
| 高速缓存标记（CT） | 0x71 |
| 高速缓存命中？（是/否） | 是 |
| 高速缓存返回的字节 | 0xB |

6.14 地址：0x0DD5

A. 地址格式(每个小格子表示一个位)：

| 12 | 11 | 10 | 9 | 8 | 7 | 6 | 5 | 4 | 3 | 2 | 1 | 0 |
|---|---|---|---|---|---|---|---|---|---|---|---|---|
| 0 | 1 | 1 | 0 | 1 | 1 | 1 | 0 | 1 | 0 | 1 | 0 | 1 |
| CT | CT | CT | CT | CT | CT | CT | CT | CI | CI | CI | CO | CO |

B. 内存引用：

| 参 数 | 值 |
|---|---|
| 高速缓存块偏移（CO） | 0x1 |
| 高速缓存组索引（CI） | 0x5 |
| 高速缓存标记（CT） | 0x6E |
| 高速缓存命中？（是/否） | 否 |
| 返回的高速缓存字节 | — |

6.15 地址：0x1FF4

A. 地址格式(每个小格子表示一个位)：

| 12 | 11 | 10 | 9 | 8 | 7 | 6 | 5 | 4 | 3 | 2 | 1 | 0 |
|---|---|---|---|---|---|---|---|---|---|---|---|---|
| 1 | 1 | 1 | 1 | 1 | 1 | 1 | 1 | 0 | 0 | 1 | 0 | 0 |
| CT | CT | CT | CT | CT | CT | CT | CT | CI | CI | CI | CO | CO |

B. 内存引用：

| 参 数 | 值 |
|---|---|
| 高速缓存块偏移（CO） | 0x0 |
| 高速缓存组索引（CI） | 0x1 |
| 高速缓存标记（CT） | 0xFF |
| 高速缓存命中？（是/否） | 否 |
| 返回的高速缓存字节 | — |

6.16 这个问题是练习题 6.12～练习题 6.15 的一种逆过程，要求你反向工作，从高速缓存的内容推出会在某个组中命中的地址。在这种情况中，组 3 包含一个有效行，标记为 0x32。因为组中只有一个有效行，4 个地址会命中。这些地址的二进制形式为 0 0110 0100 11xx。因此，在组 3 中命中的 4 个十六进制地址是：0x064C、0x064D、0x064E 和 0x064F。

6.17　A. 解决这个问题的关键是想象出图 6-48 中的图像。注意，每个高速缓存行只包含数组的一个行，高速缓存正好只够保存一个数组，而且对于所有的 $i$，src 和 dst 的行 $i$ 映射到同一个高速缓存行。因为高速缓存不够大，不足以容纳这两个数组，所以对一个数组的引用总是驱逐出另一个数组的有用的行。例如，对 dst[0][0]写会驱逐当我们读 src[0][0]时加载进来的那一行。所以，当我们接下来读 src[0][1]时，会有一个不命中。

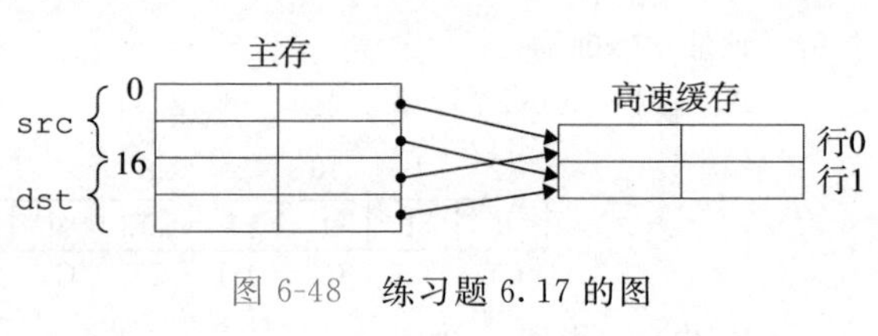


图 6-48　练习题 6.17 的图

B. 当高速缓存为 32 字节时，它足够大，能容纳这两个数组。因此，所有的不命中都是开始时的冷不命中。

dst数组

| | 列0 | 列1 |
|---|---|---|
| 行0 | m | m |
| 行1 | m | m |

src数组

| | 列0 | 列1 |
|---|---|---|
| 行0 | m | m |
| 行1 | m | h |

dst数组

| | 列0 | 列1 |
|---|---|---|
| 行0 | m | h |
| 行1 | m | h |

src数组

| | 列0 | 列1 |
|---|---|---|
| 行0 | m | h |
| 行1 | m | h |

6.18　每个 16 字节的高速缓存行包含着两个连续的 algae_position 结构。每个循环按照内存顺序访问这些结构，每次读一个整数元素。所以，每个循环的模式就是不命中、命中、不命中、命中，依此类推。注意，对于这个问题，我们不必实际列举出读和不命中的总数，就能预测出不命中率。

A. 读总数是多少？512 个读。

B. 缓存不命中的读总数是多少？256 个不命中。

C. 不命中率是多少？256/512＝50％。

6.19　对这个问题的关键是注意到这个高速缓存只能保存数组的 1/2。所以，按照列顺序来扫描数组的第二部分会驱逐扫描第一部分时加载进来的那些行。例如，读 grid[8][0]的第一个元素会驱逐当我们读 grid[0][0]的元素时加载进来的那一行。这一行也包含 grid[0][1]。所以，当我们开始扫描下一列时，对 grid[0][1]第一个元素的引用会不命中。

A. 读总数是多少？512 个读。

B. 缓存不命中的读总数是多少？256 个不命中。

C. 不命中率是多少？256/512＝50％。

D. 如果高速缓存有两倍大，那么不命中率会是多少呢？如果高速缓存有现在的两倍大，那么它能够保存整个 grid 数组。所有的不命中都会是开始时的冷不命中，而不命中率会是 1/4＝25％。

6.20　这个循环有很好的步长为 1 的引用模式，因此所有的不命中都是最开始时的冷不命中。

A. 读总数是多少？512 个读。

B. 缓存不命中的读总数是多少？128 个不命中。

C. 不命中率是多少？128/512＝25％。

D. 如果高速缓存有两倍大，那么不命中率会是多少呢？无论高速缓存的大小增加多少，都不会改变不命中率，因为冷不命中是不可避免的。

6.21　从 L1 的吞吐量峰值是大约 12 000MB/s，时钟频率是 2100MHz，而每次读访问都是以 8 字节 long 类型为单位的。所以，从这张图中我们可以估计出在这台机器上从 L1 访问一个字需要大约 2100/12 000×8＝1.4≈1.5 周期，比正常访问 L1 的延迟 4 周期快大约 2.5 倍。这是由于 4×4 的循环展开得到的并行允许同时进行多个加载操作。

第二部分

P A R T 2

# 在系统上运行程序

继续我们对计算机系统的探索，进一步来看看构建和运行应用程序的系统软件。链接器把程序的各个部分联合成一个文件，处理器可以将这个文件加载到内存，并且执行它。现代操作系统与硬件合作，为每个程序提供一种幻象，好像这个程序是在独占地使用处理器和主存，而实际上，在任何时刻，系统上都有多个程序在运行。

在本书的第一部分，你很好地理解了程序和硬件之间的交互关系。本书的第二部分将拓宽你对系统的了解，使你牢固地掌握程序和操作系统之间的交互关系。你将学习到如何使用操作系统提供的服务来构建系统级程序，例如 Unix shell 和动态内存分配包。

第7章

C H A P T E R 7

# 链　接

链接(linking)是将各种代码和数据片段收集并组合成为一个单一文件的过程，这个文件可被加载(复制)到内存并执行。链接可以执行于编译时(compile time)，也就是在源代码被翻译成机器代码时；也可以执行于加载时(load time)，也就是在程序被加载器(loader)加载到内存并执行时；甚至执行于运行时(run time)，也就是由应用程序来执行。在早期的计算机系统中，链接是手动执行的。在现代系统中，链接是由叫做链接器(linker)的程序自动执行的。

链接器在软件开发中扮演着一个关键的角色，因为它们使得分离编译(separate compilation)成为可能。我们不用将一个大型的应用程序组织为一个巨大的源文件，而是可以把它分解为更小、更好管理的模块，可以独立地修改和编译这些模块。当我们改变这些模块中的一个时，只需简单地重新编译它，并重新链接应用，而不必重新编译其他文件。

链接通常是由链接器来默默地处理的，对于那些在编程入门课堂上构造小程序的学生而言，链接不是一个重要的议题。那为什么还要这么麻烦地学习关于链接的知识呢?

- 理解链接器将帮助你构造大型程序。构造大型程序的程序员经常会遇到由于缺少模块、缺少库或者不兼容的库版本引起的链接器错误。除非你理解链接器是如何解析引用、什么是库以及链接器是如何使用库来解析引用的，否则这类错误将令你感到迷惑和挫败。
- 理解链接器将帮助你避免一些危险的编程错误。Linux 链接器解析符号引用时所做的决定可以不动声色地影响你程序的正确性。在默认情况下，错误地定义多个全局变量的程序将通过链接器，而不产生任何警告信息。由此得到的程序会产生令人迷惑的运行时行为，而且非常难以调试。我们将向你展示这是如何发生的，以及该如何避免它。
- 理解链接将帮助你理解语言的作用域规则是如何实现的。例如，全局和局部变量之间的区别是什么？当你定义一个具有 static 属性的变量或者函数时，实际到底意味着什么?
- 理解链接将帮助你理解其他重要的系统概念。链接器产生的可执行目标文件在重要的系统功能中扮演着关键角色，比如加载和运行程序、虚拟内存、分页、内存映射。
- 理解链接将使你能够利用共享库。多年以来，链接都被认为是相当简单和无趣的。然而，随着共享库和动态链接在现代操作系统中重要性的日益加强，链接成为一个复杂的过程，为掌握它的程序员提供了强大的能力。比如，许多软件产品在运行时使用共享库来升级压缩包装的(shrink-wrapped)二进制程序。还有，大多数 Web 服务器都依赖于共享库的动态链接来提供动态内容。

这一章提供了关于链接各方面的全面讨论，从传统静态链接到加载时的共享库的动态链接，以及到运行时的共享库的动态链接。我们将使用实际示例来描述基本的机制，而且指出链接问题在哪些情况中会影响程序的性能和正确性。为了使描述具体和便于理解，我们的讨论是基于这样的环境：一个运行 Linux 的 x86-64 系统，使用标准的 ELF-64(此后称为 ELF)

目标文件格式。不过，无论是什么样的操作系统、ISA或者目标文件格式，基本的链接概念是通用的，认识到这一点是很重要的。细节可能不尽相同，但是概念是相同的。

## 7.1 编译器驱动程序

考虑图7-1中的C语言程序。它将作为贯穿本章的一个小的运行示例，帮助我们说明关于链接是如何工作的一些重要知识点。

*code/link/main.c*

```
1  int sum(int *a, int n);
2
3  int array[2] = {1, 2};
4
5  int main()
6  {
7      int val = sum(array, 2);
8      return val;
9  }
```

*code/link/main.c*

a) main.c

*code/link/sum.c*

```
1  int sum(int *a, int n)
2  {
3      int i, s = 0;
4
5      for (i = 0; i < n; i++) {
6          s += a[i];
7      }
8      return s;
9  }
```

*code/link/sum.c*

b) sum.c

图7-1 示例程序1。这个示例程序由两个源文件组成，main.c和sum.c。main函数初始化一个整数数组，然后调用sum函数来对数组元素求和

大多数编译系统提供编译器驱动程序(compiler driver)，它代表用户在需要时调用语言预处理器、编译器、汇编器和链接器。比如，要用GNU编译系统构造示例程序，我们就要通过在shell中输入下列命令来调用GCC驱动程序：

```
linux> gcc -Og -o prog main.c sum.c
```

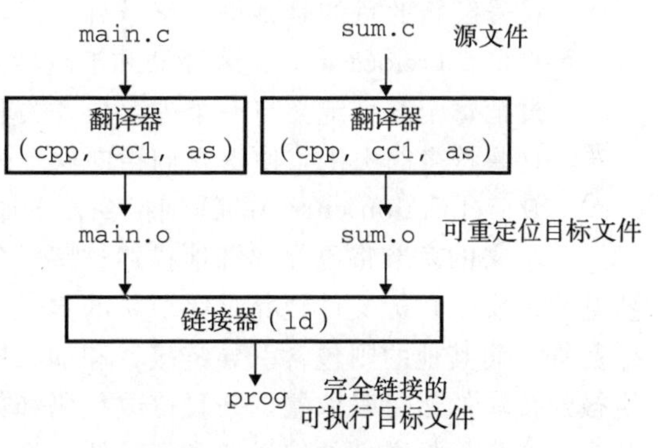


图7-2 静态链接。链接器将可重定位目标文件组合起来，形成一个可执行目标文件prog

图7-2概括了驱动程序在将示例程序从ASCII码源文件翻译成可执行目标文件时的行为。(如果你想看看这些步骤，用-v选项来运行GCC。)驱动程序首先运行C预处理器(cpp)[1]，它将C的源程序main.c翻译成一个ASCII码的中间文件main.i：

```
cpp [other arguments] main.c /tmp/main.i
```

接下来，驱动程序运行C编译器(cc1)，它将main.i翻译成一个ASCII汇编语言文件main.s：

```
cc1 /tmp/main.i -Og [other arguments] -o /tmp/main.s
```

然后，驱动程序运行汇编器(as)，它将main.s翻译成一个可重定位目标文件(relocatable object file)main.o：

```
as [other arguments] -o /tmp/main.o /tmp/main.s
```

[1] 在某些GCC版本中，预处理器被集成到编译器驱动程序中。

驱动程序经过相同的过程生成 sum.o。最后，它运行链接器程序 ld，将 main.o 和 sum.o 以及一些必要的系统目标文件组合起来，创建一个可执行目标文件(executable object file)prog：

```
ld -o prog [system object files and args] /tmp/main.o /tmp/sum.o
```

要运行可执行文件 prog，我们在 Linux shell 的命令行上输入它的名字：

```
linux> ./prog
```

shell 调用操作系统中一个叫做*加载器*(loader)的函数，它将可执行文件 prog 中的代码和数据复制到内存，然后将控制转移到这个程序的开头。

## 7.2　静态链接

像 Linux LD 程序这样的*静态链接器*(static linker)以一组可重定位目标文件和命令行参数作为输入，生成一个完全链接的、可以加载和运行的可执行目标文件作为输出。输入的可重定位目标文件由各种不同的代码和数据节(section)组成，每一节都是一个连续的字节序列。指令在一节中，初始化了的全局变量在另一节中，而未初始化的变量又在另外一节中。

为了构造可执行文件，链接器必须完成两个主要任务：

- *符号解析*(symbol resolution)。目标文件定义和引用*符号*，每个符号对应于一个函数、一个全局变量或一个*静态变量*(即 C 语言中任何以 static 属性声明的变量)。符号解析的目的是将每个符号*引用*正好和一个符号*定义*关联起来。
- *重定位*(relocation)。编译器和汇编器生成从地址 0 开始的代码和数据节。链接器通过把每个符号定义与一个内存位置关联起来，从而*重定位*这些节，然后修改所有对这些符号的引用，使得它们指向这个内存位置。链接器使用汇编器产生的*重定位条目*(relocation entry)的详细指令，不加甄别地执行这样的重定位。

接下来的章节将更加详细地描述这些任务。在你阅读的时候，要记住关于链接器的一些基本事实：目标文件纯粹是字节块的集合。这些块中，有些包含程序代码，有些包含程序数据，而其他的则包含引导链接器和加载器的数据结构。链接器将这些块连接起来，确定被连接块的运行时位置，并且修改代码和数据块中的各种位置。链接器对目标机器了解甚少。产生目标文件的编译器和汇编器已经完成了大部分工作。

## 7.3　目标文件

目标文件有三种形式：

- *可重定位目标文件*。包含二进制代码和数据，其形式可以在链接时与其他可重定位目标文件合并起来，创建一个可执行目标文件。
- *可执行目标文件*。包含二进制代码和数据，其形式可以被直接复制到内存并执行。
- *共享目标文件*。一种特殊类型的可重定位目标文件，可以在加载或者运行时被动态地加载进内存并链接。

编译器和汇编器生成可重定位目标文件(包括共享目标文件)。链接器生成可执行目标文件。从技术上来说，一个*目标模块*(object module)就是一个字节序列，而一个*目标文件*(object file)就是一个以文件形式存放在磁盘中的目标模块。不过，我们会互换地使用这些术语。

目标文件是按照特定的目标文件格式来组织的，各个系统的目标文件格式都不相同。

从贝尔实验室诞生的第一个 Unix 系统使用的是 a.out 格式(直到今天，可执行文件仍然称为 a.out 文件)。Windows 使用可移植可执行(Portable Executable，PE)格式。Mac OS-X 使用 Mach-O 格式。现代 x86-64 Linux 和 Unix 系统使用可执行可链接格式(Executable and Linkable Format，ELF)。尽管我们的讨论集中在 ELF 上，但是不管是哪种格式，基本的概念是相似的。

## 7.4 可重定位目标文件

图 7-3 展示了一个典型的 ELF 可重定位目标文件的格式。ELF 头(ELF header)以一个 16 字节的序列开始，这个序列描述了生成该文件的系统的字的大小和字节顺序。ELF 头剩下的部分包含帮助链接器语法分析和解释目标文件的信息。其中包括 ELF 头的大小、目标文件的类型(如可重定位、可执行或者共享的)、机器类型(如 x86-64)、节头部表(section header table)的文件偏移，以及节头部表中条目的大小和数量。不同节的位置和大小是由节头部表描述的，其中目标文件中每个节都有一个固定大小的条目(entry)。

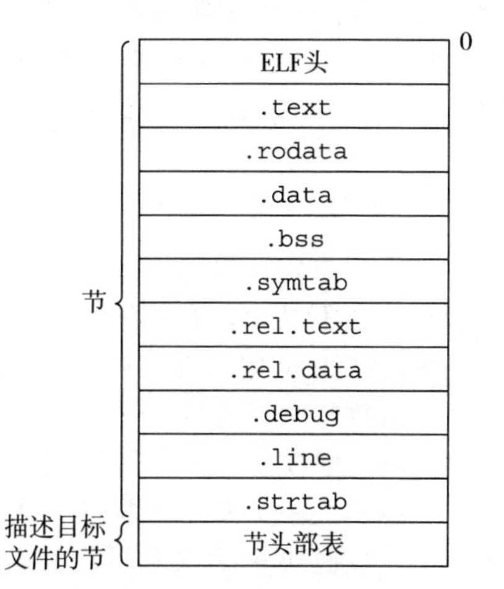

图 7-3　典型的 ELF 可重定位目标文件

夹在 ELF 头和节头部表之间的都是节。一个典型的 ELF 可重定位目标文件包含下面几个节：

.text：已编译程序的机器代码。

.rodata：只读数据，比如 printf 语句中的格式串和开关语句的跳转表。

.data：已初始化的全局和静态 C 变量。局部 C 变量在运行时被保存在栈中，既不出现在.data 节中，也不出现在.bss 节中。

.bss：未初始化的全局和静态 C 变量，以及所有被初始化为 0 的全局或静态变量。在目标文件中这个节不占据实际的空间，它仅仅是一个占位符。目标文件格式区分已初始化和未初始化变量是为了空间效率：在目标文件中，未初始化变量不需要占据任何实际的磁盘空间。运行时，在内存中分配这些变量，初始值为 0。

.symtab：一个符号表，它存放在程序中定义和引用的函数和全局变量的信息。一些程序员错误地认为必须通过-g 选项来编译一个程序，才能得到符号表信息。实际上，每个可重定位目标文件在.symtab 中都有一张符号表(除非程序员特意用 STRIP 命令去掉它)。然而，和编译器中的符号表不同，.symtab 符号表不包含局部变量的条目。

.rel.text：一个.text 节中位置的列表，当链接器把这个目标文件和其他文件组合时，需要修改这些位置。一般而言，任何调用外部函数或者引用全局变量的指令都需要修改。另一方面，调用本地函数的指令则不需要修改。注意，可执行目标文件中并不需要重定位信息，因此通常省略，除非用户显式地指示链接器包含这些信息。

.rel.data：被模块引用或定义的所有全局变量的重定位信息。一般而言，任何已初始化的全局变量，如果它的初始值是一个全局变量地址或者外部定义函数的地址，都需要被修改。

.debug：一个调试符号表，其条目是程序中定义的局部变量和类型定义，程序中定义和引用的全局变量，以及原始的 C 源文件。只有以-g 选项调用编译器驱动程序时，才会得到这张表。

.line：原始 C 源程序中的行号和 .text 节中机器指令之间的映射。只有以 -g 选项调用编译器驱动程序时，才会得到这张表。

.strtab：一个字符串表，其内容包括 .symtab 和 .debug 节中的符号表，以及节头部中的节名字。字符串表就是以 null 结尾的字符串的序列。

**旁注　为什么未初始化的数据称为 .bss**

用术语 .bss 来表示未初始化的数据是很普遍的。它起始于 IBM 704 汇编语言（大约在 1957 年）中“块存储开始（Block Storage Start）”指令的首字母缩写，并沿用至今。一种记住 .data 和 .bss 节之间区别的简单方法是把“bss”看成是“更好地节省空间（Better Save Space）”的缩写。

## 7.5　符号和符号表

每个可重定位目标模块 $m$ 都有一个符号表，它包含 $m$ 定义和引用的符号的信息。在链接器的上下文中，有三种不同的符号：

- 由模块 $m$ 定义并能被其他模块引用的全局符号。全局链接器符号对应于非静态的 C 函数和全局变量。
- 由其他模块定义并被模块 $m$ 引用的全局符号。这些符号称为外部符号，对应于在其他模块中定义的非静态 C 函数和全局变量。
- 只被模块 $m$ 定义和引用的局部符号。它们对应于带 static 属性的 C 函数和全局变量。这些符号在模块 $m$ 中任何位置都可见，但是不能被其他模块引用。

认识到本地链接器符号和本地程序变量不同是很重要的。.symtab 中的符号表不包含对应于本地非静态程序变量的任何符号。这些符号在运行时在栈中被管理，链接器对此类符号不感兴趣。

有趣的是，定义为带有 C static 属性的本地过程变量是不在栈中管理的。相反，编译器在 .data 或 .bss 中为每个定义分配空间，并在符号表中创建一个有唯一名字的本地链接器符号。比如，假设在同一模块中的两个函数各自定义了一个静态局部变量 x：

```
1   int f()
2   {
3       static int x = 0;
4       return x;
5   }
6
7   int g()
8   {
9       static int x = 1;
10      return x;
11  }
```

在这种情况中，编译器向汇编器输出两个不同名字的局部链接器符号。比如，它可以用 x.1 表示函数 f 中的定义，而用 x.2 表示函数 g 中的定义。

**给 C 语言初学者　利用 static 属性隐藏变量和函数名字**

C 程序员使用 static 属性隐藏模块内部的变量和函数声明，就像你在 Java 和 C++

中使用 public 和 private 声明一样。在 C 中，源文件扮演模块的角色。任何带有 static 属性声明的全局变量或者函数都是模块私有的。类似地，任何不带 static 属性声明的全局变量和函数都是公共的，可以被其他模块访问。尽可能用 static 属性来保护你的变量和函数是很好的编程习惯。

符号表是由汇编器构造的，使用编译器输出到汇编语言 .s 文件中的符号。.symtab 节中包含 ELF 符号表。这张符号表包含一个条目的数组。图 7-4 展示了每个条目的格式。

*code/link/elfstructs.c*

```
1  typedef struct {
2      int   name;      /* String table offset */
3      char  type:4,    /* Function or data (4 bits) */
4            binding:4; /* Local or global (4 bits) */
5      char  reserved;  /* Unused */
6      short section;   /* Section header index */
7      long  value;     /* Section offset or absolute address */
8      long  size;      /* Object size in bytes */
9  } Elf64_Symbol;
```

*code/link/elfstructs.c*

图 7-4 ELF 符号表条目。type 和 binding 字段每个都是 4 位

name 是字符串表中的字节偏移，指向符号的以 null 结尾的字符串名字。value 是符号的地址。对于可重定位的模块来说，value 是距定义目标的节的起始位置的偏移。对于可执行目标文件来说，该值是一个绝对运行时地址。size 是目标的大小(以字节为单位)。type 通常要么是数据，要么是函数。符号表还可以包含各个节的条目，以及对应原始源文件的路径名的条目。所以这些目标的类型也有所不同。binding 字段表示符号是本地的还是全局的。

每个符号都被分配到目标文件的某个节，由 section 字段表示，该字段也是一个到节头部表的索引。有三个特殊的伪节(pseudosection)，它们在节头部表中是没有条目的：ABS 代表不该被重定位的符号；UNDEF 代表未定义的符号，也就是在本目标模块中引用，但是却在其他地方定义的符号；COMMON 表示还未被分配位置的未初始化的数据目标。对于 COMMON 符号，value 字段给出对齐要求，而 size 给出最小的大小。注意，只有可重定位目标文件中才有这些伪节，可执行目标文件中是没有的。

COMMON 和 .bss 的区别很细微。现代的 GCC 版本根据以下规则来将可重定位目标文件中的符号分配到 COMMON 和 .bss 中：

COMMON　未初始化的全局变量

.bss　未初始化的静态变量，以及初始化为 0 的全局或静态变量

采用这种看上去很绝对的区分方式的原因来自于链接器执行符号解析的方式，我们会在 7.6 节中加以解释。

GNU READELF 程序是一个查看目标文件内容的很方便的工具。比如，下面是图 7-1 中示例程序的可重定位目标文件 main.o 的符号表中的最后三个条目。开始的 8 个条目没有显示出来，它们是链接器内部使用的局部符号。

```
Num:    Value           Size Type    Bind   Vis      Ndx Name
  8: 0000000000000000     24 FUNC    GLOBAL DEFAULT    1 main
  9: 0000000000000000      8 OBJECT  GLOBAL DEFAULT    3 array
 10: 0000000000000000      0 NOTYPE  GLOBAL DEFAULT  UND sum
```

在这个例子中，我们看到全局符号 main 定义的条目，它是一个位于.text 节中偏移量为 0(即 value 值)处的 24 字节函数。其后跟随着的是全局符号 array 的定义，它是一个位于.data 节中偏移量为 0 处的 8 字节目标。最后一个条目来自对外部符号 sum 的引用。READELF 用一个整数索引来标识每个节。Ndx=1 表示.text 节，而 Ndx=3 表示.data 节。

练习题 7.1　这个题目针对图 7-5 中的 m.o 和 swap.o 模块。对于每个在 swap.o 中定义或引用的符号，请指出它是否在模块 swap.o 中的.symtab 节中有一个符号表条目。如果是，请指出定义该符号的模块(swap.o 或者 m.o)、符号类型(局部、全局或者外部)以及它在模块中被分配到的节(.text、.data、.bss 或 COMMON)。

| 符号 | .symtab条目? | 符号类型 | 在哪个模块中定义 | 节 |
|---|---|---|---|---|
| buf | | | | |
| bufp0 | | | | |
| bufp1 | | | | |
| swap | | | | |
| temp | | | | |

code/link/m.c

```
1    void swap();
2
3    int buf[2] = {1, 2};
4
5    int main()
6    {
7        swap();
8        return 0;
9    }
```

code/link/m.c

a) m.c

code/link/swap.c

```
1    extern int buf[];
2
3    int *bufp0 = &buf[0];
4    int *bufp1;
5
6    void swap()
7    {
8        int temp;
9
10       bufp1 = &buf[1];
11       temp = *bufp0;
12       *bufp0 = *bufp1;
13       *bufp1 = temp;
14   }
```

code/link/swap.c

b) swap.c

图 7-5　练习题 7.1 的示例程序

## 7.6　符号解析

链接器解析符号引用的方法是将每个引用与它输入的可重定位目标文件的符号表中的一个确定的符号定义关联起来。对那些和引用定义在相同模块中的局部符号的引用，符号解析是非常简单明了的。编译器只允许每个模块中每个局部符号有一个定义。静态局部变量也会有本地链接器符号，编译器还要确保它们拥有唯一的名字。

不过，对全局符号的引用解析就棘手得多。当编译器遇到一个不是在当前模块中定义的符号(变量或函数名)时，会假设该符号是在其他某个模块中定义的，生成一个链接器符号表条目，并把它交给链接器处理。如果链接器在它的任何输入模块中都找不到这个被引用符号的定义，就输出一条(通常很难阅读的)错误信息并终止。比如，如果我们试着在一台 Linux 机器上编译和链接下面的源文件：

```
1   void foo(void);
2
3   int main() {
4       foo();
5       return 0;
6   }
```

那么编译器会没有障碍地运行，但是当链接器无法解析对 foo 的引用时，就会终止：

```
linux> gcc -Wall -Og -o linkerror linkerror.c
/tmp/ccSz5uti.o: In function 'main':
/tmp/ccSz5uti.o(.text+0x7): undefined reference to 'foo'
```

对全局符号的符号解析很棘手，还因为多个目标文件可能会定义相同名字的全局符号。在这种情况中，链接器必须要么标志一个错误，要么以某种方法选出一个定义并抛弃其他定义。Linux 系统采纳的方法涉及编译器、汇编器和链接器之间的协作，这样也可能给不警觉的程序员带来一些麻烦。

**旁注　对 C++ 和 Java 中链接器符号的重整**

C++ 和 Java 都允许重载方法，这些方法在源代码中有相同的名字，却有不同的参数列表。那么链接器是如何区别这些不同的重载函数之间的差异呢？C++ 和 Java 中能使用重载函数，是因为编译器将每个唯一的方法和参数列表组合编码成一个对链接器来说唯一的名字。这种编码过程叫做重整(mangling)，而相反的过程叫做恢复(demangling)。

幸运的是，C++ 和 Java 使用兼容的重整策略。一个被重整的类名字是由名字中字符的整数数量，后面跟原始名字组成的。比如，类 Foo 被编码成 3Foo。方法被编码为原始方法名，后面加上__，加上被重整的类名，再加上每个参数的单字母编码。比如，Foo::bar(int, long)被编码为 bar__3Fooil。重整全局变量和模板名字的策略是相似的。

### 7.6.1 链接器如何解析多重定义的全局符号

链接器的输入是一组可重定位目标模块。每个模块定义一组符号，有些是局部的(只对定义该符号的模块可见)，有些是全局的(对其他模块也可见)。如果多个模块定义同名的全局符号，会发生什么呢？下面是 Linux 编译系统采用的方法。

在编译时，编译器向汇编器输出每个全局符号，或者是强(strong)或者是弱(weak)，而汇编器把这个信息隐含地编码在可重定位目标文件的符号表里。函数和已初始化的全局变量是强符号，未初始化的全局变量是弱符号。

根据强弱符号的定义，Linux 链接器使用下面的规则来处理多重定义的符号名：

- 规则 1：不允许有多个同名的强符号。
- 规则 2：如果有一个强符号和多个弱符号同名，那么选择强符号。
- 规则 3：如果有多个弱符号同名，那么从这些弱符号中任意选择一个。

比如，假设我们试图编译和链接下面两个 C 模块：

```
1   /* foo1.c */
2   int main()
3   {
4       return 0;
5   }
```

```
1  /* bar1.c */
2  int main()
3  {
4      return 0;
5  }
```

在这个情况中，链接器将生成一条错误信息，因为强符号 main 被定义了多次(规则 1)：

```
linux> gcc foo1.c bar1.c
/tmp/ccq2Uxnd.o: In function 'main':
bar1.c:(.text+0x0): multiple definition of 'main'
```

相似地，链接器对于下面的模块也会生成一条错误信息，因为强符号 x 被定义了两次(规则 1)：

```
1  /* foo2.c */
2  int x = 15213;
3
4  int main()
5  {
6      return 0;
7  }
```

```
1  /* bar2.c */
2  int x = 15213;
3
4  void f()
5  {
6  }
```

然而，如果在一个模块里 x 未被初始化，那么链接器将安静地选择在另一个模块中定义的强符号(规则 2)：

```
1  /* foo3.c */
2  #include <stdio.h>
3  void f(void);
4
5  int x = 15213;
6
7  int main()
8  {
9      f();
10     printf("x = %d\n", x);
11     return 0;
12 }
```

```
1  /* bar3.c */
2  int x;
3
4  void f()
5  {
6      x = 15212;
7  }
```

在运行时，函数 f 将 x 的值由 15213 改为 15212，这会给 main 函数的作者带来不受欢迎的意外！注意，链接器通常不会表明它检测到多个 x 的定义：

```
linux> gcc -o foobar3 foo3.c bar3.c
linux> ./foobar3
x = 15212
```

如果 x 有两个弱定义，也会发生相同的事情(规则 3)：

```
1   /* foo4.c */
2   #include <stdio.h>
3   void f(void);
4
5   int x;
6
7   int main()
8   {
9       x = 15213;
10      f();
11      printf("x = %d\n", x);
12      return 0;
13  }
```

```
1   /* bar4.c */
2   int x;
3
4   void f()
5   {
6       x = 15212;
7   }
```

规则 2 和规则 3 的应用会造成一些不易察觉的运行时错误，对于不警觉的程序员来说，是很难理解的，尤其是如果重复的符号定义还有不同的类型时。考虑下面这个例子，其中 x 不幸地在一个模块中定义为 int，而在另一个模块中定义为 double：

```
1   /* foo5.c */
2   #include <stdio.h>
3   void f(void);
4
5   int y = 15212;
6   int x = 15213;
7
8   int main()
9   {
10      f();
11      printf("x = 0x%x y = 0x%x \n",
12             x, y);
13      return 0;
14  }
```

```
1   /* bar5.c */
2   double x;
3
4   void f()
5   {
6       x = -0.0;
7   }
```

在一台 x86-64/Linux 机器上，double 类型是 8 个字节，而 int 类型是 4 个字节。在我们的系统中，x 的地址是 0x601020，y 的地址是 0x601024。因此，bar5.c 的第 6 行中的赋值 x=-0.0 将用负零的双精度浮点表示覆盖内存中 x 和 y 的位置(foo5.c 中的第 5 行和第 6 行)！

```
linux> gcc -Wall -Og -o foobar5 foo5.c bar5.c
/usr/bin/ld: Warning: alignment 4 of symbol 'x' in /tmp/cclUFK5g.o
is smaller than 8 in /tmp/ccbTLcb9.o
linux> ./foobar5
x = 0x0 y = 0x80000000
```

这是一个细微而令人讨厌的错误，尤其是因为它只会触发链接器发出一条警告，而且通常要在程序执行很久以后才表现出来，且远离错误发生地。在一个拥有成百上千个模块的大型系统中，这种类型的错误相当难以修正，尤其因为许多程序员根本不知道链接器是如何工作的。当你怀疑有此类错误时，用像 GCC-fno-common 标志这样的选项调用链接器，这个选项会告诉链接器，在遇到多重定义的全局符号时，触发一个错误。或者使用 -Werror选项，它会把所有的警告都变为错误。

在 7.5 节中，我们看到了编译器如何按照一个看似绝对的规则来把符号分配为 COMMON 和.bss。实际上，采用这个惯例是由于在某些情况中链接器允许多个模块定义同名的全局符号。当编译器在翻译某个模块时，遇到一个弱全局符号，比如说 x，它并不知道其他模块是否也定义了 x，如果是，它无法预测链接器该使用 x 的多重定义中的哪一个。所以编译器把 x 分配成 COMMON，把决定权留给链接器。另一方面，如果 x 初始化为 0，那么它是一个强符号(因此根据规则 2 必须是唯一的)，所以编译器可以很自信地将它分配成.bss。类似地，静态符号的构造就必须是唯一的，所以编译器可以自信地把它们分配成.data 或.bss。

**练习题 7.2**　在此题中，REF(x.i)→DEF(x.k)表示链接器将把模块 i 中对符号 x 的任意引用与模块 k 中 x 的定义关联起来。对于下面的每个示例，用这种表示法来说明链接器将如何解析每个模块中对多重定义符号的引用。如果有一个链接时错误(规则 1)，写“错误”。如果链接器从定义中任意选择一个(规则 3)，则写“未知”。

A.
```
/* Module 1 */              /* Module 2 */
int main()                  int main;
{                           int p2()
}                           {
                            }
```

(a) REF(main.1) → DEF(________.______)

(b) REF(main.2) → DEF(________.______)

B.
```
/* Module 1 */              /* Module 2 */
void main()                 int main = 1;
{                           int p2()
}                           {
                            }
```

(a) REF(main.1) → DEF(________.______)

(b) REF(main.2) → DEF(________.______)

C.
```
/* Module 1 */              /* Module 2 */
int x;                      double x = 1.0;
void main()                 int p2()
{                           {
}                           }
```

(a) REF(x.1) → DEF(________.________)

(b) REF(x.2) → DEF(________.________)

### 7.6.2 与静态库链接

迄今为止，我们都是假设链接器读取一组可重定位目标文件，并把它们链接起来，形成一个输出的可执行文件。实际上，所有的编译系统都提供一种机制，将所有相关的目标模块打包成为一个单独的文件，称为静态库(static library)，它可以用做链接器的输入。当链接器构造一个输出的可执行文件时，它只复制静态库里被应用程序引用的目标模块。

为什么系统要支持库的概念呢？以 ISO C99 为例，它定义了一组广泛的标准 I/O、字符串操作和整数数学函数，例如 `atoi`、`printf`、`scanf`、`strcpy` 和 `rand`。它们在 `libc.a` 库中，对每个 C 程序来说都是可用的。ISO C99 还在 `libm.a` 库中定义了一组广泛的浮点数学函数，例如 `sin`、`cos` 和 `sqrt`。

让我们来看看如果不使用静态库，编译器开发人员会使用什么方法来向用户提供这些函数。一种方法是让编译器辨认出对标准函数的调用，并直接生成相应的代码。Pascal(只提供了一小部分标准函数)采用的就是这种方法，但是这种方法对 C 而言是不合适的，因为 C 标准定义了大量的标准函数。这种方法将给编译器增加显著的复杂性，而且每次添加、删除或修改一个标准函数时，就需要一个新的编译器版本。然而，对于应用程序员而言，这种方法会是非常方便的，因为标准函数将总是可用的。

另一种方法是将所有的标准 C 函数都放在一个单独的可重定位目标模块中(比如说 `libc.o` 中)应用程序员可以把这个模块链接到他们的可执行文件中：

```
linux> gcc main.c /usr/lib/libc.o
```

这种方法的优点是它将编译器的实现与标准函数的实现分离开来，并且仍然对程序员保持适度的便利。然而，一个很大的缺点是系统中每个可执行文件现在都包含着一份标准函数集合的完全副本，这对磁盘空间是很大的浪费。(在一个典型的系统上，`libc.a` 大约是 5MB，而 `libm.a` 大约是 2MB。)更糟的是，每个正在运行的程序都将它自己的这些函数的副本放在内存中，这是对内存的极度浪费。另一个大的缺点是，对任何标准函数的任何改变，无论多么小的改变，都要求库的开发人员重新编译整个源文件，这是一个非常耗时的操作，使得标准函数的开发和维护变得很复杂。

我们可以通过为每个标准函数创建一个独立的可重定位文件，把它们存放在一个为大家都知道的目录中来解决其中的一些问题。然而，这种方法要求应用程序员显式地链接合适的目标模块到它们的可执行文件中，这是一个容易出错而且耗时的过程：

```
linux> gcc main.c /usr/lib/printf.o /usr/lib/scanf.o ...
```

静态库概念被提出来，以解决这些不同方法的缺点。相关的函数可以被编译为独立的目标模块，然后封装成一个单独的静态库文件。然后，应用程序可以通过在命令行上指定单独的文件名字来使用这些在库中定义的函数。比如，使用 C 标准库和数学库中函数的程序可以用形式如下的命令行来编译和链接：

```
linux> gcc main.c /usr/lib/libm.a /usr/lib/libc.a
```

在链接时，链接器将只复制被程序引用的目标模块，这就减少了可执行文件在磁盘和内存中的大小。另一方面，应用程序员只需要包含较少的库文件的名字(实际上，C 编译器驱动程序总是传送 libc.a 给链接器，所以前面提到的对 libc.a 的引用是不必要的)。

在 Linux 系统中，静态库以一种称为存档(archive)的特殊文件格式存放在磁盘中。存档文件是一组连接起来的可重定位目标文件的集合，有一个头部用来描述每个成员目标文件的大小和位置。存档文件名由后缀 .a 标识。

为了使我们对库的讨论更加形象具体，考虑图 7-6 中的两个向量例程。每个例程，定义在它自己的目标模块中，对两个输入向量进行一个向量操作，并把结果存放在一个输出向量中。每个例程有一个副作用，会记录它自己被调用的次数，每次被调用会把一个全局变量加 1。(当我们在 7.12 节中解释位置无关代码的思想时会起作用。)

*code/link/addvec.c*

```
1   int addcnt = 0;
2
3   void addvec(int *x, int *y,
4               int *z, int n)
5   {
6       int i;
7
8       addcnt++;
9
10      for (i = 0; i < n; i++)
11          z[i] = x[i] + y[i];
12  }
```

*code/link/addvec.c*

a) addvec.o

*code/link/multvec.c*

```
1   int multcnt = 0;
2
3   void multvec(int *x, int *y,
4                int *z, int n)
5   {
6       int i;
7
8       multcnt++;
9
10      for (i = 0; i < n; i++)
11          z[i] = x[i] * y[i];
12  }
```

*code/link/multvec.c*

b) multvec.o

图 7-6　libvector 库中的成员目标文件

要创建这些函数的一个静态库，我们将使用 AR 工具，如下：

```
linux> gcc -c addvec.c multvec.c
linux> ar rcs libvector.a addvec.o multvec.o
```

为了使用这个库，我们可以编写一个应用，比如图 7-7 中的 main2.c，它调用 addvec 库例程。包含(或头)文件 vector.h 定义了 libvector.a 中例程的函数原型。

*code/link/main2.c*

```
1   #include <stdio.h>
2   #include "vector.h"
3
4   int x[2] = {1, 2};
5   int y[2] = {3, 4};
6   int z[2];
7
8   int main()
9   {
10      addvec(x, y, z, 2);
11      printf("z = [%d %d]\n", z[0], z[1]);
12      return 0;
13  }
```

*code/link/main2.c*

图 7-7　示例程序 2。这个程序调用 libvector 库中的函数

为了创建这个可执行文件，我们要编译和链接输入文件 main2.o 和 libvector.a:

```
linux> gcc -c main2.c
linux> gcc -static -o prog2c main2.o ./libvector.a
```

或者等价地使用：

```
linux> gcc -c main2.c
linux> gcc -static -o prog2c main2.o -L. -lvector
```

图 7-8 概括了链接器的行为。-static 参数告诉编译器驱动程序，链接器应该构建一个完全链接的可执行目标文件，它可以加载到内存并运行，在加载时无须更进一步的链接。-lvector 参数是 libvector.a 的缩写，-L.参数告诉链接器在当前目录下查找 libvector.a。

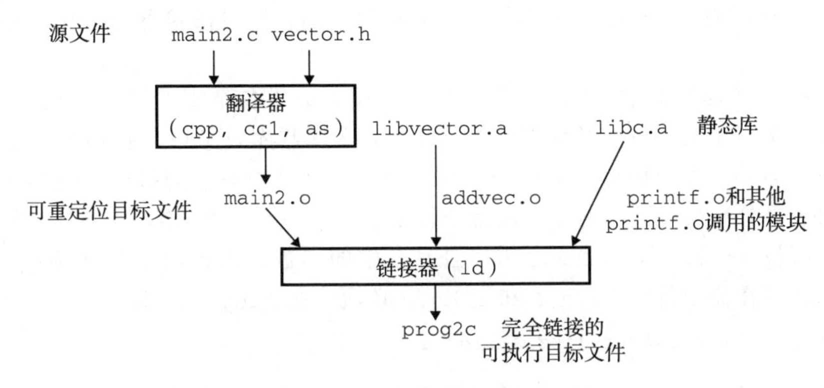


图 7-8 与静态库链接

当链接器运行时，它判定 main2.o 引用了 addvec.o 定义的 addvec 符号，所以复制 addvec.o 到可执行文件。因为程序不引用任何由 multvec.o 定义的符号，所以链接器就不会复制这个模块到可执行文件。链接器还会复制 libc.a 中的 printf.o 模块，以及许多 C 运行时系统中的其他模块。

### 7.6.3 链接器如何使用静态库来解析引用

虽然静态库很有用，但是它们同时也是一个程序员迷惑的源头，原因在于 Linux 链接器使用它们解析外部引用的方式。在符号解析阶段，链接器从左到右按照它们在编译器驱动程序命令行上出现的顺序来扫描可重定位目标文件和存档文件。(驱动程序自动将命令行中所有的.c 文件翻译为.o 文件。)在这次扫描中，链接器维护一个可重定位目标文件的集合 $E$(这个集合中的文件会被合并起来形成可执行文件)，一个未解析的符号(即引用了但是尚未定义的符号)集合 $U$，以及一个在前面输入文件中已定义的符号集合 $D$。初始时，$E$、$U$ 和 $D$ 均为空。

- 对于命令行上的每个输入文件 $f$，链接器会判断 $f$ 是一个目标文件还是一个存档文件。如果 $f$ 是一个目标文件，那么链接器把 $f$ 添加到 $E$，修改 $U$ 和 $D$ 来反映 $f$ 中的符号定义和引用，并继续下一个输入文件。
- 如果 $f$ 是一个存档文件，那么链接器就尝试匹配 $U$ 中未解析的符号和由存档文件成员定义的符号。如果某个存档文件成员 $m$，定义了一个符号来解析 $U$ 中的一个引用，那么就将 $m$ 加到 $E$ 中，并且链接器修改 $U$ 和 $D$ 来反映 $m$ 中的符号定义和引用。对存档文件中所有的成员目标文件都依次进行这个过程，直到 $U$ 和 $D$ 都不再发生变化。此时，任何不包含在 $E$ 中的成员目标文件都简单地被丢弃，而链接器将继续处理下一个输入文件。

- 如果当链接器完成对命令行上输入文件的扫描后，$U$ 是非空的，那么链接器就会输出一个错误并终止。否则，它会合并和重定位 $E$ 中的目标文件，构建输出的可执行文件。

不幸的是，这种算法会导致一些令人困扰的链接时错误，因为命令行上的库和目标文件的顺序非常重要。在命令行中，如果定义一个符号的库出现在引用这个符号的目标文件之前，那么引用就不能被解析，链接会失败。比如，考虑下面的命令行发生了什么？

```
linux> gcc -static ./libvector.a main2.c
/tmp/cc9XH6Rp.o: In function 'main':
/tmp/cc9XH6Rp.o(.text+0x18): undefined reference to 'addvec'
```

在处理 libvector.a 时，$U$ 是空的，所以没有 libvector.a 中的成员目标文件会添加到 $E$ 中。因此，对 addvec 的引用是绝不会被解析的，所以链接器会产生一条错误信息并终止。

关于库的一般准则是将它们放在命令行的结尾。如果各个库的成员是相互独立的(也就是说没有成员引用另一个成员定义的符号)，那么这些库就可以以任何顺序放置在命令行的结尾处。另一方面，如果库不是相互独立的，那么必须对它们排序，使得对于每个被存档文件的成员外部引用的符号 s，在命令行中至少有一个 s 的定义是在对 s 的引用之后的。比如，假设 foo.c 调用 libx.a 和 libz.a 中的函数，而这两个库又调用 liby.a 中的函数。那么，在命令行中 libx.a 和 libz.a 必须处在 liby.a 之前：

```
linux> gcc foo.c libx.a libz.a liby.a
```

如果需要满足依赖需求，可以在命令行上重复库。比如，假设 foo.c 调用 libx.a 中的函数，该库又调用 liby.a 中的函数，而 liby.a 又调用 libx.a 中的函数。那么 libx.a 必须在命令行上重复出现：

```
linux> gcc foo.c libx.a liby.a libx.a
```

另一种方法是，我们可以将 libx.a 和 liby.a 合并成一个单独的存档文件。

**练习题 7.3**　a 和 b 表示当前目录中的目标模块或者静态库，而 a→b 表示 a 依赖于 b，也就是说 b 定义了一个被 a 引用的符号。对于下面每种场景，请给出最小的命令行(即一个含有最少数量的目标文件和库参数的命令)，使得静态链接器能解析所有的符号引用。

A. p.o → libx.a

B. p.o → libx.a → liby.a

C. p.o → libx.a → liby.a 且 liby.a → libx.a → p.o

## 7.7　重定位

一旦链接器完成了符号解析这一步，就把代码中的每个符号引用和正好一个符号定义(即它的一个输入目标模块中的一个符号表条目)关联起来。此时，链接器就知道它的输入目标模块中的代码节和数据节的确切大小。现在就可以开始重定位步骤了，在这个步骤中，将合并输入模块，并为每个符号分配运行时地址。重定位由两步组成：

- 重定位节和符号定义。在这一步中，链接器将所有相同类型的节合并为同一类型的新的聚合节。例如，来自所有输入模块的 .data 节被全部合并成一个节，这个节成为输出的可执行目标文件的 .data 节。然后，链接器将运行时内存地址赋给新的聚合节，赋给输入模块定义的每个节，以及赋给输入模块定义的每个符号。当这一步完成时，程序中的每条指令和全局变量都有唯一的运行时内存地址了。

- 重定位节中的符号引用。在这一步中，链接器修改代码节和数据节中对每个符号的引用，使得它们指向正确的运行时地址。要执行这一步，链接器依赖于可重定位目标模块中称为重定位条目(relocation entry)的数据结构，我们接下来将会描述这种数据结构。

### 7.7.1 重定位条目

当汇编器生成一个目标模块时，它并不知道数据和代码最终将放在内存中的什么位置。它也不知道这个模块引用的任何外部定义的函数或者全局变量的位置。所以，无论何时汇编器遇到对最终位置未知的目标引用，它就会生成一个重定位条目，告诉链接器在将目标文件合并成可执行文件时如何修改这个引用。代码的重定位条目放在.rel.text中。已初始化数据的重定位条目放在.rel.data中。

图7-9展示了ELF重定位条目的格式。offset是需要被修改的引用的节偏移。symbol标识被修改引用应该指向的符号。type告知链接器如何修改新的引用。addend是一个有符号常数，一些类型的重定位要使用它对被修改引用的值做偏移调整。

*code/link/elfstructs.c*

```
1  typedef struct {
2      long offset;    /* Offset of the reference to relocate */
3      long type:32,   /* Relocation type */
4           symbol:32; /* Symbol table index */
5      long addend;    /* Constant part of relocation expression */
6  } Elf64_Rela;
```

*code/link/elfstructs.c*

图7-9 ELF重定位条目。每个条目表示一个必须被重定位的引用，并指明如何计算被修改的引用

ELF定义了32种不同的重定位类型，有些相当隐秘。我们只关心其中两种最基本的重定位类型：

- R_X86_64_PC32。重定位一个使用32位PC相对地址的引用。回想一下3.6.3节，一个PC相对地址就是距程序计数器(PC)的当前运行时值的偏移量。当CPU执行一条使用PC相对寻址的指令时，它就将在指令中编码的32位值加上PC的当前运行时值，得到有效地址(如call指令的目标)，PC值通常是下一条指令在内存中的地址。
- R_X86_64_32。重定位一个使用32位绝对地址的引用。通过绝对寻址，CPU直接使用在指令中编码的32位值作为有效地址，不需要进一步修改。

这两种重定位类型支持x86-64小型代码模型(small code model)，该模型假设可执行目标文件中的代码和数据的总体大小小于2GB，因此在运行时可以用32位PC相对地址来访问。GCC默认使用小型代码模型。大于2GB的程序可以用-mcmodel=medium(中型代码模型)和-mcmodel=large(大型代码模型)标志来编译，不过在此我们不讨论这些模型。

### 7.7.2 重定位符号引用

图7-10展示了链接器的重定位算法的伪代码。第1行和第2行在每个节s以及与每个节相关联的重定位条目r上迭代执行。为了使描述具体化，假设每个节s是一个字节数组，每个重定位条目r是一个类型为Elf64_Rela的结构，如图7-9中的定义。另外，还

假设当算法运行时，链接器已经为每个节(用 ADDR(s)表示)和每个符号都选择了运行时地址(用 ADDR(r.symbol)表示)。第 3 行计算的是需要被重定位的 4 字节引用的数组 s 中的地址。如果这个引用使用的是 PC 相对寻址，那么它就用第 5～9 行来重定位。如果该引用使用的是绝对寻址，它就通过第 11～13 行来重定位。

```
1   foreach section s {
2       foreach relocation entry r {
3           refptr = s + r.offset;  /* ptr to reference to be relocated */
4
5           /* Relocate a PC-relative reference */
6           if (r.type == R_X86_64_PC32) {
7               refaddr = ADDR(s) + r.offset; /* ref's run-time address */
8               *refptr = (unsigned) (ADDR(r.symbol) + r.addend - refaddr);
9           }
10
11          /* Relocate an absolute reference */
12          if (r.type == R_X86_64_32)
13              *refptr = (unsigned) (ADDR(r.symbol) + r.addend);
14      }
15  }
```

图 7-10　重定位算法

让我们来看看链接器如何用这个算法来重定位图 7-1 示例程序中的引用。图 7-11 给出了(用 objdump -dx main.o 产生的)GNU OBJDUMP 工具产生的 main.o 的反汇编代码。

*code/link/main-relo.d*

```
1   0000000000000000 <main>:
2      0:   48 83 ec 08             sub    $0x8,%rsp
3      4:   be 02 00 00 00          mov    $0x2,%esi
4      9:   bf 00 00 00 00          mov    $0x0,%edi          %edi = &array
5                       a: R_X86_64_32 array                  Relocation entry
6      e:   e8 00 00 00 00          callq  13 <main+0x13>     sum()
7                       f: R_X86_64_PC32 sum-0x4              Relocation entry
8     13:   48 83 c4 08             add    $0x8,%rsp
9     17:   c3                      retq
```

*code/link/main-relo.d*

图 7-11　main.o 的代码和重定位条目。原始 C 代码在图 7-1 中

main 函数引用了两个全局符号：array 和 sum。为每个引用，汇编器产生一个重定位条目，显示在引用的后面一行上。[⊖]这些重定位条目告诉链接器对 sum 的引用要使用 32 位 PC 相对地址进行重定位，而对 array 的引用要使用 32 位绝对地址进行重定位。接下来两节会详细介绍链接器是如何重定位这些引用的。

**1. 重定位 PC 相对引用**

图 7-11 的第 6 行中，函数 main 调用 sum 函数，sum 函数是在模块 sum.o 中定义的。

⊖ 回想一下，重定位条目和指令实际上存放在目标文件的不同节中。为了方便，OBJDUMP 工具把它们显示在一起。

call 指令开始于节偏移 0xe 的地方，包括 1 字节的操作码 0xe8，后面跟着的是对目标 sum 的 32 位 PC 相对引用的占位符。

相应的重定位条目 r 由 4 个字段组成：

```
r.offset = 0xf
r.symbol = sum
r.type   = R_X86_64_PC32
r.addend = -4
```

这些字段告诉链接器修改开始于偏移量 0xf 处的 32 位 PC 相对引用，这样在运行时它会指向 sum 例程。现在，假设链接器已经确定

```
ADDR(s) = ADDR(.text) = 0x4004d0
```

和

```
ADDR(r.symbol) = ADDR(sum) = 0x4004e8
```

使用图 7-10 中的算法，链接器首先计算出引用的运行时地址(第 7 行)：

```
refaddr = ADDR(s)  + r.offset
        = 0x4004d0 + 0xf
        = 0x4004df
```

然后，更新该引用，使得它在运行时指向 sum 程序(第 8 行)：

```
*refptr = (unsigned) (ADDR(r.symbol) + r.addend - refaddr)
        = (unsigned) (0x4004e8       + (-4)     - 0x4004df)
        = (unsigned) (0x5)
```

在得到的可执行目标文件中，call 指令有如下的重定位的形式：

```
4004de:  e8 05 00 00 00          callq  4004e8 <sum>       sum()
```

在运行时，call 指令将存放在地址 0x4004de 处。当 CPU 执行 call 指令时，PC 的值为 0x4004e3，即紧随在 call 指令之后的指令的地址。为了执行这条指令，CPU 执行以下的步骤：

1) 将 PC 压入栈中

2) PC ← PC + 0x5 = 0x4004e3 + 0x5 = 0x4004e8

因此，要执行的下一条指令就是 sum 例程的第一条指令，这当然就是我们想要的！

**2. 重定位绝对引用**

重定位绝对引用相当简单。例如，图 7-11 的第 4 行中，mov 指令将 array 的地址(一个 32 位立即数值)复制到寄存器 %edi 中。mov 指令开始于节偏移量 0x9 的位置，包括 1 字节操作码 0xbf，后面跟着对 array 的 32 位绝对引用的占位符。

对应的占位符条目 r 包括 4 个字段：

```
r.offset = 0xa
r.symbol = array
r.type   = R_X86_64_32
r.addend = 0
```

这些字段告诉链接器要修改从偏移量 0xa 开始的绝对引用，这样在运行时它将会指向 array 的第一个字节。现在，假设链接器已经确定

```
ADDR(r.symbol) = ADDR(array) = 0x601018
```

链接器使用图 7-10 中算法的第 13 行修改了引用：

```
*refptr = (unsigned) (ADDR(r.symbol) + r.addend)
        = (unsigned) (0x601018       + 0)
        = (unsigned) (0x601018)
```

在得到的可执行目标文件中，该引用有下面的重定位形式：

```
4004d9:  bf 18 10 60 00         mov    $0x601018,%edi   %edi = &array
```

综合到一起，图 7-12 给出了最终可执行目标文件中已重定位的.text 节和.data 节。在加载的时候，加载器会把这些节中的字节直接复制到内存，不再进行任何修改地执行这些指令。

```
1   00000000004004d0 <main>:
2     4004d0:  48 83 ec 08             sub    $0x8,%rsp
3     4004d4:  be 02 00 00 00          mov    $0x2,%esi
4     4004d9:  bf 18 10 60 00          mov    $0x601018,%edi     %edi = &array
5     4004de:  e8 05 00 00 00          callq  4004e8 <sum>        sum()
6     4004e3:  48 83 c4 08             add    $0x8,%rsp
7     4004e7:  c3                      retq

8   00000000004004e8 <sum>:
9     4004e8:  b8 00 00 00 00          mov    $0x0,%eax
10    4004ed:  ba 00 00 00 00          mov    $0x0,%edx
11    4004f2:  eb 09                   jmp    4004fd <sum+0x15>
12    4004f4:  48 63 ca                movslq %edx,%rcx
13    4004f7:  03 04 8f                add    (%rdi,%rcx,4),%eax
14    4004fa:  83 c2 01                add    $0x1,%edx
15    4004fd:  39 f2                   cmp    %esi,%edx
16    4004ff:  7c f3                   jl     4004f4 <sum+0xc>
17    400501:  f3 c3                   repz retq
```

a）已重定位的.text 节

```
1   0000000000601018 <array>:
2     601018:  01 00 00 00 02 00 00 00
```

b）已重定位的.data 节

图 7-12　可执行文件 prog 的已重定位的.text 节和.data 节。原始的 C 代码在图 7-1 中

**练习题 7.4**　本题是关于图 7-12a 中的已重定位程序的。

A. 第 5 行中对 sum 的重定位引用的十六进制地址是多少？

B. 第 5 行中对 sum 的重定位引用的十六进制值是多少？

**练习题 7.5**　考虑目标文件 m.o 中对 swap 函数的调用(图 7-5)。

```
9:   e8 00 00 00 00           callq  e <main+0xe>      swap()
```

它的重定位条目如下：

```
r.offset = 0xa
r.symbol = swap
r.type   = R_X86_64_PC32
r.addend = -4
```

现在假设链接器将 m.o 中的.text 重定位到地址 0x4004d0，将 swap 重定位到地址

0x4004e8。那么 callq 指令中对 swap 的重定位引用的值是什么？

## 7.8 可执行目标文件

我们已经看到链接器如何将多个目标文件合并成一个可执行目标文件。我们的示例 C 程序，开始时是一组 ASCII 文本文件，现在已经被转化为一个二进制文件，且这个二进制文件包含加载程序到内存并运行它所需的所有信息。图 7-13 概括了一个典型的 ELF 可执行文件中的各类信息。

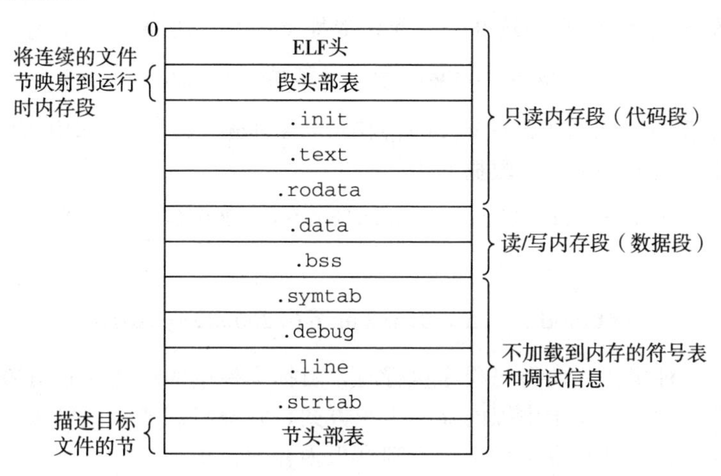


图 7-13 典型的 ELF 可执行目标文件

可执行目标文件的格式类似于可重定位目标文件的格式。ELF 头描述文件的总体格式。它还包括程序的入口点(entry point)，也就是当程序运行时要执行的第一条指令的地址。.text、.rodata 和 .data 节与可重定位目标文件中的节是相似的，除了这些节已经被重定位到它们最终的运行时内存地址以外。.init 节定义了一个小函数，叫做 _init，程序的初始化代码会调用它。因为可执行文件是完全链接的(已被重定位)，所以它不再需要 .rel 节。

ELF 可执行文件被设计得很容易加载到内存，可执行文件的连续的片(chunk)被映射到连续的内存段。程序头部表(program header table)描述了这种映射关系。图 7-14 展示了可执行文件 prog 的程序头部表，是由 OBJDUMP 显示的。

*code/link/prog-exe.d*

```
Read-only code segment
1 LOAD off    0x0000000000000000 vaddr 0x0000000000400000 paddr 0x0000000000400000 align 2**21
2      filesz 0x000000000000069c memsz 0x000000000000069c flags r-x

Read/write data segment
3 LOAD off    0x0000000000000df8 vaddr 0x0000000000600df8 paddr 0x0000000000600df8 align 2**21
4      filesz 0x0000000000000228 memsz 0x0000000000000230 flags rw-
```

*code/link/prog-exe.d*

图 7-14 示例可执行文件 prog 的程序头部表

off：目标文件中的偏移；vaddr/paddr：内存地址；align：对齐要求；filesz：目标文件中的段大小；memsz：内存中的段大小；flags：运行时访问权限。

从程序头部表，我们会看到根据可执行目标文件的内容初始化两个内存段。第 1 行和第 2 行告诉我们第一个段(代码段)有读/执行访问权限，开始于内存地址 0x400000 处，总共的内存大小是 0x69c 字节，并且被初始化为可执行目标文件的头 0x69c 个字节，其中包括 ELF 头、程序头部表以及.init、.text 和.rodata 节。

第 3 行和第 4 行告诉我们第二个段(数据段)有读/写访问权限，开始于内存地址 0x600df8 处，总的内存大小为 0x230 字节，并用从目标文件中偏移 0xdf8 处开始的.data节中的 0x228 个字节初始化。该段中剩下的 8 个字节对应于运行时将被初始化为 0 的.bss 数据。

对于任何段 s，链接器必须选择一个起始地址 vaddr，使得

$$\mathbf{vaddr\ mod\ align = off\ mod\ align}$$

这里，off 是目标文件中段的第一个节的偏移量，align 是程序头部中指定的对齐($2^{21}$ = 0x200000)。例如，图 7-14 中的数据段中

$$\mathbf{vaddr\ mod\ align = 0x600df8\ mod\ 0x200000 = 0xdf8}$$

以及

$$\mathbf{off\ mod\ align = 0xdf8\ mod\ 0x200000 = 0xdf8}$$

这个对齐要求是一种优化，使得当程序执行时，目标文件中的段能够很有效率地传送到内存中。原因有点儿微妙，在于虚拟内存的组织方式，它被组织成一些很大的、连续的、大小为 2 的幂的字节片。第 9 章中你会学习到虚拟内存的知识。

## 7.9　加载可执行目标文件

要运行可执行目标文件 prog，我们可以在 Linux shell 的命令行中输入它的名字：

```
linux> ./prog
```

因为 prog 不是一个内置的 shell 命令，所以 shell 会认为 prog 是一个可执行目标文件，通过调用某个驻留在存储器中称为加载器(loader)的操作系统代码来运行它。任何 Linux 程序都可以通过调用 execve 函数来调用加载器，我们将在 8.4.6 节中详细描述这个函数。加载器将可执行目标文件中的代码和数据从磁盘复制到内存中，然后通过跳转到程序的第一条指令或入口点来运行该程序。这个将程序复制到内存并运行的过程叫做加载。

每个 Linux 程序都有一个运行时内存映像，类似于图 7-15 中所示。在 Linux x86-64 系统中，代码段总是从地址 0x400000 处开始，后面是数据段。运行时堆在数据段之后，通过调用 malloc 库往上增长。(我们将在 9.9 节中详细描述 malloc 和堆。)堆后面的区域是为共享模块保留的。用户栈总是从最大的合法用户地址($2^{48}-1$)开始，向较小内存地址增长。栈上的区域，从地址 $2^{48}$ 开始，是为内核(kernel)中的代码和数据保留的，所谓内核就是操作系统驻留在内存的部分。

为了简洁，我们把堆、数据和代码段画得彼此相邻，并且把栈顶放在了最大的合法用户地址处。实际上，由于.data 段有对齐要求(见 7.8 节)，所以代码段和数据段之间是有间隙的。同时，在分配栈、共享库和堆段运行时地址的时候，链接器还会使用地址空间布局随机化(ASLR，参见 3.10.4 节)。虽然每次程序运行时这些区域的地址都会改变，它们的相对位置是不变的。

当加载器运行时，它创建类似于图 7-15 所示的内存映像。在程序头部表的引导下，加载器将可执行文件的片(chunk)复制到代码段和数据段。接下来，加载器跳转到程序的

入口点，也就是_start函数的地址。这个函数是在系统目标文件ctrl.o中定义的，对所有的C程序都是一样的。_start函数调用系统启动函数__libc_start_main，该函数定义在libc.so中。它初始化执行环境，调用用户层的main函数，处理main函数的返回值，并且在需要的时候把控制返回给内核。

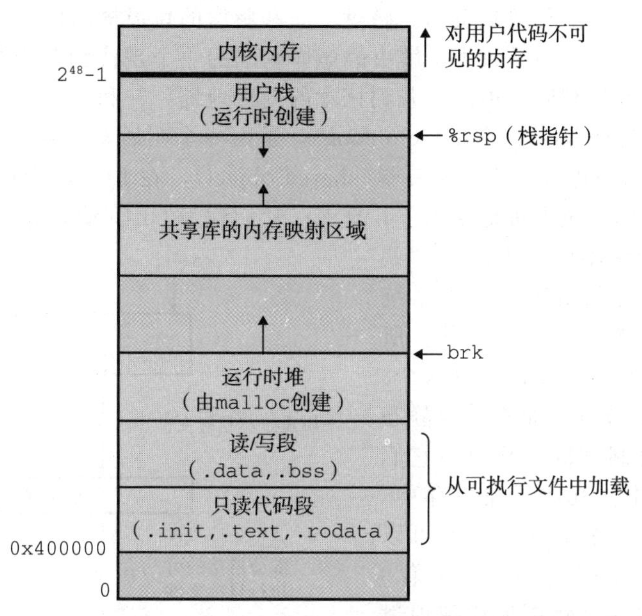


图 7-15 Linux x86-64运行时内存映像。没有展示出由于段对齐要求和地址空间布局随机化(ASLR)造成的空隙。区域大小不成比例

**旁注 加载器实际是如何工作的？**

我们对于加载的描述从概念上来说是正确的，但也不是完全准确，这是有意为之。要理解加载实际是如何工作的，你必须理解进程、虚拟内存和内存映射的概念，这些我们还没有加以讨论。在后面第8章和第9章中遇到这些概念时，我们将重新回到加载的问题上，并逐渐向你揭开它的神秘面纱。

对于不够有耐心的读者，下面是关于加载实际是如何工作的一个概述：Linux系统中的每个程序都运行在一个进程上下文中，有自己的虚拟地址空间。当shell运行一个程序时，父shell进程生成一个子进程，它是父进程的一个复制。子进程通过execve系统调用启动加载器。加载器删除子进程现有的虚拟内存段，并创建一组新的代码、数据、堆和栈段。新的栈和堆段被初始化为零。通过将虚拟地址空间中的页映射到可执行文件的页大小的片(chunk)，新的代码和数据段被初始化为可执行文件的内容。最后，加载器跳转到_start地址，它最终会调用应用程序的main函数。除了一些头部信息，在加载过程中没有任何从磁盘到内存的数据复制。直到CPU引用一个被映射的虚拟页时才会进行复制，此时，操作系统利用它的页面调度机制自动将页面从磁盘传送到内存。

## 7.10 动态链接共享库

我们在7.6.2节中研究的静态库解决了许多关于如何让大量相关函数对应用程序可用的问题。然而，静态库仍然有一些明显的缺点。静态库和所有的软件一样，需要定期维护和更新。如果应用程序员想要使用一个库的最新版本，他们必须以某种方式了解到该库的

更新情况，然后显式地将他们的程序与更新了的库重新链接。

另一个问题是几乎每个C程序都使用标准I/O函数，比如printf和scanf。在运行时，这些函数的代码会被复制到每个运行进程的文本段中。在一个运行上百个进程的典型系统上，这将是对稀缺的内存系统资源的极大浪费。(内存的一个有趣属性就是不论系统的内存有多大，它总是一种稀缺资源。磁盘空间和厨房的垃圾桶同样有这种属性。)

*共享库*(shared library)是致力于解决静态库缺陷的一个现代创新产物。共享库是一个目标模块，在运行或加载时，可以加载到任意的内存地址，并和一个在内存中的程序链接起来。这个过程称为*动态链接*(dynamic linking)，是由一个叫做*动态链接器*(dynamic linker)的程序来执行的。共享库也称为*共享目标*(shared object)，在Linux系统中通常用.so后缀来表示。微软的操作系统大量地使用了共享库，它们称为DLL(动态链接库)。

共享库是以两种不同的方式来“共享”的。首先，在任何给定的文件系统中，对于一个库只有一个.so文件。所有引用该库的可执行目标文件共享这个.so文件中的代码和数据，而不是像静态库的内容那样被复制和嵌入到引用它们的可执行的文件中。其次，在内存中，一个共享库的.text节的一个副本可以被不同的正在运行的进程共享。在第9章我们学习虚拟内存时将更加详细地讨论这个问题。

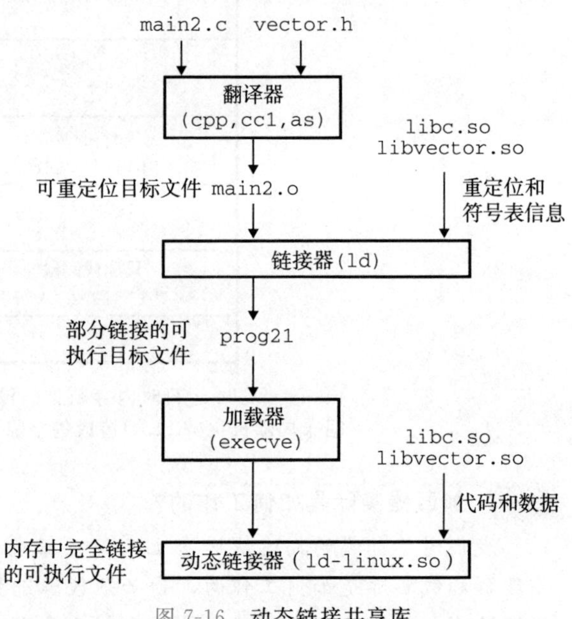

图7-16　动态链接共享库

图7-16概括了图7-7中示例程序的动态链接过程。为了构造图7-6中示例向量例程的共享库libvector.so，我们调用编译器驱动程序，给编译器和链接器如下特殊指令：

```
linux> gcc -shared -fpic -o libvector.so addvec.c multvec.c
```

-fpic选项指示编译器生成与位置无关的代码(下一节将详细讨论这个问题)。-shared选项指示链接器创建一个共享的目标文件。一旦创建了这个库，随后就要将它链接到图7-7的示例程序中：

```
linux> gcc -o prog21 main2.c ./libvector.so
```

这样就创建了一个可执行目标文件prog21，而此文件的形式使得它在运行时可以和libvector.so链接。基本的思路是当创建可执行文件时，静态执行一些链接，然后在程序加载时，动态完成链接过程。认识到这一点是很重要的：此时，没有任何libvector.so的代码和数据节真的被复制到可执行文件prog21中。反之，链接器复制了一些重定位和符号表信息，它们使得运行时可以解析对libvector.so中代码和数据的引用。

当加载器加载和运行可执行文件prog21时，它利用7.9节中讨论过的技术，加载部分链接的可执行文件prog21。接着，它注意到prog21包含一个.interp节，这一节包含动态链接器的路径名，动态链接器本身就是一个共享目标(如在Linux系统上的ld-linux.so)。加载器不会像它通常所做地那样将控制传递给应用，而是加载和运行这个动态链接器。然后，动态链接器通过执行下面的重定位完成链接任务：

- 重定位 libc.so 的文本和数据到某个内存段。
- 重定位 libvector.so 的文本和数据到另一个内存段。
- 重定位 prog2l 中所有对由 libc.so 和 libvector.so 定义的符号的引用。

最后，动态链接器将控制传递给应用程序。从这个时刻开始，共享库的位置就固定了，并且在程序执行的过程中都不会改变。

## 7.11　从应用程序中加载和链接共享库

到目前为止，我们已经讨论了在应用程序被加载后执行前时，动态链接器加载和链接共享库的情景。然而，应用程序还可能在它运行时要求动态链接器加载和链接某个共享库，而无需在编译时将那些库链接到应用中。

动态链接是一项强大有用的技术。下面是一些现实世界中的例子：

- **分发软件。** 微软 Windows 应用的开发者常常利用共享库来分发软件更新。他们生成一个共享库的新版本，然后用户可以下载，并用它替代当前的版本。下一次他们运行应用程序时，应用将自动链接和加载新的共享库。
- **构建高性能 Web 服务器。** 许多 Web 服务器生成动态内容，比如个性化的 Web 页面、账户余额和广告标语。早期的 Web 服务器通过使用 fork 和 execve 创建一个子进程，并在该子进程的上下文中运行 CGI 程序来生成动态内容。然而，现代高性能的 Web 服务器可以使用基于动态链接的更有效和完善的方法来生成动态内容。

其思路是将每个生成动态内容的函数打包在共享库中。当一个来自 Web 浏览器的请求到达时，服务器动态地加载和链接适当的函数，然后直接调用它，而不是使用 fork 和 execve 在子进程的上下文中运行函数。函数会一直缓存在服务器的地址空间中，所以只要一个简单的函数调用的开销就可以处理随后的请求了。这对一个繁忙的网站来说是有很大影响的。更进一步地说，在运行时无需停止服务器，就可以更新已存在的函数，以及添加新的函数。

Linux 系统为动态链接器提供了一个简单的接口，允许应用程序在运行时加载和链接共享库。

```
#include <dlfcn.h>

void *dlopen(const char *filename, int flag);
                                返回：若成功则为指向句柄的指针，若出错则为 NULL。
```

dlopen 函数加载和链接共享库 filename。用已用带 RTLD_GLOBAL 选项打开了的库解析 filename 中的外部符号。如果当前可执行文件是带-rdynamic 选项编译的，那么对符号解析而言，它的全局符号也是可用的。flag 参数必须要么包括 RTLD_NOW，该标志告诉链接器立即解析对外部符号的引用，要么包括 RTLD_LAZY 标志，该标志指示链接器推迟符号解析直到执行来自库中的代码。这两个值中的任意一个都可以和 RTLD_GLOBAL 标志取或。

```
#include <dlfcn.h>

void *dlsym(void *handle, char *symbol);
                                返回：若成功则为指向符号的指针，若出错则为 NULL。
```

dlsym 函数的输入是一个指向前面已经打开了的共享库的句柄和一个 symbol 名字，如果该符号存在，就返回符号的地址，否则返回 NULL。

```
#include <dlfcn.h>

int dlclose (void *handle);
```

返回：若成功则为 0，若出错则为 -1。

如果没有其他共享库还在使用这个共享库，dlclose 函数就卸载该共享库。

```
#include <dlfcn.h>

const char *dlerror(void);
```

返回：如果前面对 dlopen、dlsym 或 dlclose 的调用失败，则为错误消息，如果前面的调用成功，则为 NULL。

dlerror 函数返回一个字符串，它描述的是调用 dlopen、dlsym 或者 dlclose 函数时发生的最近的错误，如果没有错误发生，就返回 NULL。

图 7-17 展示了如何利用这个接口动态链接我们的 libvector.so 共享库，然后调用它的 addvec 例程。要编译这个程序，我们将以下面的方式调用 GCC：

```
linux> gcc -rdynamic -o prog2r dll.c -ldl
```

*code/link/dll.c*

```
1   #include <stdio.h>
2   #include <stdlib.h>
3   #include <dlfcn.h>
4
5   int x[2] = {1, 2};
6   int y[2] = {3, 4};
7   int z[2];
8
9   int main()
10  {
11      void *handle;
12      void (*addvec)(int *, int *, int *, int);
13      char *error;
14
15      /* Dynamically load the shared library containing addvec() */
16      handle = dlopen("./libvector.so", RTLD_LAZY);
17      if (!handle) {
18          fprintf(stderr, "%s\n", dlerror());
19          exit(1);
20      }
21
22      /* Get a pointer to the addvec() function we just loaded */
23      addvec = dlsym(handle, "addvec");
24      if ((error = dlerror()) != NULL) {
25          fprintf(stderr, "%s\n", error);
```

图 7-17　示例程序 3。在运行时动态加载和链接共享库 libvector.so

```
26            exit(1);
27        }
28
29        /* Now we can call addvec() just like any other function */
30        addvec(x, y, z, 2);
31        printf("z = [%d %d]\n", z[0], z[1]);
32
33        /* Unload the shared library */
34        if (dlclose(handle) < 0) {
35            fprintf(stderr, "%s\n", dlerror());
36            exit(1);
37        }
38        return 0;
39    }
```

*code/link/dll.c*

图 7-17 （续）

> **旁注 共享库和 Java 本地接口**
>
> Java 定义了一个标准调用规则，叫做 Java 本地接口(Java Native Interface，JNI)，它允许 Java 程序调用“本地的”C 和 C++ 函数。JNI 的基本思想是将本地 C 函数(如 foo)编译到一个共享库中(如 foo.so)。当一个正在运行的 Java 程序试图调用函数 foo 时，Java 解释器利用 dlopen 接口(或者与其类似的接口)动态链接和加载 foo.so，然后再调用 foo。

## 7.12 位置无关代码

共享库的一个主要目的就是允许多个正在运行的进程共享内存中相同的库代码，因而节约宝贵的内存资源。那么，多个进程是如何共享程序的一个副本的呢？一种方法是给每个共享库分配一个事先预备的专用的地址空间片，然后要求加载器总是在这个地址加载共享库。虽然这种方法很简单，但是它也造成了一些严重的问题。它对地址空间的使用效率不高，因为即使一个进程不使用这个库，那部分空间还是会被分配出来。它也难以管理。我们必须保证没有片会重叠。每次当一个库修改了之后，我们必须确认已分配给它的片还适合它的大小。如果不适合了，必须找一个新的片。并且，如果创建了一个新的库，我们还必须为它寻找空间。随着时间的进展，假设在一个系统中有了成百个库和库的各个版本库，就很难避免地址空间分裂成大量小的、未使用而又不再能使用的小洞。更糟的是，对每个系统而言，库在内存中的分配都是不同的，这就引起了更多令人头痛的管理问题。

要避免这些问题，现代系统以这样一种方式编译共享模块的代码段，使得可以把它们加载到内存的任何位置而无需链接器修改。使用这种方法，无限多个进程可以共享一个共享模块的代码段的单一副本。(当然，每个进程仍然会有它自己的读/写数据块。)

可以加载而无需重定位的代码称为*位置无关代码*(Position-Independent Code，PIC)。用户对 GCC 使用-fpic 选项指示 GNU 编译系统生成 PIC 代码。共享库的编译必须总是使用该选项。

在一个 x86-64 系统中，对同一个目标模块中符号的引用是不需要特殊处理使之成为 PIC。可以用 PC 相对寻址来编译这些引用，构造目标文件时由静态链接器重定位。然而，对共享模块定义的外部过程和对全局变量的引用需要一些特殊的技巧，接下来我们会谈到。

#### 1. PIC 数据引用

编译器通过运用以下这个有趣的事实来生成对全局变量的 PIC 引用：无论我们在内存中的何处加载一个目标模块(包括共享目标模块)，数据段与代码段的距离总是保持不变。因此，代码段中任何指令和数据段中任何变量之间的距离都是一个运行时常量，与代码段和数据段的绝对内存位置是无关的。

想要生成对全局变量 PIC 引用的编译器利用了这个事实，它在数据段开始的地方创建了一个表，叫做*全局偏移量表*(Global Offset Table，GOT)。在 GOT 中，每个被这个目标模块引用的全局数据目标(过程或全局变量)都有一个 8 字节条目。编译器还为 GOT 中每个条目生成一个重定位记录。在加载时，动态链接器会重定位 GOT 中的每个条目，使得它包含目标的正确的绝对地址。每个引用全局目标的目标模块都有自己的 GOT。

图 7-18 展示了示例 `libvector.so` 共享模块的 GOT。`addvec` 例程通过 GOT[3]间接地加载全局变量 `addcnt` 的地址，然后把 `addcnt` 在内存中加 1。这里的关键思想是对 GOT[3]的 PC 相对引用中的偏移量是一个运行时常量。

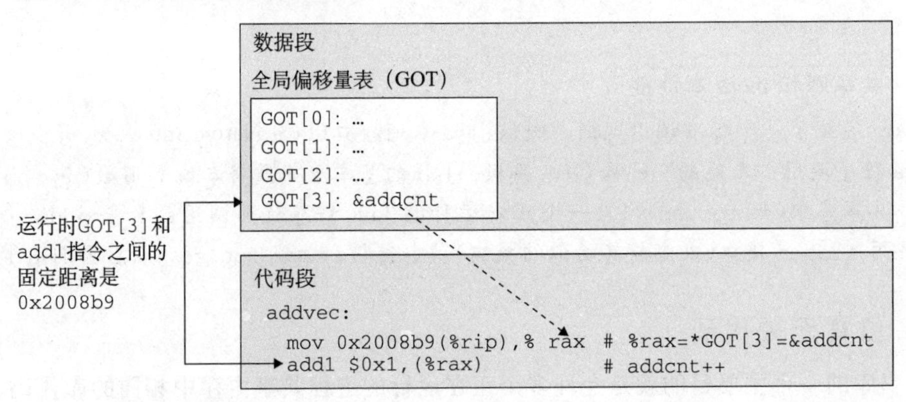


图 7-18　用 GOT 引用全局变量。`libvector.so` 中的 `addvec` 例程通过 `libvector.so` 的 GOT 间接引用了 `addcnt`

因为 `addcnt` 是由 `libvector.so` 模块定义的，编译器可以利用代码段和数据段之间不变的距离，产生对 `addcnt` 的直接 PC 相对引用，并增加一个重定位，让链接器在构造这个共享模块时解析它。不过，如果 `addcnt` 是由另一个共享模块定义的，那么就需要通过 GOT 进行间接访问。在这里，编译器选择采用最通用的解决方案，为所有的引用使用 GOT。

#### 2. PIC 函数调用

假设程序调用一个由共享库定义的函数。编译器没有办法预测这个函数的运行时地址，因为定义它的共享模块在运行时可以加载到任意位置。正常的方法是为该引用生成一条重定位记录，然后动态链接器在程序加载的时候再解析它。不过，这种方法并不是 PIC，因为它需要链接器修改调用模块的代码段，GNU 编译系统使用了一种很有趣的技术来解决这个问题，称为*延迟绑定*(lazy binding)，将过程地址的绑定推迟到第一次调用该过程时。

使用延迟绑定的动机是对于一个像 `libc.so` 这样的共享库输出的成百上千个函数中，一个典型的应用程序只会使用其中很少的一部分。把函数地址的解析推迟到它实际被调用的地方，能避免动态链接器在加载时进行成百上千个其实并不需要的重定位。第一次调用过程的运行时开销很大，但是其后的每次调用都只会花费一条指令和一个间接的内存引用。

延迟绑定是通过两个数据结构之间简洁但又有些复杂的交互来实现的，这两个数据结构是：GOT 和过程链接表(Procedure Linkage Table，PLT)。如果一个目标模块调用定义在共享库中的任何函数，那么它就有自己的 GOT 和 PLT。GOT 是数据段的一部分，而 PLT 是代码段的一部分。

图 7-19 展示的是 PLT 和 GOT 如何协作在运行时解析函数的地址。首先，让我们检查一下这两个表的内容。

- 过程链接表(PLT)。PLT 是一个数组，其中每个条目是 16 字节代码。PLT[0]是一个特殊条目，它跳转到动态链接器中。每个被可执行程序调用的库函数都有它自己的 PLT 条目。每个条目都负责调用一个具体的函数。PLT[1](图中未显示)调用系统启动函数(__libc_start_main)，它初始化执行环境，调用 main 函数并处理其返回值。从 PLT[2]开始的条目调用用户代码调用的函数。在我们的例子中，PLT[2]调用 addvec，PLT[3](图中未显示)调用 printf。
- 全局偏移量表(GOT)。正如我们看到的，GOT 是一个数组，其中每个条目是 8 字节地址。和 PLT 联合使用时，GOT[0]和 GOT[1]包含动态链接器在解析函数地址时会使用的信息。GOT[2]是动态链接器在 ld-linux.so 模块中的入口点。其余的每个条目对应于一个被调用的函数，其地址需要在运行时被解析。每个条目都有一个相匹配的 PLT 条目。例如，GOT[4]和 PLT[2]对应于 addvec。初始时，每个 GOT 条目都指向对应 PLT 条目的第二条指令。

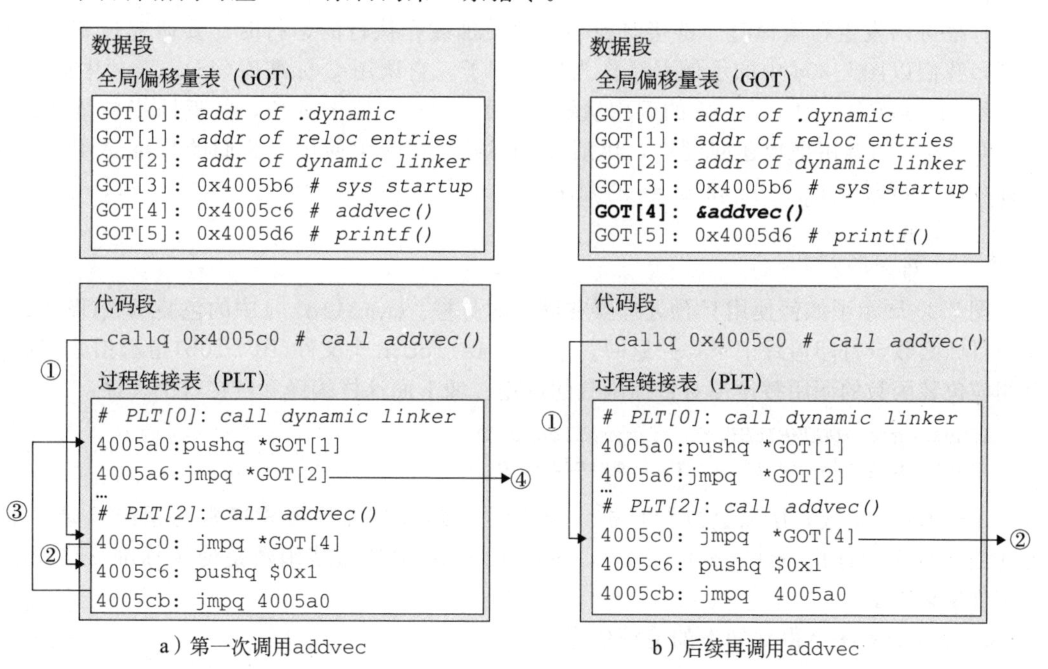


图 7-19　用 PLT 和 GOT 调用外部函数。在第一次调用 addvec 时，动态链接器解析它的地址

图 7-19a 展示了 GOT 和 PLT 如何协同工作，在 addvec 被第一次调用时，延迟解析它的运行时地址：

- 第 1 步。不直接调用 addvec，程序调用进入 PLT[2]，这是 addvec 的 PLT 条目。
- 第 2 步。第一条 PLT 指令通过 GOT[4]进行间接跳转。因为每个 GOT 条目初始时都指向它对应的 PLT 条目的第二条指令，这个间接跳转只是简单地把控制传送回 PLT[2]中的下一条指令。

- 第 3 步。在把 addvec 的 ID(0x1)压入栈中之后，PLT[2]跳转到 PLT[0]。
- 第 4 步。PLT[0]通过 GOT[1]间接地把动态链接器的一个参数压入栈中，然后通过 GOT[2]间接跳转进动态链接器中。动态链接器使用两个栈条目来确定 addvec 的运行时位置，用这个地址重写 GOT[4]，再把控制传递给 addvec。

图 7-19b 给出的是后续再调用 addvec 时的控制流：

- 第 1 步。和前面一样，控制传递到 PLT[2]。
- 第 2 步。不过这次通过 GOT[4]的间接跳转会将控制直接转移到 addvec。

## 7.13　库打桩机制

Linux 链接器支持一个很强大的技术，称为*库打桩*(library interpositioning)，它允许你截获对共享库函数的调用，取而代之执行自己的代码。使用打桩机制，你可以追踪对某个特殊库函数的调用次数，验证和追踪它的输入和输出值，或者甚至把它替换成一个完全不同的实现。

下面是它的基本思想：给定一个需要打桩的*目标函数*，创建一个*包装函数*，它的原型与目标函数完全一样。使用某种特殊的打桩机制，你就可以欺骗系统调用包装函数而不是目标函数了。包装函数通常会执行它自己的逻辑，然后调用目标函数，再将目标函数的返回值传递给调用者。

打桩可以发生在编译时、链接时或当程序被加载和执行的运行时。要研究这些不同的机制，我们以图 7-20a 中的示例程序作为运行例子。它调用 C 标准库(libc.so)中的 malloc 和 free 函数。对 malloc 的调用从堆中分配一个 32 字节的块，并返回指向该块的指针。对 free 的调用把块还回到堆，供后续的 malloc 调用使用。我们的目标是用打桩来追踪程序运行时对 malloc 和 free 的调用。

### 7.13.1　编译时打桩

图 7-20 展示了如何使用 C 预处理器在编译时打桩。mymalloc.c 中的包装函数(图 7-20c)调用目标函数，打印追踪记录，并返回。本地的 malloc.h 头文件(图 7-20b)指示预处理器用对相应包装函数的调用替换掉对目标函数的调用。像下面这样编译和链接这个程序：

```
linux> gcc -DCOMPILETIME -c mymalloc.c
linux> gcc -I. -o intc int.c mymalloc.o
```

由于有-I.参数，所以会进行打桩，它告诉 C 预处理器在搜索通常的系统目录之前，先在当前目录中查找 malloc.h。注意，mymalloc.c 中的包装函数是使用标准 malloc.h 头文件编译的。

运行这个程序会得到如下的追踪信息：

```
linux> ./intc
malloc(32)=0x9ee010
free(0x9ee010)
```

### 7.13.2　链接时打桩

Linux 静态链接器支持用--wrap f 标志进行链接时打桩。这个标志告诉链接器，把对符号 f 的引用解析成__wrap_f(前缀是两个下划线)，还要把对符号__real_f(前缀是两个下划线)的引用解析为 f。图 7-21 给出我们示例程序的包装函数。

code/link/interpose/int.c

```
1   #include <stdio.h>
2   #include <malloc.h>
3
4   int main()
5   {
6       int *p = malloc(32);
7       free(p);
8       return(0);
9   }
```

code/link/interpose/int.c

a）示例程序 int.c

code/link/interpose/malloc.h

```
1   #define malloc(size) mymalloc(size)
2   #define free(ptr) myfree(ptr)
3
4   void *mymalloc(size_t size);
5   void myfree(void *ptr);
```

code/link/interpose/malloc.h

b）本地 malloc.h 文件

code/link/interpose/mymalloc.c

```
1   #ifdef COMPILETIME
2   #include <stdio.h>
3   #include <malloc.h>
4
5   /* malloc wrapper function */
6   void *mymalloc(size_t size)
7   {
8       void *ptr = malloc(size);
9       printf("malloc(%d)=%p\n",
10             (int)size, ptr);
11      return ptr;
12  }
13
14  /* free wrapper function */
15  void myfree(void *ptr)
16  {
17      free(ptr);
18      printf("free(%p)\n", ptr);
19  }
20  #endif
```

code/link/interpose/mymalloc.c

c）mymalloc.c 中的包装函数

图 7-20 用 C 预处理器进行编译时打桩

用下述方法把这些源文件编译成可重定位目标文件：

```
linux> gcc -DLINKTIME -c mymalloc.c
linux> gcc -c int.c
```

然后把目标文件链接成可执行文件：

```
linux> gcc -Wl,--wrap,malloc -Wl,--wrap,free -o intl int.o mymalloc.o
```

-Wl,option 标志把 option 传递给链接器。option 中的每个逗号都要替换为一个空格。所以-Wl,--wrap,malloc 就把--wrap malloc 传递给链接器，以类似的方式传递-Wl,--wrap,free。

*code/link/interpose/mymalloc.c*

```
1   #ifdef LINKTIME
2   #include <stdio.h>
3
4   void *__real_malloc(size_t size);
5   void __real_free(void *ptr);
6
7   /* malloc wrapper function */
8   void *__wrap_malloc(size_t size)
9   {
10      void *ptr = __real_malloc(size); /* Call libc malloc */
11      printf("malloc(%d) = %p\n", (int)size, ptr);
12      return ptr;
13  }
14
15  /* free wrapper function */
16  void __wrap_free(void *ptr)
17  {
18      __real_free(ptr); /* Call libc free */
19      printf("free(%p)\n", ptr);
20  }
21  #endif
```

*code/link/interpose/mymalloc.c*

图 7-21　用--wrap 标志进行链接时打桩

运行该程序会得到如下追踪信息：

```
linux> ./intl
malloc(32) = 0x18cf010
free(0x18cf010)
```

### 7.13.3　运行时打桩

编译时打桩需要能够访问程序的源代码，链接时打桩需要能够访问程序的可重定位对象文件。不过，有一种机制能够在运行时打桩，它只需要能够访问可执行目标文件。这个很厉害的机制基于动态链接器的 LD_PRELOAD 环境变量。

如果 LD_PRELOAD 环境变量被设置为一个共享库路径名的列表（以空格或分号分隔），那么当你加载和执行一个程序，需要解析未定义的引用时，动态链接器(LD-LINUX.SO)会先搜索 LD_PRELOAD 库，然后才搜索任何其他的库。有了这个机制，当你加载和执行任意可执行文件时，可以对任何共享库中的任何函数打桩，包括 libc.so。

图 7-22 展示了 malloc 和 free 的包装函数。每个包装函数中，对 dlsym 的调用返回指向目标 libc 函数的指针。然后包装函数调用目标函数，打印追踪记录，再返回。

下面是如何构建包含这些包装函数的共享库的方法：

```
linux> gcc -DRUNTIME -shared -fpic -o mymalloc.so mymalloc.c -ldl
```

这是如何编译主程序：

```
linux> gcc -o intr int.c
```

code/link/interpose/mymalloc.c

```
1   #ifdef RUNTIME
2   #define _GNU_SOURCE
3   #include <stdio.h>
4   #include <stdlib.h>
5   #include <dlfcn.h>
6
7   /* malloc wrapper function */
8   void *malloc(size_t size)
9   {
10      void *(*mallocp)(size_t size);
11      char *error;
12
13      mallocp = dlsym(RTLD_NEXT, "malloc"); /* Get address of libc malloc */
14      if ((error = dlerror()) != NULL) {
15          fputs(error, stderr);
16          exit(1);
17      }
18      char *ptr = mallocp(size); /* Call libc malloc */
19      printf("malloc(%d) = %p\n", (int)size, ptr);
20      return ptr;
21  }
22
23  /* free wrapper function */
24  void free(void *ptr)
25  {
26      void (*freep)(void *) = NULL;
27      char *error;
28
29      if (!ptr)
30          return;
31
32      freep = dlsym(RTLD_NEXT, "free"); /* Get address of libc free */
33      if ((error = dlerror()) != NULL) {
34          fputs(error, stderr);
35          exit(1);
36      }
37      freep(ptr); /* Call libc free */
38      printf("free(%p)\n", ptr);
39  }
40  #endif
```

code/link/interpose/mymalloc.c

图 7-22 用 LD_PRELOAD 进行运行时打桩

下面是如何从 bash shell 中运行这个程序[⊖]：

```
linux> LD_PRELOAD="./mymalloc.so" ./intr
malloc(32) = 0x1bf7010
free(0x1bf7010)
```

⊖ 如果你不知道运行的 shell 是哪一种，在命令行上输入 printenv SHELL。

下面是如何在 csh 或 tcsh 中运行这个程序：

```
linux> (setenv LD_PRELOAD "./mymalloc.so"; ./intr; unsetenv LD_PRELOAD)
malloc(32) = 0x2157010
free(0x2157010)
```

请注意，你可以用 LD_PRELOAD 对任何可执行程序的库函数调用打桩！

```
linux> LD_PRELOAD="./mymalloc.so" /usr/bin/uptime
malloc(568) = 0x21bb010
free(0x21bb010)
malloc(15) = 0x21bb010
malloc(568) = 0x21bb030
malloc(2255) = 0x21bb270
free(0x21bb030)
malloc(20) = 0x21bb030
malloc(20) = 0x21bb050
malloc(20) = 0x21bb070
malloc(20) = 0x21bb090
malloc(20) = 0x21bb0b0
malloc(384) = 0x21bb0d0
 20:47:36 up 85 days,  6:04,  1 user,  load average: 0.10, 0.04, 0.05
```

## 7.14 处理目标文件的工具

在 Linux 系统中有大量可用的工具可以帮助你理解和处理目标文件。特别地，GNU binutils 包尤其有帮助，而且可以运行在每个 Linux 平台上。

- AR：创建静态库，插入、删除、列出和提取成员。
- STRINGS：列出一个目标文件中所有可打印的字符串。
- STRIP：从目标文件中删除符号表信息。
- NM：列出一个目标文件的符号表中定义的符号。
- SIZE：列出目标文件中节的名字和大小。
- READELF：显示一个目标文件的完整结构，包括 ELF 头中编码的所有信息。包含 SIZE 和 NM 的功能。
- OBJDUMP：所有二进制工具之母。能够显示一个目标文件中所有的信息。它最大的作用是反汇编 .text 节中的二进制指令。

Linux 系统为操作共享库还提供了 LDD 程序：

- LDD：列出一个可执行文件在运行时所需要的共享库。

## 7.15 小结

链接可以在编译时由静态编译器来完成，也可以在加载时和运行时由动态链接器来完成。链接器处理称为目标文件的二进制文件，它有 3 种不同的形式：可重定位的、可执行的和共享的。可重定位的目标文件由静态链接器合并成一个可执行的目标文件，它可以加载到内存中并执行。共享目标文件(共享库)是在运行时由动态链接器链接和加载的，或者隐含地在调用程序被加载和开始执行时，或者根据需要在程序调用 dlopen 库的函数时。

链接器的两个主要任务是符号解析和重定位，符号解析将目标文件中的每个全局符号都绑定到一个唯一的定义，而重定位确定每个符号的最终内存地址，并修改对那些目标的引用。

静态链接器是由像GCC这样的编译驱动程序调用的。它们将多个可重定位目标文件合并成一个单独的可执行目标文件。多个目标文件可以定义相同的符号，而链接器用来悄悄地解析这些多重定义的规则可能在用户程序中引入微妙的错误。

多个目标文件可以被连接到一个单独的静态库中。链接器用库来解析其他目标模块中的符号引用。许多链接器通过从左到右的顺序扫描来解析符号引用，这是另一个引起令人迷惑的链接时错误的来源。

加载器将可执行文件的内容映射到内存，并运行这个程序。链接器还可能生成部分链接的可执行目标文件，这样的文件中有对定义在共享库中的例程和数据的未解析的引用。在加载时，加载器将部分链接的可执行文件映射到内存，然后调用动态链接器，它通过加载共享库和重定位程序中的引用来完成链接任务。

被编译为位置无关代码的共享库可以加载到任何地方，也可以在运行时被多个进程共享。为了加载、链接和访问共享库的函数和数据，应用程序也可以在运行时使用动态链接器。

## 参考文献说明

在计算机系统文献中并没有很好地记录链接。因为链接是处在编译器、计算机体系结构和操作系统的交叉点上，它要求理解代码生成、机器语言编程、程序实例化和虚拟内存。它没有恰好落在某个通常的计算机系统领域中，因此这些领域的经典文献并没有很好地描述它。然而，Levine的专著提供了有关这个主题的很好的一般性参考资料[69]。[54]描述了ELF和DWARF(对.debug和.line节内容的规范)的原始IA32规范。[36]描述了对ELF文件格式的x86-64扩展。x86-64应用二进制接口(ABI)描述了编译、链接和运行x86-64程序的惯例，其中包括重定位和位置无关代码的规则[77]。

## 家庭作业

*7.6 这道题是关于图7-5的m.o模块和下面的swap.c函数版本的，该函数计算自己被调用的次数：

```
1   extern int buf[];
2
3   int *bufp0 = &buf[0];
4   static int *bufp1;
5
6   static void incr()
7   {
8       static int count=0;
9
10      count++;
11  }
12
13  void swap()
14  {
15      int temp;
16
17      incr();
18      bufp1 = &buf[1];
19      temp = *bufp0;
20      *bufp0 = *bufp1;
21      *bufp1 = temp;
22  }
```

对于每个swap.o中定义和引用的符号，请指出它是否在模块swap.o的.symtab节中有符号表条目。如果是这样，请指出定义该符号的模块(swap.o或m.o)、符号类型(局部、全局或外部)以及它在模块中所处的节(.text、.data或.bss)。

| 符号 | swap.o.symtab条目? | 符号类型 | 定义符号的模块 | 节 |
|---|---|---|---|---|
| buf | | | | |
| bufp0 | | | | |
| bufp1 | | | | |
| swap | | | | |
| temp | | | | |
| incr | | | | |
| count | | | | |

*7.7　不改变任何变量名字，修改7.6.1节中的bar5.c，使得foo5.c输出x和y的正确值(也就是整数15213和15212的十六进制表示)。

*7.8　在此题中，REF(x.i)→DEF(x.k)表示链接器将任意对模块i中符号x的引用与模块k中符号x的定义相关联。在下面每个例子中，用这种符号来说明链接器是如何解析在每个模块中有多重定义的引用的。如果出现链接时错误(规则1)，写“错误”。如果链接器从定义中任意选择一个(规则3)，那么写“未知”。

A.
```
/* Module 1 */              /* Module 2 */
int main()                  static int main=1;
{                           int p2()
}                           {
                            }
```
(a) REF(main.1) → DEF(______.______)

(b) REF(main.2) → DEF(______.______)

B.
```
/* Module 1 */              /* Module 2 */
int x;                      double x;
void main()                 int p2()
{                           {
}                           }
```
(a) REF(x.1) → DEF(______.______)

(b) REF(x.2) → DEF(______.______)

C.
```
/* Module 1 */              /* Module 2 */
int x=1;                    double x=1.0;
void main()                 int p2()
{                           {
}                           }
```
(a) REF(x.1) → DEF(______.______)

(b) REF(x.2) → DEF(______.______)

*7.9　考虑下面的程序，它由两个目标模块组成：

```
1  /* foo6.c */
2  void p2(void);
3
4  int main()
5  {
6      p2();
7      return 0;
8  }
```

```
1  /* bar6.c */
2  #include <stdio.h>
3
4  char main;
5
6  void p2()
7  {
8      printf("0x%x\n", main);
9  }
```

当在x86-64 Linux系统中编译和执行这个程序时，即使函数p2不初始化变量main，它也能打印字符串“0x48\n”并正常终止。你能解释这一点吗？

**7.10　a和b表示当前路径中的目标模块或静态库，而a→b表示a依赖于b，也就是说a引用了一个b定义的符号。对于下面的每个场景，给出使得静态链接器能够解析所有符号引用的最小的命令行(即含有最少数量的目标文件和库参数的命令)。

A. p.o→libx.a→p.o

B. p.o→libx.a→liby.a 和 liby.a→libx.a

C. p.o→libx.a→liby.a→libz.a 和 liby.a→libx.a→libz.a

** 7.11 图 7-14 中的程序头部表明数据段占用了内存中 0x230 个字节。然而，其中只有开始的 0x228 字节来自可执行文件的节。是什么引起了这种差异？

** 7.12 考虑目标文件 m.o 中对函数 swap 的调用(作业题 7.6)。

```
9:    e8 00 00 00 00          callq  e <main+0xe>       swap()
```

具有如下重定位条目：

```
r.offset = 0xa
r.symbol = swap
r.type   = R_X86_64_PC32
r.addend = -4
```

A. 假设链接器将 m.o 中的.text 重定位到地址 0x4004e0，把 swap 重定位到地址 0x4004f8。那么 callq 指令中对 swap 的重定位引用的值应该是什么？

B. 假设链接器将 m.o 中的.text 重定位到地址 0x4004d0，把 swap 重定位到地址 0x400500。那么 callq 指令中对 swap 的重定位引用的值应该是什么？

** 7.13 完成下面的任务将帮助你更熟悉处理目标文件的各种工具。

A. 在你的系统上，lib.a 和 libm.a 的版本中包含多少目标文件？

B. gcc -Og 产生的可执行代码与 gcc -Og -g 产生的不同吗？

C. 在你的系统上，GCC 驱动程序使用的是什么共享库？

## 练习题答案

7.1 这道练习题的目的是帮助你理解链接器符号和 C 变量及函数之间的关系。注意 C 的局部变量 temp 没有符号表条目。

| 符号 | .symtab条目? | 符号类型 | 在哪个模块中定义 | 节 |
|---|---|---|---|---|
| buf | 是 | 外部 | m.o | .data |
| bufp0 | 是 | 全局 | swap.o | .data |
| bufp1 | 是 | 全局 | swap.o | COMMON |
| swap | 是 | 全局 | swap.o | .text |
| temp | 否 | — | — | — |

7.2 这是一个简单的练习，检查你对 Unix 链接器解析在一个以上模块中有定义的全局符号时所使用规则的理解。理解这些规则可以帮助你避免一些讨厌的编程错误。

A. 链接器选择定义在模块 1 中的强符号，而不是定义在模块 2 中的弱符号(规则 2)：

(a) REF(main.1) → DEF(main.1)

(b) REF(main.2) → DEF(main.1)

B. 这是一个错误，因为每个模块都定义了一个强符号 main(规则 1)。

C. 链接器选择定义在模块 2 中的强符号，而不是定义在模块 1 中的弱符号(规则 2)：

(a) REF(x.1) → DEF(x.2)

(b) REF(x.2) → DEF(x.2)

7.3 在命令行中以错误的顺序放置静态库是造成令许多程序员迷惑的链接器错误的常见原因。然而，一旦你理解了链接器是如何使用静态库来解析引用的，它就相当简单易懂了。这个小练习检查了你对这个概念的理解：

A. linux>  gcc p.o libx.a

B. linux>  gcc p.o libx.a liby.a

C. linux>  gcc p.o libx.a liby.a libx.a

7.4 这道题涉及的是图 7-12a 中的反汇编列表。目的是让你练习阅读反汇编列表，并检查你对 PC 相对寻址的理解。

A. 第 5 行被重定位引用的十六进制地址为 0x4004df。

B. 第 5 行被重定位引用的十六进制值为 0x5。记住，反汇编列表给出的引用值是用小端法字节顺序表示的。

7.5 这道题是测试你对链接器重定位 PC 相对引用的理解的。给定

```
ADDR(s) = ADDR(.text) = 0x4004d0
```

和

```
ADDR(r.symbol) = ADDR(swap) = 0x4004e8
```

使用图 7-10 中的算法，链接器首先计算引用的运行时地址：

```
refaddr = ADDR(s)  + r.offset
        = 0x4004d0 + 0xa
        = 0x4004da
```

然后修改此引用：

```
*refptr = (unsigned) (ADDR(r.symbol) + r.addend - refaddr)
        = (unsigned) (0x4004e8       + (-4)     - 0x4004da)
        = (unsigned) (0xa)
```

因此，得到的可执行目标文件中，对 swap 的 PC 相对引用的值为 0xa：

```
4004d9:  e8 0a 00 00 00          callq  4004e8 <swap>
```

第 8 章

CHAPTER 8

# 异常控制流

从给处理器加电开始，直到你断电为止，程序计数器假设一个值的序列

$$a_0, a_1, \cdots, a_{n-1}$$

其中，每个 $a_k$ 是某个相应的指令 $I_k$ 的地址。每次从 $a_k$ 到 $a_{k+1}$ 的过渡称为*控制转移*(control transfer)。这样的控制转移序列叫做处理器的*控制流*(flow of control 或 control flow)。

最简单的一种控制流是一个“平滑的”序列，其中每个 $I_k$ 和 $I_{k+1}$ 在内存中都是相邻的。这种平滑流的突变(也就是 $I_{k+1}$ 与 $I_k$ 不相邻)通常是由诸如跳转、调用和返回这样一些熟悉的程序指令造成的。这样一些指令都是必要的机制，使得程序能够对由程序变量表示的内部程序状态中的变化做出反应。

但是系统也必须能够对系统状态的变化做出反应，这些系统状态不是被内部程序变量捕获的，而且也不一定要和程序的执行相关。比如，一个硬件定时器定期产生信号，这个事件必须得到处理。包到达网络适配器后，必须存放在内存中。程序向磁盘请求数据，然后休眠，直到被通知说数据已就绪。当子进程终止时，创造这些子进程的父进程必须得到通知。

现代系统通过使控制流发生突变来对这些情况做出反应。一般而言，我们把这些突变称为*异常控制流*(Exceptional Control Flow，ECF)。异常控制流发生在计算机系统的各个层次。比如，在硬件层，硬件检测到的事件会触发控制突然转移到异常处理程序。在操作系统层，内核通过上下文切换将控制从一个用户进程转移到另一个用户进程。在应用层，一个进程可以发送信号到另一个进程，而接收者会将控制突然转移到它的一个信号处理程序。一个程序可以通过回避通常的栈规则，并执行到其他函数中任意位置的非本地跳转来对错误做出反应。

作为程序员，理解 ECF 很重要，这有很多原因：

- *理解 ECF 将帮助你理解重要的系统概念。*ECF 是操作系统用来实现 I/O、进程和虚拟内存的基本机制。在能够真正理解这些重要概念之前，你必须理解 ECF。
- *理解 ECF 将帮助你理解应用程序是如何与操作系统交互的。*应用程序通过使用一个叫做*陷阱*(trap)或者*系统调用*(system call)的 ECF 形式，向操作系统请求服务。比如，向磁盘写数据、从网络读取数据、创建一个新进程，以及终止当前进程，都是通过应用程序调用系统调用来实现的。理解基本的系统调用机制将帮助你理解这些服务是如何提供给应用的。
- *理解 ECF 将帮助你编写有趣的新应用程序。*操作系统为应用程序提供了强大的 ECF 机制，用来创建新进程、等待进程终止、通知其他进程系统中的异常事件，以及检测和响应这些事件。如果理解了这些 ECF 机制，那么你就能用它们来编写诸如 Unix shell 和 Web 服务器之类的有趣程序了。
- *理解 ECF 将帮助你理解并发。*ECF 是计算机系统中实现并发的基本机制。在运行中的并发的例子有：中断应用程序执行的异常处理程序，在时间上重叠执行的进程和线程，以及中断应用程序执行的信号处理程序。理解 ECF 是理解并发的第一步。我们会在第 12 章中更详细地研究并发。

● 理解 ECF 将帮助你理解软件异常如何工作。像 C++ 和 Java 这样的语言通过 try、catch 以及 throw 语句来提供软件异常机制。软件异常允许程序进行非本地跳转（即违反通常的调用/返回栈规则的跳转）来响应错误情况。非本地跳转是一种应用层 ECF，在 C 中是通过 setjmp 和 longjmp 函数提供的。理解这些低级函数将帮助你理解高级软件异常如何得以实现。

对系统的学习，到目前为止你已经了解了应用是如何与硬件交互的。本章的重要性在于你将开始学习应用是如何与操作系统交互的。有趣的是，这些交互都是围绕着 ECF 的。我们将描述存在于一个计算机系统中所有层次上的各种形式的 ECF。从异常开始，异常位于硬件和操作系统交界的部分。我们还会讨论系统调用，它们是为应用程序提供到操作系统的入口点的异常。然后，我们会提升抽象的层次，描述进程和信号，它们位于应用和操作系统的交界之处。最后讨论非本地跳转，这是 ECF 的一种应用层形式。

## 8.1　异常

异常是异常控制流的一种形式，它一部分由硬件实现，一部分由操作系统实现。因为它们有一部分是由硬件实现的，所以具体细节将随系统的不同而有所不同。然而，对于每个系统而言，基本的思想都是相同的。在这一节中我们的目的是让你对异常和异常处理有一个一般性的了解，并且向你揭示现代计算机系统的一个经常令人感到迷惑的方面。

异常（exception）就是控制流中的突变，用来响应处理器状态中的某些变化。图 8-1 展示了基本的思想。

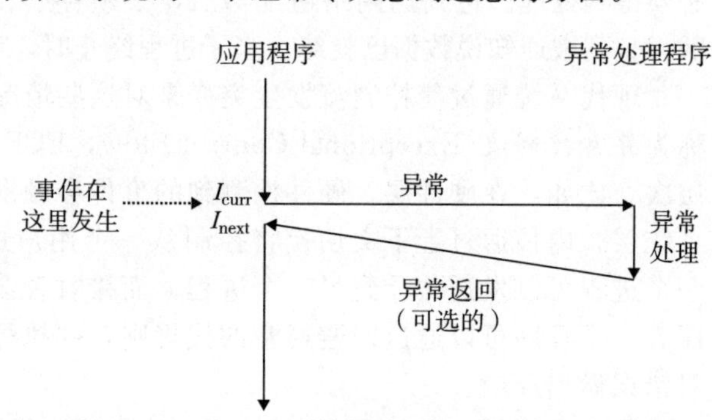


图 8-1　异常的剖析。处理器状态中的变化（事件）触发从应用程序到异常处理程序的突发的控制转移（异常）。在异常处理程序完成处理后，它将控制返回给被中断的程序或者终止

在图中，当处理器状态中发生一个重要的变化时，处理器正在执行某个当前指令 $I_{curr}$。在处理器中，状态被编码为不同的位和信号。状态变化称为事件（event）。事件可能和当前指令的执行直接相关。比如，发生虚拟内存缺页、算术溢出，或者一条指令试图除以零。另一方面，事件也可能和当前指令的执行没有关系。比如，一个系统定时器产生信号或者一个 I/O 请求完成。

在任何情况下，当处理器检测到有事件发生时，它就会通过一张叫做异常表（exception table）的跳转表，进行一个间接过程调用（异常），到一个专门设计用来处理这类事件的操作系统子程序（异常处理程序（exception handler））。当异常处理程序完成处理后，根据引起异常的事件的类型，会发生以下 3 种情况中的一种：

1）处理程序将控制返回给当前指令 $I_{curr}$，即当事件发生时正在执行的指令。

2）处理程序将控制返回给 $I_{next}$，如果没有发生异常将会执行的下一条指令。

3）处理程序终止被中断的程序。

8.1.2 节将讲述关于这些可能性的更多内容。

**旁注　硬件异常与软件异常**

C++ 和 Java 的程序员会注意到术语“异常”也用来描述由 C++ 和 Java 以 catch、

throw 和 try 语句形式提供的应用级 ECF。如果想严格清晰，我们必须区别“硬件”和“软件”异常，但这通常是不必要的，因为从上下文中就能够很清楚地知道是哪种含义。

### 8.1.1 异常处理

异常可能会难以理解，因为处理异常需要硬件和软件紧密合作。很容易搞混哪个部分执行哪个任务。让我们更详细地来看看硬件和软件的分工吧。

系统中可能的每种类型的异常都分配了一个唯一的非负整数的异常号(exception number)。其中一些号码是由处理器的设计者分配的，其他号码是由操作系统内核(操作系统常驻内存的部分)的设计者分配的。前者的示例包括被零除、缺页、内存访问违例、断点以及算术运算溢出。后者的示例包括系统调用和来自外部 I/O 设备的信号。

在系统启动时(当计算机重启或者加电时)，操作系统分配和初始化一张称为异常表的跳转表，使得表目 $k$ 包含异常 $k$ 的处理程序的地址。图 8-2 展示了异常表的格式。

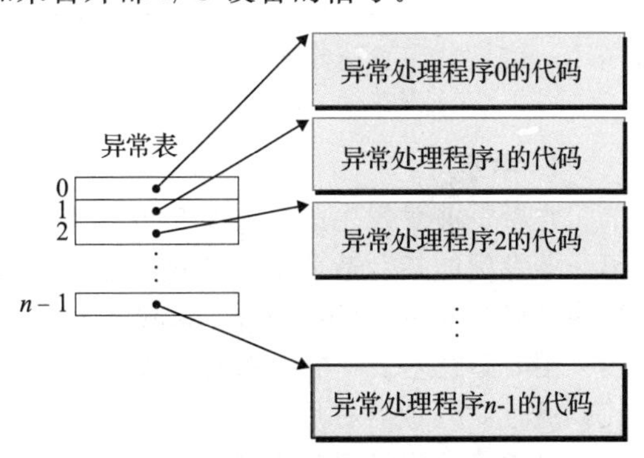


图 8-2 异常表。异常表是一张跳转表，其中表目 $k$ 包含异常 $k$ 的处理程序代码的地址

在运行时(当系统在执行某个程序时)，处理器检测到发生了一个事件，并且确定了相应的异常号 $k$。随后，处理器触发异常，方法是执行间接过程调用，通过异常表的表目 $k$，转到相应的处理程序。图 8-3 展示了处理器如何使用异常表来形成适当的异常处理程序的地址。异常号是到异常表中的索引，异常表的起始地址放在一个叫做异常表基址寄存器(exception table base register)的特殊 CPU 寄存器里。

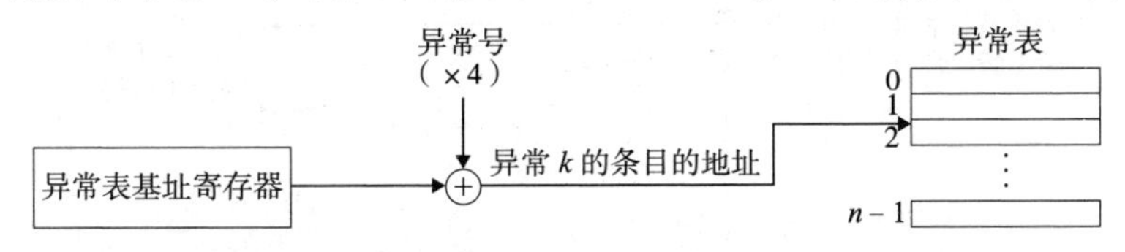


图 8-3 生成异常处理程序的地址。异常号是到异常表中的索引

异常类似于过程调用，但是有一些重要的不同之处：

- 过程调用时，在跳转到处理程序之前，处理器将返回地址压入栈中。然而，根据异常的类型，返回地址要么是当前指令(当事件发生时正在执行的指令)，要么是下一条指令(如果事件不发生，将会在当前指令后执行的指令)。
- 处理器也把一些额外的处理器状态压到栈里，在处理程序返回时，重新开始执行被中断的程序会需要这些状态。比如，x86-64 系统会将包含当前条件码的 EFLAGS 寄存器和其他内容压入栈中。
- 如果控制从用户程序转移到内核，所有这些项目都被压到内核栈中，而不是压到用户栈中。
- 异常处理程序运行在内核模式下(见 8.2.4 节)，这意味着它们对所有的系统资源都有完全的访问权限。

一旦硬件触发了异常，剩下的工作就是由异常处理程序在软件中完成。在处理程序处理完事件之后，它通过执行一条特殊的“从中断返回”指令，可选地返回到被中断的程序，该指令将适当的状态弹回到处理器的控制和数据寄存器中，如果异常中断的是一个用户程序，就将状态恢复为用户模式(见8.2.4节)，然后将控制返回给被中断的程序。

### 8.1.2　异常的类别

异常可以分为四类：中断(interrupt)、陷阱(trap)、故障(fault)和终止(abort)。图8-4中的表对这些类别的属性做了小结。

| 类别 | 原因 | 异步 / 同步 | 返回行为 |
|---|---|---|---|
| 中断 | 来自I/O设备的信号 | 异步 | 总是返回到下一条指令 |
| 陷阱 | 有意的异常 | 同步 | 总是返回到下一条指令 |
| 故障 | 潜在可恢复的错误 | 同步 | 可能返回到当前指令 |
| 终止 | 不可恢复的错误 | 同步 | 不会返回 |

图8-4　异常的类别。异步异常是由处理器外部的I/O设备中的事件产生的。同步异常是执行一条指令的直接产物

#### 1. 中断

中断是异步发生的，是来自处理器外部的I/O设备的信号的结果。硬件中断不是由任何一条专门的指令造成的，从这个意义上来说它是异步的。硬件中断的异常处理程序常常称为中断处理程序(interrupt handler)。

图8-5概述了一个中断的处理。I/O设备，例如网络适配器、磁盘控制器和定时器芯片，通过向处理器芯片上的一个引脚发信号，并将异常号放到系统总线上，来触发中断，这个异常号标识了引起中断的设备。

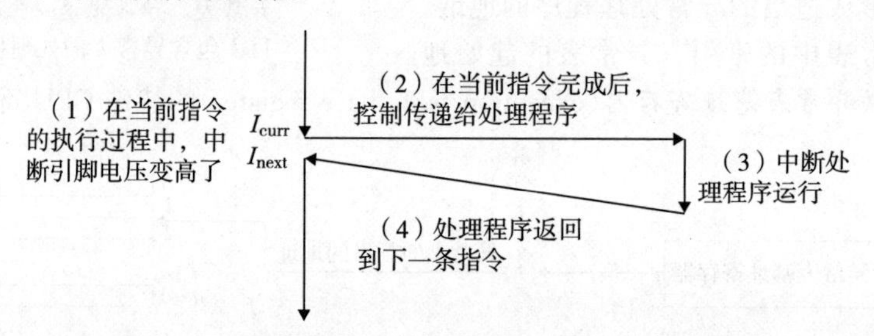


图8-5　中断处理。中断处理程序将控制返回给应用程序控制流中的下一条指令

在当前指令完成执行之后，处理器注意到中断引脚的电压变高了，就从系统总线读取异常号，然后调用适当的中断处理程序。当处理程序返回时，它就将控制返回给下一条指令(也即如果没有发生中断，在控制流中会在当前指令之后的那条指令)。结果是程序继续执行，就好像没有发生过中断一样。

剩下的异常类型(陷阱、故障和终止)是同步发生的，是执行当前指令的结果。我们把这类指令叫做故障指令(faulting instruction)。

#### 2. 陷阱和系统调用

陷阱是有意的异常，是执行一条指令的结果。就像中断处理程序一样，陷阱处理程序将控制返回到下一条指令。陷阱最重要的用途是在用户程序和内核之间提供一个像过程一样的接口，叫做系统调用。

用户程序经常需要向内核请求服务，比如读一个文件(`read`)、创建一个新的进程(`fork`)、加载一个新的程序(`execve`)，或者终止当前进程(`exit`)。为了允许对这些内核服务的受控的访问，处理器提供了一条特殊的“`syscall` *n*”指令，当用户程序想要请求

服务 $n$ 时，可以执行这条指令。执行 syscall 指令会导致一个到异常处理程序的陷阱，这个处理程序解析参数，并调用适当的内核程序。图 8-6 概述了一个系统调用的处理。

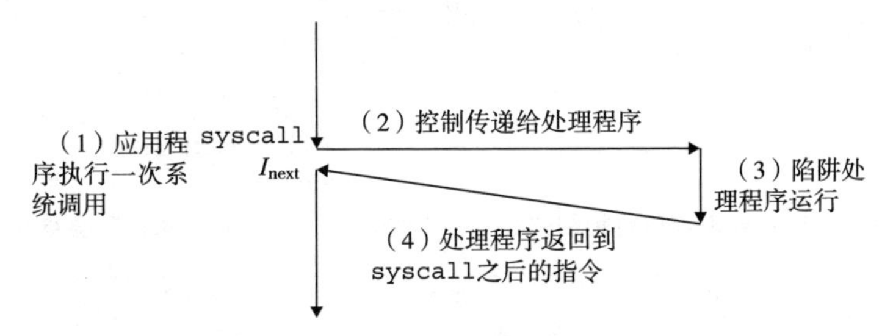


图 8-6　陷阱处理。陷阱处理程序将控制返回给应用程序控制流中的下一条指令

从程序员的角度来看，系统调用和普通的函数调用是一样的。然而，它们的实现非常不同。普通的函数运行在*用户模式*中，用户模式限制了函数可以执行的指令的类型，而且它们只能访问与调用函数相同的栈。系统调用运行在*内核模式*中，内核模式允许系统调用执行特权指令，并访问定义在内核中的栈。8.2.4 节会更详细地讨论用户模式和内核模式。

**3. 故障**

故障由错误情况引起，它可能能够被故障处理程序修正。当故障发生时，处理器将控制转移给故障处理程序。如果处理程序能够修正这个错误情况，它就将控制返回到引起故障的指令，从而重新执行它。否则，处理程序返回到内核中的 abort 例程，abort 例程会终止引起故障的应用程序。图 8-7 概述了一个故障的处理。

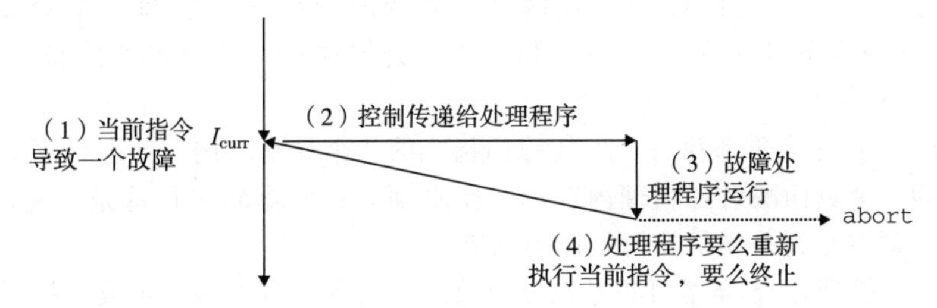


图 8-7　故障处理。根据故障是否能够被修复，故障处理程序要么重新执行引起故障的指令，要么终止

一个经典的故障示例是缺页异常，当指令引用一个虚拟地址，而与该地址相对应的物理页面不在内存中，因此必须从磁盘中取出时，就会发生故障。就像我们将在第 9 章中看到的那样，一个页面就是虚拟内存的一个连续的块(典型的是 4KB)。缺页处理程序从磁盘加载适当的页面，然后将控制返回给引起故障的指令。当指令再次执行时，相应的物理页面已经驻留在内存中了，指令就可以没有故障地运行完成了。

**4. 终止**

终止是不可恢复的致命错误造成的结果，通常是一些硬件错误，比如 DRAM 或者 SRAM 位被损坏时发生的奇偶错误。终止处理程序从不将控制返回给应用程序。如图 8-8 所示，处理程序将控制返回给一个 abort 例程，该例程会终止这个应用程序。

## 8.1.3　Linux/x86-64 系统中的异常

为了使描述更具体，让我们来看看为 x86-64 系统定义的一些异常。有高达 256 种不同的异常类型[50]。0～31 的号码对应的是由 Intel 架构师定义的异常，因此对任何 x86-64 系统都是一样的。32～255 的号码对应的是操作系统定义的中断和陷阱。图 8-9 展示了一些示例。

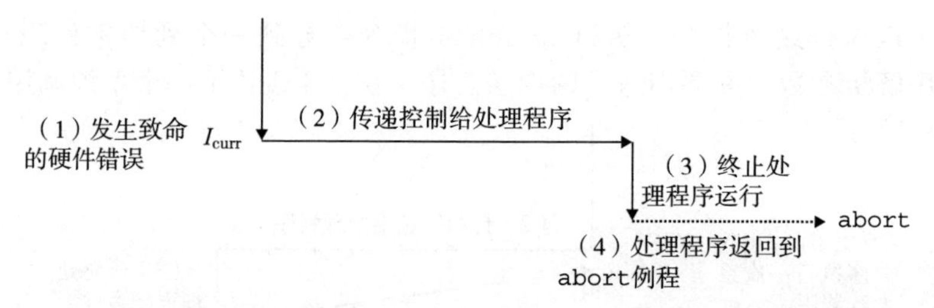


图 8-8　终止处理。终止处理程序将控制传递给一个内核 abort 例程，该例程会终止这个应用程序

| 异常号 | 描述 | 异常类别 |
|---|---|---|
| 0 | 除法错误 | 故障 |
| 13 | 一般保护故障 | 故障 |
| 14 | 缺页 | 故障 |
| 18 | 机器检查 | 终止 |
| 32～255 | 操作系统定义的异常 | 中断或陷阱 |

图 8-9　x86-64 系统中的异常示例

### 1. Linux/x86-64 故障和终止

*除法错误*。当应用试图除以零时，或者当一个除法指令的结果对于目标操作数来说太大了的时候，就会发生除法错误(异常 0)。Unix 不会试图从除法错误中恢复，而是选择终止程序。Linux shell 通常会把除法错误报告为“浮点异常(Floating exception)”。

*一般保护故障*。许多原因都会导致不为人知的一般保护故障(异常 13)，通常是因为一个程序引用了一个未定义的虚拟内存区域，或者因为程序试图写一个只读的文本段。Linux 不会尝试恢复这类故障。Linux shell 通常会把这种一般保护故障报告为“段故障(Segmentation fault)”。

*缺页*(异常 14)是会重新执行产生故障的指令的一个异常示例。处理程序将适当的磁盘上虚拟内存的一个页面映射到物理内存的一个页面，然后重新执行这条产生故障的指令。我们将在第 9 章中看到缺页是如何工作的细节。

*机器检查*。机器检查(异常 18)是在导致故障的指令执行中检测到致命的硬件错误时发生的。机器检查处理程序从不返回控制给应用程序。

### 2. Linux/86-64 系统调用

Linux 提供几百种系统调用，当应用程序想要请求内核服务时可以使用，包括读文件、写文件或是创建一个新进程。图 8-10 给出了一些常见的 Linux 系统调用。每个系统调用都有一个唯一的整数号，对应于一个到内核中跳转表的偏移量。(注意：这个跳转表和异常表不一样。)

C 程序用 syscall 函数可以直接调用任何系统调用。然而，实际中几乎没必要这么做。对于大多数系统调用，标准 C 库提供了一组方便的包装函数。这些包装函数将参数打包到一起，以适当的系统调用指令陷入内核，然后将系统调用的返回状态传递回调用程序。在本书中，我们将系统调用和与它们相关联的包装函数都称为*系统级函数*，这两个术语可以互换地使用。

在 x86-64 系统上，系统调用是通过一条称为 syscall 的陷阱指令来提供的。研究程序能够如何使用这条指令来直接调用 Linux 系统调用是很有趣的。所有到 Linux 系统调用的参数都是通过通用寄存器而不是栈传递的。按照惯例，寄存器%rax 包含系统调用号，寄存器%rdi、%rsi、%rdx、%r10、%r8 和%r9 包含最多 6 个参数。第一个参数在%rdi 中，第二个在%rsi 中，以此类推。从系统调用返回时，寄存器%rcx 和%r11 都会被破坏，%rax 包含返回值。-4095 到-1 之间的负数返回值表明发生了错误，对应于负的 errno。

| 编号 | 名字 | 描述 | 编号 | 名字 | 描述 |
|---|---|---|---|---|---|
| 0 | read | 读文件 | 33 | pause | 挂起进程直到信号到达 |
| 1 | write | 写文件 | 37 | alarm | 调度告警信号的传送 |
| 2 | open | 打开文件 | 39 | getpid | 获得进程 ID |
| 3 | close | 关闭文件 | 57 | fork | 创建进程 |
| 4 | stat | 获得文件信息 | 59 | execve | 执行一个程序 |
| 9 | mmap | 将内存页映射到文件 | 60 | _exit | 终止进程 |
| 12 | brk | 重置堆顶 | 61 | wait4 | 等待一个进程终止 |
| 32 | dup2 | 复制文件描述符 | 62 | kill | 发送信号到一个进程 |

图 8-10　Linux x86-64 系统中常用的系统调用示例

例如，考虑大家熟悉的 hello 程序的下面这个版本，用系统级函数 write(见 10.4 节)来写，而不是用 printf：

```
1  int main()
2  {
3      write(1, "hello, world\n", 13);
4      _exit(0);
5  }
```

write 函数的第一个参数将输出发送到 stdout。第二个参数是要写的字节序列，而第三个参数是要写的字节数。

图 8-11 给出的是 hello 程序的汇编语言版本，直接使用 syscall 指令来调用 write 和 exit 系统调用。第 9～13 行调用 write 函数。首先，第 9 行将系统调用 write 的编号存放在%rax 中，第 10～12 行设置参数列表。然后第 13 行使用 syscall 指令来调用系统调用。类似地，第 14～16 行调用_exit 系统调用。

*code/ecf/hello-asm64.sa*

```
1    .section .data
2    string:
3      .ascii "hello, world\n"
4    string_end:
5      .equ len, string_end - string
6    .section .text
7    .globl main
8    main:
       First, call write(1, "hello, world\n", 13)
9      movq $1, %rax              write is system call 1
10     movq $1, %rdi              Arg1: stdout has descriptor 1
11     movq $string, %rsi         Arg2: hello world string
12     movq $len, %rdx            Arg3: string length
13     syscall                    Make the system call

       Next, call _exit(0)
14     movq $60, %rax             _exit is system call 60
15     movq $0, %rdi              Arg1: exit status is 0
16     syscall                    Make the system call
```

*code/ecf/hello-asm64.sa*

图 8-11　直接用 Linux 系统调用来实现 hello 程序

**旁注　关于术语的注释**

各种异常类型的术语根据系统的不同而有所不同。处理器ISA规范通常会区分异步“中断”和同步“异常”，但是并没有提供描述这些非常相似的概念的概括性的术语。为了避免不断地提到“异常和中断”以及“异常或者中断”，我们用单词“异常”作为通用的术语，而且只有在必要时才区别异步异常(中断)和同步异常(陷阱、故障和终止)。正如我们提到过的，对于每个系统而言，基本的概念都是相同的，但是你应该意识到一些制造厂商的手册会用“异常”仅仅表示同步事件引起的控制流的改变。

## 8.2　进程

异常是允许操作系统内核提供进程(process)概念的基本构造块，进程是计算机科学中最深刻、最成功的概念之一。

在现代系统上运行一个程序时，我们会得到一个假象，就好像我们的程序是系统中当前运行的唯一的程序一样。我们的程序好像是独占地使用处理器和内存。处理器就好像是无间断地一条接一条地执行我们程序中的指令。最后，我们程序中的代码和数据好像是系统内存中唯一的对象。这些假象都是通过进程的概念提供给我们的。

进程的经典定义就是*一个执行中程序的实例*。系统中的每个程序都运行在某个进程的*上下文*(context)中。上下文是由程序正确运行所需的状态组成的。这个状态包括存放在内存中的程序的代码和数据，它的栈、通用目的寄存器的内容、程序计数器、环境变量以及打开文件描述符的集合。

每次用户通过向shell输入一个可执行目标文件的名字，运行程序时，shell就会创建一个新的进程，然后在这个新进程的上下文中运行这个可执行目标文件。应用程序也能够创建新进程，并且在这个新进程的上下文中运行它们自己的代码或其他应用程序。

关于操作系统如何实现进程的细节的讨论超出了本书的范围。反之，我们将关注进程提供给应用程序的关键抽象：

- 一个独立的逻辑控制流，它提供一个假象，好像我们的程序独占地使用处理器。
- 一个私有的地址空间，它提供一个假象，好像我们的程序独占地使用内存系统。

让我们更深入地看看这些抽象。

### 8.2.1　逻辑控制流

即使在系统中通常有许多其他程序在运行，进程也可以向每个程序提供一种假象，好像它在独占地使用处理器。如果想用调试器单步执行程序，我们会看到一系列的程序计数器(PC)的值，这些值唯一地对应于包含在程序的可执行目标文件中的指令，或是包含在运行时动态链接到程序的共享对象中的指令。这个PC值的序列叫做*逻辑控制流*，或者简称*逻辑流*。

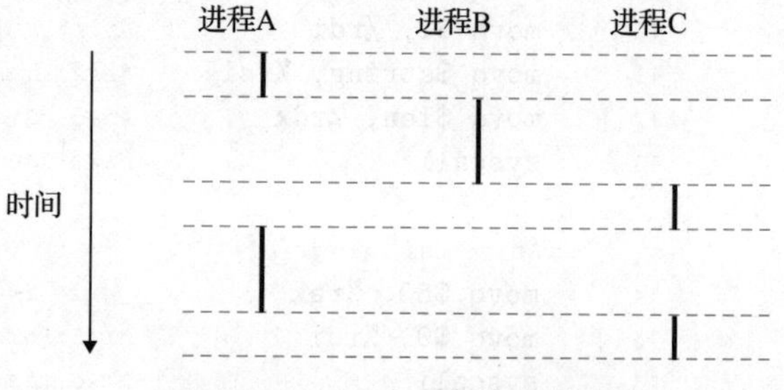


图8-12　逻辑控制流。进程为每个程序提供了一种假象，好像程序在独占地使用处理器。每个竖直的条表示一个进程的逻辑控制流的一部分

考虑一个运行着三个进程的系统，如图8-12所示。处理器的一个物理控制流被分成了三个逻辑流，每个进程一个。每个竖直的条表示一个进程的逻辑流的一部分。在这个例子中，三个逻辑流的

执行是交错的。进程A运行了一会儿，然后是进程B开始运行到完成。然后，进程C运行了一会儿，进程A接着运行直到完成。最后，进程C可以运行到结束了。

图8-12的关键点在于进程是轮流使用处理器的。每个进程执行它的流的一部分，然后被*抢占*(preempted)(暂时挂起)，然后轮到其他进程。对于一个运行在这些进程之一的上下文中的程序，它看上去就像是在独占地使用处理器。唯一的反面例证是，如果我们精确地测量每条指令使用的时间，会发现在程序中一些指令的执行之间，CPU好像会周期性地停顿。然而，每次处理器停顿，它随后会继续执行我们的程序，并不改变程序内存位置或寄存器的内容。

## 8.2.2 并发流

计算机系统中逻辑流有许多不同的形式。异常处理程序、进程、信号处理程序、线程和Java进程都是逻辑流的例子。

一个逻辑流的执行在时间上与另一个流重叠，称为*并发流*(concurrent flow)，这两个流被称为*并发地运行*。更准确地说，流X和Y互相并发，当且仅当X在Y开始之后和Y结束之前开始，或者Y在X开始之后和X结束之前开始。例如，图8-12中，进程A和B并发地运行，A和C也一样。另一方面，B和C没有并发地运行，因为B的最后一条指令在C的第一条指令之前执行。

多个流并发地执行的一般现象被称为*并发*(concurrency)。一个进程和其他进程轮流运行的概念称为*多任务*(multitasking)。一个进程执行它的控制流的一部分的每一时间段叫做*时间片*(time slice)。因此，多任务也叫做*时间分片*(time slicing)。例如，图8-12中，进程A的流由两个时间片组成。

注意，并发流的思想与流运行的处理器核数或者计算机数无关。如果两个流在时间上重叠，那么它们就是并发的，即使它们是运行在同一个处理器上。不过，有时我们会发现确认并行流是很有帮助的，它是并发流的一个真子集。如果两个流并发地运行在不同的处理器核或者计算机上，那么我们称它们为*并行流*(parallel flow)，它们*并行地运行*(running in parallel)，且*并行地执行*(parallel execution)。

**练习题 8.1** 考虑三个具有下述起始和结束时间的进程：

| 进程 | 起始时间 | 结束时间 |
|---|---|---|
| A | 0 | 2 |
| B | 1 | 4 |
| C | 3 | 5 |

对于每对进程，指出它们是否是并发地运行：

| 进程对 | 并发的? |
|---|---|
| AB | |
| AC | |
| BC | |

## 8.2.3 私有地址空间

进程也为每个程序提供一种假象，好像它独占地使用系统地址空间。在一台$n$位地址的机器上，*地址空间*是$2^n$个可能地址的集合，0，1，…，$2^n-1$。进程为每个程序提供它自己的*私有地址空间*。一般而言，和这个空间中某个地址相关联的那个内存字节是不能被其他进程读或者写的，从这个意义上说，这个地址空间是私有的。

尽管和每个私有地址空间相关联的内存的内容一般是不同的，但是每个这样的空间都有相同的通用结构。比如，图 8-13 展示了一个 x86-64 Linux 进程的地址空间的组织结构。

地址空间底部是保留给用户程序的，包括通常的代码、数据、堆和栈段。代码段总是从地址 0x400000 开始。地址空间顶部保留给内核(操作系统常驻内存的部分)。地址空间的这个部分包含内核在代表进程执行指令时(比如当应用程序执行系统调用时)使用的代码、数据和栈。

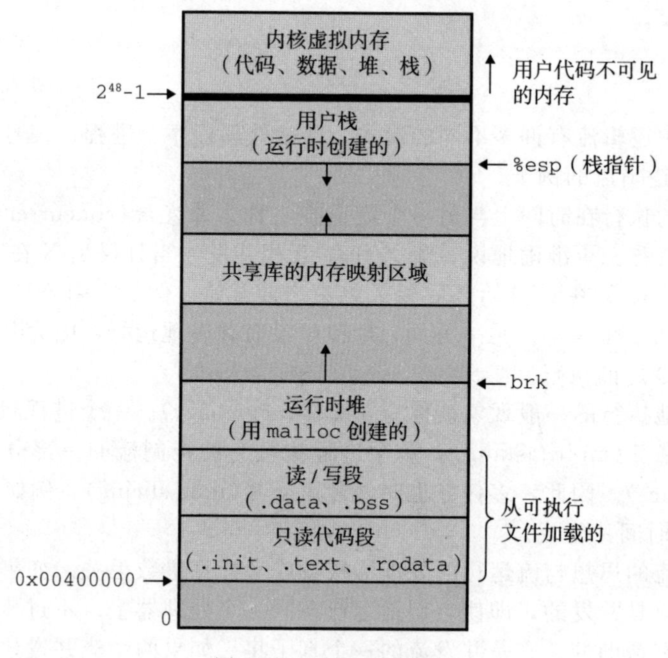


图 8-13　进程地址空间

### 8.2.4　用户模式和内核模式

为了使操作系统内核提供一个无懈可击的进程抽象，处理器必须提供一种机制，限制一个应用可以执行的指令以及它可以访问的地址空间范围。

处理器通常是用某个控制寄存器中的一个*模式位*(mode bit)来提供这种功能的，该寄存器描述了进程当前享有的特权。当设置了模式位时，进程就运行在*内核模式*中(有时叫做*超级用户模式*)。一个运行在内核模式的进程可以执行指令集中的任何指令，并且可以访问系统中的任何内存位置。

没有设置模式位时，进程就运行在*用户模式*中。用户模式中的进程不允许执行*特权指令*(privileged instruction)，比如停止处理器、改变模式位，或者发起一个 I/O 操作。也不允许用户模式中的进程直接引用地址空间中内核区内的代码和数据。任何这样的尝试都会导致致命的保护故障。反之，用户程序必须通过系统调用接口间接地访问内核代码和数据。

运行应用程序代码的进程初始时是在用户模式中的。进程从用户模式变为内核模式的唯一方法是通过诸如中断、故障或者陷入系统调用这样的异常。当异常发生时，控制传递到异常处理程序，处理器将模式从用户模式变为内核模式。处理程序运行在内核模式中，当它返回到应用程序代码时，处理器就把模式从内核模式改回到用户模式。

Linux 提供了一种聪明的机制，叫做/proc 文件系统，它允许用户模式进程访问内核数据结构的内容。/proc 文件系统将许多内核数据结构的内容输出为一个用户程序可以读的文本文件的层次结构。比如，你可以使用/proc 文件系统找出一般的系统属性，比如 CPU 类型(/proc/cpuinfo)，或者某个特殊的进程使用的内存段(/proc/<process-id> /maps)。2.6 版本的 Linux 内核引入/sys 文件系统，它输出关于系统总线和设备的额外的低层信息。

### 8.2.5　上下文切换

操作系统内核使用一种称为上下文切换(context switch)的较高层形式的异常控制流来实现多任务。上下文切换机制是建立在 8.1 节中已经讨论过的那些较低层异常机制之上的。

内核为每个进程维持一个上下文(context)。上下文就是内核重新启动一个被抢占的进程所需的状态。它由一些对象的值组成，这些对象包括通用目的寄存器、浮点寄存器、程序计数器、用户栈、状态寄存器、内核栈和各种内核数据结构，比如描述地址空间的页表、包含有关当前进程信息的进程表，以及包含进程已打开文件的信息的文件表。

在进程执行的某些时刻，内核可以决定抢占当前进程，并重新开始一个先前被抢占了的进程。这种决策就叫做调度(scheduling)，是由内核中称为调度器(scheduler)的代码处理的。当内核选择一个新的进程运行时，我们说内核调度了这个进程。在内核调度了一个新的进程运行后，它就抢占当前进程，并使用一种称为上下文切换的机制来将控制转移到新的进程，上下文切换 1)保存当前进程的上下文，2)恢复某个先前被抢占的进程被保存的上下文，3)将控制传递给这个新恢复的进程。

当内核代表用户执行系统调用时，可能会发生上下文切换。如果系统调用因为等待某个事件发生而阻塞，那么内核可以让当前进程休眠，切换到另一个进程。比如，如果一个 read 系统调用需要访问磁盘，内核可以选择执行上下文切换，运行另外一个进程，而不是等待数据从磁盘到达。另一个示例是 sleep 系统调用，它显式地请求让调用进程休眠。一般而言，即使系统调用没有阻塞，内核也可以决定执行上下文切换，而不是将控制返回给调用进程。

中断也可能引发上下文切换。比如，所有的系统都有某种产生周期性定时器中断的机制，通常为每 1 毫秒或每 10 毫秒。每次发生定时器中断时，内核就能判定当前进程已经运行了足够长的时间，并切换到一个新的进程。

图 8-14 展示了一对进程 A 和 B 之间上下文切换的示例。在这个例子中，进程 A 初始运行在用户模式中，直到它通过执行系统调用 read 陷入到内核。内核中的陷阱处理程序请求来自磁盘控制器的 DMA 传输，并且安排在磁盘控制器完成从磁盘到内存的数据传输后，磁盘中断处理器。

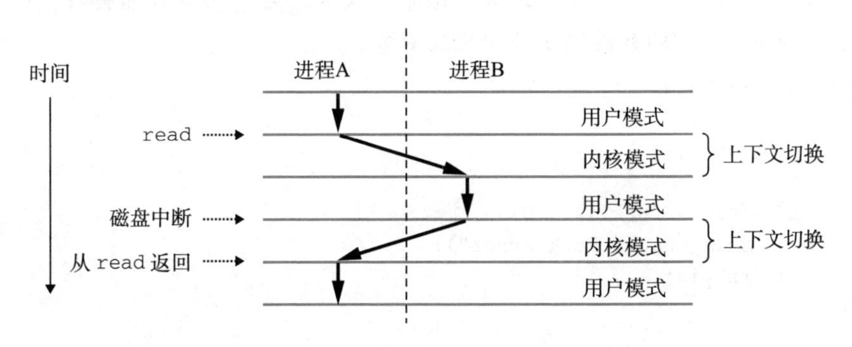


图 8-14　进程上下文切换的剖析

磁盘取数据要用一段相对较长的时间(数量级为几十毫秒)，所以内核执行从进程A到进程B的上下文切换，而不是在这个间歇时间内等待，什么都不做。注意在切换之前，内核正代表进程A在用户模式下执行指令(即没有单独的内核进程)。在切换的第一部分中，内核代表进程A在内核模式下执行指令。然后在某一时刻，它开始代表进程B(仍然是内核模式下)执行指令。在切换之后，内核代表进程B在用户模式下执行指令。

随后，进程B在用户模式下运行一会儿，直到磁盘发出一个中断信号，表示数据已经从磁盘传送到了内存。内核判定进程B已经运行了足够长的时间，就执行一个从进程B到进程A的上下文切换，将控制返回给进程A中紧随在系统调用read之后的那条指令。进程A继续运行，直到下一次异常发生，依此类推。

## 8.3　系统调用错误处理

当Unix系统级函数遇到错误时，它们通常会返回－1，并设置全局整数变量errno来表示什么出错了。程序员应该总是检查错误，但是不幸的是，许多人都忽略了错误检查，因为它使代码变得臃肿，而且难以读懂。比如，下面是我们调用Unix fork函数时会如何检查错误：

```
1        if ((pid = fork()) < 0) {
2            fprintf(stderr, "fork error: %s\n", strerror(errno));
3            exit(0);
4        }
```

strerror函数返回一个文本串，描述了和某个errno值相关联的错误。通过定义下面的**错误报告函数**，我们能够在某种程度上简化这个代码：

```
1    void unix_error(char *msg) /* Unix-style error */
2    {
3        fprintf(stderr, "%s: %s\n", msg, strerror(errno));
4        exit(0);
5    }
```

给定这个函数，我们对fork的调用从4行缩减到2行：

```
1        if ((pid = fork()) < 0)
2            unix_error("fork error");
```

通过使用**错误处理包装函数**，我们可以更进一步地简化代码，Stevens在[110]中首先提出了这种方法。对于一个给定的基本函数foo，我们定义一个具有相同参数的包装函数Foo，但是第一个字母大写了。包装函数调用基本函数，检查错误，如果有任何问题就终止。比如，下面是fork函数的错误处理包装函数：

```
1    pid_t Fork(void)
2    {
3        pid_t pid;
4
5        if ((pid = fork()) < 0)
6            unix_error("Fork error");
7        return pid;
8    }
```

给定这个包装函数，我们对fork的调用就缩减为1行：

```
1        pid = Fork();
```

我们将在本书剩余的部分中都使用错误处理包装函数。它们能够保持代码示例简洁，而又不会给你错误的假象，认为允许忽略错误检查。注意，当在本书中谈到系统级函数时，我们总是用它们的小写字母的基本名字来引用它们，而不是用它们大写的包装函数名来引用。

关于 Unix 错误处理以及本书中使用的错误处理包装函数的讨论，请参见附录 A。包装函数定义在一个叫做 csapp.c 的文件中，它们的原型定义在一个叫做 csapp.h 的头文件中；可以从 CS:APP 网站上在线地得到这些代码。

## 8.4 进程控制

Unix 提供了大量从 C 程序中操作进程的系统调用。这一节将描述这些重要的函数，并举例说明如何使用它们。

### 8.4.1 获取进程 ID

每个进程都有一个唯一的正数(非零)进程 ID(PID)。getpid 函数返回调用进程的 PID。getppid 函数返回它的父进程的 PID(创建调用进程的进程)。

```
#include <sys/types.h>
#include <unistd.h>

pid_t getpid(void);
pid_t getppid(void);
```

返回：调用者或其父进程的 PID。

getpid 和 getppid 函数返回一个类型为 pid_t 的整数值，在 Linux 系统上它在 types.h 中被定义为 int。

### 8.4.2 创建和终止进程

从程序员的角度，我们可以认为进程总是处于下面三种状态之一：

- 运行。进程要么在 CPU 上执行，要么在等待被执行且最终会被内核调度。
- 停止。进程的执行被挂起(suspended)，且不会被调度。当收到 SIGSTOP、SIGTSTP、SIGTTIN 或者 SIGTTOU 信号时，进程就停止，并且保持停止直到它收到一个 SIGCONT 信号，在这个时刻，进程再次开始运行。(信号是一种软件中断的形式，将在 8.5 节中详细描述。)
- 终止。进程永远地停止了。进程会因为三种原因终止：1)收到一个信号，该信号的默认行为是终止进程，2)从主程序返回，3)调用 exit 函数。

```
#include <stdlib.h>

void exit(int status);
```

该函数不返回。

exit 函数以 status 退出状态来终止进程(另一种设置退出状态的方法是从主程序中返回一个整数值)。

父进程通过调用 fork 函数创建一个新的运行的子进程。

```
#include <sys/types.h>
#include <unistd.h>

pid_t fork(void);
```

返回：子进程返回 0，父进程返回子进程的 PID，如果出错，则为－1。

新创建的子进程几乎但不完全与父进程相同。子进程得到与父进程用户级虚拟地址空间相同的(但是独立的)一份副本，包括代码和数据段、堆、共享库以及用户栈。子进程还获得与父进程任何打开文件描述符相同的副本，这就意味着当父进程调用 fork 时，子进程可以读写父进程中打开的任何文件。父进程和新创建的子进程之间最大的区别在于它们有不同的 PID。

fork 函数是有趣的(也常常令人迷惑)，因为它只被调用一次，却会返回两次：一次是在调用进程(父进程)中，一次是在新创建的子进程中。在父进程中，fork 返回子进程的 PID。在子进程中，fork 返回 0。因为子进程的 PID 总是为非零，返回值就提供一个明确的方法来分辨程序是在父进程还是在子进程中执行。

图 8-15 展示了一个使用 fork 创建子进程的父进程的示例。当 fork 调用在第 6 行返回时，在父进程和子进程中 x 的值都为 1。子进程在第 8 行加一并输出它的 x 的副本。相似地，父进程在第 13 行减一并输出它的 x 的副本。

*code/ecf/fork.c*

```
1   int main()
2   {
3       pid_t pid;
4       int x = 1;
5
6       pid = Fork();
7       if (pid == 0) {  /* Child */
8           printf("child : x=%d\n", ++x);
9           exit(0);
10      }
11
12      /* Parent */
13      printf("parent: x=%d\n", --x);
14      exit(0);
15  }
```

*code/ecf/fork.c*

图 8-15　使用 fork 创建一个新进程

当在 Unix 系统上运行这个程序时，我们得到下面的结果：

```
linux> ./fork
parent: x=0
child : x=2
```

这个简单的例子有一些微妙的方面。

- **调用一次，返回两次。** fork 函数被父进程调用一次，但是却返回两次——一次是返回到父进程，一次是返回到新创建的子进程。对于只创建一个子进程的程序来说，这还是相当简单直接的。但是具有多个 fork 实例的程序可能就会令人迷惑，需要仔细地推敲了。
- **并发执行。** 父进程和子进程是并发运行的独立进程。内核能够以任意方式交替执行它们的逻辑控制流中的指令。在我们的系统上运行这个程序时，父进程先完成它的 printf 语句，然后是子进程。然而，在另一个系统上可能正好相反。一般而言，作为程序员，我们决不能对不同进程中指令的交替执行做任何假设。

- **相同但是独立的地址空间。** 如果能够在 fork 函数在父进程和子进程中返回后立即暂停这两个进程，我们会看到两个进程的地址空间都是相同的。每个进程有相同的用户栈、相同的本地变量值、相同的堆、相同的全局变量值，以及相同的代码。因此，在我们的示例程序中，当 fork 函数在第 6 行返回时，本地变量 x 在父进程和子进程中都为 1。然而，因为父进程和子进程是独立的进程，它们都有自己的私有地址空间。后面，父进程和子进程对 x 所做的任何改变都是独立的，不会反映在另一个进程的内存中。这就是为什么当父进程和子进程调用它们各自的 printf 语句时，它们中的变量 x 会有不同的值。
- **共享文件。** 当运行这个示例程序时，我们注意到父进程和子进程都把它们的输出显示在屏幕上。原因是子进程继承了父进程所有的打开文件。当父进程调用 fork 时，stdout 文件是打开的，并指向屏幕。子进程继承了这个文件，因此它的输出也是指向屏幕的。

如果你是第一次学习 fork 函数，画进程图通常会有所帮助，进程图是刻画程序语句的偏序的一种简单的前趋图。每个顶点 $a$ 对应于一条程序语句的执行。有向边 $a \rightarrow b$ 表示语句 $a$ 发生在语句 $b$ 之前。边上可以标记出一些信息，例如一个变量的当前值。对应于 printf 语句的顶点可以标记上 printf 的输出。每张图从一个顶点开始，对应于调用 main 的父进程。这个顶点没有入边，并且只有一个出边。每个进程的顶点序列结束于一个对应于 exit 调用的顶点。这个顶点只有一条入边，没有出边。

例如，图 8-16 展示了图 8-15 中示例程序的进程图。初始时，父进程将变量 x 设置为 1。父进程调用 fork，创建一个子进程，它在自己的私有地址空间中与父进程并发执行。

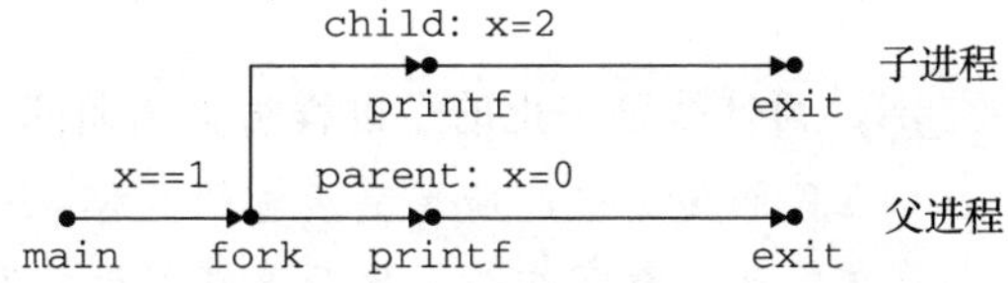


图 8-16　图 8-15 中示例程序的进程图

对于运行在单处理器上的程序，对应进程图中所有顶点的**拓扑排序**(topological sort)表示程序中语句的一个可行的全序排列。下面是一个理解拓扑排序概念的简单方法：给定进程图中顶点的一个排列，把顶点序列从左到右写成一行，然后画出每条有向边。排列是一个拓扑排序，当且仅当画出的每条边的方向都是从左往右的。因此，在图 8-15 的示例程序中，父进程和子进程的 printf 语句可以以任意先后顺序执行，因为每种顺序都对应于图顶点的某种拓扑排序。

进程图特别有助于理解带有嵌套 fork 调用的程序。例如，图 8-17 中的程序源码中两次调用了 fork。对应的进程图可帮助我们看清这个程序运行了四个进程，每个都调用了一次 printf，这些 printf 可以以任意顺序执行。

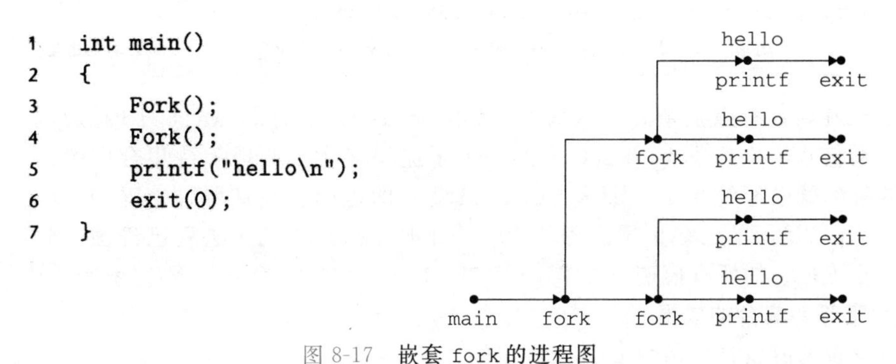


图 8-17　嵌套 fork 的进程图

练习题 8.2 考虑下面的程序：

code/ecf/forkprob0.c

```
1  int main()
2  {
3      int x = 1;
4
5      if (Fork() == 0)
6          printf("p1: x=%d\n", ++x);
7      printf("p2: x=%d\n", --x);
8      exit(0);
9  }
```

code/ecf/forkprob0.c

A. 子进程的输出是什么？

B. 父进程的输出是什么？

### 8.4.3 回收子进程

当一个进程由于某种原因终止时，内核并不是立即把它从系统中清除。相反，进程被保持在一种已终止的状态中，直到被它的父进程回收(reaped)。当父进程回收已终止的子进程时，内核将子进程的退出状态传递给父进程，然后抛弃已终止的进程，从此时开始，该进程就不存在了。一个终止了但还未被回收的进程称为僵死进程(zombie)。

**旁注 为什么已终止的子进程被称为僵死进程？**

在民间传说中，僵尸是活着的尸体，一种半生半死的实体。僵死进程已经终止了，而内核仍保留着它的某些状态直到父进程回收它为止，从这个意义上说它们是类似的。

如果一个父进程终止了，内核会安排 init 进程成为它的孤儿进程的养父。init 进程的 PID 为 1，是在系统启动时由内核创建的，它不会终止，是所有进程的祖先。如果父进程没有回收它的僵死子进程就终止了，那么内核会安排 init 进程去回收它们。不过，长时间运行的程序，比如 shell 或者服务器，总是应该回收它们的僵死子进程。即使僵死子进程没有运行，它们仍然消耗系统的内存资源。

一个进程可以通过调用 waitpid 函数来等待它的子进程终止或者停止。

```
#include <sys/types.h>
#include <sys/wait.h>

pid_t waitpid(pid_t pid, int *statusp, int options);
```

返回：如果成功，则为子进程的 PID，如果 WNOHANG，则为 0，如果其他错误，则为 -1。

waitpid 函数有点复杂。默认情况下(当 options=0 时)，waitpid 挂起调用进程的执行，直到它的等待集合(wait set)中的一个子进程终止。如果等待集合中的一个进程在刚调用的时刻就已经终止了，那么 waitpid 就立即返回。在这两种情况中，waitpid 返回导致 waitpid 返回的已终止子进程的 PID。此时，已终止的子进程已经被回收，内核会从系统中删除掉它的所有痕迹。

**1. 判定等待集合的成员**

等待集合的成员是由参数 pid 来确定的：

- 如果 pid>0，那么等待集合就是一个单独的子进程，它的进程 ID 等于 pid。
- 如果 pid=-1，那么等待集合就是由父进程所有的子进程组成的。

waitpid 函数还支持其他类型的等待集合，包括 Unix 进程组，对此我们将不做讨论。

**2. 修改默认行为**

可以通过将 options 设置为常量 WNOHANG、WUNTRACED 和 WCONTINUED 的各种组合来修改默认行为：

- WNOHANG：如果等待集合中的任何子进程都还没有终止，那么就立即返回(返回值为 0)。默认的行为是挂起调用进程，直到有子进程终止。在等待子进程终止的同时，如果还想做些有用的工作，这个选项会有用。
- WUNTRACED：挂起调用进程的执行，直到等待集合中的一个进程变成已终止或者被停止。返回的 PID 为导致返回的已终止或被停止子进程的 PID。默认的行为是只返回已终止的子进程。当你想要检查已终止和被停止的子进程时，这个选项会有用。
- WCONTINUED：挂起调用进程的执行，直到等待集合中一个正在运行的进程终止或等待集合中一个被停止的进程收到 SIGCONT 信号重新开始执行。(8.5 节会解释这些信号。)

可以用或运算把这些选项组合起来。例如：

- WNOHANG | WUNTRACED：立即返回，如果等待集合中的子进程都没有被停止或终止，则返回值为 0；如果有一个停止或终止，则返回值为该子进程的 PID。

**3. 检查已回收子进程的退出状态**

如果 statusp 参数是非空的，那么 waitpid 就会在 status 中放上关于导致返回的子进程的状态信息，status 是 statusp 指向的值。wait.h 头文件定义了解释 status 参数的几个宏：

- WIFEXITED(status)：如果子进程通过调用 exit 或者一个返回(return)正常终止，就返回真。
- WEXITSTATUS(status)：返回一个正常终止的子进程的退出状态。只有在 WIFEXITED()返回为真时，才会定义这个状态。
- WIFSIGNALED(status)：如果子进程是因为一个未被捕获的信号终止的，那么就返回真。
- WTERMSIG(status)：返回导致子进程终止的信号的编号。只有在 WIFSIGNALED()返回为真时，才定义这个状态。
- WIFSTOPPED(status)：如果引起返回的子进程当前是停止的，那么就返回真。
- WSTOPSIG(status)：返回引起子进程停止的信号的编号。只有在 WIFSTOPPED()返回为真时，才定义这个状态。
- WIFCONTINUED(status)：如果子进程收到 SIGCONT 信号重新启动，则返回真。

**4. 错误条件**

如果调用进程没有子进程，那么 waitpid 返回－1，并且设置 errno 为 ECHILD。如果 waitpid 函数被一个信号中断，那么它返回－1，并设置 errno 为 EINTR。

**旁注 和 Unix 函数相关的常量**

像 WNOHANG 和 WUNTRACED 这样的常量是由系统头文件定义的。例如，WNOHANG 和 WUNTRACED 是由 wait.h 头文件(间接)定义的：

```
/* Bits in the third argument to 'waitpid'. */
#define WNOHANG    1   /* Don't block waiting. */
#define WUNTRACED  2   /* Report status of stopped children. */
```

为了使用这些常量，必须在代码中包含 wait.h 头文件：

```
#include <sys/wait.h>
```

每个 Unix 函数的 man 页列出了无论何时你在代码中使用那个函数都要包含的头文件。同时，为了检查诸如 ECHILD 和 EINTR 之类的返回代码，你必须包含 errno.h。为了简化代码示例，我们包含了一个称为 csapp.h 的头文件，它包括了本书中使用的所有函数的头文件。csapp.h 头文件可以从 CS：APP 网站在线获得。

练习题 8.3 列出下面程序所有可能的输出序列：

*code/ecf/waitprob0.c*

```
1   int main()
2   {
3       if (Fork() == 0) {
4           printf("a"); fflush(stdout);
5       }
6       else {
7           printf("b"); fflush(stdout);
8           waitpid(-1, NULL, 0);
9       }
10      printf("c"); fflush(stdout);
11      exit(0);
12  }
```

*code/ecf/waitprob0.c*

### 5. wait 函数

wait 函数是 waitpid 函数的简单版本：

```
#include <sys/types.h>
#include <sys/wait.h>

pid_t wait(int *statusp);
```

返回：如果成功，则为子进程的 PID，如果出错，则为−1。

调用 wait(&status)等价于调用 waitpid(-1,&status,0)。

### 6. 使用 waitpid 的示例

因为 waitpid 函数有些复杂，看几个例子会有所帮助。图 8-18 展示了一个程序，它使用 waitpid，不按照特定的顺序等待它的所有 $N$ 个子进程终止。在第 11 行，父进程创建 $N$ 个子进程，在第 12 行，每个子进程以一个唯一的退出状态退出。在我们继续讲解之前，请确认你已经理解为什么每个子进程会执行第 12 行，而父进程不会。

在第 15 行，父进程用 waitpid 作为 while 循环的测试条件，等待它所有的子进程终止。因为第一个参数是−1，所以对 waitpid 的调用会阻塞，直到任意一个子进程终止。在每个子进程终止时，对 waitpid 的调用会返回，返回值为该子进程的非零的 PID。第 16 行检查子进程的退出状态。如果子进程是正常终止的——在此是以调用 exit 函数终止的——那么父进程就提取出退出状态，把它输出到 stdout 上。

code/ecf/waitpid1.c

```
1   #include "csapp.h"
2   #define N 2
3
4   int main()
5   {
6       int status, i;
7       pid_t pid;
8
9       /* Parent creates N children */
10      for (i = 0; i < N; i++)
11          if ((pid = Fork()) == 0)  /* Child */
12              exit(100+i);
13
14      /* Parent reaps N children in no particular order */
15      while ((pid = waitpid(-1, &status, 0)) > 0) {
16          if (WIFEXITED(status))
17              printf("child %d terminated normally with exit status=%d\n",
18                     pid, WEXITSTATUS(status));
19          else
20              printf("child %d terminated abnormally\n", pid);
21      }
22
23      /* The only normal termination is if there are no more children */
24      if (errno != ECHILD)
25          unix_error("waitpid error");
26
27      exit(0);
28  }
```

code/ecf/waitpid1.c

图 8-18 使用 waitpid 函数不按照特定的顺序回收僵死子进程

当回收了所有的子进程之后，再调用 waitpid 就返回 −1，并且设置 errno 为 ECHILD。第 24 行检查 waitpid 函数是正常终止的，否则就输出一个错误消息。在我们的 Linux 系统上运行这个程序时，它产生如下输出：

```
linux> ./waitpid1
child 22966 terminated normally with exit status=100
child 22967 terminated normally with exit status=101
```

注意，程序不会按照特定的顺序回收子进程。子进程回收的顺序是这台特定的计算机系统的属性。在另一个系统上，甚至在同一个系统上再执行一次，两个子进程都可能以相反的顺序被回收。这是*非确定性*行为的一个示例，这种非确定性行为使得对并发进行推理非常困难。两种可能的结果都同样是正确的，作为一个程序员，你绝不可以假设总是会出现某一个结果，无论多么不可能出现另一个结果。唯一正确的假设是每一个可能的结果都同样可能出现。

图 8-19 展示了一个简单的改变，它消除了这种不确定性，按照父进程创建子进程的相同顺序来回收这些子进程。在第 11 行中，父进程按照顺序存储了它的子进程的 PID，然后通过用适当的 PID 作为第一个参数来调用 waitpid，按照同样的顺序来等待每个子进程。

code/ecf/waitpid2.c

```
1   #include "csapp.h"
2   #define N 2
3
4   int main()
5   {
6       int status, i;
7       pid_t pid[N], retpid;
8
9       /* Parent creates N children */
10      for (i = 0; i < N; i++)
11          if ((pid[i] = Fork()) == 0)  /* Child */
12              exit(100+i);
13
14      /* Parent reaps N children in order */
15      i = 0;
16      while ((retpid = waitpid(pid[i++], &status, 0)) > 0) {
17          if (WIFEXITED(status))
18              printf("child %d terminated normally with exit status=%d\n",
19                     retpid, WEXITSTATUS(status));
20          else
21              printf("child %d terminated abnormally\n", retpid);
22      }
23
24      /* The only normal termination is if there are no more children */
25      if (errno != ECHILD)
26          unix_error("waitpid error");
27
28      exit(0);
29  }
```

code/ecf/waitpid2.c

图 8-19　使用 waitpid 按照创建子进程的顺序来回收这些僵死子进程

**练习题 8.4**　考虑下面的程序：

code/ecf/waitprob1.c

```
1   int main()
2   {
3       int status;
4       pid_t pid;
5
6       printf("Hello\n");
7       pid = Fork();
8       printf("%d\n", !pid);
9       if (pid != 0) {
10          if (waitpid(-1, &status, 0) > 0) {
11              if (WIFEXITED(status) != 0)
12                  printf("%d\n", WEXITSTATUS(status));
13          }
14      }
15      printf("Bye\n");
16      exit(2);
17  }
```

code/ecf/waitprob1.c

A. 这个程序会产生多少输出行?

B. 这些输出行的一种可能的顺序是什么?

### 8.4.4 让进程休眠

sleep 函数将一个进程挂起一段指定的时间。

```
#include <unistd.h>

unsigned int sleep(unsigned int secs);
```

返回:还要休眠的秒数。

如果请求的时间量已经到了,sleep 返回 0,否则返回还剩下的要休眠的秒数。后一种情况是可能的,如果因为 sleep 函数被一个信号中断而过早地返回。我们将在 8.5 节中详细讨论信号。

我们会发现另一个很有用的函数是 pause 函数,该函数让调用函数休眠,直到该进程收到一个信号。

```
#include <unistd.h>

int pause(void);
```

总是返回—1。

**练习题 8.5** 编写一个 sleep 的包装函数,叫做 snooze,带有下面的接口:

```
unsigned int snooze(unsigned int secs);
```

snooze 函数和 sleep 函数的行为完全一样,除了它会打印出一条消息来描述进程实际休眠了多长时间:

```
Slept for 4 of 5 secs.
```

### 8.4.5 加载并运行程序

execve 函数在当前进程的上下文中加载并运行一个新程序。

```
#include <unistd.h>

int execve(const char *filename, const char *argv[],
           const char *envp[]);
```

如果成功,则不返回,如果错误,则返回—1。

execve 函数加载并运行可执行目标文件 filename,且带参数列表 argv 和环境变量列表 envp。只有当出现错误时,例如找不到 filename,execve 才会返回到调用程序。所以,与 fork 一次调用返回两次不同,execve 调用一次并从不返回。

参数列表是用图 8-20 中的数据结构表示的。argv 变量指向一个以 null 结尾的指针数组,其中每个指针都指向一个参数字符串。按照惯例,argv[0]是可执行目标文件的名字。环境变量的列表是由一个类似的数据结构表示的,如图 8-21 所示。envp 变量指向一个以 null 结尾的指针数组,其中每个指针指向一个环境变量字符串,每个串都是形如“name=value”的名字-值对。

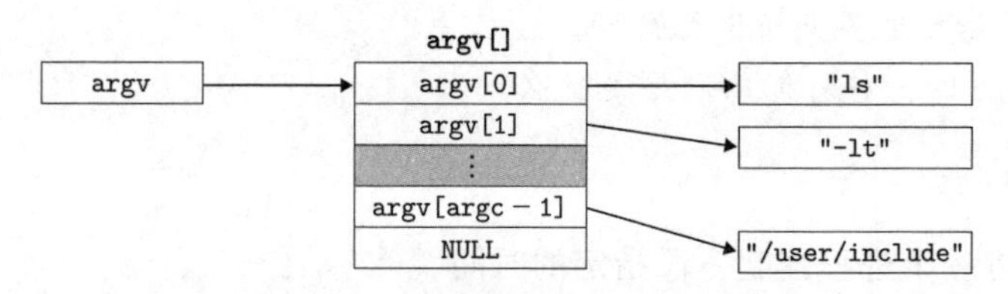


图 8-20　参数列表的组织结构

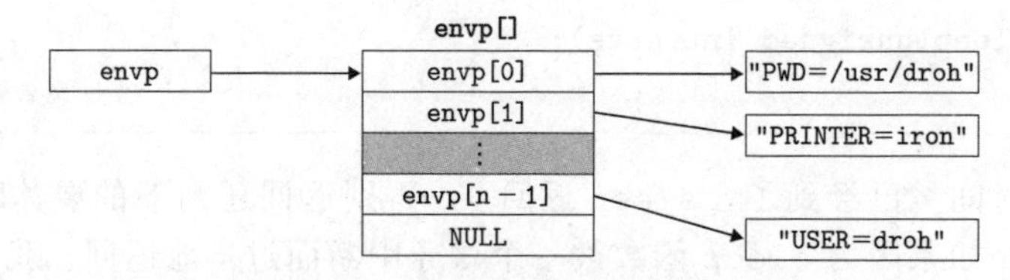


图 8-21　环境变量列表的组织结构

在 execve 加载了 filename 之后，它调用 7.9 节中描述的启动代码。启动代码设置栈，并将控制传递给新程序的主函数，该主函数有如下形式的原型

```
int main(int argc, char **argv, char **envp);
```

或者等价的

```
int main(int argc, char *argv[], char *envp[]);
```

当 main 开始执行时，用户栈的组织结构如图 8-22 所示。让我们从栈底(高地址)往栈顶(低地址)依次看一看。首先是参数和环境字符串。栈往上紧随其后的是以 null 结尾的指针数组，其中每个指针都指向栈中的一个环境变量字符串。全局变量 environ 指向这些指针中的第一个 envp[0]。紧随环境变量数组之后的是以 null 结尾的 argv[ ]数组，其中每个元素都指向栈中的一个参数字符串。在栈的顶部是系统启动函数 libc_start_main(见 7.9 节)的栈帧。

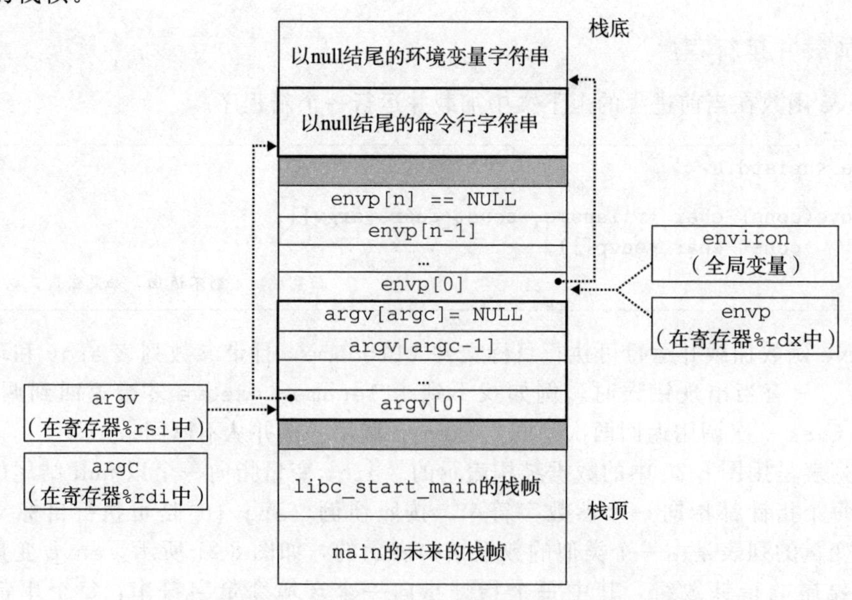


图 8-22　一个新程序开始时，用户栈的典型组织结构

main 函数有 3 个参数：1)argc，它给出 argv[ ]数组中非空指针的数量，2)argv，指向 argv[ ]数组中的第一个条目，3)envp，指向 envp[]数组中的第一个条目。

Linux 提供了几个函数来操作环境数组：

```
#include <stdlib.h>

char *getenv(const char *name);
```

返回：若存在则为指向 name 的指针，若无匹配的，则为 NULL。

getenv 函数在环境数组中搜索字符串“name=value”。如果找到了，它就返回一个指向 value 的指针，否则它就返回 NULL。

```
#include <stdlib.h>

int setenv(const char *name, const char *newvalue, int overwrite);
```

返回：若成功则为 0，若错误则为 −1。

```
void unsetenv(const char *name);
```

返回：无。

如果环境数组包含一个形如“name=oldvalue”的字符串，那么 unsetenv 会删除它，而 setenv 会用 newvalue 代替 oldvalue，但是只有在 overwirte 非零时才会这样。如果 name 不存在，那么 setenv 就把“name=newvalue”添加到数组中。

**旁注　程序与进程**

这是一个适当的地方，停下来，确认一下你理解了程序和进程之间的区别。程序是一堆代码和数据；程序可以作为目标文件存在于磁盘上，或者作为段存在于地址空间中。进程是执行中程序的一个具体的实例；程序总是运行在某个进程的上下文中。如果你想要理解 fork 和 execve 函数，理解这个差异是很重要的。fork 函数在新的子进程中运行相同的程序，新的子进程是父进程的一个复制品。execve 函数在当前进程的上下文中加载并运行一个新的程序。它会覆盖当前进程的地址空间，但并没有创建一个新进程。新的程序仍然有相同的 PID，并且继承了调用 execve 函数时已打开的所有文件描述符。

**练习题 8.6**　编写一个叫做 myecho 的程序，打印出它的命令行参数和环境变量。例如：

```
linux> ./myecho arg1 arg2
Command-ine arguments:
    argv[ 0]: myecho
    argv[ 1]: arg1
    argv[ 2]: arg2
Environment variables:
    envp[ 0]: PWD=/usr0/droh/ics/code/ecf
    envp[ 1]: TERM=emacs
    .
    .
    .
    envp[25]: USER=droh
    envp[26]: SHELL=/usr/local/bin/tcsh
    envp[27]: HOME=/usr0/droh
```

### 8.4.6　利用 fork 和 execve 运行程序

像 Unix shell 和 Web 服务器这样的程序大量使用了 fork 和 execve 函数。shell 是一个交互型的应用级程序，它代表用户运行其他程序。最早的 shell 是 sh 程序，后面出现了一些变种，比如 csh、tcsh、ksh 和 bash。shell 执行一系列的读/求值(read/evaluate)步骤，然后终止。读步骤读取来自用户的一个命令行。求值步骤解析命令行，并代表用户运行程序。

图 8-23 展示了一个简单 shell 的 main 例程。shell 打印一个命令行提示符，等待用户在 stdin 上输入命令行，然后对这个命令行求值。

*code/ecf/shellex.c*

```
1   #include "csapp.h"
2   #define MAXARGS   128
3
4   /* Function prototypes */
5   void eval(char *cmdline);
6   int parseline(char *buf, char **argv);
7   int builtin_command(char **argv);
8
9   int main()
10  {
11      char cmdline[MAXLINE]; /* Command line */
12
13      while (1) {
14          /* Read */
15          printf("> ");
16          Fgets(cmdline, MAXLINE, stdin);
17          if (feof(stdin))
18              exit(0);
19
20          /* Evaluate */
21          eval(cmdline);
22      }
23  }
```

*code/ecf/shellex.c*

图 8-23　一个简单的 shell 程序的 main 例程

图 8-24 展示了对命令行求值的代码。它的首要任务是调用 parseline 函数(见图 8-25)，这个函数解析了以空格分隔的命令行参数，并构造最终会传递给 execve 的 argv 向量。第一个参数被假设为要么是一个内置的 shell 命令名，马上就会解释这个命令，要么是一个可执行目标文件，会在一个新的子进程的上下文中加载并运行这个文件。

如果最后一个参数是一个“&”字符，那么 parseline 返回 1，表示应该在后台执行该程序(shell 不会等待它完成)。否则，它返回 0，表示应该在前台执行这个程序(shell 会等待它完成)。

在解析了命令行之后，eval 函数调用 builtin_command 函数，该函数检查第一个命令行参数是否是一个内置的 shell 命令。如果是，它就立即解释这个命令，并返回值 1。否则返回 0。简单的 shell 只有一个内置命令——quit 命令，该命令会终止 shell。实际使用的 shell 有大量的命令，比如 pwd、jobs 和 fg。

如果 builtin_command 返回 0，那么 shell 创建一个子进程，并在子进程中执行所请求的程序。如果用户要求在后台运行该程序，那么 shell 返回到循环的顶部，等待下一个命令行。否则，shell 使用 waitpid 函数等待作业终止。当作业终止时，shell 就开始下一轮迭代。

*code/ecf/shellex.c*

```
1   /* eval - Evaluate a command line */
2   void eval(char *cmdline)
3   {
4       char *argv[MAXARGS]; /* Argument list execve() */
5       char buf[MAXLINE];   /* Holds modified command line */
6       int bg;              /* Should the job run in bg or fg? */
7       pid_t pid;           /* Process id */
8
9       strcpy(buf, cmdline);
10      bg = parseline(buf, argv);
11      if (argv[0] == NULL)
12          return;   /* Ignore empty lines */
13
14      if (!builtin_command(argv)) {
15          if ((pid = Fork()) == 0) {   /* Child runs user job */
16              if (execve(argv[0], argv, environ) < 0) {
17                  printf("%s: Command not found.\n", argv[0]);
18                  exit(0);
19              }
20          }
21
22          /* Parent waits for foreground job to terminate */
23          if (!bg) {
24              int status;
25              if (waitpid(pid, &status, 0) < 0)
26                  unix_error("waitfg: waitpid error");
27          }
28          else
29              printf("%d %s", pid, cmdline);
30      }
31      return;
32  }
33
34  /* If first arg is a builtin command, run it and return true */
35  int builtin_command(char **argv)
36  {
37      if (!strcmp(argv[0], "quit")) /* quit command */
38          exit(0);
39      if (!strcmp(argv[0], "&"))    /* Ignore singleton & */
40          return 1;
41      return 0;                     /* Not a builtin command */
42  }
```

*code/ecf/shellex.c*

图 8-24　eval 对 shell 命令行求值

code/ecf/shellex.c

```
1   /* parseline - Parse the command line and build the argv array */
2   int parseline(char *buf, char **argv)
3   {
4       char *delim;          /* Points to first space delimiter */
5       int argc;             /* Number of args */
6       int bg;               /* Background job? */
7
8       buf[strlen(buf)-1] = ' ';  /* Replace trailing '\n' with space */
9       while (*buf && (*buf == ' ')) /* Ignore leading spaces */
10          buf++;
11
12      /* Build the argv list */
13      argc = 0;
14      while ((delim = strchr(buf, ' '))) {
15          argv[argc++] = buf;
16          *delim = '\0';
17          buf = delim + 1;
18          while (*buf && (*buf == ' ')) /* Ignore spaces */
19                 buf++;
20      }
21      argv[argc] = NULL;
22
23      if (argc == 0)  /* Ignore blank line */
24          return 1;
25
26      /* Should the job run in the background? */
27      if ((bg = (*argv[argc-1] == '&')) != 0)
28          argv[--argc] = NULL;
29
30      return bg;
31  }
```

code/ecf/shellex.c

图 8-25　parseline 解析 shell 的一个输入行

注意，这个简单的 shell 是有缺陷的，因为它并不回收它的后台子进程。修改这个缺陷就要求使用信号，我们将在下一节中讲述信号。

## 8.5　信号

到目前为止对异常控制流的学习中，我们已经看到了硬件和软件是如何合作以提供基本的低层异常机制的。我们也看到了操作系统如何利用异常来支持进程上下文切换的异常控制流形式。在本节中，我们将研究一种更高层的软件形式的异常，称为 Linux 信号，它允许进程和内核中断其他进程。

一个信号就是一条小消息，它通知进程系统中发生了一个某种类型的事件。比如，图 8-26 展示了 Linux 系统上支持的 30 种不同类型的信号。

每种信号类型都对应于某种系统事件。低层的硬件异常是由内核异常处理程序处理的，正常情况下，对用户进程而言是不可见的。信号提供了一种机制，通知用户进程发生了这些异常。比如，如果一个进程试图除以 0，那么内核就发送给它一个 SIGFPE 信号(号码 8)。如果一个进程执行一条非法指令，那么内核就发送给它一个 SIGILL 信号(号码 4)。如果进程进行非法内存引用，内核就发送给它一个 SIGSEGV 信号(号码 11)。其他信号对应于内核或者其他用户进程中较高层的软件事件。比如，如果当进程在前台运行时，你键入 Ctrl+C(也就是同时按下 Ctrl 键和 C 键)，那么内核就会发送一个 SIGINT 信号(号码 2)给这个前台进程组中的每个进程。一个进程可以通过向另一个进程发送一个 SIGKILL 信号(号码 9)强制终止它。当一个子进程终止或者停止时，内核会发送一个 SIGCHLD 信号(号码 17)给父进程。

| 序号 | 名称 | 默认行为 | 相应事件 |
|---|---|---|---|
| 1 | SIGHUP | 终止 | 终端线挂断 |
| 2 | SIGINT | 终止 | 来自键盘的中断 |
| 3 | SIGQUIT | 终止 | 来自键盘的退出 |
| 4 | SIGILL | 终止 | 非法指令 |
| 5 | SIGTRAP | 终止并转储内存① | 跟踪陷阱 |
| 6 | SIGABRT | 终止并转储内存① | 来自 abort 函数的终止信号 |
| 7 | SIGBUS | 终止 | 总线错误 |
| 8 | SIGFPE | 终止并转储内存① | 浮点异常 |
| 9 | SIGKILL | 终止② | 杀死程序 |
| 10 | SIGUSR1 | 终止 | 用户定义的信号 1 |
| 11 | SIGSEGV | 终止并转储内存① | 无效的内存引用（段故障） |
| 12 | SIGUSR2 | 终止 | 用户定义的信号 2 |
| 13 | SIGPIPE | 终止 | 向一个没有读用户的管道做写操作 |
| 14 | SIGALRM | 终止 | 来自 alarm 函数的定时器信号 |
| 15 | SIGTERM | 终止 | 软件终止信号 |
| 16 | SIGSTKFLT | 终止 | 协处理器上的栈故障 |
| 17 | SIGCHLD | 忽略 | 一个子进程停止或者终止 |
| 18 | SIGCONT | 忽略 | 继续进程如果该进程停止 |
| 19 | SIGSTOP | 停止直到下一个 SIGCONT② | 不是来自终端的停止信号 |
| 20 | SIGTSTP | 停止直到下一个 SIGCONT | 来自终端的停止信号 |
| 21 | SIGTTIN | 停止直到下一个 SIGCONT | 后台进程从终端读 |
| 22 | SIGTTOU | 停止直到下一个 SIGCONT | 后台进程向终端写 |
| 23 | SIGURG | 忽略 | 套接字上的紧急情况 |
| 24 | SIGXCPU | 终止 | CPU 时间限制超出 |
| 25 | SIGXFSZ | 终止 | 文件大小限制超出 |
| 26 | SIGVTALRM | 终止 | 虚拟定时器期满 |
| 27 | SIGPROF | 终止 | 剖析定时器期满 |
| 28 | SIGWINCH | 忽略 | 窗口大小变化 |
| 29 | SIGIO | 终止 | 在某个描述符上可执行 I/O 操作 |
| 30 | SIGPWR | 终止 | 电源故障 |

图 8-26　Linux 信号

注：①多年前，主存是用一种称为磁芯存储器(core memory)的技术来实现的。“转储内存”(dumping core)是一个历史术语，意思是把代码和数据内存段的映像写到磁盘上。

②这个信号既不能被捕获，也不能被忽略。

(来源：man 7 signal。数据来自 Linux Foundation。)

## 8.5.1　信号术语

传送一个信号到目的进程是由两个不同步骤组成的：

- 发送信号。内核通过更新目的进程上下文中的某个状态，发送(递送)一个信号给目的进程。发送信号可以有如下两种原因：1)内核检测到一个系统事件，比如除零错误或者子进程终止。2)一个进程调用了 kill 函数(在下一节中讨论)，显式地要求内核发送一个信号给目的进程。一个进程可以发送信号给它自己。

- 接收信号。当目的进程被内核强迫以某种方式对信号的发送做出反应时，它就接收了信号。进程可以忽略这个信号，终止或者通过执行一个称为信号处理程序(signal handler)的用户层函数捕获这个信号。图 8-27 给出了信号处理程序捕获信号的基本思想。

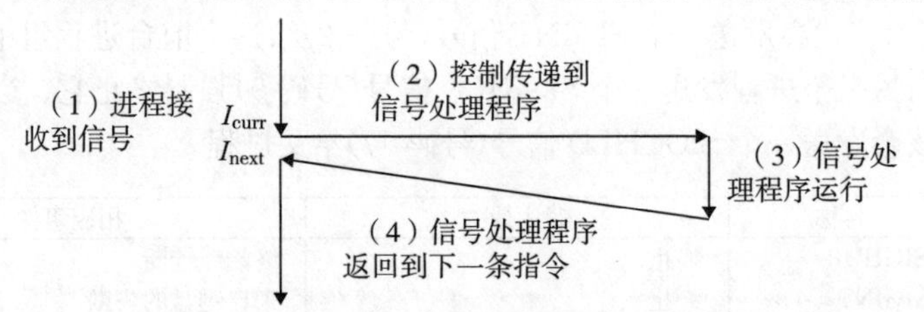


图 8-27　信号处理。接收到信号会触发控制转移到信号处理程序。在信号处理程序完成处理之后，它将控制返回给被中断的程序

一个发出而没有被接收的信号叫做待处理信号(pending signal)。在任何时刻，一种类型至多只会有一个待处理信号。如果一个进程有一个类型为 $k$ 的待处理信号，那么任何接下来发送到这个进程的类型为 $k$ 的信号都不会排队等待；它们只是被简单地丢弃。一个进程可以有选择性地阻塞接收某种信号。当一种信号被阻塞时，它仍可以被发送，但是产生的待处理信号不会被接收，直到进程取消对这种信号的阻塞。

一个待处理信号最多只能被接收一次。内核为每个进程在 pending 位向量中维护着待处理信号的集合，而在 blocked 位向量[⊖]中维护着被阻塞的信号集合。只要传送了一个类型为 $k$ 的信号，内核就会设置 pending 中的第 $k$ 位，而只要接收了一个类型为 $k$ 的信号，内核就会清除 pending 中的第 $k$ 位。

### 8.5.2　发送信号

Unix 系统提供了大量向进程发送信号的机制。所有这些机制都是基于进程组(process group)这个概念的。

**1. 进程组**

每个进程都只属于一个进程组，进程组是由一个正整数进程组 ID 来标识的。getpgrp 函数返回当前进程的进程组 ID：

```
#include <unistd.h>

pid_t getpgrp(void);
```

返回：调用进程的进程组 ID。

默认地，一个子进程和它的父进程同属于一个进程组。一个进程可以通过使用 setpgid 函数来改变自己或者其他进程的进程组：

```
#include <unistd.h>

int setpgid(pid_t pid, pid_t pgid);
```

返回：若成功则为 0，若错误则为 -1。

setpgid 函数将进程 pid 的进程组改为 pgid。如果 pid 是 0，那么就使用当前进程

⊖　也称为信号掩码(signal mask)。

的 PID。如果 pgid 是 0，那么就用 pid 指定的进程的 PID 作为进程组 ID。例如，如果进程 15213 是调用进程，那么

```
setpgid(0, 0);
```

会创建一个新的进程组，其进程组 ID 是 15213，并且把进程 15213 加入到这个新的进程组中。

**2. 用/bin/kill 程序发送信号**

/bin/kill 程序可以向另外的进程发送任意的信号。比如，命令

```
linux> /bin/kill -9 15213
```

发送信号 9(SIGKILL)给进程 15213。一个为负的 PID 会导致信号被发送到进程组 PID 中的每个进程。比如，命令

```
linux> /bin/kill -9 -15213
```

发送一个 SIGKILL 信号给进程组 15213 中的每个进程。注意，在此我们使用完整路径/bin/kill，因为有些 Unix shell 有自己内置的 kill 命令。

**3. 从键盘发送信号**

Unix shell 使用作业(job)这个抽象概念来表示为对一条命令行求值而创建的进程。在任何时刻，至多只有一个前台作业和 0 个或多个后台作业。比如，键入

```
linux> ls | sort
```

会创建一个由两个进程组成的前台作业，这两个进程是通过 Unix 管道连接起来的：一个进程运行 ls 程序，另一个运行 sort 程序。shell 为每个作业创建一个独立的进程组。进程组 ID 通常取自作业中父进程中的一个。比如，图 8-28 展示了有一个前台作业和两个后台作业的 shell。前台作业中的父进程 PID 为 20，进程组 ID 也为 20。父进程创建两个子进程，每个也都是进程组 20 的成员。

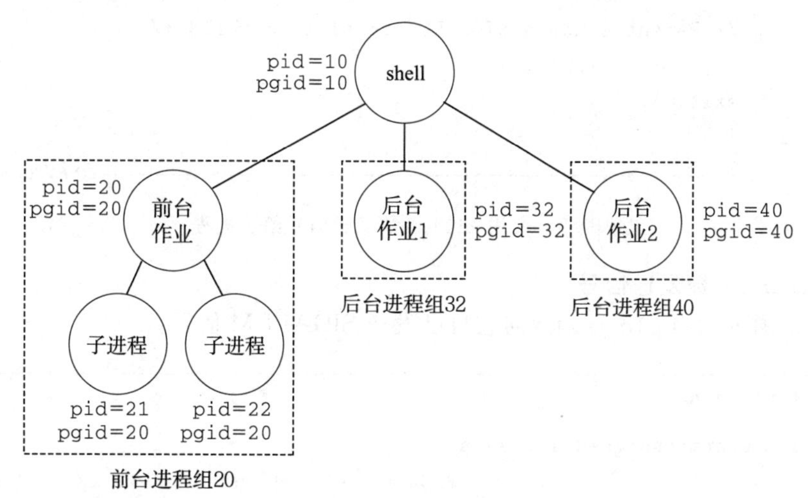


图 8-28 前台和后台进程组

在键盘上输入 Ctrl+C 会导致内核发送一个 SIGINT 信号到前台进程组中的每个进程。默认情况下，结果是终止前台作业。类似地，输入 Ctrl+Z 会发送一个 SIGTSTP 信号到前台进程组中的每个进程。默认情况下，结果是停止(挂起)前台作业。

### 4. 用 kill 函数发送信号

进程通过调用 kill 函数发送信号给其他进程(包括它们自己)。

```
#include <sys/types.h>
#include <signal.h>

int kill(pid_t pid, int sig);
```

返回：若成功则为 0，若错误则为−1。

如果 pid 大于零，那么 kill 函数发送信号号码 sig 给进程 pid。如果 pid 等于零，那么 kill 发送信号 sig 给调用进程所在进程组中的每个进程，包括调用进程自己。如果 pid 小于零，kill 发送信号 sig 给进程组 |pid|(pid 的绝对值)中的每个进程。图 8-29 展示了一个示例，父进程用 kill 函数发送 SIGKILL 信号给它的子进程。

*code/ecf/kill.c*

```
1   #include "csapp.h"
2
3   int main()
4   {
5       pid_t pid;
6
7       /* Child sleeps until SIGKILL signal received, then dies */
8       if ((pid = Fork()) == 0) {
9           Pause();  /* Wait for a signal to arrive */
10          printf("control should never reach here!\n");
11          exit(0);
12      }
13
14      /* Parent sends a SIGKILL signal to a child */
15      Kill(pid, SIGKILL);
16      exit(0);
17  }
```

*code/ecf/kill.c*

图 8-29　使用 kill 函数发送信号给子进程

### 5. 用 alarm 函数发送信号

进程可以通过调用 alarm 函数向它自己发送 SIGALRM 信号。

```
#include <unistd.h>

unsigned int alarm(unsigned int secs);
```

返回：前一次闹钟剩余的秒数，若以前没有设定闹钟，则为 0。

alarm 函数安排内核在 secs 秒后发送一个 SIGALRM 信号给调用进程。如果 secs 是零，那么不会调度安排新的闹钟(alarm)。在任何情况下，对 alarm 的调用都将取消任何待处理的(pending)闹钟，并且返回任何待处理的闹钟在被发送前还剩下的秒数(如果这次对 alarm 的调用没有取消它的话)；如果没有任何待处理的闹钟，就返回零。

### 8.5.3　接收信号

当内核把进程 $p$ 从内核模式切换到用户模式时(例如，从系统调用返回或是完成了一次上下文切换)，它会检查进程 $p$ 的未被阻塞的待处理信号的集合(`pending &~blocked`)。如果这个集合为空(通常情况下)，那么内核将控制传递到 $p$ 的逻辑控制流中的下一条指令($I_{next}$)。然而，如果集合是非空的，那么内核选择集合中的某个信号 $k$(通常是最小的 $k$)，并且强制 $p$ 接收信号 $k$。收到这个信号会触发进程采取某种行为。一旦进程完成了这个行为，那么控制就传递回 $p$ 的逻辑控制流中的下一条指令($I_{next}$)。每个信号类型都有一个预定义的默认行为，是下面中的一种：

- 进程终止。
- 进程终止并转储内存。
- 进程停止(挂起)直到被 SIGCONT 信号重启。
- 进程忽略该信号。

图 8-26 展示了与每个信号类型相关联的默认行为。比如，收到 SIGKILL 的默认行为就是终止接收进程。另外，接收到 SIGCHLD 的默认行为就是忽略这个信号。进程可以通过使用 `signal` 函数修改和信号相关联的默认行为。唯一的例外是 SIGSTOP 和 SIGKILL，它们的默认行为是不能修改的。

```
#include <signal.h>
typedef void (*sighandler_t)(int);

sighandler_t signal(int signum, sighandler_t handler);
```

返回：若成功则为指向前次处理程序的指针，若出错则为 SIG_ERR(不设置 errno)。

`signal` 函数可以通过下列三种方法之一来改变和信号 `signum` 相关联的行为：

- 如果 `handler` 是 SIG_IGN，那么忽略类型为 `signum` 的信号。
- 如果 `handler` 是 SIG_DFL，那么类型为 `signum` 的信号行为恢复为默认行为。
- 否则，`handler` 就是用户定义的函数的地址，这个函数被称为*信号处理程序*，只要进程接收到一个类型为 `signum` 的信号，就会调用这个程序。通过把处理程序的地址传递到 `signal` 函数从而改变默认行为，这叫做*设置信号处理程序*(installing the handler)。调用信号处理程序被称为*捕获信号*。执行信号处理程序被称为*处理信号*。

当一个进程捕获了一个类型为 $k$ 的信号时，会调用为信号 $k$ 设置的处理程序，一个整数参数被设置为 $k$。这个参数允许同一个处理函数捕获不同类型的信号。

当处理程序执行它的 `return` 语句时，控制(通常)传递回控制流中进程被信号接收中断位置处的指令。我们说“通常”是因为在某些系统中，被中断的系统调用会立即返回一个错误。

图 8-30 展示了一个程序，它捕获用户在键盘上输入 Ctrl+C 时发送的 SIGINT 信号。SIGINT 的默认行为是立即终止该进程。在这个示例中，我们将默认行为修改为捕获信号，输出一条消息，然后终止该进程。

信号处理程序可以被其他信号处理程序中断，如图 8-31 所示。在这个例子中，主程序捕获到信号 $s$，该信号会中断主程序，将控制转移到处理程序 $S$。$S$ 在运行时，程序捕获信号 $t \neq s$，该信号会中断 $S$，控制转移到处理程序 $T$。当 $T$ 返回时，$S$ 从它被中断的地方继续执行。最后，$S$ 返回，控制传送回主程序，主程序从它被中断的地方继续执行。

code/ecf/sigint.c

```
1   #include "csapp.h"
2
3   void sigint_handler(int sig) /* SIGINT handler */
4   {
5       printf("Caught SIGINT!\n");
6       exit(0);
7   }
8
9   int main()
10  {
11      /* Install the SIGINT handler */
12      if (signal(SIGINT, sigint_handler) == SIG_ERR)
13          unix_error("signal error");
14
15      Pause(); /* Wait for the receipt of a signal */
16
17      return 0;
18  }
```

code/ecf/sigint.c

图 8-30　一个用信号处理程序捕获 SIGINT 信号的程序

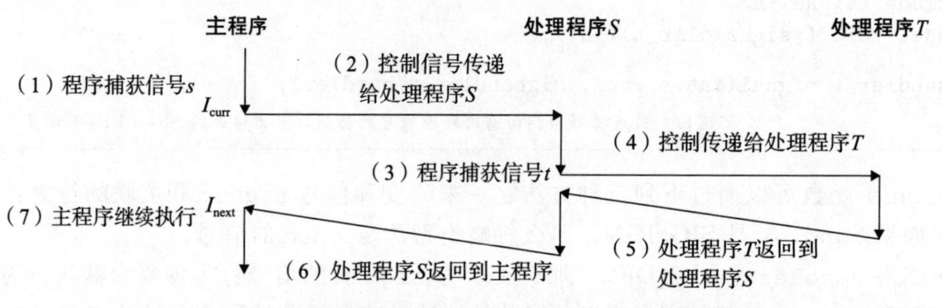


图 8-31　信号处理程序可以被其他信号处理程序中断

**练习题 8.7**　编写一个叫做 snooze 的程序，它有一个命令行参数，用这个参数调用练习题 8.5 中的 snooze 函数，然后终止。编写程序，使得用户可以通过在键盘上输入 Ctrl+C 中断 snooze 函数。比如：

```
linux> ./snooze 5
CTRL+C                          User hits Crtl+C after 3 seconds
Slept for 3 of 5 secs.
linux>
```

### 8.5.4　阻塞和解除阻塞信号

Linux 提供阻塞信号的隐式和显式的机制：

**隐式阻塞机制。**内核默认阻塞任何当前处理程序正在处理信号类型的待处理的信号。例如，图 8-31 中，假设程序捕获了信号 *s*，当前正在运行处理程序 *S*。如果发送给该进程另一个信号 *s*，那么直到处理程序 *S* 返回，*s* 会变成待处理而没有被接收。

**显式阻塞机制。**应用程序可以使用 sigprocmask 函数和它的辅助函数，明确地阻塞和解除阻塞选定的信号。

```
#include <signal.h>

int sigprocmask(int how, const sigset_t *set, sigset_t *oldset);
int sigemptyset(sigset_t *set);
int sigfillset(sigset_t *set);
int sigaddset(sigset_t *set, int signum);
int sigdelset(sigset_t *set, int signum);
```

返回：如果成功则为 0，若出错则为 −1。

```
int sigismember(const sigset_t *set, int signum);
```

返回：若 signum 是 set 的成员则为 1，如果不是则为 0，若出错则为 −1。

sigprocmask 函数改变当前阻塞的信号集合(8.5.1 节中描述的 blocked 位向量)。具体的行为依赖于 how 的值：

SIG_BLOCK：把 set 中的信号添加到 blocked 中(blocked=blocked | set)。

SIG_UNBLOCK：从 blocked 中删除 set 中的信号(blocked=blocked &~set)。

SIG_SETMASK：blocked=set。

如果 oldset 非空，那么 blocked 位向量之前的值保存在 oldset 中。

使用下述函数对 set 信号集合进行操作：sigemptyset 初始化 set 为空集合。sigfillset 函数把每个信号都添加到 set 中。sigaddset 函数把 signum 添加到 set，sigdelset 从 set 中删除 signum，如果 signum 是 set 的成员，那么 sigismember 返回 1，否则返回 0。

例如，图 8-32 展示了如何用 sigprocmask 来临时阻塞接收 SIGINT 信号。

```
1     sigset_t mask, prev_mask;
2
3     Sigemptyset(&mask);
4     Sigaddset(&mask, SIGINT);
5
6     /* Block SIGINT and save previous blocked set */
7     Sigprocmask(SIG_BLOCK, &mask, &prev_mask);
8       .  // Code region that will not be interrupted by SIGINT
9     /* Restore previous blocked set, unblocking SIGINT */
10    Sigprocmask(SIG_SETMASK, &prev_mask, NULL);
11
```

图 8-32 临时阻塞接收一个信号

### 8.5.5 编写信号处理程序

信号处理是 Linux 系统编程最棘手的一个问题。处理程序有几个属性使得它们很难推理分析：1)处理程序与主程序并发运行，共享同样的全局变量，因此可能与主程序和其他处理程序互相干扰；2)如何以及何时接收信号的规则常常有违人的直觉；3)不同的系统有不同的信号处理语义。

在本节中，我们将讲述这些问题，介绍编写安全、正确和可移植的信号处理程序的一些基本规则。

**1. 安全的信号处理**

信号处理程序很麻烦是因为它们和主程序以及其他信号处理程序并发地运行，正如我们在图 8-31 中看到的那样。如果处理程序和主程序并发地访问同样的全局数据结构，那么结果可能就不可预知，而且经常是致命的。

我们会在第 12 章详细讲述并发编程。这里我们的目标是给你一些保守的编写处理程序的原则，使得这些处理程序能安全地并发运行。如果你忽视这些原则，就可能有引入细微的并发错误的风险。如果有这些错误，程序可能在绝大部分时候都能正确工作。然而当它出错的时候，就会错得不可预测和不可重复，这样是很难调试的。一定要防患于未然！

- G0. *处理程序要尽可能简单。*避免麻烦的最好方法是保持处理程序尽可能小和简单。例如，处理程序可能只是简单地设置全局标志并立即返回；所有与接收信号相关的处理都由主程序执行，它周期性地检查(并重置)这个标志。
- G1. *在处理程序中只调用异步信号安全的函数。*所谓异步信号安全的函数(或简称安全的函数)能够被信号处理程序安全地调用，原因有二：要么它是可重入的(例如只访问局部变量，见 12.7.2 节)，要么它不能被信号处理程序中断。图 8-33 列出了 Linux 保证安全的系统级函数。注意，许多常见的函数(例如 printf、sprintf、malloc 和 exit)都不在此列。

| | | | |
|---|---|---|---|
| _Exit | fexecve | poll | sigqueue |
| _exit | fork | posix_trace_event | sigset |
| abort | fstat | pselect | sigsuspend |
| accept | fstatat | raise | sleep |
| access | fsync | read | sockatmark |
| aio_error | ftruncate | readlink | socket |
| aio_return | futimens | readlinkat | socketpair |
| aio_suspend | getegid | recv | stat |
| alarm | geteuid | recvfrom | symlink |
| bind | getgid | recvmsg | symlinkat |
| cfgetispeed | getgroups | rename | tcdrain |
| cfgetospeed | getpeername | renameat | tcflow |
| cfsetispeed | getpgrp | rmdir | tcflush |
| cfsetospeed | getpid | select | tcgetattr |
| chdir | getppid | sem_post | tcgetpgrp |
| chmod | getsockname | send | tcsendbreak |
| chown | getsockopt | sendmsg | tcsetattr |
| clock_gettime | getuid | sendto | tcsetpgrp |
| close | kill | setgid | time |
| connect | link | setpgid | timer_getoverrun |
| creat | linkat | setsid | timer_gettime |
| dup | listen | setsockopt | timer_settime |
| dup2 | lseek | setuid | times |
| execl | lstat | shutdown | umask |
| execle | mkdir | sigaction | uname |
| execv | mkdirat | sigaddset | unlink |
| execve | mkfifo | sigdelset | unlinkat |
| faccessat | mkfifoat | sigemptyset | utime |
| fchmod | mknod | sigfillset | utimensat |
| fchmodat | mknodat | sigismember | utimes |
| fchown | open | signal | wait |
| fchownat | openat | sigpause | waitpid |
| fcntl | pause | sigpending | write |
| fdatasync | pipe | sigprocmask | |

图 8-33　异步信号安全的函数(来源：man 7 signal。数据来自 Linux Foundation)

信号处理程序中产生输出唯一安全的方法是使用 write 函数(见 10.1 节)。特别地，调用 printf 或 sprintf 是不安全的。为了绕开这个不幸的限制，我们开发一些安全的函数，称为 SIO(安全的 I/O)包，可以用来在信号处理程序中打印简单的消息。

```
#include "csapp.h"

ssize_t sio_putl(long v);
ssize_t sio_puts(char s[]);
```

返回：如果成功则为传送的字节数，如果出错，则为−1。

```
void sio_error(char s[]);
```

返回：空。

sio_putl 和 sio_puts 函数分别向标准输出传送一个 long 类型数和一个字符串。sio_error 函数打印一条错误消息并终止。

图 8-34 给出的是 SIO 包的实现，它使用了 csapp.c 中两个私有的可重入函数。第 3 行的 sio_strlen 函数返回字符串 s 的长度。第 10 行的 sio_ltoa 函数基于来自[61]的 itoa 函数，把 v 转换成它的基 b 字符串表示，保存在 s 中。第 17 行的_exit 函数是 exit 的一个异步信号安全的变种。

*code/src/csapp.c*

```
1   ssize_t sio_puts(char s[]) /* Put string */
2   {
3       return write(STDOUT_FILENO, s, sio_strlen(s));
4   }
5
6   ssize_t sio_putl(long v) /* Put long */
7   {
8       char s[128];
9
10      sio_ltoa(v, s, 10); /* Based on K&R itoa() */
11      return sio_puts(s);
12  }
13
14  void sio_error(char s[]) /* Put error message and exit */
15  {
16      sio_puts(s);
17      _exit(1);
18  }
```

*code/src/csapp.c*

图 8-34 信号处理程序的 SIO(安全 I/O)包

图 8-35 给出了图 8-30 中 SIGINT 处理程序的一个安全的版本。

*code/ecf/sigintsafe.c*

```
1   #include "csapp.h"
2
3   void sigint_handler(int sig) /* Safe SIGINT handler */
4   {
5       Sio_puts("Caught SIGINT!\n"); /* Safe output */
6       _exit(0);                      /* Safe exit */
7   }
```

*code/ecf/sigintsafe.c*

图 8-35 图 8-30 的 SIGINT 处理程序的一个安全版本

- G2. *保存和恢复 errno*。许多 Linux 异步信号安全的函数都会在出错返回时设置 errno。在处理程序中调用这样的函数可能会干扰主程序中其他依赖于 errno 的部分。解决方法是在进入处理程序时把 errno 保存在一个局部变量中，在处理程序返回前恢复它。注意，只有在处理程序要返回时才有此必要。如果处理程序调用 _exit终止该进程，那么就不需要这样做了。
- G3. *阻塞所有的信号，保护对共享全局数据结构的访问*。如果处理程序和主程序或其他处理程序共享一个全局数据结构，那么在访问(读或者写)该数据结构时，你的处理程序和主程序应该暂时阻塞所有的信号。这条规则的原因是从主程序访问一个数据结构 $d$ 通常需要一系列的指令，如果指令序列被访问 $d$ 的处理程序中断，那么处理程序可能会发现 $d$ 的状态不一致，得到不可预知的结果。在访问 $d$ 时暂时阻塞信号保证了处理程序不会中断该指令序列。
- G4. *用 volatile 声明全局变量*。考虑一个处理程序和一个 main 函数，它们共享一个全局变量 g。处理程序更新 g，main 周期性地读 g。对于一个优化编译器而言，main 中 g 的值看上去从来没有变化过，因此使用缓存在寄存器中 g 的副本来满足对 g 的每次引用是很安全的。如果这样，main 函数可能永远都无法看到处理程序更新过的值。

  可以用 volatile 类型限定符来定义一个变量，告诉编译器不要缓存这个变量。例如：

  ```
  volatile int g;
  ```

  volatile 限定符强迫编译器每次在代码中引用 g 时，都要从内存中读取 g 的值。一般来说，和其他所有共享数据结构一样，应该暂时阻塞信号，保护每次对全局变量的访问。
- G5. *用 sig_atomic_t 声明标志*。在常见的处理程序设计中，处理程序会写全局标志来记录收到了信号。主程序周期性地读这个标志，响应信号，再清除该标志。对于通过这种方式来共享的标志，C 提供一种整型数据类型 sig_atomic_t，对它的读和写保证会是原子的(不可中断的)，因为可以用一条指令来实现它们：

  ```
  volatile sig_atomic_t flag;
  ```

  因为它们是不可中断的，所以可以安全地读和写 sig_atomic_t 变量，而不需要暂时阻塞信号。注意，这里对原子性的保证只适用于单个的读和写，不适用于像 flag++ 或 flag=flag+10 这样的更新，它们可能需要多条指令。

要记住我们这里讲述的规则是保守的，也就是说它们不总是严格必需的。例如，如果你知道处理程序绝对不会修改 errno，那么就不需要保存和恢复 errno。或者如果你可以证明 printf 的实例都不会被处理程序中断，那么在处理程序中调用 printf 就是安全的。对共享全局数据结构的访问也是同样。不过，一般来说这种断言很难证明。所以我们建议你采用保守的方法，遵循这些规则，使得处理程序尽可能简单，调用安全函数，保存和恢复 errno，保护对共享数据结构的访问，并使用 volatile 和 sig_atomic_t。

**2. 正确的信号处理**

信号的一个与直觉不符的方面是未处理的信号是不排队的。因为 pending 位向量中每种类型的信号只对应有一位，所以每种类型最多只能有一个未处理的信号。因此，如果两个类型 $k$ 的信号发送给一个目的进程，而因为目的进程当前正在执行信号 $k$ 的处理程序，所以信号 $k$ 被阻塞了，那么第二个信号就简单地被丢弃了；它不会排队。关键思想是如果存在一个未处理的信号就表明*至少*有一个信号到达了。

要了解这样会如何影响正确性，来看一个简单的应用，它本质上类似于像 shell 和 Web 服务器这样的真实程序。基本的结构是父进程创建一些子进程，这些子进程各自独立运行一段时间，然后终止。父进程必须回收子进程以避免在系统中留下僵死进程。但是我们还希望父进程能够在子进程运行时自由地去做其他的工作。所以，我们决定用 SIGCHLD 处理程序来回收子进程，而不是显式地等待子进程终止。（回想一下，只要有一个子进程终止或者停止，内核就会发送一个 SIGCHLD 信号给父进程。）

图 8-36 展示了我们的初次尝试。父进程设置了一个 SIGCHLD 处理程序，然后创建

*code/ecf/signal1.c*

```
1   /* WARNING: This code is buggy! */
2
3   void handler1(int sig)
4   {
5       int olderrno = errno;
6
7       if ((waitpid(-1, NULL, 0)) < 0)
8           sio_error("waitpid error");
9       Sio_puts("Handler reaped child\n");
10      Sleep(1);
11      errno = olderrno;
12  }
13
14  int main()
15  {
16      int i, n;
17      char buf[MAXBUF];
18
19      if (signal(SIGCHLD, handler1) == SIG_ERR)
20          unix_error("signal error");
21
22      /* Parent creates children */
23      for (i = 0; i < 3; i++) {
24          if (Fork() == 0) {
25              printf("Hello from child %d\n", (int)getpid());
26              exit(0);
27          }
28      }
29
30      /* Parent waits for terminal input and then processes it */
31      if ((n = read(STDIN_FILENO, buf, sizeof(buf))) < 0)
32          unix_error("read");
33
34      printf("Parent processing input\n");
35      while (1)
36          ;
37
38      exit(0);
39  }
```

*code/ecf/signal1.c*

图 8-36　signal1：这个程序是有缺陷的，因为它假设信号是排队的

了 3 个子进程。同时，父进程等待来自终端的一个输入行，随后处理它。这个处理被模型化为一个无限循环。当每个子进程终止时，内核通过发送一个 SIGCHLD 信号通知父进程。父进程捕获这个 SIGCHLD 信号，回收一个子进程，做一些其他的清理工作(模型化为 sleep 语句)，然后返回。

图 8-36 中的 signal1 程序看起来相当简单。然而，当在 Linux 系统上运行它时，我们得到如下输出：

```
linux> ./signal1
Hello from child 14073
Hello from child 14074
Hello from child 14075
Handler reaped child
Handler reaped child
CR
Parent processing input
```

从输出中我们注意到，尽管发送了 3 个 SIGCHLD 信号给父进程，但是其中只有两个信号被接收了，因此父进程只是回收了两个子进程。如果挂起父进程，我们看到，实际上子进程 14075 没有被回收，它成了一个僵死进程(在 ps 命令的输出中由字符串“defunct”表明)：

```
Ctrl+Z
Suspended
linux> ps t
  PID TTY      STAT   TIME COMMAND
   .
   .
   .
14072 pts/3    T      0:02 ./signal1
14075 pts/3    Z      0:00 [signal1] <defunct>
14076 pts/3    R+     0:00 ps t
```

哪里出错了呢？问题就在于我们的代码没有解决信号不会排队等待这样的情况。所发生的情况是：父进程接收并捕获了第一个信号。当处理程序还在处理第一个信号时，第二个信号就传送并添加到了待处理信号集合里。然而，因为 SIGCHLD 信号被 SIGCHLD 处理程序阻塞了，所以第二个信号就不会被接收。此后不久，就在处理程序还在处理第一个信号时，第三个信号到达了。因为已经有了一个待处理的 SIGCHLD，第三个 SIGCHLD 信号会被丢弃。一段时间之后，处理程序返回，内核注意到有一个待处理的 SIGCHLD 信号，就迫使父进程接收这个信号。父进程捕获这个信号，并第二次执行处理程序。在处理程序完成对第二个信号的处理之后，已经没有待处理的 SIGCHLD 信号了，而且也绝不会再有，因为第三个 SIGCHLD 的所有信息都已经丢失了。*由此得到的重要教训是，不可以用信号来对其他进程中发生的事件计数。*

为了修正这个问题，我们必须回想一下，存在一个待处理的信号只是暗示自进程最后一次收到一个信号以来，至少已经有一个这种类型的信号被发送了。所以我们必须修改 SIGCHLD 的处理程序，使得每次 SIGCHLD 处理程序被调用时，回收尽可能多的僵死子进程。图 8-37 展示了修改后的 SIGCHLD 处理程序。

当我们在 Linux 系统上运行 signal2 时，它现在可以正确地回收所有的僵死子进程了：

```
linux> ./signal2
Hello from child 15237
```

```
Hello from child 15238
Hello from child 15239
Handler reaped child
Handler reaped child
Handler reaped child
CR
Parent processing input
```

*code/ecf/signal2.c*

```
1   void handler2(int sig)
2   {
3       int olderrno = errno;
4
5       while (waitpid(-1, NULL, 0) > 0) {
6           Sio_puts("Handler reaped child\n");
7       }
8       if (errno != ECHILD)
9           Sio_error("waitpid error");
10      Sleep(1);
11      errno = olderrno;
12  }
```

*code/ecf/signal2.c*

图 8-37 signal2：图 8-36 的一个改进版本，它能够正确解决信号不会排队等待的情况

练习题 8.8 下面这个程序的输出是什么？

*code/ecf/signalprob0.c*

```
1   volatile long counter = 2;
2
3   void handler1(int sig)
4   {
5       sigset_t mask, prev_mask;
6
7       Sigfillset(&mask);
8       Sigprocmask(SIG_BLOCK, &mask, &prev_mask);  /* Block sigs */
9       Sio_putl(--counter);
10      Sigprocmask(SIG_SETMASK, &prev_mask, NULL); /* Restore sigs */
11
12      _exit(0);
13  }
14
15  int main()
16  {
17      pid_t pid;
18      sigset_t mask, prev_mask;
19
20      printf("%ld", counter);
21      fflush(stdout);
22
23      signal(SIGUSR1, handler1);
24      if ((pid = Fork()) == 0) {
```

```
25            while(1) {};
26        }
27        Kill(pid, SIGUSR1);
28        Waitpid(-1, NULL, 0);
29
30        Sigfillset(&mask);
31        Sigprocmask(SIG_BLOCK, &mask, &prev_mask);  /* Block sigs */
32        printf("%ld", ++counter);
33        Sigprocmask(SIG_SETMASK, &prev_mask, NULL); /* Restore sigs */
34
35        exit(0);
36    }
```

*code/ecf/signalprob0.c*

**3. 可移植的信号处理**

Unix 信号处理的另一个缺陷在于不同的系统有不同的信号处理语义。例如：

- **signal 函数的语义各有不同**。有些老的 Unix 系统在信号 $k$ 被处理程序捕获之后就把对信号 $k$ 的反应恢复到默认值。在这些系统上，每次运行之后，处理程序必须调用 signal 函数，显式地重新设置它自己。
- **系统调用可以被中断**。像 read、write 和 accept 这样的系统调用潜在地会阻塞进程一段较长的时间，称为*慢速系统调用*。在某些较早版本的 Unix 系统中，当处理程序捕获到一个信号时，被中断的慢速系统调用在信号处理程序返回时不再继续，而是立即返回给用户一个错误条件，并将 errno 设置为 EINTR。在这些系统上，程序员必须包括手动重启被中断的系统调用的代码。

要解决这些问题，Posix 标准定义了 sigaction 函数，它允许用户在设置信号处理时，明确指定他们想要的信号处理语义。

```
#include <signal.h>

int sigaction(int signum,  struct sigaction *act,
              struct sigaction *oldact);
```

返回：若成功则为 0，若出错则为 −1。

sigaction 函数运用并不广泛，因为它要求用户设置一个复杂结构的条目。一个更简洁的方式，最初是由 W. Richard Stevens 提出的[110]，就是定义一个包装函数，称为 Signal，它调用 sigaction。图 8-38 给出了 Signal 的定义，它的调用方式与 signal 函数的调用方式一样。

Signal 包装函数设置了一个信号处理程序，其信号处理语义如下：

- 只有这个处理程序当前正在处理的那种类型的信号被阻塞。
- 和所有信号实现一样，信号不会排队等待。
- 只要可能，被中断的系统调用会自动重启。
- 一旦设置了信号处理程序，它就会一直保持，直到 Signal 带着 handler 参数为 SIG_IGN 或者 SIG_DFL 被调用。

我们在所有的代码中使用 Signal 包装函数。

### 8.5.6　同步流以避免讨厌的并发错误

如何编写读写相同存储位置的并发流程序的问题，困扰着数代计算机科学家。一般而言，流可能交错的数量与指令的数量呈指数关系。这些交错中的一些会产生正确的结果，而有些则不会。基本的问题是以某种方式同步并发流，从而得到最大的可行的交错的集合，每个可行的交错都能得到正确的结果。

code/src/csapp.c

```
1   handler_t *Signal(int signum, handler_t *handler)
2   {
3       struct sigaction action, old_action;
4
5       action.sa_handler = handler;
6       sigemptyset(&action.sa_mask); /* Block sigs of type being handled */
7       action.sa_flags = SA_RESTART; /* Restart syscalls if possible */
8
9       if (sigaction(signum, &action, &old_action) < 0)
10          unix_error("Signal error");
11      return (old_action.sa_handler);
12  }
```

code/src/csapp.c

图 8-38 Signal：sigaction 的一个包装函数，它提供在 Posix 兼容系统上的可移植的信号处理

并发编程是一个很深且很重要的问题，我们将在第 12 章中更详细地讨论。不过，在本章中学习的有关异常控制流的知识，可以让你感觉一下与并发相关的有趣的智力挑战。例如，考虑图 8-39 中的程序，它总结了一个典型的 Unix shell 的结构。父进程在一个全局作业列表中记录着它的当前子进程，每个作业一个条目。addjob 和 deletejob 函数分别向这个作业列表添加和从中删除作业。

当父进程创建一个新的子进程后，它就把这个子进程添加到作业列表中。当父进程在 SIGCHLD 处理程序中回收一个终止的(僵死)子进程时，它就从作业列表中删除这个子进程。

乍一看，这段代码是对的。不幸的是，可能发生下面这样的事件序列：

1) 父进程执行 fork 函数，内核调度新创建的子进程运行，而不是父进程。

2) 在父进程能够再次运行之前，子进程就终止，并且变成一个僵死进程，使得内核传递一个 SIGCHLD 信号给父进程。

3) 后来，当父进程再次变成可运行但又在它执行之前，内核注意到有未处理的 SIGCHLD 信号，并通过在父进程中运行处理程序接收这个信号。

4) 信号处理程序回收终止的子进程，并调用 deletejob，这个函数什么也不做，因为父进程还没有把该子进程添加到列表中。

5) 在处理程序运行完毕后，内核运行父进程，父进程从 fork 返回，通过调用 addjob 错误地把(不存在的)子进程添加到作业列表中。

因此，对于父进程的 main 程序和信号处理流的某些交错，可能会在 addjob 之前调用 deletejob。这导致作业列表中出现一个不正确的条目，对应于一个不再存在而且永远也不会被删除的作业。另一方面，也有一些交错，事件按照正确的顺序发生。例如，如果在 fork 调用返回时，内核刚好调度父进程而不是子进程运行，那么父进程就会正确地把子进程添加到作业列表中，然后子进程终止，信号处理函数把该作业从列表中删除。

这是一个称为竞争(race)的经典同步错误的示例。在这个情况中，main 函数中调用 addjob 和处理程序中调用 deletejob 之间存在竞争。如果 addjob 赢得竞争，那么结果

就是正确的。如果它没有，那么结果就是错误的。这样的错误非常难以调试，因为几乎不可能测试所有的交错。你可能运行这段代码十亿次，也没有一次错误，但是下一次测试却导致引发竞争的交错。

code/ecf/procmask1.c

```
1   /* WARNING: This code is buggy! */
2   void handler(int sig)
3   {
4       int olderrno = errno;
5       sigset_t mask_all, prev_all;
6       pid_t pid;
7
8       Sigfillset(&mask_all);
9       while ((pid = waitpid(-1, NULL, 0)) > 0) { /* Reap a zombie child */
10          Sigprocmask(SIG_BLOCK, &mask_all, &prev_all);
11          deletejob(pid); /* Delete the child from the job list */
12          Sigprocmask(SIG_SETMASK, &prev_all, NULL);
13      }
14      if (errno != ECHILD)
15          Sio_error("waitpid error");
16      errno = olderrno;
17  }
18
19  int main(int argc, char **argv)
20  {
21      int pid;
22      sigset_t mask_all, prev_all;
23
24      Sigfillset(&mask_all);
25      Signal(SIGCHLD, handler);
26      initjobs(); /* Initialize the job list */
27
28      while (1) {
29          if ((pid = Fork()) == 0) { /* Child process */
30              Execve("/bin/date", argv, NULL);
31          }
32          Sigprocmask(SIG_BLOCK, &mask_all, &prev_all); /* Parent process */
33          addjob(pid);  /* Add the child to the job list */
34          Sigprocmask(SIG_SETMASK, &prev_all, NULL);
35      }
36      exit(0);
37  }
```

code/ecf/procmask1.c

图 8-39　一个具有细微同步错误的 shell 程序。如果子进程在父进程能够开始运行前就结束了，那么 addjob 和 deletejob 会以错误的方式被调用

图 8-40 展示了消除图 8-39 中竞争的一种方法。通过在调用 fork 之前，阻塞 SIGCHLD 信号，然后在调用 addjob 之后取消阻塞这些信号，我们保证了在子进程被添加到作业列表中之后回收该子进程。注意，子进程继承了它们父进程的被阻塞集合，所以我们必须在调用 execve 之前，小心地解除子进程中阻塞的 SIGCHLD 信号。

code/ecf/procmask2.c

```
1  void handler(int sig)
2  {
3      int olderrno = errno;
4      sigset_t mask_all, prev_all;
5      pid_t pid;
6
7      Sigfillset(&mask_all);
8      while ((pid = waitpid(-1, NULL, 0)) > 0) { /* Reap a zombie child */
9          Sigprocmask(SIG_BLOCK, &mask_all, &prev_all);
10         deletejob(pid); /* Delete the child from the job list */
11         Sigprocmask(SIG_SETMASK, &prev_all, NULL);
12     }
13     if (errno != ECHILD)
14         Sio_error("waitpid error");
15     errno = olderrno;
16 }
17
18 int main(int argc, char **argv)
19 {
20     int pid;
21     sigset_t mask_all, mask_one, prev_one;
22
23     Sigfillset(&mask_all);
24     Sigemptyset(&mask_one);
25     Sigaddset(&mask_one, SIGCHLD);
26     Signal(SIGCHLD, handler);
27     initjobs(); /* Initialize the job list */
28
29     while (1) {
30         Sigprocmask(SIG_BLOCK, &mask_one, &prev_one); /* Block SIGCHLD */
31         if ((pid = Fork()) == 0) { /* Child process */
32             Sigprocmask(SIG_SETMASK, &prev_one, NULL); /* Unblock SIGCHLD */
33             Execve("/bin/date", argv, NULL);
34         }
35         Sigprocmask(SIG_BLOCK, &mask_all, NULL); /* Parent process */
36         addjob(pid);  /* Add the child to the job list */
37         Sigprocmask(SIG_SETMASK, &prev_one, NULL);  /* Unblock SIGCHLD */
38     }
39     exit(0);
40 }
```

code/ecf/procmask2.c

图 8-40 用 sigprocmask 来同步进程。在这个例子中，父进程保证在相应的 deletejob 之前执行 addjob

### 8.5.7 显式地等待信号

有时候主程序需要显式地等待某个信号处理程序运行。例如，当 Linux shell 创建一个前台作业时，在接收下一条用户命令之前，它必须等待作业终止，被 SIGCHLD 处理程序回收。

图 8-41 给出了一个基本的思路。父进程设置 SIGINT 和 SIGCHLD 的处理程序，然后

进入一个无限循环。它阻塞 SIGCHLD 信号，避免 8.5.6 节中讨论过的父进程和子进程之间的竞争。创建了子进程之后，把 pid 重置为 0，取消阻塞 SIGCHLD，然后以循环的方式等待 pid 变为非零。子进程终止后，处理程序回收它，把它非零的 PID 赋值给全局 pid 变量。这会终止循环，父进程继续其他的工作，然后开始下一次迭代。

*code/ecf/waitforsignal.c*

```
1   #include "csapp.h"
2
3   volatile sig_atomic_t pid;
4
5   void sigchld_handler(int s)
6   {
7       int olderrno = errno;
8       pid = waitpid(-1, NULL, 0);
9       errno = olderrno;
10  }
11
12  void sigint_handler(int s)
13  {
14  }
15
16  int main(int argc, char **argv)
17  {
18      sigset_t mask, prev;
19
20      Signal(SIGCHLD, sigchld_handler);
21      Signal(SIGINT, sigint_handler);
22      Sigemptyset(&mask);
23      Sigaddset(&mask, SIGCHLD);
24
25      while (1) {
26          Sigprocmask(SIG_BLOCK, &mask, &prev); /* Block SIGCHLD */
27          if (Fork() == 0) /* Child */
28              exit(0);
29
30          /* Parent */
31          pid = 0;
32          Sigprocmask(SIG_SETMASK, &prev, NULL); /* Unblock SIGCHLD */
33
34          /* Wait for SIGCHLD to be received (wasteful) */
35          while (!pid)
36              ;
37
38          /* Do some work after receiving SIGCHLD */
39          printf(".");
40      }
41      exit(0);
42  }
```

*code/ecf/waitforsignal.c*

图 8-41　用循环来等待信号。这段代码正确，但循环是一种浪费

当这段代码正确执行的时候，循环在浪费处理器资源。我们可能会想要修补这个问题，在循环体内插入 pause：

```
while (!pid)  /* Race! */
    pause();
```

注意，我们仍然需要一个循环，因为收到一个或多个 SIGINT 信号，pause 会被中断。不过，这段代码有很严重的竞争条件：如果在 while 测试后和 pause 之前收到 SIGCHLD 信号，pause 会永远睡眠。

另一个选择是用 sleep 替换 pause：

```
while (!pid) /* Too slow! */
    sleep(1);
```

当这段代码正确执行时，它太慢了。如果在 while 之后 sleep 之前收到信号，程序必须等相当长的一段时间才会再次检查循环的终止条件。使用像 nanosleep 这样更高精度的休眠函数也是不可接受的，因为没有很好的方法来确定休眠的间隔。间隔太小，循环会太浪费。间隔太大，程序又会太慢。

合适的解决方法是使用 sigsuspend。

```
#include <signal.h>

int sigsuspend(const sigset_t *mask);
```

返回：−1。

sigsuspend 函数暂时用 mask 替换当前的阻塞集合，然后挂起该进程，直到收到一个信号，其行为要么是运行一个处理程序，要么是终止该进程。如果它的行为是终止，那么该进程不从 sigsuspend 返回就直接终止。如果它的行为是运行一个处理程序，那么 sigsuspend 从处理程序返回，恢复调用 sigsuspend 时原有的阻塞集合。

sigsuspend 函数等价于下述代码的原子的（不可中断的）版本：

```
1        sigprocmask(SIG_SETMASK, &mask, &prev);
2        pause();
3        sigprocmask(SIG_SETMASK, &prev, NULL);
```

原子属性保证对 sigprocmask（第 1 行）和 pause（第 2 行）的调用总是一起发生的，不会被中断。这样就消除了潜在的竞争，即在调用 sigprocmask 之后但在调用 pause 之前收到了一个信号。

图 8-42 展示了如何使用 sigsuspend 来替代图 8-41 中的循环。在每次调用 sigsuspend 之前，都要阻塞 SIGCHLD。sigsuspend 会暂时取消阻塞 SIGCHLD，然后休眠，直到父进程捕获信号。在返回之前，它会恢复原始的阻塞集合，又再次阻塞 SIGCHLD。如果父进程捕获一个 SIGINT 信号，那么循环测试成功，下一次迭代又再次调用 sigsuspend。如果父进程捕获一个 SIGCHLD，那么循环测试失败，会退出循环。此时，SIGCHLD 是被阻塞的，所以我们可以可选地取消阻塞 SIGCHLD。在真实的有后台作业需要回收的 shell 中这样做可能会有用处。

sigsuspend 版本比起原来的循环版本不那么浪费，避免了引入 pause 带来的竞争，又比 sleep 更有效率。

code/ecf/sigsuspend.c

```
#include "csapp.h"

volatile sig_atomic_t pid;

void sigchld_handler(int s)
{
    int olderrno = errno;
    pid = Waitpid(-1, NULL, 0);
    errno = olderrno;
}

void sigint_handler(int s)
{
}

int main(int argc, char **argv)
{
    sigset_t mask, prev;

    Signal(SIGCHLD, sigchld_handler);
    Signal(SIGINT, sigint_handler);
    Sigemptyset(&mask);
    Sigaddset(&mask, SIGCHLD);

    while (1) {
        Sigprocmask(SIG_BLOCK, &mask, &prev); /* Block SIGCHLD */
        if (Fork() == 0) /* Child */
            exit(0);

        /* Wait for SIGCHLD to be received */
        pid = 0;
        while (!pid)
            sigsuspend(&prev);

        /* Optionally unblock SIGCHLD */
        Sigprocmask(SIG_SETMASK, &prev, NULL);

        /* Do some work after receiving SIGCHLD */
        printf(".");
    }
    exit(0);
}
```

code/ecf/sigsuspend.c

图 8-42 用 sigsuspend 来等待信号

## 8.6 非本地跳转

C 语言提供了一种用户级异常控制流形式，称为非本地跳转(nonlocal jump)，它将控制直接从一个函数转移到另一个当前正在执行的函数，而不需要经过正常的调用-返回序列。非本地跳转是通过 setjmp 和 longjmp 函数来提供的。

```
#include <setjmp.h>

int setjmp(jmp_buf env);
int sigsetjmp(sigjmp_buf env, int savesigs);
```

返回：setjmp 返回 0，longjmp 返回非零。

setjmp 函数在 env 缓冲区中保存当前调用环境，以供后面的 longjmp 使用，并返回 0。调用环境包括程序计数器、栈指针和通用目的寄存器。出于某种超出本书描述范围的原因，setjmp 返回的值不能被赋值给变量：

```
rc = setjmp(env);  /* Wrong! */
```

不过它可以安全地用在 switch 或条件语句的测试中[62]。

```
#include <setjmp.h>

void longjmp(jmp_buf env, int retval);
void siglongjmp(sigjmp_buf env, int retval);
```

从不返回。

longjmp 函数从 env 缓冲区中恢复调用环境，然后触发一个从最近一次初始化 env 的 setjmp 调用的返回。然后 setjmp 返回，并带有非零的返回值 retval。

第一眼看过去，setjmp 和 longjmp 之间的相互关系令人迷惑。setjmp 函数只被调用一次，但返回多次：一次是当第一次调用 setjmp，而调用环境保存在缓冲区 env 中时，一次是为每个相应的 longjmp 调用。另一方面，longjmp 函数被调用一次，但从不返回。

非本地跳转的一个重要应用就是允许从一个深层嵌套的函数调用中立即返回，通常是由检测到某个错误情况引起的。如果在一个深层嵌套的函数调用中发现了一个错误情况，我们可以使用非本地跳转直接返回到一个普通的本地化的错误处理程序，而不是费力地解开调用栈。

图 8-43 展示了一个示例，说明这可能是如何工作的。main 函数首先调用 setjmp 以保存当前的调用环境，然后调用函数 foo，foo 依次调用函数 bar。如果 foo 或者 bar 遇到一个错误，它们立即通过一次 longjmp 调用从 setjmp 返回。setjmp 的非零返回值指明了错误类型，随后可以被解码，且在代码中的某个位置进行处理。

*code/ecf/setjmp.c*

```
1   #include "csapp.h"
2
3   jmp_buf buf;
4
5   int error1 = 0;
6   int error2 = 1;
7
8   void foo(void), bar(void);
9
```

图 8-43 非本地跳转的示例。本示例表明了使用非本地跳转来从深层嵌套的函数调用中的错误情况恢复，而不需要解开整个栈的基本框架

```
10  int main()
11  {
12      switch(setjmp(buf)) {
13      case 0:
14          foo();
15          break;
16      case 1:
17          printf("Detected an error1 condition in foo\n");
18          break;
19      case 2:
20          printf("Detected an error2 condition in foo\n");
21          break;
22      default:
23          printf("Unknown error condition in foo\n");
24      }
25      exit(0);
26  }
27
28  /* Deeply nested function foo */
29  void foo(void)
30  {
31      if (error1)
32          longjmp(buf, 1);
33      bar();
34  }
35
36  void bar(void)
37  {
38      if (error2)
39          longjmp(buf, 2);
40  }
```

*code/ecf/setjmp.c*

图 8-43　（续）

longjmp 允许它跳过所有中间调用的特性可能产生意外的后果。例如，如果中间函数调用中分配了某些数据结构，本来预期在函数结尾处释放它们，那么这些释放代码会被跳过，因而会产生内存泄漏。

非本地跳转的另一个重要应用是使一个信号处理程序分支到一个特殊的代码位置，而不是返回到被信号到达中断了的指令的位置。图 8-44 展示了一个简单的程序，说明了这种基本技术。当用户在键盘上键入 Ctrl+C 时，这个程序用信号和非本地跳转来实现软重启。sigsetjmp 和 siglongjmp 函数是 setjmp 和 longjmp 的可以被信号处理程序使用的版本。

在程序第一次启动时，对 sigsetjmp 函数的初始调用保存调用环境和信号的上下文（包括待处理的和被阻塞的信号向量）。随后，主函数进入一个无限处理循环。当用户键入 Ctrl+C 时，内核发送一个 SIGINT 信号给这个进程，该进程捕获这个信号。不是从信号处理程序返回，如果是这样那么信号处理程序会将控制返回给被中断的处理循环，反之，处理程序完成一个非本地跳转，回到 main 函数的开始处。当我们在系统上运行这个程序时，得到以下输出：

```
linux> ./restart
starting
processing...
processing...
Ctrl+C
restarting
processing...
Ctrl+C
restarting
processing...
```

关于这个程序有两件很有趣的事情。首先，为了避免竞争，必须在调用了 sigsetjmp 之后再设置处理程序。否则，就会冒在初始调用 sigsetjmp 为 siglongjmp 设置调用环境之前运行处理程序的风险。其次，你可能已经注意到了，sigsetjmp 和 siglongjmp 函数不在图 8-33 中异步信号安全的函数之列。原因是一般来说 siglongjmp 可以跳到任意代码，所以我们必须小心，只在 siglongjmp 可达的代码中调用安全的函数。在本例中，我们调用安全的 sio_puts 和 sleep 函数。不安全的 exit 函数是不可达的。

*code/ecf/restart.c*

```
1   #include "csapp.h"
2
3   sigjmp_buf buf;
4
5   void handler(int sig)
6   {
7       siglongjmp(buf, 1);
8   }
9
10  int main()
11  {
12      if (!sigsetjmp(buf, 1)) {
13          Signal(SIGINT, handler);
14          Sio_puts("starting\n");
15      }
16      else
17          Sio_puts("restarting\n");
18
19      while(1) {
20          Sleep(1);
21          Sio_puts("processing...\n");
22      }
23      exit(0); /* Control never reaches here */
24  }
```

*code/ecf/restart.c*

图 8-44 当用户键入 Ctrl+C 时，使用非本地跳转来重启动它自身的程序

**旁注 C++ 和 Java 中的软件异常**

C++ 和 Java 提供的异常机制是较高层次的，是 C 语言的 setjmp 和 longjmp 函数的更加结构化的版本。你可以把 try 语句中的 catch 子句看做类似于 setjmp 函数。相似地，throw 语句就类似于 longjmp 函数。

## 8.7 操作进程的工具

Linux 系统提供了大量的监控和操作进程的有用工具。

STRACE：打印一个正在运行的程序和它的子进程调用的每个系统调用的轨迹。对于好奇的学生而言，这是一个令人着迷的工具。用-static 编译你的程序，能得到一个更干净的、不带有大量与共享库相关的输出的轨迹。

PS：列出当前系统中的进程(包括僵死进程)。

TOP：打印出关于当前进程资源使用的信息。

PMAP：显示进程的内存映射。

/proc：一个虚拟文件系统，以 ASCII 文本格式输出大量内核数据结构的内容，用户程序可以读取这些内容。比如，输入“cat /proc/loadavg”，可以看到你的 Linux 系统上当前的平均负载。

## 8.8 小结

异常控制流(ECF)发生在计算机系统的各个层次，是计算机系统中提供并发的基本机制。

在硬件层，异常是由处理器中的事件触发的控制流中的突变。控制流传递给一个软件处理程序，该处理程序进行一些处理，然后返回控制给被中断的控制流。

有四种不同类型的异常：中断、故障、终止和陷阱。当一个外部 I/O 设备(例如定时器芯片或者磁盘控制器)设置了处理器芯片上的中断管脚时，(对于任意指令)中断会异步地发生。控制返回到故障指令后面的那条指令。一条指令的执行可能导致故障和终止同步发生。故障处理程序会重新启动故障指令，而终止处理程序从不将控制返回给被中断的流。最后，陷阱就像是用来实现向应用提供到操作系统代码的受控的入口点的系统调用的函数调用。

在操作系统层，内核用 ECF 提供进程的基本概念。进程提供给应用两个重要的抽象：1)逻辑控制流，它提供给每个程序一个假象，好像它是在独占地使用处理器，2)私有地址空间，它提供给每个程序一个假象，好像它是在独占地使用主存。

在操作系统和应用程序之间的接口处，应用程序可以创建子进程，等待它们的子进程停止或者终止，运行新的程序，以及捕获来自其他进程的信号。信号处理的语义是微妙的，并且随系统不同而不同。然而，在与 Posix 兼容的系统上存在着一些机制，允许程序清楚地指定期望的信号处理语义。

最后，在应用层，C 程序可以使用非本地跳转来规避正常的调用/返回栈规则，并且直接从一个函数分支到另一个函数。

## 参考文献说明

Kerrisk 是 Linux 环境编程的完全参考手册[62]。Intel ISA 规范包含对 Intel 处理器上的异常和中断的详细讨论[50]。操作系统教科书[102，106，113]包括关于异常、进程和信号的其他信息。W. Richard Stevens 的[111]是一本有价值的和可读性很高的经典著作，是关于如何在应用程序中处理进程和信号的。Bovet 和 Cesati[11]给出了一个关于 Linux 内核的非常清晰的描述，包括进程和信号实现的细节。

## 家庭作业

*8.9 考虑四个具有如下开始和结束时间的进程：

| 进程 | 开始时间 | 结束时间 |
|---|---|---|
| A | 5 | 7 |
| B | 2 | 4 |
| C | 3 | 6 |
| D | 1 | 8 |

对于每对进程，指明它们是否是并发地运行的：

| 进程对 | 并发地? |
|---|---|
| AB | |
| AC | |
| AD | |
| BC | |
| BD | |
| CD | |

*8.10 在这一章里，我们介绍了一些具有不寻常的调用和返回行为的函数：setjmp、longjmp、execve 和 fork。找到下列行为中和每个函数相匹配的一种：

A. 调用一次，返回两次。

B. 调用一次，从不返回。

C. 调用一次，返回一次或者多次。

*8.11 这个程序会输出多少个“hello”输出行？

*code/ecf/forkprob1.c*

```
1   #include "csapp.h"
2
3   int main()
4   {
5       int i;
6
7       for (i = 0; i < 2; i++)
8           Fork();
9       printf("hello\n");
10      exit(0);
11  }
```

*code/ecf/forkprob1.c*

*8.12 这个程序会输出多少个“hello”输出行？

*code/ecf/forkprob4.c*

```
1   #include "csapp.h"
2
3   void doit()
4   {
5       Fork();
6       Fork();
7       printf("hello\n");
8       return;
9   }
10
11  int main()
12  {
13      doit();
14      printf("hello\n");
15      exit(0);
16  }
```

*code/ecf/forkprob4.c*

*8.13 下面程序的一种可能的输出是什么？

*code/ecf/forkprob3.c*

```
1   #include "csapp.h"
2
3   int main()
```

```
4   {
5       int x = 3;
6
7       if (Fork() != 0)
8           printf("x=%d\n", ++x);
9
10      printf("x=%d\n", --x);
11      exit(0);
12  }
```

code/ecf/forkprob3.c

*8.14　下面这个程序会输出多少个“hello”输出行？

code/ecf/forkprob5.c

```
1   #include "csapp.h"
2
3   void doit()
4   {
5       if (Fork() == 0) {
6           Fork();
7           printf("hello\n");
8           exit(0);
9       }
10      return;
11  }
12
13  int main()
14  {
15      doit();
16      printf("hello\n");
17      exit(0);
18  }
```

code/ecf/forkprob5.c

*8.15　下面这个程序会输出多少个“hello”输出行？

code/ecf/forkprob6.c

```
1   #include "csapp.h"
2
3   void doit()
4   {
5       if (Fork() == 0) {
6           Fork();
7           printf("hello\n");
8           return;
9       }
10      return;
11  }
12
13  int main()
14  {
15      doit();
16      printf("hello\n");
17      exit(0);
18  }
```

code/ecf/forkprob6.c

*8.16　下面这个程序的输出是什么？

code/ecf/forkprob7.c

```
1   #include "csapp.h"
2   int counter = 1;
3
4   int main()
5   {
6       if (fork() == 0) {
7           counter--;
8           exit(0);
9       }
10      else {
11          Wait(NULL);
12          printf("counter = %d\n", ++counter);
13      }
14      exit(0);
15  }
```

code/ecf/forkprob7.c

*8.17　列举练习题 8.4 中程序所有可能的输出。

**8.18　考虑下面的程序：

code/ecf/forkprob2.c

```
1   #include "csapp.h"
2
3   void end(void)
4   {
5       printf("2"); fflush(stdout);
6   }
7
8   int main()
9   {
10      if (Fork() == 0)
11          atexit(end);
12      if (Fork() == 0) {
13          printf("0"); fflush(stdout);
14      }
15      else {
16          printf("1"); fflush(stdout);
17      }
18      exit(0);
19  }
```

code/ecf/forkprob2.c

判断下面哪个输出是可能的。注意：atexit 函数以一个指向函数的指针为输入，并将它添加到函数列表中(初始为空)，当 exit 函数被调用时，会调用该列表中的函数。

A. 112002　　B. 211020　　C. 102120　　D. 122001　　E. 100212

**8.19　下面的函数会打印多少行输出？用一个 $n$ 的函数给出答案。假设 $n \geqslant 1$。

code/ecf/forkprob8.c

```
1   void foo(int n)
2   {
3       int i;
4
5       for (i = 0; i < n; i++)
6           Fork();
7       printf("hello\n");
8       exit(0);
9   }
```

code/ecf/forkprob8.c

** 8.20　使用 execve 编写一个叫做 myls 的程序，该程序的行为和/bin/ls 程序的一样。你的程序应该接受相同的命令行参数，解释同样的环境变量，并产生相同的输出。

ls 程序从 COLUMNS 环境变量中获得屏幕的宽度。如果没有设置 COLUMNS，那么 ls 会假设屏幕宽 80 列。因此，你可以通过把 COLUMNS 环境设置得小于 80，来检查你对环境变量的处理：

```
linux> setenv COLUMNS 40
linux> ./myls
   :  // Output is 40 columns wide
linux> unsetenv COLUMNS
linux> ./myls
   :  // Output is now 80 columns wide
```

** 8.21　下面的程序可能的输出序列是什么？

*code/ecf/waitprob3.c*

```
1   int main()
2   {
3       if (fork() == 0) {
4           printf("a"); fflush(stdout);
5           exit(0);
6       }
7       else {
8           printf("b"); fflush(stdout);
9           waitpid(-1, NULL, 0);
10      }
11      printf("c"); fflush(stdout);
12      exit(0);
13  }
```

*code/ecf/waitprob3.c*

*** 8.22　编写 Unix system 函数的你自己的版本

```
int mysystem(char *command);
```

mysystem 函数通过调用“/bin/sh -c command”来执行 command，然后在 command 完成后返回。如果 command(通过调用 exit 函数或者执行一条 return 语句)正常退出，那么 mysystem 返回 command 退出状态。例如，如果 command 通过调用 exit(8)终止，那么 mysystem 返回值 8。否则，如果 command 是异常终止的，那么 mysystem 就返回 shell 返回的状态。

** 8.23　你的一个同事想要使用信号来让一个父进程对发生在子进程中的事件计数。其想法是每次发生一个事件时，通过向父进程发送一个信号来通知它，并且让父进程的信号处理程序对一个全局变量 counter 加一，在子进程终止之后，父进程就可以检查这个变量。然而，当他在系统上运行图 8-45 中的测试程序时，发现当父进程调用 printf 时，counter 的值总是 2，即使子进程向父进程发送了 5 个信号也是如此。他很困惑，向你寻求帮助。你能解释这个程序有什么错误吗？

*code/ecf/counterprob.c*

```
1   #include "csapp.h"
2
3   int counter = 0;
4
5   void handler(int sig)
6   {
7       counter++;
8       sleep(1); /* Do some work in the handler */
9       return;
```

图 8-45　家庭作业 8.23 中引用的计数器程序

```
10  }
11
12  int main()
13  {
14      int i;
15
16      Signal(SIGUSR2, handler);
17
18      if (Fork() == 0) {  /* Child */
19          for (i = 0; i < 5; i++) {
20              Kill(getppid(), SIGUSR2);
21              printf("sent SIGUSR2 to parent\n");
22          }
23          exit(0);
24      }
25
26      Wait(NULL);
27      printf("counter=%d\n", counter);
28      exit(0);
29  }
```

code/ecf/counterprob.c

图 8-45 (续)

*** 8.24 修改图 8-18 中的程序，以满足下面两个条件：

1）每个子进程在试图写一个只读文本段中的位置时会异常终止。

2）父进程打印和下面所示相同(除了 PID)的输出：

```
child 12255 terminated by signal 11: Segmentation fault
child 12254 terminated by signal 11: Segmentation fault
```

提示：请参考 psignal(3)的 man 页。

*** 8.25 编写 fgets 函数的一个版本，叫做 tfgets，它 5 秒钟后会超时。tfgets 函数接收和 fgets 相同的输入。如果用户在 5 秒内不键入一个输入行，tfgets 返回 NULL。否则，它返回一个指向输入行的指针。

**** 8.26 以图 8-23 中的示例作为开始点，编写一个支持作业控制的 shell 程序。shell 必须具有以下特性：

- 用户输入的命令行由一个 name、零个或者多个参数组成，它们都由一个或者多个空格分隔开。如果 name 是一个内置命令，那么 shell 就立即处理它，并等待下一个命令行。否则，shell 就假设 name 是一个可执行文件，在一个初始的子进程(作业)的上下文中加载并运行它。作业的进程组 ID 与子进程的 PID 相同。
- 每个作业是由一个进程 ID(PID)或者一个作业 ID(JID)来标识的，它是由一个 shell 分配的任意的小正整数。JID 在命令行上用前缀“%”来表示。比如，“%5”表示 JID 5，而“5”表示 PID 5。
- 如果命令行以 & 来结束，那么 shell 就在后台运行这个作业。否则，shell 就在前台运行这个作业。
- 输入 Ctrl+C(Ctrl+Z)，使得内核发送一个 SIGINT(SIGTSTP)信号给 shell，shell 再转发给前台进程组中的每个进程 ⊖
- 内置命令 jobs 列出所有的后台作业。
- 内置命令 bg *job* 通过发送一个 SIGCONT 信号重启 *job*，然后在后台运行它。*job* 参数可以是一个 PID，也可以是一个 JID。
- 内置命令 fg *job* 通过发送一个 SIGCONT 信号重启 *job*，然后在前台运行它。

⊖ 注意这是对真实的 shell 工作方式的简化。真实的 shell 里，内核响应 Ctrl+C(Ctrl+Z)，把 SIGINT(SIGTSTP)直接发送给终端前台进程组中的每个进程。shell 用 tcsetpgrp 函数管理这个进程组的成员，用 tcsetattr 函数管理终端的属性，这两个函数都超出了本书讲述的范围。可以参考[62]获得详细信息。

- shell 回收它所有的僵死子进程。如果任何作业因为收到一个未捕获的信号而终止，那么 shell 就输出一条消息到终端，消息中包含该作业的 PID 和对该信号的描述。

图 8-46 展示了一个 shell 会话示例。

```
linux> ./shell                                      Run your shell program
>bogus
bogus: Command not found.                           Execve can't find executable
>foo 10
Job 5035 terminated by signal: Interrupt            User types Ctrl+C
>foo 100 &
[1] 5036 foo 100 &
>foo 200 &
[2] 5037 foo 200 &
>jobs
[1] 5036 Running    foo 100 &
[2] 5037 Running    foo 200 &
>fg %1
Job [1] 5036 stopped by signal: Stopped             User types Ctrl+Z
>jobs
[1] 5036 Stopped    foo 100 &
[2] 5037 Running    foo 200 &
>bg 5035
5035: No such process
>bg 5036
[1] 5036 foo 100 &
>/bin/kill 5036
Job 5036 terminated by signal: Terminated
> fg %2                                             Wait for fg job to finish
>quit
linux>                                              Back to the Unix shell
```

图 8-46　家庭作业 8.26 的 shell 会话示例

## 练习题答案

8.1　进程 A 和 B 是互相并发的，就像 B 和 C 一样，因为它们各自的执行是重叠的，也就是一个进程在另一个进程结束前开始。进程 A 和 C 不是并发的，因为它们的执行没有重叠；A 在 C 开始之前就结束了。

8.2　在图 8-15 的示例程序中，父子进程执行无关的指令集合。然而，在这个程序中，父子进程执行的指令集合是相关的，这是有可能的，因为父子进程有相同的代码段。这会是一个概念上的障碍，所以请确认你理解了本题的答案。图 8-47 给出了进程图。

A. 这里的关键点是子进程执行了两个 `printf` 语句。在 `fork` 返回之后，它执行第 6 行的 `printf`。然后它从 `if` 语句中出来，执行第 7 行的 `printf` 语句。下面是子进程产生的输出：

```
p1: x=2
p2: x=1
```

B. 父进程只执行第 7 行的 `printf`：

```
p2: x=0
```

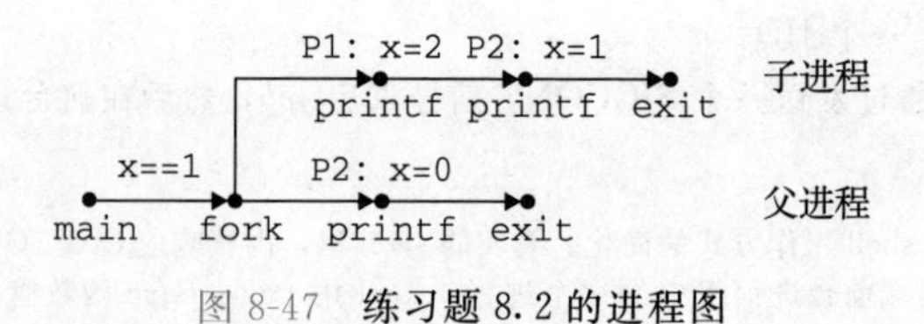


图 8-47　练习题 8.2 的进程图

8.3 我们知道序列 acbc、abcc 和 bacc 是可能的，因为它们对应有进程图的拓扑排序(图 8-48)。而像 bcac 和 cbca 这样的序列不对应有任何拓扑排序，因此它们是不可行的。

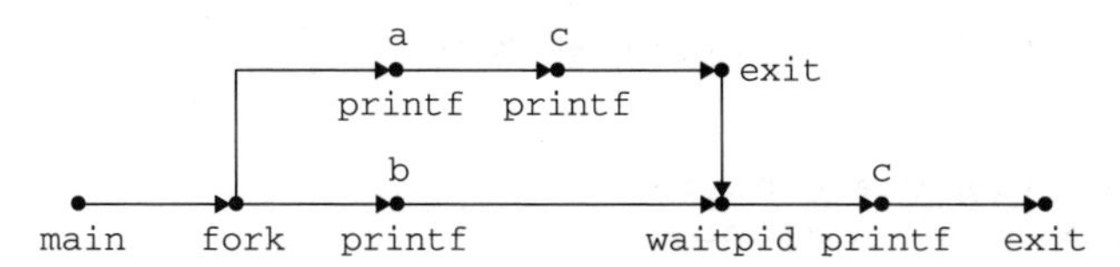


图 8-48 练习题 8.3 的进程图

8.4 A. 只简单地计算进程图(图 8-49)中 printf 顶点的个数就能确定输出行数。在这里，有 6 个这样的顶点，因此程序会打印 6 行输出。

B. 任何对应有进程图的拓扑排序的输出序列都是可能的。例如：Hello、1、0、Bye、2、Bye 是可能的。

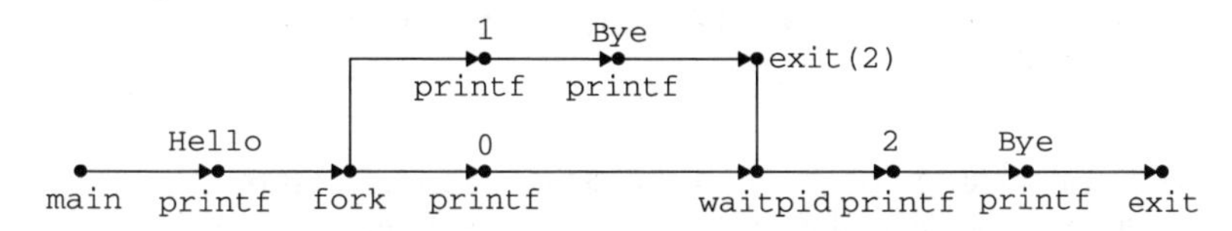


图 8-49 练习题 8.4 的进程图

8.5 *code/ecf/snooze.c*

```
1   unsigned int snooze(unsigned int secs) {
2       unsigned int rc = sleep(secs);
3
4       printf("Slept for %d of %d secs.\n", secs-rc, secs);
5       return rc;
6   }
```

*code/ecf/snooze.c*

8.6 *code/ecf/myecho.c*

```
1   #include "csapp.h"
2
3   int main(int argc, char *argv[], char *envp[])
4   {
5       int i;
6
7       printf("Command-line arguments:\n");
8       for (i=0; argv[i] != NULL; i++)
9           printf("    argv[%2d]: %s\n", i, argv[i]);
10
11      printf("\n");
12      printf("Environment variables:\n");
13      for (i=0; envp[i] != NULL; i++)
14          printf("    envp[%2d]: %s\n", i, envp[i]);
15
16      exit(0);
17  }
```

*code/ecf/myecho.c*

8.7 只要休眠进程收到一个未被忽略的信号，sleep 函数就会提前返回。但是，因为收到一个 SIGINT 信号的默认行为就是终止进程(图 8-26)，我们必须设置一个 SIGINT 处理程序来允许 sleep 函数返回。处理程序简单地捕获 SIGNAL，并将控制返回给 sleep 函数，该函数会立即返回。

*code/ecf/snooze.c*

```
1   #include "csapp.h"
2
```

```
3   /* SIGINT handler */
4   void handler(int sig)
5   {
6       return; /* Catch the signal and return */
7   }
8
9   unsigned int snooze(unsigned int secs) {
10      unsigned int rc = sleep(secs);
11
12      printf("Slept for %d of %d secs.\n", secs-rc, secs);
13      return rc;
14  }
15
16  int main(int argc, char **argv) {
17
18      if (argc != 2) {
19          fprintf(stderr, "usage: %s <secs>\n", argv[0]);
20          exit(0);
21      }
22
23      if (signal(SIGINT, handler) == SIG_ERR) /* Install SIGINT */
24          unix_error("signal error\n");       /* handler        */
25      (void)snooze(atoi(argv[1]));
26      exit(0);
27  }
```

*code/ecf/snooze.c*

8.8 这个程序打印字符串“213”，这是卡内基-梅隆大学 CS：APP 课程的缩写名。父进程开始时打印“2”，然后创建子进程，子进程会陷入一个无限循环。然后父进程向子进程发送一个信号，并等待它终止。子进程捕获这个信号(中断这个无限循环)，对计数器值(从初始值 2)减一，打印“1”，然后终止。在父进程回收子进程之后，它对计数器值(从初始值 2)加一，打印“3”，并且终止。

第 9 章

C H A P T E R 9

# 虚拟内存

一个系统中的进程是与其他进程共享 CPU 和主存资源的。然而，共享主存会形成一些特殊的挑战。随着对 CPU 需求的增长，进程以某种合理的平滑方式慢了下来。但是如果太多的进程需要太多的内存，那么它们中的一些就根本无法运行。当一个程序没有空间可用时，那就是它运气不好了。内存还很容易被破坏。如果某个进程不小心写了另一个进程使用的内存，它就可能以某种完全和程序逻辑无关的令人迷惑的方式失败。

为了更加有效地管理内存并且少出错，现代系统提供了一种对主存的抽象概念，叫做*虚拟内存*(VM)。虚拟内存是硬件异常、硬件地址翻译、主存、磁盘文件和内核软件的完美交互，它为每个进程提供了一个大的、一致的和私有的地址空间。通过一个很清晰的机制，虚拟内存提供了三个重要的能力：1)它将主存看成是一个存储在磁盘上的地址空间的高速缓存，在主存中只保存活动区域，并根据需要在磁盘和主存之间来回传送数据，通过这种方式，它高效地使用了主存。2)它为每个进程提供了一致的地址空间，从而简化了内存管理。3)它保护了每个进程的地址空间不被其他进程破坏。

虚拟内存是计算机系统最重要的概念之一。它成功的一个主要原因就是因为它是沉默地、自动地工作的，不需要应用程序员的任何干涉。既然虚拟内存在幕后工作得如此之好，为什么程序员还需要理解它呢？有以下几个原因：

- *虚拟内存是核心的*。虚拟内存遍及计算机系统的所有层面，在硬件异常、汇编器、链接器、加载器、共享对象、文件和进程的设计中扮演着重要角色。理解虚拟内存将帮助你更好地理解系统通常是如何工作的。
- *虚拟内存是强大的*。虚拟内存给予应用程序强大的能力，可以创建和销毁内存片(chunk)、将内存片映射到磁盘文件的某个部分，以及与其他进程共享内存。比如，你知道可以通过读写内存位置读或者修改一个磁盘文件的内容吗？或者可以加载一个文件的内容到内存中，而不需要进行任何显式地复制吗？理解虚拟内存将帮助你利用它的强大功能在应用程序中添加动力。
- *虚拟内存是危险的*。每次应用程序引用一个变量、间接引用一个指针，或者调用一个诸如 `malloc` 这样的动态分配程序时，它就会和虚拟内存发生交互。如果虚拟内存使用不当，应用将遇到复杂危险的与内存有关的错误。例如，一个带有错误指针的程序可以立即崩溃于“段错误”或者“保护错误”，它可能在崩溃之前还默默地运行了几个小时，或者是最令人惊慌地，运行完成却产生不正确的结果。理解虚拟内存以及诸如 `malloc` 之类的管理虚拟内存的分配程序，可以帮助你避免这些错误。

这一章从两个角度来看虚拟内存。本章的前一部分描述虚拟内存是如何工作的。后一部分描述的是应用程序如何使用和管理虚拟内存。无可避免的事实是虚拟内存很复杂，本章很多地方都反映了这一点。好消息就是如果你掌握这些细节，你就能够手工模拟一个小系统的虚拟内存机制，而且虚拟内存的概念将永远不再神秘。

第二部分是建立在这种理解之上的，向你展示了如何在程序中使用和管理虚拟内存。你将学会如何通过显式的内存映射和对像 `malloc` 程序这样的动态内存分配器的调用来管理虚拟内存。你还将了解到C程序中的大多数常见的与内存有关的错误，并学会如何避免它们的出现。

## 9.1 物理和虚拟寻址

计算机系统的主存被组织成一个由 $M$ 个连续的字节大小的单元组成的数组。每字节都有一个唯一的*物理地址*（Physical Address，PA）。第一个字节的地址为0，接下来的字节地址为1，再下一个为2，依此类推。给定这种简单的结构，CPU访问内存的最自然的方式就是使用物理地址。我们把这种方式称为*物理寻址*（physical addressing）。图9-1展示了一个物理寻址的示例，该示例的上下文是一条加载指令，它读取从物理地址4处开始的4字节字。当CPU执行这条加载指令时，会生成一个有效物理地址，通过内存总线，把它传递给主存。主存取出从物理地址4处开始的4字节字，并将它返回给CPU，CPU会将它存放在一个寄存器里。

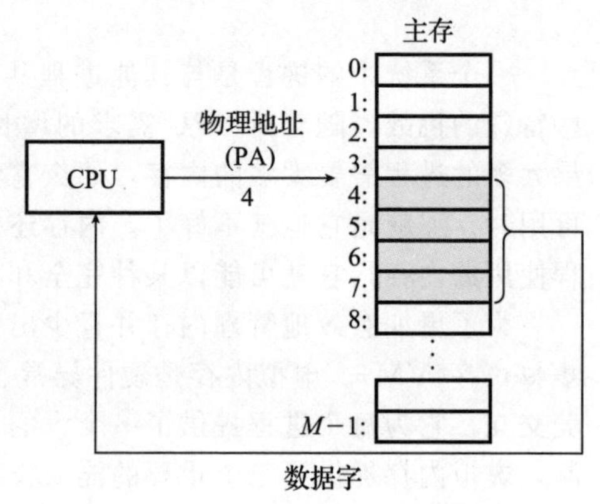


图9-1　一个使用物理寻址的系统

早期的PC使用物理寻址，而且诸如数字信号处理器、嵌入式微控制器以及Cray超级计算机这样的系统仍然继续使用这种寻址方式。然而，现代处理器使用的是一种称为*虚拟寻址*（virtual addressing）的寻址形式，参见图9-2。

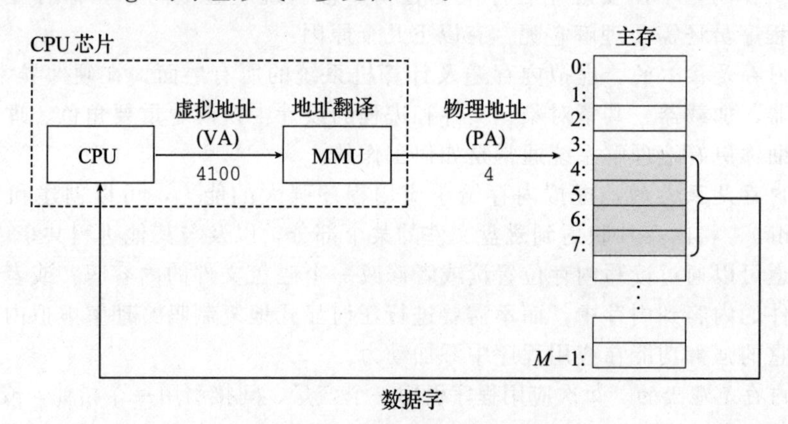


图9-2　一个使用虚拟寻址的系统

使用虚拟寻址，CPU通过生成一个*虚拟地址*（Virtual Address，VA）来访问主存，这个虚拟地址在被送到内存之前先转换成适当的物理地址。将一个虚拟地址转换为物理地址的任务叫做*地址翻译*（address translation）。就像异常处理一样，地址翻译需要CPU硬件和操作系统之间的紧密合作。CPU芯片上叫做*内存管理单元*（Memory Management Unit，MMU）的专用硬件，利用存放在主存中的查询表来动态翻译虚拟地址，该表的内容由操作系统管理。

## 9.2 地址空间

*地址空间*（address space）是一个非负整数地址的有序集合：

$$\{0,1,2,\cdots\}$$

如果地址空间中的整数是连续的，那么我们说它是一个线性地址空间(linear address space)。为了简化讨论，我们总是假设使用的是线性地址空间。在一个带虚拟内存的系统中，CPU 从一个有 $N=2^n$ 个地址的地址空间中生成虚拟地址，这个地址空间称为虚拟地址空间(virtual address space)：

$$\{0,1,2,\cdots,N-1\}$$

一个地址空间的大小是由表示最大地址所需要的位数来描述的。例如，一个包含 $N=2^n$ 个地址的虚拟地址空间就叫做一个 $n$ 位地址空间。现代系统通常支持 32 位或者 64 位虚拟地址空间。

一个系统还有一个物理地址空间(physical address space)，对应于系统中物理内存的 $M$ 个字节：

$$\{0,1,2,\cdots,M-1\}$$

$M$ 不要求是 2 的幂，但是为了简化讨论，我们假设 $M=2^m$。

地址空间的概念是很重要的，因为它清楚地区分了数据对象(字节)和它们的属性(地址)。一旦认识到了这种区别，那么我们就可以将其推广，允许每个数据对象有多个独立的地址，其中每个地址都选自一个不同的地址空间。这就是虚拟内存的基本思想。主存中的每字节都有一个选自虚拟地址空间的虚拟地址和一个选自物理地址空间的物理地址。

练习题 9.1 完成下面的表格，填写缺失的条目，并且用适当的整数取代每个问号。利用下列单位：$K=2^{10}$(kilo，千)，$M=2^{20}$(mega，兆，百万)，$G=2^{30}$(giga，千兆，十亿)，$T=2^{40}$(tera，万亿)，$P=2^{50}$(peta，千千兆)，或 $E=2^{60}$(exa，千兆兆)。

| 虚拟地址位数 ($n$) | 虚拟地址数 ($N$) | 最大可能的虚拟地址 |
|---|---|---|
| 8 | | |
| | $2^?=64K$ | |
| | | $2^{32}-1=?G-1$ |
| | $2^?=256T$ | |
| 64 | | |

## 9.3 虚拟内存作为缓存的工具

概念上而言，虚拟内存被组织为一个由存放在磁盘上的 $N$ 个连续的字节大小的单元组成的数组。每字节都有一个唯一的虚拟地址，作为到数组的索引。磁盘上数组的内容被缓存在主存中。和存储器层次结构中其他缓存一样，磁盘(较低层)上的数据被分割成块，这些块作为磁盘和主存(较高层)之间的传输单元。VM 系统通过将虚拟内存分割为称为虚拟页(Virtual Page，VP)的大小固定的块来处理这个问题。每个虚拟页的大小为 $P=2^p$ 字节。类似地，物理内存被分割为物理页(Physical Page，PP)，大小也为 $P$ 字节(物理页也被称为页帧(page frame))。

在任意时刻，虚拟页面的集合都分为三个不相交的子集：

- **未分配的**：VM 系统还未分配(或者创建)的页。未分配的块没有任何数据和它们相关联，因此也就不占用任何磁盘空间。
- **缓存的**：当前已缓存在物理内存中的已分配页。
- **未缓存的**：未缓存在物理内存中的已分配页。

图 9-3 的示例展示了一个有 8 个虚拟页的小虚拟内存。虚拟页 0 和 3 还没有被分配，

因此在磁盘上还不存在。虚拟页 1、4 和 6 被缓存在物理内存中。页 2、5 和 7 已经被分配了，但是当前并未缓存在主存中。

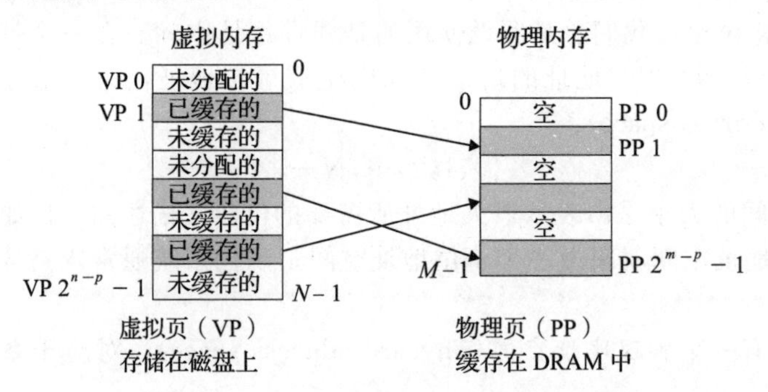


图 9-3　一个 VM 系统是如何使用主存作为缓存的

### 9.3.1　DRAM 缓存的组织结构

为了有助于清晰理解存储层次结构中不同的缓存概念，我们将使用术语 *SRAM 缓存*来表示位于 CPU 和主存之间的 L1、L2 和 L3 高速缓存，并且用术语 *DRAM 缓存*来表示虚拟内存系统的缓存，它在主存中缓存虚拟页。

在存储层次结构中，DRAM 缓存的位置对它的组织结构有很大的影响。回想一下，DRAM 比 SRAM 要慢大约 10 倍，而磁盘要比 DRAM 慢大约 100 000 多倍。因此，DRAM 缓存中的不命中比起 SRAM 缓存中的不命中要昂贵得多，这是因为 DRAM 缓存不命中要由磁盘来服务，而 SRAM 缓存不命中通常是由基于 DRAM 的主存来服务的。而且，从磁盘的一个扇区读取第一个字节的时间开销比起读这个扇区中连续的字节要慢大约 100 000 倍。归根到底，DRAM 缓存的组织结构完全是由巨大的不命中开销驱动的。

因为大的不命中处罚和访问第一个字节的开销，虚拟页往往很大，通常是 4KB～2MB。由于大的不命中处罚，DRAM 缓存是全相联的，即任何虚拟页都可以放置在任何的物理页中。不命中时的替换策略也很重要，因为替换错了虚拟页的处罚也非常之高。因此，与硬件对 SRAM 缓存相比，操作系统对 DRAM 缓存使用了更复杂精密的替换算法。(这些替换算法超出了我们的讨论范围)。最后，因为对磁盘的访问时间很长，DRAM 缓存总是使用写回，而不是直写。

### 9.3.2　页表

同任何缓存一样，虚拟内存系统必须有某种方法来判定一个虚拟页是否缓存在 DRAM 中的某个地方。如果是，系统还必须确定这个虚拟页存放在哪个物理页中。如果不命中，系统必须判断这个虚拟页存放在磁盘的哪个位置，在物理内存中选择一个牺牲页，并将虚拟页从磁盘复制到 DRAM 中，替换这个牺牲页。

这些功能是由软硬件联合提供的，包括操作系统软件、MMU(内存管理单元)中的地址翻译硬件和一个存放在物理内存中叫做*页表*(page table)的数据结构，页表将虚拟页映射到物理页。每次地址翻译硬件将一个虚拟地址转换为物理地址时，都会读取页表。操作系统负责维护页表的内容，以及在磁盘与 DRAM 之间来回传送页。

图 9-4 展示了一个页表的基本组织结构。页表就是一个*页表条目*(Page Table Entry，PTE)的数组。虚拟地址空间中的每个页在页表中一个固定偏移量处都有一个 PTE。为了

我们的目的，我们将假设每个 PTE 是由一个有效位(valid bit)和一个 $n$ 位地址字段组成的。有效位表明了该虚拟页当前是否被缓存在 DRAM 中。如果设置了有效位，那么地址字段就表示 DRAM 中相应的物理页的起始位置，这个物理页中缓存了该虚拟页。如果没有设置有效位，那么一个空地址表示这个虚拟页还未被分配。否则，这个地址就指向该虚拟页在磁盘上的起始位置。

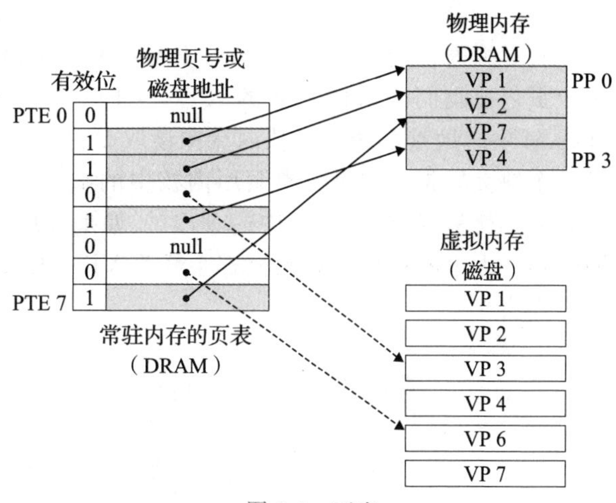


图 9-4　页表

图 9-4 中的示例展示了一个有 8 个虚拟页和 4 个物理页的系统的页表。四个虚拟页(VP 1、VP 2、VP 4 和 VP 7)当前被缓存在 DRAM 中。两个页(VP 0 和 VP 5)还未被分配，而剩下的页(VP 3 和 VP 6)已经被分配了，但是当前还未被缓存。图 9-4 中有一个要点要注意，因为 DRAM 缓存是全相联的，所以任意物理页都可以包含任意虚拟页。

**练习题 9.2**　确定下列虚拟地址大小($n$)和页大小($P$)的组合所需要的 PTE 数量：

| $n$ | $P=2^p$ | PTE数量 |
|---|---|---|
| 16 | 4K | |
| 16 | 8K | |
| 32 | 4K | |
| 32 | 8K | |

## 9.3.3　页命中

考虑一下当 CPU 想要读包含在 VP 2 中的虚拟内存的一个字时会发生什么(图 9-5)，VP 2 被缓存在 DRAM 中。使用我们将在 9.6 节中详细描述的一种技术，地址翻译硬件将虚拟地址作为一个索引来定位 PTE 2，并从内存中读取它。因为设置了有效位，那么地址翻译硬件就知道 VP 2 是缓存在内存中的了。所以它使用 PTE 中的物理内存地址(该地址指向 PP 1 中缓存页的起始位置)，构造出这个字的物理地址。

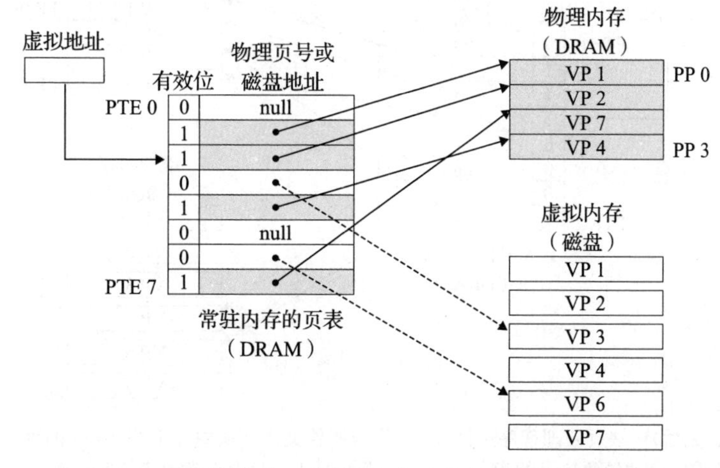


图 9-5　VM 页命中。对 VP 2 中一个字的引用就会命中

### 9.3.4　缺页

在虚拟内存的习惯说法中，DRAM 缓存不命中称为**缺页**(page fault)。图 9-6 展示了在缺页之前我们的示例页表的状态。CPU 引用了 VP 3 中的一个字，VP 3 并未缓存在 DRAM 中。地址翻译硬件从内存中读取 PTE 3，从有效位推断出 VP 3 未被缓存，并且触发一个缺页异常。缺页异常调用内核中的缺页异常处理程序，该程序会选择一个牺牲页，在此例中就是存放在 PP 3 中的 VP 4。如果 VP 4 已经被修改了，那么内核就会将它复制回磁盘。无论哪种情况，内核都会修改 VP 4 的页表条目，反映出 VP 4 不再缓存在主存中这一事实。

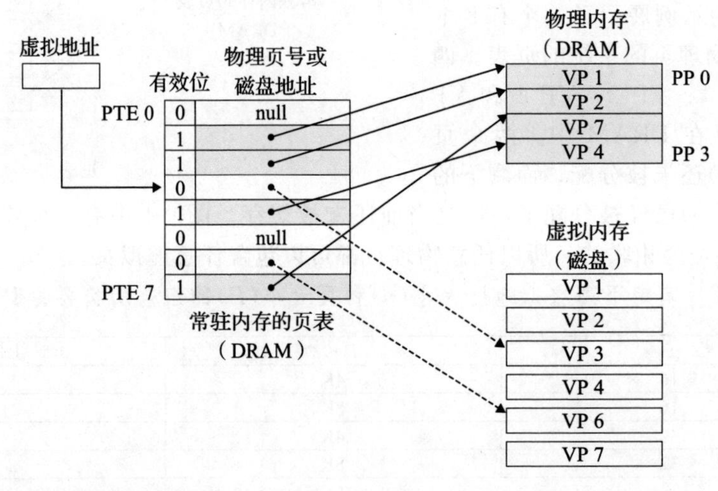


图 9-6　VM 缺页(之前)。对 VP 3 中的字的引用会不命中，从而触发了缺页

接下来，内核从磁盘复制 VP 3 到内存中的 PP 3，更新 PTE 3，随后返回。当异常处理程序返回时，它会重新启动导致缺页的指令，该指令会把导致缺页的虚拟地址重发送到地址翻译硬件。但是现在，VP 3 已经缓存在主存中了，那么页命中也能由地址翻译硬件正常处理了。图 9-7 展示了在缺页之后我们的示例页表的状态。

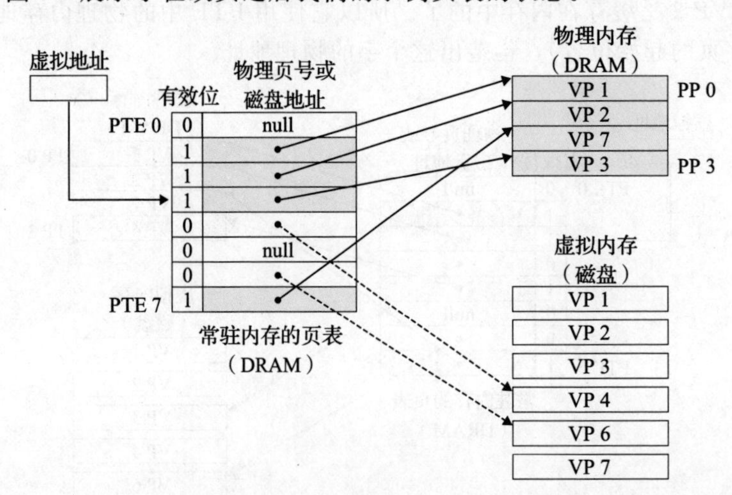


图 9-7　VM 缺页(之后)。缺页处理程序选择 VP 4 作为牺牲页，并从磁盘上用 VP 3 的副本取代它。在缺页处理程序重新启动导致缺页的指令之后，该指令将从内存中正常地读取字，而不会再产生异常

虚拟内存是在20世纪60年代早期发明的，远在CPU-内存之间差距的加大引发产生SRAM缓存之前。因此，虚拟内存系统使用了和SRAM缓存不同的术语，即使它们的许多概念是相似的。在虚拟内存的习惯说法中，块被称为页。在磁盘和内存之间传送页的活动叫做交换(swapping)或者页面调度(paging)。页从磁盘换入(或者页面调入)DRAM和从DRAM换出(或者页面调出)磁盘。一直等待，直到最后时刻，也就是当有不命中发生时，才换入页面的这种策略称为按需页面调度(demand paging)。也可以采用其他的方法，例如尝试着预测不命中，在页面实际被引用之前就换入页面。然而，所有现代系统都使用的是按需页面调度的方式。

### 9.3.5 分配页面

图9-8展示了当操作系统分配一个新的虚拟内存页时对我们示例页表的影响，例如，调用malloc的结果。在这个示例中，VP5的分配过程是在磁盘上创建空间并更新PTE 5，使它指向磁盘上这个新创建的页面。

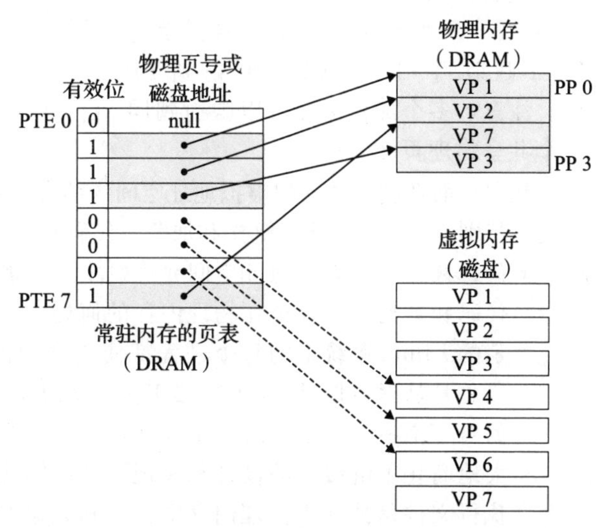


图9-8 分配一个新的虚拟页面。内核在磁盘上分配VP 5，并且将PTE 5指向这个新的位置

### 9.3.6 又是局部性救了我们

当我们中的许多人都了解了虚拟内存的概念之后，我们的第一印象通常是它的效率应该是非常低。因为不命中处罚很大，我们担心页面调度会破坏程序性能。实际上，虚拟内存工作得相当好，这主要归功于我们的老朋友局部性(locality)。

尽管在整个运行过程中程序引用的不同页面的总数可能超出物理内存总的大小，但是局部性原则保证了在任意时刻，程序将趋向于在一个较小的活动页面(active page)集合上工作，这个集合叫做工作集(working set)或者常驻集合(resident set)。在初始开销，也就是将工作集页面调度到内存中之后，接下来对这个工作集的引用将导致命中，而不会产生额外的磁盘流量。

只要我们的程序有好的时间局部性，虚拟内存系统就能工作得相当好。但是，当然不是所有的程序都能展现良好的时间局部性。如果工作集的大小超出了物理内存的大小，那么程序将产生一种不幸的状态，叫做抖动(thrashing)，这时页面将不断地换进换出。虽然虚拟内存通常是有效的，但是如果一个程序性能慢得像爬一样，那么聪明的程序员会考虑是不是发生了抖动。

**旁注 统计缺页次数**

你可以利用Linux的getrusage函数监测缺页的数量(以及许多其他的信息)。

## 9.4 虚拟内存作为内存管理的工具

在上一节中，我们看到虚拟内存是如何提供一种机制，利用DRAM缓存来自通常更大的虚拟地址空间的页面。有趣的是，一些早期的系统，比如DEC PDP-11/70，支持的是一个比物理内存更小的虚拟地址空间。然而，虚拟地址仍然是一个有用的机制，因为它大大地简化了内存管理，并提供了一种自然的保护内存的方法。

到目前为止，我们都假设有一个单独的页表，将一个虚拟地址空间映射到物理地址空间。实际上，操作系统为每个进程提供了一个独立的页表，因而也就是一个独立的虚拟地址空间。图 9-9 展示了基本思想。在这个示例中，进程 $i$ 的页表将 VP 1 映射到 PP 2，VP 2 映射到 PP 7。相似地，进程 $j$ 的页表将 VP 1 映射到 PP 7，VP 2 映射到 PP 10。注意，多个虚拟页面可以映射到同一个共享物理页面上。

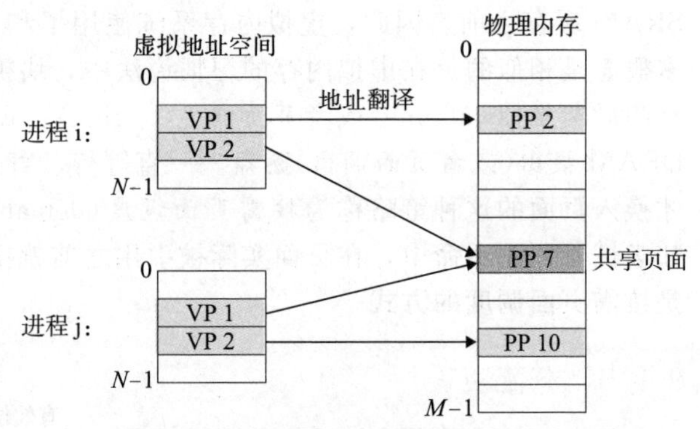


图 9-9　VM 如何为进程提供独立的地址空间。操作系统为系统中的每个进程都维护一个独立的页表

按需页面调度和独立的虚拟地址空间的结合，对系统中内存的使用和管理造成了深远的影响。特别地，VM 简化了链接和加载、代码和数据共享，以及应用程序的内存分配。

- *简化链接*。独立的地址空间允许每个进程的内存映像使用相同的基本格式，而不管代码和数据实际存放在物理内存的何处。例如，像我们在图 8-13 中看到的，一个给定的 Linux 系统上的每个进程都使用类似的内存格式。对于 64 位地址空间，代码段总是从虚拟地址 0x400000 开始。数据段跟在代码段之后，中间有一段符合要求的对齐空白。栈占据用户进程地址空间最高的部分，并向下生长。这样的一致性极大地简化了链接器的设计和实现，允许链接器生成完全链接的可执行文件，这些可执行文件是独立于物理内存中代码和数据的最终位置的。
- *简化加载*。虚拟内存还使得容易向内存中加载可执行文件和共享对象文件。要把目标文件中 .text 和 .data 节加载到一个新创建的进程中，Linux 加载器为代码和数据段分配虚拟页，把它们标记为无效的(即未被缓存的)，将页表条目指向目标文件中适当的位置。有趣的是，加载器从不从磁盘到内存实际复制任何数据。在每个页初次被引用时，要么是 CPU 取指令时引用的，要么是一条正在执行的指令引用一个内存位置时引用的，虚拟内存系统会按照需要自动地调入数据页。

  将一组连续的虚拟页映射到任意一个文件中的任意位置的表示法称作*内存映射*(memory mapping)。Linux 提供一个称为 mmap 的系统调用，允许应用程序自己做内存映射。我们会在 9.8 节中更详细地描述应用级内存映射。
- *简化共享*。独立地址空间为操作系统提供了一个管理用户进程和操作系统自身之间共享的一致机制。一般而言，每个进程都有自己私有的代码、数据、堆以及栈区域，是不和其他进程共享的。在这种情况中，操作系统创建页表，将相应的虚拟页映射到不连续的物理页面。

然而，在一些情况中，还是需要进程来共享代码和数据。例如，每个进程必须调用相同的操作系统内核代码，而每个 C 程序都会调用 C 标准库中的程序，比如 printf。操作系统通过将不同进程中适当的虚拟页面映射到相同的物理页面，从而安排多个进程共享这部分代码的一个副本，而不是在每个进程中都包括单独的内核和 C 标准库的副本，如图 9-9 所示。

- *简化内存分配*。虚拟内存为向用户进程提供一个简单的分配额外内存的机制。当一个运行在用户进程中的程序要求额外的堆空间时(如调用 malloc 的结果)，操作系统分配一个适当数字(例如 $k$)个连续的虚拟内存页面，并且将它们映射到物理内存

中任意位置的 $k$ 个任意的物理页面。由于页表工作的方式，操作系统没有必要分配 $k$ 个连续的物理内存页面。页面可以随机地分散在物理内存中。

## 9.5 虚拟内存作为内存保护的工具

任何现代计算机系统必须为操作系统提供手段来控制对内存系统的访问。不应该允许一个用户进程修改它的只读代码段。而且也不应该允许它读或修改任何内核中的代码和数据结构。不应该允许它读或者写其他进程的私有内存，并且不允许它修改任何与其他进程共享的虚拟页面，除非所有的共享者都显式地允许它这么做(通过调用明确的进程间通信系统调用)。

就像我们所看到的，提供独立的地址空间使得区分不同进程的私有内存变得容易。而且，地址翻译机制可以以一种自然的方式扩展到提供更好的访问控制。因为每次 CPU 生成一个地址时，地址翻译硬件都会读一个 PTE，所以通过在 PTE 上添加一些额外的许可位来控制对一个虚拟页面内容的访问十分简单。图 9-10 展示了大致的思想。

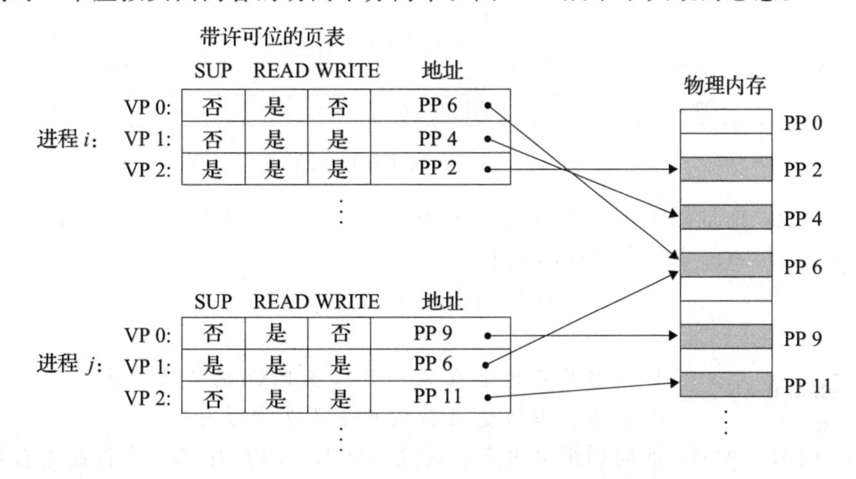


图 9-10 用虚拟内存来提供页面级的内存保护

在这个示例中，每个 PTE 中已经添加了三个许可位。SUP 位表示进程是否必须运行在内核(超级用户)模式下才能访问该页。运行在内核模式中的进程可以访问任何页面，但是运行在用户模式中的进程只允许访问那些 SUP 为 0 的页面。READ 位和 WRITE 位控制对页面的读和写访问。例如，如果进程 $i$ 运行在用户模式下，那么它有读 VP 0 和读写 VP 1 的权限。然而，不允许它访问 VP 2。

如果一条指令违反了这些许可条件，那么 CPU 就触发一个一般保护故障，将控制传递给一个内核中的异常处理程序。Linux shell 一般将这种异常报告为“段错误(segmentation fault)”。

## 9.6 地址翻译

这一节讲述的是地址翻译的基础知识。我们的目标是让你了解硬件在支持虚拟内存中的角色，并给出足够多的细节使得你可以亲手演示一些具体的示例。不过，要记住我们省略了大量的细节，尤其是和时序相关的细节，虽然这些细节对硬件设计者来说是非常重要的，但是超出了我们讨论的范围。图 9-11 概括了我们在这节里将要使用的所有符号，供读者参考。

| 基本参数 | |
|---|---|
| 符　号 | 描　述 |
| $N=2^n$ | 虚拟地址空间中的地址数量 |
| $M=2^m$ | 物理地址空间中的地址数量 |
| $P=2^p$ | 页的大小（字节） |

| 虚拟地址（VA）的组成部分 | |
|---|---|
| 符　号 | 描　述 |
| VPO | 虚拟页面偏移量（字节） |
| VPN | 虚拟页号 |
| TLBI | TLB 索引 |
| TLBT | TLB 标记 |

| 物理地址（PA）的组成部分 | |
|---|---|
| 符　号 | 描　述 |
| PPO | 物理页面偏移量（字节） |
| PPN | 物理页号 |
| CO | 缓冲块内的字节偏移量 |
| CI | 高速缓存索引 |
| CT | 高速缓存标记 |

图 9-11　地址翻译符号小结

形式上来说，地址翻译是一个 $N$ 元素的虚拟地址空间(VAS)中的元素和一个 $M$ 元素的物理地址空间(PAS)中元素之间的映射，

$$\text{MAP}: \text{VAS} \rightarrow \text{PAS} \cup \varnothing$$

这里

$$\text{MAP}(A) = \begin{cases} A' & \text{如果虚拟地址 } A \text{ 处的数据在 PAS 的物理地址 } A' \text{ 处} \\ \varnothing & \text{如果虚拟地址 } A \text{ 处的数据不在物理内存中} \end{cases}$$

图 9-12 展示了 MMU 如何利用页表来实现这种映射。CPU 中的一个控制寄存器，页表基址寄存器(Page Table Base Register，PTBR)指向当前页表。$n$ 位的虚拟地址包含两个部分：一个 $p$ 位的虚拟页面偏移(Virtual Page Offset，VPO)和一个$(n-p)$位的虚拟页号(Virtual

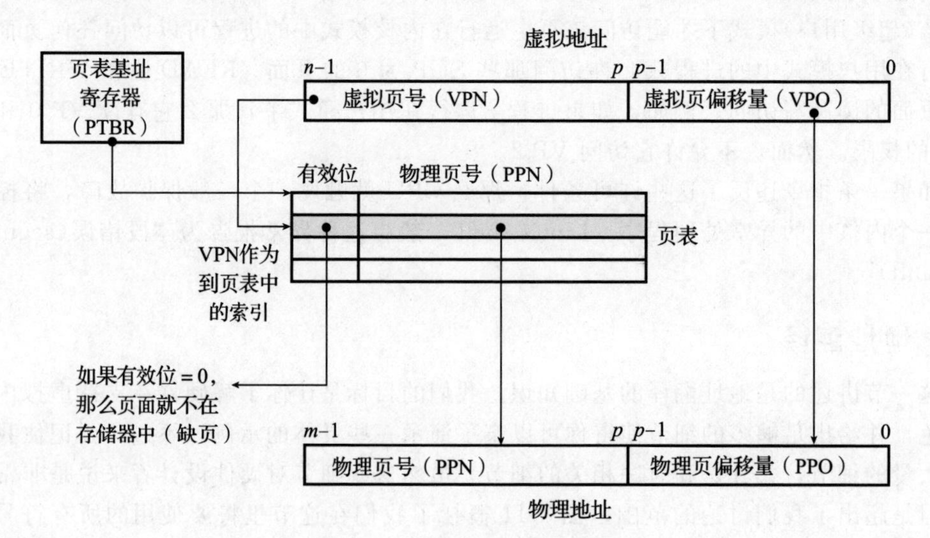


图 9-12　使用页表的地址翻译

Page Number，VPN)。MMU 利用 VPN 来选择适当的 PTE。例如，VPN 0 选择 PTE 0，VPN 1 选择 PTE 1，以此类推。将页表条目中物理页号(Physical Page Number，PPN)和虚拟地址中的 VPO 串联起来，就得到相应的物理地址。注意，因为物理和虚拟页面都是 $P$ 字节的，所以物理页面偏移(Physical Page Offset，PPO)和 VPO 是相同的。

图 9-13a 展示了当页面命中时，CPU 硬件执行的步骤。

- 第 1 步：处理器生成一个虚拟地址，并把它传送给 MMU。
- 第 2 步：MMU 生成 PTE 地址，并从高速缓存/主存请求得到它。
- 第 3 步：高速缓存/主存向 MMU 返回 PTE。
- 第 4 步：MMU 构造物理地址，并把它传送给高速缓存/主存。
- 第 5 步：高速缓存/主存返回所请求的数据字给处理器。

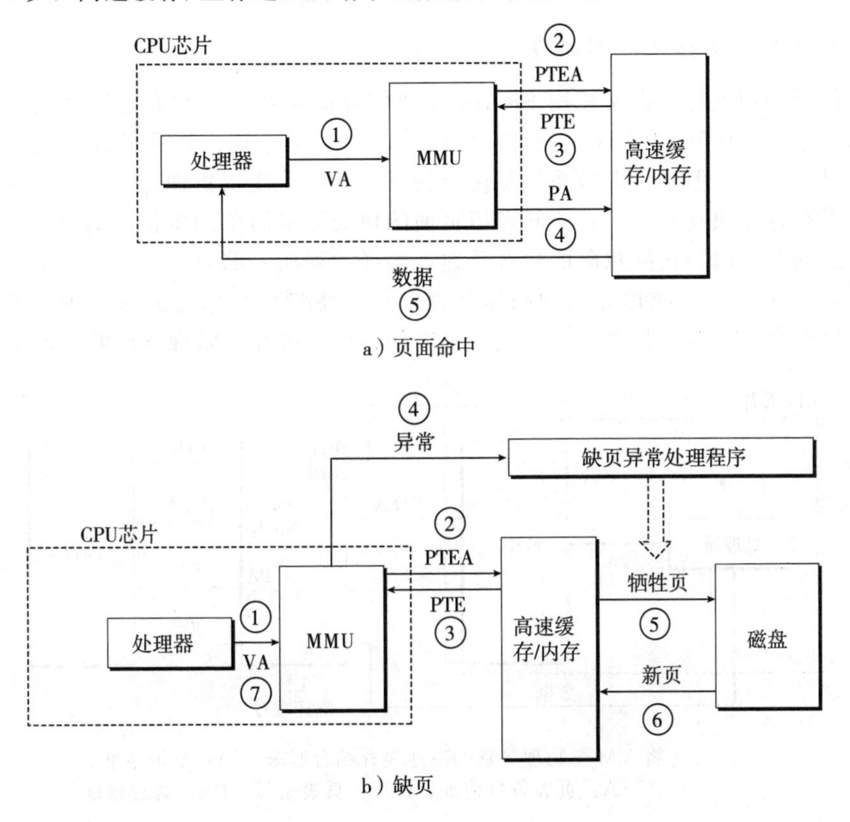


图 9-13 页面命中和缺页的操作图(VA：虚拟地址。PTEA：页表条目地址。PTE：页表条目。PA：物理地址)

页面命中完全是由硬件来处理的，与之不同的是，处理缺页要求硬件和操作系统内核协作完成，如图 9-13b 所示。

- 第 1 步到第 3 步：和图 9-13a 中的第 1 步到第 3 步相同。
- 第 4 步：PTE 中的有效位是零，所以 MMU 触发了一次异常，传递 CPU 中的控制到操作系统内核中的缺页异常处理程序。
- 第 5 步：缺页处理程序确定出物理内存中的牺牲页，如果这个页面已经被修改了，则把它换出到磁盘。
- 第 6 步：缺页处理程序调入新的页面，并更新内存中的 PTE。

- 第 7 步：缺页处理程序返回到原来的进程，再次执行导致缺页的指令。CPU 将引起缺页的虚拟地址重新发送给 MMU。因为虚拟页面现在缓存在物理内存中，所以就会命中，在 MMU 执行了图 9-13a 中的步骤之后，主存就会将所请求字返回给处理器。

练习题 9.3　给定一个 32 位的虚拟地址空间和一个 24 位的物理地址，对于下面的页面大小 $P$，确定 VPN、VPO、PPN 和 PPO 中的位数：

| $P$ | VPN位数 | VPO位数 | PPN位数 | PPO位数 |
|---|---|---|---|---|
| 1KB | | | | |
| 2KB | | | | |
| 4KB | | | | |
| 8KB | | | | |

## 9.6.1　结合高速缓存和虚拟内存

在任何既使用虚拟内存又使用 SRAM 高速缓存的系统中，都有应该使用虚拟地址还是使用物理地址来访问 SRAM 高速缓存的问题。尽管关于这个折中的详细讨论已经超出了我们的讨论范围，但是大多数系统是选择物理寻址的。使用物理寻址，多个进程同时在高速缓存中有存储块和共享来自相同虚拟页面的块成为很简单的事情。而且，高速缓存无需处理保护问题，因为访问权限的检查是地址翻译过程的一部分。

图 9-14 展示了一个物理寻址的高速缓存如何和虚拟内存结合起来。主要的思路是地址翻译发生在高速缓存查找之前。注意，页表条目可以缓存，就像其他的数据字一样。

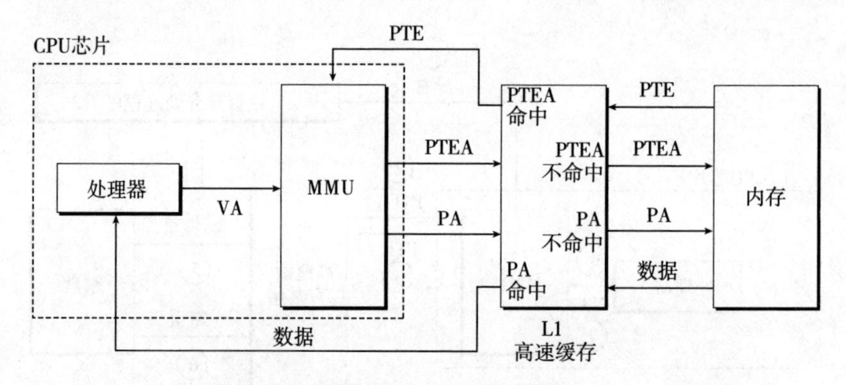


图 9-14　将 VM 与物理寻址的高速缓存结合起来(VA：虚拟地址。PTEA：页表条目地址。PTE：页表条目。PA：物理地址)

## 9.6.2　利用 TLB 加速地址翻译

正如我们看到的，每次 CPU 产生一个虚拟地址，MMU 就必须查阅一个 PTE，以便将虚拟地址翻译为物理地址。在最糟糕的情况下，这会要求从内存多取一次数据，代价是几十到几百个周期。如果 PTE 碰巧缓存在 L1 中，那么开销就下降到 1 个或 2 个周期。然而，许多系统都试图消除即使是这样的开销，它们在 MMU 中包括了一个关于 PTE 的小的缓存，称为快表(Translation Lookaside Buffer，TLB)。

TLB 是一个小的、虚拟寻址的缓存，其中每一行都保存着一个由单个 PTE 组成的块。TLB 通常有高度的相联度。如图 9-15 所示，用于组选择和行匹配的索引和标记字段是从

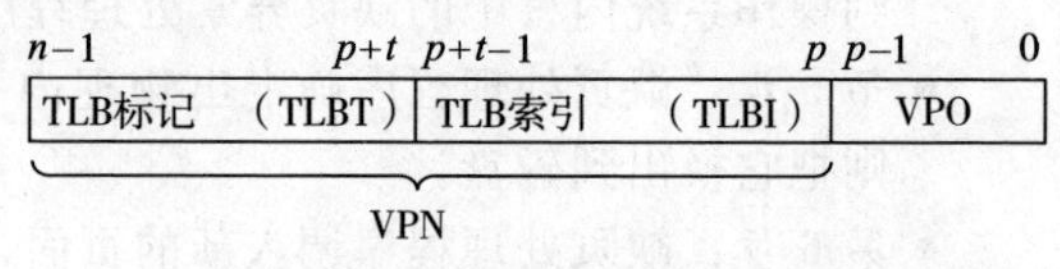


图 9-15　虚拟地址中用以访问 TLB 的组成部分

虚拟地址中的虚拟页号中提取出来的。如果 TLB 有 $T=2^t$ 个组，那么 TLB 索引(TLBI)是由 VPN 的 $t$ 个最低位组成的，而 TLB 标记(TLBT)是由 VPN 中剩余的位组成的。

图 9-16a 展示了当 TLB 命中时(通常情况)所包括的步骤。这里的关键点是，所有的地址翻译步骤都是在芯片上的 MMU 中执行的，因此非常快。

- 第 1 步：CPU 产生一个虚拟地址。
- 第 2 步和第 3 步：MMU 从 TLB 中取出相应的 PTE。
- 第 4 步：MMU 将这个虚拟地址翻译成一个物理地址，并且将它发送到高速缓存/主存。
- 第 5 步：高速缓存/主存将所请求的数据字返回给 CPU。

当 TLB 不命中时，MMU 必须从 L1 缓存中取出相应的 PTE，如图 9-16b 所示。新取出的 PTE 存放在 TLB 中，可能会覆盖一个已经存在的条目。

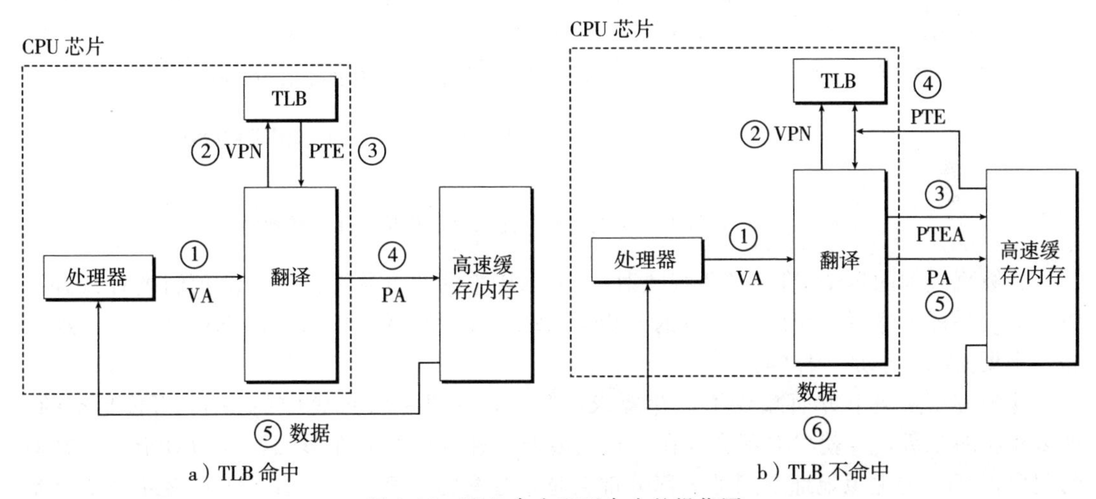


图 9-16 TLB 命中和不命中的操作图

### 9.6.3 多级页表

到目前为止，我们一直假设系统只用一个单独的页表来进行地址翻译。但是如果我们有一个 32 位的地址空间、4KB 的页面和一个 4 字节的 PTE，那么即使应用所引用的只是虚拟地址空间中很小的一部分，也总是需要一个 4MB 的页表驻留在内存中。对于地址空间为 64 位的系统来说，问题将变得更复杂。

用来压缩页表的常用方法是使用层次结构的页表。用一个具体的示例是最容易理解这个思想的。假设 32 位虚拟地址空间被分为 4KB 的页，而每个页表条目都是 4 字节。还假设在这一时刻，虚拟地址空间有如下形式：内存的前 2K 个页面分配给了代码和数据，接下来的 6K 个页面还未分配，再接下来的 1023 个页面也未分配，接下来的 1 个页面分配给了用户栈。图 9-17 展示了我们如何为这个虚拟地址空间构造一个两级的页表层次结构。

一级页表中的每个 PTE 负责映射虚拟地址空间中一个 4MB 的片(chunk)，这里每一片都是由 1024 个连续的页面组成的。比如，PTE 0 映射第一片，PTE 1 映射接下来的一片，以此类推。假设地址空间是 4GB，1024 个 PTE 已经足够覆盖整个空间了。

如果片 $i$ 中的每个页面都未被分配，那么一级 PTE $i$ 就为空。例如，图 9-17 中，片 2～7 是未被分配的。然而，如果在片 $i$ 中至少有一个页是分配了的，那么一级 PTE $i$ 就指向一个二级页表的基址。例如，在图 9-17 中，片 0、1 和 8 的所有或者部分已被分配，所以它们的一级 PTE 就指向二级页表。

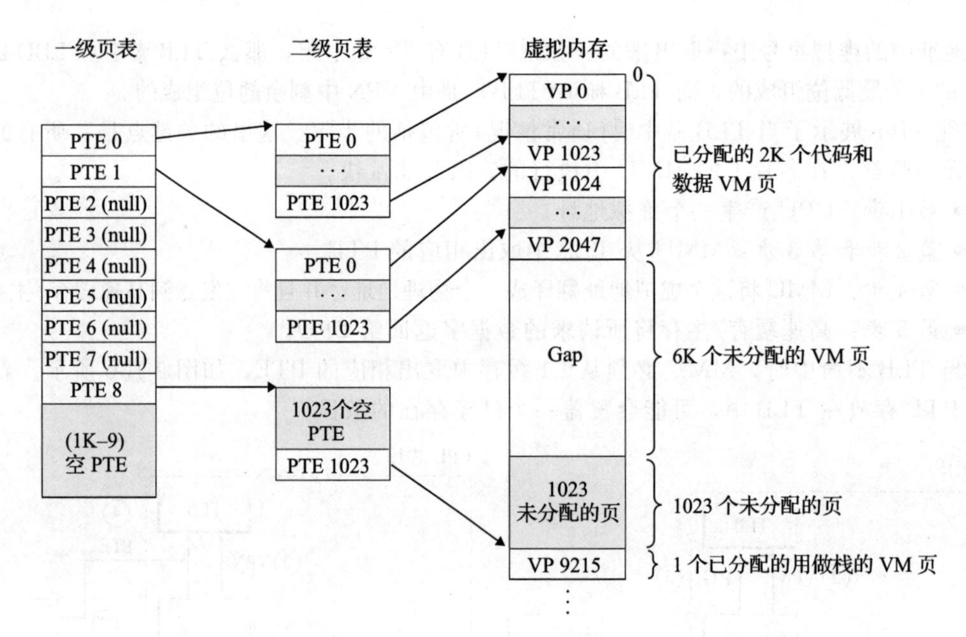


图 9-17　一个两级页表层次结构。注意地址是从上往下增加的

二级页表中的每个 PTE 都负责映射一个 4KB 的虚拟内存页面，就像我们查看只有一级的页表一样。注意，使用 4 字节的 PTE，每个一级和二级页表都是 4KB 字节，这刚好和一个页面的大小是一样的。

这种方法从两个方面减少了内存要求。第一，如果一级页表中的一个 PTE 是空的，那么相应的二级页表就根本不会存在。这代表着一种巨大的潜在节约，因为对于一个典型的程序，4GB 的虚拟地址空间的大部分都会是未分配的。第二，只有一级页表才需要总是在主存中；虚拟内存系统可以在需要时创建、页面调入或调出二级页表，这就减少了主存的压力；只有最经常使用的二级页表才需要缓存在主存中。

图 9-18 描述了使用 $k$ 级页表层次结构的地址翻译。虚拟地址被划分成为 $k$ 个 VPN 和 1 个 VPO。每个 VPN $i$ 都是一个到第 $i$ 级页表的索引，其中 $1 \leqslant i \leqslant k$。第 $j$ 级页表中的每个 PTE，$1 \leqslant j \leqslant k-1$，都指向第 $j+1$ 级的某个页表的基址。第 $k$ 级页表中的每个 PTE 包含某个物理页面的 PPN，或者一个磁盘块的地址。为了构造物理地址，在能够确定 PPN 之前，MMU 必须访问 $k$ 个 PTE。和只有一的到页表结构一样，PPO 和 VPO 是相同的。

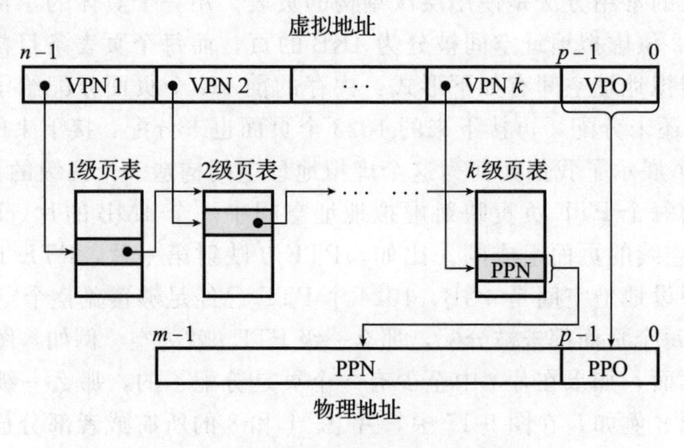


图 9-18　使用 $k$ 级页表的地址翻译

访问 $k$ 个 PTE，第一眼看上去昂贵而不切实际。然而，这里 TLB 能够起作用，正是通过将不同层次上页表的 PTE 缓存起来。实际上，带多级页表的地址翻译并不比单级页表慢很多。

### 9.6.4 综合：端到端的地址翻译

在这一节里，我们通过一个具体的端到端的地址翻译示例，来综合一下我们刚学过的这些内容，这个示例运行在有一个 TLB 和 L1 d-cache 的小系统上。为了保证可管理性，我们做出如下假设：

- 内存是按字节寻址的。
- 内存访问是针对 1 字节的字的(不是 4 字节的字)。
- 虚拟地址是 14 位长的($n=14$)。
- 物理地址是 12 位长的($m=12$)。
- 页面大小是 64 字节($P=64$)。
- TLB 是四路组相联的，总共有 16 个条目。
- L1 d-cache 是物理寻址、直接映射的，行大小为 4 字节，而总共有 16 个组。

图 9-19 展示了虚拟地址和物理地址的格式。因为每个页面是 $2^6=64$ 字节，所以虚拟地址和物理地址的低 6 位分别作为 VPO 和 PPO。虚拟地址的高 8 位作为 VPN。物理地址的高 6 位作为 PPN。

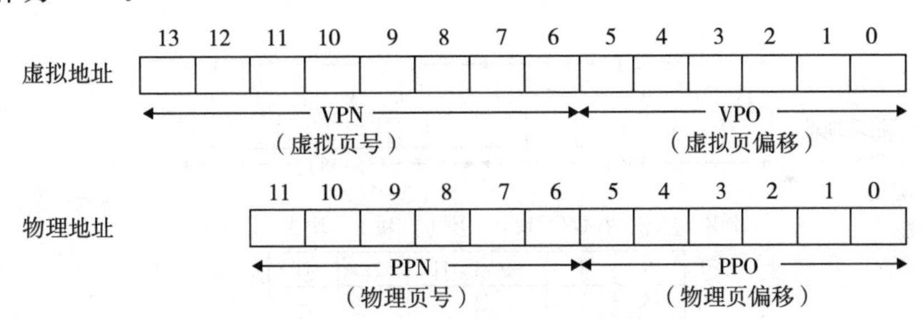


图 9-19 小内存系统的寻址。假设 14 位的虚拟地址($n=14$)，12 位的物理地址($m=12$)和 64 字节的页面($P=64$)

图 9-20 展示了小内存系统的一个快照，包括 TLB(图 9-20a)、页表的一部分(图 9-20b)和 L1 高速缓存(图 9-20c)。在 TLB 和高速缓存的图上面，我们还展示了访问这些设备时硬件是如何划分虚拟地址和物理地址的位的。

- TLB。TLB 是利用 VPN 的位进行虚拟寻址的。因为 TLB 有 4 个组，所以 VPN 的低 2 位就作为组索引(TLBI)。VPN 中剩下的高 6 位作为标记(TLBT)，用来区别可能映射到同一个 TLB 组的不同的 VPN。
- *页表*。这个页表是一个单级设计，一共有 $2^8=256$ 个页表条目(PTE)。然而，我们只对这些条目中的开头 16 个感兴趣。为了方便，我们用索引它的 VPN 来标识每个 PTE；但是要记住这些 VPN 并不是页表的一部分，也不储存在内存中。另外，注意每个无效 PTE 的 PPN 都用一个破折号来表示，以加强一个概念：无论刚好这里存储的是什么位值，都是没有任何意义的。
- *高速缓存*。直接映射的缓存是通过物理地址中的字段来寻址的。因为每个块都是 4 字节，所以物理地址的低 2 位作为块偏移(CO)。因为有 16 组，所以接下来的 4 位就用来表示组索引(CI)。剩下的 6 位作为标记(CT)。

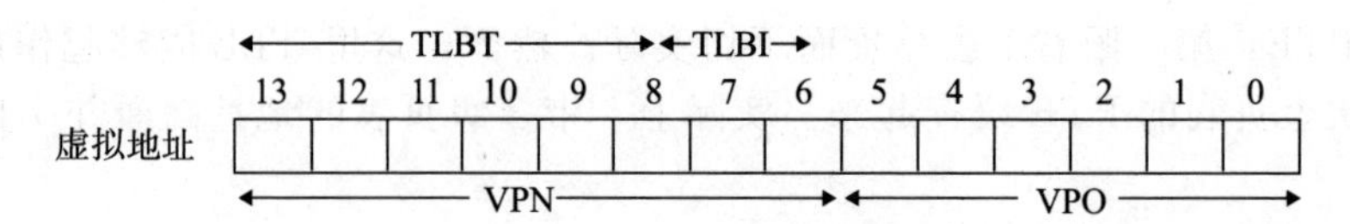


| 组 | 标记位 | PPN | 有效位 | 标记位 | PPN | 有效位 | 标记位 | PPN | 有效位 | 标记位 | PPN | 有效位 |
|---|---|---|---|---|---|---|---|---|---|---|---|---|
| 0 | 03 | – | 0 | 09 | 0D | 1 | 00 | – | 0 | 07 | 02 | 1 |
| 1 | 03 | 2D | 1 | 02 | – | 0 | 04 | – | 0 | 0A | – | 0 |
| 2 | 02 | – | 0 | 08 | – | 0 | 06 | – | 0 | 03 | – | 0 |
| 3 | 07 | – | 0 | 03 | 0D | 1 | 0A | 34 | 1 | 02 | – | 0 |

a）TLB：四组，16 个条目，四路组相联

| VPN | PPN | 有效位 | VPN | PPN | 有效位 |
|---|---|---|---|---|---|
| 00 | 28 | 1 | 08 | 13 | 1 |
| 01 | — | 0 | 09 | 17 | 1 |
| 02 | 33 | 1 | 0A | 09 | 1 |
| 03 | 02 | 1 | 0B | – | 0 |
| 04 | — | 0 | 0C | – | 0 |
| 05 | 16 | 1 | 0D | 2D | 1 |
| 06 | — | 0 | 0E | 11 | 1 |
| 07 | — | 0 | 0F | 0D | 1 |

b）页表：只展示了前 16 个 PTE

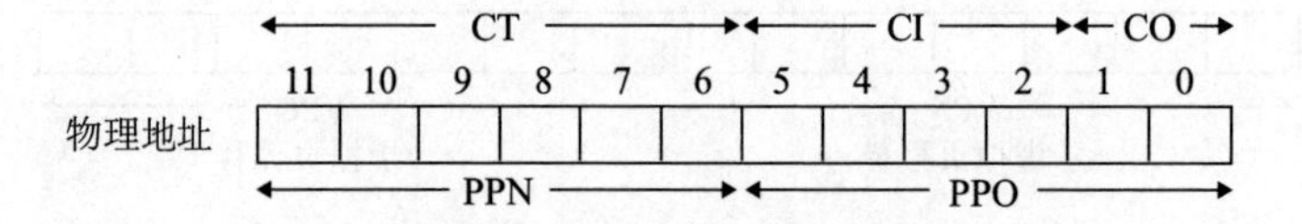


| 索引 | 标记位 | 有效位 | 块 0 | 块 1 | 块 2 | 块 3 |
|---|---|---|---|---|---|---|
| 0 | 19 | 1 | 99 | 11 | 23 | 11 |
| 1 | 15 | 0 | — | — | — | — |
| 2 | 1B | 1 | 00 | 02 | 04 | 08 |
| 3 | 36 | 0 | — | — | — | — |
| 4 | 32 | 1 | 43 | 6D | 8F | 09 |
| 5 | 0D | 1 | 36 | 72 | F0 | 1D |
| 6 | 31 | 0 | — | — | — | — |
| 7 | 16 | 1 | 11 | C2 | DF | 03 |
| 8 | 24 | 1 | 3A | 00 | 51 | 89 |
| 9 | 2D | 0 | — | — | — | — |
| A | 2D | 1 | 93 | 15 | DA | 3B |
| B | 0B | 0 | — | — | — | — |
| C | 12 | 0 | — | — | — | — |
| D | 16 | 1 | 04 | 96 | 34 | 15 |
| E | 13 | 1 | 83 | 77 | 1B | D3 |
| F | 14 | 0 | — | — | — | — |

c）高速缓存：16 个组，4 字节的块，直接映射

图 9-20 小内存系统的 TLB、页表以及缓存。TLB、页表和缓存中所有的值都是十六进制表示的

给定了这种初始化设定，让我们来看看当 CPU 执行一条读地址 0x03d4 处字节的加载指令时会发生什么。（回想一下我们假定 CPU 读取 1 字节的字，而不是 4 字节的字。）为了

开始这种手工的模拟，我们发现写下虚拟地址的各个位，标识出我们会需要的各种字段，并确定它们的十六进制值，是非常有帮助的。当硬件解码地址时，它也执行相似的任务。

| | TLBT | | | | | | TLBI | | | | | | | |
|---|---|---|---|---|---|---|---|---|---|---|---|---|---|---|
| | 0x03 | | | | | | 0x03 | | | | | | | |
| 位位置 | 13 | 12 | 11 | 10 | 9 | 8 | 7 | 6 | 5 | 4 | 3 | 2 | 1 | 0 |
| VA = 0x03d4 | 0 | 0 | 0 | 0 | 1 | 1 | 1 | 1 | 0 | 1 | 0 | 1 | 0 | 0 |
| | VPN | | | | | | | | VPO | | | | | |
| | 0x0f | | | | | | | | 0x14 | | | | | |

开始时，MMU 从虚拟地址中抽取出 VPN(0x0F)，并且检查 TLB，看它是否因为前面的某个内存引用缓存了 PTE 0x0F 的一个副本。TLB 从 VPN 中抽取出 TLB 索引(0x03)和 TLB 标记(0x3)，组 0x3 的第二个条目中有效匹配，所以命中，然后将缓存的 PPN(0x0D)返回给 MMU。

如果 TLB 不命中，那么 MMU 就需要从主存中取出相应的 PTE。然而，在这种情况中，我们很幸运，TLB 会命中。现在，MMU 有了形成物理地址所需要的所有东西。它通过将来自 PTE 的 PPN(0x0D)和来自虚拟地址的 VPO(0x14)连接起来，这就形成了物理地址(0x354)。

接下来，MMU 发送物理地址给缓存，缓存从物理地址中抽取出缓存偏移 CO(0x0)、缓存组索引 CI(0x5)以及缓存标记 CT(0x0D)。

| | CT | | | | | | CI | | | | CO | |
|---|---|---|---|---|---|---|---|---|---|---|---|---|
| | 0x0d | | | | | | 0x05 | | | | 0x0 | |
| 位位置 | 11 | 10 | 9 | 8 | 7 | 6 | 5 | 4 | 3 | 2 | 1 | 0 |
| PA = 0x354 | 0 | 0 | 1 | 1 | 0 | 1 | 0 | 1 | 0 | 1 | 0 | 0 |
| | PPN | | | | | | PPO | | | | | |
| | 0x0d | | | | | | 0x14 | | | | | |

因为组 0x5 中的标记与 CT 相匹配，所以缓存检测到一个命中，读出在偏移量 CO 处的数据字节(0x36)，并将它返回给 MMU，随后 MMU 将它传递回 CPU。

翻译过程的其他路径也是可能的。例如，如果 TLB 不命中，那么 MMU 必须从页表中的 PTE 中取出 PPN。如果得到的 PTE 是无效的，那么就产生一个缺页，内核必须调入合适的页面，重新运行这条加载指令。另一种可能性是 PTE 是有效的，但是所需要的内存块在缓存中不命中。

练习题 9.4 说明 9.6.4 节中的示例内存系统是如何将一个虚拟地址翻译成一个物理地址和访问缓存的。对于给定的虚拟地址，指明访问的 TLB 条目、物理地址和返回的缓存字节值。指出是否发生了 TLB 不命中，是否发生了缺页，以及是否发生了缓存不命中。如果是缓存不命中，在“返回的缓存字节”栏中输入“—”。如果有缺页，则在“PPN”一栏中输入“—”，并且将 C 部分和 D 部分空着。

**虚拟地址：** 0x03d7

A. 虚拟地址格式

| 13 | 12 | 11 | 10 | 9 | 8 | 7 | 6 | 5 | 4 | 3 | 2 | 1 | 0 |
|---|---|---|---|---|---|---|---|---|---|---|---|---|---|
| | | | | | | | | | | | | | |

B. 地址翻译

| 参数 | 值 |
|---|---|
| VPN | |
| TLB索引 | |
| TLB标记 | |
| TLB命中?(是/否) | |
| 缺页?(是/否) | |
| PPN | |

C. 物理地址格式

| 11 | 10 | 9 | 8 | 7 | 6 | 5 | 4 | 3 | 2 | 1 | 0 |
|---|---|---|---|---|---|---|---|---|---|---|---|
| | | | | | | | | | | | |

D. 物理内存引用

| 参数 | 值 |
|---|---|
| 字节偏移 | |
| 缓存索引 | |
| 缓存标记 | |
| 缓存命中?(是/否) | |
| 返回的缓存字节 | |

## 9.7 案例研究:Intel Core i7/Linux 内存系统

我们以一个实际系统的案例研究来总结我们对虚拟内存的讨论:一个运行 Linux 的 Intel Core i7。虽然底层的 Haswell 微体系结构允许完全的 64 位虚拟和物理地址空间,而现在的(以及可预见的未来的)Core i7 实现支持 48 位(256TB)虚拟地址空间和 52 位(4PB)物理地址空间,还有一个兼容模式,支持 32 位(4GB)虚拟和物理地址空间。

图 9-21 给出了 Core i7 内存系统的重要部分。处理器封装(processor package)包括四个核、一个大的所有核共享的 L3 高速缓存,以及一个 DDR3 内存控制器。每个核包含一个层次结构的 TLB、一个层次结构的数据和指令高速缓存,以及一组快速的点到点链路,这种链路基于 QuickPath 技术,是为了让一个核与其他核和外部 I/O 桥直接通信。TLB 是虚拟寻址的,是四路组相联的。L1、L2 和 L3 高速缓存是物理寻址的,块大小为 64 字节。L1 和 L2 是 8 路组相联的,而 L3 是 16 路组相联的。页大小可以在启动时被配置为 4KB 或 4MB。Linux 使用的是 4KB 的页。

### 9.7.1 Core i7 地址翻译

图 9-22 总结了完整的 Core i7 地址翻译过程,从 CPU 产生虚拟地址的时刻一直到来自内存的数据字到达 CPU。Core i7 采用四级页表层次结构。每个进程有它自己私有的页表层次结构。当一个 Linux 进程在运行时,虽然 Core i7 体系结构允许页表换进换出,但是与已分配了的页相关联的页表都是驻留在内存中的。CR3 控制寄存器指向第一级页表(L1)的起始位置。CR3 的值是每个进程上下文的一部分,每次上下文切换时,CR3 的值都会被恢复。

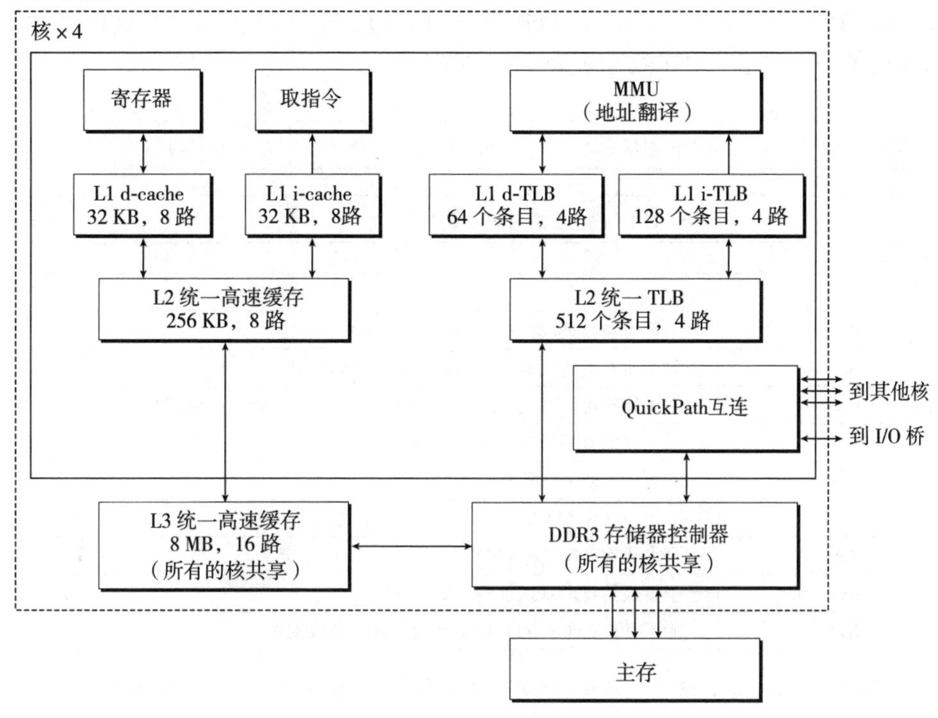


图 9-21　Core i7 的内存系统

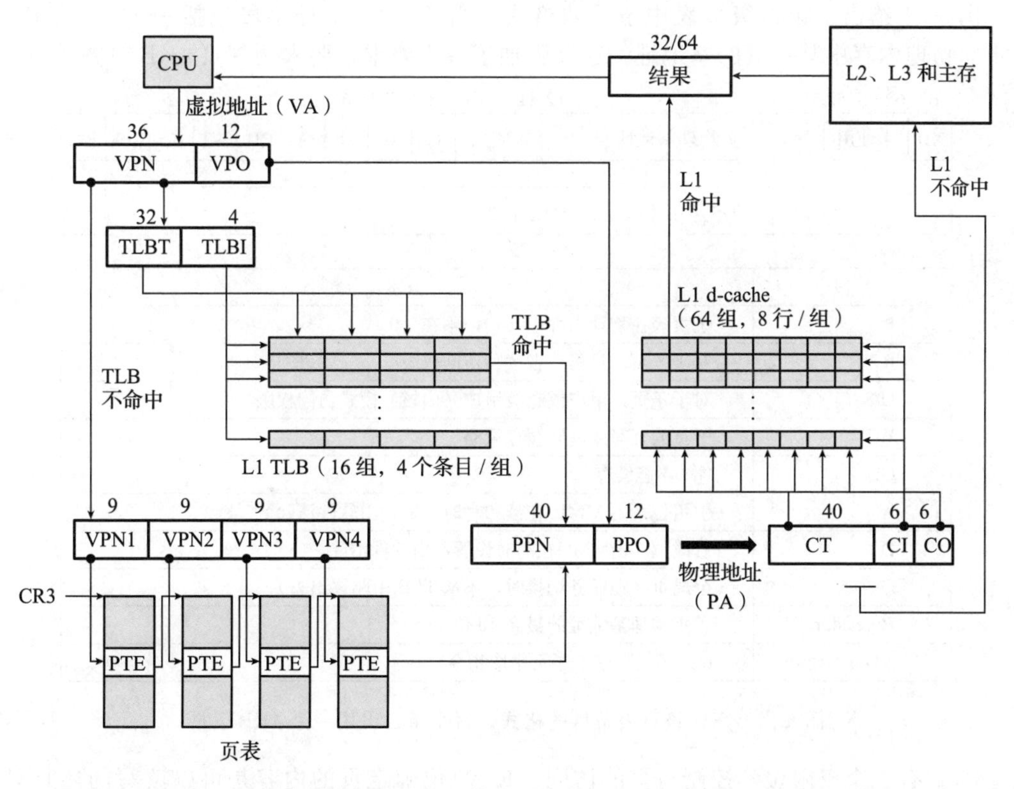


图 9-22　Core i7 地址翻译的概况。为了简化，没有显示 i-cache、i-TLB 和 L2 统一 TLB

图 9-23 给出了第一级、第二级或第三级页表中条目的格式。当 $P=1$ 时（Linux 中就总是如此），地址字段包含一个 40 位物理页号（PPN），它指向适当的页表的开始处。注意，这强加了一个要求，要求物理页表 4KB 对齐。

| 63 | 62　52 | 51　12 | 11　9 | 8 | 7 | 6 | 5 | 4 | 3 | 2 | 1 | 0 |
|---|---|---|---|---|---|---|---|---|---|---|---|---|
| XD | 未使用 | 页表物理基地址 | 未使用 | G | PS | | A | CD | WT | U/S | R/W | P=1 |

| OS 可用（磁盘上的页表位置） | P=0 |
|---|---|

| 字段 | 描述 |
|---|---|
| P | 子页表在物理内存中（1），不在（0） |
| R/W | 对于所有可访问页，只读或者读写访问权限 |
| U/S | 对于所有可访问页，用户或超级用户（内核）模式访问权限 |
| WT | 子页表的直写或写回缓存策略 |
| CD | 能 / 不能缓存子页表 |
| A | 引用位（由 MMU 在读和写时设置，由软件清除） |
| PS | 页大小为 4 KB 或 4 MB（只对第一层 PTE 定义） |
| Base addr | 子页表的物理基地址的最高 40 位 |
| XD | 能 / 不能从这个 PTE 可访问的所有页中取指令 |

图 9-23　第一级、第二级和第三级页表条目格式。每个条目引用一个 4KB 子页表

图 9-24 给出了第四级页表中条目的格式。当 $P=1$，地址字段包括一个 40 位 PPN，它指向物理内存中某一页的基地址。这又强加了一个要求，要求物理页 4KB 对齐。

| 63 | 62　52 | 51　12 | 11　9 | 8 | 7 | 6 | 5 | 4 | 3 | 2 | 1 | 0 |
|---|---|---|---|---|---|---|---|---|---|---|---|---|
| XD | 未使用 | 页物理基地址 | 未使用 | G | 0 | D | A | CD | WT | U/S | R/W | P=1 |

| OS 可用（磁盘上的页表位置） | P=0 |
|---|---|

| 字段 | 描述 |
|---|---|
| P | 子页表在物理内存中（1），不在（0） |
| R/W | 对于子页，只读或者读写访问权限 |
| U/S | 对于子页，用户或超级用户（内核）模式访问权限 |
| WT | 子页的直写或写回缓存策略 |
| CD | 能 / 不能缓存 |
| A | 引用位（由 MMU 在读和写时设置，由软件清除） |
| D | 修改位（由MMU在写时设置，由软件清除） |
| G | 全局页（在任务切换时，不从 TLB 中驱逐出去） |
| Base addr | 子页物理基地址的最高 40 位 |
| XD | 能 / 不能从这个子页中取指令 |

图 9-24　第四级页表条目的格式。每个条目引用一个 4KB 子页

PTE 有三个权限位，控制对页的访问。R/W 位确定页的内容是可以读写的还是只读的。U/S 位确定是否能够在用户模式中访问该页，从而保护操作系统内核中的代码和数据

不被用户程序访问。XD(禁止执行)位是在 64 位系统中引入的，可以用来禁止从某些内存页取指令。这是一个重要的新特性，通过限制只能执行只读代码段，使得操作系统内核降低了缓冲区溢出攻击的风险。

当 MMU 翻译每一个虚拟地址时，它还会更新另外两个内核缺页处理程序会用到的位。每次访问一个页时，MMU 都会设置 A 位，称为引用位(reference bit)。内核可以用这个引用位来实现它的页替换算法。每次对一个页进行了写之后，MMU 都会设置 D 位，又称修改位或脏位(dirty bit)。修改位告诉内核在复制替换页之前是否必须写回牺牲页。内核可以通过调用一条特殊的内核模式指令来清除引用位或修改位。

图 9-25 给出了 Core i7 MMU 如何使用四级的页表来将虚拟地址翻译成物理地址。36 位 VPN 被划分成四个 9 位的片，每个片被用作到一个页表的偏移量。CR3 寄存器包含 L1 页表的物理地址。VPN 1 提供到一个 L1 PET 的偏移量，这个 PTE 包含 L2 页表的基地址。VPN 2 提供到一个 L2 PTE 的偏移量，以此类推。

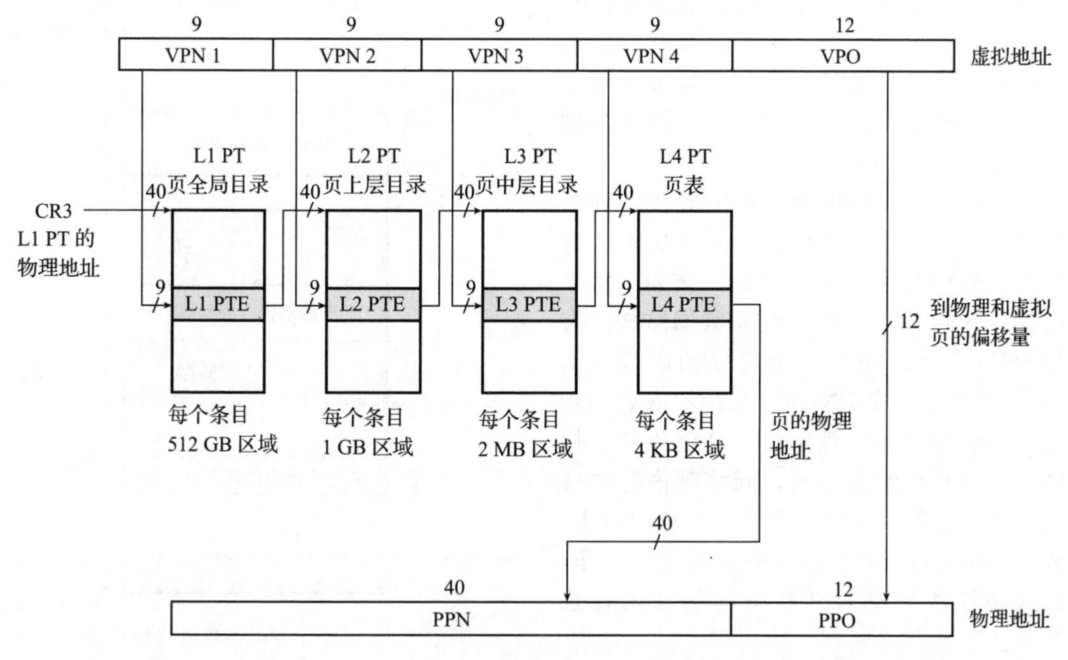


图 9-25　Core i7 页表翻译(PT：页表，PTE：页表条目，VPN：虚拟页号，VPO：虚拟页偏移，PPN：物理页号，PPO：物理页偏移量。图中还给出了这四级页表的 Linux 名字)

**旁注　优化地址翻译**

在对地址翻译的讨论中，我们描述了一个顺序的两个步骤的过程，1)MMU 将虚拟地址翻译成物理地址，2)将物理地址传送到 L1 高速缓存。然而，实际的硬件实现使用了一个灵活的技巧，允许这些步骤部分重叠，因此也就加速了对 L1 高速缓存的访问。例如，页面大小为 4KB 的 Core i7 系统上的一个虚拟地址有 12 位的 VPO，并且这些位和相应物理地址中的 PPO 的 12 位是相同的。因为八路组相联的、物理寻址的 L1 高速缓存有 64 个组和大小为 64 字节的缓存块，每个物理地址有 6 个($\log_2 64$)缓存偏移位和 6 个($\log_2 64$)索引位。这 12 位恰好符合虚拟地址的 VPO 部分，这绝不是偶然！当 CPU 需要翻译一个虚拟地址时，它就发送 VPN 到 MMU，发送 VPO 到高速 L1 缓存。当 MMU

向 TLB 请求一个页表条目时，L1 高速缓存正忙着利用 VPO 位查找相应的组，并读出这个组里的 8 个标记和相应的数据字。当 MMU 从 TLB 得到 PPN 时，缓存已经准备好试着把这个 PPN 与这 8 个标记中的一个进行匹配了。

### 9.7.2　Linux 虚拟内存系统

一个虚拟内存系统要求硬件和内核软件之间的紧密协作。版本与版本之间细节都不尽相同，对此完整的阐释超出了我们讨论的范围。但是，在这一小节中我们的目标是对 Linux 的虚拟内存系统做一个描述，使你能够大致了解一个实际的操作系统是如何组织虚拟内存，以及如何处理缺页的。

Linux 为每个进程维护了一个单独的虚拟地址空间，形式如图 9-26 所示。我们已经多次看到过这幅图了，包括它那些熟悉的代码、数据、堆、共享库以及栈段。既然我们理解了地址翻译，就能够填入更多的关于内核虚拟内存的细节了，这部分虚拟内存位于用户栈之上。

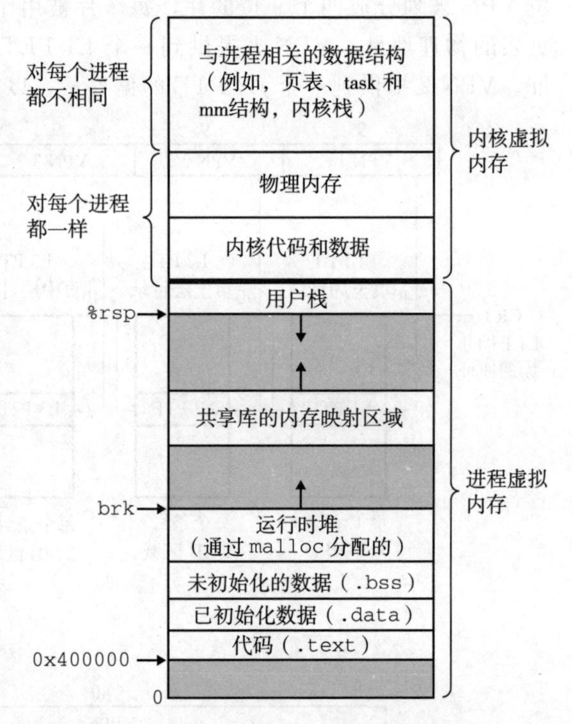

图 9-26　一个 Linux 进程的虚拟内存

内核虚拟内存包含内核中的代码和数据结构。内核虚拟内存的某些区域被映射到所有进程共享的物理页面。例如，每个进程共享内核的代码和全局数据结构。有趣的是，Linux 也将一组连续的虚拟页面（大小等于系统中 DRAM 的总量）映射到相应的一组连续的物理页面。这就为内核提供了一种便利的方法来访问物理内存中任何特定的位置，例如，当它需要访问页表，或在一些设备上执行内存映射的 I/O 操作，而这些设备被映射到特定的物理内存位置时。

内核虚拟内存的其他区域包含每个进程都不相同的数据。比如说，页表、内核在进程的上下文中执行代码时使用的栈，以及记录虚拟地址空间当前组织的各种数据结构。

#### 1. Linux 虚拟内存区域

Linux 将虚拟内存组织成一些区域（也叫做段）的集合。一个区域（area）就是已经存在着的（已分配的）虚拟内存的连续片（chunk），这些页是以某种方式相关联的。例如，代码段、数据段、堆、共享库段，以及用户栈都是不同的区域。每个存在的虚拟页面都保存在某个区域中，而不属于某个区域的虚拟页是不存在的，并且不能被进程引用。区域的概念很重要，因为它允许虚拟地址空间有间隙。内核不用记录那些不存在的虚拟页，而这样的页也不占用内存、磁盘或者内核本身中的任何额外资源。

图 9-27 强调了记录一个进程中虚拟内存区域的内核数据结构。内核为系统中的每个进程维护一个单独的任务结构（源代码中的 task_struct）。任务结构中的元素包含或者指向内核运行该进程所需要的所有信息（例如，PID、指向用户栈的指针、可执行目标文件的名字，以及程序计数器）。

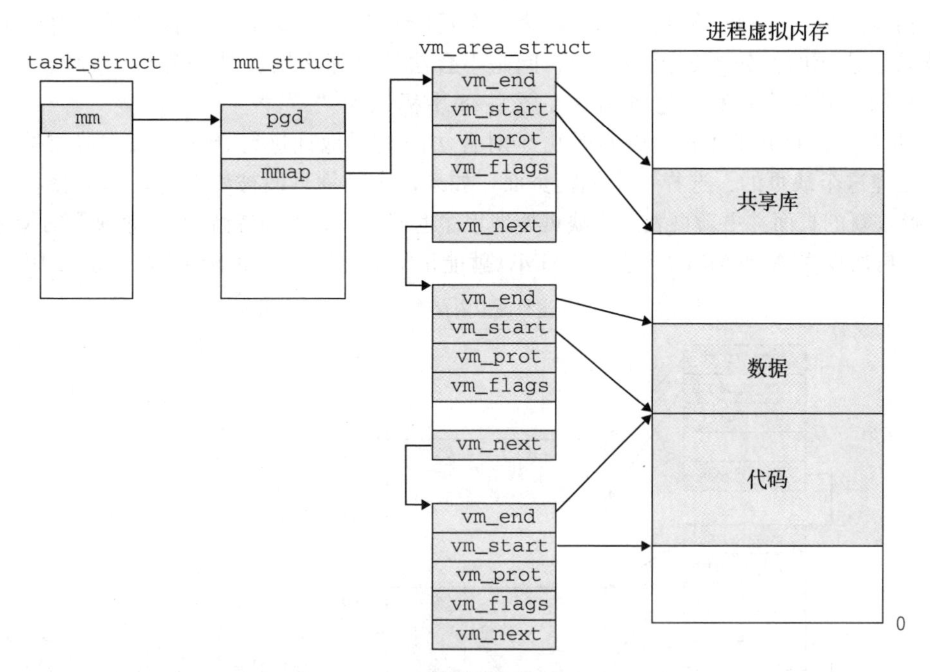


图 9-27 Linux 是如何组织虚拟内存的

任务结构中的一个条目指向 mm_struct，它描述了虚拟内存的当前状态。我们感兴趣的两个字段是 pgd 和 mmap，其中 pgd 指向第一级页表(页全局目录)的基址，而 mmap 指向一个 vm_area_structs(区域结构)的链表，其中每个 vm_area_structs 都描述了当前虚拟地址空间的一个区域。当内核运行这个进程时，就将 pgd 存放在 CR3 控制寄存器中。

为了我们的目的，一个具体区域的区域结构包含下面的字段：

- vm_start：指向这个区域的起始处。
- vm_end：指向这个区域的结束处。
- vm_prot：描述这个区域内包含的所有页的读写许可权限。
- vm_flags：描述这个区域内的页面是与其他进程共享的，还是这个进程私有的(还描述了其他一些信息)。
- vm_next：指向链表中下一个区域结构。

### 2. Linux 缺页异常处理

假设 MMU 在试图翻译某个虚拟地址 A 时，触发了一个缺页。这个异常导致控制转移到内核的缺页处理程序，处理程序随后就执行下面的步骤：

1) 虚拟地址 A 是合法的吗？换句话说，A 在某个区域结构定义的区域内吗？为了回答这个问题，缺页处理程序搜索区域结构的链表，把 A 和每个区域结构中的 vm_start 和 vm_end 做比较。如果这个指令是不合法的，那么缺页处理程序就触发一个段错误，从而终止这个进程。这个情况在图 9-28 中标识为“1”。

因为一个进程可以创建任意数量的新虚拟内存区域(使用在下一节中描述的 mmap 函数)，所以顺序搜索区域结构的链表花销可能会很大。因此在实际中，Linux 使用某些我们没有显示出来的字段，Linux 在链表中构建了一棵树，并在这棵树上进行查找。

2) 试图进行的内存访问是否合法？换句话说，进程是否有读、写或者执行这个区域内页面的权限？例如，这个缺页是不是由一条试图对这个代码段里的只读页面进行写操作的存储指令造成的？这个缺页是不是因为一个运行在用户模式中的进程试图从内核虚拟内存中读取字造成的？如果试图进行的访问是不合法的，那么缺页处理程序会触发一个保护异常，从而终止这个进程。这种情况在图 9-28 中标识为“2”。

3）此刻，内核知道了这个缺页是由于对合法的虚拟地址进行合法的操作造成的。它是这样来处理这个缺页的：选择一个牺牲页面，如果这个牺牲页面被修改过，那么就将它交换出去，换入新的页面并更新页表。当缺页处理程序返回时，CPU 重新启动引起缺页的指令，这条指令将再次发送 A 到 MMU。这次，MMU 就能正常地翻译 A，而不会再产生缺页中断了。

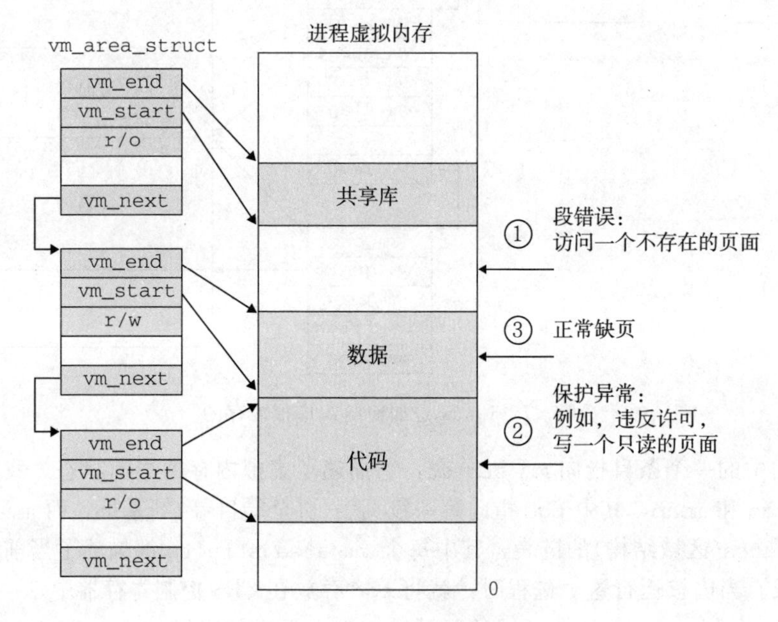


图 9-28　Linux 缺页处理

## 9.8　内存映射

Linux 通过将一个虚拟内存区域与一个磁盘上的对象(object)关联起来，以初始化这个虚拟内存区域的内容，这个过程称为内存映射(memory mapping)。虚拟内存区域可以映射到两种类型的对象中的一种：

1）Linux 文件系统中的普通文件：一个区域可以映射到一个普通磁盘文件的连续部分，例如一个可执行目标文件。文件区(section)被分成页大小的片，每一片包含一个虚拟页面的初始内容。因为按需进行页面调度，所以这些虚拟页面没有实际交换进入物理内存，直到 CPU 第一次引用到页面(即发射一个虚拟地址，落在地址空间这个页面的范围之内)。如果区域比文件区要大，那么就用零来填充这个区域的余下部分。

2）匿名文件：一个区域也可以映射到一个匿名文件，匿名文件是由内核创建的，包含的全是二进制零。CPU 第一次引用这样一个区域内的虚拟页面时，内核就在物理内存中找到一个合适的牺牲页面，如果该页面被修改过，就将这个页面换出来，用二进制零覆盖牺牲页面并更新页表，将这个页面标记为是驻留在内存中的。注意在磁盘和内存之间并没有实际的数据传送。因为这个原因，映射到匿名文件的区域中的页面有时也叫做请求二进制零的页(demand-zero page)。

无论在哪种情况中，一旦一个虚拟页面被初始化了，它就在一个由内核维护的专门的交换文件(swap file)之间换来换去。交换文件也叫做交换空间(swap space)或者交换区域

(swap area)。需要意识到的很重要的一点是，在任何时刻，交换空间都限制着当前运行着的进程能够分配的虚拟页面的总数。

### 9.8.1 再看共享对象

内存映射的概念来源于一个聪明的发现：如果虚拟内存系统可以集成到传统的文件系统中，那么就能提供一种简单而高效的把程序和数据加载到内存中的方法。

正如我们已经看到的，进程这一抽象能够为每个进程提供自己私有的虚拟地址空间，可以免受其他进程的错误读写。不过，许多进程有同样的只读代码区域。例如，每个运行 Linux shell 程序 bash 的进程都有相同的代码区域。而且，许多程序需要访问只读运行时库代码的相同副本。例如，每个 C 程序都需要来自标准 C 库的诸如 printf 这样的函数。那么，如果每个进程都在物理内存中保持这些常用代码的副本，那就是极端的浪费了。幸运的是，内存映射给我们提供了一种清晰的机制，用来控制多个进程如何共享对象。

一个对象可以被映射到虚拟内存的一个区域，要么作为*共享对象*，要么作为*私有对象*。如果一个进程将一个共享对象映射到它的虚拟地址空间的一个区域内，那么这个进程对这个区域的任何写操作，对于那些也把这个共享对象映射到它们虚拟内存的其他进程而言，也是可见的。而且，这些变化也会反映在磁盘上的原始对象中。

另一方面，对于一个映射到私有对象的区域做的改变，对于其他进程来说是不可见的，并且进程对这个区域所做的任何写操作都不会反映在磁盘上的对象中。一个映射到共享对象的虚拟内存区域叫做*共享区域*。类似地，也有*私有区域*。

假设进程 1 将一个共享对象映射到它的虚拟内存的一个区域中，如图 9-29a 所示。现在假设进程 2 将同一个共享对象映射到它的地址空间(并不一定要和进程 1 在相同的虚拟地址处，如图 9-29b 所示)。

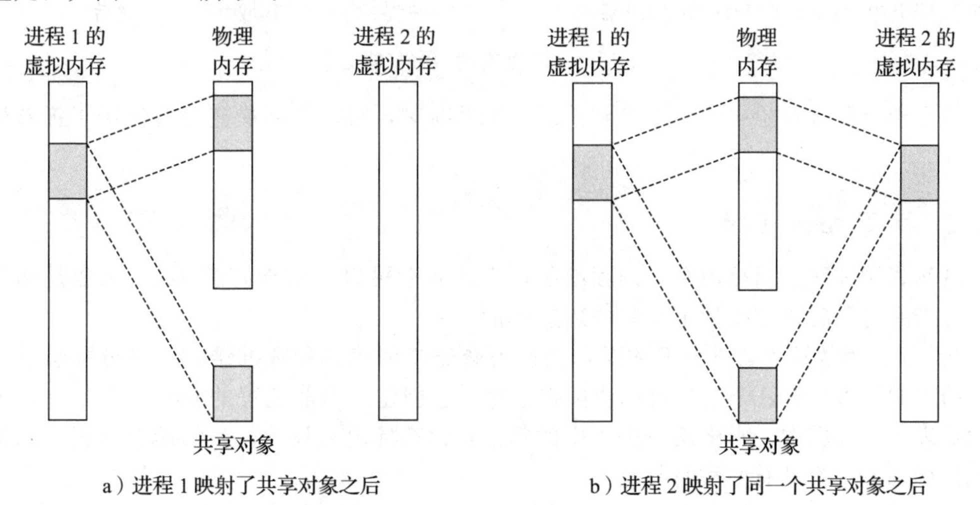


图 9-29 一个共享对象(注意，物理页面不一定是连续的)

因为每个对象都有一个唯一的文件名，内核可以迅速地判定进程 1 已经映射了这个对象，而且可以使进程 2 中的页表条目指向相应的物理页面。关键点在于即使对象被映射到了多个共享区域，物理内存中也只需要存放共享对象的一个副本。为了方便，我们将物理页面显示为连续的，但是在一般情况下当然不是这样的。

私有对象使用一种叫做*写时复制*(copy-on-write)的巧妙技术被映射到虚拟内存中。一个私有对象开始生命周期的方式基本上与共享对象的一样，在物理内存中只保存有私有对象的一份副本。比如，图 9-30a 展示了一种情况，其中两个进程将一个私有对象映射到它们虚拟内存的不同区域，但是共享这个对象同一个物理副本。对于每个映射私有对象的进程，相应私有区域的页表条目都被标记为只读，并且区域结构被标记为*私有的写时复制*。只要没有进程试图写它自己的私有区域，它们就可以继续共享物理内存中对象的一个单独副本。然而，只要有一个进程试图写私有区域内的某个页面，那么这个写操作就会触发一个保护故障。

当故障处理程序注意到保护异常是由于进程试图写私有的写时复制区域中的一个页面而引起的，它就会在物理内存中创建这个页面的一个新副本，更新页表条目指向这个新的副本，然后恢复这个页面的可写权限，如图 9-30b 所示。当故障处理程序返回时，CPU 重新执行这个写操作，现在在新创建的页面上这个写操作就可以正常执行了。

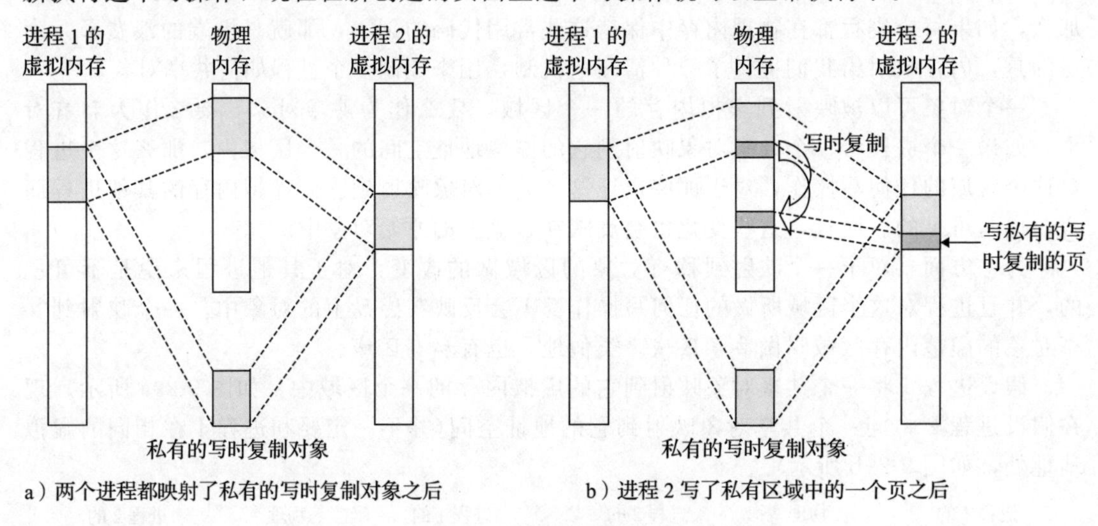


图 9-30 一个私有的写时复制对象

通过延迟私有对象中的副本直到最后可能的时刻，写时复制最充分地使用了稀有的物理内存。

### 9.8.2 再看 fork 函数

既然我们理解了虚拟内存和内存映射，那么我们可以清晰地知道 fork 函数是如何创建一个带有自己独立虚拟地址空间的新进程的。

当 fork 函数被*当前进程*调用时，内核为*新进程*创建各种数据结构，并分配给它一个唯一的 PID。为了给这个新进程创建虚拟内存，它创建了当前进程的 mm_struct、区域结构和页表的原样副本。它将两个进程中的每个页面都标记为只读，并将两个进程中的每个区域结构都标记为私有的写时复制。

当 fork 在新进程中返回时，新进程现在的虚拟内存刚好和调用 fork 时存在的虚拟内存相同。当这两个进程中的任一个后来进行写操作时，写时复制机制就会创建新页面，因此，也就为每个进程保持了私有地址空间的抽象概念。

### 9.8.3 再看 execve 函数

虚拟内存和内存映射在将程序加载到内存的过程中也扮演着关键的角色。既然已经理解了这些概念，我们就能够理解 execve 函数实际上是如何加载和执行程序的。假设运行在当前进程中的程序执行了如下的 execve 调用：

```
execve("a.out", NULL, NULL);
```

正如在第 8 章中学到的，execve 函数在当前进程中加载并运行包含在可执行目标文件a.out 中的程序，用 a.out 程序有效地替代了当前程序。加载并运行 a.out 需要以下几个步骤：

- 删除已存在的用户区域。删除当前进程虚拟地址的用户部分中的已存在的区域结构。
- 映射私有区域。为新程序的代码、数据、bss 和栈区域创建新的区域结构。所有这些新的区域都是私有的、写时复制的。代码和数据区域被映射为 a.out 文件中的.text 和.data 区。bss 区域是请求二进制零的，映射到匿名文件，其大小包含在a.out中。栈和堆区域也是请求二进制零的，初始长度为零。图 9-31 概括了私有区域的不同映射。
- 映射共享区域。如果 a.out 程序与共享对象(或目标)链接，比如标准 C 库 libc.so，那么这些对象都是动态链接到这个程序的，然后再映射到用户虚拟地址空间中的共享区域内。
- 设置程序计数器(PC)。execve 做的最后一件事情就是设置当前进程上下文中的程序计数器，使之指向代码区域的入口点。

下一次调度这个进程时，它将从这个入口点开始执行。Linux 将根据需要换入代码和数据页面。

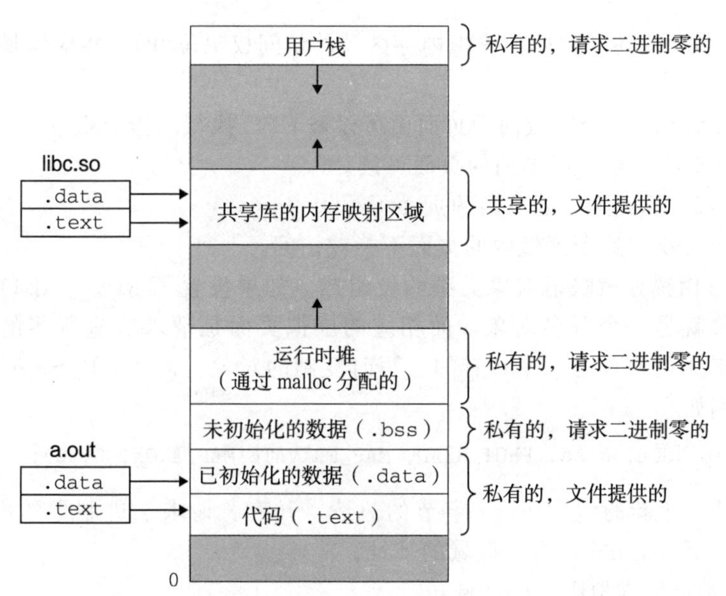


图 9-31 加载器是如何映射用户地址空间的区域的

### 9.8.4 使用 mmap 函数的用户级内存映射

Linux 进程可以使用 mmap 函数来创建新的虚拟内存区域，并将对象映射到这些区域中。

```
#include <unistd.h>
#include <sys/mman.h>

void  *mmap(void *start, size_t length, int prot, int flags,
            int fd, off_t offset);
```

返回：若成功时则为指向映射区域的指针，若出错则为 MAP_FAILED(−1)。

mmap 函数要求内核创建一个新的虚拟内存区域，最好是从地址 start 开始的一个区域，并将文件描述符 fd 指定的对象的一个连续的片(chunk)映射到这个新的区域。连续的对象片大小为 length 字节，从距文件开始处偏移量为 offset 字节的地方开始。start 地址仅仅是一个暗示，通常被定义为 NULL。为了我们的目的，我们总是假设起始地址为 NULL。图 9-32 描述了这些参数的意义。

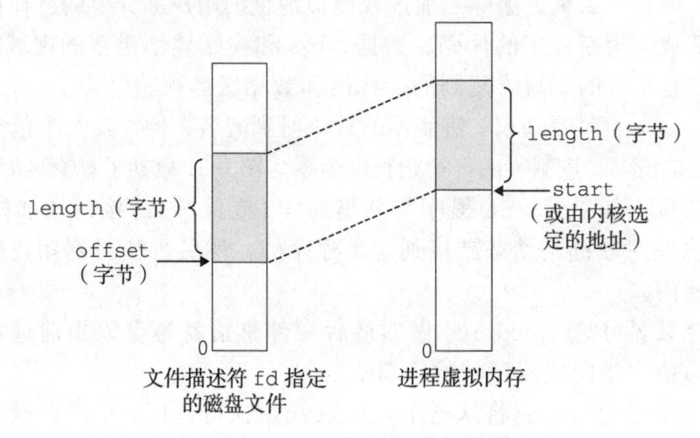


图 9-32　mmap 参数的可视化解释

参数 prot 包含描述新映射的虚拟内存区域的访问权限位(即在相应区域结构中的 vm_prot 位)。

- PROT_EXEC：这个区域内的页面由可以被 CPU 执行的指令组成。
- PROT_READ：这个区域内的页面可读。
- PROT_WRITE：这个区域内的页面可写。
- PROT_NONE：这个区域内的页面不能被访问。

参数 flags 由描述被映射对象类型的位组成。如果设置了 MAP_ANON 标记位，那么被映射的对象就是一个匿名对象，而相应的虚拟页面是请求二进制零的。MAP_PRIVATE 表示被映射的对象是一个私有的、写时复制的对象，而 MAP_SHARED 表示是一个共享对象。例如

```
bufp = Mmap(NULL, size, PROT_READ, MAP_PRIVATE|MAP_ANON, 0, 0);
```

让内核创建一个新的包含 size 字节的只读、私有、请求二进制零的虚拟内存区域。如果调用成功，那么 bufp 包含新区域的地址。

munmap 函数删除虚拟内存的区域：

```
#include <unistd.h>
#include <sys/mman.h>

int munmap(void *start, size_t length);
```

返回：若成功则为 0，若出错则为 −1。

munmap 函数删除从虚拟地址 start 开始的，由接下来 length 字节组成的区域。接下来对已删除区域的引用会导致段错误。

**练习题 9.5**　编写一个 C 程序 mmapcopy.c，使用 mmap 将一个任意大小的磁盘文件复制到 stdout。输入文件的名字必须作为一个命令行参数来传递。

## 9.9 动态内存分配

虽然可以使用低级的 mmap 和 munmap 函数来创建和删除虚拟内存的区域，但是 C 程序员还是会觉得当运行时需要额外虚拟内存时，用动态内存分配器(dynamic memory allocator)更方便，也有更好的可移植性。

动态内存分配器维护着一个进程的虚拟内存区域，称为堆(heap)(见图 9-33)。系统之间细节不同，但是不失通用性，假设堆是一个请求二进制零的区域，它紧接在未初始化的数据区域后开始，并向上生长(向更高的地址)。对于每个进程，内核维护着一个变量 brk(读做“break”)，它指向堆的顶部。

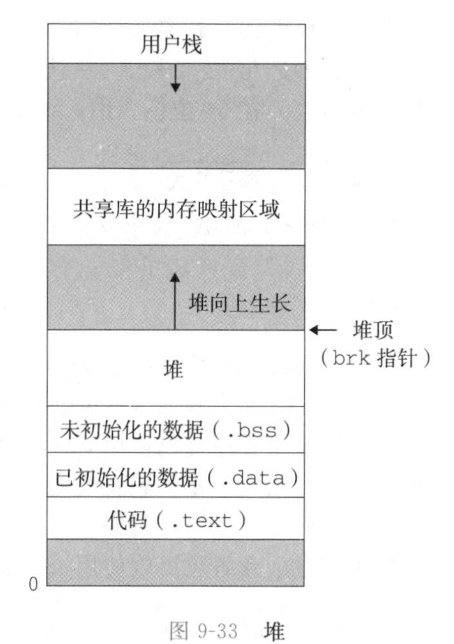


图 9-33 堆

分配器将堆视为一组不同大小的块(block)的集合来维护。每个块就是一个连续的虚拟内存片(chunk)，要么是已分配的，要么是空闲的。已分配的块显式地保留为供应用程序使用。空闲块可用来分配。空闲块保持空闲，直到它显式地被应用所分配。一个已分配的块保持已分配状态，直到它被释放，这种释放要么是应用程序显式执行的，要么是内存分配器自身隐式执行的。

分配器有两种基本风格。两种风格都要求应用显式地分配块。它们的不同之处在于由哪个实体来负责释放已分配的块。

- 显式分配器(explicit allocator)，要求应用显式地释放任何已分配的块。例如，C 标准库提供一种叫做 malloc 程序包的显式分配器。C 程序通过调用 malloc 函数来分配一个块，并通过调用 free 函数来释放一个块。C++ 中的 new 和 delete 操作符与 C 中的 malloc 和 free 相当。
- 隐式分配器(implicit allocator)，另一方面，要求分配器检测一个已分配块何时不再被程序所使用，那么就释放这个块。隐式分配器也叫做垃圾收集器(garbage collector)，而自动释放未使用的已分配的块的过程叫做垃圾收集(garbage collection)。例如，诸如 Lisp、ML 以及 Java 之类的高级语言就依赖垃圾收集来释放已分配的块。

本节剩下的部分讨论的是显式分配器的设计和实现。我们将在 9.10 节中讨论隐式分配器。为了更具体，我们的讨论集中于管理堆内存的分配器。然而，应该明白内存分配是一个普遍的概念，可以出现在各种上下文中。例如，图形处理密集的应用程序就经常使用标准分配器来要求获得一大块虚拟内存，然后使用与应用相关的分配器来管理内存，在该块中创建和销毁图形的节点。

### 9.9.1 malloc 和 free 函数

C 标准库提供了一个称为 malloc 程序包的显式分配器。程序通过调用 malloc 函数来从堆中分配块。

```
#include <stdlib.h>

void *malloc(size_t size);
```

返回：若成功则为已分配块的指针，若出错则为 NULL。

malloc 函数返回一个指针，指向大小为至少 size 字节的内存块，这个块会为可能包含在这个块内的任何数据对象类型做对齐。实际中，对齐依赖于编译代码在 32 位模式(gcc -m32)还是 64 位模式(默认的)中运行。在 32 位模式中，malloc 返回的块的地址总是 8 的倍数。在 64 位模式中，该地址总是 16 的倍数。

**旁注　一个字有多大**

回想一下在第 3 章中我们对机器代码的讨论，Intel 将 4 字节对象称为双字。然而，在本节中，我们会假设字是 4 字节的对象，而双字是 8 字节的对象，这和传统术语是一致的。

如果 malloc 遇到问题(例如，程序要求的内存块比可用的虚拟内存还要大)，那么它就返回 NULL，并设置 errno。malloc 不初始化它返回的内存。那些想要已初始化的动态内存的应用程序可以使用 calloc，calloc 是一个基于 malloc 的瘦包装函数，它将分配的内存初始化为零。想要改变一个以前已分配块的大小，可以使用 realloc 函数。

动态内存分配器，例如 malloc，可以通过使用 mmap 和 munmap 函数，显式地分配和释放堆内存，或者还可以使用 sbrk 函数：

```
#include <unistd.h>

void *sbrk(intptr_t incr);
```

返回：若成功则为旧的 brk 指针，若出错则为－1。

sbrk 函数通过将内核的 brk 指针增加 incr 来扩展和收缩堆。如果成功，它就返回 brk 的旧值，否则，它就返回－1，并将 errno 设置为 ENOMEM。如果 incr 为零，那么 sbrk 就返回 brk 的当前值。用一个为负的 incr 来调用 sbrk 是合法的，而且很巧妙，因为返回值(brk 的旧值)指向距新堆顶向上 abs(incr)字节处。

程序是通过调用 free 函数来释放已分配的堆块。

```
#include <stdlib.h>

void free(void *ptr);
```

返回：无。

ptr 参数必须指向一个从 malloc、calloc 或者 realloc 获得的已分配块的起始位置。如果不是，那么 free 的行为就是未定义的。更糟的是，既然它什么都不返回，free 就不会告诉应用出现了错误。就像我们将在 9.11 节里看到的，这会产生一些令人迷惑的运行时错误。

图 9-34 展示了一个 malloc 和 free 的实现是如何管理一个 C 程序的 16 字的(非常)小的堆的。每个方框代表了一个 4 字节的字。粗线标出的矩形对应于已分配块(有阴影的)和空闲块(无阴影的)。初始时，堆是由一个大小为 16 个字的、双字对齐的、空闲块组成的。(本节中，我们假设分配器返回的块是 8 字节双字边界对齐的。)

- 图 9-34a：程序请求一个 4 字的块。malloc 的响应是：从空闲块的前部切出一个 4 字的块，并返回一个指向这个块的第一字的指针。
- 图 9-34b：程序请求一个 5 字的块。malloc 的响应是：从空闲块的前部分配一个 6 字的块。在本例中，malloc 在块里填充了一个额外的字，是为了保持空闲块是双字边界对齐的。
- 图 9-34c：程序请求一个 6 字的块，而 malloc 就从空闲块的前部切出一个 6 字的块。
- 图 9-34d：程序释放在图 9-34b 中分配的那个 6 字的块。注意，在调用 free 返回之后，指针 p2 仍然指向被释放了的块。应用有责任在它被一个新的 malloc 调用重新初始化之前，不再使用 p2。
- 图 9-34e：程序请求一个 2 字的块。在这种情况中，malloc 分配在前一步中被释放了的块的一部分，并返回一个指向这个新块的指针。

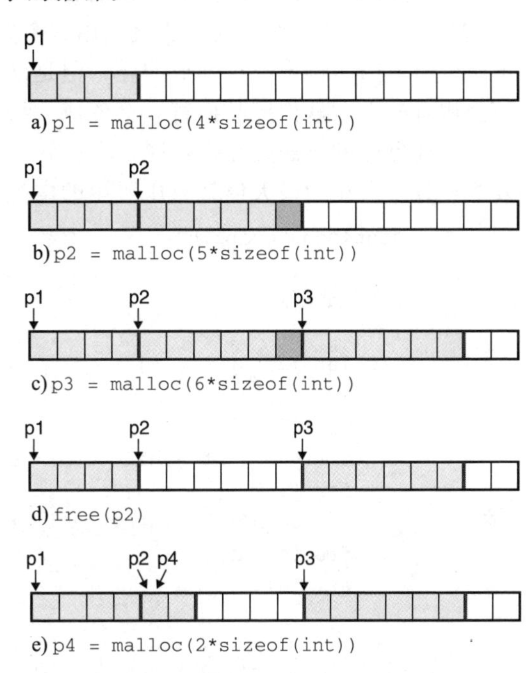


图 9-34　用 malloc 和 free 分配和释放块。每个方框对应于一个字。每个粗线标出的矩形对应于一个块。阴影部分是已分配的块。已分配的块的填充区域是深阴影的。无阴影部分是空闲块。堆地址是从左往右增加的

## 9.9.2　为什么要使用动态内存分配

程序使用动态内存分配的最重要的原因是经常直到程序实际运行时，才知道某些数据结构的大小。例如，假设要求我们编写一个 C 程序，它读一个 $n$ 个 ASCII 码整数的链表，每一行一个整数，从 stdin 到一个 C 数组。输入是由整数 $n$ 和接下来要读和存储到数组中的 $n$ 个整数组成的。最简单的方法就是静态地定义这个数组，它的最大数组大小是硬编码的：

```
1   #include "csapp.h"
2   #define MAXN 15213
3
4   int array[MAXN];
5
6   int main()
7   {
8       int i, n;
9
10      scanf("%d", &n);
11      if (n > MAXN)
12          app_error("Input file too big");
13      for (i = 0; i < n; i++)
14          scanf("%d", &array[i]);
15      exit(0);
16  }
```

像这样用硬编码的大小来分配数组通常不是一种好想法。MAXN 的值是任意的，与机器上可用的虚拟内存的实际数量没有关系。而且，如果这个程序的使用者想读取一个比 MAXN 大的文件，唯一的办法就是用一个更大的 MAXN 值来重新编译这个程序。虽然对于这个简单的示例来说这不成问题，但是硬编码数组界限的出现对于拥有百万行代码和大量使用者的大型软件产品而言，会变成一场维护的噩梦。

一种更好的方法是在运行时，在已知了 $n$ 的值之后，动态地分配这个数组。使用这种方法，数组大小的最大值就只由可用的虚拟内存数量来限制了。

```
1   #include "csapp.h"
2
3   int main()
4   {
5       int *array, i, n;
6
7       scanf("%d", &n);
8       array = (int *)Malloc(n * sizeof(int));
9       for (i = 0; i < n; i++)
10          scanf("%d", &array[i]);
11      free(array);
12      exit(0);
13  }
```

动态内存分配是一种有用而重要的编程技术。然而，为了正确而高效地使用分配器，程序员需要对它们是如何工作的有所了解。我们将在 9.11 节中讨论因为不正确地使用分配器所导致的一些可怕的错误。

### 9.9.3　分配器的要求和目标

显式分配器必须在一些相当严格的约束条件下工作：

- *处理任意请求序列*。一个应用可以有任意的分配请求和释放请求序列，只要满足约束条件：每个释放请求必须对应于一个当前已分配块，这个块是由一个以前的分配请求获得的。因此，分配器不可以假设分配和释放请求的顺序。例如，分配器不能假设所有的分配请求都有相匹配的释放请求，或者有相匹配的分配和空闲请求是嵌套的。
- *立即响应请求*。分配器必须立即响应分配请求。因此，不允许分配器为了提高性能重新排列或者缓冲请求。
- *只使用堆*。为了使分配器是可扩展的，分配器使用的任何非标量数据结构都必须保存在堆里。
- *对齐块(对齐要求)*。分配器必须对齐块，使得它们可以保存任何类型的数据对象。
- *不修改已分配的块*。分配器只能操作或者改变空闲块。特别是，一旦块被分配了，就不允许修改或者移动它了。因此，诸如压缩已分配块这样的技术是不允许使用的。

在这些限制条件下，分配器的编写者试图实现吞吐率最大化和内存使用率最大化，而这两个性能目标通常是相互冲突的。

- *目标 1：最大化吞吐率*。假定 $n$ 个分配和释放请求的某种序列：

$$R_0, R_1, \cdots, R_k, \cdots, R_{n-1}$$

我们希望一个分配器的吞吐率最大化，吞吐率定义为每个单位时间里完成的请求数。例如，如果一个分配器在 1 秒内完成 500 个分配请求和 500 个释放请求，那么它的吞吐率就是每秒 1000 次操作。一般而言，我们可以通过使满足分配和释放请求的平均时间最小化来使吞吐率最大化。正如我们会看到的，开发一个具有合理性能的分配器并不困难，所谓合理性能是指一个分配请求的最糟运行时间与空闲块的数量成线性关系，而一个释放请求的运行时间是个常数。

- 目标 2：最大化内存利用率。天真的程序员经常不正确地假设虚拟内存是一个无限的资源。实际上，一个系统中被所有进程分配的虚拟内存的全部数量是受磁盘上交换空间的数量限制的。好的程序员知道虚拟内存是一个有限的空间，必须高效地使用。对于可能被要求分配和释放大块内存的动态内存分配器来说，尤其如此。

有很多方式来描述一个分配器使用堆的效率如何。在我们的经验中，最有用的标准是峰值利用率(peak utilization)。像以前一样，我们给定 $n$ 个分配和释放请求的某种顺序

$$R_0, R_1, \cdots, R_k, \cdots, R_{n-1}$$

如果一个应用程序请求一个 $p$ 字节的块，那么得到的已分配块的有效载荷(payload)是 $p$ 字节。在请求 $R_k$ 完成之后，聚集有效载荷(aggregate payload)表示为 $P_k$，为当前已分配的块的有效载荷之和，而 $H_k$ 表示堆的当前的(单调非递减的)大小。

那么，前 $k+1$ 个请求的峰值利用率，表示为 $U_k$，可以通过下式得到：

$$U_k = \frac{\max_{i \leqslant k} P_i}{H_k}$$

那么，分配器的目标就是在整个序列中使峰值利用率 $U_{n-1}$ 最大化。正如我们将要看到的，在最大化吞吐率和最大化利用率之间是互相牵制的。特别是，以堆利用率为代价，很容易编写出吞吐率最大化的分配器。分配器设计中一个有趣的挑战就是在两个目标之间找到一个适当的平衡。

**旁注 放宽单调性假设**

我们可以通过让 $H_k$ 成为前 $k+1$ 个请求的最高峰，从而使得在我们对 $U_k$ 的定义中放宽单调非递减的假设，并且允许堆增长和降低。

### 9.9.4 碎片

造成堆利用率很低的主要原因是一种称为碎片(fragmentation)的现象，当虽然有未使用的内存但不能用来满足分配请求时，就发生这种现象。有两种形式的碎片：内部碎片(internal fragmentation)和外部碎片(external fragmentation)。

内部碎片是在一个已分配块比有效载荷大时发生的。很多原因都可能造成这个问题。例如，一个分配器的实现可能对已分配块强加一个最小的大小值，而这个大小要比某个请求的有效载荷大。或者，就如我们在图 9-34b 中看到的，分配器可能增加块大小以满足对齐约束条件。

内部碎片的量化是简单明了的。它就是已分配块大小和它们的有效载荷大小之差的和。因此，在任意时刻，内部碎片的数量只取决于以前请求的模式和分配器的实现方式。

外部碎片是当空闲内存合计起来足够满足一个分配请求，但是没有一个单独的空闲块足够大可以来处理这个请求时发生的。例如，如果图 9-34e 中的请求要求 6 个字，而不是 2 个字，那么如果不向内核请求额外的虚拟内存就无法满足这个请求，即使在堆中仍然有

6 个空闲的字。问题的产生是由于这 6 个字是分在两个空闲块中的。

外部碎片比内部碎片的量化要困难得多，因为它不仅取决于以前请求的模式和分配器的实现方式，还取决于将来请求的模式。例如，假设在 *k* 个请求之后，所有空闲块的大小都恰好是 4 个字。这个堆会有外部碎片吗？答案取决于将来请求的模式。如果将来所有的分配请求都要求小于或者等于 4 个字的块，那么就不会有外部碎片。另一方面，如果有一个或者多个请求要求比 4 个字大的块，那么这个堆就会有外部碎片。

因为外部碎片难以量化且不可能预测，所以分配器通常采用启发式策略来试图维持少量的大空闲块，而不是维持大量的小空闲块。

### 9.9.5　实现问题

可以想象出的最简单的分配器会把堆组织成一个大的字节数组，还有一个指针 p，初始指向这个数组的第一个字节。为了分配 size 个字节，malloc 将 p 的当前值保存在栈里，将 p 增加 size，并将 p 的旧值返回到调用函数。free 只是简单地返回到调用函数，而不做其他任何事情。

这个简单的分配器是设计中的一种极端情况。因为每个 malloc 和 free 只执行很少量的指令，吞吐率会极好。然而，因为分配器从不重复使用任何块，内存利用率将极差。一个实际的分配器要在吞吐率和利用率之间把握好平衡，就必须考虑以下几个问题：

- *空闲块组织*：我们如何记录空闲块？
- *放置*：我们如何选择一个合适的空闲块来放置一个新分配的块？
- *分割*：在将一个新分配的块放置到某个空闲块之后，我们如何处理这个空闲块中的剩余部分？
- *合并*：我们如何处理一个刚刚被释放的块？

本节剩下的部分将更详细地讨论这些问题。因为像放置、分割以及合并这样的基本技术贯穿在许多不同的空闲块组织中，所以我们将在一种叫做隐式空闲链表的简单空闲块组织结构中来介绍它们。

### 9.9.6　隐式空闲链表

任何实际的分配器都需要一些数据结构，允许它来区别块边界，以及区别已分配块和空闲块。大多数分配器将这些信息嵌入块本身。一个简单的方法如图 9-35 所示。

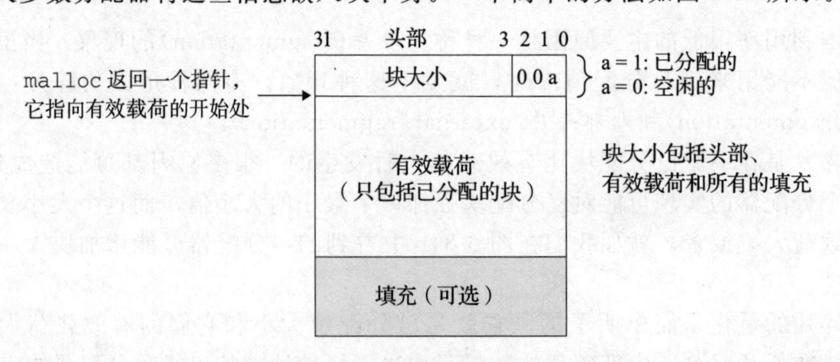


图 9-35　一个简单的堆块的格式

在这种情况中，一个块是由一个字的*头部*、有效载荷，以及可能的一些额外的*填充*组成的。头部编码了这个块的大小(包括头部和所有的填充)，以及这个块是已分配的还是空闲的。如果我们强加一个双字的对齐约束条件，那么块大小就总是 8 的倍数，且块大小的最低 3 位总是零。因此，我们只需要内存大小的 29 个高位，释放剩余的 3 位来编码其他信息。在这种情况中，我们用其中的最低位(已分配位)来指明这个块是已分配的还是空闲的。例如，假设我们有一个已分配的块，大小为 24(0x18)字节。那么它的头部将是

```
0x00000018 | 0x1 = 0x00000019
```

类似地，一个块大小为 40(0x28)字节的空闲块有如下的头部：

```
0x00000028 | 0x0 = 0x00000028
```

头部后面就是应用调用 malloc 时请求的有效载荷。有效载荷后面是一片不使用的填充块，其大小可以是任意的。需要填充有很多原因。比如，填充可能是分配器策略的一部分，用来对付外部碎片。或者也需要用它来满足对齐要求。

假设块的格式如图 9-35 所示，我们可以将堆组织为一个连续的已分配块和空闲块的序列，如图 9-36 所示。

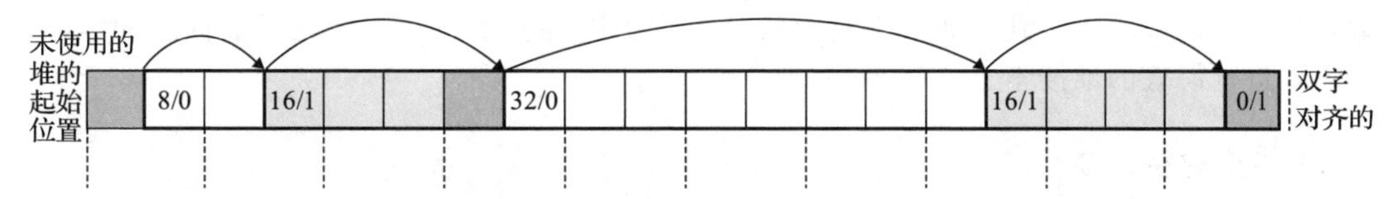


图 9-36 用隐式空闲链表来组织堆。阴影部分是已分配块。没有阴影的部分是空闲块。头部标记为(大小(字节)/已分配位)

我们称这种结构为*隐式空闲链表*，是因为空闲块是通过头部中的大小字段隐含地连接着的。分配器可以通过遍历堆中所有的块，从而间接地遍历整个空闲块的集合。注意，我们需要某种特殊标记的结束块，在这个示例中，就是一个设置了已分配位而大小为零的终止头部(terminating header)。(就像我们将在 9.9.12 节中看到的，设置已分配位简化了空闲块的合并。)

隐式空闲链表的优点是简单。显著的缺点是任何操作的开销，例如放置分配的块，要求对空闲链表进行搜索，该搜索所需时间与堆中已分配块和空闲块的总数呈线性关系。

很重要的一点就是意识到系统对齐要求和分配器对块格式的选择会对分配器上的最小块大小有强制的要求。没有已分配块或者空闲块可以比这个最小值还小。例如，如果我们假设一个双字的对齐要求，那么每个块的大小都必须是双字(8 字节)的倍数。因此，图 9-35 中的块格式就导致最小的块大小为两个字：一个字作头，另一个字维持对齐要求。即使应用只请求一字节，分配器也仍然需要创建一个两字的块。

**练习题 9.6** 确定下面 malloc 请求序列产生的块大小和头部值。假设：1)分配器保持双字对齐，并且使用块格式如图 9-35 中所示的隐式空闲链表。2)块大小向上舍入为最接近的 8 字节的倍数。

| 请求 | 块大小（十进制字节） | 块头部（十六进制） |
| --- | --- | --- |
| malloc(1) | | |
| malloc(5) | | |
| malloc(12) | | |
| malloc(13) | | |

## 9.9.7 放置已分配的块

当一个应用请求一个 $k$ 字节的块时，分配器搜索空闲链表，查找一个足够大可以放置

所请求块的空闲块。分配器执行这种搜索的方式是由*放置策略*(placement policy)确定的。一些常见的策略是*首次适配*(first fit)、*下一次适配*(next fit)和*最佳适配*(best fit)。

*首次适配*从头开始搜索空闲链表，选择第一个合适的空闲块。*下一次适配*和首次适配很相似，只不过不是从链表的起始处开始每次搜索，而是从上一次查询结束的地方开始。*最佳适配*检查每个空闲块，选择适合所需请求大小的最小空闲块。

首次适配的优点是它趋向于将大的空闲块保留在链表的后面。缺点是它趋向于在靠近链表起始处留下小空闲块的“碎片”，这就增加了对较大块的搜索时间。下一次适配是由Donald Knuth作为首次适配的一种代替品最早提出的，源于这样一个想法：如果我们上一次在某个空闲块里已经发现了一个匹配，那么很可能下一次我们也能在这个剩余块中发现匹配。下一次适配比首次适配运行起来明显要快一些，尤其是当链表的前面布满了许多小的碎片时。然而，一些研究表明，下一次适配的内存利用率要比首次适配低得多。研究还表明最佳适配比首次适配和下一次适配的内存利用率都要高一些。然而，在简单空闲链表组织结构中，比如隐式空闲链表中，使用最佳适配的缺点是它要求对堆进行彻底的搜索。在后面，我们将看到更加精细复杂的分离式空闲链表组织，它接近于最佳适配策略，不需要进行彻底的堆搜索。

### 9.9.8　分割空闲块

一旦分配器找到一个匹配的空闲块，它就必须做另一个策略决定，那就是分配这个空闲块中多少空间。一个选择是用整个空闲块。虽然这种方式简单而快捷，但是主要的缺点就是它会造成内部碎片。如果放置策略趋向于产生好的匹配，那么额外的内部碎片也是可以接受的。

然而，如果匹配不太好，那么分配器通常会选择将这个空闲块*分割*为两部分。第一部分变成分配块，而剩下的变成一个新的空闲块。图9-37展示了分配器如何分割图9-36中8个字的空闲块，来满足一个应用的对堆内存3个字的请求。

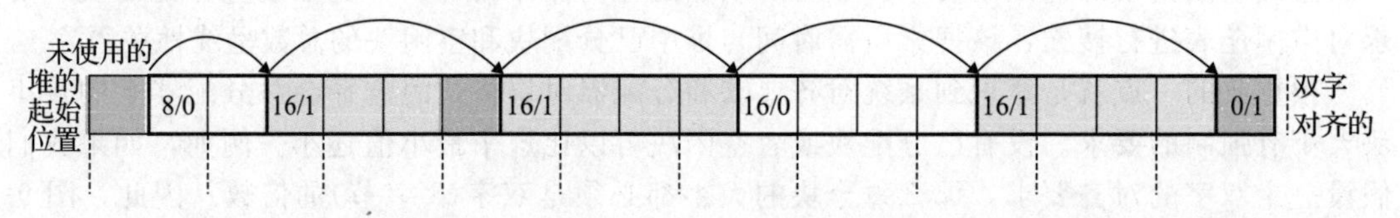


图9-37　分割一个空闲块，以满足一个3个字的分配请求。阴影部分是已分配块。没有阴影的部分是空闲块。头部标记为(大小(字节)/已分配位)

### 9.9.9　获取额外的堆内存

如果分配器不能为请求块找到合适的空闲块将发生什么呢？一个选择是通过合并那些在内存中物理上相邻的空闲块来创建一些更大的空闲块(在下一节中描述)。然而，如果这样还是不能生成一个足够大的块，或者如果空闲块已经最大程度地合并了，那么分配器就会通过调用`sbrk`函数，向内核请求额外的堆内存。分配器将额外的内存转化成一个大的空闲块，将这个块插入到空闲链表中，然后将被请求的块放置在这个新的空闲块中。

### 9.9.10　合并空闲块

当分配器释放一个已分配块时，可能有其他空闲块与这个新释放的空闲块相邻。这些邻接的空闲块可能引起一种现象，叫做*假碎片*(fault fragmentation)，就是有许多可用的空闲块被切割成为小的、无法使用的空闲块。比如，图 9-38 展示了释放图 9-37 中分配的块后得到的结果。结果是两个相邻的空闲块，每一个的有效载荷都为 3 个字。因此，接下来一个对 4 字有效载荷的请求就会失败，即使两个空闲块的合计大小足够大，可以满足这个请求。

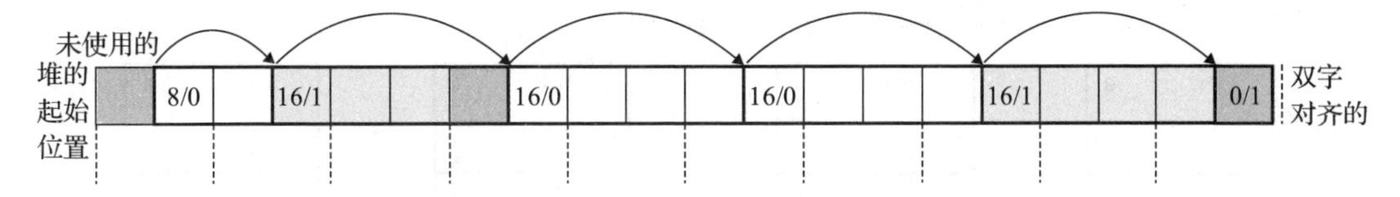


图 9-38　假碎片的示例。阴影部分是已分配块。没有阴影的部分是空闲块。头部标记为(大小(字节)/已分配位)

为了解决假碎片问题，任何实际的分配器都必须合并相邻的空闲块，这个过程称为合并(coalescing)。这就出现了一个重要的策略决定，那就是何时执行合并。分配器可以选择*立即合并*(immediate coalescing)，也就是在每次一个块被释放时，就合并所有的相邻块。或者它也可以选择*推迟合并*(deferred coalescing)，也就是等到某个稍晚的时候再合并空闲块。例如，分配器可以推迟合并，直到某个分配请求失败，然后扫描整个堆，合并所有的空闲块。

立即合并很简单明了，可以在常数时间内执行完成，但是对于某些请求模式，这种方式会产生一种形式的抖动，块会反复地合并，然后马上分割。例如，在图 9-38 中，反复地分配和释放一个 3 个字的块将产生大量不必要的分割和合并。在对分配器的讨论中，我们会假设使用立即合并，但是你应该了解，快速的分配器通常会选择某种形式的推迟合并。

### 9.9.11　带边界标记的合并

分配器是如何实现合并的？让我们称想要释放的块为*当前块*。那么，合并(内存中的)下一个空闲块很简单而且高效。当前块的头部指向下一个块的头部，可以检查这个指针以判断下一个块是否是空闲的。如果是，就将它的大小简单地加到当前块头部的大小上，这两个块在常数时间内被合并。

但是我们该如何合并前面的块呢？给定一个带头部的隐式空闲链表，唯一的选择将是搜索整个链表，记住前面块的位置，直到我们到达当前块。使用隐式空闲链表，这意味着每次调用 `free` 需要的时间都与堆的大小成线性关系。即使使用更复杂精细的空闲链表组织，搜索时间也不会是常数。

Knuth 提出了一种聪明而通用的技术，叫做*边界标记*(boundary tag)，允许在常数时间内进行对前面块的合并。这种思想，如图 9-39 所示，是在每个块的结尾处添加一个*脚部*(footer，边界标记)，其中脚部就是头部的一个副本。如果每个块包括这样一个脚部，那么分配器就可以通过检查它的脚部，判断前面一个块的起始位置和状态，这个脚部总是在距当前块开始位置一个字的距离。

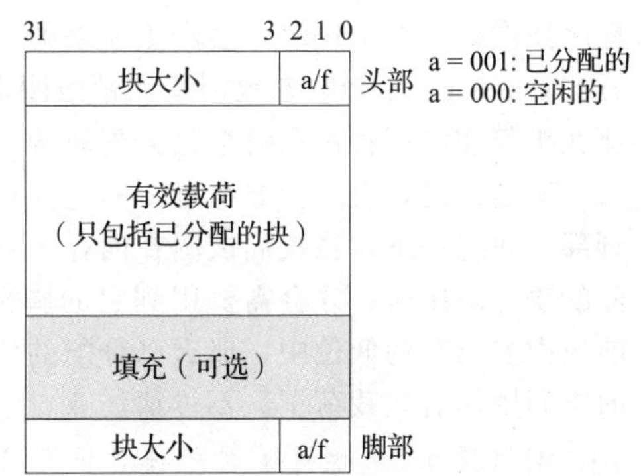


图 9-39　使用边界标记的堆块的格式

考虑当分配器释放当前块时所有可能存在的情况：

1）前面的块和后面的块都是已分配的。

2）前面的块是已分配的，后面的块是空闲的。

3）前面的块是空闲的，而后面的块是已分配的。

4）前面的和后面的块都是空闲的。

图 9-40 展示了我们如何对这四种情况进行合并。

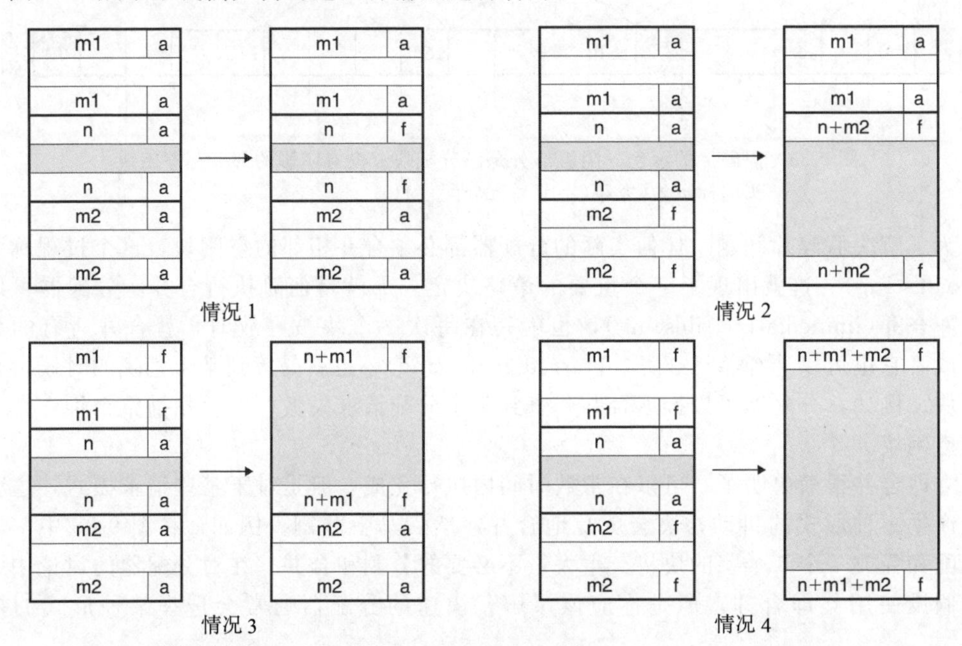


图 9-40　使用边界标记的合并(情况 1：前面的和后面块都已分配。情况 2：前面块已分配，后面块空闲。情况 3：前面块空闲，后面块已分配。情况 4：后面块和前面块都空闲)

在情况 1 中，两个邻接的块都是已分配的，因此不可能进行合并。所以当前块的状态只是简单地从已分配变成空闲。在情况 2 中，当前块与后面的块合并。用当前块和后面块的大小的和来更新当前块的头部和后面块的脚部。在情况 3 中，前面的块和当前块合并。用两个块大小的和来更新前面块的头部和当前块的脚部。在情况 4 中，要合并所有的三个块形成一个单独的空闲块，用三个块大小的和来更新前面块的头部和后面块的脚部。在每种情况中，合并都是在常数时间内完成的。

边界标记的概念是简单优雅的，它对许多不同类型的分配器和空闲链表组织都是通用的。然而，它也存在一个潜在的缺陷。它要求每个块都保持一个头部和一个脚部，在应用程序操作许多个小块时，会产生显著的内存开销。例如，如果一个图形应用通过反复调用 malloc 和 free 来动态地创建和销毁图形节点，并且每个图形节点都只要求两个内存字，那么头部和脚部将占用每个已分配块的一半的空间。

幸运的是，有一种非常聪明的边界标记的优化方法，能够使得在已分配块中不再需要脚部。回想一下，当我们试图在内存中合并当前块以及前面的块和后面的块时，只有在前面的块是空闲时，才会需要用到它的脚部。如果我们把前面块的已分配/空闲位存放在当前块中多出来的低位中，那么已分配的块就不需要脚部了，这样我们就可以将这个多出来的空间用作有效载荷了。不过请注意，空闲块仍然需要脚部。

**练习题 9.7**　确定下面每种对齐要求和块格式的组合的最小的块大小。假设：隐式空闲链表，不允许有效载荷为零，头部和脚部存放在 4 字节的字中。

| 对齐要求 | 已分配的块 | 空闲块 | 最小块大小(字节) |
| --- | --- | --- | --- |
| 单字 | 头部和脚部 | 头部和脚部 | |
| 单字 | 头部，但是无脚部 | 头部和脚部 | |
| 双字 | 头部和脚部 | 头部和脚部 | |
| 双字 | 头部，但是没有脚部 | 头部和脚部 | |

### 9.9.12 综合：实现一个简单的分配器

构造一个分配器是一件富有挑战性的任务。设计空间很大，有多种块格式、空闲链表格式，以及放置、分割和合并策略可供选择。另一个挑战就是你经常被迫在类型系统的安全和熟悉的限定之外编程，依赖于容易出错的指针强制类型转换和指针运算，这些操作都属于典型的低层系统编程。

虽然分配器不需要大量的代码，但是它们也还是细微而不可忽视的。熟悉诸如C++ 或者 Java 之类高级语言的学生通常在他们第一次遇到这种类型的编程时，会遭遇一个概念上的障碍。为了帮助你清除这个障碍，我们将基于隐式空闲链表，使用立即边界标记合并方式，从头至尾地讲述一个简单分配器的实现。最大的块大小为 $2^{32}=4$GB。代码是 64 位干净的，即代码能不加修改地运行在 32 位(gcc -m32)或 64 位(gcc -m64)的进程中。

**1. 通用分配器设计**

我们的分配器使用如图 9-41 所示的 memlib.c 包所提供的一个内存系统模型。模型的目的在于允许我们在不干涉已存在的系统层 malloc 包的情况下，运行分配器。

mem_init 函数将对于堆来说可用的虚拟内存模型化为一个大的、双字对齐的字节数组。在 mem_heap 和 mem_brk 之间的字节表示已分配的虚拟内存。mem_brk 之后的字节表示未分配的虚拟内存。分配器通过调用 mem_sbrk 函数来请求额外的堆内存，这个函数和系统的 sbrk 函数的接口相同，而且语义也相同，除了它会拒绝收缩堆的请求。

分配器包含在一个源文件中(mm.c)，用户可以编译和链接这个源文件到他们的应用之中。分配器输出三个函数到应用程序：

```
1	extern int mm_init(void);
2	extern void *mm_malloc (size_t size);
3	extern void mm_free (void *ptr);
```

mm_init 函数初始化分配器，如果成功就返回 0，否则就返回 −1。mm_malloc 和 mm_free 函数与它们对应的系统函数有相同的接口和语义。分配器使用如图 9-39 所示的块格式。最小块的大小为 16 字节。空闲链表组织成为一个隐式空闲链表，具有如图 9-42 所示的恒定形式。

第一个字是一个双字边界对齐的不使用的填充字。填充后面紧跟着一个特殊的序言块(prologue block)，这是一个 8 字节的已分配块，只由一个头部和一个脚部组成。序言块是在初始化时创建的，并且永不释放。在序言块后紧跟的是零个或者多个由 malloc 或者 free 调用创建的普通块。堆总是以一个特殊的结尾块(epilogue block)来结束，这个块是一个大小为零的已分配块，只由一个头部组成。序言块和结尾块是一种消除合并时边界条件的技巧。分配器使用一个单独的私有(static)全局变量(heap_listp)，它总是指向序言块。(作为一个小优化，我们可以让它指向下一个块，而不是这个序言块。)

code/vm/malloc/memlib.c

```
1   /* Private global variables */
2   static char *mem_heap;     /* Points to first byte of heap */
3   static char *mem_brk;      /* Points to last byte of heap plus 1 */
4   static char *mem_max_addr; /* Max legal heap addr plus 1*/
5
6   /*
7    * mem_init - Initialize the memory system model
8    */
9   void mem_init(void)
10  {
11      mem_heap = (char *)Malloc(MAX_HEAP);
12      mem_brk = (char *)mem_heap;
13      mem_max_addr = (char *)(mem_heap + MAX_HEAP);
14  }
15
16  /*
17   * mem_sbrk - Simple model of the sbrk function. Extends the heap
18   *    by incr bytes and returns the start address of the new area. In
19   *    this model, the heap cannot be shrunk.
20   */
21  void *mem_sbrk(int incr)
22  {
23      char *old_brk = mem_brk;
24
25      if ( (incr < 0) || ((mem_brk + incr) > mem_max_addr)) {
26          errno = ENOMEM;
27          fprintf(stderr, "ERROR: mem_sbrk failed. Ran out of memory...\n");
28          return (void *)-1;
29      }
30      mem_brk += incr;
31      return (void *)old_brk;
32  }
```

code/vm/malloc/memlib.c

图 9-41　memlib.c：内存系统模型

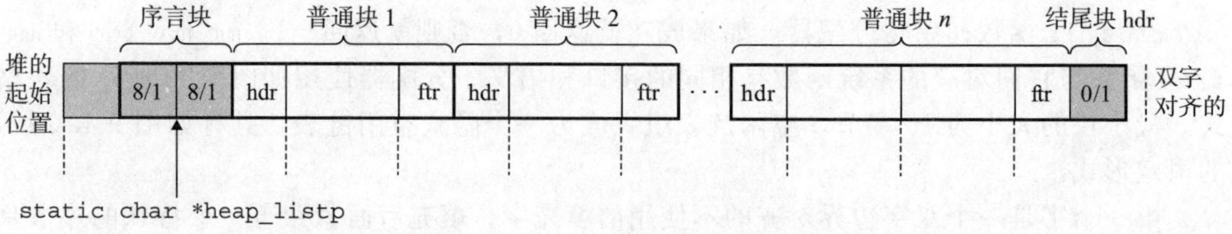

图 9-42　隐式空闲链表的恒定形式

### 2. 操作空闲链表的基本常数和宏

图 9-43 展示了一些我们在分配器编码中将要使用的基本常数和宏。第 2～4 行定义了一些基本的大小常数：字的大小(WSIZE)和双字的大小(DSIZE)，初始空闲块的大小和扩展堆时的默认大小(CHUNKSIZE)。

在空闲链表中操作头部和脚部可能是很麻烦的，因为它要求大量使用强制类型转换和指针运算。因此，我们发现定义一小组宏来访问和遍历空闲链表是很有帮助的(第 9～25 行)。PACK

宏(第 9 行)将大小和已分配位结合起来并返回一个值，可以把它存放在头部或者脚部中。

code/vm/malloc/mm.c

```
1   /* Basic constants and macros */
2   #define WSIZE       4       /* Word and header/footer size (bytes) */
3   #define DSIZE       8       /* Double word size (bytes) */
4   #define CHUNKSIZE  (1<<12)  /* Extend heap by this amount (bytes) */
5
6   #define MAX(x, y) ((x) > (y)? (x) : (y))
7
8   /* Pack a size and allocated bit into a word */
9   #define PACK(size, alloc)  ((size) | (alloc))
10
11  /* Read and write a word at address p */
12  #define GET(p)       (*(unsigned int *)(p))
13  #define PUT(p, val)  (*(unsigned int *)(p) = (val))
14
15  /* Read the size and allocated fields from address p */
16  #define GET_SIZE(p)  (GET(p) & ~0x7)
17  #define GET_ALLOC(p) (GET(p) & 0x1)
18
19  /* Given block ptr bp, compute address of its header and footer */
20  #define HDRP(bp)       ((char *)(bp) - WSIZE)
21  #define FTRP(bp)       ((char *)(bp) + GET_SIZE(HDRP(bp)) - DSIZE)
22
23  /* Given block ptr bp, compute address of next and previous blocks */
24  #define NEXT_BLKP(bp)  ((char *)(bp) + GET_SIZE(((char *)(bp) - WSIZE)))
25  #define PREV_BLKP(bp)  ((char *)(bp) - GET_SIZE(((char *)(bp) - DSIZE)))
```

code/vm/malloc/mm.c

图 9-43　操作空闲链表的基本常数和宏

GET 宏(第 12 行)读取和返回参数 p 引用的字。这里强制类型转换是至关重要的。参数 p 典型地是一个(void* )指针，不可以直接进行间接引用。类似地，PUT 宏(第 13 行)将 val 存放在参数 p 指向的字中。

GET_SIZE 和 GET_ALLOC 宏(第 16～17 行)从地址 p 处的头部或者脚部分别返回大小和已分配位。剩下的宏是对块指针(block pointer，用 bp 表示)的操作，块指针指向第一个有效载荷字节。给定一个块指针 bp，HDRP 和 FTRP 宏(第 20～21 行)分别返回指向这个块的头部和脚部的指针。NEXT_BLKP 和 PREV_BLKP 宏(第 24～25 行)分别返回指向后面的块和前面的块的块指针。

可以用多种方式来编辑宏，以操作空闲链表。比如，给定一个指向当前块的指针 bp，我们可以使用下面的代码行来确定内存中后面的块的大小：

```
size_t size = GET_SIZE(HDRP(NEXT_BLKP(bp)));
```

**3. 创建初始空闲链表**

在调用 mm_malloc 或者 mm_free 之前，应用必须通过调用 mm_init 函数来初始化堆(见图 9-44)。

mm_init 函数从内存系统得到 4 个字，并将它们初始化，创建一个空的空闲链表(第 4～10 行)。然后它调用 extend_heap 函数(图 9-45)，这个函数将堆扩展 CHUNKSIZE 字节，并且创建初始的空闲块。此刻，分配器已初始化了，并且准备好接受来自应用的分配和释放请求。

code/vm/malloc/mm.c

```
1   int mm_init(void)
2   {
3       /* Create the initial empty heap */
4       if ((heap_listp = mem_sbrk(4*WSIZE)) == (void *)-1)
5           return -1;
6       PUT(heap_listp, 0);                          /* Alignment padding */
7       PUT(heap_listp + (1*WSIZE), PACK(DSIZE, 1)); /* Prologue header */
8       PUT(heap_listp + (2*WSIZE), PACK(DSIZE, 1)); /* Prologue footer */
9       PUT(heap_listp + (3*WSIZE), PACK(0, 1));     /* Epilogue header */
10      heap_listp += (2*WSIZE);
11
12      /* Extend the empty heap with a free block of CHUNKSIZE bytes */
13      if (extend_heap(CHUNKSIZE/WSIZE) == NULL)
14          return -1;
15      return 0;
16  }
```

code/vm/malloc/mm.c

图 9-44　mm_init：创建带一个初始空闲块的堆

code/vm/malloc/mm.c

```
1   static void *extend_heap(size_t words)
2   {
3       char *bp;
4       size_t size;
5
6       /* Allocate an even number of words to maintain alignment */
7       size = (words % 2) ? (words+1) * WSIZE : words * WSIZE;
8       if ((long)(bp = mem_sbrk(size)) == -1)
9           return NULL;
10
11      /* Initialize free block header/footer and the epilogue header */
12      PUT(HDRP(bp), PACK(size, 0));         /* Free block header */
13      PUT(FTRP(bp), PACK(size, 0));         /* Free block footer */
14      PUT(HDRP(NEXT_BLKP(bp)), PACK(0, 1)); /* New epilogue header */
15
16      /* Coalesce if the previous block was free */
17      return coalesce(bp);
18  }
```

code/vm/malloc/mm.c

图 9-45　extend_heap：用一个新的空闲块扩展堆

extend_heap 函数会在两种不同的环境中被调用：1)当堆被初始化时；2)当 mm_malloc 不能找到一个合适的匹配块时。为了保持对齐，extend_heap 将请求大小向上舍入为最接近的 2 字(8 字节)的倍数，然后向内存系统请求额外的堆空间(第 7～9 行)。

extend_heap 函数的剩余部分(第 12～17 行)有点儿微妙。堆开始于一个双字对齐的边界，并且每次对 extend_heap 的调用都返回一个块，该块的大小是双字的整数倍。因此，对 mem_sbrk 的每次调用都返回一个双字对齐的内存片，紧跟在结尾块的头部后面。这个头部变成了新的空闲块的头部(第 12 行)，并且这个片的最后一个字变成了新的结尾块的头部(第 14 行)。最后，在很可能出现的前一个堆以一个空闲块结束的情况中，我们调用 coalesce 函数来合并两个空闲块，并返回指向合并后的块的块指针(第 17 行)。

**4. 释放和合并块**

应用通过调用 mm_free 函数(图 9-46)来释放一个以前分配的块，这个函数释放所请求的块(bp)，然后使用 9.9.11 节中描述的边界标记合并技术将之与邻接的空闲块合并起来。

*code/vm/malloc/mm.c*

```
1   void mm_free(void *bp)
2   {
3       size_t size = GET_SIZE(HDRP(bp));
4
5       PUT(HDRP(bp), PACK(size, 0));
6       PUT(FTRP(bp), PACK(size, 0));
7       coalesce(bp);
8   }
9
10  static void *coalesce(void *bp)
11  {
12      size_t prev_alloc = GET_ALLOC(FTRP(PREV_BLKP(bp)));
13      size_t next_alloc = GET_ALLOC(HDRP(NEXT_BLKP(bp)));
14      size_t size = GET_SIZE(HDRP(bp));
15
16      if (prev_alloc && next_alloc) {              /* Case 1 */
17          return bp;
18      }
19
20      else if (prev_alloc && !next_alloc) {        /* Case 2 */
21          size += GET_SIZE(HDRP(NEXT_BLKP(bp)));
22          PUT(HDRP(bp), PACK(size, 0));
23          PUT(FTRP(bp), PACK(size,0));
24      }
25
26      else if (!prev_alloc && next_alloc) {        /* Case 3 */
27          size += GET_SIZE(HDRP(PREV_BLKP(bp)));
28          PUT(FTRP(bp), PACK(size, 0));
29          PUT(HDRP(PREV_BLKP(bp)), PACK(size, 0));
30          bp = PREV_BLKP(bp);
31      }
32
33      else {                                       /* Case 4 */
34          size += GET_SIZE(HDRP(PREV_BLKP(bp))) +
35              GET_SIZE(FTRP(NEXT_BLKP(bp)));
36          PUT(HDRP(PREV_BLKP(bp)), PACK(size, 0));
37          PUT(FTRP(NEXT_BLKP(bp)), PACK(size, 0));
38          bp = PREV_BLKP(bp);
39      }
40      return bp;
41  }
```

*code/vm/malloc/mm.c*

图 9-46　mm_free：释放一个块，并使用边界标记合并将之与所有的邻接空闲块在常数时间内合并

coalesce 函数中的代码是图 9-40 中勾画的四种情况的一种简单直接的实现。这里也有一个微妙的方面。我们选择的空闲链表格式(它的序言块和结尾块总是标记为已分配)允许我们忽略潜在的麻烦边界情况，也就是，请求块 bp 在堆的起始处或者是在堆的结尾处。如果没有这些特殊块，代码将混乱得多，更加容易出错，并且更慢，因为我们将不得不在每次释放请求时，都去检查这些并不常见的边界情况。

**5. 分配块**

一个应用通过调用 mm_malloc 函数(见图 9-47)来向内存请求大小为 size 字节的块。在检查完请求的真假之后，分配器必须调整请求块的大小，从而为头部和脚部留有空间，并满足双字对齐的要求。第 12～13 行强制了最小块大小是 16 字节：8 字节用来满足对齐要求，而另外 8 个用来放头部和脚部。对于超过 8 字节的请求(第 15 行)，一般的规则是加上开销字节，然后向上舍入到最接近的 8 的整数倍。

*code/vm/malloc/mm.c*

```
1   void *mm_malloc(size_t size)
2   {
3       size_t asize;      /* Adjusted block size */
4       size_t extendsize; /* Amount to extend heap if no fit */
5       char *bp;
6
7       /* Ignore spurious requests */
8       if (size == 0)
9           return NULL;
10
11      /* Adjust block size to include overhead and alignment reqs. */
12      if (size <= DSIZE)
13          asize = 2*DSIZE;
14      else
15          asize = DSIZE * ((size + (DSIZE) + (DSIZE-1)) / DSIZE);
16
17      /* Search the free list for a fit */
18      if ((bp = find_fit(asize)) != NULL) {
19          place(bp, asize);
20          return bp;
21      }
22
23      /* No fit found. Get more memory and place the block */
24      extendsize = MAX(asize,CHUNKSIZE);
25      if ((bp = extend_heap(extendsize/WSIZE)) == NULL)
26          return NULL;
27      place(bp, asize);
28      return bp;
29  }
```

*code/vm/malloc/mm.c*

图 9-47　mm_malloc：从空闲链表分配一个块

一旦分配器调整了请求的大小，它就会搜索空闲链表，寻找一个合适的空闲块(第 18 行)。如果有合适的，那么分配器就放置这个请求块，并可选地分割出多余的部分(第 19 行)，然后返回新分配块的地址。

如果分配器不能够发现一个匹配的块，那么就用一个新的空闲块来扩展堆(第 24～26 行)，把请求块放置在这个新的空闲块里，可选地分割这个块(第 27 行)，然后返回一个指针，指向这个新分配的块。

**练习题 9.8** 为 9.9.12 节中描述的简单分配器实现一个 find_fit 函数。

```
static void *find_fit(size_t asize)
```

你的解答应该对隐式空闲链表执行首次适配搜索。

**练习题 9.9** 为示例的分配器编写一个 place 函数。

```
static void place(void *bp, size_t asize)
```

你的解答应该将请求块放置在空闲块的起始位置，只有当剩余部分的大小等于或者超出最小块的大小时，才进行分割。

### 9.9.13 显式空闲链表

隐式空闲链表为我们提供了一种介绍一些基本分配器概念的简单方法。然而，因为块分配与堆块的总数呈线性关系，所以对于通用的分配器，隐式空闲链表是不适合的(尽管对于堆块数量预先就知道是很小的特殊的分配器来说它是可以的)。

一种更好的方法是将空闲块组织为某种形式的显式数据结构。因为根据定义，程序不需要一个空闲块的主体，所以实现这个数据结构的指针可以存放在这些空闲块的主体里面。例如，堆可以组织成一个双向空闲链表，在每个空闲块中，都包含一个 pred(前驱)和 succ(后继)指针，如图 9-48 所示。

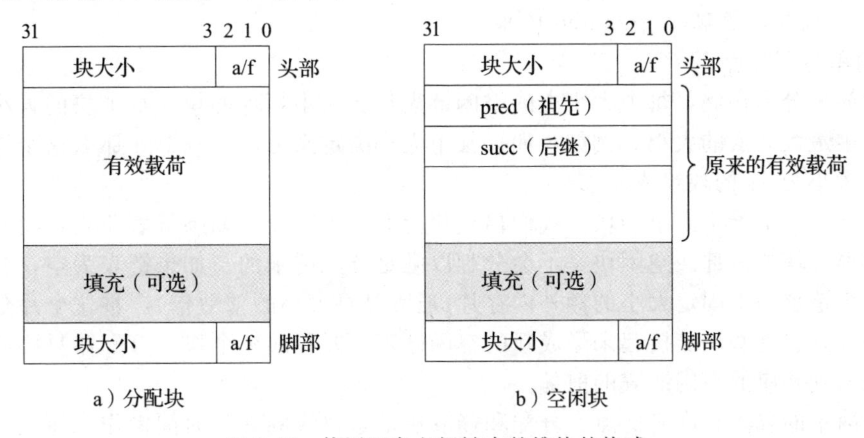


图 9-48 使用双向空闲链表的堆块的格式

使用双向链表而不是隐式空闲链表，使首次适配的分配时间从块总数的线性时间减少到了空闲块数量的线性时间。不过，释放一个块的时间可以是线性的，也可能是个常数，这取决于我们所选择的空闲链表中块的排序策略。

一种方法是用后进先出(LIFO)的顺序维护链表，将新释放的块放置在链表的开始处。使用 LIFO 的顺序和首次适配的放置策略，分配器会最先检查最近使用过的块。在这种情况下，释放一个块可以在常数时间内完成。如果使用了边界标记，那么合并也可以在常数时间内完成。

另一种方法是按照地址顺序来维护链表，其中链表中每个块的地址都小于它后继的地址。在这种情况下，释放一个块需要线性时间的搜索来定位合适的前驱。平衡点在于，按照地址排序的首次适配比 LIFO 排序的首次适配有更高的内存利用率，接近最佳适配的利用率。

一般而言，显式链表的缺点是空闲块必须足够大，以包含所有需要的指针，以及头部和可能的脚部。这就导致了更大的最小块大小，也潜在地提高了内部碎片的程度。

### 9.9.14　分离的空闲链表

就像我们已经看到的，一个使用单向空闲块链表的分配器需要与空闲块数量呈线性关系的时间来分配块。一种流行的减少分配时间的方法，通常称为*分离存储*(segregated storage)，就是维护多个空闲链表，其中每个链表中的块有大致相等的大小。一般的思路是将所有可能的块大小分成一些等价类，也叫做*大小类*(size class)。有很多种方式来定义大小类。例如，我们可以根据 2 的幂来划分块大小：

$$\{1\},\{2\},\{3,4\},\{5 \sim 8\},\cdots,\{1025 \sim 2048\},\{2049 \sim 4096\},\{4097 \sim \infty\}$$

或者我们可以将小的块分派到它们自己的大小类里，而将大块按照 2 的幂分类：

$$\{1\},\{2\},\{3\},\cdots,\{1023\},\{1024\},\{1025 \sim 2048\},\{2049 \sim 4096\},\{4097 \sim \infty\}$$

分配器维护着一个空闲链表数组，每个大小类一个空闲链表，按照大小的升序排列。当分配器需要一个大小为 $n$ 的块时，它就搜索相应的空闲链表。如果不能找到合适的块与之匹配，它就搜索下一个链表，以此类推。

有关动态内存分配的文献描述了几十种分离存储方法，主要的区别在于它们如何定义大小类，何时进行合并，何时向操作系统请求额外的堆内存，是否允许分割，等等。为了使你大致了解有哪些可能性，我们会描述两种基本的方法：*简单分离存储*(simple segregated storage)和*分离适配*(segregated fit)。

**1. 简单分离存储**

使用简单分离存储，每个大小类的空闲链表包含大小相等的块，每个块的大小就是这个大小类中最大元素的大小。例如，如果某个大小类定义为{17～32}，那么这个类的空闲链表全由大小为 32 的块组成。

为了分配一个给定大小的块，我们检查相应的空闲链表。如果链表非空，我们简单地分配其中第一块的全部。空闲块是不会分割以满足分配请求的。如果链表为空，分配器就向操作系统请求一个固定大小的额外内存片(通常是页大小的整数倍)，将这个片分成大小相等的块，并将这些块链接起来形成新的空闲链表。要释放一个块，分配器只要简单地将这个块插入到相应的空闲链表的前部。

这种简单的方法有许多优点。分配和释放块都是很快的常数时间操作。而且，每个片中都是大小相等的块，不分割，不合并，这意味着每个块只有很少的内存开销。由于每个片只有大小相同的块，那么一个已分配块的大小就可以从它的地址中推断出来。因为没有合并，所以已分配块的头部就不需要一个已分配/空闲标记。因此已分配块不需要头部，同时因为没有合并，它们也不需要脚部。因为分配和释放操作都是在空闲链表的起始处操作，所以链表只需要是单向的，而不用是双向的。关键点在于，在任何块中都需要的唯一字段是每个空闲块中的一个字的 succ 指针，因此最小块大小就是一个字。

一个显著的缺点是，简单分离存储很容易造成内部和外部碎片。因为空闲块是不会被分割的，所以可能会造成内部碎片。更糟的是，因为不会合并空闲块，所以某些引用模式会引起极多的外部碎片(见练习题 9.10)。

**练习题 9.10**　描述一个在基于简单分离存储的分配器中会导致严重外部碎片的引用模式。

2. **分离适配**

使用这种方法，分配器维护着一个空闲链表的数组。每个空闲链表是和一个大小类相关联的，并且被组织成某种类型的显式或隐式链表。每个链表包含潜在的大小不同的块，这些块的大小是大小类的成员。有许多种不同的分离适配分配器。这里，我们描述了一种简单的版本。

为了分配一个块，必须确定请求的大小类，并且对适当的空闲链表做首次适配，查找一个合适的块。如果找到了一个，那么就(可选地)分割它，并将剩余的部分插入到适当的空闲链表中。如果找不到合适的块，那么就搜索下一个更大的大小类的空闲链表。如此重复，直到找到一个合适的块。如果空闲链表中没有合适的块，那么就向操作系统请求额外的堆内存，从这个新的堆内存中分配出一个块，将剩余部分放置在适当的大小类中。要释放一个块，我们执行合并，并将结果放置到相应的空闲链表中。

分离适配方法是一种常见的选择，C标准库中提供的GNU `malloc`包就是采用的这种方法，因为这种方法既快速，对内存的使用也很有效率。搜索时间减少了，因为搜索被限制在堆的某个部分，而不是整个堆。内存利用率得到了改善，因为有一个有趣的事实：对分离空闲链表的简单的首次适配搜索，其内存利用率近似于对整个堆的最佳适配搜索的内存利用率。

3. **伙伴系统**

伙伴系统(buddy system)是分离适配的一种特例，其中每个大小类都是2的幂。基本的思路是假设一个堆的大小为$2^m$个字，我们为每个块大小$2^k$维护一个分离空闲链表，其中$0 \leqslant k \leqslant m$。请求块大小向上舍入到最接近的2的幂。最开始时，只有一个大小为$2^m$个字的空闲块。

为了分配一个大小为$2^k$的块，我们找到第一个可用的、大小为$2^j$的块，其中$k \leqslant j \leqslant m$。如果$j=k$，那么我们就完成了。否则，我们递归地二分割这个块，直到$j=k$。当我们进行这样的分割时，每个剩下的半块(也叫做伙伴)被放置在相应的空闲链表中。要释放一个大小为$2^k$的块，我们继续合并空闲的伙伴。当遇到一个已分配的伙伴时，我们就停止合并。

关于伙伴系统的一个关键事实是，给定地址和块的大小，很容易计算出它的伙伴的地址。例如，一个块，大小为32字节，地址为：

$$xxx \cdots x00000$$

它的伙伴的地址为

$$xxx \cdots x10000$$

换句话说，一个块的地址和它的伙伴的地址只有一位不相同。

伙伴系统分配器的主要优点是它的快速搜索和快速合并。主要缺点是要求块大小为2的幂可能导致显著的内部碎片。因此，伙伴系统分配器不适合通用目的的工作负载。然而，对于某些特定应用的工作负载，其中块大小预先知道是2的幂，伙伴系统分配器就很有吸引力了。

## 9.10 垃圾收集

在诸如C `malloc`包这样的显式分配器中，应用通过调用`malloc`和`free`来分配和释放堆块。应用要负责释放所有不再需要的已分配块。

未能释放已分配的块是一种常见的编程错误。例如，考虑下面的C函数，作为处理的一部分，它分配一块临时存储：

```
1   void garbage()
2   {
3       int *p = (int *)Malloc(15213);
4
5       return; /* Array p is garbage at this point */
6   }
```

因为程序不再需要 p，所以在 garbage 返回前应该释放 p。不幸的是，程序员忘了释放这个块。它在程序的生命周期内都保持为已分配状态，毫无必要地占用着本来可以用来满足后面分配请求的堆空间。

*垃圾收集器*(garbage collector)是一种动态内存分配器，它自动释放程序不再需要的已分配块。这些块被称为*垃圾*(garbage)(因此术语就称之为垃圾收集器)。自动回收堆存储的过程叫做*垃圾收集*(garbage collection)。在一个支持垃圾收集的系统中，应用显式分配堆块，但是从不显示地释放它们。在 C 程序的上下文中，应用调用 malloc，但是从不调用 free。反之，垃圾收集器定期识别垃圾块，并相应地调用 free，将这些块放回到空闲链表中。

垃圾收集可以追溯到 John McCarthy 在 20 世纪 60 年代早期在 MIT 开发的 Lisp 系统。它是诸如 Java、ML、Perl 和 Mathematica 等现代语言系统的一个重要部分，而且它仍然是一个重要而活跃的研究领域。有关文献描述了大量的垃圾收集方法，其数量令人吃惊。我们的讨论局限于 McCarthy 独创的 Mark&Sweep(标记 & 清除)算法，这个算法很有趣，因为它可以建立在已存在的 malloc 包的基础之上，为 C 和 C++ 程序提供垃圾收集。

### 9.10.1　垃圾收集器的基本知识

垃圾收集器将内存视为一张有向*可达图*(reachability graph)，其形式如图 9-49 所示。该图的节点被分成一组*根节点*(root node)和一组*堆节点*(heap node)。每个堆节点对应于堆中的一个已分配块。有向边 $p \rightarrow q$ 意味着块 $p$ 中的某个位置指向块 $q$ 中的某个位置。根节点对应于这样一种不在堆中的位置，它们中包含指向堆中的指针。这些位置可以是寄存器、栈里的变量，或者是虚拟内存中读写数据区域内的全局变量。

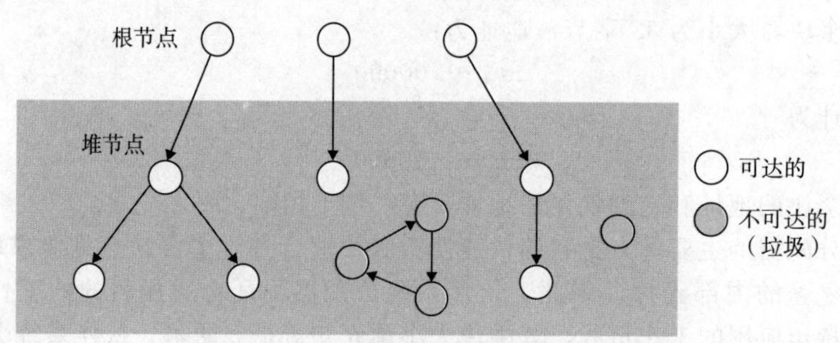


图 9-49　垃圾收集器将内存视为一张有向图

当存在一条从任意根节点出发并到达 $p$ 的有向路径时，我们说节点 $p$ 是*可达的*(reachable)。在任何时刻，不可达节点对应于垃圾，是不能被应用再次使用的。垃圾收集器的角色是维护可达图的某种表示，并通过释放不可达节点且将它们返回给空闲链表，来定期地回收它们。

像 ML 和 Java 这样的语言的垃圾收集器，对应用如何创建和使用指针有很严格的控制，能够维护可达图的一种精确的表示，因此也就能够回收所有垃圾。然而，诸如 C 和

C++ 这样的语言的收集器通常不能维持可达图的精确表示。这样的收集器也叫做保守的垃圾收集器(conservative garbage collector)。从某种意义上来说它们是保守的，即每个可达块都被正确地标记为可达了，而一些不可达节点却可能被错误地标记为可达。

收集器可以按需提供它们的服务，或者它们可以作为一个和应用并行的独立线程，不断地更新可达图和回收垃圾。例如，考虑如何将一个 C 程序的保守的收集器加入到已存在的 malloc 包中，如图 9-50 所示。

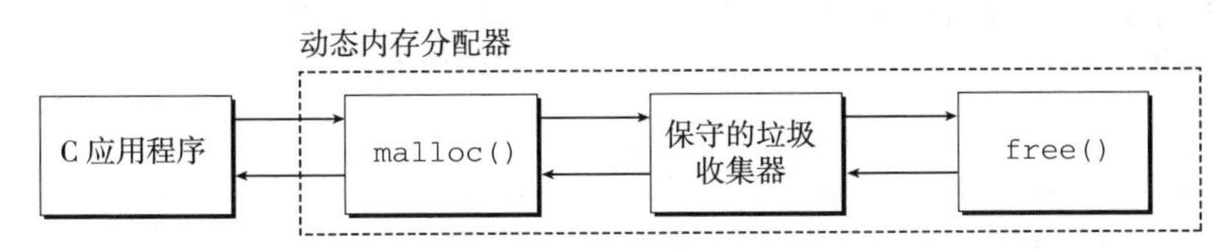


图 9-50　将一个保守的垃圾收集器加入到 C 的 malloc 包中

无论何时需要堆空间时，应用都会用通常的方式调用 malloc。如果 malloc 找不到一个合适的空闲块，那么它就调用垃圾收集器，希望能够回收一些垃圾到空闲链表。收集器识别出垃圾块，并通过调用 free 函数将它们返回给堆。关键的思想是收集器代替应用去调用 free。当对收集器的调用返回时，malloc 重试，试图发现一个合适的空闲块。如果还是失败了，那么它就会向操作系统要求额外的内存。最后，malloc 返回一个指向请求块的指针(如果成功)或者返回一个空指针(如果不成功)。

### 9.10.2　Mark & Sweep 垃圾收集器

Mark&Sweep 垃圾收集器由标记(mark)阶段和清除(sweep)阶段组成，标记阶段标记出根节点的所有可达的和已分配的后继，而后面的清除阶段释放每个未被标记的已分配块。块头部中空闲的低位中的一位通常用来表示这个块是否被标记了。

我们对 Mark&Sweep 的描述将假设使用下列函数，其中 ptr 定义为 typedef void *ptr：

- ptr isPtr(ptr p)。如果 p 指向一个已分配块中的某个字，那么就返回一个指向这个块的起始位置的指针 b。否则返回 NULL。
- int blockMarked(ptr b)。如果块 b 是已标记的，那么就返回 true。
- int blockAllocated(ptr b)。如果块 b 是已分配的，那么就返回 true。
- void markBlock(ptr b)。标记块 b。
- int length(ptr b)。返回块 b 的以字为单位的长度(不包括头部)。
- void unmarkBlock(ptr b)。将块 b 的状态由已标记的改为未标记的。
- ptr nextBlock(ptr b)。返回堆中块 b 的后继。

标记阶段为每个根节点调用一次图 9-51a 所示的 mark 函数。如果 p 不指向一个已分配并且未标记的堆块，mark 函数就立即返回。否则，它就标记这个块，并对块中的每个字递归地调用它自己。每次对 mark 函数的调用都标记某个根节点的所有未标记并且可达的后继节点。在标记阶段的末尾，任何未标记的已分配块都被认定为是不可达的，是垃圾，可以在清除阶段回收。

清除阶段是对图 9-51b 所示的 sweep 函数的一次调用。sweep 函数在堆中每个块上反复循环，释放它所遇到的所有未标记的已分配块(也就是垃圾)。

图 9-52 展示了一个小堆的 Mark&Sweep 的图形化解释。块边界用粗线条表示。每个方块对应于内存中的一个字。每个块有一个字的头部，要么是已标记的，要么是未标记的。

```
void mark(ptr p) {
    if ((b = isPtr(p)) == NULL)
      return;
    if (blockMarked(b))
      return;
    markBlock(b);
    len = length(b);
    for (i=0; i < len; i++)
      mark(b[i]);
    return;
}
```

a）mark 函数

```
void sweep(ptr b, ptr end) {
    while (b < end) {
        if (blockMarked(b))
            unmarkBlock(b);
        else if (blockAllocated(b))
            free(b);
        b = nextBlock(b);
    }
    return;
}
```

b）sweep 函数

图 9-51　mark 和 sweep 函数的伪代码

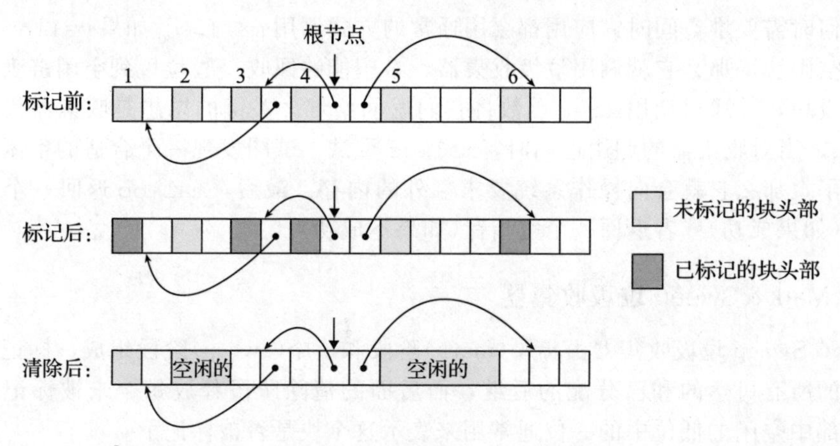


图 9-52　Mark&Sweep 示例。注意这个示例中的箭头表示内存引用，而不是空闲链表指针

初始情况下，图 9-52 中的堆由六个已分配块组成，其中每个块都是未标记的。第 3 块包含一个指向第 1 块的指针。第 4 块包含指向第 3 块和第 6 块的指针。根指向第 4 块。在标记阶段之后，第 1 块、第 3 块、第 4 块和第 6 块被做了标记，因为它们是从根节点可达的。第 2 块和第 5 块是未标记的，因为它们是不可达的。在清除阶段之后，这两个不可达块被回收到空闲链表。

## 9.10.3　C 程序的保守 Mark & Sweep

Mark&Sweep 对 C 程序的垃圾收集是一种合适的方法，因为它可以就地工作，而不需要移动任何块。然而，C 语言为 isPtr 函数的实现造成了一些有趣的挑战。

第一，C 不会用任何类型信息来标记内存位置。因此，对 isPtr 没有一种明显的方式来判断它的输入参数 p 是不是一个指针。第二，即使我们知道 p 是一个指针，对 isPtr 也没有明显的方式来判断 p 是否指向一个已分配块的有效载荷中的某个位置。

对后一问题的解决方法是将已分配块集合维护成一棵平衡二叉树，这棵树保持着这样一个属性：左子树中的所有块都放在较小的地址处，而右子树中的所有块都放在较大的地址处。如图 9-53 所示，这就要求每个已分配块的头部里有两个附加字段(left 和 right)。每个字段指向某个已分配块的头部。isPtr(ptr p)函数用树来执行对已分配块的二分查找。在每一步中，它依赖于块头部中的大小字段来判断 p 是否落在这个块的范围之内。

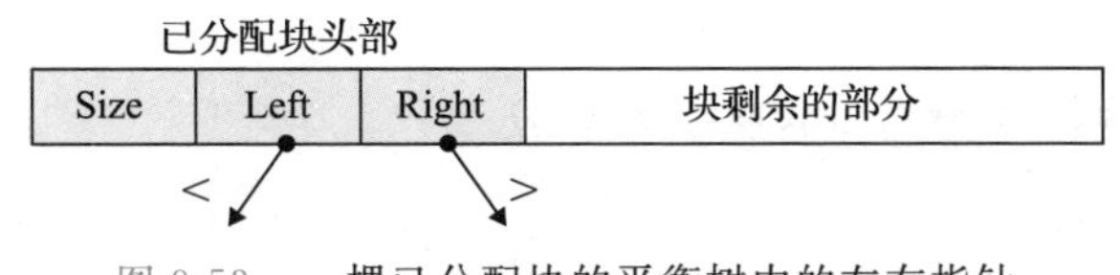


图 9-53 一棵已分配块的平衡树中的左右指针

平衡树方法保证会标记所有从根节点可达的节点，从这个意义上来说它是正确的。这是一个必要的保证，因为应用程序的用户当然不会喜欢把他们的已分配块过早地返回给空闲链表。然而，这种方法从某种意义上而言又是保守的，因为它可能不正确地标记实际上不可达的块，因此它可能不会释放某些垃圾。虽然这并不影响应用程序的正确性，但是这可能导致不必要的外部碎片。

C 程序的 Mark & Sweep 收集器必须是保守的，其根本原因是 C 语言不会用类型信息来标记内存位置。因此，像 int 或者 float 这样的标量可以伪装成指针。例如，假设某个可达的已分配块在它的有效载荷中包含一个 int，其值碰巧对应于某个其他已分配块 b 的有效载荷中的一个地址。对收集器而言，是没有办法推断出这个数据实际上是 int 而不是指针。因此，分配器必须保守地将块 b 标记为可达，尽管事实上它可能是不可达的。

## 9.11 C 程序中常见的与内存有关的错误

对 C 程序员来说，管理和使用虚拟内存可能是个困难的、容易出错的任务。与内存有关的错误属于那些最令人惊恐的错误，因为它们在时间和空间上，经常在距错误源一段距离之后才表现出来。将错误的数据写到错误的位置，你的程序可能在最终失败之前运行了好几个小时，且使程序中止的位置距离错误的位置已经很远了。我们用一些常见的与内存有关错误的讨论，来结束对虚拟内存的讨论。

### 9.11.1 间接引用坏指针

正如我们在 9.7.2 节中学到的，在进程的虚拟地址空间中有较大的洞，没有映射到任何有意义的数据。如果我们试图间接引用一个指向这些洞的指针，那么操作系统就会以段异常中止程序。而且，虚拟内存的某些区域是只读的。试图写这些区域将会以保护异常中止这个程序。

间接引用坏指针的一个常见示例是经典的 scanf 错误。假设我们想要使用 scanf 从 stdin 读一个整数到一个变量。正确的方法是传递给 scanf 一个格式串和变量的地址：

```
scanf("%d", &val)
```

然而，对于 C 程序员初学者而言(对有经验者也是如此!)，很容易传递 val 的内容，而不是它的地址：

```
scanf("%d", val)
```

在这种情况下，scanf 将把 val 的内容解释为一个地址，并试图将一个字写到这个位置。在最好的情况下，程序立即以异常终止。在最糟糕的情况下，val 的内容对应于虚拟内存的某个合法的读/写区域，于是我们就覆盖了这块内存，这通常会在相当长的一段时间以后造成灾难性的、令人困惑的后果。

### 9.11.2 读未初始化的内存

虽然 bss 内存位置(诸如未初始化的全局 C 变量)总是被加载器初始化为零，但是对于堆内存却并不是这样的。一个常见的错误就是假设堆内存被初始化为零：

```
/* Return y = Ax */
int *matvec(int **A, int *x, int n)
{
    int i, j;

    int *y = (int *)Malloc(n * sizeof(int));

    for (i = 0; i < n; i++)
        for (j = 0; j < n; j++)
            y[i] += A[i][j] * x[j];
    return y;
}
```

在这个示例中，程序员不正确地假设向量 y 被初始化为零。正确的实现方式是显式地将 y[i]设置为零，或者使用 calloc。

### 9.11.3 允许栈缓冲区溢出

正如我们在 3.10.3 节中看到的，如果一个程序不检查输入串的大小就写入栈中的目标缓冲区，那么这个程序就会有缓冲区溢出错误(buffer overflow bug)。例如，下面的函数就有缓冲区溢出错误，因为 gets 函数复制一个任意长度的串到缓冲区。为了纠正这个错误，我们必须使用 fgets 函数，这个函数限制了输入串的大小：

```
void bufoverflow()
{
    char buf[64];

    gets(buf); /* Here is the stack buffer overflow bug */
    return;
}
```

### 9.11.4 假设指针和它们指向的对象是相同大小的

一种常见的错误是假设指向对象的指针和它们所指向的对象是相同大小的：

```
/* Create an nxm array */
int **makeArray1(int n, int m)
{
    int i;
    int **A = (int **)Malloc(n * sizeof(int));

    for (i = 0; i < n; i++)
        A[i] = (int *)Malloc(m * sizeof(int));
    return A;
}
```

这里的目的是创建一个由 $n$ 个指针组成的数组，每个指针都指向一个包含 $m$ 个 int 的数组。然而，因为程序员在第 5 行将 sizeof(int *)写成了 sizeof(int)，代码实际上创建的是一个 int 的数组。

这段代码只有在 int 和指向 int 的指针大小相同的机器上运行良好。但是，如果我们在像 Core i7 这样的机器上运行这段代码，其中指针大于 int，那么第 7 行和第 8 行的循环将写到超出 A 数组结尾的地方。因为这些字中的一个很可能是已分配块的边界标记脚部，所以我们可能不会发现这个错误，直到在这个程序的后面很久释放这个块时，此时，分配器中的合并代码会戏剧性地失败，而没有任何明显的原因。这是“在远处起作用(action at distance)”的一个阴险的示例，这类“在远处起作用”是与内存有关的编程错误的典型情况。

### 9.11.5 造成错位错误

错位(off-by-one)错误是另一种很常见的造成覆盖错误的来源：

```
1   /* Create an nxm array */
2   int **makeArray2(int n, int m)
3   {
4       int i;
5       int **A = (int **)Malloc(n * sizeof(int *));
6
7       for (i = 0; i <= n; i++)
8           A[i] = (int *)Malloc(m * sizeof(int));
9       return A;
10  }
```

这是前面一节中程序的另一个版本。这里我们在第 5 行创建了一个 $n$ 个元素的指针数组，但是随后在第 7 行和第 8 行试图初始化这个数组的 $n+1$ 个元素，在这个过程中覆盖了 A 数组后面的某个内存位置。

### 9.11.6 引用指针，而不是它所指向的对象

如果不太注意 C 操作符的优先级和结合性，我们就会错误地操作指针，而不是指针所指向的对象。比如，考虑下面的函数，其目的是删除一个有 `*size` 项的二叉堆里的第一项，然后对剩下的 `*size-1` 项重新建堆：

```
1   int *binheapDelete(int **binheap, int *size)
2   {
3       int *packet = binheap[0];
4
5       binheap[0] = binheap[*size - 1];
6       *size--; /* This should be (*size)-- */
7       heapify(binheap, *size, 0);
8       return(packet);
9   }
```

在第 6 行，目的是减少 `size` 指针指向的整数的值。然而，因为一元运算符 `--` 和 `*` 的优先级相同，从右向左结合，所以第 6 行中的代码实际减少的是指针自己的值，而不是它所指向的整数的值。如果幸运地话，程序会立即失败；但是更有可能发生的是，当程序在执行过程后很久才产生出一个不正确的结果时，我们只有一头的雾水。这里的原则是当你对优先级和结合性有疑问的时候，就使用括号。比如，在第 6 行，我们可以使用表达式 `(*size)--`，清晰地表明我们的意图。

### 9.11.7 误解指针运算

另一种常见的错误是忘记了指针的算术操作是以它们指向的对象的大小为单位来进行的，而这种大小单位并不一定是字节。例如，下面函数的目的是扫描一个 `int` 的数组，并

返回一个指针，指向 val 的首次出现：

```
1  int *search(int *p, int val)
2  {
3      while (*p && *p != val)
4          p += sizeof(int); /* Should be p++ */
5      return p;
6  }
```

然而，因为每次循环时，第 4 行都把指针加了 4(一个整数的字节数)，函数就不正确地扫描数组中每 4 个整数。

### 9.11.8　引用不存在的变量

没有太多经验的 C 程序员不理解栈的规则，有时会引用不再合法的本地变量，如下列所示：

```
1  int *stackref ()
2  {
3      int val;
4
5      return &val;
6  }
```

这个函数返回一个指针(比如说是 p)，指向栈里的一个局部变量，然后弹出它的栈帧。尽管 p 仍然指向一个合法的内存地址，但是它已经不再指向一个合法的变量了。当以后在程序中调用其他函数时，内存将重用它们的栈帧。再后来，如果程序分配某个值给 *p，那么它可能实际上正在修改另一个函数的栈帧中的一个条目，从而潜在地带来灾难性的、令人困惑的后果。

### 9.11.9　引用空闲堆块中的数据

一个相似的错误是引用已经被释放了的堆块中的数据。例如，考虑下面的示例，这个示例在第 6 行分配了一个整数数组 x，在第 10 行中先释放了块 x，然后在第 14 行中又引用了它：

```
1  int *heapref(int n, int m)
2  {
3      int i;
4      int *x, *y;
5
6      x = (int *)Malloc(n * sizeof(int));
7
8      :  // Other calls to malloc and free go here
9
10     free(x);
11
12     y = (int *)Malloc(m * sizeof(int));
13     for (i = 0; i < m; i++)
14         y[i] = x[i]++; /* Oops! x[i] is a word in a free block */
15
16     return y;
17 }
```

取决于在第 6 行和第 10 行发生的 malloc 和 free 的调用模式，当程序在第 14 行引用 x[i]时，数组 x 可能是某个其他已分配堆块的一部分了，因此其内容被重写了。和其他许多与内存有关的错误一样，这个错误只会在程序执行的后面，当我们注意到 y 中的值被破坏了时才会显现出来。

### 9.11.10 引起内存泄漏

内存泄漏是缓慢、隐性的杀手，当程序员不小心忘记释放已分配块，而在堆里创建了垃圾时，会发生这种问题。例如，下面的函数分配了一个堆块 x，然后不释放它就返回：

```
1  void leak(int n)
2  {
3      int *x = (int *)Malloc(n * sizeof(int));
4  
5      return;  /* x is garbage at this point */
6  }
```

如果经常调用 leak，那么渐渐地，堆里就会充满了垃圾，最糟糕的情况下，会占用整个虚拟地址空间。对于像守护进程和服务器这样的程序来说，内存泄漏是特别严重的，根据定义这些程序是不会终止的。

## 9.12 小结

虚拟内存是对主存的一个抽象。支持虚拟内存的处理器通过使用一种叫做虚拟寻址的间接形式来引用主存。处理器产生一个虚拟地址，在被发送到主存之前，这个地址被翻译成一个物理地址。从虚拟地址空间到物理地址空间的地址翻译要求硬件和软件紧密合作。专门的硬件通过使用页表来翻译虚拟地址，而页表的内容是由操作系统提供的。

虚拟内存提供三个重要的功能。第一，它在主存中自动缓存最近使用的存放磁盘上的虚拟地址空间的内容。虚拟内存缓存中的块叫做页。对磁盘上页的引用会触发缺页，缺页将控制转移到操作系统中的一个缺页处理程序。缺页处理程序将页面从磁盘复制到主存缓存，如果必要，将写回被驱逐的页。第二，虚拟内存简化了内存管理，进而又简化了链接、在进程间共享数据、进程的内存分配以及程序加载。最后，虚拟内存通过在每条页表条目中加入保护位，从而了简化了内存保护。

地址翻译的过程必须和系统中所有的硬件缓存的操作集成在一起。大多数页表条目位于 L1 高速缓存中，但是一个称为 TLB 的页表条目的片上高速缓存，通常会消除访问在 L1 上的页表条目的开销。

现代系统通过将虚拟内存片和磁盘上的文件片关联起来，来初始化虚拟内存片，这个过程称为内存映射。内存映射为共享数据、创建新的进程以及加载程序提供了一种高效的机制。应用可以使用 mmap 函数来手工地创建和删除虚拟地址空间的区域。然而，大多数程序依赖于动态内存分配器，例如 malloc，它管理虚拟地址空间区域内一个称为堆的区域。动态内存分配器是一个感觉像系统级程序的应用级程序，它直接操作内存，而无需类型系统的很多帮助。分配器有两种类型。显式分配器要求应用显式地释放它们的内存块。隐式分配器(垃圾收集器)自动释放任何未使用的和不可达的块。

对于 C 程序员来说，管理和使用虚拟内存是一件困难和容易出错的任务。常见的错误示例包括：间接引用坏指针，读取未初始化的内存，允许栈缓冲区溢出，假设指针和它们指向的对象大小相同，引用指针而不是它所指向的对象，误解指针运算，引用不存在的变量，以及引起内存泄漏。

## 参考文献说明

Kilburn 和他的同事们发表了第一篇关于虚拟内存的描述[63]。体系结构教科书包括关于硬件在虚拟内存中的角色的更多细节[46]。操作系统教科书包含关于操作系统角色的更多信息[102，106，113]。Bovet 和 Cesati [11]给出了 Linux 虚拟内存系统的详细描述。Intel 公司提供了 IA 处理器上 32 位和 64 位地址翻译的详细文档[52]。

Knuth 在 1968 年编写了有关内存分配的经典之作[64]。从那以后，在这个领域就有了大量的文献。Wilson、Johnstone、Neely 和 Boles 编写了一篇关于显式分配器的漂亮综述和性能评价的文章[118]。本书中关于各种分配器策略的吞吐率和利用率的一般评价就引自于他们的调查。Jones 和 Lins 提供了关于垃圾收集的全面综述[56]。Kernighan 和 Ritchie [61]展示了一个简单分配器的完整代码，这个简单的分配器是基于显式空闲链表的，每个空闲块中都有一个块大小和后继指针。这段代码使用联合(union)来消除大量的复杂指针运算，这是很有趣的，但是代价是释放操作是线性时间(而不是常数时间)。Doug Lea 开发了广泛使用的开源 malloc 包，称为 dlmalloc [67]。

## 家庭作业

*9.11 在下面的一系列问题中，你要展示 9.6.4 节中的示例内存系统如何将虚拟地址翻译成物理地址，以及如何访问缓存。对于给定的虚拟地址，请指出访问的 TLB 条目、物理地址，以及返回的缓存字节值。请指明是否 TLB 不命中，是否发生了缺页，是否发生了缓存不命中。如果有缓存不命中，对于“返回的缓存字节”用“-”来表示。如果有缺页，对于“PPN”用“-”来表示，而 C 部分和 D 部分就空着。

**虚拟地址：** 0x027c

A. 虚拟地址格式

| 13 | 12 | 11 | 10 | 9 | 8 | 7 | 6 | 5 | 4 | 3 | 2 | 1 | 0 |
|---|---|---|---|---|---|---|---|---|---|---|---|---|---|
| | | | | | | | | | | | | | |

B. 地址翻译

| 参数 | 值 |
|---|---|
| VPN | |
| TLB索引 | |
| TLB标记 | |
| TLB命中？（是/否） | |
| 缺页？（是/否） | |
| PPN | |

C. 物理地址格式

| 11 | 10 | 9 | 8 | 7 | 6 | 5 | 4 | 3 | 2 | 1 | 0 |
|---|---|---|---|---|---|---|---|---|---|---|---|
| | | | | | | | | | | | |

D. 物理地址引用

| 参数 | 值 |
|---|---|
| 字节偏移 | |
| 缓存索引 | |
| 缓存标记 | |
| 缓存命中？（是/否） | |
| 返回的缓存字节 | |

*9.12 对于下面的地址，重复习题 9.11：

**虚拟地址：** 0x03a9

A. 虚拟地址格式

| 13 | 12 | 11 | 10 | 9 | 8 | 7 | 6 | 5 | 4 | 3 | 2 | 1 | 0 |
|---|---|---|---|---|---|---|---|---|---|---|---|---|---|
| | | | | | | | | | | | | | |

B. 地址翻译

| 参数 | 值 |
|---|---|
| VPN | |
| TLB索引 | |
| TLB标记 | |
| TLB命中？（是/否） | |
| 缺页？（是/否） | |
| PPN | |

C. 物理地址格式

| 11 | 10 | 9 | 8 | 7 | 6 | 5 | 4 | 3 | 2 | 1 | 0 |
|---|---|---|---|---|---|---|---|---|---|---|---|
| | | | | | | | | | | | |

D. 物理地址引用

| 参数 | 值 |
|---|---|
| 字节偏移 | |
| 缓存索引 | |
| 缓存标记 | |
| 缓存命中？（是/否） | |
| 返回的缓存字节 | |

*9.13 对于下面的地址，重复习题9.11：

**虚拟地址：** 0x0040

A. 虚拟地址格式

| 13 | 12 | 11 | 10 | 9 | 8 | 7 | 6 | 5 | 4 | 3 | 2 | 1 | 0 |
|---|---|---|---|---|---|---|---|---|---|---|---|---|---|
| | | | | | | | | | | | | | |

B. 地址翻译

| 参数 | 值 |
|---|---|
| VPN | |
| TLB索引 | |
| TLB标记 | |
| TLB命中？（是/否） | |
| 缺页？（是/否） | |
| PPN | |

C. 物理地址格式

| 11 | 10 | 9 | 8 | 7 | 6 | 5 | 4 | 3 | 2 | 1 | 0 |
|---|---|---|---|---|---|---|---|---|---|---|---|
| | | | | | | | | | | | |

D. 物理地址引用

| 参数 | 值 |
|---|---|
| 字节偏移 | |
| 缓存索引 | |
| 缓存标记 | |
| 缓存命中？（是/否） | |
| 返回的缓存字节 | |

** 9.14 假设有一个输入文件 hello.txt，由字符串“Hello, world!\n”组成，编写一个 C 程序，使用 mmap 将 hello.txt 的内容改变为“Jello,world!\n”。

* 9.15 确定下面的 malloc 请求序列得到的块大小和头部值。假设：1)分配器保持双字对齐，使用隐式空闲链表，以及图 9-35 中的块格式。2)块大小向上舍入为最接近的 8 字节的倍数。

| 请求 | 块大小（十进制字节） | 块头部（十六进制） |
|---|---|---|
| malloc(3) | | |
| malloc(11) | | |
| malloc(20) | | |
| malloc(21) | | |

* 9.16 确定下面对齐要求和块格式的每个组合的最小块大小。假设：显式空闲链表、每个空闲块中有四字节的 pred 和 succ 指针、不允许有效载荷的大小为零，并且头部和脚部存放在一个四字节的字中。

| 对齐要求 | 已分配块 | 空闲块 | 最小块大小（字节） |
|---|---|---|---|
| 单字 | 头部和脚部 | 头部和脚部 | |
| 单字 | 头部，但是没有脚部 | 头部和脚部 | |
| 双字 | 头部和脚部 | 头部和脚部 | |
| 双字 | 头部，但是没有脚部 | 头部和脚部 | |

*** 9.17 开发 9.9.12 节中的分配器的一个版本，执行下一次适配搜索，而不是首次适配搜索。

*** 9.18 9.9.12 节中的分配器要求每个块既有头部也有脚部，以实现常数时间的合并。修改分配器，使得空闲块需要头部和脚部，而已分配块只需要头部。

* 9.19 下面给出了三组关于内存管理和垃圾收集的陈述。在每一组中，只有一句陈述是正确的。你的任务就是判断哪一句是正确的。

1) a) 在一个伙伴系统中，最高可达 50%的空间可以因为内部碎片而被浪费了。
   b) 首次适配内存分配算法比最佳适配算法要慢一些(平均而言)。
   c) 只有当空闲链表按照内存地址递增排序时，使用边界标记来回收才会快速。
   d) 伙伴系统只会有内部碎片，而不会有外部碎片。

2) a) 在按照块大小递减顺序排序的空闲链表上，使用首次适配算法会导致分配性能很低，但是可以避免外部碎片。
   b) 对于最佳适配方法，空闲块链表应该按照内存地址的递增顺序排序。
   c) 最佳适配方法选择与请求段匹配的最大的空闲块。
   d) 在按照块大小递增的顺序排序的空闲链表上，使用首次适配算法与使用最佳适配算法等价。

3) Mark&Sweep 垃圾收集器在下列哪种情况下叫做保守的：
   a) 它们只有在内存请求不能被满足时才合并被释放的内存。
   b) 它们把一切看起来像指针的东西都当做指针。
   c) 它们只在内存用尽时，才执行垃圾收集。
   d) 它们不释放形成循环链表的内存块。

** 9.20 编写你自己的 malloc 和 free 版本，将它的运行时间和空间利用率与标准 C 库提供的 malloc 版本进行比较。

## 练习题答案

9.1 这道题让你对不同地址空间的大小有了些了解。曾几何时，一个 32 位地址空间看上去似乎是无法想象的大。但是，现在有些数据库和科学应用需要更大的地址空间，而且你会发现这种趋势会继续。在有生之年，你可能会抱怨个人电脑上那狭促的 64 位地址空间！

| 虚拟地址位数（$n$） | 虚拟地址数（$N$） | 最大可能的虚拟地址 |
|---|---|---|
| 8 | $2^8 = 256$ | $2^8 - 1 = 255$ |
| 16 | $2^{16} = 64K$ | $2^{16} - 1 = 64K - 1$ |
| 32 | $2^{32} = 4G$ | $2^{32} - 1 = 4G - 1$ |
| 48 | $2^{48} = 256T$ | $2^{48} - 1 = 256T - 1$ |
| 64 | $2^{64} = 16\,384P$ | $2^{64} - 1 = 16\,384P - 1$ |

9.2 因为每个虚拟页面是 $P=2^p$ 字节，所以在系统中总共有 $2^n/2^p=2^{n-p}$ 个可能的页面，其中每个都需要一个页表条目(PTE)。

| $n$ | $P=2^p$ | PTE的数量 |
|---|---|---|
| 16 | 4K | 16 |
| 16 | 8K | 8 |
| 32 | 4K | 1M |
| 32 | 8K | 512K |

9.3 为了完全掌握地址翻译，你需要很好地理解这类问题。下面是如何解决第一个子问题：我们有 $n=32$ 个虚拟地址位和 $m=24$ 个物理地址位。页面大小是 $P=1KB$，这意味着对于 VPO 和 PPO，我们都需要 $\log_2(1K)=10$ 位。（回想一下，VPO 和 PPO 是相同的。）剩下的地址位分别是 VPN 和 PPN。

| $P$ | VPN位数 | VPO位数 | PPN位数 | PPO位数 |
|---|---|---|---|---|
| 1KB | 22 | 10 | 14 | 10 |
| 2KB | 21 | 11 | 13 | 11 |
| 4KB | 20 | 12 | 12 | 12 |
| 8KB | 19 | 13 | 11 | 13 |

9.4 做一些这样的手工模拟，能很好地巩固你对地址翻译的理解。你会发现写出地址中的所有的位，然后在不同的位字段上画出方框，例如 VPN、TLBI 等，这会很有帮助。在这个特殊的练习中，没有任何类型的不命中：TLB 有一份 PTE 的副本，而缓存有一份所请求数据字的副本。对于命中和不命中的一些不同的组合，请参见习题 9.11、9.12 和 9.13。

A. 00 0011 1101 0111

B.

| 参数 | 值 |
|---|---|
| VPN | 0xf |
| TLB索引 | 0x3 |
| TLB标记 | 0x3 |
| TLB命中？（是/否） | 是 |
| 缺页？（是/否） | 否 |
| PPN | 0xd |

C. 0011 0101 0111

D.

| 参数 | 值 |
|---|---|
| CO | 0x3 |
| CI | 0x5 |
| CT | 0xd |
| 高速缓存命中？（是/否） | 是 |
| 高速缓存字节返回 | 0x1d |

9.5　解决这个题目将帮助你很好地理解内存映射。请自己独立完成这道题。我们没有讨论 open、fstat 或者 write 函数，所以你需要阅读它们的帮助页来看看它们是如何工作的。

*code/vm/mmapcopy.c*

```
1   #include "csapp.h"
2
3   /*
4    * mmapcopy - uses mmap to copy file fd to stdout
5    */
6   void mmapcopy(int fd, int size)
7   {
8       char *bufp; /* ptr to memory-mapped VM area */
9
10      bufp = Mmap(NULL, size, PROT_READ, MAP_PRIVATE, fd, 0);
11      Write(1, bufp, size);
12      return;
13  }
14
15  /* mmapcopy driver */
16  int main(int argc, char **argv)
17  {
18      struct stat stat;
19      int fd;
20
21      /* Check for required command-line argument */
22      if (argc != 2) {
23          printf("usage: %s <filename>\n", argv[0]);
24          exit(0);
25      }
26
27      /* Copy the input argument to stdout */
28      fd = Open(argv[1], O_RDONLY, 0);
29      fstat(fd, &stat);
30      mmapcopy(fd, stat.st_size);
31      exit(0);
32  }
```

*code/vm/mmapcopy.c*

9.6　这道题触及了一些核心的概念，例如对齐要求、最小块大小以及头部编码。确定块大小的一般方法是，将所请求的有效载荷和头部大小的和舍入到对齐要求（在此例中是 8 字节）最近的整数倍。比如，malloc(1)请求的块大小是 4＋1＝5，然后舍入到 8。而 malloc(13)请求的块大小是 13＋4＝17，舍入到 24。

| 请求 | 块大小（十进制字节） | 块头部（十六进制） |
|---|---|---|
| malloc(1) | 8 | 0x9 |
| malloc(5) | 16 | 0x11 |
| malloc(12) | 16 | 0x11 |
| malloc(13) | 24 | 0x19 |

9.7　最小块大小对内部碎片有显著的影响。因此，理解和不同分配器设计和对齐要求相关联的最小块大小是很好的。很有技巧的一部分是，要意识到相同的块可以在不同时刻被分配或者被释放。因此，最小块大小就是最小已分配块大小和最小空闲块大小两者的最大值。例如，在最后一个子问题中，

最小的已分配块大小是一个 4 字节头部和一个 1 字节有效载荷，舍入到 8 字节。而最小空闲块的大小是一个 4 字节的头部和一个 4 字节的脚部，加起来是 8 字节，已经是 8 的倍数，就不需要再舍入了。所以，这个分配器的最小块大小就是 8 字节。

| 对齐要求 | 已分配块 | 空闲块 | 最小块大小（字节） |
|---|---|---|---|
| 单字 | 头部和脚部 | 头部和脚部 | 12 |
| 单字 | 头部，但是没有脚部 | 头部和脚部 | 8 |
| 双字 | 头部和脚部 | 头部和脚部 | 16 |
| 双字 | 头部，但是没有脚部 | 头部和脚部 | 8 |

9.8 这里没有特别的技巧。但是解答此题要求你理解简单的隐式链表分配器的剩余部分是如何工作的，是如何操作和遍历块的。

*code/vm/malloc/mm.c*

```
1   static void *find_fit(size_t asize)
2   {
3       /* First-fit search */
4       void *bp;
5
6       for (bp = heap_listp; GET_SIZE(HDRP(bp)) > 0; bp = NEXT_BLKP(bp)) {
7           if (!GET_ALLOC(HDRP(bp)) && (asize <= GET_SIZE(HDRP(bp)))) {
8               return bp;
9           }
10      }
11      return NULL; /* No fit */
12  }
```

*code/vm/malloc/mm.c*

9.9 这又是一个帮助你熟悉分配器的热身练习。注意对于这个分配器，最小块大小是 16 字节。如果分割后剩下的块大于或者等于最小块大小，那么我们就分割这个块(第 6～10 行)。这里唯一有技巧的部分是要意识到在移动到下一块之前(第 8 行)，你必须放置新的已分配块(第 6 行和第 7 行)。

*code/vm/malloc/mm.c*

```
1   static void place(void *bp, size_t asize)
2   {
3       size_t csize = GET_SIZE(HDRP(bp));
4
5       if ((csize - asize) >= (2*DSIZE)) {
6           PUT(HDRP(bp), PACK(asize, 1));
7           PUT(FTRP(bp), PACK(asize, 1));
8           bp = NEXT_BLKP(bp);
9           PUT(HDRP(bp), PACK(csize-asize, 0));
10          PUT(FTRP(bp), PACK(csize-asize, 0));
11      }
12      else {
13          PUT(HDRP(bp), PACK(csize, 1));
14          PUT(FTRP(bp), PACK(csize, 1));
15      }
16  }
```

*code/vm/malloc/mm.c*

9.10 这里有一个会引起外部碎片的模式：应用对第一个大小类做大量的分配和释放请求，然后对第二个大小类做大量的分配和释放请求，接下来是对第三个大小类做大量的分配和释放请求，以此类推。对于每个大小类，分配器都创建了许多不会被回收的存储器，因为分配器不会合并，也因为应用不会再向这个大小类再次请求块了。

第三部分

P A R T 3

# 程序间的交互和通信

我们学习计算机系统到现在，一直假设程序是独立运行的，只包含最小限度的输入和输出。然而，在现实世界里，应用程序利用操作系统提供的服务来与I/O设备及其他程序通信。

本书的这一部分将使你了解Unix操作系统提供的基本I/O服务，以及如何用这些服务来构造应用程序，例如Web客户端和服务器，它们是通过Internet彼此通信的。你将学习编写诸如Web服务器这样的可以同时为多个客户端提供服务的并发程序。编写并发应用程序还能使程序在现代多核处理器上执行得更快。当学完了这个部分，你将逐渐变成一个很牛的程序员，对计算机系统以及它们对程序的影响有很成熟的理解。

# 第 10 章

CHAPTER 10

# 系统级 I/O

输入/输出(I/O)是在主存和外部设备(例如磁盘驱动器、终端和网络)之间复制数据的过程。输入操作是从 I/O 设备复制数据到主存，而输出操作是从主存复制数据到 I/O 设备。

所有语言的运行时系统都提供执行 I/O 的较高级别的工具。例如，ANSI C 提供标准 I/O 库，包含像 printf 和 scanf 这样执行带缓冲区的 I/O 函数。C++ 语言用它的重载操作符<<(输入)和>>(输出)提供了类似的功能。在 Linux 系统中，是通过使用由内核提供的系统级 Unix I/O 函数来实现这些较高级别的 I/O 函数的。大多数时候，高级别 I/O 函数工作良好，没有必要直接使用 Unix I/O。那么为什么还要麻烦地学习 Unix I/O 呢?

- 了解 Unix I/O 将帮助你理解其他的系统概念。I/O 是系统操作不可或缺的一部分，因此，我们经常遇到 I/O 和其他系统概念之间的循环依赖。例如，I/O 在进程的创建和执行中扮演着关键的角色。反过来，进程创建又在不同进程间的文件共享中扮演着关键角色。因此，要真正理解 I/O，你必须理解进程，反之亦然。在对存储器层次结构、链接和加载、进程以及虚拟内存的讨论中，我们已经接触了 I/O 的某些方面。既然你对这些概念有了比较好的理解，我们就能闭合这个循环，更加深入地研究 I/O。
- 有时你除了使用 Unix I/O 以外别无选择。在某些重要的情况中，使用高级 I/O 函数不太可能，或者不太合适。例如，标准 I/O 库没有提供读取文件元数据的方式，例如文件大小或文件创建时间。另外，I/O 库还存在一些问题，使得用它来进行网络编程非常冒险。

这一章介绍 Unix I/O 和标准 I/O 的一般概念，并且向你展示在 C 程序中如何可靠地使用它们。除了作为一般性的介绍之外，这一章还为我们随后学习网络编程和并发性奠定坚实的基础。

## 10.1 Unix I/O

一个 Linux 文件就是一个 $m$ 个字节的序列：

$$B_0, B_1, \cdots, B_k, \cdots, B_{m-1}$$

所有的 I/O 设备(例如网络、磁盘和终端)都被模型化为文件，而所有的输入和输出都被当作对相应文件的读和写来执行。这种将设备优雅地映射为文件的方式，允许 Linux 内核引出一个简单、低级的应用接口，称为 Unix I/O，这使得所有的输入和输出都能以一种统一且一致的方式来执行：

- 打开文件。一个应用程序通过要求内核打开相应的文件，来宣告它想要访问一个 I/O 设备。内核返回一个小的非负整数，叫做描述符，它在后续对此文件的所有操作中标识这个文件。内核记录有关这个打开文件的所有信息。应用程序只需记住这个描述符。
- Linux shell 创建的每个进程开始时都有三个打开的文件：标准输入(描述符为 0)、标准输出(描述符为 1)和标准错误(描述符为 2)。头文件< unistd.h> 定义了常量 STDIN_FILENO、STDOUT_FILENO 和 STDERR_FILENO，它们可用来代替显式的描述符值。

- 改变当前的文件位置。对于每个打开的文件，内核保持着一个文件位置 $k$，初始为 0。这个文件位置是从文件开头起始的字节偏移量。应用程序能够通过执行 seek 操作，显式地设置文件的当前位置为 $k$。
- 读写文件。一个读操作就是从文件复制 $n>0$ 个字节到内存，从当前文件位置 $k$ 开始，然后将 $k$ 增加到 $k+n$。给定一个大小为 $m$ 字节的文件，当 $k\geqslant m$ 时执行读操作会触发一个称为 end-of-file(EOF)的条件，应用程序能检测到这个条件。在文件结尾处并没有明确的“EOF 符号”。

  类似地，写操作就是从内存复制 $n>0$ 个字节到一个文件，从当前文件位置 $k$ 开始，然后更新 $k$。
- 关闭文件。当应用完成了对文件的访问之后，它就通知内核关闭这个文件。作为响应，内核释放文件打开时创建的数据结构，并将这个描述符恢复到可用的描述符池中。无论一个进程因为何种原因终止时，内核都会关闭所有打开的文件并释放它们的内存资源。

## 10.2 文件

每个 Linux 文件都有一个类型(type)来表明它在系统中的角色：

- 普通文件(regular file)包含任意数据。应用程序常常要区分文本文件(text file)和二进制文件(binary file)，文本文件是只含有 ASCII 或 Unicode 字符的普通文件；二进制文件是所有其他的文件。对内核而言，文本文件和二进制文件没有区别。

  Linux 文本文件包含了一个文本行(text line)序列，其中每一行都是一个字符序列，以一个新行符(“\n”)结束。新行符与 ASCII 的换行符(LF)是一样的，其数字值为 0x0a。
- 目录(directory)是包含一组链接(link)的文件，其中每个链接都将一个文件名(filename)映射到一个文件，这个文件可能是另一个目录。每个目录至少含有两个条目：“.”是到该目录自身的链接，以及“..”是到目录层次结构(见下文)中父目录(parent directory)的链接。你可以用 mkdir 命令创建一个目录，用 ls 查看其内容，用 rmdir 删除该目录。
- 套接字(socket)是用来与另一个进程进行跨网络通信的文件(11.4 节)。

其他文件类型包含命名通道(named pipe)、符号链接(symbolic link)，以及字符和块设备(character and block device)，这些不在本书的讨论范畴。

Linux 内核将所有文件都组织成一个目录层次结构(directory hierarchy)，由名为/(斜杠)的根目录确定。系统中的每个文件都是根目录的直接或间接的后代。图 10-1 显示了 Linux 系统的目录层次结构的一部分。

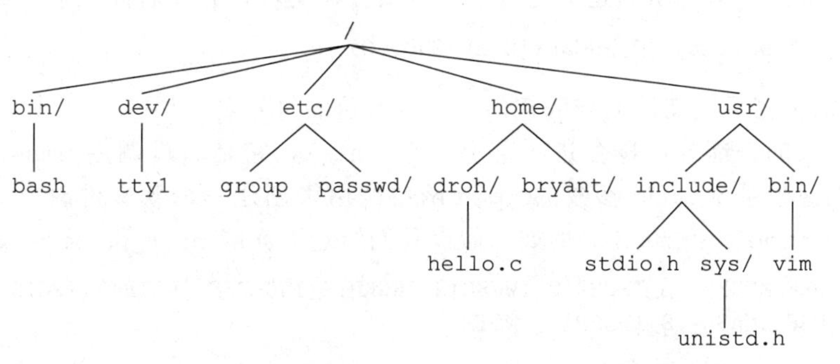


图 10-1 Linux 目录层次的一部分。尾部有斜杠表示是目录

作为其上下文的一部分，每个进程都有一个*当前工作目录*(current working directory)来确定其在目录层次结构中的当前位置。你可以用 cd 命令来修改 shell 中的当前工作目录。

目录层次结构中的位置用*路径名*(pathname)来指定。路径名是一个字符串，包括一个可选斜杠，其后紧跟一系列的文件名，文件名之间用斜杠分隔。路径名有两种形式：

- *绝对路径名*(absolute pathname)以一个斜杠开始，表示从根节点开始的路径。例如，在图 10-1 中，hello.c 的绝对路径名为/home/droh/hello.c。
- *相对路径名*(relative pathname)以文件名开始，表示从当前工作目录开始的路径。例如，在图 10-1 中，如果/home/droh 是当前工作目录，那么 hello.c 的相对路径名就是./hello.c。反之，如果/home/bryant 是当前工作目录，那么相对路径名就是../droh/hello.c。

## 10.3　打开和关闭文件

进程是通过调用 open 函数来打开一个已存在的文件或者创建一个新文件的：

```
#include <sys/types.h>
#include <sys/stat.h>
#include <fcntl.h>

int open(char *filename, int flags, mode_t mode);
```

返回：若成功则为新文件描述符，若出错为－1。

open 函数将 filename 转换为一个文件描述符，并且返回描述符数字。返回的描述符总是在进程中当前没有打开的最小描述符。flags 参数指明了进程打算如何访问这个文件：

- O_RDONLY：只读。
- O_WRONLY：只写。
- O_RDWR：可读可写。

例如，下面的代码说明如何以读的方式打开一个已存在的文件：

```
fd = Open("foo.txt", O_RDONLY, 0);
```

flags 参数也可以是一个或者更多位掩码的或，为写提供给一些额外的指示：

- O_CREAT：如果文件不存在，就创建它的一个*截断的*(truncated)(空)文件。
- O_TRUNC：如果文件已经存在，就截断它。
- O_APPEND：在每次写操作前，设置文件位置到文件的结尾处。

例如，下面的代码说明的是如何打开一个已存在文件，并在后面添加一些数据：

```
fd = Open("foo.txt", O_WRONLY|O_APPEND, 0);
```

mode 参数指定了新文件的访问权限位。这些位的符号名字如图 10-2 所示。

作为上下文的一部分，每个进程都有一个 umask，它是通过调用 umask 函数来设置的。当进程通过带某个 mode 参数的 open 函数调用来创建一个新文件时，文件的访问权限位被设置为 mode & ~umask。例如，假设我们给定下面的 mode 和 umask 默认值：

```
#define DEF_MODE   S_IRUSR|S_IWUSR|S_IRGRP|S_IWGRP|S_IROTH|S_IWOTH
#define DEF_UMASK  S_IWGRP|S_IWOTH
```

接下来，下面的代码片段创建一个新文件，文件的拥有者有读写权限，而所有其他的用户都有读权限：

```
umask(DEF_UMASK);
fd = Open("foo.txt", O_CREAT|O_TRUNC|O_WRONLY, DEF_MODE);
```

| 掩码 | 描述 |
|---|---|
| S_IRUSR | 使用者（拥有者）能够读这个文件 |
| S_IWUSR | 使用者（拥有者）能够写这个文件 |
| S_IXUSR | 使用者（拥有者）能够执行这个文件 |
| S_IRGRP | 拥有者所在组的成员能够读这个文件 |
| S_IWGRP | 拥有者所在组的成员能够写这个文件 |
| S_IXGRP | 拥有者所在组的成员能够执行这个文件 |
| S_IROTH | 其他人（任何人）能够读这个文件 |
| S_IWOTH | 其他人（任何人）能够写这个文件 |
| S_IXOTH | 其他人（任何人）能够执行这个文件 |

图 10-2 访问权限位。在 sys/stat.h 中定义

最后，进程通过调用 close 函数关闭一个打开的文件。

```
#include <unistd.h>

int close(int fd);
```

返回：若成功则为 0，若出错则为 −1。

关闭一个已关闭的描述符会出错。

练习题 10.1 下面程序的输出是什么？

```
1   #include "csapp.h"
2
3   int main()
4   {
5       int fd1, fd2;
6
7       fd1 = Open("foo.txt", O_RDONLY, 0);
8       Close(fd1);
9       fd2 = Open("baz.txt", O_RDONLY, 0);
10      printf("fd2 = %d\n", fd2);
11      exit(0);
12  }
```

## 10.4 读和写文件

应用程序是通过分别调用 read 和 write 函数来执行输入和输出的。

```
#include <unistd.h>

ssize_t read(int fd, void *buf, size_t n);
```

返回：若成功则为读的字节数，若 EOF 则为 0，若出错为 −1。

```
ssize_t write(int fd, const void *buf, size_t n);
```

返回：若成功则为写的字节数，若出错则为 −1。

read 函数从描述符为 fd 的当前文件位置复制最多 $n$ 个字节到内存位置 buf。返回值−1 表示一个错误，而返回值 0 表示 EOF。否则，返回值表示的是实际传送的字节数量。

write 函数从内存位置 buf 复制至多 $n$ 个字节到描述符 fd 的当前文件位置。图 10-3 展示了一个程序使用 read 和 write 调用一次一个字节地从标准输入复制到标准输出。

*code/io/cpstdin.c*

```
1   #include "csapp.h"
2
3   int main(void)
4   {
5       char c;
6
7       while(Read(STDIN_FILENO, &c, 1) != 0)
8           Write(STDOUT_FILENO, &c, 1);
9       exit(0);
10  }
```

*code/io/cpstdin.c*

图 10-3　一次一个字节地从标准输入复制到标准输出

通过调用 lseek 函数，应用程序能够显示地修改当前文件的位置，这部分内容不在我们的讲述范围之内。

**旁注　ssize_t 和 size_t 有些什么区别？**

你可能已经注意到了，read 函数有一个 size_t 的输入参数和一个 ssize_t 的返回值。那么这两种类型之间有什么区别呢？在 x86-64 系统中，size_t 被定义为 unsigned long，而 ssize_t(有符号的大小)被定义为 long。read 函数返回一个有符号的大小，而不是一个无符号大小，这是因为出错时它必须返回−1。有趣的是，返回一个−1 的可能性使得 read 的最大值减小了一半。

在某些情况下，read 和 write 传送的字节比应用程序要求的要少。这些不足值(short count)不表示有错误。出现这样情况的原因有：

- 读时遇到 EOF。假设我们准备读一个文件，该文件从当前文件位置开始只含有 20 个字节，而我们以 50 个字节的片进行读取。这样一来，下一个 read 返回的不足值为 20，此后的 read 将通过返回不足值 0 来发出 EOF 信号。
- 从终端读文本行。如果打开文件是与终端相关联的(如键盘和显示器)，那么每个 read 函数将一次传送一个文本行，返回的不足值等于文本行的大小。
- 读和写网络套接字(socket)。如果打开的文件对应于网络套接字(11.4 节)，那么内部缓冲约束和较长的网络延迟会引起 read 和 write 返回不足值。对 Linux 管道(pipe)调用 read 和 write 时，也有可能出现不足值，这种进程间通信机制不在我们讨论的范围之内。

实际上，除了 EOF，当你在读磁盘文件时，将不会遇到不足值，而且在写磁盘文件时，也不会遇到不足值。然而，如果你想创建健壮的(可靠的)诸如 Web 服务器这样的网络应用，就必须通过反复调用 read 和 write 处理不足值，直到所有需要的字节都传送完毕。

## 10.5　用 RIO 包健壮地读写

在这一小节里，我们会讲述一个 I/O 包，称为 RIO(Robust I/O，健壮的 I/O)包，它会自动为你处理上文中所述的不足值。在像网络程序这样容易出现不足值的应用中，RIO 包提供了方便、健壮和高效的 I/O。RIO 提供了两类不同的函数：

- **无缓冲的输入输出函数**。这些函数直接在内存和文件之间传送数据，没有应用级缓冲。它们对将二进制数据读写到网络和从网络读写二进制数据尤其有用。
- **带缓冲的输入函数**。这些函数允许你高效地从文件中读取文本行和二进制数据，这些文件的内容缓存在应用级缓冲区内，类似于为 printf 这样的标准 I/O 函数提供的缓冲区。与[110]中讲述的带缓冲的 I/O 例程不同，带缓冲的 RIO 输入函数是线程安全的(12.7.1 节)，它在同一个描述符上可以被交错地调用。例如，你可以从一个描述符中读一些文本行，然后读取一些二进制数据，接着再多读取一些文本行。

我们讲述 RIO 例程有两个原因。第一，在接下来的两章中，我们开发的网络应用中使用了它们；第二，通过学习这些例程的代码，你将从总体上对 Unix I/O 有更深入的了解。

## 10.5.1 RIO 的无缓冲的输入输出函数

通过调用 rio_readn 和 rio_writen 函数，应用程序可以在内存和文件之间直接传送数据。

```
#include "csapp.h"

ssize_t rio_readn(int fd, void *usrbuf, size_t n);
ssize_t rio_writen(int fd, void *usrbuf, size_t n);
```

返回：若成功则为传送的字节数，若 EOF 则为 0(只对 rio_readn 而言)，若出错则为−1。

rio_readn 函数从描述符 fd 的当前文件位置最多传送 $n$ 个字节到内存位置 usrbuf。类似地，rio_writen 函数从位置 usrbuf 传送 $n$ 个字节到描述符 fd。rio_read 函数在遇到 EOF 时只能返回一个不足值。rio_writen 函数决不会返回不足值。对同一个描述符，可以任意交错地调用 rio_readn 和 rio_writen。

图 10-4 显示了 rio_readn 和 rio_writen 的代码。注意，如果 rio_readn 和 rio_writen 函数被一个从应用信号处理程序的返回中断，那么每个函数都会手动地重启 read 或 write。为了尽可能有较好的可移植性，我们允许被中断的系统调用，且在必要时重启它们。

## 10.5.2 RIO 的带缓冲的输入函数

假设我们要编写一个程序来计算文本文件中文本行的数量，该如何来实现呢？一种方法就是用 read 函数来一次一个字节地从文件传送到用户内存，检查每个字节来查找换行符。这个方法的缺点是效率不是很高，每读取文件中的一个字节都要求陷入内核。

一种更好的方法是调用一个包装函数(rio_readlineb)，它从一个内部读缓冲区复制一个文本行，当缓冲区变空时，会自动地调用 read 重新填满缓冲区。对于既包含文本行也包含二进制数据的文件(例如 11.5.3 节中描述的 HTTP 响应)，我们也提供了一个 rio_readn 带缓冲区的版本，叫做 rio_readnb，它从和 rio_readlineb 一样的读缓冲区中传送原始字节。

```
#include "csapp.h"

void rio_readinitb(rio_t *rp, int fd);
```

返回：无。

```
ssize_t rio_readlineb(rio_t *rp, void *usrbuf, size_t maxlen);
ssize_t rio_readnb(rio_t *rp, void *usrbuf, size_t n);
```

返回：若成功则为读的字节数，若 EOF 则为 0，若出错则为−1。

code/src/csapp.c

```
1   ssize_t rio_readn(int fd, void *usrbuf, size_t n)
2   {
3       size_t nleft = n;
4       ssize_t nread;
5       char *bufp = usrbuf;
6
7       while (nleft > 0) {
8           if ((nread = read(fd, bufp, nleft)) < 0) {
9               if (errno == EINTR) /* Interrupted by sig handler return */
10                  nread = 0;      /* and call read() again */
11              else
12                  return -1;      /* errno set by read() */
13          }
14          else if (nread == 0)
15              break;              /* EOF */
16          nleft -= nread;
17          bufp += nread;
18      }
19      return (n - nleft);         /* Return >= 0 */
20  }
```

code/src/csapp.c

code/src/csapp.c

```
1   ssize_t rio_writen(int fd, void *usrbuf, size_t n)
2   {
3       size_t nleft = n;
4       ssize_t nwritten;
5       char *bufp = usrbuf;
6
7       while (nleft > 0) {
8           if ((nwritten = write(fd, bufp, nleft)) <= 0) {
9               if (errno == EINTR)  /* Interrupted by sig handler return */
10                  nwritten = 0;    /* and call write() again */
11              else
12                  return -1;       /* errno set by write() */
13          }
14          nleft -= nwritten;
15          bufp += nwritten;
16      }
17      return n;
18  }
```

code/src/csapp.c

图 10-4　rio_readn 和 rio_writen 函数

每打开一个描述符，都会调用一次 rio_readinitb 函数。它将描述符 fd 和地址 rp 处的一个类型为 rio_t 的读缓冲区联系起来。

rio_readlineb 函数从文件 rp 读出下一个文本行(包括结尾的换行符)，将它复制到内存位置 usrbuf，并且用 NULL(零)字符来结束这个文本行。rio_readlineb 函数最多读 maxlen-1 个字节，余下的一个字符留给结尾的 NULL 字符。超过 maxlen-1 字节的文本行被截断，并用一个 NULL 字符结束。

rio_readnb 函数从文件 rp 最多读 $n$ 个字节到内存位置 usrbuf。对同一描述符，对 rio_readlineb 和 rio_readnb 的调用可以任意交叉进行。然而，对这些带缓冲的函数的调用却不应和无缓冲的 rio_readn 函数交叉使用。

在本节剩下的部分中将给出大量的 RIO 函数的示例。图 10-5 展示了如何使用 RIO 函数来一次一行地从标准输入复制一个文本文件到标准输出。

*code/io/cpfile.c*

```
1   #include "csapp.h"
2
3   int main(int argc, char **argv)
4   {
5       int n;
6       rio_t rio;
7       char buf[MAXLINE];
8
9       Rio_readinitb(&rio, STDIN_FILENO);
10      while((n = Rio_readlineb(&rio, buf, MAXLINE)) != 0)
11          Rio_writen(STDOUT_FILENO, buf, n);
12  }
```

*code/io/cpfile.c*

图 10-5　从标准输入复制一个文本文件到标准输出

图 10-6 展示了一个读缓冲区的格式，以及初始化它的 rio_readinitb 函数的代码。rio_readinitb 函数创建了一个空的读缓冲区，并且将一个打开的文件描述符和这个缓冲区联系起来。

*code/include/csapp.h*

```
1   #define RIO_BUFSIZE 8192
2   typedef struct {
3       int rio_fd;                /* Descriptor for this internal buf */
4       int rio_cnt;               /* Unread bytes in internal buf */
5       char *rio_bufptr;          /* Next unread byte in internal buf */
6       char rio_buf[RIO_BUFSIZE]; /* Internal buffer */
7   } rio_t;
```

*code/include/csapp.h*

*code/src/csapp.c*

```
1   void rio_readinitb(rio_t *rp, int fd)
2   {
3       rp->rio_fd = fd;
4       rp->rio_cnt = 0;
5       rp->rio_bufptr = rp->rio_buf;
6   }
```

*code/src/csapp.c*

图 10-6　一个类型为 rio_t 的读缓冲区和初始化它的 rio_readinitb 函数

RIO 读程序的核心是图 10-7 所示的 rio_read 函数。rio_read 函数是 Linux read 函数的带缓冲的版本。当调用 rio_read 要求读 $n$ 个字节时，读缓冲区内有 rp->rio_cnt

个未读字节。如果缓冲区为空，那么会通过调用 read 再填满它。这个 read 调用收到一个不足值并不是错误，只不过读缓冲区是填充了一部分。一旦缓冲区非空，rio_read 就从读缓冲区复制 n 和 rp->rio_cnt 中较小值个字节到用户缓冲区，并返回复制的字节数。

*code/src/csapp.c*

```
1   static ssize_t rio_read(rio_t *rp, char *usrbuf, size_t n)
2   {
3       int cnt;
4
5       while (rp->rio_cnt <= 0) {  /* Refill if buf is empty */
6           rp->rio_cnt = read(rp->rio_fd, rp->rio_buf,
7                              sizeof(rp->rio_buf));
8           if (rp->rio_cnt < 0) {
9               if (errno != EINTR) /* Interrupted by sig handler return */
10                  return -1;
11          }
12          else if (rp->rio_cnt == 0)  /* EOF */
13              return 0;
14          else
15              rp->rio_bufptr = rp->rio_buf; /* Reset buffer ptr */
16      }
17
18      /* Copy min(n, rp->rio_cnt) bytes from internal buf to user buf */
19      cnt = n;
20      if (rp->rio_cnt < n)
21          cnt = rp->rio_cnt;
22      memcpy(usrbuf, rp->rio_bufptr, cnt);
23      rp->rio_bufptr += cnt;
24      rp->rio_cnt -= cnt;
25      return cnt;
26  }
```

*code/src/csapp.c*

图 10-7　内部的 rio_read 函数

对于一个应用程序，rio_read 函数和 Linux read 函数有同样的语义。在出错时，它返回值−1，并且适当地设置 errno。在 EOF 时，它返回值 0。如果要求的字节数超过了读缓冲区内未读的字节的数量，它会返回一个不足值。两个函数的相似性使得很容易通过用 rio_read 代替 read 来创建不同类型的带缓冲的读函数。例如，用 rio_read 代替 read，图 10-8 中的 rio_readnb 函数和 rio_readn 有相同的结构。相似地，图 10-8 中的 rio_readlineb 程序最多调用 maxlen-1 次 rio_read。每次调用都从读缓冲区返回一个字节，然后检查这个字节是否是结尾的换行符。

**旁注　RIO 包的起源**

RIO 函数的灵感来自于 W. Richard Stevens 在他的经典网络编程作品[110]中描述的 readline、readn 和 writen 函数。rio_readn 和 rio_writen 函数与 Stevens 的 readn 和 writen 函数是一样的。然而，Stevens 的 readline 函数有一些局限性在 RIO 中得到了纠正。第一，因为 readline 是带缓冲的，而 readn 不带，所以这两个函数不能在同一描述符上一起使用。第二，因为它使用一个 static 缓冲区，Stevens 的 readline

函数不是线程安全的，这就要求 Stevens 引入一个不同的线程安全的版本，称为 readline_r。我们已经在 rio_readlineb 和 rio_readnb 函数中修改了这两个缺陷，使得这两个函数是相互兼容和线程安全的。

*code/src/csapp.c*

```
1   ssize_t rio_readlineb(rio_t *rp, void *usrbuf, size_t maxlen)
2   {
3       int n, rc;
4       char c, *bufp = usrbuf;
5
6       for (n = 1; n < maxlen; n++) {
7           if ((rc = rio_read(rp, &c, 1)) == 1) {
8               *bufp++ = c;
9               if (c == '\n') {
10                  n++;
11                  break;
12              }
13          } else if (rc == 0) {
14              if (n == 1)
15                  return 0; /* EOF, no data read */
16              else
17                  break;    /* EOF, some data was read */
18          } else
19              return -1;    /* Error */
20      }
21      *bufp = 0;
22      return n-1;
23  }
```

*code/src/csapp.c*

*code/src/csapp.c*

```
1   ssize_t rio_readnb(rio_t *rp, void *usrbuf, size_t n)
2   {
3       size_t nleft = n;
4       ssize_t nread;
5       char *bufp = usrbuf;
6
7       while (nleft > 0) {
8           if ((nread = rio_read(rp, bufp, nleft)) < 0)
9               return -1;          /* errno set by read() */
10          else if (nread == 0)
11              break;              /* EOF */
12          nleft -= nread;
13          bufp += nread;
14      }
15      return (n - nleft);         /* Return >= 0 */
16  }
```

*code/src/csapp.c*

图 10-8 rio_readlineb 和 rio_readnb 函数

## 10.6 读取文件元数据

应用程序能够通过调用 stat 和 fstat 函数，检索到关于文件的信息(有时也称为文件的元数据(metadata))。

```
#include <unistd.h>
#include <sys/stat.h>

int stat(const char *filename, struct stat *buf);
int fstat(int fd, struct stat *buf);
```

返回：若成功则为 0，若出错则为 -1。

stat 函数以一个文件名作为输入，并填写如图 10-9 所示的一个 stat 数据结构中的各个成员。fstat 函数是相似的，只不过是以文件描述符而不是文件名作为输入。当我们在 11.5 节中讨论 Web 服务器时，会需要 stat 数据结构中的 st_mode 和 st_size 成员，其他成员则不在我们的讨论之列。

*statbuf.h (included by sys/stat.h)*

```
/* Metadata returned by the stat and fstat functions */
struct stat {
    dev_t         st_dev;      /* Device */
    ino_t         st_ino;      /* inode */
    mode_t        st_mode;     /* Protection and file type */
    nlink_t       st_nlink;    /* Number of hard links */
    uid_t         st_uid;      /* User ID of owner */
    gid_t         st_gid;      /* Group ID of owner */
    dev_t         st_rdev;     /* Device type (if inode device) */
    off_t         st_size;     /* Total size, in bytes */
    unsigned long st_blksize;  /* Block size for filesystem I/O */
    unsigned long st_blocks;   /* Number of blocks allocated */
    time_t        st_atime;    /* Time of last access */
    time_t        st_mtime;    /* Time of last modification */
    time_t        st_ctime;    /* Time of last change */
};
```

*statbuf.h (included by sys/stat.h)*

图 10-9 stat 数据结构

st_size 成员包含了文件的字节数大小。st_mode 成员则编码了文件访问许可位(图 10-2)和文件类型(10.2 节)。Linux 在 sys/stat.h 中定义了宏谓词来确定 st_mode 成员的文件类型：

S_ISREG(m)。这是一个普通文件吗？

S_ISDIR(m)。这是一个目录文件吗？

S_ISSOCK(m)。这是一个网络套接字吗？

图 10-10 展示了我们会如何使用这些宏和 stat 函数来读取和解释一个文件的 st_mode 位。

code/io/statcheck.c

```
1   #include "csapp.h"
2
3   int main (int argc, char **argv)
4   {
5       struct stat stat;
6       char *type, *readok;
7
8       Stat(argv[1], &stat);
9       if (S_ISREG(stat.st_mode))     /* Determine file type */
10          type = "regular";
11      else if (S_ISDIR(stat.st_mode))
12          type = "directory";
13      else
14          type = "other";
15      if ((stat.st_mode & S_IRUSR)) /* Check read access */
16          readok = "yes";
17      else
18          readok = "no";
19
20      printf("type: %s, read: %s\n", type, readok);
21      exit(0);
22  }
```

code/io/statcheck.c

图 10-10 查询和处理一个文件的 st_mode 位

## 10.7 读取目录内容

应用程序可以用 readdir 系列函数来读取目录的内容。

```
#include <sys/types.h>
#include <dirent.h>

DIR *opendir(const char *name);
```

返回：若成功，则为处理的指针；若出错，则为 NULL。

函数 opendir 以路径名为参数，返回指向目录流(directory stream)的指针。流是对条目有序列表的抽象，在这里是指目录项的列表。

```
#include <dirent.h>

struct dirent *readdir(DIR *dirp);
```

返回：若成功，则为指向下一个目录项的指针；若没有更多的目录项或出错，则为 NULL。

每次对 readdir 的调用返回的都是指向流 dirp 中下一个目录项的指针，或者，如果没有更多目录项则返回 NULL。每个目录项都是一个结构，其形式如下：

```
struct dirent {
    ino_t d_ino;        /* inode number */
    char  d_name[256]; /* Filename */
};
```

虽然有些 Linux 版本包含了其他的结构成员，但是只有这两个对所有系统来说都是标准的。成员 d_name 是文件名，d_ino 是文件位置。

如果出错，则 readdir 返回 NULL，并设置 errno。可惜的是，唯一能区分错误和流结束情况的方法是检查自调用 readdir 以来 errno 是否被修改过。

```
#include <dirent.h>

int closedir(DIR *dirp);
```

返回：成功为 0；错误为 −1。

函数 closedir 关闭流并释放其所有的资源。图 10-11 展示了怎样用 readdir 来读取目录的内容。

*code/io/readdir.c*

```
1   #include "csapp.h"
2
3   int main(int argc, char **argv)
4   {
5       DIR *streamp;
6       struct dirent *dep;
7
8       streamp = Opendir(argv[1]);
9
10      errno = 0;
11      while ((dep = readdir(streamp)) != NULL) {
12          printf("Found file: %s\n", dep->d_name);
13      }
14      if (errno != 0)
15          unix_error("readdir error");
16
17      Closedir(streamp);
18      exit(0);
19  }
```

*code/io/readdir.c*

图 10-11　读取目录的内容

## 10.8　共享文件

可以用许多不同的方式来共享 Linux 文件。除非你很清楚内核是如何表示打开的文件，否则文件共享的概念相当难懂。内核用三个相关的数据结构来表示打开的文件：

- 描述符表(descriptor table)。每个进程都有它独立的描述符表，它的表项是由进程打开的文件描述符来索引的。每个打开的描述符表项指向文件表中的一个表项。
- 文件表(file table)。打开文件的集合是由一张文件表来表示的，所有的进程共享这张表。每个文件表的表项组成(针对我们的目的)包括当前的文件位置、引用计数(reference count)(即当前指向该表项的描述符表项数)，以及一个指向 v-node 表中对应表项的指针。关闭一个描述符会减少相应的文件表表项中的引用计数。内核不会删除这个文件表表项，直到它的引用计数为零。

- v-node 表(v-node table)。同文件表一样，所有的进程共享这张 v-node 表。每个表项包含 stat 结构中的大多数信息，包括 st_mode 和 st_size 成员。

图 10-12 展示了一个示例，其中描述符 1 和 4 通过不同的打开文件表表项来引用两个不同的文件。这是一种典型的情况，没有共享文件，并且每个描述符对应一个不同的文件。

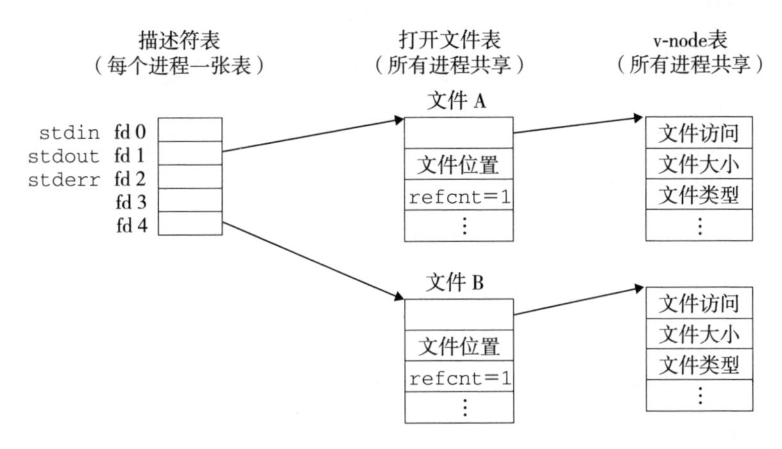


图 10-12　典型的打开文件的内核数据结构。在这个示例中，两个描述符引用不同的文件。没有共享

如图 10-13 所示，多个描述符也可以通过不同的文件表表项来引用同一个文件。例如，如果以同一个 filename 调用 open 函数两次，就会发生这种情况。关键思想是每个描述符都有它自己的文件位置，所以对不同描述符的读操作可以从文件的不同位置获取数据。

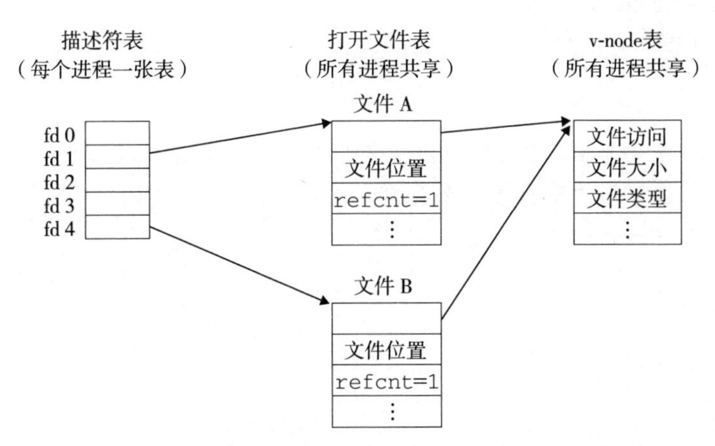


图 10-13　文件共享。这个例子展示了两个描述符通过两个打开文件表表项共享同一个磁盘文件

我们也能理解父子进程是如何共享文件的。假设在调用 fork 之前，父进程有如图 10-12 所示的打开文件。然后，图 10-14 展示了调用 fork 后的情况。子进程有一个父进程描述符表的副本。父子进程共享相同的打开文件表集合，因此共享相同的文件位置。一个很重要的结果就是，在内核删除相应文件表表项之前，父子进程必须都关闭了它们的描述符。

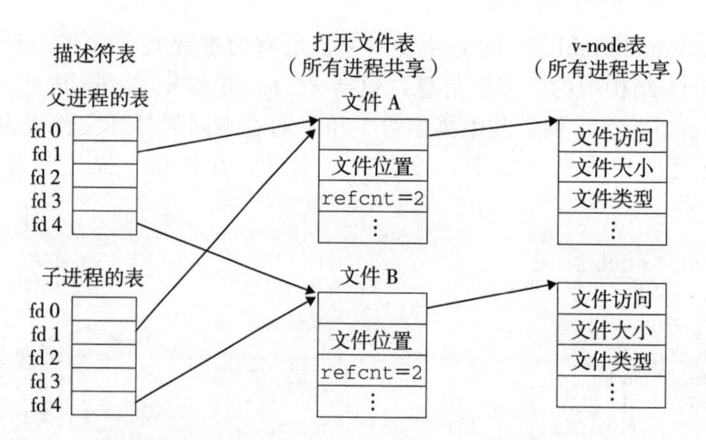


图 10-14　子进程如何继承父进程的打开文件。初始状态如图 10-12 所示

**练习题 10.2**　假设磁盘文件 foobar.txt 由 6 个 ASCII 码字符“foobar”组成。那么，下列程序的输出是什么？

```
1   #include "csapp.h"
2
3   int main()
4   {
5       int fd1, fd2;
6       char c;
7
8       fd1 = Open("foobar.txt", O_RDONLY, 0);
9       fd2 = Open("foobar.txt", O_RDONLY, 0);
10      Read(fd1, &c, 1);
11      Read(fd2, &c, 1);
12      printf("c = %c\n", c);
13      exit(0);
14  }
```

**练习题 10.3**　就像前面那样，假设磁盘文件 foobar.txt 由 6 个 ASCII 码字符“foobar”组成。那么下列程序的输出是什么？

```
1   #include "csapp.h"
2
3   int main()
4   {
5       int fd;
6       char c;
7
8       fd = Open("foobar.txt", O_RDONLY, 0);
9       if (Fork() == 0) {
10          Read(fd, &c, 1);
11          exit(0);
12      }
13      Wait(NULL);
14      Read(fd, &c, 1);
15      printf("c = %c\n", c);
16      exit(0);
17  }
```

## 10.9　I/O 重定向

Linux shell 提供了 I/O 重定向操作符，允许用户将磁盘文件和标准输入输出联系起来。例如，键入

```
linux> ls > foo.txt
```

使得 shell 加载和执行 ls 程序，将标准输出重定向到磁盘文件 foo.txt。就如我们将在 11.5 节中看到的那样，当一个 Web 服务器代表客户端运行 CGI 程序时，它就执行一种相似类型的重定向。那么 I/O 重定向是如何工作的呢？一种方式是使用 dup2 函数。

```
#include <unistd.h>

int dup2(int oldfd, int newfd);
```

返回：若成功则为非负的描述符，若出错则为－1。

dup2 函数复制描述符表表项 oldfd 到描述符表表项 newfd，覆盖描述符表表项 newfd 以前的内容。如果 newfd 已经打开了，dup2 会在复制 oldfd 之前关闭 newfd。

假设在调用 dup2(4,1)之前，我们的状态如图 10-12 所示，其中描述符 1(标准输出)对应于文件 A(比如一个终端)，描述符 4 对应于文件 B(比如一个磁盘文件)。A 和 B 的引用计数都等于 1。图 10-15 显示了调用 dup2(4,1)之后的情况。两个描述符现在都指向文件 B；文件 A 已经被关闭了，并且它的文件表和 v-node 表表项也已经被删除了；文件 B 的引用计数已经增加了。从此以后，任何写到标准输出的数据都被重定向到文件 B。

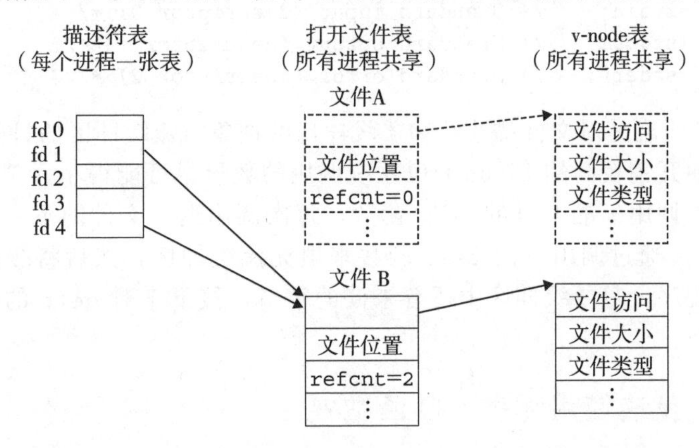


图 10-15　通过调用 dup2(4,1)重定向标准输出之后的内核数据结构。初始状态如图 10-12 所示

> **旁注　左边和右边的 hoinkies**
>
> 为了避免和其他括号类型操作符比如“]”和“[”相混淆，我们总是将 shell 的“>”操作符称为“右 hoinky”，而将“<”操作符称为“左 hoinky”。

**练习题 10.4**　如何用 dup2 将标准输入重定向到描述符 5？

**练习题 10.5**　假设磁盘文件 foobar.txt 由 6 个 ASCII 码字符“foobar”组成，那么下列程序的输出是什么？

```
1   #include "csapp.h"
2
3   int main()
```

```
 4  {
 5      int fd1, fd2;
 6      char c;
 7
 8      fd1 = Open("foobar.txt", O_RDONLY, 0);
 9      fd2 = Open("foobar.txt", O_RDONLY, 0);
10      Read(fd2, &c, 1);
11      Dup2(fd2, fd1);
12      Read(fd1, &c, 1);
13      printf("c = %c\n", c);
14      exit(0);
15  }
```

## 10.10 标准 I/O

C 语言定义了一组高级输入输出函数，称为标准 I/O 库，为程序员提供了 Unix I/O 的较高级别的替代。这个库(libc)提供了打开和关闭文件的函数(fopen 和 fclose)、读和写字节的函数(fread 和 fwrite)、读和写字符串的函数(fgets 和 fputs)，以及复杂的格式化的 I/O 函数(scanf 和 printf)。

标准 I/O 库将一个打开的文件模型化为一个*流*。对于程序员而言，一个流就是一个指向 FILE 类型的结构的指针。每个 ANSI C 程序开始时都有三个打开的流 stdin、stdout 和 stderr，分别对应于标准输入、标准输出和标准错误：

```
#include <stdio.h>
extern FILE *stdin;    /* Standard input (descriptor 0) */
extern FILE *stdout;   /* Standard output (descriptor 1) */
extern FILE *stderr;   /* Standard error (descriptor 2) */
```

类型为 FILE 的流是对文件描述符和*流缓冲区*的抽象。流缓冲区的目的和 RIO 读缓冲区的一样：就是使开销较高的 Linux I/O 系统调用的数量尽可能得小。例如，假设我们有一个程序，它反复调用标准 I/O 的 getc 函数，每次调用返回文件的下一个字符。当第一次调用 getc 时，库通过调用一次 read 函数来填充流缓冲区，然后将缓冲区中的第一个字节返回给应用程序。只要缓冲区中还有未读的字节，接下来对 getc 的调用就能直接从流缓冲区得到服务。

## 10.11 综合：我该使用哪些 I/O 函数？

图 10-16 总结了我们在这一章里讨论过的各种 I/O 包。

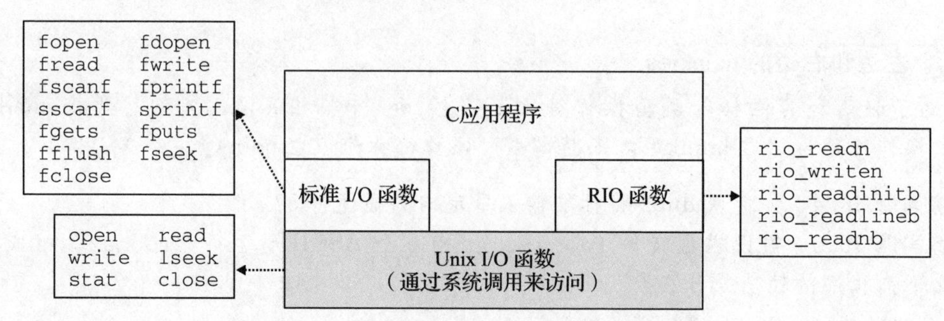


图 10-16　Unix I/O、标准 I/O 和 RIO 之间的关系

Unix I/O 模型是在操作系统内核中实现的。应用程序可以通过诸如 open、close、lseek、read、write 和 stat 这样的函数来访问 Unix I/O。较高级别的 RIO 和标准I/O 函数都是基于(使用)Unix I/O 函数来实现的。RIO 函数是专为本书开发的 read 和 write 的健壮的包装函数。它们自动处理不足值，并且为读文本行提供一种高效的带缓冲的方法。标准 I/O 函数提供了 Unix I/O 函数的一个更加完整的带缓冲的替代品，包括格式化的 I/O 例程，如 printf 和 scanf。

那么，在你的程序中该使用这些函数中的哪一个呢？下面是一些基本的指导原则：

- G1：只要有可能就使用标准 I/O。对磁盘和终端设备 I/O 来说，标准 I/O 函数是首选方法。大多数 C 程序员在其整个职业生涯中只使用标准 I/O，从不受较低级的 Unix I/O 函数的困扰(可能 stat 除外，因为在标准 I/O 库中没有与它对应的函数)。只要可能，我们建议你也这样做。
- G2：不要使用 scanf 或 rio_readlineb 来读二进制文件。像 scanf 或 rio_readlineb 这样的函数是专门设计来读取文本文件的。学生通常会犯的一个错误就是用这些函数来读取二进制文件，这就使得他们的程序出现了诡异莫测的失败。比如，二进制文件可能散布着很多 0xa 字节，而这些字节又与终止文本行无关。
- G3：对网络套接字的 I/O 使用 RIO 函数。不幸的是，当我们试着将标准I/O 用于网络的输入输出时，出现了一些令人讨厌的问题。如同我们将在 11.4 节所见，Linux 对网络的抽象是一种称为*套接字*的文件类型。就像所有的 Linux 文件一样，套接字由文件描述符来引用，在这种情况下称为套接字描述符。应用程序进程通过读写套接字描述符来与运行在其他计算机的进程实现通信。

标准 I/O 流，从某种意义上而言是*全双工*的，因为程序能够在同一个流上执行输入和输出。然而，对流的限制和对套接字的限制，有时候会互相冲突，而又极少有文档描述这些现象：

- *限制一：跟在输出函数之后的输入函数*。如果中间没有插入对 fflush、fseek、fsetpos 或者 rewind 的调用，一个输入函数不能跟随在一个输出函数之后。fflush 函数清空与流相关的缓冲区。后三个函数使用 Unix I/O lseek 函数来重置当前的文件位置。
- *限制二：跟在输入函数之后的输出函数*。如果中间没有插入对 fseek、fsetpos 或者 rewind 的调用，一个输出函数不能跟随在一个输入函数之后，除非该输入函数遇到了一个文件结束。

这些限制给网络应用带来了一个问题，因为对套接字使用 lseek 函数是非法的。对流 I/O 的第一个限制能够通过采用在每个输入操作前刷新缓冲区这样的规则来满足。然而，要满足第二个限制的唯一办法是，对同一个打开的套接字描述符打开两个流，一个用来读，一个用来写：

```
FILE *fpin, *fpout;

fpin = fdopen(sockfd, "r");
fpout = fdopen(sockfd, "w");
```

但是这种方法也有问题，因为它要求应用程序在两个流上都要调用 fclose，这样才能释放与每个流相关联的内存资源，避免内存泄漏：

```
fclose(fpin);
fclose(fpout);
```

这些操作中的每一个都试图关闭同一个底层的套接字描述符，所以第二个 close 操作就会失败。对顺序的程序来说，这并不是问题，但是在一个线程化的程序中关闭一个已经关闭了的描述符是会导致灾难的(见 12.7.4 节)。

因此，我们建议你在网络套接字上不要使用标准 I/O 函数来进行输入和输出，而要使用健壮的 RIO 函数。如果你需要格式化的输出，使用 sprintf 函数在内存中格式化一个字符串，然后用 rio_writen 把它发送到套接口。如果你需要格式化输入，使用 rio_readlineb 来读一个完整的文本行，然后用 sscanf 从文本行提取不同的字段。

## 10.12　小结

Linux 提供了少量的基于 Unix I/O 模型的系统级函数，它们允许应用程序打开、关闭、读和写文件，提取文件的元数据，以及执行 I/O 重定向。Linux 的读和写操作会出现不足值，应用程序必须能正确地预计和处理这种情况。应用程序不应直接调用 Unix I/O 函数，而应该使用 RIO 包，RIO 包通过反复执行读写操作，直到传送完所有的请求数据，自动处理不足值。

Linux 内核使用三个相关的数据结构来表示打开的文件。描述符表中的表项指向打开文件表中的表项，而打开文件表中的表项又指向 v-node 表中的表项。每个进程都有它自己单独的描述符表，而所有的进程共享同一个打开文件表和 v-node 表。理解这些结构的一般组成就能使我们清楚地理解文件共享和 I/O重定向。

标准 I/O 库是基于 Unix I/O 实现的，并提供了一组强大的高级 I/O 例程。对于大多数应用程序而言，标准 I/O 更简单，是优于 Unix I/O 的选择。然而，因为对标准 I/O 和网络文件的一些相互不兼容的限制，Unix I/O 比之标准 I/O 更该适用于网络应用程序。

## 参考文献说明

Kerrisk 撰写了关于 Unix I/O 和 Linux 文件系统的综述 [62]。Stevens 编写了 Unix I/O 的标准参考文献[111]。Kernighan 和 Ritchie 对于标准 I/O 函数给出了清晰而完整的讨论[61]。

## 家庭作业

* 10.6　下面程序的输出是什么？

```
1	#include "csapp.h"
2
3	int main()
4	{
5	    int fd1, fd2;
6
7	    fd1 = Open("foo.txt", O_RDONLY, 0);
8	    fd2 = Open("bar.txt", O_RDONLY, 0);
9	    Close(fd2);
10	    fd2 = Open("baz.txt", O_RDONLY, 0);
11	    printf("fd2 = %d\n", fd2);
12	    exit(0);
13	}
```

* 10.7　修改图 10-5 中所示的 cpfile 程序，使得它用 RIO 函数从标准输入复制到标准输出，一次 MAXBUF 个字节。

** 10.8　编写图 10-10 中的 statcheck 程序的一个版本，叫做 fstatcheck，它从命令行上取得一个描述符数字而不是文件名。

** 10.9　考虑下面对作业题 10.8 中的 fstatcheck 程序的调用：

```
linux> fstatcheck 3 < foo.txt
```

你可能会预想这个对 fstatcheck 的调用将提取和显示文件 foo.txt 的元数据。然而，当我们在系统上运行它时，它将失败，返回“坏的文件描述符”。根据这种情况，填写出 shell 在 fork 和 execve 调用之间必须执行的伪代码：

```
if (Fork() == 0) { /* child */
    /* What code is the shell executing right here? */
    Execve("fstatcheck", argv, envp);
}
```

** 10.10 修改图 10-5 中的 cpfile 程序，使得它有一个可选的命令行参数 infile。如果给定了 infile，那么复制 infile 到标准输出，否则像以前那样复制标准输入到标准输出。一个要求是对于两种情况，你的解答都必须使用原来的复制循环(第 9～11 行)。只允许你插入代码，而不允许更改任何已经存在的代码。

## 练习题答案

10.1 Unix 进程生命周期开始时，打开的描述符赋给了 stdin(描述符 0)、stdout(描述符 1)和 stderr(描述符 2)。open 函数总是返回最低的未打开的描述符，所以第一次调用 open 会返回描述符 3。调用 close 函数会释放描述符 3。最后对 open 的调用会返回描述符 3，因此程序的输出是“fd2=3”。

10.2 描述符 fd1 和 fd2 都有各自的打开文件表表项，所以每个描述符对于 foobar.txt 都有它自己的文件位置。因此，从 fd2 的读操作会读取 foobar.txt 的第一个字节，并输出

```
c = f
```

而不是像你开始可能想的

```
c = o
```

10.3 回想一下，子进程会继承父进程的描述符表，以及所有进程共享的同一个打开文件表。因此，描述符 fd 在父子进程中都指向同一个打开文件表表项。当子进程读取文件的第一个字节时，文件位置加 1。因此，父进程会读取第二个字节，而输出就是

```
c = o
```

10.4 重定向标准输入(描述符 0)到描述符 5，我们将调用 dup2(5,0)或者等价的 dup2(5,STDIN_FILENO)。

10.5 第一眼你可能会想输出应该是

```
c = f
```

但是因为我们将 fd1 重定向到了 fd2，输出实际上是

```
c = o
```

第 11 章

CHAPTER 11

# 网络编程

网络应用随处可见。任何时候浏览 Web、发送 email 信息或是玩在线游戏，你就正在使用网络应用程序。有趣的是，所有的网络应用都是基于相同的基本编程模型，有着相似的整体逻辑结构，并且依赖相同的编程接口。

网络应用依赖于很多在系统研究中已经学习过的概念。例如，进程、信号、字节顺序、内存映射以及动态内存分配，都扮演着重要的角色。还有一些新概念要掌握。我们需要理解基本的客户端-服务器编程模型，以及如何编写使用因特网提供的服务的客户端-服务器程序。最后，我们将把所有这些概念结合起来，开发一个虽小但功能齐全的 Web 服务器，能够为真实的 Web 浏览器提供静态和动态的文本和图形内容。

## 11.1 客户端-服务器编程模型

每个网络应用都是基于*客户端-服务器模型*的。采用这个模型，一个应用是由一个服务器进程和一个或者多个客户端进程组成。服务器管理某种*资源*，并且通过操作这种资源来为它的客户端提供某种*服务*。例如，一个 Web 服务器管理着一组磁盘文件，它会代表客户端进行检索和执行。一个 FTP 服务器管理着一组磁盘文件，它会为客户端进行存储和检索。相似地，一个电子邮件服务器管理着一些文件，它为客户端进行读和更新。

客户端-服务器模型中的基本操作是*事务*(transaction)(见图 11-1)。一个客户端-服务器事务由以下四步组成。

1）当一个客户端需要服务时，它向服务器发送一个*请求*，发起一个事务。例如，当 Web 浏览器需要一个文件时，它就发送一个请求给 Web 服务器。

2）服务器收到请求后，解释它，并以适当的方式操作它的资源。例如，当 Web 服务器收到浏览器发出的请求后，它就读一个磁盘文件。

3）服务器给客户端发送一个*响应*，并等待下一个请求。例如，Web 服务器将文件发送回客户端。

4）客户端收到响应并处理它。例如，当 Web 浏览器收到来自服务器的一页后，就在屏幕上显示此页。

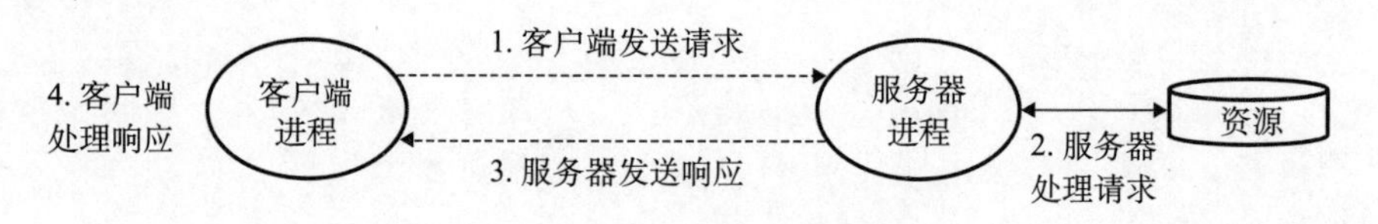


图 11-1 一个客户端-服务器事务

认识到客户端和服务器是进程，而不是常提到的机器或者*主机*，这是很重要的。一台主机可以同时运行许多不同的客户端和服务器，而且一个客户端和服务器的事务可以在同一台或是不同的主机上。无论客户端和服务器是怎样映射到主机上的，客户端-服务器模型都是相同的。

**旁注　客户端-服务器事务与数据库事务**

客户端-服务器事务不是数据库事务，没有数据库事务的任何特性，例如原子性。在我们的上下文中，事务仅仅是客户端和服务器执行的一系列步骤。

## 11.2　网络

客户端和服务器通常运行在不同的主机上，并且通过计算机网络的硬件和软件资源来通信。网络是很复杂的系统，在这里我们只想了解一点皮毛。我们的目标是从程序员的角度给你一个切实可行的思维模型。

对主机而言，网络只是又一种 I/O 设备，是数据源和数据接收方，如图 11-2 所示。

一个插到 I/O 总线扩展槽的适配器提供了到网络的物理接口。从网络上接收到的数据从适配器经过 I/O 和内存总线复制到内存，通常是通过 DMA 传送。相似地，数据也能从内存复制到网络。

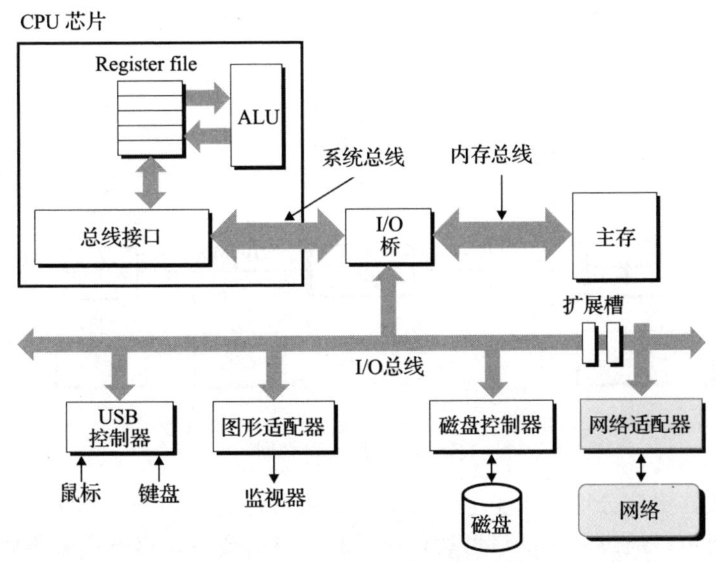


图 11-2　一个网络主机的硬件组成

物理上而言，网络是一个按照地理远近组成的层次系统。最低层是 LAN(Local Area Network，局域网)，在一个建筑或者校园范围内。迄今为止，最流行的局域网技术是以太网(Ethernet)，它是由施乐公司帕洛阿尔托研究中心(Xerox PARC)在 20 世纪 70 年代中期提出的。以太网技术被证明是适应力极强的，从 3Mb/s 演变到 10Gb/s。

一个以太网段(Ethernet segment)包括一些电缆(通常是双绞线)和一个叫做集线器的小盒子，如图 11-3 所示。以太网段通常跨越一些小的区域，例如某建筑物的一个房间或者一个楼层。每根电缆都有相同的最大位带宽，通常是 100Mb/s 或者 1Gb/s。一端连接到主机的适配器，而另一端则连接到集线器的一个端口上。集线器不加分辨地将从一个端口上收到的每个位复制到其他所有的端口上。因此，每台主机都能看到每个位。

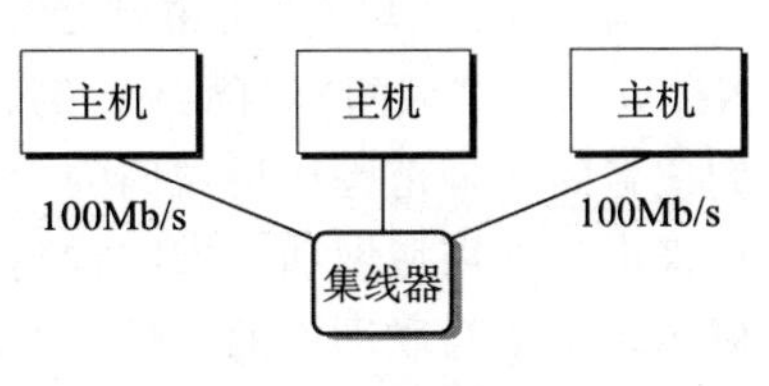


图 11-3　以太网段

每个以太网适配器都有一个全球唯一的 48 位地址，它存储在这个适配器的非易失性存储器上。一台主机可以发送一段位(称为帧(frame))到这个网段内的其他任何主机。每个帧包括一些固定数量的头部(header)位，用来标识此帧的源和目的地址以及此帧的长度，此后紧随的就是数据位的有效载荷(payload)。每个主机适配器都能看到这个帧，但是只有目的主机实际读取它。

使用一些电缆和叫做网桥(bridge)的小盒子，多个以太网段可以连接成较大的局域网，称为桥接以太网(bridged Ethernet)，如图 11-4 所示。桥接以太网能够跨越整个建筑物或者校区。在一个桥接以太网里，一些电缆连接网桥与网桥，而另外一些连接网桥和集线器。这些电缆的带宽可以是不同的。在我们的示例中，网桥与网桥之间的电缆有 1Gb/s 的带宽，而四根网桥和集线器之间电缆的带宽却是 100Mb/s。

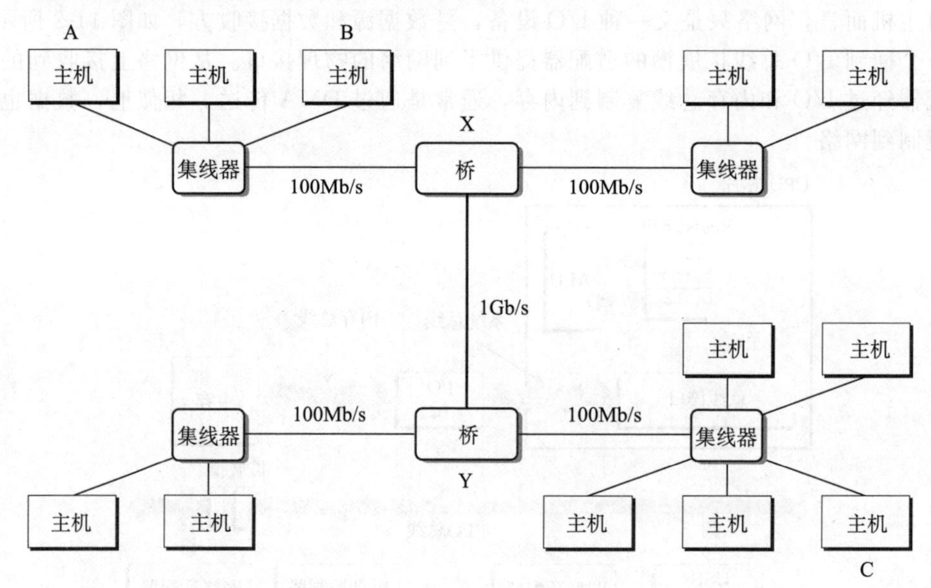


图 11-4　桥接以太网

网桥比集线器更充分地利用了电缆带宽。利用一种聪明的分配算法，它们随着时间自动学习哪个主机可以通过哪个端口可达，然后只在有必要时，有选择地将帧从一个端口复制到另一个端口。例如，如果主机 A 发送一个帧到同网段上的主机 B，当该帧到达网桥 X 的输入端口时，X 就将丢弃此帧，因而节省了其他网段上的带宽。然而，如果主机 A 发送一个帧到一个不同网段上的主机 C，那么网桥 X 只会把此帧复制到和网桥 Y 相连的端口上，网桥 Y 会只把此帧复制到与主机 C 的网段连接的端口。

为了简化局域网的表示，我们将把集线器和网桥以及连接它们的电缆画成一根水平线，如图 11-5 所示。

在层次的更高级别中，多个不兼容的局域网可以通过叫做路由器(router)的特殊计算机连接起来，组成一个 internet(互联网络)。每台路由器对于它所连接到的每个网络都有一个适配器(端口)。路由器也能连接高速点到点电话连接，这是称为 WAN(Wide-Area Network，广域网)的网络示例，之所以这么叫是因为它们覆盖的地理范围比局域网的大。一般而言，路由器可以用来由各种局域网和广域网构建互联网络。例如，图 11-6 展示了一个互联网络的示例，3 台路由器连接了一对局域网和一对广域网。

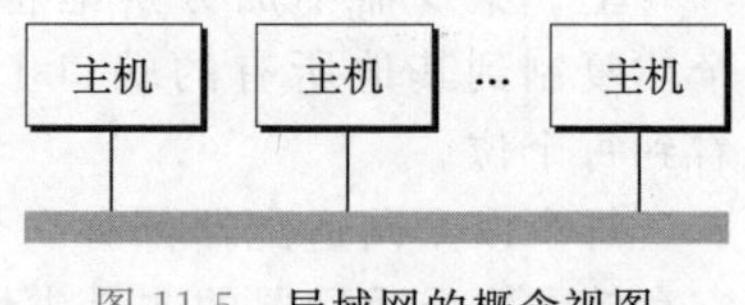


图 11-5　局域网的概念视图

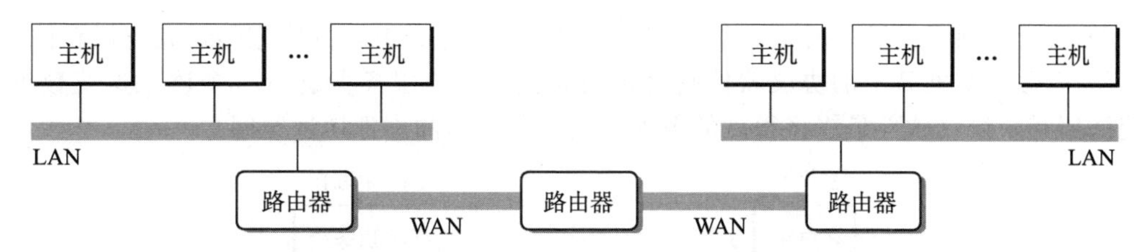


图 11-6 一个小型的互联网络。三台路由器连接起两个局域网和两个广域网

> **旁注 Internet 和 internet**
>
> 我们总是用小写字母的 internet 描述一般概念，而用大写字母的 Internet 来描述一种具体的实现，也就是所谓的全球 IP 因特网。

互联网络至关重要的特性是，它能由采用完全不同和不兼容技术的各种局域网和广域网组成。每台主机和其他每台主机都是物理相连的，但是如何能够让某台*源主机*跨过所有这些不兼容的网络发送数据位到另一台*目的主机*呢？

解决办法是一层运行在每台主机和路由器上的*协议软件*，它消除了不同网络之间的差异。这个软件实现一种*协议*，这种协议控制主机和路由器如何协同工作来实现数据传输。这种协议必须提供两种基本能力：

- *命名机制*。不同的局域网技术有不同和不兼容的方式来为主机分配地址。互联网络协议通过定义一种一致的主机地址格式消除了这些差异。每台主机会被分配至少一个这种*互联网络地址*(internet address)，这个地址唯一地标识了这台主机。
- *传送机制*。在电缆上编码位和将这些位封装成帧方面，不同的联网技术有不同的和不兼容的方式。互联网络协议通过定义一种把数据位捆扎成不连续的片(称为包)的统一方式，从而消除了这些差异。一个包是由*包头*和*有效载荷*组成的，其中包头包括包的大小以及源主机和目的主机的地址，有效载荷包括从源主机发出的数据位。

图 11-7 展示了主机和路由器如何使用互联网络协议在不兼容的局域网间传送数据的一个示例。这个互联网络示例由两个局域网通过一台路由器连接而成。一个客户端运行在主机 A 上，主机 A 与 LAN1 相连，它发送一串数据字节到运行在主机 B 上的服务器端，主机 B 则连接在 LAN2 上。这个过程有 8 个基本步骤：

1) 运行在主机 A 上的客户端进行一个系统调用，从客户端的虚拟地址空间复制数据到内核缓冲区中。

2) 主机 A 上的协议软件通过在数据前附加互联网络包头和 LAN1 帧头，创建了一个 LAN1 的帧。互联网络包头寻址到互联网络主机 B。LAN1 帧头寻址到路由器。然后它传送此帧到适配器。注意，LAN1 帧的有效载荷是一个互联网络包，而互联网络包的有效载荷是实际的用户数据。这种*封装*是基本的网络互联方法之一。

3) LAN1 适配器复制该帧到网络上。

4) 当此帧到达路由器时，路由器的 LAN1 适配器从电缆上读取它，并把它传送到协议软件。

5) 路由器从互联网络包头中提取出目的互联网络地址，并用它作为路由表的索引，确定向哪里转发这个包，在本例中是 LAN2。路由器剥落旧的 LAN1 的帧头，加上寻址到主机 B 的新的 LAN2 帧头，并把得到的帧传送到适配器。

6) 路由器的 LAN2 适配器复制该帧到网络上。

7）当此帧到达主机B时，它的适配器从电缆上读到此帧，并将它传送到协议软件。

8）最后，主机B上的协议软件剥落包头和帧头。当服务器进行一个读取这些数据的系统调用时，协议软件最终将得到的数据复制到服务器的虚拟地址空间。

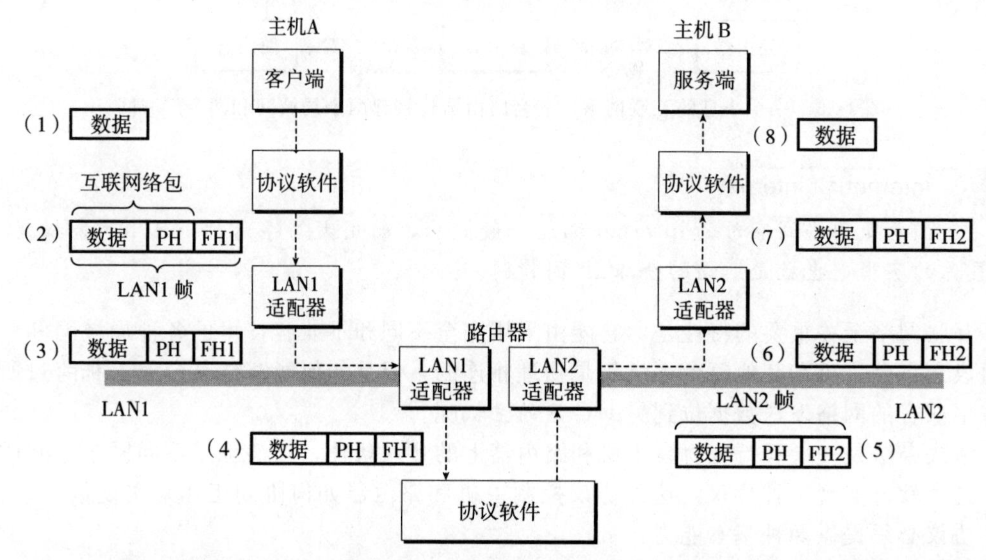


图 11-7　在互联网络上，数据是如何从一台主机传送到另一台主机的（PH：互联网络包头；FH1：LAN1 的帧头；FH2：LAN2 的帧头）

当然，在这里我们掩盖了许多很难的问题。如果不同的网络有不同帧大小的最大值，该怎么办呢？路由器如何知道该往哪里转发帧呢？当网络拓扑变化时，如何通知路由器？如果一个包丢失了又会如何呢？虽然如此，我们的示例抓住了互联网络思想的精髓，封装是关键。

## 11.3　全球 IP 因特网

全球 IP 因特网是最著名和最成功的互联网络实现。从 1969 年起，它就以这样或那样的形式存在了。虽然因特网的内部体系结构复杂而且不断变化，但是自从 20 世纪 80 年代早期以来，客户端-服务器应用的组织就一直保持着相当的稳定。图 11-8 展示了一个因特网客户端-服务器应用程序的基本硬件和软件组织。

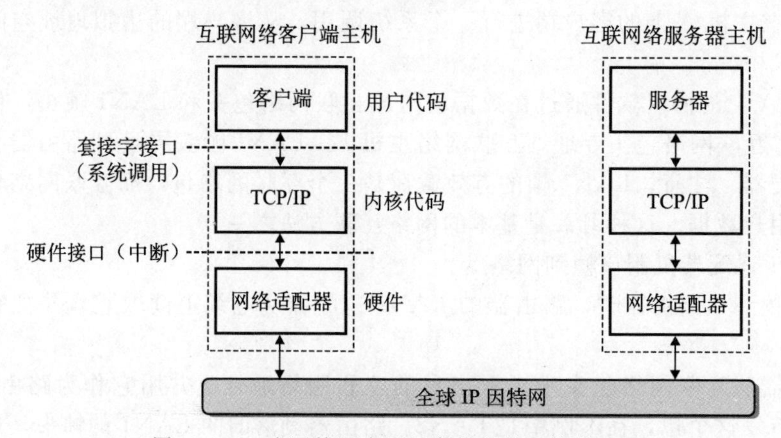


图 11-8　一个因特网应用程序的硬件和软件组织

每台因特网主机都运行实现 TCP/IP 协议（Transmission Control Protocol/Internet

Protocol，传输控制协议/互联网络协议)的软件，几乎每个现代计算机系统都支持这个协议。因特网的客户端和服务器混合使用套接字接口函数和 Unix I/O 函数来进行通信(我们将在 11.4 节中介绍套接字接口)。通常将套接字函数实现为系统调用，这些系统调用会陷入内核，并调用各种内核模式的 TCP/IP 函数。

TCP/IP 实际是一个协议族，其中每一个都提供不同的功能。例如，IP 协议提供基本的命名方法和递送机制，这种递送机制能够从一台因特网主机往其他主机发送包，也叫做数据报(datagram)。IP 机制从某种意义上而言是不可靠的，因为，如果数据报在网络中丢失或者重复，它并不会试图恢复。UDP(Unreliable Datagram Protocol，不可靠数据报协议)稍微扩展了 IP 协议，这样一来，包可以在进程间而不是在主机间传送。TCP 是一个构建在 IP 之上的复杂协议，提供了进程间可靠的全双工(双向的)连接。为了简化讨论，我们将 TCP/IP 看做是一个单独的整体协议。我们将不讨论它的内部工作，只讨论 TCP 和 IP 为应用程序提供的某些基本功能。我们将不讨论 UDP。

从程序员的角度，我们可以把因特网看做一个世界范围的主机集合，满足以下特性：

- 主机集合被映射为一组 32 位的 IP 地址。
- 这组 IP 地址被映射为一组称为因特网域名(Internet domain name)的标识符。
- 因特网主机上的进程能够通过连接(connection)和任何其他因特网主机上的进程通信。

接下来三节将更详细地讨论这些基本的因特网概念。

**旁注　IPv4 和 IPv6**

最初的因特网协议，使用 32 位地址，称为因特网协议版本 4(Internet Protocol Version 4，IPv4)。1996 年，因特网工程任务组织(Internet Engineering Task Force，IETF)提出了一个新版本的 IP，称为因特网协议版本 6(IPv6)，它使用的是 128 位地址，意在替代 IPv4。但是直到 2015 年，大约 20 年后，因特网流量的绝大部分还是由 IPv4 网络承载的。例如，只有 4%的访问 Google 服务的用户使用 IPv6 [42]。

因为 IPv6 的使用率较低，本书不会讨论 IPv6 的细节，而只是集中注意力于 IPv4 背后的概念。当我们谈论因特网时，我们指的是基于 IPv4 的因特网。但是，本章后面介绍的书写客户端和服务器的技术是基于现代接口的，与任何特殊的协议无关。

### 11.3.1　IP 地址

一个 IP 地址就是一个 32 位无符号整数。网络程序将 IP 地址存放在如图 11-9 所示的 IP 地址结构中。

*code/netp/netpfragments.c*

```
/* IP address structure */
struct in_addr {
    uint32_t  s_addr; /* Address in network byte order (big-endian) */
};
```

*code/netp/netpfragments.c*

图 11-9　IP 地址结构

把一个标量地址存放在结构中，是套接字接口早期实现的不幸产物。为 IP 地址定义一个标量类型应该更有意义，但是现在更改已经太迟了，因为已经有大量应用是基于此的。

因为因特网主机可以有不同的主机字节顺序，TCP/IP 为任意整数数据项定义了统一的网络字节顺序(network byte order)(大端字节顺序)，例如 IP 地址，它放在包头中跨过网络被携带。在IP地址结构中存放的地址总是以(大端法)网络字节顺序存放的，即使主机字节顺序(host byte order)是小端法。Unix提供了下面这样的函数在网络和主机字节顺序间实现转换。

```
#include <arpa/inet.h>

uint32_t htonl(uint32_t hostlong);
uint16_t htons(uint16_t hostshort);
                                        返回：按照网络字节顺序的值。

uint32_t ntohl(uint32_t netlong);
uint16_t ntohs(unit16_t netshort);
                                        返回：按照主机字节顺序的值。
```

htonl函数将32位整数由主机字节顺序转换为网络字节顺序。ntohl函数将32位整数从网络字节顺序转换为主机字节。htons和ntohs函数为16位无符号整数执行相应的转换。注意，没有对应的处理64位值的函数。

IP地址通常是以一种称为*点分十进制表示法*来表示的，这里，每个字节由它的十进制值表示，并且用句点和其他字节间分开。例如，128.2.194.242就是地址0x8002c2f2的点分十进制表示。在Linux系统上，你能够使用HOSTNAME命令来确定你自己主机的点分十进制地址：

```
linux> hostname -i
128.2.210.175
```

应用程序使用inet_pton和inet_ntop函数来实现IP地址和点分十进制串之间的转换。

```
#include <arpa/inet.h>

int inet_pton(AF_INET, const char *src, void *dst);
              返回：若成功则为1，若src为非法点分十进制地址则为0，若出错则为-1。

const char *inet_ntop(AF_INET, const void *src, char *dst,
                      socklen_t size);
              返回：若成功则指向点分十进制字符串的指针，若出错则为NULL。
```

在这些函数名中，“n”代表网络，“p”代表表示。它们可以处理32位IPv4地址(AF_INET)(就像这里展示的那样)，或者128位IPv6地址(AF_INET6)(这部分我们不讲)。

inet_pton函数将一个点分十进制串(src)转换为一个二进制的网络字节顺序的IP地址(dst)。如果src没有指向一个合法的点分十进制字符串，那么该函数就返回0。任何其他错误会返回-1，并设置errno。相似地，inet_ntop函数将一个二进制的网络字节顺序的IP地址(src)转换为它所对应的点分十进制表示，并把得到的以null结尾的字符串的最多size个字节复制到dst。

**练习题 11.1** 完成下表：

| 十六进制地址 | 点分十进制地址 |
|---|---|
| 0x0 | |
| 0xffffffff | |
| 0x7f000001 | |
| | 205.188.160.121 |
| | 64.12.149.13 |
| | 205.188.146.23 |

**练习题 11.2** 编写程序 hex2dd.c，将它的十六进制参数转换为点分十进制串并打印出结果。例如

```
linux> ./hex2dd 0x8002c2f2
128.2.194.242
```

**练习题 11.3** 编写程序 dd2hex.c，将它的点分十进制参数转换为十六进制数并打印出结果。例如

```
linux> ./dd2hex 128.2.194.242
0x8002c2f2
```

## 11.3.2 因特网域名

因特网客户端和服务器互相通信时使用的是 IP 地址。然而，对于人们而言，大整数是很难记住的，所以因特网也定义了一组更加人性化的*域名*(domain name)，以及一种将域名映射到 IP 地址的机制。域名是一串用句点分隔的单词(字母、数字和破折号)，例如 whaleshark.ics.cs.cmu.edu。

域名集合形成了一个层次结构，每个域名编码了它在这个层次中的位置。通过一个示例你将很容易理解这点。图 11-10 展示了域名层次结构的一部分。层次结构可以表示为一棵树。树的节点表示域名，反向到根的路径形成了域名。子树称为*子域*(subdomain)。层次结构中的第一层是一个未命名的根节点。下一层是一组*一级域名*(first-level domain name)，由非营利组织 ICANN(Internet Corporation for Assigned Names and Numbers，因特网分配名字数字协会)定义。常见的第一层域名包括 com、edu、gov、org 和 net。

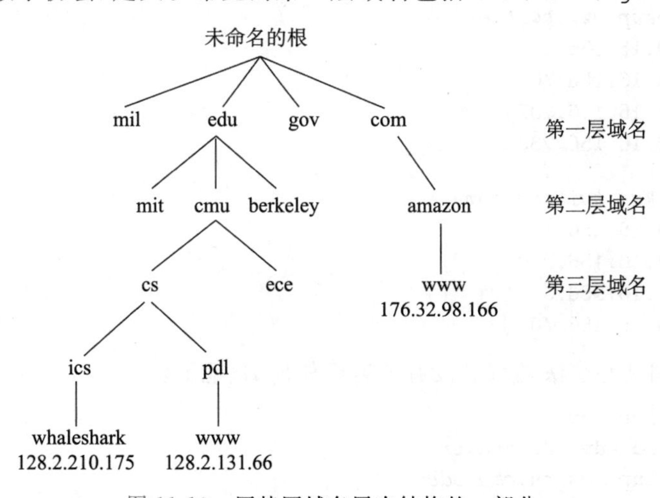


图 11-10 因特网域名层次结构的一部分

下一层是*二级*(second-level)域名，例如 cmu.edu，这些域名是由 ICANN 的各个授权代理按照先到先服务的基础分配的。一旦一个组织得到了一个二级域名，那么它就可以在这个子域中创建任何新的域名了，例如 cs.cmu.edu。

因特网定义了域名集合和 IP 地址集合之间的映射。直到 1988 年，这个映射都是通过一个叫做 HOSTS.TXT 的文本文件来手工维护的。从那以后，这个映射是通过分布世界范围内的数据库(称为 DNS(Domain Name System，域名系统))来维护的。从概念上而言，DNS 数据库由上百万的*主机条目结构*(host entry structure)组成，其中每条定义了一组域名和一组 IP 地址之间的映射。从数学意义上讲，可以认为每条主机条目就是一个域名和

IP 地址的等价类。我们可以用 Linux 的 NSLOOKUP 程序来探究 DNS 映射的一些属性，这个程序能展示与某个 IP 地址对应的域名。[⊖]

每台因特网主机都有本地定义的域名 localhost，这个域名总是映射为回送地址(loopback address)127.0.0.1：

```
linux> nslookup localhost
Address: 127.0.0.1
```

localhost 名字为引用运行在同一台机器上的客户端和服务器提供了一种便利和可移植的方式，这对调试相当有用。我们可以使用 HOSTNAME 来确定本地主机的实际域名：

```
linux> hostname
whaleshark.ics.cs.cmu.edu
```

在最简单的情况中，一个域名和一个 IP 地址之间是一一映射：

```
linux> nslookup whaleshark.ics.cs.cmu.edu
Address: 128.2.210.175
```

然而，在某些情况下，多个域名可以映射为同一个 IP 地址：

```
linux> nslookup cs.mit.edu
Address: 18.62.1.6

linux> nslookup eecs.mit.edu
Address: 18.62.1.6
```

在最通常的情况下，多个域名可以映射到同一组的多个 IP 地址：

```
linux> nslookup www.twitter.com
Address: 199.16.156.6
Address: 199.16.156.70
Address: 199.16.156.102
Address: 199.16.156.230

linux> nslookup twitter.com
Address: 199.16.156.102
Address: 199.16.156.230
Address: 199.16.156.6
Address: 199.16.156.70
```

最后，我们注意到某些合法的域名没有映射到任何 IP 地址：

```
linux> nslookup edu
*** Can't find edu: No answer
linux> nslookup ics.cs.cmu.edu
*** Can't find ics.cs.cmu.edu: No answer
```

**旁注　有多少因特网主机？**

因特网软件协会(Internet Software Consortium，www.isc.org)自从 1987 年以后，每年进行两次因特网域名调查。这个调查通过计算已经分配给一个域名的 IP 地址的数量来估算因特网主机的数量，展示了一种令人吃惊的趋势。自从 1987 年以来，当时一共大约有 20 000 台因特网主机，主机的数量已经在指数性增长。到 2015 年，已经有大约1 000 000 000台因特网主机了。

⊖ 我们重新调整了 NSLOOKUP 的输出以提高可读性。

### 11.3.3　因特网连接

因特网客户端和服务器通过在连接上发送和接收字节流来通信。从连接一对进程的意义上而言，连接是**点对点**的。从数据可以同时双向流动的角度来说，它是**全双工**的。并且从(除了一些如粗心的耕锄机操作员切断了电缆引起灾难性的失败以外)由源进程发出的字节流最终被目的进程以它发出的顺序收到它的角度来说，它也是**可靠的**。

一个**套接字**是连接的一个端点。每个套接字都有相应的**套接字地址**，是由一个因特网地址和一个 16 位的整数**端口**[⊖]组成的，用“地址：端口”来表示。

当客户端发起一个连接请求时，客户端套接字地址中的端口是由内核自动分配的，称为**临时端口**(ephemeral port)。然而，服务器套接字地址中的端口通常是某个**知名端口**，是和这个服务相对应的。例如，Web 服务器通常使用端口 80，而电子邮件服务器使用端口 25。每个具有知名端口的服务都有一个对应的知名的服务名。例如，Web 服务的知名名字是 `http`，email 的知名名字是 `smtp`。文件`/etc/services` 包含一张这台机器提供的知名名字和知名端口之间的映射。

一个连接是由它两端的套接字地址唯一确定的。这对套接字地址叫做**套接字对**(socket pair)，由下列元组来表示：

(*cliaddr*:*cliport*, *servaddr*:*servport*)

其中 `cliaddr` 是客户端的 IP 地址，`cliport` 是客户端的端口，`servaddr` 是服务器的 IP 地址，而 `servport` 是服务器的端口。例如，图 11-11 展示了一个 Web 客户端和一个 Web 服务器之间的连接。

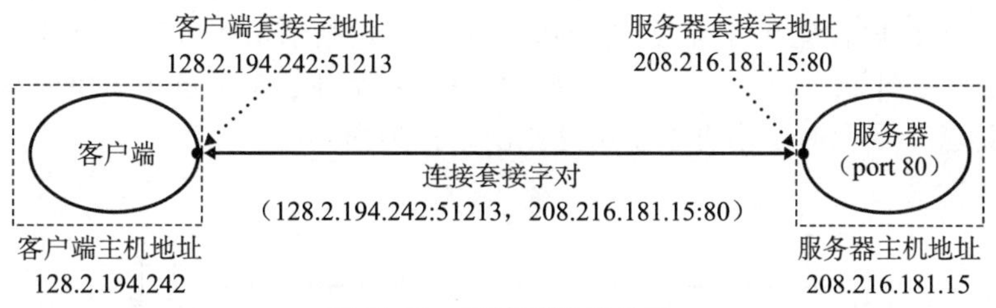


图 11-11　因特网连接分析

在这个示例中，Web 客户端的套接字地址是

```
128.2.194.242:51213
```

其中端口号 51213 是内核分配的临时端口号。Web 服务器的套接字地址是

```
208.216.181.15:80
```

其中端口号 80 是和 Web 服务相关联的知名端口号。给定这些客户端和服务器套接字地址，客户端和服务器之间的连接就由下列套接字对唯一确定了：

```
(128.2.194.242:51213, 208.216.181.15:80)
```

**旁注　因特网的起源**

因特网是政府、学校和工业界合作的最成功的示例之一。它成功的因素很多，但是我们认为有两点尤其重要：美国政府 30 年持续不变的投资，以及充满激情的研究人员

⊖ 这些软件端口与网络中交换机和路由器的硬件端口没有关系。

对麻省理工学院的 Dave Clarke 提出的“粗略一致和能用的代码”的投入。

因特网的种子是在 1957 年播下的，其时正值冷战的高峰，苏联发射 Sputnik，第一颗人造地球卫星，震惊了世界。作为响应，美国政府创建了高级研究计划署(ARPA)，其任务就是重建美国在科学与技术上的领导地位。1967 年，ARPA 的 Lawrence Roberts 提出了一个计划，建立一个叫做 ARPANET 的新网络。第一个 ARPANET 节点是在 1969 年建立并运行的。到 1971 年，已有 13 个 ARPANET 节点，而且 email 作为第一个重要的网络应用涌现出来。

1972 年，Robert Kahn 概括了网络互联的一般原则：一组互相连接的网络，通过叫做“路由器”的黑盒子按照“以尽力传送作为基础”在互相独立处理的网络间实现通信。1974 年，Kahn 和 Vinton Cerf 发表了 TCP/IP 协议的第一本详细资料，到 1982 年它成为了 ARPANET 的标准网络互联协议。1983 年 1 月 1 日，ARPANET 的每个节点都切换到 TCP/IP，标志着全球 IP 因特网的诞生。

1985 年，Paul Mockapetris 发明了 DNS，有 1000 多台因特网主机。1986 年，国家科学基金会(NSF)用 56KB/s 的电话线连接了 13 个节点，构建了 NSFNET 的骨干网。其后在 1988 年升级到 1.5MB/s T1 的连接速率，1991 年为 45MB/s T3 的连接速率。到 1988 年，有超过 50 000 台主机。1989 年，原始的 ARPANET 正式退休了。1995 年，已经有几乎 10 000 000 台因特网主机了，NSF 取消了 NSFNET，并且用基于由公众网络接入点连接的私有商业骨干网的现代因特网架构取代了它。

## 11.4 套接字接口

套接字接口(socket interface)是一组函数，它们和 Unix I/O 函数结合起来，用以创建网络应用。大多数现代系统上都实现套接字接口，包括所有的 Unix 变种、Windows 和 Macintosh 系统。图 11-12 给出了一个典型的客户端-服务器事务的上下文中的套接字接口概述。当讨论各个函数时，你可以使用这张图来作为向导图。

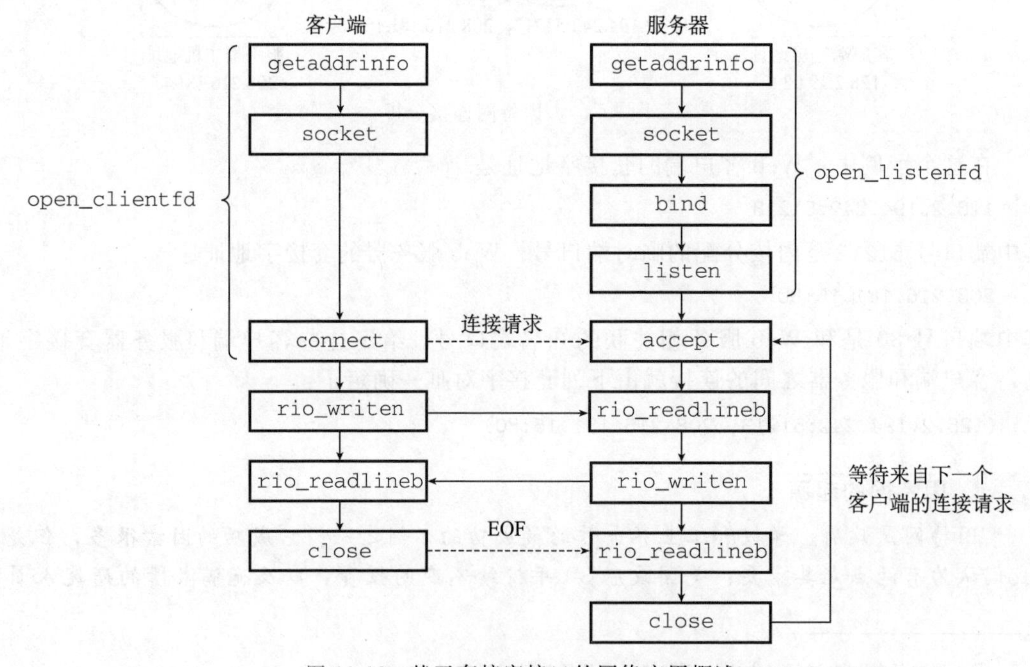


图 11-12 基于套接字接口的网络应用概述

**旁注　套接字接口的起源**

套接字接口是加州大学伯克利分校的研究人员在 20 世纪 80 年代早期提出的。因为这个原因，它也经常被叫做伯克利套接字。伯克利的研究者使得套接字接口适用于任何底层的协议。第一个实现的就是针对 TCP/IP 协议的，他们把它包括在 Unix 4.2BSD 的内核里，并且分发给许多学校和实验室。这在因特网的历史上是一个重大事件。几乎一夜之间，成千上万的人们接触到了 TCP/IP 和它的源代码。它引起了巨大的轰动，并激发了新的网络和网络互联研究的浪潮。

### 11.4.1　套接字地址结构

从 Linux 内核的角度来看，一个套接字就是通信的一个端点。从 Linux 程序的角度来看，套接字就是一个有相应描述符的打开文件。

因特网的套接字地址存放在如图 11-13 所示的类型为 sockaddr_in 的 16 字节结构中。对于因特网应用，sin_family 成员是 AF_INET，sin_port 成员是一个 16 位的端口号，而 sin_addr 成员就是一个 32 位的 IP 地址。IP 地址和端口号总是以网络字节顺序（大端法）存放的。

*code/netp/netpfragments.c*

```
/* IP socket address structure */
struct sockaddr_in  {
    uint16_t        sin_family;  /* Protocol family (always AF_INET) */
    uint16_t        sin_port;    /* Port number in network byte order */
    struct in_addr  sin_addr;    /* IP address in network byte order */
    unsigned char   sin_zero[8]; /* Pad to sizeof(struct sockaddr) */
};

/* Generic socket address structure (for connect, bind, and accept) */
struct sockaddr {
    uint16_t  sa_family;    /* Protocol family */
    char      sa_data[14];  /* Address data  */
};
```

*code/netp/netpfragments.c*

图 11-13　套接字地址结构

**旁注　_in 后缀意味什么？**

_in 后缀是互联网络(internet)的缩写，而不是输入(input)的缩写。

connect、bind 和 accept 函数要求一个指向与协议相关的套接字地址结构的指针。套接字接口的设计者面临的问题是，如何定义这些函数，使之能接受各种类型的套接字地址结构。今天我们可以使用通用的 void* 指针，但是那时在 C 中并不存在这种类型的指针。解决办法是定义套接字函数要求一个指向通用 sockaddr 结构（图 11-13）的指针，然后要求应用程序将与协议特定的结构的指针强制转换成这个通用结构。为了简化代码示例，我们跟随 Steven 的指导，定义下面的类型：

```
typedef struct sockaddr SA;
```

然后无论何时需要将 sockaddr_in 结构强制转换成通用 sockaddr 结构时，我们都使用这个类型。

### 11.4.2　socket 函数

客户端和服务器使用 socket 函数来创建一个套接字描述符(socket descriptor)。

```
#include <sys/types.h>
#include <sys/socket.h>

int socket(int domain, int type, int protocol);
```

返回：若成功则为非负描述符，若出错则为−1。

如果想要使套接字成为连接的一个端点，就用如下硬编码的参数来调用 socket 函数：

```
clientfd = Socket(AF_INET, SOCK_STREAM, 0);
```

其中，AF_INET 表明我们正在使用 32 位 IP 地址，而 SOCK_STREAM 表示这个套接字是连接的一个端点。不过最好的方法是用 getaddrinfo 函数(11.4.7 节)来自动生成这些参数，这样代码就与协议无关了。我们会在 11.4.8 节中向你展示如何配合 socket 函数来使用 getaddrinfo。

socket 返回的 clientfd 描述符仅是部分打开的，还不能用于读写。如何完成打开套接字的工作，取决于我们是客户端还是服务器。下一节描述当我们是客户端时如何完成打开套接字的工作。

### 11.4.3　connect 函数

客户端通过调用 connect 函数来建立和服务器的连接。

```
#include <sys/socket.h>

int connect(int clientfd, const struct sockaddr *addr,
            socklen_t addrlen);
```

返回：若成功则为 0，若出错则为−1。

connect 函数试图与套接字地址为 addr 的服务器建立一个因特网连接，其中 addrlen 是 sizeof(sockaddr_in)。connect 函数会阻塞，一直到连接成功建立或是发生错误。如果成功，clientfd 描述符现在就准备好可以读写了，并且得到的连接是由套接字对

```
(x:y, addr.sin_addr:addr.sin_port)
```

刻画的，其中 x 表示客户端的 IP 地址，而 y 表示临时端口，它唯一地确定了客户端主机上的客户端进程。对于 socket，最好的方法是用 getaddrinfo 来为 connect 提供参数(见 11.4.8 节)。

### 11.4.4　bind 函数

剩下的套接字函数——bind、listen 和 accept，服务器用它们来和客户端建立连接。

```
#include <sys/socket.h>

int bind(int sockfd, const struct sockaddr *addr,
         socklen_t addrlen);
```

返回：若成功则为 0，若出错则为−1。

bind 函数告诉内核将 addr 中的服务器套接字地址和套接字描述符 sockfd 联系起来。参数 addrlen 就是 sizeof(sockaddr_in)。对于 socket 和 connect，最好的方法是用 getaddrinfo 来为 bind 提供参数(见 11.4.8 节)。

### 11.4.5　listen 函数

客户端是发起连接请求的主动实体。服务器是等待来自客户端的连接请求的被动实体。默认情况下，内核会认为 socket 函数创建的描述符对应于*主动套接字*(active socket)，它存在于一个连接的客户端。服务器调用 listen 函数告诉内核，描述符是被服务器而不是客户端使用的。

```
#include <sys/socket.h>

int listen(int sockfd, int backlog);
```

返回：若成功则为 0，若出错则为−1。

listen 函数将 sockfd 从一个主动套接字转化为一个*监听套接字*(listening socket)，该套接字可以接受来自客户端的连接请求。backlog 参数暗示了内核在开始拒绝连接请求之前，队列中要排队的未完成的连接请求的数量。backlog 参数的确切含义要求对 TCP/IP 协议的理解，这超出了我们讨论的范围。通常我们会把它设置为一个较大的值，比如 1024。

### 11.4.6　accept 函数

服务器通过调用 accept 函数来等待来自客户端的连接请求。

```
#include <sys/socket.h>

int accept(int listenfd, struct sockaddr *addr, int *addrlen);
```

返回：若成功则为非负连接描述符，若出错则为−1。

accept 函数等待来自客户端的连接请求到达侦听描述符 listenfd，然后在 addr 中填写客户端的套接字地址，并返回一个*已连接描述符*(connected descriptor)，这个描述符可被用来利用 Unix I/O 函数与客户端通信。

监听描述符和已连接描述符之间的区别使很多人感到迷惑。监听描述符是作为客户端连接请求的一个端点。它通常被创建一次，并存在于服务器的整个生命周期。已连接描述符是客户端和服务器之间已经建立起来了的连接的一个端点。服务器每次接受连接请求时都会创建一次，它只存在于服务器为一个客户端服务的过程中。

图 11-14 描绘了监听描述符和已连接描述符的角色。在第一步中，服务器调用 accept，等待连接请求到达监听描述符，具体地我们设定为描述符 3。回忆一下，描述符 0～2 是预留给了标准文件的。

在第二步中，客户端调用 connect 函数，发送一个连接请求到 listenfd。第三步，accept 函数打开了一个新的已连接描述符 connfd(我们假设是描述符 4)，在 clientfd 和 connfd 之间建立连接，并且随后返回 connfd 给应用程序。客户端也从 connect 返回，在这一点以后，客户端和服务器就可以分别通过读和写 clientfd 和 connfd 来回传送数据了。

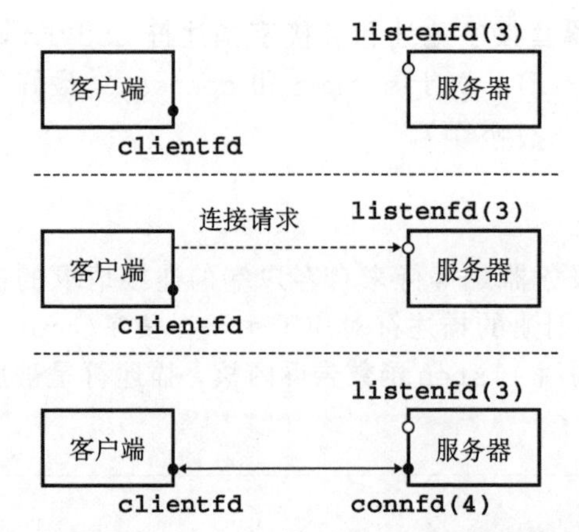
listenfd(3)
客户端
服务器
clientfd
1. 服务器阻塞在 accept，等待监听描述符 listenfd 上的连接请求。
连接请求
listenfd(3)
客户端
服务器
clientfd
2. 客户端通过调用和阻塞在 connect，创建连接请求。
listenfd(3)
客户端
服务器
clientfd
connfd(4)
3. 服务器从 accept 返回 connfd。客户端从 connect 返回。现在在 clientfd 和 connfd 之间已经建立起了连接。

图 11-14　监听描述符和已连接描述符的角色

> **旁注　为何要有监听描述符和已连接描述符之间的区别？**
>
> 你可能很想知道为什么套接字接口要区别监听描述符和已连接描述符。乍一看，这像是不必要的复杂化。然而，区分这两者被证明是很有用的，因为它使得我们可以建立并发服务器，它能够同时处理许多客户端连接。例如，每次一个连接请求到达监听描述符时，我们可以派生(fork)一个新的进程，它通过已连接描述符与客户端通信。在第 12 章中将介绍更多关于并发服务器的内容。

### 11.4.7　主机和服务的转换

Linux 提供了一些强大的函数(称为 getaddrinfo 和 getnameinfo)实现二进制套接字地址结构和主机名、主机地址、服务名和端口号的字符串表示之间的相互转化。当和套接字接口一起使用时，这些函数能使我们编写独立于任何特定版本的 IP 协议的网络程序。

#### 1. getaddrinfo 函数

getaddrinfo 函数将主机名、主机地址、服务名和端口号的字符串表示转化成套接字地址结构。它是已弃用的 gethostbyname 和 getservbyname 函数的新的替代品。和以前的那些函数不同，这个函数是可重入的(见 12.7.2 节)，适用于任何协议。

```
#include <sys/types.h>
#include <sys/socket.h>
#include <netdb.h>

int getaddrinfo(const char *host, const char *service,
                const struct addrinfo *hints,
                struct addrinfo **result);
                                返回：如果成功则为 0，如果错误则为非零的错误代码。

void freeaddrinfo(struct addrinfo *result);
                                                                    返回：无。

const char *gai_strerror(int errcode);
                                                                返回：错误消息。
```

给定 host 和 service(套接字地址的两个组成部分)，getaddrinfo 返回 result，result 指向一个 addrinfo 结构的链表，其中每个结构指向一个对应于 host 和 service 的套接字地址结构(图 11-15)。

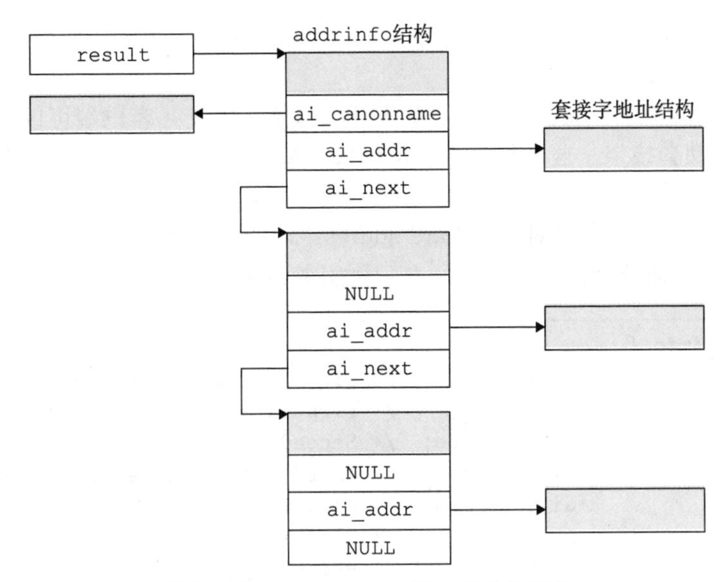


图 11-15 getaddrinfo 返回的数据结构

在客户端调用了 getaddrinfo 之后，会遍历这个列表，依次尝试每个套接字地址，直到调用 socket 和 connect 成功，建立起连接。类似地，服务器会尝试遍历列表中的每个套接字地址，直到调用 socket 和 bind 成功，描述符会被绑定到一个合法的套接字地址。为了避免内存泄漏，应用程序必须在最后调用 freeaddrinfo，释放该链表。如果 getaddrinfo 返回非零的错误代码，应用程序可以调用 gai_strerror，将该代码转换成消息字符串。

getaddrinfo 的 host 参数可以是域名，也可以是数字地址(如点分十进制 IP 地址)。service 参数可以是服务名(如 http)，也可以是十进制端口号。如果不想把主机名转换成地址，可以把 host 设置为 NULL。对 service 来说也是一样。但是必须指定两者中至少一个。

可选的参数 hints 是一个 addrinfo 结构(见图 11-16)，它提供对 getaddrinfo 返回的套接字地址列表的更好的控制。如果要传递 hints 参数，只能设置下列字段：ai_family、ai_socktype、ai_protocol 和 ai_flags 字段。其他字段必须设置为 0(或 NULL)。实际中，我们用 memset 将整个结构清零，然后有选择地设置一些字段：

- getaddrinfo 默认可以返回 IPv4 和 IPv6 套接字地址。ai_family 设置为 AF_INET 会将列表限制为 IPv4 地址；设置为 AF_INET6 则限制为 IPv6 地址。
- 对于 host 关联的每个地址，getaddrinfo 函数默认最多返回三个 addrinfo 结构，每个的 ai_socktype 字段不同：一个是连接，一个是数据报(本书未讲述)，一个是原始套接字(本书未讲述)。ai_socktype 设置为 SOCK_STREAM 将列表限制为对每个地址最多一个 addrinfo 结构，该结构的套接字地址可以作为连接的一个端点。这是所有示例程序所期望的行为。
- ai_flags 字段是一个位掩码，可以进一步修改默认行为。可以把各种值用 OR 组合起来得到该掩码。下面是一些我们认为有用的值：

  AI_ADDRCONFIG。如果在使用连接，就推荐使用这个标志 [34]。它要求只有当本地主机被配置为 IPv4 时，getaddrinfo 返回 IPv4 地址。对 IPv6 也是类似。

  AI_CANONNAME。ai_canonname 字段默认为 NULL。如果设置了该标志，就是告诉 getaddrinfo 将列表中第一个 addrinfo 结构的 ai_canonname 字段指向 host 的权威(官方)名字(见图 11-15)。

AI_NUMERICSERV。参数 service 默认可以是服务名或端口号。这个标志强制参数 service 为端口号。

AI_PASSIVE。getaddrinfo 默认返回套接字地址，客户端可以在调用 connect 时用作主动套接字。这个标志告诉该函数，返回的套接字地址可能被服务器用作监听套接字。在这种情况中，参数 host 应该为 NULL。得到的套接字地址结构中的地址字段会是通配符地址(wildcard address)，告诉内核这个服务器会接受发送到该主机所有 IP 地址的请求。这是所有示例服务器所期望的行为。

*code/netp/netpfragments.c*

```
struct addrinfo {
    int              ai_flags;     /* Hints argument flags */
    int              ai_family;    /* First arg to socket function */
    int              ai_socktype;  /* Second arg to socket function */
    int              ai_protocol;  /* Third arg to socket function  */
    char            *ai_canonname; /* Canonical hostname */
    size_t           ai_addrlen;   /* Size of ai_addr struct */
    struct sockaddr *ai_addr;      /* Ptr to socket address structure */
    struct addrinfo *ai_next;      /* Ptr to next item in linked list */
};
```

*code/netp/netpfragments.c*

图 11-16　getaddrinfo 使用的 addrinfo 结构

当 getaddrinfo 创建输出列表中的 addrinfo 结构时，会填写每个字段，除了 ai_flags。ai_addr 字段指向一个套接字地址结构，ai_addrlen 字段给出这个套接字地址结构的大小，而 ai_next 字段指向列表中下一个 addrinfo 结构。其他字段描述这个套接字地址的各种属性。

getaddrinfo 一个很好的方面是 addrinfo 结构中的字段是不透明的，即它们可以直接传递给套接字接口中的函数，应用程序代码无需再做任何处理。例如，ai_family、ai_socktype 和 ai_protocol 可以直接传递给 socket。类似地，ai_addr 和 ai_addrlen 可以直接传递给 connect 和 bind。这个强大的属性使得我们编写的客户端和服务器能够独立于某个特殊版本的 IP 协议。

### 2. getnameinfo 函数

getnameinfo 函数和 getaddrinfo 是相反的，将一个套接字地址结构转换成相应的主机和服务名字符串。它是已弃用的 gethostbyaddr 和 getservbyport 函数的新的替代品，和以前的那些函数不同，它是可重入和与协议无关的。

```
#include <sys/socket.h>
#include <netdb.h>

int getnameinfo(const struct sockaddr *sa, socklen_t salen,
                char *host, size_t hostlen,
                char *service, size_t servlen, int flags);
```

返回：如果成功则为 0，如果错误则为非零的错误代码。

参数 sa 指向大小为 salen 字节的套接字地址结构，host 指向大小为 hostlen 字节的缓冲区，service 指向大小为 servlen 字节的缓冲区。getnameinfo 函数将套接字地址结构 sa 转换成对应的主机和服务名字符串，并将它们复制到 host 和 servcice 缓冲区。如果 getnameinfo 返回非零的错误代码，应用程序可以调用 gai_strerror 把它转化成字符串。

如果不想要主机名，可以把 host 设置为 NULL，hostlen 设置为 0。对服务字段来说也是一样。不过，两者必须设置其中之一。

参数 flags 是一个位掩码，能够修改默认的行为。可以把各种值用 OR 组合起来得到该掩码。下面是两个有用的值：

- NI_NUMERICHOST。getnameinfo 默认试图返回 host 中的域名。设置该标志会使该函数返回一个数字地址字符串。
- NI_NUMERICSERV。getnameinfo 默认会检查/etc/services，如果可能，会返回服务名而不是端口号。设置该标志会使该函数跳过查找，简单地返回端口号。

图 11-17 给出了一个简单的程序，称为 HOSTINFO，它使用 getaddrinfo 和 getnameinfo 展示出域名到和它相关联的 IP 地址之间的映射。该程序类似于 11.3.2 节中的 NSLOOKUP 程序。

*code/netp/hostinfo.c*

```
1   #include "csapp.h"
2
3   int main(int argc, char **argv)
4   {
5       struct addrinfo *p, *listp, hints;
6       char buf[MAXLINE];
7       int rc, flags;
8
9       if (argc != 2) {
10          fprintf(stderr, "usage: %s <domain name>\n", argv[0]);
11          exit(0);
12      }
13
14      /* Get a list of addrinfo records */
15      memset(&hints, 0, sizeof(struct addrinfo));
16      hints.ai_family = AF_INET;       /* IPv4 only */
17      hints.ai_socktype = SOCK_STREAM; /* Connections only */
18      if ((rc = getaddrinfo(argv[1], NULL, &hints, &listp)) != 0) {
19          fprintf(stderr, "getaddrinfo error: %s\n", gai_strerror(rc));
20          exit(1);
21      }
22
23      /* Walk the list and display each IP address */
24      flags = NI_NUMERICHOST; /* Display address string instead of domain name */
25      for (p = listp; p; p = p->ai_next) {
26          Getnameinfo(p->ai_addr, p->ai_addrlen, buf, MAXLINE, NULL, 0, flags);
27          printf("%s\n", buf);
28      }
29
30      /* Clean up */
31      Freeaddrinfo(listp);
32
33      exit(0);
34  }
```

*code/netp/hostinfo.c*

图 11-17 HOSTINFO 展示出域名到和它相关联的 IP 地址之间的映射

首先，初始化 hints 结构，使 getaddrinfo 返回我们想要的地址。在这里，我们想查找 32 位的 IP 地址(第 16 行)，用作连接的端点(第 17 行)。因为只想 getaddrinfo 转换域名，所以用 service 参数为 NULL 来调用它。

调用 getaddrinfo 之后，会遍历 addrinfo 结构，用 getnameinfo 将每个套接字地址转换成点分十进制地址字符串。遍历完列表之后，我们调用 freeaddrinfo 小心地释放这个列表(虽然对于这个简单的程序来说，并不是严格需要这样做的)。

运行 HOSTINFO 时，我们看到 twitter.com 映射到了四个 IP 地址，和 11.3.2 节用 NSLOOKUP 的结果一样。

```
linux> ./hostinfo twitter.com
199.16.156.102
199.16.156.230
199.16.156.6
199.16.156.70
```

**练习题 11.4**　函数 getaddrinfo 和 getnameinfo 分别包含了 inet_pton 和 inet_ntop 的功能，提供了更高级别的、独立于任何特殊地址格式的抽象。想看看这到底有多方便，编写 HOSTINFO(图 11-17)的一个版本，用 inet_ntop 而不是 getnameinfo 将每个套接字地址转换成点分十进制地址字符串。

### 11.4.8　套接字接口的辅助函数

初学时，getnameinfo 函数和套接字接口看上去有些可怕。用高级的辅助函数包装一下会方便很多，称为 open_clientfd 和 open_listenfd，客户端和服务器互相通信时可以使用这些函数。

#### 1. open_clientfd 函数

客户端调用 open_clientfd 建立与服务器的连接。

```
#include "csapp.h"

int open_clientfd(char *hostname, char *port);
```

返回：若成功则为描述符，若出错则为－1。

open_clientfd 函数建立与服务器的连接，该服务器运行在主机 hostname 上，并在端口号 port 上监听连接请求。它返回一个打开的套接字描述符，该描述符准备好了，可以用 Unix I/O 函数做输入和输出。图 11-18 给出了 open_clientfd 的代码。

我们调用 getaddrinfo，它返回 addrinfo 结构的列表，每个结构指向一个套接字地址结构，可用于建立与服务器的连接，该服务器运行在 hostname 上并监听 port 端口。然后遍历该列表，依次尝试列表中的每个条目，直到调用 socket 和 connect 成功。如果 connect 失败，在尝试下一个条目之前，要小心地关闭套接字描述符。如果 connect 成功，我们会释放列表内存，并把套接字描述符返回给客户端，客户端可以立即开始用 Unix I/O 与服务器通信了。

注意，所有的代码都与任何版本的 IP 无关。socket 和 connect 的参数都是用 getaddrinfo 自动产生的，这使得我们的代码干净可移植。

#### 2. open_listenfd 函数

调用 open_listenfd 函数，服务器创建一个监听描述符，准备好接收连接请求。

```
#include "csapp.h"

int open_listenfd(char *port);
```

返回：若成功则为描述符，若出错则为−1。

code/src/csapp.c

```
1  int open_clientfd(char *hostname, char *port) {
2      int clientfd;
3      struct addrinfo hints, *listp, *p;
4
5      /* Get a list of potential server addresses */
6      memset(&hints, 0, sizeof(struct addrinfo));
7      hints.ai_socktype = SOCK_STREAM;  /* Open a connection */
8      hints.ai_flags = AI_NUMERICSERV;  /* ... using a numeric port arg. */
9      hints.ai_flags |= AI_ADDRCONFIG;  /* Recommended for connections */
10     Getaddrinfo(hostname, port, &hints, &listp);
11
12     /* Walk the list for one that we can successfully connect to */
13     for (p = listp; p; p = p->ai_next) {
14         /* Create a socket descriptor */
15         if ((clientfd = socket(p->ai_family, p->ai_socktype, p->ai_protocol))
16             < 0) continue; /* Socket failed, try the next */
17
18         /* Connect to the server */
19         if (connect(clientfd, p->ai_addr, p->ai_addrlen) != -1)
20             break; /* Success */
21         Close(clientfd); /* Connect failed, try another */
22     }
23
24     /* Clean up */
25     Freeaddrinfo(listp);
26     if (!p) /* All connects failed */
27         return -1;
28     else    /* The last connect succeeded */
29         return clientfd;
30 }
```

code/src/csapp.c

图 11-18 open_clientfd：和服务器建立连接的辅助函数。它是可重入和与协议无关的

open_listenfd 函数打开和返回一个监听描述符，这个描述符准备好在端口 port 上接收连接请求。图 11-19 展示了 open_listenfd 的代码。

open_listenfd 的风格类似于 open_clientfd。调用 getaddrinfo，然后遍历结果列表，直到调用 socket 和 bind 成功。注意，在第 20 行，我们使用 setsockopt 函数(本书中没有讲述)来配置服务器，使得服务器能够被终止、重启和立即开始接收连接请求。一个重启的服务器默认将在大约 30 秒内拒绝客户端的连接请求，这严重地阻碍了调试。

因为我们调用 getaddrinfo 时，使用了 AI_PASSIVE 标志并将 host 参数设置为 NULL，每个套接字地址结构中的地址字段会被设置为通配符地址，这告诉内核这个服务器会接收发送到本主机所有 IP 地址的请求。

code/src/csapp.c

```
1   int open_listenfd(char *port)
2   {
3       struct addrinfo hints, *listp, *p;
4       int listenfd, optval=1;
5
6       /* Get a list of potential server addresses */
7       memset(&hints, 0, sizeof(struct addrinfo));
8       hints.ai_socktype = SOCK_STREAM;             /* Accept connections */
9       hints.ai_flags = AI_PASSIVE | AI_ADDRCONFIG; /* ... on any IP address */
10      hints.ai_flags |= AI_NUMERICSERV;            /* ... using port number */
11      Getaddrinfo(NULL, port, &hints, &listp);
12
13      /* Walk the list for one that we can bind to */
14      for (p = listp; p; p = p->ai_next) {
15          /* Create a socket descriptor */
16          if ((listenfd = socket(p->ai_family, p->ai_socktype, p->ai_protocol))
17              < 0) continue;  /* Socket failed, try the next */
18
19          /* Eliminates "Address already in use" error from bind */
20          Setsockopt(listenfd, SOL_SOCKET, SO_REUSEADDR,
21                     (const void *)&optval , sizeof(int));
22
23          /* Bind the descriptor to the address */
24          if (bind(listenfd, p->ai_addr, p->ai_addrlen) == 0)
25              break; /* Success */
26          Close(listenfd); /* Bind failed, try the next */
27      }
28
29      /* Clean up */
30      Freeaddrinfo(listp);
31      if (!p) /* No address worked */
32          return -1;
33
34      /* Make it a listening socket ready to accept connection requests */
35      if (listen(listenfd, LISTENQ) < 0) {
36          Close(listenfd);
37          return -1;
38      }
39      return listenfd;
40  }
```

code/src/csapp.c

图 11-19　open_listenfd：打开并返回监听描述符的辅助函数。它是可重入和与协议无关的

最后，我们调用 listen 函数，将 listenfd 转换为一个监听描述符，并返回给调用者。如果 listen 失败，我们要小心地避免内存泄漏，在返回前关闭描述符。

### 11.4.9　echo 客户端和服务器的示例

学习套接字接口的最好方法是研究示例代码。图 11-20 展示了一个 echo 客户端的代

码。在和服务器建立连接之后，客户端进入一个循环，反复从标准输入读取文本行，发送文本行给服务器，从服务器读取回送的行，并输出结果到标准输出。当 fgets 在标准输入上遇到 EOF 时，或者因为用户在键盘上键入 Ctrl+D，或者因为在一个重定向的输入文件中用尽了所有的文本行时，循环就终止。

*code/netp/echoclient.c*

```
1   #include "csapp.h"
2
3   int main(int argc, char **argv)
4   {
5       int clientfd;
6       char *host, *port, buf[MAXLINE];
7       rio_t rio;
8
9       if (argc != 3) {
10          fprintf(stderr, "usage: %s <host> <port>\n", argv[0]);
11          exit(0);
12      }
13      host = argv[1];
14      port = argv[2];
15
16      clientfd = Open_clientfd(host, port);
17      Rio_readinitb(&rio, clientfd);
18
19      while (Fgets(buf, MAXLINE, stdin) != NULL) {
20          Rio_writen(clientfd, buf, strlen(buf));
21          Rio_readlineb(&rio, buf, MAXLINE);
22          Fputs(buf, stdout);
23      }
24      Close(clientfd);
25      exit(0);
26  }
```

*code/netp/echoclient.c*

图 11-20　echo 客户端的主程序

循环终止之后，客户端关闭描述符。这会导致发送一个 EOF 通知到服务器，当服务器从它的 reo_readlineb 函数收到一个为零的返回码时，就会检测到这个结果。在关闭它的描述符后，客户端就终止了。既然客户端内核在一个进程终止时会自动关闭所有打开的描述符，第 24 行的 close 就没有必要了。不过，显式地关闭已经打开的任何描述符是一个良好的编程习惯。

图 11-21 展示了 echo 服务器的主程序。在打开监听描述符后，它进入一个无限循环。每次循环都等待一个来自客户端的连接请求，输出已连接客户端的域名和 IP 地址，并调用 echo 函数为这些客户端服务。在 echo 程序返回后，主程序关闭已连接描述符。一旦客户端和服务器关闭了它们各自的描述符，连接也就终止了。

第 9 行的 clientaddr 变量是一个套接字地址结构，被传递给 accept。在 accept 返回之前，会在 clientaddr 中填上连接另一端客户端的套接字地址。注意，我们将 clientaddr 声明为 struct sockaddr_storage 类型，而不是 struct sockaddr_in 类型。根据定义，sockaddr_storage 结构足够大能够装下任何类型的套接字地址，以保持代码的协议无关性。

code/netp/echoserveri.c

```
1   #include "csapp.h"
2
3   void echo(int connfd);
4
5   int main(int argc, char **argv)
6   {
7       int listenfd, connfd;
8       socklen_t clientlen;
9       struct sockaddr_storage clientaddr;  /* Enough space for any address */
10      char client_hostname[MAXLINE], client_port[MAXLINE];
11
12      if (argc != 2) {
13          fprintf(stderr, "usage: %s <port>\n", argv[0]);
14          exit(0);
15      }
16
17      listenfd = Open_listenfd(argv[1]);
18      while (1) {
19          clientlen = sizeof(struct sockaddr_storage);
20          connfd = Accept(listenfd, (SA *)&clientaddr, &clientlen);
21          Getnameinfo((SA *) &clientaddr, clientlen, client_hostname, MAXLINE,
22                      client_port, MAXLINE, 0);
23          printf("Connected to (%s, %s)\n", client_hostname, client_port);
24          echo(connfd);
25          Close(connfd);
26      }
27      exit(0);
28  }
```

code/netp/echoserveri.c

图 11-21　迭代 echo 服务器的主程序

注意，简单的 echo 服务器一次只能处理一个客户端。这种类型的服务器一次一个地在客户端间迭代，称为迭代服务器(iterative server)。在第 12 章中，我们将学习如何建立更加复杂的并发服务器(concurrent server)，它能够同时处理多个客户端。

最后，图 11-22 展示了 echo 程序的代码，该程序反复读写文本行，直到 rio_readlineb 函数在第 10 行遇到 EOF。

code/netp/echo.c

```
1   #include "csapp.h"
2
3   void echo(int connfd)
4   {
5       size_t n;
6       char buf[MAXLINE];
7       rio_t rio;
8
9       Rio_readinitb(&rio, connfd);
10      while((n = Rio_readlineb(&rio, buf, MAXLINE)) != 0) {
11          printf("server received %d bytes\n", (int)n);
12          Rio_writen(connfd, buf, n);
13      }
14  }
```

code/netp/echo.c

图 11-22　读和回送文本行的 echo 函数

**旁注 在连接中 EOF 意味什么？**

EOF 的概念常常使人们感到迷惑，尤其是在因特网连接的上下文中。首先，我们需要理解其实并没有像 EOF 字符这样的一个东西。进一步来说，EOF 是由内核检测到的一种条件。应用程序在它接收到一个由 read 函数返回的零返回码时，它就会发现出 EOF 条件。对于磁盘文件，当前文件位置超出文件长度时，会发生 EOF。对于因特网连接，当一个进程关闭连接它的那一端时，会发生 EOF。连接另一端的进程在试图读取流中最后一个字节之后的字节时，会检测到 EOF。

## 11.5 Web 服务器

迄今为止，我们已经在一个简单的 echo 服务器的上下文中讨论了网络编程。在这一节里，我们将向你展示如何利用网络编程的基本概念，来创建你自己的虽小但功能齐全的 Web 服务器。

### 11.5.1 Web 基础

Web 客户端和服务器之间的交互用的是一个基于文本的应用级协议，叫做 HTTP (Hypertext Transfer Protocol，超文本传输协议)。HTTP 是一个简单的协议。一个 Web 客户端(即浏览器)打开一个到服务器的因特网连接，并且请求某些内容。服务器响应所请求的内容，然后关闭连接。浏览器读取这些内容，并把它显示在屏幕上。

Web 服务和常规的文件检索服务(例如 FTP)有什么区别呢？主要的区别是 Web 内容可以用一种叫做 HTML(Hypertext Markup Language，超文本标记语言)的语言来编写。一个 HTML 程序(页)包含指令(标记)，它们告诉浏览器如何显示这页中的各种文本和图形对象。例如，代码

```
<b> Make me bold! </b>
```

告诉浏览器用粗体字类型输出<b> 和</b> 标记之间的文本。然而，HTML 真正的强大之处在于一个页面可以包含指针(超链接)，这些指针可以指向存放在任何因特网主机上的内容。例如，一个格式如下的 HTML 行

```
<a href="http://www.cmu.edu/index.html">Carnegie Mellon</a>
```

告诉浏览器高亮显示文本对象“Carnegie Mellon”，并且创建一个超链接，它指向存放在 CMU Web 服务器上叫做 index.html 的 HTML 文件。如果用户单击了这个高亮文本对象，浏览器就会从 CMU 服务器中请求相应的 HTML 文件并显示它。

**旁注 万维网的起源**

万维网是 Tim Berners-Lee 发明的，他是一位在瑞典物理实验室 CERN(欧洲粒子物理研究所)工作的软件工程师。1989 年，Berners-Lee 写了一个内部备忘录，提出了一个分布式超文本系统，它能连接“用链接组成的笔记的网(web of notes with links)”。提出这个系统的目的是帮助 CERN 的科学家共享和管理信息。在接下来的两年多里，Berners-Lee 实现了第一个 Web 服务器和 Web 浏览器之后，在 CERN 内部以及其他一些网站中，Web 发展出了小规模的拥护者。1993 年一个关键事件发生了，Marc Andreesen(他后来创建了 Netscape)和他在 NCSA 的同事发布了一种图形化的浏览器，叫做 MOSAIC，可以在三种主要的平台上所使用：Unix、Windows 和 Macintosh。在 MOSAIC 发布后，对 Web 的兴趣爆发了，Web 网站以每年 10 倍或更高的数量增长。到 2015 年，世界上已经有超过 975 000 000 个 Web 网站了(源自 Netcraft Web Survey)。

### 11.5.2　Web 内容

对于 Web 客户端和服务器而言，内容是与一个 MIME（Multipurpose Internet Mail Extensions，多用途的网际邮件扩充协议）类型相关的字节序列。图 11-23 展示了一些常用的 MIME 类型。

| MIME 类型 | 描述 |
| --- | --- |
| text/html | HTML 页面 |
| text/plain | 无格式文本 |
| application/postscript | Postscript 文档 |
| image/gif | GIF 格式编码的二进制图像 |
| image/png | PNG 格式编码的二进制图像 |
| image/jpeg | JPEG 格式编码的二进制图像 |

图 11-23　MIME 类型示例

Web 服务器以两种不同的方式向客户端提供内容：

- 取一个磁盘文件，并将它的内容返回给客户端。磁盘文件称为*静态内容*（static content），而返回文件给客户端的过程称为*服务静态内容*（serving static content）。
- 运行一个可执行文件，并将它的输出返回给客户端。运行时可执行文件产生的输出称为*动态内容*（dynamic content），而运行程序并返回它的输出到客户端的过程称为*服务动态内容*（serving dynamic content）。

每条由 Web 服务器返回的内容都是和它管理的某个文件相关联的。这些文件中的每一个都有一个唯一的名字，叫做 URL（Universal Resource Locator，通用资源定位符）。例如，URL

```
http://www.google.com:80/index.html
```

表示因特网主机 `www.google.com` 上一个称为 `/index.html` 的 HTML 文件，它是由一个监听端口 80 的 Web 服务器管理的。端口号是可选的，默认为知名的 HTTP 端口 80。可执行文件的 URL 可以在文件名后包括程序参数。“?”字符分隔文件名和参数，而且每个参数都用“&”字符分隔开。例如，URL

```
http://bluefish.ics.cs.cmu.edu:8000/cgi-bin/adder?15000&213
```

标识了一个叫做 `/cgi- bin/adder` 的可执行文件，会带两个参数字符串 15000 和 213 来调用它。在事务过程中，客户端和服务器使用的是 URL 的不同部分。例如，客户端使用前缀

```
http://www.google.com:80
```

来决定与哪类服务器联系，服务器在哪里，以及它监听的端口号是多少。服务器使用后缀

```
/index.html
```

来发现在它文件系统中的文件，并确定请求的是静态内容还是动态内容。

关于服务器如何解释一个 URL 的后缀，有几点需要理解：

- 确定一个 URL 指向的是静态内容还是动态内容没有标准的规则。每个服务器对它所管理的文件都有自己的规则。一种经典的（老式的）方法是，确定一组目录，例如 `cgi-bin`，所有的可执行性文件都必须存放这些目录中。
- 后缀中的最开始的那个“/”不表示 Linux 的根目录。相反，它表示的是被请求内容类型的主目录。例如，可以将一个服务器配置成这样：所有的静态内容存放在目录 `/usr/httpd/html` 下，而所有的动态内容都存放在目录 `/usr/httpd/cgi-bin` 下。

- 最小的 URL 后缀是“/”字符，所有服务器将其扩展为某个默认的主页，例如/index.html。这解释了为什么简单地在浏览器中键入一个域名就可以取出一个网站的主页。浏览器在 URL 后添加缺失的“/”，并将之传递给服务器，服务器又把“/”扩展到某个默认的文件名。

### 11.5.3 HTTP 事务

因为 HTTP 是基于在因特网连接上传送的文本行的，我们可以使用 Linux 的 TELNET 程序来和因特网上的任何 Web 服务器执行事务。对于调试在连接上通过文本行来与客户端对话的服务器来说，TELNET 程序是非常便利的。例如，图 11-24 使用 TELNET 向 AOL Web 服务器请求主页。

```
1   linux> telnet www.aol.com 80              Client: open connection to server
2   Trying 205.188.146.23...                  Telnet prints 3 lines to the terminal
3   Connected to aol.com.
4   Escape character is '^]'.
5   GET / HTTP/1.1                            Client: request line
6   Host: www.aol.com                         Client: required HTTP/1.1 header
7                                             Client: empty line terminates headers
8   HTTP/1.0 200 OK                           Server: response line
9   MIME-Version: 1.0                         Server: followed by five response headers
10  Date: Mon, 8 Jan 2010 4:59:42 GMT
11  Server:  Apache-Coyote/1.1
12  Content-Type: text/html                   Server: expect HTML in the response body
13  Content-Length: 42092                     Server: expect 42,092 bytes in the response body
14                                            Server: empty line terminates response headers
15  <html>                                    Server: first HTML line in response body
16  ...                                       Server: 766 lines of HTML not shown
17  </html>                                   Server: last HTML line in response body
18  Connection closed by foreign host.        Server: closes connection
19  linux>                                    Client: closes connection and terminates
```

图 11-24 一个服务静态内容的 HTTP 事务

在第 1 行，我们从 Linux shell 运行 TELNET，要求它打开一个到 AOL Web 服务器的连接。TELNET 向终端打印三行输出，打开连接，然后等待我们输入文本(第 5 行)。每次输入一个文本行，并键入回车键，TELNET 会读取该行，在后面加上回车和换行符号(在 C 的表示中为“\r\n”)，并且将这一行发送到服务器。这是和 HTTP 标准相符的，HTTP 标准要求每个文本行都由一对回车和换行符来结束。为了发起事务，我们输入一个 HTTP 请求(第 5～7 行)。服务器返回 HTTP 响应(第 8～17 行)，然后关闭连接(第 18 行)。

#### 1. HTTP 请求

一个 HTTP 请求的组成是这样的：一个请求行(request line)(第 5 行)，后面跟随零个或更多个请求报头(request header)(第 6 行)，再跟随一个空的文本行来终止报头列表(第 7 行)。一个请求行的形式是

*method URI version*

HTTP 支持许多不同的方法，包括 GET、POST、OPTIONS、HEAD、PUT、DELETE 和 TRACE。我们将只讨论广为应用的 GET 方法，大多数 HTTP 请求都是这种类型的。

GET 方法指导服务器生成和返回 URI(Uniform Resource Identifier，统一资源标识符)标识的内容。URI 是相应的 URL 的后缀，包括文件名和可选的参数。⊖

请求行中的 version 字段表明了该请求遵循的 HTTP 版本。最新的 HTTP 版本是 HTTP/1.1 [37]。HTTP/1.0 是从 1996 年沿用至今的老版本 [6]。HTTP/1.1 定义了一些附加的报头，为诸如缓冲和安全等高级特性提供支持，它还支持一种机制，允许客户端和服务器在同一条持久连接(persistent connection)上执行多个事务。在实际中，两个版本是互相兼容的，因为 HTTP/1.0 的客户端和服务器会简单地忽略 HTTP/1.1 的报头。

总的来说，第 5 行的请求行要求服务器取出并返回 HTML 文件 `/index.html`。它也告知服务器请求剩下的部分是 HTTP/1.1 格式的。

请求报头为服务器提供了额外的信息，例如浏览器的商标名，或者浏览器理解的 MIME 类型。请求报头的格式为

*header-name*: *header-data*

针对我们的目的，唯一需要关注的报头是 `Host` 报头(第 6 行)，这个报头在 HTTP/1.1 请求中是需要的，而在 HTTP/1.0 请求中是不需要的。代理缓存(proxy cache)会使用 `Host` 报头，这个代理缓存有时作为浏览器和管理被请求文件的原始服务器(origin server)的中介。客户端和原始服务器之间，可以有多个代理，即所谓的代理链(proxy chain)。`Host` 报头中的数据指示了原始服务器的域名，使得代理链中的代理能够判断它是否在本地缓存中已经拥有被请求内容的副本了。

继续图 11-24 中的示例，第 7 行的空文本行(通过在键盘上键入回车键生成的)终止了报头，并指示服务器发送被请求的 HTML 文件。

**2. HTTP 响应**

HTTP 响应和 HTTP 请求是相似的。一个 HTTP 响应的组成是这样的：一个响应行(response line)(第 8 行)，后面跟随着零个或更多的响应报头(response header)(第 9～13 行)，再跟随一个终止报头的空行(第 14 行)，再跟随一个响应主体(response body)(第 15～17 行)。一个响应行的格式是

*version status-code status-message*

version 字段描述的是响应所遵循的 HTTP 版本。状态码(status-code)是一个 3 位的正整数，指明对请求的处理。状态消息(status message)给出与错误代码等价的英文描述。图 11-25 列出了一些常见的状态码，以及它们相应的消息。

| 状态代码 | 状态消息 | 描述 |
|---|---|---|
| 200 | 成功 | 处理请求无误 |
| 301 | 永久移动 | 内容已移动到location头中指明的主机上 |
| 400 | 错误请求 | 服务器不能理解请求 |
| 403 | 禁止 | 服务器无权访问所请求的文件 |
| 404 | 未发现 | 服务器不能找到所请求的文件 |
| 501 | 未实现 | 服务器不支持请求的方法 |
| 505 | HTTP 版本不支持 | 服务器不支持请求的版本 |

图 11-25　一些 HTTP 状态码

⊖ 实际上，只有当浏览器请求内容时，这才是真的。如果代理服务器请求内容，那么这个 URI 必须是完整的 URL。

第 9～13 行的响应报头提供了关于响应的附加信息。针对我们的目的，两个最重要的报头是 Content-Type(第 12 行)，它告诉客户端响应主体中内容的 MIME 类型；以及 Content-Length(第 13 行)，用来指示响应主体的字节大小。

第 14 行的终止响应报头的空文本行，其后跟随着响应主体，响应主体中包含着被请求的内容。

### 11.5.4 服务动态内容

如果我们停下来考虑一下，一个服务器是如何向客户端提供动态内容的，就会发现一些问题。例如，客户端如何将程序参数传递给服务器？服务器如何将这些参数传递给它所创建的子进程？服务器如何将子进程生成内容所需要的其他信息传递给子进程？子进程将它的输出发送到哪里？一个称为 CGI(Common Gateway Interface，通用网关接口)的实际标准的出现解决了这些问题。

**1. 客户端如何将程序参数传递给服务器**

GET 请求的参数在 URI 中传递。正如我们看到的，一个“?”字符分隔了文件名和参数，而每个参数都用一个“&”字符分隔开。参数中不允许有空格，而必须用字符串“%20”来表示。对其他特殊字符，也存在着相似的编码。

> **旁注 在 HTTP POST 请求中传递参数**
>
> HTTP POST 请求的参数是在请求主体中而不是 URI 中传递的。

**2. 服务器如何将参数传递给子进程**

在服务器接收一个如下的请求后

```
GET /cgi-bin/adder?15000&213 HTTP/1.1
```

它调用 fork 来创建一个子进程，并调用 execve 在子进程的上下文中执行/cgi-bin/adder 程序。像 adder 这样的程序，常常被称为 CGI 程序，因为它们遵守 CGI 标准的规则。而且，因为许多 CGI 程序是用 Perl 脚本编写的，所以 CGI 程序也常被称为 CGI 脚本。在调用 execve 之前，子进程将 CGI 环境变量 QUERY_STRING 设置为“15000&213”，adder 程序在运行时可以用 Linux getenv 函数来引用它。

**3. 服务器如何将其他信息传递给子进程**

CGI 定义了大量的其他环境变量，一个 CGI 程序在它运行时可以设置这些环境变量。图 11-26 给出了其中的一部分。

| 环境变量 | 描述 |
|---|---|
| QUERY_STRING | 程序参数 |
| SERVER_PORT | 父进程侦听的端口 |
| REQUEST_METHOD | GET 或 POST |
| REMOTE_HOST | 客户端的域名 |
| REMOTE_ADDR | 客户端的点分十进制 IP 地址 |
| CONTENT_TYPE | 只对 POST 而言：请求体的 MIME 类型 |
| CONTENT_LENGTH | 只对 POST 而言：请求体的字节大小 |

图 11-26 CGI 环境变量示例

**4. 子进程将它的输出发送到哪里**

一个 CGI 程序将它的动态内容发送到标准输出。在子进程加载并运行 CGI 程序之前，它使用 Linux dup2 函数将标准输出重定向到和客户端相关联的已连接描述符。因此，任何 CGI 程序写到标准输出的东西都会直接到达客户端。

注意，因为父进程不知道子进程生成的内容的类型或大小，所以子进程就要负责生成 Content-type 和 Content-length 响应报头，以及终止报头的空行。

图 11-27 展示了一个简单的 CGI 程序，它对两个参数求和，并返回带结果的 HTML 文件给客户端。图 11-28 展示了一个 HTTP 事务，它根据 adder 程序提供动态内容。

*code/netp/tiny/cgi-bin/adder.c*

```
1   #include "csapp.h"
2
3   int main(void) {
4       char *buf, *p;
5       char arg1[MAXLINE], arg2[MAXLINE], content[MAXLINE];
6       int n1=0, n2=0;
7
8       /* Extract the two arguments */
9       if ((buf = getenv("QUERY_STRING")) != NULL) {
10          p = strchr(buf, '&');
11          *p = '\0';
12          strcpy(arg1, buf);
13          strcpy(arg2, p+1);
14          n1 = atoi(arg1);
15          n2 = atoi(arg2);
16      }
17
18      /* Make the response body */
19      sprintf(content, "Welcome to add.com: ");
20      sprintf(content, "%sTHE Internet addition portal.\r\n<p>", content);
21      sprintf(content, "%sThe answer is: %d + %d = %d\r\n<p>",
22              content, n1, n2, n1 + n2);
23      sprintf(content, "%sThanks for visiting!\r\n", content);
24
25      /* Generate the HTTP response */
26      printf("Connection: close\r\n");
27      printf("Content-length: %d\r\n", (int)strlen(content));
28      printf("Content-type: text/html\r\n\r\n");
29      printf("%s", content);
30      fflush(stdout);
31
32      exit(0);
33  }
```

*code/netp/tiny/cgi-bin/adder.c*

图 11-27　对两个整数求和的 CGI 程序

```
1   linux> telnet kittyhawk.cmcl.cs.cmu.edu 8000  Client: open connection
2   Trying 128.2.194.242...
3   Connected to kittyhawk.cmcl.cs.cmu.edu.
4   Escape character is '^]'.
5   GET /cgi-bin/adder?15000&213 HTTP/1.0      Client: request line
6                                              Client: empty line terminates headers
7   HTTP/1.0 200 OK                            Server: response line
8   Server: Tiny Web Server                    Server: identify server
9   Content-length: 115                        Adder: expect 115 bytes in response body
10  Content-type: text/html                    Adder: expect HTML in response body
11                                             Adder: empty line terminates headers
12  Welcome to add.com: THE Internet addition portal. Adder: first HTML line
13  <p>The answer is: 15000 + 213 = 15213      Adder: second HTML line in response body
14  <p>Thanks for visiting!                    Adder: third HTML line in response body
15  Connection closed by foreign host.         Server: closes connection
16  linux>                                     Client: closes connection and terminates
```

图 11-28 一个提供动态 HTML 内容的 HTTP 事务

**旁注 将 HTTP POST 请求中的参数传递给 CGI 程序**

对于 POST 请求，子进程也需要重定向标准输入到已连接描述符。然后，CGI 程序会从标准输入中读取请求主体中的参数。

**练习题 11.5** 在 10.11 节中，我们警告过你关于在网络应用中使用 C 标准 I/O 函数的危险。然而，图 11-27 中的 CGI 程序却能没有任何问题地使用标准 I/O。为什么呢？

## 11.6 综合：TINY Web 服务器

我们通过开发一个虽小但功能齐全的称为 TINY 的 Web 服务器来结束对网络编程的讨论。TINY 是一个有趣的程序。在短短 250 行代码中，它结合了许多我们已经学习到的思想，例如进程控制、Unix I/O、套接字接口和 HTTP。虽然它缺乏一个实际服务器所具备的功能性、健壮性和安全性，但是它足够用来为实际的 Web 浏览器提供静态和动态的内容。我们鼓励你研究它，并且自己实现它。将一个实际的浏览器指向你自己的服务器，看着它显示一个复杂的带有文本和图片的 Web 页面，真是非常令人兴奋(甚至对我们这些作者来说，也是如此!)。

### 1. TINY 的 main 程序

图 11-29 展示了 TINY 的主程序。TINY 是一个迭代服务器，监听在命令行中传递来的端口上的连接请求。在通过调用 `open_listenfd` 函数打开一个监听套接字以后，TINY 执行典型的无限服务器循环，不断地接受连接请求(第 32 行)，执行事务(第 36 行)，并关闭连接的它那一端(第 37 行)。

### 2. doit 函数

图 11-30 中的 `doit` 函数处理一个 HTTP 事务。首先，我们读和解析请求行(第 11～14 行)。注意，我们使用图 11-8 中的 `rio_readlineb` 函数读取请求行。

TINY 只支持 GET 方法。如果客户端请求其他方法(比如 POST)，我们发送给它一个错误信息，并返回到主程序(第 15～19 行)，主程序随后关闭连接并等待下一个连接请求。否则，我们读并且(像我们将要看到的那样)忽略任何请求报头(第 20 行)。

code/netp/tiny/tiny.c

```
1   /*
2    * tiny.c - A simple, iterative HTTP/1.0 Web server that uses the
3    *     GET method to serve static and dynamic content
4    */
5   #include "csapp.h"
6
7   void doit(int fd);
8   void read_requesthdrs(rio_t *rp);
9   int parse_uri(char *uri, char *filename, char *cgiargs);
10  void serve_static(int fd, char *filename, int filesize);
11  void get_filetype(char *filename, char *filetype);
12  void serve_dynamic(int fd, char *filename, char *cgiargs);
13  void clienterror(int fd, char *cause, char *errnum,
14                   char *shortmsg, char *longmsg);
15
16  int main(int argc, char **argv)
17  {
18      int listenfd, connfd;
19      char hostname[MAXLINE], port[MAXLINE];
20      socklen_t clientlen;
21      struct sockaddr_storage clientaddr;
22
23      /* Check command-line args */
24      if (argc != 2) {
25          fprintf(stderr, "usage: %s <port>\n", argv[0]);
26          exit(1);
27      }
28
29      listenfd = Open_listenfd(argv[1]);
30      while (1) {
31          clientlen = sizeof(clientaddr);
32          connfd = Accept(listenfd, (SA *)&clientaddr, &clientlen);
33          Getnameinfo((SA *) &clientaddr, clientlen, hostname, MAXLINE,
34                      port, MAXLINE, 0);
35          printf("Accepted connection from (%s, %s)\n", hostname, port);
36          doit(connfd);
37          Close(connfd);
38      }
39  }
```

code/netp/tiny/tiny.c

图 11-29　TINY Web 服务器

然后，我们将 URI 解析为一个文件名和一个可能为空的 CGI 参数字符串，并且设置一个标志，表明请求的是静态内容还是动态内容(第 23 行)。如果文件在磁盘上不存在，我们立即发送一个错误信息给客户端并返回。

最后，如果请求的是静态内容，我们就验证该文件是一个普通文件，而我们是有读权限的(第 31 行)。如果是这样，我们就向客户端提供静态内容(第 36 行)。相似地，如果请求的是动态内容，我们就验证该文件是可执行文件(第 39 行)，如果是这样，我们就继续，并且提供动态内容(第 44 行)。

code/netp/tiny/tiny.c

```
1   void doit(int fd)
2   {
3       int is_static;
4       struct stat sbuf;
5       char buf[MAXLINE], method[MAXLINE], uri[MAXLINE], version[MAXLINE];
6       char filename[MAXLINE], cgiargs[MAXLINE];
7       rio_t rio;
8
9       /* Read request line and headers */
10      Rio_readinitb(&rio, fd);
11      Rio_readlineb(&rio, buf, MAXLINE);
12      printf("Request headers:\n");
13      printf("%s", buf);
14      sscanf(buf, "%s %s %s", method, uri, version);
15      if (strcasecmp(method, "GET")) {
16         clienterror(fd, method, "501", "Not implemented",
17                 "Tiny does not implement this method");
18          return;
19      }
20      read_requesthdrs(&rio);
21
22      /* Parse URI from GET request */
23      is_static = parse_uri(uri, filename, cgiargs);
24      if (stat(filename, &sbuf) < 0) {
25          clienterror(fd, filename, "404", "Not found",
26                      "Tiny couldn't find this file");
27          return;
28      }
29
30      if (is_static) { /* Serve static content */
31          if (!(S_ISREG(sbuf.st_mode)) || !(S_IRUSR & sbuf.st_mode)) {
32              clienterror(fd, filename, "403", "Forbidden",
33                          "Tiny couldn't read the file");
34              return;
35          }
36          serve_static(fd, filename, sbuf.st_size);
37      }
38      else { /* Serve dynamic content */
39          if (!(S_ISREG(sbuf.st_mode)) || !(S_IXUSR & sbuf.st_mode)) {
40              clienterror(fd, filename, "403", "Forbidden",
41                          "Tiny couldn't run the CGI program");
42              return;
43          }
44          serve_dynamic(fd, filename, cgiargs);
45      }
46  }
```

code/netp/tiny/tiny.c

图 11-30 TINY doit 处理一个 HTTP 事务

### 3. clienterror 函数

TINY 缺乏一个实际服务器的许多错误处理特性。然而，它会检查一些明显的错误，并把它们报告给客户端。图 11-31 中的 clienterror 函数发送一个 HTTP 响应到客户端，在响应行中包含相应的状态码和状态消息，响应主体中包含一个 HTML 文件，向浏览器的用户解释这个错误。

code/netp/tiny/tiny.c

```
1  void clienterror(int fd, char *cause, char *errnum,
2                   char *shortmsg, char *longmsg)
3  {
4      char buf[MAXLINE], body[MAXBUF];
5
6      /* Build the HTTP response body */
7      sprintf(body, "<html><title>Tiny Error</title>");
8      sprintf(body, "%s<body bgcolor=""ffffff"">\r\n", body);
9      sprintf(body, "%s%s: %s\r\n", body, errnum, shortmsg);
10     sprintf(body, "%s<p>%s: %s\r\n", body, longmsg, cause);
11     sprintf(body, "%s<hr><em>The Tiny Web server</em>\r\n", body);
12
13     /* Print the HTTP response */
14     sprintf(buf, "HTTP/1.0 %s %s\r\n", errnum, shortmsg);
15     Rio_writen(fd, buf, strlen(buf));
16     sprintf(buf, "Content-type: text/html\r\n");
17     Rio_writen(fd, buf, strlen(buf));
18     sprintf(buf, "Content-length: %d\r\n\r\n", (int)strlen(body));
19     Rio_writen(fd, buf, strlen(buf));
20     Rio_writen(fd, body, strlen(body));
21 }
```

code/netp/tiny/tiny.c

图 11-31　TINY clienterror 向客户端发送一个出错消息

回想一下，HTML 响应应该指明主体中内容的大小和类型。因此，我们选择创建 HTML 内容为一个字符串，这样一来我们可以简单地确定它的大小。还有，请注意我们为所有的输出使用的都是图 10-4 中健壮的 rio_writen 函数。

#### 4. read_requesthdrs 函数

TINY 不使用请求报头中的任何信息。它仅仅调用图 11-32 中的 read_requesthdrs 函数来读取并忽略这些报头。注意，终止请求报头的空文本行是由回车和换行符对组成的，我们在第 6 行中检查它。

code/netp/tiny/tiny.c

```
1  void read_requesthdrs(rio_t *rp)
2  {
3      char buf[MAXLINE];
4
5      Rio_readlineb(rp, buf, MAXLINE);
6      while(strcmp(buf, "\r\n")) {
7          Rio_readlineb(rp, buf, MAXLINE);
8          printf("%s", buf);
9      }
10     return;
11 }
```

code/netp/tiny/tiny.c

图 11-32　TINY read_requesthdrs 读取并忽略请求报头

### 5. parse_uri 函数

TINY 假设静态内容的主目录就是它的当前目录，而可执行文件的主目录是 ./cgi-bin。任何包含字符串 cgi-bin 的 URI 都会被认为表示的是对动态内容的请求。默认的文件名是 ./home.html。

图 11-33 中的 parse_uri 函数实现了这些策略。它将 URI 解析为一个文件名和一个可选的 CGI 参数字符串。如果请求的是静态内容(第 5 行)，我们将清除 CGI 参数字符串(第 6 行)，然后将 URI 转换为一个 Linux 相对路径名，例如 ./index.html(第 7～8 行)。如果 URI 是用“/”结尾的(第 9 行)，我们将把默认的文件名加在后面(第 10 行)。另一方面，如果请求的是动态内容(第 13 行)，我们就会抽取出所有的 CGI 参数(第 14～20 行)，并将 URI 剩下的部分转换为一个 Linux 相对文件名(第 21～22 行)。

*code/netp/tiny/tiny.c*

```
1   int parse_uri(char *uri, char *filename, char *cgiargs)
2   {
3       char *ptr;
4
5       if (!strstr(uri, "cgi-bin")) {  /* Static content */
6           strcpy(cgiargs, "");
7           strcpy(filename, ".");
8           strcat(filename, uri);
9           if (uri[strlen(uri)-1] == '/')
10              strcat(filename, "home.html");
11          return 1;
12      }
13      else {  /* Dynamic content */
14          ptr = index(uri, '?');
15          if (ptr) {
16              strcpy(cgiargs, ptr+1);
17              *ptr = '\0';
18          }
19          else
20              strcpy(cgiargs, "");
21          strcpy(filename, ".");
22          strcat(filename, uri);
23          return 0;
24      }
25  }
```

*code/netp/tiny/tiny.c*

图 11-33 TINY parse_uri 解析一个 HTTP URI

### 6. serve_static 函数

TINY 提供五种常见类型的静态内容：HTML 文件、无格式的文本文件，以及编码为 GIF、PNG 和 JPG 格式的图片。

图 11-34 中的 serve_static 函数发送一个 HTTP 响应，其主体包含一个本地文件的内容。首先，我们通过检查文件名的后缀来判断文件类型(第 7 行)，并且发送响应行和响应报头给客户端(第 8～13 行)。注意用一个空行终止报头。

code/netp/tiny/tiny.c

```
1   void serve_static(int fd, char *filename, int filesize)
2   {
3       int srcfd;
4       char *srcp, filetype[MAXLINE], buf[MAXBUF];
5
6       /* Send response headers to client */
7       get_filetype(filename, filetype);
8       sprintf(buf, "HTTP/1.0 200 OK\r\n");
9       sprintf(buf, "%sServer: Tiny Web Server\r\n", buf);
10      sprintf(buf, "%sConnection: close\r\n", buf);
11      sprintf(buf, "%sContent-length: %d\r\n", buf, filesize);
12      sprintf(buf, "%sContent-type: %s\r\n\r\n", buf, filetype);
13      Rio_writen(fd, buf, strlen(buf));
14      printf("Response headers:\n");
15      printf("%s", buf);
16
17      /* Send response body to client */
18      srcfd = Open(filename, O_RDONLY, 0);
19      srcp = Mmap(0, filesize, PROT_READ, MAP_PRIVATE, srcfd, 0);
20      Close(srcfd);
21      Rio_writen(fd, srcp, filesize);
22      Munmap(srcp, filesize);
23  }
24
25  /*
26   * get_filetype - Derive file type from filename
27   */
28  void get_filetype(char *filename, char *filetype)
29  {
30      if (strstr(filename, ".html"))
31          strcpy(filetype, "text/html");
32      else if (strstr(filename, ".gif"))
33          strcpy(filetype, "image/gif");
34      else if (strstr(filename, ".png"))
35          strcpy(filetype, "image/png");
36      else if (strstr(filename, ".jpg"))
37          strcpy(filetype, "image/jpeg");
38      else
39          strcpy(filetype, "text/plain");
40  }
```

code/netp/tiny/tiny.c

图 11-34　TINY serve_static 为客户端提供静态内容

接着，我们将被请求文件的内容复制到已连接描述符 fd 来发送响应主体。这里的代码是比较微妙的，需要仔细研究。第 18 行以读方式打开 filename，并获得它的描述符。在第 19 行，Linux mmap 函数将被请求文件映射到一个虚拟内存空间。回想我们在第 9.8 节中对 mmap 的讨论，调用 mmap 将文件 srcfd 的前 filesize 个字节映射到一个从地址 srcp 开始的私有只读虚拟内存区域。

一旦将文件映射到内存，就不再需要它的描述符了，所以我们关闭这个文件(第 20 行)。执行这项任务失败将导致潜在的致命的内存泄漏。第 21 行执行的是到客户端的实际文件传送。rio_writen 函数复制从 srcp 位置开始的 filesize 个字节(它们当然已经被映射到了所请求的文件)到客户端的已连接描述符。最后，第 22 行释放了映射的虚拟内存区域。这对于避免潜在的致命的内存泄漏是很重要的。

7. serve_dynamic 函数

TINY 通过派生一个子进程并在子进程的上下文中运行一个 CGI 程序，来提供各种类型的动态内容。

图 11-35 中的 serve_dynamic 函数一开始就向客户端发送一个表明成功的响应行，同时还包括带有信息的 Server 报头。CGI 程序负责发送响应的剩余部分。注意，这并不像我们可能希望的那样健壮，因为它没有考虑到 CGI 程序会遇到某些错误的可能性。

*code/netp/tiny/tiny.c*

```
1   void serve_dynamic(int fd, char *filename, char *cgiargs)
2   {
3       char buf[MAXLINE], *emptylist[] = { NULL };
4
5       /* Return first part of HTTP response */
6       sprintf(buf, "HTTP/1.0 200 OK\r\n");
7       Rio_writen(fd, buf, strlen(buf));
8       sprintf(buf, "Server: Tiny Web Server\r\n");
9       Rio_writen(fd, buf, strlen(buf));
10
11      if (Fork() == 0) { /* Child */
12          /* Real server would set all CGI vars here */
13          setenv("QUERY_STRING", cgiargs, 1);
14          Dup2(fd, STDOUT_FILENO);         /* Redirect stdout to client */
15          Execve(filename, emptylist, environ); /* Run CGI program */
16      }
17      Wait(NULL); /* Parent waits for and reaps child */
18  }
```

*code/netp/tiny/tiny.c*

图 11-35 TINY serve_dynamic 为客户端提供动态内容

在发送了响应的第一部分后，我们会派生一个新的子进程(第 11 行)。子进程用来自请求 URI 的 CGI 参数初始化 QUERY _ STRING 环境变量(第 13 行)。注意，一个真正的服务器还会在此处设置其他的 CGI 环境变量。为了简短，我们省略了这一步。

接下来，子进程重定向它的标准输出到已连接文件描述符(第 14 行)，然后加载并运行 CGI 程序(第 15 行)。因为 CGI 程序运行在子进程的上下文中，它能够访问所有在调用 execve 函数之前就存在的打开文件和环境变量。因此，CGI 程序写到标准输出上的任何东西都将直接送到客户端进程，不会受到任何来自父进程的干涉。其间，父进程阻塞在对 wait 的调用中，等待当子进程终止的时候，回收操作系统分配给子进程的资源(第 17 行)。

**旁注 处理过早关闭的连接**

尽管一个 Web 服务器的基本功能非常简单，但是我们不想给你一个假象，以为编写一个实际的 Web 服务器是非常简单的。构造一个长时间运行而不崩溃的健壮的 Web 服务器是一件困难的任务，比起在这里我们已经学习了的内容，它要求对 Linux 系统编程有更加深入的理解。例如，如果一个服务器写一个已经被客户端关闭了的连接(比如，因为你在浏览器上单击了“Stop”按钮)，那么第一次这样的写会正常返回，但是第二次写就会引起发送 SIGPIPE 信号，这个信号的默认行为就是终止这个进程。如果捕获或者忽略 SIGPIPE 信号，那么第二次写操作会返回值-1，并将 errno 设置为 EPIPE。strerr 和 perror 函数将 EPIPE 错误报告为“Broken pipe”，这是一个迷惑了很多人的不太直观的信息。总的来说，一个健壮的服务器必须捕获这些 SIGPIPE 信号，并且检查 write 函数调用是否有 EPIPE 错误。

## 11.7 小结

每个网络应用都是基于客户端-服务器模型的。根据这个模型，一个应用是由一个服务器和一个或多个客户端组成的。服务器管理资源，以某种方式操作资源，为它的客户端提供服务。客户端-服务器模型中的基本操作是客户端-服务器事务，它是由客户端请求和跟随其后的服务器响应组成的。

客户端和服务器通过因特网这个全球网络来通信。从程序员的观点来看，我们可以把因特网看成是一个全球范围的主机集合，具有以下几个属性：1)每个因特网主机都有一个唯一的 32 位名字，称为它的 IP 地址。2) IP 地址的集合被映射为一个因特网域名的集合。3)不同因特网主机上的进程能够通过连接互相通信。

客户端和服务器通过使用套接字接口建立连接。一个套接字是连接的一个端点，连接以文件描述符的形式提供给应用程序。套接字接口提供了打开和关闭套接字描述符的函数。客户端和服务器通过读写这些描述符来实现彼此间的通信。

Web 服务器使用 HTTP 协议和它们的客户端(例如浏览器)彼此通信。浏览器向服务器请求静态或者动态的内容。对静态内容的请求是通过从服务器磁盘取得文件并把它返回给客户端来服务的。对动态内容的请求是通过在服务器上一个子进程的上下文中运行一个程序并将它的输出返回给客户端来服务的。CGI 标准提供了一组规则，来管理客户端如何将程序参数传递给服务器，服务器如何将这些参数以及其他信息传递给子进程，以及子进程如何将它的输出发送回客户端。只用几百行 C 代码就能实现一个简单但是有功效的 Web 服务器，它既可以提供静态内容，也可以提供动态内容。

## 参考文献说明

有关因特网的官方信息源被保存在一系列的可免费获取的带编号的文档中，称为 RFC(Requests for Comments，请求注解，Internet 标准(草案))。在以下网站可获得可搜索的 RFC 的索引：

http://rfc-editor.org

RFC 通常是为因特网基础设施的开发者编写的，因此，对于普通读者来说，往往过于详细了。然而，要想获得权威信息，没有比它更好的信息来源了。HTTP/1.1 协议记录在 RFC 2616 中。MIME 类型的权威列表保存在：

http://www.iana.org/assignments/media-types

Kerrisk 是全面 Linux 编程的圣经，提供了现代网络编程的详细讨论[62]。关于计算机网络互联有大量很好的通用文献[65, 84, 114]。伟大的科技作家 W. Richard Stevens 编写了一系列相关的经典文献，如高级 Unix 编程[111]、因特网协议[109, 120, 107]，以及 Unix 网络编程[108, 110]。认真学习 Unix 系统编程的学生会想要研究所有这些内容。不幸的是，Stevens 在 1999 年 9 月 1 日逝世。我们会永远记住他的贡献。

## 家庭作业

** 11.6 A. 修改 TINY 使得它会原样返回每个请求行和请求报头。

B. 使用你喜欢的浏览器向 TINY 发送一个对静态内容的请求。把 TINY 的输出记录到一个文件中。

C. 检查 TINY 的输出，确定你的浏览器使用的 HTTP 的版本。

D. 参考 RFC 2616 中的 HTTP/1.1 标准，确定你的浏览器的 HTTP 请求中每个报头的含义。你可以从 www.rfc-editor.org/rfc.html 获得 RFC 2616。

** 11.7 扩展 TINY，使得它可以提供 MPG 视频文件。用一个真正的浏览器来检验你的工作。

** 11.8 修改 TINY，使得它在 SIGCHLD 处理程序中回收操作系统分配给 CGI 子进程的资源，而不是显式地等待它们终止。

** 11.9 修改 TINY，使得当它服务静态内容时，使用 `malloc`、`rio_readn` 和 `rio_writen`，而不是 `mmap` 和 `rio_writen` 来复制被请求文件到已连接描述符。

** 11.10 A. 写出图 11-27 中 CGI `adder` 函数的 HTML 表单。你的表单应该包括两个文本框，用户将需要相加的两个数字填在这两个文本框中。你的表单应该使用 GET 方法请求内容。

B. 用这样的方法来检查你的程序：使用一个真正的浏览器向 TINY 请求表单，向 TINY 提交填写好的表单，然后显示 `adder` 生成的动态内容。

** 11.11 扩展 TINY，以支持 HTTP HEAD 方法。使用 TELNET 作为 Web 客户端来验证你的工作。

*** 11.12 扩展 TINY，使得它服务以 HTTP POST 方式请求的动态内容。用你喜欢的 Web 浏览器来验证你的工作。

*** 11.13 修改 TINY，使得它可以干净地处理(而不是终止)在 `write` 函数试图写一个过早关闭的连接时发生的 SIGPIPE 信号和 EPIPE 错误。

## 练习题答案

11.1

| 十六进制地址 | 点分十进制地址 |
| --- | --- |
| 0x0 | 0.0.0.0 |
| 0xffffffff | 255.255.255.255 |
| 0x7f000001 | 127.0.0.1 |
| 0xcdbca079 | 205.188.160.121 |
| 0x400c950d | 64.12.149.13 |
| 0xcdbc9217 | 205.188.146.23 |

11.2

*code/netp/hex2dd.c*

```
1   #include "csapp.h"
2
3   int main(int argc, char **argv)
4   {
5       struct in_addr inaddr;  /* Address in network byte order */
6       uint32_t addr;          /* Address in host byte order */
7       char buf[MAXBUF];       /* Buffer for dotted-decimal string */
8
9       if (argc != 2) {
10          fprintf(stderr, "usage: %s <hex number>\n", argv[0]);
11          exit(0);
12      }
13      sscanf(argv[1], "%x", &addr);
14      inaddr.s_addr = htonl(addr);
15
16      if (!inet_ntop(AF_INET, &inaddr, buf, MAXBUF))
17          unix_error("inet_ntop");
18      printf("%s\n", buf);
19
20      exit(0);
21  }
```

*code/netp/hex2dd.c*

11.3

*code/netp/dd2hex.c*

```
1   #include "csapp.h"
2
3   int main(int argc, char **argv)
4   {
```

```
5       struct in_addr inaddr;  /* Address in network byte order */
6       int rc;
7
8       if (argc != 2) {
9           fprintf(stderr, "usage: %s <dotted-decimal>\n", argv[0]);
10          exit(0);
11      }
12
13      rc = inet_pton(AF_INET, argv[1], &inaddr);
14      if (rc == 0)
15          app_error("inet_pton error: invalid dotted-decimal address");
16      else if (rc < 0)
17          unix_error("inet_pton error");
18
19      printf("0x%x\n", ntohl(inaddr.s_addr));
20      exit(0);
21  }
```

*code/netp/dd2hex.c*

11.4 下面是解决方案。注意，使用 inet_ntop 要困难多少，它要求很麻烦的强制类型转换和深层嵌套结构引用。getnameinfo 函数要简单许多，因为它为我们完成了这些工作。

*code/netp/hostinfo-ntop.c*

```
1   #include "csapp.h"
2
3   int main(int argc, char **argv)
4   {
5       struct addrinfo *p, *listp, hints;
6       struct sockaddr_in *sockp;
7       char buf[MAXLINE];
8       int rc;
9
10      if (argc != 2) {
11          fprintf(stderr, "usage: %s <domain name>\n", argv[0]);
12          exit(0);
13      }
14
15      /* Get a list of addrinfo records */
16      memset(&hints, 0, sizeof(struct addrinfo));
17      hints.ai_family = AF_INET;        /* IPv4 only */
18      hints.ai_socktype = SOCK_STREAM; /* Connections only */
19      if ((rc = getaddrinfo(argv[1], NULL, &hints, &listp)) != 0) {
20          fprintf(stderr, "getaddrinfo error: %s\n", gai_strerror(rc));
21          exit(1);
22      }
23
24      /* Walk the list and display each associated IP address */
25      for (p = listp; p; p = p->ai_next) {
26          sockp = (struct sockaddr_in *)p->ai_addr;
27          Inet_ntop(AF_INET, &(sockp->sin_addr), buf, MAXLINE);
28          printf("%s\n", buf);
29      }
30
31      /* Clean up */
32      Freeaddrinfo(listp);
33
34      exit(0);
35  }
```

*code/netp/hostinfo-ntop.c*

11.5 标准 I/O 能在 CGI 程序里工作的原因是，在子进程中运行的 CGI 程序不需要显式地关闭它的输入输出流。当子进程终止时，内核会自动关闭所有描述符。

第 12 章

CHAPTER 12

# 并发编程

正如我们在第 8 章学到的，如果逻辑控制流在时间上重叠，那么它们就是并发的(concurrent)。这种常见的现象称为并发(concurrency)，出现在计算机系统的许多不同层面上。硬件异常处理程序、进程和 Linux 信号处理程序都是大家很熟悉的例子。

到目前为止，我们主要将并发看做是一种操作系统内核用来运行多个应用程序的机制。但是，并发不仅仅局限于内核。它也可以在应用程序中扮演重要角色。例如，我们已经看到 Linux 信号处理程序如何允许应用响应异步事件，例如用户键入 Ctrl+C，或者程序访问虚拟内存的一个未定义的区域。应用级并发在其他情况下也是很有用的：

- *访问慢速 I/O 设备*。当一个应用正在等待来自慢速 I/O 设备(例如磁盘)的数据到达时，内核会运行其他进程，使 CPU 保持繁忙。每个应用都可以按照类似的方式，通过交替执行 I/O 请求和其他有用的工作来利用并发。
- *与人交互*。和计算机交互的人要求计算机有同时执行多个任务的能力。例如，他们在打印一个文档时，可能想要调整一个窗口的大小。现代视窗系统利用并发来提供这种能力。每次用户请求某种操作(比如通过单击鼠标)时，一个独立的并发逻辑流被创建来执行这个操作。
- *通过推迟工作以降低延迟*。有时，应用程序能够通过推迟其他操作和并发地执行它们，利用并发来降低某些操作的延迟。比如，一个动态内存分配器可以通过推迟合并，把它放到一个运行在较低优先级上的并发“合并”流中，在有空闲的 CPU 周期时充分利用这些空闲周期，从而降低单个 free 操作的延迟。
- *服务多个网络客户端*。我们在第 11 章中学习的迭代网络服务器是不现实的，因为它们一次只能为一个客户端提供服务。因此，一个慢速的客户端可能会导致服务器拒绝为所有其他客户端服务。对于一个真正的服务器来说，可能期望它每秒为成百上千的客户端提供服务，由于一个慢速客户端导致拒绝为其他客户端服务，这是不能接受的。一个更好的方法是创建一个*并发服务器*，它为每个客户端创建一个单独的逻辑流。这就允许服务器同时为多个客户端服务，并且也避免了慢速客户端独占服务器。
- *在多核机器上进行并行计算*。许多现代系统都配备多核处理器，多核处理器中包含有多个 CPU。被划分成并发流的应用程序通常在多核机器上比在单处理器机器上运行得快，因为这些流会并行执行，而不是交错执行。

使用应用级并发的应用程序称为*并发程序*(concurrent program)。现代操作系统提供了三种基本的构造并发程序的方法：

- *进程*。用这种方法，每个逻辑控制流都是一个进程，由内核来调度和维护。因为进程有独立的虚拟地址空间，想要和其他流通信，控制流必须使用某种显式的*进程间通信*(interprocess communication，IPC)机制。
- *I/O 多路复用*。在这种形式的并发编程中，应用程序在一个进程的上下文中显式地调度它们自己的逻辑流。逻辑流被模型化为状态机，数据到达文件描述符后，主程序显式地从一个状态转换到另一个状态。因为程序是一个单独的进程，所以所有的流都共享同一个地址空间。

- 线程。线程是运行在一个单一进程上下文中的逻辑流，由内核进行调度。你可以把线程看成是其他两种方式的混合体，像进程流一样由内核进行调度，而像 I/O 多路复用流一样共享同一个虚拟地址空间。

本章研究这三种不同的并发编程技术。为了使我们的讨论比较具体，我们始终以同一个应用为例——11.4.9 节中的迭代 echo 服务器的并发版本。

## 12.1 基于进程的并发编程

构造并发程序最简单的方法就是用进程，使用那些大家都很熟悉的函数，像 fork、exec 和 waitpid。例如，一个构造并发服务器的自然方法就是，在父进程中接受客户端连接请求，然后创建一个新的子进程来为每个新客户端提供服务。

为了了解这是如何工作的，假设我们有两个客户端和一个服务器，服务器正在监听一个监听描述符(比如指述符 3)上的连接请求。现在假设服务器接受了客户端 1 的连接请求，并返回一个已连接描述符(比如指述符 4)，如图 12-1 所示。在接受连接请求之后，服务器派生一个子进程，这个子进程获得服务器描述符表的完整副本。子进程关闭它的副本中的监听描述符 3，而父进程关闭它的已连接描述符 4 的副本，因为不再需要这些描述符了。这就得到了图 12-2 中的状态，其中子进程正忙于为客户端提供服务。

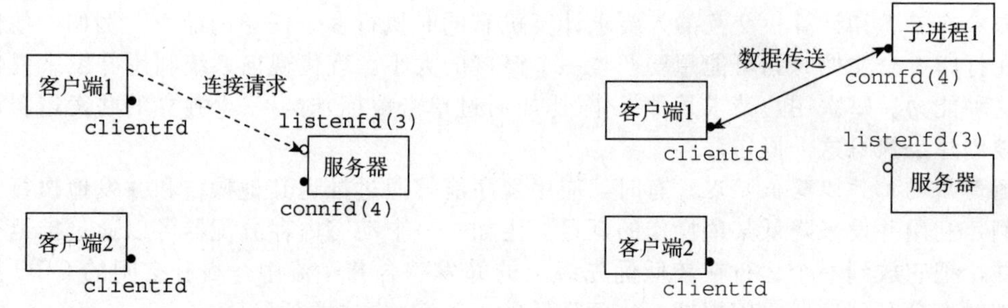


图 12-1　第一步：服务器接受客户端的连接请求　　图 12-2　第二步：服务器派生一个子进程为这个客户端服务

因为父、子进程中的已连接描述符都指向同一个文件表表项，所以父进程关闭它的已连接描述符的副本是至关重要的。否则，将永不会释放已连接描述符 4 的文件表条目，而且由此引起的内存泄漏将最终消耗光可用的内存，使系统崩溃。

现在，假设在父进程为客户端 1 创建了子进程之后，它接受一个新的客户端 2 的连接请求，并返回一个新的已连接描述符(比如描述符 5)，如图 12-3 所示。然后，父进程又派生另一个子进程，这个子进程用已连接描述符 5 为它的客户端提供服务，如图 12-4 所示。此时，父进程正在等待下一个连接请求，而两个子进程正在并发地为它们各自的客户端提供服务。

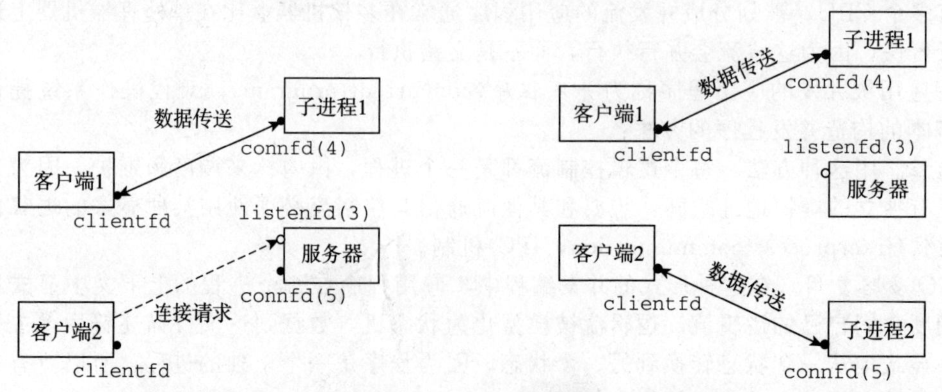


图 12-3　第三步：服务器接受另一个连接请求　　图 12-4　第四步：服务器派生另一个子进程为新的客户端服务

### 12.1.1 基于进程的并发服务器

图12-5展示了一个基于进程的并发 echo 服务器的代码。第29行调用的 echo 函数来自于图11-21。关于这个服务器，有几点重要内容需要说明：

- 首先，通常服务器会运行很长的时间，所以我们必须要包括一个 SIGCHLD 处理程序，来回收僵死(zombie)子进程的资源(第4～9行)。因为当 SIGCHLD 处理程序执行时，SIGCHLD 信号是阻塞的，而 Linux 信号是不排队的，所以 SIGCHLD 处理程序必须准备好回收多个僵死子进程的资源。
- 其次，父子进程必须关闭它们各自的 connfd(分别为第33行和第30行)副本。就像我们已经提到过的，这对父进程而言尤为重要，它必须关闭它的已连接描述符，以避免内存泄漏。
- 最后，因为套接字的文件表表项中的引用计数，直到父子进程的 connfd 都关闭了，到客户端的连接才会终止。

*code/conc/echoserverp.c*

```
1   #include "csapp.h"
2   void echo(int connfd);
3
4   void sigchld_handler(int sig)
5   {
6       while (waitpid(-1, 0, WNOHANG) > 0)
7           ;
8       return;
9   }
10
11  int main(int argc, char **argv)
12  {
13      int listenfd, connfd;
14      socklen_t clientlen;
15      struct sockaddr_storage clientaddr;
16
17      if (argc != 2) {
18          fprintf(stderr, "usage: %s <port>\n", argv[0]);
19          exit(0);
20      }
21
22      Signal(SIGCHLD, sigchld_handler);
23      listenfd = Open_listenfd(argv[1]);
24      while (1) {
25          clientlen = sizeof(struct sockaddr_storage);
26          connfd = Accept(listenfd, (SA *) &clientaddr, &clientlen);
27          if (Fork() == 0) {
28              Close(listenfd); /* Child closes its listening socket */
29              echo(connfd);    /* Child services client */
30              Close(connfd);   /* Child closes connection with client */
31              exit(0);         /* Child exits */
32          }
33          Close(connfd); /* Parent closes connected socket (important!) */
34      }
35  }
```

*code/conc/echoserverp.c*

图12-5 基于进程的并发 echo 服务器。父进程派生一个子进程来处理每个新的连接请求

### 12.1.2 进程的优劣

对于在父、子进程间共享状态信息，进程有一个非常清晰的模型：共享文件表，但是不共享用户地址空间。进程有独立的地址空间既是优点也是缺点。这样一来，一个进程不可能不小心覆盖另一个进程的虚拟内存，这就消除了许多令人迷惑的错误——这是一个明显的优点。

另一方面，独立的地址空间使得进程共享状态信息变得更加困难。为了共享信息，它们必须使用显式的IPC(进程间通信)机制。(参见下面的旁注。)基于进程的设计的另一个缺点是，它们往往比较慢，因为进程控制和IPC的开销很高。

**旁注　Unix IPC**

在本书中，你已经遇到好几个IPC的例子了。第8章中的waitpid函数和信号是基本的IPC机制，它们允许进程发送小消息到同一主机上的其他进程。第11章的套接字接口是IPC的一种重要形式，它允许不同主机上的进程交换任意的字节流。然而，术语Unix IPC通常指的是所有允许进程和同一台主机上其他进程进行通信的技术。其中包括管道、先进先出(FIFO)、系统V共享内存，以及系统V信号量(semaphore)。这些机制超出了我们的讨论范围。Kerrisk的著作[62]是很好的参考资料。

**练习题 12.1**　在图12-5中，并发服务器的第33行上，父进程关闭了已连接描述符后，子进程仍然能够使用该描述符和客户端通信。为什么？

**练习题 12.2**　如果我们要删除图12-5中关闭已连接描述符的第30行，从没有内存泄漏的角度来说，代码将仍然是正确的。为什么？

## 12.2 基于I/O多路复用的并发编程

假设要求你编写一个echo服务器，它也能对用户从标准输入键入的交互命令做出响应。在这种情况下，服务器必须响应两个互相独立的I/O事件：1)网络客户端发起连接请求，2)用户在键盘上键入命令行。我们先等待哪个事件呢？没有哪个选择是理想的。如果在accept中等待一个连接请求，我们就不能响应输入的命令。类似地，如果在read中等待一个输入命令，我们就不能响应任何连接请求。

针对这种困境的一个解决办法就是I/O多路复用(I/O multiplexing)技术。基本的思路就是使用select函数，要求内核挂起进程，只有在一个或多个I/O事件发生后，才将控制返回给应用程序，就像在下面的示例中一样：

- 当集合{0，4}中任意描述符准备好读时返回。
- 当集合{1，2，7}中任意描述符准备好写时返回。
- 如果在等待一个I/O事件发生时过了152.13秒，就超时。

select是一个复杂的函数，有许多不同的使用场景。我们将只讨论第一种场景：等待一组描述符准备好读。全面的讨论请参考[62，110]。

```
#include <sys/select.h>

int select(int n, fd_set *fdset, NULL, NULL, NULL);
```

返回已准备好的描述符的非零的个数，若出错则为－1。

```
FD_ZERO(fd_set *fdset);          /* Clear all bits in fdset */
FD_CLR(int fd, fd_set *fdset);   /* Clear bit fd in fdset */
FD_SET(int fd, fd_set *fdset);   /* Turn on bit fd in fdset */
FD_ISSET(int fd, fd_set *fdset); /* Is bit fd in fdset on? */
```

处理描述符集合的宏。

select 函数处理类型为 fd_set 的集合，也叫做描述符集合。逻辑上，我们将描述符集合看成一个大小为 $n$ 的位向量(在 2.1 节中介绍过)：

$$b_{n-1},\cdots,b_1,b_0$$

每个位 $b_k$ 对应于描述符 $k$。当且仅当 $b_k=1$，描述符 $k$ 才表明是描述符集合的一个元素。只允许你对描述符集合做三件事：1)分配它们，2)将一个此种类型的变量赋值给另一个变量，3)用 FD_ZERO、FD_SET、FD_CLR 和 FD_ISSET 宏来修改和检查它们。

针对我们的目的，select 函数有两个输入：一个称为读集合的描述符集合(fdset)和该读集合的基数(n)(实际上是任何描述符集合的最大基数)。select 函数会一直阻塞，直到读集合中至少有一个描述符准备好可以读。当且仅当一个从该描述符读取一个字节的请求不会阻塞时，描述符 $k$ 就表示准备好可以读了。select 有一个副作用，它修改参数 fdset 指向的 fd_set，指明读集合的一个子集，称为准备好集合(ready set)，这个集合是由读集合中准备好可以读了的描述符组成的。该函数返回的值指明了准备好集合的基数。注意，由于这个副作用，我们必须在每次调用 select 时都更新读集合。

理解 select 的最好办法是研究一个具体例子。图 12-6 展示了可以如何利用 select 来实现一个迭代 echo 服务器，它也可以接受标准输入上的用户命令。一开始，我们用图 11-19 中的 open_listenfd 函数打开一个监听描述符(第 16 行)，然后使用 FD_ZERO 创建一个空的读集合(第 18 行)：

| | listenfd | | | stdin |
|---|---|---|---|---|
| | 3 | 2 | 1 | 0 |
| **read_set** (∅): | 0 | 0 | 0 | 0 |

接下来，在第 19 和 20 行中，我们定义由描述符 0(标准输入)和描述符 3(监听描述符)组成的读集合：

| | listenfd | | | stdin |
|---|---|---|---|---|
| | 3 | 2 | 1 | 0 |
| **read_set** ({0, 3}): | 1 | 0 | 0 | 1 |

在这里，我们开始典型的服务器循环。但是我们不调用 accept 函数来等待一个连接请求，而是调用 select 函数，这个函数会一直阻塞，直到监听描述符或者标准输入准备好可以读(第 24 行)。例如，下面是当用户按回车键，因此使得标准输入描述符变为可读时，select 会返回的 ready_set 的值：

| | listenfd | | | stdin |
|---|---|---|---|---|
| | 3 | 2 | 1 | 0 |
| **ready_set** ({0}): | 0 | 0 | 0 | 1 |

一旦 select 返回，我们就用 FD_ISSET 宏指令来确定哪个描述符准备好可以读了。如果是标准输入准备好了(第 25 行)，我们就调用 command 函数，该函数在返回到主程序前，会读、解析和响应命令。如果是监听描述符准备好了(第 27 行)，我们就调用 accept 来得到一个已连接描述符，然后调用图 11-22 中的 echo 函数，它会将来自客户端的每一行又回送回去，直到客户端关闭这个连接中它的那一端。

虽然这个程序是使用 select 的一个很好示例，但是它仍然留下了一些问题待解决。问题是一旦它连接到某个客户端，就会连续回送输入行，直到客户端关闭这个连接中它的那一端。因此，如果键入一个命令到标准输入，你将不会得到响应，直到服务器和客户端之间结束。一个更好的方法是更细粒度的多路复用，服务器每次循环(至多)回送一个文本行。

code/conc/select.c

```
1   #include "csapp.h"
2   void echo(int connfd);
3   void command(void);
4
5   int main(int argc, char **argv)
6   {
7       int listenfd, connfd;
8       socklen_t clientlen;
9       struct sockaddr_storage clientaddr;
10      fd_set read_set, ready_set;
11
12      if (argc != 2) {
13          fprintf(stderr, "usage: %s <port>\n", argv[0]);
14          exit(0);
15      }
16      listenfd = Open_listenfd(argv[1]);
17
18      FD_ZERO(&read_set);              /* Clear read set */
19      FD_SET(STDIN_FILENO, &read_set); /* Add stdin to read set */
20      FD_SET(listenfd, &read_set);     /* Add listenfd to read set */
21
22      while (1) {
23          ready_set = read_set;
24          Select(listenfd+1, &ready_set, NULL, NULL, NULL);
25          if (FD_ISSET(STDIN_FILENO, &ready_set))
26              command(); /* Read command line from stdin */
27          if (FD_ISSET(listenfd, &ready_set)) {
28              clientlen = sizeof(struct sockaddr_storage);
29              connfd = Accept(listenfd, (SA *)&clientaddr, &clientlen);
30              echo(connfd); /* Echo client input until EOF */
31              Close(connfd);
32          }
33      }
34  }
35
36  void command(void) {
37      char buf[MAXLINE];
38      if (!Fgets(buf, MAXLINE, stdin))
39          exit(0); /* EOF */
40      printf("%s", buf); /* Process the input command */
41  }
```

code/conc/select.c

图 12-6　使用 I/O 多路复用的迭代 echo 服务器。服务器使用 select 等待监听描述符上的连接请求和标准输入上的命令

**练习题 12.3**　在 Linux 系统里，在标准输入上键入 Ctrl＋D 表示 EOF。图 12-6 中的程序阻塞在对 select 的调用上时，如果你键入 Ctrl＋D 会发生什么？

### 12.2.1　基于 I/O 多路复用的并发事件驱动服务器

I/O 多路复用可以用做并发事件驱动(event-driven)程序的基础，在事件驱动程序中，某些事件会导致流向前推进。一般的思路是将逻辑流模型化为状态机。不严格地说，一个

状态机(state machine)就是一组状态(state)、输入事件(input event)和转移(transition)，其中转移是将状态和输入事件映射到状态。每个转移是将一个(输入状态，输入事件)对映射到一个输出状态。自循环(self-loop)是同一输入和输出状态之间的转移。通常把状态机画成有向图，其中节点表示状态，有向弧表示转移，而弧上的标号表示输入事件。一个状态机从某种初始状态开始执行。每个输入事件都会引发一个从当前状态到下一状态的转移。

对于每个新的客户端 $k$，基于 I/O 多路复用的并发服务器会创建一个新的状态机 $s_k$，并将它和已连接描述符 $d_k$ 联系起来。如图 12-7 所示，每个状态机 $s_k$ 都有一个状态(“等待描述符 $d_k$ 准备好可读”)、一个输入事件(“描述符 $d_k$ 准备好可以读了”)和一个转移(“从描述符 $d_k$ 读一个文本行”)。

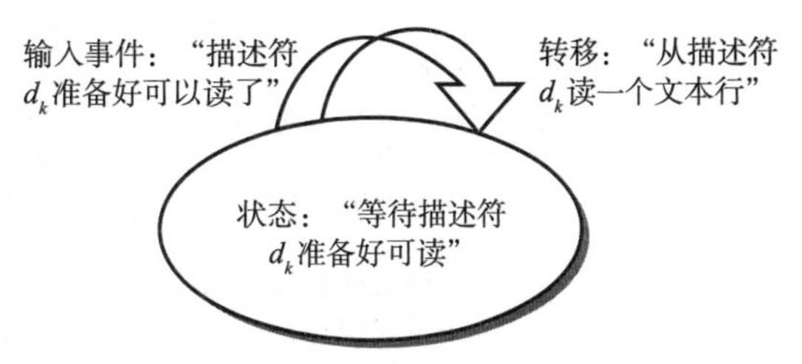


图 12-7 并发事件驱动 echo 服务器中逻辑流的状态机

服务器使用 I/O 多路复用，借助 select 函数检测输入事件的发生。当每个已连接描述符准备好可读时，服务器就为相应的状态机执行转移，在这里就是从描述符读和写回一个文本行。

图 12-8 展示了一个基于 I/O 多路复用的并发事件驱动服务器的完整示例代码。一个 pool 结构里维护着活动客户端的集合(第 3～11 行)。在调用 init_pool 初始化池(第 27 行)之后，服务器进入一个无限循环。在循环的每次迭代中，服务器调用 select 函数来检测两种不同类型的输入事件：a)来自一个新客户端的连接请求到达，b)一个已存在的客户端的已连接描述符准备好可以读了。当一个连接请求到达时(第 35 行)，服务器打开连接(第 37 行)，并调用 add_client 函数，将该客户端添加到池里(第 38 行)。最后，服务器调用 check_clients 函数，把来自每个准备好的已连接描述符的一个文本行回送回去(第 42 行)。

*code/conc/echoservers.c*

```
1   #include "csapp.h"
2
3   typedef struct { /* Represents a pool of connected descriptors */
4       int maxfd;          /* Largest descriptor in read_set */
5       fd_set read_set;    /* Set of all active descriptors */
6       fd_set ready_set;   /* Subset of descriptors ready for reading  */
7       int nready;         /* Number of ready descriptors from select */
8       int maxi;           /* High water index into client array */
9       int clientfd[FD_SETSIZE];    /* Set of active descriptors */
10      rio_t clientrio[FD_SETSIZE]; /* Set of active read buffers */
11  } pool;
12
13  int byte_cnt = 0; /* Counts total bytes received by server */
14
15  int main(int argc, char **argv)
16  {
17      int listenfd, connfd;
18      socklen_t clientlen;
19      struct sockaddr_storage clientaddr;
```

图 12-8 基于 I/O 多路复用的并发 echo 服务器。每次服务器迭代都回送来自每个准备好的描述符的文本行

```
20        static pool pool;
21
22        if (argc != 2) {
23            fprintf(stderr, "usage: %s <port>\n", argv[0]);
24            exit(0);
25        }
26        listenfd = Open_listenfd(argv[1]);
27        init_pool(listenfd, &pool);
28
29        while (1) {
30            /* Wait for listening/connected descriptor(s) to become ready */
31            pool.ready_set = pool.read_set;
32            pool.nready = Select(pool.maxfd+1, &pool.ready_set, NULL, NULL, NULL);
33
34            /* If listening descriptor ready, add new client to pool */
35            if (FD_ISSET(listenfd, &pool.ready_set)) {
36                clientlen = sizeof(struct sockaddr_storage);
37                connfd = Accept(listenfd, (SA *)&clientaddr, &clientlen);
38                add_client(connfd, &pool);
39            }
40
41            /* Echo a text line from each ready connected descriptor */
42            check_clients(&pool);
43        }
44    }
```

*code/conc/echoservers.c*

图 12-8 (续)

init_pool 函数(图 12-9)初始化客户端池。clientfd 数组表示已连接描述符的集合，其中整数-1 表示一个可用的槽位。初始时，已连接描述符集合是空的(第 5～7 行)，而且监听描述符是 select 读集合中唯一的描述符(第 10～12 行)。

*code/conc/echoservers.c*

```
1   void init_pool(int listenfd, pool *p)
2   {
3       /* Initially, there are no connected descriptors */
4       int i;
5       p->maxi = -1;
6       for (i=0; i< FD_SETSIZE; i++)
7           p->clientfd[i] = -1;
8
9       /* Initially, listenfd is only member of select read set */
10      p->maxfd = listenfd;
11      FD_ZERO(&p->read_set);
12      FD_SET(listenfd, &p->read_set);
13  }
```

*code/conc/echoservers.c*

图 12-9 init_pool 初始化活动客户端池

add_client 函数(图 12-10)添加一个新的客户端到活动客户端池中。在 clientfd 数组中找到一个空槽位后，服务器将这个已连接描述符添加到数组中，并初始化相应的 RIO 读缓冲区，这样一来我们就能够对这个描述符调用 rio_readlineb(第 8～9 行)。然后，我们将这个已连接描述符添加到 select 读集合(第 12 行)，并更新该池的一些全局属性。maxfd 变量(第 15～16 行)记录了 select 的最大文件描述符。maxi 变量(第 17～18 行)记录的是到 clientfd 数组的最大索引，这样 check_clients 函数就无需搜索整个数组了。

*code/conc/echoservers.c*

```
1   void add_client(int connfd, pool *p)
2   {
3       int i;
4       p->nready--;
5       for (i = 0; i < FD_SETSIZE; i++) /* Find an available slot */
6           if (p->clientfd[i] < 0) {
7               /* Add connected descriptor to the pool */
8               p->clientfd[i] = connfd;
9               Rio_readinitb(&p->clientrio[i], connfd);
10
11              /* Add the descriptor to descriptor set */
12              FD_SET(connfd, &p->read_set);
13
14              /* Update max descriptor and pool high water mark */
15              if (connfd > p->maxfd)
16                  p->maxfd = connfd;
17              if (i > p->maxi)
18                  p->maxi = i;
19              break;
20          }
21      if (i == FD_SETSIZE) /* Couldn't find an empty slot */
22          app_error("add_client error: Too many clients");
23  }
```

*code/conc/echoservers.c*

图 12-10 add_client 向池中添加一个新的客户端连接

图 12-11 中的 check_clients 函数回送来自每个准备好的已连接描述符的一个文本行。如果成功地从描述符读取了一个文本行，那么就将该文本行回送到客户端(第 15～18 行)。注意，在第 15 行我们维护着一个从所有客户端接收到的全部字节的累计值。如果因为客户端关闭这个连接中它的那一端，检测到 EOF，那么将关闭这边的连接端(第 23 行)，并从池中清除掉这个描述符(第 24～25 行)。

根据图 12-7 中的有限状态模型，select 函数检测到输入事件，而 add_client 函数创建一个新的逻辑流(状态机)。check_clients 函数回送输入行，从而执行状态转移，而且当客户端完成文本行发送时，它还要删除这个状态机。

**练习题 12.4** 图 12-8 所示的服务器中，我们在每次调用 select 之前都立即小心地重新初始化 pool.ready_set 变量。为什么？

**旁注 事件驱动的 Web 服务器**

尽管有 12.2.2 节中说明的缺点，现代高性能服务器(例如 Node.js、nginx 和 Tornado)使用的都是基于 I/O 多路复用的事件驱动的编程方式，主要是因为相比于进程和线程的方式，它有明显的性能优势。

code/conc/echoservers.c

```
1   void check_clients(pool *p)
2   {
3       int i, connfd, n;
4       char buf[MAXLINE];
5       rio_t rio;
6
7       for (i = 0; (i <= p->maxi) && (p->nready > 0); i++) {
8           connfd = p->clientfd[i];
9           rio = p->clientrio[i];
10
11          /* If the descriptor is ready, echo a text line from it */
12          if ((connfd > 0) && (FD_ISSET(connfd, &p->ready_set))) {
13              p->nready--;
14              if ((n = Rio_readlineb(&rio, buf, MAXLINE)) != 0) {
15                  byte_cnt += n;
16                  printf("Server received %d (%d total) bytes on fd %d\n",
17                         n, byte_cnt, connfd);
18                  Rio_writen(connfd, buf, n);
19              }
20
21              /* EOF detected, remove descriptor from pool */
22              else {
23                  Close(connfd);
24                  FD_CLR(connfd, &p->read_set);
25                  p->clientfd[i] = -1;
26              }
27          }
28      }
29  }
```

code/conc/echoservers.c

图 12-11　check_clients 服务准备好的客户端连接

### 12.2.2　I/O 多路复用技术的优劣

图 12-8 中的服务器提供了一个很好的基于 I/O 多路复用的事件驱动编程的优缺点示例。事件驱动设计的一个优点是，它比基于进程的设计给了程序员更多的对程序行为的控制。例如，我们可以设想编写一个事件驱动的并发服务器，为某些客户端提供它们需要的服务，而这对于基于进程的并发服务器来说，是很困难的。

另一个优点是，一个基于 I/O 多路复用的事件驱动服务器是运行在单一进程上下文中的，因此每个逻辑流都能访问该进程的全部地址空间。这使得在流之间共享数据变得很容易。一个与作为单个进程运行相关的优点是，你可以利用熟悉的调试工具，例如 GDB，来调试你的并发服务器，就像对顺序程序那样。最后，事件驱动设计常常比基于进程的设计要高效得多，因为它们不需要进程上下文切换来调度新的流。

事件驱动设计一个明显的缺点就是编码复杂。我们的事件驱动的并发 echo 服务器需要的代码比基于进程的服务器多三倍，并且很不幸，随着并发粒度的减小，复杂性还会上升。这里的粒度是指每个逻辑流每个时间片执行的指令数量。例如，在示例并发服务器中，并发粒度就是读一个完整的文本行所需要的指令数量。只要某个逻辑流正忙于读一个文本行，其他逻辑流就不可能有进展。对我们的例子来说这没有问题，但是它使得在“故意只发送部分文本行然后就停止”的恶意客户端的攻击面前，我们的事件驱动服务器显得很脆弱。修改事件驱动服务器来处理部分文本行不是一个简单的任务，但是基于进程的设计却能处理得很好，而且是自动处理的。基于事件的设计另一个重要的缺点是它们不能充分利用多核处理器。

## 12.3 基于线程的并发编程

到目前为止，我们已经看到了两种创建并发逻辑流的方法。在第一种方法中，我们为每个流使用了单独的进程。内核会自动调度每个进程，而每个进程有它自己的私有地址空间，这使得流共享数据很困难。在第二种方法中，我们创建自己的逻辑流，并利用 I/O 多路复用来显式地调度流。因为只有一个进程，所有的流共享整个地址空间。本节介绍第三种方法——基于线程，它是这两种方法的混合。

线程(thread)就是运行在进程上下文中的逻辑流。在本书里迄今为止，程序都是由每个进程中一个线程组成的。但是现代系统也允许我们编写一个进程里同时运行多个线程的程序。线程由内核自动调度。每个线程都有它自己的*线程上下文*(thread context)，包括一个唯一的整数线程 ID(Thread ID，TID)、栈、栈指针、程序计数器、通用目的寄存器和条件码。所有的运行在一个进程里的线程共享该进程的整个虚拟地址空间。

基于线程的逻辑流结合了基于进程和基于 I/O 多路复用的流的特性。同进程一样，线程由内核自动调度，并且内核通过一个整数 ID 来识别线程。同基于 I/O 多路复用的流一样，多个线程运行在单一进程的上下文中，因此共享这个进程虚拟地址空间的所有内容，包括它的代码、数据、堆、共享库和打开的文件。

### 12.3.1 线程执行模型

多线程的执行模型在某些方面和多进程的执行模型是相似的。思考图 12-12 中的示例。每个进程开始生命周期时都是单一线程，这个线程称为*主线程*(main thread)。在某一时刻，主线程创建一个*对等线程*(peer thread)，从这个时间点开始，两个线程就并发地运行。最后，因为主线程执行一个慢速系统调用，例如 read 或者 sleep，或者因为被系统的间隔计时器中断，控制就会通过上下文切换传递到对等线程。对等线程会执行一段时间，然后控制传递回主线程，依次类推。

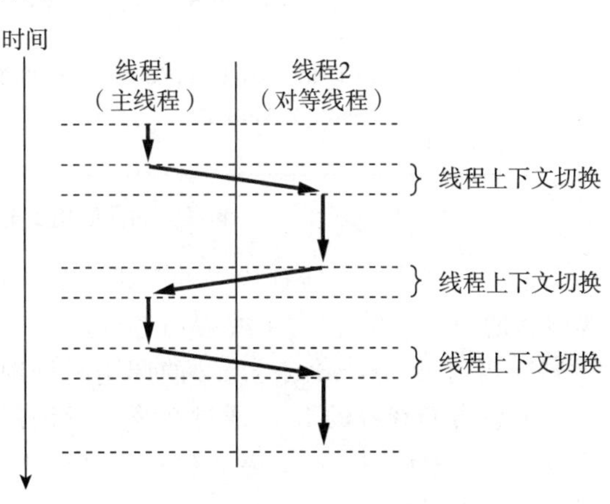


图 12-12　并发线程执行

在一些重要的方面，线程执行是不同于进程的。因为一个线程的上下文要比一个进程的上下文小得多，线程的上下文切换要比进程的上下文切换快得多。另一个不同就是线程不像进程那样，不是按照严格的父子层次来组织的。和一个进程相关的线程组成一个对等(线程)池，独立于其他线程创建的线程。主线程和其他线程的区别仅在于它总是进程中第一个运行的线程。对等(线程)池概念的主要影响是，一个线程可以杀死它的任何对等线程，或者等待它的任意对等线程终止。另外，每个对等线程都能读写相同的共享数据。

### 12.3.2 Posix 线程

Posix 线程(Pthreads)是在 C 程序中处理线程的一个标准接口。它最早出现在 1995

年，而且在所有的 Linux 系统上都可用。Pthreads 定义了大约 60 个函数，允许程序创建、杀死和回收线程，与对等线程安全地共享数据，还可以通知对等线程系统状态的变化。

图 12-13 展示了一个简单的 Pthreads 程序。主线程创建一个对等线程，然后等待它的终止。对等线程输出“Hello, world! \n”并且终止。当主线程检测到对等线程终止后，它就通过调用 exit 终止该进程。这是我们看到的第一个线程化的程序，所以让我们仔细地解析它。线程的代码和本地数据被封装在一个*线程例程*(thread routine)中。正如第二行里的原型所示，每个线程例程都以一个通用指针作为输入，并返回一个通用指针。如果想传递多个参数给线程例程，那么你应该将参数放到一个结构中，并传递一个指向该结构的指针。相似地，如果想要线程例程返回多个参数，你可以返回一个指向一个结构的指针。

*code/conc/hello.c*

```
1   #include "csapp.h"
2   void *thread(void *vargp);
3
4   int main()
5   {
6       pthread_t tid;
7       Pthread_create(&tid, NULL, thread, NULL);
8       Pthread_join(tid, NULL);
9       exit(0);
10  }
11
12  void *thread(void *vargp) /* Thread routine */
13  {
14      printf("Hello, world!\n");
15      return NULL;
16  }
```

*code/conc/hello.c*

图 12-13 hello.c：使用 Pthreads 的“Hello，world!”程序

第 4 行标出了主线程代码的开始。主线程声明了一个本地变量 tid，可以用来存放对等线程的 ID(第 6 行)。主线程通过调用 pthread_create 函数创建一个新的对等线程(第 7 行)。当对 pthread_create 的调用返回时，主线程和新创建的对等线程同时运行，并且 tid 包含新线程的 ID。通过在第 8 行调用 pthread_join，主线程等待对等线程终止。最后，主线程调用 exit(第 9 行)，终止当时运行在这个进程中的所有线程(在这个示例中就只有主线程)。

第 12～16 行定义了对等线程的例程。它只打印一个字符串，然后就通过执行第 15 行中的 return 语句来终止对等线程。

### 12.3.3 创建线程

线程通过调用 pthread_create 函数来创建其他线程。

```
#include <pthread.h>
typedef void *(func)(void *);

int pthread_create(pthread_t *tid, pthread_attr_t *attr,
                   func *f, void *arg);
```

若成功则返回 0，若出错则为非零。

pthread_create 函数创建一个新的线程，并带着一个输入变量 arg，在新线程的上下文中运行线程例程 f。能用 attr 参数来改变新创建线程的默认属性。改变这些属性已超出我们学习的范围，在我们的示例中，总是用一个为 NULL 的 attr 参数来调用 pthread_create 函数。

当 pthread_create 返回时，参数 tid 包含新创建线程的 ID。新线程可以通过调用 pthread_self 函数来获得它自己的线程 ID。

```
#include <pthread.h>

pthread_t pthread_self(void);
                                                    返回调用者的线程 ID。
```

### 12.3.4　终止线程

一个线程是以下列方式之一来终止的：

- 当顶层的线程例程返回时，线程会隐式地终止。
- 通过调用 pthread_exit 函数，线程会显式地终止。如果主线程调用 pthread_exit，它会等待所有其他对等线程终止，然后再终止主线程和整个进程，返回值为 thread_return。

```
#include <pthread.h>

void pthread_exit(void *thread_return);
                                                    从不返回。
```

- 某个对等线程调用 Linux 的 exit 函数，该函数终止进程以及所有与该进程相关的线程。
- 另一个对等线程通过以当前线程 ID 作为参数调用 pthread_cancel 函数来终止当前线程。

```
#include <pthread.h>

int pthread_cancel(pthread_t tid);
                                    若成功则返回 0，若出错则为非零。
```

### 12.3.5　回收已终止线程的资源

线程通过调用 pthread_join 函数等待其他线程终止。

```
#include <pthread.h>

int pthread_join(pthread_t tid, void **thread_return);
                                    若成功则返回 0，若出错则为非零。
```

pthread_join 函数会阻塞，直到线程 tid 终止，将线程例程返回的通用(void*)指针赋值到 thread_return 指向的位置，然后回收已终止线程占用的所有内存资源。

注意，和 Linux 的 wait 函数不同，pthread_join 函数只能等待一个指定的线程终止。没有办法让 pthread_join 等待任意一个线程终止。这使得代码更加复杂，因为它迫使我们去使用其他一些不那么直观的机制来检测线程的终止。实际上，Stevens 在[110]中就很有说服力地论证了这是规范中的一个错误。

### 12.3.6 分离线程

在任何一个时间点上，线程是可结合的(joinable)或者是分离的(detached)。一个可结合的线程能够被其他线程收回和杀死。在被其他线程回收之前，它的内存资源(例如栈)是不释放的。相反，一个分离的线程是不能被其他线程回收或杀死的。它的内存资源在它终止时由系统自动释放。

默认情况下，线程被创建成可结合的。为了避免内存泄漏，每个可结合线程都应该要么被其他线程显式地收回，要么通过调用 pthread_detach 函数被分离。

```
#include <pthread.h>

int pthread_detach(pthread_t tid);
```

若成功则返回 0，若出错则为非零。

pthread_detach 函数分离可结合线程 tid。线程能够通过以 pthread_self()为参数的 pthread_detach 调用来分离它们自己。

尽管我们的一些例子会使用可结合线程，但是在现实程序中，有很好的理由要使用分离的线程。例如，一个高性能 Web 服务器可能在每次收到 Web 浏览器的连接请求时都创建一个新的对等线程。因为每个连接都是由一个单独的线程独立处理的，所以对于服务器而言，就很没有必要(实际上也不愿意)显式地等待每个对等线程终止。在这种情况下，每个对等线程都应该在它开始处理请求之前分离它自身，这样就能在它终止后回收它的内存资源了。

### 12.3.7 初始化线程

pthread_once 函数允许你初始化与线程例程相关的状态。

```
#include <pthread.h>

pthread_once_t once_control = PTHREAD_ONCE_INIT;

int pthread_once(pthread_once_t *once_control,
                 void (*init_routine)(void));
```

总是返回 0。

once_control 变量是一个全局或者静态变量，总是被初始化为 PTHREAD_ONCE_INIT。当你第一次用参数 once_control 调用 pthread_once 时，它调用 init_routine，这是一个没有输入参数、也不返回什么的函数。接下来的以 once_control 为参数的 pthread_once 调用不做任何事情。无论何时，当你需要动态初始化多个线程共享的全局变量时，pthread_once 函数是很有用的。我们将在 12.5.5 节里看到一个示例。

### 12.3.8 基于线程的并发服务器

图 12-14 展示了基于线程的并发 echo 服务器的代码。整体结构类似于基于进程的设计。主线程不断地等待连接请求，然后创建一个对等线程处理该请求。虽然代码看似简

单，但是有几个普遍而且有些微妙的问题需要我们更仔细地看一看。第一个问题是当我们调用 pthread_create 时，如何将已连接描述符传递给对等线程。最明显的方法就是传递一个指向这个描述符的指针，就像下面这样

```
connfd = Accept(listenfd, (SA *) &clientaddr, &clientlen);
Pthread_create(&tid, NULL, thread, &connfd);
```

然后，我们让对等线程间接引用这个指针，并将它赋值给一个局部变量，如下所示

```
void *thread(void *vargp) {
    int connfd = *((int *)vargp);
    .
    .
    .
}
```

code/conc/echoservert.c

```
1   #include "csapp.h"
2
3   void echo(int connfd);
4   void *thread(void *vargp);
5
6   int main(int argc, char **argv)
7   {
8       int listenfd, *connfdp;
9       socklen_t clientlen;
10      struct sockaddr_storage clientaddr;
11      pthread_t tid;
12
13      if (argc != 2) {
14          fprintf(stderr, "usage: %s <port>\n", argv[0]);
15          exit(0);
16      }
17      listenfd = Open_listenfd(argv[1]);
18
19      while (1) {
20          clientlen=sizeof(struct sockaddr_storage);
21          connfdp = Malloc(sizeof(int));
22          *connfdp = Accept(listenfd, (SA *) &clientaddr, &clientlen);
23          Pthread_create(&tid, NULL, thread, connfdp);
24      }
25  }
26
27  /* Thread routine */
28  void *thread(void *vargp)
29  {
30      int connfd = *((int *)vargp);
31      Pthread_detach(pthread_self());
32      Free(vargp);
33      echo(connfd);
34      Close(connfd);
35      return NULL;
36  }
```

code/conc/echoservert.c

图 12-14　基于线程的并发 echo 服务器

然而，这样可能会出错，因为它在对等线程的赋值语句和主线程的 accept 语句间引入了竞争(race)。如果赋值语句在下一个 accept 之前完成，那么对等线程中的局部变量 connfd就得到正确的描述符值。然而，如果赋值语句是在 accept 之后才完成的，那么对等线程中的局部变量 connfd 就得到下一次连接的描述符值。那么不幸的结果就是，现在两个线程在同一个描述符上执行输入和输出。为了避免这种潜在的致命竞争，我们必须将 accept 返回的每个已连接描述符分配到它自己的动态分配的内存块，如第 20～21 行所示。我们会在 12.7.4 节中回过来讨论竞争的问题。

另一个问题是在线程例程中避免内存泄漏。既然不显式地收回线程，就必须分离每个线程，使得在它终止时它的内存资源能够被收回(第 31 行)。更进一步，我们必须小心释放主线程分配的内存块(第 32 行)。

**练习题 12.5**　在图 12-5 中基于进程的服务器中，我们在两个位置小心地关闭了已连接描述符：父进程和子进程。然而，在图 12-14 中基于线程的服务器中，我们只在一个位置关闭了已连接描述符：对等线程。为什么？

## 12.4　多线程程序中的共享变量

从程序员的角度来看，线程很有吸引力的一个方面是多个线程很容易共享相同的程序变量。然而，这种共享也是很棘手的。为了编写正确的多线程程序，我们必须对所谓的共享以及它是如何工作的有很清楚的了解。

为了理解 C 程序中的一个变量是否是共享的，有一些基本的问题要解答：1）线程的基础内存模型是什么？2）根据这个模型，变量实例是如何映射到内存的？3）最后，有多少线程引用这些实例？一个变量是*共享的*，当且仅当多个线程引用这个变量的某个实例。

为了让我们对共享的讨论具体化，我们将使用图 12-15 中的程序作为运行示例。尽管有些人为的痕迹，但是它仍然值得研究，因为它说明了关于共享的许多细微之处。示例程序由一个创建了两个对等线程的主线程组成。主线程传递一个唯一的 ID 给每个对等线程，每个对等线程利用这个 ID 输出一条个性化的信息，以及调用该线程例程的总次数。

### 12.4.1　线程内存模型

一组并发线程运行在一个进程的上下文中。每个线程都有它自己独立的*线程上下文*，包括线程 ID、栈、栈指针、程序计数器、条件码和通用目的寄存器值。每个线程和其他线程一起共享进程上下文的剩余部分。这包括整个用户虚拟地址空间，它是由只读文本(代码)、读/写数据、堆以及所有的共享库代码和数据区域组成的。线程也共享相同的打开文件的集合。

从实际操作的角度来说，让一个线程去读或写另一个线程的寄存器值是不可能的。另一方面，任何线程都可以访问共享虚拟内存的任意位置。如果某个线程修改了一个内存位置，那么其他每个线程最终都能在它读这个位置时发现这个变化。因此，寄存器是从不共享的，而虚拟内存总是共享的。

各自独立的线程栈的内存模型不是那么整齐清楚的。这些栈被保存在虚拟地址空间的栈区域中，并且通常是被相应的线程独立地访问的。我们说通常而不是总是，是因为不同的线程栈是不对其他线程设防的。所以，如果一个线程以某种方式得到一个指向其他线程栈的指针，那么它就可以读写这个栈的任何部分。示例程序在第 26 行展示了这一点，其中对等线程直接通过全局变量 ptr 间接引用主线程的栈的内容。

code/conc/sharing.c

```
1   #include "csapp.h"
2   #define N 2
3   void *thread(void *vargp);
4
5   char **ptr;  /* Global variable */
6
7   int main()
8   {
9       int i;
10      pthread_t tid;
11      char *msgs[N] = {
12          "Hello from foo",
13          "Hello from bar"
14      };
15
16      ptr = msgs;
17      for (i = 0; i < N; i++)
18          Pthread_create(&tid, NULL, thread, (void *)i);
19      Pthread_exit(NULL);
20  }
21
22  void *thread(void *vargp)
23  {
24      int myid = (int)vargp;
25      static int cnt = 0;
26      printf("[%d]: %s (cnt=%d)\n", myid, ptr[myid], ++cnt);
27      return NULL;
28  }
```

code/conc/sharing.c

图 12-15 说明共享不同方面的示例程序

### 12.4.2 将变量映射到内存

多线程的 C 程序中变量根据它们的存储类型被映射到虚拟内存：

- **全局变量**。全局变量是定义在函数之外的变量。在运行时，虚拟内存的读/写区域只包含每个全局变量的一个实例，任何线程都可以引用。例如，第 5 行声明的全局变量 ptr 在虚拟内存的读/写区域中有一个运行时实例。当一个变量只有一个实例时，我们只用变量名(在这里就是 ptr)来表示这个实例。
- **本地自动变量**。本地自动变量就是定义在函数内部但是没有 static 属性的变量。在运行时，每个线程的栈都包含它自己的所有本地自动变量的实例。即使多个线程执行同一个线程例程时也是如此。例如，有一个本地变量 tid 的实例，它保存在主线程的栈中。我们用 tid.m 来表示这个实例。再来看一个例子，本地变量 myid 有两个实例，一个在对等线程 0 的栈内，另一个在对等线程 1 的栈内。我们将这两个实例分别表示为 myid.p0 和 myid.p1。
- **本地静态变量**。本地静态变量是定义在函数内部并有 static 属性的变量。和全局变量一样，虚拟内存的读/写区域只包含在程序中声明的每个本地静态变量的一个实例。例如，即使示例程序中的每个对等线程都在第 25 行声明了 cnt，在运行时，虚拟内存的读/写区域中也只有一个 cnt 的实例。每个对等线程都读和写这个实例。

### 12.4.3 共享变量

我们说一个变量 $v$ 是共享的，当且仅当它的一个实例被一个以上的线程引用。例如，示例程序中的变量 cnt 就是共享的，因为它只有一个运行时实例，并且这个实例被两个对等线程引用。在另一方面，myid 不是共享的，因为它的两个实例中每一个都只被一个线程引用。然而，认识到像 msgs 这样的本地自动变量也能被共享是很重要的。

练习题 12.6

A. 利用 12.4 节中的分析，为图 12-15 中的示例程序在下表的每个条目中填写“是”或者“否”。在第一列中，符号 $v.t$ 表示变量 $v$ 的一个实例，它驻留在线程 $t$ 的本地栈中，其中 $t$ 要么是 m(主线程)，要么是 p0(对等线程 0)或者 p1(对等线程 1)。

| 变量实例 | 主线程引用的？ | 对等线程0引用的？ | 对等线程1引用的？ |
|---|---|---|---|
| ptr | | | |
| cnt | | | |
| i.m | | | |
| msgs.m | | | |
| myid.p0 | | | |
| myid.p1 | | | |

B. 根据 A 部分的分析，变量 ptr、cnt、i、msgs 和 myid 哪些是共享的？

## 12.5 用信号量同步线程

共享变量是十分方便，但是它们也引入了同步错误(synchronization error)的可能性。考虑图 12-16 中的程序 badcnt.c，它创建了两个线程，每个线程都对共享计数变量 cnt 加 1。

*code/conc/badcnt.c*

```
1   /* WARNING: This code is buggy! */
2   #include "csapp.h"
3
4   void *thread(void *vargp);  /* Thread routine prototype */
5
6   /* Global shared variable */
7   volatile long cnt = 0; /* Counter */
8
9   int main(int argc, char **argv)
10  {
11      long niters;
12      pthread_t tid1, tid2;
13
14      /* Check input argument */
15      if (argc != 2) {
16          printf("usage: %s <niters>\n", argv[0]);
17          exit(0);
18      }
19      niters = atoi(argv[1]);
20
21      /* Create threads and wait for them to finish */
22      Pthread_create(&tid1, NULL, thread, &niters);
```

图 12-16 badcnt.c：一个同步不正确的计数器程序

```
23        Pthread_create(&tid2, NULL, thread, &niters);
24        Pthread_join(tid1, NULL);
25        Pthread_join(tid2, NULL);
26
27        /* Check result */
28        if (cnt != (2 * niters))
29            printf("BOOM! cnt=%ld\n", cnt);
30        else
31            printf("OK cnt=%ld\n", cnt);
32        exit(0);
33    }
34
35    /* Thread routine */
36    void *thread(void *vargp)
37    {
38        long i, niters = *((long *)vargp);
39
40        for (i = 0; i < niters; i++)
41            cnt++;
42
43        return NULL;
44    }
```

*code/conc/badcnt.c*

图 12-16 （续）

因为每个线程都对计数器增加了 niters 次，我们预计它的最终值是 2×niters。这看上去简单而直接。然而，当在 Linux 系统上运行 badcnt.c 时，我们不仅得到错误的答案，而且每次得到的答案都还不相同！

```
linux> ./badcnt 1000000
BOOM! cnt=1445085

linux> ./badcnt 1000000
BOOM! cnt=1915220

linux> ./badcnt 1000000
BOOM! cnt=1404746
```

那么哪里出错了呢？为了清晰地理解这个问题，我们需要研究计数器循环(第 40～41 行)的汇编代码，如图 12-17 所示。我们发现，将线程 $i$ 的循环代码分解成五个部分是很有帮助的：

- $H_i$：在循环头部的指令块。
- $L_i$：加载共享变量 cnt 到累加寄存器 %rdx$_i$ 的指令，这里 %rdx$_i$ 表示线程 $i$ 中的寄存器 %rdx 的值。
- $U_i$：更新(增加) %rdx$_i$ 的指令。
- $S_i$：将 %rdx$_i$ 的更新值存回到共享变量 cnt 的指令。
- $T_i$：循环尾部的指令块。

注意头和尾只操作本地栈变量，而 $L_i$、$U_i$ 和 $S_i$ 操作共享计数器变量的内容。

当 badcnt.c 中的两个对等线程在一个单处理器上并发运行时，机器指令以某种顺序一个接一个地完成。因此，每个并发执行定义了两个线程中的指令的某种全序(或者交叉)。不幸的是，这些顺序中的一些将会产生正确结果，但是其他的则不会。

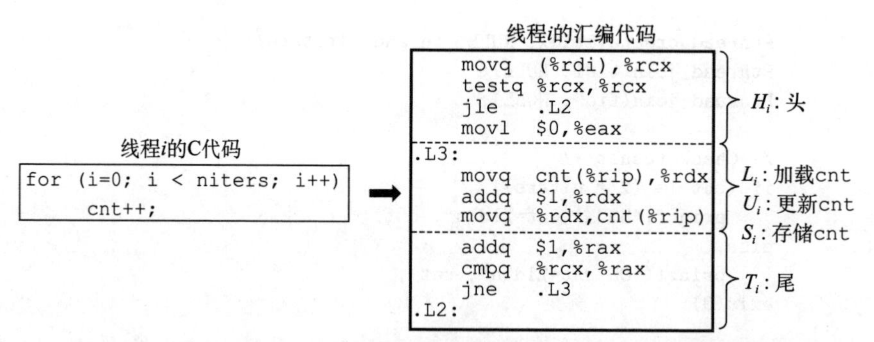


图 12-17　badcnt.c 中计数器循环（第 40～41 行）的汇编代码

这里有个关键点：一般而言，你没有办法预测操作系统是否将为你的线程选择一个正确的顺序。例如，图 12-18a 展示了一个正确的指令顺序的分步操作。在每个线程更新了共享变量 cnt 之后，它在内存中的值就是 2，这正是期望的值。

另一方面，图 12-18b 的顺序产生一个不正确的 cnt 的值。会发生这样的问题是因为，线程 2 在第 5 步加载 cnt，是在第 2 步线程 1 加载 cnt 之后，而在第 6 步线程 1 存储它的更新值之前。因此，每个线程最终都会存储一个值为 1 的更新后的计数器值。我们能够借助于一种叫做进度图（progress graph）的方法来阐明这些正确的和不正确的指令顺序的概念，这个图我们将在下一节中介绍。

| 步骤 | 线程 | 指令 | %rdx$_1$ | %rdx$_2$ | cnt |
|---|---|---|---|---|---|
| 1 | 1 | $H_1$ | — | — | 0 |
| 2 | 1 | $L_1$ | 0 | — | 0 |
| 3 | 1 | $U_1$ | 1 | — | 0 |
| 4 | 1 | $S_1$ | 1 | — | 1 |
| 5 | 2 | $H_2$ | — | — | 1 |
| 6 | 2 | $L_2$ | — | 1 | 1 |
| 7 | 2 | $U_2$ | — | 2 | 1 |
| 8 | 2 | $S_2$ | — | 2 | 2 |
| 9 | 2 | $T_2$ | — | 2 | 2 |
| 10 | 1 | $T_1$ | 1 | — | 2 |

a）正确的顺序

| 步骤 | 线程 | 指令 | %rdx$_1$ | %rdx$_2$ | cnt |
|---|---|---|---|---|---|
| 1 | 1 | $H_1$ | — | — | 0 |
| 2 | 1 | $L_1$ | 0 | — | 0 |
| 3 | 1 | $U_1$ | 1 | — | 0 |
| 4 | 2 | $H_2$ | — | — | 0 |
| 5 | 2 | $L_2$ | — | 0 | 0 |
| 6 | 1 | $S_1$ | 1 | — | 1 |
| 7 | 1 | $T_1$ | 1 | — | 1 |
| 8 | 2 | $U_2$ | — | 1 | 1 |
| 9 | 2 | $S_2$ | — | 1 | 1 |
| 10 | 2 | $T_2$ | — | 1 | 1 |

b）不正确的顺序

图 12-18　badcnt.c 中第一次循环迭代的指令顺序

**练习题 12.7**　根据 badcnt.c 的指令顺序完成下表：

| 步骤 | 线程 | 指令 | %rdx$_1$ | %rdx$_2$ | cnt |
|---|---|---|---|---|---|
| 1 | 1 | $H_1$ | — | — | 0 |
| 2 | 1 | $L_1$ | | | |
| 3 | 2 | $H_2$ | | | |
| 4 | 2 | $L_2$ | | | |
| 5 | 2 | $U_2$ | | | |
| 6 | 2 | $S_2$ | | | |
| 7 | 1 | $U_1$ | | | |
| 8 | 1 | $S_1$ | | | |
| 9 | 1 | $T_1$ | | | |
| 10 | 2 | $T_2$ | | | |

这种顺序会产生一个正确的 cnt 值吗？

### 12.5.1 进度图

进度图(progress graph)将 $n$ 个并发线程的执行模型化为一条 $n$ 维笛卡儿空间中的轨迹线。每条轴 $k$ 对应于线程 $k$ 的进度。每个点($I_1$, $I_2$, …, $I_n$)代表线程 $k$($k=1$, …, $n$)已经完成了指令 $I_k$ 这一状态。图的原点对应于没有任何线程完成一条指令的*初始状态*。

图 12-19 展示了 badcnt.c 程序第一次循环迭代的二维进度图。水平轴对应于线程 1，垂直轴对应于线程 2。点($L_1$, $S_2$)对应于线程 1 完成了 $L_1$ 而线程 2 完成了 $S_2$ 的状态。

进度图将指令执行模型化为从一种状态到另一种状态的*转换*(transition)。转换被表示为一条从一点到相邻点的有向边。合法的转换是向右(线程 1 中的一条指令完成)或者向上(线程 2 中的一条指令完成)的。两条指令不能在同一时刻完成——对角线转换是不允许的。程序决不会反向运行，所以向下或者向左移动的转换也是不合法的。

一个程序的执行历史被模型化为状态空间中的一条轨迹线。图 12-20 展示了下面指令顺序对应的轨迹线：

$$H_1, L_1, U_1, H_2, L_2, S_1, T_1, U_2, S_2, T_2$$

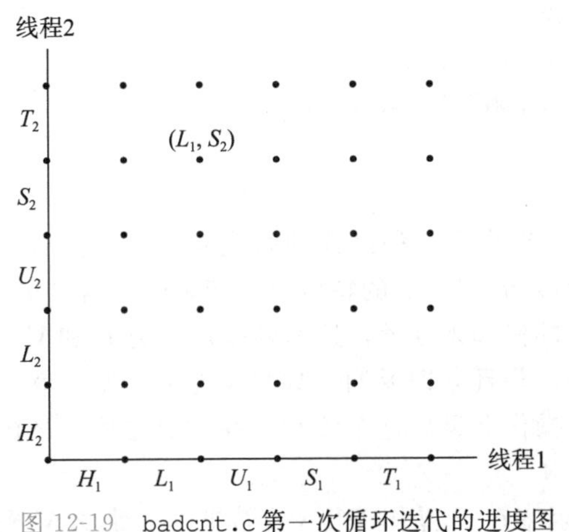

图 12-19 badcnt.c 第一次循环迭代的进度图

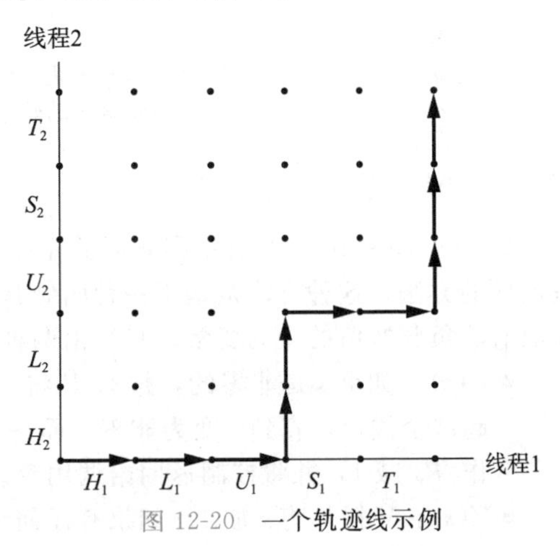

图 12-20 一个轨迹线示例

对于线程 $i$，操作共享变量 cnt 内容的指令($L_i$, $U_i$, $S_i$)构成了一个(关于共享变量 cnt 的)*临界区*(critical section)，这个临界区不应该和其他进程的临界区交替执行。换句话说，我们想要确保每个线程在执行它的临界区中的指令时，拥有对共享变量的*互斥的访问*(mutually exclusive access)。通常这种现象称为*互斥*(mutual exclusion)。

在进度图中，两个临界区的交集形成的状态空间区域称为*不安全区*(unsafe region)。图 12-21 展示了变量 cnt 的不安全区。注意，不安全区和与它交界的状态相毗邻，但并不包括这些状态。例如，状态($H_1$, $H_2$)和($S_1$, $U_2$)毗邻不安全区，但是它们并不是不安全区的一部分。绕开不安全区的轨迹线叫做*安全轨迹线*(safe trajectory)。相反，接触到任何不安全区的轨迹线就叫做*不安全轨迹线*(unsafe trajectory)。图 12-21 给出了示例程序 badcnt.c 的状态空间中的安全和不安全轨迹线。上面的轨迹线绕开了不安全区域的左边和上边，所以是安全的。下面的轨迹线穿越不安全区，因此是不安全的。

任何安全轨迹线都将正确地更新共享计数器。为了保证线程化程序示例的正确执行(实际上任何共享全局数据结构的并发程序的正确执行)我们必须以某种方式同步线程，使它们总是有一条安全轨迹线。一个经典的方法是基于信号量的思想，接下来我们就介绍它。

**练习题 12.8** 使用图 12-21 中的进度图，将下列轨迹线划分为安全的或者不安全的。

A. $H_1$, $L_1$, $U_1$, $S_1$, $H_2$, $L_2$, $U_2$, $S_2$, $T_2$, $T_1$

B. $H_2$，$L_2$，$H_1$，$L_1$，$U_1$，$S_1$，$T_1$，$U_2$，$S_2$，$T_2$

C. $H_1$，$H_2$，$L_2$，$U_2$，$S_2$，$L_1$，$U_1$，$S_1$，$T_1$，$T_2$

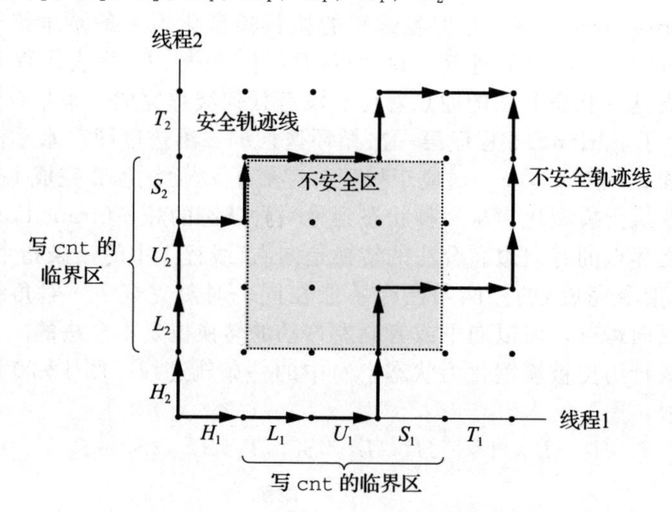


图 12-21　安全和不安全轨迹线。临界区的交集形成了不安全区。绕开不安全区的轨迹线能够正确更新计数器变量

## 12.5.2　信号量

Edsger Dijkstra，并发编程领域的先锋人物，提出了一种经典的解决同步不同执行线程问题的方法，这种方法是基于一种叫做信号量(semaphore)的特殊类型变量的。信号量 $s$ 是具有非负整数值的全局变量，只能由两种特殊的操作来处理，这两种操作称为 $P$ 和 $V$：

- $P(s)$：如果 $s$ 是非零的，那么 $P$ 将 $s$ 减 1，并且立即返回。如果 $s$ 为零，那么就挂起这个线程，直到 $s$ 变为非零，而一个 $V$ 操作会重启这个线程。在重启之后，$P$ 操作将 $s$ 减 1，并将控制返回给调用者。
- $V(s)$：$V$ 操作将 $s$ 加 1。如果有任何线程阻塞在 $P$ 操作等待 $s$ 变成非零，那么 $V$ 操作会重启这些线程中的一个，然后该线程将 $s$ 减 1，完成它的 $P$ 操作。

$P$ 中的测试和减 1 操作是不可分割的，也就是说，一旦预测信号量 $s$ 变为非零，就会将 $s$ 减 1，不能有中断。$V$ 中的加 1 操作也是不可分割的，也就是加载、加 1 和存储信号量的过程中没有中断。注意，$V$ 的定义中没有定义等待线程被重启动的顺序。唯一的要求是 $V$ 必须只能重启一个正在等待的线程。因此，当有多个线程在等待同一个信号量时，你不能预测 $V$ 操作要重启哪一个线程。

$P$ 和 $V$ 的定义确保了一个正在运行的程序绝不可能进入这样一种状态，也就是一个正确初始化了的信号量有一个负值。这个属性称为信号量不变性(semaphore invariant)，为控制并发程序的轨迹线提供了强有力的工具，在下一节中我们将看到。

Posix 标准定义了许多操作信号量的函数。

```
#include <semaphore.h>

int sem_init(sem_t *sem, 0, unsigned int value);
int sem_wait(sem_t *s);    /* P(s) */
int sem_post(sem_t *s);    /* V(s) */
```

返回：若成功则为 0，若出错则为 -1。

sem_init 函数将信号量 sem 初始化为 value。每个信号量在使用前必须初始化。针对我们的目的，中间的参数总是零。程序分别通过调用 sem_wait 和 sem_post 函数来执行 $P$ 和 $V$ 操作。为了简明，我们更喜欢使用下面这些等价的 $P$ 和 $V$ 的包装函数：

```
#include "csapp.h"

void P(sem_t *s);    /* Wrapper function for sem_wait */
void V(sem_t *s);    /* Wrapper function for sem_post */
```

返回：无。

**旁注　$P$ 和 $V$ 名字的起源**

Edsger Dijkstra(1930—2002)出生于荷兰。名字 $P$ 和 $V$ 来源于荷兰语单词 Proberen(测试)和 Verhogen(增加)。

### 12.5.3　使用信号量来实现互斥

信号量提供了一种很方便的方法来确保对共享变量的互斥访问。基本思想是将每个共享变量(或者一组相关的共享变量)与一个信号量 $s$(初始为 1)联系起来，然后用 $P(s)$和 $V(s)$操作将相应的临界区包围起来。

以这种方式来保护共享变量的信号量叫做*二元信号量*(binary semaphore)，因为它的值总是 0 或者 1。以提供互斥为目的的二元信号量常常也称为*互斥锁*(mutex)。在一个互斥锁上执行 $P$ 操作称为对互斥锁*加锁*。类似地，执行 $V$ 操作称为对互斥锁*解锁*。对一个互斥锁加了锁但是还没有解锁的线程称为*占用*这个互斥锁。一个被用作一组可用资源的计数器的信号量被称为*计数信号量*。

图 12-22 中的进度图展示了我们如何利用二元信号量来正确地同步计数器程序示例。每个状态都标出了该状态中信号量 $s$ 的值。关键思想是这种 $P$ 和 $V$ 操作的结合创建了一组

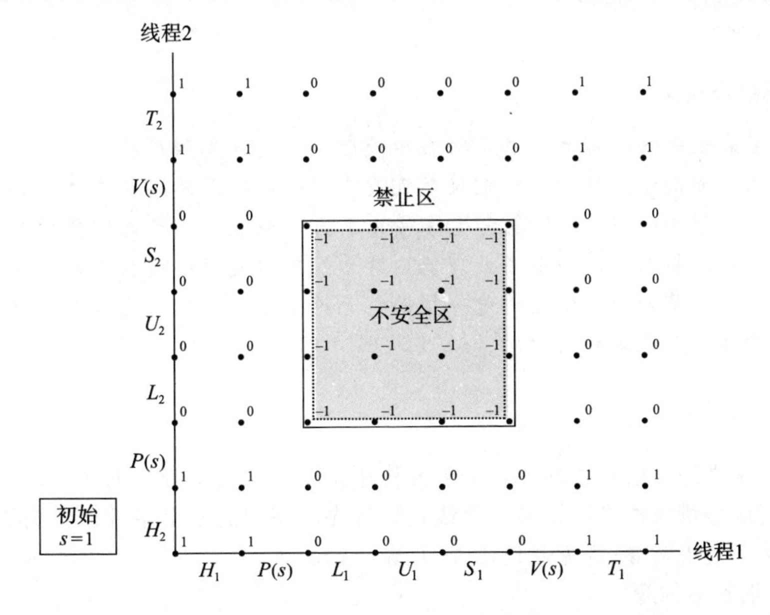


图 12-22　使用信号量来互斥。$s<0$ 的不可行状态定义了一个禁止区，禁止区完全包括了不安全区，阻止了实际可行的轨迹线接触到不安全区

状态，叫做禁止区(forbidden region)，其中 $s<0$。因为信号量的不变性，没有实际可行的轨迹线能够包含禁止区中的状态。而且，因为禁止区完全包括了不安全区，所以没有实际可行的轨迹线能够接触不安全区的任何部分。因此，每条实际可行的轨迹线都是安全的，而且不管运行时指令顺序是怎样的，程序都会正确地增加计数器值。

从可操作的意义上来说，由 $P$ 和 $V$ 操作创建的禁止区使得在任何时间点上，在被包围的临界区中，不可能有多个线程在执行指令。换句话说，信号量操作确保了对临界区的互斥访问。

总的来说，为了用信号量正确同步图 12-16 中的计数器程序示例，我们首先声明一个信号量 mutex：

```
volatile long cnt = 0; /* Counter */
sem_t mutex;           /* Semaphore that protects counter */
```

然后在主例程中将 mutex 初始化为 1：

```
Sem_init(&mutex, 0, 1);  /* mutex = 1 */
```

最后，我们通过把在线程例程中对共享变量 cnt 的更新包围 $P$ 和 $V$ 操作，从而保护它们：

```
for (i = 0; i < niters; i++) {
    P(&mutex);
    cnt++;
    V(&mutex);
}
```

当我们运行这个正确同步的程序时，现在它每次都能产生正确的结果了。

```
linux> ./goodcnt 1000000
OK cnt=2000000

linux> ./goodcnt 1000000
OK cnt=2000000
```

**旁注　进度图的局限性**

进度图给了我们一种较好的方法，将在单处理器上的并发程序执行可视化，也帮助我们理解为什么需要同步。然而，它们确实也有局限性，特别是对于在多处理器上的并发执行，在多处理器上一组 CPU/高速缓存对共享同一个主存。多处理器的工作方式是进度图不能解释的。特别是，一个多处理器内存系统可以处于一种状态，不对应于进度图中任何轨迹线。不管如何，结论总是一样的：无论是在单处理器还是多处理器上运行程序，都要同步你对共享变量的访问。

### 12.5.4　利用信号量来调度共享资源

除了提供互斥之外，信号量的另一个重要作用是调度对共享资源的访问。在这种场景中，一个线程用信号量操作来通知另一个线程，程序状态中的某个条件已经为真了。两个经典而有用的例子是生产者-消费者和读者-写者问题。

**1. 生产者-消费者问题**

图 12-23 给出了生产者-消费者问题。生产者和消费者线程共享一个有 $n$ 个槽的有限缓冲区。生产者线程反复地生成新的项目(item)，并把它们插入到缓冲区中。消费者线程不断地

从缓冲区中取出这些项目，然后消费(使用)它们。也可能有多个生产者和消费者的变种。

图 12-23 生产者-消费者问题。生产者产生项目并把它们插入到一个有限的缓冲区中。消费者从缓冲区中取出这些项目，然后消费它们

因为插入和取出项目都涉及更新共享变量，所以我们必须保证对缓冲区的访问是互斥的。但是只保证互斥访问是不够的，我们还需要调度对缓冲区的访问。如果缓冲区是满的(没有空的槽位)，那么生产者必须等待直到有一个槽位变为可用。与之相似，如果缓冲区是空的(没有可取用的项目)，那么消费者必须等待直到有一个项目变为可用。

生产者-消费者的相互作用在现实系统中是很普遍的。例如，在一个多媒体系统中，生产者编码视频帧，而消费者解码并在屏幕上呈现出来。缓冲区的目的是为了减少视频流的抖动，而这种抖动是由各个帧的编码和解码时与数据相关的差异引起的。缓冲区为生产者提供了一个槽位池，而为消费者提供一个已编码的帧池。另一个常见的示例是图形用户接口设计。生产者检测到鼠标和键盘事件，并将它们插入到缓冲区中。消费者以某种基于优先级的方式从缓冲区取出这些事件，并显示在屏幕上。

在本节中，我们将开发一个简单的包，叫做 SBUF，用来构造生产者-消费者程序。在下一节里，我们会看到如何用它来构造一个基于预线程化(prethreading)的有趣的并发服务器。SBUF 操作类型为 sbuf_t 的有限缓冲区(图 12-24)。项目存放在一个动态分配的 $n$ 项整数数组(buf)中。front 和 rear 索引值记录该数组中的第一项和最后一项。三个信号量同步对缓冲区的访问。mutex 信号量提供互斥的缓冲区访问。slots 和 items 信号量分别记录空槽位和可用项目的数量。

*code/conc/sbuf.h*

```
1  typedef struct {
2      int *buf;          /* Buffer array */
3      int n;             /* Maximum number of slots */
4      int front;         /* buf[(front+1)%n] is first item */
5      int rear;          /* buf[rear%n] is last item */
6      sem_t mutex;       /* Protects accesses to buf */
7      sem_t slots;       /* Counts available slots */
8      sem_t items;       /* Counts available items */
9  } sbuf_t;
```

*code/conc/sbuf.h*

图 12-24 sbuf_t：SBUF 包使用的有限缓冲区

图 12-25 给出了 SBUF 函数的实现。sbuf_init 函数为缓冲区分配堆内存，设置 front 和 rear 表示一个空的缓冲区，并为三个信号量赋初始值。这个函数在调用其他三个函数中的任何一个之前调用一次。sbuf_deinit 函数是当应用程序使用完缓冲区时，释放缓冲区存储的。sbuf_insert 函数等待一个可用的槽位，对互斥锁加锁，添加项目，对互斥锁解锁，然后宣布有一个新项目可用。sbuf_remove 函数是与 sbuf_insert 函数对称的。在等待一个可用的缓冲区项目之后，对互斥锁加锁，从缓冲区的前面取出该项目，对互斥锁解锁，然后发信号通知一个新的槽位可供使用。

code/conc/sbuf.c

```
1   #include "csapp.h"
2   #include "sbuf.h"
3
4   /* Create an empty, bounded, shared FIFO buffer with n slots */
5   void sbuf_init(sbuf_t *sp, int n)
6   {
7       sp->buf = Calloc(n, sizeof(int));
8       sp->n = n;                       /* Buffer holds max of n items */
9       sp->front = sp->rear = 0;        /* Empty buffer iff front == rear */
10      Sem_init(&sp->mutex, 0, 1);      /* Binary semaphore for locking */
11      Sem_init(&sp->slots, 0, n);      /* Initially, buf has n empty slots */
12      Sem_init(&sp->items, 0, 0);      /* Initially, buf has zero data items */
13  }
14
15  /* Clean up buffer sp */
16  void sbuf_deinit(sbuf_t *sp)
17  {
18      Free(sp->buf);
19  }
20
21  /* Insert item onto the rear of shared buffer sp */
22  void sbuf_insert(sbuf_t *sp, int item)
23  {
24      P(&sp->slots);                          /* Wait for available slot */
25      P(&sp->mutex);                          /* Lock the buffer */
26      sp->buf[(++sp->rear)%(sp->n)] = item;   /* Insert the item */
27      V(&sp->mutex);                          /* Unlock the buffer */
28      V(&sp->items);                          /* Announce available item */
29  }
30
31  /* Remove and return the first item from buffer sp */
32  int sbuf_remove(sbuf_t *sp)
33  {
34      int item;
35      P(&sp->items);                          /* Wait for available item */
36      P(&sp->mutex);                          /* Lock the buffer */
37      item = sp->buf[(++sp->front)%(sp->n)];  /* Remove the item */
38      V(&sp->mutex);                          /* Unlock the buffer */
39      V(&sp->slots);                          /* Announce available slot */
40      return item;
41  }
```

code/conc/sbuf.c

图 12-25 SBUF：同步对有限缓冲区并发访问的包

**练习题 12.9** 设 $p$ 表示生产者数量，$c$ 表示消费者数量，而 $n$ 表示以项目单元为单位的缓冲区大小。对于下面的每个场景，指出 sbuf_insert 和 sbuf_remove 中的互斥锁信号量是否是必需的。

A. $p=1$，$c=1$，$n>1$

B. $p=1$，$c=1$，$n=1$

C. $p>1$，$c>1$，$n=1$

**2. 读者-写者问题**

读者-写者问题是互斥问题的一个概括。一组并发的线程要访问一个共享对象，例如一个主存中的数据结构，或者一个磁盘上的数据库。有些线程只读对象，而其他的线程只修改对象。修改对象的线程叫做写者。只读对象的线程叫做读者。写者必须拥有对对象的独占的访问，而读者可以和无限多个其他的读者共享对象。一般来说，有无限多个并发的读者和写者。

读者-写者交互在现实系统中很常见。例如，一个在线航空预定系统中，允许有无限多个客户同时查看座位分配，但是正在预订座位的客户必须拥有对数据库的独占的访问。再来看另一个例子，在一个多线程缓存 Web 代理中，无限多个线程可以从共享页面缓存中取出已有的页面，但是任何向缓存中写入一个新页面的线程必须拥有独占的访问。

读者-写者问题有几个变种，分别基于读者和写者的优先级。第一类读者-写者问题，读者优先，要求不要让读者等待，除非已经把使用对象的权限赋予了一个写者。换句话说，读者不会因为有一个写者在等待而等待。第二类读者-写者问题，写者优先，要求一旦一个写者准备好可以写，它就会尽可能快地完成它的写操作。同第一类问题不同，在一个写者后到达的读者必须等待，即使这个写者也是在等待。

图 12-26 给出了一个对第一类读者-写者问题的解答。同许多同步问题的解答一样，这个解答很微妙，极具欺骗性地简单。信号量 w 控制对访问共享对象的临界区的访问。信号量 mutex 保护对共享变量 readcnt 的访问，readcnt 统计当前在临界区中的读者数量。每当一个写者进入临界区时，它对互斥锁 w 加锁，每当它离开临界区时，对 w 解锁。这就保证了任意时刻临界区中最多只有一个写者。另一方面，只有第一个进入临界区的读者对 w 加锁，而只有最后一个离开临界区的读者对 w 解锁。当一个读者进入和离开临界区时，如果还有其他读者在临界区中，那么这个读者会忽略互斥锁 w。这就意味着只要还有一个读者占用互斥锁 w，无限多数量的读者可以没有障碍地进入临界区。

对这两种读者-写者问题的正确解答可能导致饥饿(starvation)，饥饿就是一个线程无限期地阻塞，无法进展。例如，图 12-26 所示的解答中，如果有读者不断地到达，写者就可能无限期地等待。

```
/* Global variables */
int readcnt;    /* Initially = 0 */
sem_t mutex, w; /* Both initially = 1 */

void reader(void)
{
    while (1) {
        P(&mutex);
        readcnt++;
        if (readcnt == 1) /* First in */
            P(&w);
        V(&mutex);

        /* Critical section */
        /* Reading happens  */

        P(&mutex);
        readcnt--;
        if (readcnt == 0) /* Last out */
            V(&w);
        V(&mutex);
    }
}

void writer(void)
{
    while (1) {
        P(&w);

        /* Critical section */
        /* Writing happens  */

        V(&w);
    }
}
```

图 12-26 对第一类读者-写者问题的解答。读者优先级高于写者

练习题 12.10　图 12-26 所示的对第一类读者-写者问题的解答给予读者较高的优先级，但是从某种意义上说，这种优先级是很弱的，因为一个离开临界区的写者可能重启一个在等待的写者，而不是一个在等待的读者。描述出一个场景，其中这种弱优先级会导致一群写者使得一个读者饥饿。

**旁注　其他同步机制**

我们已经向你展示了如何利用信号量来同步线程，主要是因为它们简单、经典，并且有一个清晰的语义模型。但是你应该知道还是存在着其他同步技术的。例如，Java 线程是用一种叫做 Java 监控器(Java Monitor)[48]的机制来同步的，它提供了对信号量互斥和调度能力的更高级别的抽象；实际上，监控器可以用信号量来实现。再来看一个例子，Pthreads 接口定义了一组对互斥锁和条件变量的同步操作。Pthreads 互斥锁被用来实现互斥。条件变量用来调度对共享资源的访问，例如在一个生产者-消费者程序中的有限缓冲区。

### 12.5.5　综合：基于预线程化的并发服务器

我们已经知道了如何使用信号量来访问共享变量和调度对共享资源的访问。为了帮助你更清晰地理解这些思想，让我们把它们应用到一个基于称为预线程化(prethreading)技术的并发服务器上。

在图 12-14 所示的并发服务器中，我们为每一个新客户端创建了一个新线程。这种方法的缺点是我们为每一个新客户端创建一个新线程，导致不小的代价。一个基于预线程化的服务器试图通过使用如图 12-27 所示的生产者-消费者模型来降低这种开销。服务器是由一个主线程和一组工作者线程构成的。主线程不断地接受来自客户端的连接请求，并将得到的连接描述符放在一个有限缓冲区中。每一个工作者线程反复地从共享缓冲区中取出描述符，为客户端服务，然后等待下一个描述符。

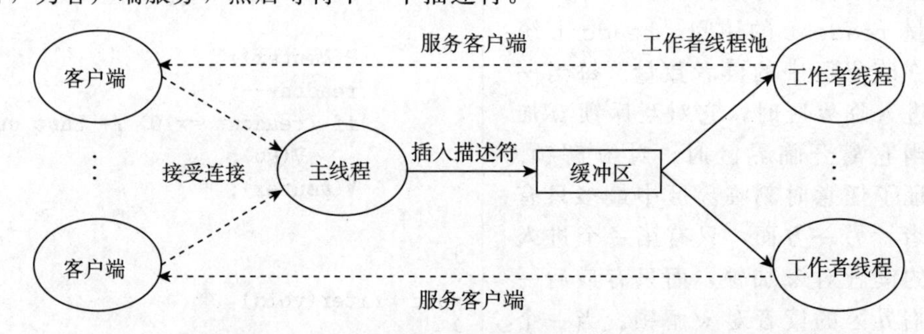


图 12-27　预线程化的并发服务器的组织结构。一组现有的线程不断地取出和处理来自有限缓冲区的已连接描述符

图 12-28 显示了我们怎样用 SBUF 包来实现一个预线程化的并发 echo 服务器。在初始化了缓冲区 sbuf (第 24 行)后，主线程创建了一组工作者线程(第 25～26 行)。然后它进入了无限的服务器循环，接受连接请求，并将得到的已连接描述符插入到缓冲区 sbuf 中。每个工作者线程的行为都非常简单。它等待直到它能从缓冲区中取出一个已连接描述符(第 39 行)，然后调用 echo_cnt 函数回送客户端的输入。

图 12-29 所示的函数 echo_cnt 是图 11-22 中的 echo 函数的一个版本，它在全局变量 byte_cnt 中记录了从所有客户端接收到的累计字节数。这是一段值得研究的有趣代码，因为它向你展示了一个从线程例程调用的初始化程序包的一般技术。在这种情况中，我们

需要初始化 byte_cnt 计数器和 mutex 信号量。一个方法是我们为 SBUF 和 RIO 程序包使用过的，它要求主线程显式地调用一个初始化函数。另外一个方法，在此显示的，是当第一次有某个线程调用 echo_cnt 函数时，使用 pthread_once 函数(第 19 行)去调用初始化函数。这个方法的优点是它使程序包的使用更加容易。这种方法的缺点是每一次调用 echo_cnt 都会导致调用 pthread_once 函数，而在大多数时候它没有做什么有用的事。

*code/conc/echoservert-pre.c*

```
1    #include "csapp.h"
2    #include "sbuf.h"
3    #define NTHREADS  4
4    #define SBUFSIZE  16
5
6    void echo_cnt(int connfd);
7    void *thread(void *vargp);
8
9    sbuf_t sbuf; /* Shared buffer of connected descriptors */
10
11   int main(int argc, char **argv)
12   {
13       int i, listenfd, connfd;
14       socklen_t clientlen;
15       struct sockaddr_storage clientaddr;
16       pthread_t tid;
17
18       if (argc != 2) {
19           fprintf(stderr, "usage: %s <port>\n", argv[0]);
20           exit(0);
21       }
22       listenfd = Open_listenfd(argv[1]);
23
24       sbuf_init(&sbuf, SBUFSIZE);
25       for (i = 0; i < NTHREADS; i++)  /* Create worker threads */
26           Pthread_create(&tid, NULL, thread, NULL);
27
28       while (1) {
29           clientlen = sizeof(struct sockaddr_storage);
30           connfd = Accept(listenfd, (SA *) &clientaddr, &clientlen);
31           sbuf_insert(&sbuf, connfd); /* Insert connfd in buffer */
32       }
33   }
34
35   void *thread(void *vargp)
36   {
37       Pthread_detach(pthread_self());
38       while (1) {
39           int connfd = sbuf_remove(&sbuf); /* Remove connfd from buffer */
40           echo_cnt(connfd);                /* Service client */
41           Close(connfd);
42       }
43   }
```

*code/conc/echoservert-pre.c*

图 12-28 一个预线程化的并发 echo 服务器。这个服务器使用的是有一个生产者和多个消费者的生产者-消费者模型

code/conc/echo-cnt.c

```
1   #include "csapp.h"
2
3   static int byte_cnt;  /* Byte counter */
4   static sem_t mutex;   /* and the mutex that protects it */
5
6   static void init_echo_cnt(void)
7   {
8       Sem_init(&mutex, 0, 1);
9       byte_cnt = 0;
10  }
11
12  void echo_cnt(int connfd)
13  {
14      int n;
15      char buf[MAXLINE];
16      rio_t rio;
17      static pthread_once_t once = PTHREAD_ONCE_INIT;
18
19      Pthread_once(&once, init_echo_cnt);
20      Rio_readinitb(&rio, connfd);
21      while((n = Rio_readlineb(&rio, buf, MAXLINE)) != 0) {
22          P(&mutex);
23          byte_cnt += n;
24          printf("server received %d (%d total) bytes on fd %d\n",
25                 n, byte_cnt, connfd);
26          V(&mutex);
27          Rio_writen(connfd, buf, n);
28      }
29  }
```

code/conc/echo-cnt.c

图 12-29　echo_cnt：echo 的一个版本，它对从客户端接收的所有字节计数

一旦程序包被初始化，echo_cnt 函数会初始化 RIO 带缓冲区的 I/O 包(第 20 行)，然后回送从客户端接收到的每一个文本行。注意，在第 23～25 行中对共享变量 byte_cnt 的访问是被 $P$ 和 $V$ 操作保护的。

**旁注　基于线程的事件驱动程序**

I/O 多路复用不是编写事件驱动程序的唯一方法。例如，你可能已经注意到我们刚才开发的并发的预线程化的服务器实际上是一个事件驱动服务器，带有主线程和工作者线程的简单状态机。主线程有两种状态(“等待连接请求”和“等待可用的缓冲区槽位”)、两个 I/O 事件(“连接请求到达”和“缓冲区槽位变为可用”)和两个转换(“接受连接请求”和“插入缓冲区项目”)。类似地，每个工作者线程有一个状态(“等待可用的缓冲项目”)、一个 I/O 事件(“缓冲区项目变为可用”)和一个转换(“取出缓冲区项目”)。

## 12.6　使用线程提高并行性

到目前为止，在对并发的研究中，我们都假设并发线程是在单处理器系统上执行的。

然而，大多数现代机器具有多核处理器。并发程序通常在这样的机器上运行得更快，因为操作系统内核在多个核上并行地调度这些并发线程，而不是在单个核上顺序地调度。在像繁忙的 Web 服务器、数据库服务器和大型科学计算代码这样的应用中利用这样的并行性是至关重要的，而且在像 Web 浏览器、电子表格处理程序和文档处理程序这样的主流应用中，并行性也变得越来越有用。

图 12-30 给出了顺序、并发和并行程序之间的集合关系。所有程序的集合能够被划分成不相交的顺序程序集合和并发程序的集合。写顺序程序只有一条逻辑流。写并发程序有多条并发流。并行程序是一个运行在多个处理器上的并发程序。因此，并行程序的集合是并发程序集合的真子集。

图 12-30 顺序、并发和并行程序集合之间的关系

并行程序的详细处理超出了本书讲述的范围，但是研究一个非常简单的示例程序能够帮助你理解并行编程的一些重要的方面。例如，考虑我们如何并行地对一列整数 0，…，$n-1$ 求和。当然，对于这个特殊的问题，有闭合形式表达式的解答(译者注：即有现成的公式来计算它，即和等于 $n(n-1)/2$)，但是尽管如此，它是一个简洁和易于理解的示例，能让我们对并行程序做一些有趣的说明。

将任务分配到不同线程的最直接方法是将序列划分成 $t$ 个不相交的区域，然后给 $t$ 个不同的线程每个分配一个区域。为了简单，假设 $n$ 是 $t$ 的倍数，这样每个区域有 $n/t$ 个元素。让我们来看看多个线程并行处理分配给它们的区域的不同方法。

最简单也最直接的选择是将线程的和放入一个共享全局变量中，用互斥锁保护这个变量。图 12-31 给出了我们会如何实现这种方法。在第 28～33 行，主线程创建对等线程，然后等待它们结束。注意，主线程传递给每个对等线程一个小整数，作为唯一的线程 ID。每个对等线程会用它的线程 ID 来决定它应该计算序列的哪一部分。这个向对等线程传递一个小的唯一的线程 ID 的思想是一项通用技术，许多并行应用中都用到了它。在对等线程终止后，全局变量 gsum 包含着最终的和。然后主线程用闭合形式解答来验证结果(第 36～37 行)。

*code/conc/psum-mutex.c*

```
1   #include "csapp.h"
2   #define MAXTHREADS 32
3
4   void *sum_mutex(void *vargp); /* Thread routine */
5
6   /* Global shared variables */
7   long gsum = 0;              /* Global sum */
8   long nelems_per_thread;     /* Number of elements to sum */
9   sem_t mutex;                /* Mutex to protect global sum */
10
11  int main(int argc, char **argv)
12  {
13      long i, nelems, log_nelems, nthreads, myid[MAXTHREADS];
14      pthread_t tid[MAXTHREADS];
15
16      /* Get input arguments */
```

图 12-31 psum-mutex 的主程序，使用多个线程将一个序列元素的和放入一个用互斥锁保护的共享全局变量中

```
17        if (argc != 3) {
18            printf("Usage: %s <nthreads> <log_nelems>\n", argv[0]);
19            exit(0);
20        }
21        nthreads = atoi(argv[1]);
22        log_nelems = atoi(argv[2]);
23        nelems = (1L << log_nelems);
24        nelems_per_thread = nelems / nthreads;
25        sem_init(&mutex, 0, 1);
26
27        /* Create peer threads and wait for them to finish */
28        for (i = 0; i < nthreads; i++) {
29            myid[i] = i;
30            Pthread_create(&tid[i], NULL, sum_mutex, &myid[i]);
31        }
32        for (i = 0; i < nthreads; i++)
33            Pthread_join(tid[i], NULL);
34
35        /* Check final answer */
36        if (gsum != (nelems * (nelems-1))/2)
37            printf("Error: result=%ld\n", gsum);
38
39        exit(0);
40    }
```

*code/conc/psum-mutex.c*

图 12-31　(续)

图 12-32 给出了每个对等线程执行的函数。在第 4 行中，线程从线程参数中提取出线程 ID，然后用这个 ID 来决定它要计算的序列区域(第 5～6 行)。在第 9～13 行中，线程在它的那部分序列上迭代操作，每次迭代都更新共享全局变量 gsum。注意，我们很小心地用 *P* 和 *V* 互斥操作来保护每次更新。

*code/conc/psum-mutex.c*

```
1    /* Thread routine for psum-mutex.c */
2    void *sum_mutex(void *vargp)
3    {
4        long myid = *((long *)vargp);          /* Extract the thread ID */
5        long start = myid * nelems_per_thread; /* Start element index */
6        long end = start + nelems_per_thread;  /* End element index */
7        long i;
8
9        for (i = start; i < end; i++) {
10           P(&mutex);
11           gsum += i;
12           V(&mutex);
13       }
14       return NULL;
15   }
```

*code/conc/psum-mutex.c*

图 12-32　psum-mutex 的线程例程。每个对等线程将各自的和累加进一个用互斥锁保护的共享全局变量中

我们在一个四核系统上，对一个大小为 $n=2^{31}$ 的序列运行 psum- mutex，测量它的运行时间(以秒为单位)，作为线程数的函数，得到的结果难懂又令人奇怪：

| | 线程数 | | | | |
|---|---|---|---|---|---|
| 版本 | 1 | 2 | 4 | 8 | 16 |
| psum-mutex | 68 | 432 | 719 | 552 | 599 |

这个程序不仅单线程顺序运行时非常慢，多线程并行运行比单线几乎还要慢一个数量级。不仅如此，使用的核数越多，性能越差。造成性能差的原因是相对于内存更新操作的开销，同步操作($P$ 和 $V$)代价太大。这突显了并行编程的一项重要教训：同步开销巨大，要尽可能避免。如果无可避免，必须要用尽可能多的有用计算弥补这个开销。

在我们的例子中，一种避免同步的方法是让每个对等线程在一个私有变量中计算它自己的部分和，这个私有变量不与其他任何线程共享，如图 12-33 所示。主线程(图中未显示)定义一个全局数组 psum，每个对等线程 $i$ 把它的部分和累积在 psum[i]中。因为小心地给了每个对等线程一个不同的内存位置来更新，所以不需要用互斥锁来保护这些更新。唯一需要同步的地方是主线程必须等待所有的子线程完成。在对等线程结束后，主线程把 psum 向量的元素加起来，得到最终的结果。

*code/conc/psum-array.c*

```
1   /* Thread routine for psum-array.c */
2   void *sum_array(void *vargp)
3   {
4       long myid = *((long *)vargp);          /* Extract the thread ID */
5       long start = myid * nelems_per_thread; /* Start element index */
6       long end = start + nelems_per_thread;  /* End element index */
7       long i;
8
9       for (i = start; i < end; i++) {
10          psum[myid] += i;
11      }
12      return NULL;
13  }
```

*code/conc/psum-array.c*

图 12-33 psum-array 的线程例程。每个对等线程把它的部分和累积在一个私有数组元素中，不与其他任何对等线程共享该元素

在四核系统上运行 psum-array 时，我们看到它比 psum-mutex 运行得快好几个数量级：

| | 线程数 | | | | |
|---|---|---|---|---|---|
| 版本 | 1 | 2 | 4 | 8 | 16 |
| psum-mutex | 68.00 | 432.00 | 719.00 | 552.00 | 599.00 |
| psum-array | 7.26 | 3.64 | 1.91 | 1.85 | 1.84 |

在第 5 章中，我们学习到了如何使用局部变量来消除不必要的内存引用。图 12-34 展示了如何应用这项原则，让每个对等线程把它的部分和累积在一个局部变量而不是全局变量中。当在四核机器上运行 psum-local 时，得到一组新的递减的运行时间：

| | 线程数 | | | | |
|---|---|---|---|---|---|
| 版本 | 1 | 2 | 4 | 8 | 16 |
| psum-mutex | 68.00 | 432.00 | 719.00 | 552.00 | 599.00 |
| psum-array | 7.26 | 3.64 | 1.91 | 1.85 | 1.84 |
| psum-local | 1.06 | 0.54 | 0.28 | 0.29 | 0.30 |

*code/conc/psum-local.c*

```
1   /* Thread routine for psum-local.c */
2   void *sum_local(void *vargp)
3   {
4       long myid = *((long *)vargp);          /* Extract the thread ID */
5       long start = myid * nelems_per_thread; /* Start element index */
6       long end = start + nelems_per_thread;  /* End element index */
7       long i, sum = 0;
8
9       for (i = start; i < end; i++) {
10          sum += i;
11      }
12      psum[myid] = sum;
13      return NULL;
14  }
```

*code/conc/psum-local.c*

图 12-34　psum-local 的线程例程。每个对等线程把它的部分和累积在一个局部变量中

从这个练习可以学习到一个重要的经验，那就是写并行程序相当棘手。对代码看上去很小的改动可能会对性能有极大的影响。

## 刻画并行程序的性能

图 12-35 给出了图 12-34 中程序 psum-local 的运行时间，它是线程数的函数。在每个情况下，程序运行在一个有四个处理器核的系统上，对一个 $n=2^{31}$ 个元素的序列求和。我们看到，随着线程数的增加，运行时间下降，直到增加到四个线程，此时，运行时间趋于平稳，甚至开始有点增加。

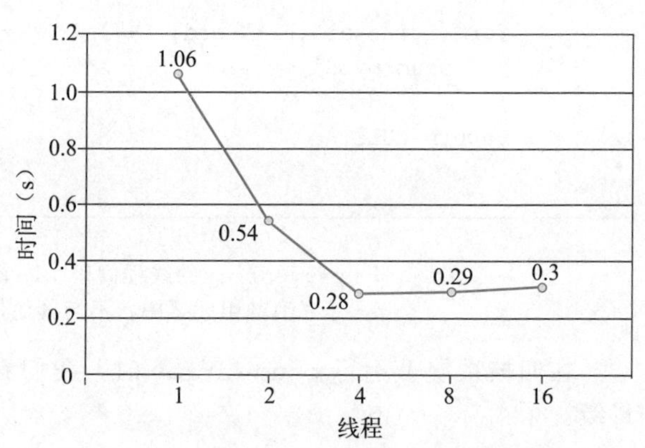


图 12-35　psum-local 的性能(图 12-34)。用四个处理器核对一个 $2^{31}$ 个元素序列求和

在理想的情况中，我们会期望运行时间随着核数的增加线性下降。也就是说，我们会期望线程数每增加一倍，运行时间就下降一半。确实是这样，直到到达 $t>4$ 的时候，此时四个核中的每一个都忙于运行至少一个线程。随着线程数量的增加，运行时间实际上增加了一点儿，这是由于在一个核上多个线程上下文切换的开销。由于这个原因，并行程序常常被写为每个核上只运行一个线程。

虽然绝对运行时间是衡量程序性能的终极标准，但是还是有一些有用的相对衡量标准能够说明并行程序有多好地利用了潜在的并行性。并行程序的*加速比*(speedup)通常定义为

$$S_p = \frac{T_1}{T_p}$$

这里 $p$ 是处理器核的数量，$T_K$ 是在 $k$ 个核上的运行时间。这个公式有时被称为*强扩展*(strong scaling)。当 $T_1$ 是程序顺序执行版本的执行时间时，$S_p$ 称为*绝对加速比*(absolute speedup)。当 $T_1$ 是程序并行版本在一个核上的执行时间时，$S_p$ 称为*相对加速比*(relative speedup)。绝对加速比比相对加速比能更真实地衡量并行的好处。即使是当并行程序在一个处理器上运行时，也常常会受到同步开销的影响，而这些开销会人为地增加相对加速比的数值，因为它们增加了分子的大小。另一方面，绝对加速比比相对加速比更难以测量，因为测量绝对加速比需要程序的两种不同的版本。对于复杂的并行代码，创建一个独立的顺序版本可能不太实际，或者因为代码太复杂，或者因为源代码不可得。

一种相关的测量量称为*效率*(efficiency)，定义为

$$E_p = \frac{S_p}{p} = \frac{T_1}{pT_p}$$

通常表示为范围在(0，100]之间的百分比。效率是对由于并行化造成的开销的衡量。具有高效率的程序比效率低的程序在有用的工作上花费更多的时间，在同步和通信上花费更少的时间。

图 12-36 给出了我们并行求和示例程序的各个加速比和效率测量值。像这样超过 90%的效率是非常好的，但是不要被欺骗了。能取得这么高的效率是因为我们的问题非常容易并行化。在实际中，很少会这样。数十年来，并行编程一直是一个很活跃的研究领域。随着商用多核机器的出现，这些机器的核数每几年就翻一番，并行编程会继续是一个深入、困难而活跃的研究领域。

| 线程 ($t$) | 1 | 2 | 4 | 8 | 16 |
|---|---|---|---|---|---|
| 核 ($p$) | 1 | 2 | 4 | 4 | 4 |
| 运行时间 ($T_p$) | 1.06 | 0.54 | 0.28 | 0.29 | 0.30 |
| 加速比 ($S_p$) | 1 | 1.9 | 3.8 | 3.7 | 3.5 |
| 效率 ($E_p$) | 100% | 98% | 95% | 91% | 88% |

图 12-36 图 12-35 中执行时间的加速比和并行效率

加速比还有另外一面，称为*弱扩展*(weak scaling)，在增加处理器数量的同时，增加问题的规模，这样随着处理器数量的增加，每个处理器执行的工作量保持不变。在这种描述中，加速比和效率被表达为单位时间完成的工作总量。例如，如果将处理器数量翻倍，同时每个小时也做了两倍的工作量，那么我们就有线性的加速比和 100%的效率。

弱扩展常常是比强扩展更真实的衡量值，因为它更准确地反映了我们用更大的机器做更多的工作的愿望。对于科学计算程序来说尤其如此，科学计算问题的规模很容易增加，更大的问题规模直接就意味着更好地预测。不过，还是有一些应用的规模不那么容易增加，对于这样的应用，强扩展是更合适的。例如，实时信号处理应用所执行的工作量常常是由产生信号的物理传感器的属性决定的。改变工作总量需要用不同的物理传感器，这不太实际或者不太必要。对于这类应用，我们通常想要用并行来尽可能快地完成定量的工作。

练习题 12.11 对于下表中的并行程序，填写空白处。假设使用强扩展。

| 线程 ($t$) | 1 | 2 | 4 |
|---|---|---|---|
| 核 ($p$) | 1 | 2 | 4 |
| 运行时间 ($T_p$) | 12 | 8 | 6 |
| 加速比 ($S_p$) | | 1.5 | |
| 效率 ($E_p$) | 100% | | 50% |

## 12.7 其他并发问题

你可能已经注意到了，一旦我们要求同步对共享数据的访问，那么事情就变得复杂得多了。迄今为止，我们已经看到了用于互斥和生产者-消费者同步的技术，但这仅仅是冰山一角。同步从根本上说是很难的问题，它引出了在普通的顺序程序中不会出现的问题。这一小节是关于你在写并发程序时需要注意的一些问题的(非常不完整的)综述。为了让事情具体化，我们将以线程为例描述讨论。不过要记住，这些典型问题是任何类型的并发流操作共享资源时都会出现的。

### 12.7.1 线程安全

当用线程编写程序时，必须小心地编写那些具有称为*线程安全性*(thread safety)属性的函数。一个函数被称为*线程安全的*(thread-safe)，当且仅当被多个并发线程反复地调用时，它会一直产生正确的结果。如果一个函数不是线程安全的，我们就说它是*线程不安全的*(thread-unsafe)。

我们能够定义出四个(不相交的)线程不安全函数类：

*第 1 类：不保护共享变量的函数。*我们在图 12-16 的 thread 函数中就已经遇到了这样的问题，该函数对一个未受保护的全局计数器变量加 1。将这类线程不安全函数变成线程安全的，相对而言比较容易：利用像 $P$ 和 $V$ 操作这样的同步操作来保护共享的变量。这个方法的优点是在调用程序中不需要做任何修改。缺点是同步操作将减慢程序的执行时间。

*第 2 类：保持跨越多个调用的状态的函数。*一个伪随机数生成器是这类线程不安全函数的简单例子。请参考图 12-37 中的伪随机数生成器程序包。rand 函数是线程不安全的，因为当前调用的结果依赖于前次调用的中间结果。当调用 srand 为 rand 设置了一个种子后，我们从一个单线程中反复地调用 rand，能够预期得到一个可重复的随机数字序列。然而，如果多线程调用 rand 函数，这种假设就不再成立了。

*code/conc/rand.c*

```
1   unsigned next_seed = 1;
2
3   /* rand - return pseudorandom integer in the range 0..32767 */
4   unsigned rand(void)
5   {
6       next_seed = next_seed*1103515245 + 12543;
7       return (unsigned)(next_seed>>16) % 32768;
8   }
9
10  /* srand - set the initial seed for rand() */
11  void srand(unsigned new_seed)
12  {
13      next_seed = new_seed;
14  }
```

*code/conc/rand.c*

图 12-37　一个线程不安全的伪随机数生成器(基于[61])

使得像 rand 这样的函数线程安全的唯一方式是重写它，使得它不再使用任何 static 数据，而是依靠调用者在参数中传递状态信息。这样做的缺点是，程序员现在还要被迫修改调用程序中的代码。在一个大的程序中，可能有成百上千个不同的调用位置，做这样的修改将是非常麻烦的，而且容易出错。

第 3 类：返回指向静态变量的指针的函数。某些函数，例如 ctime 和 gethostbyname，将计算结果放在一个 static 变量中，然后返回一个指向这个变量的指针。如果我们从并发线程中调用这些函数，那么将可能发生灾难，因为正在被一个线程使用的结果会被另一个线程悄悄地覆盖了。

有两种方法来处理这类线程不安全函数。一种选择是重写函数，使得调用者传递存放结果的变量的地址。这就消除了所有共享数据，但是它要求程序员能够修改函数的源代码。

如果线程不安全函数是难以修改或不可能修改的(例如，代码非常复杂或是没有源代码可用)，那么另外一种选择就是使用加锁-复制(lock-and-copy)技术。基本思想是将线程不安全函数与互斥锁联系起来。在每一个调用位置，对互斥锁加锁，调用线程不安全函数，将函数返回的结果复制到一个私有的内存位置，然后对互斥锁解锁。为了尽可能地减少对调用者的修改，你应该定义一个线程安全的包装函数，它执行加锁-复制，然后通过调用这个包装函数来取代所有对线程不安全函数的调用。例如，图 12-38 给出了 ctime 的一个线程安全的版本，利用的就是加锁-复制技术。

*code/conc/ctime-ts.c*

```
1   char *ctime_ts(const time_t *timep, char *privatep)
2   {
3       char *sharedp;
4
5       P(&mutex);
6       sharedp = ctime(timep);
7       strcpy(privatep, sharedp); /* Copy string from shared to private */
8       V(&mutex);
9       return privatep;
10  }
```

*code/conc/ctime-ts.c*

图 12-38 C 标准库函数 ctime 的线程安全的包装函数。使用加锁-复制技术调用一个第 3 类线程不安全函数

第 4 类：调用线程不安全函数的函数。如果函数 $f$ 调用线程不安全函数 $g$，那么 $f$ 就是线程不安全的吗？不一定。如果 $g$ 是第 2 类函数，即依赖于跨越多次调用的状态，那么 $f$ 也是线程不安全的，而且除了重写 $g$ 以外，没有什么办法。然而，如果 $g$ 是第 1 类或者第 3 类函数，那么只要你用一个互斥锁保护调用位置和任何得到的共享数据，$f$ 仍然可能是线程安全的。在图 12-38 中我们看到了一个这种情况很好的示例，其中我们使用加锁-复制编写了一个线程安全函数，它调用了一个线程不安全的函数。

### 12.7.2 可重入性

有一类重要的线程安全函数，叫做可重入函数(reentrant function)，其特点在于它们具有这样一种属性：当它们被多个线程调用时，不会引用任何共享数据。尽管线程安全和可重入有时会(不正确地)被用做同义词，但是它们之间还是有清晰的技术差别，值得留意。图 12-39 展示了可

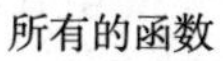


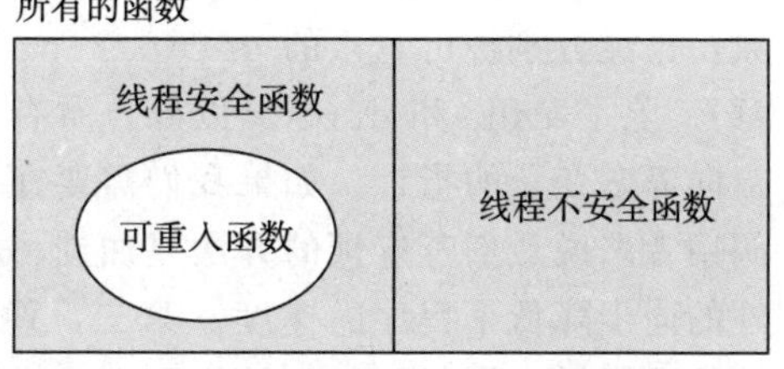


图 12-39 可重入函数、线程安全函数和线程不安全函数之间的集合关系

重入函数、线程安全函数和线程不安全函数之间的集合关系。所有函数的集合被划分成不相交的线程安全和线程不安全函数集合。可重入函数集合是线程安全函数的一个真子集。

可重入函数通常要比不可重入的线程安全的函数高效一些，因为它们不需要同步操作。更进一步来说，将第 2 类线程不安全函数转化为线程安全函数的唯一方法就是重写它，使之变为可重入的。例如，图 12-40 展示了图 12-37 中 rand 函数的一个可重入的版本。关键思想是我们用一个调用者传递进来的指针取代了静态的 next 变量。

*code/conc/rand-r.c*

```
1  /* rand_r - return a pseudorandom integer on 0..32767 */
2  int rand_r(unsigned int *nextp)
3  {
4      *nextp = *nextp * 1103515245 + 12345;
5      return (unsigned int)(*nextp / 65536) % 32768;
6  }
```

*code/conc/rand-r.c*

图 12-40　rand_r：图 12-37 中的 rand 函数的可重入版本

检查某个函数的代码并先验地断定它是可重入的，这可能吗？不幸的是，不一定能这样。如果所有的函数参数都是传值传递的(即没有指针)，并且所有的数据引用都是本地的自动栈变量(即没有引用静态或全局变量)，那么函数就是*显式可重入的*(explicitly reentrant)，也就是说，无论它是被如何调用的，都可以断言它是可重入的。

然而，如果把假设放宽松一点，允许显式可重入函数中一些参数是引用传递的(即允许它们传递指针)，那么我们就得到了一个*隐式可重入的*(implicitly reentrant)函数，也就是说，如果调用线程小心地传递指向非共享数据的指针，那么它是可重入的。例如，图 12-40 中的 rand_r 函数就是隐式可重入的。

我们总是使用术语*可重入的*(reentrant)既包括显式可重入函数也包括隐式可重入函数。然而，认识到可重入性有时既是调用者也是被调用者的属性，并不只是被调用者单独的属性是非常重要的。

**练习题 12.12**　图 12-38 中的 ctime_ts 函数是线程安全的，但不是可重入的。请解释说明。

### 12.7.3　在线程化的程序中使用已存在的库函数

大多数 Linux 函数，包括定义在标准 C 库中的函数(例如 malloc、free、realloc、printf和 scanf)都是线程安全的，只有一小部分是例外。图 12-41 列出了常见的例外。(参考[110]可以得到一个完整的列表。)strtok 函数是一个已弃用的(不推荐使用)函数。asctime、ctime 和 localtime 函数是在不同时间和数据格式间相互来回转换时经常使用的函数。gethostbyname、gethostbyaddr 和 inet_ntoa 函数是已弃用的网络编程函数，已经分别被可重入的 getaddrinfo、getnameinfo 和 inet_ntop 函数取代(见第 11 章)。除了 rand 和 strtok 以外，所有这些线程不安全函数都是第 3 类的，它们返回一个指向静态变量的指针。如果我们需要在一个线程化的程序中调用这些函数中的某一个，对调用者来说最不惹麻烦的方法是加锁-复制。然而，加锁-复制方法有许多缺点。首先，额外的同步降低了程序的速度。第二，像 gethostbyname 这样的函数返回指向复杂结构的结构的指针，要复制整个结构层次，需要*深层复制*(deep copy)结构。第三，加锁-复制方法对像 rand 这样依赖跨越调用的静态状态的第 2 类函数并不有效。

| 线程不安全函数 | 线程不安全类 | Linux 线程安全版本 |
|---|---|---|
| rand | 2 | rand_r |
| strtok | 2 | strtok_r |
| asctime | 3 | asctime_r |
| ctime | 3 | ctime_r |
| gethostbyaddr | 3 | gethostbyaddr_r |
| gethostbyname | 3 | gethostbyname_r |
| inet_ntoa | 3 | (无) |
| localtime | 3 | localtime_r |

图 12-41 常见的线程不安全的库函数

因此，Linux 系统提供大多数线程不安全函数的可重入版本。可重入版本的名字总是以“_r”后缀结尾。例如，asctime 的可重入版本就叫做 asctime_r。我们建议尽可能地使用这些函数。

### 12.7.4 竞争

当一个程序的正确性依赖于一个线程要在另一个线程到达 $y$ 点之前到达它的控制流中的 $x$ 点时，就会发生竞争(race)。通常发生竞争是因为程序员假定线程将按照某种特殊的轨迹线穿过执行状态空间，而忘记了另一条准则规定：多线程的程序必须对任何可行的轨迹线都正确工作。

例子是理解竞争本质的最简单的方法。让我们来看看图 12-42 中的简单程序。主线程创建了四个对等线程，并传递一个指向一个唯一的整数 ID 的指针到每个线程。每个对等线程复制它的参数中传递的 ID 到一个局部变量中(第 22 行)，然后输出一个包含这个 ID 的信息。它看上去足够简单，但是当我们在系统上运行这个程序时，我们得到以下不正确的结果：

```
linux> ./race
Hello from thread 1
Hello from thread 3
Hello from thread 2
Hello from thread 3
```

*code/conc/race.c*

```
1   /* WARNING: This code is buggy! */
2   #include "csapp.h"
3   #define N 4
4
5   void *thread(void *vargp);
6
7   int main()
8   {
9       pthread_t tid[N];
10      int i;
11
12      for (i = 0; i < N; i++)
13          Pthread_create(&tid[i], NULL, thread, &i);
14      for (i = 0; i < N; i++)
15          Pthread_join(tid[i], NULL);
16      exit(0);
17  }
```

图 12-42 一个具有竞争的程序

```
18
19  /* Thread routine */
20  void *thread(void *vargp)
21  {
22      int myid = *((int *)vargp);
23      printf("Hello from thread %d\n", myid);
24      return NULL;
25  }
```

code/conc/race.c

图 12-42 （续）

问题是由每个对等线程和主线程之间的竞争引起的。你能发现这个竞争吗？下面是发生的情况。当主线程在第 13 行创建了一个对等线程，它传递了一个指向本地栈变量 $i$ 的指针。在此时，竞争出现在下一次在第 12 行对 $i$ 加 1 和第 22 行参数的间接引用和赋值之间。如果对等线程在主线程执行第 12 行对 $i$ 加 1 之前就执行了第 22 行，那么 myid 变量就得到正确的 ID。否则，它包含的就会是其他线程的 ID。令人惊慌的是，我们是否得到正确的答案依赖于内核是如何调度线程的执行的。在我们的系统中它失败了，但是在其他系统中，它可能就能正确工作，让程序员“幸福地”察觉不到程序的严重错误。

为了消除竞争，我们可以动态地为每个整数 ID 分配一个独立的块，并且传递给线程例程一个指向这个块的指针，如图 12-43 所示(第 12～14 行)。请注意线程例程必须释放这些块以避免内存泄漏。

code/conc/norace.c

```
1   #include "csapp.h"
2   #define N 4
3
4   void *thread(void *vargp);
5
6   int main()
7   {
8       pthread_t tid[N];
9       int i, *ptr;
10
11      for (i = 0; i < N; i++) {
12          ptr = Malloc(sizeof(int));
13          *ptr = i;
14          Pthread_create(&tid[i], NULL, thread, ptr);
15      }
16      for (i = 0; i < N; i++)
17          Pthread_join(tid[i], NULL);
18      exit(0);
19  }
20
21  /* Thread routine */
22  void *thread(void *vargp)
23  {
24      int myid = *((int *)vargp);
25      Free(vargp);
26      printf("Hello from thread %d\n", myid);
27      return NULL;
28  }
```

code/conc/norace.c

图 12-43　图 12-42 中程序的一个没有竞争的正确版本

当我们在系统上运行这个程序时，现在得到了正确的结果：

```
linux> ./norace
Hello from thread 0
Hello from thread 1
Hello from thread 2
Hello from thread 3
```

练习题 12.13 在图 12-43 中，我们可能想要在主线程中的第 14 行后立即释放已分配的内存块，而不是在对等线程中释放它。但是这会是个坏注意。为什么？

练习题 12.14

A. 在图 12-43 中，我们通过为每个整数 ID 分配一个独立的块来消除竞争。给出一个不调用 malloc 或者 free 函数的不同的方法。

B. 这种方法的利弊是什么？

### 12.7.5 死锁

信号量引入了一种潜在的令人厌恶的运行时错误，叫做死锁(deadlock)，它指的是一组线程被阻塞了，等待一个永远也不会为真的条件。进度图对于理解死锁是一个无价的工具。例如，图 12-44 展示了一对用两个信号量来实现互斥的线程的进程图。从这幅图中，我们能够得到一些关于死锁的重要知识：

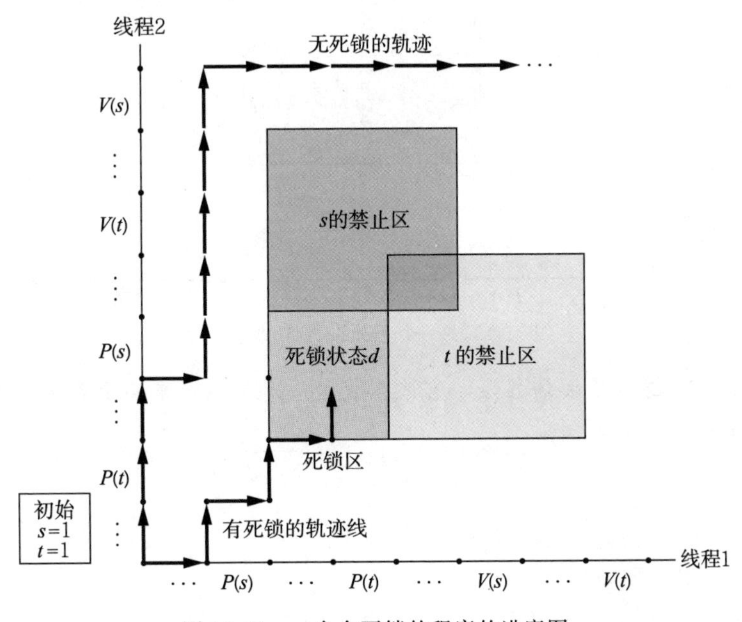


图 12-44 一个会死锁的程序的进度图

- 程序员使用 $P$ 和 $V$ 操作顺序不当，以至于两个信号量的禁止区域重叠。如果某个执行轨迹线碰巧到达了死锁状态 $d$，那么就不可能有进一步的进展了，因为重叠的禁止区域阻塞了每个合法方向上的进展。换句话说，程序死锁是因为每个线程都在等待其他线程执行一个根不可能发生的 $V$ 操作。
- 重叠的禁止区域引起了一组称为死锁区域(deadlock region)的状态。如果一个轨迹线碰巧到达了一个死锁区域中的状态，那么死锁就是不可避免的了。轨迹线可以进入死锁区域，但是它们不可能离开。

- 死锁是一个相当困难的问题，因为它不总是可预测的。一些幸运的执行轨迹线将绕开死锁区域，而其他的将会陷入这个区域。图 12-44 展示了每种情况的一个示例。对于程序员来说，这其中隐含的着实令人惊慌。你可以运行一个程序 1000 次不出任何问题，但是下一次它就死锁了。或者程序在一台机器上可能运行得很好，但是在另外的机器上就会死锁。最糟糕的是，错误常常是不可重复的，因为不同的执行有不同的轨迹线。

程序死锁有很多原因，要避免死锁一般而言是很困难的。然而，当使用二元信号量来实现互斥时，如图 12-44 所示，你可以应用下面的简单而有效的规则来避免死锁：

**互斥锁加锁顺序规则**：给定所有互斥操作的一个全序，如果每个线程都是以一种顺序获得互斥锁并以相反的顺序释放，那么这个程序就是无死锁的。

例如，我们可以通过这样的方法来解决图 12-44 中的死锁问题：在每个线程中先对 $s$ 加锁，然后再对 $t$ 加锁。图 12-45 展示了得到的进度图。

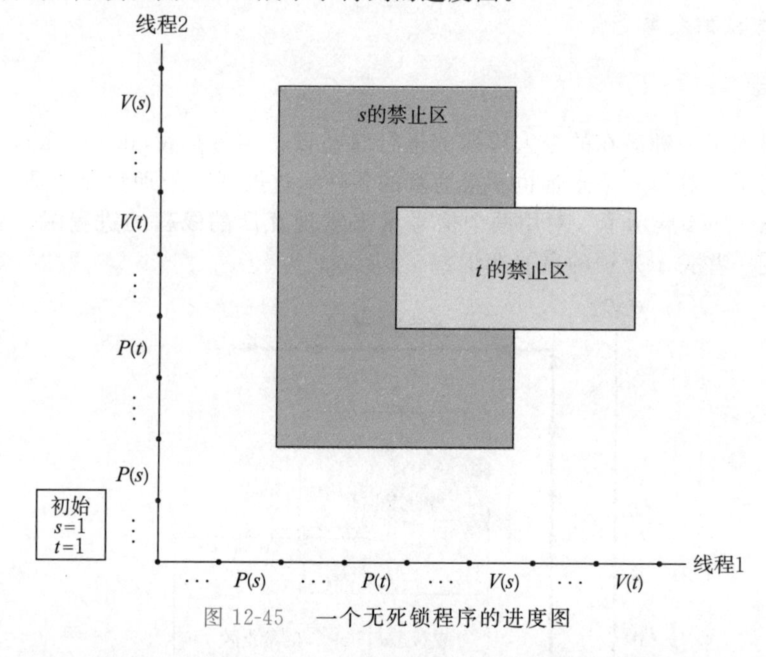


图 12-45　一个无死锁程序的进度图

**练习题 12.15**　思考下面的程序，它试图使用一对信号量来实现互斥。

```
初始时:    s = 1, t = 0.

线程1:              线程2:
P(s);               P(s);
V(s);               V(s);
P(t);               P(t);
V(t);               V(t);
```

A. 画出这个程序的进度图。

B. 它总是会死锁吗？

C. 如果是，那么对初始信号量的值做哪些简单的改变就能消除这种潜在的死锁呢？

D. 画出得到的无死锁程序的进度图。

## 12.8　小结

一个并发程序是由在时间上重叠的一组逻辑流组成的。在这一章中，我们学习了三种不同的构建并发程序的机制：进程、I/O 多路复用和线程。我们以一个并发网络服务器作为贯穿全章的应用程序。

进程是由内核自动调度的，而且因为它们有各自独立的虚拟地址空间，所以要实现共享数据，必须要有显式的 IPC 机制。事件驱动程序创建它们自己的并发逻辑流，这些逻辑流被模型化为状态机，用 I/O多路复用来显式地调度这些流。因为程序运行在一个单一进程中，所以在流之间共享数据速度很快而且很容易。线程是这些方法的混合。同基于进程的流一样，线程也是由内核自动调度的。同基于 I/O 多路复用的流一样，线程是运行在一个单一进程的上下文中的，因此可以快速而方便地共享数据。

无论哪种并发机制，同步对共享数据的并发访问都是一个困难的问题。提出对信号量的 $P$ 和 $V$ 操作就是为了帮助解决这个问题。信号量操作可以用来提供对共享数据的互斥访问，也对诸如生产者-消费者程序中有限缓冲区和读者-写者系统中的共享对象这样的资源访问进行调度。一个并发预线程化的 echo 服务器提供了信号量使用场景的很好的例子。

并发也引入了其他一些困难的问题。被线程调用的函数必须具有一种称为线程安全的属性。我们定义了四类线程不安全的函数，以及一些将它们变为线程安全的建议。可重入函数是线程安全函数的一个真子集，它不访问任何共享数据。可重入函数通常比不可重入函数更为有效，因为它们不需要任何同步原语。竞争和死锁是并发程序中出现的另一些困难的问题。当程序员错误地假设逻辑流该如何调度时，就会发生竞争。当一个流等待一个永远不会发生的事件时，就会产生死锁。

## 参考文献说明

信号量操作是 Dijkstra 提出的 [31]。进度图的概念是 Coffman [23]提出的，后来由 Carson 和 Reynolds [16]形式化的。Courtois 等人[25]提出了读者-写者问题。操作系统教科书更详细地描述了经典的同步问题，例如哲学家进餐问题、打瞌睡的理发师问题和吸烟者问题 [102, 106, 113]。Butenhof 的书[15]对 Posix 线程接口有全面的描述。Birrell [7]的论文对线程编程以及线程编程中容易遇到的问题做了很好的介绍。Reinders 的书[90]描述了 C/C++ 库，简化了线程化程序的设计和实现。有一些课本讲述了多核系统上并行编程的基础知识 [47, 71]。Pugh 描述了 Java 线程通过内存进行交互的方式的缺陷，并提出了替代的内存模型 [88]。Gustafson 提出了替代强扩展的弱扩展加速模型 [43]。

## 家庭作业

*12.16 编写 hello.c(图 12-13)的一个版本，它创建和回收 $n$ 个可结合的对等线程，其中 $n$ 是一个命令行参数。

*12.17 A. 图 12-46 中的程序有一个 bug。要求线程睡眠一秒钟，然后输出一个字符串。然而，当在我们的系统上运行它时，却没有任何输出。为什么？

*code/conc/hellobug.c*

```
1   /* WARNING: This code is buggy! */
2   #include "csapp.h"
3   void *thread(void *vargp);
4
5   int main()
6   {
7       pthread_t tid;
8
9       Pthread_create(&tid, NULL, thread, NULL);
10      exit(0);
11  }
12
13  /* Thread routine */
14  void *thread(void *vargp)
15  {
16      Sleep(1);
17      printf("Hello, world!\n");
18      return NULL;
19  }
```

*code/conc/hellobug.c*

图 12-46 练习题 12.17 的有 bug 的程序

B. 你可以通过用两个不同的 Pthreads 函数调用中的一个替代第 10 行中的 exit 函数来改正这个错误。选哪一个呢？

*12.18 用图 12-21 中的进度图，将下面的轨迹线分类为安全或者不安全的。

A. $H_2$，$L_2$，$U_2$，$H_1$，$L_1$，$S_2$，$U_1$，$S_1$，$T_1$，$T_2$

B. $H_2$，$H_1$，$L_1$，$U_1$，$S_1$，$L_2$，$T_1$，$U_2$，$S_2$，$T_2$

C. $H_1$，$L_1$，$H_2$，$L_2$，$U_2$，$S_2$，$U_1$，$S_1$，$T_1$，$T_2$

**12.19 图 12-26 中第一类读者-写者问题的解答给予读者的是有些弱的优先级，因为读者在离开它的临界区时，可能会重启一个正在等待的写者，而不是一个正在等待的读者。推导出一个解答，它给予读者更强的优先级，当写者离开它的临界区的时候，如果有读者正在等待的话，就总是重启一个正在等待的读者。

***12.20 考虑读者-写者问题的一个更简单的变种，即最多只有 $N$ 个读者。推导出一个解答，给予读者和写者同等的优先级，即等待中的读者和写者被赋予对资源访问的同等的机会。提示：你可以用一个计数信号量和一个互斥锁来解决这个问题。

****12.21 推导出第二类读者-写者问题的一个解答，在此写者的优先级高于读者。

**12.22 检查一下你对 select 函数的理解，请修改图 12-6 中的服务器，使得它在主服务器的每次迭代中最多只回送一个文本行。

**12.23 图 12-8 中的事件驱动并发 echo 服务器是有缺陷的，因为一个恶意的客户端能够通过发送部分的文本行，使服务器拒绝为其他客户端服务。编写一个改进的服务器版本，使之能够非阻塞地处理这些部分文本行。

*12.24 RIO I/O 包中的函数(10.5 节)都是线程安全的。它们也都是可重入函数吗？

*12.25 在图 12-28 中的预线程化的并发 echo 服务器中，每个线程都调用 echo_cnt 函数(图 12-29)。echo_cnt 是线程安全的吗？它是可重入的吗？为什么是或为什么不是呢？

***12.26 用加锁-复制技术来实现 gethostbyname 的一个线程安全而又不可重入的版本，称为 gethostbyname_ts。一个正确的解答是使用由互斥锁保护的 hostent 结构的深层副本。

**12.27 一些网络编程的教科书建议用以下的方法来读和写套接字：和客户端交互之前，在同一个打开的已连接套接字描述符上，打开两个标准 I/O 流，一个用来读，一个用来写：

```
FILE *fpin, *fpout;

fpin = fdopen(sockfd, "r");
fpout = fdopen(sockfd, "w");
```

当服务器完成和客户端的交互之后，像下面这样关闭两个流：

```
fclose(fpin);
fclose(fpout);
```

然而，如果你试图在基于线程的并发服务器上尝试这种方式，将制造一个致命的竞争条件。请解释。

*12.28 在图 12-45 中，将两个 $V$ 操作的顺序交换，对程序死锁是否有影响？通过画出四种可能情况的进度图来证明你的答案：

| 情况 1 | | 情况 2 | | 情况 3 | | 情况 4 | |
|---|---|---|---|---|---|---|---|
| 线程 1 | 线程 2 | 线程 1 | 线程 2 | 线程 1 | 线程 2 | 线程 1 | 线程 2 |
| P(s)<br>P(t)<br>V(s)<br>V(t) | P(s)<br>P(t)<br>V(s)<br>V(t) | P(s)<br>P(t)<br>V(s)<br>V(t) | P(s)<br>P(t)<br>V(t)<br>V(s) | P(s)<br>P(t)<br>V(t)<br>V(s) | P(s)<br>P(t)<br>V(s)<br>V(t) | P(s)<br>P(t)<br>V(t)<br>V(s) | P(s)<br>P(t)<br>V(t)<br>V(s) |

*12.29 下面的程序会死锁吗？为什么会或者为什么不会？

```
初始时:  a = 1, b = 1, c = 1

线程1:         线程2:
P(a);          P(c);
P(b);          P(b);
V(b);          V(b);
P(c);          V(c);
V(c);
V(a);
```

* 12.30 考虑下面这个会死锁的程序。

```
初始时:  a = 1, b = 1, c = 1

线程1:         线程2:         线程3:
P(a);          P(c);          P(c);
P(b);          P(b);          V(c);
V(b);          V(b);          P(b);
P(c);          V(c);          P(a);
V(c);          P(a);          V(a);
V(a);          V(a);          V(b);
```

A. 列出每个线程同时占用的一对互斥锁。

B. 如果 $a<b<c$，那么哪个线程违背了互斥锁加锁顺序规则？

C. 对于这些线程，指出一个新的保证不会发生死锁的加锁顺序。

*** 12.31 实现标准 I/O 函数 fgets 的一个版本，叫做 tfgets，假如它在 5 秒之内没有从标准输入上接收到一个输入行，那么就超时，并返回一个 NULL 指针。你的函数应该实现在一个叫做 tfgets-proc.c 的包中，使用进程、信号和非本地跳转。它不应该使用 Linux 的 alarm 函数。使用图 12-47 中的驱动程序测试你的结果。

code/conc/tfgets-main.c

```
1  #include "csapp.h"
2
3  char *tfgets(char *s, int size, FILE *stream);
4
5  int main()
6  {
7      char buf[MAXLINE];
8
9      if (tfgets(buf, MAXLINE, stdin) == NULL)
10         printf("BOOM!\n");
11     else
12         printf("%s", buf);
13
14     exit(0);
15 }
```

code/conc/tfgets-main.c

图 12-47 家庭作业题 12.31～12.33 的驱动程序

*** 12.32 使用 select 函数来实现练习题 12.31 中 tfgets 函数的一个版本。你的函数应该在一个叫做 tfgets-select.c 的包中实现。用练习题 12.31 中的驱动程序测试你的结果。你可以假定标准输入被赋值为描述符 0。

*** 12.33 实现练习题 12.31 中 tfgets 函数的一个线程化的版本。你的函数应该在一个叫做 tfgets-thread.c 的包中实现。用练习题 12.31 中的驱动程序测试你的结果。

*** 12.34 编写一个 $N \times M$ 矩阵乘法核心函数的并行线程化版本。比较它的性能与顺序的版本的性能。

*** 12.35 实现一个基于进程的 TINY Web 服务器的并发版本。你的解答应该为每一个新的连接请求创建一个新的子进程。使用一个实际的 Web 浏览器来测试你的解答。

*** 12.36 实现一个基于 I/O 多路复用的 TINY Web 服务器的并发版本。使用一个实际的 Web 浏览器来测试你的解答。

** 12.37 实现一个基于线程的 TINY Web 服务器的并发版本。你的解答应该为每一个新的连接请求创建一个新的线程。使用一个实际的 Web 浏览器来测试你的解答。

** 12.38 实现一个 TINY Web 服务器的并发预线程化的版本。你的解答应该根据当前的负载，动态地增加或减少线程的数目。一个策略是当缓冲区变满时，将线程数量翻倍，而当缓冲区变为空时，将线程数目减半。使用一个实际的 Web 浏览器来测试你的解答。

** 12.39 Web 代理是一个在 Web 服务器和浏览器之间扮演中间角色的程序。浏览器不是直接连接服务器以获取网页，而是与代理连接，代理再将请求转发给服务器。当服务器响应代理时，代理将响应发送给浏览器。为了这个试验，请你编写一个简单的可以过滤和记录请求的 Web 代理：

A. 试验的第一部分中，你要建立以接收请求的代理，分析 HTTP，转发请求给服务器，并且返回结果给浏览器。你的代理将所有请求的 URL 记录在磁盘上一个日志文件中，同时它还要阻塞所有对包含在磁盘上一个过滤文件中的 URL 的请求。

B. 试验的第二部分中，你要升级代理，它通过派生一个独立的线程来处理每一个请求，使得代理能够一次处理多个打开的连接。当你的代理在等待远程服务器响应一个请求使它能服务于一个浏览器时，它应该可以处理来自另一个浏览器未完成的请求。

使用一个实际的 Web 浏览器来检验你的解答。

## 练习题答案

12.1 当父进程派生子进程时，它得到一个已连接描述符的副本，并将相关文件表中的引用计数从 1 增加到 2。当父进程关闭它的描述符副本时，引用计数就从 2 减少到 1。因为内核不会关闭一个文件，直到文件表中它的引用计数值变为零，所以子进程这边的连接端将保持打开。

12.2 当一个进程因为某种原因终止时，内核将关闭所有打开的描述符。因此，当子进程退出时，它的已连接文件描述符的副本也将被自动关闭。

12.3 回想一下，如果一个从描述符中读一个字节的请求不会阻塞，那么这个描述符就准备好可以读了。假如 EOF 在一个描述符上为真，那么描述符也准备好可读了，因为读操作将立即返回一个零返回码，表示 EOF。因此，键入 Ctrl＋D 会导致 `select` 函数返回，准备好的集合中有描述符 0。

12.4 因为变量 `pool.read_set` 既作为输入参数也作为输出参数，所以我们在每一次调用 `select` 之前都重新初始化它。在输入时，它包含读集合。在输出，它包含准备好的集合。

12.5 因为线程运行在同一个进程中，它们都共享相同的描述符表。无论有多少线程使用这个已连接描述符，这个已连接描述符的文件表的引用计数都等于 1。因此，当我们用完它时，一个 `close` 操作就足以释放与这个已连接描述符相关的内存资源了。

12.6 这里的主要的思想是，栈变量是私有的，而全局和静态变量是共享的。诸如 `cnt` 这样的静态变量有点小麻烦，因为共享是限制在它们的函数范围内的——在这个例子中，就是线程例程。

A. 下面就是这张表：

| 变量实例 | 被主线程引用？ | 被对等线程0引用？ | 被对等线程1引用？ |
|---|---|---|---|
| ptr | 是 | 是 | 是 |
| cnt | 否 | 是 | 是 |
| i.m | 是 | 否 | 否 |
| msgs.m | 是 | 是 | 是 |
| myid.p0 | 否 | 是 | 否 |
| myid.p1 | 否 | 否 | 是 |

说明：

- `ptr`：一个被主线程写和被对等线程读的全局变量。
- `cnt`：一个静态变量，在内存中只有一个实例，被两个对等线程读和写。
- `i.m`：一个存储在主线程栈中的本地自动变量。虽然它的值被传递给对等线程，但是对等线程也绝不会在栈中引用它，因此它不是共享的。

- msgs.m：一个存储在主线程栈中的本地自动变量，被两个对等线程通过 ptr 间接地引用。
- myid.0 和 myid.1：一个本地自动变量的实例，分别驻留在对等线程 0 和线程 1 的栈中。

B. 变量 ptr、cnt 和 msgs 被多于一个线程引用，因此它们是共享的。

12.7 这里的重要思想是，你不能假设当内核调度你的线程时会如何选择顺序。

| 步骤 | 线程 | 指令 | %rdx$_1$ | %rdx$_2$ | cnt |
|---|---|---|---|---|---|
| 1 | 1 | $H_1$ | — | — | 0 |
| 2 | 1 | $L_1$ | 0 | — | 0 |
| 3 | 2 | $H_2$ | — | — | 0 |
| 4 | 2 | $L_2$ | — | 0 | 0 |
| 5 | 2 | $U_2$ | — | 1 | 0 |
| 6 | 2 | $S_2$ | — | 1 | 1 |
| 7 | 1 | $U_1$ | 1 | — | 1 |
| 8 | 1 | $S_1$ | 1 | — | 1 |
| 9 | 1 | $T_1$ | 1 | — | 1 |
| 10 | 2 | $T_2$ | — | 1 | 1 |

变量 cnt 最终有一个不正确的值 1。

12.8 这道题简单地测试你对进度图中安全和不安全轨迹线的理解。像 A 和 C 这样的轨迹线绕开了临界区，是安全的，会产生正确的结果。

A. $H_1$，$L_1$，$U_1$，$S_1$，$H_2$，$L_2$，$U_2$，$S_2$，$T_2$，$T_1$：安全的

B. $H_2$，$L_2$，$H_1$，$L_1$，$U_1$，$S_1$，$T_1$，$U_2$，$S_2$，$T_2$：不安全的

C. $H_1$，$H_2$，$L_2$，$U_2$，$S_2$，$L_1$，$U_1$，$S_1$，$T_1$，$T_2$：安全的

12.9 A. $p=1$，$c=1$，$n>1$：是，互斥锁是需要的，因为生产者和消费者会并发地访问缓冲区。

B. $p=1$，$c=1$，$n=1$：不是，在这种情况中不需要互斥锁信号量，因为一个非空的缓冲区就等于满的缓冲区。当缓冲区包含一个项目时，生产者就被阻塞了。当缓冲区为空时，消费者就被阻塞了。所以在任意时刻，只有一个线程可以访问缓冲区，因此不用互斥锁也能保证互斥。

C. $p>1$，$c>1$，$n=1$：不是，在这种情况中，也不需要互斥锁，原因与前面一种情况相同。

12.10 假设一个特殊的信号量实现为每一个信号量使用了一个 LIFO 的线程栈。当一个线程在 $P$ 操作中阻塞在一个信号量上，它的 ID 就被压入栈中。类似地，$V$ 操作从栈中弹出栈顶的线程 ID，并重启这个线程。根据这个栈的实现，一个在它的临界区中的竞争的写者会简单地等待，直到在它释放这个信号量之前另一个写者阻塞在这个信号量上。在这种场景中，当两个写者来回地传递控制权时，正在等待的读者可能会永远地等待下去。

注意，虽然用 FIFO 队列而不是用 LIFO 更符合直觉，但是使用 LIFO 的栈也是对的，而且也没有违反 $P$ 和 $V$ 操作的语义。

12.11 这道题简单地检查你对加速比和并行效率的理解：

| 线程 ($t$) | 1 | 2 | 4 |
|---|---|---|---|
| 核 ($p$) | 1 | 2 | 4 |
| 运行时间($T_p$) | 12 | 8 | 6 |
| 加速比($S_p$) | 1 | 1.5 | 2 |
| 效率 ($E_p$) | 100% | 75% | 50% |

12.12 ctime_ts 函数不是可重入函数，因为每次调用都共享相同的由 ctime 函数返回的 static 变量。然而，它是线程安全的，因为对共享变量的访问是被 $P$ 和 $V$ 操作保护的，因此是互斥的。

12.13 如果在第 14 行调用了 pthread_create 之后，我们立即释放块，那么将引入一个新的竞争，这次竞争发生在主线程对 free 的调用和线程例程中第 24 行的赋值语句之间。

12.14 A. 另一种方法是直接传递整数 i，而不是传递一个指向 i 的指针：

```
for (i = 0; i < N; i++)
    Pthread_create(&tid[i], NULL, thread, (void *)i);
```

在线程例程中，我们将参数强制转换成一个 int 类型，并将它赋值给 myid：

```
int myid = (int) vargp;
```

B. 优点是它通过消除对 malloc 和 free 的调用降低了开销。一个明显的缺点是，它假设指针至少和 int 一样大。即便这种假设对于所有的现代系统来说都为真，但是它对于那些过去遗留下来的或今后的系统来说可能就不为真了。

12.15　A. 原始的程序的进度图如图 12-48 所示。

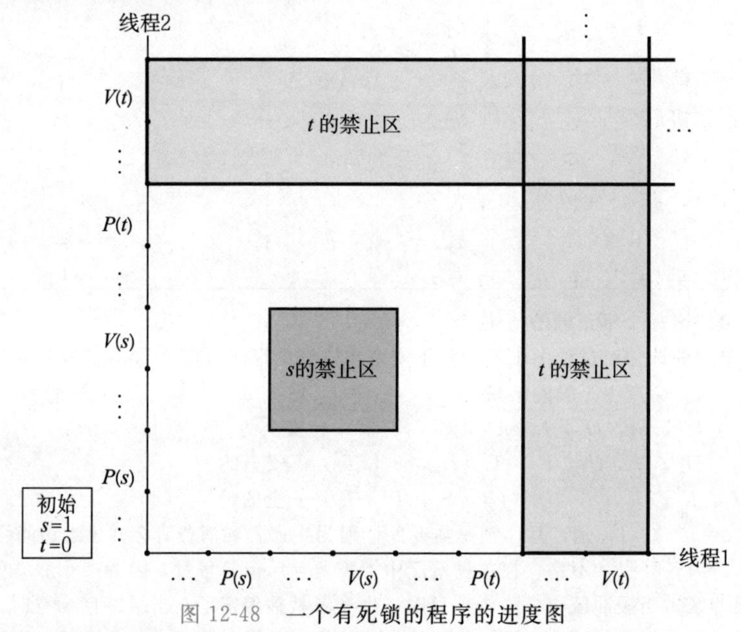


图 12-48　一个有死锁的程序的进度图

B. 因为任何可行的轨迹最终都陷入死锁状态中，所以这个程序总是会死锁。

C. 为了消除潜在的死锁，将二元信号量 t 初始化为 1 而不是 0。

D. 改成后的程序的进度图如图 12-49 所示。

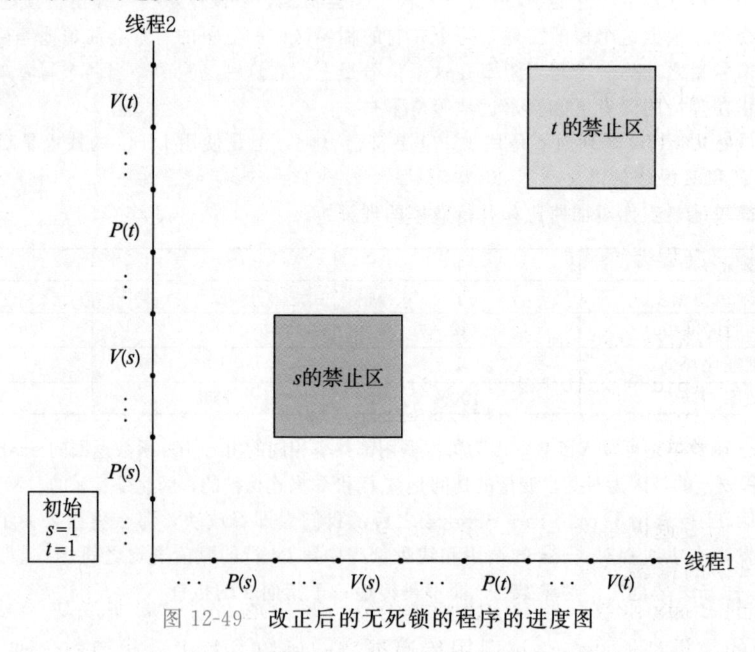


图 12-49　改正后的无死锁的程序的进度图

附录 A

A P P E N D I X A

# 错误处理

程序员应该总是检查系统级函数返回的错误代码。有许多细微的方式会导致出现错误，只有使用内核能够提供给我们的状态信息才能理解为什么有这样的错误。不幸的是，程序员往往不愿意进行错误检查，因为这使他们的代码变得很庞大，将一行代码变成一个多行的条件语句。错误检查也是很令人迷惑的，因为不同的函数以不同的方式表示错误。

在编写本书时，我们面临类似的问题。一方面，我们希望代码示例阅读起来简洁简单；另一方面，我们又不希望给学生们一个错误的印象，以为可以省略错误检查。为了解决这些问题，我们采用了一种基于*错误处理包装函数*(error-handling wrapper)的方法，这是由 W. Richard Stevens 在他的网络编程教材[110]中最先提出的。

其思想是，给定某个基本的系统级函数 foo，我们定义一个有相同参数、只不过开头字母大写了的包装函数 Foo。包装函数调用基本函数并检查错误。如果包装函数发现了错误，那么它就打印一条信息并终止进程。否则，它返回到调用者。注意，如果没有错误，包装函数的行为与基本函数完全一样。换句话说，如果程序使用包装函数运行正确，那么我们把每个包装函数的第一个字母小写并重新编译，也能正确运行。

包装函数被封装在一个源文件(csapp.c)中，这个文件被编译和链接到每个程序中。一个独立的头文件(csapp.h)中包含这些包装函数的函数原型。

本附录给出了一个关于 Unix 系统中不同种类的错误处理的教程，还给出了不同风格的错误处理包装函数的示例。csapp.h 和 csapp.c 文件可以从 CS：APP 网站上获得。

## A.1 Unix 系统中的错误处理

本书中我们遇到的系统级函数调用使用三种不同风格的返回错误：Unix 风格的、Posix 风格的和 GAI 风格的。

### 1. Unix 风格的错误处理

像 fork 和 wait 这样 Unix 早期开发出来的函数(以及一些较老的 Posix 函数)的函数返回值既包括错误代码，也包括有用的结果。例如，当 Unix 风格的 wait 函数遇到一个错误(例如没有子进程要回收)，它就返回－1，并将全局变量 errno 设置为指明错误原因的错误代码。如果 wait 成功完成，那么它就返回有用的结果，也就是回收的子进程的 PID。Unix 风格的错误处理代码通常具有以下形式：

```
1    if ((pid = wait(NULL)) < 0) {
2        fprintf(stderr, "wait error: %s\n", strerror(errno));
3        exit(0);
4    }
```

strerror 函数返回某个 errno 值的文本描述。

### 2. Posix 风格的错误处理

许多较新的 Posix 函数，例如 Pthread 函数，只用返回值来表明成功(0)或者失败(非0)。任何有用的结果都返回在通过引用传递进来的函数参数中。我们称这种方法为 Posix

风格的错误处理。例如，Posix 风格的 pthread_create 函数用它的返回值来表明成功或者失败，而通过引用将新创建的线程的 ID(有用的结果)返回放在它的第一个参数中。Posix 风格的错误处理代码通常具有以下形式：

```
1    if ((retcode = pthread_create(&tid, NULL, thread, NULL)) != 0) {
2        fprintf(stderr, "pthread_create error: %s\n", strerror(retcode));
3        exit(0);
4    }
```

strerror 函数返回 retcode 某个值对应的文本描述。

3. GAI 风格的错误处理

getaddrinfo(GAI)和 getnameinfo 函数成功时返回零，失败时返回非零值。GAI 错误处理代码通常具有以下形式：

```
1    if ((retcode = getaddrinfo(host, service, &hints, &result)) != 0) {
2        fprintf(stderr, "getaddrinfo error: %s\n", gai_strerror(retcode));
3        exit(0);
4    }
```

gai_strerror 函数返回 retcode 某个值对应的文本描述。

4. 错误报告函数小结

贯穿本书，我们使用下列错误报告函数来包容不同的错误处理风格：

```
#include "csapp.h"

void unix_error(char *msg);
void posix_error(int code, char *msg);
void gai_error(int code, char *msg);
void app_error(char *msg);
```

返回：无。

正如它们的名字表明的那样，unix_error、posix_error 和 gai_error 函数报告 Unix 风格的错误、Posix 风格的错误和 GAI 风格的错误，然后终止。包括 app_error 函数是为了方便报告应用错误。它只是简单地打印它的输入，然后终止。图 A-1 展示了这些错误报告函数的代码。

*code/src/csapp.c*

```
1    void unix_error(char *msg) /* Unix-style error */
2    {
3        fprintf(stderr, "%s: %s\n", msg, strerror(errno));
4        exit(0);
5    }
6
7    void posix_error(int code, char *msg) /* Posix-style error */
8    {
9        fprintf(stderr, "%s: %s\n", msg, strerror(code));
10       exit(0);
11   }
12
13   void gai_error(int code, char *msg) /* Getaddrinfo-style error */
```

图 A-1　错误报告函数

```
14  {
15      fprintf(stderr, "%s: %s\n", msg, gai_strerror(code));
16      exit(0);
17  }
18
19  void app_error(char *msg) /* Application error */
20  {
21      fprintf(stderr, "%s\n", msg);
22      exit(0);
23  }
```
code/src/csapp.c

图 A-1 (续)

## A.2 错误处理包装函数

下面是一些不同错误处理包装函数的示例：

- Unix 风格的错误处理包装函数。图 A-2 展示了 Unix 风格的 wait 函数的包装函数。如果 wait 返回一个错误，包装函数打印一条消息，然后退出。否则，它向调用者返回一个 PID。图 A-3 展示了 Unix 风格的 kill 函数的包装函数。注意，这个函数和 wait 不同，成功时返回 void。

code/src/csapp.c
```
1  pid_t Wait(int *status)
2  {
3      pid_t pid;
4
5      if ((pid  = wait(status)) < 0)
6          unix_error("Wait error");
7      return pid;
8  }
```
code/src/csapp.c

图 A-2 Unix 风格的 wait 函数的包装函数

code/src/csapp.c
```
1  void Kill(pid_t pid, int signum)
2  {
3      int rc;
4
5      if ((rc = kill(pid, signum)) < 0)
6          unix_error("Kill error");
7  }
```
code/src/csapp.c

图 A-3 Unix 风格的 kill 函数的包装函数

- Posix 风格的错误处理包装函数。图 A-4 展示了 Posix 风格的 pthread_detach 函数的包装函数。同大多数 Posix 风格的函数一样，它的错误返回码中不会包含有用的结果，所以成功时，包装函数返回 void。

code/src/csapp.c

```
1  void Pthread_detach(pthread_t tid) {
2      int rc;
3
4      if ((rc = pthread_detach(tid)) != 0)
5          posix_error(rc, "Pthread_detach error");
6  }
```

code/src/csapp.c

图 A-4 Posix 风格的 pthread_detach 函数的包装函数

- GAI 风格的错误处理包装函数。图 A-5 展示了 GAI 风格的 getaddrinfo 函数的包装函数。

code/src/csapp.c

```
1  void Getaddrinfo(const char *node, const char *service,
2                   const struct addrinfo *hints, struct addrinfo **res)
3  {
4      int rc;
5
6      if ((rc = getaddrinfo(node, service, hints, res)) != 0)
7          gai_error(rc, "Getaddrinfo error");
8  }
```

code/src/csapp.c

图 A-5 GAI 风格的 getaddrinfo 函数的包装函数

# 参考文献


[1] Advanced Micro Devices, Inc. *Software Optimization Guide for AMD64 Processors*, 2005. Publication Number 25112.

[2] Advanced Micro Devices, Inc. *AMD64 Architecture Programmer's Manual, Volume 1: Application Programming*, 2013. Publication Number 24592.

[3] Advanced Micro Devices, Inc. *AMD64 Architecture Programmer's Manual, Volume 3: General-Purpose and System Instructions*, 2013. Publication Number 24594.

[4] Advanced Micro Devices, Inc. *AMD64 Architecture Programmer's Manual, Volume 4: 128-Bit and 256-Bit Media Instructions*, 2013. Publication Number 26568.

[5] K. Arnold, J. Gosling, and D. Holmes. *The Java Programming Language, Fourth Edition*. Prentice Hall, 2005.

[6] T. Berners-Lee, R. Fielding, and H. Frystyk. Hypertext transfer protocol - HTTP/1.0. RFC 1945, 1996.

[7] A. Birrell. An introduction to programming with threads. Technical Report 35, Digital Systems Research Center, 1989.

[8] A. Birrell, M. Isard, C. Thacker, and T. Wobber. A design for high-performance flash disks. *SIGOPS Operating Systems Review* 41(2):88–93, 2007.

[9] G. E. Blelloch, J. T. Fineman, P. B. Gibbons, and H. V. Simhadri. Scheduling irregular parallel computations on hierarchical caches. In *Proceedings of the 23rd Symposium on Parallelism in Algorithms and Architectures (SPAA)*, pages 355–366. ACM, June 2011.

[10] S. Borkar. Thousand core chips: A technology perspective. In *Proceedings of the 44th Design Automation Conference*, pages 746–749. ACM, 2007.

[11] D. Bovet and M. Cesati. *Understanding the Linux Kernel, Third Edition*. O'Reilly Media, Inc., 2005.

[12] A. Demke Brown and T. Mowry. Taming the memory hogs: Using compiler-inserted releases to manage physical memory intelligently. In *Proceedings of the 4th Symposium on Operating Systems Design and Implementation (OSDI)* pages 31–44. Usenix, October 2000.

[13] R. E. Bryant. Term-level verification of a pipelined CISC microprocessor. Technical Report CMU-CS-05-195, Carnegie Mellon University, School of Computer Science, 2005.

[14] R. E. Bryant and D. R. O'Hallaron. Introducing computer systems from a programmer's perspective. In *Proceedings of the Technical Symposium on Computer Science Education (SIGCSE)*, pages 90–94. ACM, February 2001.

[15] D. Butenhof. *Programming with Posix Threads* Addison-Wesley, 1997.

[16] S. Carson and P. Reynolds. The geometry of semaphore programs. *ACM Transactions on Programming Languages and Systems* 9(1):25–53, 1987.

[17] J. B. Carter, W. C. Hsieh, L. B. Stoller, M. R. Swanson, L. Zhang, E. L. Brunvand, A. Davis, C.-C. Kuo, R. Kuramkote, M. A. Parker, L. Schaelicke, and T. Tateyama. Impulse: Building a smarter memory controller. In *Proceedings of the 5th International Symposium on High Performance Computer Architecture (HPCA)*, pages 70–79. ACM, January 1999.

[18] K. Chang, D. Lee, Z. Chishti, A. Alameldeen, C. Wilkerson, Y. Kim, and O. Mutlu. Improving DRAM performance by parallelizing refreshes with accesses. In *Proceedings of the 20th International Symposium on High-Performance Computer Architecture (HPCA)*. ACM, February 2014.

[19] S. Chellappa, F. Franchetti, and M. Püschel. How to write fast numerical code: A small introduction. In *Generative and Transformational Techniques in Software Engineering II*, volume 5235 of *Lecture Notes in Computer Science*, pages 196–259. Springer-Verlag, 2008.

[20] P. Chen, E. Lee, G. Gibson, R. Katz, and D. Patterson. RAID: High-performance, reliable secondary storage. *ACM Computing Surveys* 26(2):145–185, June 1994.

[21] S. Chen, P. Gibbons, and T. Mowry. Improving index performance through prefetching. In

*Proceedings of the 2001 ACM SIGMOD International Conference on Management of Data*, pages 235–246. ACM, May 2001.

[22] T. Chilimbi, M. Hill, and J. Larus. Cache-conscious structure layout. In *Proceedings of the 1999 ACM Conference on Programming Language Design and Implementation (PLDI)*, pages 1–12. ACM, May 1999.

[23] E. Coffman, M. Elphick, and A. Shoshani. System deadlocks. *ACM Computing Surveys* 3(2):67–78, June 1971.

[24] D. Cohen. On holy wars and a plea for peace. *IEEE Computer* 14(10):48–54, October 1981.

[25] P. J. Courtois, F. Heymans, and D. L. Parnas. Concurrent control with "readers" and "writers." *Communications of the ACM* 14(10):667–668, 1971.

[26] C. Cowan, P. Wagle, C. Pu, S. Beattie, and J. Walpole. Buffer overflows: Attacks and defenses for the vulnerability of the decade. In *DARPA Information Survivability Conference and Expo (DISCEX)*, volume 2, pages 119–129, March 2000.

[27] J. H. Crawford. The i486 CPU: Executing instructions in one clock cycle. *IEEE Micro* 10(1):27–36, February 1990.

[28] V. Cuppu, B. Jacob, B. Davis, and T. Mudge. A performance comparison of contemporary DRAM architectures. In *Proceedings of the 26th International Symposium on Computer Architecture (ISCA)*, pages 222–233, ACM, 1999.

[29] B. Davis, B. Jacob, and T. Mudge. The new DRAM interfaces: SDRAM, RDRAM, and variants. In *Proceedings of the 3rd International Symposium on High Performance Computing (ISHPC)*, volume 1940 of *Lecture Notes in Computer Science*, pages 26–31. Springer-Verlag, October 2000.

[30] E. Demaine. Cache-oblivious algorithms and data structures. In *Lecture Notes from the EEF Summer School on Massive Data Sets*. BRICS, University of Aarhus, Denmark, 2002.

[31] E. W. Dijkstra. Cooperating sequential processes. Technical Report EWD-123, Technological University, Eindhoven, the Netherlands, 1965.

[32] C. Ding and K. Kennedy. Improving cache performance of dynamic applications through data and computation reorganizations at run time. In *Proceedings of the 1999 ACM Conference on Programming Language Design and Implementation (PLDI)*, pages 229–241. ACM, May 1999.

[33] M. Dowson. The Ariane 5 software failure. *SIGSOFT Software Engineering Notes* 22(2):84, 1997.

[34] U. Drepper. User-level IPv6 programming introduction. Available at http://www.akkadia.org/drepper/userapi-ipv6.html, 2008.

[35] M. W. Eichen and J. A. Rochlis. With microscope and tweezers: An analysis of the Internet virus of November, 1988. In *Proceedings of the IEEE Symposium on Research in Security and Privacy*, pages 326–343. IEEE, 1989.

[36] *ELF-64 Object File Format, Version 1.5 Draft 2*, 1998. Available at http://www.uclibc.org/docs/elf-64-gen.pdf.

[37] R. Fielding, J. Gettys, J. Mogul, H. Frystyk, L. Masinter, P. Leach, and T. Berners-Lee. Hypertext transfer protocol - HTTP/1.1. RFC 2616, 1999.

[38] M. Frigo, C. E. Leiserson, H. Prokop, and S. Ramachandran. Cache-oblivious algorithms. In *Proceedings of the 40th IEEE Symposium on Foundations of Computer Science (FOCS)*, pages 285–297. IEEE, August 1999.

[39] M. Frigo and V. Strumpen. The cache complexity of multithreaded cache oblivious algorithms. In *Proceedings of the 18th Symposium on Parallelism in Algorithms and Architectures (SPAA)*, pages 271–280. ACM, 2006.

[40] G. Gibson, D. Nagle, K. Amiri, J. Butler, F. Chang, H. Gobioff, C. Hardin, E. Riedel, D. Rochberg, and J. Zelenka. A cost-effective, high-bandwidth storage architecture. In *Proceedings of the 8th International Conference on Architectural Support for Programming Languages and Operating Systems (ASPLOS)*, pages 92–103. ACM, October 1998.

[41] G. Gibson and R. Van Meter. Network attached storage architecture. *Communications of the ACM* 43(11):37–45, November 2000.

[42] Google. IPv6 Adoption. Available at http://www.google.com/intl/en/ipv6/statistics.html.

[43] J. Gustafson. Reevaluating Amdahl's law. *Communications of the ACM* 31(5):532–533, August 1988.

[44] L. Gwennap. New algorithm improves branch prediction. *Microprocessor Report* 9(4), March 1995.

[45] S. P. Harbison and G. L. Steele, Jr. *C, A Reference Manual, Fifth Edition*. Prentice Hall, 2002.

[46] J. L. Hennessy and D. A. Patterson. *Computer*

*Architecture: A Quantitative Approach, Fifth Edition*. Morgan Kaufmann, 2011.

[47] M. Herlihy and N. Shavit. *The Art of Multiprocessor Programming*. Morgan Kaufmann, 2008.

[48] C. A. R. Hoare. Monitors: An operating system structuring concept. *Communications of the ACM* 17(10):549–557, October 1974.

[49] Intel Corporation. *Intel 64 and IA-32 Architectures Optimization Reference Manual*. Available at http://www.intel.com/content/www/us/en/processors/architectures-software-developer-manuals.html.

[50] Intel Corporation. *Intel 64 and IA-32 Architectures Software Developer's Manual, Volume 1: Basic Architecture*. Available at http://www.intel.com/content/www/us/en/processors/architectures-software-developer-manuals.html.

[51] Intel Corporation. *Intel 64 and IA-32 Architectures Software Developer's Manual, Volume 2: Instruction Set Reference*. Available at http://www.intel.com/content/www/us/en/processors/architectures-software-developer-manuals.html.

[52] Intel Corporation. *Intel 64 and IA-32 Architectures Software Developer's Manual, Volume 3a: System Programming Guide, Part 1*. Available at http://www.intel.com/content/www/us/en/processors/architectures-software-developer-manuals.html.

[53] Intel Corporation. *Intel Solid-State Drive 730 Series: Product Specification*. Available at http://www.intel.com/content/www/us/en/solid-state-drives/ssd-730-series-spec.html.

[54] Intel Corporation. *Tool Interface Standards Portable Formats Specification, Version 1.1*, 1993. Order number 241597.

[55] F. Jones, B. Prince, R. Norwood, J. Hartigan, W. Vogley, C. Hart, and D. Bondurant. Memory—a new era of fast dynamic RAMs (for video applications). *IEEE Spectrum*, pages 43–45, October 1992.

[56] R. Jones and R. Lins. *Garbage Collection: Algorithms for Automatic Dynamic Memory Management*. Wiley, 1996.

[57] M. Kaashoek, D. Engler, G. Ganger, H. Briceo, R. Hunt, D. Maziers, T. Pinckney, R. Grimm, J. Jannotti, and K. MacKenzie. Application performance and flexibility on Exokernel systems. In *Proceedings of the 16th ACM Symposium on Operating System Principles (SOSP)*, pages 52–65. ACM, October 1997.

[58] R. Katz and G. Borriello. *Contemporary Logic Design, Second Edition*. Prentice Hall, 2005.

[59] B. W. Kernighan and R. Pike. *The Practice of Programming*. Addison-Wesley, 1999.

[60] B. Kernighan and D. Ritchie. *The C Programming Language, First Edition*. Prentice Hall, 1978.

[61] B. Kernighan and D. Ritchie. *The C Programming Language, Second Edition*. Prentice Hall, 1988.

[62] Michael Kerrisk. *The Linux Programming Interface*. No Starch Press, 2010.

[63] T. Kilburn, B. Edwards, M. Lanigan, and F. Sumner. One-level storage system. *IRE Transactions on Electronic Computers* EC-11:223–235, April 1962.

[64] D. Knuth. *The Art of Computer Programming, Volume 1: Fundamental Algorithms, Third Edition*. Addison-Wesley, 1997.

[65] J. Kurose and K. Ross. *Computer Networking: A Top-Down Approach, Sixth Edition*. Addison-Wesley, 2012.

[66] M. Lam, E. Rothberg, and M. Wolf. The cache performance and optimizations of blocked algorithms. In *Proceedings of the 4th International Conference on Architectural Support for Programming Languages and Operating Systems (ASPLOS)*, pages 63–74. ACM, April 1991.

[67] D. Lea. A memory allocator. Available at http://gee.cs.oswego.edu/dl/html/malloc.html, 1996.

[68] C. E. Leiserson and J. B. Saxe. Retiming synchronous circuitry. *Algorithmica* 6(1–6), June 1991.

[69] J. R. Levine. *Linkers and Loaders*. Morgan Kaufmann, 1999.

[70] David Levinthal. *Performance Analysis Guide for Intel Core i7 Processor and Intel Xeon 5500 Processors*. Available at https://software.intel.com/sites/products/collateral/hpc/vtune/performance_analysis_guide.pdf.

[71] C. Lin and L. Snyder. *Principles of Parallel Programming*. Addison Wesley, 2008.

[72] Y. Lin and D. Padua. Compiler analysis of irregular memory accesses. In *Proceedings of the 2000 ACM Conference on Programming Language Design and Implementation (PLDI)*, pages 157–168. ACM, June 2000.

[73] J. L. Lions. Ariane 5 Flight 501 failure. Technical Report, European Space Agency, July 1996.

[74] S. Macguire. *Writing Solid Code*. Microsoft Press, 1993.

[75] S. A. Mahlke, W. Y. Chen, J. C. Gyllenhal, and W. W. Hwu. Compiler code transformations for superscalar-based high-performance systems. In *Proceedings of the 1992 ACM/IEEE Conference on Supercomputing*, pages 808–817. ACM, 1992.

[76] E. Marshall. Fatal error: How Patriot overlooked a Scud. *Science*, page 1347, March 13, 1992.

[77] M. Matz, J. Hubička, A. Jaeger, and M. Mitchell. System V application binary interface AMD64 architecture processor supplement. Technical Report, x86-64.org, 2013. Available at http://www.x86-64.org/documentation_folder/abi-0.99.pdf.

[78] J. Morris, M. Satyanarayanan, M. Conner, J. Howard, D. Rosenthal, and F. Smith. Andrew: A distributed personal computing environment. *Communications of the ACM*, pages 184–201, March 1986.

[79] T. Mowry, M. Lam, and A. Gupta. Design and evaluation of a compiler algorithm for prefetching. In *Proceedings of the 5th International Conference on Architectural Support for Programming Languages and Operating Systems (ASPLOS)*, pages 62–73. ACM, October 1992.

[80] S. S. Muchnick. *Advanced Compiler Design and Implementation*. Morgan Kaufmann, 1997.

[81] S. Nath and P. Gibbons. Online maintenance of very large random samples on flash storage. In *Proceedings of VLDB*, pages 970–983. VLDB Endowment, August 2008.

[82] M. Overton. *Numerical Computing with IEEE Floating Point Arithmetic*. SIAM, 2001.

[83] D. Patterson, G. Gibson, and R. Katz. A case for redundant arrays of inexpensive disks (RAID). In *Proceedings of the 1998 ACM SIGMOD International Conference on Management of Data*, pages 109–116. ACM, June 1988.

[84] L. Peterson and B. Davie. *Computer Networks: A Systems Approach, Fifth Edition*. Morgan Kaufmann, 2011.

[85] J. Pincus and B. Baker. Beyond stack smashing: Recent advances in exploiting buffer overruns. *IEEE Security and Privacy* 2(4):20–27, 2004.

[86] S. Przybylski. *Cache and Memory Hierarchy Design: A Performance-Directed Approach*. Morgan Kaufmann, 1990.

[87] W. Pugh. The Omega test: A fast and practical integer programming algorithm for dependence analysis. *Communications of the ACM* 35(8):102–114, August 1992.

[88] W. Pugh. Fixing the Java memory model. In *Proceedings of the ACM Conference on Java Grande*, pages 89–98. ACM, June 1999.

[89] J. Rabaey, A. Chandrakasan, and B. Nikolic. *Digital Integrated Circuits: A Design Perspective, Second Edition*. Prentice Hall, 2003.

[90] J. Reinders. *Intel Threading Building Blocks*. O'Reilly, 2007.

[91] D. Ritchie. The evolution of the Unix time-sharing system. *AT&T Bell Laboratories Technical Journal* 63(6 Part 2):1577–1593, October 1984.

[92] D. Ritchie. The development of the C language. In *Proceedings of the 2nd ACM SIGPLAN Conference on History of Programming Languages*, pages 201–208. ACM, April 1993.

[93] D. Ritchie and K. Thompson. The Unix time-sharing system. *Communications of the ACM* 17(7):365–367, July 1974.

[94] M. Satyanarayanan, J. Kistler, P. Kumar, M. Okasaki, E. Siegel, and D. Steere. Coda: A highly available file system for a distributed workstation environment. *IEEE Transactions on Computers* 39(4):447–459, April 1990.

[95] J. Schindler and G. Ganger. Automated disk drive characterization. Technical Report CMU-CS-99-176, School of Computer Science, Carnegie Mellon University, 1999.

[96] F. B. Schneider and K. P. Birman. The monoculture risk put into context. *IEEE Security and Privacy* 7(1):14–17, January 2009.

[97] R. C. Seacord. *Secure Coding in C and C++, Second Edition*. Addison-Wesley, 2013.

[98] R. Sedgewick and K. Wayne. *Algorithms, Fourth Edition*. Addison-Wesley, 2011.

[99] H. Shacham, M. Page, B. Pfaff, E.-J. Goh, N. Modadugu, and D. Boneh. On the effectiveness of address-space randomization. In *Proceedings of the 11th ACM Conference on Computer and Communications Security (CCS)*, pages 298–307. ACM, 2004.

[100] J. P. Shen and M. Lipasti. *Modern Processor Design: Fundamentals of Superscalar Processors*. McGraw Hill, 2005.

[101] B. Shriver and B. Smith. *The Anatomy of a High-Performance Microprocessor: A Systems Perspective*. IEEE Computer Society, 1998.

[102] A. Silberschatz, P. Galvin, and G. Gagne. *Operating Systems Concepts, Ninth Edition*. Wiley, 2014.

[103] R. Skeel. Roundoff error and the Patriot missile. *SIAM News* 25(4):11, July 1992.

[104] A. Smith. Cache memories. *ACM Computing Surveys* 14(3), September 1982.

[105] E. H. Spafford. The Internet worm program: An analysis. Technical Report CSD-TR-823, Department of Computer Science, Purdue University, 1988.

[106] W. Stallings. *Operating Systems: Internals and Design Principles, Eighth Edition*. Prentice Hall, 2014.

[107] W. R. Stevens. *TCP/IP Illustrated, Volume 3: TCP for Transactions, HTTP, NNTP and the Unix Domain Protocols*. Addison-Wesley, 1996.

[108] W. R. Stevens. *Unix Network Programming: Interprocess Communications, Second Edition*, volume 2. Prentice Hall, 1998.

[109] W. R. Stevens and K. R. Fall. *TCP/IP Illustrated, Volume 1: The Protocols, Second Edition*. Addison-Wesley, 2011.

[110] W. R. Stevens, B. Fenner, and A. M. Rudoff. *Unix Network Programming: The Sockets Networking API, Third Edition*, volume 1. Prentice Hall, 2003.

[111] W. R. Stevens and S. A. Rago. *Advanced Programming in the Unix Environment, Third Edition*. Addison-Wesley, 2013.

[112] T. Stricker and T. Gross. Global address space, non-uniform bandwidth: A memory system performance characterization of parallel systems. In *Proceedings of the 3rd International Symposium on High Performance Computer Architecture (HPCA)*, pages 168–179. IEEE, February 1997.

[113] A. S. Tanenbaum and H. Bos. *Modern Operating Systems, Fourth Edition*. Prentice Hall, 2015.

[114] A. S. Tanenbaum and D. Wetherall. *Computer Networks, Fifth Edition*. Prentice Hall, 2010.

[115] K. P. Wadleigh and I. L. Crawford. *Software Optimization for High-Performance Computing: Creating Faster Applications*. Prentice Hall, 2000.

[116] J. F. Wakerly. *Digital Design Principles and Practices, Fourth Edition*. Prentice Hall, 2005.

[117] M. V. Wilkes. Slave memories and dynamic storage allocation. *IEEE Transactions on Electronic Computers*, EC-14(2), April 1965.

[118] P. Wilson, M. Johnstone, M. Neely, and D. Boles. Dynamic storage allocation: A survey and critical review. In *International Workshop on Memory Management*, volume 986 of *Lecture Notes in Computer Science*, pages 1–116. Springer-Verlag, 1995.

[119] M. Wolf and M. Lam. A data locality algorithm. In *Proceedings of the 1991 ACM Conference on Programming Language Design and Implementation (PLDI)*, pages 30–44, June 1991.

[120] G. R. Wright and W. R. Stevens. *TCP/IP Illustrated, Volume 2: The Implementation*. Addison-Wesley, 1995.

[121] J. Wylie, M. Bigrigg, J. Strunk, G. Ganger, H. Kiliccote, and P. Khosla. Survivable information storage systems. *IEEE Computer* 33:61–68, August 2000.

[122] T.-Y. Yeh and Y. N. Patt. Alternative implementation of two-level adaptive branch prediction. In *Proceedings of the 19th Annual International Symposium on Computer Architecture (ISCA)*, pages 451–461. ACM, 1998.

# 推荐阅读

**计算机组成与设计：硬件/软件接口（原书第5版）**

作者：戴维 A. 帕特森 等

ISBN：978-7-111-50482-5 定价：99.00元

**计算机组成与设计：硬件/软件接口（英文版·第5版·亚洲版）**

作者：David A. Patterson

ISBN：978-7-111-45316-1 定价：139.00元

**计算机体系结构：量化研究方法（英文版·第5版）**

作者：John L. Hennessy 等

ISBN：978-7-111-36458-0 定价：138.00元

**计算机系统：系统架构与操作系统的高度集成**

作者：阿麦肯尚尔·拉姆阿堪德兰 等

ISBN：978-7-111-50636-2 定价：99.00元

# 推荐阅读

**数据结构与算法分析：C语言描述（原书第2版）典藏版**

作者：Mark Allen Weiss ISBN：978-7-111-62195-9 定价：79.00元

**数据结构与算法分析：Java语言描述（原书第3版）**

作者：Mark Allen Weiss ISBN：978-7-111-52839-5 定价：69.00元

**数据结构与算法分析——Java语言描述（英文版·第3版）**

作者：Mark Allen Weiss ISBN：978-7-111-41236-6 定价：79.00元

## 推荐阅读

# 2020年图灵奖揭晓！
# 经典著作“龙书”两位作者Aho和Ullman共获大奖

### 编译原理（第2版）

作者：Alfred V. Aho  Monica S.Lam  Ravi Sethi  Jeffrey D. Ullman  译者：赵建华 郑滔 戴新宇

ISBN：7-111-25121-7  定价：89.00元

### 编译原理（第2版 本科教学版）

作者：Alfred V. Aho  Monica S. Lam  Ravi Sethi  Jeffrey D. Ullman  译者：赵建华 郑滔 戴新宇

ISBN：7-111-26929-8  定价：55.00元

编译领域无可替代的经典著作，被广大计算机专业人士誉为“龙书”。本书已被世界各地的著名高等院校和研究机构（包括美国哥伦比亚大学、斯坦福大学、哈佛大学、普林斯顿大学、贝尔实验室）作为本科生和研究生的编译原理课程的教材。该书对我国高等计算机教育领域也产生了重大影响。

本书全面介绍了编译器的设计，并强调编译技术在软件设计和开发中的广泛应用。每章中都包含大量的习题和丰富的参考文献。